Quantenmechanik für Naturwissenschaftler

Martin O. Steinhauser

Quantenmechanik für Naturwissenschaftler

Ein Lehr- und Übungsbuch mit
zahlreichen Aufgaben und Lösungen

2. Auflage

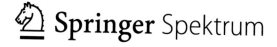 Springer Spektrum

Martin O. Steinhauser
Fakultät für Informatik und
Ingenieurwissenschaften
Frankfurt University for Applied Sciences
Frankfurt am Main, Deutschland

ISBN 978-3-662-62609-2   ISBN 978-3-662-62610-8   (eBook)
https://doi.org/10.1007/978-3-662-62610-8

Die Deutsche Nationalbibliothek verzeichnet diese Publikation in der Deutschen Nationalbibliografie;
detaillierte bibliografische Daten sind im Internet über http://dnb.d-nb.de abrufbar.

Planung/Lektorat: Christian Gaß, Margit Maly
Springer Spektrum ist ein Imprint der eingetragenen Gesellschaft Springer-Verlag GmbH, DE und ist
ein Teil von Springer Nature.
Die Anschrift der Gesellschaft ist: Heidelberger Platz 3, 14197 Berlin, Germany

Vorwort zur 2. Auflage

Bereits wenige Jahre nach Erscheinen der 1. Auflage von *Quantenmechanik für Naturwissenschaftler* hat sich eine 2. Auflage als notwendig erwiesen. Dies zeigt, dass mit diesem Buch ein echter Bedarf auf dem deutschen Buchmarkt abgedeckt worden ist. Das Lehrbuch richtet sich an alle Studierenden der Naturwissenschaften und technischen Studiengängen an Universitäten oder Hochschulen, bei denen die Quantenmechanik Bestandteil des Curriculums ist. Das Buch kann aber zumindest in Teilen (z. B. Kap. 1, 2 und 9) auch von interessierten Lesern ohne tiefergehende akademisch-mathematische Bildung mit Gewinn studiert werden, wie ich aus einigen Leserbriefen weiß.

In dieser Auflage sind alle mir bekannten Schreibfehler aus der 1. Auflage korrigiert und auch einige stilistische und didaktische Feinheiten im Text verbessert worden. Ein neu hinzugekommenes Kapitel behandelt nun auch die Beschreibung von elektrisch geladenen Teilchen im Magnetfeld und die dadurch bedingte Aufspaltung der Spektrallinien bis hin zur Pauli-Gleichung. Ferner ist der Index wesentlich erweitert worden und für einige mathematische Ableitungen im Text sind 10 Lernvideos produziert worden mit insgesamt ca. 2.5 h Lernmaterial. Man erkennt die Stellen im Buch, an denen Videos zur Verfügung stehen, an dem folgenden Symbol:

Ich habe den didaktischen Aufbau zum Studium der Quantentheorie aus der 1. Auflage beibehalten, der am Anfang recht ausführlich die historischen Entwicklungen und Schwierigkeiten zum Ende des 19. und zum Beginn des 20. Jahrhunderts diskutiert, welche letztendlich zu einer Theorie der Quantenmechanik geführt haben. Ich bin der Meinung, dass man als Studierender auf diesem etwas längeren, „historischen" Weg am besten zu einem Verständnis der Theorie gelangt. Dies hat sich auch in meinen Kursvorlesungen zur Quantentheorie an der Universität Basel immer wieder bestätigt, in denen aber natürlich nur wenig Raum für eine solche ausführliche Diskussion gewesen ist. Ich diskutiere hier z. B. explizit den Ursprung der Rechnung Max Plancks, die zum Wirkungsquantum h geführt hat und räume auch mit dem mehr als ein Jahrhundert lang fälschlicherweise in Lehrbüchern und Vorlesungen kolportierten Mythos vom Thomson'schen

Rosinenkuchenmodel des Atoms auf, welches Thomson niemals so formuliert hatte und das nur auf einem Misverständnis beruhte.

Manche Lehrbücher gehen einen anderen, pragmatischen Weg, indem sie die Axiome der Quantenmechanik wie bei einer rein mathematischen Abhandlung direkt an den Anfang der Diskussion stellen und auch die Wellenfunktion am Anfang als ein axiomatisches Element einführen. Eine andere Gruppe von Lehrbüchern – vor allem im angelsächsischen Bereich – startet gerne direkt mit der Dirac-Notation von quantenmechanischen Zuständen, die ich aber erst in Kap. 4 nach einer Diskussion der Schrödingergleichung in der Orts- und Impulsdarstellung einführe. Ich halte diesen Zugang zum Studium der Theorie, die auch der historischen Entwicklung folgt (in der die Schrödingergleichung zeitlich vor der Dirac'schen Formulierung der Quantentheorie mit Vektoren im Hilbertraum liegt), für sinnvoller und einfacher – vor allem für Studierende, welche die Theorie zum ersten Mal studieren. Dieses zum allgemeinen Verständnis zentrale Kap. 4 erklärt im Detail die mathematische Struktur der Theorie der Quantenmechanik und sollte daher mit besonderer Sorgfalt studiert werden.

Man sollte zudem das Missverständnis vermeiden, dass die Quantenmechanik ausschließlich eine Theorie der Wellenfunktionen im Ortsraum sei. Dies wird vor allem in der theoretischen Chemie (der sog. „Quantenchemie") und in der physikalischen Chemie bisweilen so dargestellt, weil in vielen entsprechenden Lehrbüchern oft ausschließlich nur die spezielle Ortsdarstellung aber nicht die abstrakte Formulierung der Theorie durch Zustandsvektoren im Hilbertraum behandelt wird. Der abstrakte, vieldimensionale Konfigurationsraum, in dem die Wellenfunktionen existieren, stimmt nämlich nur ausnahmsweise beim Wasserstoffatom – also bei einzelnen Teilchen – mit dem gewöhnlichen Ortsraum überein. Wir werden aber tatsächlich vor allem in Kap. 9 sehen, dass es letzlich gar nicht so ganz klar ist, wovon genau die Quantentheorie handelt, was also ihre eigentliche Ontologie darstellt. Hierüber herrscht bis heute keineswegs endgültige Klarheit, auch wenn viele Lehrbücher durch das vollständige Auslassen einer solchen Diskussion – bzw. durch dogmatisches Festhalten an „dem Nebel aus dem Norden" der sog. Kopenhagener Deutung der Quantenmechanik bisweilen diesen Eindruck erwecken. Die dogmatische Kopenhagener Deutung der Quantenmechanik, die auf Niels Bohr zurückgeht und die jahrzehntelang in Lehrbüchern wieder und wieder kopiert wurde als die einzig „allgemein akzeptierte" oder „anerkannte Deutung" der Theorie, ist inzwischen längst überwunden und als völlig falsch befunden worden durch die Einführung des Kohärenzkonzeptes seit den 1970er Jahren. Trotzdem diskutieren wir auch diese Interpretation aus historischen Gründen neben möglichen anderen in Kap. 9.

Seit der Bologna-Erklärung von 1999, als man sich politisch unter der von Konzernen der Privatwirtschaft hervorgebrachten falschen Hypothese von „internationaler Wettbewerbsfähigkeit" europaweit auf eine strikte Verschulung von Universitätsstudien einigte und diese an den Universitäten nach und nach auch umsetzte, ist aus dem Studium leider oftmals ein auf Effizienz getrimmtes „Klausuren"- oder Pseudo-Studium geworden, in dem viele Studenten verlernt bzw. nie gelernt haben, was es heißt, in einem guten Sinne zu studieren. Bildung (und nicht Ausbildung) um ihrer selbst willen zählt nicht mehr allzuviel. Dementsprechend ist die häufigste Frage, die ich meinen Vorlesungen höre, eine Schüler-Frage, die Studenten früher nie gestellt hätten: „Kommt das in der Klausur dran?". Das Studium an Universitäten und Hochschulen ist durch die Bologna-Reform leider sehr verengt und – wie der Philosoph Richard David Precht sehr treffend in seinem Buch „Anna, die Schule, und der liebe Gott" schreibt – „einem ökonomischen Diktat der Nützlichkeit, Anwendung und Beschleunigung unterworfen worden".

Die Corona-Pandemie, welche seit dem Frühjahr 2020 den ganzen Planeten im Griff hat, und deren Beginn der Ausbreitung im asiatischen Raum außerhalb Chinas ich während eines längeren Forschungsaufenthaltes an der Nanyang Technological University (NTU) in Singapur hautnah erlebte, führte zusätzlich durch viele Einschränkungen zu großen Veränderungen in der akademischen Forschung und auch in der Art, wie Wissen und Wissenschaft an Universitäten und Hochschulen seit dieser Zeit vermittelt bzw. durchgeführt wird. Umso wichtiger ist es für die Studierenden, gutes Lernmaterial zur Verfügung zu haben, das auch im Selbststudium bewältigt werden kann. Durch die vielen Übungsaufgaben (zum großen Teil mit Lösungen), Prüfungsfragen an den jeweiligen Kapitelenden in diesem Buch und durch die in der 2. Auflage zusätzlich zur Verfügung gestellten Lehrvideos, die zur Erklärung besonders kniffliger, interessanter oder fehleranfälliger Herleitungen von Formeln online aufgerufen werden können, leis- tet dieses Werk hoffentlich einen guten Beitrag zum Lernerfolg beim Studium der Quantentheorie.

Pandemiebedingt und auch durch meinen Wechsel von der Universität Basel an die Frankfurt University of Applied Sciences als neuer Professor für Angewandte Physik und Informatik im Jahr 2020 ist diese 2. Auflage erheblich später als ursprünglich geplant fertig gestellt worden. Ich bedanke mich hier ausdrücklich für die Geduld und das Verständnis von Frau Margit Maly sowie Frau Bianca Alton vom Springer-Verlag. Ich hoffe, dass dieses Buch auch in der 2. Auflage weiterhin zahlreiche Leser finden und vielen Studierenden helfen wird, ein sehr gutes Verständnis der Grundlagen der Quantentheorie zu erlangen. Im Grunde genommen ist dies ein Lehrbuch, wie ich es mir selbst als Student gewünscht hätte, weil es viele Feinheiten und Details explizit erklärt, die in so manchen anderen Büchern entweder gar nicht erwähnt oder hinter allzu spitzfindiger und komplizierter Mathematik versteckt werden, so dass man als Studentin oft den sprichwörtlichen Wald vor lauter Bäumen nicht mehr erkennen kann.

Noch ein Wort zum „gendern" in der Sprache: Gleichberechtigung zwischen den Geschlechtern ist etwas völlig selbstverständliches und findet allmählich auch Eingang in die Schriftform der Sprache. Allerdings halte ich von dem Gendersternchen ⋆ oder Doppelpunkten inmitten von Wörtern in Sätzen nicht besonders viel, weil es meiner Meinung nach Texte sehr unleserlich macht und im allgemeinen als sehr störend im Lesefluss empfunden wird. Ich gehe daher ganz unbekümmert mit dem grammatischen Geschlecht um, und verwende manchmal die weibliche und manchmal die männliche Form, ohne damit irgendeine Konnotation oder gar Wertung zu verbinden. Es ist dann jeweils inklusiv zu lesen, so dass grundsätzlich immer das grammatisch weibliche oder männliche Geschlecht gemeint ist.

Ich bin Leserinnen weiterhin dankbar, falls sie Inkonsistenzen, Druckfehler oder inhaltliche Fehler entdecken und mir mitteilen. Erreichen kann man mich hierzu über *Research Gate* (https://www.researchgate.net/profile/Martin-Stein-hauser) oder per eMail an der Frankfurt University: martin.steinhauser@fb2.fra-uas.de.

Singapur und Freiburg im Breisgau   Martin O. Steinhauser
Februar 2022

Inhaltsverzeichnis

Abbildungsverzeichnis

Tabellenverzeichnis

Einleitung

1

Inhaltsverzeichnis

In diesem einleitenden Kapitel möchte ich einige generelle Bemerkungen zu dem Gegenstand dieses Lehrbuches machen, nämlich der Frage, woraus Materie eigentlich besteht. Vermutlich gab es spätestens seit den sogenannten Vorsokratikern der Antike im Wesentlichen zwei einander grundsätzlich widersprechende Auffassungen über die prinzipielle Beschaffenheit der Welt: Zum einen die Vorstellung, dass alles aus kleinsten, unteilbaren *Teilchen* – den *Atomen* – aufgebaut sei, und zum anderen die Idee, dass Materie beliebig in immer noch kleinere Teile zerlegbar sei. Eine Auffassung, welche die Welt als ein sogen. *Kontinuum* ansieht.

Ergänzende Information Die elektronische Version dieses Kapitels enthält Zusatzmaterial, auf das über folgenden Link zugegriffen werden kann https://doi.org/10.1007/978-3-662-62610-8_1.

1.1   Woraus besteht Materie?

Die Frage nach der Struktur und dem Aufbau der Materie ist eine sehr alte Frage, für welche die Menschheit schon seit Jahrtausenden nach Antworten gesucht hat. In der griechischen Philosophie kristallisierten sich zwei wesentlich verschiedene Lehrmeinungen bzw. Überzeugungen heraus, nämlich zum einen die *Atomtheorie* und zum anderen die *Kontinuumstheorie*. Beide Auffassungen werden allgemein zwei prominenten Vertretern zugeschrieben. Leukipp und sein Schüler Demokrit waren offenbar davon überzeugt, dass die Welt aus nichts als leerem Raum und Materie besteht. Der leere Raum war notwendig, damit überhaupt Bewegung stattfinden konnte, und die Materie dachten sie sich zusammengesetzt aus kleinsten, nicht mehr teilbaren (das ist der Wortsinn des griechischen „átomos") Bausteinen, die sie entsprechend „Atome" nannten. Die Vorstellung war, dass es einen unendlichen Vorrat an Atomen in der Natur geben sollte, um all die verschiedenen Strukturen aus den einzelnen Atomen zu bilden, die offenbar in der Welt vorhanden sind. Zu dieser Vorstellung kommt einem schon der erste Einwand in den Sinn, denn wenn es wirklich „unendlich" viele Atome geben sollte, wäre unverständlich, wieso nicht der gesamte

ОПЫТЪ СИСТЕМЫ ЭЛЕМЕНТОВЪ.

ОСНОВАННОЙ НА ИХ АТОМНОМЪ ВѢСѢ И ХИМИЧЕСКОМЪ СХОДСТВѢ.

	Ti = 50	Zr = 90	? = 180.
	V = 51	Nb = 94	Ta = 182.
	Cr = 52	Mo = 96	W = 186.
	Mn = 55	Rh = 104,4	Pt = 197,1.
	Fe = 56	Rn = 104,4	Ir = 198.
	Ni = Co = 59	Pl = 106,6	O = 199.
H = 1	Cu = 63,4	Ag = 108	Hg = 200.
Be = 9,4	Mg = 24	Zn = 65,2	Cd = 112
B = 11	Al = 27,4	? = 68	Ur = 116	Au = 197?
C = 12	Si = 28	? = 70	Sn = 118
N = 14	P = 31	As = 75	Sb = 122	Bi = 210?
O = 16	S = 32	Se = 79,4	Te = 128?
F = 19	Cl = 35,6	Br = 80	I = 127
Li = 7 Na = 23	K = 39	Rb = 85,4	Cs = 133	Tl = 204.
	Ca = 40	Sr = 87,6	Ba = 137	Pb = 207.
	? = 45	Ce = 92
	?Er = 56	La = 94
	?Yt = 60	Di = 95
	?In = 75,6	Th = 118?

Д. Менделѣевъ

Abb. 1.1 Mendeleyevs Originalversion des Periodensystems von 1869. Die Fragezeichen zeigen noch unbekannte Elemente an, die eingefügt wurden, damit Elemente mit ähnlichen Eigenschaften in derselben Zeile stehen

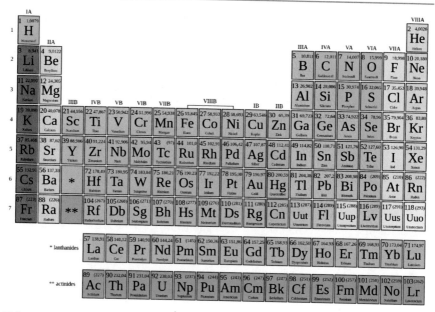

Abb. 1.2 Das heutige Periodensystem der Elemente

leere Raum vollständig mit Atomen ausgefüllt ist, und warum es daher überhaupt noch Bewegung der Atome in leeren Raum hinein geben kann – es sei denn, die Unendlichkeit des Raumes wäre noch größer als die Unendlichkeit der Atome.

Auf der Suche nach den fundamentalen Bausteinen der Materie sind die Naturwissenschaftler zu immer kleineren Komponenten vorgedrungen, die sich später als teilbar erwiesen haben. In Abb. 1.1 ist die Originalversion des Periodensystems von Mendeleyev aus dem Jahr 1869 gezeigt (Mendeleyev 1869) und Abb. 1.2 zeigt die heutige Version des Periodensystems. Wie man leicht erkennen kann, ist es *lückenlos*, d. h. wir wissen *exakt*, wie viele Atome die Bausteine der Welt darstellen. Von den heute 118 entdeckten Elementen gibt es ca. 90 Elemente, die in nennenswerter Menge in der Natur vorkommen. Dazu gibt es noch weitere 8 Elemente, die in der Natur als Folge des radioaktiven Zerfalls schwererer Elemente auftreten. Die Gesamtsumme der natürlich vorkommenden Elemente beträgt also ca. 98. Die übrigen Elemente haben nur eine sehr kurze Zerfallsdauer und werden in Teilchenbeschleunigern (einige davon am GSI[1] in Darmstadt) erzeugt.

---

[1] Gesellschaft für Schwerionenforschung.

1.2   Woher kommt die Materie?

Während die Chemie die Elemente als gegeben ansieht, interessiert man sich in der Physik – und hier speziell in der Astrophysik und der Kosmologie – für ihre Entstehung und Häufigkeit. Aus geochemischen Untersuchungen der Erdkruste, aus der Zusammensetzung von Meteoriten und dem Sonnenspektrum finden wir eine für das Sonnensystem typische Verteilung, die etwa auch derjenigen der atomaren Massen in der kosmischen Strahlung entspricht. Am häufigsten ist Wasserstoff. Er trägt im Mittel 75 % zur Masse der Elemente im Sonnensystem bei gefolgt von Helium mit etwa 24 %, das bedeutet etwa ein Heliumatom auf 12 Wasserstoffatome. Die schwereren Elemente sind in der Umgebung der Sonne nur mit 1–2 % vertreten. Alle schwereren Elemente als Berillium wurden dabei in Sonnen und Supernovae erbrütet. Die Natur hat die chemischen Elemente, aus denen die gesamte materielle Welt, also alle Sterne und Planeten, alle Organismen und natürlich auch wir Menschen bestehen, in zwei Phasen erzeugt. Die erste Phase endete bereits wenige Minuten nach dem Urknall. Bis dahin waren nur die leichtesten Elemente Wasserstoff und Helium sowie in geringen Mengen Lithium und Beryllium entstanden. Danach sanken Temperatur und Dichte im expandierenden Universum so weit, dass keine schwereren Atomkerne mehr gebildet werden konnten.

Die zweite Phase der Nukleosynthese begann erst einige hundert Millionen Jahre später. Damals bildeten sich durch Gravitationsdruck aus dem Urgas die ersten Sterne. In deren heißen Zentren setzten Kernreaktionen ein, in denen die leichten Elemente Wasserstoff und Helium nach und nach zu schwereren Elementen bis zum Eisen mit Protonenzahl[2] $Z = 26$ fusionierten. Ein massereicher Stern erzeugt also in seinem Inneren durch Fusion leichter Atomkerne zunehmend schwere Elemente. Auf diese Weise entsteht dort ein Zentralgebiet aus Eisen und Nickel. Eine weitere Fusion dieser Elemente ist nicht möglich, weil dadurch keine Energie mehr freigesetzt, sondern benötigt würde. Sobald der Brennmaterialvorrat an leichten Kernen verbraucht ist, versiegt die innere Energiequelle des Sterns. Der Fusionsprozess hatte bis dahin einen Strahlungsdruck erzeugt und so die nach innen gerichtete Gravitationskraft kompensiert. In dem Moment, in dem Fusion erlischt, bricht der Zentralbereich des Sterns unter seinem eigenen Gravitationsdruck zusammen.

Um aus der Fusion schwererer Kerne als Eisen[3] (^{56}Fe) Energie zu gewinnen, muss die Temperatur noch weiter steigen, denn die Temperaturbewegung muss die Abstoßung der Kerne bei immer größeren Kernladungen überwinden. Bei Massen unter 8 Sonnenmassen reicht die Temperatur im zentralen Bereich des Sterns dazu nicht mehr aus, denn solche Sterne verlieren in der Roten-Riesen-Phase einen großen Teil ihrer Masse. In 10.000 Jahren kann Materie bis zu einer Sonnenmasse abgestoßen werden.

---

[2]Die Protonenzahl Z ist gleich der Ordnungszahl eines Atoms und bestimmt dessen chemisches Element, also seine Einreihung in das Periodensystem der Elemente. Das häufigste Eisenisotop hat die Neutronenzahl $N = 30$ und $Z = 26$ und damit die Nukleonenzahl $A = 56$.

[3]Bei der Schreibweise von Elementen schreibt man für ein Element X die Massenzahl A als oberen Index und die Protonenzahl Z als unteren Index: $^{A}_{Z}$X. Es gilt: A = Z + N, wobei N die Anzahl der Neutronen im Element ist.

Wenn die nuklearen Prozesse zum Erliegen gekommen sind, bleibt schließlich der „Core" als heißes, überdichtes zentrales Gebiet von der Größe der Erde übrig mit einer Masse von etwa 0,7 Sonnenmassen. Solche Gebilde heißen „Weiße Zwerge", deren Strahlung nur aus der langsam auskühlenden inneren Energie gespeist wird. Etwa 95 % aller Sterne enden als Weiße Zwerge.

Im Zentrum eines massereichen Sterns mit mehr als 8 Sonnenmassen setzen sich die nuklearen Fusionsprozesse nach einem Zwiebelschalenprinzip fort. Je höher jedoch die Ladung Z der Kerne desto stärker die Abstoßung, entsprechend muss auch die Energie (oder gleichbedeutend: die Temperatur) umso höher sein, damit Fusion einsetzen kann. Kohlenstoff z. B. „zündet" bei ca. 600 Mio. Grad, während bei ca. einer Milliarde Grad schließlich Sauerstoff zündet. Die nuklearen Aschen lagern sich nach Kernmassen getrennt in einer Zwiebelschalenstruktur ab. Aus den Kernreaktionen stehen genügend freie Neutronen zur Verfügung, die von Kernen eingefangen werden können. In der weiteren Entwicklung des zentralen Brennens setzt schließlich bei 3 Mrd. Grad die Fusion von Silizium $^{28}_{14}\text{Si}$ ein, bei der hohen Temperatur ein ziemlich komplexer Prozess, der ein ganzes Netzwerk von Reaktionen umfasst. Am Ende werden stabile Kerne mit der Massenzahl 56 gebildet, das sind die Elemente der Eisengruppe wie $^{56}_{26}\text{Fe}$, $^{56}_{27}\text{Co}$ und $^{56}_{28}\text{Ni}$.

Da sich im Innern von Sternen keine Elemente schwerer als Eisen durch Fusion leichter Kerne bilden können, müssen schwerere Elemente durch andere Prozesse entstanden sein. Die Natur hat dazu zwei verschiedene Wege eingeschlagen, die beide darauf beruhen, dass sich Neutronen an bereits vorhandene Kerne anlagern. Die eingefangenen Neutronen wandeln sich anschließend durch einen Betazerfall in Protonen um, wodurch sich die Kernladungszahl erhöht und neue Elemente entstehen.

Die Atomkerne schwerer als Eisen enstehen in den letzten Entwicklungsstadien massereicher Sterne, den sogenannten Roten Riesen, und in gewaltigen Sternexplosionen, den Supernovae. Der berühmte Satz: „Wir sind aus Sternenstaub gemacht" ist daher nicht etwa metaphorisch, sondern im Wortsinn zu verstehen: Jedes Atom schwerer als Beryllium in unserem Körper oder wo auch immer im Universum verdankt seine Existenz der Elementsynthese im Innern der Sterne. Ein Teil der Elementsynthese läuft hauptsächlich im Zentralbereich von Sternen ab, während der Fusion von Helium. Hier sind die Temperaturen und Neutronendichten verhältnismäßig gering und der Einfang der Neutronen geht relativ langsam vonstatten, daher die Bezeichnung s-Prozess (slow neutron capture). Hierbei fängt ein Kern ein Neutron ein, sodass sich die Massenzahl des Atomkerns um eine Einheit erhöht. Der nachfolgende Betazerfall wandelt das Neutron in ein Proton um und erhöht die Kernladungszahl um eine Einheit. Dieser Prozess, dessen kernphysikalische Gesetzmäßigkeiten im Allgemeinen gut erforscht sind, findet viele Male hintereinander statt und endet schließlich bei Blei und Wismut (Bi, mit Ordnungszahl 83, vgl. Abb. 1.2). Hierbei entsteht etwa die Hälfte aller stabilen Atomkerne, die schwerer sind als Eisen. Die andere Hälfte der schweren Kerne und zusätzlich alle Elemente, die schwerer sind als Wismut, entstehen in einem zweiten Prozess, dem schnellen r-Prozess (rapid neutron capture). Dabei nehmen vorhandene Kerne mehrere Neutronen gleichzeitig auf und zerfallen dann rasch zu stabilen neutronenreichen Kernen oder zu instabilen langlebigen Isotopen von Uran und Plutonium. Da dieser r-Prozess einen extrem großen Neutronenfluss voraussetzt und in wenigen Sekunden abläuft, ist er nur in einem explosiven Szenario wie einer Supernova oder dem Verschmelzen zweier Neutronensterne vorstellbar.

Der nukleare Kreislauf der Materie folgt also dem Schema: Sternbildung – nukleares Brennen – Erschöpfung der Brennstoffe – Abwerfen von Hüllenmaterial vermischt mit schweren Elementen – eventuell Supernovaexplosion und Verbreitung von Eisen und schweren Elementen – erneute Sternbildung.

Danach erwartet man eine allmähliche Anreicherung der interstellaren Materie mit schweren Elementen aus dem abgeworfenen Hüllenmaterial Roter Riesen oder den Resten von Supernovae, wobei die leichteren wie Kohlenstoff, Sauerstoff und Stickstoff häufig in molekularer Form vorliegen. Neben H_2O und CO wurden unter anderem Alkohole, Amine, Nitrile, Merkaptane und viele andere komplexe organische Verbindungen im interstellaren Staub gefunden, wobei sich die schwereren Elemente wie Kalzium, Magnesium, Aluminium und Eisen als Oxide oder Silikate wiederfinden. Sie werden bei erneuter Sternbildung in entsprechend höheren Konzentrationen eingebaut.

Unsere Erde entstand aus den Trümmern einer Supernova-Explosion und widerspiegelt somit die Elementverteilung der Supernova. Die Energie der zusammenstoßenden Sternentrümmer und radioaktiven Zerfallsreaktionen ließ das im Erdinnern angesammelte Eisen erschmelzen. Die Gravitationskraft der Erde reichte jedoch nicht aus, um seine ursprüngliche Gasatmosphäre festzuhalten. Deshalb ist die Erde arm an Edelgasen wie Helium und Neon, die im Universum nicht selten anzutreffen sind. Sauerstoff wurde chemisch vielfältig gebunden, z. B. in Oxiden, Carbonaten oder Phosphaten. Da Stickstoff weniger reaktiv ist als Sauerstoff, ging weitaus mehr Stickstoff verloren. In den Lebewesen auf der Erde finden wir die häufigsten Elemente H, C, O, N und in geringerem Maße Na, Mg, P, S, Cl, K, Ca, Mn, Co, Fe als Ionen oder fest eingebaut. Die schweren Elemente jenseits der Eisengruppe bilden in lebenden Systemen eher die Ausnahme. Man kann sich nun die Frage stellen, ob denn Leben möglich ist, das auf Verbindungen völlig anderer Elemente aufbaut. Aber berücksichtigt man die Häufigkeiten der leichten Elemente und die außergewöhnliche Eigenschaft des Kohlenstoffs, Ketten und Ringe zu bilden, so ist diese Frage wohl zu verneinen. Die große Häufigkeit des Eisens im Universum, wie auch auf der Erde, ist begründet dadurch, dass es den stabilsten aller Atomkerne aufweist.

Zusammenfassend können wir feststellen, dass die leichten Elemente ($A \leq 7$) ihre Entstehung der heißen Anfangsphase unseres Kosmos verdanken. Alle schwereren Elemente ($Z > 7$) entstanden und entstehen in den Zentren der Sterne. Wieweit die Brennphasen der Fusionsreaktionen fortschreiten und Elemente höherer Ordnungszahl Z generieren, hängt dabei von der Masse des Sterns ab. Da bei der Erzeugung von Kernen mit $A > 56$ keine Energie mehr gewonnen werden kann, bleibt für die Synthese schwererer Elemente nur noch der Einfang von Neutronen übrig, ein Prozess, der unter den gegebenen Bedingungen von geringer Ausbeute ist. Die kosmischen Häufigkeiten nehmen deshalb jenseits der Eisengruppe um zwei Zehnerpotenzen und mehr ab. Langsame Einfangprozesse (s-Prozesse) finden im Roten-Riesen-Stadium statt. Die schnellen Einfangprozesse (r-Prozesse) sind auf die kurze Zeit während der Explosion einer Supernova beschränkt. Für die Verbreitung schwerer Elemente im interstellaren Raum sorgt der Sternwind am Ende der Roten-Riesen-Phase. Daneben bilden die Supernovae die wichtigste Quelle von Eisen. Die schweren Elemente stehen als Beimischungen zum interstellaren Gas für weitere Sternbildungen wieder zur Verfügung. Dieses kosmische „Recycling" führt zu einer allmählichen Anreicherung schwerer Elemente, wie besonders in Spiralgalaxien und ihren Vorgängern beobachtet wird.

In jüngster Zeit haben sich unsere Kenntnisse von der Materie und ihrer Verteilung im Kosmos erheblich erweitert. Dabei wurden zwei erstaunliche Ergebnisse bestätigt:

1. Zu der Materie, die in den 92 Elementen vorkommt und die auch „baryonische Materie"[4] genannt wird, tragen Sterne, Sternhaufen und interstellare Materie bei. Die 5–10–fache baryonische Materie findet sich in dem heißen, stark verdünnten Gas, welches die Galaxien-Haufen umgibt. Dieses heiße Plasma ist in früher Zeit während der ersten heftig ablaufenden Sternbildung durch Supernovae und Sternenwind ausgeschleudert worden. Es bildet den Abfall aus der Sternbildung, die offensichtlich wenig effizient verlief.
2. Die gesamte baryonische Materie trägt aber nur etwa ein Sechstel zur Materiedichte im Kosmos bei. Der überwiegende Teil fällt auf die so genannte „Dunkle Materie", die nur durch ihre Gravitation wirkt. Ohne Dunkle Materie gäbe es keine Strukturbildung im Kosmos, keine Galaxien und Galaxienhaufen, ohne die baryonische Materie aber keine Planetensysteme und kein Leben. Wie müssen feststellen, dass mit Dunkler Energie und Dunkler Materie neue Rätsel aufgetaucht sind, welche die Grundlagen der Physik in besonderer Weise berühren. Ihre Lösung wird eine der großen Aufgaben der Naturwissenschaft des 21. Jahrhunderts sein und dazu stellt die Quantentheorie einen entscheidenden Schlüssel dar.

1.3 Unsere heutige Vorstellung von Materie

Zu Beginn des 20. Jahrhunderts, besonders durch die Experimente von Rutherford, gelangte man zu dem modernen Bild der Materie, also des Atoms. Das Atom enthält einen dichten, massebehafteten elektrisch positiv geladenen Kern, der von einer elektrisch negativ geladenen „Elektronenwolke" umgeben ist. Der Kern lässt sich wiederum in noch kleinere Teile zerlegen. Seit der experimentellen Entdeckung des Neutrons 1932 bestand kein Zweifel mehr daran, dass die Atomkerne aus Protonen und Neutronen, die man zusammenfassend Nukleonen nennt, aufgebaut sind. Zu

---

[4]Ein Ausdruck, der vor allem in der Kosmologie und Astrophysik gebräuchlich ist und zur Unterscheidung der unterschiedlichen Formen von Energien im Universum dient. Als baryonische Materie bezeichnet man die aus Atomen aufgebaute Materie, um diese von dunkler Materie, dunkler Energie und elektromagnetischer Strahlung zu unterscheiden. Baryonische Materie setzt sich also aus Quarks und Leptonen (leichte Elementarteilchen mit halbzahligem Spin, die nicht der starken Wechselwirkung unterliegen) zusammen.

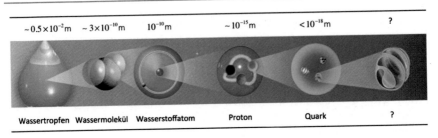

| $\sim 0.5 \times 10^{-2}\,\mathrm{m}$ | $\sim 3 \times 10^{-10}\,\mathrm{m}$ | $10^{-10}\,\mathrm{m}$ | $\sim 10^{-15}\,\mathrm{m}$ | $< 10^{-18}\,\mathrm{m}$ | ? |

| Wassertropfen | Wassermolekül | Wasserstoffatom | Proton | Quark | ? |

Abb. 1.3 Längenskalen in der Hierarchie der Struktur der Materie ausgehend von einem Wassertropfen. Heutzutage spekuliert man über mögliche innere Strukturen der Quarks und hat zumindest schon einen Namen für diese hypothetischen Teilchen: Präquarks oder Präonen

Elektron, Proton und Neutron kam noch ein viertes Teilchen hinzu, das Neutrino. Es wurde 1930 postuliert, um den radioaktiven β-Zerfall im Einklang mit den Erhaltungssätzen für Energie, Impuls und Drehimpuls zu bringen. So hatte man Mitte der 1930er Jahre vier Teilchen, mit denen man alle damals bekannten Phänomene der Atom- und der Kernphysik beschreiben konnte.

In den 1950er und 1960er Jahren stellte sich durch Experimente an Teilchenbeschleunigern heraus, dass Proton und Neutron nur zwei Vertreter einer großen Teilchenfamilie sind, die man heute *Hadronen* nennt. Mehr als 200 verschiedene Hadronen, manchmal auch als *Teilchenzoo* bezeichnet, wurden bis heute nachgewiesen. Da die Hadronen, wie auch die Atome, in Gruppen mit ähnlichen Eigenschaften auftreten, nahm man an, dass sie nicht als fundamentale Bausteine der Materie anzusehen sind. In der zweiten Hälfte der 1960er Jahre brachte dann das Quark-Modell Ordnung in den Teilchenzoo. Man konnte alle bekannten Hadronen als Kombination von zwei oder drei Quarks erklären. Abb. 1.3 zeigt die verschiedenen Längenskalen in der hierarchischen Struktur der Materieteilchen am Beispiel eines Wassertropfens. Wenn man ein Atom mit wachsender Vergrößerung betrachtet, dann werden immer kleinere Strukturen erkennbar: der Kern, bestehend aus den Nukleonen (Protonen und Neutronen) und schließlich die Quarks.

Nach unserer heutigen Kenntnis über den Aufbau von Materie, die im *Standardmodell der Elementarteilchentheorie* formuliert ist, besteht die uns umgebende materielle Wirklichkeit aus dem *physikalischen Vakuum*[5], das nicht im naiven Sinne einfach „leer" ist, sondern dem Energie zur Erzeugung von massebehafteten Teilchen nach der Gleichung $E = mc^2$ entnommen werden kann, sowie aus strukturlosen (punktförmigen) *Elementarteilchen* der 1. Generation von Fermionen, den Elektronen und den Quarks. Die Wechselwirkungen zwischen den Elementarteilchen (die Dynamik) werden in dieser Modellvorstellung durch 4 verschiedene *Felder* vermittelt. Die Felder und deren Energie sind dabei aber „quantisiert", d. h. sie bestehen selbst auch aus insgesamt 25 Teilchen (den sogen. *Bosonen* mit ganzzahligem Spin).

---

[5]Das ist nichts anderes als die Raumzeit, in der sich – wie auf einer kosmischen Bühne – die gesamten physikalischen Ereignisse abspielen, wobei die Raumzeit selbst nicht unabhängig von der Materie existiert, sondern von ihr gekrümmt wird, aber ihrerseits durch ihre Krümmung auf die Bewegung der Materie einwirkt. Diese Vorstellung ist der Kern der Allgemeinen Relativitätstheorie.

Die Theorie, welche auch die Felder mit der Modellvorstellung von Teilchen verknüpft, ist die *relativistische Quantenfeldtheorie*. Diese Theorie und ihre mathematische Struktur, die wesentlich auf Symmetriegruppen beruht, ist die Grundlage des Standardmodells. In ihr sind nicht nur die Elementarteilchen, aus denen die Atome bestehen, diskret, sondern auch die Felder selbst, die auf einer groben Skala der Wahrnehmung als ein Kontinuum erscheinen, werden so beschrieben, als seien sie aus Elementarteilchen, den sogen. *Feldquanten* zusammengesetzt. Weil die Feldquanten die Träger von Energie sind, kann in dieser Theorie die Energie zwischen Atomen – also Kombinationen von Elementarteilchen – und Feldern nur gequantelt, also in diskreten Portionen ausgetauscht werden.

In diesem Lehrbuch behandeln wir die grundlegende Theorie – die *Quantentheorie* – welche die Diskretheit der Bausteine der Materie mathematisch behandelbar und damit „erklärbar" macht, ohne auch noch die Quantisierung der Felder selbst (aus historischen Gründen auch missverständlich „zweite Quantisierung" genannt) zu berücksichtigen. Diese ist den fortgeschrittenen Methoden der Quantenmechanik zuzuordnen, die in diesem Lehrbuch nicht besprochen werden. Was genau wir unter „Erklärung" im Rahmen der Quantentheorie zu verstehen haben, wird an verschiedenen Stellen (unter anderem in Kap. 9) zu diskutieren sein. Wir berücksichtigen in der zu besprechenden Theorie lediglich die Tatsache, dass der Austausch von Energie zwischen den diskreten Atomen und elektromagnetischer Strahlung (also den Feldern) in diskreten Portionen stattfindet. Das elektromagnetische Feld selbst wird in dieser Theorie jedoch nach wie vor wie in der klassischen Physik durch die Maxwell-Gleichungen als ein Wellenvorgang beschrieben, also als ein Kontinuum mit unendlich vielen Freiheitsgraden aufgefasst.

Noch ein Wort zu den Begriffen „Quantentheorie" und „Quantenmechanik": Von der Quanten*theorie* spricht man in der Regel, wenn man sich mehr auf die mathematisch-formale Struktur der Theorie bezieht, während Quanten*mechanik* heute eher im Zusammenhang mit der konkreten Vorgehensweise beim Lösen von Problemen verwendet wird. Das Wort „Quantenmechanik" wurde wahrscheinlich zum ersten Mal von Karl Herzfeld in der Ankündigung seiner Münchener Vorlesungen für das Wintersemester 1921 („Quantenmechanik der Atommodelle") verwendet.

1.4 Die klassische Mechanik

Im 19. Jahrhundert war die Physik im Wesentlichen dominiert von drei grundlegenden Theorien (s. Abb. 1.4), die wir heute als „klassisch" im Sinne von *ohne Berücksichtigung der Quantenmechanik* bezeichnen:

- Mechanik,
- Elektrodynamik,
- Thermodynamik.

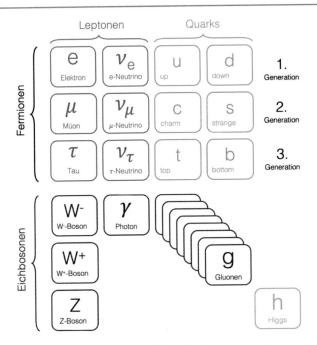

Abb. 1.4 Das Standardmodell der Elementarteilchenphysik, unsere derzeit beste Antwort auf die Frage: „Woraus besteht die Welt?". Die Entwicklung dieses Modells begann in den 1960er Jahren auf der Basis von physikalischen Quantenfeldtheorien und mathematischen Symmetriestrukturen aus der Gruppentheorie und war Ende der 1970er Jahre weitgehend abgeschlossen. Neben den 12 Fermionen und 12 sog. Eichbosonen, welche 3 der 4 Grundkräfte vermitteln (die starke und schwache Kraft, sowie die elektromagnetische Kraft), gibt es im Standardmodell nur ein weiteres Teilchen: das Higgs-Boson, dessen Feld das gesamte Universum durchsetzt und den anderen Elementarteilchen Masse verleiht. Fermionen sind Teilchen, die dem Pauli-Prinzip unterliegen, also die leichten Teilchen (Leptonen) und die Quarks, die Bausteine von Proton und Neutron, aus denen die Atomkerne bestehen. Insgesamt besteht unsere Welt in diesem Modell aus 25 Elementarteilchen. Beachten Sie, dass das Standardmodell nicht für die Gravitation, also die Allgemeine Relativitätstheorie gilt. Für diese 4. Grundkraft im Universum hat die Naturwissenschaft aus verschiedenen – meist formal-mathematischen Gründen – bislang noch keine Quantentheorie entwickeln können

Die Mechanik ist die älteste und mathematisch am weitesten entwickelte dieser drei Theorien und beruht auf der grundlegenden Modellvorstellung des Massenpunkts auf den Kräfte einwirken, die durch die Newton'schen Gesetze beschrieben werden. Die Elektrodynamik wurde erst in der zweiten Hälfte des 19. Jahrhunderts entwickelt und fasste alle damals bekannten Erfahrungstatsachen bei magnetischen, optischen und elektrischen Erscheinungen zusammen.

Aus den Versuchen, diese drei Grundpfeiler des damaligen naturwissenschaftlichen Weltbildes, d. h. alle physikalischen Theorien aufeinander zurückzuführen, entstanden verschiedene interessante neue Ideen und nicht zuletzt auch die Quantentheorie: Als ein Beispiel führe ich die *Äthertheorie* des 19. Jahrhunderts an, die auf der Idee beruhte, dass die Ausbreitung elektromagnetischer Wellen an die Existenz eines Mediums – des Äthers – gebunden sei. James Clerk Maxwell versuchte damit vergeblich, eine mechanische Deutung seiner Gleichungen der Elektrodynamik zu erlangen. Als ein weiteres Beispiel nenne ich Ludwig Boltzmanns Versuche, die Thermodynamik auf eine mechanische Mikrodynamik, die sogen. *statistische Thermodynamik,* zurückzuführen. Die großen Umwälzungen in der Naturwissenschaft zu Beginn des 20. Jahrhunderts entstammen den Versuchen, an den Schnittstellen der damaligen Grundlagen der physikalischen Naturforschung eine einheitliche, mechanische Basis für alle Theorien zu schaffen. Man spricht auch vom *mechanischen Weltbild* des 19. Jahrhunderts. Eine kurze Darstellung der Geschichte der Mechanik ist in Anhang A zusammengestellt.

Die theoretische Mechanik beschreibt die Gesetze, nach denen sich Massen unter dem Einfluss von Kräften mit der Zeit im Raum bewegen. Kräfte sind dabei die Ursache von Bewegungsänderungen und müssen mathematisch und physikalisch noch genauer definiert werden. Wenn man N Massenpunkte vorliegen hat, die ein mechanisches System beschreiben, dann ist dieses eindeutig charakterisiert durch die Angabe von $6N$ Zahlen, nämlich für jedes Teilchen 3 Raumkoordinaten und 3 Geschwindigkeitskoordinaten. Man sagt, das ein mechanisches System aus N Massenpunkten in einem bestimmten *Zustand* ist, der durch diese $6N$ Zahlen eindeutig festgelegt wird, siehe auch Def. 1.4. Ein System in Ruhe ist also eines, dass seinen Zustand nicht verändert, bei dem also alle $6N$ Koordinaten stets gleich bleiben. Ändern sie sich, dann findet Dynamik statt und das System bewegt sich von einem Zustand in den nächsten. Die Gleichungen, welche diese Zustandsänderungen mit den Kräften als Ursache verbinden, sind die Newton'schen Bewegungsgleichungen.

Die Analyse der klassischen Mechanik führt zu Begriffen und Methoden, die sich durch die gesamte Naturwissenschaft ziehen und vor allem für die Quantenmechanik (und die Quantenfeldtheorie) außerordentlich bedeutsam sind. Ausgangspunkt der klassischen Mechanik ist die Modellvorstellung vom Massenpunkt, die sogen. *Punktmechanik.* Die Objekte, die in der Punktmechanik miteinander verknüpft werden, sind Körper (Systeme von vielen Massenpunkten), Kräfte, Raum und Zeit. Die modernen Theorien für eine Vereinheitlichung der Physik setzen fundamental an diesen Begriffen an. Neben dem Massenpunkt existiert als idealisierte Modellvorstellung zur Naturbeschreibung noch ein weiteres Objekt das ein Kontinuum mit unendlich vielen Freiheitsgraden darstellt: das Feld. Felder, die sich dynamisch im Raum ausbreiten, nennt man *Wellen.* Damit ist die Feldtheorie auch eine Wellentheorie. Die historisch wichtigste Feldtheorie, die Elektrodynamik, verbindet elektrische Kräfte und den Raum miteinander; die spezielle Relativitätstheorie verbindet Raum und Zeit, und die Allgemeine Relativitätstheorie (als krönende Ergänzung zur klassischen Physik) verknüpft schließlich Körper mit der lokalen und globalen Raum-Zeit-Struktur der physikalischen Welt.

1.5   Die Lagrange–Funktion der klassischen Mechanik

Die Lagrange-Funktion $L(q_i, \dot{q}_i, t) = T - V$ ist eine Funktion der *generalisierten Koordinaten* $q_i = (q_1, q_2, \ldots, q_n)$ und der *generalisierten Geschwindigkeiten*
$\dot{q}_i = (\dot{q}_1, \dot{q}_2, \ldots, \dot{q}_n)$ von einem N-Teilchen-System, bei dem durch die Wahl der
Koordinaten die evtl. vorhandenen s Zwangsbedingungen automatisch berücksich-
tigt sind. Unter Zwangsbedingungen versteht man eine Einschränkung der Bewe-
gungsfreiheit eines Systems, die man als zusätzliche Gleichungen formulieren kann[6].
Der Index n läuft daher von 1 bis $3N - s$, denn jedes der N Teilchen besitzt im Dreidimensionalen jeweils 3 Komponenten; insgesamt haben wir damit also $3N - s$ voneinander unabhängige, generalisierte Koordinaten, welche die Zwangsbedingungen
implizit berücksichtigen. Der Zusammenhang mit den gewöhnlichen kartesischen
Koordinaten ist durch

$$x_i = x_i(q_1, q_2, \ldots, q_n, t) = 0, \ \ \text{mit} \ \ i = 1, 2, \ldots, 3N \ \ \text{und} \ \ n = 3N - s \quad (1.1)$$

gegeben. Die Lagrange-Funktion bildet für konservative mechanische Systeme die
Differenz zwischen der kinetischen Energie T und der potenziellen Energie V des
Systems. Die Bewegungsgleichungen (also die Dynamik eines klassischen Systems)
erhält man aus einem Variationsprinzip über das folgende Integral (die Wirkung S):

$$S = \int_{t_1}^{t_2} L(q_i, \dot{q}_i, t) \, \mathrm{d}t. \quad (1.2)$$

Gl. (1.2) nennt man auch das *Hamilton'sche Prinzip*, welches in der Lagrange-
Formulierung der Mechanik die Newton'schen Axiome ersetzt. Es besagt, dass
für alle in der Natur ablaufenden Prozesse das Zeitintegral der Lagrange-Funktion
einen Extremwert gegenüber allen virtuellen Nachbarbahnen δq_i annimmt, die
zwischen denselben Zeitpunkten t_1 und t_2 und denselben Endkonfigurationen mit
den Koordinaten q_1 und q_2 durchlaufen werden. Durch Variation aller möglichen
Bahnkurven, welche die Punkte t_1 und t_2 verbinden, lässt sich das Hamilton'sche
Integralprinzip in ein System von Differenzialgleichungen überführen, die man
die *Lagrange-Gleichungen 2. Art* nennt. Dies sind die Bewegungsgleichungen der
Lagrange-Mechanik. (Die Lagrange-Gleichungen *1. Art* behandeln dagegen *explizit*
die Zwangsbedingungen eines Systems).

---

[6]Ein einfaches Beispiel wäre eine auf einer metallischen Feder aufgespießte Perle, die unter dem
Einfluß der Schwerkraft sich reibungsfrei entlang der Windungen nach unten bewegt.

Definition 1.1 (Lagrange-Gleichungen 2. Art)
Die Langrange'schen Bewegungsgleichungen 2. Art für konservative Systeme
mit $L = L(\dot{q}_i, q_i, t) = T - V$ lauten:

$$\frac{\mathrm{d}}{\mathrm{d}t}\frac{\partial L}{\partial \dot{q}_i} - \frac{\partial L}{\partial q_i} = 0, \quad (i = 1, \ldots, f), \qquad (1.3)$$

wobei $f = 3N - s$ die Anzahl der Freiheitsgrade des Systems ist. Die Voraussetzung zur Ableitung der Gl. (1.3) ist, dass die s Zwangsbedingungen *holonom*
sind, d. h., dass sie sich als Funktion der kartesischen Koordinaten x_i in der
Form

$$f_k(x_1, x_2, \ldots, x_{3N}, t) = 0 \quad \text{mit} \quad k = 1, 2, \ldots, s$$

schreiben lassen. Genau dann sind die Variationen δq_i in Gl. (1.2) voneinander
unabhängig.

Die Lagrange-Gleichungen (1.3) bestimmen die Bewegungen $q_i(t)$ eines Systems,
das aus N Teilchen besteht. Es handelt sich insgesamt um $f = 3N - s$ gekoppelte Differenzialgleichungen 2. Ordnung. Der Vorteil der Lagrange'schen Formulierung der Mechanik ist die Tatsache, dass die Lagrange'schen Gl. (1.3) in jedem
Koordinatensystem gültig sind. Außerdem sind die Zwangskräfte in den Gleichungen eliminiert, weil sie durch die Wahl der generalisierten Koordinaten q_i implizit
berücksichtigt sind. Da es sich bei den generalisierten Koordinaten um beliebige physikalische Größen handeln kann, also nicht notwendigerweise um *Längen,* werden
die Lösungen der Bewegungsgleichungen entsprechend unanschaulich. Sie ergeben
erst nach Rücktransformation auf die Teilchenkoordinaten $x_1, x_2, \ldots, x_{3N}$ die klassischen Teilchenbahnen.

Neben den generalisierten Koordinaten q_i und den generalisierten Geschwindigkeiten $\dot{q}_i$, wie sie in der Lagrange-Funktion verwendet werden, spielt der *generalisierte Impuls*

$$p_i = \frac{\partial L}{\partial \dot{q}_i} \qquad (1.4)$$

in vielen Zusammenhängen eine wichtige Rolle, z. B. auch in der Quantenmechanik.
Es ist daher wünschenswert, die Theorie der Mechanik nochmals zu erweitern und
das mechanische System (oder besser gesagt: den Zustand des mechanischen Systems) nicht als Funktion der *generalisierten Variablen* $(q_i, \dot{q}_i)$, sondern als Funktion
der *kanonischen Variablen* (q_i, p_i) zu formulieren. Zweck dieser Variablentransformation ist, die mechanische Bewegung im sogen. *Phasenraum* (q, p) statt im *Konfigurationsraum* $(q, \dot{q})$ zu untersuchen. Wir suchen also ein Potenzial, das uns die
Phasenraumbewegungsgleichung in Analogie zu den Lagrange-Gleichungen liefert.
Dieses Potenzial finden wir in der sogen. *Hamilton-Funktion* $H(q_i, p_i, t)$, die aus
der Lagrange-Funktion $L(q_i, \dot{q}_i, t)$ durch eine *Legendre-Transformation* $\dot{q} \mapsto p$ der

beiden Variablen hervorgeht. In dieser Transformation wird die Ableitung $(\partial L/\partial \dot{q}_i)$ einer Funktion L nach einer Variablen durch eine neue Variable p ersetzt. Für eine allgemeine, differenzierbare Funktion einer Veränderlichen $f(x)$ ist die Legendre-Transformierte wie folgt definiert:

Definition 1.2 (Legendre-Transformierte von $f(x)$)
Bei der Legendre-Transformation einer Funktion $f(x)$ wird eine neue unabhängige Variable u als die Ableitung dieser Funktion $u = \frac{df}{dx}$ eingeführt. Die Legendre-Transformierte $g(u)$ der Funktion $f(x)$ lautet dann:

$$g(u) = f(x) - ux = f(x) - x\frac{df}{dx}. \qquad (1.5)$$

Die Rücktransformation von Gl. (1.5) ist eindeutig, d. h. sie führt wieder auf die ursprüngliche Funktion. Deshalb geht bei einer Legendre-Transformation – anschaulich gesprochen – keine Information über das System verloren.

Alle thermodynamischen Potenziale gehen z. B. durch Legendre-Transformationen ineinander über, siehe auch unsere Diskussion der thermodynamischen Maxwell-Relationen in Anhang E.

1.6   Die kanonischen Bewegungsgleichungen

Um in der Lagrange-Funktion $L(q_i, \dot{q}_i, t)$ die Geschwindigkeiten $\dot{q}_i$ durch Impulse p_i zu ersetzen, löst man das System von f Gleichungen aus Gl. (1.4) nach den $\dot{q}_i$ auf und setzt die so gefundenen $\dot{q}_i = \dot{q}_i(q_i, p_i, t)$ in die Legendre-Transformierte der Lagrange-Funktion, die Hamilton-Funktion

$$H(q_i, p_i, t) = \sum_{i=1}^{f} p_i \dot{q}_i - L(q_i, \dot{q}_i, t) \qquad (1.6)$$

ein, wobei $f = 6N - 2s$ wie in Gl. (1.3) die Anzahl der Freiheitsgrade des Systems bezeichnet. Die Auflösung der Gl. (1.4) nach den $\dot{q}_i$ ist genau dann möglich, wenn gilt:

$$\det\left(\frac{\partial^2 L}{\partial \dot{q}_i \partial \dot{q}_j}\right) = \det(M_{ij}) \neq 0. \qquad (1.7)$$

Ein System, für das Gl. (1.7) gilt, nennt man *kanonisch*. Die unabhängigen Variablen der Hamilton-Funktion sind die generalisierten Koordinaten q_i und Impulse p_i (manchmal auch *kanonisch konjugierte* Impulse genannt). Wir bemerken, dass für Systeme mit skleronomen (d. h. zeitunabhängigen) Zwangsbedingungen und geschwindigkeitsunabhängigem Potenzial die Hamilton-Funktion gerade die Gesamtenergie $H = T + V$ des Systems darstellt. In diesem Fall hat H also eine konkrete physikalische Bedeutung.

Die Bewegungsgleichungen für die Hamilton-Funktion gewinnt man am einfachsten durch die Berechnung der Differenziale der Funktionen in Gl. (1.6), getrennt für die linke und die rechte Seite unter Verwendung der Beziehung $p_i = \partial L / \partial \dot{q}_i$. Ein einfacher Koeffizientenvergleich ergibt dann die *kanonischen Bewegungsgleichungen* der Hamilton'schen Formulierung der Mechanik:

Definition 1.3 (Die Hamilton'schen Bewegungsgleichungen)
Die Hamilton'schen Bewegungsgleichungen lauten:

$$\dot{q}_i = \frac{\partial H}{\partial p_i}, \quad \dot{p}_i = -\frac{\partial H}{\partial q_i}, \quad (i = 1, \ldots, f). \tag{1.8}$$

Wir führen ihre Herleitung explizit in Aufgabe 1.12.3 durch. Mit der Hamilton-Funktion werden aus f Differenzialgleichungen 2. Ordnung in Gl. (1.3) $2f$ Differenzialgleichungen 1. Ordnung. Man hat also doppelt so viele Differenzialgleichungen zu lösen, aber dafür sind diese nur noch von 1. Ordnung. Wegen der hohen Symmetrie dieser Bewegungsgleichungen nennt man sie auch die *kanonischen Bewegungsgleichungen.*

Die kanonischen Bewegungsgleichungen sind $2f$ Differenzialgleichungen 1. Ordnung für die insgesamt $2f$ Koordinaten $\mathcal{Z} = (q_1, q_2, \ldots, q_f; p_1, p_2, \ldots, p_f)$ im Phasenraum. Folglich verwendet man im Hamilton-Formalismus der Mechanik mehr unabhängige Variablen ($2f$ statt f) als im Lagrange-Formalismus, und erlaubt somit mathematisch eine größere Klasse von Transformationen, was für die Diskussion von Symmetrien und der mathematischen Struktur der Theorie von Vorteil ist. Die Hamilton-Funktion stellt deshalb ein Bindeglied zwischen der klassischen Mechanik und der Quantenmechanik dar, was wir in Abschn. 1.8 genauer diskutieren werden. Wir wollen von dem bisher Gesagten eine Definition des klassischen Zustands eines Systems ableiten und das Folgende festhalten:

Definition 1.4 (Zustand in der klassischen Mechanik)
In der klassischen Mechanik ist ein System durch seine Hamilton-Funktion $H(q_i, p_i, t)$ beschrieben. Der Zustand eines mechanischen Systems entspricht einem Punkt

$$\mathcal{Z} = \mathcal{Z}(q_i, p_i, t) = (q_1, q_2, \ldots, q_f; p_1, p_2, \ldots, p_f, t) \tag{1.9}$$

im Phasenraum, der durch f generalisierte Koordinaten und f generalisierte Impulse aufgespannt wird. Falls keine Zwangsbedingungen an dem betrachteten System vorhanden sind, ist $f = 3N$. Die partiellen Ableitungen der Hamilton-Funktion nach den generalisierten Koordinaten q_i und den generalisierten Impulsen p_i in Gl. (1.8) führen dann zu einem Satz von insgesamt $6N$ Bewegungsgleichungen, die sich mit einer entsprechenden Anzahl von bekannten Anfangsbedingungen $Z(t = 0) = Z_0$ integrieren lassen und damit den mechanischen Zustand $Z(t)$ für alle Zeiten (in beiden Richtungen von t) festlegen.

1.6.1 Determinismus in der klassischen Mechanik

Ein charakteristisches Merkmal der klassischen Theorien ist ihr Determinismus, nach dem aus der Kenntnis aller den Zustand des Systems zu einem bestimmten Zeitpunkt definierenden Größen zumindest prinzipiell (wenn auch nicht praktisch, wegen der zu großen Anzahl von Variablen) der Zustand zu allen späteren Zeiten bereits eindeutig und mit vollständiger Bestimmtheit festgelegt ist. Dies bedeutet insbesondere, dass sich sämtliche Basisgleichungen der klassischen Theorien auf physikalische Größen beziehen, von denen angenommen wird, dass sie grundsätzlich und ohne Beschränkungen zugänglich, d. h. messbar sind.

Die in der Festlegung der Beschreibung eines klassischen Zustands implizit angenommene *uneingeschränkt mögliche Messbarkeit* von Anfangsbedingungen hat sich durch die Quantenmechanik als nicht haltbar erwiesen. Um eine Anfangsbedingung praktisch festzulegen, müssen wir eine Messung durchführen, d. h. letztlich, dass man das System durch die Messung „stören" muss. Man kann bezüglich der Störung eines Systems durch den Messprozess dann z. B. die im Kasten dargestellte Einteilung vereinbaren.

Überblick: Der Messprozess in Abhängigkeit von der Systemgröße

kleines System $\Leftrightarrow$ Störung durch Messung am System spürbar,

großes System $\Leftrightarrow$ Störung durch Messung vernachlässigbar.

Der Begriff „Systemgröße" ist hierbei nicht so zu verstehen, dass man ein System von atomarer Dimension – also etwa ein Atom – einfach in Gedanken in seinen räumlichen Abmessungen vergrößert und auf diese Weise von einem „kleinen" zu einem „großen" System gelangt. Der wesentliche Unterschied zwischen kleinen und großen Systemen ist vielmehr, dass große Systeme aus *vielen* Teilchen atomarer Dimension (z. B. Atomen) bestehen, während *kleine* Systeme aus wenigen (oder einem einzelnen) Teilchen bestehen.

Der klassischen Physik liegt die (implizit vorausgesetzte) Vorstellung zugrunde, dass jedes System so behandelt werden kann, als sei es „groß". Diese Vorstellung muss jedoch für Abläufe in atomaren Dimensionen, typischerweise mit Massen von 10^{-30} kg bis 10^{-25} kg und Linearabmessungen von weniger als 10^{-9} m aufgegeben werden.

1.6.2 Bewegungsgleichungen und Poissonklammern

Betrachten wir eine beliebige Funktion $A(q_i, p_i, t)$ auf dem Phasenraum, welche die Bewegung eines klassischen Systems beschreibt. Ihre totale Ableitung ist durch

$$\frac{dA}{dt} = \frac{\partial A}{\partial t} + \sum_{i=1}^{f} \left(\frac{\partial A}{\partial q_i} \dot{q}_i + \frac{\partial A}{\partial p_i} \dot{p}_i \right) = \frac{\partial A}{\partial t} + \sum_{i=1}^{f} \left(\frac{\partial A}{\partial q_i} \frac{\partial H}{\partial p_i} - \frac{\partial A}{\partial p_i} \frac{\partial H}{\partial q_i} \right) \quad (1.10)$$

gegeben, wobei wir die kanonischen Bewegungsgleichungen aus Gl. (1.8) verwendet haben. Diese Gleichung schreiben wir kompakt als

$$\frac{dA}{dt} = \frac{\partial A}{\partial t} + \{A, H\}. \quad (1.11)$$

Wir haben dabei die Definition der klassischen *Poisson-Klammern* verwendet:

> **Definition 1.5 (Die klassische Poisson-Klammer)**
> Für zwei beliebige Phasenraum-Funktionen $F(q_i, p_i, t)$ und $G(q_i, p_i, t)$ definieren wir die *Poisson-Klammer* als den Ausdruck
>
> $$\{F, G\} = \sum_{i=1}^{f} \left(\frac{\partial F}{\partial q_i} \frac{\partial G}{\partial p_i} - \frac{\partial F}{\partial p_i} \frac{\partial G}{\partial q_i} \right). \quad (1.12)$$

Falls A nicht explizit von der Zeit abhängig ist, also $A = A(p_i, q_i)$ gilt, dann ist A eine Erhaltungsgröße, falls die Poisson-Klammer mit der Hamilton-Funktion verschwindet. Wegen Def. (1.3) haben wir:

$$\dot{q}_i = \frac{\partial H}{\partial p_i}, \quad \dot{p}_i = -\frac{\partial H}{\partial q_i}, \quad (i = 1, \ldots, f). \quad (1.13)$$

Offensichtlich ist die Gesamtenergie H selbst erhalten, denn es gilt:

$$\frac{dH}{dt} = \{H, H\} = \sum_{i=1}^{f} \left(\frac{\partial H}{\partial q_i} \frac{\partial H}{\partial p_i} - \frac{\partial H}{\partial p_i} \frac{\partial H}{\partial q_i} \right) = 0. \quad (1.14)$$

Setzt man die Koordinate q_j anstelle von A in Gl. (1.11) ein, so erhalten wir

$$\frac{\mathrm{d}q_j}{\mathrm{d}t} = \dot{q}_j = \{q_j, H\} = \sum_{i=1}^{f} \left(\underbrace{\frac{\partial q_j}{\partial q_i}}_{= \delta_{ji}} \frac{\partial H}{\partial p_i} - \underbrace{\frac{\partial q_j}{\partial p_i}}_{= 0} \frac{\partial H}{\partial q_i} \right) = \frac{\partial H}{\partial p_j}. \tag{1.15}$$

Wir erhalten also die Bewegungsgleichung für q_j. Analog erhalten wir für p_j:

$$\frac{\mathrm{d}p_j}{\mathrm{d}t} = \dot{p}_j = \{p_j, H\} = \sum_{i=1}^{f} \left(\underbrace{\frac{\partial p_j}{\partial q_i}}_{= 0} \frac{\partial H}{\partial p_i} - \underbrace{\frac{\partial p_j}{\partial p_i}}_{= \delta_{ij}} \frac{\partial H}{\partial q_i} \right) = -\frac{\partial H}{\partial q_j}. \tag{1.16}$$

Also lässt sich die gesamte Hamilton'sche Dynamik mit Hilfe der Poisson-Klammern völlig symmetrisch formulieren. In Kap. 4 werden wir das quantenmechanische Analogon zu den Poissonklammern einführen – den Kommutator – siehe auch Tab. 1.8 und erhalten damit im sogen. *Heisenbergbild* die quantenmechanischen Bewegungsgleichungen.

Rechenregeln für die Poissonklammern
Es gelten folgende Rechenregeln:

- Antisymmetrie: $\{\varphi, \psi\} = -\{\psi, \varphi\}$,
- Linearität: $\{\varphi_1 + \varphi_2, \psi\} = \{\varphi_1, \psi\} + \{\varphi_2, \psi\}$,
- Jacobi-Identität:

$$\{\{\varphi, \psi\}, \chi\} + \{\{\psi, \chi\}, \varphi\} + \{\{\chi, \varphi\}, \psi\} = 0. \tag{1.17}$$

Einige der Rechenregeln werden wir in Aufgabe 1.12.8 beweisen. Die Poisson-Klammern für Impuls- und Ortskoordinaten, auch als *fundamentale Poisson-Klammern* bezeichnet, lauten:

$$\{q_i, q_j\} = 0, \quad \{p_i, p_j\} = 0, \quad \{q_i, p_j\} = \delta_{ij}. \tag{1.18}$$

Das ist leicht nachzurechnen, z. B. für die letzte Beziehung:

$$\{q_i, p_j\} = \sum_{k=1}^{f} \left(\underbrace{\frac{\partial q_i}{\partial q_k}}_{= \delta_{ik}} \underbrace{\frac{\partial p_j}{\partial p_k}}_{= \delta_{jk}} - \underbrace{\frac{\partial p_i}{\partial p_k}}_{= \delta_{ik}} \underbrace{\frac{\partial p_j}{\partial q_k}}_{= 0} \right) = \delta_{ij} = \begin{cases} 1 \text{ für } i = j, \\ 0 \text{ für } i \neq j. \end{cases} \tag{1.19}$$

1.7   Der Gültigkeitsbereich der klassischen Teilchen–Mechanik

Um physikalische Systeme verstehen zu können, müssen häufig Vereinfachungen und Idealisierungen vorgenommen werden. Dabei versucht man, für das Problem wichtige und unwichtige Effekte voneinander zu trennen. Eine dafür wesentliche mathematische Methode ist die sogenannte *Taylor–Entwicklung* von Funktionen, die es gestattet, *lineare Approximationen* von Funktionen einzuführen, die deshalb so wichtig sind, weil bei linearen Gleichungen das *Superpositionsprinzip* gilt. Erst durch dieses Vorgehen wird es überhaupt möglich, Theorien und Naturgesetze zu formulieren.

Ein Beispiel für dieses Vorgehen ist die Approximation von ausgedehnten Körpern durch die Summe von Punktmassen. Hierbei werden die räumliche Ausdehnung und mögliche innere Freiheitsgrade der Objekte vernachlässigt. So gelten die Newtonschen Gesetze beispielsweise zunächst auch nur für Punktmassen. Die Auswirkungen der Ausdehnung der Objekte kann dann durch zusätzliche Gleichungen beschrieben werden. In der klassischen Mechanik werden Körper als Punkte bestimmter Masse, sogenannte Punktmassen, beschrieben. Die Ausdehnung der Punktmassen ist dabei klein gegenüber den Dimensionen des Gesamtsystems. Die Begriffe „klein" oder „groß" sind hier als relative Bezugsangaben zu verstehen. So ist beispielsweise die Erde im Vergleich zu einer Raumstation, die sie umkreist, groß. Relativ zur Ausdehnung der Sonne oder sogar der Milchstraße ist die Erde jedoch klein. Eine Punktmasse wird allein durch ihre Masse m und ihren Ort $x(t)$ zur Zeit t beschrieben. Ausgedehnte starre Körper können dann als Systeme von Punktmassen aufgefasst werden, deren Abstände untereinander konstant sind. Punktmassen sind Idealisierungen, da sämtliche Alltagsgegenstände eine Ausdehnung besitzen. Andererseits können beispielsweise einige Elementarteilchen wie Elektronen doch als Punktmassen angesehen werden, da es experimentell bisher nicht gelungen ist, eine innere Struktur von Elektronen zu beobachten. Die obere Grenze für den Elektronenradius liegt bei weniger als 10^{-18} m. Der physikalische Raum, in dem sich die klassische Mechanik abspielt, ist ein kontinuierlicher, dreidimensionaler Vektorraum $\mathbb{R}^3$. Dieser Raum ist euklidisch, oder wie man auch sagt, flach, also nicht gekrümmt – differentialgeometrisch bedeutet dies, dass der Riemannsche Krümmungstensor $R^i{}_{klm} = 0$ ist. Anschaulich gesprochen existiert genau dann ein kartesisches Koordinatensystem, um die Positionen von Punktmassen zu beschreiben. Beispiele für gekrümmte zweidimensionale Räume sind die Oberflächen einer Kugel (positive Krümmung) oder eines Sattels (negative Krümmung).

Im Rahmen der klassischen Mechanik sind die Eigenschaften des Raumes unabhängig von der Existenz von Körpern und deren Bewegung. Die Lage von Körpern wird stets relativ zu anderen Körpern, den Bezugssystemen, angegeben. Ein häufig anzutreffendes Bezugssystem ist das sogenannte Laborsystem, das durch die Wände desjenigen Labors definiert ist, in dem Experimente durchgeführt werden. Im Allgemeinen gelten die Annahmen der Homogenität und Isotropie des Raumes, d. h., ein Bezugssystem kann beliebig (aber zeitunabhängig) verschoben und gedreht werden. Typischerweise wird wegen seiner Einfachheit ein kartesisches Koordinatensystem für das Bezugssystem gewählt. Die Zeit ist in der nichtrelativistischen Mechanik ein absoluter, kontinuierlicher und unabhängiger Parameter. Das heißt unter anderem, dass sich jedem Ereignis ein *eindeutiger* Zeitpunkt t zuordnen lässt und sich alle Ereignisse eindeutig zueinander anordnen lassen (ein Ereignis kann somit gleichzeitig, früher oder später als ein anderes Ereignis eintreten). Es wird im Rahmen der Newtonschen Mechanik postuliert, dass es eine für alle Bezugssysteme universelle Zeit gibt. (Von dieser Hypothese muss man in der speziellen Relativitätstheorie abrücken.) Der Nullpunkt der Zeit ist im Allgemeinen frei wählbar. Letzteres wird als Homogenität der Zeit bezeichnet. Um Zeiten zu messen, benötigt man periodische Vorgänge (z. B. die Tageslänge, die Schwingungsdauer eines Pendels oder einer Lichtwelle).

Kräfte wirken in der nichtrelativistischen Mechanik instantan, d. h. von ihrer Wirkung wird angenommen, dass sie sich mit einer unendlichen Geschwindigkeit ausbreitet; Ursache und Wirkung einer Kraft ereignen sich also gleichzeitig. Die klassische, nichtrelativistische Mechanik ist – pauschal gesprochen – gültig in „alltäglichen" Dingen, bei denen die Geschwindigkeiten klein gegenüber der Lichtgeschwindigkeit sind, die Abstände groß gegenüber der Größe von Atomen, aber klein gegenüber kosmologischen Ausdehnungen, und die Massen hinreichend klein sind.

Die spezielle Relativitätstheorie ist eine Erweiterung der Newtonschen Mechanik, in der die Geschwindigkeiten nicht auf Werte beschränkt sind, die klein gegenüber der Lichtgeschwindigkeit sind. Im Rahmen der allgemeinen Relativitätstheorie, werden sowohl kosmologische Abstände als auch beliebig große Massen, die den Raum krümmen, betrachtet. Systeme, deren Ausdehnungen in der Größenordnung von Atomdurchmessern liegen, so dass der Wellencharakter von Materie sichtbar, bzw. messbar wird, werden durch die Quantenmechanik beschrieben.

1.8   Ausblick auf die Quantenmechanik

An dieser Stelle soll ein kleiner Ausblick auf die Quantenmechanik gegeben werden, denn der Leser mag sich fragen, was es denn soll, dass man eine Formulierung der Mechanik nach der anderen entwickelte, also die

- Newton'sche Mechanik,
- Lagrange'sche Mechanik,
- Hamilton'sche Mechanik,

wenn man doch mit der Lagrange-Formulierung schon im Wesentlichen alles berechnen konnte. Wie wir gesehen haben liegt die Bedeutung der Hamilton'schen Mechanik zum einen in der Ästhetik und der Symmetrie der Gleichungen zur Beschreibung von Bewegungen. Eine weitere, sehr viel wichtigere Bedeutung der Hamilton'schen Mechanik liegt darin, dass sie als Ausgangspunkt für den Übergang zur Quantenmechanik dient. Diesen Zusammenhang wollen wir nun kurz beschreiben.

1.8.1 Quantisierung

Allgemein stellt sich das Problem, wie man bei einem gegebenen klassischen System, das durch die Phasenraumfunktion $\mathcal{Z}(q_i, p_i, t)$ beschrieben wird, eine „Quantisierung" durchführt. Gesucht ist also eine quantenmechanische Beschreibung, die im klassischen Grenzfall (Planck'sches Wirkungsquantum $\hbar \to 0$) die gegebenen klassischen Gleichungen reproduziert. Ganz allgemein betrachtet man in der Quantenmechanik nicht den Phasenraum, sondern den Hilbert-Raum, in dem alle Funktionen zu Operatoren werden (Operatoren sind in geeigneter Basis Matrizen). Ebenso wie nun die Poisson-Klammer die mathematische Struktur des Phasenraums für die Mechanik bestimmt, so ist der Kommutator von zwei Operatoren $[\hat{A}, \hat{B}] = \hat{A}\hat{B} - \hat{B}\hat{A}$ die Klammer, die dem Hilbert-Raum die mathematische Struktur der Quantenmechanik verleiht. Der Unterschied zwischen klassischer Mechanik und Quantenmechanik liegt also in den zwei Realisierungen der abstrakten Klammer, die den jeweiligen Räumen die mathematische Struktur verleihen.

1.8.2 Das Korrespondenzprinzip

Der Übergang von der Hamilton-Mechanik zur Quantenmechanik (die sogen. Quantisierung) geht von den kanonisch konjungierten Variablen q_i und p_i aus. Dabei gelten die in Tab. 1.1 aufgeführten Äquivalenzen zur Ersetzung klassischer durch quantenmechanische Größen:

1.8.3 Die Solvay-Konferenzen

Die Solvay-Konferenz wurde von dem belgischen Industriellen Ernest Solvay 1911 ins Leben gerufen und war ein Wendepunkt in der Welt der Naturwissenschaften

Tab. 1.1 Das Korrespondenzprinzip, das den formalen Übergang von der klassischen zur Quantenmechanik beschreibt

Klassische Mechanik	Quantenmechanik
Phasenraum	Hilbert-Raum $\mathcal{H}$
Zustand $\mathcal{Z}(q_i, p_i, t)$	Wellenfunktion $\psi(\vec{x}, t)$
Messung einer Observable A	Linearer Hermite'scher Operator $\hat{A}$
Messergebnis (Observable) $A(q_i, p_i, t)$	Eigenwert a_i (Erwartungswert) von $\hat{A}$
Hamilton-Funktion $H(q_i, p_i)$	Hamilton-Operator $\hat{H}(\hat{\vec{x}}, \hat{\vec{p}})$
Koordinaten q_i und Impuls p_i	Ortsoperator $\hat{x}_i$ und Impulsoperator $\hat{p}_i$
Poisson-Klammer $\{A, B\}$	Kommutator $[\hat{A}, \hat{B}] = \hat{A}\hat{B} - \hat{B}\hat{A}$
$\{q_i, p_i\} = \delta_{ij}$	$\frac{1}{i\hbar}[\hat{x}_i, \hat{p}_i] = \delta_{ij}$
$\frac{dA}{dt} = \frac{\partial A}{\partial t} + \{A, H\}$	$\frac{d}{dt}\hat{A} = \frac{\partial \hat{A}}{\partial t} + \frac{1}{i\hbar}[\hat{A}, \hat{H}]$

Abb. 1.5 Teilnehmerfoto der Solvay-Konferenz in Brüssel 1927. Auf dem Foto sind, von hinten nach vorne und von links nach rechts: Auguste Piccard, Émile Henriot, Paul Ehrenfest, Édouard Herzen, Théophile de Donder, Erwin Schrödinger, Jules-Émile Verschaffelt, Wolfgang Pauli, Werner Heisenberg, Ralph Howard Fowler, Léon Brillouin, Peter Debye, Martin Knudsen, William Lawrence Bragg, Hendrik Anthony Kramers, Paul Dirac, Arthur Compton, Louis de Broglie, Max Born, Niels Bohr, Irving Langmuir, Max Planck, Marie Skodowska Curie, Hendrik Lorentz, Albert Einstein, Paul Langevin, Charles-Eugène Guye, Charles Thomson Rees Wilson, Owen Willans Richardson. Abdruck mit Genehmigung. Quelle: Institut International de Physique Solvay

zu Beginn des 20. Jahrhunderts Die Konferenzen fanden stets in Brüssel statt und widmeten sich den drängendsten Fragen und Problemen auf den Gebieten der Physik und der Chemie. Die vielleicht berühmteste dieser Konferenzen war die fünfte Internationale Solvay-Konferenz über Elektronen und Photonen, die im Oktober 1927 stattfand und einige der bekanntesten Personen aus der damaligen Wissenschaftswelt versammelte (Abb. 1.5), um über die damals gerade neu formulierte Quantenmechanik zu diskutieren. Die führenden Personen dieses Kongresses waren Albert Einstein und Niels Bohr, die hier ihre berühmt gewordene Debatte um die Grundlagen der Quantenmechanik begannen, die wir etwas genauer in Kap. 9 beleuchten werden. Insgesamt 17 der 29 Teilnehmer waren bereits oder wurden später Nobelpreisträger. Marie Curie nahm auch teil und hatte als einzige Person (bis heute) zwei Nobelpreise in *verschiedenen* Naturwissenschaften (1903 in Physik, 1911 in Chemie) erhalten.[7]

---

[7]Linus Pauling bekam auch zwei Preise in verschiedenen Disziplinen (1954 für die Erforschung der Natur der chemischen Bindung) und den 2. Preis 1962 für Frieden. Insgesamt gibt es neben Curie und Pauling nur noch zwei Menschen (bis heute) mit zwei Nobelpreisen, jeweils in derselben Disziplin: Zum einen John Bardeen in Physik 1954 (geteilt mit William Shockley und Walter Bratein) für die Entdeckung des Transistor-Effekts und 1973 (geteilt mit Leon Cooper und John Schrieffer) für die quantenmechanische BCS-Theorie der Supraleitung. Zum anderen Frederik Sanger in Chemie 1958 (ungeteilter Preis) für die Strukturaufklärung des Insulins und 1980 (geteilt mit Walter Gilbert) für die Ermittlung der Basensequenz in Nukleinsäuren.

1.9 Indeterminismus in der Quantenmechanik

Eines der charakteristischen Merkmale der Quantenmechanik, die in vielen Lehrbüchern als etwas Besonderes herausgestellt wird, ist die Tatsache, dass grundsätzlich nur Wahrscheinlichkeitsaussagen über das Ergebnis von Experimenten gemacht werden können, aber nicht – wie vermeintlich in der klassischen Mechanik – die Zeitentwicklung eines Systems mit absoluter und deterministischer Genauigkeit vorhergesagt werden kann. Wie wir in Kap. 3 sehen werden, geht diese sogen. *statistische Interpretation* der Quantenmechanik auf Max Born zurück, der diesen Vorschlag 1926 unterbreitete (Born 1926). Dieser statistische Aspekt ist jedoch keineswegs das Außergewöhnliche oder Besondere an der Quantenmechanik, sondern vielmehr die durch die Linearität der Grundgleichung der Quantenmechanik – der Schrödinger-Gleichung – bedingte *Gültigkeit des Superpositionsprinzips*. Dadurch kann es überlagerte (superponierte) Zustände geben (Schrödingers Katzenzustände, s. Kap. 9), die man auch *verschränkte Zustände* nennt. Es ist vor allem diese Möglichkeit der Verschränkung von zusammengesetzten quantenmechanischen Zuständen, die zu den „Merkwürdigkeiten" der Quantenmechanik führt; denn bei verschränkten Zuständen gehen die Eigenschaften der individuellen Einzelsysteme verloren, und es können nur noch Aussagen, d. h. Messungen am Gesamtsystem, vorgenommen werden, die aber dann „instantan" – theoretisch auch über beliebig große Distanzen hinweg – die Eigenschaften der Einzelsysteme beschreiben, was in der Wissenschaftsliteratur mit Bezug auf Einsteins Äußerung hierzu oft als „spukhafte Fernwirkung" bezeichnet wird. Im Grunde genommen ist dies aber nur eine logische Konsequenz der Linearität der Schrödinger-Gleichung, die solche verschränkten Zustände zulässt.

Max Born hat die Konsequenzen seiner Wahrscheinlichkeitsdeutung der Quantenmechanik im Jahr 1956 wie folgt zusammengefasst:

> „Zusammenfassend kann man sagen: Es ist nicht die Einführung der indeterministischen, statistischen Beschreibung, was die Quantenmechanik von der klassischen Mechanik abhebt, sondern andere Züge, vor allem die Auffassung der Wahrscheinlichkeitsdichte als Quadrat einer Wahrscheinlichkeitsamplitude, $P = |\psi|^2$; dadurch entsteht das Phänomen der Interferenz der Wahrscheinlichkeiten; dieses macht die Anwendung der naiven Ding-Vorstellung auf die Massenteilchen der Physik unmöglich und erzwingt eine Revision des Begriffs der physikalischen Realität."

(Born 1955)

Hierzu ist anzumerken, dass die klassische Mechanik (wie übrigens auch die Quantenmechanik) deterministische Physik beschreibt. In Kap. 3 werden wir sehen, dass die dynamische Grundgleichung der Quantenmechanik – die Schrödinger-Gleichung – eine wohldefinierte Differenzialgleichung erfüllt, die keinerlei stochastische Elemente in sich trägt. In der klassischen Mechanik nahm man für lange Zeit an, dass sich die Bewegung (Dynamik) eines beliebigen klassischen Systems bei genauer Kenntnis der Anfangsbedingungen für beliebig lange Zeit prinzipiell vorausberechnen lässt. Die notwendige mathematische Methode dafür sind die Differenzialgleichungen des Lagrange- oder des Hamilton-Formalismus der

Mechanik, die wir in den vorigen Abschnitten besprochen haben. Man sucht die Bewegungsgleichungen und löst die so gefundenen Differenzialgleichungen unter den gegebenen Anfangsbedingungen. Bei komplizierten (eventuell gekoppelten) Bewegungsgleichungen mag die Lösung mathematisch anspruchsvoll sein, eventuell mögen sogar die passenden Rechenverfahren fehlen. Im schlimmsten Fall jedoch lassen sich die (im Prinzip existierenden, exakten) Lösungen dann mit Hilfe des Computers durch numerische Integration bestimmen. An dieser Vorstellung ist zunächst einmal nichts Falsches.

Indirekt impliziert man jedoch auch, dass Bewegungen, die sich durch so klare mathematische Gesetzmäßigkeiten wie Differenzial- oder Differenzengleichungen beschreiben lassen, „geordnet" verlaufen und nicht nur prinzipiell, sondern auch ganz praktisch vorhersagbar sein müssten. Dies ist jedoch normalerweise nicht der Fall, sondern nur dann, wenn das betrachtete System sich *nicht chaotisch* verhält. Ein erster Hinweis auf chaotisches Verhalten findet sich bereits im 19. Jahrhundert bei Poincaré für das Drei-Körper-Problem. Um anzudeuten, dass sich dieses chaotische Verhalten aus durchaus deterministischen Gleichungen entwickelt und dass jeder momentane Zustand des Systems sehr wohl deterministisch aus dem vorhergehenden Zustand folgt, wurde der Begriff *deterministisches Chaos* geprägt. Inzwischen ist klar geworden, dass chaotisches Verhalten in der Natur nicht die Ausnahme, sondern die Regel ist. Es tritt nur bei *nichtlinearen Bewegungsgleichungen* auf. Ein häufiger Grund für nichtlineare Terme in den Bewegungsgleichungen sind Rückkopplungseffekte von Kräften. In Anhang B findet der Leser eine kurze Einführung in die Beschreibung von chaotischem Verhalten in der klassischen Physik.

1.10 Die Welleneigenschaften von Licht

In diesem Abschnitt wollen wir noch die zweite Ontologie – man könnte auch sagen *Modellvorstellung* – betrachten, die in der naturwissenschaftlichen Beschreibung der physikalischen Wirklichkeit Verwendung findet: die Existenz von *Wellen* als eigenständiges Element der Wirklichkeit neben den Teilchen. Die Ausbreitung von Wellen unterscheidet sich deutlich von der Fortbewegung von Teilchen. Wellen werden an Kanten oder Öffnungen gebeugt, weichen hier also von der geradlinigen Ausbreitung ab; außerdem können sie miteinander interferieren und dabei ein Interferenzmuster erzeugen. Wenn eine Welle auf eine kleine Öffnung trifft, dann breitet sie sich dahinter so aus, als sei die Öffnung selbst eine Punktquelle. Man spricht von *Huygens'schen Elementarwellen*.

Teilchen bewegen sich geradlinig, solange keine Kraft auf sie einwirkt. Wenn sie miteinander zusammenstoßen oder auf ein Hindernis treffen, dann erzeugen sie – im Gegensatz zu Wellen – niemals ein Interferenzmuster, sondern ändern ggf. nur ihre Richtungen und Geschwindigkeiten und bewegen sich danach geradlinig weiter. Auch der Austausch von Energie vollzieht sich bei Teilchen und bei Wellen unterschiedlich. Teilchen tauschen Energie nur bei Zusammenstößen aus, die an bestimmten Punkten in Raum und Zeit geschehen. Dagegen breitet sich die Energie von Wellen im Raum aus und wird kontinuierlich übertragen, wenn die Wellenfronten mit Materie wechselwirken. Oft kann man die Fortbewegung einer Welle nicht von der eines Teilchenstrahls unterscheiden. Wenn die Wellenlänge λ nämlich sehr klein gegenüber den Öffnungen oder den Abständen von den Kanten von Gegenständen ist, dann sind die Beugungseffekte vernachlässigbar, und die Wellenausbreitung gleicht der eines geradlinigen Strahls. In diesem Fall sind die Interferenzmaxima und -minima räumlich so nahe beieinander, dass sie nicht erkennbar sind. Die Wechselwirkung einer Welle mit einem Detektor gleicht dabei derjenigen eines Strahls aus unzählig vielen kleinen Teilchen, von denen jedes eine geringe Energiemenge mit dem Detektor austauscht. Anhand des Energieaustauschs kann man Wellen und Teilchen also experimentell nicht voneinander unterscheiden.

1.10.1 Von Newton zu Maxwell

Die Frage, ob Licht einen Teilchenstrahl oder eine sich ausbreitende Welle darstellt, ist auch wissenschaftshistorisch sehr interessant. Isaac Newton versuchte nämlich, das Reflexions- und das Brechungsgesetz mithilfe der Teilchentheorie zu erklären. Bei der Brechung musste er dabei annehmen, dass sich Licht in Wasser oder Glas schneller ausbreitet als in Luft. Das erwies sich später als falsch. Zu den bedeutenden frühen Verfechtern der Wellentheorie zählten Robert Hooke und Christiaan Huygens, die die Brechung damit erklärten, dass sich Licht in Wasser oder Glas langsamer als in Luft ausbreitet. Newton hing der Teilchentheorie an und lehnte die Wellentheorie strikt ab, zumal man seinerzeit glaubte, Licht breite sich immer geradlinig aus. Die Beugung war damals noch nicht beobachtet worden. Newton genoss hohe wissenschaftliche Autorität. Daher wurde seine Teilchentheorie des Lichts rund hundert Jahre lang akzeptiert. Doch 1801 konnte Thomas Young mit seinem berühmt gewordenen Experiment die Wellennatur des Lichts am Doppelspalt demonstrieren. Dabei werden zwei kohärente[8] Lichtquellen dadurch erzeugt, dass zwei enge, parallele Spalte 1 und 2 mit einer einzigen Lichtquelle beleuchtet werden (s. Abb. 1.6).

In der Beobachtungsebene können nicht die einzelnen elektromagnetischen Feldvektoren (also das $\vec{E}$-Feld oder das $\vec{B}$-Feld selbst) gemessen werden, sondern nur darüber gemittelte Intensitäten – für die Messung der Feldvektoren sind die Messgeräte zu träge und haben keine genügende Zeitauflösung. Mit einem Detektor stellen wir ein kontinuierliches Anwachsen von Energie fest und schließen aus genauen Messungen, dass die Intensität I proportional zum Quadrat der kontinuierlich variablen Wellenamplitude A ist. Messen wir also die Intensität einer Welle am Doppelspalt als Funktion der Koordinate x in Verbindungsrichtung der Spalte, so finden wir

$$I = I_1 = |A_1|^2, \quad \text{wenn } nur \text{ Spalt 1 offen ist,} \tag{1.20}$$

$$I = I_2 = |A_2|^2, \quad \text{wenn } nur \text{ Spalt 2 offen ist,} \tag{1.21}$$

$$I = I_{12} = |A_1 + A_2|^2, \quad \text{wenn } beide \text{ Spalte geöffnet sind.} \tag{1.22}$$

---

[8] Als kohärent wird eine Strahlung bezeichnet, bei der alle enthaltenen Photonen die gleiche Energie, gleiche Richtung und dieselbe Differenz in der Phase besitzen.

Abb. 1.6 Beim Doppelspaltexperiment von Thomas
Young wirken zwei enge,
parallele Spalte 1 und 2 als
kohärente Lichtquellen. Die
von den Spalten
ausgehenden zylindrischen
Wellen überlagern sich und
erzeugen am weit entfernten
Schirm ein Interferenzmuster

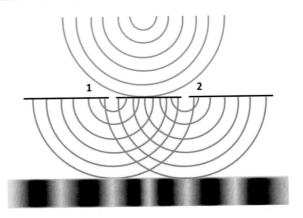

Ergänzung: Kohärentes Licht

Kohärentes Licht ist elektromagnetische Strahlung, die einen festen räumlichen und zeitlichen Zusammenhang aufweist. Räumliche Kohärenz liegt vor,
wenn alle Wellenfronten der Strahlung die gleiche Ausbreitung haben (eine
feste Phasenbeziehung), während zeitliche Kohärenz vorliegt, wenn alle Wellenfronten die gleiche Wellenlänge haben. Einfarbiges (monochromatisches)
Licht ist lediglich *zeitlich* kohärent (gleiche Wellenlänge), die Ausbreitung der
Wellenlängen im Raum hat aber keine feste Phasenbeziehung. Daher gilt, dass
kohärentes Licht auch monochromatisches Licht darstellt, während monochromatisches Licht nicht immer kohärent sein muss. Bei monochromatischem Licht
kann man dies erreichen, indem man beispielsweise eine Blende vor den Farb-
filter positioniert und somit die Wellenzüge der ausbreitenden Wellen in Phase
bringt.

Im letzteren Fall werden, da sich die Wellenamplituden additiv verhalten, die für klassische Wellen typischen *Interferenzen* durch die Beugung der Wellen und das Entstehen von neuen Elementarwellen an den Spalten sichtbar. Die Beugungsphänomene an
einem Spalt der Breite d oder an einem mit vorgebbarer Gitterkonstante d künstlich
herstellbaren, ebenen Strichgitter zeugen eindeutig von der Wellennatur des Lichtes
bzw. der elektromagnetischen Strahlung. Entscheidende Voraussetzung für deutliche
Beugungsbilder ist, dass d *von derselben Größenordnung* ist wie die Wellenlänge λ
der Strahlung. Das bedeutet, dass man für die verschiedenen Wellenlängenbereiche
unterschiedliche Beugungsgitter einzusetzen hat. Für Radiowellen bzw. langwelli-
ges Infrarot, $\lambda \geq 10^{-4}$ m, verwendet man Drahtgitter, für kurzwelliges Infrarot,
sichtbares Licht, Ultraviolett, 10^{-6} m $\geq \lambda \geq 10^{-8}$ m, kommen Strichgitter (Glasp-
latten) in Betracht, während die Röntgenstrahlung, 10^{-9} m $\geq \lambda \geq 10^{-11}$ m, durch
die regelmäßige Anordnung der Atome im Kristallgitter zu Beugungs- und Interfe-
renzerscheinungen veranlasst werden kann (s. Abb. 1.7). Hierfür gilt die Bragg-Bedingung:

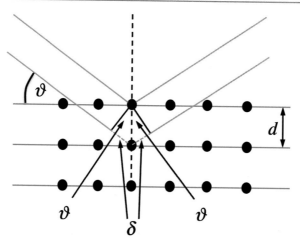

Abb. 1.7 Bragg-Reflexion am Kristallgitter mit Gitterkonstante d und Gangunterschied 2δ

Definition 1.6 (Bragg-Bedingung bei Beugung am Kristallgitter)
Um bei der Streuung von Wellen in aufeinanderfolgenden Netzebenen mit dem
Abstand d am Kristallgitter konstruktive Interferenz zu haben, muss der Gangunterschied dieser Wellen ein ganzzahliges Vielfaches einer vollen Wellenlänge sein. Diese sogen. Bragg-Bedingung leiten wir in Übungsaufgabe Aufgabe 1.12.7 her:

$$2d \sin \vartheta = n\lambda, \quad n \in \mathbb{N}. \tag{1.23}$$

Gebeugte Strahlen nennenswerter Intensität ergeben sich bei der Beugung am Kristallgitter nur in den Richtungen, in denen die an parallelen Netzebenen reflektierte
Strahlung konstruktiv interferiert, d. h. einen Gangunterschied aufweist, der einem
ganzzahligen Vielfachen der Wellenlänge λ entspricht. Das ist aber gerade die Bragg-
Bedingung. Das wesentliche Fazit der Beugungs- und Interferenzphänomene bei
elektromagnetischen Wellen lässt sich kurz auf die Tatsache zusammenziehen, dass
sie sich vollständig im Rahmen der Maxwell-Theorie der Elektrodynamik verstehen
lassen. Beugungsintensitäten sind proportional zu den Intensitäten der auffallenden
Strahlung. Letztere lassen sich aber kontinuierlich einstellen. Es gibt von dieser Seite
jedenfalls keinerlei experimentelle Hinweise auf eine irgendwie geartete Quanten-
natur der elektromagnetischen Wellen.

1.10.2 Formale Beschreibung von Wellen

Periodische Vorgänge in Raum und Zeit werden beschrieben durch harmonische Funktionen vom Typ

$$\psi(\vec{x}, t) = A\cos\left(2\pi\left(\frac{\vec{x}}{\lambda} - \frac{t}{T}\right)\right) = A\cos\left(2\pi\frac{\vec{x}}{\lambda} - \frac{2\pi}{T}t\right). \qquad (1.24)$$

Diese skalare Funktion ψ beschreibt ein Welle, die sich in positiver x-Richtung fortbewegt (deshalb das negative Vorzeichen beim zweiten Term des Arguments). Die Zahlenwerte der Komponenten des Vektors $\vec{x} = \{x, y, z\}$ sind reelle Zahlen. Die Menge der reellen Zahlen $\mathbb{R}$ kann nicht in eine Eins-zu-eins-Relation mit der unendlichen Menge der natürlichen Zahlen $\mathbb{N}$ gebracht werden. Mit anderen Worten: Man kann die reellen Zahlen *nicht abzählen*, indem man jeder reellen Zahl eine natürliche Zahl zuordnet. Der Grund dafür ist die Eigenschaft der reellen Zahlen, *beliebig dicht* angeordnet zu sein (vgl. Exkurs 4.1): Zwischen je zwei reellen Zahlen liegen jeweils wieder unendlich viele weitere reellen Zahlen, d. h. die *Mächtigkeit* der unendlichen Menge $\mathbb{N}$ ist kleiner als die Mächtigkeit der unendlichen Menge $\mathbb{R}$. Man spricht auch von der *Überabzählbarkeit* der reellen Zahlen. Diese Eigenschaft der reellen Zahlen bezeichnen wir als *Kontinuum*. Wir beschreiben Wellen also mathematisch als ein Kontinuum mit einer (überabzählbar) unendlichen Anzahl von Freiheitsgraden. Damit haben wir in der klassischen Mechanik zwei verschiedene Entitäten, die in Modellbeschreibungen verwendet werden und die wir als „fundamental" im Sinne von nicht weiter erklärbar oder reduzierbar ansehen: Teilchen und Wellen.

Alle Wellen, ob sie periodisch sind oder nicht, können durch Superposition aus harmonischen Wellen erzeugt werden. Somit ist das Studium von harmonischen Wellen für das Verständnis *aller* Wellenbewegungen von Bedeutung. Das Argument $2\pi\left(\frac{\vec{x}}{\lambda} - \frac{t}{T}\right)$ der obigen Funktion nennt man die *Phase Φ* der Welle. Während einer *Schwingungsdauer T* bewegt sich die Welle um eine *Wellenlänge* (den Abstand zwischen aufeinanderfolgenden Wellenbergen bzw. -tälern) weiter. Daraus ergibt sich für die Wellengeschwindigkeit:

$$c = \frac{\lambda}{T} = \nu\lambda. \qquad (1.25)$$

Dieser Zusammenhang zwischen Frequenz ν, Wellenlänge λ und Wellengeschwindigkeit c ist für alle harmonischen Wellen gültig. Im Falle elektromagnetischer Wellen im Vakuum ist c die Lichtgeschwindigkeit (s. Tab. C.6 im Anhang C). Zwei wichtige Größen dienen zur Beschreibung von Wellen:

Definition 1.7 (Wellenzahlvektor $\vec{k}$)

$$\vec{k} = \frac{2\pi}{\lambda}\vec{e}.$$ (1.26)

Der Wellenzahlvektor $\vec{k}$ zeigt immer in Richtung der Ausbreitungsrichtung $\vec{e}$ der Wellenfronten (Orte konstanter Phase) einer Welle.

Definition 1.8 (Kreisfrequenz ω)

$$\omega = \frac{2\pi}{T}.$$ (1.27)

Mit diesen Größen bzw. Abkürzungen lässt sich die harmonische Welle aus Gl. (1.24) schreiben als:

$$\psi(\vec{x}, t) = A\cos\left(\vec{k}\vec{x} - \omega t\right).$$ (1.28)

Wellen werden meist in der Exponentialschreibweise als komplexe Zahl $e^{i\Phi}$ dargestellt, weil dies die mathematischen Ausdrücke erheblich vereinfacht. Anstatt mit Additionstheoremen der Sinus- und Kosinus-Funktionen kann man elegant die einfachen Relationen bei der Exponentialfunktion verwenden und am Ende der Berechnung dann wieder den Realteil des Ergebnisses bilden. Man schreibt deshalb die harmonische Welle aus Gl. (1.28) als

$$\psi(\vec{x}, t) = A\left(\cos\left(\vec{k}\vec{x} - \omega t\right) + i\sin\left(\vec{k}\vec{x} - \omega t\right)\right) = A\,e^{i\left(\vec{k}\vec{x} - \omega t\right)}.$$ (1.29)

Die e-Funktion stellt mathematisch einen Zeiger dar, der mit dem Winkel $\varphi = (|\vec{k}||\vec{x}| - \omega t)$ in der komplexen Ebene rotiert. Auf diese Form der Darstellung einer Welle werden wir in Kap. 3 zurückkommen und dies als Grundlage wählen für die Beschreibung von Wellenpaketen in der Quantenmechanik. Die Funktion $\psi(\vec{x}, t)$ nennen wir dann Wellenfunktion; diese ist in gewisser Weise das quantenmechanische Analogon des klassischen Zustands, der durch die Funktion $\mathcal{Z}$ aus Def. 1.4 beschrieben wird.

Die *Flächen konstanter Phase* $\Phi = (\vec{k}\vec{x} - \omega t) =$ const. in Gl. (1.29) sind für aufeinanderfolgende feste Zeitpunkte $t_0, t_1, \dots$ gegeben durch eine Ebenenschar. Dies kann man am einfachsten einsehen, wenn man die Konstante ωt_0 noch der Konstanten auf der rechten Seite der Gleichung zuschlägt und somit die Bestimmungsgleichung $\vec{k}\vec{x} = $ const. für die Flächen gleicher Phase erhält. Das Skalarprodukt $\vec{k}\vec{x}$ kann als Projektion von allen Vektoren $\vec{x}$ in die Richtung von $\vec{k}$ interpretiert werden, die denselben konstanten Zahlenwert ergeben. Wenn man bei fester vorgegebener Richtung von $\vec{k}$ für einen festen Werten der Konstanten die Endpunkte aller Vektoren $\vec{x}$ miteinander verbindet, so erhält man eine im Raum unendlich ausgedehnte Fläche. Dies wollen wir in einer Definition festhalten:

Definition 1.9 (Ebene Welle)
Ein raum-zeitlich periodisches Gebilde, bei dem für feste Werte die Punkte gleicher Phase eine *Ebene* bilden, nennt man eine *ebene Welle*:

$$\tilde{A}\,e^{i\left(\vec{k}\vec{x}-\omega t+\Phi_0\right)} = \tilde{A}\,e^{i\Phi_0}\,e^{i\left(\vec{k}\vec{x}-\omega t\right)} = A\,e^{i\left(\vec{k}\vec{x}-\omega t\right)}, \qquad (1.30)$$

mit einem willkürlich wählbaren anfänglichen Phasenwinkel Φ_0, der meist der Amplitude zugeschlagen wird. Die Amplitude A der ebenen Welle ist deshalb im Allgemeinen komplex.

Aus den Maxwell-Gleichungen der Elektrodynamik, welche alle bekannten elektromagnetischen Phänomene zusammenfassen, lässt sich eine fundamentale Gleichung zur Beschreibung von Wellenphänomenen ableiten, die sogen. *Wellengleichung*.

Definition 1.10 (Wellengleichung)
Für eine Welle, die durch eine Funktion $\psi(\vec{x}, t)$ beschrieben wird, lässt sich eine Wellengleichung herleiten. Diese lautet:

$$\Delta\psi(\vec{x}, t) - \frac{1}{c^2}\frac{\partial^2}{\partial t^2}\psi(\vec{x}, t) = 0. \qquad (1.31)$$

Lösungen dieser Wellengleichung sind alle Funktionen der Form

$$G(\vec{x}, t) = \psi_+(\vec{x} - ct) + \psi_-(\vec{x} + ct), \qquad (1.32)$$

d. h., jede Überlagerung von harmonischen und in entgegengesetzte Richtungen laufende Wellen ψ_+ und ψ_- ist eine Lösung der Wellengleichung.

1.11 Zusammenfassung der Lernziele

Es gibt seit der Antike zwei prinzipiell unterschiedliche Auffassungen über die Art und Weise, wie unsere Welt, d. h. wie Materie aufgebaut ist: das Teilchenbild (der Atomismus) und die Kontinuumsvorstellung (unendliche Teilbarkeit) von Materie. In der klassischen Physik (der Physik des 19. Jahrhunderts, also vor der Quantentheorie) sind diese beiden Auffassungen in den Modellvorstellungen des Massenpunkts der Newton'schen Mechanik und in dem Wellenbild der Elektrodynamik realisiert.

- Das Periodensystem der Elemente ist lückenlos und vollständig.
- Die leichten Elemente bis Beryllium entstanden kurz nach dem Urknall, alle schweren Elemente werden in den Sternen des Kosmos durch Nukleosynthese erbrütet und am Ende des Lebenszyklus von Sternen durch Supernovae im Weltraum als „Sternenasche" verteilt.
- Das Standardmodell der Elementarteilchenphysik basiert auf der Quantenmechanik und ist die derzeitige Anwort der Naturwissenschaft auf die Frage, woraus die Welt besteht: Aus 25 fundamentalen Elementarteilchen.
- Die Quantenmechanik hat sich entwickelt aus der Schnittstelle zwischen klassischer Mechanik und Thermodynamik.
- Ein typisches Merkmal klassischer Theorien ist ihr Determinismus, basierend auf der Beschreibung von Dynamik durch Differenzialgleichungen.
- Der Determinismus der klassichen Physik ist in den Gleichungen wirklich vorhanden, aber für praktische Zwecke eine Illusion, weil man niemals alle Rand- und Anfangsbedingungen der zugrunde liegenden Differenzialgleichungen mit beliebiger Genauigkeit kennt. Es zeigt sich, das Determinismus letztendlich nur von den wenigsten, sehr speziellen Systemen gezeigt wird und die Regel das deterministische Chaos ist.
- Grundlegende Modelle, bzw. Ontologien der klassischen Naturbeschreibung sind: Massenpunkt, System von Massenpunkten (starrer Körper), Welle.
- Die Lagrange-Funktion $L(q_i, \dot{q}_i, t) = T - V$ ist eine Funktion der generalisierten Koordinaten $q_i = (q_1, q_2, \ldots, q_f)$ und der generalisierten Geschwindigkeiten $\dot{q}_i = (\dot{q}_1, \dot{q}_2, \ldots, \dot{q}_f)$ von einem N-Teilchen-System mit f Freiheitsgraden.
- Die klassischen Bewegungsgleichungen erhält man aus den Lagrange-Gleichungen 2. Art:

$$\frac{\mathrm{d}}{\mathrm{d}t}\frac{\partial L}{\partial \dot{q}_i} - \frac{\partial L}{\partial q_i} = 0, \quad (i = 1, \ldots, f).$$

- Die generalisierten Impulse lauten: $p_i = \frac{\partial L}{\partial \dot{q}_i}$.

- Die Hamilton-Funktion H ist definiert als Legendre-Transformierte der Lagrange-Funktion:

$$H = T + V = H(q_i, p_i, t) = \sum_{i=1}^{f} p_i \dot{q}_i - L(q_i, \dot{q}_i, t).$$

- Die Hamilton'schen (kanonischen) Bewegungsgleichungen lauten

$$\dot{q}_i = \frac{\partial H}{\partial p_i}, \quad \dot{p}_i = -\frac{\partial H}{\partial q_i}, \quad (i = 1, \ldots, f).$$

- Die Störung eines klassischen Systems durch den Messprozess ist vernachlässigbar, weil klassische Systeme aus vielen Teilchen bestehen und daher groß sind.
- Quantenmechanische Systeme sind klein und werden durch eine Messung gestört.
- Die Poisson-Klammer zwischen zwei klassischen Phasenraumfunktionen F und G ist definiert als:

$$\{F, G\} = \sum_{i=1}^{f} \left(\frac{\partial F}{\partial q_i} \frac{\partial G}{\partial p_i} - \frac{\partial F}{\partial p_i} \frac{\partial G}{\partial q_i} \right).$$

- Die Dynamik einer klassischen Phasenraumfunktion $A(q_i, p_i, t)$ ist gegeben durch:

$$\frac{dA}{dt} = \frac{\partial A}{\partial t} + \{A, H\}.$$

- Quantisierung ist das Ersetzen klassischer Größen durch quantenmechanische gemäß dem Korrespondenzprinzip.
- Es ist $\{q_i, p_i\} = \delta_{ij}$ und $[\hat{q}_i, \hat{p}_i] = i\hbar\delta_{ij}$.
- Bei der Überlagerung zweier Wellen addieren sich die Feldamplituden zur gemeinsamen Intensität $I = |A_1 + A_2|$, was zur Interferenz führt.
- Eine ebene Welle wird dargestellt durch $\psi(\vec{x}, t) = A\, e^{i(\vec{k}\vec{x} - \omega t)}$.
- Die Bragg-Bedingung für die Streuung am Kristallgitter lautet:
  $2d \sin \vartheta = n\lambda, n \in \mathbb{N}$.
- Die Wellengleichung für eine skalare Funktion $\psi(\vec{x}, t)$ lautet:

$$\Delta \psi(\vec{x}, t) - \frac{1}{c^2} \frac{\partial^2}{\partial t^2} \psi(\vec{x}, t) = 0.$$

Übungsaufgaben

Allgemeines zu komplexen Zahlen

Aufgabe 1.12.1 Berechnen Sie für $f(x) = e^{(\alpha + i\beta)x}$:
a) $|f(x)|$,
b) $\text{Im}(f(x))$, $\text{Re}(f(x))$,

c) $\ln f(x)$,
d) $f^*(x)$, $\frac{1}{f(x)}$.

Lösung
a) $|f(x)| = e^{\alpha x + i\beta x}\, e^{\alpha x - i\beta x} = e^{2\alpha x}$,
b) $\mathrm{Im}(f(x)) = e^{\alpha x} \sin(\beta x)$, $\mathrm{Re}(f(x)) = e^{\alpha x} \cos \beta x$,
c) $\ln[f(x)] = (\alpha + i\beta)x$,
d) $f^*(x) = e^{(\alpha - i\beta)x}$, $\frac{1}{f(x)} = e^{-(\alpha + i\beta)x}$.

Hamiltonsche Gleichungen

Aufgabe 1.12.2 Formulieren Sie die Lagrange–Funktion eines freien Teilchens $(V(\vec{x}) = 0)$ in Kugelkoordinaten.
Hinweis: Benutzen Sie die Informationen aus Anhang F *über Koordinatensysteme und Abschn.* 1.4.

Lösung
Es ist

$$L = \frac{m}{2}\dot{\vec{x}}^2.$$

Mit $\vec{x} = (r, \vartheta, \varphi)$ erhält man:

$$\dot{\vec{x}} = \frac{\partial \vec{x}}{\partial r}\frac{dr}{dt} + \frac{\partial \vec{x}}{\partial \vartheta}\frac{d\vartheta}{dt} + \frac{\partial \vec{x}}{\partial \varphi}\frac{d\varphi}{dt} = \vec{e}_r \frac{dr}{dt} + r\vec{e}_\vartheta \frac{d\vartheta}{dt} + r \sin\vartheta\, \vec{e}_\varphi \frac{d\varphi}{dt}.$$

Damit haben wir:

$$L = \frac{m}{2}\left[\left(\frac{dr}{dt}\right)^2 + r^2\left(\frac{d\vartheta}{dt}\right)^2 + r^2 \sin^2\vartheta \left(\frac{d\varphi}{dt}\right)^2\right].$$

Aufgabe 1.12.3 Leiten Sie die Hamiltonschen Bewegungsgleichungen (1.8) aus der Lagrange–Funktion nach dem in Abschn. 1.6 angegebenen Schema her.

Aufgabe 1.12.4 Schreiben Sie die Hamiltonfunktion und die Hamiltonschen Gleichungen für ein Teilchen im Potenzial $V(\vec{x})$ in Kugelkoordinaten auf.

Lösung
Die Transformation $H(x, y, z, p_x, p_y, p_z) \longrightarrow H(r, \vartheta, \varphi, p_r, p_\vartheta, p_\varphi)$ ergibt

$$H = \frac{p_r^2}{2m} + \frac{p_\vartheta^2}{2m} + \frac{p_\varphi^2}{2mr^2 \sin^2\vartheta} + V(\vec{x}).$$

Damit lauten die Bewegungsgleichungen in Kugelkoordinaten:

$$\dot{r} = \frac{p_r}{m},$$

$$\dot{\vartheta} = \frac{p_\vartheta}{mr^2},$$

$$\dot{\varphi} = \frac{p_\varphi}{mr^2 \sin^2 \vartheta},$$

$$\dot{p}_r = -\left(\frac{p_\vartheta^2}{mr^3} + \frac{p_\varphi^2}{m \sin^2 \vartheta \, r^3} \right) - \frac{\partial V}{\partial r},$$

$$\dot{p}_\vartheta = -\cos \vartheta \, \frac{p_\varphi^2}{m \sin^3 \vartheta \, r^2} - \frac{\partial V}{\partial \vartheta},$$

$$\dot{p}_\varphi = -\frac{\partial V}{\partial \varphi},$$

Aufgabe 1.12.5 Bestimmen Sie die Legendre–Transformierte

a) $g(u)$ der Funktion $f(x) = \alpha x^2$,
b) $g(x, v)$ der Funktion $f(x, y) = \alpha x^2 y^3$.

Lösung
a) $f(x) = \alpha x^2 \Rightarrow u = \frac{df}{dx} = 2\alpha x \Rightarrow x = \frac{u}{2\alpha} \Rightarrow f(x) - x \frac{df}{dx} = -\alpha x^2$ Also ist

$g(u) = -\frac{u^2}{4\alpha}$.
b) $g(x, v) = -\frac{2}{3} \frac{v^{3/2}}{(3\alpha x^2)^{1/2}}$.

Aufgabe 1.12.6 Die potentielle Energie eines Teilchens der Masse m sei in Zylinderkoordinaten (ρ, φ, z) (s. Anhang F.3) formuliert:

$$V(\rho) = V_0 \ln \frac{\rho}{\rho_0}, \quad V_0 = const. \; \rho_0 = const.$$

a) Formulieren Sie die Hamiltonfunktion.
b) Stellen Sie die Hamiltonschen Bewegungsgleichungen auf.

Lösung
a) $H(\rho, \varphi, z) = \frac{1}{2m} \left(p_\rho^2 + \frac{p_\varphi^2}{\rho^2} + p_z^2 \right) + V_0 \ln \frac{\rho}{\rho_0}$.
b)

$$\dot{p}_\rho = \frac{p_\varphi^2}{m\rho^2} - \frac{V_0}{\rho},$$

$$\dot{p}_\varphi = 0,$$

$$\dot{p}_z = -\frac{\partial H}{\partial z},$$

$$\dot{\rho} = \frac{p_\rho}{m},$$

$$\dot{\varphi} = \frac{p_\varphi^2}{m\rho^2},$$

$$\dot{z} = \frac{p_z}{m},$$

$$\frac{\partial H}{\partial t} = 0.$$

Bragg–Reflexion

Aufgabe 1.12.7 Leiten Sie die Formel für den Bragg–Winkel ϑ in Abb. 1.7 her.

Lösung

Nach der Skizze in Abb. 1.7 ist der Gangunterschied zwischen zwei Lichtwellen, die an den Netzebenen reflektiert werden 2δ. Damit konstruktive Interferenz entsteht, muss der Gangunterschied ein Vielfaches der Wellenlänge betragen:

$$n\lambda = 2\delta.$$

Aus der Abb. 1.7 kann man die Winkelbeziehung ablesen:

$$\sin\vartheta = \frac{\delta}{d}.$$

Für den Bragg–Winkel selbst ergibt sich also:

$$\vartheta = \arcsin\left(\frac{n\lambda}{2d}\right).$$

Poissonklammern

Aufgabe 1.12.8 Zeigen Sie unter Verwendung der Hamilton'schen Bewegungsgleichungen (1.8) mit der Hamilton-Funktion H, dass für die totale Ableitung einer Funktion $f(q_k, p_k, t)$ gilt:

1.

$$\frac{\mathrm{d}f}{\mathrm{d}t} = \{f, H\} + \frac{\partial f}{\partial t}.$$

2. Zeigen Sie, daß $\{q_i, p_j\} = \delta_{ij}$.

3. Zeigen Sie, daß die Poisson-Klammer antisymmetrisch ist: $\{a, b\} = -\{b, a\}$.

4. Zeigen Sie, daß für Funktionen f und g gilt:

$$\frac{\partial}{\partial t}\{f, g\} = \left\{\frac{\partial f}{\partial t}, g\right\} + \left\{f, \frac{\partial g}{\partial t}\right\}.$$

5. Zeigen Sie, daß für Funktionen $f = f(q_i, p_i, t)$, $g = g(q_i, p_i, t)$, $h = h(q_i, p_i, t)$ die Jakobi-Identität (1.17) erfüllt wird:

$$\{f, \{g, h\}\} + \{g, \{h, f\}\} + \{h, \{f, g\}\} = 0.$$

Aufgabe 1.12.9 Berechnen Sie für den klassischen Drehimpuls $\vec{L} = \vec{r} \times \vec{p}$ die Poissonklammern

1.

$$\{L_i, L_j\}, \{L_i, \vec{L}^2\},$$

2.

$$\{L_i, x_j\}, \{L_i, \vec{r}^2\},$$

3.

$$\{L_i, p_j\}, \{L_i, \vec{p}^2\},$$

Die Indizes i, j bezeichnen kartesische Komponenten.

Prüfungsfragen

Wenn Sie Kap. 1 aufmerksam durchgearbeitet haben, sollten Sie in der Lage sein, die folgenden Prüfungsfragen zu beantworten.

Frage 1.13.1 Durch welche physikalischen Größen ist der *Zustand* eines klassischen Systems definiert?

Frage 1.13.2 Warum gilt die klassische Mechanik als deterministisch?

Frage 1.13.3 Woher kommen die Atome?

Frage 1.13.4 Ist das Periodensystem vollständig?

Frage 1.13.5 Warum ist die Annahme eines absoluten Determinismus auch in der klassischen Physik aus prinzipiellen Gründen heraus falsch?

Frage 1.13.6 Aus welchen Teilchen besteht ein Atomkern? Sind diese Teilchen „elementar"?

Frage 1.13.7 Wie lautet die Definition der Lagrange–Funktion und ihrer Bewegungsgleichung?

Frage 1.13.8 Wie gewinnt man die Hamiltonfunktion aus der Lagrange–Funktion?

Frage 1.13.9 Was ist die Bedeutung der Hamiltonfunktion für ein klassisches System und wie lautet ihre Bewegungsgleichung?

Frage 1.13.10 Warum werden klassische Systeme nicht durch eine Messung gestört?

Frage 1.13.11 Erläutern Sie was man unter „Quantisierung" versteht.

Frage 1.13.12 Was ist das Korrespondenzprinzip?

Frage 1.13.13 Leiten Sie die Bragg–Bedingung her.

Frage 1.13.14 Wie lautet die Wellengleichung und von welcher Form sind ihre Lösungen?

Literatur

Born, M.: Zur Quantenmechanik der Stoßvorgänge. Z. Phy. **37**, 863–867 (1926)

Born, M.: Ist die klassische Mechanik tatsächlich deterministisch? Phys. Blätter **11**, 49–54 (1955)

Mendeleyev, D.I.: On the relationship of the properties of the elements to their atomic weights. Zhurnal Russkoe Fiziko-Kimicheskoe Obshchestvo **1**, 60–77 (1869)

Weiterführende Literatur

Adams, F., Laughlin, G.: Die fünf Zeitalter des Universums. Deutsche Verlagsanstalt, Stuttgart (2000)

Ball, P.: The dawn of quantum biology. Nature **474**, 272–274 (2011)

Cohen-Tannoudji, C., Diu, B., et al.: Quantum Mechanics, Bd. 1. Wiley, New York (1977)

Fritsch, H.: Quarks. Urstoff unserer Welt. Piper, München (1981)

Fritsch, H.: Das absolut Unveränderliche. Die letzten Rätsel der Physik. Piper, München (2007)

Genz, H.: Die Entdeckung des Nichts. Leere und Fülle im Universum. Rowolt, Hamburg (1999)

Genz, H.: Wie die Zeit in die Welt kam. Die Entstehung einer Illusion aus Ordnung und Chaos. Rowolt, Hamburg (1999)

Genz, H.: Wie Naturgesetze die Wirklichkeit schaffen. Über Physik und Realität. Rowolt, Hamburg (2004)

Genz, H.: Gedankenexperimente. Rowolt, Hamburg (2005)

Heuser, H.: Lehrbuch der Analysis. Mathematische Leitfäden. Vieweg+Teubner, Wiesbaden (2003)

Lambert, N., Chen, Y.N., et al.: Quantum biology. Nat. Phys. **9**, 10–18 (2013)

Segré, E.: Die grossen Physiker und ihre Entdeckungen. Von den Röntgenstrahlen zu den Quarks. Piper, München (1981)

Uzan, J.P., Leclercq, B.: The natural laws of the universe. Understanding fundamental constants. Dunod, Paris (2005)

Walter, W.: Analysis 1. Springer-Lehrbuch. Springer, Berlin (1992)

Yourgrau, P.: A world without time. The forgotten legacy of Gödel and einstein. Basic Books, Cambridge (2005)

Einführung in die Quantenmechanik

2

Inhaltsverzeichnis

Die Quantenmechanik ist, grob gesprochen, eine einheitliche Theorie zur Beschreibung atomarer und subatomarer Vorgänge und gilt zu Recht neben der Speziellen und der Allgemeinen Relativitätstheorie als eine der größten geistigen Leistungen und Entdeckungen des 20. Jahrhunderts. Diese Theorie und ihre technologischen Konsequenzen durchdringen heute praktisch alle Bereiche des täglichen Lebens. In diesem Kapitel präsentieren wir eine Einführung in die Quantenmechanik, indem wir zunächst eine kritische Bestandsaufnahme der sogenannten *klassischen Mechanik* bzw. der *klassischen Physik,* also der Physik *vor* der Quantenmechanik vornehmen, um so die Probleme und Schwierigkeiten besser verstehen zu können, denen sich die Wissenschaft zu Beginn des 20. Jahrhunderts ausgesetzt sah. Außerdem wollen wir ergründen, warum es überhaupt notwendig war, eine neue Theorie der Mechanik für atomare Vorgänge – die Quantenmechanik – zu entwickeln.

Ergänzende Information Die elektronische Version dieses Kapitels enthält Zusatzmaterial, auf das über folgenden Link zugegriffen werden kann
https://doi.org/10.1007/978-3-662-62610-8_2.

© Springer-Verlag GmbH Deutschland, ein Teil von Springer Nature 2022
M. O. Steinhauser, *Quantenmechanik für Naturwissenschaftler,*
https://doi.org/10.1007/978-3-662-62610-8_2

2.1   Einleitung

Mit seinem Hauptwerk „Philosophiae Principia Naturalis Mathematica" (Abb. 2.1)
schuf Isaac Newton vor mehr als 330 Jahren die Grundlage dessen, was wir heute als
klassische Physik bezeichnen. Newton stellte axiomatisch die Bewegungsgesetze für
mechanische Systeme, d. h. für feste Körper, auf, und es gelang ihm auch, eine Theorie der Gravitation zu entwickeln, welche die universelle Anziehung von Körpern
mathematisch beschreibt.

Newton publizierte seine Schriften – wie zu seiner Zeit üblich – auf Lateinisch.
Deshalb ist das Original der Principia schwer zu lesen, weil es nicht nur in Latein
geschrieben ist, sondern auch in dem Latein, das damals üblich war. Man findet
jedoch Übersetzungen des Originaltextes in nahezu allen Sprachen, z. B. in Newton
(1999).

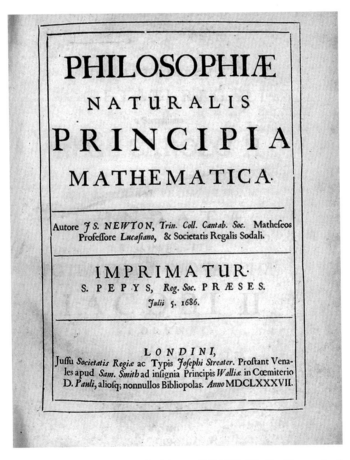

Abb. 2.1 Titelseite der Erstauflage der Principia vom Juli 1686. (Quelle: The rare books & special
collections, University of Sydney Library)

Um die Bewegung von Körpern mathematisch effizient formulieren zu können erfand Newton seine „Fluxionsrechnung", die es erlaubte, Bewegungen von Körpern grafisch als eine Kurve darzustellen, die durch aneinander gesetzte Tangenten repräsentiert wird, also durch die Steigungen an allen ihren Punkten. Unabhängig von Newton hatte Gottfried Wilhelm Leibniz die von ihm „Infinitesimalrechnung" genannte Methode entwickelt, indem er eine mathematische Kurve – etwa die Darstellung einer Geschwindigkeit – als eine Menge unendlich vieler kleiner Punkte betrachtete. Beide, Newton und Leibniz, (Abb. 2.2) gelangten zu den gleichen Ergebnissen, aber weil Leibniz seine Ergebnisse früher als Newton veröffentlichte und zudem wesentlich klarer und verständlicher schrieb als Newton, hat sich in der Mathematik weitgehend seine Symbolik der Infinitesimalrechnung (z. B. der Buchstabe s, stilisiert als „∫", als Summenzeichen für ein Integral) durchgesetzt. Beide lieferten sich später einen erbitterten Prioritätsstreit.

Die Methode der Infinitesimalrechnung war eine Revolution in der Mathematik und ermöglichte bald auch weitere Revolutionen in Naturwissenschaft und Technik. Sie ermöglichte erstmals die universelle Beschreibung von allgemeinen Naturvorgängen mit Hilfe von Differenzialgleichungen und ist bis heute die Methode der Wahl zur Beschreibung der Dynamik von praktisch allen Systemen in den Naturwissenschaften.

Abb. 2.2 Gottfried Wilhelm Leibniz (1646–1716, links) und Isaac Newton (1642–1726, rechts), die Begründer der Infinitesimalrechnung und damit die Begründer der modernen Naturbeschreibung in der klassischen Physik mithilfe der Analysis. (Quellen: Zu Leibniz: Wikipedia Commons; William Anthony Granville, Ph.D., Elements of the Differenzial and Integral Calculus (revised), The Athenaeum Press, Ginn and Company, Boston, U.S.A., 1911. Zu Newton: Wikipedia Commons. H.F. Helmolt (ed.): History of the World. New York, 1901. Copied from University of Texas Portrait Gallery)

Wenn der Anfangszustand eines mechanischen Systems, dass sich aus N Massenpunkten mit der trägen Masse m_i zusammensetzt, bekannt ist, dann ist auch die weitere Entwicklung dieses klassischen Systems durch die Newton'schen Bewegungsgleichungen

$$\vec{F}_i = \sum_{i=1}^{N} m_i \vec{a}_i = \sum_{i=1}^{N} m_i \dot{\vec{v}}_i = \sum_{i=1}^{N} m_i \ddot{\vec{x}}_i = \sum_{i=1}^{N} \dot{\vec{p}}_i \qquad (2.1)$$

vollständig bestimmt. Die Kraft $\vec{F}_i$, die auf das i-te Teilchen wirkt, ist eine gerichtete Größe (ein Vektor), ebenso wie die aus der Krafteinwirkung resultierende Beschleunigung $\vec{a}_i$, die Geschwindigkeit $\vec{v}_i$ und die Position $\vec{x}_i$ des jeweiligen i-ten Massenpunkts. In Gl. (2.1) ist die in den Naturwissenschaften übliche Abkürzung der ersten und der zweiten Ableitung nach der Zeit durch einen bzw. zwei Punkte über der abgeleiteten Größe symbolisiert. Das letzte Gleichheitszeichen in Gl. (2.1) gilt dann genau, wenn die Masse zeitlich konstant ist. Dann gilt nämlich nach der Kettenregel für die Ableitung des Impulses $\vec{p}_i$:

$$\dot{\vec{p}}_i = \frac{d}{dt}\vec{p}_i = \frac{d}{dt}(m_i \vec{v}_i) = \vec{v}_i \frac{d}{dt}(m_i) + m_i \frac{d}{dt}(\vec{v}_i) = 0 + m_i \dot{\vec{v}}_i = m_i \dot{\vec{v}}_i.$$

Die klassische Newton'sche Mechanik erlaubt mit Hilfe der Newton'schen Axiome eine konsistente Konstruktion der Bewegungsgleichungen, wenn die Kraft bekannt ist, die auf das betrachtete System einwirkt. Es gibt jedoch im Rahmen der klassischen Theorie kein Konzept, das es gestattet, in schlüssiger Weise den Ursprung der Wechselwirkung zwischen den einzelnen Massenpunkten zu erklären. Die Wechselwirkung wird in dieser Theorie also einfach als gegeben hingenommen. Im Rahmen der klassischen Mechanik ist im Prinzip jede Kraft erlaubt, die nicht gegen die Newton'schen Axiome verstößt.

Erst durch die Entwicklung von klassischen Feldtheorien, insbesondere die von James Clerk Maxwell 1865 begründete Elektrodynamik (Maxwell 1865) und die von Albert Einstein formulierte Allgemeine Relativitätstheorie (Einstein 1916), war es möglich geworden, zwei fundamentale Formen der Wechselwirkung – Elektromagnetismus und Gravitation – durch eigenständige, außerhalb der Mechanik liegende Theorien zu begründen und damit die Mechanik mit anderen, nicht-mechanischen Phänomenen zu verbinden. Elektromagnetische Felder sind nicht nur die Träger von Wechselwirkungen, sondern sind auch experimentell nachweisbar und haben eine eigene Dynamik. Sie sind damit ein Bestandteil der physikalischen Realität (und nicht bloße gedankliche Hilfsvorstellungen, wie das Kraftfeld zwischen Massenpunkten in der klassischen Mechanik) und können im Rahmen vollständiger Theorien auch beschrieben werden.

Zu Beginn des 20. Jahrhunderts war man zuversichtlich, dass man auch mikroskopische Prozesse wie die Struktur und Dynamik von Atomen mithilfe der klassischen Mechanik würde beschreiben können. Dazu gehörten eine Reihe von bereits bekannten Beobachtungen, die zwar experimentell gesichert, aber im Sinne der klassischen Theorie – basierend auf den Konzepten von Massenpunkten und Feldern – noch nicht verstanden waren, wie z. B. das Strahlungsspektrum Schwarzer Körper, die Temperaturabhängigkeit der spezifischen Wärmekapazitäten von Festkörpern, die Ursachen für die Stabilität der Atome oder die Existenz von scharfen Emissions- und Absorptionslinien im Spektrum von atomaren oder molekularen Gasen. Die Rutherford'schen Streuexperimente (1911) hatten zu der Erkenntnis beigetragen, dass Atome aus einem schweren Atomkern und wesentlich leichteren Elektronen bestehen. Die Dynamik dieses Systems stellte man sich in einem mechanischen Modell so vor, dass die Elektronen den Kern sehr schnell umkreisen sollten wie Monde einen Planeten. Durch die satellitenartige Umkreisung des positiv geladenen Atomkerns durch die negativ geladenen Elektronen sollte die gegenseitige Anziehung zwischen Kern und Elektronen durxh die Zentrifugalkraft gerade ausgeglichen werden können, wenn die Umkreisung schnell genug erfolgte. Dieses Planetenmodell des Atoms stand aber in eklatantem Widerspruch zur Theorie der Elektrodynamik von Maxwell, nach der eine beschleunigte Ladung auf einer Bahn um den Kern einen elektrischen Dipol darstellt, der ständig Energie abstrahlen müsste. (Die Bewegung auf einer *gekrümmten Bahn*, z. B. einer Kreisbahn mit konstanter Winkelgeschwindigkeit ω ist eine *beschleunigte* Bewegung, weil sich ständig die *Richtung* der Bewegung, also die Richtung des Geschwindigkeitsvektors, ändert, siehe Abb. 2.3 und Aufgabe 2.6.5.) Die Winkelgeschwindigkeit $\omega = |\vec{\omega}| = d\varphi/dt.. = \dot{\varphi}$ (nicht zu verwechseln mit der *Kreisfrequenz* $\omega = 2\pi\nu$ von Schwingungen, die mit demselben Formelzeichen ω bezeichnet wird, aber eine andere physikalische Größe ist), gibt die Änderungsrate eines geometrischen Winkels an und wird im Zusammenhang mit Drehbewegungen verwendet. Die Geschwindigkeit v des betreffenden Körpers auf seiner Bahn entlang eines Kreissegments mit Krümmungsradius r ist dann:

$$v = \frac{ds}{dt} = r\frac{d\varphi}{dt} = r\omega. \tag{2.2}$$

Manchmal ist es aber auch von Interesse, die Lage der Bahnebene im Raum zu kennen. Hierzu wird die Winkelgeschwindigkeit als Vektor aufgefasst, dessen Orientierung senkrecht zur Bahnebene verläuft, also senkrecht zum Ortsvektor $\vec{r}$ und senkrecht zum Vektor $\vec{v}$ der momentanen Geschwindigkeit. Letzterer ergibt sich als Vektorprodukt mit Hilfe des Vektors $\vec{\omega}$ zu:

$$\vec{v} = \vec{\omega} \times \vec{r}. \tag{2.3}$$

Zur Definition und zu den Eigenschaften des Vektorprodukts siehe die Gl. (6.21) bis (6.23) in Kap. 6.

Beispiel 2.1 (Die Winkelgeschwindigkeit $\vec{\omega}$ als vektorielle Größe)
Zeigen Sie, dass sich aus Gl. (2.3) die vektorielle Winkelgeschwindigkeit zu

$$\vec{\omega} = \frac{1}{r^2}(\vec{r} \times \vec{v}) \tag{2.4}$$

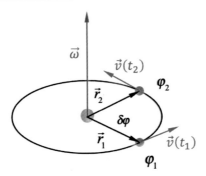

Abb. 2.3 Die Winkelgeschwindigkeit $\omega = |\vec{\omega}| = d\varphi/dt = \dot{\varphi}$ bei der Kreisbewegung. Die Bewegung eines Elektrons auf einer Kreisbahn um den positiv geladenen Atomkern im Rutherfordschen Atommodell stellt eine *beschleunigte* Bewegung dar, weil sich die *Richtung* des tangentialen Geschwindigkeitsvektors $\vec{v}$ zu jedem Zeitpunkt der Kreisbewegung ändert

ergibt. Tipp: Verwenden Sie die Formel für den Drehimpuls $\vec{L} = \vec{r} \times \vec{p}$ und die Graßmann-Identität der Vektoralgebra, welche lautet:

$$\vec{A} \times (\vec{B} \times \vec{C}) = \vec{B}(\vec{A} \cdot \vec{C}) - \vec{C}(\vec{A} \cdot \vec{B}). \tag{2.5}$$

Aus Gl. (2.4) ergibt sich eine nette Faustregel, auch „Rechte-Hand-Regel" genannt, um die Orientierung der Winkelgeschwindigkeit zu bestimmen: Formen Sie mit den gekrümmten vier Fingern der rechten Hand die Drehrichtung des betreffenden Körpers, dann zeigt der gestreckte Daumen in Richtung von $\vec{\omega}$. ∎

Da also die Kreisbewegung eines Elektrons um einen positiv geladenen Kern eine beschleunigte Bewegung ist, sollten die Elektronen eigentlich innerhalb eines winzigen Bruchteils einer Sekunde (konkret nach ca. 10^{-11} s, siehe Beispiel 2.2) auf einer instabilen Spiralbahn in den Kern stürzen. Die tatsächlich beobachtete Stabilität der Atome ist also mit den Prinzipien der klassischen Physik nicht erklärbar und stellte ein Rätsel dar. Je genauer man zu Beginn des 20. Jahrhunderts atomare Phänomene untersuchte, desto mehr gerieten die neu gewonnenen experimentellen Befunde in Widerspruch mit klassischen Modellierungs- und Erklärungsversuchen, und es wurde immer deutlicher, dass man für eine überzeugende und konsistente Beschreibung atomarer Vorgänge eine neue Theorie benötigte.

Die endgültige Formulierung dieser neuen Theorie für atomare Vorgänge, der Quantentheorie, geschah schließlich im Jahre 1925 nicht etwa durch einen „genialen Wurf" einer einzelnen Person, vergleichbar mit Newton's Principia oder Albert Einsteins Spezieller und Allgemeiner Relativitätstheorie, sondern markierte vielmehr den Endpunkt eines fortwährenden Prozesses der Diskussion unter den beteiligten Protagonisten, mit vielen Irrwegen und Irrtümern über einen Zeitraum von ca. 30 Jahren: von der Entdeckung des Elektrons 1897 (Thomson et al. 1897) bis zu einer ersten Formulierung der Quantenmechanik 1925 mit Hilfe von unendlichdimensionalen Matrizen durch Werner Heisenberg (Heisenberg 1925). Weniger als ein Jahr später erfolgte eine zur Darstellung von Heisenberg äquivalente Formulierung in Form der Schrödinger-Gleichung (Schrödinger 1926), die wir in Kap. 3 ausführlich studieren werden. Kurz darauf wurde von Erwin Schrödinger selbst die Äquivalenz der Schrödinger'schen und der Heisenberg'schen Formulierungen der Quantentheorie zur Lösung von Eigenwertproblemen gezeigt, d. h. beide Theorien sind nur spezielle Darstellungen einer übergeordneten mathematisch-algebraischen Struktur einer Theorie, die schließlich 1927 von Paul Dirac formuliert wurde. Er führte die von ihm „Transformationstheorie" genannte abstrakte Formulierung der Quantenmechanik ein (Dirac 1927), die in der heutigen Terminologie „Dirac-Darstellung" oder „Dirac-Bild" genannt wird und die wir in Kap. 4 erlernen werden. Im Folgenden werden wir einige der wesentlichen Entdeckungen diskutieren, die zur Entwicklung einer Atomtheorie bzw. einer Quantentheorie zu Beginn des 20. Jahrhunderts beigetragen haben.

Der Leser, dem es vornehmlich darum geht, schnell und ohne Umschweife die quantenmechanischen Konzepte und das Lösen typischer quantenmechanischer Problemstellungen zu erlernen und einzuüben, kann die nächsten drei historisch orientierten Abschnitte der Einführung auch überspringen und gleich in Abschn. 3.1.2 weiterlesen. Denjenigen Lernenden, die möglichst sofort die Mathematik und die formalen Prinzipien der Quantentheorie erlernen möchten, sei an dieser Stelle der Einstieg in Kap. 4 nahegelegt.

2.2 Entwicklung der modernen Atomtheorie

In diesem Abschnitt möchten wir einige Schlüsselexperimente studieren, welche zu Beginn des 20. Jahrhunderts wesentlich zu der Erkenntnis führten, dass Atome tatsächlich nicht unteilbar sind, sondern eine innere Struktur aufweisen und das es offenbar Elementarteilchen gibt, die kleiner sind als das kleinste Atom, das Wasserstoffatom. Diese Experimente haben auch gezeigt, dass das damals vorherrschende Paradigma der Beschreibung aller Naturerscheinungen durch die beiden klassischen Modellvorstellungen von Massenpunkten (aus der Newtonschen Theorie) und elektromagnetischen Feldern (aus der Maxwellschen Elektrodynamik) offensichtlich auf der Größenskala der Atome nicht mehr korrekt sein kann und durch etwas anderes ersetzt werden muss.

2.2.1 Entdeckung des Elektrons

Die Physiker des 19. Jahrhunderts hatten herausgefunden, dass man ein fluoreszierendes Leuchten erzeugen konnte, wenn man eine Hochspannungsquelle an zwei Elektroden in einem Glaskolben im Vakuum einschloss. Die Natur dieses Leuchtens führte man auf elektrisch geladene Teilchen oder Wellen zurück, die von der Kathode der Spannungsquelle ausgehen mussten, wie man durch verschiedene Experimente herausgefunden hatte. Der englische Physiker J. J. Thomson untersuchte in einer großen Versuchsreihe im Jahre 1897 die damals neuen und aufregenden Strahlen, deren genaue Natur noch unbekannt war, mithilfe einer Hochspannungsquelle, die an die Elektroden in einem dichten Vakuumglaskolben mit einer kleinen Menge an molekularem, gasförmigen Wasserstoff (H_2) luftdicht eingeschlossen war (Abb. 2.4). Thomson hatte erkannt, dass man für die Kathodenstrahlexperimente ein sehr gutes Vakuum benötigte, weil die Kathodenstrahlen sonst mit den Luftmolekülen zusammenstießen, diese ionisierten und leitfähig machten, wodurch die Strahlen schließlich abgeschirmt wurden.

Der schematische Aufbau des Experiments ist in Abb. 2.5 gezeigt: Von der negativ geladenen Kathode der Hochspannungsquelle werden die Strahlteilchen in Richtung zur positiv geladenen Anode beschleunigt und können durch ein kleines Loch in der Anode weiter fliegen. Nachgewiesen werden sie durch fluoreszierende Punkte, die auf einem beschichteten Schirm am Ende des Glaskolbens beobachtet werden. Durch zwei elektrisch geladene Metallplatten, die im Strahlenverlauf angebracht waren, sowie durch das Magnetfeld zweier Spulen gelang es Thomson, diese Strah-

Abb. 2.4 Joseph John Thomson (1856–1940), um 1900, und die Vakuumröhre, mit der die Kathodenstrahlexperimente durchgeführt wurden. Gut zu erkennen sind die beiden Ablenkplatten in der Mitte der Röhre. (© akg-images)

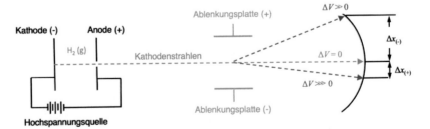

Abb. 2.5 Experimenteller Aufbau des Experiments von J. J. Thomson (1897), das zur Entdeckung des Elektrons führte. Die Kathodenstrahlen werden durch eine hohe Spannung beschleunigt und passieren den Zwischenraum zwischen zwei parallelen Platten, die in die Röhre eingebaut sind. Die an die Platten angelegte Spannung erzeugt ein elektrisches Feld $\vec{F} = e\vec{E}$, und ein von einem Strom I durchflossenes Spulenpaar erzeugt ein magnetisches Feld $\vec{B}$. Durch die elektrischen und magnetischen Felder werden die Kathodenstrahlen abgelenkt

len abzulenken. Durch die beobachtete Richtung der Ablenkung war der Nachweis erbracht, dass diese Strahlen negative elektrische Ladung tragen. Da immer nur ein einzelner Punkt auf dem Schirm aufleuchtete, vermutete Thomson, dass es sich bei den Strahlen um negativ geladene Teilchen (und nicht um Wellen) handeln müsse. Über die Größe der Ablenkung Δx der Kathodenstrahlen konnte er das Verhältnis von Masse m_e und elektrischer Ladung e Teilchen bestimmen und die Erkenntnis gewinnen, dass die negativ geladenen Teilchen eine sehr viel geringere Masse als das leichteste Atom – das des Wasserstoffs – haben mussten.

Betrachten wir das Experiment etwas genauer: Wenn nur das elektrische Feld vorhanden ist und wir gemäß Abb. 2.5 annehmen, dass die obere Platte positiv geladen ist, dann werden die waagerecht verlaufenden Kathodenstrahlen nach oben abgelenkt. Wenn die Spannungsdifferenz ΔV zwischen den beiden elektrisch geladenen Ablenkungsplatten gleich null ist, ergibt sich eine geradlinige Flugbahn der Teilchen. Bei einer großen Spannungsdifferenz ($\Delta V \gg 1$) ergibt sich eine von null verschiedene Ablenkung $\Delta x_{(-)}$ der Teilchen. Aus der klassischen Elektrodynamik von Maxwell wusste Thomson, dass die Größe der Ablenkung $\Delta x_{(-)}$ proportional zur Größe der negativen Ladung $e_{(-)}$ in den abgelenkten Teilchen sein musste. Ebenso war es plausibel, anzunehmen, dass die Ablenkung umgekehrt proportional zur Masse $m_{(-)}$ des Teilchens ist: Je größer die träge Masse $m_{(-)}$ des Teilchens ist, desto kleiner ist die Ablenkung. Zusammengenommen ergibt dies eine Beziehung für das Verhältnis der elektrischen Ladung zu ihrer Masse:

$$\Delta x_{(-)} \propto \frac{e_{(-)}}{m_{(-)}}. \tag{2.6}$$

Bei einer noch viel größeren Spannungsdifferenz $\Delta V \ggg 1$ der Ablenkplatten zeigte sich überraschenderweise auch eine kleine Ablenkung $\Delta x_{(+)}$ der Kathodenstrahlen in Richtung der *negativen* Ablenkungsplatte auf dem Schirm. Der Kathodenstrahl musste also offensichtlich auch positiv geladene Teilchen enthalten, die eine sehr viel größere Masse haben, da deren Ablenkung $\Delta x_{(+)}$ sehr viel kleiner war als $\Delta x_{(-)}$. Es gilt also auch:

$$\Delta x_{(+)} \propto \frac{e_{(+)}}{m_{(+)}}, \tag{2.7}$$

mit $\Delta x_{(-)} \ggg \Delta x_{(+)}$. Weil zu Beginn des Experiments molekularer, gasförmiger Wasserstoff $H_2(g)$ in dem Glaskolben vorhanden war, vermutete Thomson, dass es sich bei dem positiven Teilchen um ein Wasserstoff- (H_2^+)-Ion handeln müsse und dass folglich Wasserstoff die Quelle für das negative Teilchen war. Auf irgendeine Art war offenbar durch die angelegte Hochspannung ein negatives Teilchen aus dem zunächst elektrisch neutralen H-Atom freigesetzt worden und dadurch ein positiv geladenes Wasserstoffion und ein freies negativ geladenes Teilchen entstanden. Wegen der anfänglichen elektrischen Neutralität des H-Atoms kann man annehmen, dass für die Beträge der Ladungen gilt: $|e_{(-)}| = |e_{(+)}|$. Damit ergibt sich durch Kombination der Gl. (2.6) und (2.7):

$$\left| \frac{\Delta x_{(-)}}{\Delta x_{(+)}} \right| = \frac{m_{(+)}}{m_{(-)}} = \frac{m_{H^+}}{m_e} = \frac{m_p}{m_e}, \tag{2.8}$$

wobei wir in der letzten Gleichung bereits den Index p für das Proton (das H^+-Ion) verwendet haben. Weil das Verhältnis der Ablenkungen Δx in Gl. (2.8) sehr groß ist, muss dies auch für das Verhältnis der Massen gelten, also:

$$m_p \gg m_e. \tag{2.9}$$

Wenn nur das magnetische Feld existiert und wir aufgrund der Stromrichtung I, wie in Abb. 2.5 gezeigt, annehmen, dass das Magnetfeld in die Papierebene hinein zeigt, dann werden die Kathodenstrahlen nach unten abgelenkt. Dies ist konsistent mit der Annahme, dass die Strahlteilchen negativ geladen sind. Die aufgrund des Magnetfelds $\vec{B}$ auf die Strahlen wirkende Lorentz-Kraft ist gegeben durch $\vec{F}_L = e\vec{v} \times \vec{B}$, wobei e die elektrische Elementarladung und $\vec{v}$ die Geschwindigkeit der Kathodenstrahlen ist. In Abwesenheit eines elektrischen Feldes werden die Strahlen durch die Zentripetalbeschleunigung auf eine gekrümmte Bahn $\vec{a} = \vec{v}^2/r$ abgelenkt. Es gilt wegen $\vec{F} = m_e\vec{a}$ das folgende Gleichgewicht für die Beträge der Kräfte:

$$evB = m_e\frac{v^2}{r}$$

und somit

$$\frac{e}{m_e} = \frac{v}{Br}. \tag{2.10}$$

Der Krümmungsradius r kann gemessen werden, und damit auch die magnetische Feldstärke B. Die Geschwindigkeit v der Teilchen wird bestimmt, indem man zusätzlich zum Magnetfeld ein elektrisches Feld anlegt. Die elektrische Feldstärke E wird dabei so eingestellt, dass die Kathodenstrahlen gerade *nicht* abgelenkt werden. Es herrscht dann ein Kräftegleichgewicht zwischen den Kräften aufgrund des Magnetfelds und des elektrischen Feldes. Folglich gilt: $eE = evB$ oder $v = E/B$. Kombiniert man dies mit Gl. (2.10), so erhält man:

$$\boxed{\frac{e}{m_e} = \frac{E}{B^2r}.} \tag{2.11}$$

Die Größen auf der rechten Seite von Gl. (2.11) können alle experimentell ermittelt werden, so dass man das Verhältnis e/m_e bestimmen kann. Der heute akzeptierte Wert ist: $e/m_e = 1,76 \cdot 10^{-11}$ C/kg. Die Elementarladung e selbst wurde erst einige Jahre später (1909) mit der Öltröpfchenmethode von Robert Millikan gemessen, die Ergebnisse wurden jedoch erst später veröffentlicht (Millikan 1913).

Es ist noch anzumerken, dass Walter Kaufmann in Königsberg unabhängig von Thomson im selben Jahr 1897 entsprechende Experimente und Messungen mit Kathodenstrahlen durchgeführt und sogar einen sehr viel exakteren Wert für das Verhältnis von Masse und Ladung des Elektrons als Thomson ermittelt hatte. Es war jedoch Thomson, der seine Ergebnisse vor Kaufmann in einer international renommierten Fachzeitschrift veröffentlichte und in seiner Interpretation der Kathodenstrahlexperimente wesentlich weiter ging als Kaufmann, indem er annahm, dass die Strahlen aus Teilchen bestehen, die selbst Bestandteile des Atoms sind und nicht die Atome selbst oder Ionen. Er selbst beschrieb das Ergebnis seiner Experimente wie folgt:

> „Thus on this view we have in the cathode rays matter in a new state, a state in which the subdivision of matter is carried very much further than in the ordinary gaseous state: a state in which all matter – that is, matter derived from different sources such as hydrogen, oxygen, &c. – is of one and the same kind; this matter being the substance from which all the chemical elements are built up."

(Thomson et al. 1897)

Thomson konnte außerdem zeigen, dass die Teilchen, die beim photoelektrischen Effekt emittiert werden, der 1887 von Heinrich Hertz entdeckt wurde (Hertz 1887), mit den Kathodenstrahlen identisch waren. Dazu modifizierte er einen frühen Versuchsaufbau von C.T.R. Wilsons Nebelkammer zur Messung der Ladung des Elektrons. Er zählte die Gesamtzahl der Tröpfchen, die sich in der Kammer bildeten, und ermittelte ihre Gesamtladung. Daraus schätzte er den Wert für die Elementarladung zu $e = 2,2 \cdot 10^{-19}$ C; der heutige Wert beträgt $1,602 \cdot 10^{-19}$ C. Dieses Experiment war der Vorläufer des berühmten Öltröpfchenexperiments von Millikan, bei dem die Tröpfchen aus Wasserdampf durch viel schwerere Öltröpfchen ersetzt waren, die während des Experiments nicht verdampften. Der Name „Elektron" als Bezeichnung für die Kathodenstrahlen wurde von Georg Johnstone Stoney auf einem Treffen der British Association in Belfast 1874 geprägt, aber erst in einem Artikel „On the physical units of Nature" 1881 veröffentlicht (Stoney 1881).

Thomson selbst bezeichnete die negativen Teilchen der Kathodenstrahlen zunächst als „corpuscules", aber kurz danach wurde durch die Entdeckung des Zeeman-Effekts nachgewiesen, dass diese Teilchen tatsächlich im Atom vorhanden sind und die Lichtemission verursachen. Der Zeeman-Effekt besteht in der Aufspaltung von Spektrallinien durch ein Magnetfeld. Er entsteht durch die unterschiedliche Verschiebung von Energieniveaus einzelner Zustände unter dem Einfluss eines äußeren Magnetfelds. Erstmals wurde der Effekt 1897 von Pieter Zeeman nachgewiesen (Zeeman 1897). Drei Jahre später gelang Hendrik Antoon Lorentz eine Erklärung unter der Annahme, dass sich im Atom Elektronen bewegen. 1902 erhielten beide dafür den Nobelpreis für Physik. Wir werden den Zeeman-Effekt in Kap. 7 berechnen.

Damit war das Elektron als ein neues Elementarteilchen identifiziert, und es war gezeigt worden, dass die Atome nicht die fundamentalen, unteilbaren Teilchen (im Wortsinn) sind, sondern dass sie eine innere Struktur aufweisen. Aufgrund seiner Entdeckung eines Elementarteilchens, das kleiner ist als das leichteste und kleinste Atom, schlug Thomson im Jahr 1903 ein Atommodell vor, nach dem die Elektronen in Atomen sich auf Kreisbahnen in einer entsprechenden Wolke von positiver Ladung bewegen (Thomson und Thomson 1903; Thomson 1904). Dieses Modell wurde (aufgrund eines Missverständnisses) als das *Rosinenkuchenmodell* („plum pudding model") (Abb. 2.9) popularisiert, und dieser Begriff fand in der Folge sogar Eingang in die wissenschaftliche Literatur, obwohl diese Bezeichnung und das damit verbundene Bild weder von Thomson selbst noch von Ernest Rutherford oder Niels Bohr (welche ausgehend vom Thomson'schen Atommodell genauere Modelle entwickelten) in ihren wissenschaftlichen Schriften verwendet wurde. Tatsächlich suggeriert dies ein falsches Bild, denn das von Thomson vorgeschlagene Modell war kein statisches, in dem die Elektronen zufällig wie Rosinen in einem Kuchen verteilt sind, sondern ein dynamisches, in dem sich die Elektronen auf genau festgelegten Bahnen bewegen und durch ihre spezielle Anordnung relativ zueinander bewirken sollen, dass das gesamte Atom nach außen hin elektrisch neutral ist.

Ergänzung: Der falsche Mythos vom Thomson'schen Rosinenkuchenmodell

Joseph J. Thomson war zu Beginn des 20. Jahrhunderts einer der führenden Physiker seiner Zeit. Er erhielt 1906 den Nobelpreis für Physik für die Entdeckung des Elektrons und für seine Arbeiten über die elektrische Leitfähigkeit von Gasen. Der Ausdruck „plum pudding" findet sich jedoch weder in den Schriften von Thomson, in denen er sein Atommodell publizierte, noch verwendete er diesen Ausdruck in einer seiner späteren Veröffentlichungen.

Thomson hatte bereits in einem Artikel im Jahr 1899, der an die British Association for the Advancement of Science adressiert war, die grundsätzlichen Ideen seiner Vorstellung vom Aufbau des Atoms ohne jede Mathematik dargestellt:

> „I regard the atom as containing a large number of smaller bodies which I will call corpuscules. [...] In the normal atom, this assemblage of corpuscles form a system which is electrically neutral. Though the individual corpuscles behave like negative ions, yet when they are assembled in the neutral atom the negative effect is balanced by something which causes the space through which the corpuscles are spread to act as if it had a charge of positive electricity equal in amount to the sum of the negative charges on the corpuscles."
>
> (Thomson 1899)

Neuere wissenschaftshistorische Studien haben gezeigt, dass der Begriff „plum pudding" wohl zum ersten Mal in einem populärwissenschaftlichen Artikel einer Zeitschrift für Pharmazie (Merck's Report) im Dezember 1906 verwendet wurde (Hon und Goldstein 2013). Dieser Artikel war entstanden als Zusammenfassung einer Vorlesungsreihe, die Thomson im Jahr 1906 an der *Royal Institution* im März und April desselben Jahres gehalten hatte, und beruhte offenbar auf dem etwas falschen Verständnis des Thomson'schen Modells durch den Vertreter dieser Zeitschrift, der die Vorlesungen besucht hatte.

Bemerkenswert bleibt, dass dieser Versuch der Popularisierung von damals ganz aktuellen Forschungsergebnissen in der Folge dann auch Eingang in die professionelle wissenschaftliche Literatur gefunden hat, und so der Begriff „plum pudding model" auch heute noch in vielen Lehrbüchern und historischen Darstellungen der Entwicklung der Atomtheorie fälschlicherweise zu finden ist, denn das damit verbundene Bild ist zumindest irreführend (wenn nicht schlichtweg falsch) und wurde tatsächlich von Thomson selbst nie verwendet.

Tatsächlich verwendete Thomson seine Atomvorstellung als eine heuristische Grundlage, um ein mathematisches Modell – basierend auf der klassischen Physik (Mechanik und Elektrodynamik) – zu entwickeln, welches die Stabilität von Atomen, ihre elektrische Neutralität und gleichzeitig die verschiedenen Eigenschaften der chemischen Elemente (also der verschiedenen Atome) erklären sollte.

2.2.2 Entdeckung des Atomkerns

Ernest Rutherford wurde 1907 Professor an der Universität Manchester und experimentierte in seinem Labor mit neu entdeckten, radioaktiven Elementen. Von Marie Curie hatte er Proben von Radiumbromid, $RaBr_2$, erhalten, von dem man wusste, dass es α-Teilchen aussendet. Rutherford wollte erfahren, was die genaue Natur dieser neu entdeckten Strahlen war. Ein Jahr später konnte er bereits überzeugend nachweisen, dass α-Strahlen nichts anderes als Heliumkerne sind (Rutherford und Royds 1908). Bis zu diesem Zeitpunkt wusste man jedoch nur, dass sie elektrisch geladen und hoch-energetisch waren. Ein Assistent von Rutherford, Hans Geiger (der später, in den 1920er Jahren, das Geiger-Müller-Zählrohr zur Detektion von Teilchen erfand) führte zusammen mit einem Studenten, Ernest Marsden, Experimente durch, in denen sie die α-Teilchen detektierten, nachdem sie eine dünne Goldfolie ohne Widerstand durchquert hatten. Im Originalversuch wurde eine mit Zinksulfid beschichtete Platte (D1) als Detektor verwendet, die beim Auftreffen eines Teilchens einen Lichtblitz aussendete (Abb. 2.6).

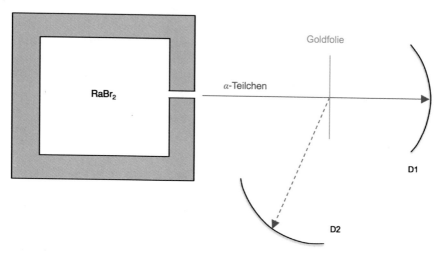

Abb. 2.6 Schema der Streuversuche die von H. Geiger und E. Marsden in Rutherfords Labor in Manchester durchgeführt wurden. Die α-Teilchen durchstießen die Goldfolie so als ob sie gar nicht vorhanden wäre und wurden an Detektor D1 gemessen. Als jedoch ein Detektor D2 auch in Rückwärtsstreurichtung angebracht wurde, detektierte man auch hier einzelne Teilchen. Diese Teilchen mussten also auf einen massiven Widerstand in der Materie der Goldfolie gestoßen und reflektiert worden sein

Abb. 2.7 Ernest Rutherford
(1871–1937). (Quelle:
George Grantham Bain
Collection,
Kongressbibliothek der
Vereinigten Staaten)

Die gemessene Aussendungsrate von α-Teilchen ergab sich zu 132.000 Teilchen pro Minute. Unabhängig davon, ob eine dünne Goldfolie (die Dicke war $2 \cdot 10^{-4}$ inch $= 5{,}08 \cdot 10^{-6}$ m $\approx 5\,\mu$m) im Strahlengang der α-Teilchen vorhanden war, änderte sich die Zählrate praktisch nicht. Eine erweiterte Versuchsanordnung, die eine Detektion von α-Teilchen in Rückwärtsrichtung erlaubte, brachte jedoch das Ergebnis, dass die Zählrate bei der Streuung in diese Richtung nicht etwa null war, sondern dass 20 Ereignisse pro Minute auch in Rückwärtsrichtung detektiert wurden. Damit war also die Wahrscheinlichkeit P für eine Rückwärtsstreuung nicht null, sondern betrug $P = 20/132.000 \approx 2 \cdot 10^{-4}$. Offenbar mussten die Teilchen an etwas sehr Massivem in der Goldfolie reflektiert worden sein. Daraus wurde gefolgert, dass Atome praktisch komplett leer sein müssen, mit einem sehr schweren Kern, in dem fast die gesamte träge Masse des Atoms konzentriert ist. Aus der Wahrscheinlichkeit für die Rückwärtsstreuung und der Geometrie des Experiments konnte Rutherford (Abb. 2.7) den Radius des Atomkerns abschätzen zu 10^{-14} m (Rutherford 1911). Diese Untersuchungen führten zum Rutherford'schen Atommodell, nach dem man sich vorstellte, dass das Elektron auf einer Kreisbahn den im Vergleich zum Elektron sehr massiven Atomkern umkreist (Abb. 2.8).

Rutherford wird in der wissenschaftlichen Literatur oft zitiert mit folgendem Ausspruch als Reaktion auf den Ausgang des α-Teilchen-Streuexperiments:

„It was as if you fired a 15-inch shell at a sheet of tissue paper and it came back to hit you."

Es ist jedoch sehr zweifelhaft, dass Rutherford wirklich überrascht war vom Ausgang des Experiments, und diese Worte sind wohl vielmehr Ausdruck seiner bekannten Begeisterung für die Popularisierung von Wissenschaft gewesen, mit dem Ziel, die Bedeutung dieses Experiments für die Allgemeinheit deutlich zu machen. Die Tatsache, dass α-Teilchen von fester Materie auch rückwärts gestreut werden, war nämlich schon einige Jahre zuvor von seinen Mitarbeitern Marsden und Geiger bei Streuexperimenten von α- und β-Strahlung an Mineralien beobachtet worden (genauer: bei Streuversuchen an Mica, das zur Gruppe der sogenannten Glimmermineralien gehört). Diese Beobachtung war auch bereits 1909 publiziert worden (Geiger und Marsden 1909).

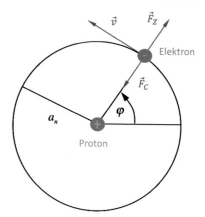

Abb. 2.8 Klassisches Rutherford'sches Atommodell. Dargestellt ist die Kreisbahn eines Elektrons beim Wasserstoffatom. Der Radius a_n der Kreisbahn hängt von der Quantenzahl n ab und ist deshalb mit ihr indiziert. Zur Erklärung hierzu, s. Abschn. 2.4.1. In einem mit dem Elektron mit Tangentialgeschwindigkeit $\vec{v}$ mitbewegten Koordinatensystem wirkt auf der Kreisbahn die Coulomb-Kraft $\vec{F}_C$ welche durch die gleich große, entgegengesetzt gerichtete Zentrifugalkraft $\vec{F}_Z$ ausgeglichen wird

Beispiel 2.2 (Das Versagen des Rutherford'schen Atommodells)
Wir berechnen in diesem Beispiel die Lebensdauer eines Wasserstoffatoms nach den klassischen Gesetzen der Newton'schen Mechanik und der Maxwell'schen Elektrodynamik und überzeugen uns damit von dem Versagen des planetaren Rutherford'schen Atommodells, in dem die Elektronen wie kleine Monde den Atomkern umkreisen. Wir greifen an dieser Stelle etwas voraus und nehmen an, dass das Elektron im Abstand eines Bohr'schen Radius $r = a_1 = r_B = 0,529$ Å vom Kern startet, s. Abb. 2.8. In Kap. 5 werden wir sehen, dass der Bohr'sche Radius der wahrscheinlichste Abstand des Elektrons vom Proton im H-Atom ist.

Wir berechnen zunächst die Gesamtenergie des Elektrons auf einer hypothetischen Kreisbahn mit dem Radius r um den positiv geladenen Kern. Diese Gesamtenergie setzt sich zusammen aus kinetischer E_{kin} und potenzieller Energie E_{pot} (Abb. 2.9):

$$E_{\text{kin}} = \frac{1}{2} m \dot{r}^2,$$

$$E_{\text{pot}} = -\int_{\infty}^{r} \vec{F}(\vec{r}\,') \, d\vec{r}\,' = \int_{r}^{\infty} F_C(r') \, dr'.$$

Bei der Definition der potenziellen Energie E_{pot} kommt das negative Vorzeichen daher, dass man *gegen* eine wirkende Kraft ein Teilchen bewegen muss, um seine potenzielle Energie zu erhöhen. Die untere Grenze des Integrals gibt dabei den Bezugspunkt an, an dem die potenzielle Energie des Teilchens gleich null sein soll,

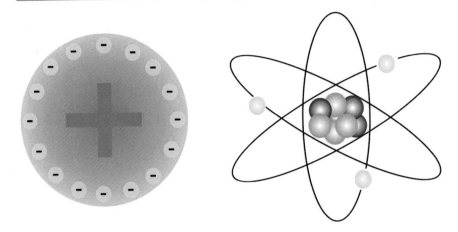

Abb. 2.9 Vom Thomson'schen Atommodell zum Rutherford'schen Planetenmodell des Atoms. Im Thomson'schen Atommodell nahm man noch an, dass die positive Ladung im Atom gleichmäßig wie eine Art Flüssigkeit in der Hydrodynamik im Atom verteilt ist und dass die Elektronen auf sehr spezifisch festgelegten und dadurch strahlungsfreien Kreisbahnen sich innerhalb der positiven Ladungen bewegten. Das Rutherford'sche Atommodell war ein Fortschritt hin zu der Erkenntnis, dass alle positive Ladung auf sehr kleinem Raum im Kern des Atoms vereinigt ist und sich die Elektronen wie Planeten um den Kern auf Kreisbahnen bewegen

nämlich im Unendlichen. Dann entfällt die ansonsten bei der Integration auftretende Integrationskonstante.

Auf einer Kreisbahn um den positiv geladenen Kern herrscht ein Kräftegleichgewicht zwischen der radial in Richtung Kern wirkenden, anziehenden Coulomb-Kraft

$$\vec{F}_C(\vec{r}) = \vec{F}_C(r) = -\frac{e^2}{4\pi\varepsilon_0 r^2} \cdot \underbrace{\frac{\vec{r}}{r}}_{=\vec{e}_r} \tag{2.12}$$

und der radial nach außen wirkenden Zentrifugalkraft

$$\vec{F}_Z(r) = m\dot{r}^2/r \cdot \vec{e}_r, \tag{2.13}$$

wobei e die Elementarladung, ε_0 die Dielektrizitätskonstante des Vakuums (siehe Anhang C) und $\vec{e}_r$ ein radial nach außen gerichteter Einheitsvektor ist, wenn wir den Ursprung des Koordinatensystems in den Mittelpunkt des Protons legen. Das Minuszeichen auf der rechten Seite von Gl. (2.12) in dem Ausdruck für die Coulomb-Kraft rührt von den entgegengesetzt gleich großen Ladungen von Proton und Elektron her. Für die Beträge der Kräfte in Gl. (2.12) und (2.13) gilt daher:

$$|\vec{F}_C(\vec{r})| = F_C = m_e\ddot{r} = \frac{e^2}{4\pi\varepsilon_0}\frac{1}{r^2} = |\vec{F}_Z(\vec{r})| = F_Z = \frac{m_e\dot{r}^2}{r}. \tag{2.14}$$

Mit Gl. (2.14) gilt für die kinetische und die potenzielle Energie:

$$E_{\text{kin}} = \frac{1}{2} \cdot \frac{e^2}{4\pi\varepsilon_0} \cdot \frac{1}{r},$$

$$E_{\text{pot}} = \frac{e^2}{4\pi\varepsilon_0} \int_r^\infty \frac{1}{r'^2} \, \mathrm{d}r' = -\frac{e^2}{4\pi\varepsilon_0} \cdot \frac{1}{r}.$$

Damit lautet die Gesamtenergie des Elektrons auf einer Kreisbahn um einen positiv geladenen Kern

$$\boxed{E_{\text{tot}} = E_{\text{kin}} + E_{\text{pot}} = -\frac{e^2}{8\pi\varepsilon_0}\frac{1}{r}.} \tag{2.15}$$

Beachten Sie, dass die Gesamtenergie des Elektrons in Gl. (2.15) negativ ist ($E_{\text{tot}} < 0$). Dies gilt ganz allgemein: Gebundene Zustände eines Systems haben eine negative Gesamtenergie. Dies liegt an der (im Prinzip willkürlichen) Definition des Nullniveaus der potenziellen Energie zwischen zwei Teilchen, die nur bis auf eine additive Konstante (die bei der Integration der Kraft anfällt) bestimmt ist, welche konventionsgemäß im Unendlichen als null angenommen wird. Das heißt, wenn zwei Teilchen unendlich weit voneinander entfernt sind, ist ihre Wechselwirkungsenergie (bei elektrisch geladenen Teilchen die Coulombenergie) per Definition gleich null. Wir müssen jetzt noch ein Ergebnis (ohne Beweis) verwenden, das in der klassischen Elektrodynamik hergeleitet wird, siehe dazu z. B. (Jackson 1998). Nach dieser strahlt eine beschleunigt bewegte Ladung (also auch ein Elektron auf einer Kreisbahn) Energie ab. Für nicht-relativistische Geschwindigkeiten v (d. h. für $v \ll c$, wobei c die Lichtgeschwindigkeit im Vakuum ist, siehe Anhang C) ist die gesamte abgestrahlte Leistung P (d. i. die Änderung der Energie des Elektrons pro Zeiteinheit) gegeben durch die sogenannte *Larmor-Formel*:

$$\boxed{-\frac{\mathrm{d}E_{\text{tot}}}{\mathrm{d}t} = P = \frac{|\ddot{\vec{p}}|^2}{6\pi\varepsilon_0 c^3} = \frac{e^2}{6\pi\varepsilon_0 c^3}\ddot{r}^2.} \tag{2.16}$$

wobei $\vec{p} = e\,\vec{r}$ das Dipolmoment bezüglich des gewählten Ursprungs des Koordinatensystems ist, in welchem der Ortsvektor $\vec{r}$ dargestellt wird – in unserem Fall ist dies der Ort des Atomkerns.

Für die Zeitableitung der Energie aus Gl. (2.15) müssen wir die Kettenregel verwenden, weil die Energie nicht *explizit* eine Funktion der Zeit t ist, sondern eine Funktion der zeitabhängigen Ortskoordinate r des Elektrons. Damit ist also

$$\frac{\mathrm{d}E_{\text{tot}}}{\mathrm{d}t} = \frac{\mathrm{d}E_{\text{tot}}[r(t)]}{\mathrm{d}t} = \frac{\mathrm{d}E_{\text{tot}}(r)}{\mathrm{d}r} \cdot \frac{\mathrm{d}r}{\mathrm{d}t} = \frac{e^2}{8\pi\varepsilon_0}\frac{1}{r^2} \cdot \frac{\mathrm{d}r}{\mathrm{d}t}. \tag{2.17}$$

Ferner können wir aus Gl. (2.14) einen Ausdruck für die Beschleunigung des Elektrons erhalten:

$$\ddot{r} = \frac{e^2}{4\pi\varepsilon_0 m_e} \frac{1}{r^2}. \tag{2.18}$$

Wir setzen jetzt Gl. (2.17) und (2.18) in (2.16) ein und erhalten:

$$-\frac{e^2}{8\pi\varepsilon_0} \frac{1}{r^2} \cdot \frac{dr}{dt} = \frac{e^2}{6\pi\varepsilon_0 c^3} \cdot \left(\frac{e^2}{4\pi\varepsilon_0 m_e} \frac{1}{r^2}\right)^2. \tag{2.19}$$

Diese Gleichung ist eine Differenzialgleichung 1. Ordnung mit konstanten Koeffizienten (weil sowohl die Ableitung dr/dt der Ortsvariablen r, als auch die Variable r selbst in der Gleichung auftauchen und alle sonstigen Faktoren nur Konstanten sind). Sie kann gelöst werden nach dem Standardverfahren der Trennung der Variablen, eine Strategie, bei der die Gleichung so umgeformt wird, dass jeweils nur *eine* Variable (hier also: t bzw. dt sowie r bzw. dr) auf jeder Seite der Gleichung steht. Nach diesem Verfahren erhält man aus Gl. (2.19) durch elementare algebraische Umformung:

$$-\frac{12\pi^2\varepsilon_0^2 m_e^2 c^3}{e^4} \cdot r^2 dr = dt.$$

Diese Gleichung kann jetzt elementar auf beiden Seiten integriert werden, wobei wir das Elektron aus der Entfernung $r = a_0$ starten und in den Kern ($r = 0$) stürzen lassen, wofür insgesamt die Zeit T benötigt wird:

$$-\frac{12\pi^2\varepsilon_0^2 m_e^2 c^3}{e^4} \int_{a_0}^{0} r^2 dr = \int_{0}^{T} dt = T.$$

Damit lautet unser Ergebnis für die Lebensdauer T des Elektrons im H-Atom:

$$\boxed{T = \frac{4\pi^2\varepsilon_0^2 m_e^2 c^3 a_0^3}{e^4}.} \tag{2.20}$$

Wenn man hier die Zahlenwerte der Naturkonstanten einsetzt, ergibt sich, dass das Elektron innerhalb von $T \approx 1{,}554 \cdot 10^{-11}$ s in den Kern stürzt. Die Stabilität der Atome ist also aus der Sicht der klassischen Physik ein Rätsel, das völlig unerklärt bleibt; anders formuliert: Atome dürfte es nach der klassischen Physik gar nicht geben, weil sie instabil wären. Die Elektronen der Atome müssten ja praktisch sofort in den Kern stürzen, was offensichtlich nicht der Fall ist. ∎

Wenn man die Rechnung in Beispiel 2.2 mit einem relativistischen Elektron durchführt, also die Annahme $v \ll c$ fallen lässt, so ergibt sich, dass die Lebensdauer des Elektrons noch kürzer wird.

2.3 Schlüsselexperimente zur Quantenmechanik

Um die Wende des 19. zum 20. Jahrhundert befand sich die Physik aufgrund des Scheiterns des Rutherford'schen Atommodells in einer schwierigen Situation. Hatte man noch zum ausgehenden 19. Jahrhundert allgemein angenommen, dass die Physik als wissenschaftliche Disziplin weitgehend abgeschlossen sei und nur noch hier und da einmal eine Kleinigkeit „in der 5. Stelle nach dem Komma" ergänzt werden könne, gab es zum damaligen Zeitpunkt eine Reihe von gesicherten experimentellen Beobachtungen, die mit den etablierten Hilfsmitteln und Modellen der klassischen Physik nicht schlüssig und überzeugend erklärt werden konnten. Im Folgenden untersuchen wir einige dieser Experimente, um besser verstehen zu können, warum man es überhaupt als notwendig ansah, eine neue Theorie für die Mechanik atomarer Vorgänge zu entwickeln.

2.3.1 Atomare Spektren und diskrete Energiewerte

Wir beginnen in diesem Abschnitt mit ein paar allgemeinen Bemerkungen zu atomaren Spektren. Zu Beginn des 19. Jahrhunderts gab es einen bedeutenden Fortschritt in der experimentellen Spektroskopie, ausgelöst durch Experimente und theoretische Überlegungen zu Interferenz- und Beugungsexperimenten mit Lichtwellen, die von Thomas Young durchgeführt wurden. In seiner Bakerian Lecture „On the theory of light and colours" in der Royal Society of London im Jahr 1802 verwendete er die Wellentheorie des Lichts von Christiaan Huygens, um die Ergebnisse seiner Experimente zu erklären, darunter auch das berühmte Doppelspaltexperiment (Young 1802), auf das wir in abgewandelter Form in Abschn. 3.1.1 zurückkommen werden. Eine der zur damaligen Zeit interessantesten Neuerungen in Youngs Experimenten war die Bestimmung der Wellenlängen von Licht mit unterschiedlichen Farben mithilfe eines Beugungsgitters. Seit diesen Untersuchungen ist es üblich, die Wellenlänge zur Charakterisierung von Farben im sichtbaren Bereich des elektromagnetischen Spektrums heranzuziehen (Abb. 2.10).

Im gleichen Jahr 1802 führte William Wollaston spektroskopische Untersuchungen des Sonnenlichts durch und entdeckte dabei fünf sehr markante und zwei weniger deutliche schwarze Linien im Spektrum (Wollaston 1802). Die Bedeutung dieser Beobachtungen wurde erst deutlich, als Joseph von Fraunhofer diese Experimente 15 Jahre später wiederholte (Fraunhofer 1817). Seine Motivation zur Untersuchung des Sonnenspektrums war sein Bestreben, sehr präzise Messungen der Brechungsindizes verschiedener Gläser durchzuführen. Er hatte erkannt, dass solche Messungen möglichst mit monochromatischem Licht durchgeführt werden sollten. Bei seinen Untersuchungen entdeckte er eine sehr große Anzahl schwarzer Linien (Absorptionslinien) im Sonnenspektrum, die im Prinzip einen sehr exakten Wellenlängenstandard liefern konnten. In seinen eigenen Worten:

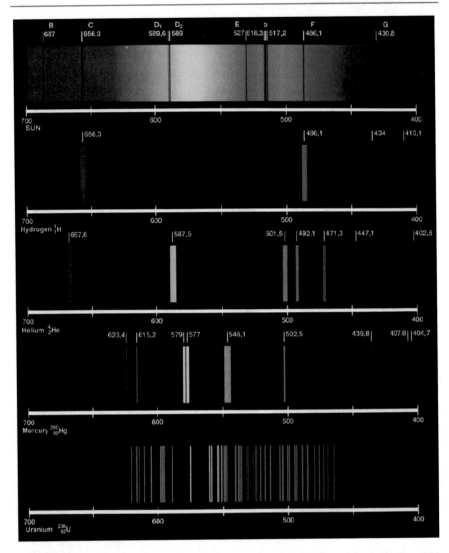

Abb. 2.10 Beispiele von atomaren Spektren. Von oben: Sonne, Wasserstoff (H), Helium (He), Quecksilber und Uran (U). Die horizontalen Achsen zeigen jeweils die Wellenlängen in nm. Beim Wasserstoff z. B. haben die abgebildeten Spektrallinien die Wellenlängen: $H_\alpha = 6563\,\text{Å}$, $H_\beta = 4861\,\text{Å}$, $H_\gamma = 4341\,\text{Å}$, $H_\delta = 4102\,\text{Å}$. Die Sonne zeigt ein kontinuierliches Spektrum und kann gut als Schwarzer Strahler beschrieben werden. Atome hingegen zeigen typische Linienspektren, die sowohl in Absorption sowie in Emission beobachtet werden können

„Ich wollte suchen, ob im Farbenbilde von Sonnenlichte ein ähnlicher heller Streifen zu sehen sey, wie im Farbenbilde vom Lampenlichte, und fand anstatt desselben mit dem Fernrohre fast unzählig viele starke und schwache vertikale Linien, die aber dunkler sind als der übrige Theil des Farbenbildes; einige scheinen fast ganz schwarz zu seyn."

(Fraunhofer 1817)

Die Spektren von atomaren oder molekularen Gasen zeigen im Allgemeinen die Frequenzabhängigkeit der Emission oder Absorption von elektromagnetischer Strahlung in Atomen oder Molekülen. Diese Spektren sind jeweils charakteristisch für die innere Struktur der Atome oder Moleküle. Spektren können auch zur Untersuchung der Eigenschaften von Festkörpern (die aus einer ungeheuer riesigen Anzahl von Atomen bestehen) aufgenommen werden. Generell sind optische Spektren eine wichtige Quelle für Informationen über die elektronische Struktur und den Aufbau von Atomen und deshalb ein wichtiges Hilfsmittel in der physikalischen Chemie. Häufig werden drei verschiedene Typen von Spektren unterschieden:

a) **Kontinuierliche Spektren**
Heiße und dichte Objekte, z. B. leuchtende Festkörper oder Gase mit hoher Dichte, zeigen ein kontinuierliches Spektrum. Solche Spektren, wie etwa das Spektrum der Sonne, lassen sich oft durch die Schwarzkörperstrahlung näherungsweise beschreiben (siehe Abschn. 2.3.2).

b) **Linienspektren**
Linienspektren sind typisch für Objekte bei niedrigen Temperaturen und geringer Dichte, wie z. B. bei atomaren oder molekularen Gasen. Ein solches Spektrum besteht aus einzelnen gut experimentell auflösbaren Linien.

c) **Bandenspektren**
Bandenspektren können als eine teilweise kontinuierliche Überlagerung von einer großen Zahl von Linienspektren aufgefasst werden. Sie werden vorwiegend in molekularen Gasen beobachtet.

In experimentell aufgenommenen Spektren wird die von einer Substanz emittierte oder absorbierte Strahlungsleistung oder Intensität häufig gegen verschiedene für die Frequenz der Strahlung charakteristische Messgrößen aufgetragen:

- Wellenlänge λ
Die Wellenlänge wird in der Einheit Meter (m) gemessen. Wellenlängenangaben beziehen sich im Allgemeinen auf das Vakuum,

$$\lambda_{\text{vac}} = \lambda_{\text{med}} n, \tag{2.21}$$

wobei der Brechungsindex n eine Funktion der Wellenlänge ist (d. h. es tritt *Dispersion* auf). λ_{med} ist die Wellenlänge im betreffenden Medium. Gemessen werden solche Spektren mithilfe von Beugungsgittern.

- Frequenz ν
Die Frequenz, welche im Gegensatz zur Wellenlänge nicht vom betrachteten

Medium abhängt, wird in der Einheit $Hz = s^{-1}$ gemessen. Der Zusammenhang mit der Wellenlänge ist gegeben durch

$$\nu = \frac{c}{\lambda_{\text{vac}}} = \frac{c}{\lambda_{\text{med}}\, n}. \tag{2.22}$$

- Wellenzahl $\tilde{\nu}$

  Die Wellenzahl wird in der Einheit m^{-1} gemessen, und es gilt

$$\tilde{\nu} = \frac{\nu}{c} = \frac{1}{\lambda_{\text{vac}}} = \frac{1}{\lambda_{\text{med}}\, n}. \tag{2.23}$$

- Energie E

  Die Energie $E = h\nu/c$ wird oft in der Einheit eV (Elektronenvolt) angegeben, siehe Anhang C.3.

Aus technischer Sicht bestand der wesentliche Fortschritt von Fraunhofers Beobachtungen in der Erfindung des Spektrometers, mit dem die an einem Prisma gebeugten Lichtstrahlen unterschiedlicher Wellenlängen sehr präzise vermessen werden konnten. Eine große Herausforderung war es im Laufe des 19. Jahrhunderts, eine Formel zur Beschreibung der Wellenlängen in den beobachteten Linienspektren von verschiedenen Elementen zu finden. Die gravierendste Beobachtung bestand in der diskreten Natur der Spektrallinien eines Elements, die sich formal zu Serien mit immer gleicher Struktur zusammenfassen ließen. Sie beginnen mit einer Linie niedrigster Frequenz (also größter Wellenlänge), auf die mit wachsender Frequenz weitere diskrete Linien mit immer kleiner werdenden Abständen folgen, um sich schließlich gegen die sogenannte *Seriengrenze* zu häufen, an die sich ein kontinuierliches Spektrum anschließt.

Der erste und wichtigste Fortschritt in der theoretischen Beschreibung von Spektren wurde 1885 von Johann Jakob Balmer erzielt. Lange vor der Entdeckung der diskreten Energieniveaus in Atomen wurde von J. Balmer aus den ersten wenigen Spektrallinien des Wasserstoffatoms (H_α bis H_δ, siehe Abb. 2.10) eine Serienformel der Gestalt

$$\lambda = \lambda_0 \frac{n^2}{n^2 - 4}, \qquad n = 3, 4, \ldots, \tag{2.24}$$

für die Wellenlänge abgeleitet, die den experimentellen Sachverhalt quantitativ korrekt beschrieb. Die Konstante $\lambda_0 = 3645\,\text{Å} = 4/R_H$ bezeichnet die Seriengrenze des Wasserstoffatoms, und R_H ist die experimentell bestimmte Rydberg-Konstante:

Definition 2.1 (Rydberg-Konstante)

$$R_H = 109677,6\,\text{cm}^{-1} \qquad (2.25)$$

Für die Frequenz lautet die Serienformel (2.24):

$$\nu = \nu_0 \left(1 - \frac{2^2}{n^2} \right). \qquad (2.26)$$

Rydberg gab eine Verallgemeinerung der Formel (2.24) für sämtliche Serien des H-Atoms an. Ausgedrückt durch die Wellenzahl $\tilde{\nu} = \lambda^{-1}$, wie in der Spektroskopie üblich, gilt für die Spektralserien

Rydberg-Formel für die Spektralserien beim H-Atom

$$\frac{1}{\lambda} = \tilde{\nu} = R_H \left(\frac{1}{n^2} - \frac{1}{m^2} \right), \qquad n \in \mathbb{N}, \quad m \geq n+1. \qquad (2.27)$$

Mithilfe von astronomischen Beobachtungen konnte Balmer später seine Formel bis $m = 16$ testen und fand exzellente Übereinstimmung (Balmer 1885). Im Grunde genommen war Gl. (2.27) die erste quantenmechanische Formel, die aufgestellt wurde. Im Prinzip kann n in Gl. (2.27) alle ganzen Zahlen durchlaufen, so dass es theoretisch unendlich viele Spektrallinien gibt. Beobachtbar sind allerdings nur die folgenden Serien, in der Reihenfolge steigender Anfangs-Wellenlängen:

- **Lyman-Serie** (Lyman 1906): $n = 1$
  Serienanfang: $\lambda_0 = 1216\,\text{Å}$,
  Seriengrenze: $\lambda_\infty = 911\,\text{Å}$.
- **Balmer-Serie** (Balmer 1885): $n = 2$
  Serienanfang: $\lambda_0 = 6563\,\text{Å}$,
  Seriengrenze: $\lambda_\infty = 3648\,\text{Å}$.
- **Paschen-Serie** (Paschen 1908): $n = 3$
  Serienanfang: $\lambda_0 = 18751\,\text{Å}$,
  Seriengrenze: $\lambda_\infty = 8208\,\text{Å}$.
- **Brackett-Serie** (Brackett 1922): $n = 4$
  Serienanfang: $\lambda_0 = 4,05\,\mu\text{m}$,
  Seriengrenze: $\lambda_\infty = 1,46\,\mu\text{m}$.

Man kennt noch einige weitere Linien einer fünften, der sogenannten Pfund-Serie (mit $n = 5$, $m \geq 6$ in Gl. (2.27)), s. Abb. 2.11. Die Lyman-Serie beobachtet man im

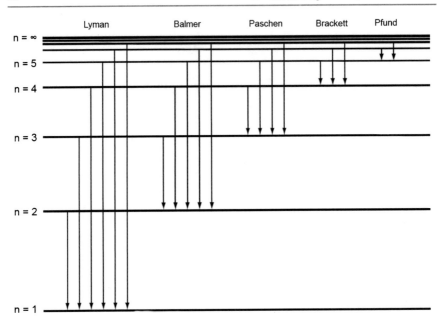

Abb. 2.11 Das Energieschema des Wasserstoffatoms. Eingezeichnet sind jeweils mehrere Übergänge zwischen den einzelnen Energieniveaus

ultravioletten, die Balmer-Serie im sichtbaren Spektralbereich; alle anderen Serien liegen im infraroten Spektralbereich. Ganz ähnliche Serienformeln wie in Gl. (2.27) lassen sich auch für wasserstoffähnliche Ionen (He^+, Na^{++}) mit einer abgeänderten Konstanten und für Alkali- und Erdalkalimetalle mit einfachen Korrekturtermen (Rydberg-Korrekturen) formulieren.

Die Form von Gl. (2.27) lässt erkennen, dass die Wellenzahl $\tilde{\nu}$ der emittierten oder absorbierten Strahlung als Differenz zweier Terme T_n und T_m geschrieben werden kann:

$$\boxed{\tilde{\nu} = T_n - T_m},\qquad\qquad\qquad (2.28)$$

wobei

$$\boxed{T_n = \frac{R_H}{n^2}, \qquad n \in \mathbb{N}}.\qquad\qquad (2.29)$$

Wilhelm Ritz hat diese Beobachtung 1908 zu einem allgemeinen empirischen Prinzip der Spektroskopie erhoben (Ritz 1908):

Das Ritz'sche Kombinationsprinzip
Die Wellenzahl jeder Spektrallinie eines Atoms oder Moleküls ist die Differenz zweier Terme. Man kann durch Addition und Subtraktion der Wellenzahlen zweier bekannter Spektrallinien in vielen Fällen die Wellenzahl einer anderen Spektrallinie desselben Atoms oder Moleküls finden.

Das Ritz'sche Kombinationsprinzip bedeutet, dass sich ein atomares Spektrum durch Kombination weniger Spektralterme darstellen lässt. Ob ein bestimmter Übergang bei gegebenen experimentellen Bedingungen im Spektrum auftritt, ergibt sich aus den *Auswahlregeln* für Strahlungsübergänge, die mit der Erhaltung des Drehimpulses zusammenhängen und die wir später kennenlernen werden. Das Ritz'sche Kombinationsprinzip gilt für alle Atome und Moleküle und hat daher den Charakter eines Naturgesetzes, aber nur für wasserstoffähnliche Atome haben die Terme die einfache Form (Konstante/n^2).

Wenn man die Terme in den Gl. (2.28) und (2.29) mit der fundamentalen Konstante hc multipliziert, wobei h das Planck'sche Wirkungsquantum (siehe Definition 2.3) und c die Lichtgeschwindigkeit ist, so ergeben sich Energien. Die experimentell beobachteten Serienformeln lassen deshalb vermuten, dass es sich bei den Gl. (2.28) und (2.29) in Wirklichkeit um Energiebedingungen der Form

$$\boxed{h\nu = E_n - E_m} \tag{2.30}$$

und

$$\boxed{E_n = \frac{R_H hc}{n^2}} \tag{2.31}$$

handelt. Es ergibt sich also aus dem Ritz'schen Kombinationsprinzip, dass Atome oder Moleküle offenbar nur bestimmte, ihnen eigentümliche Energiebeträge mit der Umgebung austauschen können. Ein Übergang zwischen den Energieniveaus E_n und E_m geht einher mit der Aussendung oder Aufnahme eines Lichtquants, dessen Frequenz ν der Bedingung (2.30) genügen muss. Es können also durch additive oder subtraktive Kombination der Frequenzen bekannter Spektrallinien neue Linien gefunden werden. Manche Niveauübergänge sind jedoch verboten und entsprechen keinen beobachtbaren Spektrallinien. Für diese bestehen also bestimmte Auswahlregeln. Ein Ziel der experimentellen Spektroskopie ist es deshalb, das Termsystem von Atomen, Molekülen und Festkörpern sowie die zugehörigen Auswahlregeln zu finden. Das Ritz'sche Kombinationsprinzip bewährt sich auch bei Störungen (Verschiebungen und Aufspaltungen) von Spektrallinien durch elektrische (Stark-Effekt) oder magnetische Felder (Zeeman-Effekt und Paschen-Back-Effekt).

Die Tatsache, dass Atome nur in gewissen *diskret verschiedenen Zuständen* mit endlichen Energiedifferenzen auftreten können, und ihrem durch das Ritz'sche Kombinationsprinzip vermittelten Zusammenhang mit den spektralen Frequenzen ist im Rahmen der klassischen Physik völlig unverständlich. Wir gewinnen hier ein Bild

von dem Charakter der inner-atomaren Dynamik und ihrer Verknüpfung mit Strah-
lungsprozessen, nach dem die Emission oder Absorption von Strahlung in Atomen
in *unstetigen Sprüngen* von einem Zustand zu einem anderen geschieht, und bei
jedem solchen Sprung jeweils *monochromatisches* Licht abgegeben oder aufgenommen wird, dessen Frequenz ν mit der Energiedifferenz $\Delta E = E_n - E_m$ der beiden
fraglichen Zustände gemäß Gl. (2.30) verknüpft ist.

2.3.2 Das Strahlungsspektrum schwarzer Körper

Die Alltagserfahrung lehrt, dass ein Festkörper (z. B. ein erhitzter Bohrer bei einer
Bohrmaschine) bei hohen Temperaturen glüht, d. h. sichtbares Licht aussendet. Bei
niedrigen Temperaturen dagegen emittiert er Energie in Form von Wärmestrahlung, die nicht mit dem Auge wahrnehmbar ist, aber natürlich denselben physikalischen Ursprung hat. Es handelt sich ebenfalls um elektromagnetische Strahlung. Der
Begriff *Wärmestrahlung* deutet lediglich die Art ihrer Entstehung an. Die Unterteilung der elektromagnetischen Strahlung nach den verschiedenen Frequenzbereichen
ist in Abb. 2.12 zu sehen.

Eine erste systematische Theorie der Wärmestrahlung wurde von Gustav Kirchhoff aufgestellt, dem Vorgänger Max Plancks auf dessen Berliner Lehrstuhl. Er hatte

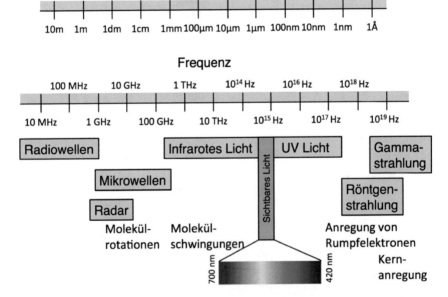

Abb. 2.12 Schematische Darstellung der Unterteilung des elektromagnetischen Spektrums in
unterschiedliche Spektralbereiche. Dargestellt sind auch die typischen atomaren und molekularen Anregungen, die zum Aussenden oder Aufnehmen von Strahlung bestimmter Wellenlängen
führen und in der Spektroskopie verwendet werden

1859 mit thermodynamischen Argumenten zeigen können, dass zur Beschreibung der Wärmestrahlung eine universelle Strahlungsfunktion von zentraler Bedeutung ist. Für Strahlen gleicher Wellenlänge λ bzw. Frequenz ν und gleicher Temperatur T ist das Verhältnis von Emissions- (e) und Absorptionsvermögen (a) bei allen Körpern identisch und damit eine universelle Funktion $f(\nu, T)$, die nur von der Frequenz und der Temperatur abhängt:

$$\frac{e}{a} = f(\nu, T).$$

Kirchhoff führte für seine Theorie den Begriff des „Schwarzen Körpers" ein. Ein Schwarzer Körper ist eine idealisierte Vorstellung eines Körpers, der alle einfallende Strahlung zu 100 % absorbiert und somit nur die von ihm selbst ausgehende Strahlung emittiert. Es gilt für einen Schwarzen Körper also $a = 1$, und die von ihm emittierte Wärmestrahlung $e = Q$ ist allein eine Funktion von Frequenz und Temperatur:

$$\frac{e}{1} = Q = f(\nu, T).$$

Das Problem der Wärmestrahlung und die Ermittlung einer Strahlungsformel, die den spektralen Verlauf der Strahlung in Abhängigkeit von der Temperatur beschreibt, konnte damit auf die theoretische Untersuchung der Strahlung eines Schwarzen Körpers und auf die Bestimmung dieser materialunabhängigen Funktion der Temperatur und der Frequenz bzw. (wegen $\lambda = c\,\nu$) der Wellenlänge reduziert werden. Die experimentellen und theoretischen Schwierigkeiten erwiesen sich allerdings als höchst kompliziert und stellten für die zeitgenössische Physik eine sehr große Herausforderung dar. Von Albert Einstein, der sich im Zusammenhang mit Plancks Forschungen Anfang des 20. Jahrhunderts ebenfalls mit Strahlungsproblemen beschäftigt hatte, stammt aus dem Jahr 1913 die sarkastische Feststellung:

„Es wäre erhebend, wenn wir die Gehirnsubstanz auf eine Waage legen könnten, die von den theoretischen Physikern auf dem Altar dieser universellen Funktion f hingeopfert wurde."

(Zitiert nach Einstein 1995).

Experimentell wird ein Schwarzer Körper approximativ realisiert als ein heizbarer Hohlraum mit einer sehr kleinen Öffnung, siehe Abb. 2.13. Die elektromagnetische Strahlung, die von außen durch das Loch eintritt, wird im Inneren vielfach reflektiert oder gestreut und dabei jedes Mal teilweise absorbiert. Befindet sich also ein Hohlraum auf einer Temperatur T, so ist in diesem Hohlraum eine Energie vorhanden in Form von elektromagnetischer Strahlung. Der kleine Bruchteil der Strahlung, der wieder aus dem Loch herauskommt, ist winzig und somit ist a nahezu gleich 1. Die Strahlung aus dem Loch des aufgeheizten Hohlraums (die erst bei Temperaturen über ca. 600 °C für das menschliche Auge sichtbar wird) entspricht also der Strahlung eines Schwarzen Körpers der Temperatur T. Die Strahlung, die ein Schwarzer Körper emittiert, wenn er auf eine Temperatur T erhitzt ist, bezeichnet man als Schwarzkörper- oder Hohlraumstrahlung. Allmählich wird sich im Inneren des

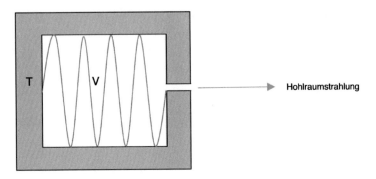

Abb. 2.13 Prinzip der Hohlraumstrahlung bzw. der Strahlung eines Schwarzen Körpers. Ein Hohlraum mit Volumen V wird auf eine konstante Temperatur T aufgeheizt. In die Wand des Hohlkörpers ist eine kleine Öffnung gebohrt, so dass praktisch alle eindringende Strahlung im Inneren an den Wänden des Körpers mehrfach reflektiert wird, bis sie vollständig absorbiert ist. Der Hohlraum sendet aber auch Strahlung aus, die sehr stark temperaturabhängig und erst oberhalb ca. 600 °C sichtbar ist. Durch atomare Stoßprozesse und die Wechselwirkung der Wandatome mit dem elektromagnetischen Strahlungsfeld im Hohlraum wird schließlich ein Gleichgewichtszustand mit einer stationären elektromagnetischen Energiedichte u gemäß Gl. (2.32) erreicht

Hohlraums ein Gleichgewicht der Strahlung einstellen mit einem elektromagnetischen Feld der konstanten Energiedichte u aus Gl. (2.32), siehe dazu z. B. Jackson (1998):

$$u = \frac{1}{2}(\vec{E}\vec{D} + \vec{H}\vec{B}), \qquad (2.32)$$

wobei die Felder $\vec{E}$ und $\vec{D}$ die elektrische Feldstärke bzw. Flussdichte sowie $\vec{H}$ und $\vec{B}$ die magnetische Feldstärke bzw. Flussdichte sind. Ein Beispiel für die experimentelle Realisierung eines angenähert Schwarzen Körpers in der modernen Forschung sieht man in Abb. 2.14 in Form von Kohlenstoff-Nanoröhrchen.

Man kann nun zur Beschreibung der spektralen Zusammensetzung der Strahlung eine *spektrale Energiedichte* $u(v, T) = f(v, T)/V$ einführen, die so definiert ist, dass $u(v, T)\,\mathrm{d}V\,\mathrm{d}v$ die Energie im Volumenelement $\mathrm{d}V$ und Frequenzintervall $\mathrm{d}v$ angibt. Die gesamte Energie ist dann durch $E = \int\int u(v, T)\,\mathrm{d}V\,\mathrm{d}v$ gegeben. Nach Kirchhoff ist u nur eine Funktion von v und T, sie hängt also insbesondere nicht von der Beschaffenheit der Wände des Hohlraums ab; sie ist ferner isotrop (keine Richtung ist bevorzugt) und homogen (ortsunabhängig). Hätte u diese beiden letzten Eigenschaften nicht, so könnte man theoretisch durch geeignete Kopplung von Resonatoren mit Hilfe von Filtern Wärme (d. h. Energie) von niedriger Temperatur zu höherer befördern, was aber gemäß dem zweiten Hauptsatz der Thermodynamik nicht möglich ist. Die spektrale Energiedichte $u(v, T)$ ist das Produkt der Dichte der Eigenschwingungen im Hohlraum $n(v)$ und der mittleren Energie $\varepsilon(v, T)$ pro Eigenschwingung bei der Temperatur T:

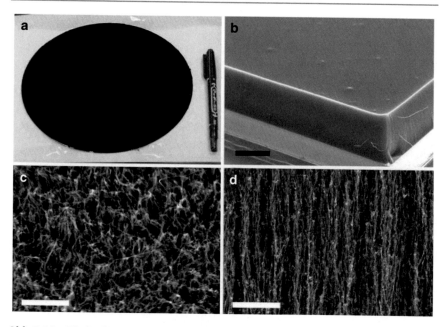

Abb. 2.14 **a** Ein fast idealer Absorber aus stehenden Kohlenstoff-Nanoröhrchen. Die Skalierungs-
balken bedeuten: **b** 0, 5 mm. **c** 0, 5 μm, **d** 5 μm (Mizuno et al. 2009)

Definition 2.2 (Spektrale Energiedichte)

$$u(\nu, T) = n(\nu)\,\varepsilon(\nu, T). \tag{2.33}$$

Während die Dichte $n(\nu)$ der Schwingungen rein mathematisch abgeleitet werden
kann (siehe Abb. 2.35), und daher für den quantenmechanischen wie auch für den
klassischen Fall dieselbe Funktion ist, spielt die zugrunde gelegte physikalische
Modellvorstellung der Oszillator-Schwingungen bei der Bestimmung von $\varepsilon(\nu, T)$
die entscheidende Rolle. Experimentell wird für die Intensität der Schwarzkörper-
strahlung der in Abb. 2.15 gezeigte Verlauf gefunden.

Die Dichte der Eigenschwingungen im Hohlraum V

Die elektrische Eigenschwingung im Hohlraum genügt für die elektrische Feldstärke

$$\vec{E}(\vec{x}, t) = \vec{f}(\vec{x})\,q(t) \tag{2.34}$$

der Wellengleichung

$$\Delta \vec{E} - \frac{1}{c^2}\frac{\partial^2 \vec{E}}{\partial t^2} = 0 \tag{2.35}$$

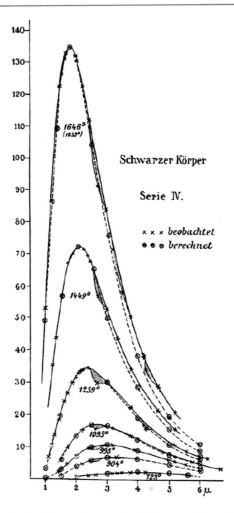

Abb. 2.15 Messungen des Strahlungsspektrums eines Schwarzen Körpers bei verschiedenen Temperaturen von H. Rubens und F. Kurlbaum (Sitzungsber. Preuss. Akad. Wiss., 1900, S. 929). Aufgetragen ist hier die spektrale spezifische Ausstrahlung in $W/(m^2 \cdot \mu m)$ als Funktion der Wellenlänge des emittierten Lichts. Man erkennt eine systematische Verschiebung des Maximums der Kurven mit steigender Temperatur hin zu kleineren Wellenlängen (in Mikrometer, hier nur mit dem Buchstaben μ bezeichnet) bzw. (wegen $\nu = c/\mu$) zu größeren Frequenzen ν Als gestrichelte Linien eingezeichnet sind auch die Werte gemäß dem Wien'schen Gesetz, Gl. (2.75), bei den jeweiligen Temperaturen. Deutlich zu sehen sind die Abweichungen der experimentellen Kurven vom Wien'schen Gesetz bei großen Wellenlängen. Von diesen Messungen erfuhr Max Planck durch einen Besuch von Rubens und seiner Frau am 7. Oktober 1900 (einem Sonntag), was ihn veranlasste, noch am selben Abend seine berühmte Interpolationsformel (das heute so bezeichnete Planck'sche Gesetz) zu finden

bzw.

$$\Delta \vec{f} - k^2 \, \vec{f} = 0, \qquad \ddot{q} + \omega^2 q = 0, \tag{2.36}$$

mit der Dispersionsrelation $\omega = ck$. Gl. (2.34) nennt man Separationsansatz – eine Standardmethode zur Lösung partieller Differenzialgleichungen – die wir in Kap. 3 bei der Lösung der Schrödinger-Gleichung wiedersehen werden. Die Randbedingungen, z. B. $f_{\text{Rand}} \cdot \vec{n} = 0$, können nur dann erfüllt werden, wenn die Wellenzahl und damit die Kreisfrequenz $\omega = 2\pi\nu$ gewisse diskrete Werte annimmt:

$$k_1, k_2, \ldots, k_n, \ldots \qquad \text{bzw.} \qquad \omega_n = ck_n.$$

Auch dies werden wir in Kap. 3 wiedersehen, nämlich dass es die Randbedingungen von partiellen Differenzialgleichungen (hier: der Schrödinger-Gleichung) bei der Einschränkung der Bewegungen von Teilchen sind, die zum Auftreten der diskreten Quantenzahlen Anlass geben. Die Kreisfrequenz ω wird häufig in der Technik, z. B. bei Schwingungsvorgängen, angewendet, weil sich die Exponentialdarstellung von komplexen Zahlen zur Berechnung von Schwingungen oft als vorteilhaft erweist. Komplexe Zahlen können in Polarkoordinaten am Einheitskreis definiert werden, so dass eine Schwingung der Kreisbewegung (mit der Kreisfrequenz ω) eines radialen Zeigers äquivalent ist. Im Eindimensionalen sind z. B. wegen

$$\vec{f}(x) = (A \cos kx + B \sin kx)\vec{e}, \tag{2.37}$$
$$\vec{f}(0) = \vec{f}(L) = 0,$$
$$A = 0,$$
$$k_n = n\pi/L$$

nur die diskreten, äquidistanten Frequenzen

$$\omega_n = \frac{cn\pi}{L} = n\,\Delta\omega, \tag{2.38}$$
$$\Delta\omega = \frac{cn}{L}$$

erlaubt. Das obige $\vec{f}(x)$ ist eine in Richtung des Einheitsvektors $\vec{e}$, senkrecht zur ihrer Ausbreitungsrichtung x, polarisierte Welle und eine Lösung der Helmholtz'schen Schwingungsgleichung (2.36).

Wir führen nun noch die Anzahl N der Eigenschwingungen ein, deren Frequenzen kleiner als ω sind. Dann gilt

$$N(\omega) = V \int\limits_0^\infty n(\omega')\,\mathrm{d}\omega', \tag{2.39}$$

wobei $n(\omega)$ die Dichte der Eigenschwingungen pro Volumen der Eigenschwingungen ist. Bei großen Volumina sind sehr viele Eigenschwingungen vorhanden, und $N(\omega)$

sowie damit auch $n(\omega)$ können jeweils durch kontinuierliche Funktionen dargestellt werden. Im eindimensionalen Fall gilt für $N \gg 1$:

$$N(\omega) \approx \frac{\omega}{\Delta\omega} \approx \frac{L\omega}{\pi c}, \quad \text{wegen} \quad V = L,$$

bzw.

$$N(\nu) = \frac{2L}{c}\nu. \tag{2.40}$$

Damit ergibt sich

$$n(\omega) = \frac{1}{N}\frac{dN}{d\omega} = \frac{1}{\pi c} = \text{const.}$$

bzw.

$$n(\nu) = \frac{2L}{c} = \text{const.} \tag{2.41}$$

Im Eindimensionalen erhalten wir also eine konstante spektrale Modendichte, d. h. gleich viele Moden in jedem Frequenzintervall.

Im Dreidimensionalen kann man für einfache Körper (z. B. den Quader aus Abb. 2.13) aus Abb. 2.13 die Anzahl $N(\nu)$ dieser Eigenschwingungen relativ einfach abzählen (siehe Aufgabe 2.6.24). Man findet für $N \gg 1$:

$$N(\omega) = \frac{V}{3\pi^2}\frac{\omega^3}{c^3} \tag{2.42}$$

bzw.

$$N(\nu) = \frac{8}{3}\frac{V\pi\nu^3}{c^3}. \tag{2.43}$$

Diese asymptotischen Formeln gelten auch für beliebig geformte Hohlräume, was sich mit Hilfe der Variationsrechnung beweisen lässt (Courant und Hilbert 1924). Bei genaueren Rechnungen treten noch Terme proportional zur Oberfläche auf. In diesem Fall geht in die Berechnung dann auch die Gestalt des Hohlraums ein, die erst im asymptotischen Limes sehr großer Hohlräume vernachlässigt werden kann. Man erhält also für die Dichte der Eigenschwingungen in dem Volumen eines Hohlraums:

$$\boxed{n(\omega) = \frac{1}{V}\frac{dN}{d\omega} = \frac{\omega^2}{\pi^2 c^3}} \tag{2.44}$$

bzw.

$$\boxed{n(\nu) = \frac{1}{V}\frac{dN}{d\nu} = \frac{8\pi\nu^2}{c^3}.} \tag{2.45}$$

Die klassische Berechnung der mittleren Energie $\varepsilon(v, T)$ pro Eigenschwingung bei der Temperatur T

Der Verlauf der Energiedichte u als Funktion der Frequenz v war im Jahr 1900 experimentell bekannt und ist in Abb. 2.15 gezeigt in einer Auftragung über die Wellenlänge. Mit den Hilfsmitteln der klassischen Physik kann jedoch der gesamte Verlauf von $u(v, T)$ nicht korrekt abgeleitet werden. Dies sieht man anhand der Funktion $\varepsilon(v, T)$ aus Gl. (2.33): In der klassischen Physik gilt der *Gleichverteilungssatz* der Energie nach dem der Mittelwert der kinetischen Energie $k_B T/2$ und von potenzieller Energie $k_B T/2$ beträgt. Damit ist die mittlere Energie eines harmonischen Oszillators einfach

$$\boxed{\varepsilon(v, T) = k_B T.}$$ (2.46)

Für die Energiedichte im Hohlraum erhalten wir damit nach Gl. (2.33), (2.45) und (2.46) das Strahlungsgesetz von Rayleigh-Jeans:

Strahlungsgesetz von Rayleigh-Jeans

$$u(v, T) = \frac{8\pi v^2}{c^3} k_B T.$$ (2.47)

Dieses Gesetz steht jedoch im Widerspruch zum experimentellen Befund, denn Gl. (2.47) steigt quadratisch mit v an, während experimentell ein Abfall für große Frequenzen v vorhanden ist, siehe Abb. 2.15. Außerdem ist nach Gl. (2.47) die Gesamtenergie (also die Fläche unterhalb der $u(v, T)$–Kurve, multipliziert mit dem Volumen V des Hohlraums) unendlich groß:

$$E = V \int_0^\infty u(v, T)\, dv = \frac{8V\pi}{c^3} k_B T \int_0^\infty v^2\, dv \to \infty.$$ (2.48)

Gl. (2.48) nennt man *Ultraviolett-Katastrophe*.

Entgegen häufig zu findenden Darstellungen in Lehrbüchern spielten das Rayleigh–Jeans–Gesetz und die Ultraviolett–Katastrophe keine Rolle bei Plancks Entdeckung des Strahlungsgesetzes und beide werden von ihm nicht einmal erwähnt in seinen Abhandlungen. Die physikalisch unsinnige Divergenz des Rayleigh–Jeans–Gesetzes bei hohen Strahlungsfrequenzen wurde erstmals im Jahr 1905 (unabhängig voneinander) von Einstein, Rayleigh und Jeans beschrieben und der Begriff „Ultraviolett-Katastrophe" wurde erstmals von Paul Ehrenfest in der Form „Rayleigh–Jeans–Katastrophe im Ultravioletten" erstmals in einer Arbeit von 1911 geprägt (Ehrenfest und Geiger 1911, S. 94, Abschn. IV).

Beispiel 2.3 (Strahlungsgesetz von Rayleigh-Jeans in einer Dimension)
Überzeugen Sie sich selbst durch Einsetzen der Beziehungen (2.46) und (2.41) in
Gl. (2.33) davon, dass die spektrale Energiedichte im Eindimensionalen frequenzunabhängig ist:

$$u(\nu, T)_{1D} = u(T) = \frac{2}{c} k_B T.$$

∎

Erst 20 Jahre nachdem Kirchhoff die Theorie der Wärmestrahlung eines Schwarzen Körpers entwickelt hatte, war es dem Wiener Physiker Josef Stefan gelungen, aus der Analyse vorliegender Messergebnisse die pro Flächeneinheit ausgestrahlte Strahlungsleistung eines homogenen temperierten Hohlraums zu bestimmen, der dem Ideal des Schwarzen Körpers nahe kam (Stefan 1879). In Abschn. 1.3 seiner Arbeit spricht Stefan über die experimentellen Befunde, die ihn zu seinem empirischen Gesetz führten:

„Die Annahme, dass die von einem Körper ausgestrahlte Wärmemenge der vierten Potenz seiner absoluten Temperatur proportional ist, liefert auch noch für sehr hohe Temperaturen Resultate, welche den Beobachtungen ziemlich gut entsprechen, während die Formel von [Dulong und Petit, 1817a] in solchen Fällen ganz Widersinniges gibt. Beobachtungen über die Wärmestrahlung bei hohen Temperaturen liegen übrigens nur wenige vor und sind ihre Ergebnisse, namentlich was die Bestimmung der Temperaturen betrifft, sehr unsicher, so dass sie zu einer entscheidenden Prüfung einer Hypothese wohl nicht geeignet sind. Zuerst will ich hier die Bemerkung anführen, welche [Wüllner, 1872] in seinem Lehrbuch an die Mitteilung der Tyndall'schen Versuche über die Strahlung eines durch einen elektrischen Strom zum Glühen gebrachten Platindrahtes anknüpft, weil diese Bemerkung mich zuerst veranlasste, die Wärmestrahlung der vierten Potenz der absoluten Temperatur proportional anzunehmen. Von der schwachen Rotglut (etwa 525°) bis nur vollen Weißglut (etwa 1200°) nahm die Intensität der Strahlung von 10.4 bis 122, also fast um das Zwölffache (genauer 11.7), zu. Das Verhältnis der absoluten Temperaturen 273 + 1200 und 273 + 525 gibt in der vierten Potenz 11.6."

(Stefan 1879)

Die Gesamtenergiedichte $u(T)$ über alle Frequenzen aufsummiert, lautet also:

Stefan–Boltzmann–Gesetz für die Gesamtenergiedichte $u(T)$

$$u(T) = \int_0^\infty u(\nu, T)\, d\nu = a\, T^4, \qquad (2.49)$$

mit der Strahlungskonstanten

$$a = 7{,}567 \cdot 10^{-16}\, \mathrm{Jm}^{-3}\, \mathrm{K}^{-4}.$$

Anmerkung Wie man sehen kann, steckt in der Strahlungskonstanten der Faktor m^{-3}, also die Division durch ein Volumen; es handelt sich bei der Größe $u(T)$ ja auch um eine Energie*dichte*. Der Zahlenwert der Integrationskonstanten a bleibt zunächst völlig unbestimmt und muss durch Experimente, wie z. B. durch jene von Josef Stefan, bestimmt werden.

Für den Anfänger verwirrend kann die Tatsache sein, dass in Gl. (2.49) manchmal noch auf der rechten Seite explizit die Fläche A des schwarzen Körpers hingeschrieben wird. In diesem Falle bezieht man das Stefan–Boltzmann–Gesetz nicht auf die *gesamte abgestrahlte Energiedichte* $u(T)$ wie in Gl. (2.49), sondern auf die *spezifische abgestrahlte Leistung* P *einer Einheitsfläche* ($A = 1\,\mathrm{m}^2$) pro Einheitszeitintervall ($t = 1\,\mathrm{s}$) und schreibt:

$$P = -\left(\frac{dE}{dt}\right) = \text{totale abgestrahlte Energie pro Zeiteinheit} = \sigma\, A\, T^4 \propto T^4,$$

(2.50)

wobei dann eine andere Proportionalitätskonstante, die *Stefan–Boltzmann–Konstante* σ auftaucht. Die Gesamtenergiedichte $u(T)$ ist bis auf einen Faktor c (die Lichtgeschwindigkeit) identisch mit P. Die Energie mit der Dichte $u(\nu, T)$ wird mit Lichtgeschwindigkeit c zwischen den Wänden des Hohlraums reflektiert und absorbiert. Das bedeutet, das an den Wänden die *Intensität* $c \cdot u(\nu, T)d\nu$ (Energie $\cdot\,\mathrm{m}^{-2} \cdot \mathrm{s}^{-1}$) auftrifft. Die gesamte Leistung P wird von dem schwarzen Strahler in den Halbraum (d. h. in den gesamten Raum auf einer Seite der schwarz strahlenden Fläche) abgestrahlt. Damit ist dann

$$P = c \left[\frac{1}{4\pi} \int_0^{2\pi} d\varphi \int_0^{\pi/2} \cos\theta \sin\theta\, d\theta \right] \int_0^{\infty} u(\nu, T)d\nu$$

(2.51)

$$= \frac{c}{4} \int_0^{\infty} u(\nu, T)\, d\nu = \frac{c}{4} a\, T^4 = \sigma\, T^4$$

und man erhält wiederum das Stefan–Boltzmann–Gesetz:

Stefan–Boltzmann–Gesetz für die abgestrahlte Gesamtleistung P

$$P = \frac{c}{4} \cdot \int_0^{\infty} u(\nu, T)\, d\nu = \sigma\, T^4,$$

(2.52)

mit der Stefan–Boltzmann–Konstante

$$\sigma = 5{,}6697 \cdot 10^{-8}\,\mathrm{Jm}^{-2}\,\mathrm{K}^{-4}.$$

Der Faktor $1/4\pi$ in Gl. (2.51) kommt daher, dass wir die abgestrahlte Leistung in den Halbraum auf den vollen Raumwinkel 4π einer Einheitskugel mit Radius $r = 1$ beziehen.

Das bestimmte Integral über die spektrale Energiedichte $u(\nu, T)$ in Gl. (2.49) und (2.52) werden wir im nächsten Abschnitt berechnen, wenn wir die korrekte quantenmechanische analytische Form von $u(\nu, T)$ (das Plancksche Strahlungsgesetz) diskutiert haben. Dabei werden wir sehen, dass die Stefan–Boltzmann–Konstante ausschließlich aus Naturkonstanten zusammengesetzt ist und sich somit durch die Quantenmechanik berechnen lässt. Ferner gilt der Zusammenhang $\sigma = c/4 \cdot a$.

Beispiel 2.4 (Die Sonne als schwarzer Strahler)
Außerhalb der Erdatmosphäre empfängt eine zur Sonne ausgerichtete Fläche eine Bestrahlungsstärke von $S = 1,367\,\mathrm{kWm^{-2}}$ (Solarkonstante). Man bestimme die Temperatur T der Sonnenoberfläche unter der Annahme, dass die Sonne in hinreichender Näherung ein Schwarzer Körper sei. Der Sonnenradius beträgt $R = 6,963 \cdot 10^8$ m, der mittlere Abstand zwischen Erde und Sonne ist $D = 1,496 \cdot 10^{11}$ m (eine astronomische Einheit).

Die von der Sonnenoberfläche abgegebene Strahlungsleistung P durchdringt eine konzentrisch um die Sonne gelegte Kugelschale des Radius D mit der Bestrahlungsstärke S, beträgt also insgesamt $P = 4\pi\,D^2 \cdot S = 3,845 \cdot 10^{26}$ W (Leuchtkraft der Sonne). Nach dem Stefan–Boltzmann–Gesetz Gl. (2.52) beträgt die Temperatur der abstrahlenden Oberfläche

$$T = \sqrt[4]{\frac{P}{\sigma A}} = \sqrt[4]{\frac{S \cdot 4\pi\,D^2}{\sigma \cdot 4\pi\,R^2}} = \sqrt[4]{\frac{S \cdot D^2}{\sigma \cdot R^2}} = \sqrt[4]{\frac{1,367 \cdot 2,238 \cdot 10^{22}}{5,670 \cdot 10^{-8} \cdot 4,844 \cdot 10^{17}}}\ \mathrm{K}$$
$$= 5777\,\mathrm{K}.$$

Die so bestimmte Temperatur der Sonnenoberfläche heißt *Effektivtemperatur*. Es ist die Temperatur, die ein gleich großer schwarzer Körper haben müsste, um dieselbe Strahlungsleistung abzugeben wie die Sonne. ∎

Boltzmann, ein Schüler Stefans, hat 1884 auf der Grundlage der Maxwellschen Elektrodynamik und mittels einfacher thermodynamischer Überlegungen eine Ableitung dieses T^4–Gesetzes für die Gesamtstrahlung eines schwarzen Körpers geliefert (Boltzmann 1884), was dazu führte, dass beide Namen mit diesem Gesetz verbunden sind: Die einfachen, aber lehrreichen Überlegungen Boltzmanns (Boltzmann 1884) wollen wir an dieser Stelle in Bsp. 2.5 kurz nachvollziehen:

Beispiel 2.5 (Theoretische Ableitung des Stefan–Boltzmann–Gesetzes)
Nehmen wir an, ein geschlossenes Volumen ist nur mit elektromagnetischer Strahlung angefüllt (ein „Gas" bestehend aus Strahlung) und enthält außerdem einen Stempel, der zur Komprimierung des Volumens und der darin eingeschlossenen Strahlung dienen kann. Wenn diesem System die infinitesimale Wärmemenge dQ zugeführt wird, dann erhöht sich die innere Energie um dU. An dem Stempel wird ferner Arbeit verrichtet, weil das Gas sich aufgrund des erhöhten Energiegehalts

leicht ausdehnt, den Stempel etwas nach außen schiebt und so das Volumen V um dV erhöht. Nach dem ersten Hauptsatz der Thermodynamik (Energieerhaltung) gilt:

$$dQ = dU + pdV. \tag{2.53}$$

Mit der Zuführung von Wärmemenge ist automatisch nach $dS = dQ/T$ eine Erhöhung der Entropie S verbunden. Aus Gl. (2.53) wird damit:

$$T dS = dU + pdV. \tag{2.54}$$

Die Relation (2.54) zwischen den thermodynamischen Zustandsgrößen wandeln wir in eine partielle Differenzialgleichung um, indem wir durch dV dividieren *bei festgehaltener, d. h. konstanter Temperatur:*

$$T \left(\frac{\partial S}{\partial V} \right)_T = \left(\frac{\partial U}{\partial V} \right)_T + p. \tag{2.55}$$

Wir benutzen jetzt eine der Maxwell–Relationen der Thermodynamik (siehe dazu Anhang E).

$$\left(\frac{\partial p}{\partial T} \right)_V = \left(\frac{\partial S}{\partial V} \right)_T,$$

um die Relation (2.55) umzuschreiben als:

$$T \left(\frac{\partial p}{\partial T} \right)_V = \left(\frac{\partial U}{\partial V} \right)_T + p. \tag{2.56}$$

Wenn also der Zusammenhang zwischen innerer Energie U und Temperatur T, d. h. die Zustandsgleichung bekannt ist, dann kann auch eine Beziehung zwischen der Energiedichte und der Temperatur gefunden werden. Eine Beziehung zwischen der Energiedichte u elektromagnetischer Strahlung (Gl. (2.32)) und dem von diesem „Gas" ausgeübten Strahlungsdruck $p = 1/3u$ war von Clerk Maxwell in seiner berühmten Arbeit *Treatise on Electricity and Magnetism* im Jahr 1873 abgeleitet worden (Maxwell 1873). Mit $U = uV$ wird damit aus Gl. (2.56):

$$T \left(\frac{\partial \left(\frac{1}{3}u \right)}{\partial T} \right)_V = \left(\frac{\partial (uV)}{\partial V} \right)_T + \frac{1}{3}u, \tag{2.57}$$

oder

$$\frac{1}{3}T \left(\frac{\partial (u)}{\partial T} \right)_V = u \underbrace{\left(\frac{\partial (V)}{\partial V} \right)_T}_{=1} + \frac{1}{3}u = u + \frac{1}{3}u = \frac{4}{3}u. \tag{2.58}$$

Weil die gesamte Energiedichte u (über alle Frequenzen integriert) nur eine Funktion der Temperatur ist, können wir die partielle Ableitung durch das totale Differenzial ersetzen und erhalten schließlich:

$$\frac{du}{u} = 4\frac{dT}{T} \Rightarrow u = 4\ln T \Rightarrow u \propto T^4.$$ (2.59)

∎

Das Stefan–Boltzmann–Gesetz, Gl. (2.52), war zwar ein bedeutender Fortschritt in der Strahlungstheorie gewesen, doch hatte man immer noch nicht die gesuchte Funktion $u(v, T)$ gefunden. Der nächste große Schritt in dieser Richtung gelang Wilhelm Wien von der Physikalisch-Technischen Reichsanstalt in Berlin-Charlottenburg, der 1894 das sogenannte *Wiensche Verschiebungsgesetz* fand (Wien 1894). Wien betrachtete die adiabatische Expansion eines „Gases", bestehend aus elektromagnetischer Strahlung, wie wir es in Beispiel 2.5 kennengelernt haben. Bei adiabatischer Expansion gilt für unser Strahlungsgas:

$$dQ = 0 = dU + pdV.$$ (2.60)

Mit $U = u\,V$ und $p = 1/3\,u$ erhalten wir:

$$0 = d\,(u\,V) + \frac{1}{3}u\,dV = V\,du + u\,dV + \frac{1}{3}u\,dV.$$ (2.61)

Es folgt aus Gl. (2.61):

$$\frac{du}{u} = -\frac{4}{3}\frac{dV}{V}.$$ (2.62)

Elementare Integration von Gl. (2.62) ergibt

$$u = \text{constant} \times V^{-4/3}.$$ (2.63)

Wir benutzen jetzt das Stefan–Boltzmann–Gesetz (2.52), nach dem $u \propto T^4$ oder als Gleichung $u = aT^4$, und vereinigen die Konstante a mit der Konstanten auf der rechten Seite von Gl. (2.63). Streng genommen haben wir dann auf der rechten Seite eine neue Konstante erhalten und wir müssten dies eigentlich durch unsere Notation der Konstanten andeuten; da uns aber nicht der Zahlenwert der Konstanten interessiert, sondern nur die Tatsache, dass hier ein konstanter Zahlenwert vorliegt, schreiben wir weiter einfach „constant". Wir ziehen dann auf beiden Seiten der Gleichung die vierte Wurzel und schreiben das Volumen noch auf die linke Seite der Gleichung. Damit erhalten wir (führen Sie diese elementare Rechnung zur Übung selbst aus):

$$T\,V^{1/3} = \text{constant}.$$ (2.64)

Das Volumen V des die Strahlung einschließenden Würfels mit Kantenlänge r ist $V \propto r^3$ und damit ist $T \propto r^{-1}$. Der Zusammenhang zwischen der Wellenlänge λ und dem Volumen des einschließenden Kastens ist $\lambda \propto r$. Damit erhalten wir

$$T = \lambda^{-1}. \tag{2.65}$$

Gl. (2.65) heißt Wiensches Verschiebungsgesetz:

Wiensches Verschiebungsgesetz

$$\lambda \cdot T = \text{const.} \tag{2.66}$$

Wenn Strahlung adiabatisch expandiert wird (z. B. indem das Volumen, in dem die Strahlung eingeschlossen ist, entsprechend vergrößert wird), dann verschiebt sich die Wellenlänge zu kleineren oder größeren Werten, falls die Temperatur erhöht oder verringert wird.

Zwei Jahre später gelang Wien noch ein weiterer bedeutender Fortschritt im Hinblick auf die Festlegung der universellen Funktion $u(\nu, T)$. Es gelang Wien in seiner Arbeit, die Struktur von u weiter einzuschränken (Wien 1896). Dazu machte er ein paar vereinfachte Modellannahmen für die adiabatische Expansion von Strahlung, die ich hier kurz skizzieren möchte:

Betrachten wir die Strahlung eines schwarzen Strahlers in einem Wellenlängen-intervall $I = [\lambda_1, \lambda_1 + d\lambda_1]$. Die Energiedichte sei gegeben durch $u = u(\lambda_1) d\lambda_1$. Bei adiabatischer Expansion wird die Energiedichte der Strahlung proportional zu T^4 abnehmen. Wir haben dann also:

$$\frac{u(\lambda_1)\, d\lambda_1}{u(\lambda_2)\, d\lambda_2} = \left(\frac{T_1}{T_2}\right)^4. \tag{2.67}$$

Gleichzeitig gilt nach Gl. (2.66) $\lambda_1 T_1 = \lambda_2 T_2$ und für das entsprechende Differenzial $d\lambda_1 = (T_2/T_1) d\lambda_2$. Eingesetzt in Gl. (2.67) ergibt sich

$$\frac{u(\lambda_1)}{T_1{}^5} = \frac{u(\lambda_2)}{T_2{}^5}, \tag{2.68}$$

oder

$$\frac{u(\lambda)}{T^5} = \text{constant.} \tag{2.69}$$

Wegen Gl. (2.66) kann dies umgeschrieben werden als

$$u(\lambda)\lambda^5 = \text{constant.} \tag{2.70}$$

In Gl. (2.70) ist $u(\lambda)$ die Energiedichte pro Einheits-Wellenlängenintervall im Strahlungsspektrum. Die einzige Kombination von T und λ, die eine konstante Größe ergibt, ist das Produkt λT. Deshalb muss das Strahlungsgesetz von der Form

$$u(\lambda)\lambda^5 = F(\lambda T), \tag{2.71}$$

mit einer noch unbekannten Funktion F sein. Als Differenzial formuliert ergibt sich

$$u(\lambda)d\lambda = \frac{F(\lambda T)}{\lambda^{-5}}d\lambda, \tag{2.72}$$

Wenn man Gl. (2.72) durch die Frequenzen ausdrücken will, muss man die nichtlineare Umrechnung zwischen Wellenlängen- und Frequenzintervallen beachten. Dies ist ein häufiger Fehler bei praktischen Rechnungen und Übungsaufgaben. Es ist: $u(\lambda)d\lambda = u(v)dv$, und $\lambda = c/v$; damit gilt für das vollständige Differenzial: $d\lambda = -c/v^2\,dv$. Damit ergibt sich für Gl. (2.72)

$$u(v)dv = \left(\frac{c}{v}\right)^{-5} F\left(\frac{v}{T}\right)\left(-\frac{c}{v^2}dv\right), \tag{2.73}$$

oder

$$u(v)dv = v^3 F\left(\frac{v}{T}\right) dv. \tag{2.74}$$

Wien'sches Strahlungsgesetz

$$u(v, T) = v^3 F\left(\frac{v}{T}\right) = \alpha v^3 e^{-\frac{\beta v}{T}}. \tag{2.75}$$

Hierin ist $u(v, T)$ die Energiedichte bei einer gegebenen Frequenz v und der Temperatur T, und α sowie β sind universelle Konstanten. Damit wusste man, dass die universelle Funktion $u(v, T)$ sich zurückführen lässt auf die Bestimmung einer Funktion F mit nur noch *einer* Variablen $x = v/T$. Trotz der Unbestimmtheit der Funktion $F(v/T)$ lassen sich aus Gl. (2.75) konkrete Aussagen ableiten. So folgt mit der Substitution $x = v/T$ für die gesamte räumliche Energiedichte E:

$$E = \int_0^\infty v^3 F\left(\frac{v}{T}\right) dv = T^4 \int_0^\infty x^3 F(x)\,dx. \tag{2.76}$$

Das Integral auf der rechten Seite dieser Gleichung ist lediglich eine Zahl, nennen wir sie a. Somit stellt sie nichts anderes dar als das Stefan-Boltzmann-Gesetz in Gl. (2.52): $u(v, T) = a\,T^4$. Das Maximum der spektralen Energiedichte $u(v, T)$ als Funktion von v (bei vorgegebenem T) ist gegeben durch die Ableitung von Gl. (2.75):

$$\frac{du(v, T)}{dv} = 3v^2 F\left(\frac{v}{T}\right) + \frac{v^3}{T}F'\left(\frac{v}{T}\right) \stackrel{!}{=} 0.$$

Der zusätzliche Faktor $\frac{1}{T}$ im zweiten Summanden rührt von der inneren Ableitung der Funktion F nach ν her. Nach Einsetzen unserer Substitution und elementarer algebraischer Umformung erhalten wir

$$\frac{3}{x} F(x) + F'(x) \overset{!}{=} 0.$$

Die Lösung dieser Differenzialgleichung ist ein bestimmter Zahlenwert x_0 für die am stärksten abgestrahlte Frequenz ν_{max}:

$$x_0 = \frac{\nu_{max}}{T} = \text{const.} \tag{2.77}$$

Diese Gleichung ist wiederum das Wien'sche Verschiebungsgesetz gemäß Gl. (2.66): Die Frequenz, bei der die Energiedichte ihr Maximum hat (also bei der am meisten abgestrahlt wird), ist direkt proportional zur Temperatur. Wiens Gesetz ermöglichte eine exzellente Anpassung an alle experimentellen Daten, die im Jahr 1896 zugänglich waren. Generell war damals das Schwarzkörper-Spektrum vor allem in der Nähe des Maximums der Verteilung ausgemessen worden, während die Unsicherheit an den Rändern der Verteilung wesentlich größer war.

Wir fassen an dieser Stelle einmal zusammen, was vor Plancks Entdeckung über die spektrale Energiedichte der Schwarzkörper-Strahlung bekannt war.

Überblick: Was war vor Plancks Entdeckung über die Schwarze Strahlung bekannt?

Aus den Gesetzen und Methoden der klassischen Physik (Mechanik, Thermodynamik und Elektrodynamik) wusste man:

1. Nach Kirchhoff ist $u(\nu, T)$ unabhängig von den materiellen Eigenschaften des Körpers, aus dem der Hohlraum beschaffen ist.
2. Für die *spezifische* gesamte abgestrahlte Leistung P, über alle Frequenzen gemittelt, gilt das Stefan-Boltzmann-Gesetz:

$$P = \sigma T^4,$$

mit der Stefan-Boltzmann-Konstante σ aus Gl. (2.52).
3. Es gilt das Wien'sche Strahlungsgesetz in Gl. (2.75): Das Produkt $u(\nu, T)/\nu^3$ ist nur eine Funktion von ν/T:

$$u(\nu, T)/\nu^3 = F(\nu/T).$$

Unbekannt ist nur die Funktion $F(x)$. Hieraus folgt auch das Wien'sche Verschiebungsgesetz

$$\lambda T = \text{const.}$$

4. Plancks Formel von 1899, publiziert in den Sitzungsberichten der Akademie der Wissenschaften zu Berlin, zusammengefasst in einer Arbeit in den Annalen der Physik 1900 (Planck 1900b), hier Gl. (2.79), lautet:

$$u(\nu, T) = \frac{8\pi \nu^2}{c^3} E(\nu, T).$$

Die Planksche Strahlungsformel

Die Geschichte der Entdeckung der Planck'schen Strahlungsformel wurde schon in vielen Lehrbüchern – allerdings oft nicht zutreffend – geschildert. Die Motivation, die Planck dazu führte, sich mit dem damals aktuellen Problem der Hohlraumstrahlung zu beschäftigen, war im Grunde sehr merkwürdig und hatte ihren Ursprung in Plancks Auffassung des 2. Hauptsatzes der Thermodynamik, mit dem er sich während seiner Dissertation ausführlich beschäftigt hatte. Planck glaubte an die absolute Gültigkeit der Zunahme der Entropie und an eine streng deterministische Interpretation der Irreversibilität in mechanischen Systemen. Planck war ein energischer Gegner des Boltzmann'schen statistischen Zugangs zum 2. Hauptsatz (Boltzmann 1877) – inklusive der damit verbundenen Annahme der Realität von Atomen – nach dem die Entropie

$$S = k_B \cdot \log W \tag{2.78}$$

proportional ist zum Logarithmus der Anzahl W der möglichen (mikroskopischen) Zustände der beteiligten Teilchen – also der Atome – durch die ein makroskopischer Zustand realisiert werden kann. Anders gesagt: Ein einziger möglicher makroskopischer Zustand, der durch Zustandsvariablen wie Druck, Dichte und Temperatur charakterisiert wird, kann durch eine Unzahl verschiedener mikroskopischer Konfigurationen von Atomen hervorgerufen werden, die aber allesamt zum gleichen Makrozustand führen; die Größe k_B in Gl. (2.78) ist die Boltzmann-Konstante, die Max Planck (und nicht Boltzmann) in seiner berühmten Arbeit vom 14. Dez. 1900 (Planck 1900a) in die Physik einführte. Die Gl. (2.78) findet sich übrigens nirgends in den Schriften von Ludwig Boltzmann und wurde auch von Planck erstmals aufgeschrieben, allerdings war sich Boltzmann natürlich dieses Zusammenhangs bewusst, wie man aus seinen Vorlesungsmanuskripten weiß. Deshalb steht diese Gleichung vollkommen zu Recht auf Boltzmanns Grabstein in Wien.

Planck hatte die Hoffnung, mit Hilfe der Elektrodynamik streng beweisen zu können, dass die Entropie in einem System, das aus Materie und Strahlung besteht, absolut zunimmt. Er wollte also den 2. Hauptsatz der Thermodynamik als eine Konsequenz der Elektrodynamik begründen. Planck hatte keineswegs die Absicht, eine neue, verbesserte Interpolationsformel für die Hohlraumstrahlung abzuleiten, denn er ging ursprünglich von der Gültigkeit des Wien'schen Strahlungsgesetzes für alle Frequenzen aus, und wollte ganz allgemeine thermodynamische Gesetzmäßigkeiten für das Gleichgewicht zwischen elektromagnetischer und thermischer Strahlung

Abb. 2.16 Ludwig Boltzmann (1844–1906) im Alter von 31 Jahren (1871). (Quelle: Wikipedia Commons (Public Domain))

beweisen. Dazu wollte er ein System von Wand-Oszillatoren in einem geschlossenen Gefäß mit ansonsten ideal spiegelnden Wänden betrachten. Wenn ein Oszillator in diesem System Energie abgibt, so sollte dies nicht in Form von Wärme geschehen, sondern in Form von elektromagnetischer Strahlung, die dann aber wiederum auf die Oszillatoren einwirken kann, weil sie gespiegelt und nicht verloren geht. Das betrachtete System ist als Ganzes also konservativ.

Am Anfang seiner Beschäftigung mit dem Problem des Strahlungsgleichgewichts setzte sich Planck zunächst mit der Modellvorstellung des linearen bzw. harmonischen Oszillators auseinander, der heute die gesamten Naturwissenschaften als lineares Modellsystem durchdringt, siehe dazu Kap. 5. Dieser war 1889 von Heinrich Hertz als sogenannter Hertz'scher Oszillator in die Physik bzw. die Elektrodynamik eingeführt worden, um die Emissions- und Absorptionsprozesse elektromagnetischer Wellen zu beschreiben. Hertz dachte sich diese Oszillatoren als linear schwingende elektrische Dipole.

Planck übernahm diese Modellvorstellung, um sie auf die Hohlraumstrahlung des Schwarzen Körpers anzuwenden. Diese schwingenden Oszillatoren sollten nach der Vorstellung Plancks den Energieaustausch zwischen den Wänden und dem Strahlungsfeld im Inneren des Hohlraums, also die Strahlungsemission und -absorption vermitteln. Jeder dieser Oszillatoren hat dann eine bestimmte Eigenfrequenz ν, mit der die elektrische Ladung Schwingungen um ihre Gleichgewichtslage ausführt. Es stellt sich schließlich ein Gleichgewichtszustand ein, der mit den Methoden der statistischen Mechanik und der klassischen Elektrodynamik berechnet werden kann. Plancks Ziel, durch die Untersuchung der Wechselwirkungen von mechanischen Oszillatoren mit elektromagnetischer Strahlung den 2. Hauptsatz streng deterministisch begründen zu können, war jedoch ein Unterfangen, das von vornherein hoffnungslos war, da weder die klassische Mechanik noch die klassische Elektrodynamik in ihren allgemeinen Gesetzen eine Zeitrichtung auszeichnen. Beide Theorien sind zeitumkehr-invariant, d. h. wenn man in den dynamischen Gleichungen den Zeitparameter t durch $-t$ ersetzt, lassen sich alle Vorgänge in umgekehrter Richtung berechnen und damit vorhersagen; alle Naturvorgänge in der Mechanik und Elektrodynamik sind demnach *reversibel* (Abb. 2.16).

Prinzipiell stellt sich dann die Frage, wie es möglich ist, dass reversible Naturgesetze zu irreversiblem Verhalten von (makroskopischen) mechanischen Systemen führen können. Boltzmann erkannte jedenfalls die Aussichtslosigkeit des Planck'schen Forschungsprogramms und wies ihn auch deutlich auf seine Fehler hin, ohne ihn jedoch zu überzeugen.

Beispiel 2.6 (Irreversibilität)
Ein sehr einfaches Beispiel für irreversibles Verhalten im Alltag ist eine von einem Tisch zu Boden fallende Kaffeetasse, die auf dem Boden zerspringt und deren Inhalt sich auf dem Boden ausbreitet. Dabei erhöht sich die Entropie der Umgebung, ihre Unordnung wächst an, unter gleichzeitiger Erwärmung, während auch die Scherben der Tasse und ihr Inhalt abkühlen. Der umgekehrte Vorgang – die zersprungenen Scherben auf dem Boden erwärmen sich spontan, setzen sich wieder zusammen, und die sich erwärmende Flüssigkeit fließt unter Abkühlung der Umgebung wieder in die Tasse, die sich daraufhin durch einen Kraftstoß des Bodens erhebt (der dadurch zustande kommt, dass spontan alle Atome auf der Oberfläche des Bodens sich gemeinsam geordnet von unten nach oben bewegen) und zurück auf den Tisch fliegt – ist noch niemals im Alltag beobachtet worden. Einen Film, der rückwärts abliefe und den letzteren Vorgang zeigte, würden wir sofort als „falsch" entlarven – trotzdem sind keine Naturgesetze aus der klassischen Mechanik bekannt, die diesen Vorgang prinzipiell ausschließen oder verbieten würden. ∎

Die klassische Physik geht selbstverständlich davon aus, dass jeder Oszillator ein *kontinuierliches* Energiespektrum hat, so dass er auch jede beliebige Strahlungsenergie mit dem elektromagnetischen Feld im Hohlraum austauschen kann. Max Planck legte die Ergebnisse seiner Untersuchungen zwischen 1897 und 1899 in einer Serie von fünf Aufsätzen „Über irreversible Strahlungsvorgänge" in den Sitzungsberichten der Akademie der Wissenschaften zu Berlin dar und fasste die wesentlichen Ergebnisse in einem gleichnamigen Artikel in den Annalen der Physik zusammen (Planck 1900b).
   Durch Plancks Beschäftigung mit dem oben erwähnten Strahlungsgleichgewicht zwischen materiellen Oszillatoren in den Hohlraumwänden und dem elektromagnetischen Feld war es ihm in langwierigen Berechnungen gelungen, die Formel

$$u(v, T) = \frac{8\pi v^2}{c^3} E \qquad (2.79)$$

für die spektrale Strahlungsdichte zu erhalten (Planck 1900b). Hierin ist E die mittlere Energie der Oszillatoren. In unserer modernen Notation von Gl. (2.33) ist $E = \varepsilon(v, T)$, und der Vorfaktor entspricht der Zustandsdichte $n(v)$. Bemerkenswert an dieser Formel ist, dass die gesamte Natur der Oszillatoren (als mechanische Systeme) hierin vollkommen verschwunden ist. Alles, was übrigbleibt, ist die mittlere Energie der Oszillatoren. Wenn man diese für eine Frequenz v in einem Hohlraum berechnen kann, hat man damit auch das Spektrum der Schwarzkörper-Strahlung gefunden.

Weiterhin ist bemerkenswert, dass Gl. (2.79) im Jahr 1900 von John William Strutt (Baron Rayleigh) auf völlig anderem Weg und erheblich einfacher erarbeitet wurde. Rayleigh war Autor des damals berühmten Buches „The Theory of Sound" (Strutt 1877) und löste daher das Problem durch Betrachtung der Gleichgewichtsverteilung von (stehenden) Wellen in einem Kasten mit den Seitenlängen L. Alle möglichen und erlaubten Wellenmoden, die mit den durch den Kasteneinschluss erzeugten Randbedingungen konsistent waren, würden dann zum thermodynamischen Gleichgewicht bei der Temperatur T beitragen. Wir vertiefen das Problem wegen seiner Bedeutung für die Lösung der Schrödinger-Gleichung für das Kastenpotenzial in Abschn. 3.4.6 (und z. B. auch für die Ableitung der Moden bei der Quantisierung der Felder in der Quantenfeldtheorie). Die Wellengleichung für die Wellen in einem Kasten lautet

$$\nabla^2 \psi = \Delta \psi = \frac{\partial^2 \psi}{\partial x^2} + \frac{\partial^2 \psi}{\partial y^2} + \frac{\partial^2 \psi}{\partial z^2} = \frac{1}{c_w^2} \frac{\partial^2 \psi}{\partial t^2}, \qquad (2.80)$$

wobei c_w die Wellengeschwindigkeit ist. Die Wände sind starr und deshalb ist die Amplitude der Wellen $\psi = 0$ bei $x, y, z = 0$ und bei $x, y, z = L$. Diese Randbedingung bedeutet, dass an den Wänden Wellenknoten vorhanden sind. Die Lösung der Wellengleichung erfolgt durch einen Produktansatz für die Funktion ψ in der Form

$$\psi = C e^{-i\omega t} \sin\left(l\frac{\pi x}{L}\right) \sin\left(m\frac{\pi y}{L}\right) \sin\left(n\frac{\pi z}{L}\right). \qquad (2.81)$$

Diese Gleichung beschreibt stehende Wellen in dem dreidimensionalen Kasten, wobei l, m und n ganze Zahlen sind. Jede Kombination von l, m und n heißt *Mode* der Welle. Durch Einsetzen unseres Produktansatzes in die Wellengleichung (überzeugen Sie sich davon durch einfaches, direktes Nachrechnen!) erhalten wir eine Relation für die einzelnen Moden in der Form:

$$\frac{\omega^2}{c^2} = \frac{\pi^2}{L^2}\left(l^2 + m^2 + n^2\right) = \frac{\pi^2 p^2}{L^2}, \qquad (2.82)$$

mit $p^2 = l^2 + m^2 + n^2$. Nach dem Gleichverteilungssatz der Thermodynamik ist die Energie gleichmäßig unter den voneinander unabhängigen Moden aufgeteilt. Wir müssen deshalb herausfinden, wie viele Moden jeweils in einer bestimmten Richtung im Intervall $[p, p + \mathrm{d}p]$ vorhanden sind. Diese Anzahl findet man, wenn man ein dreidimensionales Gitter zeichnet, dass von l, m und n aufgespannt wird, und dann die Anzahl der (diskreten) Moden in einer Kugel mit dem Radius p in diesem abstrakten (l, m, n)-Raum abzählt, siehe Abb. 2.17. Der Einfachheit halber kann man sich aus Symmetriegründen beim Abzählen auch auf einen Oktanten (eine Achtelkugel) beschränken und mit dem Faktor 8 dann die Gesamtzahl der Moden erhalten. Wenn p sehr groß ist, dann erhält man für die Anzahl $\mathrm{d}N$ der Moden in einer Kugelschale mit dem innerem Radius p und der Schalendicke $\mathrm{d}p$:

$$\mathrm{d}N = n(p)\,\mathrm{d}p = \frac{L^3 \omega^2}{2\pi^2 c^3}\,\mathrm{d}\omega. \qquad (2.83)$$

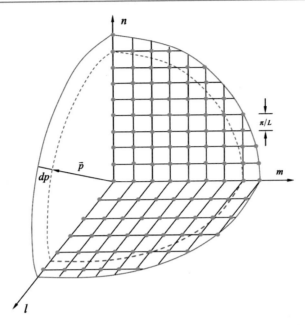

Abb. 2.17 Kugeloktant zur Herleitung der Eigenschwingungen im Hohlraum. Jeder Punkt entspricht einem möglichen Vektor $\vec{p}$. Es gilt, die Zahl der möglichen Vektoren im ersten Oktanten der Kugelschale mit dem Radius p und der Dicke dp zu ermitteln. Wenn man der Einfachheit halber einen kubischen Hohlraum mit den Kantenlängen $L_x = L_y = L_z = L$ zugrunde legt, dann ist die Gitterkonstante π/L

Elektromagnetische Wellen haben jeweils *zwei* linear unabhängige (d.h. orthogonale) Polarisationen für jede gegebene Schwingungsform (Mode), siehe Aufgabe 2.6.24. Deshalb gibt es insgesamt doppelt so viele Moden wie in Gl. (2.83). Damit beträgt die Dichte der Eigenschwingungen

$$n(\omega) = \frac{1}{L^3}\frac{\mathrm{d}N}{\mathrm{d}\omega} = \frac{\omega^2}{\pi^2 c^3}. \tag{2.84}$$

Um die spektrale Energiedichte der elektromagnetischen Strahlung $u(\omega, T) = n(\omega)\,\varepsilon(\omega, T)$ im Hohlraum zu erhalten, legen wir das Boltzmann'sche Äquipartitionstheorem der klassischen Physik zugrunde, nach dem jede Mode die gleiche mittlere Energie $\langle E \rangle$ besitzt. Der Leser beachte, das wir bei dieser Ableitung im Unterschied zu Gl. (2.79) die Energiedichte als Funktion der Kreisfrequenz ω betrachten. Es gilt also für die spektrale Energiedichte der elektromagnetischen Strahlung in dem Kasten

$$u(\omega, T) = n(\omega)\,\mathrm{d}\omega L^3\,\langle E \rangle = \frac{L^3 \omega^2 \langle E \rangle}{\pi^2 c^3}\,\mathrm{d}\omega. \tag{2.85}$$

Unter Berücksichtigung von $\mathrm{d}\omega = 2\pi\,\mathrm{d}\nu$ und $\omega^2 = (2\pi\nu)^2$ haben wir folglich

$$u(\nu, T) = \frac{L^3 (2\pi\nu)^2 \langle E \rangle}{\pi^2 c^3} \cdot (2\pi\,\mathrm{d}\nu) \tag{2.86}$$

und somit

$$u(v, T) = \frac{8\pi v^2}{c^3} \langle E \rangle. \qquad (2.87)$$

Das ist exakt dasselbe Resultat wie in Gl. (2.79), das Planck auf sehr komplizierte Weise durch die Betrachtung der durch ein elektromagnetisches Feld erzwungenen Schwingungen von gedämpften Hertz'schen Oszillatoren erhielt.

Anzumerken ist noch, dass Rayleigh in seiner ursprünglichen Publikation von 1900 (Rayleigh 1900) einen Fehler um den Faktor 8 machte, der dann von Jeans im Jahr 1905 korrigiert wurde (Jeans 1905). Deshalb ist mit der klassischen Näherung des Strahlungsgesetzes für sehr kleine Frequenzen (also für sehr niederenergetische Strahlung) auch der Name Jeans verbunden.

Zurück zu Plancks Arbeit aus dem März 1900 und zu Gl. (2.79): Der nächste Schritt für Planck war es, eine Zustandsfunktion aufzustellen, die sich als Entropie des betrachteten Strahlungssystems (d. h. der Resonatoren) deuten ließ. Der von Planck gefundene Ausdruck lautet

$$S = -\frac{E}{\beta v} \ln \frac{E}{e\alpha v}, \qquad (2.88)$$

wobei E die Energie des Resonators, v dessen Frequenz sowie α und β die universellen Konstanten in Wiens Gesetz, Gl. (2.75), und e die Basis des natürlichen Logarithmus sind. Diese Beziehung liefert mit

$$\frac{dS}{dE} = \frac{1}{T}, \qquad (2.89)$$

$$\frac{d^2 S}{dE^2} = -\frac{1}{\beta v} \frac{1}{E} \qquad (2.90)$$

und

$$E = \alpha v \exp\left(-\frac{\beta v}{T}\right)$$

die theoretische Ableitung des Wien'schen Strahlungsgesetzes, also Gl. (2.75). Das heißt, in der Vorstellung von Planck sollte das Wien'sche Strahlungsgesetz „allgemeine Gültigkeit" haben, und er konnte zeigen, dass dieses Gesetz konsistent ist mit dem Zweiten Hauptsatz der Thermodynamik. In Plancks eigenen Worten:

„Ich glaube hieraus schließen zu müssen, dass die im §17 gegebene Definition der Strahlungsentropie eine notwendige Folge der Anwendung des Principes der Vermehrung der Entropie auf die elektromagnetische Strahlungstheorie ist und dass daher die Grenzen der Gültigkeit dieses Gesetzes, falls solche überhaupt existieren, mit denen des zweiten Hauptsatzes der Wärmetheorie zusammenfallen."

(Planck 1900b)

Nachdem es im Bereich hoher Temperaturen und langer Wellenlängen schon früher Abweichungen zwischen den Messungen und der Theorie gegeben hatte – von denen man meinte, dass sie als systematische Messfehler zu erklären waren – ergaben neue Untersuchungen von Heinrich Rubens und Ferdinand Kurlbaum, die im Sommer 1900 als Gastmitarbeiter an der Berliner Reichsanstalt mit der sogenannten Reststrahlmethode Messungen im Infrarotbereich durchführten, so gravierende Abweichungen von der Wien'schen Strahlungsformel, dass sich diese nicht mehr wegdiskutieren ließen.

Dies veranlasste Planck, seine bisherigen Arbeiten und insbesondere seine Ableitung des Wien'schen Strahlungsgesetzes noch einmal zu überdenken. Er fand dann eine „glücklich erratene" Interpolationsformel, die gut mit den damals neuen Messergebnissen übereinstimmte (Planck 1900a). Er hatte diese Formel durch Probieren bzw. durch eine formale Abänderung seines früheren Entropieausdrucks für die Planck'schen Oszillatoren erhalten. Im Wesentlichen hatte Planck das Folgende getan: Bei geringen Frequenzen $\nu/T \to 0$ hatten die Experimente von Rubens und Kurlbaum gezeigt, dass $u(\nu) \propto T$. Die thermodynamischen Beziehungen zwischen S, E und T lauten

$$E \propto T, \qquad \frac{dS}{dE} = \frac{1}{T}.$$

Daraus folgt

$$\frac{dS}{dE} \propto \frac{1}{E} \qquad \text{und} \qquad \frac{d^2S}{dE^2} \propto \frac{1}{E^2}.$$

Das bedeutet, dass d^2S/dE^2 beim Übergang von großen zu kleinen Werten von ν/T seine funktionale Abhängigkeit von E verändern muss. Das Wien'sche Gesetz ist offenbar eine gute Approximation für große Werte von ν/T und führt zu Gl. (2.90). Statt den durch das Wien'sche Strahlungsgesetz vorgegebenen Entropieausdruck setzte er nun ad hoc

$$\frac{d^2S}{dE^2} = \frac{a}{E(b+E)}, \tag{2.91}$$

mit zwei Konstanten a und b, womit er durch Integration und spezielle Wahl der Integrationskonstante die neue (Planck'sche) Strahlungsformel erhielt. Der Ausdruck in Gl. (2.91) zeigt für große und kleine Werte von E das gewünschte Verhalten. Dann gilt nach Integration

$$\frac{dS}{dE} = -\int \frac{a}{E(b+E)} \, dE = \frac{1}{T} = -\frac{a}{b} \ln\left(\frac{E}{b+E}\right) \tag{2.92}$$

und damit

$$E = \frac{b}{e^{b/aT} - 1}. \tag{2.93}$$

Damit hatte Planck schließlich die mittlere Energie E der Oszillatoren in Gl. (2.79) bestimmt und erhielt

$$u(\nu, T) = \frac{8\pi \nu^2}{c^3} \frac{b}{e^{b/aT} - 1}, \qquad (2.94)$$

wobei a und b universelle Konstanten sind, die noch experimentell anzupassen waren. Im Limit hoher Frequenzen und niedriger Temperaturen können wir die Eins im Nenner von Gl. (2.94) vernachlässigen. Durch direkten Vergleich mit dem Wien'schen Strahlungsgesetz, (2.75), in der Form

$$\frac{8\pi \nu^2}{c^3} \frac{b}{e^{b/aT}} = \alpha \nu^3 e^{-\frac{\beta \nu}{T}} = \alpha \nu^2 \frac{\nu}{e^{\beta \nu/T}}$$

sehen wir mit Planck, dass die Konstante b proportional zu ν und die Konstante a unabhängig von ν sein müssen. Damit konnte Planck das Strahlungsgesetz schreiben als:

$$u(\nu, T) = \frac{A \nu^3}{e^{\frac{\beta \nu}{T}} - 1}, \qquad (2.95)$$

mit zwei Konstanten A und β.

Man beachte, dass der *einzige* Unterschied zwischen der Planck'schen Strahlungsformel und dem Wien'schen Strahlungsgesetz, Gl. (2.75), der zusätzliche Term -1 im Nenner ist. Diese Formel stimmte mit den bekannten Messergebnissen in ausgezeichneter Weise überein. Ein weiterer wichtiger Punkt war, dass Planck durch elementare, zweimalige Integration von Gl. (2.91) einen Ausdruck für die Entropie des Strahlungsgleichgewichts erhalten konnte, wobei $b \propto \nu$ ist:

$$S = -a \left[\frac{E}{b} \ln \frac{E}{b} - \left(1 + \frac{E}{b}\right) \ln \left(1 + \frac{E}{b}\right) \right]. \qquad (2.96)$$

Auf der Sitzung der Physikalischen Gesellschaft am 14. Dezember 1900 in Berlin lieferte Planck eine erste Begründung seines ad hoc eingeführten Strahlungsgesetzes bzw. der „glücklich erratenen Interpolationsformel", in der nicht nur das fundamentale Wirkungsquantum h auftaucht, sondern die sich vor allem auf eine neue statistische Behandlung der Strahlungsoszillatoren und ihrer Entropie gründete. Dieser Tag gilt nach Max von Laue gemeinhin als „Geburtsstunde der Quantenphysik", obwohl Planck damals noch keinerlei konkrete Vorstellungen von einer „Quantenhypothese" hatte und sich die Erkenntnis über deren Bedeutung erst im folgenden Jahrzehnt durchsetzen sollte (Hermann 1969).

Im Mittelpunkt der damaligen Überlegungen Plancks stand vielmehr, dass er seine bisherige Skepsis gegenüber der statistischen Physik Boltzmanns (Abb. 2.16) und dem ihr zugrunde liegenden Atomismus aufgab. In einem „Akt der Verzweiflung" – wie er rückblickend 1931 in einem Brief an den amerikanischen Physiker William Woods schrieb – machte er sich nun die bis dahin von ihm strikt abgelehnte Boltzmann'sche wahrscheinlichkeitstheoretisch-atomistische Begründung der Entropie zu

Nr. 17.]   Sitzung vom 14. December 1900.   239

Energiestrahlung zahlenmässig berechnen kann. Es wird Ihnen bei dem anzugebenden Verfahren manches willkürlich und umständlich erscheinen, aber ich lege hier, wie gesagt, nicht Wert auf den Nachweis der Notwendigkeit und der leichten praktischen Ausführbarkeit, sondern nur auf die Klarheit und Eindeutigkeit der gegebenen Vorschriften zur Lösung der Aufgabe.

In einem von spiegelnden Wänden umschlossenen diathermanen Medium mit der Lichtfortpflanzungsgeschwindigkeit c befinden sich in gehörigen Abständen voneinander eine grosse Anzahl von linearen monochromatisch schwingenden Resonatoren, und zwar N mit der Schwingungszahl ν (pro Secunde), N' mit der Schwingungszahl ν', N'' mit der Schwingungszahl ν'' etc., wobei alle N grosse Zahlen sind. Das System enthalte eine gegebene Menge Energie: die Totalenergie E_t, in erg, die teils in dem Medium als fortschreitende Strahlung, teils in den Resonatoren als Schwingung derselben auftritt. Die Frage ist, wie sich im stationären Zustand diese Energie auf die Schwingungen der Resonatoren und auf die einzelnen Farben der in dem Medium befindlichen Strahlung verteilt und welche Temperatur dann das ganze System besitzt.

Zur Beantwortung dieser Frage fassen wir zuerst nur die Schwingungen der Resonatoren ins Auge, und erteilen ihnen versuchsweise bestimmte willkürliche Energien, nämlich den N Resonatoren ν etwa die Energie E, den N' Resonatoren ν' die Energie E' etc. Natürlich muss die Summe:

$$E + E' + E'' + \ldots = E_0$$

kleiner sein als E_t. Der Rest $E_t - E_0$ entfällt dann auf die im Medium befindliche Strahlung. Nun ist noch die Verteilung der Energie auf die einzelnen Resonatoren innerhalb jeder Gattung vorzunehmen, zuerst die Verteilung der Energie E auf die N Resonatoren mit der Schwingungszahl ν. Wenn E als unbeschränkt teilbare Grösse angesehen wird, ist die Verteilung auf unendlich viele Arten möglich. Wir betrachten aber — und dies ist der wesentlichste Punkt der ganzen Berechnung — E als zusammengesetzt aus einer ganz bestimmten Anzahl endlicher gleicher Teile und bedienen uns dazu der Naturconstante $h = 6{,}55 \cdot 10^{-27}$ [erg × sec]. Diese Constante

Abb. 2.18 Max Planck (1858–1947), um 1910 im Alter von ca. 50 Jahren. Rechts ist die dritte Seite von Plancks Arbeit abgebildet, in der das Wirkungsquantum h (in der letzten Zeile) als neue Naturkonstante in cgs-Einheiten (siehe hierzu auch Anhang C.4) eingeführt wurde (Planck 1900c). Planck war sich jedoch zu diesem Zeitpunkt in keiner Weise der umwälzenden Bedeutung dieser neuen Naturkonstanten bewusst. (Abdruck mit frdl. Genehmigung, © akg-images)

eigen und bestimmte auf dieser Grundlage die Entropiefunktion der Strahlungsoszillatoren. Dabei griff er direkt auf Boltzmanns Arbeit zur Gasstatistik aus dem Jahr 1877 zurück (Boltzmann 1877). Analog zur Methode, die Boltzmann für die Statistik seiner Gasatome verwendet hatte, unterteilte Planck die möglichen (kontinuierlichen) Energiezustände seiner identischen Strahlungsoszillatoren in den Wänden des Hohlraums in Zellen konstanter, aber nicht beliebig kleiner Größen ε ein (Abb. 2.18):

Plancks Quantenhypothese

Die Oszillatoren können sich (im Gegensatz zur klassischen Physik) nur in solchen Energiezuständen E_n befinden, deren Energien ganzzahlige Vielfache n eines elementaren Energiequants ε sind:

$$E_n = n\varepsilon = nh\nu = n\hbar\omega, \qquad n = 0, 1, 2, \ldots, \tag{2.97}$$

Sie können deshalb auch nur solche Energiemengen absorbieren oder emittieren, die ganzzahligen Vielfachen von ε entsprechen.

Die Konstante h spielt in der Quantenmechanik eine entscheidende Rolle und heißt nach ihrem Entdecker *Planck'sche Konstante* oder *Planck'sches Wirkungsquantum*, da sie die Dimension einer *Wirkung* (Energie·Zeit) hat:

Definition 2.3 (Planck'sches Wirkungsquantum)

$$h = 6{,}62608 \cdot 10^{-34}\,\text{J s}.$$

Die ständig in der Quantenmechanik auftauchende Größe $h/(2\pi)$ heißt *Dirac'sche Konstante* und wird mit einem eigenen Symbol bezeichnet, das als „h-quer" gesprochen wird (im Englischen: „h-bar"):

Definition 2.4 (Dirac'sche Konstante)

$$\hbar = h/(2\pi).$$

Beispiel 2.7

Für gelbes Licht mit der Wellenlänge $\lambda \approx 0{,}56 \cdot 10^{-4}$ cm ist z. B. mit $\nu = 5 \cdot 10^{14}\,\text{s}^{-1}$ die Energiemenge $h\nu \approx 2$ eV. So groß sind beispielsweise die Energiestufen bei den berühmten gelben Spektrallinien des Natriums. Für die Umwandlung der Einheit eV in andere Energieeinheiten, siehe Anhang C. ∎

Überblick: Die Geburt des Wirkungsquantums h

Zur Begründung des von ihm aufgestellten Strahlungsgesetzes ging Planck folgendermaßen vor: Er betrachtete ein Ensemble von N Wandoszillatoren mit der Gesamtenergie $E = r\varepsilon$ und fragte gemäß Boltzmann nach der Anzahl W der Möglichkeiten, die r jeweils diskreten „Energieelemente" ε auf insgesamt N Oszillatoren aufzuteilen. Die Antwort ist ein einfaches Ergebnis der Kombinatorik, das wir in Anhang G begründen:

$$W = \frac{(N + r - 1)!}{r!(N-1)!}. \tag{2.98}$$

Weil N und r sehr große Zahlen sind, können wir Stirlings Approximation für $N!$ anwenden:

$$N! = (2\pi N)^{1/2} \left(\frac{N}{e}\right)^N \left(1 + \frac{1}{12N} + \cdots\right). \qquad (2.99)$$

Der entscheidende Punkt in Plancks Analyse war nun, dass er nach Boltzmann die Zahl W als eine statistische Häufigkeit deutete und somit die Entropie gemäß Gl. (2.78) schreiben konnte als

$$S = k_B \log W.$$

Da wir also die Entropie berechnen wollen und daher den Logarithmus von W benötigen, verwenden wir mit Planck eine noch einfachere Approximation der Fakultät, nämlich $N! \approx e(N/e)N \approx N^N$. Damit erhält man:

$$W = \frac{(N+r-1)!}{r!(N-1)!} \approx \frac{(N+r)!}{r!N!} \approx \frac{(N+r)^{N+r}}{r^r N^N}. \qquad (2.100)$$

Damit erhalten wir

$$S = k_B \left[(N+r)\ln(N+r) - r\ln r - N\ln N\right], \qquad (2.101)$$

$$r = \frac{E}{\varepsilon} = \frac{N\langle E\rangle}{\varepsilon}, \qquad (2.102)$$

wobei $\langle E\rangle$ die durchschnittliche Energie der Oszillatoren darstellt. Im Ergebnis erhalten wir also nach Einsetzen der Approximation

$$S = k_B \left\{ N\left(1+\frac{\langle E\rangle}{\varepsilon}\right)\ln\left[N\left(1+\frac{\langle E\rangle}{\varepsilon}\right)\right] - \frac{N\langle E\rangle}{\varepsilon}\ln\frac{N\langle E\rangle}{\varepsilon} - N\ln N\right\}. \qquad (2.103)$$

Die mittlere Entropie pro Oszillator ergibt sich dann zu

$$\langle S\rangle = \frac{S}{N} = k_B \left\{\left(1+\frac{\langle E\rangle}{\varepsilon}\right)\ln\left(1+\frac{\langle E\rangle}{\varepsilon}\right) - \frac{\langle E\rangle}{\varepsilon}\ln\frac{\langle E\rangle}{\varepsilon}\right\}. \qquad (2.104)$$

Diese Gleichung stimmt nun genau mit Gl. (2.96) für die Entropie eines Oszillators überein, die Planck ad-hoc hergeleitet hatte, mit der sich ergebenden Notwendigkeit $b \propto \nu$. Es folgt also aus diesem Vergleich der Entropieausdrücke, dass letztlich die „Energieelemente" ε proportional zur Frequenz sein müssen. Planck schrieb diese Bedingung in der Form

$$\varepsilon = h\nu, \qquad (2.105)$$

mit der Proportionalitätskonstanten h, die zu Recht Plancks Namen trägt. **Diese Herleitung von Max Planck ist der Ursprung des Konzepts der Quantisierung mit der Naturkonstanten h.**

Der dramatische Widerspruch von Plancks Hypothese, Gl. (2.97), zu den Annahmen der klassischen Physik, d. h. der klassischen Elektrodynamik von Maxwell über die Natur von elektromagnetischer Strahlung, bestand also in dem Postulat, dass die Atome der Hohlraumwände nur *diskrete* Energieeigenwerte annehmen können und auch Energien nur in diskreten Portionen absorbiert oder emittiert werden können. Allerdings war sich Planck zum damaligen Zeitpunkt in keiner Weise der weitreichenden Bedeutung dieser Annahmen bewusst.

Die quantenmechanische Berechnung der mittleren Energie $\varepsilon(v,T)$ pro Eigenschwingung bei der Temperatur T

Nach unseren umfangreichen Vorarbeiten können wir nun an die quantenmechanische Berechnung der mittleren Energie $\varepsilon(v, T)$ pro Eigenschwingung in moderner Schreibweise gehen: Von den insgesamt N Wandoszillatoren seien $N(n)$ in einem Energiezustand $E_n = nhv$. Es gilt dann für ihre Gesamtzahl

$$N = \sum_{n=0}^{\infty} N(n) \tag{2.106}$$

sowie für die Gesamtenergie:

$$E = \sum_{n=0}^{\infty} N(n)\, n\, hv. \tag{2.107}$$

Die mittlere Energie pro Oszillator beträgt dabei

$$\varepsilon(v, T) = \frac{\sum\limits_{n=0}^{\infty} N(n)\, n\, hv}{\sum\limits_{n=0}^{\infty} N(n)}. \tag{2.108}$$

Gemäß der klassischen Boltzmann-Statistik gilt im Gleichgewicht

$$N(n) \propto e^{-\beta nhv}, \tag{2.109}$$

mit $\beta = 1/(k_B T)$. Gl. (2.109) gibt die Wahrscheinlichkeitsdichte an, mit der ein Zustand $N(n)$ vorhanden ist. Das $N(n)$ in Gl. (2.109) wird jetzt in Gl. (2.108) eingesetzt. Dabei fällt der Proportionalitätsfaktor von Gl. (2.109) (dieser ist eine Konstante, die aus der Summe über n herausgezogen werden kann) heraus:

$$\varepsilon(v, T) = \frac{\sum\limits_{n=0}^{\infty} nhve^{-\beta nhv}}{\sum\limits_{n=0}^{\infty} e^{-\beta nhv}} = -\frac{d}{d\beta} \ln \left[\sum_{n=0}^{\infty} e^{-\beta nhv} \right] = -\frac{\partial \ln Z}{\partial \beta}, \tag{2.110}$$

wobei

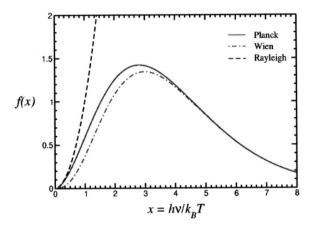

$$x = h\nu/k_B T$$

Abb. 2.19 Das Planck-Spektrum $f(x) = x^3/(e^x - 1)$ eines Schwarzen Strahlers als Funktion der normierten Frequenz $x = h\nu/k_B T$. Die Näherung von Rayleigh-Jeans, $f(x) = x^2$, Gl. (2.47), ist schwarz (gestrichelt) eingetragen. Das Wien'sche Strahlungsgesetz, $f(x) = x^3 e^{-x}$, Gl. (2.75), ist die violette Punkt-Strich-Kurve

$$Z = \sum_{n=0}^{\infty} e^{-\beta n h\nu} = \sum_{n=0}^{\infty} \left(e^{-\beta h\nu} \right)^n = \frac{1}{1 - e^{-\beta h\nu}} \qquad (2.111)$$

als *Zustandssumme* bezeichnet wird. Der Leser sollte hier sehr genau die mathematische Technik in Gl. (2.110) studieren, bei der mit Hilfe der Ableitung eine Vereinfachung herbeigeführt wird. Die Summe in Gl. (2.110) ist also nichts anderes als eine *geometrische Reihe* (siehe den mathematischen Exkurs 2.1):

$$\sum_{n=0}^{\infty} e^{-\beta n h\nu} = \frac{1}{1 - e^{-\beta h\nu}}. \qquad (2.112)$$

Die mittlere Energie pro Oszillator ist also nicht, wie unter der klassische Annahmen $k_B T$, sondern:

$$\varepsilon(\nu, T) = \frac{h\nu}{e^{\beta h\nu} - 1}. \qquad (2.113)$$

Mit den Gl. (2.113), (2.33) und (2.43) erhält man schließlich das Planck'sche Gesetz, siehe Abb. 2.19:

Planck'sches Strahlungsgesetz

$$u(\nu, T) = \frac{8\pi \nu^3}{c^3} \frac{h}{\exp\left(\frac{h\nu}{k_B T}\right) - 1}. \qquad (2.114)$$

Diskussion des Plankschen Strahlungsgesetzes

Wir betrachten das Planck'sche Strahlungsgesetz, Gl. (2.114), für große und kleine Frequenzen (also für große bzw. kleine Energien). Wir können dann schreiben:

$$\frac{h\nu}{\exp\left(\frac{h\nu}{k_B T}\right) - 1} = \begin{cases} k_B T & \text{für} \quad h\nu \ll k_B T, \\ h\nu \exp\left(\frac{h\nu}{k_B T}\right) & \text{für} \quad h\nu \gg k_B T \end{cases} \quad (2.115)$$

und sehen, dass in der Planck-Formel sowohl die Wien-Formel, Gl. (2.75), als auch die Rayleigh-Jeans-Formel, Gl. (2.47), als Grenzfälle großer bzw. kleiner Frequenzen enthalten sind. Die Gesamtenergie E bleibt endlich, wie man durch Ausführen der Integration einsieht:

$$E_{\text{ges}} = V \int_0^\infty u(\nu, T)\,d\nu = V \cdot \frac{8\pi h}{c^3} \int_0^\infty \frac{\nu^3 \, d\nu}{\exp\left(\frac{h\nu}{k_B T}\right) - 1} \quad (2.116)$$

$$= \frac{8\pi \hbar}{c^3} \left(\frac{k_B T}{\hbar}\right)^4 \int_0^\infty \frac{x^3 \, dx}{e^x - 1}. \quad (2.117)$$

Wegen $\int_0^\infty x^3/(e^x - 1)\,dx = \pi^4/15$ (siehe Anhang D) erhalten wir einen analytischen Ausdruck für die Strahlungskonstante

$$a = \frac{1}{15} \frac{\pi^2 k^4}{c^3 \hbar^3}, \quad (2.118)$$

und somit das Stefan-Boltzmann-Gesetz, Gl. (2.49):

$$E/V = aT^4. \quad (2.119)$$

Die Stefan-Boltzmann-Konstante $\sigma = (c/4)a$ in Gl. (2.50) wird damit zu

$$\sigma = \frac{2}{15} \frac{\pi^5 k^4}{c^2 h^3}. \quad (2.120)$$

Der Wert von ν, bei dem die Energiedichte $u(\nu, T)$ extremal wird, ergibt sich durch Differenziation von $u(\nu, T)$ gemäß Gl. (2.114):

$$\frac{du(\nu, T)}{d\nu} = \frac{8\pi \nu^2}{c^3} \frac{h}{\left(\exp\left(\frac{h\nu}{k_B T}\right) - 1\right)} \left(3 - \frac{\frac{h\nu}{k_B T}}{\exp\left(\frac{h\nu}{k_B T}\right) - 1}\right) = 0. \quad (2.121)$$

Mit der Substitution $\gamma = h\nu/k_B T$ folgt daraus das Wien'sche Verschiebungsgesetz:

$$\nu_{\max} = \gamma \frac{k_B T}{h}, \quad (2.122)$$

wobei die auftretende numerische Konstante γ gegeben ist durch

$$3 = \gamma (e^\gamma - 1)^{-1}. \tag{2.123}$$

Diese Gleichung kann nur numerisch gelöst werden und liefert $\gamma \approx 2{,}82144$. Weil die Größe ν_{max} relativ leicht gemessen werden kann, lässt sich aus dem Wien'schen Verschiebungsgesetz bei Kenntnis von k_B recht einfach das Planck'sche Wirkungsquantum bestimmen.

In seinen Originalarbeiten machte Planck keinerlei konkrete Ausführungen zur physikalischen Bedeutung der eingeführten „Energiezellen". Generell lässt sich sagen, dass sich zunächst weder Planck noch seine Zeitgenossen der Tragweite des neuen Strahlungsgesetzes und der fundamentalen Bedeutung der neuen Naturkonstante h bewusst waren. Der Beginn unseres modernen Verständnisses vom quantenhaften Charakter des atomaren Geschehens und der zentralen Rolle von h bei dessen Beschreibung markiert erst Albert Einsteins Lichtquantenhypothese (Einstein 2005), siehe Abschn. 2.3.3. Diese machte zum ersten Mal deutlich, dass das Planck'sche Strahlungsgesetz in einem unauflösbaren und grundsätzlichen Widerspruch zu den Grundlagen der klassischen Physik steht. Aber auch dann bedurfte es noch etwa eines Jahrzehnts, bis sich die Konsequenzen der Planck'schen Quantenhypothese durchsetzten und quantenphysikalische Probleme endgültig in das Zentrum der damaligen naturwissenschaftlichen Forschung rückten. Maßgeblich dafür war die erste Solvay-Konferenz in Brüssel zum Thema „Strahlung und Quanten", die im Jahr 1911 stattfand.

Mathematischer Exkurs 2.1 (Die geometrische Reihe)

Eine Folge von Zahlen $a_0, a_1, a_2, \ldots, a_n, \ldots$ schreibt man in der Mathematik kurz als (a_n). Als Beispiel betrachten wir die spezielle Folge $(a_n) = 1, \frac{2}{3}, \frac{4}{9}, \frac{8}{27}, \frac{16}{81}, \ldots$, bei der offensichtlich jedes Element der Folge durch Multiplikation seines Vorgängers mit einer festen Zahl q hervorgeht:

$$a_{n+1} = q\, a_n, \quad \text{also} \quad a_n = a_0 q^n. \tag{2.124}$$

Das ist eine sogen. *geometrische Folge*. Für die obige Folge (a_n) gilt offenbar $a_0 = 1$ und $q = \frac{2}{3}$.

Man kann nun aus den Elementen der Zahlenfolge (a_n) eine neue Zahlenfolge (s_n) nach der Vorschrift

$$s_n = a_0 + a_1 + a_2 + \cdots + a_n = \sum_{i=0}^{n} a_i$$

bilden, so dass

$$s_0 = a_0, \quad s_1 = a_0 + a_1, \quad s_2 = a_0 + a_1 + a_2, \ldots$$

die ersten Teilsummen darstellen. Derartige *Summen von Folgegliedern* treten in der Mathematik so häufig auf und sind derart wertvoll, dass man ihnen einen eigenen Namen gegeben hat: Sie werden *Reihen* genannt.

Beispiel 2.8 (Bakterienwachstum als geometrische Reihe)
Eine Bakterienkultur wächst so an: In jeder Zeiteinheit ist die verbrauchte Energie (und Nährlösung) proportional zur gerade lebenden Anzahl von Bakterien, die sich in dieser Zeiteinheit beispielsweise jeweils verdoppelt. Das Folgenglied (a_n) gibt hier den Energieverbrauch pro Zeiteinheit an, und der Index n gibt an, um wie viele Zeiteinheiten es sich handelt. Die insgesamt nach n Zeiteinheiten verbrauchte Energie ist gegeben durch

$$s_n = a_0 + a_1 + a_2 + \cdots + a_n = \sum_{i=0}^{n} a_i = a_0 + a_0\, 2 + a_0\, 2^2 + \cdots + a_0\, 2^n.$$

Mit dem Wachstumsfaktor q kann man diese Reihe in die Form

$$s_n = a_0(1 + q + q^2 + \cdots + q^n) = a_0 \sum_{i=0}^{n} q^i \qquad (2.125)$$

bringen. Wir sehen, dass die jeweils aufsummierten Folgeglieder die Glieder einer geometrischen Folge sind. Die hier gezeigte Reihe in Gl. (2.125) heißt deshalb *geometrische Reihe*. ∎

Besteht eine Reihe s aus unendlich vielen Gliedern,

$$s = \sum_{i=0}^{\infty} a_i,$$

dann ist sie eine *unendliche Reihe*, und die Summe der Folgenglieder

$$s_n = \sum_{i=0}^{n} a_i$$

heißt die *Teilsumme* oder *Partialsumme* der Reihe. Eine unendliche Reihe ist also nichts anderes als eine Folge ihrer Partialsummen. Wenn nun bei einer unendlichen Reihe die Folge ihrer Partialsummen s_n gegen einen endlichen Wert s strebt, also $s_n \to s$ ist, dann nennt man die unendliche Reihe konvergent, und man sagt, *die Reihe konvergiere gegen s*. Man nennt den Wert s dabei den *Grenzwert* oder die Summe der Reihe:

$$\sum_{i=0}^{\infty} a_i = \lim_{n \to \infty} s_n = s.$$

Nicht jede unendliche Reihe hat auch tatsächlich eine *endliche* Summe. Reihen, die nicht konvergieren, heißen *divergent*. Ein Grundproblem ist, wie man eigentlich feststellen kann, ob bestimmte unendliche Reihen konvergent oder divergent sind, und wie man ggf. den entsprechenden Grenzwert bestimmen kann. Zur Beantwortung dieser Frage wurden in der Mathematik eine Anzahl von *Konvergenzkriterien* entwickelt, die wir an dieser Stelle nicht betrachten wollen. Im Fall der geometrischen Reihe in Gl. (2.125) ist aber die Beantwortung dieser Frage relativ einfach. Dazu betrachten wir zwei Identitäten für die Partialsumme s_{n+1} in Gl. (2.125):

$$s_{n+1} = s_n + a_0 \, q^{n+1} \quad \text{und} \quad s_{n+1} = a_0 + q s_n$$

Daraus folgt:

$$s_n + a_0 \, q^{n+1} = a_0 + q s_n$$

Wir lösen jetzt nach der Partialsumme s_n auf. Das ergibt

$$s_n(1 - q) = a_0 \, (1 - q^{n+1})$$

oder:

$$s_n = a_0 \frac{1 - q^{n+1}}{1 - q}.$$

Wie man leicht sieht, strebt für $|q| < 1$ der Wert von q^n für $n \to \infty$ gegen 0. Deshalb kann dieser Beitrag beim Grenzübergang $n \to \infty$ vernachlässigt werden. Damit strebt dann aber auch $q^{n+1} = q^n \cdot q$ gegen 0, weil wegen $0 < q < 1$ der Wert von q eine konstante Zahl ist und sich nicht ändert, aber für $n \to \infty$ gleichzeitig $q^n \to 0$ gilt. Somit ist der Grenzwert der geometrischen Reihe gegeben durch

$$a_0 \sum_{i=0}^{\infty} q^i = a_0 \lim_{n \to \infty} \frac{1 - q^{n+1}}{1 - q} = a_0 \frac{1}{1 - q}. \tag{2.126}$$

2.3.3   Der photoelektrische Effekt

Lässt man ultraviolettes Licht (also Licht mit einer Wellenlänge unterhalb ca. 420 nm) auf ein Metall auffallen, so können Elektronen aus der Metalloberfläche herausgelöst werden (Abb. 2.20). Diese Elektronen haben dann eine gewisse Geschwindigkeit bzw. eine gewisse kinetische Energie E_{kin}, die mit einer Gegenfeldmethode leicht gemessen werden kann. Experimentell beobachtet man (Hallwachs 1888) folgende Proportionalitäten:

- $E_{kin} \propto$ Lichtfrequenz,
- Elektronenfluss $\propto$ Lichtintensität.

Nach der klassischen Elektrodynamik von Maxwell sollte die Energie gemäß Gl. (2.32), die durch eine elektromagnetische Welle auf eine bestimmte Fläche eingestrahlt wird, nur von der Amplitude des Feldes und von der Bestrahlungsdauer abhängen, nicht dagegen von der Frequenz des Lichts. Man beobachtet aber, dass Elektronen aus dem Metall freigesetzt werden, wenn die Frequenz nur hoch genug (bzw. die Wellenlänge genügend klein) ist. Bei Alkalimetallen etwa reicht schon das nahe IR aus, bei Natrium liegt die Schwelle bei 6500 Å.

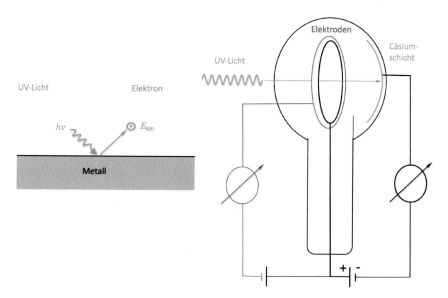

Abb. 2.20 Links: Prinzip des photoelektrischen Effekts: Einfallendes UV-Licht löst aus einem Metall freie Elektronen heraus. Rechts: Prinzip einer Photozelle zum Nachweis des photoelektrischen Effekts. Wenn die Metallschicht in dem evakuierten Glaskolben an die Kathode gelegt wird, beobachtet man einen Photostrom. Dieser Strom ist eine lineare Funktion der eingestrahlten Lichtfrequenz und weist einen Schwellenwert auf. Gemessen wird der Schwellenwert mit der Gegenfeldmethode. Dazu wird eine negative Gegenspannung an einer zweiten Elektrode angelegt, die den Photostrom unterdrückt. Die Schwellenfrequenz ν_0 ist die Frequenz, die gerade ausreicht, um ein Elektron aus dem Metall herauszulösen. Ein Lichtquant mit höherer Energie als die Austrittsarbeit W_A verleiht dem Elektron zusätzliche Energie

6. *Über einen*
die Erzeugung und Verwandlung des Lichtes
betreffenden heuristischen Gesichtspunkt;
von A. Einstein.

Zwischen den theoretischen Vorstellungen, welche sich die Physiker über die Gase und andere ponderable Körper gebildet haben, und der Maxwellschen Theorie der elektromagnetischen Prozesse im sogenannten leeren Raume besteht ein tiefgreifender formaler Unterschied. Während wir uns nämlich den Zustand eines Körpers durch die Lagen und Geschwindigkeiten einer zwar sehr großen, jedoch endlichen Anzahl von Atomen und Elektronen für vollkommen bestimmt ansehen, bedienen wir uns zur Bestimmung des elektromagnetischen Zustandes eines Raumes kontinuierlicher räumlicher Funktionen, so daß also eine endliche Anzahl von Größen nicht als genügend anzusehen ist zur vollständigen Festlegung des elektromagnetischen Zustandes eines Raumes. Nach der Maxwellschen Theorie ist bei allen rein elektromagnetischen Erscheinungen, also auch beim Licht, die Energie als kontinuierliche Raumfunktion aufzufassen, während die Energie eines ponderabeln Körpers nach der gegenwärtigen Auffassung der Physiker als eine über die Atome und Elektronen erstreckte Summe darzustellen ist. Die Energie eines ponderabeln Körpers kann nicht in beliebig viele, beliebig kleine Teile zerfallen, während sich die Energie eines von einer punktförmigen Lichtquelle ausgesandten Lichtstrahles nach der Maxwellschen Theorie (oder allgemeiner nach jeder Undulationstheorie) des Lichtes auf ein stets wachsendes Volumen sich kontinuierlich verteilt.

Abb. 2.21 Links: Albert Einstein (1879–1955) am 1. März 1929. (Quelle: Bundesarchiv, Bild 102–00487A; Abdruck mit frdl. Genehmigung. Rechts: Titelseite der Nobelpreisarbeit von Einstein zum lichtelektrischen Effekt (Einstein 2005))

2.3.4 Lichtquantenhypothese von Einstein

Albert Einsteins Deutung des experimentellen Befunds beim photoelektrischen Effekt (oder lichtelektrischen Effekt, kurz: Photoeffekt) beinhaltet die Annahme, dass nicht nur den Eigenschwingungen in einem Hohlraum diskrete Energien zugeschrieben werden müssen, sondern dass dies auch für Licht bei einer Wechselwirkung mit Materie gilt (Abb. 2.21):

Einsteins Lichtquantenhypothese
Es können bei der Wechselwirkung von Strahlung mit Materie nur Energiequanten der Größe

$$E = h\nu = \hbar\omega \tag{2.127}$$

aufgenommen und abgegeben werden.

Hierfür wurden die Beziehung $\omega = 2\pi\nu$ und die Definition in Gl. (2.4) für die Dirac-Konstante verwendet. Damit lautet der Energiesatz:

$$eU = E_{\text{kin}} = \frac{1}{2}mv^2 = \hbar\omega - W_A. \tag{2.128}$$

Die Energie $\hbar\omega$ des einfallenden Lichtquants wird also umgewandelt in die kinetische Energie des Elektrons und die notwendige Austrittsarbeit W_A zum Herauslösen

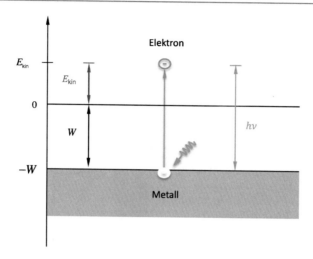

Abb. 2.22 Energiediagramm zum photoelektrischen Effekt. Das Auslösen eines Elektrons aus einem Metall wird durch ein Photon der Energie $\hbar\omega$ bewirkt, sofern diese mindestens so groß ist wie die Austrittsarbeit $W = W_A$. Die verbleibende Differenz der Energien steht gemäß Gl. (2.128) dem herausgelösten Photon als kinetische Energie E_{kin} zur Verfügung

Tab. 2.1 Austrittsarbeiten W_A verschiedener Materialien. W_A hängt stark ab von der Oberflächenbeschaffenheit und der Kristallorientierung, schwächer dagegen von der kristallographischen Richtung und am schwächsten von der Dotierung (bei Halbleitern)

Material	Austrittsarbeit W_A [eV]
Ag	4,05–4,6
Al	3,0–4,2
Au	4,8–5,4
Ba	1,8–2,25
BaO	1,0
Cu	4,3–4,5
K	2,25
LaB6	2,14
Na	2,28
Si	4,4–4,7
W	4,5

des Elektrons aus dem Metall, s. Abb. 2.22. Einige Werte für W_A sind in Tab. 2.1 aufgeführt.

Generell lässt sich sagen, dass W_A eine für das jeweilige verschiedene Metall charakteristische Größe ist und von der kristallographischen Orientierung sowie von der Oberflächenbehandlung empfindlich abhängt. Da sich die Geschwindigkeit der Photoelektronen nur schwer messen lässt, bestimmt man stattdessen die kinetische Energie der Elektronen aus der Messung der als Gegenspannung angelegten Spannung

U, die gerade ausreicht, um die Photoelektronen von der positiven Elektrode fernzu-halten. Damit erhält man für die Spannung U des Gegenfelds in Abhängigkeit von ω die experimentell gefundene *lineare* Beziehung $U = (\hbar/e)\omega - W_A/e$. Aus der Steigung lässt sich sehr einfach $\hbar/e$ und damit $\hbar$ bestimmen.

Beispiel 2.9 (Photoeffekt beim Cäsium)
Mithilfe der Gegenfeldmethode wird die Grenzwellenlänge λ_g für das Auftreten des Photoeffekts am Cäsium experimentell zu $\lambda_g = 6400\,\text{Å}$ bestimmt. Berechnen sie die Austrittsarbeit.

Lösung Bei der Gegenfeldmethode (s. Abb. 2.20) lässt man die Elektronen in einem Kondensator ein Gegenfeld durchlaufen und bestimmt die Gegenspannung U_g, bei der gerade kein Elektron mehr die Gegenelektrode erreicht, also $E_{kin} = 0$ ist. In diesem Fall gilt dann nach Gl. (2.128) offensichtlich:

$$h\nu_g = W_A.$$

Damit ergibt sich die Grenzfrequenz zu

$$\nu_g = \frac{c}{\lambda_g} = \left(3 \cdot 10^8 \frac{\text{m}}{\text{s}}\right) \left(6400 \cdot 10^{-10}\,\text{m}^{-1}\right) = 4{,}69 \cdot 10^{-14}\,s^{-1},$$

und die Austrittsarbeit ist

$$W_A = h\nu_g = 6{,}624 \cdot 10^{-34}\,\text{J s} \cdot 4{,}69 \cdot 10^{-14}\,s^{-1} = 3{,}11 \cdot 10^{-19}\,\text{J}^{-1} = 1{,}94\,\text{eV}.$$

∎

Beispiel 2.10 (Photonenabgabe einer Natrium-Lampe)
Wie viele Photonen N mit einer Wellenlänge von 550 nm emittiert eine Na-Lampe pro Sekunde bei einer Leistung von 1 W?
Lösung

$$E = P \cdot t,$$
$$N = \frac{E}{hc/\lambda} = 2{,}77 \cdot 10^{-18}.$$

∎

2.3.5 Der Compton-Effekt

Der wohl überzeugendste Befund zur Teilchennatur von Strahlung ist der Compton-Effekt, der bei der Streuung kurzwelliger Röntgenstrahlung an freien oder locker gebundenen Elektronen beobachtet wird. Nach der elementaren Wellentheorie wer-den die Elektronen durch die einfallende Welle zu erzwungenen Schwingungen ange-regt, um dann ihrerseits Strahlung zu emittieren. Man sollte deshalb erwarten, dass

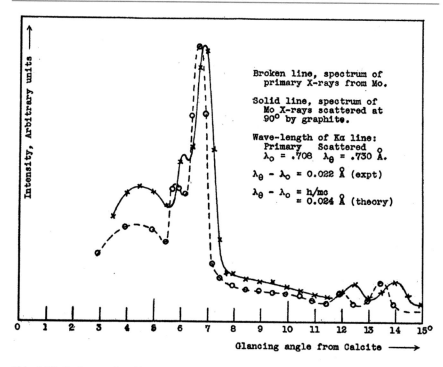

Broken line, spectrum of
primary X-rays from Mo.

Solid line, spectrum of
Mo X-rays scattered at
90° by graphite.

Wave-length of Kα line:
Primary   Scattered
λ_0 = .708 λ_θ = .730 Å.

$\lambda_\theta - \lambda_0$ = 0.022 Å (expt)

$\lambda_\theta - \lambda_0$ = h/mc
         = 0.024 Å (theory)

Glancing angle from Calcite ⟶

Abb. 2.23 Spektrum einer Röntgenröhre: gemessen (gestrichelte Linie) und nachdem es unter einem Winkel von 90° an Graphit gestreut wurde (durchgezogene Linie). Originaldaten von Compton von 1922, publiziert 1923 (Compton 1923)

die Frequenz der gestreuten Strahlung mit derjenigen der einfallenden Strahlung übereinstimmt. Außerdem würde man aufgrund eines Energieverlusts der elektromagnetischen Welle eine Verringerung der Amplitude erwarten. Tatsächlich aber beobachtet man im Experiment in der gestreuten Strahlung neben der Wellenlänge λ_0 der einfallenden Welle ein zusätzliches zu größeren Wellenlängen hin verschobenes Maximum, dessen Verschiebung umso stärker ist, je größer der Streuwinkel ϑ ist. Dabei wächst die Intensität der verschobenen Linie im Spektrum der Streustrahlung auf Kosten der Intensität der nicht verschobenen Linie mit zunehmenden Streuwinkel an, siehe Abb. 2.23.

Mathematischer Exkurs 2.2 (Der relativistische Energiesatz)
Während bei niedrigen Geschwindigkeiten ($v \ll c$) der Impuls gemäß der Beziehung $\vec{p} = 2E_{\text{kin}}/\vec{v}$ mit der kinetischen Energie zusammenhängt, gilt für Teilchen bei relativistischen Geschwindigkeiten ($v \approx c$) ein anderer Energiesatz, der *relativistische Energiesatz*. Die Herleitung dieses Energiesatzes erfolgt am einfachsten mit den Hilfsmitteln der speziellen Relativitätstheorie, in der man zur konsistenten mathematischen Beschreibung der auftreten-

den Raum-Zeit-Größen sogenannte ko- und kontravariante Vierervektoren im Minkowski-Raum einführt, die ihre Indizes zur Unterscheidung ihres Transformationsverhaltens bei Koordinatentransformationen jeweils unten und oben haben. Der Minkowski-Raum ist der mathematische Vektorraum, in dem die Vierervektoren (Vektoren, die von den drei Raumkomponenten und der Zeitkomponente abhängen) der speziellen Relativitätstheorie existieren. Die erste Komponente eines Vierervektors bezieht sich dabei immer auf die Zeitkoordinate, und die drei anderen Komponenten sind die gewöhnlichen räumlichen Koordinaten. Für den Vierervektor p^μ des Impulses ergibt sich dann

$$p^\mu = \left(\frac{E}{c}, \vec{p} \right) \tag{2.129}$$

sowie

$$p_\mu = \left(\frac{E}{c}, -\vec{p} \right). \tag{2.130}$$

Das negative Vorzeichen in der ersten Gleichung ist dabei notwendig wegen der speziellen Signatur des Minkowski-Raumes, bei dem das Quadrat des infinitesimalen Abstands zweier Punkte d^2 ausgedrückt wird durch $d^2 = c^2 dt^2 - d\vec{x}^2$. Das Skalarprodukt von Vierervektoren wird wie bei gewöhnlichen euklidischen Vektoren des $\mathbb{R}^3$ komponentenweise gebildet und ist im Minkowski-Raum eine Invariante, d. h. in allen Bezugssystemen dieselbe Größe. Deshalb eignen sich diese Größen besonders zur Naturbeschreibung, weil sie sich nicht (wie etwa die Koordinaten) in jedem Bezugssystem eines Beobachters abhängig von seinem Bewegungszustand verändern. Im Falle des Impuls-Vierervektors ergibt das Skalarprodukt als Invariante die mit der Ruhemasse m_0 multiplizierte Ruheenergie $m_0 c^2$ eines Teilchens:

$$\sum_{\mu=0}^{3} p_\mu p^\mu = p_\mu p^\mu = \frac{E^2}{c^2} - \vec{p}^2 = m_0^2 c^2, \tag{2.131}$$

wobei wir in der ersten Gleichung die Einstein'scheSummationskonvention (unter Weglassung des Summenzeichens) verwendet haben. Aus dieser Gleichung ergibt sich nun durch einfache Umformung der relativistische Energiesatz

$$E = \sqrt{c^2 \vec{p}^2 + m_0^2 c^4}. \tag{2.132}$$

Insbesondere ergibt sich daraus für die Energie von Photonen (Lichtteilchen), welche die Ruhemasse null haben (sonst könnten sich Lichtteilchen nicht mit der Geschwindigkeit c ausbreiten) der Ausdruck

$$E = cp \quad \text{(für masselose Teilchen)}. \tag{2.133}$$

Wenn wir auch noch die aus der Elektrodynamik bekannte Dispersionsrelation $\omega = ck$ für monochromatische Wellen im Vakuum berücksichtigen, dann erhalten wir aus Gl. (2.133) den Zusammenhang zwischen dem Impuls p und dem Betrag des Wellenzahlvektors k in der Form

$$p = \frac{\hbar\omega}{c} = \hbar k \qquad (2.134)$$

oder, in vektorieller Form geschrieben:

$$\vec{p} = \hbar\vec{k}. \qquad (2.135)$$

Der Compton-Effekt läßt sich nicht im Rahmen der elektromagnetischen Wellentheorie verstehen, wohl aber, wenn der Strahlung eine korpuskulare Natur zugeschrieben werden kann, d. h. mit Hilfe der *Photonen*-Vorstellung. Als passionierter Billardspieler näherte sich Compton dem Problem spielerisch: Er betrachtete die Röntgen-Quanten als Kugeln und überprüfte die Erhaltungssätze von Energie und Impuls. Bei dem Stoßprozess handelt es sich also um einen elastischen, nicht-zentralen Stoß zwischen Photon und Elektron, bei dem der Impuls- und der Energiesatz gelten. Wegen der hohen Energien bei diesem Experiment müssen wir für die Bewegung dieser freien Teilchen den relativistischen Energiesatz (Gl. 2.132) verwenden. Das Photon hat als Teilchen jedoch besondere Eigenschaften. Da es sich mit Lichtgeschwindigkeit bewegt, muss nach der speziellen Relativitätstheorie zunächst einmal seine Ruhemasse $m_0 = 0$ sein.

Wir werten im Folgenden den Impuls- und den Energiesatz in dem Bezugssystem aus, in dem das Elektron vor dem Stoß ruht (Abb. 2.24). Die Impulse des Photons und des Elektrons nach dem Stoß seien $\vec{p}\,'$ bzw. $\vec{P}'$. Damit gilt nach dem Impulserhaltungssatz:

$$\vec{p} = \vec{p}\,' + \vec{P}'. \qquad (2.136)$$

Diese Gleichung lösen wir nach dem Elektronenimpuls $\vec{P}'$ auf, quadrieren das Resultat und setzen für die Impulse des Photons vor und nach dem Stoß die Beziehung (2.135) ein. Wir erhalten damit

$$\vec{P}'^2 = (\vec{p} - \vec{p}\,')^2 = \hbar^2 k^2 + \hbar^2 k'^2 - 2\hbar^2 \vec{k}\vec{k}'. \qquad (2.137)$$

An dieser Stelle berücksichtigen wir den Streuwinkel $\vartheta = \sphericalangle(\vec{k}, \vec{k}')$ des Photons entsprechend der Abb. 2.24 und multiplizieren die Gleichung mit $c^2/\hbar^2$:

$$\frac{c^2}{\hbar^2} P'^2 = c^2 k^2 + c^2 k'^2 - 2c^2 kk' \cos\vartheta. \qquad (2.138)$$

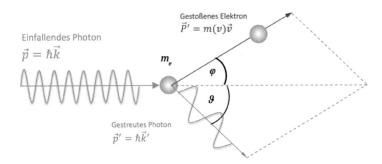

Abb. 2.24 Elastische, nicht-zentrale Lichtstreuung an einem quasifreien Elektron. Die Energie des Röntgenquants ist groß gegen die Bindungsenergie des Elektrons. Bindungsenergien von Valenzelektronen liegen in der Größenordnung von 10 eV. Röntgenstrahlung einer Wellenlänge von 1 Å hat eine Energie von 12 keV. Das Elektron hat vor dem Stoß seine Ruhemasse m_e und den Impuls $\vec{p} = 0$ sowie nach dem Stoß einen relativistischen Impuls $\vec{P}' = m(v)\vec{v}$. Die Erhaltungssätze für Energie und Impuls sind auch mikroskopisch streng gültig

Dies ist nichts anderes als der mit $c^2/\hbar^2$ multiplizierte Cosinus-Satz, den wir aus Abb. 2.24 auch direkt hätten ablesen können. Mithilfe der Dispersionsrelation $\omega = ck$ lässt sich dies schreiben als:

$$\frac{c^2}{\hbar^2} P'^2 = \omega^2 + \omega'^2 - 2\omega\omega' \cos\vartheta. \tag{2.139}$$

Wir betrachten nun den Energieerhaltungssatz: Dieser beinhaltet die Energie des Photons und die Ruheenergie des Elektrons *vor* dem Stoß auf der linken Seite der Gleichung zur Energiebilanz sowie auf der rechten Seite die Energie des Photons und die relativistische Energie des Elektrons gemäß Gl. (2.132) *nach* dem Stoß:

$$\hbar\omega + m_e c^2 = \hbar\omega' + \sqrt{m_e^2 c^4 + P'^2 c^2}. \tag{2.140}$$

Unser Ziel ist es nun, den Elektronenimpuls P' nach dem Stoß in Gl. (2.140) durch den entsprechenden Ausdruck in Gl. (2.138) zu ersetzen. Dazu quadrieren wir zunächst einmal die Gleichung zur Energiebilanz und erhalten damit

$$\left(\hbar\omega - \hbar\omega' + m_e c^2\right)^2 = m_e c^2 + P'^2 c^2 \tag{2.141}$$

bzw., nach algebraischer Vereinfachung:

$$\hbar^2 \left(\omega^2 + \omega'^2\right) - 2\hbar^2 \omega\omega' + 2\hbar m_e c^2 \left(\omega - \omega'\right) = P'^2 c^2. \tag{2.142}$$

Nach Division dieser Gleichung durch $\hbar^2$ können wir die rechte Seite durch die rechte Seite von Gl. (2.139) ersetzen. Dies ergibt

$$-2\omega\omega' + \frac{2m_e c^2}{\hbar} \left(\omega - \omega'\right) = -2\omega\omega' \cos\vartheta. \tag{2.143}$$

Nach Division durch $2\omega\omega'$ erhalten wir

$$\frac{m_e c^2}{\hbar} \cdot \frac{(\omega - \omega')}{\omega\omega'} = 1 - \cos\vartheta \qquad (2.144)$$

bzw.

$$\frac{1}{\omega'} - \frac{1}{\omega} = \frac{\hbar}{m_e c^2}(1 - \cos\vartheta). \qquad (2.145)$$

Wegen $\lambda = c/\nu = 2\pi c/\omega$ kann dieser Ausdruck wie folgt umgeformt werden:

$$\Delta\lambda = \lambda' - \lambda = \frac{2\pi\hbar}{m_e c}(1 - \cos\vartheta) = \frac{h}{m_e c}(1 - \cos\vartheta) = \lambda_c(1 - \cos\vartheta). \qquad (2.146)$$

Die Größe λ_c darin ist wie folgt definiert:

Definition 2.5 (Compton-Wellenlänge des Elektrons)

$$\lambda_c = \frac{h}{m_e c} = 2{,}42631\,\text{Å}. \qquad (2.147)$$

Sie setzt sich aus drei Fundamentalkonstanten zusammen und hat die Dimension einer *Länge*. Die Wellenlängenänderung $\Delta\lambda$ hängt nach Gl. (2.147) nicht von der Wellenlänge λ der Primärstrahlung ab – die Tatsache, dass die Elektronen vor dem Stoß nicht wie angenommen in Ruhe sind, sondern relativ zur Einfallsrichtung der Photonen statistisch verteilte Anfangsimpulse aufweisen, bedingt eine Verbreiterung der Compton-Linie, wodurch die oben hergeleiteten Aussagen des Compton-Effekts jedoch nicht verändert werden.

Beispiel 2.11 (Energieaustausch bei der Compton-Streuung)
Welche Energie wurde bei einem Compton-Prozess an die Elektronen abgegeben, wenn die Frequenz der gestreuten Strahlung $\nu = 0{,}99 \cdot 10^{19}$ Hz und die der ursprünglichen Strahlung $\nu = 1{,}00 \cdot 10^{19}$ Hz beträgt?

Lösung Während des Compton-Prozesses gilt Energieerhaltung, d. h. die Differenz der Energien von Photon und gestreutem Photon wird auf das Elektron übertragen:

$$E_{\text{Elektron}} = \Delta E_{\text{Photon}} = h\Delta\nu = \frac{\lambda_C \Delta\nu}{c} \cdot E_0$$

$$= \frac{2{,}42631 \cdot 10^{-12}\,\text{m} \cdot 10^{17}\,\text{Hz}}{2{,}9979 \cdot 10^8\,\text{ms}^{-1}} \cdot 0{,}511\,\text{MeV} = 413{,}57\,\text{eV}.$$

Zur Berechnung wurde die Gleichung so umgeformt, dass elementare Längen und Energien (Compton-Wellenlänge, Ruheenergie des Elektrons) auftauchen.   ■

Der Compton-Effekt spielt nur bei Röntgenstrahlung eine Rolle. Für langwelligere Strahlung, z. B. sichtbares Licht, ist die relative Frequenzverschiebung so minimal, dass sie nicht messbar ist:

$$\frac{\Delta\lambda}{\lambda} \text{ (sichtb. Licht)} = \frac{2{,}4 \cdot 10^{-11}}{0{,}6 \cdot 10^{-4}} = 4 \cdot 10^{-5}. \tag{2.148}$$

Es bleibt noch, zu erläutern, wie die unverschobene Linie in der gestreuten Strahlung zustande kommt: Um den Compton-Effekt experimentell gut beobachten zu können, muss man Substanzen mit kleiner Elektronenbindungsenergie verwenden. Diese muss gegenüber der primären Photonenenergie $\hbar\omega$ vernachlässigbar sein. Das ist bei schwach gebundenen Elektronen in leichten Atomen durchaus der Fall. Bei den schweren Atomen sind jedoch insbesondere die inneren Elektronen so stark gebunden, dass das Photon bei jedem Stoßprozess Energie und Impuls mit dem *gesamten* Atom austauscht. Wegen dessen vergleichsweise sehr großer Masse wird das Photon nach den Gesetzen der klassischen Mechanik beim Stoß mit dem Atom überhaupt keine Energie abgeben. Der Photonimpuls $\hbar\omega$ und damit λ bleiben also bei der Streuung unverändert. Bei leichten Atomen können praktisch alle Elektronen als schwach gebunden gelten, bei den schweren Atomen nur die Valenzelektronen, die sich in äußeren Schalen bewegen. Dagegen nimmt mit wachsender Ordnungszahl unter sonst gleichen experimentellen Bedingungen die Intensität der verschobenen gegenüber derjenigen der unverschobenen Linie ab.

2.3.6 Der Frank–Hertz–Versuch

Der Compton-Effekt, den wir im vorigen Abschnitt diskutiert haben, lässt sich nur schlüssig erklären, wenn man der einfallenden Strahlung einen Teilchencharakter zuschreibt. Ein weiteres Experiment, das die Quantelung der Energie atomarer Strahlung nahelegt, ist der erstmals 1914 von J. Franck und G. Hertz beschriebene Stoßversuch (Franck und Hertz 1914; Franck und Einsporn 1920), siehe Abb. 2.25.

Beim Franck-Hertz'schen Versuch geschieht Folgendes: Durch eine Entladungsröhre, die mit Hg-(Quecksilber-)Dampf gefüllt ist, lässt man einen Strom fließen. Als Spannungs-Strom-Charakteristik beobachtet man ein Anwachsen des Stromes mit steigender Spannung; dieser fällt aber bei einer Spannung von 4,9 V ab. Anschließend wächst der Strom wieder an, um dann beim doppelten Spannungswert 9,8 V erneut abzufallen, siehe Abb. 2.26.

Zur Deutung der erhaltenen Strom-Spannungs-Kennlinie nimmt man an, dass die Energiezustände der Quecksilberatome nicht kontinuierlich, sondern gequantelt sind; d. h. die Atome können nur Zustände mit bestimmten diskreten Energiewerten annehmen. Bei einer kontinuierlichen Vergrößerung der angelegten Spannung wächst zunächst der Strom durch die mit Quecksilberdampf gefüllte Röhre monoton an. Mögliche Stöße zwischen Atomen und Elektronen können dabei als elastisch

Abb. 2.25 Franck-
Hertz'scher Stoßversuch:
experimenteller Aufbau

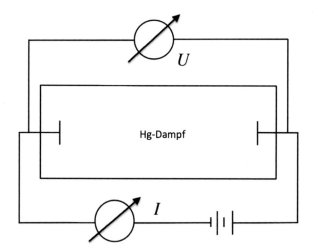

Abb. 2.26 Experimentelle
Kurve des
Ionisationspotenzials von
Quecksilberdampf beim
Franck-Hertz'schen
Stoßversuch (Franck und
Hertz 1914). Die Maxima in
der Abbildung entsprechen
der Anregung von
Elektronen aus dem
Grundzustand in den ersten
angeregten Zustand bei
$4,9\,\mathrm{eV}$

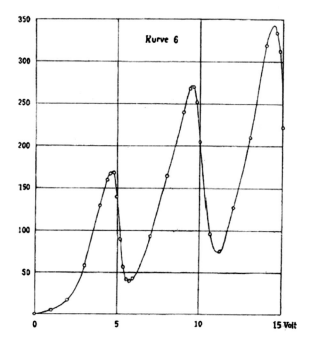

angesehen werden, weil die Elektronengeschwindigkeit zunächst gering ist. Wegen
ihrer wesentlich geringeren Masse im Vergleich zu den Quecksilberatomen durchqueren die Elektronen die Röhre praktisch ohne Energieverlust. Mit wachsender
Spannung wird die vom Feld auf die Elektronen übertragene Energie immer weiter
ansteigen.

Erreichen die Elektronen schließlich eine Energie von $\Delta E = 4,9\,\mathrm{eV}$, beginnt
der Stromfluss durch die Röhre abzunehmen, weil die Elektronen dann Hg-Atome
bei Zusammenstößen auf das Energieniveau $E' = E_0 + \Delta E$ anregen können. Die

Quecksilberatome verweilen nicht lange im angeregten Zustand, sondern geben die Energie in Form eines Lichtquants $\hbar\omega = \Delta E$ mit der zugehörigen Wellenlänge $\lambda = 253{,}7$ nm an die Umgebung ab. Da die Elektronen nach einem solchen inelastischen Stoß praktisch keine kinetische Energie mehr haben, reduziert sich die Zahl der Elektronen, die pro Zeiteinheit die Anode erreichen. Mit weiter wachsender Spannung nimmt die Anzahl der Elektronen, die nach Erreichen der Energieschwelle einen geeigneten Stoßpartner finden, erheblich zu, so dass die Stromstärke weiter abfällt. Erst wenn ab einer bestimmten Spannung die überwiegende Zahl der Elektronen einen inelastischen Stoß erfahren hat, wird die beschleunigende Wirkung der Spannung wieder dominant, und die elektrische Stromstärke nimmt erneut zu.

Beim Erreichen der zweiten kritischen Spannung $2 \cdot 4{,}9$ V treten die ersten Elektronen auf, die beim Durchqueren der Röhre zwei inelastische Stöße erleiden. Als Folge davon nimmt die Stromstärke wieder ab, und der ganze Vorgang wiederholt sich. Es lässt sich also eine Periodizität in der Strom-Spannungs-Charakteristik beobachten, siehe Abb. 2.26: Die Stromstärke bricht jeweils partiell zusammen, sobald die Spannung ein ganzzahliges Vielfaches von $4{,}9$ eV erreicht. Weil die Resultate des Franck-Hertz-Experiments im Rahmen einer quantenmechanischen Theorie leicht erklärbar sind, gilt dieses Experiment als einer der ersten direkten Nachweise diskreter Energieniveaus in Atomen.

2.3.7 Die Einstein–Koeffizienten im Strahlungsgleichgewicht

In einer berühmten Arbeit aus dem Jahr 1917 (Einstein 1917), zuerst veröffentlicht in den „Mitteilungen der Physikalischen Gesellschaft Zürich", Nr. 18, Seiten 47–62, leitete Albert Einstein die Planck'sche Strahlungsformel auf theoretischem Weg ab, indem er bestimmte Annahmen für die quantenmechanischen Übergangswahrscheinlichkeiten beim Übergang eines Atoms von einem energetischen Zustand in einen anderen machte. Das Bemerkenswerte an diesen Annahmen ist, dass Einstein damit praktisch das Prinzip des Lasers (LASER = „Light Amplification by Stimulated Emission of Radiation") fast 40 Jahre vor dessen experimenteller Realisierung vorwegnahm.

Das eigentliche Problem bei diesen Betrachtungen liegt in der quantenmechanischen Berechnung der Übergangswahrscheinlichkeiten zwischen den Energiezuständen, die durch die sogen. Einstein-Koeffizienten beschrieben werden. Es ist jedoch möglich, im thermischen Gleichgewicht ohne explizite Berechnung die Koeffizienten durch Vergleich mit Experimenten zu bestimmen.

Zur Herleitung der Planck'schen Strahlungsformel folgen wir Einsteins Originalarbeit und betrachten N Atome im thermischen Gleichgewicht mit einem elektromagnetischen Strahlungsfeld der spektralen Energiedichte $u(\nu)$ bei einer Temperatur T. Des Weiteren betrachten wir Atome mit diskreten Energieniveaus, wie wir sie in diesem Kapitel kennen gelernt haben. Betrachten wir nun vereinfachend nur zwei dieser Energieniveaus, nämlich E_i und E_j, so gibt es nach Einstein drei verschiedene physikalische Prozesse, die für einen Übergang zwischen diesen Niveaus verantwortlich sind (Abb. 2.27):

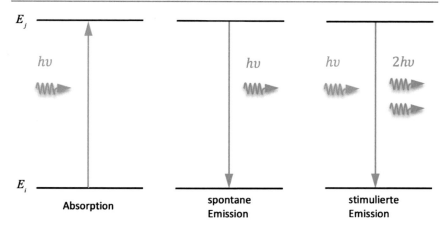

Abb. 2.27 Absorption sowie spontane und stimulierte Emission, illustriert in einem Energiediagramm eines Atoms mit den zwei Energieniveaus (Zwei-Niveau-System) E_i und E_j

1. **Absorption:** Durch Absorption eines Photons der Energie $h\nu_{ij} = E_j - E_i$ aus dem elektromagnetischen Feld wird das Atom vom tieferen Energieniveau E_i in das höhere Energieniveau E_j angehoben.
2. **Spontane Emission:** Es ist möglich, dass ein Atom im Energieniveau E_j nach einer gewissen Zeit (der mittleren Lebensdauer des Energieniveaus) spontan unter Emission eines Photons der Energie $h\nu_{ij} = E_j - E_i$ in das tiefer liegende Energieniveau E_i fällt. (Eine genauere Betrachtung im Rahmen der Quantenfeldtheorie zeigt, dass diese spontane Emission durch die Wechselwirkung des Dipolmoments des Atoms mit den Vakuumfluktuationen des elektromagnetischen Feldes hervorgerufen wird.)
3. **Stimulierte Emission:** Hierbei wird der Übergang des Atoms von E_j auf das niedrigere Energieniveau E_i durch ein Photon der Energie $h\nu_{ij} = E_j - E_i$ aus dem elektromagnetischen Feld eingeleitet oder, wie es der Name sagt, stimuliert. Dabei wird ein weiteres Photon der Energie $h\nu_{ij} = E_j - E_i$ ausgesendet. Diese stimulierte Emission wird in Lasern zur Erzeugung von kohärentem Licht eingesetzt.

Wir nehmen nun an, dass sich N_i Atome im Zustand E_i und N_j Atome im Zustand E_j befinden, wobei gilt $N = N_i + N_j$. Wir betrachten die Übergänge von E_i nach E_j und von E_j nach E_i getrennt:

- Die Anzahl dN_{ij} der Atome, die durch Wechselwirkung mit dem elektromagnetischen Feld der spektralen Energiedichte $u(\nu)$ in einem Zeitintervall dt durch Absorption eines Photons von E_i nach E_j übergehen, ist gegeben durch

$$dN_{ij} = N_i \, B_{ij} \, u(\nu_{ij}) \, dt, \qquad (2.149)$$

wobei B_{ij} der Einstein'sche B-Koeffizient ist und die Wahrscheinlichkeit ausdrückt, dass ein Atom ein Photon der Frequenz ν_{ij} absorbiert.

• Die Anzahl dN_{ji} der Atome, die durch Wechselwirkung mit dem elektromagnetischen Feld der spektralen Energiedichte $u(v)$ im Zeitintervall dt durch spontane
oder stimulierte Emission eines Photons von E_j nach E_i übergehen, ist gegeben
durch

$$dN_{ji} = N_j \left[A_{ji} + B_{ji}\, u(v_{ij}) \right] dt. \tag{2.150}$$

Dabei ist A_{ji} der Einstein'sche A-Koeffizient und steht für die Wahrscheinlichkeit, dass ein Atom spontan ein Photon der Frequenz v_{ij} emittiert. B_{ji} ist ein
weiterer Einstein'scher B-Koeffizient und steht für die Wahrscheinlichkeit, dass
ein Atom durch Wechselwirkung mit einem Photon der Frequenz v_{ij} zur Emission
eines weiteren Photons der Frequenz v_{ij} stimuliert wird.

Aus den Gl. (2.149) und (2.150) ergeben sich die Differenzialgleichungen für die
zeitliche Änderung der Anzahl Atome N_i und N_j in den Zuständen E_i und E_j. Die
Änderung dN_i der Anzahl Atome im Zustand E_i pro Zeitintervall dt ergibt sich aus
der Differenz zwischen der Anzahl dN_{ji} der Atome, die im Zeitintervall dt von E_j
nach E_i übergehen, und der Anzahl dN_{ij} der Atome, die im Zeitintervall dt von E_i
nach E_j übergehen:

$$dN_i = dN_{ji} - dN_{ij}. \tag{2.151}$$

Analog ergibt sich die Änderung dN_j der Anzahl der Atome im Zustand E_j pro
Zeitintervall dt aus der Differenz zwischen der Anzahl der Atome dN_{ij}, die im Zeit-
intervall dt von E_i nach E_j übergehen, und der Anzahl der Atome dN_{ij}, die im
Zeitintervall dt von E_j nach E_i übergehen:

$$dN_j = dN_{ij} - dN_{ji}. \tag{2.152}$$

Einsetzen der Gl. (2.149) und (2.150) in (2.151) bzw. (2.152) liefert die folgenden
Differenzialgleichungen:

$$\frac{dN_i}{dt} = N_j \left[A_{ji} + B_{ji}\, u(v_{ij}) \right] - N_i\, B_{ij}\, u(v_{ij}), \tag{2.153}$$

$$\frac{dN_j}{dt} = N_i\, B_{ij}\, u(v_{ij}) - N_j \left[A_{ji} + B_{ji}\, u(v_{ij}) \right]. \tag{2.154}$$

Der zeitliche Verlauf von N_i und N_j ist für zwei verschiedene Temperaturen T in
Abb. 2.28 dargestellt. Im thermischen Gleichgewicht streben die Anzahlen N_i und
N_j der Atome in den Zuständen E_i und E_j jeweils gegen einen konstanten Wert,
d. h. die Ableitungen dN_i/dt und dN_i/dt verschwinden. Daraus folgt:

$$N_j \left[A_{ji} + B_{ji}\, u(v_{ij}) \right] = N_i\, B_{ij}\, u(v_{ij}). \tag{2.155}$$

Diese Gleichung ist gleichbedeutend mit der Aussage, dass im thermischen Gleichgewicht die Anzahl der Übergänge von E_i nach E_j im Zeitintervall dt identisch ist

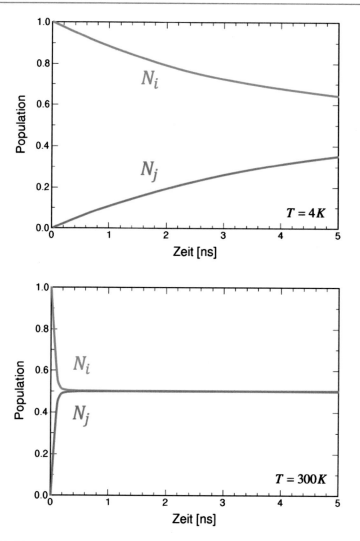

Abb. 2.28 Die Anzahlen N_i und N_j der Atome in den Zuständen E_i und E_j als Funktion der Zeit bei den Temperaturen $T = 4$ K und $T = 300$ K. Als Anfangszustände wurden jeweils $N_i = 1$ und $N_j = 0$ gewählt

mit der Anzahl von Übergängen im Zeitintervall dt von E_j nach E_i, d. h. dass gilt: gilt

$$\mathrm{d}N_{ij} = \mathrm{d}N_{ji}. \tag{2.156}$$

Aus Gl. (2.155) ergibt sich für die spektrale Energiedichte $u(v_{ij})$ der folgende Ausdruck:

$$u(v_{ij}) = \frac{N_j A_{ji}}{N_i B_{ij} - N_j B_{ji}} = \frac{A_{ji}}{B_{ji}} \cdot \frac{1}{\frac{N_i}{N_j} \frac{B_{ij}}{B_{ji}} - 1}. \tag{2.157}$$

Wir nehmen an, dass die Anzahlen N_i und N_j der Atome in den Zuständen E_i bzw. E_j im thermischen Gleichgewicht durch die klassische Maxwell-Boltzmann-Verteilung gegeben sind, d. h. dass gilt

$$N_i = C \mathrm{e}^{-E_i/(k_b T)}, \qquad (2.158)$$

$$N_j = C \mathrm{e}^{-E_j/(k_b T)}, \qquad (2.159)$$

wobei C eine Konstante ist. Damit folgt für das Verhältnis der Anzahl N_i der Atome im Zustand E_i zur Anzahl N_j der Atome im Zustand E_j:

$$\frac{N_i}{N_j} = \mathrm{e}^{(E_j - E_i)/(k_B T)} = \mathrm{e}^{h\nu_{ij}/(k_B T)}. \qquad (2.160)$$

Einsetzen von Gl. (2.157) in (2.156) ergibt damit

$$u(\nu_{ij}) = \frac{A_{ji}}{B_{ji}} \cdot \frac{1}{\frac{B_{ij}}{B_{ji}} \mathrm{e}^{h\nu_{ij}/(k_B T)} - 1}. \qquad (2.161)$$

Für $T \longrightarrow \infty$ muss auch $n(\nu) \longrightarrow \infty$ gelten. Daraus folgt, dass die beiden B-Koeffizienten identisch sein müssen:

$$B_{ij} = B_{ji}. \qquad (2.162)$$

Das bedeutet, dass die Wahrscheinlichkeiten für Absorption und für stimulierte Emission gleich sind. Damit ergibt sich für die spektrale Energiedichte

$$u(\nu_{ij}) = \frac{A_{ji}}{B_{ji}} \cdot \frac{1}{\exp\left(h\nu_{ij}/(k_B T)\right) - 1}. \qquad (2.163)$$

Für sehr kleine Frequenzen, d. h. für $\nu_{ij} \ll k_B T$, gilt das Rayleigh-Jeans-Gesetz in Gl. (2.47). Entwickeln wir also in Gl. (2.161) die e-Funktion für kleine Frequenzen, dann erhalten wir

$$u(\nu_{ij}) = \frac{A_{ji}}{B_{ji}} \cdot \frac{k_B T}{h\nu_{ij}}. \qquad (2.164)$$

Der Vergleich mit dem Rayleigh-Jeans-Gesetz liefert für das Verhältnis der Einstein-Koeffizienten:

$$\boxed{\frac{A_{ji}}{B_{ji}} = \frac{8\pi h \nu_{ij}^3}{c^3} = \frac{8\pi h}{\lambda^3}.} \qquad (2.165)$$

Mit anderen Worten: Die Wahrscheinlichkeiten für spontane Emission und für Absorption sind zueinander proportional, und die spontane Emission wächst sehr stark mit der (dritten Potenz der) Frequenz an. Folglich ist die Emission bei hohen Frequenzen überwiegend spontan, während der Anteil der induzierten Emission zu niedrigen Frequenzen hin zunimmt. Die Dimension des Koeffizienten A ist Volumen pro Zeit, und er ist umgekehrt proportional zur Lebensdauer des angeregten Zustands.

Beispiel 2.12 (Einstein-Koeffizienten)
Bestimmen Sie für die folgenden Frequenzen das Verhältnis der Einstein-Koeffizienten A_{ji}/B_{ji}:

1. $2,45\,\text{GHz}$ (eine handelsübliche Magnetronfrequenz für die Erzeugung von Mikrowellen);
2. $\omega = 4 \cdot 10^{15}\,\text{s}^{-1}$, was einer Frequenz von $\nu = 6,4 \cdot 10^{14}\,\text{s}^{-1}$ oder einer Wellenlänge von $470\,\text{nm}$ (blaugrün) entspricht;
3. weiche Röntgenstrahlen der Energie $1\,\text{kV}$, was einer Frequenz von $2,42 \cdot 10^{17}\,\text{s}^{-1}$ entspricht.

Welche Schlussfolgerungen ziehen Sie aus diesen Zahlen?

Solution Die Wellenlängen betragen $12,25\,\text{cm}$, $500\,\text{nm}$ bzw. $12,3\,\text{Å}$, und die Verhältnisse sind folgende:

1.
$$A_{ji}/B_{ji} = 9{,}059 \cdot 10^{-30}\,\frac{\text{J s}}{\text{m}^3},$$

2.
$$A_{ji}/B_{ji} = 1{,}332 \cdot 10^{-13}\,\frac{\text{J s}}{\text{m}^3},$$

3.
$$A_{ji}/B_{ji} = 8{,}95 \cdot 10^{-6}\,\frac{\text{J s}}{\text{m}^3}.$$

Die Anzahl der spontanen Übergänge nimmt im Verhältnis zu derjenigen der induzierten mit steigender Frequenz (bzw. mit abnehmender Wellenlänge) dramatisch zu und sind damit hauptsächlich verantwortlich für die Schwierigkeiten, einen Laser mit kurzwelliger Strahlung zu realisieren. ∎

Einsetzen in Gl. (2.161) liefert schließlich für die spektrale Energiedichte:

$$u(\nu_{ij}) = \frac{8\pi h \nu_{ij}{}^3}{c^3} \cdot \frac{1}{\exp\left(h\nu_{ij}/(k_B T)\right) - 1}. \tag{2.166}$$

Dies ist die Planck'sche Strahlungsformel, Gl. (2.114), die wir bereits in Abschn. 2.3.2 kennen gelernt haben, hergeleitet aus den Prozessen der Absorption und der Emission von elektromagnetischer Strahlung in einem Atom bei der Übergangsfrequenz ν_{ij}.

2.4   Atommodelle

Zu Beginn des 20. Jahrhunderts waren die Existenz des Elektrons und die der Atome gesicherte Erkenntnis (s. Abschn. 2.2). Dennoch sahen sich die Forscher bei dem Ersinnen einer Modellvorstellung von Atomen mit großen Problemen und ungelösten Fragen konfrontiert. Wir wollen hier einige der prinzipiellen Schwierigkeiten auflisten:

- Worin liegt der Ursprung der positiven Ladung, die notwendig ist, um die beobachtete elektrische Neutralität der Atome sicher zu stellen? Stammt diese positive Ladung von weiteren, „positiv geladenen" Elektronen?
- Die *Anzahl* der Elektronen im Atom war unbekannt. Aufgrund des gemessenen Verhältnisses e/m_e konnten möglicherweise Tausende von Elektronen im Atom existieren, was angesichts der beobachteten großen Anzahl von atomaren Spektrallinien nicht unrealistisch erschien. Im Spektrum des Eisenatoms z. B. lassen sich in der Tat Tausende von Spektrallinien nachweisen.
- In der klassischen Physik existiert nichts, was eine natürliche Längenskala für Atome festlegen würde. Plancks Wirkungsquantum h könnte eine solche Skala definieren, aber erst 1913 zeigte Niels Bohr, inwiefern das Konzept der Quantisierung verwendet werden kann, um den Radius des H-Atoms festzulegen.
- Das Rätsel der klassischen Instabilität der Atome war ungelöst (s. Beispiel 2.2).
- Worin liegt der Ursprung der verschiedenen Formeln, welche die Spektrallinien beschreiben (s. Abschn. 2.3.1)?

Eine Grundfrage war, auf welche Weise die Elektronen und die positiven Ladungen im Atom verteilt sind. Gemäß dem Earnshaw-Theorems (Earnshaw 1842) konnte diese Anordnung jedenfalls nicht statisch sein. Dieses Theorem, das schon 1842 bewiesen wurde, drückt aus, dass es kein statisches elektrisches oder magnetisches Feld gibt, das geladene Objekte in einem stabilen Gleichgewicht halten kann, dass also jede beliebige statische Anordnung von elektrischen Ladungen mechanisch instabil ist, und folglich die Ladungen entweder kollabieren oder ins Unendliche auseinanderdriften müssten. Die einzige Alternative wäre eine dynamische Anordnung, bei der sich die Elektronen in Orbits, also Kreisbahnen bewegen, was die Grundlage der sogenannten „Saturnmodelle" war, die schon vor dem Thomson'schen Atommodell (s. Abschn. 2.2.1) von Jean Perrin (Perrin 1901) und Hantaro Nagaoka (Nagaoka 1904) vorgeschlagen wurden.

Atommodelle konnten also schon zu Beginn des 20 Jahrhunderts auf eine längere Geschichte zurückblicken. Auch Atommodelle mit umlaufenden Elektronen gab es schon vor Bohrs Atommodell von 1913. Das bekannteste unter ihnen war das von J. J. Thomson ersonnene Modell, das wir in Abschn. 2.2.2 diskutiert und schon mehrmals erwähnt haben. Hiernach bewegen sich die Elektronen reibungsfrei in einem idealen Fluid mit positiv geladener Masse. Das Thomson'sche Modell (s. Abb. 2.9) stand im Wettstreit mit planetaren Atommodellen wie dem von Perrin und dem später von Nagaoka vorgeschlagenen Saturnmodell. Wie der Name andeutet, sollten die

Elektronen dabei in einer ringförmigen Anordnung um eine winzige Kernmasse, die den Zentralkörper darstellt, rotieren.

Eines der Hauptprobleme bei den Saturn- oder Planetenmodellen des Atoms war die klassische Strahlungsinstabilität der Elektronen auf Kreisbahnen, wovon wir uns in Beispiel 2.2 überzeugt haben. Die Kleinheit der Lichtwellenlänge im Vergleich zur typischen Größenskala a von Atomen ermöglichte es nun aber, die Elektronen so auf Kreisbahnen zu platzieren, dass die resultierende Gesamtbeschleunigung aller Elektronen (vektoriell addiert) null ergab. Dies erzwang aber eine sehr genau balancierte Anordnung der Elektronen auf ihren Kreisbahnen. Bei z. B. nur zwei Elektronen können diese einander gegenüber auf einer gemeinsamen Kreisbahn platziert werden – damit ist dann in erster Ordnung das Netto-Dipolmoment (aus großer Entfernung betrachtet) gleich null, und es sollte keine Dipolstrahlung vorhanden sein. Allerdings existiert dann ein von null verschiedenes elektrisches Quadrupolmoment und damit Strahlung mit Wellenlängen von der Größenordnung λ/a^2,

Wegen $\lambda/a \approx 10^{-3}$ ist dieser Strahlungsanteil relativ klein. Durch Hinzufügen von mehr und mehr Elektronen kann man also schließlich das Multipolmoment der Strahlung aufgrund der Elektronenbewegung um den Atomkern in einem Planetenmodell beliebig klein machen (Thomson 1906). Genau dies ist die Grundvorstellung im Thomson'schen Atommodell (s. Abschn. 2.2.1).

Das zweite Problem bei Nagaokas Saturnmodell war dessen rein mechanische Instabilität. Nagaoka war zu seinem Saturnmodell durch Maxwells Modell der Saturnringe angeregt worden, in dem die Ringe stabile Oszillationen durchführten. Nagaoka versuchte, die Spektrallinien der Atome mit diesen Oszillationen in Verbindung zu bringen. Im Maxwell'schen Fall jedoch wurden die Oszillationen unter dem Einfluss der Gravitation zwischen den Teilchen der Saturnringe stabilisiert; angesichts der abstoßenden elektrostatischen Kräfte zwischen den Elektronen konnte es aber keine solche Stabilisierung geben: Selbst wenn also die Frage der Instabilität aufgrund von abgestrahlter Energie gelöst werden konnte, war eine mechanische Instabilität des Systems unvermeidlich.

Als Ernest Rutherford 1911 aus Streuversuchen den Schluss zog, dass die Kernmasse in einem winzigen Volumen im Zentrum des Atoms lokalisiert sein muss, gewannen Planetenmodelle jedoch zusätzlich an Plausibilität. Rutherford hatte im Jahr 1911 die erste der in Abschn. 1.8.3 erwähnten Solvay-Konferenzen besucht, aber dort sein neues Planetenmodell des Atomkerns mit keinem Wort erwähnt. Bemerkenswerterweise machte Rutherfords Entdeckung zunächst generell keinen großen Eindruck auf die damalige Forschergemeinschaft.

2.4.1 Das Bohrsche Atommodell

Niels Bohr beendete seine Doktorarbeit im Jahr 1911 über die Elektronentheorie von Metallen. Das folgende Jahr verbrachte er in England, um sieben Monate mit Thomson im *Cavendish Laboratory* und die nächsten vier Monate mit Rutherford in Manchester zu arbeiten. Bohr verstand schnell die Bedeutung von Thomsons Modell der Atomstruktur und er erkannte außerdem, dass die chemischen Eigenschaften von Atomen durch deren äußere Elektronen bestimmt sind, während die Radioaktivität mit einer Aktivität im Atomkern verbunden sein musste. Der für Bohr offensichtliche Weg, Fortschritte in dieser Richtung zu erzielen, bestand darin, die Quantisierungskonzepte von Planck (das Wirkungsquantum) und von Einstein (die Lichtquantenhypothese) in die Atommodelle einzubeziehen.

Niels Bohr veröffentlichte im Jahr 1913 im *Philosophical Magazine* drei Aufsätze unter dem gemeinsamen Titel „On the Constitution of Atoms and Molecules", siehe Abb. 2.29. Diese drei Aufsätze wurden zur Grundlage dessen, was in der heutigen Wissenschaftsliteratur häufig als „alte Quantentheorie" bezeichnet wird (im Unterschied zur neuen, endgültigen Formulierung der Quantentheorie durch Heisenberg 1925 und Schrödinger im Jahr 1926).

Die ältere Quantentheorie beruhte auf folgendem Verfahren: Man nehme an, dass Systeme aus materiellen Teilchen den Gesetzen der klassischen Mechanik folgen. Man postulierte aber darüber hinaus, dass von allen Lösungen der Bewegungsgleichungen nur diejenigen übrig bleiben sollten, die bestimmten, ad hoc eingeführten „Quantisierungsregeln" genügen. Diese Regeln wählen spezielle Bewegungen aus, die aufgrund der Hypothese als allein realisierbar vorausgesetzt werden. Zu jeder dieser Bewegungen gehört ein bestimmter Wert der Energie. Die so ermittelten diskreten Energiewerte bilden das quantisierte Energiespektrum. In derselben Weise erhält man ein Spektrum von erlaubten Werten für die anderen Konstanten der Bewegung. Das Aufstellen der Quantisierungsregeln war vor allem eine Sache der Intuition: Man postulierte gewisse Regeln und verglich die sich daraus ergebenden Energiespektren mit den experimentellen Ergebnissen. Bei dieser Suche spielte das *Bohr'sche Korrespondenzprinzip* eine wertvolle Rolle. Dieses Prinzip besagt, dass die klassische Theorie makroskopisch richtig ist, also immer als ein Grenzfall in den quantenmechanischen Gleichungen enthalten sein muss:

Definition 2.6 (Bohrsches Korrespondenzprinzip)
Die Quantentheorie muss für große Quantenzahlen $n \gg 1$ asymptotisch in die klassische Theorie übergehen.

Insbesondere die Hohlraumstrahlung gehorcht dem Korrespondenzprinzip: Für hohe Temperaturen, also bei $kT \gg h\nu$, wenn die typische Energie der Strahlungsmoden wesentlich größer als die Energiedifferenz $h\nu$ ist, geht die Planck'sche Strahlungsformel (2.114) in die klassische Strahlungsformel von Rayleigh-Jeans (2.47) über.

Im Gegensatz zu häufigen Darstellungen in Lehrbüchern war Niels Bohr keineswegs der erste Forscher, der Quantenkonzepte zur Entwicklung von Atommodellen verwendete. So stellte z. B. der Wiener Doktorand Arthur Erich Haas im Jahr 1910 einen Zusammenhang zwischen dem Planck'schen Wirkungsquantum und der Größe von Atomen her (Haas 1910a, b, c). Haas hatte dazu berechnet, dass ein einzelnes Elektron in einem Atom mit dem Radius a im Fall einer gleichförmigen Verteilung

THE

LONDON, EDINBURGH, AND DUBLIN

PHILOSOPHICAL MAGAZINE

AND

JOURNAL OF SCIENCE.

[SIXTH SERIES.]

J U L Y 1913.

I. *On the Constitution of Atoms and Molecules.*
By N. BOHR, *Dr. phil. Copenhagen**.

Introduction.

IN order to explain the results of experiments on scattering
of α rays by matter Prof. Rutherford† has given a
theory of the structure of atoms. According to this theory,
the atoms consist of a positively charged nucleus surrounded
by a system of electrons kept together by attractive forces
from the nucleus; the total negative charge of the electrons
is equal to the positive charge of the nucleus. Further, the
nucleus is assumed to be the seat of the essential part of
the mass of the atom, and to have linear dimensions ex-
ceedingly small compared with the linear dimensions of the
whole atom. The number of electrons in an atom is deduced
to be approximately equal to half the atomic weight. Great
interest is to be attributed to this atom-model; for, as
Rutherford has shown, the assumption of the existence of
nuclei, as those in question, seems to be necessary in order
to account for the results of the experiments on large angle
scattering of the α rays‡.

In an attempt to explain some of the properties of matter
on the basis of this atom-model we meet, however, with
difficulties of a serious nature arising from the apparent

* Communicated by Prof. E. Rutherford, F.R.S.
† E. Rutherford, Phil. Mag. xxi. p. 669 (1911).
‡ See also Geiger and Marsden, Phil. Mag. April 1913.

Phil. Mag. S. 6. Vol. 26. No. 151. *July* 1913.   B

Abb. 2.29 Niels Bohr und die Titelseite des ersten Teils seines dreiteiligen Artikels im *Philosophical Magazine,* erschienen am 26. Juli 1913. (© akg-images)

der positiven Ladung im Atom eine harmonische Schwingung mit der Frequenz

$$\nu = \frac{1}{2\pi} \left(\frac{e^2}{4\pi\varepsilon_0 m_e a} \right)$$

durchführen würde. Haas argumentierte, dass die Schwingungsenergie des Elektrons, $E = e^2/4\pi\varepsilon_0$ quantisiert und gleich $h\nu$ sein sollte. Damit erhielt er

$$h^2 = \frac{\pi m_e e^2 a}{\varepsilon_0}. \tag{2.167}$$

Den Ausdruck aus Gl. (2.167) verwendete Haas, um zu zeigen, dass h mit den Eigenschaften von Atomen verknüpft ist, indem er für ν den Grenzwert für kleine Wellenlängen in der Balmer-Formel einsetzte, d. h. er bildete den Grenzwert $m \longrightarrow \infty$ in der Balmer-Formel in Gl. (2.27). Die Arbeiten von Haas wurden von Hendrik Lorentz auf der ersten Solvay-Konferenz von 1911 diskutiert, jedoch ohne dass er auf Resonanz stieß. Ein anderer Forscher, John William Nicholson, postulierte im Jahr 1911 auch bereits eine Drehimpuls-Quantisierung im Atom und äußerte die Vermutung, dass sie die Ursache der Spektralserien von Atomen ist (Nicholson 1911a, b).

Für Bohr bestand die grundlegende Frage darin, wie das Rutherford-Modell zu modifizieren sei, um die Strahlungsinstabilität der Elektronenhülle zu beseitigen.

Die mathematisch strenge Beantwortung dieser Frage gelang ihm nicht. Er ersetzte sie durch ein Postulat, dessen späterer exakter Beweis durch die moderne Quantentheorie Bohrs physikalische Intuition unterstrich. Ihm war offenbar bewusst, dass die Stabilität der Hülle wohl nur durch die Annahme erklärbar wird, dass das kontinuierliche Energieverhalten der Atomelektronen durch eine irgendwie geartete Energiequantelung zu ersetzen ist. Es war denkbar, dass auch hier das Planck'sche Wirkungsquantum h eine zentrale Rolle spielen würde. Die energetische Diskretheit der Atomelektronenbewegung würde natürlich auch die in Abschn. 2.3.1 besprochenen, experimentell beobachteten Spektralserien erklären. Bohr erweiterte die Rutherford-Theorie durch einige für ihn noch nicht beweisbare Hypothesen, die man heute *Bohr'sche Postulate* nennt:

Die Bohr'schen Postulate

1. Es existieren im Atom bestimmte stationäre Zustände mit diskreten Energiewerten $E_0, E_1, E_2, \ldots$.
2. Beim Übergang aus einem stationären Zustand E_a in einen anderen Zustand mit der Energie E_e wird eine Strahlung mit der Frequenz

$$\hbar\omega = E_a - E_e$$

   emittiert $(E_a > E_e)$ bzw. absorbiert $(E_a < E_e)$.
3. Das Wirkungsintegral genügt bei periodischen Systemen folgender Quantisierungsbedingung:

$$S = \oint p \, dq = 2\pi n\hbar = nh \quad \text{mit } n \in \mathbb{N}. \tag{2.168}$$

Hier bedeutet $\oint$ das Integral über eine volle Periode der Bewegung mit der Energie E. Offensichtlich ist S die von der Bahn eingeschlossene Fläche im Phasenraum; sie hat die Dimension einer Wirkung und wird Wirkungsintegral genannt. Als unmittelbare Konsequenz der Diskretheit der Energiezustände im Atom muss die Existenz eines energetisch tiefsten Zustands, des Grundzustands, angenommen werden. In diesem Zustand ist das System absolut stabil, d. h., es verlässt diesen nicht, ohne durch äußere Einwirkung dazu gezwungen zu werden.

Die wichtigste Frage bei der Bohr'schen Theorie war natürlich, nach welcher Vorschrift man die diskreten Energiewerte erhalten kann. Da man beim harmonischen Oszillator die Energiewerte, nämlich $E_n = n\hbar\omega$, schon kannte, versuchte man zunächst, für dieses periodische System eine Quantisierungsvorschrift zu erraten und sie dann bei anderen Systemen, insbesondere beim H-Atom, anzuwenden.

Abb. 2.30 Phasenraumbahn
des harmonischen
Oszillators. Die Punkte
konstanter Energie E = const
liegen auf einer Ellipse mit
großer und kleiner
Halbachse a bzw. b. Höhere
Energien des Oszillators
entsprechen einem größerem
Umfang der Ellipse im
Phasenraum, der durch die
generalisierten Koordinaten
q und die generalisierten
Impulse p aufgespannt wird

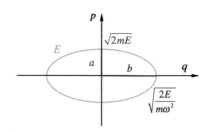

Beispiel 2.13 (Wirkungsintegral beim harmonischen Oszillator)
Beim harmonischen Oszillator lautet die Hamilton-Funktion

$$H(p, q) = \frac{p^2}{2m} + \frac{m}{2}\omega^2 q^2. \tag{2.169}$$

Da der Energiesatz gilt, $H(p, q) = E$ = const., sind die Bahnen in der Phasenebene
Ellipsen (siehe Abb. 2.30), denn es ergibt sich eine Ellipsengleichung, wenn man in
Gl. (2.169) beide Seiten durch E dividiert:

$$\frac{p^2}{2mE} + \frac{q^2}{\frac{2E}{m\omega^2}} = 1. \tag{2.170}$$

Die Fläche S der Ellipse in der Phasenebene ist offensichtlich

$$S = \oint p \, dq = \pi \cdot a \cdot b = \pi \sqrt{2mE}\sqrt{\frac{2E}{m\omega}} = 2\pi \frac{E}{\omega}. \tag{2.171}$$

Nach Planck sind die Energien eines Oszillators gequantelt, wobei gilt:
$E = E_n = n\hbar\omega$. Damit erhält man aus Gl. (2.171) die Bohr-Sommerfeld'sche Quantenbedingung in Gl. (2.168). ∎

Da in Gl. (2.168) keine speziellen Größen des Oszillators (wie Masse und Frequenz)
eingehen, glaubte man hier eine für beliebige Systeme gültige Vorschrift gefunden
zu haben, wie man die diskreten Energiewerte bestimmen kann.

Anmerkung Beim freien Teilchen ist wegen

$$S = \int L \, dt = \int \frac{p^2}{2m} \, dt = \int \frac{p \cdot mv}{2m} \, dt = \int \frac{p\dot{q}}{2} \, dt = \int \frac{p}{2}\frac{dq}{dt} \, dt = \frac{1}{2}\int p \, dq$$

der Term $\int p \, dq$ gleich dem doppelten Wirkungsintegral. Daher nennt man die Bedingung in obiger Gl. (2.168) auch *Wirkungsquantelung*.

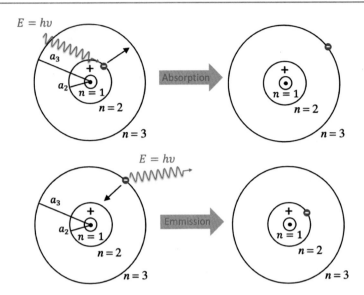

Abb. 2.31 Schematische Darstellung des Bohr'schen Atommodells mit seinen stabilen Kreisbahnen des Elektrons um den Kern. Das Modell konnte das Auftreten diskreter Spektren dadurch erklären, dass sich Elektronen nur auf ganz bestimmten Kreisbahnen um den Kern strahlungsfrei bewegen können. Durch Absorption eines Photons passender Energie wird das Atom angeregt, und ein Elektron kann auf eine höhere Kreisbahn im Atom springen, wobei die Energie des absorbierten Photons genau der Energiedifferenz der beiden Kreisbahnen entspricht. Durch Emission eines Photons wird ein Atom „desaktiviert", d. h. ein Elektron springt dabei von einer höheren Kreisbahn auf eine innere Bahn. Dargestellt sind auch die Radien a_2 und a_3 des zweiten und dritten Bohrschen Radius

Das Bohrsche Atommodell des Wasserstoffatoms

Beim H-Atom konnte man mit der Bohr-Sommerfeld'schen Quantenbedingung, Gl. (2.168), die Energiewerte ausrechnen. Da wir uns in Kap. 5 noch ausführlich mit dem H-Atom beschäftigen werden, führen wir hier die Berechnung nur für eine Kreisbahn des Elektrons mit dem Radius a und für die allgemeine Kernladungszahl Z durch. Beim H-Atom ist dann $Z = +1$. Das Bohr'sche Atommodell beschreibt wasserstoffähnliche Atome als einen winzigen Kern mit positiver Ladung Ze, um den das Elektron auf einer „Planetenbahn" kreist. Es wird angenommen, dass sich das Elektron nur auf ganz bestimmten Bahnen strahlungsfrei bewegen kann, für die das Wirkungsintegral aus Gl. (2.171) ein ganzzahliges Vielfaches von h ist. Elektronen können auf höhere Bahnen springen, wenn sie ein Photon absorbieren, dessen Energie genau der Energiedifferenz der beiden Bahnen entspricht. Wenn Elektronen von höheren auf niedrigere Kreisbahnen springen, wird ein Photon der Energie $E = h\nu$ abgestrahlt, s. Abb. 2.31.

Die Einführung von Polarkoordinaten (Radius a und Winkel φ) liefert:

$$E_{\text{kin}} = \frac{1}{2}mv^2 = \frac{1}{2}ma^2\dot{\varphi}^2. \tag{2.172}$$

Die potenzielle Energie ändert sich bei einer Kreisbewegung nicht. Am Elektron greift infolge der Kernladung Ze die Coulomb'sche Anziehungskraft

$$F_C = \frac{Ze^2}{4\pi\varepsilon_0 a^2} \tag{2.173}$$

an, die entgegengesetzt gleich der Zentrifugalkraft

$$F_C = m\omega^2 a \tag{2.174}$$

ist. Es gilt also entsprechend

$$m\omega^2 a = \frac{Ze^2}{4\pi\varepsilon_0 a^2}. \tag{2.175}$$

Eine Variable im Wirkungsintegral ist also die generalisierte Koordinate $q = \varphi$. Den zugehörigen kanonischen Impuls p erhält man aus

$$p = \frac{\partial L}{\partial \dot{q}} = \frac{\partial L}{\partial \dot{\varphi}} = ma^2\dot{\varphi} = ma^2\omega = \text{const.} \tag{2.176}$$

In dieser Gleichung ist $L = E_\text{kin} - E_\text{pot} = E_\text{kin} + Ze^2/(4\pi\varepsilon_0 a)$ die Lagrange-Funktion. Die Bohr'sche Quantenbedingung, Gl. (2.168), liefert:

$$S = \int p\, dq = \int_0^{2\pi} ma^2\omega\, d\varphi = 2\pi ma^2\omega = 2\pi n\hbar. \tag{2.177}$$

Damit ergibt sich

$$ma^2\omega = n\hbar. \tag{2.178}$$

Wir quadrieren nun diese Beziehung und eliminieren ω^2 mithilfe von Gl. (2.175). Auflösen nach a liefert als Ergebnis die möglichen Radien der Kreisbahnen des Elektrons im H-Atom.

$$\boxed{a_n = \frac{4\pi\varepsilon_0 n^2\hbar^2}{mZe^2}.} \tag{2.179}$$

Für die möglichen Energiewerte auf der n-ten Bahn ergibt sich dann

$$E_n = E_\text{kin} + E_\text{pot} = \frac{ma_n^2\omega_n^2}{2} - \frac{Ze^2}{4\pi\varepsilon_0 a_n} = \frac{1}{2}\cdot\frac{Ze^2}{4\pi\varepsilon_0 a_n} - \frac{Ze^2}{4\pi\varepsilon_0 a_n}, \tag{2.180}$$

$$\boxed{E_n = -\frac{1}{2}\cdot\frac{Ze^2}{4\pi\varepsilon_0 a_n} = -\frac{Z^2e^4 m}{32\pi^2\varepsilon_0^2\hbar^2}\cdot\frac{1}{n^2} = -E_\text{ion}\frac{1}{n^2}.} \tag{2.181}$$

Das Wasserstoffatom hat die die Kernladungszahl $Z = 1$. Je größer die Quantenzahl n ist, desto ausgedehnter ist das Atom und desto dichter liegen die Energieeigenwerte E_n beieinander, s. Abb. 2.11. Beachten Sie, dass die Energie negativ ist, da es sich um gebundene Zustände handelt. (Definitionsgemäß ist die Energie bei unendlichem Abstand von Elektron und Proton gleich null). Wenn wir außerdem Gl. (2.181) vergleichen mit der Energiebedingung in Gl. (2.31), die wir aus dem Ritz'schen Kombinationsprinzip in Abschn. 2.3.1 gewonnen hatten, dann erhalten wir die Gleichung

$$E_n = -\frac{R_H hc}{n^2} = -\frac{e^4 m}{32\pi^2 \varepsilon_0^2 \hbar^2} \cdot \frac{1}{n^2} \qquad (2.182)$$

bzw.

$$R_H = \frac{me^4}{64\pi^3 \varepsilon_0^2 \hbar^3 c} = \frac{me^4}{8\varepsilon_0^2 h^3 c}. \qquad (2.183)$$

Dieser Ausdruck stimmt gut überein mit dem gemessenen Wert für R_H in Gl. (2.25). Die Tatsache dass die Rydberg-Konstante nur auf Naturkonstanten zurückgeführt werden konnte, war einer der großen Erfolge des Bohr'schen Atommodells. Aus Gl. (2.179) ersehen wir, dass die *kleinste* mögliche Kreisbahn des Elektrons für $n = 1$ gegeben ist durch den *Bohr'schen Radius*.

Definition 2.7 (Erster Bohr'scher Radius)

$$a_B = a_1 = \frac{4\pi\varepsilon_0 \hbar^2}{me^2} \approx 0{,}5 \cdot 10^{-8}\,\mathrm{cm} = 0{,}5\,\text{Å}. \qquad (2.184)$$

Die zugehörige kleinste Energie, die *Grundzustandsenergie* des H-Atoms – auch Rydberg-Energie genannt – ist dann gemäß Gl. (2.181):

$$E_1 = -\frac{e^4 m}{32\pi^2 \varepsilon_0^2 \hbar^2} = -E_{\mathrm{ion}} \approx -13{,}6\,\mathrm{eV}. \qquad (2.185)$$

2.4.2 Die Sommerfeldsche Erweiterung des Bohrschen Atommodells

Wir betrachten noch eine historische Erweiterung des Bohr'schen Modells nach Sommerfeld und zeigen gleichzeitig die Grenzen des sogen. *Bohr-Sommerfeld-Modells*

auf. Betrachtet man die optischen Spektren von Atomen mit einer höheren Auflösung, so zeigt sich, dass einzelne Linien eine Substruktur aus mehreren Linien
aufweisen, die sogen. *Feinstruktur.* Aufgrund der Beobachtung solcher Feinstruk-
turen beim Wasserstoffatom und beim He^+-Ion postulierte Arnold Sommerfeld um
1915 eine Erweiterung des Bohr'schen Atommodells (Sommerfeld 1916a, b). Erst
mit dieser Erweiterung wurde das Bohr'sche Atommodell zum Markstein aller weiteren Entwicklungen der Atom- und der Quantentheorie.

Beim Bohr'schen Atommodell wurde angenommen, dass sich die Elektronen
auf Kreisbahnen um den Kern bewegen. Aus der Betrachtung der mechanischen
Gesetze folgerte Sommerfeld, dass neben den Kreisbahnen auch Ellipsenbahnen
möglich sind. Zur Beschreibung dieser Bahnen ist neben der Hauptquantenzahl n
noch eine zweite Quantenzahl notwendig. Die Hauptquantenzahl bestimmt weiterhin
die Gesamtenergie E_n nach der Formel

$$E_n = -\frac{R_H h c Z^2}{n^2}, \tag{2.186}$$

zugleich bestimmt sie aber auch die große Hauptachse der Ellipse. Zur Festlegung
der kleinen Hauptachse $b_{n,k}$ ist nun die neue Quantenzahl k verantwortlich: Der
Betrag des Drehimpulses $|\vec{L}|$ muss dazu ein Vielfaches von $\hbar$ sein.

$$|\vec{L}| = k\hbar, \qquad k \leq n, n \in \mathbb{N}. \tag{2.187}$$

Für $k = n$ werden die Ellipsenbahnen zu Kreisen. Zusammenfassend können wir
sagen, dass zu jeder Hauptquantenzahl n (und damit zur Energie E_n) eine große
Hauptachse a_n gehört, jedoch verschiedene kleine Hauptachsen $b_{n,k}$, welche durch
die zweite Quantenzahl k festgelegt werden. Wir wissen nun, dass zu jeder Energie E_n zwar verschiedene Bahnen gehören, jedoch ist die Zahl der beobachtbaren
Linien im Spektrum gleich geblieben, d. h., das bisherige Modell liefert noch keine
Erklärung für die anfangs erwähnte Feinstruktur in atomaren Spektren. Sommerfeld
postulierte 1916 daher eine weitere Erweiterung: Die Berücksichtigung der bisher
vernachlässigten Relativitätstheorie. Dadurch wird die Masse m zu einer Größe, die
von der Geschwindigkeit abhängt. Ein qualitatives Verständnis liefert die Anwendung des 2. Kepler'schen Gesetzes auf Atome: Denkt man sich eine Verbindungslinie
zwischen Kern und Elektron, so überstreicht diese in gleichen Zeiten gleich große
Flächen. Folglich bewegen sich die Elektronen auf ihren Ellipsenbahnen näher am
Kern schneller und sind daher auch schwerer. Dies führt zu einer Änderung der
Bahnform und der Energie: Das Elektron führt eine Art Rosettenbewegung durch,
und für die Energie E_n ergibt sich nach Sommerfeld

$$E_{n,k} = -R_H h c \frac{Z^2}{n^2} \left(1 + \frac{\alpha^2 Z^2}{n^2} \left(\frac{n}{k} - \frac{3}{4} \right) + \text{Terme höherer Ordnung} \right). \tag{2.188}$$

Dabei bezeichnet α die *Feinstrukturkonstante,* für die gilt:

$$\alpha = \frac{e^2}{2\varepsilon_0 h c} \approx \frac{1}{137}. \tag{2.189}$$

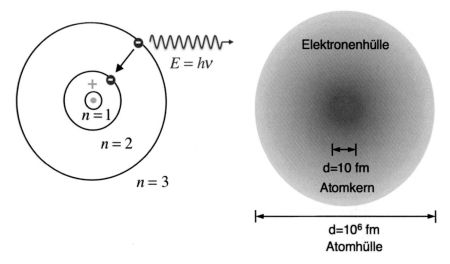

Abb. 2.32 Vom Bohr'schen Atommodell zur Quantenmechanik. Im Bohr'schen Atommodell wird die Stabilität von bestimmten strahlungsfreien Energiezuständen postuliert, die bestimmten Umlaufbahnen des Elektrons im Atom entsprechen, ohne dass erklärt werden kann, wie diese zustande kommen. Die Bohr'schen Postulate versagen jedoch vollständig bei Atomen, die mehr als ein Elektron haben bzw. die aus mehr als zwei Teilchen bestehen. Erst die Quantenmechanik ist in der Lage, die Energiezustände für beliebige Atome zumindest im Prinzip (wenn auch praktisch nur näherungsweise) korrekt zu berechnen. Dabei zeigt sich, dass die Vorstellung von konkreten Bahnen der Elektronen im Atomkern aufgegeben werden muss, weil diese prinzipiell nicht beobachtbar sind und zu Widersprüchen führen. Konsistent durchführbar ist die Annahme einer Verteilung der Aufenthaltswahrscheinlichkeit für das Antreffen eines Elektrons in einem bestimmten Abstand vom Kern. Die Aufenthaltswahrscheinlichkeit wird in Darstellungen meist durch unterschiedlich starke Einfärbungen charakterisiert

Die Größenordnung dieser relativistischen Korrektur ist $\alpha^2 = 10^{-5}$ und damit eher klein. Mit dem Bohr'schen Atommodell und den Erweiterungen durch Sommerfeld ist es möglich, das Spektrum des Wasserstoffatoms zu beschreiben. Die in seinem dreiteiligen Artikel von 1913 formulierten Ideen über den sukzessiven Aufbau von Atomen mit mehreren Elektronen machte Bohr schließlich 1922 zum Gegenstand einer Theorie der chemischen Elemente. Bei der Betrachtung von anderen Atomen als dem H-Atom kommen jedoch schnell die Grenzen dieses Modells zum Vorschein, auf die wir im nächsten Abschnitt noch kurz eingehen werden.

Überblick: Atommodelle

Wir geben hier eine Kurzübersicht der bekanntesten historischen Atommodelle, die auch in Abb. 2.9 und 2.32 schematisch veranschaulicht sind.

Thomsonsches Atommodell (J. J. Thomson 1894)

Das Atom besteht aus negativen Teilchen – den Elektronen – die in einer Wolke von positiver Ladung eingebettet sind. Das gesamte Atom ist nach außen hin elektrisch neutral. Die elektrische Neutralität wird durch eine ganz spezielle

Anordnung und Bewegung der Elektronen auf Kreisbahnen erreicht.

Rutherfordsches Atommodell (E. Rutherford 1911)
Das Atom besteht aus einem positiv geladenen, sehr massiven, im Vergleich
zum Elektron sehr schweren Kern. Die negativ geladenen Elektronen umkreisen
den Kern analog zu Planetenbahnen um die Sonne (Planetenmodell des Atoms).
Die Stabilität der Atome und die diskreten Spektrallinien blieben in diesem
Modell unerklärt.

Bohrsches Atommodell (Niels Bohr 1913)
Die Elektronen umkreisen den positiv geladenen Kern wie Planeten, dürfen
aber nur auf ganz bestimmten, ausgezeichneten Bahnen, d.h. nur in ganz
bestimmten Abständen um den Kern kreisen, bei denen die Elektronenbewegung strahlungsfrei ist, siehe Abb. 2.32. Dies erklärt die Stabilität der Atome.
Die Übergänge zwischen den einzelnen Bahnen erfolgen durch „Quantensprünge". Die Natur und die Ursache der Quantensprünge bleibt in diesem
Modell unerklärt.

**Quantenmechanisches Atommodell (Werner Heisenberg 1925, Erwin
Schrödinger 1926)**
Atome sind quantenmechanische Systeme, die durch eine Schrödingergleichung
für eine Wellenfunktion (Abschn. 3.3) beschrieben werden. Kennt man den
Hamiltonoperator des Atoms, so kann man im Prinzip durch Lösen der Schrödingergleichung alle experimentell beobachteten Phänomene auf atomaren Längenskalen widerspruchsfrei berechnen, insbesondere die gequantelten Energieniveaus der Atome.

2.4.3 Schwierigkeiten und Grenzen des Bohr-Sommerfeld'schen Atommodells

Das Bohr-Sommerfeld-Modell beschreibt einige grundlegende Eigenschaften des
Wasserstoffatoms in guter Näherung. Die Berechnung der diskreten Eigenwerte
funktioniert im Wesentlichen jedoch nur für das H-Atom und den harmonischen
Oszillator. Auf kompliziertere Systeme, wie z.B. das Heliumatom, ist die Theorie
nicht anwendbar – das Modell erlaubt es nicht, korrekte Vorhersagen für Atome mit
mehr als einem Elektron zu treffen. Selbst beim Wasserstoffatom bietet das Modell
nur Aussagen über die Frequenz der emittierten oder absorbierten Strahlung. Angaben über relative Intensitäten der von verschiedenen Übergängen emittierten Strahlung können kaum gemacht werden. Bohr versuchte diese Schwachpunkte durch das
Korrespondenzprinzip auszumerzen. Dazu werden Größen wie Frequenz oder auch
Strahlungsintensität klassisch berechnet und durch Ad-hoc-Grenzbetrachtungen in
die Quantentheorie übertragen. Auch liefert die alte Quantentheorie für den Betrag

des Drehimpulses beim H-Atom den falschen Wert $\hbar^2 l^2$, während mit der richtigen Theorie $\hbar^2 l(l+1)$ herauskommt. Außerdem ist die Beschreibung der Eigenschaften des Wasserstoffatoms in elektrischen oder magnetischen Feldern in diesem Modell nur sehr begrenzt möglich.

Abhilfe schafft nur eine Betrachtung eines Modells, das ausschließlich auf der Quantenmechanik basiert, welche wir ab Kap. 3 kennenlernen werden, s. auch die Legende zu Abb. 2.32. Außerdem werden wir sehen, dass die klassische Vorstellung von Elektronen- bzw. Teilchenbahnen, wie sie der Bohr'schen Theorie zugrunde liegt, nicht haltbar ist.

2.4.4 Rydberg–Atome

Das Bohr-Sommerfeld'sche Atommodell wurde Mitte der 1920er Jahre durch die Quantenmechanik abgelöst, wird aber aus didaktischen Gründen trotzdem auch heute noch in einigen Fällen als Veranschaulichung genutzt. Gemäß der Regel, die Bohr als das Korrespondenzprinzip in die Quantenphysik eingeführt hat, s. Definition 2.6, gleicht sich bei stark angeregten Atomen das Verhalten quantenmechanischer Systeme zunehmend dem der klassisch-physikalischen Systeme an. Je höher ein Atom angeregt ist, desto einfacher lässt es folglich sich durch semi-klassische Modelle wie das Bohr'sche Atommodell beschreiben. Solche hoch-angeregten Atome werden *Rydberg-Atome* genannt und sind ein wichtiger Bestandteil der heutigen Grundlagenforschung über die Wechselwirkung einzelner Photonen mit einzelnen Atomen. Rydberg-Zustände lassen sich erzeugen, indem Atome mit Licht einer möglichst exakt passenden Energie bestrahlt werden. Die Lichtteilchen heben dann das Elektron aus seinem Grundzustand auf eine sehr hohe Bahn (in der Bohr'schen Betrachtungsweise). Dadurch wird es sehr viel empfindlicher für elektromagnetische Wellen. Wir wollen hier nur auf einige wenige Eigenschaften dieser Atome eingehen:

- Elektronen mit großen Hauptquantenzahlen bewegen sich gemäß dem Bohr'schen Atommodell auf einer Bahn mit sehr großem Radius $r_n \approx n^2 a_1$. In Experimenten wurden bereits Rydberg-Atome mit einem Durchmesser von bis zu $0{,}1\,\mu\mathrm{m}$ erzeugt. Dadurch sind Rydberg-Atome im Vergleich zu einem Wasserstoff-Atom im Grundzustand 10^5-fach größer.
- Ein Elektron auf Bahnen mit großen Radien befindet sich weit außerhalb des Atomrumpfs und der anderen Elektronen. Es bewegt sich also im Feld des Kerns, welcher durch alle anderen Elektronen abgeschirmt wird und deshalb nach außen effektiv wie die Ladung e wirkt. Rydberg-Atome verhalten sich also wie Wasserstoffatome mit sehr hoher Hauptquantenzahl n und können durch das Bohr-Sommerfeld-Modell einigermaßen gut beschrieben werden.
- Rydberg-Atome zeichnen sich durch hohe Dipolmomente $d \approx n^2 e a_1$ aus und zeigen daher eine sehr starke Wechselwirkung mit Licht.
- Ändert das äußerste Elektron seine Bahn und emittiert Licht, so liegen die Übergangsfrequenzen im fernen Infrarot- oder Mikrowellenbereich.

- Rydberg-Atome weisen lange Lebensdauern von bis zu einer Sekunde auf. Diese langen Lebensdauern sind auch durch die niedrigen Übergangsfrequenzen der Rydberg-Atome begründet sowie durch die daraus resultierenden geringeren spontanen Emissionsraten. Im Unterschied dazu „leben" niedrigere Anregungszustände von Atomen etwa 10^{-8} s.
- Rydberg-Atome können leicht ionisiert werden, da die Bindungsenergie $E_n \propto 1/n^2$ bei großen Quantenzahlen n sehr klein wird.

Mittlerweile ist man in der Lage, hoch-angeregte Atome zu erzeugen, bei denen sich die Elektronen gemäß dem Bohr'schen Atommodell auf extrem weiten Bahnen um den Atomkern bewegen, mit Hauptquantenzahlen n von 300 bis 500. Mithilfe von Rydberg-Atomen konnte man Größen wie Energieniveaus oder Lebensdauern für Quantenzahlen experimentell bestimmen, die bis dahin nur theoretisch zugänglich waren. In solchen hoch-angeregten Zuständen sehen die Aufenthaltsbereiche der Elektronen nicht mehr aus wie die Orbitalmodelle, die bei den tieferen Zuständen in der Chemie verwendet werden. Stattdessen ähneln sie den semi-klassischen Bahnen des Bohr'schen Atommodells.

2.5 Zusammenfassung der Lernziele

Die klassische Physik versagt im atomaren Bereich sowie bei hohen Geschwindigkeiten und bei der Beschreibung der Wechselwirkung von Materie mit Strahlung (z. B. mit Licht). Experimente mit Kathodenstrahlen führten zur Entdeckung des Elektrons im Atom durch Thomson. Rutherfords Streuexperimente zeigten, dass die positive Ladung des Atoms in einem winzigen Kern vereinigt ist. Planetare Atommodelle mit Elektronen, die einen positiven Kern umkreisen, sind mechanisch und elektromagnetisch zwingend instabil. Mit klassischer Physik sind die Existenz und die Stabilität der Atome rätselhaft. Viele Experimente zeigen die Quantelung der energetischen Eigenschaften der Elektronen in Atomen:

- diskrete atomare Linienspektren,
- Lichtquanteneffekt,
- Franck-Hertz-Experiment,
- Compton-Effekt,
- Compton-Wellenlänge des Elektrons: $\lambda_c = \frac{h}{m_e c} \approx 2,4\,\text{Å}$.

Das Ritz'sche Kombinationsprinzip, nach dem sich weitere Spektrallinien als Differenz oder Summe der Wellenzahlen von bereits bekannten Spektrallinien ausdrücken lassen, gilt für alle Atome und Moleküle. Aber nur für wasserstoffähnliche Atome (das H-Atom selbst, das He^+-Ion, das Li^{2+}-Ion usw.) haben die Energieterme die Form $E_n \approx 1/n^2$.

Ein Schwarzer Körper ist eine idealisierte Modellvorstellung eines Körpers, der alle einfallende Strahlung zu 100 % absorbiert. Die von ihm emittierte Strahlung u

ist allein eine Funktion von Frequenz und Temperatur:

$$u = u(\nu, T).$$

Das Wirkungsquantum wurde von Max Planck als Proportionalitätskonstante h in seinen Berechnungen zur Entropie von modellhaften Wandoszillatoren eingeführt, die mit dem elektromagnetischen Strahlungsfeld im Hohlraum eines Schwarzen Körpers wechselwirken sollten. Planck und seine Zeitgenossen waren sich zunächst nicht über die weitreichende Bedeutung dieser damals neuen Naturkonstanten im Klaren.

Das Planck'sche Strahlungsgesetz drückt die Verteilung der spektralen Energiedichte eines Schwarzen Körpers aus und lautet

$$u(\nu, T) = \frac{8\pi \nu^3}{c^3} \frac{h}{e^{\frac{h\nu}{k_B T}} - 1}.$$

Für kleine Frequenzen geht es über in das **Rayleigh-Jeans-Gesetz:**

$$u(\nu, T) = \frac{8\pi \nu^2}{c^3} k_B T,$$

und für große Frequenzen gilt näherungsweise das **Wien'sche Strahlungsgesetz:**

$$u(\nu, T) = \frac{8\pi \nu^2}{c^3} \exp\left(\frac{h\nu}{k_B T}\right).$$

Das Stefan-Boltzmann-Gesetz wird auf verschiedene Arten formuliert. Für die abgestrahlte Gesamtleistung P eines Körpers lautet es:

$$P = \sigma T^4,$$

mit der Stefan-Boltzmann-Konstanten $\sigma = 5{,}67 \cdot 10^{-8}\,\mathrm{W\,m^{-2}\,K^{-4}}$, und für die über alle Frequenzen abgestrahlte Gesamtenergie-Dichte $u(T)$ lautet es:

$$u(T) = a T^4,$$

mit der Strahlungskonstanten $a = 7567 \cdot 10^{-16}\,\mathrm{J\,m^{-3}\,K^{-4}}$.

Durch thermodynamische Gleichgewichtsbetrachtungen und die Annahme von drei fundamentalen Energieübergängen von Elektronen in Atomen (Absorption, spontane Emission und stimulierte Emission) gelang es Einstein im Jahr 1917, die Planck'sche Strahlungsformel auf theoretischem Weg herzuleiten.

Das Bohr'sche Atommodell ist ein semi-klassisches Modell des Atoms, das klassische Vorstellungen (Elektronen auf Kreisbahnen um den Atomkern) mit ad hoc postulierten Quantenvorschriften kombiniert. Die mit diesem Modell verbundenen Vorstellungen von Teilchenbahnen im Atom sind falsch, und das Modell hat eigentlich nur noch historischen Wert, denn es wurde Mitte der 1920er Jahre durch eine

Theorie der Quantenmechanik ersetzt. Dennoch wird das Modell auch heute noch in der Lehre aus pädagogischen Gründen wegen seiner Anschaulichkeit und in der Forschung im Zusammenhang mit hoch-angeregten Rydberg-Atomen diskutiert, deren Eigenschaften sich denjenigen eines klassischen Systems annähern.

Die Bohr'schen Postulate lauten:

1. Es existieren im Atom bestimmte stationäre Zustände mit diskreten Energiewerten $E_0, E_1, E_2, ...$
2. Beim Übergang aus einem stationären Zustand E_a in einen anderen Zustand mit der Energie E_e wird eine Strahlung mit der Frequenz

$$\hbar\omega = E_a - E_e$$

emittiert ($E_a > E_e$) bzw. absorbiert ($E_a < E_e$).

3. Das Wirkungsintegral genügt bei periodischen Systemen folgender Quantisierungsbedingung:

$$S = \oint p\,dq = 2\pi n\hbar = nh \quad \text{mit } n \in \mathbb{N}. \tag{2.190}$$

Diese Postulate versagen vollständig bei nicht wasserstoff-ähnlichen Atomen. Der Erfolg des Bohr'schen Atommodells beruhte vor allem auf der Einfachheit des Wasserstoffatoms und des harmonischen Oszillators. Bei dem Bohr'schen Modell handelt es sich nicht um eine systematische Theorie im eigentlichen Sinn, sondern um eine Ansammlung von Ad-hoc-Regeln, die für jedes neue System erneut interpretiert werden mussten, indem man für die klassischen Hamilton'schen Gleichungen des Systems Quantisierungsbedingungen einführte.

Übungsaufgaben

Allgemeines

Aufgabe 2.6.1 Wann darf man die Formel für die geometrische Reihe aus Gl. (2.126) benutzen?

Lösung
Wenn die Konvergenzbedingung $|q| < 1$ erfüllt ist.

Aufgabe 2.6.2 Bei welcher Beobachtung wird die Energiequantisierung der elektromagnetischen Strahlung deutlich?
a) Beim Youngschen Doppelspaltversuch,
b) bei der Beugung des Lichts an einer engen Öffnung,

c) beim photoelektrischen Effekt,
d) beim Kathodenstrahlversuch von J. J. Thomson.

Lösung
Der Youngsche Doppelspaltversuch und die Beugung des Lichts an einer engen Öffnung demonstrieren die Wellennatur elektromagnetischer Strahlungen. Das Experiment von J. J. Thomson zeigt, dass die Strahlen in einer Kathodenstrahlröhre durch elektrische oder magnetische Felder abgelenkt werden und daher aus elektrisch geladenen Teilchen bestehen müssen. Dagegen ist der photoelektrische Effekt nur mit der Energiequantisierung der elektromagnetischen Strahlung zu erklären. Also ist Aussage **c** richtig.

Aufgabe 2.6.3 Eine hellgraue Keramik–Vase mit schwarzer Schrift wird beim Verglasungsprozess bis zur Gelbglut erhitzt. Die Schrift erscheint nun nicht mehr dunkel, sondern heller als der Hintergrund. Warum?

Lösung
Hier ist am einfachsten mit dem Kirchhoffschen Gesetz zu argumentieren. Ein besonders gut absorbierender Körper, eben ein Schwarzer Körper, emittiert auch besonders gut. Das Vasenmaterial war anfangs ein schlechter Grauer Strahler. Dieser zeigt ein in beiden Richtungen reduziertes Verhalten, da er die Strahlung nicht vollständig absorbiert, sondern einen Teil reflektiert. D. h. seine abgestrahlte Leistung ist niedriger als die des schwarzen Strahlers – bei gleicher Farbe. Hier kommt aber ein zusätzlicher Effekt hinzu. Durch die Verglasung steigt die Reflektivität, und damit ist bei gleicher Temperatur – die Vase befindet sich ja in einem Wärmebad! – die Abstrahlung geringer, damit aber sinkt die emittierte Intensität, sie wirkt gegenüber dem anderen Teil, der Schrift, dunkler.

Aufgabe 2.6.4 Warum wäre ein Absorptionskoeffizient, der numerisch vom Emissionskoeffizienten abweicht, ein Verstoß gegen den 2. Hauptsatz der Thermodynamik?

Lösung
Das Substrat könnte entweder mehr oder weniger Energie absorbieren als emittieren. Angenommen, es würde weniger absorbieren als emittieren, würde es sich abkühlen. Da es sich aber im thermischen Gleichgewicht mit seiner Umgebung befindet, würde so kontinuierlich ungeordnete Energie in gerichtete (Strahlungs–)Energie umgewandelt. Würde es mehr absorbieren als emittieren, also der Umgebung Energie entziehen, würde es sich selbst aufheizen und die Umgebung abkühlen – ein guter Kühlschrank! In beiden Fällen finden wir also Wärmeflüsse, die nicht zum Ausgleich der Temperaturen führen, sondern im Gegenteil solche Unterschiede erzeugen.

Aufgabe 2.6.5 Berechnen Sie die Beschleunigung eines Körpers auf einer allgemeinen, krummlinigen Bahn im Raum.

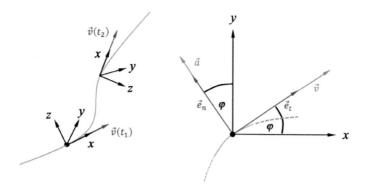

Abb. 2.33 Lokales Koordinatensystem entlang einer Bahnkurve. Die Richtung der Einheitsvektoren verändert sich zu jedem Zeitpunkt der Bewegung. Zur analytischen Beschreibung legen wir den Ursprung eines zweidimensionales Koordinatensystems in den Massenpunkt auf der Bahnkurve, so dass die x, y-Achsen in der Ebene sind, in der auch die Geschwindigkeit $\vec{v}$ und die Beschleunigung $\vec{a}$ liegen

Lösung

Allgemeine Bewegungen von Körpern können im Prinzip beliebig kompliziert sein, z. B. so kompliziert, dass ihre Bahnkurve nicht mehr als analytischer Ausdruck in Abhängigkeit eines fixierten Koordinatensystems darstellbar ist. Trotzdem kann man wichtige Aussagen über die Geschwindigkeit und Beschleunigung des Körpers auf dieser Bahn treffen. Die genaue Bahnkurve braucht uns nämlich gar nicht zu kümmern, wenn wir in ein mit dem Körper mitbewegtes Bezugssystem übergehen. Ein solches mitbewegtes Koordinatensystem nennt man auch *begleitendes Dreibein* oder *lokales Koordinatensystem* (Abb. 2.33). Die momentane Geschwindigkeit des Körpers lautet einfach

$$\vec{v}(t) = v\vec{e}_t, \tag{2.191}$$

wobei $\vec{e}_t$ der mit dem Körper mitgeführte tangentiale Einheitsvektor ist.

Zur Herleitung der Beschleunigung einer beliebigen Bahn legen wir die x, y-Ebene in die Ebene, in der auch $\vec{v}(t)$ und $\vec{a}(t)$ liegen. Der momentane Ort des Körpers befinde im Ursprung dieses Systems. Der tangentiale, ortsabhängige Einheitsvektor lässt sich dann durch (siehe Abb. 2.33)

$$\vec{e}_t = \cos\varphi\,\vec{e}_x + \sin\varphi\,\vec{e}_y = \begin{pmatrix} \cos\varphi \\ \sin\varphi \end{pmatrix} \tag{2.192}$$

beschreiben. Aus Abb. 2.33 entnehmen wir außerdem für den in der Ebene auf $\vec{e}_t$ senkrecht stehenden Normalenvektor $\vec{e}_n$ die Beziehung:

$$\vec{e}_n = -\sin\varphi\,\vec{e}_x + \cos\varphi\,\vec{e}_y = \begin{pmatrix} -\sin\varphi \\ \cos\varphi \end{pmatrix} \tag{2.193}$$

Die Beschleunigung ergibt sich aus Gl. (2.33) zu:

$$\vec{a}(t) = \dot{v}\,\vec{e}_t + v\,\dot{\vec{e}}_t = \vec{a}_t + \vec{a}_n. \tag{2.194}$$

Sie setzt sich also aus einer Tangenzialbeschleunigung $\vec{a}_t$ und einer Normalbeschleunigung $\vec{a}_n$ zusammen. Erstere beschreibt die Komponente in Bewegungsrichtung, letztere die Änderung der Bewegungsrichtung selbst, also die Änderung des Einheitsvektors $\vec{e}_t$. Ist $\vec{a}_n = \vec{0}$, so ergibt sich eine Gerade, ist dagegen $\vec{a}_t = \vec{0}$, haben wir es mit einer im allgemeinen gekrümmten Bahn aber konstanter Geschwindigkeit zu tun. Im Unterschied zu den kartesischen Basisvektoren $\vec{e}_x$ und $\vec{e}_y$ sind die Basisvektoren $\vec{e}_r$ und $\vec{e}_n$ des lokalen Koordinatensystems ortsabhängig, d. h. ihre Ableitung verschwindet nicht, wenn man sich in der Ebene bewegt. Dies folgt aus den Definitionsgleichungen von $\vec{e}_t$ und $\vec{e}_n$ durch Ableiten nach t. So ist z. B. (beachten Sie die Kettenregel, d. h. die innere Ableitung nach dem Winkel muss auch berücksichtigt werden):

$$\dot{\vec{e}}_t = \begin{pmatrix} -\sin\varphi \cdot \dot{\varphi} \\ \cos\varphi \cdot \dot{\varphi} \end{pmatrix} = \dot{\varphi} \begin{pmatrix} -\sin\varphi \\ \cos\varphi \end{pmatrix} = \dot{\varphi}\,\vec{e}_n. \tag{2.195}$$

Es gilt also:

$$\dot{\vec{e}}_t = \dot{\varphi}\,\vec{e}_n, \tag{2.196}$$

$$\dot{\vec{e}}_n = -\dot{\varphi}\,\vec{e}_t. \tag{2.197}$$

Das ist auch anschaulich: Wenn $\dot{\varphi} = 0$ ist, dann bewegt man sich entlang einer Ursprungsgeraden und weder $\vec{e}_t$ noch $\vec{e}_n$ ändern sich. Nur wenn $\dot{\varphi} \neq 0$ ist, ändern sich $\vec{e}_t$ und $\vec{e}_n$; dabei zeigt die zeitliche Änderung von $\vec{e}_t$ in die Richtung von $\vec{e}_n$ und die von $\vec{e}_n$ in die Richtung von $\vec{e}_t$.

Damit ist die Schreibweise von $\vec{a}(t)$ in Gl. (2.194) begründet. Aus Gl. (2.194) wird also:

$$\vec{a}(t) = \dot{v}\,\vec{e}_t + v\dot{\varphi}\,\vec{e}_n. \tag{2.198}$$

Eine beliebige Bahnkurve lässt sich als eine Hintereinander–Reihung von Kreisbewegungen mit sehr kleinem Radius r auffassen. Gl. (2.198) wird dann mit (Gl. 2.2):

$$\boxed{\vec{a}_n = \dot{v}\,\vec{e}_t + \frac{v^2}{r}\,\vec{e}_n.} \tag{2.199}$$

Bei einer reinen Kreisbewegung mit konstanter Geschwindigkeit (d. h. $\omega =$ const., $\dot{\varphi} = 0$, $v =$ const. existiert nur eine Normalkomponente der Beschleunigung. Wenn man den Ursprung des Koordinatensystem für diesen Fall zweckmäßigerweise in den Mittelpunkt der Kreisbewegung setzt, ergibt sich für die Beschleunigung:

$$\boxed{\vec{a}_n = \frac{v^2}{r}\,\vec{e}_n = -\frac{v^2}{r}\,\vec{e}_r.} \tag{2.200}$$

wobei $\vec{e}_r$ der radiale Einheitsvektor ist. Die Zentripetalbeschleunigung bei einer Kreisbewegung ist also immer zum Mittelpunkt hin gerichtet.

Wellen- und Teilchenbild

Aufgabe 2.6.6 Bestimmen Sie die de Broglie Wellenlänge für ein Photon, dessen Masse gleich der Ruhemasse des Elektrons ist.

Lösung

$$\lambda = \frac{h}{cm_e} 2,4 \times 10^{-10} \text{ cm.} \qquad (2.201)$$

Aufgabe 2.6.7 Eine Röhre, die Wasserstoffatome im Grundzustand enthält, ist transparent, absorbiert also keinerlei Licht im sichtbaren Bereich, sondern nur im äußersten Ultraviolett. Die Wellenlänge der längstwelligen Absorptionslinie beträgt 1216 Å. Wie weit liegt der angeregte Zustand energetisch über dem Grundzustand?

Lösung

$$\nu = c/\lambda = \frac{3 \cdot 10^8 \text{ m s}^{-1}}{1,2 \cdot 10^{-7} \text{ m}} = 2,74 \cdot 10^{15} \text{ Hz.}$$

$$E = h\nu = 1,634 \cdot 10^{-18} \text{ J} = 10,20 \text{ eV.}$$

Aufgabe 2.6.8 Zur Strukturuntersuchung kann man mit Teilchen, z.B. Elektronen (e), Neutronen (n), aber auch mit Röntgenstrahlung (x) arbeiten. Welchen Impuls, welche Geschwindigkeit und welche Energie (in eV) haben ein Neutron mit einer Wellenlänge von 1 Å(0,1 nm) und ein Röntgenquant mit gleicher Wellenlänge?

Lösung

$$p_n = \frac{h}{\lambda} = \frac{6,626 \cdot 10^{-34} \text{ J s}}{10^{-8} \text{ m}} = 6,63 \cdot 10^{-26} \text{ kg m}^2 \text{ s}^{-2} \text{ s m}^{-1} = 6,63 \cdot 10^{-26} \text{ kg m s}^{-1}.$$

$$v_n = \frac{h}{\lambda} = \frac{6,63 \cdot 10^{-26} \text{ kg m s}^{-1}}{1840 \cdot 9,1 \cdot 10^{-31} \text{ kg}} = 3,96 \cdot 10^3 \text{ m s}^{-1} = 3,96 \text{ km s}^{-1}.$$

$$E_n = \frac{p^2}{2m} = 1,31 \cdot 10^{-20} \text{ J.}$$

Es handelt sich um ein sogen. thermisches Neutron. Das Röntgenquant hat die Energie

$$E_x = \frac{hc}{\lambda} = 12,4 \text{ keV.}$$

Aufgabe 2.6.9 Bestimmen Sie die De-Broglie-Wellenlänge eines 1 s-Elektrons mit der Geschwindigkeit $2200\,\text{km s}^{-1}$.

Aufgabe 2.6.10 Wie hoch ist die Photonenenergie in Joule und in Elektronenvolt einer Radiowelle mit der Frequenz

a) 100 MHz im FM-Bereich bzw.
b) 900 kHz im AM-Bereich?

Aufgabe 2.6.11 Das von einem Helium–Neon–Laser mit einer Leistung von 3,00 mW emittierte Licht hat die Wellenlänge 633 nm. Angenommen, der Laserstrahl hat einen Durchmesser von 1,00 nm, wie hoch ist dann die Dichte an Photonen im Strahl? Nehmen Sie dabei an, dass die Intensität im Strahl gleichförmig verteilt ist.

Aufgabe 2.6.12 Wo liegt die kurzwellige Grenze der Bremsstrahlung einer mit 50 kV betriebenen Röntgenröhre?

Lösung
Die auf die Antikathode auftreffenden Elektronen besitzen die Energie 50.000 eV oder $1{,}6 \cdot 50 \cdot 10^{?19+3}$ J $= 8{,}01 \cdot 10^{-15}$ J. Die Wellenlänge ergibt sich dann nach

$$\frac{hc}{E} = 0{,}248\,\text{Å}.$$

Aufgabe 2.6.13 Zeigen Sie, dass man die Wellenlänge eines Elektrons, das in einem elektrischen Feld der Spannung U beschleunigt wurde, für den Fall $eU \ll mc^2$ näherungsweise durch den folgenden Ausdruck beschreiben kann:

$$\lambda \approx \frac{h}{\sqrt{2\,m\,|eU|}} \cdot \left(1 - \frac{|eU|}{4mc^2}\right).$$

Lösung
Der Energiesatz für den relativistischen Fall lautet (s. Exkurs 2.2):

$$eU + mc^2 = c\sqrt{m^2c^2 + p^2}.$$

Aus $\lambda = h/p$ folgt damit durch Auflösen nach λ:

$$\lambda = \frac{h}{\sqrt{2\,m\,|eU|}} \cdot \frac{1}{\sqrt{1 + \frac{|eU|}{2mc^2}}} \approx \frac{h}{\sqrt{2\,m\,|eU|}} \cdot \left(1 - \frac{|eU|}{4mc^2}\right).$$

Im letzten Schritt der Gleichung wurde die Taylor-Entwicklung der Funktion $1/\sqrt{1+x} \approx 1 - x/2$ für $x \ll 1$ verwendet.

Aufgabe 2.6.14 Schätzen Sie die klassisch zu erwartende Zeitverzögerung beim Photoeffekt ab. Die Intensität der einfallenden Strahlung betrage $I = 0{,}01 \frac{W}{m^2}$. Die „Querschnittsfläche" des Atoms sei $A = 1\,\text{Å}^2$. Wie lange dauert es, bis die der Austrittsarbeit W_A entsprechende Energie von $2\,\text{eV}$ auf das Atom aufgetroffen ist?

Lösung
Die Intensität I ist definiert als Leistung pro Fläche: $I = \frac{P}{A}$, wobei die Leistung Energie pro Zeit ist. Die Fläche Atoms ist $A = 0{,}01\,\text{nm}^2 = 1 \cdot 10^{-20}\,\text{m}^2$. Es folgt daher für die pro Zeiteinheit (1 s) auf die Fläche des Atoms fallende Energie:

$$P = I \cdot A = 0{,}01 \cdot 10^{-20}\,\text{W} = 10 \cdot 10^{-22}\,\text{W}.$$

Die gegebene Austrittsarbeit W_A beträgt $2\,\text{eV}$. Mit der Umrechnung von eV in die Einheit J (siehe Anhang C) erhalten wir

$$10 \cdot 10^{-22}\,\frac{\text{J}}{\text{s}} = 6{,}25 \cdot 10^{-4}\,\frac{\text{eV}}{\text{s}}.$$

Pro Sekunde trifft also die Energie $6{,}25 \cdot 10^{-4}\,\frac{\text{eV}}{\text{s}}$ auf. Um $2\,\text{eV}$ anzusammeln, wäre also eine Zeit von

$$\Delta t = \frac{2\,\text{eV}}{6{,}25 \cdot 10^{-4}\,\frac{\text{eV}}{\text{s}}} = 3200\,\text{s} = 53{,}3\,\text{min}$$

notwendig. Dies ist die klassisch zu erwartende „Zeitverzögerung" bis zum Auslösen des Photoelektrons. Dies wird im Experiment aber *nicht* beobachtet!

Aufgabe 2.6.15 Bestrahlt man eine saubere Bleioberfläche mit Licht der Wellenlänge von $2000\,\text{Å}$, benötigt man ein Potenzial von $1{,}68\,\text{V}$, um die ausgestrahlten Elektronen zu stoppen. Wenn die Wellenlänge $1500\,\text{Å}$ beträgt, braucht man dafür ein Potenzial von $3{,}74\,\text{V}$. Berechnen Sie aus diesen Daten

a) das Plancksche Wirkungsquantum (in Js), und
b) die Austrittsarbeit (in eV) von Blei.

Lösung
Wir diskutieren hier den photoelektrischen Effekt (Gl. 2.128):

$$h\nu = E_{\text{kin}} + W_A.$$

Zum Stoppen der ausgestrahlten Elektronen ist die die (Brems-)Energie eU aufzubringen, die der kinetischen Energie der ausgestrahlten Elektronen entspricht.

a) Berechnung des Wirkungsquantums.

Es ergibt sich ein Gleichungssystem mit zwei Unbekannten:

$$\frac{hc}{\lambda_1} = eU_1 + W_A,$$
$$\frac{hc}{\lambda_2} = eU_2 + W_A.$$

Subtraktion beider Gleichungen ergibt

$$hc\left(\frac{1}{\lambda_1} - \frac{1}{\lambda_2}\right) = e(U_1 - U_2).$$

$$\Rightarrow \quad h = e(U_1 - U_2)/c\left(\frac{1}{\lambda_1} - \frac{1}{\lambda_2}\right) = 6{,}6053 \,\text{J s}.$$

b) Die Austrittsarbeit von Blei ist also $W_A = \frac{hc}{\lambda_1} - eU_1 = 4{,}5\,\text{eV}$.

Aufgabe 2.6.16 Berechnen Sie Energie und den Impuls eines Photons (in SI-Einheiten) bei folgenden Wellenlängen:

a) $10\,\text{Å}$ (Röntgenstrahlung),
b) $2000\,\text{Å}$ (UV-Strahlung),
c) $6000\,\text{Å}$ (sichtbares Licht),
d) $105\,\text{Å}$ (IR-Strahlung),
e) $100\,\text{cm}$ (Mikrowellen),
f) $10\,\text{m}$ (Radiowellen).

Lösung
Wir verwenden die Formeln $E = \frac{hc}{\lambda}$ und $p = \frac{h}{\lambda}$.

a) $E = 1{,}99 \cdot 10^{-16}\,\text{J},\qquad p = 6{,}63 \cdot 10^{-25}\,\frac{\text{N}}{\text{m}^2},$
b) $E = 9{,}93 \cdot 10^{-19}\,\text{J},\qquad p = 3{,}31 \cdot 10^{-27}\,\frac{\text{N}}{\text{m}^2},$
c) $E = 3{,}31 \cdot 10^{-19}\,\text{J},\qquad p = 1{,}10 \cdot 10^{-27}\,\frac{\text{N}}{\text{m}^2},$
d) $E = 1{,}99 \cdot 10^{-20}\,\text{J},\qquad p = 6{,}63 \cdot 10^{-29}\,\frac{\text{N}}{\text{m}^2},$
e) $E = 1{,}99 \cdot 10^{-25}\,\text{J},\qquad p = 6{,}63 \cdot 10^{-34}\,\frac{\text{N}}{\text{m}^2},$
f) $E = 1{,}99 \cdot 10^{-26}\,\text{J},\qquad p = 6{,}63 \cdot 10^{-35}\,\frac{\text{N}}{\text{m}^2}.$

Aufgabe 2.6.17 Ein Lichtstrahl der Wellenlänge $6500\,\text{Å}$ und der Intensität (Leistung) $10^{-1}\,\text{J/s}$ (das entspricht etwa der von der Sonne auf die Erde pro cm^2 Fläche eingestrahlten Leistung) trifft auf eine Natriumzelle und wird dort mit einem Wirkungsgrad von $100\,\%$ zur Photoelektronen-Erzeugung verwendet. Wie groß ist der Photoelektronen-Strom?

Lösung

Die Energie eines Lichtquants beträgt $3{,}06 \cdot 10^{-19}$ J. Daraus folgt ein Photonenfluss von

$$\frac{10^{-1}\,\text{J/s}}{3{,}06 \cdot 10^{-19}\,\text{J/Photon}} = 3{,}27 \cdot 10^{17}\,\text{Photonen/s}.$$

Bei einem Wirkungsgrad von 100 % erzeugen diese Photonen gleich viele Elektronen, also den Strom

$$3{,}27 \cdot 10^{17}\,s^{-1} \cdot 1{,}6 \cdot 10^{-19}\,\text{C} = 5{,}2 \cdot 10^{-2}\,\text{A} = 52\,\text{mA}.$$

Compton–Effekt

Aufgabe 2.6.18 Auf einen Kohlenstoffblock fallen Röntgenstrahlen der Wellenlänge $\lambda = 1$ Å. Beobachtet wird die Strahlung, die rechtwinklig zum einfallenden Strahl gestreut wird.

1. Berechnen Sie die Compton-Verschiebung $\Delta\lambda$.
2. Welche kinetische Energie wird auf das Elektron übertragen?
3. Wie groß ist der prozentuale Energieverlust des Photons?

Lösung

1. Röntgenstrahlung sind hoch beschleunigte Elektronen. Wir können also direkt die Formel für deren Compton-Wellenlänge aus Gl. (2.147) verwenden und berechnen damit

$$\lambda_c = 2{,}426 \cdot 10^{-2}\,\text{Å}.$$

Bei rechtwinkligem Einfall $\vartheta = \frac{\pi}{2}$ ist $\Delta\lambda = \lambda_c = 2{,}426 \cdot 10^{-2}$ Å.

2. Der Energiesatz lautet

$$h\nu_0 + mc^2 = h\nu + \sqrt{c^2 p_r^2 + m^2 c^4}.$$

Die übertragene kinetische Energie ist

$$\Delta E_{\text{kin}} = \sqrt{c^2 p_r^2 + m^2 c^4} - mc^2 = h(\nu_0 - \nu) = hc\left(\frac{1}{\lambda} - \frac{1}{\lambda + \Delta\lambda}\right)$$

$$= \frac{hc\Delta\lambda}{\lambda(\lambda + \Delta\lambda)}.$$

Alle Größen sind gegeben. Damit ist

$$\Delta E_{\text{kin}} = \frac{6{,}624 \cdot 10^{-34}\,\text{J s} \cdot 2{,}997 \cdot 10^8\,\frac{\text{m}}{\text{s}} \cdot 2{,}246 \cdot 10^{-12}\,\text{m}}{10^{-10}\,\text{m} \cdot (1 + 0{,}02426)\,10^{-10}\,\text{m}} = 4{,}72 \cdot 10^{-17}\,\text{J} = 295\,\text{eV}.$$

3. Die anfängliche Photonenenergie ist

$$h\nu_0 = \frac{hc}{\lambda} = \frac{6{,}624 \cdot 10^{-34}\,\mathrm{J\,s} \cdot 2{,}997 \cdot 10^8\,\frac{\mathrm{m}}{\mathrm{s}}}{10^{-10}\,\mathrm{m}} = 1{,}985 \cdot 10^{-15}\,\mathrm{J}.$$

Der relative Verlust beträgt somit

$$\frac{h(\nu_0 - \nu)}{h\nu_0} = 2{,}38 \cdot 10^{-2}.$$

Aufgabe 2.6.19 Berechnen Sie die Compton-Wellenlänge

a) eines Elektrons,
b) einer Fliege mit $m = 10\,\mathrm{mg}$,
c) eines/einer Studierenden mit der persönlichen Ruhemasse m,
d) eines Autos $m = 1\,\mathrm{t}$ und dessen De-Broglie-Wellenlänge bei $v = 100\,\mathrm{km/h}$.

Aufgabe 2.6.20 Ein Photon habe eine Wellenlänge, die gerade genau so groß ist wie die Compton-Wellenlänge. Es trifft auf ein ruhendes Elektron. Dabei beträgt die Richtungsänderung des Photons gerade $90°$.

a) Welche Wellenlänge und welche Energie hat das gestreute Photon?
b) Welche Energie wird auf das ruhende Elektron übertragen?

Lösung

a) Die Wellenlängenänderung bei der Compton-Streuung ist gegeben durch Gl. (2.146):

$$\Delta\lambda = \lambda' - \lambda = \lambda_C(1 - \cos\vartheta).$$

Bei dem Streuwinkel $\vartheta = 90°$ und der Wellenlänge $\lambda = \lambda_C$ des einfallenden Photons erhält man mit dieser Gleichung die Wellenlänge $\lambda' = 2\lambda_C$ des gestreuten Photons. Ein Photon, dessen Wellenlänge der Compton-Wellenlänge des Elektrons entspricht, hat eine Energie, die gleich der Ruheenergie des Elektrons ist $(hc/\lambda_C = mc^2 = E_0)$.

b) Die Energiebilanz ist somit

$$E_0 = E'_\text{Photon} + E'_\text{Elektron} = \frac{hc}{2\lambda} + E'_\text{Elektron} = \frac{E_0}{2} + E'_\text{Elektron}.$$

Demnach haben Elektron und Photon nach dem Streuprozess jeweils die Energie $E_0/2$.

Aufgabe 2.6.21 Eine Gruppe von Studenten misst im Praktikum die Compton-Wellenlänge λ_C. Für verschiedene Streuwinkel ϑ ergeben sich dabei verschiedene Wellenlängenverschiebungen, siehe Tab. 2.2. Leiten Sie aus diesen Werten die

Tab. 2.2 Experimentelle Streuwinkel und Wellenlängenverschiebungen

$\vartheta/°$	45	75	90	135	180
$(\lambda_2 - \lambda_1)/\,\mathrm{pm}$	0,647	1,67	2,45	3,98	4,95

Compton–Wellenlänge ab und vergleichen Sie das Ergebnis mit dem zu erwartenden Wert.

Lösung
Die Compton-Gleichung lautet $\Delta\lambda = \lambda_2 - \lambda_1 = \lambda_C(1 - \cos\vartheta)$ mit $\lambda_C = \frac{h}{m_e c}$.
Sie hat die Form $y = mx + b$, wenn wir $y = \lambda_2 - \lambda_1 = \Delta\lambda$ und $x = 1 - \cos\vartheta$
setzen. Dann können wir die Ausgleichsgerade für die gegebenen Werte der Wellenlängendifferenz $\Delta\lambda$ (y-Werte) in Abhängigkeit von $1 - \cos\vartheta$ (x-Werte) ermitteln. Ihre Steigung liefert einen experimentellen Wert für die Compton-Wellenlänge. In Tab. 2.3 sind die errechneten Werte aufgeführt. Die Ausgleichsgerade in Abb. 2.34 wurde mit der Methode der „Least Squares" erzeugt und hat die Gleichung

$$\Delta\lambda/m = 2,48 \cdot 10^{-12}\,(1 - \cos\vartheta) - 1,03 \cdot 10^{-13}. \tag{2.202}$$

$$\Delta\lambda/m = 2,48 \cdot 10^{-12}(1 - \cos\vartheta) - 1,03 \cdot 10^{-13}. \tag{2.203}$$

Daraus ergibt sich die experimentell ermittelte Compton-Wellenlänge zu $\lambda_{C,\exp} = 2,48 \cdot 10^{-12}$ m $= 2,48$ pm. Der theoretische Wert ist

$$\lambda_C = \frac{h}{m_e c} = \frac{hc}{m_e c^2} = \frac{1240\,\mathrm{eV} \cdot \mathrm{nm}}{5,11 \cdot 10^5\,\mathrm{eV}} = 2,43\,\mathrm{pm}.$$

Die relative Abweichung ergibt sich zu

$$\frac{\lambda_{C,\exp} - \lambda_C}{\lambda_C} = \frac{\lambda_{C,\exp}}{\lambda_C} - 1 = \frac{2,48\,\mathrm{pm}}{2,43\,\mathrm{pm}} - 1 \approx 0,02 = 2\,\%.$$

Aufgabe 2.6.22 Berechnen Sie die relative Wellenlängenänderung $\Delta\lambda/\lambda_0$ beim Compton-Effekt mit $\vartheta = \frac{\pi}{2}$ für:

Tab. 2.3 x- und y-Werte für die experimentelle Bestimmung der Compton–Wellenlänge mittels Regressionsgerade

$\vartheta/°$	45	75	90	135	180
$x =$ $(1 - \cos\vartheta)$	0,293	0,741	1,000	1,707	2,000
$y =$ $(\lambda_2 - \lambda_1)/\,\mathrm{pm}$	0,647	1,67	2,45	3,98	4,95

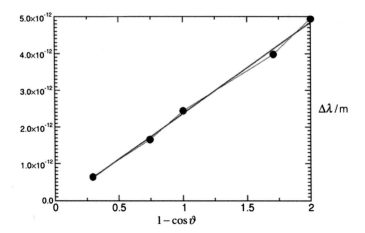

Abb. 2.34 Gemessene Werte der Compton–Streuung (schwarze Kreise) und die Regressionsgerade (rot)

1. sichtbares Licht, $\lambda_0 = 4000\,\text{Å}$,
2. Röntgenstrahlung $\lambda_0 \approx 0,5\,\text{Å}$,
3. γ-Strahlung $\lambda_0 \approx 0,02\,\text{Å}$.

Wie ändert sich dabei die kinetische Energie des Elektrons (seine Rückstoßenergie)?

Lösung
Beim rechtwinkligen Einfall, $\vartheta = \frac{\pi}{2}$, ist $\Delta\lambda = \lambda_c = 2,426 \cdot 10^{-2}\,\text{Å}$, siehe Aufgabe 2.6.18. Damit ergibt sich

1.
$$\frac{\Delta\lambda}{\lambda_0} = 6,06575 \cdot 10^{-6} = 0,6 \cdot 10^{-3}\,\%,$$

2.
$$\frac{\Delta\lambda}{\lambda_0} = 0,0485 = 4,85\,\%,$$

3.
$$\frac{\Delta\lambda}{\lambda_0} = 1,2132 = 121,32\,\%.$$

Die Rückstoßenergie des Elektron ist gegeben durch

$$\frac{\Delta E_{\text{kin}}}{h\nu_0} = \frac{h\,\Delta\nu}{h\nu_0} = 1 - \frac{\nu}{\nu_0} = 1 - \frac{\lambda_0}{\lambda} = \frac{\Delta\lambda}{\lambda_0 + \Delta\lambda} = \frac{\frac{\Delta\lambda}{\lambda_0}}{1 + \frac{\Delta\lambda}{\lambda_0}}.$$

Damit ergibt sich
1.

$$\frac{\Delta E_{kin}}{h v_0} = 6,1 \cdot 10^{-6},$$

2.

$$\frac{\Delta E_{kin}}{h v_0} = 4,626 \cdot 10^{-2},$$

3.

$$\frac{\Delta E_{kin}}{h v_0} = 0,54817.$$

In der Regel sind Rückstoßelektronen leicht von Photoelektronen zu unterscheiden, die durch Absorption eines Photons stets eine Energie von der Größenordnung $h v_0$ aufnehmen.

Hohlraumstrahlung und Plancksche Formel

Aufgabe 2.6.23 Es sollen mit Hilfe der Daten in Tab. 2.4 die Planeten Erde, Venus und Jupiter im Strahlungsgleichgewicht mit der Sonne betrachtet werden. Die mittleren Temperaturen können für die Erde mit 14.7°C, für die Venus mit 460°C und für den Jupiter mit −151°C angenommen werden. Welche mittleren Temperaturen ergeben sich im Vergleich zu diesen Werten aus der Diskussion des Strahlungsgleichgewichts? Welche Prozesse könnten zu einer Abweichung der berechneten Werte von den tatsächlichen Mittelwerten auf diesen Planeten führen? Die mittlere Strahlungsleistung der Sonne ist $\bar{P} = 3,845 \cdot 10^{26}$ W.

Lösung
Nach dem Kirchhoffschen Gesetz absorbiert ein schwarzer Körper die auf ihn einfallende Strahlung vollständig und strahlt diese auch wieder vollständig ab (Absorptions- und Emissionsgrad sind jeweils 1). Die gesamte abgestrahlte Leistung eines schwarzen Körpers pro Flächeneinheit, ist durch das Stefan–Boltzmannsche Strahlungsgesetz aus Gl. (2.52) gegeben

$$u(T) = \sigma T^4,$$

Tab. 2.4 Mittlerer Sonnenabstand und Äquatorradius der Planeten (1 AE $= 149,6 \cdot 10^6$ km)

Planet	Abstand zur Sonne AE	Radius km
Erde	1,0	6378
Venus	0,72	6052
Jupiter	5,20	71.398

wobei σ die Stefan–Boltzmann–Konstante ist. Es sei nun R der Abstand des jeweiligen Planeten von der Sonne, sowie r dessen Radius. Für das Strahlungsgleichgewicht ergibt sich somit

$$\frac{\bar{N}}{4\pi R^2}\pi r^2 = 4\pi r^2 \sigma T^4,$$

bzw.

$$E_S = \frac{\bar{N}}{4\pi R^2} = 4\sigma T^4.$$

Damit ist

$$T = \sqrt[4]{\frac{\bar{N}}{16\pi \sigma R^2}}.$$

Dabei ist die von der Sonne bestrahlte Fläche πr^2 und die Fläche, die abstrahlt (Planetenoberfläche) $4\pi r^2$. Die Größe E_S wird Solarkonstante des jeweiligen Planeten genannt. Aus den gegeben Werten ergibt sich dann für die Erde

$$T = \sqrt[4]{\frac{3,845 \cdot 10^{26}\,\text{J/s}}{16\,\pi\,5,67 \cdot 10^{-8}\,\text{J/sm}^2\,\text{K}^4(149,6 \cdot 10^9\,\text{m})^2}}\,\text{K} = 5,5\,°\text{C}.$$

In analoger Weise erhält man für die Venus eine Temperatur von $55,2\,°\text{C}$ und für den Jupiter von $-151\,°\text{C}$. Die tatsächliche mittlere Temperatur der Erde ist $14,7\,°$. Die zusätzliche Wärme stammt aus dem Erdinneren (Erdmagma, radioaktive Prozesse). Die mittlere Venustemperatur beträgt am Boden $460\,°\text{C}$. Der große Unterschied zum berechneten Wert wird hier durch den Treibhauseffekt in der Venusatmosphäre (Die Venusatmosphäre besteht hauptsächlich aus Kohlendioxid.) hervorgerufen. Die tatsächliche Jupitertemperatur beträgt $120\,°\text{C}$. Beim Jupiter spielen gravitative Effekte eine Rolle.

Aufgabe 2.6.24 Berechnen Sie die Anzahl der möglichen Eigenschwingungen (Hohlraumschwingungen) in einem dreidimensionalen Quader mit leitenden Wänden der Kantenlängen L_x, L_y, und L_z und dem Ursprung des Koordinatensystems in einer der Ecken.

Lösung
Legen wir den Koordinatenursprung in eine Ecke des Quaders und die Koordinatenachsen in die Kanten, dann gelten für die elektrische Feldstärke $\vec{E} = \{E_x, E_y, E_z\}$ die Randbedingungen, dass die Tangentialkomponenten auf den Wänden Null sein müssen. Wird eine elektromagnetische Welle mit Wellenvektor $k = \{k_x, k_y, k_z\}$ im Hohlraum erzeugt, dann wird sie an den Wänden reflektiert. Diese Bedingung ist zwar nicht für absolut alle Materialien realisiert, aber die Verwendung anderer Randbedingungen führt letztendlich zu dem gleichen Endresultat. Ferner nehmen wir ohnehin an, dass das Volumen des Hohlkörpers groß gegenüber der typischen

Wellenlänge der Hohlraumstrahlung ist, so dass die genauen Randbedingungen praktisch irrelevant werden. Entscheidend für das Problem ist einzig das Vorhandensein von elektromagnetischen Randbedingungen, weil diese auf diskrete Wellenzahlen führen. Die elektrische Feldstärke im Hohlraum genügt der freien Wellengleichung

$$\Delta \vec{E} - \frac{1}{c^2} \frac{\partial^2 \vec{E}}{\partial t^2} = 0, \tag{2.204}$$

wobei wir annehmen, dass im Hohlkörper ein Vakuum vorhanden ist. Wir beschränken uns außerdem hier nur auf die Analyse des uns interessierenden elektrischen Feldes – die Behandlung des magnetischen Feldes verläuft vollkommen analog. Um die Eigenschwingungen der Hohlraumstrahlung zu bestimmen, benutzen wir zur Lösung von Gl. (2.35) den uns aus Abschn. 2.3.2 schon bekannten Separationsansatz für partielle Differenzialgleichungen

$$\vec{E}(\vec{x}, t) = \vec{E}(\vec{x}) e^{\mathrm{i}\omega t}. \tag{2.205}$$

Damit erhalten wir für den raumabhängigen Anteil die Differenzialgleichung

$$\Delta \vec{E}(\vec{x}) + \frac{\omega^2}{c^2} \vec{E}(\vec{x}) = 0. \tag{2.206}$$

Als Lösung der partiellen Differenzialgleichung (2.206) für den Raumanteil erhalten wir ebene Wellen der Form

$$\vec{E}(\vec{x}) = \vec{E}_0 e^{\mathrm{i}(k_x x + k_y y + k_z z)}. \tag{2.207}$$

Der Wellenvektor $\vec{k} = (k_x, k_y, k_z)$ und die Frequenz ω erfüllen dabei die Dispersionsrelation

$$\omega^2 = c^2 \left(k_x{}^2 + k_y{}^2 + k_z{}^2 \right) \tag{2.208}$$

Die Berücksichtigung der oben angegebenen Randbedingungen für die Tangentialkomponente der elektrischen Feldstärke an den Grenzflächen des Hohlraumes ergeben, dass nur noch Linearkombinationen von den Funktionen aus Gl. (2.207) in der Form

$$\vec{E}(\vec{x}) = \vec{E}_0 \sin k_x x \, \sin k_y y \, \sin k_z z \tag{2.209}$$

mit den Komponenten des Wellenvektors

$$k_\alpha = n_\alpha \frac{\pi}{L_\alpha} \quad \text{mit} \quad n_\alpha \in \mathbb{N} \quad \text{und} \quad \alpha = (x, y, z) \tag{2.210}$$

als Eigenlösungen von Gl. (2.206) in Frage kommen. Nur diese Überlagerung der verschiedenen Komponenten mit Wellenvektoren k_α führt zu stationären, stehenden

Wellen. Die Bedingungen für die Wellenzahlen k_α erhält man aus der Formulierung der Randbedingungen in der Form

$$\sin(k_x L_x) = \sin(k_y L_y) = \sin(k_z L_z) = 0. \qquad (2.211)$$

Im Hohlraum sind damit nur noch diskrete Wellenvektoren mit den positiven Komponenten aus Gl. (2.210) zulässig. Negative diskrete Werte k_α würden nicht auf neue Eigenfunktionen führen, die linear unabhängig von den alten Eigenlösungen mit positiven k_α sind. Wegen der Dispersionsrelation Gl. (2.208) haben dann auch die Frequenzen ω diskrete Werte.

Aufgrund der in Hohlraum vorhandenen Ladungsfreiheit muss die elektrische Feldstärke dort die Maxwellgleichung $\mathrm{div}\,\vec{E} = 0$ erfüllen, welche auf die Forderung $\vec{k}\vec{E}_0 = 0$ führt; d. h. dass die Schwingungsebene des transversalen elektrischen Feldes senkrecht zur Ausbreitungsrichtung $\vec{k}$ der Welle polarisiert ist. Im Dreidimensionalen gibt es außerdem zwei verschiedene linear unabhängige Polarisationsrichtungen.

Um die Lösungsmenge der Eigenlösungen des Hohlraums zu bestimmen, führt man jetzt einen abstrakten Gitterraum, den sogenannten $\vec{k}$-Raum, ein. Jede Lösung beansprucht in diesem Raum ein Gebiet von der Größe einer Einheitszelle (siehe dazu auch Abb. 2.35):

$$\Delta k_x \Delta k_y \Delta k_z = \frac{\pi}{L_x}\frac{\pi}{L_y}\frac{\pi}{L_z} = \frac{\pi^3}{L^3} = \frac{\pi^3}{V}. \qquad (2.212)$$

Dadurch ergibt sich die Zahl der Eigenlösungen N mit einer Frequenz kleiner oder gleich ω, b. z. w. mit einem Wellenvektor kleiner oder gleich $|\vec{k}| = \omega/c$ (siehe

Abb. 2.35 Zweidimensionale Veranschaulichung der Abzählmethode im $\vec{k}$-Raum. Jede Eigenschwingung ist durch einen Punkt mit den Koordinaten $(n_x(\pi/L_x), n_y(\pi/L_y), n_z(\pi/L_z))$ repräsentiert. Der Abstand zwischen Koordinatenursprung und Punkt ist die Wellenzahl der Eigenschwingung. Die zwei Kreisbögen haben die Radien k und $k + dk$

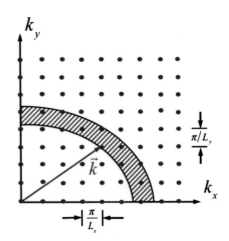

Abb. 2.35) zu

$$N(\omega) = \frac{1}{8} \frac{\int\limits_0^k \int\limits_0^\pi \int\limits_0^{2\pi} k'^2 dk' \sin\vartheta \, d\vartheta \, d\varphi}{\left(\frac{\pi^3}{V}\right)}. \tag{2.213}$$

Der Vorfaktor $1/8$ berücksichtigt, dass nur positive Werte k_x, k_y, k_z zulässig sind. Nach Ausführung der Winkelintegration (ergibt 4π) und der Variablentransformation $\omega = ck$ erhalten wir

$$N(\omega) = \frac{V}{6\pi^2 c^3}\omega^3. \tag{2.214}$$

Mit Berücksichtigung der beiden Polarisationsrichtungen (zusätzlicher Faktor 2) und bezogen auf das Einheitsvolumen erhalten wir schließlich den folgenden Ausdruck für die Dichte $n(\omega) = \frac{1}{V}dN/d\omega$ der Eigenschwingungen:

$$n(\omega) = \frac{\omega^2}{\pi^2 c^3}, \tag{2.215}$$

den wir bereits in Gl. (2.84) und (2.44) an früherer Stelle eingeführt haben.

Aufgabe 2.6.25 Die Plancksche Strahlungsformel eines schwarzen Körpers gibt die Energiedichte $u(\nu, T)$ im Frequenzbereich zwischen ν und $\nu + d\nu$ wider. Integrieren Sie die Plancksche Strahlungsformel über alle Frequenzen, um die gesamte ausgesendete Strahlungsenergie pro Flächeneinheit und Zeiteinheit zu erhalten. Vergleichen Sie das Ergebnis mit dem Stefan-Boltzmann-Gesetz.

Lösung
Gemäß Gl. (2.114) gilt

$$u(\nu, T)\, d\nu = \frac{8\pi h \nu^3}{c^3} \frac{d\nu}{\exp\left(\frac{h\nu}{k_B T} - 1\right)}.$$

Damit folgt

$$E_\nu = \int\limits_0^\infty u(\nu, T)\, d\nu = \int\limits_0^\infty \frac{8\pi h \nu^3}{c^3} \frac{d\nu}{\exp\left(\frac{h\nu}{k_B T} - 1\right)}.$$

Wir verwenden folgende Substitutionen:

$$x = \frac{h\nu}{k_B T},$$

$$\nu = \frac{x\, k_B T}{h},$$

$$d\nu = \frac{k_B T}{h}\, dx.$$

Einsetzen ergibt

$$E_\nu = \int\limits_0^\infty \frac{8\pi h \nu^3}{c^3} \left(\frac{k_B T}{h}\right) \int\limits_0^\infty \frac{x^3}{\exp(x) - 1}\, dx = \frac{8\pi^5 k_B^4 T^4}{15\, h^3 c^3}.$$

Das Stefan-Boltzmann-Gesetz lautet gemäß Gl. (2.52):

$$P = \frac{c}{4}\, E_\nu, \quad \text{mit } \sigma = 5{,}6704 \cdot 10^{-8}\,\mathrm{W\,m^{-2}\,K^{-4}},$$

d. h.

$$\sigma = \frac{c}{4} \frac{E_\nu}{T^4} = \frac{2\pi^5 k^4}{15\, h^3 c^2} = 5{,}67266 \cdot 10^{-8}\,\mathrm{W\,m^{-2}\,K^{-4}},$$

Aufgabe 2.6.26 Zeigen Sie, dass die Plancksche Strahlungsformel für große Wellenlängen in die Rayleigh–Jeans Formel übergeht. Verwenden Sie dazu die entsprechende Potenzreihenentwicklung von e^{-x}, bzw. e^x für sehr kleine x.

Lösung
Umschreiben der Planckschen Strahlungsformel in Gl. (2.114) auf die Wellenlänge ergibt mit Hilfe von $\nu = c/\lambda$ das Differential $d\nu = -\frac{c}{\lambda^2}\, d\lambda$.

Anmerkung Für den Anfänger verwirrend ist oft die Tatsache, dass sich das Maximum der spektralen Energiedichte u an jeweils anderen Stellen befindet, abhängig davon, ob man die Formulierung von u in Frequenzen ν oder in Wellenlängen λ formuliert. Es sind also die Differentiale oder physikalisch formuliert die *Intervalle*, die den Unterschied ausmachen. Die Eigenschaft der Planck–Funktion, eine spektrale Dichte zu sein bedeutet nämlich gerade, dass sie *nicht* die Leistung bei einer bestimmten Wellenlänge angibt sondern in die Leistung in einem kleinen Intervall bei dieser Wellenlänge (und analog für die Frequenz). Um die Leistung in den ν- und λ-Intervallen vergleichen zu können wählt man zweckmäßigerweise gleich breite, äquidistante Intervalle. Äquidistante Wellenlängenintervalle ergeben auf die Frequenz umgerechnet aber keine äquidistanten Frequenzintervalle, wie wir an dem Differential $d\nu$ sehen können. Die gesamte abgestrahlte Leistung, die im entsprechenden Intervall natürlich in beiden Fällen dieselbe ist, ist aber die spektrale Leistungsdichte multipliziert mit der Intervallbreite. Am Maximum der Kurve über die Wellenlänge ist also nicht nur die Leistung besonders groß, sondern auch die Intervallbreite im Vergleich zur Frequenzauftragung besonders klein. Deswegen ergibt sich dort die maximale spektrale Leistungsdichte. Zur Berechnung der gesamten abgestrahlten Leistung drehen sich beim Einsetzen durch Substitution in das Integral in Gl. (2.52) zunächst durch die Substitution und dann durch das Minuszeichen im Differential jeweils die Integrationsgrenzen um, so dass man insgesamt wieder die ursprünglichen Integrationsgrenzen hat. Für das Differential der spektralen Energiedichte, ausgedrückt in den Wellenlängen, erhalten wir also:

$$dE_\lambda = u(\lambda, T)\, d\lambda = \frac{8\pi hc}{\lambda^5} \frac{d\lambda}{\exp\left(\frac{hc}{\lambda k_B T}\right) - 1}.$$

Die Reihenentwicklung der Exponenzialfunktion für Werte $|x| < 1$ ergibt $\exp(x) \approx 1 + x$ Einsetzen ergibt dann:

$$dE_\lambda = u(\lambda, T)\, d\lambda = \frac{8\pi hc}{\lambda^5} \frac{d\lambda}{1 + \left(\frac{hc}{\lambda k_B T}\right) - 1},$$

oder

$$dE_\lambda = \frac{8\pi hc}{\lambda^4} d\lambda.$$

Dies ist das Gesetz von Rayleigh–Jeans.

Aufgabe 2.6.27 Bestimmen Sie für eine bei 3000 °C betriebene Glühlampe das Verhältnis der Einstein–Koeffizienten A_{ji}/B_{ji}, sowie die spektrale Strahlungsdichte bei $\lambda = 500$ nm.

Hinweis Drücken Sie zunächst die Wellenlänge der Glühlampe als Frequenz aus, dann können Sie die Daten direkt in das Strahlungsgesetz aus Gl. (2.114) bzw. die Formel für die Einstein–Koeffizienten (Gl. 2.165) einsetzen. Beachten Sie die Umrechnung von Grad Celsius in Kelvin!

Lösung
Wir haben das Verhältnis A_{ji}/B_{ji} bei $\lambda = 500$ nm bereits in Bsp. 2.12 berechnet. Der Exponentialfaktor aus dem Planckschen Gesetz (Gl. 2.165) ergibt sich für $\lambda = 500$ nm und $T = 3000$ °C zu

$$\frac{1}{e^{\frac{h\nu}{k_B T}} - 1} = 8{,}42 \cdot 10^{-5}.$$

Mit dem Exponentialfaktor und dem Ergebnis für A_{ji}/B_{ji} aus Bsp. 2.12 erhalten wir

$$u(\nu, 3000\,°C) = A_{ji}/B_{ji} \cdot \frac{1}{e^{\frac{h\nu}{k_B T}} - 1} = 1{,}12 \cdot 10^{-17}\,\text{Jsm}^{-3}.$$

Die induzierte Emission spielt also praktisch keine Rolle.

Bohrsches Atommodell

Aufgabe 2.6.28 Nehmen Sie an, dass sich das Elektron im Wasserstoffatom auf einer stationären Kreisbahn ($\vartheta = \frac{\pi}{2}$, $L_z = const.$) um den einfach positiv geladenen Kern bewegt. Benutzen Sie die Gleichheit von Coulomb–Anziehung F_C und Zentrifugalkraft F_Z zusammen mit der Bohrschen Quantisierungsvorschrift,

$$\int p \, dq = nh \quad n = 1, 2, \ldots$$

um den Radius der ersten Bohrschen Bahn ($n = 1$) zu bestimmen. Welche Umlauffrequenz ergibt sich?

Lösung

$$F_C = \frac{e^2}{4\pi \varepsilon_0 \, r^2},$$

$$F_Z = mr\omega^2 = mr\dot{\varphi}.$$

Die Bohr'sche Quantenbedingung lautet:

$$\int p \, dq = \int mvr \, d\varphi = \int mr^2\dot{\varphi} \, d\varphi = 2\pi mr^2\varphi = nh.$$

Im Gleichgewicht gilt:

$$\frac{e^2}{4\pi \varepsilon_0 r^2} = mr^2\dot{\varphi}^2 = mr \frac{\hbar^2}{m^2 r^4} n^2.$$

$$\Longrightarrow \text{ Bohrsche Radien: } \quad r_n = \frac{\hbar(4\pi \varepsilon)}{me^2} n^2.$$

Radius der ersten Bohrschen Bahn:

$$r_1 = a_B = \frac{4\pi \varepsilon_0 \hbar^2}{me^2} = 0{,}529 \, \text{Å}.$$

$$\dot{\varphi}_n = \omega_n = \frac{\hbar}{mr_n^2} n,$$

$$\omega_n = \frac{me^4}{(4\pi \varepsilon_0)^2 \hbar^3} \frac{1}{n^3}.$$

Für die erste Bohrsche Bahn erhält man:

$$\omega_1 = 4{,}06 \cdot 10^{16}\,\text{s}^{-1}.$$

Aufgabe 2.6.29 Betrachten Sie ein Teilchen welches sich in folgendem eindimensionalen Potenzial bewegt:

$$V(x) = \begin{cases} \infty & \text{für } x \le 0, \\ \frac{\hbar^2}{2m}\left(\frac{a}{2\pi}\right)x & \text{für } x > 0. \end{cases}$$

Hierbei ist a eine positive, reelle Konstante. Ermitteln Sie unter Benutzung der Bohr–Sommerfeldschen Quantisierungsregel aus Gl. (2.168)

$$S = \int p\,\mathrm{d}x = nh, \quad n = 1, 2, \ldots$$

die erlaubten Energien.

Prüfungsfragen

Wenn Sie Kap. 2 aufmerksam durchgearbeitet haben, sollten Sie in der Lage sein, die folgenden Prüfungsfragen zu beantworten.

Zu Abschn. 2.1 und 2.2
Frage 2.7.1 Wie ist die räumliche, spektrale Energiedichte definiert?
Frage 2.7.2 Warum können Atome nach der klassischen Physik nicht existieren?
Frage 2.7.3 Welche typischen Formen von Spektren gibt es bei Atomen?
Frage 2.7.4 Welches Jahr gilt als das „Geburtsjahr" der Quantenmechanik und warum?
Frage 2.7.5 Was versteht man unter Wärmestrahlung und was ist ein Schwarzer Körper?
Frage 2.7.6 Skizzieren Sie typische Isothermen der Wärmestrahlung. Wo liegen die Gültigkeitsbereiche des Wien'schen und des Rayleigh-Jeans'schen Gesetzes?
Frage 2.7.7 Welche Aussage zur Wärmestrahlung steckt im Wien'schen Gesetz?
Frage 2.7.8 Wie hängt die gesamte räumliche Energiedichte des Hohlraums von der Temperatur ab? Wie nennt man diese Gesetzmäßigkeit?
Frage 2.7.9 Wie verschiebt sich die der maximalen spektralen Energiedichte entsprechende Frequenz ν_{max} der Strahlung eines Schwarzen Körpers mit der Temperatur?
Frage 2.7.10 Was besagt das Rayleigh-Jeans-Gesetz, und wie wird es hergeleitet?
Frage 2.7.11 Skizzieren Sie die Herleitung des Stefan-Boltzmann-Gesetzes. Was sagt es aus?
Frage 2.7.12 Was versteht man unter dem Wien'schen Verschiebungsgesetz?
Frage 2.7.13 Skizzieren Sie die Ableitung des Planck'schen Strahlungsgesetzes.

Frage 2.7.14 Worin liegt der Ursprung der Einführung des Planck'schen Wirkungsquantums?

Frage 2.7.15 Diskutieren Sie die Planck'sche Strahlungsformel!

Zu Abschn. 2.3

Frage 2.7.16 Kommentieren Sie die gravierendsten Widersprüche zwischen dem Rutherford'schen Atommodell und den entsprechenden experimentellen Befunden.

Frage 2.7.17 Welche Spektralserien des Wasserstoffatoms sind experimentell beobachtbar?

Frage 2.7.18 Was versteht man unter der Seriengrenze einer Spektralserie?

Frage 2.7.19 Welche Spektralserie des H-Atoms liegt im sichtbaren Spektralbereich?

Frage 2.7.20 Was besagt das Ritz'sche Kombinationsprinzip?

Frage 2.7.21 Erklären sie den photoelektrischen Effekt. Wie ist die Austrittsarbeit W_A definiert, und wovon hängt sie ab?

Frage 2.7.22 Warum tritt der Photoeffekt erst oberhalb einer gewissen Grenzfrequenz ν_g auf?

Frage 2.7.23 Welche experimentellen Fakten verhindern eine klassische Erklärung des Photoeffekts?

Frage 2.7.24 Bedeutet eine Zunahme der Strahlungsintensität eine Erhöhung der kinetischen Energie der Photoelektronen?

Frage 2.7.25 Was versteht man unter dem Compton-Effekt?

Frage 2.7.26 Wie lautet die Formel für die Compton-Wellenlänge des Elektrons? Skizzieren Sie die Herleitung dieser Formel.

Frage 2.7.27 Beschreiben Sie den Franck-Hertz-Versuch.

Frage 2.7.28 Was versteht man unter den Einstein-Koeffizienten, und wo treten sie auf?

Frage 2.7.29 Welche Ruhemasse hat das Photon? Welcher Impuls muss ihm zugeschrieben werden?

Frage 2.7.30 Welche Wellenlängenänderung $\Delta\lambda$ tritt bei der Streuung von Röntgenstrahlung an schwach gebundenen Elektronen auf, und wovon hängt sie ab?

Frage 2.7.31 Wie erklärt sich die unverschobene Linie in der gestreuten Strahlung beim Compton-Effekt?

Frage 2.7.32 Wie lautet der relativistische Energiesatz? Skizzieren Sie seine Herleitung.

Zu Abschn. 2.4

Frage 2.7.33 Wie lauten die Bohr'schen Postulate? Kommentieren Sie diese.

Frage 2.7.34 Was definiert den Grundzustand eines Atoms?

Frage 2.7.35 Wie lautet die Quantisierungsbedingung beim harmonischen Oszillator?

Frage 2.7.36 Wie lautet die Formel für die Energieeigenwerte beim H-Atom?

Frage 2.7.37 Wie groß ist die Ionisierungsenergie beim H-Atom?

Frage 2.7.38 Erläutern Sie das Korrespondenzprinzip.

Frage 2.7.39 Beschreiben Sie den Gültigkeitsbereich des Bohr'schen Atommodells

Frage 2.7.40 Was versteht man unter „Rydberg-Atomen", und wozu dienen sie?

Literatur

Balmer, J.J.: Notiz über die Spectrallinien des Wasserstoffs. Ann. Phys. **261**, 80–87 (1885)

Boltzmann, L.: Über die Beziehung zwischen dem zweiten Hauptsatze der mechanischen Wärmetheorie und der Wahrscheinlichkeitsrechnung respektive den Sätzen über das Wärmegleichgewicht. Sitzungsberichte Kais. Akad. Wiss. Wien **76**, 373–435 (1877)

Boltzmann, L.: XV. Ableitung des Stefan'schen Gesetzes, betreffend die Abhängigkeit der Wärmestrahlung von der Temperatur aus der electromagnetischen Lichttheorie. Ann. Phys. **258**, 291–294 (1884)

Brackett, F.S.: Visible and infra-red radiation of hydrogen. Astrophys. J. **56**, 154–161 (1922)

Compton, A.H.: A quantum theory of the scattering of X-rays by light elements. Phys. Rev. **21**, 483–502 (1923)

Courant, R., Hilbert, D.: Methoden der Mathematischen Physik. Springer, Berlin (1924)

Dirac, P.A.M.: The physical interpretation of the quantum dynamics. Proc. R. Soc. Lond. **113**, 621–641 (1927)

Earnshaw, S.: On the nature of molecular forces which regulate the constitution of the luminiferous ether. Trans. Camb. Philos. Soc. **7**, 97–112 (1842)

Ehrenfest, P., Geiger, H.: Welche Züge der Lichtquantenhypothese spielen in der Theorie der Wärmestrahlung eine wesentliche Rolle? Ann. Phys. **341**, 91–118 (1911)

Einstein, A.: Die Grundlage der allgemeinen Relativitätstheorie. Ann. Phys. **49**, 769–822 (1916)

Einstein, A.: Zur Quantentheorie der Strahlung. Phys. Z. **18**, 121–128 (1917)

Einstein, A.: The Collected Papers of Albert Einstein. Volume 4: The Swiss Years: Writings, 1912–1914, Bd. 87. Princeton University Press, Princeton (1995)

Einstein, A.: Über einen die Erzeugung und Verwandlung des Lichtes betreffenden heuristischen Gesichtspunkt. Ann. Phys. **14**, 164–181 (2005)

Franck, J., Einsporn, E.: Über die Anregungspotentiale des Quecksilberdampfes. Z. Phys. **2**, 18–29 (1920)

Franck, J., Hertz, G.: Über Zusammenstöße zwischen Elektronen und den Molekülen des Quecksilberdampfes und die Ionisierungsspannung desselben. Verh. Dtsch. Phys. Ges. **16**, 457–467 (1914)

Fraunhofer, J.: Bestimmung des Brechungs- und des Farbenzerstreungs-Vermögens verschiedener Glasarten, in Bezug auf die Vervollkommnung achromatischer Fernröhre. Ann. Phys. **56**, 264–313 (1817)

Geiger, H., Marsden, E.: On the diffuse reflection of the α-particles. Proc. R. Soc. Lond. **82**, 495–500 (1909)

Haas, A.E.: Der Zusammenhang des Planckschen elementaren Wirkungsquantums mit den Grundgrössen der Elektronentheorie. Jahrb. Radioakt. Elektron. **7**, 261–268 (1910a)

Haas, A.E.: Über die electrodynamische Bedeutung des Planckschen Strahlungsgesetzes und über eine neue Bestimmung elektrischen Elementarquantums und der Dimension des Wasserstoffatoms. Sitzungsberichte Kais. Akad. Wiss. Wien **119**, 119–144 (1910b)

Haas, A.E.: Über eine neue theoretische Methode zur Bestimmung des elektrischen Elementarquantums und des Halbmessers des Wasserstoffatoms. Phys. Z. **11**, 537–538 (1910c)

Hallwachs, W.: Ueber die Electrisirung von Metallplatten durch Bestrahlung mit electrischem Licht. Ann. Phys. Chem. **270**, 731–734 (1888)

Heisenberg, W.K.: Über quantentheoretische Umdeutung kinematischer und mechanischer Beziehungen. Z. Phys. **33**, 879–893 (1925)

Hermann, A.: Frühgeschichte der Quantentheorie, 1899–1913. Physik, Mosbach bei Baden (1969)

Hertz, H.: Ueber einen Einfluss des ultravioletten Lichtes auf die electrische Entladung. Ann. Phys. **267**, 983–1000 (1887)

Hon, G., Goldstein, B.R.: J. J. Thomson's plum-pudding atomic model: the making of a scientific myth. Ann. Phys. **525**, A129–A133 (2013)

Jackson, J.D.: Classical Electrodynamics, 3rd edn. Wiley, New York (1998)

Jeans, J.H.: XI. On the partition of energy between matter and Æther. Philos. Mag. Ser. 6 **10**, 91–98 (1905)

Lyman, T.: The spectrum of hydrogen in the region of extremely short wave-lengths. Astrophys. J. **23**, 181–210 (1906)

Maxwell, J.C.: A dynamical theory of the electromagnetic field. Philos. Trans. R. Soc. Lond. **13**, 531–536 (1865)

Maxwell, J.C.: A Treatise on Electricity and Magnetism, Bd. 2. Clarendon Press, London (1873)

Millikan, R.A.: On the elementary electrical charge and the Avogadro constant. Phys. Rev. **2**, 109–143 (1913)

Mizuno, K., Ishii, J., et al.: A black body absorber from vertically aligned single-walled carbon nanotubes. Proc. Natl. Acad. Sci. USA **106**, 6044–6047 (2009)

Nagaoka, H.: On a dynamical system illustrating the spectrum lines and the phenomena of radioactivity. Nature **69**, 392–393 (1904)

Newton, I.: The Principia: Mathematical Principles of Natural Philosophy. A New Translation. University of California Press, Berkeley (1999)

Nicholson, J.W.: LXXXIV. A structural theory of the chemical elements. Philos. Mag. Ser. 6 **22**, 864–889 (1911a)

Nicholson, J.W.: The spectrum of nebulium. Mon. Not. R. Astron. Soc. **72**, 49–64 (1911b)

Paschen, F.: Zur Kenntnis ultraroter Linienspektra. I. (Normalwellenlängen bis 27000 Å.-E.). Ann. Phys. **332**, 537–570 (1908)

Perrin, J.B.: Les Hypothèses moléculaires. Rev. Sci. **15**, 449–461 (1901)

Planck, M.: Über eine Verbesserung der Wienschen Spektralgleichung. Techn. Ber., Humbold Universität (1900a)

Planck, M.: Über irreversible Strahlungsvorgänge. Ann. Phys. **306**, 69–122 (1900b)

Planck, M.: Zur Theorie des Gesetzes der Energieverteilung im Normalspectrum. Verh. Dtsch. Phys. Ges. **2**, 237–245 (1900c)

Rayleigh, L.: LIII. Remarks upon the law of complete radiation. Philos. Mag. Ser. 6 **49**, 539–540 (1900)

Ritz, W.: On a new law of series spectra. Astrophys. J. **28**, 237 (1908)

Rutherford, E.: The scattering of α and β particles by matter and the structure of the atom. Philos. Mag. **21**, 669–688 (1911)

Rutherford, E., Royds, T.: XXI. The nature of the α particle from radioactive substances. Philos. Mag. **17**, 281–286 (1908)

Schrödinger, E.: Über das Verhältnis der Heisenberg-Born-Jordanschen Quantenmechanik zu der meinem. Ann. Phys. **384**, 734–756 (1926)

Sommerfeld, A.: Zur Quantentheorie der Spektrallinien. Ann. Phys. **356**, 125–167 (1916a)

Sommerfeld, A.: Zur Quantentheorie der Spektrallinien. Ann. Phys. **356**, 1–94 (1916b)

Stefan, J.: Über die Beziehung zwischen der Wärmestrahlung und der Temperatur. Sitzungsberichte Kais. Akad. Wiss. Wien **79**, 391–428 (1879)

Stoney, G.J.: On the physical units of nature. Philos. Mag. **11**, 381–390 (1881)

Strutt, J.W.: The Theory of Sound, Bd. 1. Cambridge University Press, Cambridge (1877)

Thomson, J.J.: LVIII. On the masses of the ions in gases at low pressures. Philos. Mag. **48**, 547–567 (1899)

Thomson, J.J.: XXIV. On the structure of the atom: an investigation of the stability and periods of oscillation of a number of corpuscles arranged at equal intervals around the circumference of a circle; with application of the results to the theory of atomic structure. Philos. Mag. **7**, 237–265 (1904)

Thomson, J.J.: LXX. On the number of corpuscles in an atom. Philos. Mag. Ser. 6 **11**, 769–781 (1906)

Thomson, J.J., Thomson, J.J.: LXXXIV. The magnetic properties of systems of corpuscles describing circular orbits. Philos. Mag. **6**, 673–693 (1903)

Thomson, J.J., Thomson, J.J., et al.: XL. Cathode rays. Philos. Mag. **44**, 293–316 (1897)

Wien, W.: Temperatur und Entropie der Strahlung. Ann. Phys. **288**, 132–165 (1894)

Wien, W.: Ueber die Energievertheilung im Emissionsspectrum eines schwarzen Körpers. Ann. Phys. Chem. **294**, 662–669 (1896)

Wollaston, W.H.: A method of examining refractive and dispersive powers, by prismatic reflection. Philos. Trans. R. Soc. Lond. **92**, 365–380 (1802)

Young, T.: The Bakerian lecture: on the theory of light and colours. Philos. Trans. R. Soc. Lond. **92**, 12–48 (1802)

Zeeman, P.: On the influence of magnetism on the nature of the light emitted by a substance. Philos. Mag. **43**, 226–342 (1897)

Weiterführende Literatur

Eckert, M.: Die Geburt der modernen Quantentheorie. Phys. Unserer Zeit **4**, 168–173 (2013)

Enders, P.: Von der klassischen Physik zur Quantenphysik. Eine historisch-kritische deduktive Ableitung mit Anwendungsbeispielen aus der Festkörperphysik. Springer, Berlin (2006)

Heisenberg, W.: 50 Jahre Quantentheorie. Naturwissenschaften **38**, 49–55 (1951)

Hund, F.: Geschichte der Quantentheorie. BI Hochschultaschenbuch, Bibl. Inst., Mannheim (1967)

Hund, F.: Hätte die Geschichte der Quantentheorie auch anders ablaufen können? Phys. J. **31**, 29–35 (2013)

Kragh, H.: Niels Bohr and the Quantum Qtom: The Bohr Model of Atomic Structure 1913–1925. The Bohr Model of Atomic Structure 1913–1925. Oxford University Press, Oxford (2012)

Mehra, J., Rechenberg, H.: The Historical Development of Quantum Theory, Bd. 1 von *The Quantum Theory of Planck, Einstein, Bohr and Sommerfeld: Its Foundation and the Rise of its Difficulties 1900–1925*. Springer, New York (1982a)

Mehra, J., Rechenberg, H.: The Historical Development of Quantum Theory, Bd. 2 von *The Discovery of Quantum Mechanics*. Springer, New York (1982b)

Mehra, J., Rechenberg, H.: The Historical Development of Quantum Theory, Bd. 3 von *The Formulation of Matrix Mechanics and its Modifications 1925/1926*. Springer, New York (1982c)

Mehra, J., Rechenberg, H.: The Historical Development of Quantum Theory, Bd. 4 von *The Fundamental Equations of Quantum Mechanics, 1925–1926 (Part 1), The Reception of the New Quantum Mechanics (Part 2)*. Springer, New York (1982d)

Mehra, J., Rechenberg, H.: The Historical Development of Quantum Theory, Bd. 6 von *The Completion of Quantum Mechanics 1926-1941*. Springer, New York (1982e)

Mehra, J., Rechenberg, H.: The Historical Development of Quantum Theory 1–6, Bd. 5 von *Erwin Schrödinger and the Rise of Wave Mechanics (Part 2)*. Springer, New York (1982f)

Mittelstaedt, P.: 100 Jahre Quantenphysik: Universell und inkonsistent? Phys. J. **56**, 65–68 (2013)

Pais, A.: Niels Bohr's Times. In Physics, Philosophy, and Polity. Clarendon Press, Oxford (1993)

Rechenberg, H.: Werner Heisenberg – Die Sprache der Atome. Springer, Berlin (2009)

Schrödinger, E.: 2400 Jahre Quantentheorie. Ann. Phys. **438**, 43–48 (1948)

Materiewellen und die Schrödinger-Gleichung

3

Inhaltsverzeichnis

In diesem Kapitel beschäftigen wir uns mit der experimentellen Tatsache, dass der sich für elektromagnetische Strahlung (z. B. Licht) aufdrängende *Welle-Teilchen-Dualismus* auch für Materie zutrifft. Es gibt experimentelle Situationen, wo es sogar sinnvoll ist, von *Materiewellen* zu sprechen. Die Hypothese, dass feste Materie analog zur Strahlung auch Welleneffekte wie Interferenz und Beugung zeigen sollte, wurde erstmals von dem Franzosen Louis de Broglie in seiner Doktorarbeit „Recherches sur la théorie des quanta" aufgestellt, die er im November 1923 an der Universität Paris einreichte (de Broglie 1924). Das Komitee, das über die eingereichte Arbeit zu entscheiden hatte, bestand aus den Mathematikern Langevin und Cartan, dem Physiker Perrin und dem Mineralogen Mauguin. Sie lobten die außergewöhnliche Originalität von de Broglies Hypothesen in seiner Arbeit, waren aber doch skeptisch bezüglich

Ergänzende Information Die elektronische Version dieses Kapitels enthält Zusatzmaterial, auf das über folgenden Link zugegriffen werden kann
https://doi.org/10.1007/978-3-662-62610-8_3.

der physikalischen Realität von Elektronen- und Materiewellen. Als de Broglie nach experimentellen Beweisen gefragt wurde, schlug er vor, Beugungsexperimente von Elektronenstrahlen an Kristallgittern durchzuführen. Man erkannte damals nicht, dass der experimentelle Beweis für Beugungseffekte bei Elektronen bereits einige Jahre zuvor in Experimenten von Davisson und Kunsmann entdeckt worden waren (Davisson und Kunsman 1921). Diese Experimente waren jedoch als reine Streuphänomene interpretiert worden. Der Physiker Walter Elsasser (ein Student Borns) und der Experimentalphysiker James Franck in Göttingen erkannten die Ähnlichkeit der erhaltenen „Streumuster" der Elektronen mit den damals wohlbekannten Beugungsmustern von Röntgenstrahlen an Kristallgittern; publiziert wurde dies aber erst im Jahr 1925 (Elsasser 1925). Davisson war nicht davon überzeugt, setzte aber seine Experimente über Elektronenstreuungen an Kristallgittern fort. Dies führte dann 1927 zur entscheidenden Entdeckung, die im ersten Abschnitt seiner gemeinsam mit seinem Assistenten Germer publizierten Arbeit wie folgt beschrieben wurde:

> „The investigation reported in this paper was begun as the result of an accident which occurred in this laboratory in April 1925. At that time we were continuing an investigation, first reported in 1921, of the distribution-in-angle of electrons scattered by a target of ordinary (polycrystalline) nickel. During the course of this work a liquid-air bottle exploded at a time when the target was at a high temperature; the experimental tube was broken, and the target heavily oxidized by the inrushing air. The oxide was eventually reduced and a layer of the target removed by vaporization, but only after prolonged heating at various high temperatures in hydrogen and in vacuum. When the experiments were continued it was found that the distribution-in-angle of the scattered electrons had been completely changed."

> (Davisson und Germer 1927).

Was war passiert? Die Original-Nickelprobe, die aus vielen separaten Kristallen bestand, wurde durch den Unfall zu einem einzigen Nickelkristall mit stark verbesserten Beugungseigenschaften verschmolzen. Dadurch ergab sich ein wesentlich verstärktes Beugungsmaximum bei einem Winkel von 50°. Die Gitterkonstante des Ni-Kristalls betrug 2,15 Å, und mit der Bragg-Gleichung für die Beugung von Wellen an Kristallgittern ergab sich damit eine Wellenlänge der Elektronen von 1,65 Å, in hervorragender Übereinstimmung mit der von de Broglie postulierten Wellenlänge $\lambda = h/(mv)$ von Elektronen bei 54 V Beschleunigungsspannung (siehe Gl. 3.9 und Abb. 3.1). Da für freie Teilchen die Beziehung $E = \vec{p}^2/(2m)$ gilt, ergibt sich für die Wellenlänge von Elektronen

$$\lambda = \frac{2\pi}{k} = \frac{\hbar 2\pi}{p} = \frac{h}{\sqrt{2mE}} = \frac{h}{2meV} = \sqrt{\frac{150}{V[\text{Volt}]}}[\mathring{A} = 10^{-10}\,\text{m}]. \qquad (3.1)$$

Die Methode der Wahl zur mathematischen Beschreibung von Materiewellen besteht in der Überlagerung periodischer Funktionen in Form von Fourier-Integralen, um auf diese Weise lokalisierte Pakete von Materiewellen zu erhalten. Die Grundgleichung, der diese Materiewellen genügen, ist eine der berühmtesten Gleichungen in den Naturwissenschaften und vermutlich die bis heute in wissenschaftlichen

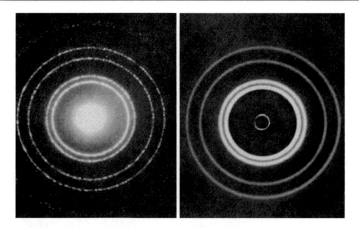

Abb. 3.1 Beugungsringe von Elektronen (links) und Röntgenstrahlen (rechts) beim Durchgang durch eine dünne Aluminiumfolie. Die Ähnlichkeit der Beugungsbilder ist offensichtlich. (Abbildung abgedruckt mit frdl. Genehmigung aus (Finkelnburg 1967))

Arbeiten am häufigsten zitierte fundamentale Gleichung überhaupt: *Die Schrödinger-Gleichung*. Diese wurde von Erwin Schrödinger gegen Ende des Jahres 1925 aufgestellt und 1926 veröffentlicht. Die Schrödinger-Gleichung liefert eine systematische mathematische Methode zur Lösung praktisch aller nicht-relativistischen Probleme in der Quantenmechanik (d. h. für Geschwindigkeiten $v \ll c$), und wir werden diese Gleichung und ihre Lösungseigenschaften in diesem Kapitel sehr gründlich kennenlernen. Dazu werden wir einige typische Modellsysteme der Quantenmechanik betrachten, bei denen Teilchen in gebundenen Zuständen existieren (sogen. Potenzialtöpfe) oder an Potenzialbarrieren gestreut werden (sogen. Streuprobleme).

3.1 Schrödingers Wellenmechanik

Am 23. November 1925 gab Erwin Schrödinger in Zürich ein theoretisches Seminar über Louis de Broglies Dissertation (de Broglie 1924), in dem der vorsitzende Physiker Peter Debye beiläufig die Bemerkung machte, dass er (Debye) als Student bei Sommerfeld gelernt habe, dass man eine Wellengleichung benötige, um Wellen richtig zu behandeln. Dies veranlasste Schrödinger, nach einer solchen Wellengleichung zu suchen. Er fand diese Gleichung noch im Jahr 1925 und gab einige Wochen später ein weiteres Seminar, das er mit den Worten begann: „Mein Kollege Debye schlug vor, dass man eine Wellengleichung haben sollte; nun, ich habe eine gefunden". Diese Worte (meine eigene Übersetzung aus dem englischen Original) wurden von Felix Bloch – dem ersten Doktoranden Heisenbergs und als Student ein Teilnehmer dieser beiden Seminare in Zürich – in einem Artikel von „Physics Today" im Jahr 1976 veröffentlicht (Bloch 1976).

Erwin Schrödinger publizierte seine Wellengleichung 1926 in einer Serie von sechs sehr bemerkenswerten Artikeln (Schrödinger 1926b, c, d, e, f, g), vier davon mit dem Titel „Quantisierung als Eigenwertproblem". Mit diesen Publikationen begründete Schrödinger praktisch im Alleingang die sogenannte Wellenmechanik, welche seitdem in unveränderter(!) Form *die* Methode der Wahl zur Lösung (nichtrelativistischer) quantenmechanischer Probleme darstellt.

Die Erarbeitung der Schrödinger-Gleichung beruhte letztlich auf dem Ergebnis langer Arbeit, bei der Schrödinger auf den mathematischen Strukturen der klassischen Physik aufbaute. Insbesondere führte ihn die Hamilton'sche Analogie zwischen Optik und klassischer Mechanik (Hamilton 1834, 1835), basierend auf einem Variationsprinzip, die sich mit Hilfe des *Hamilton-Jakobi-Formalismus* darstellen lässt, zu seiner berühmten Wellengleichung (siehe Abb. 3.2).

Eigentlich aber galt Schrödingers Hauptinteresse in den Jahren 1924 und 1925 der Quantenstatistik des idealen Gases. Einstein hatte 1924 dazu eine Arbeit zur sogen. *Bose-Einstein-Statistik* veröffentlicht, in der eine neue Statistik für Mikroteilchen eingeführt wurde, die von der bekannten Maxwell-Boltzmann-Statistik abweicht (Einstein 1924). In dieser Statistik werden die Atome bzw. die Materieteilchen als ununterscheidbar angesehen. Somit repräsentieren alle Quantenzustände, bei denen lediglich Teilchen miteinander beliebig vertauscht werden, ein und denselben Zustand, und dieser trägt nur *einmal* zur Statistik bei. In der zweiten Arbeit Einsteins zu dieser neuartigen Statistik (Einstein 1925) erwähnte er de Broglies Arbeit als „sehr beachtenswert" und äußerte die Vermutung, dass man mit den De-Broglie'schen Vorstellungen von Materiewellen evtl. eine anschauliche Vorstellung dieser Statistik entwickeln könne. Schrödinger wollte jedoch die altbekannte Boltzmann-Statistik für Quantenteilchen nicht aufgeben, und es gelang ihm tatsächlich eine Re-Interpretation der Bose-Einstein-Statistik als „natürliche" Boltzmann-Statistik von stehenden Wellen, die in einem endlichen Kasten eingeschlossen sind (Schrödinger 1926a). Auf der ersten Seite seiner Arbeit schrieb Schrödinger dazu (man beachte die bemerkenswerte Prosa, die leider heute vollständig aus der Wissenschaftsliteratur verschwunden ist):

> „Das heißt nichts anderes als Ernst machen mit der De-Broglie-Einstein'schen Undulationstheorie der bewegten Korpuskel, nach welcher dieselbe nichts weiter als eine Art „Schaumkamm" auf einer den Weltgrund bildenden Wellenstrahlung ist."

> (Schrödinger 1926a).

Weil die Bose-Einstein-Statistik für die Atome eines idealen Gases hergeleitet wurde, war dies für Schrödinger ein schlagendes Argument für die Korrektheit des Wellenbildes der Materie. Er gab gewissermaßen die Ontologie des Teilchens zugunsten einer Ontologie des Wellenbildes auf. In Schrödingers Vorstellung beschreibt seine Gleichung die Elektronen der Materie als *stehende Wellen* im Atom, was mathematisch auf ein Eigenwertproblem hinausläuft.

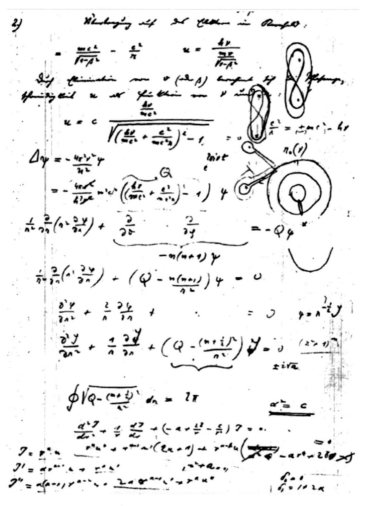

Abb. 3.2 Schrödingers erste Wasserstoffwellengleichung (Nov.–Dez. 1925) aus seinem Züricher Notizbuch. Schrödinger hatte tatsächlich zuerst eine relativistisch korrekte Wellengleichung für Spin-0 Teilchen abgeleitet (heute *Klein-Gordon-Gleichung* genannt, weil diese Wellengleichung kurz nach Schrödinger unabhängig voneinander von Gordon, Klein und anderen gefunden und auch veröffentlicht wurde), allerdings ohne Berücksichtigung des (damals noch unbekannten) Spins des Elektrons. Deshalb erhielt er ein falsches Ergebnis für die Energieeigenwerte des H-Atoms. Sein Wasserstoffspektrum stimmte nicht mit der Feinstruktur der Bohr-Sommerfeld-Theorie überein. Deshalb verwarf er diese Wellengleichung wieder und entwickelte eine nicht-relativistische Wellengleichung, deren Lösung für ein Zentralpotenzial als Eigenwertproblem die korrekten Energiewerte des H-Atoms lieferte. (Abdruck mit frdl. Genehmigung, © Zentralbibliothek für Physik, Univ. Wien)

3.1.1 Wellen- und Teilchencharakter von Licht und Materie

Nachdem wir in Abschn. 1.10 mit der Interferenz und der Beugung beim Licht Phänomene diskutiert haben, die sich eindeutig und widerspruchsfrei nur im *Wellenbild* erklären lassen, erfordern z. B. der Photoeffekt (Abschn. 2.3.3) und der Compton-Effekt (Abschn. 2.3.5) zu ihrer Deutung die *Teilchennatur* der elektromagnetischen Strahlung. Wir müssen es offenbar als experimentelle Tatsache akzeptieren, dass uns das Licht – je nach der Art der Durchführung des Experiments – entweder als Ansammlung von punktförmigen Teilchen oder als elektromagnetisches Wellenfeld erscheint.

Ein klassisches Experiment ist die Beugung von Elektronen am Young'schen Doppelspalt (siehe Abb. 3.3). Die von einer Quelle ausgesandten Elektronen passieren einen Doppelspalt und werden auf einer photographischen Platte registriert. Es zeigt sich dann auf dem Schirm das in Abb. 3.3 schematisch skizzierte Interferenzmuster mit verschiedenen Streifen konstruktiver Interferenz und dunklen Bereichen destruktiver Interferenz, wo praktisch keine Elektronen auftreffen. Die Interferenz kommt aber nicht, wie man vielleicht erwarten könnte, durch die Wechselwirkung vieler gleichzeitig einfallender Elektronen zustande, sondern man erhält das gleiche Interferenzmuster auch bei minimaler Intensität der Elektronenquelle. Bei einer langsamen Folge von einzelnen, nacheinander ausgesendeten Teilchen erscheint das

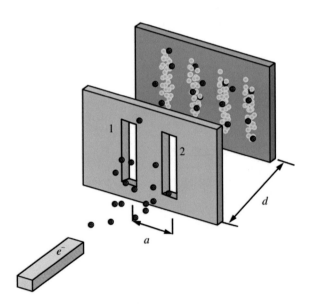

Abb. 3.3 Doppelspaltexperiment mit Elektronen. Die Teilchen werden auf einen Doppelspalt geschossen und dahinter von einem ortsauflösenden Teilchendetektor oder auf einem entsprechenden Schirm registriert. Seltsamerweise bildet sich im Laufe der Zeit das abgebildete Interferenzmuster mit konstruktiver und destruktiver Interferenz aus. Wenn man aber davon ausgeht, dass Elektronen einzelne Teilchen sind (die nicht miteinander interferieren können), ist nicht zu verstehen, wie es zu der Ausbildung der charakteristischen Interferenzstreifen kommen kann

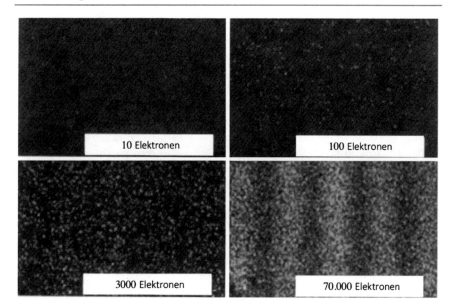

Abb. 3.4 Zeitliche Ausbildung eines Elektronenbeugungsbildes am Doppelspalt. Die Elektronendichte im Strahl ist so gering, dass einzelne Elektronen zeitlich nacheinander auf dem örtlich auflösenden Detektorschirm als Pixel detektiert werden. Die Beugungsbilder wurden nach Detektion verschiedener Elektronenanzahlen aufgenommen. Abdruck mit frdl. Genehmigung des Central Research Laboratory, Hitachi, Ltd., Japan. Die Originalpublikation ist (Tonomura et al. 1989)

Interferenzbild nach und nach. Nach dem Detektieren von immer mehr Teilchen entsteht wieder das bekannte Muster. Dies wurde von Physikern der Firma Hitachi mit modernen ortsauflösenden Halbleiterdetektoren demonstriert, die das Auftreten einzelner Elektronen registrieren können (Tonomura et al. 1989). Das Ergebnis der Experimente in Abb. 3.4 zeigt ganz klar das unerwartete und anschaulich nicht zu verstehende Verhalten der Elektronen bei ihrer Propagation im Raum und bei der Beugung am Doppelspalt.

Obwohl jedes einzelne Elektron zu einem anderen Zeitpunkt den Detektorschirm erreicht, entsteht das bekannte Interferenzmuster auf dem Detektor. Dies zwingt zu dem logischen Schluss, dass die Interferenz nicht durch eine Wechselwirkung von verschiedenen Teilchen untereinander verursacht werden kann. Versucht man nun jedoch mit irgendeiner noch so raffinierten zusätzlichen Messung bzw. Beobachtung, die Information zu gewinnen, durch welchen Spalt die jeweiligen Elektronen gegangen sind, dann verschwindet das Interferenzmuster. Das durch den Messprozess verursachte Verschwinden der Interferenz wird nach der orthodoxen Kopenhagener Deutung der Quantenmechanik durch den sogen. Kollaps der Wellenfunktion „erklärt", wobei aber zu kritisieren ist, dass der Mechanismus und die Dynamik dieses „Kollapses" völlig im Dunkeln bleiben. Bei Interferenz folgt das Teilchen allen möglichen Wegen zwischen Quelle und Schirm gleichzeitig und bewegt sich nicht entlang eines bestimmten Weges. Es befindet sich in einer *Superposition* aller Möglichkeiten. Die Messung der Wege führt dann dazu, dass nur noch der *gemessene* Weg tatsächlich „durchlaufen" wird und die Interferenz deshalb verschwindet. Das heißt, der konkrete Weg eines Elektrons und die Realisierung des Elektrons in der Beobachtung als ein „Teilchen" *entstehen erst durch die Messung.*

Das erste Doppelspaltexperiment mit Elektronen wurde im Labor von Claus Jönsson im Jahre 1960 in Tübingen durchgeführt. In einer Umfrage der englischen physikalischen Gesellschaft „Physics World" nach dem *schönsten Experiment aller Zeiten* kam der Versuch von Jönsson auf den ersten Platz. Abb. 3.3 zeigt den schematischen Aufbau eines idealisierten Doppelspaltexperiments, bei dem Elektronen (oder auch Neutronen, Atome oder sogar Fulleren-Moleküle) auf eine Blende mit Doppelspalt fallen. Eine Photoplatte in der Schirmebene hinter dem Doppelspalt gibt dabei Informationen über das von den auftreffenden Elektronen erzeugte Bild. Ähnlich wie beim Young'schen Experiment zeigt sich das bekannte Interferenzmuster, in Einklang mit dem Welle-Teilchen-Dualismus der Quantenmechanik: Das Interferenzmuster verschwindet, wenn wir nachsehen, durch welchen Spalt die Elektronen gegangen sind. Die Wellennatur sowohl von Licht als von Materie ist damit experimentell eindeutig belegt.

3.1.2 De-Broglie-Materiewellen

Bei einer ebenen Lichtwelle mit der Frequenz $\omega = 2\pi\nu$ und dem Wellenzahlvektor $\vec{k}$ ist nach der Maxwell'schen Theorie die elektrische Feldstärke gegeben durch

$$\vec{E}(\vec{x}, t) = \left(\vec{E}_0 e^{i(\vec{k}\vec{x} - \omega t)} + k.k.\right)\vec{n} = \left(\vec{E}_0\, e^{i\left(\vec{k}\vec{x} - \omega t\right)} + \vec{E}_0^*\, e^{-i\left(\vec{k}\vec{x} - \omega t\right)}\right), \quad (3.2)$$

wobei $\vec{E}_0$ ein Amplitudenfaktor ist, $k.k$ für „konjugiert komplex" steht und $\vec{n}$ die Polarisationsrichtung des $\vec{E}$-Feldes angibt, welche senkrecht zu der Ausbreitungsrichtung $\vec{k}$ der Welle orientiert ist, siehe Abb. 3.5. Mit dem Einheitsvektor $\vec{e} = \vec{k}/k$ in Ausbreitungsrichtung gilt also $\vec{n}\vec{e} = 0$. Nach der Einstein'schen Lichtquantenhypothese (Abschn. 2.3.3) verhält sich eine solche Welle bei Wechselwirkung mit Materie so, als ob sie aus Teilchen (Lichtquanten) mit der Energie $E = \hbar\omega$ und dem Impuls $\vec{p} = (\hbar\omega/c)\vec{e}$ bestünde. Wegen

$$\frac{\omega}{c} = \frac{2\pi\nu}{c} = \frac{2\pi}{\lambda} = k \qquad (3.3)$$

gelten die folgenden grundlegenden Gleichungen:

$$\boxed{E = h\nu = \hbar\omega,} \qquad (3.4)$$

$$\boxed{p = \frac{h\nu}{c} = \frac{h}{\lambda} = \hbar k.} \qquad (3.5)$$

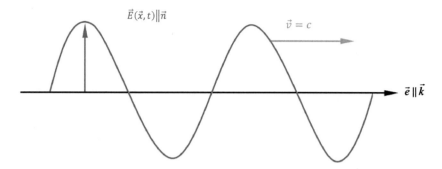

Abb. 3.5 Ausbreitungsrichtung $\vec{e}$ und Polarisationsrichtung $\vec{n}$ des elektrischen Feldes gemäß Gl. (3.2). Die Vektoren $\vec{e}$ und $\vec{n}$ sind auf eins normierte Einheitsvektoren

Damit lautet die obige Beziehung:

$$\vec{E}(\vec{x}, t) = \left(\vec{E}_0 \, e^{\frac{i}{\hbar}(\vec{p}\vec{x} - Et)} + \vec{E}_0^* \, e^{-\frac{i}{\hbar}(\vec{k}\vec{p} - Et)} \right). \tag{3.6}$$

Es treten also gerade die sogen. korrespondierenden Größen (Ort und Impuls bzw. Energie und Zeit) aus der Heisenberg'schen Unschärferelation, siehe Abschn. 3.2.4 auf. Wenn man sich der Einfachheit halber zunächst auf eine Dimension beschränkt, kann man sich durch einfaches Nachrechnen davon überzeugen, dass die Intensität $I = |f(x, t)|^2$ einer eindimensionalen Welle proportional ist zu

$$AA^* = ff^*, \tag{3.7}$$

wobei $f(x, t) = A e^{i(px - Et)/\hbar}$ ist. Das bedeutet also, dass die Intensität, unabhängig vom Ort, im ganzen Raum konstant ist.

De Broglie hat nun gewissermaßen die Umkehrung der Lichtquantenhypothese auf die Elektronen angewendet. Wenn man nämlich dem Wellenvorgang Licht Teilcheneigenschaften wie Impuls $\vec{p}$ und Energie E zuordnen kann, so müsste man auch den Elektronen Welleneigenschaften zuordnen können; d. h. analog zu $f(x, t) = A e^{i(px - Et)/\hbar}$ ordnet man den Elektronen mit dem Impuls p und der Energie E eine Welle

$$\boxed{\psi(\vec{x}, t) = A e^{i(\vec{p}\vec{x} - Et)/\hbar}} \tag{3.8}$$

mit dem Wellenzahlvektor $\vec{k} = p/\hbar$ und der Frequenz $\omega = E/\hbar$ zu. Wir haben in der Einleitung zu diesem Kapitel schon beschrieben, dass diese Hypothese durch Elektronenbeugung an Kristallflächen von Davisson und Germer experimentell zweifelsfrei bestätigt wurde (Davisson und Germer 1927). Da für freie Teilchen $E = \vec{p}^2/(2m)$ gilt, ergibt sich, mit der Einheit V für das Potenzial V, für die Wellenlänge von

Elektronen in der Einheit $\text{Å} = 10^{-10}$ m

$$\lambda = \frac{2\pi}{k} = \frac{\hbar 2\pi}{p} = \frac{h}{\sqrt{2mE}} = \frac{h}{\sqrt{2meV}} \approx \sqrt{\frac{150}{V}}\,\text{Å}.$$ (3.9)

Wenn also Elektronen eine Beschleunigungsspannung von 150 V durchlaufen, erhalten sie eine Wellenlänge von 1 Å. Diese Abhängigkeit der Wellenlänge von der durchlaufenen Spannung wird experimentell bestätigt. Für einen Wassertropfen mit dem Durchmesser 0,1 mm und der Geschwindigkeit $10\,\text{cm s}^{-1}$ erhält man aus Gl. (3.9) die Wellenlänge $\lambda = 1,6 \cdot 10^{-24}$ m. Bei einer Energie, wie sie gerade der Ionisierungsenergie des H-Atoms entspricht, erhält man für λ den Wert $2\pi a_B$, d. h. den Umfang der ersten Bohr'schen Bahn des Elektrons im H-Atoms.

Der Ansatz in Gl. (3.8) beschreibt eine *ebene Welle*. Eine solche Welle ist im Raum *unendlich ausgedehnt*. Deshalb ist die Intensität $\psi^*\psi$ bei diesem Ansatz eine Konstante (diejenige aus Gl. 3.7), wie man durch direktes Ausrechnen leicht einsieht.

Beispiel 3.1 (De-Broglie-Wellenlänge eines Elektrons und eines Balls)
Berechnen Sie die De-Broglie-Wellenlänge von

a) einem Elektron, das eine kinetische Energie von 200 eV hat,
b) einem 300 g schweren Ball, der mit einer Geschwindigkeit von $1\,\text{m s}^{-1}$ fliegt.

Lösung Es gilt allgemein

$$p = mv, \quad E_{\text{kin}} = \frac{mv^2}{2} = \frac{p^2}{2m}, \quad \lambda = \frac{h}{p}.$$

a)

$$p = 7,64 \cdot 10^{-24}\,\frac{\text{N}}{\text{m}^2},$$

$$\lambda = 8,67 \cdot 10^{-11}\,\text{m} = 86,7\,\text{pm}.$$

b)

$$p = 0,3\,\frac{\text{N}}{\text{m}^2},$$

$$\lambda = 2,21 \cdot 10^{-33}\,\text{m}.$$

Zum Vergleich: Die theoretisch kleinste Länge, in die sich der Raum nach heutiger Auffassung einteilen lässt, ist die Planck-Länge. Sie liegt bei 10^{-35} m. Die absolut größten Messgenauigkeiten bei Längen erreicht man derzeit in Gravitationswellendetektoren: Mittels optischer Interferometrie lassen sich relative Längenänderungen von bis zu ca. 10^{-19} m herab, also zum 1/10 000 des Durchmessers eines Protons, nachweisen. Dies ist immer noch 14 Größenordnungen oberhalb der typischen Wellenlänge von makroskopischen Objekten! ∎

3.2 Wellenpakete und Wellenfunktion

Um die Intensität einer Welle ortsabhängig werden zu lassen, muss man Wellen mit verschiedenem Impuls p überlagern. Man spricht dann von einem Wellenpaket. Bei einem Wellenpaket ist also die Amplitude einer Welle nur in einem bestimmten Raumbereich lokalisiert, siehe Abb. 3.6. Beschränken wir uns der Einfachheit halber auf eine Dimension, so ist eine solche Überlagerung von Wellen im allgemeinsten Fall gegeben durch ein Fourier-Integral (siehe Exkurs 3.1) mit den Entwicklungskoeffizienten $g(p)$:

$$\psi(x,t) = \frac{1}{\sqrt{2\pi\hbar}} \int\limits_{-\infty}^{\infty} g(p)e^{i(px-E(p)t)/\hbar}\, dp. \tag{3.10}$$

Der Normierungsfaktor $1/\sqrt{2\pi\hbar}$ wird hier gleich noch eingeführt. Er kommt zustande durch die Normierung der Wellenfunktion auf 1. Für ein freies Teilchen

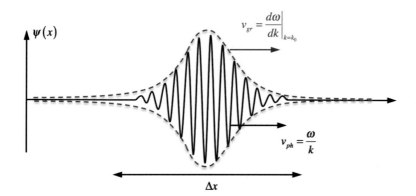

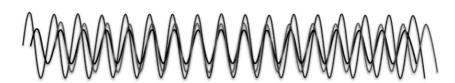

Abb. 3.6 Oben: Ein Wellenpaket, dargestellt als Fourier-Integral ebener Wellen. Ein Wellenpaket (durchgezogene Linie) hat eine Einhüllende (gestrichelt), deren Breite Δx die Ortsunschärfe charakterisiert. Das Wellenpaket kann man in Impuls-Eigenzustände zerlegen. Diese sind räumlich unendlich ausgedehnte, ebene Wellen mit präzise definiertem Impuls, also reine Sinusschwingungen mit scharfer Frequenz. Unten: einige für das gezeigte Paket notwendige Impuls-Eigenzustände mit entsprechenden Amplituden. Die Einhüllende klingt trotz der unendlich ausgedehnten ebenen Wellen ab, weil sich Letztere in größerer Entfernung von der Mitte des Pakets gegenseitig auslöschen. Je schmaler das Wellenpaket ist, d.h. je kleiner Δx ist, desto breiter ist die Verteilung der Impulseigenzustände, die man überlagern muss, d.h. umso größer ist Δp. Die eingezeichneten Gruppen- und Phasengeschwindigkeiten v_{gr} bzw. v_{ph} werden in Abschn. 3.2.1 genauer erläutert

Abb. 3.7 Die
$g(p)$-Verteilung eines
Wellenpakets

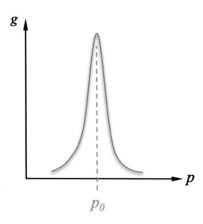

muss natürlich $E(p) = p^2/(2m)$ gelten. Der Gewichtsfaktor $g(p)$ gibt an, wie stark die Wellen mit dem Impuls p vertreten sind. Um dieses Wellenpaket zu untersuchen, beschränken wir uns auf den Fall, dass $g(p)$ nur in der Nähe von p_0 von null verschieden ist und die Impulse der überlagerten Wellen ungefähr gleich p_0 sind, siehe Abb. 3.7. Das Ergebnis der Überlagerung ist ein Wellenpaket, dessen Amplitude nur in einem begrenzten Gebiet von null verschieden ist, und die sich in diesem Gebiet wie $(\sin p)/p$ ändert. Im Exponenten können wir dann $E(p)$ um p_0 bis zum ersten Term entwickeln:

$$E(p) = E(p_0) + \frac{\mathrm{d}E}{\mathrm{d}p}\bigg|_{p_0} \Delta p, \tag{3.11}$$

wobei $p = p_0 + \Delta p$ ist. Wir erhalten:

$$\psi(x,t) = \frac{1}{2\pi\hbar}\exp\left[\frac{\mathrm{i}}{\hbar}(p_0 x - E(p_0)t)\right] A(x,t), \tag{3.12}$$

mit

$$A(x,t) = \int\limits_{-\infty}^{\infty} g(p_0 + \Delta p)\exp\left[\frac{\mathrm{i}}{\hbar}\left(x - \frac{\mathrm{d}E}{\mathrm{d}p}\bigg|_{p_0} t\right)\Delta p\right] \mathrm{d}\Delta p = f\left(x - \frac{\mathrm{d}E}{\mathrm{d}p}\bigg|_{p_0} t\right). \tag{3.13}$$

Der Vorfaktor vor $A(x,t)$ in Gl. (3.12) ist eine Konstante (da p_0 konstant ist) und ist daher vor das Integral gezogen. Beachten Sie, dass im Integral in Gl. (3.13) Δp die Integrationsvariable ist. Die beiden Gl. (3.12) und (3.13) beschreiben eine ebene Welle, multipliziert mit einem Amplitudenfaktor. Dieser Amplitudenfaktor hängt nur durch die Kombination $(x - v_{\mathrm{gr}} \cdot t)$ von x und t ab. Er bewegt sich also, ohne die Form zu ändern, mit der Gruppengeschwindigkeit (für ein freies Teilchen ist $E = p^2/(2m)$)

$$v_{\text{gr}} = \left.\frac{\mathrm{d}E}{\mathrm{d}p}\right|_{p_0} = \frac{p_0}{m} = v_0 \qquad (3.14)$$

durch den Raum. Hier ist v_0 der Mittelwert der Impulsverteilung und offenbar gleich der klassischen Teilchengeschwindigkeit. Insbesondere bewegt sich also die Intensität der Welle

$$|\psi(x,t)|^2 = \frac{1}{2\pi\hbar}\left|f(x - v_{\text{gr}}) \cdot t\right|^2 \qquad (3.15)$$

mit der klassischen Teilchengeschwindigkeit durch den Raum. Dies ist sicher vernünftig, falls man $|\psi|^2$ als Teilchendichte deutet. Die Phasengeschwindigkeit hat dann wegen

$$v_{\text{ph}} = \frac{E(p_0)}{p_0} = \frac{p_0}{2m} = \frac{1}{2}v_0 \qquad (3.16)$$

keine physikalisch vernünftige Bedeutung. Die Entwicklung $E(p) = E(p_0) + \left.\frac{\mathrm{d}E}{\mathrm{d}p}\right|_{p_0}\Delta p$ ist für ein freies Teilchen nur näherungsweise richtig. Für ein freies Teilchen gilt exakt (mit $p = p_0 + \Delta p$):

$$E(p) = \frac{p^2}{2m} = \frac{p_0{}^2}{2m} + \frac{p_0}{m}\Delta p + \frac{(\Delta p)^2}{2m}, \qquad (3.17)$$

und für allgemeines $E(p)$ ist

$$E(p) = E(p_0) + \left.\frac{\mathrm{d}E}{\mathrm{d}p}\right|_{p_0}\Delta p + \frac{1}{2}\left.\frac{d^2E}{\mathrm{d}p^2}\right|_{p_0}(\Delta p)^2 \qquad (3.18)$$

eine bessere Näherung. Wird das quadratische Glied auch noch berücksichtigt, so erhält man neben der translatorischen Bewegung von $E(x,t)$ auch ein Zerfließen der Amplitudenfunktion (s. Bsp. 3.2). Wir bemerken an dieser Stelle, dass das Verändern der Form und das Zerfließen von Wellenpaketen die als Fourier-Integral nur aus ebenen Wellen aufgebaut sind, eine ganz allgemeine Eigenschaft von Wellenpaketen ist, die an sich gar nichts mit der Quantenmechanik zu tun hat.

Beispiel 3.2 (Zerfließen eines Wellenpakets)
Wir betrachten hier ein Wellenpaket, welches im p-Raum zwar nicht mehr vollständig, aber immer noch signifikant stark um den Wert p_0 lokalisiert ist. Diese Forderung ist notwendig, um die Verbindung zwischen dem experimentell bestimmbaren mechanischen Teilchenimpuls p_0 und den Wellenzahlen $k = p/\hbar$ der am Aufbau des Wellenpakets relevant beteiligten ebenen Wellen wenigstens näherungsweise durch $k = p_0/\hbar$ beizubehalten. Ein geeigneter Kandidat für die Amplitudenfunktion ist die Gauß-Funktion

$$g(p) = \sqrt[4]{\frac{2\alpha}{\pi}}\,\mathrm{e}^{-\alpha(p-p_0)^2}. \qquad (3.19)$$

Wir verwenden nun die Taylor-Entwicklung aus Gl. (3.18) und setzen diese in die allgemeine Darstellung eines Wellenpakets in Gl. (3.10) ein. Dabei verwenden wir die Abkürzung $px = (p - p_0)x + px$ und die Abkürzung $p' = p - p_0$:

$$\psi(x, t) = \frac{1}{\sqrt{2\pi\hbar}} \int\limits_{-\infty}^{\infty} dp \sqrt[4]{\frac{2\alpha}{\pi}} \, e^{-\alpha(p-p_0)^2}$$

$$\cdot \, e^{\frac{i}{\hbar}\left[(p-p_0)x+p_0x-E(p)t-E'(p_0)(p-p_0)t-E''(p_0)(p-p_0)^2t/2\right]}$$

$$= \frac{1}{2\pi\hbar} \sqrt[4]{\frac{2\alpha}{\pi}} \, e^{\frac{i}{\hbar}(p_0x-E(p_0)t)}$$

$$\cdot \int\limits_{-\infty}^{\infty} dp' \, e^{-\left(\alpha+\frac{i}{2\hbar}E''(p_0)t\right)p'^2+\frac{i}{\hbar}(x-E'(p_0)t)p'}. \tag{3.20}$$

Zur Auswertung des Integrals in der zweiten Zeile dieser Gleichung führen wir folgende Abkürzungen ein:

$$D = \alpha + \frac{i}{\hbar}E''(p_0)t, \tag{3.21a}$$

$$B = \frac{1}{\hbar}\left(x - E'(p_0)t\right). \tag{3.21b}$$

Damit ergibt sich

$$\int\limits_{-\infty}^{\infty} dp' \, e^{-Dp'^2+iBp'} = \int\limits_{-\infty}^{\infty} dp' \, e^{-D\left(p'^2-i\frac{B}{D}p'-\frac{B^2}{4D^2}\right)-\frac{B^2}{4D}}$$

$$= \int\limits_{-\infty}^{\infty} dp' \, e^{-D\left(p'-i\frac{B}{2D}\right)^2} e^{-\frac{B^2}{4D}}$$

$$= \sqrt{\frac{\pi}{D}} \, e^{-\frac{B^2}{4D}}. \tag{3.22}$$

Mit diesem Ergebnis und unter Berücksichtigung der Gl. (3.21a) und (3.21b) erhalten wir für Wellenfunktion des Wellenpakets den folgenden Ausdruck:

$$\psi(x, t) = \sqrt[4]{\frac{\alpha}{2\pi\hbar^2}} \sqrt{\frac{1}{\alpha + \frac{i}{2\hbar}E''(p_0)t}} \, e^{\frac{i}{\hbar}(p_0x-E(p_0)t)}$$

$$\cdot \exp\left[-\frac{\left(x - E'(p_0)t\right)^2}{4\hbar^2\left(\alpha + \frac{i}{2\hbar}E''(p_0)t\right)}\right]. \tag{3.23}$$

Die Gl. (3.23) beschreibt eine ebene Welle für ein Teilchen mit dem Impuls p_0 und einem zeit- und ortsabhängigen Amplitudenfaktor. Die Intensität I der Welle erhält man durch $I = |\psi(x, t)| = \psi(x, t)\psi^*(x, t)$. Mit der Wellenfunktion aus Gl. (3.23) ergibt sich damit für die Intensität

$$
I(x, t) = \frac{\sqrt{\frac{\alpha}{2\pi\hbar^2}}}{\sqrt{\alpha^2 + \left(\frac{1}{2\hbar}E''(p_0)t\right)^2}} \exp\left[-\frac{\left(x - E'(p_0)t\right)^2}{4\hbar^2\left(\alpha + \frac{1}{\alpha}\left(\frac{1}{2\hbar}E''(p_0)t\right)^2\right)} \right]. \tag{3.24}
$$

Wir sehen also, dass die Intensität des von uns untersuchten Gauß'schen Wellenpakets ebenfalls eine Gauß-Funktion ist. Das Maximum des Pakets verschiebt sich mit der Geschwindigkeit

$$
v_g = E'(p_0) = \frac{d\hbar\omega}{d\hbar k}\bigg|_{k=k_0} = \frac{d\omega}{dk}\bigg|_{k=k_0}. \tag{3.25}
$$

Dabei gilt $p_0 = \hbar k_0$. Die Geschwindigkeit, mit der sich das Zentrum des Wellenpakets bewegt, ist gerade die Gruppengeschwindigkeit $v_g(k_0)$ der Welle mit der Wellenzahl k_0. Für ein freies, nicht-relativistisches Teilchen ist die Energie durch $E = E_0 + p^2/(2m)$ gegeben, sodass $v_g = E'(p_0) = p_0/m$ ist. Die Gruppengeschwindigkeit der Welle stimmt also mit der Phasengeschwindigkeit überein. Der Nenner in der Exponentialfunktion von Gl. (3.24) beschreibt die Breite Δx des Wellenpakets:

$$
\Delta x = \sqrt{\frac{1}{2\alpha}\left(4\hbar\alpha^2 + E''(p_0)^2t^2\right)}. \tag{3.26}
$$

Diese Breite des Wellenpakets wächst – wie man hieraus direkt abliest – mit wachsender Zeit monoton an. Das Wellenpaket zerfließt also im Laufe der Zeit. Ist zur Zeit $t = 0$ die Ausdehnung des Wellenpakets Δx_0 bekannt, dann erhält man für die relative Breite des Wellenpakets zu einer späteren Zeit (unter Beachtung von $E'' = 1/m$):

$$
\frac{\Delta x(t)}{\Delta x(0)} = \sqrt{1 + \left(\frac{\hbar t}{2m\Delta x_0^2}\right)^2}. \tag{3.27}
$$

Für ein makroskopisches Objekt $m = 1\,\text{kg}$ und $\Delta x_0 = 10\,\text{cm}$ tritt eine Verdopplung der Abmessungen nach etwa 10^{33} s ein. Dieses Zeitintervall entspricht etwa 10^{25} Jahren. Zum Vergleich: Das geschätzte Alter des Universums liegt bei $14 \cdot 10^9$ Jahren. Dieses Zeitintervall ist groß genug, um die Stabilität makroskopischer Objekte zu erklären. Für typische mikroskopische Objekte jedoch, z. B. für Elektronen ($m = 9{,}11 \cdot 10^{-31}$ kg und $\Delta x_0 \approx 10^{-8}$ cm), kommt es schon nach etwa 10^{-17} s zu einer Verdopplung der Abmessung und damit zu einem sehr schnellen Zerfließen. ∎

Dieses Zerfließen von Wellenpaketen und damit auch der Intensität $I = \psi\psi^*$ hat nach Aufstellen der Schrödinger-Gleichung zunächst Kopfzerbrechen bereitet. Man kann nämlich, was nahe liegt, $\psi\psi^*$ nicht als Elektronendichte (also letztlich als Massendichte des Elektrons) und $e\psi\psi^*$ nicht als Elektronenladungsdichte deuten. Schrödinger selbst hat zunächst an diese unmittelbare, *realistische Interpretation der Wellenfunktion* als ein direkt messbares Element der Wirklichkeit geglaubt, musste aber schließlich einsehen, dass dies nicht konsequent durchführbar ist. Weil das Zerfließen nämlich innerhalb kürzester Zeit zu verschwindend kleinen Werten der Dichte führt, kann man nicht gut verstehen, warum man bei einer Ladungsmessung immer nur exakt ganzzahlige Werte der Elementarladung findet. Außerdem ist eine realistische Interpretation von ψ als unmittelbare Teilchendichte im dreidimensionalen Raum schwierig bei Atomen mit mehreren Elektronen, denn dann ist ψ nicht mehr nur eine Funktion der drei Raumvariablen x, y und z, sondern eine Funktion vieler Variablen in einem hochdimensionalen Raum. Einen Ausweg aus dieser Kalamität hat schließlich Max Born gefunden, siehe Abb. 3.8. Er deutete $\psi\psi^*$ nicht mehr als Teilchendichte, sondern als Wahrscheinlichkeitsdichte.

Definition 3.1 (Die Born'sche Wahrscheinlichkeitsdeutung)
Die Größe

$$w(x)\mathrm{d}x = \psi^*(x)\psi(x)\mathrm{d}x \qquad (3.28)$$

ist die Wahrscheinlichkeit dafür, ein Teilchen (z. B. ein Elektron) im Intervall $[x, x + \mathrm{d}x]$ zu finden.

Diese statistische Interpretation beseitigt sofort die Schwierigkeit. Wahrscheinlichkeiten können beliebig zerfließen, Teilchen jedoch nicht.

Beispiel 3.3 (Aufenthaltswahrscheinlichkeit eines Teilchens)
Ein quantenmechanisches Teilchen bewege sich auf einer eindimensionalen Strecke $d = 1\,\mathrm{nm}$ und sei durch die Wellenfunktion $\psi(x) = \sqrt{\frac{2}{d}} \sin\left(\pi\frac{x}{d}\right)$ beschrieben.

a) Berechnen Sie die Wahrscheinlichkeit, das Teilchen im Intervall $0 < x < 0{,}2\,\mathrm{nm}$ anzutreffen.

b) Berechnen Sie die Wahrscheinlichkeit, das Teilchen im Intervall $0 < x < \frac{1}{4}d$ anzutreffen.

Abb. 3.8 Max Born und die Titelseite seines Nobelpreis-Artikels zur statistischen Deutung der Wellenfunktion. (Bildabdruck mit frdl. Genehmigung, © bpk-images)

Lösung

a) Die Wahrscheinlichkeit, das Teilchen in einer infinitesimalen Umgebung dx um x anzutreffen ist nach Gl. (3.28) gegeben durch $\psi(x)\psi^*(x)\,dx$. Durch Integration nach x erhalten wir dann die Gesamtwahrscheinlichkeit P, das Teilchen in dem angegebenen Bereich anzutreffen. Wir berechnen also:

$$P = \int_0^l \psi^2 \, dx = \frac{2}{d} \int_0^l \sin^2\left(\frac{\pi x}{d}\right) dx = \frac{l}{d} - \frac{1}{2\pi}\sin\left(\frac{2\pi l}{d}\right).$$

Das Integral über $\sin^2(x)$ kann z. B. durch partielle Integration gelöst werden. Wir setzen nun $d = 1\,\mathrm{nm}$ und $l = 0{,}2\,\mathrm{nm}$ ein und erhalten $P = 0{,}05$ oder eine Wahrscheinlichkeit von 1 zu 20, das Teilchen in diesem Bereich zu finden.

b) Um die Wahrscheinlichkeit zu berechnen, das Teilchen im linken Viertel der Strecke anzutreffen, muss man die Wellenfunktion $\psi(x)$ von $x = 0$ bis $x = d/4$ integrieren. Wir berechnen also:

$$P = \int_0^{d/4} \psi^2(x) \, dx = \frac{2}{d} \int_0^{d/4} \sin^2\left(\frac{\pi x}{d}\right) dx.$$

Das Integral kann – wie unter Teil **a)** bereits erwähnt – durch partielle Integration ausgewertet werden. Man kann es aber auch durch die Substitution $\xi = \pi x / d$ auf eine Standardform bringen, die man in Integraltafeln nachschlagen kann. Mit dieser Substitution haben wir für die Differentiale: $\mathrm{d}\xi = \pi / d\, \mathrm{d}x$ und damit:

$$
P = \frac{2}{\pi} \int\limits_{0}^{\pi/4} \sin^2 \xi \, \mathrm{d}\xi = \frac{2}{\pi} \left(\frac{\xi}{2} - \frac{\sin(2\pi)}{4} \right) \Bigg|_{0}^{\pi/4} = \frac{2}{\pi} \left(\frac{\pi}{8} - \frac{1}{4} \right) = 0{,}091.
$$

∎

Da ein Wellenpaket aus Wellen mit den Impulsen p, die das Gewicht $g(p)$ haben, aufgebaut ist, gilt analog zu Gl. (3.28):

$$
w(p)\mathrm{d}p = g^*(p)\, g(p)\mathrm{d}p. \tag{3.29}
$$

Die Gewichtung $g(p)$ in dieser Gleichung kann im Allgemeinen komplex sein, aber Wahrscheinlichkeiten sind immer reell; deshalb muss eine Größe als Wahrscheinlichkeit berechnet werden, die reell (und positiv definit) ist: $g^*(p)\, g(p) = \left| g(p) \right|^2$. Die Gl. (3.29) drückt die Wahrscheinlichkeit aus, dass das Teilchen einen Impuls im geschlossenen (d. h. der Rand gehört auch dazu) Intervall $[p, p + \mathrm{d}p]$ hat. Die Größe $|g(p)|^2$ ist also die Impulsdichte des Teilchens. Anstelle von $g(p)$ kann auch

$$
g(p, t) = g(p)\mathrm{e}^{-\mathrm{i}E(p)t/\hbar} \tag{3.30}
$$

als Wahrscheinlichkeitsamplitude für die Impulsdichte angesetzt werden, denn der die Zeit enthaltende Faktor ändert nichts an der Intensität $|g(p, t)|^2$ und auch nichts an der Normierung $\int\limits_{-\infty}^{\infty} g^* g \, \mathrm{d}^3 p = 1$. Es ist $\psi(x, t)$ die Fourier-Transformierte von $g(p, t)$ und umgekehrt:

$$
\psi(x, t) = \frac{1}{\sqrt{2\pi\hbar}} \int\limits_{-\infty}^{\infty} g(p, t)\mathrm{e}^{\mathrm{i}px/\hbar} \, \mathrm{d}p, \tag{3.31}
$$

$$
g(p, t) = \frac{1}{\sqrt{2\pi\hbar}} \int\limits_{-\infty}^{\infty} \psi(x, t)\mathrm{e}^{-\mathrm{i}px/\hbar} \, \mathrm{d}x. \tag{3.32}
$$

3.2.1 Gruppen- und Phasengeschwindigkeit von Materiewellen

Wir hatten weiter oben schon die Begriffe Gruppen- und Phasengeschwindigkeit für unsere Wellenpakete verwendet (vgl. Abb. 3.6). In diesem Abschnitt wollen wir uns noch etwas genauer mit der Frage beschäftigen, mit welcher Geschwindigkeit sich ein Teilchen fortbewegt, welches durch ein Wellenpaket beschrieben wird. Da die Aufenthaltswahrscheinlichkeit des betrachteten Teilchens nur innerhalb der Wellengruppe groß ist, interpretiert man die Gruppengeschwindigkeit v_{gr}, d.h. die Geschwindigkeit, mit der sich ein Wellenpaket als Ganzes fortbewegt, als die Geschwindigkeit des Teilchens. Die Phasengeschwindigkeit

$$v_{ph} = \omega/k \tag{3.33}$$

einer Materiewelle gibt an, mit welcher Geschwindigkeit sich Stellen konstanter Phase bewegen. Sie unterscheidet sich von der Gruppengeschwindigkeit v_g, wenn die Phasengeschwindigkeit einer Welle von der Frequenz abhängt. Dieses Phänomen nennt man *Dispersion*. Diese wird durch die Funktion $\omega(k)$ beschrieben (vgl. Abb. 3.9). Ist $v_{ph} = \omega/k$ *unabhängig von k*, so liegt *keine* Dispersion vor. Hängt hingegen $v_{ph} = \omega/k$ von k ab, so liegt Dispersion vor, und das Wellenpaket läuft auseinander, weil die Wellenzüge mit unterschiedlichen Frequenzen auch unterschiedliche Geschwindigkeiten haben.

Unser nächstes Ziel ist es, einen Ausdruck für die Gruppengeschwindigkeit v_{gr} zu finden. Sind die k-Werte der superponierten Wellen alle in der Nähe desselben Werts k_0, dann ändert sich – zumindest bei stetigem Verlauf der Funktion $\omega(k)$ – die Gestalt des Wellenpakets im Laufe der Zeit nur schwach (vgl. Abb. 3.9). Das Wellenpaket bewegt sich dann mit der Gruppengeschwindigkeit

$$v_{gr} = \left.\frac{d\omega}{dk}\right|_{k=k_0}. \tag{3.34}$$

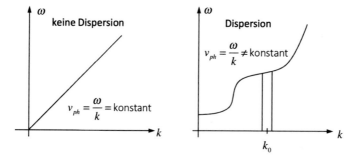

Abb. 3.9 Beschreibung der Dispersion durch die Funktion $\omega(k)$. Beachten Sie, dass gilt: $p = \hbar k$. Deshalb ist $dE/dp = d\hbar\omega/d\hbar k = d\omega(k)/dk$

Wellenpakete, bei denen sich die k-Werte der überlagerten Wellen über einen größeren Bereich Δk erstrecken, können als Superposition von vielen (n) Subpaketen aufgefasst werden, die sich jeweils mit der ihnen eigenen Gruppengeschwindigkeit $v_{Gr_n} = \mathrm{d}\omega/\mathrm{d}k|_{k=k_n}$ bewegen. Das Gesamtpaket läuft also auseinander, wie wir auch in Bsp. 3.2 gesehen haben. Wenn die Breite des Wellenpakets bei $t = 0$ gleich Δx_0 ist, dann wächst sie in der Zeit t auf

$$\Delta x_t \approx \Delta x_0 + \Delta v_{gr} t \quad \text{mit} \quad \Delta v_{gr} = \left(\frac{\mathrm{d}^2 \omega}{\mathrm{d}k^2} \right) \Delta k. \tag{3.35}$$

Immerhin kann man auch in diesem Fall einen Schwerpunkt des Wellenpakets definieren und ihm eine Gruppengeschwindigkeit v_{gr} zuschreiben:

$$v_{gr} = \frac{\mathrm{d}\omega}{\mathrm{d}k}\bigg|_{\bar{k}}. \tag{3.36}$$

Beispiel 3.4 (Die Dispersion von De-Broglie-Wellen)
Die Anwendung der ursprünglich für die Photonen betrachteten Beziehungen $p = \hbar k$ und $E = \hbar \omega$ auf Materiewellen führt zur Gruppengeschwindigkeit $v_{gr} = \frac{\mathrm{d}\omega}{\mathrm{d}k} = \frac{\mathrm{d}E}{\mathrm{d}p}$. Dieses Beispiel soll zeigen, dass dieser Ausdruck sowohl für relativistische als auch für nicht-relativistische Teilchen der Teilchengeschwindigkeit v entspricht.

a) Für **nicht-relativistische Teilchen** ($v \ll c$) gilt der Energiesatz

$$E = \frac{p^2}{2m} + V, \tag{3.37}$$

wobei die potenzielle Energie V nicht vom Impuls p abhängen soll. Daraus ergibt sich für die Gruppengeschwindigkeit direkt:

$$v_{gr} = \frac{\mathrm{d}E}{\mathrm{d}p} = \frac{\mathrm{d}}{\mathrm{d}p} \frac{p^2}{2m} = \frac{p}{m} = v. \tag{3.38}$$

b) Für **relativistische Teilchen** ($v \approx c$) gilt:

$$E = \frac{m_0 c^2}{\sqrt{1 - \frac{v^2}{c^2}}}, \tag{3.39}$$

$$p = \frac{m_0 v}{\sqrt{1 - \frac{v^2}{c^2}}}. \tag{3.40}$$

Abb. 3.10 Vergleich der Energie-Impuls-Beziehung eines Materieteilchens mit Ruhemasse m_0 mit der entsprechenden Beziehung für Photonen

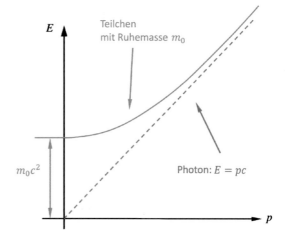

Hieraus folgt:

$$v = \frac{cp}{\sqrt{p^2 + m_0 c^2}} \tag{3.41}$$

Einsetzen in Gl. (3.39) ergibt den relativistischen Energiesatz, Gl. (2.132):

$$E = \sqrt{c^2 p^2 + m_0^2 c^4}.$$

Damit erhalten wir für die Gruppengeschwindigkeit

$$v_{gr} = \frac{\mathrm{d}E}{\mathrm{d}p} = \frac{cp}{\sqrt{p^2 + m_0^2 c^2}} = v. \tag{3.42}$$

Das heißt, sowohl relativistisch als auch nicht-relativistisch ist die Gruppengeschwindigkeit v_{gr} einer Materiewelle gleich der Teilchengeschwindigkeit v. Daher ist die Anwendung der ursprünglich für die Photonen gefundenen Beziehungen für Energie und Impuls auf Teilchen gerechtfertigt. Hier sei noch einmal auf einen wichtigen Unterschied zwischen Photonen und Materieteilchen hingewiesen. Dazu ist es instruktiv, die Energie-Impuls-Beziehung (Gl. 2.132) von Materieteilchen mit der entsprechenden Beziehung für Photonen, $E = cp$, zu vergleichen (s. Abb. 3.10). Die Dispersion wird durch die Funktion $\omega(k)$ beschrieben (vgl. Abb. 3.9). Dabei findet man, dass das Photon einem Teilchen im Grenzfall verschwindender Ruhemasse m_0 entspricht. Beim Photon im Vakuum zeigt sich keine Dispersion, und es gilt $v_{gr} = v_{ph} = c$. Daher haben Wellenpakete bei beliebigen Frequenzen im Vakuum dieselbe Gruppengeschwindigkeit. Im Gegensatz dazu zeigt ein massebehaftetes Teilchen Dispersion, d. h. verschiedene Frequenzkomponenten eines Wellenpakets haben verschiedene Ausbreitungsgeschwindigkeiten. ∎

3.2.2 Normierung

Wahrscheinlichkeiten werden normalerweise auf 1 (sicheres Ereignis) normiert. Da sich das Teilchen, wenn es existiert, ganz sicher irgendwo im Raum aufhalten muss, gilt:

$$\int_{-\infty}^{\infty} \psi^*(x,t)\,\psi(x,t)\,\mathrm{d}x = 1. \tag{3.43}$$

Wegen des gewählten Normierungsfaktors (und weil $g(p,t)$ und $\psi(x,t)$ ein Fourier-Transformationspaar bilden) ist dann $g(p)$ automatisch auch auf eins nominiert:

$$\int_{-\infty}^{\infty} |g(p)|^2\,\mathrm{d}p = \int_{-\infty}^{\infty} g^*(p,t)\,g(p,t)\,\mathrm{d}x = 1. \tag{3.44}$$

Satz 3.1

Es ist

$$\int_{-\infty}^{\infty} \psi^*(x,t)\,\psi(x,t)\,\mathrm{d}x = \frac{1}{2\pi\hbar} \iiint_{-\infty}^{\infty} g^*(p,t)\mathrm{e}^{-\frac{i}{\hbar}px} g(p',t)\mathrm{e}^{\frac{i}{\hbar}p'x}\,\mathrm{d}p\,\mathrm{d}p'\mathrm{d}x.$$

Wegen der Fourier-Darstellung der Deltafunktion (s. Abschn. 4.9.2)

$$\frac{1}{2\pi\hbar} \int_{-\infty}^{\infty} \mathrm{e}^{\frac{i}{\hbar}(p-p')x}\,\mathrm{d}x = \delta(p'-p)$$

ergibt sich

$$1 = \int_{-\infty}^{\infty} \psi^*(x,t)\,\psi(x,t)\,\mathrm{d}x = \int_{-\infty}^{\infty}\int_{-\infty}^{\infty} g^*(p,t)\,g(p',t)\delta(p-p')\,\mathrm{d}p\,\mathrm{d}p'$$

$$= \int_{-\infty}^{\infty} g^*(p,t)\,g(p,t)\,\mathrm{d}p.$$

3.2.3 Übertragung auf drei Dimensionen

Bei der Übertragung der Beziehungen in das Dreidimensionale gibt es keine Schwierigkeiten. Es ist

$$w(\vec{x}) \, \Delta V = \psi^*(\vec{x}, t) \, \psi(\vec{x}, t) \, \Delta V \tag{3.45}$$

die Wahrscheinlichkeit dafür, das Teilchen im Volumenelement ΔV (in kartesischen Koordinaten ist $\Delta V = \Delta x \cdot \Delta y \cdot \Delta z$) zu finden. Analog ist $g^*(\vec{p}, t) g(\vec{p}, t)$ die Wahrscheinlichkeitsdichte des Impulses. Die entsprechenden Formeln für das Wellenpaket und die Normierungen lauten:

$$\psi(\vec{x}, t) = \frac{1}{\sqrt{2\pi \hbar^3}} \int\!\!\!\int\!\!\!\int\limits_{-\infty}^{\infty} g(\vec{p}) \, e^{\frac{i}{\hbar}\left(\vec{p}\vec{x} - E(\vec{p})t\right)} \, dp_x \, dp_y \, dp_z \tag{3.46a}$$

$$= \frac{1}{\sqrt{2\pi \hbar^3}} \int\limits_{-\infty}^{\infty} g(\vec{p}, t) \, e^{\frac{i}{\hbar}\vec{p}\vec{x}} \, d^3 p, \tag{3.46b}$$

wobei in Gl. (3.46b) der die Zeit enthaltende Faktor in den Entwicklungskoeffizienten zusammengefasst wurde. Damit ist also:

$$g(\vec{p}, t) = g(p) \, e^{-\frac{i}{\hbar}E(\vec{p})t}, \tag{3.47a}$$

$$\vec{v}_{gr} = \vec{\nabla}_p E(\vec{p}) = \frac{\vec{p}}{m} = \vec{v}_{\text{Teilchen}}, \tag{3.47b}$$

$$g(\vec{p}, t) = \frac{1}{\sqrt{2\pi \hbar^3}} \int\limits_{-\infty}^{\infty} \psi(\vec{x}, t) \, e^{-\frac{i}{\hbar}\vec{p}\vec{x}} \, d^3 x, \tag{3.47c}$$

$$\int\limits_{-\infty}^{\infty} \left| \psi(\vec{x}, t) \right|^2 dV = 1, \tag{3.47d}$$

$$\int\limits_{-\infty}^{\infty} \left| g(\vec{p}, t) \right|^2 d^3 p = 1. \tag{3.47e}$$

Wir werden in Kap. 4 sehen, dass ein Axiom der Quantenmechanik besagt, dass der Zustand eines quantenmechanischen Systems zur Zeit t durch die Wellenfunktion $\psi(\vec{x}, t)$ bzw. $g(\vec{p}, t)$ *vollständig* beschrieben wird. Jede Information, die man also z. B. durch eine Messung aus dem System herausholen kann, muss deshalb durch $\psi(\vec{x}, t)$ ausgedrückt werden können. Die zeitabhängige Schrödinger-Gleichung beschreibt, wie sich dieser Zustand mit der Zeit ändert.

Im Unterschied dazu wird in der klassischen Mechanik der Zustand eines einzelnen Massenpunkts durch die Angabe der 6 Zahlen in $\vec{x}(t)$ und $\vec{p}(t)$ beschrieben. Die kanonischen Bewegungsgleichungen $\dot{p}_i = -\partial H/\partial x_i$ und $\dot{x}_i = \partial H/\partial p_i$ beschreiben die Zustandsänderung des klassischen Systems. Die Schrödinger-Gleichung ist das quantenmechanische Analogon zur Bewegungsgleichung in der klassischen Mechanik.

3.2.4 Die Heisenberg'sche Unschärferelation

Untersucht man physikalische Prozesse, deren räumliche Abmessungen so gering sind, dass das aus makroskopischer Sicht winzige Planck'sche Wirkungsquantum h (siehe Def. 2.3) nicht mehr als *relativ klein* angesehen werden kann, dann treten gewisse Quantenphänomene in Erscheinung, die mithilfe der klassischen Physik nicht erklärbar sind. In solchen Situationen stellt jede Messung an einem System eine massive Störung dar, die entgegen der klassischen Vorstellung nicht vernachlässigt werden kann. Um diesen Sachverhalt zu beschreiben, verwendet man den von Werner Heisenberg 1927 geprägten Begriff *Unbestimmtheitsrelation* bzw. *Unschärferelation*.

Damit ist Folgendes gemeint: In der klassischen Physik haben die kanonischen Orts- und Impulskoordinaten $\vec{q} = \{q_i\}$ ($i = 1, 2, \ldots, f$) bzw. $\vec{p} = \{p_i\}$ ($i = 1, 2, \ldots, f$) bei einem N-Teilchen-System mit f Freiheitsgraden (siehe Abschn. 1.6) zu jedem Zeitpunkt t wohldefinierte, reelle Zahlenwerte. Das klassische System durchläuft im Phasenraum eine präzise, d. h. scharf definierte *Bahnkurve* $\mathcal{Z}(t) = (\vec{q}(t), \vec{p}(t))$. Deren konkreter Verlauf mag zwar im Detail unbekannt sein, ist aber prinzipiell eindeutig bestimmt. Ist die an sich streng definierte Bahn nur ungenau bekannt, so muss über alle denkbaren Möglichkeiten für die Bahnkurve gemittelt werden, d. h. man muss *klassische statistische Mechanik* betreiben. Trotz dieses statistischen Charakters bleibt die klassische Mechanik deterministisch, da ihre elementaren Bewegungsgleichungen (Newton, Lagrange, Hamilton) sich bei Kenntnis hinreichend vieler Anfangsbedingungen eindeutig integrieren lassen. Bei der Formulierung von Unbestimmtheitsrelationen im Rahmen der Quantenmechanik gibt es verschiedene Vorgehensweisen, die sich auf jeweils unterschiedliche Arten von Messprozessen beziehen. Abhängig von dem jeweils zugrunde gelegten Messprozess ergeben sich dann entsprechende mathematische Aussagen, auf die wir in Kap. 4 eingehen werden, nachdem wir die formale mathematische Struktur der Quantenmechanik und die Dirac-Darstellung von Zuständen kennengelernt und studiert haben. Bei der bekanntesten Variante von Unschärferelationen werden für ein einzelnes Teilchen mit f Freiheitsgraden (in 3 Dimensionen ist $f = 3$) die Unschärfen des Ortes q_i und des Impulses p_i jeweils durch deren statistische Streuung (die Varianz) Δq_i und Δp_i definiert:

Definition 3.2 (Heisenberg'sche Unschärferelation)

$$\Delta q_i \Delta p_i \geq \frac{\hbar}{2}, \quad i = 1, 2, \ldots, f \tag{3.48}$$

Beispiel 3.5 (Energie des harmonischen Oszillators)
Wir bestimmen mit Hilfe der Unschärferelation den untersten Grenzwert für die möglichen Energien des harmonischen Oszillators. Dazu ermitteln wir zuerst die Gesamtenergie E (die Hamilton-Funktion) des harmonischen Oszillators:

$$H = E_{\text{kin}} + V_{\text{pot}} = \frac{p^2}{2m} + \frac{1}{2}m\omega^2 q^2 = E.$$

Es soll gelten:

$$E \geq \frac{(\Delta p)^2}{2m} + \frac{1}{2}m\omega^2(\Delta q)^2.$$

Quadrieren von Gl. (3.48) ergibt:

$$(\Delta p)^2(\Delta q)^2 \geq \frac{\hbar^2}{4}.$$

Damit haben wir:

$$E \geq \frac{(\Delta p)^2}{2m} + \frac{1}{8}m\omega^2\frac{1}{(\Delta p)^2}.$$

Wir leiten nun die Energie nach $(\Delta p)^2$ ab und suchen das Extremum:

$$\frac{\mathrm{d}E}{\mathrm{d}(\Delta p)^2} = 0 = \frac{1}{2m} - \frac{1}{8}\hbar^2 m\omega^2\frac{1}{(\Delta p)^4}.$$

Damit ergibt sich

$$(\Delta p)^2 = \frac{1}{2}m\omega\hbar.$$

Einsetzen in die obige Ungleichung für E ergibt schließlich:

$$E \geq \frac{1}{4}\hbar\omega + \frac{1}{4}\hbar\omega = \frac{1}{2}\hbar\omega.$$

∎

Im Rahmen des Formalismus der Quantenmechanik ergeben sich die Wahrscheinlichkeitsverteilungen für Orts- und Impulsmessungen und damit die Standardabweichungen aus den zugehörigen Wellenfunktionen $\psi(\vec{x})$ und $g(\vec{p})$. Die Streuungs-Ungleichung folgt dann aus dem Umstand, dass diese Wellenfunktionen bezüglich Ort und Impuls über eine Fourier-Transformation miteinander verknüpft sind. Die Fourier-Transformierte eines räumlich begrenzten Wellenpakets ist wieder ein Wellenpaket, wobei das Produkt der Paketbreiten einer Beziehung gehorcht, die der obigen Ungleichung entspricht.

Mathematischer Exkurs 3.1 (Die Fourier-Transformation)
Für eine periodische Funktion $f(x)$ in dem Intervall $x \in (-L, +L)$ und $c(k)$, $k \in \mathbb{Z}$ können wir schreiben

$$f(x) = \sum_{-\infty}^{\infty} c(k) e^{ix\pi k/L} \, \Delta k \iff c(k) = \frac{1}{2L} \int_{-L}^{L} dx \, f(x) e^{-ix\pi k/L}. \quad (3.49)$$

Wir ersetzen jetzt den diskreten Index k durch die Variable $p_k = k\frac{\pi}{L}$ und die Fourier-Koeffizienten $c(k)$ durch eine Funktion von p_k in der Form $c(k) = g(p_k)\frac{\pi}{L}$. Damit erhalten wir

$$f(x) = \sum_{-\infty}^{\infty} g(p_k) e^{ixp_k} \, \Delta p_k \iff g(p_k) = \frac{1}{2\pi} \int_{-L}^{L} dx \, f(x) e^{-ixk_p}. \quad (3.50)$$

Wir möchten jetzt den kontinuierlichen Grenzfall $k \to \infty$ bilden; dann kann man p_k als kontinuierliche Variable $p \in \mathbb{R}$ auffassen, und die diskrete Summe wird zu einem Integral einer kontinuierlichen Variablen:

$$f(x) = \int_{-\infty}^{\infty} dp \, g(p) e^{ixp} \iff g(p) = \frac{1}{2\pi} \int_{-\infty}^{\infty} dx \, f(x) e^{-ixp}. \quad (3.51)$$

Diese Gleichung heißt *Fourier-Transformation* $\mathcal{FT}$ und gilt unter der Voraussetzung, dass die Integrale definiert und endlich sind. Die Funktionen f und g heißen auch Fourier-Transformierte. Die Transformation entspricht einem Darstellungswechsel zwischen x- und p-Raum. In der Quantenmechanik identifiziert man damit die Orts- und die Impulsvariablen und spricht vom Ortsraum bzw. Impulsraum. Die Funktionen $f(x)$ und $g(p)$ sind dann zum Beispiel Wellenpakete im Orts- oder im Impulsraum. Die Definitionen der Fourier-Transformation $\mathcal{FT}$ und ihrer Umkehrtransformation $\mathcal{FT}^{-1}$ unterscheiden sich lediglich im Vorzeichen des Arguments der Exponentialfunktion. Der Unterschied im Vorfaktor $1/(2\pi)$ ist definitionsabhängig. Wichtig ist, dass das Produkt beider Vorfaktoren $1/(2\pi)$ ergibt, weil sonst das Funktionensystem nicht vollständig ist. Wie jedoch die Faktoren auf Hin- und Rücktransformation aufgeteilt werden, ist Konventionssache. Meist verwendet man in der Quantenmechanik eine symmetrische Definition:

$$g(p) = \mathcal{FT}(f) = \frac{1}{\sqrt{2\pi}} \int_{-\infty}^{\infty} dx \, f(x) e^{-ixp} \quad (3.52)$$

und

$$f(x) = \mathcal{F}\mathcal{T}^{-1}(g) = \frac{1}{\sqrt{2\pi}} \int\limits_{-\infty}^{\infty} dp\, g(p) e^{ixp}. \qquad (3.53)$$

Beispiel 3.6 (Fourier-Transformation einer Stufenfunktion)
Betrachten wir die Funktion

$$f(x) = \begin{cases} 1 & \text{für} -1 < x < 1, \\ 0 & \text{sonst.} \end{cases}$$

Es handelt sich also um eine rechteckige Stufenfunktion. Für die Fourier-Transformierte ergibt sich

$$\mathcal{F}\mathcal{T}\,(f(x)) = g(p) = \frac{1}{\sqrt{2\pi}} \int\limits_{-\infty}^{\infty} dx\, f(x) e^{-ixp} = \frac{1}{\sqrt{2\pi}} \int\limits_{-\infty}^{\infty} dx\, e^{-ixp} = \sqrt{\frac{2}{\pi}} \frac{\sin p}{p}. $$
$$(3.54)$$

Wir wissen aber gleichzeitig, dass $g(p)$ auch die inverse Fourier-Transformierte von $f(x)$ ist, dass also gilt:

$$f(x) = \frac{1}{\sqrt{2\pi}} \int\limits_{-\infty}^{\infty} dp\, \sqrt{\frac{2}{\pi}} \frac{\sin p}{p}\, e^{ixp} = \frac{2}{\pi} \int\limits_{0}^{\infty} dp\, \frac{1}{p} \sin(p) \cos(px). \qquad (3.55)$$

Der antisymmetrische Anteil fällt bei der Integration über die symmetrischen Integrationsgrenzen $(-\infty, \infty)$ weg. Das liefert für $x = 0$ die wichtige Integrationsformel

$$\boxed{f(x) = \int\limits_{0}^{\infty} dp\, \frac{\sin p}{p} = \frac{\pi}{2}.} \qquad (3.56)$$

Wir können noch die Werte der rück-transformierten Funktion f an den Rändern bestimmen:

$$f(1) = \frac{2}{\pi} \int\limits_{0}^{\infty} dp\, \frac{1}{p} \sin(p) \cos(p) = \frac{1}{\pi} \int\limits_{0}^{\infty} dp\, \frac{\sin(2p)}{p} \qquad (3.57)$$

$$= \frac{1}{\pi} \int\limits_{0}^{\infty} d(2p)\, \frac{\sin 2p}{2p} = \frac{1}{\pi} \int\limits_{0}^{\infty} dy\, \frac{\sin y}{y} = \frac{1}{2}. \qquad (3.58)$$

Wir sehen also, dass die Fourier-Transformation (wie auch die Fourier-Reihe) an Sprungstellen den Mittelwert der Funktion im gegebenen Intervall liefert. ∎

Beispiel 3.7 (Fourier-Transformation des Ableitungsoperators)
Wir bestimmen in diesem Beispiel die Fourier-Transformierte des Operators $\left(\frac{d}{dx}\right)$. Zu beachten ist, dass ein Operator immer auf eine Funktion wirkt (die rechts neben dem Operator steht). Also schreiben wir:

$$
\mathcal{FT}\left(\frac{d}{dx}f(x)\right) = \frac{1}{\sqrt{2\pi}} \int_{-\infty}^{\infty} dx \left(\frac{d}{dx}f(x)\right) e^{-ipx}
$$

$$
= \frac{1}{\sqrt{2\pi}} f(x) e^{-ipx}\Big|_{-\infty}^{\infty} - \frac{1}{\sqrt{2\pi}} \int_{-\infty}^{\infty} dx\, f(x) \frac{d}{dx} e^{-ipx}
$$

$$
= \frac{ip}{\sqrt{2\pi}} \int_{-\infty}^{\infty} f(x) e^{-ipx} = i\,p\,\mathcal{FT}(f(x)). \tag{3.59}
$$

Der erste Term bei der partiellen Integration verschwindet wegen der notwendigen Bedingung der Integrabilität von $f(x)$: $\lim_{x\to\pm\infty} f(x) = 0$. Die Fourier-Transformation kann nur existieren, wenn die Funktion f im Unendlichen verschwindet, also gegen null geht. Wir sehen also, dass die Fourier-Transformation offensichtlich nützlich sein kann für die Lösung von Differenzialgleichungen. ∎

Beispiel 3.8 (Fourier-Transformation einer Gauß-Kurve)
Eine Gauß'sche Glockenkurve ist gegeben durch eine Funktion

$$
f(x) = A_0\, e^{-x^2/\sigma^2}.
$$

Die Größe $\Delta x = \sigma$ bezeichnet man als *Breite der Kurve*. Die Fourier-Transformierte ist dann gegeben durch

$$
\mathcal{FT}(f(x)) = g(p) = \frac{1}{\sqrt{2\pi}} \int_{-\infty}^{\infty} dx\, A_0\, e^{-x^2/\sigma^2}\, e^{-ipx}
$$

$$
= \frac{A_0}{\sqrt{2\pi}} \int_{-\infty}^{\infty} dx\, \exp\left[-\frac{1}{\sigma^2}\left(x^2 + ip\sigma^2 t\right)\right].
$$

Wir führen jetzt (dies ist eine Standardmethode bei Gauß-Integralen) eine quadratische Ergänzung im Exponenten durch und erhalten damit

$$
g(p) = \frac{A_0}{\sqrt{2\pi}} \int_{-\infty}^{\infty} dx\, \exp\left\{-\frac{1}{\sigma^2}\left[\left(x + \frac{ip\sigma^2}{2}\right)^2 + \frac{p^2\sigma^2}{4}\right]\right\}.
$$

Vorziehen der konstanten Faktoren vor das Integral und die Substitution

$$x' = \left(x + \frac{\mathrm{i} p \sigma^2}{2} \right) / \sigma \quad \Longrightarrow \quad \mathrm{d}x' = \frac{\mathrm{d}x}{\sigma}$$

liefern

$$g(p) = \frac{A_0 \sigma}{\sqrt{2\pi}} \, \mathrm{e}^{-\sigma^2 p^2/4} \underset{\substack{\uparrow \\ \text{s. Abschn. D.1}}}{\int_{-\infty}^{\infty} \mathrm{d}x' \, \mathrm{e}^{-x'^2}} = \frac{A_0 \sigma}{\sqrt{2}} \, \mathrm{e}^{-\sigma^2 p^2/4}.$$

Wir erkennen also, dass die Fourier-Transformierte einer Gauß-Funktion wieder eine Gauß-Funktion ist. Die Breite dieser Kurve im p-Raum ist $\Delta p = 2/\sigma$, verhält sich also reziprok zur Breite der Kurve im Ortsraum: Je schmaler die ursprüngliche Glockenkurve ist, desto breiter ist die Kurve ihrer Fourier-Transformierten. ∎

3.3 Die zeitabhängige Schrödinger-Gleichung

Welcher Gleichung genügt die Wellenfunktion $\psi(\vec{x}, t)$ des Wellenpakets?

Zum Auffinden dieser Gleichung gehen wir an dieser Stelle heuristisch vor und suchen eine lineare partielle Differenzialgleichung in den zwei Variablen x und t, wobei wir uns zur Vereinfachung wieder auf eine Dimension beschränken. Dazu gehen wir von der Fourier-Darstellung des Wellenpakets ψ in Gl. (3.31) aus und bilden zunächst die Ableitung nach der Zeit:

$$\frac{\partial}{\partial t} \psi(x, t) = \frac{\partial}{\partial t} \left(\frac{1}{\sqrt{2\pi\hbar}} \int_{-\infty}^{\infty} g(p, t) \, \mathrm{e}^{\frac{i}{\hbar} p x} \, \mathrm{d}p \right) \tag{3.60a}$$

$$= \frac{1}{\sqrt{2\pi\hbar}} \int_{-\infty}^{\infty} \dot{g}(p, t) \, \mathrm{e}^{\frac{i}{\hbar} p x} \, \mathrm{d}p. \tag{3.60b}$$

Die Größe $\partial/\partial t \, g(p, t) = \dot{g}(p, t)$ können wir elementar aus Gl. (3.47c) für eine Dimension berechnen und damit schreiben:

$$\boxed{\mathrm{i}\hbar \frac{\partial}{\partial t} \psi(x, t) = \frac{1}{\sqrt{2\pi\hbar}} \int_{-\infty}^{\infty} E(p) g(p, t) \, \mathrm{e}^{\frac{i}{\hbar} p x} \, \mathrm{d}p,} \tag{3.61}$$

wobei wir noch beide Seiten von Gl. (3.60b) mit $\mathrm{i}\hbar$ multipliziert haben. Durch die Bildung der Ableitung von $g(p, t)$ kürzt sich der Faktor $\mathrm{i}\hbar$ zusammen mit dem negativen Vorzeichen auf der rechten Seite wieder weg, und wir erhalten diese Gl. (3.61).

Wir bilden nun die räumlichen Ableitungen von $\psi(x, t)$ aus Gl. (3.31) bis zur 2. Ordnung. Nach Bildung der ersten Ableitung multiplizieren wir die Gleichung mit dem Faktor $\hbar/i$, so dass sich auf der rechten Seite der Gleichung dieser Faktor mit der inneren Ableitung der e-Funktion wegkürzt. Damit erhalten wir

$$\frac{\hbar}{i} \frac{\partial}{\partial x} \psi(x, t) = \frac{1}{\sqrt{2\pi\hbar}} \int_{-\infty}^{\infty} p g(p, t) e^{\frac{i}{\hbar} p x} \, dp. \tag{3.62}$$

Die Bildung der 2. Ableitung ergibt

$$\frac{\hbar}{i} \frac{\partial^2}{\partial x^2} \psi(x, t) = \frac{i}{\hbar} \frac{1}{\sqrt{2\pi\hbar}} \int_{-\infty}^{\infty} p^2 g(p, t) e^{\frac{i}{\hbar} p x} \, dp. \tag{3.63}$$

Erneute Multiplikation auf beiden Seiten mit $\hbar/i$ liefert

$$\left(\frac{\hbar}{i} \frac{\partial}{\partial x} \right)^2 \psi(x, t) = \frac{1}{\sqrt{2\pi\hbar}} \int_{-\infty}^{\infty} p^2 g(p, t) e^{\frac{i}{\hbar} p x} \, dp. \tag{3.64}$$

Der Trick ist nun, dass wir die beiden eingerahmten Gl. (3.61) und (3.64) direkt miteinander vergleichen können, wenn wir noch in Gl. (3.64) berücksichtigen, dass für ein freies Teilchen $E(p) = p^2/(2m)$ gilt. Die linken Seiten dieser Gleichungen stimmen also bis auf einen Faktor $1/(2m)$ miteinander überein, und wir erhalten damit:

Die Schrödinger-Gleichung für ein freies Teilchen

$$i\hbar \frac{\partial}{\partial t} \psi(x, t) = \frac{1}{2m} \left(\frac{\hbar}{i} \frac{\partial}{\partial x} \right)^2 \psi(x, t) = -\frac{\hbar^2}{2m} \frac{\partial^2}{\partial x^2} \psi(x, t). \tag{3.65}$$

Die Schrödinger-Gleichung (Abb. 3.11) ist aber nicht die einzige Möglichkeit. Wegen $E^2 = p^4/(2m)^2$ genügt ψ beispielsweise auch der Gleichung

$$-\hbar^2 \frac{\partial^2}{\partial t^2} \psi = \frac{\hbar^4}{(2m)^2} \frac{\partial^4 \psi}{\partial x^4}. \tag{3.66}$$

Die Schrödinger-Gleichung ist jedoch die *einfachste* lineare Gleichung, die man finden kann. Sie ist von *erster* Ordnung in der Zeit, so dass man als Anfangswert nur $\psi(x, 0)$ kennen muss, um $\psi(x, t)$ ausrechnen zu können. Der Leser beachte, dass die Schrödinger-Gleichung von *zweiter* Ordnung in der Ortsvariablen ist, d. h. also, dass Ort- und Zeit *nicht* symmetrisch behandelt werden. Dies wäre für eine relativistisch

Abb. 3.11 Erwin Schrödinger und das Titelblatt der ersten von einer Serie von Publikationen zu „Quantisierung als Eigenwertproblem" aus dem Frühjahr 1927. Schrödinger hatte seine Gleichung im Dezember 1926 aufgestellt. (© akg-images)

korrekte Gleichung jedoch zwingend notwendig. Aus diesem Grund kann die Schrödinger-Gleichung nicht für Teilchen mit hohen Geschwindigkeiten gelten, sondern ist offenbar nur eine Näherungsgleichung für den nicht-relativistischen Fall kleiner Teilchengeschwindigkeiten und kleiner Energien.

Führt man die Hamilton-Funktion $H(p, x) = p^2/(2m)$ ein, so gilt also offenbar für ein freies Teilchen:

$$i\hbar \frac{\partial}{\partial t} \psi(x, t) = H\left(\frac{\hbar}{i} \frac{\partial}{\partial x}, x\right) \psi, \tag{3.67}$$

d. h. wir gewinnen die *Korrespondenzregel* (eine Regel zur Beschreibung des Übergangs von der klassischen Mechanik zur Quantenmechanik), dass in der Hamilton-Funktion der Impuls p durch den Differenzialoperator $\hat{p}$, den sogen. *Impulsoperator*

$$\boxed{p \to \hat{p} = \frac{\hbar}{i} \frac{\partial}{\partial x},} \tag{3.68}$$

ersetzt werden muss. Aus der Hamilton-*Funktion H* wird dann der Hamilton-*Operator $\hat{H}$*. In Abschn. 4.7 werden wir die Korrespondenzregel aus Gl. (3.68) verallgemeinern zum *Korrespondenzprinzip* und dieses in den Status eines *Axioms* der Quantenmechanik erheben.

3.3.1 Die Schrödinger-Gleichung für Teilchen im Potenzial $V(x)$

Hier geht man nach demselben Rezept wie beim freien Teilchen vor, d. h., in der Hamilton-Funktion $H = p^2/(2m) + V(x)$ wird p durch $\hat{p}$ ersetzt. Der Hamilton-Operator lautet dann:

$$\hat{H} = H\left(\frac{\hbar}{i}\frac{\partial}{\partial x}, x\right) = -\frac{\hbar^2}{2m}\frac{\partial^2}{\partial x^2} + V(x) = \frac{\hat{p}^2}{2m} + V(x). \qquad (3.69)$$

Die Vorgehensweise im Dreidimensionalen ist ganz analog gemäß der *Jordan'schen Regel* für die einzelnen Impulskomponenten:

Die Jordan'sche Regel
Beim Übergang von der klassischen Mechanik zur Quantenmechanik werden die Impulskomponenten p_x, p_y, p_z ersetzt durch

$$p_x \to \frac{\hbar}{i}\frac{\partial}{\partial x}, \quad p_y \to \frac{\hbar}{i}\frac{\partial}{\partial y}, \quad p_z \to \frac{\hbar}{i}\frac{\partial}{\partial z} \qquad (3.70)$$

bzw., in der Vektorform geschrieben, durch

$$\vec{p} \to \hat{\vec{p}} = \frac{\hbar}{i}\nabla. \qquad (3.71)$$

Damit erhält man schließlich aus der Hamilton-Funktion

$$H(\vec{p}, \vec{x}) = \frac{\vec{p}^2}{2m} + V(\vec{x}) \qquad (3.72)$$

den Hamilton-Operator

$$\boxed{\hat{H} = H(\hat{\vec{p}}, \vec{x}) = H\left(\frac{\hbar}{i}\nabla, \vec{x}\right) = \frac{1}{2m}\left(\frac{\hbar}{i}\nabla\right)^2 + V(\vec{x}) = -\frac{\hbar^2}{2m}\Delta + V(\vec{x}).}$$
$$(3.73)$$

Die zeitabhängige Schrödinger-Gleichung lautet dann

$$\boxed{i\hbar\frac{\partial\psi}{\partial t} = \hat{H}\psi = H\left(\frac{\hbar}{i}\nabla, \vec{x}\right)\psi} \qquad (3.74)$$

bzw. ausgeschrieben

$$\boxed{i\hbar\frac{\partial\psi}{\partial t} = \left[-\frac{\hbar^2}{2m}\Delta + V(\vec{x})\right]\psi.} \qquad (3.75)$$

Man kann sich natürlich auch fragen, wie sich die Wahrscheinlichkeitsamplitude für die Impulse, also für $g(p,t)$ statt $\psi(x,t)$ mit der Zeit ändert. Im Eindimensionalen und ohne äußeres Feld (also $V(x) = 0$) haben wir:

$$g(p,t) = g(p)e^{-\left(\frac{i}{\hbar}\right)E(p)t}.$$

Deshalb gilt

$$i\hbar\frac{\partial g}{\partial t} = E(p)g(p,t) = H(p)g(p,t),$$

wegen denn für ein freies Teilchen ist $E(p) = H(p)$. Um die entsprechende Gleichung mit einem Potenzial $V(x)$ zu finden, berücksichtigen wir gemäß den Gl. (3.31) und (3.32), dass $g(p,t)$ die Fourier-Transformierte von $\psi(x,t)$ ist.

Die Multiplikation der Schrödinger-Gleichung (3.75) mit $\exp(-ipx/\hbar)/\sqrt{2\pi\hbar}$ und Integration über x liefert

$$i\hbar\frac{1}{\sqrt{2\pi\hbar}}\int_{-\infty}^{\infty}\frac{\partial\psi}{\partial t}e^{-ipx/\hbar}\,dx \underset{\underset{\text{Gl. (3.31)}}{\uparrow}}{=} i\hbar\dot{g}(p,t) = \frac{1}{2m}\int_{-\infty}^{\infty}\frac{e^{-ipx/\hbar}}{\sqrt{2\pi\hbar}}\left(\frac{\hbar}{i}\frac{\partial}{\partial x}\right)^2\psi(x,t)\,dx$$

$$+\int_{-\infty}^{\infty}\frac{e^{-ipx/\hbar}}{\sqrt{2\pi\hbar}}V(x)\psi(x,t)\,dx.$$

Durch zweimalige partielle Integration kann das erste Integral auf der rechten Seite der vorigen Gleichung in $p^2 g(p,t)/(2m)$ übergeführt werden. Der ausintegrierte Bestandteil ergibt dann immer null, weil die Wellenfunktion im Unendlichen verschwinden muss – das Normierungsintegral könnte sonst nämlich nicht gleich eins sein. Beim zweiten Integral nehmen wir an, dass das Potenzial in eine Reihe entwickelbar sei gemäß:

$$V(x) = \sum_{n=0}^{\infty} V_n x^n. \tag{3.76}$$

Es gilt dann

$$\frac{1}{\sqrt{2\pi\hbar}}\int_{-\infty}^{\infty}V(x)\,\psi(x,t)\,e^{ipx/\hbar}dx = \frac{1}{\sqrt{2\pi\hbar}}\sum_{n=0}^{\infty}V_n\int_{-\infty}^{\infty}x^n\psi(x,t)\,e^{ipx/\hbar}dx$$

wobei $V(-(\hbar/i)\partial/\partial p)$ durch $\sum_n V_n\left[-(\hbar/i)\partial/\partial p\right]$ definiert ist. Die Gleichung für g lautet damit

$$i\hbar\dot{g} = \hat{H}g, \tag{3.77a}$$

$$\hat{H} = H(p,\hat{x}) = H\left(p, -\frac{\hbar}{i}\frac{\partial}{\partial p}\right). \tag{3.77b}$$

In der Hamilton-Funktion muss also in diesem Fall x gemäß

$$x \quad \rightarrow \quad \hat{x} = -\frac{\hbar}{i}\frac{\partial}{\partial p} \tag{3.78}$$

ersetzt werden. Ob man die eine oder die andere Gleichung verwendet, kommt auf das vorhandene Problem an. Sind im Potenzial höhere als zweite Potenzen enthalten, so ist die gewöhnliche Schrödinger-Gleichung, nämlich die Schrödinger-Gleichung in der sogen. *Ortsdarstellung* zweckmäßiger; verschwindet das Potenzial ($V = 0$) oder ist es nur linear von x abhängig, so ist die Schrödinger-Gleichung in der sogen. *Impulsdarstellung* einfacher – es kommen dann jeweils die niedrigsten Ableitungen in $\partial/\partial x$ bzw. $\partial/\partial p$ vor. Beim harmonischen Oszillator laufen beide Gleichungen auf dasselbe Problem hinaus. Im Dreidimensionalen lauten die Gleichungen:

Ortsdarstellung

$$i\hbar\dot{\psi} = \hat{H}\psi, \qquad \hat{H} = H(\hat{\vec{p}}, \vec{x}), \qquad \hat{\vec{p}} = \frac{\hbar}{i}\nabla. \tag{3.79}$$

Impulsdarstellung

$$i\hbar\dot{g} = \hat{H}g, \qquad \hat{H} = H(\vec{p}, \hat{\vec{x}}), \qquad \hat{\vec{x}} = -\frac{\hbar}{i}\nabla_p. \tag{3.80}$$

3.3.2 Berechnung von Mittelwerten

In der Quantenmechanik werden Mittelwerte häufig auch als *Erwartungswerte* bezeichnet, weil sie das zu erwartende Ergebnis von Messungen repräsentieren. Als Symbol für den Erwartungswert (d. h. den Mittelwert) einer Größe A verwendet man in der Quantenmechanik das Symbol $\langle A \rangle$ anstelle des Mittelungsstriches $\overline{A}$. Wir wollen uns die Berechnung von Mittelwerten zunächst wieder im Eindimensionalen klarmachen. Wir haben gesehen, dass

$$w(x, t) = \psi(x, t)\,\psi(x, t)\psi^*(x, t) \tag{3.81}$$

die Wahrscheinlichkeitsdichte ist. Bei einer Messung des Ortes findet man also mit einer gewissen Wahrscheinlichkeit $w(x, t)\Delta x$ das Teilchen im Intervall $I \in [x, x + \Delta x]$ (Abb. 3.12). Macht man sehr viele Versuche bzw. misst man viele (N) Systeme, so wird also der Bruchteil

$$\frac{n}{N} = w(x, t)\Delta x \tag{3.82}$$

Abb. 3.12 Wahrscheinlichkeitsverteilung bei einer
Messung der Ortsvariablen x

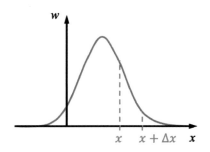

in das Intervall I fallen. Gewöhnlich interessiert man sich jedoch weniger für die
Verteilungsfunktion $w(x, t)$, sondern nur für den Mittelwert

$$\langle x \rangle = \int\limits_{-\infty}^{\infty} x \cdot w(x, t) \, dx. \tag{3.83}$$

Beispiel 3.9 (Mittelwert der Polarisation P)
Die Polarisation ist das mittlere Dipolmoment

$$P = n \langle ex \rangle = en \langle x \rangle,$$

wobei n die Anzahl der Atome und e die Elementarladung ist. Kennt man $\langle x \rangle$ für
ein Atom, so hat man damit die Polarisation; auf diese Weise kann man auch die
Suszeptibilität ausrechnen. Allgemein gesprochen: Wenn man den Mittelwert von
$f(x)$ berechnen will (etwa die mittlere kinetische Energie), so gilt:

$$f_{\mathrm{M}}(t) = \langle f(x) \rangle = \int\limits_{-\infty}^{\infty} f(x) \, w(x, t) \, dx = \int\limits_{-\infty}^{\infty} \psi^*(x, t) \, f(x) \, \psi(x, t) dx. \tag{3.84}$$

Der Mittelwert hängt also nicht von x ab. Er kann jedoch noch von der Zeit abhängen. ∎

Analoges gilt für den mittleren Impuls und den Mittelwert einer Funktion des Impulses, z. B. der kinetischen Energie $E_{\mathrm{kin}} = p^2/(2m)$:

$$f_{\mathrm{M}}(t) = \langle f(p) \rangle = \int\limits_{-\infty}^{\infty} f(p) \, w(p, t) \, dp = \int\limits_{-\infty}^{\infty} g(p, t)^* \, f(p) \, g(p, t) \, dp. \tag{3.85}$$

Der Erwartungswert des Impulses in der Ortsdarstellung

Man möchte nun gerne solche Mittelwerte des Impulses wie in Gl. (3.85) auch durch die Wahrscheinlichkeitsamplitude des Orts, d. h. durch $\psi(x, t)$, ausdrücken. Anders gesagt, möchte man Mittelwerte für den Impuls in der Ortsdarstellung ausrechnen. Dazu muss man lediglich g und g^* durch ψ gemäß Gl. (3.32) ausdrücken und einsetzen. Um die Beschreibung nicht unnötig kompliziert zu machen, wollen wir uns die Rechnung nur für eine spezielle Form von $f(p)$, nämlich $f(p) = p$ anschauen.

Wir berechnen also den Erwartungswert des Impulses p, indem wir in

$$\langle p \rangle = \int\limits_{-\infty}^{\infty} g^*(p, t)\, p\, g(p, t)\, \mathrm{d}p \tag{3.86}$$

die Funktion $g(p, t)$ ersetzen durch

$$g(p, t) = \frac{1}{\sqrt{2\pi\hbar}} \int\limits_{-\infty}^{\infty} \psi(x, t)\, \mathrm{e}^{-ipx/\hbar}\, \mathrm{d}x. \tag{3.87}$$

Wenn wir analog zu Gl. (3.87) die Funktion $g^*(p, t)$ durch das entsprechende Integral über $\psi(x', t)$ ersetzen erhalten wir damit:

$$\langle p \rangle = \frac{1}{2\pi\hbar} \iiint\limits_{-\infty}^{\infty} \mathrm{e}^{ipx'/\hbar}\, \psi^*(x', t)\, p\, \mathrm{e}^{-ipx/\hbar}\, \psi(x, t)\, \mathrm{d}x\, \mathrm{d}x'\, \mathrm{d}p. \tag{3.88}$$

Wir verwenden nun einen wichtigen Trick, den sich der interessierte Leser gut einprägen sollte. Wegen

$$p \cdot \mathrm{e}^{ipx/\hbar} = -\frac{\hbar}{i}\frac{\partial}{\partial x}\left(\mathrm{e}^{-ipx/\hbar}\right)$$

können wir das Integral über x in Gl. (3.88) durch partielle Integration umformen:

$$-\int\limits_{-\infty}^{\infty} \frac{\hbar}{i}\frac{\partial}{\partial x}\left(\mathrm{e}^{-ipx/\hbar}\right)\psi(x, t)\, \mathrm{d}x = -\frac{\hbar}{i}\mathrm{e}^{-ipx/\hbar}\psi(x, t)\,\Big|_{-\infty}^{\infty} \tag{3.89a}$$

$$+\int\limits_{-\infty}^{\infty} \mathrm{e}^{-ipx/\hbar}\frac{\hbar}{i}\frac{\partial}{\partial x}\psi(x, t)\, \mathrm{d}x.$$

Da im Unendlichen die Wellenfunktion immer genügend stark abnehmen muss ($\psi(x, t) \xrightarrow[x \to \infty]{} 0$), verschwindet der ausintegrierte Term, und übrig bleibt:

$$\langle p \rangle = \frac{1}{2\pi\hbar} \iiint\limits_{-\infty}^{\infty} e^{ipx'/\hbar} \psi^*(x', t) \, e^{-ipx/\hbar} \frac{\hbar}{i} \frac{\partial}{\partial x} \psi(x, t) \, dx \, dx' \, dp \qquad (3.90a)$$

$$= \frac{1}{2\pi\hbar} \iiint\limits_{-\infty}^{\infty} e^{\frac{i}{\hbar} p(x-x')} \psi^*(x', t) \frac{\hbar}{i} \frac{\partial}{\partial x} \psi(x, t) \, dx \, dx' \, dp. \qquad (3.90b)$$

Durch die partielle Integration haben wir erreicht, dass wir jetzt die Integration über p ausführen können. Dazu müssen wir uns an die Fourier-Darstellung der Deltafunktion erinnern. Ich empfehle dem Studierenden, an dieser Stelle vor dem Weiterlesen einen Moment innezuhalten und den Abschn. 4.9 über die in der Quantenmechanik sehr wichtige Dirac'sche Deltafunktion durchzuarbeiten. Es ist

$$\frac{1}{2\pi\hbar} \int\limits_{-\infty}^{\infty} e^{\frac{i}{\hbar} p(x-x')} \, dp = \frac{1}{2\pi\hbar} \int\limits_{-\infty}^{\infty} \hbar e^{iu(x-x')} \, du = \frac{1}{2\pi} \int\limits_{-\infty}^{\infty} e^{iu(x-x')} \, du = \delta(x' - x).$$
$$(3.91)$$

Bei der Umformung des Integrals auf die Standardform der δ-Funktion haben wir die Substitution $\frac{p}{\hbar} = u \Rightarrow dp = du \cdot \hbar$ verwendet. Damit können wir das Integral in Gl. (3.90b) wesentlich vereinfachen:

$$\langle p \rangle = \iint\limits_{-\infty}^{\infty} \psi^*(x', t) \delta(x' - x) \frac{\hbar}{i} \frac{\partial}{\partial x} \psi(x, t) dx \, dx'. \qquad (3.92)$$

Die Integration über x' können wir jetzt mit der δ-Funktion ausführen und gewinnen schließlich unsere gesuchte Formel für die Berechnung des Impulsmittelwertes in der Ortsdarstellung:

$$\boxed{\langle p \rangle = \int\limits_{-\infty}^{\infty} \psi^*(x, t) \frac{\hbar}{i} \frac{\partial}{\partial x} \psi(x, t) dx = \int\limits_{-\infty}^{\infty} \psi^*(x, t) \, \hat{p} \, \psi(x, t) dx.} \qquad (3.93)$$

Diese Gleichung drückt den Erwartungswert für den Impuls aus, wenn man sehr viele Messungen durchführt. Wir kommen somit zu folgendem Schluss:

In der Ortsdarstellung, in der der Zustand eines Teilchens durch die Wellenfunktion $\psi(x)$ beschrieben ist, wird der Erwartungswert des Impulses p berechnet, indem man in Gl. (3.86) den Impuls p durch den Impulsoperator

$$\hat{p} = \frac{\hbar}{i}\frac{\partial}{\partial x} \qquad (3.94)$$

ersetzt.

Mittels einer Taylor-Entwicklung von $f(p) = \sum_n f_n p^n$ und n-maliger nachfolgenden partiellen Integration kann man analog zeigen, dass gilt:

$$\langle p \rangle = \int\limits_{-\infty}^{\infty} \psi^*(x,t)\, f\left(\frac{\hbar}{i}\frac{\partial}{\partial x}\right)\psi(x,t)\mathrm{d}x = \int\limits_{-\infty}^{\infty} \psi^*(x,t)\, f(\hat{p})\,\psi(x,t)\mathrm{d}x.$$

$$(3.95)$$

Man kann natürlich auch den Mittelwert $f(p)$ analog in der Impulsdarstellung berechnen:

$$\langle f(p)\rangle = \int\limits_{-\infty}^{\infty} g^*(p,t)\, f\left(\frac{\hbar}{i}\frac{\partial}{\partial p}\right)\psi(p,t)\mathrm{d}p = \int\limits_{-\infty}^{\infty} g^*(x,t)\, f(\hat{x})\,g(p,t)\mathrm{d}p.$$

$$(3.96)$$

Der Erwartungswert der Ortskoordinate in der Impulsdarstellung

Analog können wir nun auch den Erwartungswert der Ortskoordinate x in der Impulsdarstellung berechnen. Wir gehen hier entsprechend von der Ortsdarstellung aus und wechseln mittels Fourier-Transformation in die Impulsdarstellung. Wir wissen bereits aus Gl. (3.80), dass wir dazu in dem Ausdruck für den Mittelwert x durch $\hat{x} = -\frac{\hbar}{i}\frac{\partial}{\partial p}$ ersetzen müssen und leiten dieses Ergebnis hier wie folgt ab:

$$\langle x \rangle = \int\limits_{-\infty}^{\infty} \psi^*(x,t)\, x\psi(x,t)\,\mathrm{d}x = \frac{1}{\sqrt{2\pi\hbar}}\int\limits_{-\infty}^{\infty} \psi^*(x,t)\, x \int\limits_{-\infty}^{\infty} g(p,t)\,\mathrm{e}^{ixp/\hbar}\,\mathrm{d}p\mathrm{d}x.$$

$$(3.97)$$

Partielle Integration für das Integral über p liefert

$$\int\limits_{-\infty}^{\infty} g(p,t)\,e^{ixp/\hbar}\,dp = \underbrace{g(p,t)\frac{\hbar}{ix}\,e^{ixp/\hbar}\Big|_{-\infty}^{+\infty}\,dp\,dx}_{=0} - \int\limits_{-\infty}^{\infty}\frac{\partial g(p,t)}{\partial p}\frac{\hbar}{ix}\,e^{ixp/\hbar}\,dp.$$

(3.98)

Der erste Summand verschwindet, da auch $g(p,t)$ quadratisch integrabel (normierbar) ist und somit insbesondere im Unendlichen gegen null strebt. Einsetzen in Gl. (3.98) und Umformen liefert

$$\langle x \rangle = \int\limits_{-\infty}^{\infty} \underbrace{\frac{1}{\sqrt{2\pi\hbar}} \int\limits_{-\infty}^{\infty} \psi^*(x,t)\,e^{ixp/\hbar}dx}_{=\,g^*(p,t)} - \left(\frac{\hbar}{i}\right)\frac{\partial g(p,t)}{\partial p}\,dp \qquad (3.99a)$$

$$= \int\limits_{-\infty}^{\infty} g^*(p,t)\,i\hbar\,\frac{\partial g(p,t)}{\partial p}\,dp. \qquad (3.99b)$$

Wir fassen zusammen:

In der Impulsraumdarstellung, in der der Zustand eines Teilchens durch die Wellenfunktion $g(p,t)$ beschrieben ist, wird der Erwartungswert der Ortskoordinate x berechnet, indem man die Ortskoordinate x in

$$\langle x \rangle = \int\limits_{-\infty}^{\infty} g^*(x,t)\,x g(x,t)\,dp \qquad (3.100)$$

durch den Ortsoperator

$$\hat{x} = -\frac{\hbar}{i}\frac{\partial}{\partial p} \qquad (3.101)$$

ersetzt.

In der Ortsraumdarstellung ist der Ortsoperator $\hat{x}$ trivialerweise der Faktor x, und in der Impulsdarstellung ist der Impulsoperator $\hat{p}$ trivialerweise der Faktor p. Es ist anzumerken, dass die Operatoren jeweils auf die nachfolgende Funktion rechts vom jeweiligen Operator wirken und daher die Reihenfolge der Faktoren von entscheidender Bedeutung ist.

Noch allgemeiner ist die Mittelwertbildung von $F(p,x)$. Hier ergibt sich

---

Mittelwert von $F(p, x)$ in Ortsdarstellung

$$\langle F(p, x)\rangle = \int\limits_{-\infty}^{\infty} \psi^*(x, t) F^h(\hat{p}, x)\psi(x, t)\, \mathrm{d}x. \qquad (3.102)$$

Mittelwert von $F(p, x)$ in Impulsdarstellung

$$\langle F(p, x)\rangle = \int\limits_{-\infty}^{\infty} g^*(p, t) F^h(p, \hat{x}) g(p, t)\, \mathrm{d}p. \qquad (3.103)$$

Die Größe F^h ist hierbei jeweils der *Hermite'sche Anteil* des Operators.

Wenn in der Funktion $F(p, x)$ die Größen p und x in Produktform vorkommen, wie z. B. als px, dann ist Vorsicht geboten. Es ist nämlich

$$\langle xp\rangle = \int\limits_{-\infty}^{\infty} \psi^* x\hat{p}\psi\, \mathrm{d}x, \qquad \langle px\rangle = \int\limits_{-\infty}^{\infty} \psi^* \hat{p}x\psi\, \mathrm{d}x. \qquad (3.104)$$

Damit gilt für die Differenz

$$\langle px - xp\rangle = \int\limits_{-\infty}^{\infty} \psi^* \left(\hat{p}x - x\hat{p}\right)\psi\, \mathrm{d}x = \frac{\hbar}{\mathrm{i}}, \qquad (3.105)$$

wegen

$$\hat{p}x - x\hat{p} = \frac{\hbar}{\mathrm{i}}\frac{\partial}{\partial x}x - x\frac{\hbar}{\mathrm{i}}\frac{\partial}{\partial x} = \frac{\hbar}{\mathrm{i}} + x\frac{\hbar}{\mathrm{i}}\frac{\partial}{\partial x} - x\frac{\hbar}{\mathrm{i}}\frac{\partial}{\partial x} = \frac{\hbar}{\mathrm{i}}.$$

Wir werden später noch sehen, dass man in diesem Beispiel den symmetrisierten Ausdruck

$$\langle\{xp\}_S\rangle = \int\limits_{-\infty}^{\infty} \psi^* \frac{x\hat{p} - \hat{p}x}{2}\psi\, \mathrm{d}x, \qquad (3.106)$$

also nur den Hermite'schen Anteil ansetzen muss, um reelle Erwartungswerte zu erhalten. Die genannte Schwierigkeit tritt jedoch nicht auf, wenn $F(p, x) = f(p) + h(x)$ additiv ist, wie etwa beim Hamilton-Operator.

Die Übertragung dieser Formeln ins Dreidimensionale verläuft ohne weitere Schwierigkeiten vollkommen analog und sei dem Leser als Übung überlassen. Hier sind daher lediglich die Endformeln angegeben:

Mittelwert von $F(\vec{p}, \vec{x})$

$$\langle F(\vec{p}, \vec{x})\rangle = \int\limits_{-\infty}^{\infty} \psi^*(\vec{x}, t)\, F^h(\hat{\vec{p}}, \vec{x})\, \psi(\vec{x}, t) d^3 x$$

$$= \int\limits_{-\infty}^{\infty} g^*(\vec{p}, t)\, F^h(\vec{p}, \hat{\vec{x}})\, g(\vec{p}, t) d^3 p. \qquad (3.107)$$

Ortsdarstellung $\qquad \hat{\vec{p}} = \dfrac{\hbar}{i}\nabla, \qquad \hat{\vec{x}} = \vec{x}. \qquad (3.108a)$

Impulsdarstellung $\qquad \hat{\vec{x}} = -\dfrac{\hbar}{i}\nabla_p, \qquad \hat{\vec{p}} = \vec{p}. \qquad (3.108b)$

Die Mittelwerte können noch Funktionen der Zeit sein. Das *Ehrenfest-Theorem* besagt in diesem Fall, dass sich die Mittelwerte gemäß den klassischen Gesetzen verhalten, d. h. die Mittelwerte sind identisch mit den klassischen Gleichungen (Ehrenfest 1927).

Beispiel 3.10 (Das Ehrenfest-Theorem)
Ein Teilchen der Masse m bewege sich entlang der x-Achse in einem Potenzial $V(x)$. Die Newton'sche Bewegungsgleichung kann geschrieben werden in der Form

$$\frac{d}{dt} p = F = -\frac{\partial V}{\partial x}. \qquad (3.109)$$

Diese klassische Gleichung nimmt daher in der Quantenmechanik folgende Gestalt an:

$$\frac{d}{dt}\langle p\rangle = \langle F\rangle = \left\langle -\frac{\partial V}{\partial x}\right\rangle. \qquad (3.110)$$

Herleitung:

$$\frac{d}{dt}\langle p\rangle = \frac{d}{dt}\int\limits_{-\infty}^{\infty} \psi(x, t)\,\hat{p}\,\psi(x, t)\, dx$$

$$= \frac{\hbar}{i}\frac{d}{dt}\int\limits_{-\infty}^{\infty} \psi(x, t)\frac{\partial \psi(x, t)}{\partial x}\, dx$$

$$= \frac{\hbar}{i}\int\limits_{-\infty}^{\infty}\left(\frac{\partial \psi^*(x, t)}{\partial t}\frac{\partial \psi(x, t)}{\partial t} + \psi(x, t)\frac{\partial}{\partial t}\frac{\partial \psi(x, t)}{\partial x}\right)\, dx. \qquad (3.111)$$

Die Schrödinger Gleichung und das konjugiert Komplexe der Schrödinger Gleichung
für unser Beispiel lauten:

$$i\hbar\frac{\partial \psi(x,t)}{\partial t} = -\frac{\hbar}{2m}\frac{\partial \psi(x,t)}{\partial x^2} + V(x)\psi(x,t), \qquad (3.112a)$$

$$-i\hbar\frac{\partial \psi^*(x,t)}{\partial t} = -\frac{\hbar}{2m}\frac{\partial \psi^*(x,t)}{\partial x^2} + V(x)\psi^*(x,t). \qquad (3.112b)$$

Einsetzen in Gl. (3.111) liefert

$$\frac{\mathrm{d}}{\mathrm{d}t}\langle p\rangle = \int_{-\infty}^{\infty}\left(-\frac{\hbar^2}{2m}\frac{\partial \psi^2(x,t)}{\partial x^2} + V(x)\psi(x,t)\right)\frac{\partial \psi(x,t)}{\partial x}\,\mathrm{d}x$$

$$+ \int_{-\infty}^{\infty}\psi(x,t)\frac{\partial}{\partial x}\left(\frac{\hbar^2}{2m}\frac{\partial^2\psi(x,t)}{\partial x^2} - V(x)\psi(x,t)\right)\mathrm{d}x$$

$$\underset{\text{p.I.}}{\overset{\uparrow}{-}}\int_{-\infty}^{\infty}\frac{\hbar^2}{2m}\frac{\partial \psi(x,t)}{\partial x}\frac{\partial \psi(x,t)}{\partial x^2}\,\mathrm{d}x + \int_{-\infty}^{\infty}V(x)\psi^*(x,t)\frac{\partial \psi(x,t)}{\partial x}\,\mathrm{d}x$$

$$-\int_{-\infty}^{\infty}\frac{\hbar^2}{2m}\frac{\partial \psi^*(x,t)}{\partial x}\frac{\partial^2\psi(x,t)}{\partial x^2}\,\mathrm{d}x - \int_{-\infty}^{\infty}\psi^*(x,t)\frac{\partial}{\partial x}\left(V(x)\psi(x,t)\right)\mathrm{d}x$$

$$= \int_{-\infty}^{\infty}V(x)\psi^*(x,t)\frac{\partial \psi(x,t)}{\partial x}\,\mathrm{d}x - \int_{-\infty}^{\infty}\psi^*(x,t)V(x)\frac{\partial \psi(x,t)}{\partial x}\,\mathrm{d}x$$

$$-\int_{-\infty}^{\infty}\psi^*(x,t)\frac{\partial V(x)}{\partial x}\psi(x,t)\,\mathrm{d}x$$

$$= \int_{-\infty}^{\infty}\psi^*(x,t)\left(-\frac{\partial V(x)}{\partial x}\right)\psi(x,t)\,\mathrm{d}x$$

$$= \left\langle -\frac{\partial V}{\partial x}\right\rangle. \qquad (3.113)$$

∎

Speziell für einen harmonischen Oszillator erhalten wir $\langle \dot{p}\rangle = -m\omega\langle x\rangle$, mit
$\langle x\rangle = \langle p\rangle/m$.

3.3.3 Der Wahrscheinlichkeitsstrom

Die Schrödinger-Gleichung ist offensichtlich nur dann sinnvoll, wenn die Gesamtwahrscheinlichkeit für das Antreffen eines Teilchens im Intervall d^3x, also die Nor-

mierung des Integrals

$$\int_{-\infty}^{\infty} \psi^*(\vec{x}, t)\, \psi(\vec{x}, t)\, \mathrm{d}^3 x, \tag{3.114}$$

sich im Laufe der Zeit nicht verändert. Würde sich die Normierung nämlich zeitlich ändern, so hieße dies, dass Teilchen verloren gehen (oder hinzukommen). Dies kann bei einer Bewegung in einem Potenzialfeld $V(\vec{x})$ nicht geschehen. Wir wollen uns in diesem Abschnitt davon überzeugen und es beweisen, dass die Normierung von Gl. (3.114) zeitlich konstant ist. Dazu betrachten wir zunächst, wie sich die Wahrscheinlichkeitsdichte $w(\vec{x}, t) = \psi(\vec{x}, t)\psi^*(\vec{x}, t)$ zeitlich ändert:

$$\frac{\partial w}{\partial t} = \frac{\partial}{\partial t}\left(\psi^*(\vec{x}, t)\psi(\vec{x}, t)\right) = \dot{\psi}^*\psi + \psi^*\dot{\psi} \tag{3.115a}$$

$$= \left[\frac{1}{-i\hbar}\left(-\frac{\hbar^2}{2m}\Delta + V\right)\psi^*\right]\psi + \psi^*\frac{1}{i\hbar}\left[\left(-\frac{\hbar^2}{2m}\Delta + V\right)\psi\right]. \tag{3.115b}$$

Zur Umformung von $\dot{\psi}$ in Gl. (3.115a) haben wir die zeitabhängige Schrödinger-Gleichung aus Gl. (3.79) verwendet. Zu beachten ist, dass in Gl. (3.115b) keine Differenziationen außerhalb der eckigen Klammer erfolgen. Es ist also

$$\frac{\partial w}{\partial t} = \frac{\hbar}{2im}\left[\left(\Delta\psi^*\right)\psi - \psi^*\Delta\psi\right] = \frac{\hbar}{2im}\nabla\left[\left(\nabla\psi^*\right)\psi - \psi^*\left(\nabla\psi\right)\right]. \tag{3.116}$$

Bei dieser Umformung fallen die Potenzialterme wegen der entgegengesetzten Vorzeichen weg. Hieraus folgt, mit der Definition des Wahrscheinlichkeitsstroms $\vec{S}$,

---

Definition 3.1 (Wahrscheinlichkeitsstrom $\vec{S}$)

$$\vec{S} = \frac{\hbar}{2im}\nabla\left[\psi^*\left(\nabla\psi\right) - \left(\nabla\psi^*\right)\psi\right], \tag{3.117}$$

---

eine Kontinuitätsgleichung (also eine Erhaltungsgleichung in differenzieller Form) für die Wahrscheinlichkeitsdichte:

$$\boxed{\frac{\partial w}{\partial t} + \nabla\vec{S} = 0.} \tag{3.118}$$

Der Vektor $\vec{S}$ stellt einen Strom dar, analog zur Dichte und zur Stromdichte in der Hydrodynamik. Die Analogie zur Hydrodynamik geht noch weiter, wenn wir den Impuls- und den Geschwindigkeitsoperator einführen:

$$\hat{\vec{p}} = \frac{\hbar}{i}\nabla, \qquad \hat{\vec{v}} = \frac{\hat{\vec{p}}}{m} = \frac{\hbar}{im}\nabla.$$

Dann folgt nämlich

$$\vec{S} = \frac{1}{2}\left[\psi^*\hat{\vec{v}}\psi + \left(\hat{\vec{v}}\psi\right)^*\psi\right],$$

und man erhielte, wenn $\hat{\vec{v}}$ kein Operator wäre:

$$\vec{S} = \vec{v}w,$$

also gerade den Teilchenstrom einer ebenen Welle, und

$$\frac{\partial w}{\partial t} + \nabla\left(\vec{v}w\right) = 0,$$

d. h. genau die Kontinuitätsgleichung (mit $w = \rho$) der Hydrodynamik. In integrierter Form lautet die Kontinuitätsgleichung (3.118):

$$\frac{\partial}{\partial t}\int_V w\,\mathrm{d}^3x + \underbrace{\int_F \vec{S}\,\mathrm{d}\vec{f}}_{=0} = 0. \tag{3.119}$$

Das Oberflächenintegral verschwindet bei genügend starkem (z. B. exponentiellem) Abfall des Wahrscheinlichkeitsstroms $\vec{S}$. Diese Gleichung besagt, dass die Wahrscheinlichkeit im Volumen V abnimmt, indem durch die Oberfläche F die Wahrscheinlichkeit herausfließt. Fällt im Unendlichen die Wahrscheinlichkeitsamplitude genügend stark ab, so gilt also

$$\frac{\partial}{\partial t}\int_V w\,\mathrm{d}^3x = 0 \quad\Longrightarrow\quad \int_V w\,\mathrm{d}^3x = \text{const.}, \tag{3.120}$$

d. h. die Normierung bleibt erhalten. Insbesondere ist de Normierung stets 1, falls sie zu irgendeinem Zeitpunkt 1 war.

3.3.4 Stationäre Lösungen der Schrödinger-Gleichung

Stationäre Lösungen der Schrödinger-Gleichung sind solche, bei denen die Wellenfunktion $\psi(\vec{x}, t)$ bzw. $g(\vec{p}, t)$ an jedem Ort mit fest vorgegebener Frequenz $\omega = E/\hbar$ schwingt. Das sind diejenigen Lösungen, die quantenmechanische Systeme beschreiben, die sich zeitlich nicht ändern, also z. B. Systeme im Grundzustand. Als Ergebnis der stationären Lösung erhält man die Energieeigenwerte von quantenmechanischen Systemen, die über spektroskopische Methoden einer Messung zugänglich sind. Zur Herleitung der stationären Lösungen verwenden wir eine Standardmethode zur Lösung partieller Differenzialgleichungen, nämlich den *Separationsansatz*. Hierbei nehmen wir an, dass wir die Wellenfunktion $\psi(\vec{x}, t)$ als das Produkt $f(t) \cdot \varphi(\vec{x})$ zweier Funktionen schreiben können, von denen eine nur von t und eine nur von

$\vec{x}$ abhängt. In der Impulsdarstellung nehmen wir analog an, das wir $g(\vec{p}, t)$ als das Produkt zweier Funktionen $f(t)$ und $h(\vec{p})$ schreiben können.

Beispiel 3.11 (Stationäre Schrödinger-Gleichung)
Die Wellenfunktion eines Systems entwickelt sich in der Zeit gemäß der zeitabhängigen Schrödinger-Gleichung. Wir betrachten hier den eindimensionalen Fall. Die Zeit- und die Ortsabhängigkeit können über einen Separationsansatz wie folgt voneinander getrennt werden:

$$\psi(x, t) = f(t) \cdot \varphi(x).$$

Einsetzen in die zeitabhängige Schrödinger-Gleichung liefert:

$$f(t) \cdot \hat{H}(x)\varphi(x) = \varphi(x) \cdot i\hbar \frac{d}{dt} f(t) \qquad | : (\varphi(x) \cdot f(t)),$$

$$\frac{1}{\varphi(t)} \hat{H}(x)\varphi(x) = \frac{i\hbar}{f(t)} \frac{d}{dt} f(t) = E.$$

Hiermit haben wir eine Gleichung erhalten, die nur von der Raumkoordinate abhängt (linke Seite), und eine Gleichung, die nur von der Zeitkoordinate abhängt (rechte Seite). Beide Ausdrücke können für jedes x und t nur dann gleich sein, wenn beide Seiten einem konstanten Wert entsprechen, der Separationskonstanten E. Für die Zeitabhängigkeit ergibt sich die folgende Differenzialgleichung erster Ordnung, die wir leicht lösen können:

$$i\hbar \frac{d}{dt} f(t) = Ef(t),$$

$$\int \frac{1}{f(t)} df(t) = \int -\frac{iE}{\hbar} \, dt,$$

$$\ln f(t) = -\frac{iEt}{\hbar},$$

$$f(t) = e^{-\frac{i}{\hbar} Et}.$$

Damit ist also die Zeit nur eine Modulation der Phase, da das Betragsquadrat der Wellenfunktion (die Aufenthaltswahrscheinlichkeitsdichte) $|\psi(x, t)|^2 = |\varphi(x)|^2$ zeitunabhängig ist. ∎

Lösungsansätze für die zeitunabhängige Schrödinger-Gleichung
Wir haben also die Lösungsansätze

$$\psi(\vec{x}, t) = e^{-\frac{i}{\hbar}Et} \cdot \varphi(\vec{x}), \qquad (3.121a)$$

$$g(\vec{p}, t) = e^{-\frac{i}{\hbar}Et} \cdot h(\vec{p}). \qquad (3.121b)$$

Diese Lösungen heißen stationär, weil die physikalisch beobachtbaren Größen wie Mittelwerte und Wahrscheinlichkeitsdichte dann nicht zeitabhängig sind – diese sind physikalisch besonders wichtig, weil dann vom System nichts abgestrahlt wird. Wir überzeugen uns nun davon, dass der zeitabhängige Faktor bei der Mittelwertbildung herausfällt:

$$\langle F(\vec{p}, \vec{x}) \rangle = \int_{-\infty}^{\infty} \psi^*(\vec{x}, t) \, F^h(\hat{\vec{p}}, \vec{x}) \, \psi(\vec{x}, t) d^3x$$

$$= \int_{-\infty}^{\infty} e^{\frac{i}{\hbar}Et} \varphi^*(\vec{x}) \, F^h(\hat{\vec{p}}, \vec{x}) \left(e^{-\frac{i}{\hbar}Et} \varphi(\vec{x}) \right) d^3x$$

$$= \int_{-\infty}^{\infty} \varphi^*(\vec{x}) \, F^h(\hat{\vec{p}}, \vec{x}) \, \varphi(\vec{x}) d^3x,$$

$$w(\vec{x}) = \varphi^*(\vec{x})\varphi(\vec{x}). \qquad (3.122)$$

Die Überlagerung zweier stationärer Lösungen mit verschiedenen Energien E ist nicht mehr stationär. Damit die Ansätze Lösungen der Schrödinger-Gleichung sind, müssen $\varphi(\vec{x})$ bzw. $h(\vec{p})$ der sogen. *zeitunabhängigen Schrödinger-Gleichung*

$$\boxed{H(\hat{\vec{p}}) \, \varphi(\vec{x}) = E\varphi(\vec{x})} \qquad (3.123)$$

in der Ortsdarstellung bzw. in der analogen Gleichung in der Impulsdarstellung genügen. Einsetzen von $H(\vec{p}, \vec{x}) = \vec{p}^2/(2m) + V(\vec{x})$ mit $\hat{\vec{p}} = (\hbar/(i)) \nabla$ und $\hat{\vec{p}}^2 = -\hbar^2 \Delta$ liefert:

$$\boxed{\left[-\frac{\hbar^2}{2m}\Delta + V(\vec{x}) \right] \varphi(\vec{x}) = E\varphi(\vec{x}).} \qquad (3.124)$$

Gleichungen wie diese sind sogen. *Eigenwertgleichungen*. Das bedeutet: Wenden wir den Hamilton-Operator $\hat{H} = H(\vec{p}, \vec{x})$ auf die Funktion $\varphi(\vec{x})$ an, so soll, bis auf den konstanten Proportionalitätsfaktor E, die Funktion $\varphi(\vec{x})$ wieder herauskommen. Die Funktionen φ, die einer solchen Eigenwertgleichung genügen, nennt man

Eigenfunktionen, und die Proportionalitätskonstante E heißt *Eigenwert.* Dieses Problem ist analog dem Lösungsproblem bei quadratischen Matrizen – dort gibt es auch Eigenrichtungen und Eigenwerte.

   Wir werden uns im nächsten Abschnitt einfache Beispiele zu Lösungen der stationären Schrödinger-Gleichung anschauen und dabei sehen, dass es bei manchen Problemen nur diskrete Eigenwerte $E_1, E_2, \ldots$ und zugehörige Eigenfunktionen $\varphi_1, \varphi_2, \ldots$ gibt, außerdem bei manchen Problemen nur kontinuierliche Eigenwerte und bei manchen beide, nämlich diskrete und kontinuierliche. In der Schrödinger'schen Theorie der Quantenmechanik folgen also aus der zeitunabhängigen Schrödinger-Gleichung die von Bohr geforderten diskreten Eigenwerte $E_1, E_2, \ldots$, bei denen nichts abgestrahlt wird. Doch bei der Überlagerung von Zuständen erhält man Mischterme, und es wird etwas abgestrahlt.

3.4   Die Lösung der Schrödinger-Gleichung für einfache Modellsysteme

Nachdem wir uns in den vorigen Abschnitten mit der Schrödinger-Gleichung vertraut gemacht haben, wollen wir nun diese allgemeinen theoretischen Überlegungen unterbrechen und einige spezielle Anwendungen diskutieren. Dabei betrachten wir ohne Beschränkung der Allgemeinheit (o. B. d. A.) Bewegungsabläufe *in einer Dimension,* d. h. *eindimensionale Potenziale* $V(x)$. Zum einen möchten wir damit mathematische Einfachheit erreichen, um den bislang erlernten Formalismus möglichst direkt üben zu können, ohne allzu sehr von irrelevanten, rein mathematischen Schwierigkeiten in diesem Zusammenhang abgelenkt zu werden. Zum anderen sind viele der typisch quantenmechanischen Phänomene in der Tat praktisch von eindimensionaler Natur und sogar relevant für praktische Anwendungen in der Physik der Mikro-(μm-) und Nano-(nm-)Strukturen.

3.4.1   Überblick über eindimensionale Potenzialprobleme

Wir werden uns vor allem mit stückweise konstanten Potenzialen beschäftigen (s. Abb. 3.13). Zu diesem Typus von exemplarischen Potenzialen gehören z. B. gebundene Zustände im Potenzialtopf, Abb. 3.13a, der Tunneleffekt beim Durchgang eines Teilchens durch eine Potenzialbarriere, Abb. 3.13b, verschiedene Streuprobleme an Potenzialen, Abb. 3.13c, d, e, wobei Abb. 3.13e ein δ-Potenzial darstellt (für Details zur Deltafunktion, siehe Abschn. 4.9), periodische Potenziale, die zu Energiebändern führen und vor allem zur Beschreibung von periodisch aufgebauten Festkörpern (mit einer kristallinen Gitteranordnung der Atome) verwendet werden, Abb. 3.13f, oder ungeordnete stückweise konstante Potenziale, welche den Effekt haben, die Wellenfunktion zu lokalisieren, Abb. 3.13f. Wir werden nicht alle diese Potenziale ausführlich behandeln, sondern uns auf die beiden wichtigsten prototypischen Fälle des endlich (und des unendlich) tiefen Potenzialtopfs sowie den Tunneleffekt konzen-

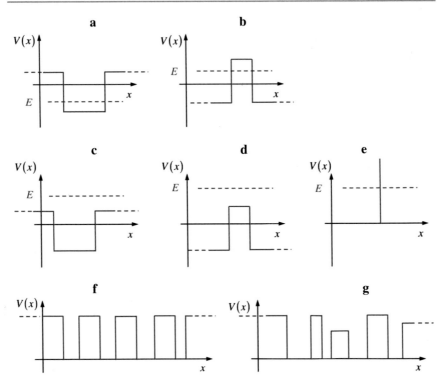

Abb. 3.13 Typische stückweise konstante eindimensionale Potenziale. Abhängig von der Energie E des quantenmechanischen Systems spricht man von *gebundenen Zuständen* ($E < |V(x)|$) oder von *Streuzuständen* ($E \geq |V(x)|$). (**a**) Gebundene Zustände im Potenzialtopf, (**b**) Tunneleffekt durch Potenzialbarriere; (**b**), (**c**), (**d**) und (**e**) Streuprobleme an einem Potenzial, (**e**) δ-Potenzial, (**f**) periodisches Potenzial, (**g**) zufälliges, stückweise stetiges Potenzial

trieren, die exemplarisch für das Lösungsverfahren aller Potenzialprobleme studiert werden können.

Physikalische Abläufe im dreidimensionalen Raum lassen sich, wie wir in Kap. 5 noch ausführlich diskutieren werden, meist durch sogenannte Separationsansätze für die gesuchte Wellenfunktion mit effektiv eindimensionalen Bewegungsgleichungen beschreiben. Den Separationsansatz haben wir schon bei der Herleitung der stationären Schrödinger-Gleichung in Abschn. 3.3.4 kennengelernt. Dabei muss die verbleibende Variable nicht notwendigerweise die Dimension einer Länge haben; es kann sich zum Beispiel auch um einen Winkel oder Ähnliches handeln. Deshalb wird die generalisierte Koordinate oft mit dem Buchstaben q und nicht mit x oder r belegt. Wir wollen aber unsere bisherige Notation für Potenziale und für die Schrödinger-Gleichung mit der Schreibweise x auch für den Fall generalisierter Koordinaten im Eindimensionalen beibehalten. Anzumerken ist noch, dass wir den dreidimensionalen Vektor mit $\vec{x}$ bezeichnen und die Länge des Vektors $\vec{x}$, d.h. seinen Betrag, als r, also $|\vec{x}| = r$.

Beispiele für exakt lösbare eindimensionale Potenzialprobleme

Im Folgenden betrachten wir ein paar Beispiele für einige der sehr wenigen exakt lösbaren Potenzialprobleme, siehe Abb. 3.14:

Das harmonische Potenzial $V(x) \propto x^2$.

Die Lösung dieses Potenzialproblems führt zu den Hankel-Funktionen (einem orthonormalen Funktionensystem) und wird in Kap. 5 ausführlich behandelt.

Das Morse-Potenzial $V(x) = V_0 \left(e^{-2x/x_0} - 2e^{-x/x_0}\right)$

Dieses Potenzial eignet sich zur Beschreibung von Oberflächenpotenzialen. Beachten Sie das exponentielle Verhalten im Vergleich zum algebraischen Lennard-Jones-(Teilchen-Teilchen-)Potenzial $V(x) = 4V_0 \left[\left(\frac{r_0}{r}\right)^{12} - \left(\frac{r_0}{r}\right)^6\right]$. Die Lösung dieses Problems führt auf die *konfluente hypergeometrische Funktion*, die durch eine Reihenentwicklung dargestellt werden kann. Für gebundene Zustände muss diese Reihenentwicklung abbrechen, woraus man die Bedingung erhält, dass $n \geq 0$ ganzzahlig sein muss. Die Energieeigenwerte lauten für die gebundenen Zustände:

$$E_n = -V_0 \left[1 - \frac{n + \frac{1}{2}}{x_0 k_0}\right], \quad \text{mit} \quad n + \frac{1}{2} < x_0 k_0, \tag{3.125}$$

wobei $k_0 = \frac{1}{\hbar}\sqrt{2mV_0}$ ist.

Das H-Sekans²-Potenzial $V(x) = -\frac{V_0}{\cosh(x/x_0)}$

Dieses Potenzial tritt bei der Behandlung verschiedener Probleme in Erscheinung, z. B. bei der Lösung der nichtlinearen Schrödinger-Gleichung (Solitonen), beim Tunnelproblem von elastischen Strings und in der Transportphysik (Boltzmann-Gleichung mit Streuung von Fermionen). Die Lösung der Schrödinger-Gleichung führt auf eine hypergeometrische Differenzialgleichung, und die Energieeigenwerte lauten

$$E_n = -\frac{\hbar^2}{8mx_0^2}\left[\sqrt{1 + \frac{8mx_0^2}{\hbar^2}V_0} - 1 + 2n\right]^2. \tag{3.126}$$

Das konstante Kraftfeld $V(x) = -Fx$, $F > 0$

Dieses lineare Potenzial beschreibt ein Teilchen im Kraftfeld, z. B. ein Elektron im elektrischen Feld, und ist wichtig bei der Beschreibung des Teilchentransports. Für beliebige Energiewerte E als Parameter erhält man als die Eigenfunktion die sogen. Airy-Funktion $\mathrm{Ai}(x)$:

$$\psi(x) = \frac{1}{\sqrt{\pi F}\, l_F} \mathrm{Ai}\left(-\frac{x + E/F}{l_F}\right), \qquad (3.127)$$

wobei $l_F = \left(\hbar^2/2mF\right)^{1/3}$ die charakteristische Länge beim betreffenden Problem darstellt.

Beginnen werden wir Abschn. 3.4.2 mit einigen bereits recht weit reichenden Schlussfolgerungen, die sich direkt aus den Eigenschaften der Wellenfunktion $\psi(x)$

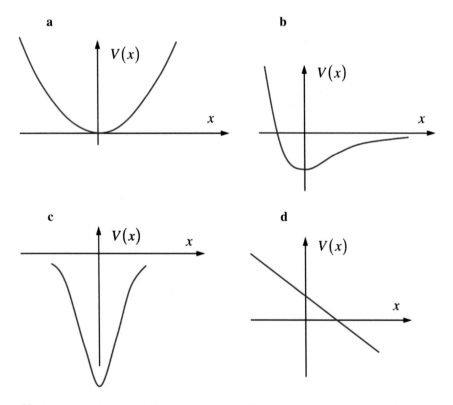

Abb. 3.14 Beispiele für exakt lösbare Potenzialprobleme: (**a**) Harmonisches Potenzial, (**b**) das Morse-Potenzial, das ein Oberflächenpotenzial annähert, (**c**) das Cosecans-hyperbolicus-Potenzial, das bei verschiedenen Problemen auftritt, (**d**) das konstante Kraftfeld, z. B. ein Elektron im elektrischen Feld

ergeben, ohne dass dazu das Potenzial $V(x)$ im Einzelnen genau angegeben werden müsste. Diese Überlegungen werden uns sehr nützlich sein, wenn wir in den darauf folgenden Abschnitten die Schrödinger-Gleichung für spezielle, stückweise konstante Potenzialverläufe $V(x)$ lösen werden. Die Lösungseigenschaften der Schrödinger-Gleichung hängen also ganz wesentlich von der mathematischen Form des Potenzials $V(x)$ ab.

3.4.2 Allgemeine Aussagen bei eindimensionalen Potenzialproblemen

Die konkrete Gestalt der Lösung der Schrödinger-Gleichung wird natürlich von der speziellen Struktur des Potenzials V bestimmt, in dem das System bzw. das Teilchen sich bewegt. Darüber hinaus gibt es jedoch auch ein paar allgemein gültige Eigenschaften, die jede Lösung unabhängig von V erfüllen muss, um zum Beispiel der statistischen Interpretation bzw. der Normierungsbedingung der Wellenfunktion zu genügen. Diese Eigenschaften können sehr wichtig werden, wenn es darum geht, aus einem Satz von mathematischen Lösungen der fundamentalen Bewegungsgleichungen die physikalisch relevanten herauszufiltern. Um solche Aspekte soll es in diesem Kapitel gehen, wobei wir ausschließlich die Ortsdarstellung verwenden werden. Wir wollen zunächst einmal den folgenden Satz über die Lösungsstruktur der Schrödinger-Gleichung mit einem eindimensionalen Potenzial beweisen.

Satz 3.2
Für ein beliebiges eindimensionales Potenzial $V(x)$ kann eine normierbare Lösung der zeitunabhängigen Schrödinger-Gleichung nur genau dann gefunden werden, wenn die Energie E des Zustands größer als das Minimum des Potenzials $V_{\min}$ ist.

Satz 3.3
Diese Aussage ist leicht einsichtig, wenn man die stationäre Schrödinger-Gleichung (3.124) algebraisch etwas umformt. Schreibt man sie in der Form

$$\frac{d^2}{dx^2}\varphi(x) = \varphi''(x) = \frac{2m}{\hbar}\left[(V(x) - E)\right]\varphi(x) \qquad (3.128)$$

dann kann man das Vorzeichen der zweiten Ableitung von φ in Abhängigkeit vom Vorzeichen von φ untersuchen. Unter der Voraussetzung, dass die Energie stets kleiner ist als das Potenzial, ist das Vorzeichen von $\frac{2m}{\hbar}\left[(V(x) - E)\right]$ stets positiv. Demnach sind für Lösungen φ der Schrödinger-Gleichung stets *das Vorzeichen der Funktion und dasjenige ihrer zweiten Ableitung identisch. Daraus erkennt man, dass die Wellenfunktion für positive φ stets konvex und für negative φ stets konkav ist, siehe Abb. 3.15. Umgangssprachlich ausgedrückt, bewegen sich die Wellenfunktionen also stets von der x-Achse weg und können daher nicht mehr normierbar sein. (Hinreichende Voraussetzung für die Normierbarkeit von $\varphi(x)$ ist $\varphi \to 0$ für $|x| \to \infty$.)*

Als nächstes beweisen wir den folgenden Satz.

Satz 3.4
Quantenmechanische Bindungszustände in einem eindimensionalen Potenzial $V(x)$ sind stets nicht-entartet. Das bedeutet, dass zu jedem Energiewert immer nur genau eine Wellenfunktion (und nicht etwa mehrere) existiert.

Zum Begriff der Entartung, siehe Abschn. 4.6.1.

Beweis 3.1 Hierzu konstruieren wir einen Widerspruch. Zunächst nehmen wir an, dass zwei Wellenfunktionen $\varphi_{1,2}(x)$ unabhängige Lösungen der Schrödinger-Gleichung zum gleichen Eigenwert E sind. (Wir nehmen also an, dass der Eigenwert entartet ist.) Dafür gilt:

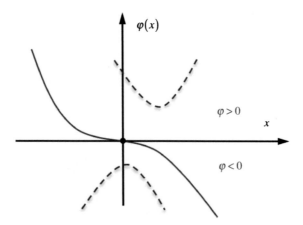

Abb. 3.15 Die Krümmung $\varphi''(x)$ der Wellenfunktion (jeweils als gestrichelte Linie dargestellt) ist für $E < V$ stets derartig, dass sich $\varphi(x)$ von der x-Achse entfernt. Für $\varphi(x) > 0$ ist auch $\varphi''(x) > 0$ und deshalb $\varphi(x)$ selbst konvex. Für negatives $\varphi(x)$ ist auch die Krümmung negativ, und damit die Funktion $\varphi(x)$ konkav. Deshalb ist die Wellenfunktion $\varphi(x)$ für diesen Bereich nicht normierbar

$$-\frac{\hbar^2}{2m}\varphi_1{}''(x) + V(x)\varphi_1(x) = E\,\varphi_1(x), \tag{3.129a}$$

$$-\frac{\hbar^2}{2m}\varphi_2{}''(x) + V(x)\varphi_2(x) = E\,\varphi_2(x). \tag{3.129b}$$

Diese beiden Gleichungen multiplizieren wir nun mit $\varphi_2(x)$ bzw. $\varphi_1(x)$:

$$-\frac{\hbar^2}{2m}\varphi_1{}''(x)\varphi_2(x) + V(x)\varphi_1(x)\varphi_2(x) = E\varphi_1(x)\varphi_2(x), \tag{3.130a}$$

$$-\frac{\hbar^2}{2m}\varphi_2{}''(x)\varphi_1(x) + V(x)\varphi_2(x)\varphi_1(x) = E\varphi_2(x)\varphi_1(x). \tag{3.130b}$$

Diese beiden Gleichungen ziehen wir voneinander ab, so dass sich mehrere Terme zu null addieren. Übrig bleibt:

$$-\frac{\hbar^2}{2m}\left[\varphi_1{}''(x)\varphi_2(x) - \varphi_2{}''(x)\varphi_1(x)\right] = 0. \tag{3.131}$$

Diese Gleichung kann nun integriert werden. Die Integrationsgrenzen werden dabei so gewählt, dass man von $-\infty$ bis zu einem bestimmten endlichen Wert x integriert. Wir berechnen also

$$0 = -\frac{\hbar^2}{2m}\int_{-\infty}^{x} \mathrm{d}y\,\left[\varphi_1{}''(y)\varphi_2(x) - \varphi_2{}''(y)\varphi_1(y)\right] \tag{3.132a}$$

$$= -\frac{\hbar^2}{2m}\int_{-\infty}^{x} \mathrm{d}y\,\frac{\partial}{\partial y}\left[\varphi_1{}'(x)\varphi_2(x) - \varphi_2{}'(x)\varphi_1(x)\right] \tag{3.132b}$$

$$= \left[\varphi_1{}'(y)\varphi_2(x) - \varphi_2{}'(y)\varphi_1(y)\right]\Big|_{\infty}^{x} - \varphi_1{}'(x)\varphi_2(x) - \varphi_2{}'(x)\varphi_1(x). \tag{3.132c}$$

Hierbei haben wir ausgenutzt, dass die Wellenfunktionen normierbar sein sollen und daher im Unendlichen verschwinden müssen (Integrabilitätsbedingung). Durch Umformung erhalten wir

$$\frac{\varphi_1'(x)}{\varphi_1(x)} = \frac{\varphi_2'(x)}{\varphi_2(x)} \qquad \Longrightarrow \qquad \frac{\partial}{\partial x}\log\left(\frac{\varphi_1(x)}{\varphi_2(x)}\right) = 0. \tag{3.133}$$

Da also die Ableitung dieses Logarithmus verschwindet, müssen der Logarithmus selbst und insbesondere sein Argument von x unabhängig sein. Dies kann aber nur genau dann der Fall sein, wenn die beiden Zustände $\varphi_{1,2}$ *linear abhängig* sind, was einen Widerspruch zur Annahme darstellt. $\qquad\square$

Die Lösung der eindimensionalen Schrödinger-Gleichung als Rand- und Eigenwertproblem

Wir beschränken unsere Überlegungen hier auf ein eindimensionales, konservatives System. Obwohl natürlich der Raum eines mikroskopischen Teilchens dreidimensional ist, kann man eine Reihe mikrophysikalischer Probleme wenigstens näherungsweise eindimensional behandeln. „Konservativ" bedeutet, dass die klassische Hamilton-Funktion nicht explizit zeitabhängig ist. Nach dem Korrespondenzprinzip überträgt sich das auf den Hamilton-Operator:

$$\frac{\partial H}{\partial t} = 0 \quad \Longrightarrow \quad \hat{H} = \hat{H}(\hat{x}, \hat{p}) = \frac{\hat{p}^2}{2m} + V(\hat{x}) = -\frac{\hbar^2}{2m}\Delta + V(\hat{x}). \quad (3.134)$$

Die zentrale Aufgabe besteht darin, die zeitabhängige Schrödinger-Gleichung aus Abschn. 3.3,

$$i\hbar\frac{\partial}{\partial t}\psi(\hat{x}, t) = -\frac{\hbar^2}{2m}\frac{\partial^2}{\partial x^2}\psi(\hat{x}, t), \quad (3.135)$$

zu lösen, wobei wir das Standardlösungsverfahren – den Separationsansatz – bereits in Abschn. 3.3.4 kennengelernt haben. Er führt auf den schon in Gl. (3.121a) für drei Dimensionen vorgestellten Lösungsansatz in der Ortsdarstellung. In einer Dimension lautet er:

$$\psi(x, t) = \exp\left(-\frac{i}{\hbar}Et\right) \cdot \varphi(x). \quad (3.136)$$

Die gesuchte Wellenfunktion $\varphi(x)$ repräsentiert einen stationären Zustand. Die verbleibende Aufgabe besteht darin, die zeitunabhängige Schrödinger-Gleichung (3.124) zu lösen, die sich als Eigenwertgleichung des Hamilton-Operators H darstellt. In einer Dimension lautet diese Gleichung:

$$\left[-\frac{\hbar^2}{2m}\Delta + V(x)\right]\varphi(x) = E\varphi(x). \quad (3.137)$$

Mathematisch gesehen ist $\varphi(x)$ die Eigenfunktion des in eckigen Klammern stehenden *Sturm-Liouville-Operators* zu dem Eigenwert E. Insbesondere in der mathematischen Literatur wird der Hamilton-Operator des eindimensionalen Rand- und Eigenwertproblems in Gl. (3.137) als *Sturm-Liouville-Operator* und die entsprechende zu lösende Gleichung als *Sturm-Liouville-Eigenwertaufgabe* bezeichnet. Gl. (3.137) stellt zunächst einmal ein Randwertproblem dar, weil wir uns zum Lösen Gedanken über das Verhalten der Wellenfunktion $\varphi(x)$ für $x \to \pm\infty$ machen müssen. Wie wir in den späteren Beispielen sehen werden, wird die Wellenfunktion auch oft (in sogen. Potenzialmulden oder Potenzialtöpfen) eingeschränkt auf ein endliches Intervall – in diesem Fall müssen zum Lösen des Problems die Randwerte für die Funktion $\varphi(x)$ angegeben werden. Weil wir es bei Sturm-Liouville-Aufgaben mit Differenzialgleichungen 2. Ordnung zu tun haben und deshalb zwei freie Koeffizienten bestimmen müssen, gelten dann Randbedingungen sowohl für $\varphi(x)$ als auch für die Ableitung $\varphi'(x)$.

Rein algebraisch betrachtet, sind die gesuchten Lösungen $\varphi(x)$ des Problems in Gl. (3.137) die Eigenfunktionen bzw. – in einem allgemeinen, algebraischen Sinn – die „Eigenvektoren" des Hamilton-Operators. Die lineare Algebra beschäftigt sich mit Eigenvektoren und Eigenwerten, aber vor allem für lineare Operatoren in *endlich-dimensionalen Vektorräumen,* siehe dazu auch Exkurs 4.2. In einer Basis (s. Abschn. 4.4) werden diese Operatoren durch $(n \times n)$-Matrizen als Abbildungen $\mathbb{R}^n \to \mathbb{R}^n$ repräsentiert, während wir es hier mit einem Operator auf einem *unendlich-dimensionalen Funktionenraum* zu tun haben, denn die Ortsvariable x als Argument der Funktion φ stellt ein überabzählbares Kontinuum dar.

Wir kommen zurück zu unserem *physikalischen* Problem, das Gl. (3.137) darstellt: Obwohl die Differenzialgleichung (3.137) für jeden Wert E lösbar ist, ist nicht jede Lösung $\varphi(x)$ auch eine quantenmechanisch zulässige Lösung. Es kann durchaus sein, dass nur bestimmte Energiewerte auf eine Wellenfunktion führen, die normierbar ist und der also auch aus physikalischer Sicht eine Bedeutung im Sinne der Born'schen Wahrscheinlichkeitsinterpretation gemäß Def. 3.1 zukommt. Wir wollen deshalb zuerst mit Hilfe genereller Überlegungen das Eigenwertproblem in Gl. (3.137) für einige typische Potenzialverläufe charakterisieren. In den späteren Abschnitten werden wir dann konkrete Beispiele betrachten. Die Eigenwertgleichung (3.137) kann zunächst einmal in der Form

$$\varphi''(x) = -\frac{2m}{\hbar^2}\big[E - V(x)\big]\varphi(x) \tag{3.138}$$

geschrieben werden. Damit können wir direkt das Vorzeichen der Krümmung der Kurve $\varphi(x)$ aus den Werten von Energie und Potenzial sowie aus dem Vorzeichen von $\varphi(x)$ bestimmen und damit den Verlauf von $\varphi(x)$ abschätzen. Da H ein Hermite'scher Operator ist, muss die Konstante E reell sein. Mit der Abkürzung

$$k^2(x) = \frac{2m}{\hbar^2}\big[E - V(x)\big] \tag{3.139}$$

lässt sich Gl. (3.138) kompakt schreiben als

$$\varphi''(x) + k^2(x)\,\varphi(x) = 0. \tag{3.140}$$

Eine explizite Lösung dieser linearen Differenzialgleichung zweiter Ordnung ist natürlich nur bei bekanntem Potenzial $V(x)$ möglich. Einige allgemeine Eigenschaften lassen sich jedoch bereits ohne genaue Kenntnis des Potenzials angeben. Zunächst erkennen wir, dass bei reellem Potenzial $V(x)$ mit $\varphi(x)$ stets auch die konjugiert komplexe Funktion $\varphi^*(x)$ Lösung darstellt und damit auch die reellen Kombinationen $\varphi(x) + \varphi^*(x)$ bzw. $-i[\varphi(x) - \varphi^*(x)]$. Wir können also für die folgenden Betrachtungen $\varphi(x)$ bereits als reelle Funktion voraussetzen.

3.4.3   Das freie Teilchen

Bei einem freien Teilchen ist $V(x) = 0$, und die Bewegung ist durch keinerlei äußeres Feld eingeschränkt. Die stationäre Bewegungsgleichung lautet:

$$\frac{\hat{p}^2}{2m}\varphi = E\varphi, \tag{3.141}$$

also gilt

$$\varphi'' + \frac{2m}{\hbar^2}E\varphi = 0. \tag{3.142}$$

Da hier keine Randbedingungen vorgegeben sind, ist jeder Wert $E \geq 0$ erlaubt. Werte mit $E < 0$ würden zu exponentiell ansteigenden Lösungen führen. Bei solchen kontinuierlichen Spektren (ungebundenen Zuständen) sind die Eigenfunktionen nicht mehr wie im herkömmlichen Sinn normierbar, sondern werden auf die Deltafunktion normiert, s. Abschn. 4.9.

3.4.4   Lösungsverhalten der Wellenfunktion $\varphi(x)$

Ganz allgemein stellen wir bei der Lösung von Potenzialproblemen bestimmte Forderungen an die Struktur der Lösungsfunktion $\varphi(x)$. Die statistische Interpretation der Wellenfunktion von Max Born, siehe Def. 3.1, erfordert, dass $\varphi(x)$ normierbar ist, also $\int_{-\infty}^{\infty} |\varphi(x)|^2 \, dx < \infty$ ist, denn wir interpretieren $|\varphi(x)|^2$ als Wahrscheinlichkeitsdichte. Dies ist aber nur möglich, wenn gilt:

- $\varphi(x)$ ist eine endliche Funktion im gesamten Definitionsbereich;
- $\varphi(x)$ und $\varphi'(x)$ sind stetig.

Wir werden normalerweise davon ausgehen können, dass das Potenzial $V(x)$ stetig ist oder höchstens eine endliche Anzahl Diskontinuitäten (Unstetigkeitsstellen) aufweist. Diese Stetigkeit des Potenzials überträgt sich direkt auf die zweite Ableitung der Wellenfunktion als Lösung der Differenzialgleichung

$$\varphi''(x) - k^2(x)\,\varphi(x), \tag{3.143}$$

die deshalb integrierbar ist. $\varphi'(x)$ ist demzufolge auch stetig und damit erst recht $\varphi(x)$. Man beachte: Weist $V(x)$ bei bestimmten x-Werten *unendliche* Sprünge auf, kann die Stetigkeit von $\varphi'(x)$ nicht mehr vorausgesetzt werden.

Die obigen beiden Bedingungen für die Wellenfunktion sind für das Auffinden der expliziten Lösung von Potenzialproblemen sehr hilfreich. Häufig ist es so, dass der Term $k^2(x)$ in der Differenzialgleichung (3.140) für verschiedene x-Bereiche, also abschnittsweise, von unterschiedlicher Gestalt ist. Die Lösungsansätze in den einzelnen Bereichen können demnach ebenfalls sehr stark voneinander abweichen.

Freie Parameter in diesen Ansätzen werden dann durch die Forderung festgelegt, die Teillösungen an den Schnittstellen der einzelnen Bereiche so zusammenzufügen, dass die Stetigkeitsbedingungen erfüllt sind. Es ist deshalb sinnvoll, zur Lösung von eindimensionalen Potenzialproblemen die x-Achse in einzelne, mindestens stückweise (oder vollständig, je nach Potenzial) stetige Gebiete zu zerlegen und zwar in Abhängigkeit von der Energie E:

a) $E > V(x)$, das klassisch erlaubte Gebiet

Da die kinetische Energie E nicht negativ sein kann, ist klassisch selbstverständlich nur dann eine Bewegung möglich, wenn die Gesamtenergie größer als die potenzielle Energie ist. Quantenmechanisch gilt dies nicht! Wegen $k^2(x) > 0$ haben φ'' und $\varphi(x)$ in diesem Fall stets entgegengesetzte Vorzeichen. Damit ist $\varphi(x)$ im Bereich $\varphi(x) > 0$ als Funktion von x konkav, dagegen im Bereich $\varphi(x) < 0$ konvex Auf jeden Fall ist $\varphi(x)$ sowohl für positive als auch für negative Werte stets zur x-Achse hin gekrümmt. Nulldurchgänge, sogen. „Knoten", stellen Wendepunkte dar ($\varphi''(x) = 0$). Wir können also folgenden Satz formulieren:

> **Satz 3.5**
> *Typisch für klassisch erlaubte Gebiete ist ein oszillatorisches Verhalten der Wellenfunktion $\varphi(x)$.*

Für den Spezialfall eines konstanten Potenzials $V(x) = V_0 = $ const. ist im klassisch erlaubten Gebiet die allgemeine Lösung von Gl. (3.140) die Summe zweier nach links bzw. nach rechts laufenden ebenen Wellen, also:

$$\varphi(x) = a_+ \, e^{ik_0 x} + a_- \, e^{-ik_0 x}, \tag{3.144}$$

mit

$$k_0 = \sqrt{\frac{2m}{\hbar^2} (E - V_0)}, \quad k_0 \in \mathbb{R}. \tag{3.145}$$

Die Konstanten a_+ und a_- sind durch Randbedingungen von Gl. (3.140) festzulegen. Die Gesamtlösung $\psi(x, t)$ lautet dann:

$$\psi(x, t) = \varphi(x) \, e^{-iEt/\hbar} = \left(a_+ \, e^{ik_0 x} + a_- \, e^{-ik_0 x} \right) e^{-iEt/\hbar}. \tag{3.146}$$

b) $E < V(x)$, das klassisch verbotene Gebiet

In ein Gebiet, für das die Energie eines Teilchens kleiner ist als das äußere Potenzial, kann dieses Teilchen nach der klassischen Physik niemals eindringen. Quantenmechanisch jedoch hat das Teilchen auch hier eine endliche Aufenthaltswahrscheinlichkeit, und die Wellenfunktion ist nicht null. Die Tatsache, dass ein quantenme-

Abb. 3.16 Drei Fälle des asymptotischen Verhaltens der Wellenfunktion im klassisch verbotenen Gebiet für $x \geq x_0$

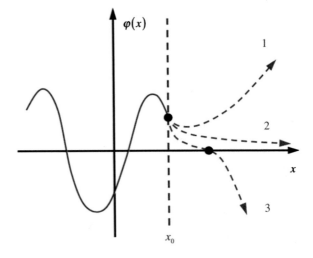

chanisches Teilchen auch in einem solchen Gebiet eine endliche Aufenthaltswahrscheinlichkeit haben kann, führt zu ganz charakteristischen quantenmechanischen, klassisch nicht erklärbaren Phänomenen (z. B. Tunneleffekt und Streuphänomenen), auf die wir im Rahmen dieses Kapitels noch stoßen werden. Für diesen Fall haben $\varphi''(x)$ und $\varphi(x)$ überall im klassisch verbotenen Gebiet *gleiches Vorzeichen*. Für $\varphi(x) > 0$ ist deshalb die Wellenfunktion konvex, aber für $\varphi(x) < 0$ konkav. Sie ist stets von der x-Achse weg gekrümmt, s. unsere obige Diskussion zum Beweis von Satz 3.2. Untersuchen wir einmal etwas genauer die typische Situation, dass für alle $x > x_0$ ein klassisch verbotener Bereich vorliegt. In Abb. 3.16 sind die drei prinzipiellen Möglichkeiten für das asymptotische Verhalten von $\varphi(x)$ im Limes $x \to \infty$ gezeigt. Im klassisch erlaubten Gebiet $x < x_0$ oszilliert die Wellenfunktion. Im Fall 1 in Abb. 3.16 führt eine zu starke konvexe Krümmung zu $\lim_{x \to \infty} \varphi(x) \to \infty$. Im Fall 3 führt eine konkave Krümmung nach einem vorherigen Nulldurchgang zu $\lim_{x \to \infty} \varphi(x) \to -\infty$. Beide Situationen sind wegen der Wahrscheinlichkeitsinterpretation der Wellenfunktion nicht akzeptabel als physikalische Lösung des Eigenwertproblems. Es bleibt nur der Fall 2, bei dem sich $\varphi(x)$ asymptotisch der x-Achse nähert, d. h. $\lim_{x \to \infty} \varphi(x) \to 0$.

Wenn wir für den Fall 2 die Lösung von Gl. (3.140) für den Spezialfall eines konstanten Potenzials $V(x) = V_0 = $ const. bestimmen, finden wir als allgemeine Lösung die Summe zweier Exponentialfunktionen:

$$\varphi(x) = b_+\, e^{i\kappa_0 x} + b_-\, e^{-i\kappa_0 x}. \tag{3.147}$$

Die Konstante κ_0 ist in diesem Fall definiert als

$$\kappa_0 = \sqrt{\frac{2m}{\hbar^2}(V_0 - E)}, \quad \kappa_0 \in \mathbb{R}. \tag{3.148}$$

Die Konstanten $b_\pm$ sind noch an die Randbedingungen sowie an die Bedingung, dass $\varphi(x) \in \mathbb{R}$ ist, anzupassen. Der erste Summand in Gl. (3.147) divergiert folglich für $x \to \infty$ und damit auch die Wellenfunktion $\varphi(x)$. Dieser Teil der mathematischen Lösung muss deshalb aus physikalischen Gründen (Normierungsbedingung) ausgeschlossen werden, und es muss die Konstante $b_+ = 0$ gesetzt werden. Damit können wir den folgenden Satz festhalten:

Satz 3.6
Im klassisch verbotenen Gebiet zeigt die Wellenfunktion $\varphi(x)$ typischerweise ein exponentielles Abklingen für $x \to \pm\infty$.

3.4.5 Das Eigenwertspektrum gebundener Teilchen

Wir wollen uns nun durch einige qualitative Überlegungen einen Überblick über mögliche Formen des Eigenwertspektrums von Gl. (3.137) verschaffen. Diese Formen sind natürlich durch die konkrete mathematische Form von $V(x)$ bedingt. Wir besprechen deshalb einige typische Potenzialverläufe.

1. Der Fall $\lim\limits_{x \to \pm\infty} V(x) \to \infty$:

Hier betrachten wir das quantenmechanische Verhalten eines Teilchens in einem überall stetigen, nur im Unendlichen divergierenden Potenzial mit $V \to \infty$ für $x \to \pm\infty$ mit nur einem lokalen Minimum. Ein klassisches Teilchen würde in einem derartigen Potenzial unabhängig von seiner Gesamtenergie eine periodische Bewegung mit zwei im Endlichen liegenden Umkehrpunkten x_- und x_+ ausführen. Ein solches Potenzial ist in Abb. 3.17 dargestellt. Eine zu diesem Potenzial gehörende zulässige Wellenfunktion muss normierbar sein. Wir erhöhen deshalb in Gedanken stetig den Wert der Energie E und überprüfen, ob zu diesem Wert eine normierbare Wellenfunktion existiert oder nicht.

a) $E < V_{min}$

Solange $E < V_{min}$ gilt, ist der nicht konstante Koeffizient $k^2(x)$ unserer Differenzialgleichung (3.140) stets kleiner als null, d. h., der gesamte x-Bereich ist klassisch absolut verboten. Ist das Vorzeichen der Wellenfunktion in einem Punkt positiv, dann ist nach Gl. (3.140) auch die zugehörige Krümmung positiv. Deshalb bleibt auch die Funktion $\varphi(x)$ in den benachbarten Punkten positiv. Mit anderen Worten heißt dies, dass die Funktion $\varphi(x)$ ihr Vorzeichen nicht wechseln kann. Ein analoges Verhalten liegt vor, wenn die Funktion $\varphi(x)$ ein negatives Vorzeichen hat. Dann kann aber die Funktion wegen $k^2(x) \to -\infty$ für $|x| \to \infty$ nicht gleichzeitig im Limes $x \to -\infty$ und im Limes $x \to \infty$ beschränkt bleiben. Folglich ist die Wellenfunktion nicht

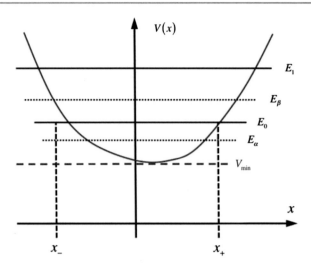

Abb. 3.17 Ein typischer Potenzialverlauf, der für jede Energie $E > V_{min}$ zwei im Endlichen liegende, klassische Umkehrpunkte garantiert. Die niedrigste Energie, bei der dieses Verhalten auch quantenmechanisch auftritt, ist die Grundzustandsenergie $E = E_0$. Bei niedrigeren Energien, z. B. bei $E = E_\alpha$ im Intervall $[x_-, x_+]$ besitzt die Eigenfunktion $\varphi_\alpha(x)$ konkave Krümmung, aber die Energie reicht nicht aus, um die anschließend konvexe Krümmung (von der x–Achse weg) im Bereich $[x_+, \infty)$ zu verhindern. Dadurch divergiert die Wellenfunktion $\varphi(x)$ für $x \to \infty$ und es existieren keine Lösungen zur Eigenwertgleichung (3.140) für $E < E_0$ (außer der trivialen Lösung $\varphi(x) = 0$). Für größere Energien $E > E_0$ existieren dann Nulldurchgänge (Knoten) der Lösungsfunktion, s. Abb. 3.18 und die Diskussion im Text, welche den diskreten Eigenwerten $E_1, E_2, \ldots, E_n$ entsprechen

normierbar und damit physikalisch unzulässig. Mathematisch bedeutet dies, dass nur $\varphi(x) = 0$ als Lösung in Frage kommt.

b) $E > V_{min}$

Für jede Energie $E > V_{min}$ gibt es zwei klassische Umkehrpunkte x_- und x_+, welche die x-Achse in drei relevante Intervalle I_1, I_2, I_3 unterteilen:

$$I_1 = (-\infty, x_-]: \qquad k^2(x) < 0 \qquad \text{(klassisch verboten)}, \qquad (3.149a)$$

$$I_2 = [x_-, x_+]: \qquad k^2(x) > 0 \qquad \text{(klassisch erlaubt)}, \qquad (3.149b)$$

$$I_3 = [x_+, \infty): \qquad k^2(x) < 0 \qquad \text{(klassisch verboten)}. \qquad (3.149c)$$

Entscheidend für die quadratische Integrierbarkeit der Wellenfunktion (und damit ihre Normierbarkeit) ist ihr Verhalten in den beiden äußeren Bereichen I_1 und I_3. Wir nehmen jetzt an, dass die Wellenfunktion im ersten Intervall I_1 die für eine Normierbarkeit erforderliche Konvergenz bereits zeigt, sich also für $x \to -\infty$ genügend stark der x-Achse annähert. Eine analoge Betrachtung wie für $E < V_{min}$ zeigt, dass das Vorzeichen von $\varphi(x)$ in diesem Bereich erhalten bleiben muss. Wir wählen jetzt o. B. d. A. $\varphi(x) > 0$. Dann ist im ersten Intervall I_1 auch die Krümmung $\varphi''(x) > 0$;

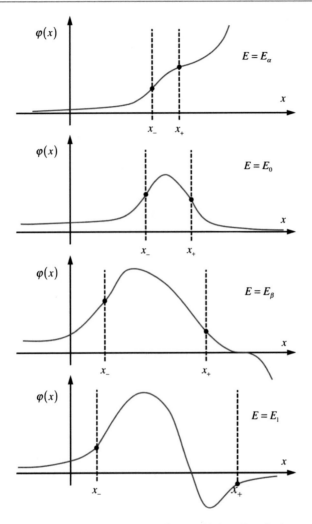

Abb. 3.18 Kurvenverlauf der Eigenfunktion $\varphi(x)$ für verschiedene Energieniveaus. Je breiter das Intervall $[x_-, x_+]$ ist, desto größer ist die Energie E. Von oben nach unten wird jeweils die Energie vergrößert. Bei der Energie E_α ist keine physikalische Lösung möglich, weil die Energie zu klein ist, um das Divergieren der Wellenfunktion für $x \to \infty$ zu verhindern. Beim Energiewert $E = E_0$ ist die Änderung des Vorzeichens der Krümmung gerade so groß, dass die Funktion sich auch für $x \to \infty$ der x-Achse asymptotisch annähert.

Diese Funktion ist jetzt quadratisch integrierbar und kann deshalb normiert werden. Die Energie E_0 ist deshalb der niedrigste Eigenwert des vorliegenden Problems, und die zugehörige quadra-tintegrable Wellenfunktion $\varphi_0(x)$ ist die Eigenfunktion dieses Grundzustands. Bei der Energie E_β ergibt sich ein erster Knoten der Wellenfunktion, der aber keine physikalische Lösung darstellt, weil die Funktion für $x \to \infty$ divergiert. Die nächste Lösung ergibt sich für die Energie $E = E_1$, die zum ersten angeregten Zustand φ_1 gehört. Die Vorzeichenwechsel der Lösungsfunktion $\varphi(x)$ und ihre unterschiedlichen Krümmungen führen bei weiterer Erhöhung der Energie sukzessive zu einer Reihe von Eigenfunktionen $\varphi_i(x)$ mit den Eigenwerten E_i, $(i = 0, 1, 2, \ldots, n)$. Es ergibt sich auf diese Weise ein Verlauf der Wellenfunktion mit jeweils exponentiellem Abklingen in klassisch verbotenen Gebieten und oszillatorischem Verhalten in klassisch erlaubten Bereichen

also ist $\varphi(x)$ konvex gekrümmt. Im zweiten Intervall I_2 zwischen den beiden klassischen Wendepunkten x_- und x_+ ist dagegen $\varphi''(x) > 0$, d.h. die Krümmung
verläuft jetzt entgegengesetzt, also konkav, s. Abb. 3.18. Wenn wir annehmen, dass
wir eine Energie E_α genau im Intervall I_2 wählen, dann ist der erlaubte Bereich
$x_- \leq x \leq x_+$ noch zu wenig ausgedehnt, um das durch die Konvexität von $\varphi(x)$
im Gebiet I_3 bedingte Divergieren von $\varphi(x) \rightarrow +\infty$ zu verhindern. Die Energie
$E = E_\alpha$ lässt somit keine akzeptable Lösung der Schrödinger-Gleichung zu. Wir
steigern nun die Energie E und verschieben damit die klassischen Wendepunkte x_-
und x_+ weiter nach außen. Bei einem ganz bestimmten Wert E_0 ist dann die konkave
Krümmung im klassisch erlaubten Gebiet I_2 gerade ausreichend, um das korrekte
exponentielle Abklingen der Wellenfunktion für $x \rightarrow \infty$ zu gewährleisten. Wir
haben damit eine erste Lösung des Eigenwertproblems in Gl. (3.137) gefunden. Die
Energie E_0 ist offensichtlich der niedrigste Energieeigenwert. Es handelt sich um die
sogen. *Grundzustandsenergie*. Steigern wir die Energie weiter bis E_β, so wächst der
klassisch erlaubte Bereich entsprechend an. Es wird sich ein erster Nulldurchgang
ergeben. Solange das mittlere Intervall jedoch zu schmal, d.h. die Energie zu niedrig
ist, wird die Funktion im Intervall I_3 wieder anwachsen und für $x \rightarrow \infty$ divergieren.
Der Wert E_β kommt deshalb als Energieeigenwert nicht in Frage.

Für die nächste Lösung des Eigenwertproblems muss der klassisch erlaubte
Bereich erst eine Breite erreichen, wie sie bei der Energie $E = E_1$ auftritt. Das
Verfahren kann auf diese Weise fortgesetzt werden. Es ist anschaulich klar, dass die
nächste Eigenfunktion $\varphi_2(x)$ durch zwei Nulldurchgänge gekennzeichnet sein wird,
$\varphi_3(x)$ durch drei Nulldurchgänge usw. Die Tatsache, dass die Wellenfunktion sowohl
nach links, bei x_-, als auch nach rechts, bei x_+, ihr oszillatorisches Verhalten im klassisch erlaubten Bereich I_2 auf ein exponentielles Abklingen für $x \rightarrow \pm\infty$ umstellen
muss, zusammen mit der Forderung, dass das Anstückeln bei x_- und x_+ für $\varphi(x)$ und
$\varphi'(x)$ stetig erfolgen muss, sorgt dafür, dass nur *diskrete Energieeigenwerte* E_n mit
$n = 0, 1, 2, \ldots$ erlaubt sind. Ausschlaggebend für die Diskretheit ist letztlich, dass
der klassisch erlaubte Bereich durch zwei im Endlichen liegende klassische Umkehrpunkte begrenzt wird. Klassisch gesehen kann das Teilchen also nicht bis Unendlich
gelangen, sondern ist vielmehr auf einen endlichen Raumbereich beschränkt. Man
spricht in diesem Fall von *gebundenen Zuständen* $\varphi_n(x)$ mit $n = 0, 1, 2, \ldots$.

Die Fortsetzung dieser Überlegungen führt dazu, dass sukzessive eine Reihe von
Eigenfunktionen $\varphi_0(x), \varphi_1(x), \varphi_2(x), \ldots$ mit den Eigenwerten $E_0, E_1, E_2, \ldots$ identifiziert werden kann. Offenbar entspricht die Nummerierung gerade der Anzahl
der Nullstellen (Knoten), die eine Eigenfunktion aufweist. Die Nullstellen der
Eigenfunktion $\varphi_n(x)$ sind dabei ausschließlich auf das Intervall beschränkt, für das
$E_n > V(x)$ gilt. Diese Eigenschaften sind der Inhalt des sogen. *Knotensatzes*. Im
Gegensatz zum klassischen Problem, das einem Teilchen den Aufenthalt in Regio-
nen mit $E < V(x)$ strikt verbietet, ist die quantenmechanische Wahrscheinlich-
keitsdichte $|\varphi(x)|^2$ dort von null verschieden, d.h. man kann ein mikroskopisches
Teilchen auch außerhalb des durch den Energiesatz begrenzten Gebiets beobachten.

Im Prinzip gelten die gleichen Überlegungen, wenn das Potenzial nicht erst für
$x \rightarrow \pm\infty$ divergiert, sondern bereits z.B. auf der linken Seite bei einem endlichen
Wert $x_l < \infty$ bzw. auf der rechten Seite bei $x_r < \infty$ gegen Unendlich strebt. Bei

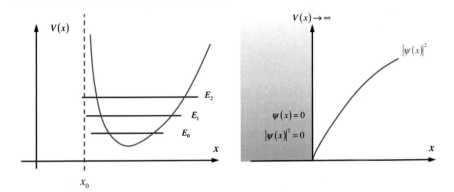

Abb. 3.19 Beispiel für ein Potenzial, das bei einem endlichen x_0 und für $x \rightarrow +\infty$ divergiert (links). Die Wellenfunktion und die Aufenthaltswahrscheinlichkeit sind an der Grenze einer unendlich hohen Potenzialbarriere null (rechts)

einer unendlichen Potenzialbarriere kann auch kein quantenmechanisches Teilchen in das Potenzial eindringen, und die Wellenfunktion wird beim Annähern an diese Punkte verschwinden, s. Abb. 3.19.

2. Der Fall $V(x) \rightarrow \infty$ für endliches $x = x_0$ und für $x \rightarrow +\infty$:

In diesem Fall kann für $x \leq x_0$ und damit auch $\kappa \rightarrow \infty$ nach Gl. (3.148) nur die triviale Lösung $\varphi(x) = 0$ existieren, s. Abb. 3.19. Für $x > x_0$ gelten dieselben Überlegungen wie im obigen Fall **1**. Wegen der Stetigkeit von $\varphi(x)$ müssen alle diskreten Eigenfunktionen $\varphi_n(x)$ die Randbedingung $\varphi_n(x = x_0) = 0$ erfüllen. Ansonsten gelten dieselben Aussagen wie beim Fall **1**.

3. Der Fall eines überall endlichen Potenzials $V(x) < \infty$ für $\lim x \rightarrow \pm\infty$:

In diesem Fall hängt das Verhalten der Wellenfunktion sehr entscheidend von der Energie E ab. Wir betrachten folgende Varianten dieses Falles, s. Abb. 3.20:

a) $E < V_{\min}$:
Für diesen Fall existiert keine Lösung. Zur Begründung siehe den analogen Fall unter **1**.
b) $V_{\min} \leq E \leq V(x \rightarrow +\infty)$
Das ist der Bereich des diskreten Spektrums, welches sich genau wie im Fall **1**. erklärt. Die Zahl der tatsächlich existierenden diskreten Eigenwerte hängt wesentlich von der genauen Struktur des Potenzials $V(x)$ ab. Alle Zahlen zwischen 0 und ∞ sind denkbar. Das Teilchen ist klassisch auf einen endlichen Raumbereich beschränkt. Die Eigenfunktionen stellen gebundene Zustände dar.
c) $V(x \rightarrow +\infty) < E < V(x \rightarrow -\infty)$
Hier gibt es für jeden Energiewert E die Möglichkeit, eine Eigenlösung zu konstruieren. Diese muss sich für $x \rightarrow \infty$ exponentiell der x-Achse annähern. Der

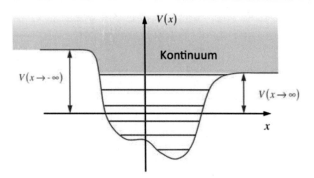

Abb. 3.20 Beispiel für ein Potenzial, das für alle Werte von x endlich ist. Im Bereich $E < V(x \to +\infty)$ liegt ein diskretes Eigenwertspektrum vor, im Bereich $V(x \to +\infty) < E < V(x \to -\infty)$ gibt es ein kontinuierliches Spektrum, ebenso wie im Bereich $E > V(x \to -\infty)$, hier jedoch zweifach entartet

klassisch erlaubte Bereich ist nach rechts dagegen unbeschränkt. In diesem oszilliert die Wellenfunktion. Typisch ist deshalb ein kontinuierliches Eigenwertspektrum, das auf die Deltafunktion (s. Abschn. 4.9) normiert ist.

d) $E > V(x \to -\infty)$

In diesem Fall zeigen Eigenlösungen über den gesamten x-Bereich oszillatorisches Verhalten. Das Spektrum der Eigenwerte ist kontinuierlich und zweifach entartet, weil es für jede Energie E zwei linear unabhängige Lösungen der Differenzialgleichung gibt.

3.4.6 Das Teilchen im Kastenpotenzial (Potenzialtopf)

Das Modellsystem eines Teilchens im Kasten kann man als ein einfaches Modell für ein im Atom gebundenes Elektron ansehen, s. Abb. 3.21. Da das Potenzial an den jeweiligen Grenzen des Topfes einen Sprung macht, ist die Impulsdarstellung der Wellenfunktion nicht sinnvoll. Wir verwenden also die zeitunabhängige Schrödinger-Gleichung in der Ortsdarstellung:

$$\left[-\frac{\hbar^2}{2m}\frac{d^2}{dx^2} + V(x) \right]\varphi = E\varphi. \tag{3.150}$$

Es ist sinnvoll, das Problem in den verschiedenen Gebieten I ($|x| > a$) und II ($|x| \le a$) getrennt zu betrachten und die Wellenfunktion an den Grenzen jeweils stetig fortzusetzen. Durch elementare Umformung von Gl. (3.150) erhalten wir zunächst:

Gebiet I: $\quad \varphi'' + \frac{2m}{\hbar^2}E\varphi = 0, \qquad\qquad |x| > a, \tag{3.151a}$

Gebiet II: $\quad \varphi'' + \frac{2m}{\hbar^2}(E + V)\varphi = 0, \qquad |x| \le a. \tag{3.151b}$

Abb. 3.21 Der eindimensionale Potenzialtopf mit der Potenzialtiefe $V = V_0$ als Modell für ein im Atom gebundenes Elektron. Klassisch kann kein Teilchen außerhalb des Potenzialtopfs existieren, falls $E < 0$ ist. Quantenmechanisch ergibt sich im Gebiet I ein exponentieller Abfall von $\varphi(x)$, und im Gebiet II ist $\varphi(x)$ proportional zu einer harmonischen Schwingung

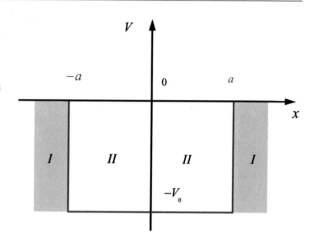

Diese beiden Gleichungen sind homogene, lineare Differenzialgleichungen 2. Ordnung, die Schwingungen beschreiben. Wir müssen uns nun fragen, was an den Unstetigkeitsstellen des Potenzials $V(x)$ passiert. Bei stetigem Potenzial werden die Funktion und ihre erste Ableitung stetig sein. Springt das Potenzial um einen endlichen Wert (in unserem Beispiel hier um $-V_0$), so wird die zweite Ableitung sicher nicht mehr stetig sein. Durch formale Integration der Schrödinger-Gleichung (3.151b) über die Sprungstelle folgt:

$$\varphi'(x + \varepsilon) - \varphi'(x - \varepsilon) = \frac{2m}{\hbar^2} \int_{x-\varepsilon}^{x+\varepsilon} (V(\xi) - E)\varphi(\xi)\,\mathrm{d}\xi \qquad (3.152a)$$

$$|\varphi'(x + \varepsilon)| \leq \frac{2m}{\hbar^2} |V - E|_{\max} \cdot \varphi_{\max} \cdot 2\varepsilon. \qquad (3.152b)$$

Die Größe $|V - E|_{\max}$ ist das Maximum von $V - E$ im Intervall $[x - \varepsilon, x + \varepsilon]$. Der Mittelwertsatz der Integralrechnung ist hier nicht anwendbar, weil der Integrand nicht stetig ist. Sind die Maxima endlich (das Potenzial springt ja nur um einen endlichen Wert), so muss bei $\varepsilon \to 0$ die rechte Seite gegen null gehen. Die erste Ableitung und damit auch die Funktion selbst müssen also bei endlichen Sprüngen des Potenzials stetig sein (denn genau dann folgt $\varphi'(x + \varepsilon) = \varphi'(x - \varepsilon)$ für $\varepsilon \to 0$). Aus rechentechnischen Gründen lässt man oft auch ein δ-förmiges Potenzial zu:

$$V(x) = V_0\,\delta(x). \qquad (3.153)$$

(Zur Definition der Deltafunktion, siehe Abschn. 4.9.) Dann springt die Ableitung um einen endlichen Betrag

$$\varphi'(+0) - \varphi'(-0) = \frac{2m}{\hbar^2} V_0\,\varphi(0), \qquad (3.154)$$

während die Funktion selbst stetig ist. Bei einem Potenzialtopf mit unendlich hohen Wänden ist φ' nicht bestimmt, während φ an dieser Stelle null sein muss, wie man am besten durch den Grenzübergang $V(x) \longrightarrow \infty$ aus dem Ergebnis des endlichen Potenzialtopfs weiter unten erhält. Potenziale, die stückweise konstant sind, sind für die Rechnung bequem, da die Differenzialgleichung sehr leicht zu lösen ist. Bei den Gl. (3.151a) und (3.151b) handelt es sich nämlich um Schwingungsgleichungen, was man nach Einführung der üblichen Abkürzungen sehr leicht erkennen kann:

$$E = -\frac{\hbar^2 \kappa^2}{2m}, \qquad V = \frac{\left(\hbar^2 k_0{}^2\right)}{2m}, \qquad k^2 = k_0{}^2 - \kappa^2. \qquad (3.155)$$

Jetzt lauten die Gl. (3.151a) und (3.151b):

$$\text{Gebiet I:} \qquad \varphi'' - \kappa^2 \varphi = 0, \qquad\qquad |x| > a, \qquad (3.156a)$$

$$\text{Gebiet II:} \qquad \varphi'' + k^2 \varphi = 0, \qquad\qquad |x| \leq a, \qquad (3.156b)$$

und deren wohlbekannte Lösungen (s. Mathematischer Exkurs 3.2) sind gegeben durch:

Gebiet I:

$$\varphi(x) = C\, e^{[\kappa(a-x)]}, \qquad\qquad x > a, \qquad (3.157a)$$

$$\varphi(x) = D\, e^{[\kappa(a+x)]}, \qquad\qquad x < -a, \qquad (3.157b)$$

Gebiet II:

$$\varphi(x) = A\cos kx + B\sin kx, \qquad\qquad |x| \leq a. \qquad (3.157c)$$

Es gibt also einen *exponentiellen Abfall außerhalb des Potenzialtopfs* und einen Sinus oder einen Cosinus, also *eine Schwingung innerhalb des Potenzialtopfs.* Die Teillösungen von $\varphi(x)$ werden dann so zusammengesetzt, dass $\varphi(x)$ eine stetig differenzierbare Funktion wird. Da bei $x = a$ und bei $x = -a$ die Grenzbedingungen erfüllt sein müssen, also die Funktion $\varphi(x)$ und ihre erste Ableitung $\varphi'(x)$ stetig sein müssen, erhalten wir aus den Gl. (3.157a) bis (3.157c) die folgenden vier Bedingungen:

● Für $x = a$:

$$A\cos ka + B\sin ka = C, \qquad (3.158a)$$

$$-kA\sin ka + kB\cos ka = -\kappa C. \qquad (3.158b)$$

- Für $x = -a$

$$A \cos ka - B \sin ka = D, \tag{3.159a}$$
$$kA \sin ka + kB \cos ka = \kappa D. \tag{3.159b}$$

Durch Addition der beiden oberen Gl. (3.158a) und (3.159a) sowie Subtraktion der beiden unteren Gl. (3.158b) und (3.159b) erhalten wir

$$2A \cos ka = C + D, \tag{3.160a}$$
$$2kA \sin ka = \kappa(C + D), \tag{3.160b}$$

aus denen durch Division sofort die Bedingung

$$\boxed{k \tan ka = \kappa} \tag{3.161}$$

folgt. Durch Subtraktion der beiden oberen und Addition der beiden unteren Gleichungen erhalten wir

$$2B \sin ka = C - D, \tag{3.162a}$$
$$2kB \cos ka = -\kappa(C - D), \tag{3.162b}$$

woraus folgt:

$$\boxed{k \cot ka = -\kappa.} \tag{3.163}$$

Da im Allgemeinen nicht beide Bedingungen gleichzeitig erfüllt werden können, muss entweder gelten:

$$k \tan ka = \kappa, \quad B = 0, \quad C = D \tag{3.164}$$

(gerade Lösungen) oder:

$$k \cot ka = -\kappa, \quad A = 0, \quad D = -C \tag{3.165}$$

(ungerade Lösungen). Dass die Lösungen sich in eine symmetrische und eine antisymmetrische Lösung aufspalten, liegt an der Symmetrie des Problems,

$$V(x) = V(-x), \tag{3.166}$$

wie wir in Abschn. 3.4.2 besprochen haben. Wenn man dies berücksichtigt und für
die geraden Lösungen $\varphi_+(x) = \varphi_+(-x)$ ansetzt:

$$\varphi_+(x) = \begin{cases} A_+ \cos kx & \text{für } |x| \leq a, \\ A_+ \cos ka\, e^{\kappa(a-x)} & \text{für } x > a, \end{cases} \qquad (3.167)$$

und für die ungeraden Lösungen $\varphi_-(x) = -\varphi_-(-x)$ ansetzt:

$$\varphi_-(x) = \begin{cases} A_- \sin kx & \text{für } |x| \leq a, \\ A_- \sin ka\, e^{\kappa(a-x)} & \text{für } x > a, \end{cases} \qquad (3.168)$$

braucht man nur die Stetigkeitsbedingungen bei $x = a$ zu berücksichtigen, nämlich
bei den geraden Lösungen:

$$ak \tan ka = a\kappa = \sqrt{(k_0 a)^2 - (ak)^2} \qquad (3.169)$$

und bei den ungeraden Lösungen:

$$ak \cot ka = -a\kappa = -\sqrt{(k_0 a)^2 - (ak)^2}. \qquad (3.170)$$

Nach Gl. (3.155) geht für $V \to \infty$ auch $k_0 \to \infty$ sowie $\tan ka \to \infty$ für $ka = (2n - 1)/(2 \cdot \pi)$, mit $n \in \mathbb{N}$, und $\cot ka \to -\infty$ für $ka = n\pi$. In unserem zu
lösenden Problem ist also $k_0 a = \sqrt{2mV}\, a/\hbar$ vorgegeben, und gesucht sind k bzw.
$\kappa^2 = k_0^2 - k^2$ bzw. die Energie

$$E = -\frac{\hbar^2 \left[(ak_0)^2 - (ak)^2\right]}{2ma^2}. \qquad (3.171)$$

Die Lösung erfolgt am besten grafisch, s. Abb. 3.22. Wie viele Lösungen es gibt,
wird hauptsächlich von Parameter k_0 und damit von der Potenzialtiefe bestimmt. Ist
k_0 klein ($k_0 a < \pi/2$), so gibt es nur *eine* gerade Lösung. Für $\pi/2 \leq k_0 a < \pi$ gibt
es eine gerade und eine ungerade Lösung. Gerade und ungerade Lösungen wechseln
einander ab. Bei konstanter Breite a des Potenzialtopfs kommt es also nur auf dessen
Tiefe an. Wegen $\varphi'' + 2m/\hbar^2(E - V)\varphi = 0$ sind die Lösungen für $E - V > 0$, d. h.
innerhalb des Potenzialtopfs, zur Achse hin gekrümmt ($\varphi'' = 0$), während sie für
$E - V < 0\; \varphi''$, d. h. außerhalb des Potenzialtopfs, von der Achse weg gekrümmt sind.

Grenzübergang zum unendlich hohen Potenzial

Hier ist es zweckmäßig, eine neue Energienormierung durchzuführen:

$$\tilde{V} = V(x) + U, \qquad \tilde{E} = E + U. \qquad (3.172)$$

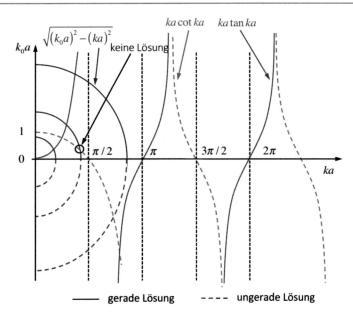

──── gerade Lösung   - - - - ungerade Lösung

Abb. 3.22 Grafische Lösung beim eindimensionalen Potenzialtopf. Je tiefer der Potenzialtopf ist, desto mehr Lösungen existieren

Dann gilt $\tilde{E} = \hbar^2 k^2/(2m)$, und die Bedingungsgleichungen für ak lauten für die geraden Lösungen:

$$ak \tan ka = \sqrt{(k_0 a)^2 - (ak)^2} \longrightarrow ak_0 \longrightarrow \infty, \qquad (3.173a)$$

$$ak_n = \pi/2, 3\pi/2, \ldots = (2n + 1)\pi/2, n = 0, 1, 2, 3 \ldots \qquad (3.173b)$$

und für die ungeraden Lösungen:

$$ak \cot ka = -\sqrt{(k_0 a)^2 - (ak)^2} \longrightarrow -ak_0 \longrightarrow -\infty, \qquad (3.174a)$$

$$ak_n = \pi, 2\pi, 3\pi, \ldots = n\pi, n = 0, 1, 2, 3, \ldots. \qquad (3.174b)$$

Bei $|x| \geq a$ werden die Wellenfunktionen null. Die erste Ableitung ist dann nicht mehr stetig. Bei unendlich hohen Potenzialwänden gibt es unendlich viele Lösungen, und deren diskreten Energiewerte sind wegen

$$ak_n = n\pi/2 \quad n = 1 \text{ gerade}$$
$$n = 2 \text{ ungerade}$$
$$n = 3 \text{ gerade}$$
$$\text{usw.}$$

Abb. 3.23 Abwechselnd
gerade und ungerade
Wellenfunktionen beim
eindimensionalen
Potenzialtopf

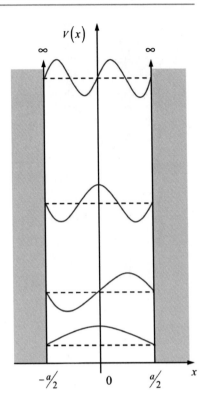

gegeben durch

$$E_n = \frac{\hbar^2}{2ma^2}\pi^2 n^2.$$
(3.175)

Die ersten vier Energiewerte gemäß dieser Gleichung sind, zusammen mit den ersten geraden und ungeraden Wellenfunktionen, in Abb. 3.23 dargestellt.

Mathematischer Exkurs 3.2 (Die Schwingungsgleichung)
Die sogenannte Schwingungsgleichung – eine lineare Differenzialgleichung mit konstanten Koeffizienten – tritt bei der mathematischen Beschreibung vieler periodischer Vorgänge in der Natur auf. Die Schwingungsgleichung beschreibt harmonische Schwingungen, wie z. B. die mechanische Bewegung eines Massenpunkts, der im Schwerefeld an einer Feder aufgehängt ist und nach Auslenkung losgelassen wird. Die Schwingungsgleichung lautet

$$m\ddot{x} = F(x) = -kx, \quad k > 0.$$
(3.176)

Diese Gleichung wird mit der Konstanten $\omega^2 = \frac{k}{m}$ umgeformt zu

$$\ddot{x} + \omega^2 x = 0, \qquad k > 0. \tag{3.177}$$

Der Lösungsansatz für diese Differenzialgleichung ist

$$x = e^{\lambda t}. \tag{3.178}$$

Durch Einsetzen in Gl. (3.176) ergibt sich die charakteristische Gleichung

$$\lambda^2 + \omega^2 = 0 \qquad \Rightarrow \qquad \lambda_{1,2} = \pm i\omega. \tag{3.179}$$

Da es sich bei Gl. (3.176) um eine Differenzialgleichung 2. Ordnung handelt, muss die allgemeine Lösung *zwei* (in diesem Fall reelle) Konstanten enthalten. Deshalb ist die allgemeine Lösung gegeben durch

$$
\begin{aligned}
x(t) &= c_1 e^{\lambda_1 t} + c_2 e^{\lambda_2 t} = c_1 e^{i\omega t} + c_2 e^{i\omega t} \\
&= c_1 \left(\cos \omega t + i \sin \omega t \right) + c_2 \left(\cos \omega t - i \sin \omega t \right) \\
&= (c_1 + c_2) \cos \omega t + i (c_1 + c_2) \sin \omega t.
\end{aligned}
\tag{3.180a}
$$

Die beiden Konstanten $A = c_1 + c_2$ und $B = i(c_1 - c_2)$ sind genau dann reell, wenn gilt:

$$c_1 = \frac{B - iA}{2}, \qquad c_2 = \frac{B + iA}{2}. \tag{3.181a}$$

Damit lautet die allgemeine Lösung von Gl. (3.176):

$$\boxed{x(t) = A \cos \omega t + B \sin \omega t.} \tag{3.182}$$

Die Konstanten A und B sind durch die vorgegebenen Anfangs- oder Randbedingungen des Problems festgelegt.

Wir betrachten als Abschluss noch ein einfaches Beispiel zum Potenzialtopf.

Beispiel 3.12 (Eindimensionaler Potenzialtopf)

Gegeben sei ein eindimensionaler Potenzialtopf mit der Länge L und folgendem Potenzialverlauf:

$$V(x) = \begin{cases} 0 & \text{für } 0 \leq x \leq L, \\ \infty & \text{sonst.} \end{cases}$$

Das Teilchen befinde sich im Energiezustand

$$\varphi_n(x) = \sqrt{\frac{2}{L}} \sin\left(\frac{n\pi x}{L}\right).$$

a) Wie groß ist die Wahrscheinlichkeit P, das Teilchen im Bereich $0 \leq x \leq \frac{3}{4}L$ vorzufinden?

b) Bestimmen Sie die Mittelwerte $\langle p_x \rangle$, $\langle x \rangle$ sowie $\langle p_x^2 \rangle$ und $\langle x^2 \rangle$.

Hinweis: $\int\limits_{-\infty}^{\infty} x^2 \, e^{ax} \, dx = e^{ax}\left(\frac{x^2}{a} - \frac{2x}{a^2} + \frac{2}{a^3}\right) + C.$

c) Zeigen Sie, dass die Unschärferelation $\Delta x \cdot \Delta p \geq \frac{\hbar}{2}$ für den Zustand $\varphi_n(x)$ erfüllt ist.

Hinweis: $\Delta A = \sqrt{\langle A^2 \rangle - \langle A \rangle^2}.$

Lösung

a)

$$P = \int\limits_0^{\frac{3}{4}L} \varphi_n^*(x)\varphi_n(x) \, dx = \frac{2}{L} \int\limits_0^{\frac{3}{4}L} \left(\frac{e^{ikx} - e^{-ikx}}{2i}\right)^2 dx$$

$$= -\frac{1}{2L} \int\limits_0^{\frac{3}{4}L} (-2 + e^{2ikx} - e^{-2ikx}) \, dx = -\frac{1}{2L}\left[-2x + \frac{1}{k}\sin\frac{2n\pi x}{L}\right]\Bigg|_0^{\frac{3}{3}L}.$$

Damit haben wir dann als Gesamtlösung

$$P = \begin{cases} \frac{3}{4} & \text{für } n = 2N+2, \text{ d.h. alle geraden Zahlen} \\ \frac{3}{4} + \frac{1}{2n\pi} & \text{für } n = 4N+1, \text{ d.h. } n = 1, 5, 9, 13, \ldots \\ \frac{3}{4} - \frac{1}{2n\pi} & \text{für } n = 4N+3, \text{ d.h. } n = 3, 7, 11, 13, \ldots \end{cases}$$

b) Der Mittelwert eines Operators $\hat{A}$ ist allgemein $\langle \hat{A} \rangle = \int\limits_0^L \varphi_n^*(x)\, \hat{A}\, \varphi_n(x)$. Damit ist

$$\langle p_x \rangle = \int\limits_0^L \varphi_n^*(x) \frac{\hbar}{i} \frac{d}{dx} \varphi_n(x)\, dx = \frac{2k\,\hbar}{L\,i} \int\limits_0^L \sin(kx)\cos(kx)\, dx = \frac{2\hbar}{iL} \sin(kx)\Big|_0^L = 0.$$

$$\langle x \rangle = \int\limits_0^L \varphi_n^*(x)\, x\, \varphi_n(x)\, dx = \frac{2}{L}\left[\frac{x^2}{4} - \frac{x\sin(2kx)}{4k} - \frac{\cos(2kx)}{8k^2} \right]\Bigg|_0^L = \frac{1}{2} L.$$

$$\langle x^2 \rangle = \int\limits_0^L \varphi_n^*(x)\, x^2\, \varphi_n(x)\, dx = \frac{2}{L}\left[\frac{x^3}{6} - \left(\frac{x^2}{4k} - \frac{1}{8k^3} \right)\sin(2kx) - \frac{x\cos(2kx)}{4k^2} \right]\Bigg|_0^L$$

$$= \left(\frac{1}{3} - \frac{1}{2n^2\pi^2} \right) L^2.$$

$$\langle p_x^2 \rangle = \int\limits_0^L \varphi_n^*(x) \left(-\hbar^2 \frac{d^2}{dx^2} \right) \varphi_n(x)\, dx = \hbar^2 k^2 \int\limits_0^L \sin^2(kx)\, dx = \hbar^2 k^2.$$

c) Mit diesen Ergebnissen von Teil **b)** erhalten wir für das Produkt der Orts- und der Impulsunschärfe:

$$\Delta x \Delta p = \sqrt{ \left(\frac{1}{3} - \frac{1}{2n^2\pi^2} \right) L^2 - \frac{1}{4} L^2} \cdot \hbar k \geq \frac{\hbar}{2},$$

$$\sqrt{ \frac{1}{12} - \frac{1}{2n^2\pi^2} }\, L \cdot \hbar \frac{n\pi}{L} \geq \frac{\hbar}{2},$$

$$\sqrt{ \frac{n^2\pi^2}{12} - \frac{1}{2} } \geq \frac{1}{2}.$$

Den kleinsten Wert erhalten wir für $n = 1$. Die Wurzel auf der linken Seite der Gleichung ist dann gleich $0{,}567$, d. h. die Ungleichung ist für alle n erfüllt. ∎

Beispiel 3.13 (Dreidimensionaler Potenzialtopf)
Gegeben sei ein dreidimensionaler Potenzialtopf mit dem Potenzialverlauf

$$V(x, y, z) = \begin{cases} 0 & \text{für } 0 \leq x, y, z \leq L, \\ \infty & \text{sonst.} \end{cases}$$

a) Wie groß ist die Entartung desjenigen Zustands, dessen Energie dreimal so groß ist wie die des Grundzustands? Zum Begriff der Entartung, siehe Abschn. 4.6.1.
b) Berechnen Sie, um wie viel Prozent sich die Energie eines Zustands ändert, wenn die Seitenlängen des Würfels in jeder Richtung um 20 % verkürzt werden.

Hinweis: Aus Symmetriegründen ergibt sich für jede Richtung mit den Indizes n_x, n_y, n_z dasselbe Ergebnis wie beim eindimensionalen Kastenpotenzial in Gl. (3.175). Die Energie für jede Richtung ist additiv.

Lösung

a) Mit dem obigen Hinweis und gemäß Gl. (3.175) ist

$$E_n = \frac{h^2}{8mL^2}\left(n_x{}^2 + n_y{}^2 + n_z{}^2\right).$$

Für den Grundzustand ist $n_x = n_y = n_z = 1$, also $(1, 1, 1)$. Für den Zustand, dessen Energie dreimal so groß ist, wie die des Grundzustands, muss also

$$\left(n_x{}^2 + n_y{}^2 + n_z{}^2\right) = 9$$

sein. Dafür gibt es die Möglichkeiten $(1, 2, 2)$, $(2, 1, 2)$ sowie $(2, 2, 1)$. Dies bedeutet also eine *dreifache* Entartung des Zustands.

b) Wir bilden das Verhältnis der Energie bei den verkürzten Kantenlängen zur ursprünglichen Grundzustandsenergie:

$$\frac{E(0,8\,L)}{E(L)} = \frac{1/(0,8\,L)^2}{1/L^2} = 1,25,$$

d. h. die Energie steigt durch die Verkürzung um 25 % an.   ■

Beispiel 3.14 (Delta-Potenzial)
Bestimmen Sie die normierte Wellenfunktion und den Energieeigenwert des gebundenen Zustands beim eindimensionalen Potenzial $V(x) = -\alpha\,\delta(x)$, mit $\alpha \in \mathbb{R}$.

Hinweis: Um die Randbedingung für die Ableitungen der Wellenfunktion im Punkt $x = 0$ zu finden, integrieren Sie die Schrödinger-Gleichung über eine kleine Umgebung von $x = 0$.

Lösung
Der Hamilton-Operator des Systems lautet

$$\hat{H} = -\frac{\hbar^2}{2m}\frac{\partial^2}{\partial x^2} - \alpha\,\delta(x).$$

Die zu lösende stationäre Schrödinger-Gleichung ist damit

$$\hat{H} = -\frac{\hbar^2}{2m}\frac{\partial^2}{\partial x^2}\cdot\varphi(x) - \alpha\,\delta(x)\cdot\varphi(x) = E\cdot\varphi(x).$$

Vereinfachen der Schrödinger-Gleichung durch Einführung von Konstanten ergibt:

$$\varphi''(x) - 2A\,\delta(x) = \kappa^2 \varphi(x), \quad \kappa^2 = -\frac{2mE}{\hbar}, \quad A = \frac{m\alpha}{\hbar^2}.$$

Die exponentiell abnehmende Lösungsfunktion ist $\varphi(x) = C\,e^{-\kappa|x|}$. Wegen der Symmetrie des Potenzials und der Stetigkeit der Wellenfunktion ist der Koeffizient bei $x > 0$ und $x < 0$ derselbe. Einmalige Integration der Schrödinger-Gleichung um $x = 0$ (s. Abschn. 3.4.6) ergibt:

$$\varphi'(+0) - \varphi'(-0) + 2A\,\varphi(0) = 0 \implies 2\kappa\,C = 2AC \implies \kappa = A.$$

Damit lautet die Wellenfunktion

$$\varphi(x) = C\,e^{-\frac{m\alpha}{\hbar^2}|x|}.$$

Die Konstante C gewinnen wir aus der Normierungsbedingung

$$\int\limits_{-\infty}^{\infty} |\varphi(x)|\,dx = 1 = C^2 \int\limits_{-\infty}^{\infty} e^{-\kappa|x|}dx \implies C^2 \frac{1}{\kappa} = 1 \implies C = \sqrt{\kappa}.$$

$$\varphi(x) = \sqrt{\frac{m\alpha}{\hbar^2}}\,e^{-\frac{m\alpha}{\hbar^2}|x|}.$$

Für $x \neq 0$ ist damit

$$\hat{H}\varphi(x) = -\frac{\hbar^2}{2m}\frac{\partial^2}{\partial x^2}\varphi(x) = -\frac{\hbar^2}{2m}\left(\frac{m\alpha}{\hbar^2}\right)^2 \varphi(x) = -\frac{m\alpha^2}{2\hbar^2}\varphi(x) = E\,\varphi(x)$$

$$\implies \quad \text{Bindungsenergie} \quad E = -\frac{m\alpha^2}{2\hbar^2}.$$

■

3.4.7 Der quantenmechanische Tunneleffekt

Beim Tunneleffekt hat man es mit ungebundenen Zuständen von Teilchen zu tun. Man lässt dazu Teilchen mit einer Energie $0 < E < V_{max}$ auf einen Potenzialberg auflaufen. Klassisch werden alle solche Teilchen reflektiert, aber quantenmechanisch zeigt sich, dass ein gewisser Bruchteil der Teilchen hindurch gelangen kann.

Wenn man sich einen solchen Vorgang (z. B. eine chemische Reaktion) klassisch vorstellt (s. Abb. 3.24), tunneln die Teilchen durch den Potenzialberg hindurch: Man spricht vom *Tunneleffekt*. Dieser ist wohl eines der bizarrsten Quantenphänomene, die mit Hilfe der klassischen Physik überhaupt nicht erklärbar sind. Er ist jedoch nicht auf die Physik oder Chemie beschränkt, sondern spielt z. B. auch eine entscheidende

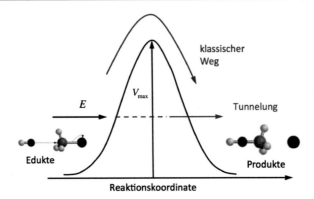

Abb. 3.24 Illustration zum Tunneleffekt. In der Chemie stellt man mit der Reaktionskoordinate dar, in welche Richtung chemische Reaktionen ablaufen. In diesem Fall muss klassisch erst die Aktivierungsenergie (die Differenz zwischen V_{max} und E) z. B. durch Katalysatoren aufgewendet werden, damit die Reaktion von den Edukten zu den Produkten dann von selbst abläuft und das Molekül die Potenzialbarriere überwinden kann. Das Beispiel stellt die Reaktion $HO^- + CH_3Br \rightarrow CH_3OH + Br^-$ dar. Quantenmechanisch besteht jedoch eine von null verschiedene Wahrscheinlichkeit dafür, dass die Reaktion abläuft, auch ohne dass $E > V_{max}$ wird

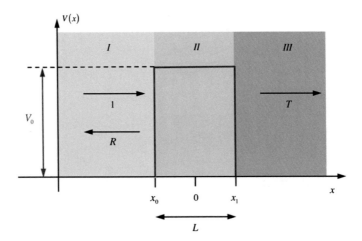

Abb. 3.25 Ein einfaches Modell für den Tunneleffekt ist eine Potenzialbarriere mit der Höhe V_0 und der Breite L. Die Lösungen lassen sich aus den drei verschiedenen Gebieten zusammensetzen

Rolle in lebenden Zellen und ist sogar ein wichtiger Antrieb für die Evolution sowie eine potenzielle Ursache von Krebserkrankungen.

Zum ersten Mal beschrieben wurde der Tunneleffekt im Zusammenhang mit chemischen Reaktionen von Friedrich Hund (1926) und von George Gamov zur Erklärung der α-Strahlung von Atomkernen (Gamow 1928). Wir wollen im Folgenden dieses Tunneln für ein einfaches Modell untersuchen. Dazu modellieren wir den Potenzialberg in Abb. 3.24 vereinfachend als eine stückweise stetige *Potenzialbarriere;* man spricht auch vom *Potenzialwall,* s. Abb. 3.25.

Von links treffen Teilchen auf das Potenzial, deren Anzahl bzw. deren einfallende Stromdichte j_e experimentell vorgegeben ist. Wir interessieren uns für den Koeffizienten R der (an der Barriere) reflektierten und den Koeffizienten T der (durch die Barriere) transmittierten Teilchen. Diese beiden Größen nennt man *Reflexionskoeffizient R* bzw. *Transmissionskoeffizient T*. Dann ist

$$R = \frac{\text{Anzahl der reflektierten Teilchen}}{\text{Anzahl der einfallenden Teilchen}} = \frac{|\varphi_r|^2}{|\varphi_e|^2} = |A|^2, \tag{3.183a}$$

$$T = \frac{\text{Anzahl der transmittierten Teilchen}}{\text{Anzahl der einfallenden Teilchen}} = \frac{|\varphi_t|^2}{|\varphi_e|^2} = |C|^2. \tag{3.183b}$$

Die in obige Gleichungen eingeführten Koeffizienten A und C sind die Amplituden (Vorfaktoren) bei den Lösungsansätzen für die Wellenfunktion φ in den einzelnen Gebieten, siehe den übernächsten Abschnitt. Bevor wir das Problem quantenmechanisch lösen, überlegen wir noch, was eigentlich klassisch mit Teilchen passiert, die auf eine solche Potenzialbarriere auftreffen.

Klassische Behandlung

Zu Beginn, d. h. weit weg von der Potenzialbarriere, ist die kinetische Energie E_{kin} gleich der Gesamtenergie E. Im Bereich des Potenzials gilt $E_{kin} = E - V(x)$. Das Teilchen wird dann je nach Vorzeichen des Potenzials (Barriere, $V > 0$, oder Topf, $V < 0$) von ihm abgebremst oder beschleunigt. Klassisch können wir zwei Fälle unterscheiden:

1. Wenn die Gesamtenergie größer ist als die Potenzialbarriere, wird das Teilchen nicht reflektiert und fliegt einfach über die Potenzialbarriere hinweg. Dies gilt insbesondere für eine Potenzialmulde (mit $V < 0$).
2. Ist die Potenzialbarriere größer als die Gesamtenergie des Teilchens, dann wird es an der Barriere reflektiert. Zur Ruhe kommt es dabei an einem Umkehrpunkt x_0, an dem $E_{kin} = 0$ ist, also wenn $V(x_0) = E$ gilt.

Klassisch gilt daher:

1. $V_0 > E \implies R = 1, \quad T = 0$.
2. $V_0 < E \implies R = 0, \quad T = 1$.

Quantenmechanische Behandlung

Nach unseren Betrachtungen in den vorhergehenden Abschnitten ist klar, dass wir ein kontinuierliches Eigenwertspektrum haben werden, da alle klassisch erlaubten Bereiche eine unendliche Ausdehnung haben – es existieren keine Randbedingungen. Ferner ist klar, dass für $E > V_0$ *im ganzen Raumbereich* oszillierende Lösungen auftreten. Für $0 < E < V_0$ gibt es *ebenfalls oszillierende Lösungen* in den Bereichen I ($x \in (-\infty, x_0]$) und III ($x \in [x_1, \infty)$) sowie *exponentiell abklingende Lösungen*

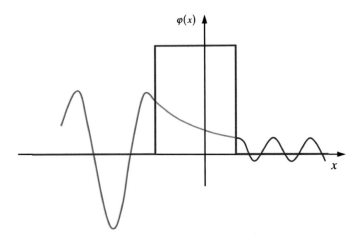

Abb. 3.26 Verhalten einer Wellenfunktion mit der Energie $E < V_0$ an einer Potenzialbarriere der Höhe V_0

im Bereich II ($x \in [x_0, x_1]$), s. Abb. 3.26. Wir betrachten jetzt ein Teilchen, das von links kommend bei x_0 auf den Potenzialwall trifft. In den drei Bereichen können wir dann von folgenden Ansätzen für die Wellenfunktion $\varphi(x)$ ausgehen:

In den Bereichen I und III ist die allgemeine Lösung jeweils

$$\varphi(x) = A_1 \cdot e^{ikx} + A_2 \cdot e^{-ikx}, \qquad (3.184)$$

mit der Wellenzahl

$$k = \sqrt{\frac{2mE}{\hbar^2}}, \quad \text{und } E > 0. \qquad (3.185)$$

Bereich I

Bei $x < x_0$ haben wir eine einfallende (φ_e) und eine reflektierte Wellenfunktion (φ_r). Die Amplitude der einfallenden Welle A_1 kann o. B. d. A. als 1 angenommen werden. In die Berechnung von R und T gehen nämlich sowieso nur die Verhältnisse der Amplituden ein, und es gilt $R + T = 1$. Also lautet im Gebiet I die Wellenfunktion

$$\varphi_I(x) = \varphi_e(x) + \varphi_r(x) = 1\, e^{ikx} + A\, e^{-ikx}. \qquad (3.186)$$

Bereich III

Bei $x > x_1$ kann es in der vorgegebenen Situation mit einer nur von links einlaufenden Welle nur eine nach rechts gehende transmittierte Welle φ_t geben, d. h. die Amplitude A_2 in Gl. 3.184 ist für diesen Bereich null, und es ist

$$\varphi_{III}(x) = \varphi_t(x) = C\, e^{ikx}. \qquad (3.187)$$

Bereich II

Im Bereich II, bei $x_0 \le x \le x_1$, müssen wir zwei Fälle unterscheiden, nämlich $E \ge V_0$ und $E > V_0$. Die allgemeine Lösung lautet für diesen Bereich:

$$\varphi_{II}(x) = B_1 \, e^{\kappa x} + B_2 \, e^{-\kappa x}, \tag{3.188}$$

mit

$$\kappa = \sqrt{\frac{2m(V_0 - E)}{\hbar^2}} = \begin{cases} |\kappa| & \text{für } E \le V_0, \\ i|\kappa| & \text{für } E > V_0, \end{cases} \tag{3.189}$$

d. h. die Wellenfunktion ist im Bereich II wellenartig, wenn $E > V_0$ ist, und exponentiell gedämpft, wenn $E < V_0$ ist. Als Gesamtlösung haben wir damit für die Wellenfunktion:

$$\varphi(x) = \begin{cases} e^{ikx} + A \, e^{-ikx} & \text{für } x < x_0, \\ B_1 \, e^{\kappa x} + B_2 \, e^{-\kappa x} & \text{für } x_0 \le x \le x_1, \\ C \, e^{ikx} & \text{für } x > x_1. \end{cases} \tag{3.190}$$

Um die vier unbekannten Koeffizienten A, B_1, B_2 und C zu bestimmen, verwenden wir die Stetigkeitsbedingungen für die Wellenfunktion $\varphi(x)$ und für ihre Ableitungen $\varphi'(x)$ bei x_0 und x_1. Damit ergibt sich

$$e^{ikx_0} + A \, e^{-ikx_0} = B_1 \, e^{\kappa x_0} + B_2 \, e^{-\kappa x_0}, \tag{3.191a}$$

$$ik\left(e^{ikx_0} - A \, e^{-ikx_0}\right) = -\kappa\left(B_2 \, e^{-\kappa x_0} - B_1 \, e^{\kappa x_0}\right), \tag{3.191b}$$

$$C \, e^{ikx_1} = B_1 \, e^{\kappa x_1} + B_2 \, e^{-\kappa x_1}, \tag{3.191c}$$

$$ikC \, e^{ikx_1} = -\kappa\left(B_2 \, e^{-\kappa x_1} - B_1 \, e^{\kappa x_1}\right). \tag{3.191d}$$

Ich empfehle dem ambitionierten Leser, an dieser Stelle einmal zu versuchen, durch systematische algebraische Umformungen dieser vier Gleichungen die Lösungen für die Koeffizienten und für die gesuchten Größen R und T selbst zu bestimmen und danach die folgende Rechnung als Muster zu verwenden. Wir bestimmen zunächst die Konstanten B_1 und B_2. Dazu dividieren wir die Gl. (3.191b) und (3.191d) jeweils durch ik. Dann addieren wir die Gl. (3.191a) und (3.191b) und subtrahieren Gl. (3.191d) von Gl. (3.191c). Mit der Abkürzung $\gamma = i\kappa/k$ erhalten wir dadurch:

$$2 \, e^{ikx_0} = B_2(1 + \gamma) \, e^{-\kappa x_0} + B_1(1 - \gamma) \, e^{\kappa x_0}, \tag{3.192a}$$

$$0 = B_2(1 + \gamma) \, e^{-\kappa x_1} + B_1(1 - \gamma) \, e^{\kappa x_1}. \tag{3.192b}$$

Dies ist ein lineares, inhomogenes Gleichungssystem für die Amplituden B_1 und B_2. Nicht-triviale Lösungen erfordern, dass die Koeffizienten-Determinante

$$\det K = \begin{pmatrix} (1+\gamma) \, e^{-\kappa x_0} & (1-\gamma) \, e^{\kappa x_0} \\ (1-\gamma) \, e^{-\kappa x_1} & (1+\gamma) \, e^{\kappa x_1} \end{pmatrix} = (1+\gamma)^2 \, e^{\kappa(x_1-x_0)} - (1-\gamma)^2 \, e^{-\kappa(x_1-x_0)} \tag{3.193}$$

nicht verschwindet, was offensichtlich der Fall ist. Wir verwenden nun die *Cramer'sche Regel,* mit der wir direkt die Koeffizienten B_1 und B_2 angeben können. Genauso gut kann man natürlich z. B. Gl. (3.192a) nach B_1 auflösen und in Gl. (3.192b) einsetzen, um auf diese Weise B_1 und B_2 zu bestimmen. Die Cramer'sche Regel liefert aber direkt die Koeffizienten als

$$B_2 = \frac{1}{\det K} \det \begin{pmatrix} 2\,e^{-ikx_0} & (1-\gamma)\,e^{\kappa x_0} \\ 0 & (1+\gamma)\,e^{\kappa x_1} \end{pmatrix} = \frac{2(\gamma+1)}{\det K}\,e^{ikx_0+\kappa x_1}, \qquad (3.194a)$$

$$B_1 = \frac{1}{\det K} \det \begin{pmatrix} (1+\gamma)\,e^{-\kappa x_0} & 2\,e^{ikx_0} \\ (1-\gamma)\,e^{\kappa x_1} & 0 \end{pmatrix} = -\frac{2(\gamma-1)}{\det K}\,e^{ikx_0-\kappa x_1}. \qquad (3.194b)$$

Um R und T zu bestimmen, benötigen wir noch die Koeffizienten A und C, die wir durch geeignete Linearkombinationen der Gl. (3.191b) bis (3.191d) erhalten. Dazu dividieren wir wieder die Gl. (3.191b) und (3.191d) jeweils durch ik und subtrahieren dann Gl. (3.191b) von (3.191a) bzw. addieren die Gl. (3.191c) und (3.191d). Das ergibt

$$A = \frac{B_2}{2}(1-\gamma)\,e^{ikx_0-\kappa x_0} + \frac{B_1}{2}(1+\gamma)\,e^{ikx_0+\kappa x_0}, \qquad (3.195a)$$

$$C = \frac{B_2}{2}(1+\gamma)\,e^{-ikx_1-\kappa x_1} + \frac{B_1}{2}(1-\gamma)\,e^{-ikx_1+\kappa x_0}. \qquad (3.195b)$$

In diese beiden letzten Gleichungen setzen wir B_1 und B_2 aus den Gl. (3.194a) und (3.194b) ein. Damit folgt

$$A = 2\frac{1-\gamma^2}{\det K}\,e^{2ikx_0}\,\sinh\left[\kappa(x_1-x_0)\right], \qquad (3.196a)$$

$$C = \frac{4\gamma}{\det K}\,e^{-ik(x_1-x_0)}. \qquad (3.196b)$$

In der ersten dieser Gleichungen haben wir zur abkürzenden Schreibweise die Definition des Sinus Hyperbolicus, $\sinh = \frac{1}{2}\left(e^x - e^{-x}\right) = -i\sin(ix)$ verwendet. Zur Berechnung des Transmissions- und des Reflexionskoeffizienten benötigen wir das Betragsquadrat von A und C und dazu müssen wir das Betragsquadrat von $\det K$ berechnen. Weil γ rein imaginär ist, erhalten wir

$$|\det K|^2 = \left[(1+\gamma)^2\,e^{\kappa(x_1-x_0)} - (1-\gamma)^2\right]e^{-\kappa(x_1-x_0)}],$$
$$\cdot \left[(1+\gamma)^2\,e^{\kappa(x_1-x_0)} - (1-\gamma)^2\right]e^{-\kappa(x_1-x_0)}]$$
$$= 2\left\{(1-\gamma^2)^2\cosh[2\kappa(x_1-x_0)] - 1 - 6\gamma^2 - \gamma^4\right\}$$
$$= 4\left\{(1-\gamma^2)^2\sinh^2[\kappa(x_1-x_0)]4\gamma^2\right\}. \qquad (3.197)$$

Im letzten Schritt der vorigen Rechnung haben wir die Formel $\cosh(2x) = 2\sinh^2 x + 1$ verwendet, wobei der Cosinus Hyperbolicus definiert ist als $\cosh = \frac{1}{2}\left(e^x + e^{-x}\right) = \cos(ix)$. Dieses Ergebnis setzen wir in die Gl. (3.196a) und

(3.196b) ein und erhalten schließlich mit der Abkürzung $\rho = -i\gamma = \kappa/k$ für die gesuchten Koeffizienten

---

Transmissions- und Reflexionskoeffizient

$$T = \frac{4\rho^2}{4\rho^2 + (1 + \rho^2)^2 \sinh^2\left[\kappa(x_1 - x_0)\right]} = 1 - R, \qquad (3.198)$$

$$R = \frac{\left(1 + \rho^2\right)^2 \sinh^2\left[\kappa(x_1 - x_0)\right]}{4\rho^2 + (1 + \rho^2)^2 \sinh^2\left[\kappa(x_1 - x_0)\right]}, \quad \text{mit } \rho = \frac{\kappa}{k}. \qquad (3.199)$$

Unter Berücksichtigung von $\rho^2 = \kappa^2/k^2 = (V_0 - E)/E = V_0/E - 1$ kann man den Transmissionskoeffizienten auch als

$$T = \left[1 + \frac{V_0^2 \sinh^2(\kappa L)}{4E(V_0 - E)}\right]^{-1} \qquad (3.200)$$

schreiben, wobei $L = (x_1 - x_0)$ die Breite der Potenzialbarriere darstellt.

Diskussion Wir erkennen, dass der Transmissionskoeffizient T und damit die Wahrscheinlichkeit, dass ein Teilchen den Potenzialwall durchtunnelt, niemals null sind, außer bei unendlich breiten oder unendlich hohen Potenzialbarrieren. Die Ergebnisse hängen von den dimensionslosen Größen $\rho = \kappa/k = \sqrt{V_0/E - 1}$ und κL ab, die aus den ursprünglich drei Parametern L, V_0 und E des Systems gebildet sind. Den wichtigen Parameter κL kann man wegen Gl. (3.189) auch schreiben als

$$\kappa L = \sqrt{\frac{2m}{\hbar^2}(V_0 - E)} \cdot L = \frac{2\pi L}{\frac{h}{\sqrt{2m(V_0 - E)}}} = \frac{2\pi L}{\lambda}, \qquad (3.201)$$

mit

$$\lambda = \frac{h}{\sqrt{2m(V_0 - E)}} = \sqrt{\frac{150}{\text{eV}}} \, \text{Å}. \qquad (3.202)$$

Hierbei ist λ die Wellenlänge bei $V_0 - E = 1\,\text{eV}$ (vgl. auch Gl. 3.9 in Abschn. 3.1.2). Ist etwa $V_0 - E = 150\,\text{eV}$, dann muss L von der Größenordnung Å sein. Wir betrachten im Folgenden die zwei Fälle

1. hohe Potenzialbarriere, $V_0 > E > 0$;
2. niedrige Potenzialbarriere, $E > V_0 > 0$, oder Potenzialmulde, $E > 0 > V_0$.

1. **Fall** ($E < V_0$): Dies ist der eigentliche Tunneleffekt. Im Widerspruch zur klassischen Erwartung gibt es immer eine von null verschiedene Wahrscheinlichkeit, dass das Teilchen die Potenzialbarriere überwindet. Für den Grenzfall einer

sehr breiten und hohen Barriere, $1 \ll \kappa L$, können wir die Funktion $\sinh(\kappa L)$ in
Gl. (3.198) bzw. in Gl. (3.200) vereinfachen:

$$\sinh(\kappa L) = \frac{e^{\kappa L} - e^{-2\kappa L}}{2} = \frac{1}{2} e^{\kappa L} \left(1 - e^{-2\kappa L}\right) \approx \frac{1}{2} e^{\kappa L}. \qquad (3.203)$$

Damit ist

$$T \approx \left[1 + \frac{V_0^2 \sinh^2(\kappa L)}{16E(V_0 - E)}\right]^{-1} \approx 16 \frac{E}{V_0} \left(1 - \frac{E}{V_0}\right) e^{-2\kappa L}. \qquad (3.204)$$

Oftmals ignoriert man den Vorfaktor (der eine Zahl von der Größenordnung eins
darstellt) und schreibt weiter vereinfachend

$$\boxed{T \approx e^{-2\kappa L} = \exp\left[-\frac{2}{\hbar} \sqrt{2m(V_0 - E)}L\right].} \qquad (3.205)$$

Der Transmissionskoeffizient nimmt demnach *exponentiell* mit der Barrierenbreite L, der Masse m und der effektiven Barrierenhöhe $(V_0 - E)$ ab. Der Wert
$T = 0$ gilt quantenmechanisch nur bei unendlich hohen oder unendlich breiten
Potenzialbarrieren. Wichtige Anwendungen des Tunneleffekts sind etwa:

– *Flash-Speicher:* Hier wird ein Transistor (MOSFET) mit einem „Floating
  Gate" verwendet, welches ganz von einer Isolatorschicht umgeben ist. Durch
  Anlegen einer geeigneten Spannung werden die Potenziale so eingestellt, dass
  Elektronen auf das Floating Gate tunneln, wo sie ohne äußere Spannung lange
  Zeit verweilen.
– *Raster-Tunnel-Mikroskop:* (Nobelpreis 1986 für Heinrich Rohrer und Gerd
  Binnig (1983)). Beim Scanning Tunneling Microscope (STM) wird eine
  Metallspitze über eine Probenoberfläche mittels „Piezoantrie" geführt, s.
  Abb. 3.27. Die leitende (oder leitend gemachte) Probe wird zeilenweise abge-
  tastet. Zwischen der Spitze und der Probe wird ein Potenzial angelegt, wodurch
  ein „Tunnelstrom" fließt, der vom Abstand der Spitze zur lokalen Probenoberfläche abhängt. Mit Hilfe einer Piezomechanik kann die Spitze auch senkrecht
  zur Probenoberfläche bewegt werden. Es gibt verschiedene Arten, das Tunnel-
  mikroskop zu betreiben. In einer Betriebsart wird die Spitze immer so nachjus-
  tiert, dass der Tunnelstrom konstant ist. Die hierfür notwendige Verschiebung
  ist ein Maß für die Höhe der Probenoberfläche (genauer: für die Zustandsdichte
  der Elektronen an ihr). Ein STM hat eine *atomare Auflösung*. Das erscheint
  zunächst verwunderlich, da doch die Spitze des Mikroskops makroskopische
  Dimensionen hat. Der Grund dafür ist, dass wegen der exponentiellen Abhängigkeit des Tunnelstroms vom Abstand das „unterste Atom" der Spitze den
  dominanten Beitrag zum Strom liefert.

Abb. 3.27 Prinzip des Raster-Tunnel-Mikroskops. Weil der Tunnelstrom exponentiell vom Abstand der mit Piezo-Elementen gesteuerten Messspitze zu den Atomen der Oberfläche eines elektrischen Leiters abhängt, hat dieses Mikroskop eine atomare Auflösung

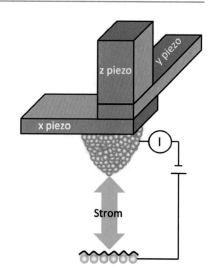

- *Chemische Reaktionen:* Eine klassische, „normale" chemische Reaktion benötigt thermische Energie zur Überwindung einer Reaktionsbarriere (vgl. Abb. 3.24). Je höher die Temperatur ist, desto mehr thermische Energie steht zur Verfügung und desto höher ist die Reaktionsgeschwindigkeit. Im Gegensatz dazu verläuft das Durchtunneln einer Energiebarriere temperaturunabhängig. Im Prinzip wird jeder Verlauf chemischer Reaktionen bei ausreichend tiefer Temperatur durch den Tunneleffekt dominiert. Die Reaktionsgeschwindigkeit wird durch die entsprechende Geschwindigkeitskonstante charakterisiert. Wie wir an Gl. (3.198) sehen können, sinkt die Geschwindigkeitskonstante für Tunnelvorgänge mit steigender
  - Höhe der Barriere,
  - Breite der Barriere (also der Länge des Tunnelpfades) und
  - Masse der beteiligten Atome.

Aufgrund der Massenabhängigkeit ist der Tunneleffekt hauptsächlich für solche Reaktionen relevant, bei denen Wasserstoff, mit dem leichtesten aller Atome, involviert ist. Bei schwereren Atomen sind Tunneleffekte weniger ausgeprägt.

Die Bedeutung des Tunneleffekts für chemische Reaktionen ist schon seit vielen Jahrzehnten bekannt. In vielen Fällen beschleunigt er die Reaktion bei tiefen Temperaturen, ohne die Umsetzung qualitativ zu verändern. Dabei ist dem Tunnelbeitrag experimentell nur schwer beizukommen, lässt er sich doch nur indirekt, beispielsweise über einen hohen kinetischen Isotopeneffekt oder eine temperaturunabhängige Geschwindigkeitskonstante nachweisen. Allerdings konnten in jüngster Zeit plakative Beispiele, bei denen der Tunneleffekt Reaktionen qualitativ verändert, gezeigt werden. Das wohl eindrucksvollste Beispiel ist der Zerfall von Methylhydroxycarben bei sehr tiefen Temperaturen (11 K). Während der thermische Zerfall zu Vinylalkohol führt, da die

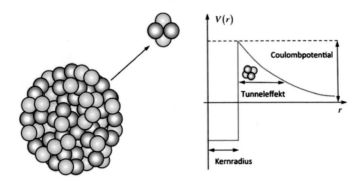

Abb. 3.28 Der Alpha-Zerfall ist erklärbar mit dem Tunneleffekt. Ohne genügend Energie kann das im Kern gebundene Alpha-Teilchen die abstoßende Barriere des Coulomb-Potenzials nicht überwinden. Der Tunneleffekt ermöglicht es aber Alpha-Teilchen, auch bei klassisch nicht ausreichender Energie, den Atomkern zu verlassen, indem sie durch die Potenzialbarriere hindurch tunneln

  Barrierenhöhe für diese Reaktion kleiner ist, führt der Tunnelzerfall bei niedrigen Temperaturen zu Acetaldehyd (Schreiner et al. 2011).

– *Der radioaktive Alpha-Zerfall:* Der Alpha-Zerfall, also die spontane Emission von Heliumkernen, s. Abb. 3.28 kann quantenmechanisch mit Hilfe des Tunneleffekts verstanden werden, s. Abb. 3.28. Es lässt sich dann die Tunnelwahrscheinlichkeit dafür berechnen, dass ein Alpha-Teilchen auch ohne genügend hohe Energie die abstoßende Coulomb-Potenzialbarriere überwinden kann und den Atomkern verlässt.

2. **Fall** ($E > V_0$): Wir betrachten hier solche Situationen, in denen das Teilchen klassisch nicht an der Barriere reflektiert würde ($R = 0$, $T = 1$). Quantenmechanisch wird die uns hier interessierende Situation ebenfalls durch die Gl. (3.198) und (3.199) beschrieben. Wegen $E > V_0$ sind nun aber κ, ρ und λ imaginär, und man drückt die Gleichungen besser über $|\kappa|$ und $|\rho|$ aus. Aus Gl. (3.198) und (3.199) erhalten wir wegen $\sinh^2(i|\kappa|) = -\sin(|\kappa|)$:

Transmissions- und Reflexionskoeffizient für $E > V_0$

$$T = \frac{4|\rho|^2}{4|\rho|^2 + \left(1 - |\rho|^2\right)^2 \sin^2(|\kappa|L)}, \tag{3.206}$$

$$R = 1 - T, \tag{3.207}$$

$$\text{mit } |\kappa| = \sqrt{\frac{2m}{\hbar^2}(E - V_0)} \quad \text{und} \quad |\rho| = \frac{|\kappa|}{k} = \sqrt{1 - \frac{V_0}{E}}. \tag{3.208}$$

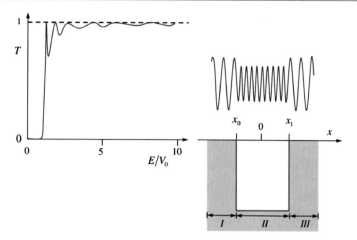

Abb. 3.29 Transmissionskoeffizient T für $\lambda \frac{h}{\sqrt{2m(V_0-E)}} = 7$ und die oszillierende Wellenfunktion (Streuresonanz)

Innerhalb des Barrierebereichs ist die Lösung nun auch oszillierend (siehe Abb. 3.29):

$$\varphi_{II}(x) = B_1\, e^{|\kappa|x} + B_2\, e^{-|\kappa|x}, \tag{3.209}$$

mit der De-Broglie-Wellenlänge $|\lambda| = 2\pi/|\kappa|$. Wir erkennen, dass quantenmechanisch nicht alles eine Potenzialbarriere durchqueren kann (im Gegensatz zum klassischen Verhalten). Quantenmechanisch kann jedoch auch der klassische Wert $T = 1$ (bzw. $R = 0$) erreicht werden, bei dem alles durchgelassen wird. Das ist immer dann der Fall, wenn $\sin(|\kappa|L) = 0$ bzw. $|\kappa|L = n\pi$ ist. Diese Punkte nennt man *Resonanzen*. Anschaulich bedeutet das, dass die Barrierenbreite ein halbzahliges Vielfaches der Wellenlänge λ ist und die Welle in die Potenzialbarriere „hineinpasst". Wenn man die Ausbreitung eines Wellenpakets untersucht, so findet man, dass das Teilchen in diesen Fällen besonders lange im Potenzialbereich anzutreffen ist. Dieses Phänomen nennt man *Streuresonanz*. Es ist auch als *Ramsauer-Effekt* bekannt, nach dem 1921 von Ramsauer beobachteten Effekt, dass Elektronen bestimmter Energien von Edelgasen nicht absorbiert werden. In Abb. 3.29 ist der Transmissionskoeffizient als Funktion der reduzierten Energie E/V_0 aufgetragen, und das Resonanzphänomen ist abgebildet.

Da unsere obigen Überlegungen auch für $V_0 < 0$ gelten, besagt die quantenmechanische Rechnung, dass es auch an niedrigen Potenzialtöpfen und Potenzialmulden Reflexionen gibt. Dieses Phänomen existiert klassisch nicht.

3.5 Zur Entstehung der Quantenmechanik

Zum Abschluss dieses Kapitels möchte ich noch einen sehr knappen Überblick über die Entstehungsgeschichte der Quantenmechanik geben, die in ihrer bis heute gültigen Form in den Jahren 1925 bis 1927 erarbeitet wurde. Tatsächlich wurde eine Theorie der Quantenmechanik zuerst in Form der sogen. *Matrizenmechanik* von Heisenberg 1925 vorgeschlagen und dann im Wesentlichen von ihm, zusammen mit den Physikern Max Born und Pascual Jordan ausgearbeitet, ungefähr ein halbes Jahr bevor Schrödinger auf völlig anderem Wege und auf völlig anderer mathematischer Grundlage seine Wellenmechanik formulierte, die wir in diesem Kapitel ausführlich behandelt haben.

Ausgangspunkt für die entscheidenden Durchbrüche waren die ernsthaften Schwierigkeiten, in denen sich seit den frühen 1920er Jahren die damaligen Entwicklungen der Atomphysik bzw. einer neuen Mechanik für die Atome befanden. Die sogen. „alte Quantenmechanik", die auf dem Bohr'schen Atommodell aus dem Jahr 1913 beruhte und hauptsächlich von Arnold Sommerfeld mit den raffiniertesten mathematischen Methoden weiter entwickelt worden war, konnte das Verhalten komplizierter Atome und Moleküle nicht beschreiben. Die Entdeckung des Compton-Effekts Ende 1922 rückte auch die Frage nach der Natur der Strahlung wieder in den Mittelpunkt der damaligen Forschung. Die Interpretation des Compton'schen Ergebnisses mit Hilfe der Lichtquantenhypothese (s. Abschn. 2.3.5) widersprach der klassischen, Maxwell'schen Strahlungstheorie, und ein kühner Versuch von Niels Bohr, Hendrik Kramers und John C. Slater (Bohr et al. 1924), die Schwierigkeiten durch die Annahme einer nur statistischen Erhaltung von Energie und Impuls zu beheben, musste nach den Experimenten von Walther Bothe und Hans Geiger wieder aufgegeben werden, denn diese bewiesen unzweifelhaft die Gültigkeit des Energiesatzes auch für jeden Einzelprozess (Bothe und Geiger 1924a, b).

3.5.1 Heisenbergs Matrizenmechanik

Die oben erwähnten Unvollkommenheiten und Schwierigkeiten des Atommodells von Bohr störten Werner Heisenberg in zunehmendem Maße. Seine Untersuchungen über die beobachtete Aufspaltung der Spektrallinien im Magnetfeld (normaler Zeeman-Effekt) sowie die sogen. Spin-Bahn-Kopplung (anormaler Zeeman-Effekt), denen nur teilweiser Erfolg beschieden war, und auch die gemeinsam mit Born auf der Basis der Störungstheorie (s. Kap. 8) durchgeführten, vollständig gescheiterten Berechnungen der Zustände des Heliumatoms (Born und Heisenberg 1923a, b) ließen ihn Anfang 1925 das Versagen der vorhandenen Theorie deutlich fühlen. Beide Autoren schrieben auf der letzten Seite ihrer gemeinsamen Arbeit aus dem Jahr 1923 dazu (Born und Heisenberg 1923b): „Wir kommen also zu dem Resultat, dass eine konsequente quantentheoretische Durchrechnung des Heliumproblems zu falschen Werten für die Energieterme führt."

Anfang Mai 1925 beschäftigte sich Heisenberg mit der Berechnung der Linienintensitäten im Wasserstoffspektrum. Er begann mit einer Fourier-Analyse der klassischen Elektronenbahnen im Wasserstoffatom, in der Absicht, sie in ein quanten-theoretisches Schema zu übersetzen. Das Wasserstoffproblem erwies sich aber als zu schwierig, daher ersetzte er es durch das einfachere Problem des anharmonischen Oszillators. Das heißt, er ersetzte die Elektronenbahnen im H-Atom durch anhar-monische Oszillatoren, deren Frequenzen in Einklang waren mit den beobachteten Spektrallinien beim H-Atom. Heisenberg hatte erkannt, dass man bis dahin immer versucht hatte, Beziehungen zwischen Größen aufzustellen, die im Atom prinzipiell nicht beobachtbar waren, wie z. B. Ort und Zeit eines Elektronenumlaufs um den Atomkern. Laut Heisenberg sollte man sich aber besser auf diejenigen Größen kon-zentrieren, die bei der Emission oder Absorption von Strahlung wirklich beobacht-bar waren, nämlich die Strahlungsfrequenzen und Intensitäten. So ist die Frequenz der Strahlung gegeben durch die Energien W, die man den atomaren Zuständen zu Beginn und am Ende des Strahlungsvorganges zuschreibt, in Heisenbergs Notation: $\nu(n, n - \alpha) = W(n) - W(n - \alpha)$. Er erkannte, dass man auf die gleiche Weise den Amplituden $A(n, n - \alpha)$ der bei den Elektronenübergängen im Atom ausgesandten Strahlung ein zweidimensionales Zahlenschema zuordnen kann, bei dem die Reihen und die Spalten sortiert sind nach den verschiedenen Anfangs- und Endzuständen. Die Strahlungs*intensität* erhält man dann wie üblich durch das Quadrat der Über-gangsamplituden. Er wandte darauf das Bohr'sche Korrespondenzprinzip an und gelangte schließlich zu der folgenden Gleichung als Quantenbedingung:

$$h = 4\pi m \sum_{\alpha=1}^{\infty} \left[|A(n + \alpha, n)|^2 \, 2\omega(n + \alpha, n) - |A(n, n - \alpha)|^2 \, 2\omega(n, n - \alpha) \right],$$

wobei $\omega(n, n') = 2\pi \nu(n, n')$ gilt und m die Elektronenmasse ist. Hierbei trat das grundsätzliche mathematische Problem auf, dass die Faktoren in einem Produkt zweier solcher Zahlenschemata im Allgemeinen nicht kommutieren. Die Physiker Max Born und Pascual Jordan in Göttingen erkannten aber wenig später, dass die von Heisenberg gefundenen Zahlenschemata nichts anderes waren als Matrizen (die damals außerhalb der Mathematik praktisch unbekannt waren), mit der Eigenschaft eines nicht-kommutativen Matrixprodukts.

Heisenberg argumentierte, dass sein neues Zahlenschema nicht nur für die Fre-quenzen der Ersatz-Oszillatoren gelten sollte, sondern für die kinematische Beschrei-bung des Elektrons im Atom schlechthin. Mit anderen Worten: Heisenberg schlug vor, die kontinuierliche Funktion $x(t)$ zur Beschreibung der Position des Elektrons im Atom durch etwas Anderes, nämlich durch Fourier-Reihen mit Hilfe des Kor-respondenzprinzips für die Frequenzen zu ersetzen. Mit Hilfe der neuen, nicht-kommutativen Multiplikationsregel für quantentheoretische Fourier-Reihen gelang es ihm, eine Lösung der Bewegungsgleichungen für sein System zu finden. Heisen-berg hatte also im Wesentlichen eine *Umdeutung* oder Re-Interpretation der klassi-schen Größen „Ort" und „Impuls" unter Beibehaltung vieler mathematischer Struk-turen der klassischen Physik vorgenommen: Ort und Impuls werden ausgedrückt durch prinzipiell beobachtbare Größen wie z. B. die Übergangsfrequenzen und die

Amplituden von Spektrallinien der Atome. Diese systematische Ersetzung der klassischen Größen führte zu einer neuen Mechanik, der *Quantenmechanik*.

Am 7. Juni 1925 reiste er nach Helgoland, um sich von einem schweren Heuschnupfenanfall zu erholen. Dort vollendete er die quantentheoretische Berechnung des anharmonischen Oszillators mit der Bestimmung der noch fehlenden Bewegungskonstanten. Er verwendete dabei insbesondere eine neue Quantenbedingung für Impulse p und Orte x des Elektrons:

$$\hat{x}\hat{p} - \hat{p}\hat{x} = \frac{h}{2\pi i}\hat{1},$$

die er später mit Max Born und Pascual Jordan „Vertauschungsrelation" nannte. In moderner Ausdrucksweise hatte Heisenberg in der Ortsdarstellung den Ort und den Impuls durch ihre quantenmechanischen Operatoren gemäß $\vec{x} \rightarrow \hat{\vec{x}} = \vec{x}$ bzw. $\vec{p} \rightarrow \hat{\vec{p}} = \frac{\hbar}{i}\vec{\nabla}$ ersetzt. Heisenberg bewies weiterhin, dass seine neue Theorie zu stationären Zuständen des Oszillators führte und somit Energieerhaltung gewährleistete. Nach der Rückkehr von Helgoland am 19. Juni 1925 schrieb er in Göttingen seine grundlegende Arbeit über die „quantentheoretische Umdeutung kinematischer und mechanischer Beziehungen". Dieser Arbeit, die er am 9. Juli beendete, stellte er als allgemeines Leitprinzip voran, dass nur beobachtbare Größen in die theoretische Beschreibung von Atomen eingehen sollten. Eine Elektronenbahn im Atom war schließlich noch nie beobachtet worden, sondern nur die Spektren von Elektronenübergängen.

Nachdem Born und Jordan im August und September 1925 den Inhalt von Heisenbergs Arbeit in eine konsistente mathematische Theorie mit unendlichen, sogen. Hermite'schen Matrizen ausgearbeitet hatten (Born und Jordan 1925), beteiligte sich Heisenberg ab September an der Vollendung und Anwendung dieser neuen „Matrizenmechanik". Eine gemeinsame Veröffentlichung dazu, heute in der Fachliteratur manchmal „Dreimännerarbeit" genannt, wurde am 16. November 1925 zur Publikation eingereicht (Born et al. 1926).

Die weitere Entwicklung der Quantenmechanik ging dann rasch vonstatten. 1926 berechnete Pauli die Eigenzustände des Wasserstoffatoms (Pauli 1926). Im Dezember 1925 erkannte Born während eines USA-Aufenthalts am MIT, dass man die Hermite'schen Matrizen der Matrizenmechanik als Operatoren in einem vieldimensionalen Raum auffassen konnte. In der Folge erweiterten Max Born und Norbert Wiener in den USA die Matrizenmechanik zur Operatormechanik und verwendeten sie zur Beschreibung kontinuierlicher Bewegungen (Born und Wiener 1926a, b). Dies ist der Ursprung der Schreibweise des Hamilton-Operators als eine Operatorfunktion $\hat{H}(\hat{\vec{x}}, \hat{\vec{p}})$, die von den dynamischen Variablen $\hat{\vec{x}}$, $\hat{\vec{p}}$ abhängt und mit der im Prinzip jedes Problem im Sinne der Matrixmechanik formuliert werden konnte. In Abschn. 4.5.4 werden wir erkennen, dass die Matrizendarstellung von Operatoren, die Heisenberg als erster durch seine oben angedeuteten Überlegungen gefunden hatte, nichts anderes ist als deren Komponentendarstellung in einem vollständigen, orthonormierten Koordinatensystem (auch Basis genannt), völlig analog zur Darstellung der Komponenten von gewöhnlichen Vektoren als Spaltenvektoren in einem speziellen Koordinatensystem.

Beispiel 3.15 (Harmonischer Oszillator in der Matrizenmechanik)
Die Gebrauchsanweisung der Matrizenmechanik für ein Hamilton'sches System mit kanonischen Variablen $\{q_1, \ldots, q_N, p_1, \ldots, p_N\}$ und Energiefunktion $H(q_1, \ldots, q_N, p_1, \ldots, p_N)$ besteht darin, ein System von $2N$ Matrizen $\{Q_1, \ldots, Q_N, P_1, \ldots, P_N\}$ aufzustellen, das erstens den Relationen

$$Q_m\, Q_n - Q_n\, Q_m = 0, \quad P_m\, P_n - P_n\, P_m = 0, \quad P_m\, Q_n - Q_n\, P_m = -\mathrm{i}\hbar\delta_{nm}\hat{1}$$

mit $(m, n=1, \ldots, N)$ genügt und für das zweitens die Matrix $\mathcal{E}=H(Q_1, \ldots, Q_N, P_1, \ldots, P_N)$ eine Diagonalmatrix wird. Die Diagonalelemente von $\mathcal{E}$, sagen wir $E_1, E_2, \ldots$, sind dann die verschiedenen möglichen Energieniveaus des Systems. Aus den Matrixelementen von $Q_1, \ldots, Q_N$ berechnen sich Übergangswahrscheinlichkeiten. Es sind also zwei Schritte auszuführen:

1. Stelle Matrizen $Q_1, \ldots, Q_N$ und $P_1, \ldots, P_N$ auf, welche die geforderten Vertauschungsrelationen erfüllen.
2. Suche nach einer (unitären) Transformation U (siehe Def. 4.19 in Abschn. 4.5)

$$Q_n \mapsto U\, Q_n\, U^{\dagger}, \quad P_n \mapsto U\, P_n\, U^{\dagger},$$

die $\mathcal{E} = H(Q_1, \ldots, Q_N, P_1, \ldots, P_N)$ diagonalisiert.

Beim eindimensionalen Oszillator lautet die Energiefunktion (Hamilton-Funktion)

$$H(q, p) = \frac{p^2}{2m} + \frac{m}{2}\omega^2 q^2.$$

Die Lösung nach der Heisenberg'schen Gebrauchsanweisung lautet für dieses System:

$$Q = \left(\frac{\hbar}{2m\omega}\right)^{1/2} \begin{pmatrix} 0 & \sqrt{1} & 0 & 0 & \cdots \\ \sqrt{1} & 0 & \sqrt{2} & 0 & \cdots \\ 0 & \sqrt{2} & 0 & \sqrt{3} & \\ 0 & 0 & \sqrt{3} & 0 & \\ \vdots & & & & \ddots \end{pmatrix},$$

$$P = \left(\frac{m\hbar\omega}{2}\right)^{1/2} \begin{pmatrix} 0 & -i\sqrt{1} & 0 & 0 & \cdots \\ \sqrt{1}i & 0 & -\sqrt{2}i & 0 & \cdots \\ 0 & \sqrt{2}i & 0 & -\sqrt{3}i \\ 0 & 0 & \sqrt{3}i & 0 \\ \vdots & & & & \ddots \end{pmatrix},$$

$$\mathcal{E} = \frac{P^2}{2m} + \frac{m}{2}\omega^2 Q^2 = \frac{\hbar\omega}{2} \begin{pmatrix} 1 & 0 & 0 & 0 & \cdots \\ 0 & 3 & 0 & 0 & \cdots \\ 0 & 0 & 5 & 0 \\ 0 & 0 & 0 & 7 \\ \vdots & & & & \ddots \end{pmatrix}.$$

Die quantenmechanischen Energieniveaus des eindimensionalen harmonischen Oszillators sind also $E_n = \hbar\omega(n + \frac{1}{2})$ für $n = 0, 1, 2, \ldots$

Anmerkung: In Kap. 5 werden wir den harmonischen Oszillator ausführlich behandeln. ∎

Paul Dirac schließlich entwickelte in Cambridge, unabhängig von den Göttingern, aber auf der Grundlage von Heisenbergs Arbeit, seine Methode der q-Zahlen (das sind die Heisenberg'schen Matrizen), mit der sich Viel-Elektronen-Atome und der relativistische Compton-Effekt erfolgreich behandeln ließen (Dirac 1927a). In seinen eigenen Worten rekapitulierte Dirac die Einsichten von Heisenberg folgendermaßen:

> „In a recent paper Heisenberg puts forward a new theory, which suggests that it is not the equations of classical mechanics that are in any way at fault, but that the mathematical operations by which physical results are deduced from them require modification. *All* the information supplied by the classical theory can thus be made use of in the new theory."

(Dirac 1925)

Dirac hatte die Ähnlichkeit erkannt zwischen der sogen. *Poisson-Klammer* für die dynamischen Variablen Ort und Impuls der klassischen Mechanik (s. Kap. 1) und der Kommutatorrelation zwischen dem Orts- und dem Impuls-Operator. Um nun die klassischen von den quantenmechanischen Variablen zu unterscheiden, führt er aus:

> „To distinguish the two kinds of numbers, we shall call the quantum variables q-numbers and the numbers of classical mathematics which satisfy the commutative law c-numbers, while the word number alone will be used to denote either a q-number or a c-number. When $xy = yx$ we shall say that x commutes with y. At present one can form no picture of what a q-number is like. One cannot say that one q-number is greater or less than another. All one knows about q-numbers is that if z_1 and z_2 are two q-numbers, or one q-number and one c-number, there exist the numbers $z_1 + z_2, z_1 z_2, z_2 z_1$ which will in general be q-numbers but may be c-numbers. One knows nothing of the processes by which the numbers are formed except that they satisfy all the ordinary laws of algebra, excluding the commutative law of multiplication."

(Dirac 1926)

Dirac ersetzte folglich die klassische Poisson-Klammer $\{A, B\}$ für zwei klassische dynamische Variable A und B (z. B. Ort und Impuls) durch den quantenmechanischen Kommutator

$$\{A, B\} \rightarrow \frac{\mathrm{i}}{\hbar}\,[A, B]$$

für die quantenmechanischen q-Zahlen (in moderner Sprechweise: die Operatoren $\hat{A}$ und $\hat{B}$) und konnte damit den klassischen Hamiltonformalismus (s. Kap. 1) in quantenmechanische Bewegungsgleichungen (von Dirac „transformation theory" genannt) übertragen. In seinen eigenen Worten:

> „The new quantum mechanics consists of a scheme of equations which are very closely analogous to the equations of classical mechanics, with the fundamental difference that the dynamical variables do not obey the commutative law of multiplication, but satisfy instead the well-known quantum conditions. It follows that one cannot suppose the dynamical variables to be ordinary numbers (c-numbers), but may call them numbers of a special type (q-numbers). The theory shows that these q-numbers can in general be represented by matrices whose elements are c-numbers (functions of a time parameter)."

(Dirac 1927b)

In den Jahren 1925–1927 publizierte Dirac innerhalb von 20 Monaten elf Arbeiten, in denen er eine ganz neue formal-mathematische, algebraische Sichtweise auf die konzeptionelle Entwicklung der neuen Quantenmechanik gewinnen konnte. Diese Sichtweise nennt man heute die Dirac-Darstellung, mit der wir uns in Kap. 4 ausführlich beschäftigen werden und in der die quantenmechanische Wellenfunktion ψ nicht mehr als eine Funktion im Ortsraum interpretiert wird, sondern als ein abstrakter Vektor in einem viel-dimensionalen (meist unendlich-dimensionalen) Vektorraum.

Heisenberg und Jordan bezogen den Elektronenspin in die Theorie ein und lösten quantenmechanisch die Probleme der Feinstruktur der Wasserstofflinien und des anomalen Zeeman-Effekts (Heisenberg und Jordan 1926). Schließlich entdeckte Heisenberg im Juni 1926 das Phänomen der quantenmechanischen Resonanz, die für die chemische Bindung große Bedeutung hat und die bei seiner anschließenden, erfolgreichen Berechnung der Zustände des Heliumatoms (allerdings mit Hilfe von Schrödingers Wellenmechanik) die entscheidende Rolle spielte (Heisenberg 1926).

Als Heisenberg im Jahr 1926 als Lektor im Institut von Niels Bohr in Kopenhagen tätig war, diskutierte er mit Bohr über die wichtigsten Ergebnisse der Quantenmechanik. Den Hauptgegenstand der Diskussionen im Sommer und Herbst 1926 bildete die neue Wellenmechanik mit den vier berühmten Arbeiten Erwin Schrödingers zur „Quantisierung als Eigenwertproblem". Dass Schrödinger nur wenige Monate nach Heisenbergs Erfolg eine komplett alternative Theorie vorlegte, war für viele Naturwissenschaftler – Heisenberg nicht ausgenommen – eine fast unglaubliche Sensation, wie man aus Briefwechseln der wichtigsten Protagonisten der damaligen Zeit entnehmen kann. Schrödinger war zur Quantenmechanik gelangt, indem er Elektronen im Atom als stehende Wellen auffasste. Mathematisch führte ihn das auf natürliche Weise zu partiellen Differenzialgleichungen für die Wellenfunktion der Elektronen, deren Lösungen durch Separationsansätze wiederum auf spezielle, orthonormale

Funktionensysteme führten. Zum Beispiel führt das Problem der Bewegung im Zentralpotenzial (H-Atom), siehe Kap. 5, durch Separation der Variablen (r, ϑ, φ) auf die Laguerre'schen Polynome in der Variablen r und auf die Kugelflächenfunktionen in den Winkelvariablen ϑ und φ. Schrödingers Ansatz ist einerseits eher deduktiv, denn er beginnt mit einem fundamentalen Prinzip – der Hamilton-Jakobi-Wellengleichung der klassischen Mechanik – und entwickelt die Folgerungen daraus, wenn man für den Impuls $\vec{p}$ die De-Broglie-Beziehung $\vec{p} = \hbar\vec{k}$ und für die Energie $E = \hbar\omega$ annimmt. Andererseits ist diese Wellenmechanik ein viel anschaulicherer Ansatz als derjenige der Matrizenmechanik von Heisenberg und war daher für die meisten Naturwissenschaftler einleuchtender und deutlich leichter auf physikalische Probleme anwendbar. Schrödinger selbst schreibt dazu in einer Fußnote auf S. 2 einer seiner Abhandlungen zur Wellenmechanik:

„Ich hatte von seiner [Heisenbergs] Theorie natürlich Kenntnis, fühlte mich aber durch die mir sehr schwierig scheinenden Methoden der transzendenten Algebra und durch den Mangel an Anschaulichkeit abgeschreckt, um nicht zu sagen abgestoßen."

(Schrödinger 1926g)

Wie hier in Abschn. 3.1 diskutiert, knüpfte Schrödinger an de Broglies These vom Dualismus von Teilchen und Welle an. Demnach lassen sich die angenommenen Elektronen mathematisch entweder als ortsbestimmte Teilchen oder als bewegungsbestimmte Wellen auffassen. Schrödinger gelang es durch Analogien mit den Wellengleichungen der Mechanik, die Elektronen in einem abstrakten Konfigurationsraum als Gebilde, das einer schwingenden Saite vergleichbar ist, zu berechnen. Er interpretierte seine Gleichung realistisch: Die Elektronen hätten die Form von stehenden Wellen, die bei Emission und Absorption von Licht kontinuierlich von einer Schwingungsform in die andere übergingen (Schrödinger 1926g). Seine Veranschaulichung der experimentell nicht beobachteten inner-atomaren Vorgänge begriff (abweichend von Heisenberg) den Wellenaspekt als die grundlegende Eigenschaft, aus der sich auch die Teilchenphänomene von Elektronen ableiten lassen sollten. Damit war eigentlich eine Gegenposition zu Heisenbergs Auffassung der Quantenmechanik formuliert. Denn dieser, eher dem Teilchenmodell nahe stehend, führte umgekehrt die Wellenphänomene auf diskontinuierliche (und statistische) Prozesse zurück.

Die vollständige mathematische Gleichwertigkeit der Göttinger Matrizenmechanik und der Dirac'schen q-Zahlen-Theorie einerseits sowie der Schrödinger'schen Wellenmechanik andererseits wurde nach Vorarbeiten von Schrödinger selbst (Schrödinger 1926g) durch Jordan und Dirac gezeigt. Bohr, Heisenberg und Born lehnten jedoch die von Schrödinger zunächst eingeführte physikalische Deutung des Quadrats der Wellenamplitude als kontinuierliche räumliche Verteilung der Ladungsdichte des Elektrons ab und ersetzten sie durch die Born'sche statistische Wahrscheinlichkeit gemäß Def. 3.1, das Elektron an der entsprechenden Stelle zu finden. In enger schriftlicher Verbindung mit Pauli und in hartnäckiger Diskussion mit Bohr analysierte Heisenberg den anschaulichen Inhalt der neuen quantentheoretischen Kinematik und Mechanik. Das Ergebnis der Analyse fasste er 1927 in den sogenannten „Unbestimmtheits"- oder „Unschärfe"-Relationen zusammen; sie beschränken die gleichzeitige Messbarkeit sogen. *kanonisch konjugierter Variablen,* wie zum Beispiel von Ort und Impuls eines Teilchens, und stellten als solches ein neues, d. h. bis dahin unbekanntes Naturgesetz dar. Bohr seinerseits untersuchte die gleichzeitige Anwendung von Teilchen- und Wellenbild in der Atomphysik und formulierte im Herbst 1927 sein allgemeines „Komplementaritätsprinzip".

Borns statistische Deutung der Schrödinger'schen Wellenfunktion, Heisenbergs Unbestimmtheitsrelation und Bohrs Komplementaritätsprinzip bildeten die *Grundlage der physikalischen Deutung der Quantenmechanik,* die Bohr in seinen Vorträgen auf der Volta-Konferenz in Como im September 1927 und auf der berühmten Solvay-Konferenz in Brüssel (24.–29. Oktober) verkündete. Dieser sogen. „Kopenhagener Interpretation der Quantenmechanik", wie sie später genannt wurde, schlossen sich die meisten Naturwissenschaftler der damaligen Zeit an, aber nicht alle. Insbesondere Einstein erhob auf den Solvay-Konferenzen von 1927 und 1930 ernste Einwendungen, die jedoch Bohr immer wieder entkräften konnte, und gab seine kritische Haltung auch später nicht auf, wie seine berühmt gewordene Arbeit mit Boris Podolsky und Nathan Rosen (EPR-Paradoxon) zeigt (Einstein et al. 1935). In Kap. 9 werden wir auf einige Aspekte dieser Interpretationsfragen bei der Quantenmechanik zu sprechen kommen, zu denen auch heute noch nicht die letzten Worte gesagt sind.

3.6   Die Bedeutung der Schrödinger'schen Wellenmechanik

Die von Erwin Schrödinger entwickelte Wellenmechanik hat unsere Vorstellungen von den Atomen und ihren Eigenschaften wie kaum eine andere physikalische Theorie verändert, nicht zuletzt dadurch, dass sie *die* praktische Methode lieferte, welche es erlaubte, auch schwierigste Probleme durchzurechnen. Das erste grundsätzliche Beispiel stellte Heisenberg in seiner Untersuchung des Heliumatoms vor – und formulierte damit eine Aufgabe, die seit 1913 auf eine Lösung wartete. Die wichtige Idee der „Austauschenergie" entnahm er zwar seiner Matrizenmechanik, aber die Bestimmung der richtigen Energiezustände gelang ihm erst mit ihrer wellenmechanischen Beschreibung als „Austauschintegral" über Schrödinger-Funktionen. Diese anschaulich als Überlappung von Wellenfunktionen verständlich gemachte Größe lieferte den Schlüssel zum Verständnis des Wasserstoffmoleküls H_2 durch Walter Heitler und Fritz London, und damit zur Lösung des alten Problems der homöopolaren Bindung (Heitler und London 1927). Danach konnte der Aufbau der gesamten „Quantenchemie" in Angriff genommen werden, insbesondere, wenn man noch das bei den Elektronen wirksame Pauli-Verbot berücksichtigte, demzufolge je nach der Elektronenkonfiguration abstoßende oder anziehende Kräfte in Molekülen erzeugt werden. Ohne Schrödingers Formalismus wären die raschen Erfolge in der Chemie durch Friedrich Hund und Robert Mulliken in der Molekültheorie oder von Linus Pauling in der Beschreibung organischer Moleküle nicht möglich gewesen. Ähnliches gilt für den erstmals von Friedrich Hund 1926 entdeckten Tunneleffekt (Hund 1926, 1927a, b, c), der entscheidend war bei der Erklärung vieler Phänomene der

Festkörper-, Molekül-, Kern- und Elementarteilchenphysik. In allen diesen Fällen hat die anschauliche Vorstellung von Wellenvorgängen einen großen heuristischen Wert.

3.7   Zusammenfassung der Lernziele

In der Quantenmechanik ist der **Zustand eines Systems** durch die Wellenfunktion $\psi(\vec{x}, t)$ (Ortsdarstellung) bzw. $g(\vec{p}, t)$ (Impulsdarstellung) gegeben. Diese Funktionen stellen De-Broglie'sche Wellenpakete (räumlich lokalisierte Überlagerung von Wellen) dar, d. h. sie sind Fourier-Transformierte bezüglich einander und entstehen folglich durch Überlagerung von unendlich vielen einzelnen Wellen in einem Fourier-Integral. Die Zustandsänderung (d. h. die Dynamik) wird durch die Schrödinger-Gleichung

$$i\hbar\dot{\psi} = \hat{H}\psi \quad \text{bzw.} \quad i\hbar\dot{g} = \hat{H}g$$

beschrieben. Den Hamilton-Operator gewinnt man aus der klassischen Hamilton-Funktion $H(\vec{p}, \vec{x})$ des zu betrachtenden Systems in der folgenden Weise:

- **Ortsdarstellung:**

$$\hat{H} = H(\hat{\vec{p}}, \vec{x}), \qquad \hat{\vec{p}} = \frac{\hbar}{i}\nabla \qquad \text{Jordan'sche Regel}$$

- **Impulsdarstellung:**

$$\hat{H} = H(\vec{p}, \hat{\vec{x}}), \qquad \hat{\vec{x}} = \frac{\hbar}{i}\nabla_p \qquad \text{Jordan'sche Regel}$$

- **Wahrscheinlichkeitsdichte:**

$$w(\vec{x}, t) = \psi^*(\vec{x}, t)\psi(\vec{x}, t) \qquad \text{Ortsdichte des Teilchens}$$
$$w(\vec{p}, t) = g^*(\vec{p}, t)g(\vec{p}, t) \qquad \text{Impulsdichte des Teilchens}$$

- **Wahrscheinlichkeitsstrom:**

$$\vec{S} = \frac{\hbar}{2im}\nabla\left[\psi^*(\nabla\psi) - (\nabla\psi^*)\psi\right]$$

- **Mittelwerte:**

$$\langle F(\vec{p}, \vec{x})\rangle = \int_{-\infty}^{\infty}\psi^* F^h(\hat{\vec{p}}, \vec{x})\psi\, d^3x = \int_{-\infty}^{\infty} g^* F^h(\vec{p}, \hat{\vec{x}})\, g\, d^3x$$

- **Stationäre Lösungen:**

$$\psi(\vec{x}, t) = e^{\frac{i}{\hbar} E t} \, \varphi(\vec{x})$$

- **Zeitunabhängige Schrödinger-Gleichung:**

$$H(\hat{\vec{p}}, \vec{x}) \varphi(\vec{x}) = E \varphi(\vec{x})$$

- **Wellenpakete** zerfließen innerhalb sehr kurzer Zeit. Deshalb kann die Wellen-funktion nicht als Teilchendichte im $\mathbb{R}^3$ gedeutet werden. Die **Born'sche Wahr-scheinlichkeitsdeutung** besagt, dass ψ selbst keine Bedeutung zukommt und nur ein Hilfsgröße darstellt, um die **Wahrscheinlichkeitsdichte** $|\psi|^2 = \psi^* \psi$ für das Antreffen eines Teilchens (z. B. eines Elektrons) bei einer Messung zu berechnen. Nach dieser Interpretation gibt $|\psi|^2 \, dV$ die **Wahrscheinlichkeit** an, ein Teilchen im Raumbereich $dV = dx \, dy \, dz$ anzutreffen.
- **Dispersion** tritt auf, wenn die **Phasengeschwindigkeit**

$$v_{ph} = \omega / k$$

einer Welle von der Frequenz abhängt.
- Die **Gruppengeschwindigkeit**

$$v_{gr} = \frac{d\omega}{dk}$$

ist die Geschwindigkeit, mit der sich die Einhüllende eines Wellenpakets fortbe-wegt.
Bei der bekanntesten Variante der Unschärferelationen werden für ein einzelnes Teilchen mit f Freiheitsgraden (in 3 Dimensionen ist $f = 3$) die Unschärfe des Ortes q_i und die des Impulses p_i jeweils durch deren statistische Streuung (die Varianz) Δq_i bzw. Δp_i definiert:
- Die **Heisenberg'sche Unschärferelation** für ein einzelnes Teilchen mit f Frei-heitsgraden lautet:

$$\Delta q_i \Delta p_i \geq \frac{\hbar}{2}, \quad i = 1, 2, \ldots, f,$$

wobei die Unschärfe des Ortes q_i und die des Impulses p_i durch die **statistische Streuung** Δq_i bzw. Δp_i definiert sind.
- Die **Fourier-Transformation** $g(p) = \mathcal{FT}\big(f(x)\big)$ einer Funktion $f(x)$ lautet:

$$g(p) = \mathcal{FT}(f) = \frac{1}{\sqrt{2\pi}} \int\limits_{-\infty}^{\infty} dx \, f(x) e^{-ixp},$$

und die **Rücktransformation** $\mathcal{FT}^{-1}\big(g(p)\big)$ ist:

$$f(x) = \mathcal{FT}^{-1}(g) = \frac{1}{\sqrt{2\pi}} \int\limits_{-\infty}^{\infty} \mathrm{d}p\, g(p) \mathrm{e}^{\mathrm{i}xp}.$$

In der Physik ist die Konvention, den Normierungsfaktor $1/(2\pi)$ des orthonormalen Funktionensystems $f(x) = \mathrm{e}^{-\mathrm{i}xp}$ symmetrisch auf die Hin- und die Rücktransformation aufzuteilen.

- Die Bewegung eines Teilchens im **endlichen Potenzialtopf:**
  - Das **klassisch verbotene Gebiet** $E < V(x)$:
    In ein Gebiet, für das die Energie eines Teilchens kleiner ist als das äußere Potenzial, kann dieses Teilchen nach der klassischen Physik niemals eindringen. Quantenmechanisch jedoch hat das Teilchen auch hier eine endliche Aufenthaltswahrscheinlichkeit, und die Wellenfunktion zeigt ein exponentielles Abklingverhalten.
  - Das **klassisch erlaubte Gebiet** $E > V(x)$:
    Typisch für klassisch erlaubte Gebiete ist ein oszillatorisches Verhalten der Wellenfunktion $\psi(x)$.
- Für das **unendliche Kastenpotenzial** lauten die Energieeigenwerte

$$E_n = \frac{\hbar^2}{2ma^2}\pi^2 n^2,$$

und die Eigenfunktionen sind:

$$\psi_n(x) = \sqrt{\frac{2}{a}} \sin\left(\frac{n\pi}{a}x\right).$$

- Die Streuung eines Teilchens an einer **Potenzialbarriere der Höhe** V_0 führt bei Energien kleiner als V_0 zum **Tunneleffekt.** Der **Transmissionskoeffizient** des getunnelten Anteils einer Welle ist näherungsweise (bei einer sehr breiten und tiefen Barriere) gegeben durch:

$$T \approx \mathrm{e}^{-2\kappa L} = \exp\left[-\frac{2}{\hbar}\sqrt{2m(V_0 - E)}L\right].$$

Der Transmissionskoeffizient sinkt demnach **exponentiell** mit
- der Barrierenbreite L,
- der Masse m,
- der effektiven Barrierenhöhe $V_0 - E$.

$T = 0$ gilt quantenmechanisch nur für unendlich hohe oder unendlich breite Potenzialbarrieren. Auf der exponentiellen Abhängigkeit von T beruhen viele technische Anwendungen, z. B. das **Raster-Tunnel-Mikroskop.**

- Quantenmechanisch ist $R \neq 0$, selbst wenn die Energie des Teilchens $E > V_0$ ist. Dies ist klassisch völlig unerklärlich. Man spricht von **Streuung** oder von **Resonanz.**

- **Historisch** wurde zuerst die *Matrizenmechanik* von Heisenberg entwickelt, die als ontologische Basis **diskrete Teilchen** annimmt. Energiezustände werden berechnet durch Diagonalisieren von unendlich-dimensionalen Matrizen. Kurz darauf formulierte Schrödinger seine **Wellengleichung,** die fundamental auf dem **Wellkonzept** basiert. Die Energiezustände ergeben sich durch Separationsansätze für partielle Differenzialgleichungen, die zu Eigenwertgleichungen von Operatoren führen. Von Dirac wurde schließlich eine abstrakte Theorie formuliert, die quantenmechanische Zustände interpretiert als **unendlich-dimensionale Vektoren** in einem abstrakten Vektorraum.

Übungsaufgaben

Allgemeines

Aufgabe 3.8.1 Der Parameter x stelle die Position eines Teilchens dar. Kann der Erwartungswert von x jemals gleich einem Wert sein, für den die Wahrscheinlichkeitsdichte $P(x)$ null ist? Nennen Sie ggf. ein konkretes Beispiel hierfür.

Lösung
Ja. Wir betrachten z. B. ein Teilchen in einem eindimensionalen Kasten der Länge d. Das Teilchen befinde sich auf der x-Achse irgendwo in dem Intervall $0 < x < d$. Die Wellenfunktion eines Teilchens in dem (direkt über dem Grundzustand liegenden) Zustand $n = 2$ ist gegeben durch

$$\psi_2(x) = \sqrt{\frac{2}{d}} \, \sin\left(2\pi \frac{x}{d}\right).$$

Der Erwartungswert von x ist $\langle x \rangle = d/2$, und die Wahrscheinlichkeitsdichte bei $d/2$ ist $P(d/2) = 0$.

Aufgabe 3.8.2 Ein Kommilitone von Ihnen behauptet, dass bei der Durchführung zweier identischer Experimente an identischen Systemen unter denselben Bedingungen identische Ergebnisse erhalten werden müssen. Erklären Sie, warum diese Annahme nicht richtig ist und wie die Aussage geändert werden kann, um mit den Gesetzmäßigkeiten der Quantenmechanik vereinbar zu sein.

Lösung
Gemäß den Gesetzmäßigkeiten der Quantenmechanik liefert der Mittelwert vieler Messwerte einer Größe deren Erwartungswert. Jedoch kann das Ergebnis einer einzelnen Messung von diesem Erwartungswert abweichen.

Fourier Transformation

Aufgabe 3.8.3 Berechnen Sie die Fourier–Transformierte $g(p) = \mathcal{FT}(f(x))$ der folgenden Funktionen:

a) $f(x) = e^{-ax^2/c^2}$ mit $a > 0$ und $a, c \in \mathbb{R}$. Welche Form hat die Fourier–Transformierte?

Hinweis: Das auftretende Integral ist in Anhang D gelöst und die Definition der Fourier–Transformierten ist in Gl. (3.52) und (3.53) gegeben.

b)

$$f(x) = \begin{cases} \frac{1}{2a} & \text{für } |x| \leq a, \\ 0 & \text{für } |x| > a. \end{cases}$$

Was findet man im Limes $a \to 0$ für die Funktion und ihre Fourier–Transformierte?

Lösung

a) Wir setzen $f(x) = e^{-ax^2/c^2}$ und berechnen:

$$\mathcal{FT}(f(x)) = \frac{1}{2\pi} \int_{-\infty}^{\infty} e^{-ipx} e^{-ax^2/c^2} \, dx = \frac{1}{2\pi} \int_{-\infty}^{\infty} e^{-ipx - ax^2/c^2} dx.$$

Wir benutzen nun – wie üblich bei Gauß–Funktionen – eine quadratische Ergänzung, um den Exponenten zu Vereinfachen.

$$\mathcal{FT}(f(x)) = \frac{1}{2\pi} \int_{-\infty}^{\infty} e^{-\left(\sqrt{a}\frac{x}{c} - \frac{ipc}{2\sqrt{a}}\right)^2 - \frac{k^2c^2}{4a}} \, dx = \frac{1}{2\pi} e^{-\frac{k^2c^2}{4a}} \int_{-\infty}^{\infty} e^{-\left(\sqrt{a}\frac{x}{c} - \frac{ipc}{2\sqrt{a}}\right)} dx.$$

Jetzt müssen wir noch

$$u = \sqrt{a}\frac{x}{c} + \frac{ikc}{2\sqrt{a}}, \quad \frac{du}{dx} = \frac{\sqrt{a}}{c}$$

substituieren, um das Integral bequem lösen zu können. Man erhält

$$\mathcal{FT}(f(x)) = \frac{c}{\sqrt{2a\pi}} \int_{-\infty}^{\infty} e^{-\left(\sqrt{a}\frac{x}{c} - \frac{ipc}{2\sqrt{a}}\right)^2 - \frac{k^2c^2}{4a}} \, dx = \frac{1}{2\pi} e^{-\frac{k^2c^2}{4a}} \int_{-\infty}^{\infty} e^{u^2} dx = \frac{c}{2a} e^{-\frac{k^2c^2}{4a}}.$$

Damit sehen wir erneut, dass die Fourier–Transformierte einer Gaußfunktion (bis auf Vorfaktoren) die selbe Form wie die Funktion selbst besitzt. Dies ist eine spezielle Eigenschaft, welche die Gaußsche Glockenkurve so interessant macht für Anwendungen in der Quantenchemie.

b) Wir brauchen nur den Funktionsteil für $|x| \leq a$ zu betrachten. Also ist

$$\mathcal{FT}(f(x)) = \frac{1}{2\pi} \int\limits_{-\infty}^{\infty} \mathrm{e}^{-ipx} \frac{1}{2a} \, \mathrm{d}x = \frac{1}{2\pi} \frac{\mathrm{e}^{-ipx}}{-2ipa} \bigg|_{-a}^{a} = \frac{1}{2\pi} \frac{1}{2iak} \left(\mathrm{e}^{ipa} - \mathrm{e}^{-ipa} \right)$$

$$= \frac{1}{2\pi} \frac{1}{ak} \sin(ak).$$

Für $a \to 0$ geht $\mathcal{FT}(f(x))$ gegen $\frac{1}{2\pi}$. Die Funktion f selbst nähert sich also für $a \to 0$ der Deltafunktion an: $f(x) \xrightarrow[a \to 0]{} \delta(x)$.

Aufgabe 3.8.4 Ein Teilchen ist lokalisiert zwischen $-a$ bis $+a$. Bestimmen Sie die Fourier-Transformierte dieses Systems.

Lösung
Die Ausgangsfunktion $f(x)$ ist einfach ein Rechteckimpuls und lautet:

$$\psi(x, t) = \begin{cases} A & \text{für } -a \leq x \leq a, \\ 0 & \text{sonst.} \end{cases}$$

Gesucht ist $\mathcal{FT}(\psi(x, t)) = g(p, t)$. Dazu normieren wir zunächst $\psi(x, t)$:

$$\int\limits_{-a}^{a} \psi(x, 0) \, \mathrm{d}x = |A|^2 \int\limits_{-a}^{a} \mathrm{d}x = 2a|A|^2 = 1.$$

Die Normierungskonstante ist also $A = \frac{1}{\sqrt{2a}}$. Die Fourier-Transformierte ist gegeben durch

$$g(p, t) = \frac{1}{\sqrt{2\pi}} \frac{1}{\sqrt{2a}} \int\limits_{-a}^{a} \mathrm{e}^{-ipx} \, \mathrm{d}x.$$

Elementare Integration ergibt

$$g(p, t) = \frac{1}{2\sqrt{a\pi}} \frac{\mathrm{e}^{-ipx}}{ip} \bigg|_{-a}^{a},$$

was nach Einsetzen und Verwendung der *Euler'schen Formel* $\sin x = \frac{\mathrm{e}^{ix} - \mathrm{e}^{-ix}}{2i}$ für den Sinus zu

$$g(p, t) = \frac{1}{\sqrt{a\pi}} \frac{\sin p}{p}$$

ergibt. Das bedeutet, dass die Fourier-Transformierte eines Rechteckimpulses diejenige des Beugungsbilds eines Einzelspalts (von der Form $f(x) \sim \frac{\sin x}{x}$) ist. Betrachten wir die Grenzfälle im Hinblick auf die Unschärferelation:

- Ist a sehr klein, dann ist das Teilchen sehr stark im Ortsraum lokalisiert, und es wird $\sin ka \approx ka$. Damit ergibt sich $g(p) \approx \sqrt{\frac{a}{\pi}}$. Der Impuls p kann jeden Wert annehmen, die kinetische Energie auch.
- Ist a sehr groß, der Ort also sehr unscharf, ergibt sich (nach Erweitern mit $\frac{a}{a}$):
  $g(p) = \sqrt{\frac{a}{\pi}} \frac{\sin pa}{pa}$. Die Spaltfunktion hat ihre erste Wurzel bei $\pm\pi$ bzw. $p = \pm\frac{\pi}{a}$.
  Die Variable p und damit die kinetische Energie sind also klar definiert.

Für die inverse Fourier-Transformierte erhalten wir

$$\psi(x, t) = \frac{1}{\sqrt{2a\pi}} \int_{-\infty}^{\infty} \frac{\sin pa}{pa} e^{ipx} \, dp.$$

Materiewellen und Wellenpakete

Aufgabe 3.8.5 Bestimmen Sie die De-Broglie-Wellenlänge eines 1 s-Elektrons mit der Geschwindigkeit $2200 \, \text{km s}^{-1}$.

Aufgabe 3.8.6 Bestimmen Sie die De-Broglie-Wellenlänge eines Photons, dessen Masse gleich der Ruhemasse des Elektrons ist.

Lösung

$$\lambda = \frac{h}{cm_e} 2,4 \cdot 10^{-10} \, \text{cm}. \tag{3.210}$$

Aufgabe 3.8.7 Angenommen, die De-Broglie-Wellenlänge eines Elektrons und eines Protons sind gleich. Welche der folgenden Aussagen trifft dann zu?

a) Die Geschwindigkeit des Protons ist höher als die des Elektrons.
b) Proton und Elektron haben die gleiche Geschwindigkeit.
c) Die Geschwindigkeit des Protons ist geringer als die des Elektrons.
d) Die Energie des Protons ist höher als die des Elektrons.
e) Die Aussagen a und d sind richtig.

Lösung
Wenn die De-Broglie-Wellenlängen eines Elektrons und eines Protons gleich sind, müssen nach Gl. (3.9) auch ihre Impulse $p = mv$ gleich sein. Wegen $m_p > m_e$ muss also $v_p < v_e$ sein. Daher ist Aussage c richtig.

Unschärferelation

Aufgabe 3.8.8 Das Wasserstoffatom besteht aus einem Proton und einem Elektron. Das Proton kann als ruhend angesehen werden, da es aufgrund seiner um den Faktor 1834 gößeren Masse eine sehr viel größere Trägheit hat. Auf das Elektron wirkt die anziehende Kraft des Protons. Klassisch müssten sich für das Elektron beliebig negative (gebundene) Zustände realisieren lassen. Nehmen Sie klassisch an, dass das Elektron auf einer Bahn um den Kern kreist. Zeigen Sie mit Hilfe der Unschärferelation, dass für das Elektron ein endliches Energieminimum existiert und schätzen Sie den minimalen Wert a_0 des Bahnradius a des Elektrons ab.

Lösung
Wie beim Beispiel 3.5 formulieren wir zunächst die Hamilton-Funktion für das betrachtete System:

$$H = E_{\text{kin}} + V = \frac{p^2}{2m} - \frac{e^2}{4\pi\epsilon_0 r} = E.$$

Die untere Grenze für den Bahnradius ist gegeben durch die Unschärferelation in Gl. (3.48). Damit ist

$$a \geq \Delta r, \qquad p \geq \Delta p,$$

und wir können abschätzen:

$$ap \geq \frac{\hbar}{2} \quad \Longleftrightarrow \quad p \geq \frac{\hbar}{2a}.$$

Für die zugehörige Energie gilt dann:

$$E = E(a) = \frac{\hbar^2}{8ma^2} - \frac{e^2}{4\pi\epsilon_0 a}.$$

$$\frac{dE}{da}\bigg|_{a_0} = -\frac{\hbar^2}{4ma_0^3} + \frac{e^2}{4\pi\epsilon_0 a_0^2} = 0,$$

$$\Longrightarrow \quad a_0 = \frac{1}{4}\frac{4\pi\epsilon_0 \hbar^2}{me^2}.$$

Die vollständig quantenmechanische Berechnung ergibt als untere Grenze für den Bahnradius den Bohr'schen Radius

$$a_B = 4a_0.$$

Mit diesem kleinsten Radius ist ein Energieminimum (die Grundzustandsenergie) verbunden.

Potenzialtopf

Aufgabe 3.8.9 Ein Teilchen in einem unendlich tiefen Potenzialtopf hat die anfängliche Wellenfunktion

$$\psi(x, 0) = A \sin^3(\pi x/a), \quad 0 \leq x \leq a.$$

Bestimmen Sie A, finden Sie $\psi(x, t)$ und berechnen Sie $\langle x \rangle$ als Funktion der Zeit.

Hinweis: Die Eigenfunktionen des unendlich hohen Potenzialtopfs sind

$$\psi_n(x) = \frac{2}{L} \sin\left(\frac{n \pi x}{L}\right).$$

Lösung

Wir ersetzen zunächst die Anfangsbedingung $\psi(x, 0)$ durch stationäre Zustände des unendlich hohen Potenzialtopfs. Dazu verwenden wir das Additionstheorem

$$\sin(3\vartheta) = 3\sin(\vartheta) - 4\sin(\vartheta).$$

Mit diesem gelingt es, die dritte Potenz des Sinus in der Anfangsbedingung durch einfache Potenzen des Sinus zu schreiben:

$$\sin^3\left(\frac{\pi x}{a}\right) = \frac{3}{4}\sin\left(\frac{\pi x}{a}\right) - \frac{1}{4}\left(3\frac{\pi x}{a}\right).$$

Damit lautet die Anfangsbedingung:

$$\psi(x, 0) = A\sqrt{\frac{a}{2}}\left[\frac{3}{4}\psi_1(x) - \frac{1}{2}\psi_3(x)\right],$$

wobei ψ_1 und ψ_3 der erste bzw. der dritte stationäre Zustand des Teilchens im unendlich hohen Potenzialtopf sind. Die Normierungskonstante erhält man durch Berechnung des Betragsquadrats von ψ. Zu beachten ist hierbei, dass die Eigenzustände des Teilchens im unendlich hohen Potenzialtopf orthonormal sind und Mischterme daher nicht berücksichtigt werden müssen:

$$|\psi|^2 = |A|^2 \frac{a}{2}\left(\frac{9}{16} + \frac{1}{16}\right) = \frac{5a}{16}|A|^2 = 1.$$

Damit ist die Normierungskonstante $A = 4/\sqrt{5a}$, und wir können das zeitliche Verhalten von ψ bestimmen:

$$\psi(x, t) = \frac{1}{\sqrt{10}}\left[2\psi_1(x)\,\mathrm{e}^{\mathrm{i}Et/\hbar} - \psi_3(x)\,\mathrm{e}^{\mathrm{i}Et/\hbar}\right].$$

Der Erwartungswert von x ist dann:

$$\langle x \rangle = \int_0^\infty x|\psi(x, t)|^2\,\mathrm{d}x = \frac{9}{\sqrt{10}}\langle x \rangle_1 + \frac{1}{\sqrt{10}}\langle x \rangle_3$$

$$- \frac{3}{5}\cos\left(\frac{E_3 - E_1}{\hbar}\right)\int_0^\infty x\psi_1(x)\psi_3(x)\,\mathrm{d}x.$$

Mit $\langle x \rangle_n$ bezeichnen wir den Erwartungswert bezüglich des n-ten Eigenzustands. Dieser ist für alle n identisch gleich $a/2$, wovon man sich leicht überzeugen kann.

Aufgabe 3.8.10 Betrachten Sie das Stufenpotenzial

$$V(x) = \begin{cases} 0 & x \leq 0, \\ V_0 & x > 0. \end{cases}$$

a) Berechnen Sie den Reflexionskoeffizienten R im Fall $E < V_0$ und diskutieren Sie das Ergebnis.
b) Berechnen Sie den Reflexionskoeffizienten R im Fall $E > V_0$.
c) Für ein derartiges Potenzial, das im Unendlichen nicht verschwindet, ist der Transmissionskoeffizient nicht einfach $|F|^2/|A|^2$ (wobei A die Einfallsamplitude und F die transmittierte Amplitude ist), da sich die transmittierte Welle mit einer anderen Geschwindigkeit fortbewegt. Zeigen Sie, dass gilt

$$T = \sqrt{\frac{E - V_0}{E}} \frac{|F|^2}{|A|^2}$$

im Fall $E > V_0$.
Hinweis: Betrachten Sie den Wahrscheinlichkeitsstrom j (s. Kap. 3 hierzu).
d) Berechnen Sie nun den Transmissionskoeffizienten explizit für den Fall $E > V_0$ und schlussfolgern Sie, dass $T + R = 1$.

Lösung

a) Eine ankommende Welle $A\,\mathrm{e}^{\mathrm{i}kx}$ der Energie $E < V_0$ wird an der Potenzialbarriere sowohl reflektiert als auch transmittiert werden. In Folge der Reaktion wird sich links der Potenzialbarriere eine Welle $B\,\mathrm{e}^{-\mathrm{i}kx}$ in genau entgegengesetzter Richtung ausbreiten, während ein Teil der Welle $F\,\mathrm{e}^{-\kappa c}$ in die Potenzialbarriere eindringen kann, da die Energie nicht zur weiteren Propagation ausreicht. Demnach lautet der allgemeine Ansatz

$$\psi = \begin{cases} A\,\mathrm{e}^{\mathrm{i}kx} + B\,\mathrm{e}^{-\mathrm{i}kx} & \text{für } x < 0, \\ F\,\mathrm{e}^{-\kappa x} & \text{für } x > 0, \end{cases}$$

mit den üblichen Abkürzungen für κ und k:

$$k = \sqrt{2mE}/\hbar, \quad \kappa = \sqrt{2m(V_0 - E)}/\hbar$$

Der Reflektionskoeffizient ist zunächst definiert als das Betragsquadrat des Verhältnisses der Amplituden zwischen reflektierter Welle und einfallender Welle, sofern beide Wellen den gleichen Wellenvektor aufweisen.

$$R = \left|\frac{B}{A}\right|^2.$$

Um dieses Amplitudenverhältnis zu berechnen, kann man nun die Anforderungen an die Wellenfunktion umsetzen. Wir fordern Stetigkeit von ψ und ψ' am Ursprung und erhalten damit die Gleichungen $A + B = F$, sowie $ik(a - B) = -\kappa F$. Damit eliminieren wir die Amplitude der transmittierten Welle F:

$$A + B = -\frac{ik}{\kappa}(A - B) \Rightarrow A\left(1 + \frac{ik}{\kappa}\right) = -B\left(1 - \frac{ik}{\kappa}\right).$$

Für R haben wir damit:

$$R = \left|\frac{B}{A}\right|^2 = \frac{|1 + \frac{ik}{\kappa}|^2}{|1 - \frac{ik}{\kappa}|^2} = 1.$$

Eine eintreffende Welle der Energie $E < V_0$ wird also, obwohl sie teilweise in die Potenzialbarriere eindringen kann, vollständig reflektiert.

b) Eine ankommende Welle $A\,\mathrm{e}^{ikx}$ der Energie $E > V_0$ wird an der Potenzialbarriere sowohl reflektiert als auch transmittiert werden. In Folge der Reflektion wird sich links der Potenzialbarriere eine Welle $B\,\mathrm{e}^{-ikx}$ in genau entgegengesetzter Richtung ausbreiten, während ein Teil der Welle $F\,\mathrm{e}^{ilx}$ die Potenzialbarriere überwinden kann. Demnach lautet der allgemeine Ansatz

$$\psi = \begin{cases} A\,\mathrm{e}^{ikx} + B\,\mathrm{e}^{-ikx} & \text{für } x < 0, \\ F\,\mathrm{e}^{ilx} & \text{für } x > 0, \end{cases}$$

mit den üblichen Abkürzungen für κ und l:

$$k = \sqrt{2mE}/\hbar, \quad l = \sqrt{2m(E - V_0)}/\hbar$$

Wir fordern wieder Stetigkeit von ψ und ψ' am Ursprung und erhalten damit die Gleichungen $A + B = F$, sowie $ik(A - B) = ilF$. Damit eliminieren wir die Amplitude der transmittierten Welle F:

$$A + B = -\frac{\kappa}{l}(A - B) \Rightarrow A\left(1 - \frac{k}{l}\right) = -B\left(1 + \frac{k}{l}\right).$$

Damit ist nun der Reflektionskoeffizient

$$R = \left|\frac{B}{A}\right|^2 = \frac{(k - l)^4}{(k^2 - l^2)^2}.$$

Dieser Ausdruck kann noch vereinfacht werden, wenn man sich die Definitionen der Größen k und l in Erinnerung ruft. Es wird dann

$$R = \frac{(\sqrt{E} - \sqrt{E - V_0})^2}{V_0^2}$$

c) Der Transmissionskoeffizient wird

$$T = \frac{j_t}{j_i} = \left|\frac{F}{A}\right|^2 \frac{l}{k} = \left|\frac{F}{A}\right|^2 \sqrt{\frac{E - V_0}{E}}.$$

d) Die Rechnungen laufen völlig analog. Man erhält:

$$F = \frac{2k}{k + l} A,$$

$$T = \frac{4kl(k - l)^2}{(k^2 - l^2)^2},$$

$$T = \frac{4\sqrt{E}\sqrt{E - V_0}(\sqrt{E} - \sqrt{E - V_0})^2}{V_0^2}.$$

Aufgabe 3.8.11 Ein Teilchen mit der Masse m bewegt sich in einer Dimension unter dem Einfluss eines Delta-förmigen Potenzials im Ursprung. Die Schrödinger-Gleichung lautet

$$\left[-\frac{\hbar^2}{2m}\frac{\partial^2}{\partial x^2} - C\delta(x) - i\hbar\frac{\partial}{\partial t}\right]\psi(x, t) = 0.$$

a) Ermitteln Sie den Eigenwert und die Eigenfunktion des gebundenen Zustands.
b) Das Teilchen der Masse m befindet sich im gebundenen Zustand. Die Stärke des Potenzials wird jetzt (instantan) von C nach C' geändert. Berechnen Sie die Wahrscheinlichkeit dafür, dass das Teilchen gebunden bleibt.

Lösung
Es handelt sich um ein stationäres Problem mit gebundenen Zuständen E, also mit $E < 0$. Die zeitabhängige Wellenfunktion lautet:

$$\psi(x, t) = \varphi(x)\exp(-iEt/\hbar).$$

a) Die stationäre Wellengleichung für gebundene Zustände lautet

$$\left(-\frac{\hbar^2}{2m}\frac{\partial^2}{\partial x^2} - C\delta(x) - E\right)\varphi(x) = 0. \tag{3.211}$$

Gebundene Zustände für $x \neq 0$ haben die Form:

$$\varphi(x) = A\,e^{\alpha|x|}. \tag{3.212}$$

Mit dieser Form haben wir bereits die Randbedingungen berücksichtigt, dass $\varphi(x)$ stetig im Ursprung $x = 0$ ist und im Unendlichen verschwinden muss wegen der

Normierungsbedingung. Für $x \neq 0$ ist das Potenzial null, und die Schrödinger-Gleichung ergibt einfach $E = -\hbar^2\alpha^2/(2m)$ (freies Teilchen). Eine Beziehung zwischen der Konstanten C und der Energie E finden wir nun, indem wir die Ableitungen der Wellenfunktion an der Stelle $x = 0$ gleichsetzen: Dazu berechnen wir das Integral der Wellenfunktion φ an der Stelle $x = 0$ bei linkseitiger und rechtsseitiger Annäherung:

$$C\varphi(0) = -\frac{\hbar^2}{2m}\left[\frac{d\varphi}{dx}\bigg|_{0^+} - \frac{d\varphi}{dx}\bigg|_{0^-}\right]. \tag{3.213}$$

Wir wenden nun diese Gleichung auf die Wellenfunktion in Gl. (3.212) an und erhalten daraus die Beziehungen:

$$CA = \frac{\hbar^2 A}{m}\alpha, \tag{3.214}$$

$$\alpha = \frac{mC}{\hbar^2}, \tag{3.215}$$

$$E = -\frac{mC^2}{2\hbar^2}. \tag{3.216}$$

Wir haben damit den Eigenwert des gebundenen Zustands gefunden. Die Konstante C hat die Dimension Energie $\times$ Länge. Die Normierungskonstante A bestimmen wir wie folgt:

$$1 = \int_{-\infty}^{\infty} dx\, |\varphi(x)|^2 = 2A^2 \int_0^{\infty} dx\, e^{-2\alpha x} = \frac{A^2}{\alpha}. \tag{3.217}$$

Damit ist $A = \sqrt{\alpha} = \sqrt{mC}/\hbar$.

b) Wenn das Potenzial sich von C zu C' ändert, dann haben wir es mit einer Eigenfunktion $\varphi'(x)$ (mit der Konstanten C') zu tun. Die Wahrscheinlichkeit, dass das Teilchen im gebundenen Zustand verbleibt, ist gegeben durch:

$$P_0 = |I|^2, \tag{3.218}$$

wobei gilt:

$$I = \int_{-\infty}^{\infty} dx\, \varphi'(x)\, \varphi(x) = 2A^2 \int_0^{\infty} dx\, e^{-2\alpha x} = \frac{A^2}{\alpha}. \tag{3.219}$$

Einsetzen von Gl. (3.212) in diese Gleichung ergibt

$$I = 2AA' \int_0^{\infty} dx\, e^{-(\alpha+\alpha')x} = \frac{2AA'}{\alpha + \alpha'} = \frac{2\sqrt{\alpha\alpha'}}{\alpha + \alpha'}. \tag{3.220}$$

Schließlich verwenden wir Gl (3.215) und erhalten

$$I = \frac{2\sqrt{CC'}}{C + C'}, \tag{3.221}$$

$$P_0 = \frac{4CC'}{(C + C')^2}. \tag{3.222}$$

Aufgabe 3.8.12 Ein Teilchen der Masse m ist in einem eindimensionalen Potenzialtopf mit unendlich hohen Wänden bei $x = \pm a$ eingeschlossen. Genau in der Mitte des offenen Intervalls (d. h. der Rand gehört nicht dazu) $I = (-a, a)$ ist ein anziehendes Potenzial in der Form einer Deltafunktion $V(x) = -aC\delta(x)$ vorhanden.

a) Wie lauten die Eigenwerte der Zustände mit ungerader Parität?
b) Bestimmen Sie denjenigen Wert von C, für den der niedrigste Energieeigenwert null ist.
c) Wie lautet die Wellenfunktion des Grundzustands für den Fall, dass der niedrigste Energieeigenwert kleiner als null ist?

Aufgabe 3.8.13 Der Eigenzustand eines Elektrons im Kasten der Breite a mit unendlich hohen Wänden wird durch die Wellengleichung

$$\psi(x, t) = \sqrt{\frac{1}{5}}\psi_{1,0}(x)\psi_1(t) + \sqrt{\frac{4}{5}}\psi_{2,0}(x)\psi_2(t)$$

beschrieben. Bestimmen Sie unter der Annahme einer harmonischen Anregung

1. die Gesamtwellenfunktion (zeitabhängiger und zeitunabhängiger Anteil),
2. daraus die Eigenwerte für die Energie,
3. den Mittelwert der Energie.

Lösung

1.

$$\psi(x, t) = \sqrt{\frac{1}{5}}\sqrt{\frac{2}{a}}\sin\left(1\frac{\pi}{a}x\right)\mathrm{e}^{-\mathrm{i}Et/\hbar} + \sqrt{\frac{4}{5}}\sqrt{\frac{2}{a}}\sin\left(2\frac{\pi}{a}x\right)\mathrm{e}^{-\mathrm{i}2Et/\hbar}.$$

2. $H\psi_n = E_n\psi_n$. Für die normierten Eigenfunktionen

$$\psi_n = \sqrt{\frac{2}{a}}\sin\left(\frac{n\pi}{a}x\right)$$

ergeben sich die Eigenwerte

$$\langle \psi_n^* | H | \psi_n \rangle = E_n \langle \psi_n^* | \psi_n \rangle.$$

Damit erhalten wir

$$E_n = \frac{\hbar^2 n^2 \pi^2}{2 m_0 a^2} \langle \psi_n^* | \psi_n \rangle.$$

Es ist also:

$$E_1 = \frac{h^2}{8 m_0 a_0^2}, \quad \text{und} \quad E_2 = 4 E_1 = 4 \frac{h^2}{8 m_0 a^2}.$$

3. $\langle E \rangle = \frac{1}{5} E_1 + \frac{4}{5} E_2 = 3{,}4 \cdot E_1.$

Die Messung liefert kein diffuses, sondern ein diskretes Ergebnis: Mit 20 % Wahrscheinlichkeit ($|c_1|^2$) wird E_1, mit 80 % Wahrscheinlichkeit aber E_2 gemessen. Die Wellenfunktion „kollabiert" nach der Kopenhagener Interpretation mit der Wahrscheinlichkeit des Quadrats des Amplitudenfaktors in einen Eigenzustand mit der entsprechenden Energie.

Aufgabe 3.8.14 Ein Teilchen der Masse m bewegt sich in einem eindimensionalen Potenzial der Form

$$V(x) = -\frac{\hbar^2 P}{m} \delta(x^2 - a^2),$$

wobei P eine positive, dimensionslose Konstante ist und a die Dimension einer Länge hat. Diskutieren Sie die gebundenen Zustände dieses Potenzials als eine Funktion von P.

Aufgabe 3.8.15 Ein Teilchen der Masse m befindet sich in einem eindimensionalen Potenzialtopf mit unendlich hohen Wänden bei $x = \pm L/2$ in seinem Grundzustand.

a) Bestimmen Sie die Eigenfunktionen des Grundzustands und des ersten angeregten Zustands.
b) Die Wände des Potenzialtopfs werden nun (instantan) nach außen bewegt. Er erstreckt sich dann von $-L$ bis L. Berechnen Sie die Wahrscheinlichkeit, dass das Teilchen während dieser plötzlichen Expansion im Grundzustand bleiben wird.
c) Berechnen Sie die Wahrscheinlichkeit, dass das Teilchen infolge der Expansion aus dem Grundzustand in den ersten angeregten Zustand springt.

Aufgabe 3.8.16 Ein Elektron bewegt sich in einer Dimension und ist auf den rechten Halbraum ($x > 0$) in seiner Bewegung beschränkt. In diesem Bereich ist das Elektron einem Potenzial

$$V(x) = -\frac{e^2}{4x}$$

ausgesetzt, wobei e die Elementarladung ist.

a) Berechnen Sie die Grundzustandsenergie.
b) Berechnen Sie den Erwartungswert $\langle x \rangle$ des Elektrons im Grundzustand.

Aufgabe 3.8.17 Ein Teilchen der Masse m bewegt sich eindimensional im Bereich $x > 0$ unter dem Einfluss des Potenzials

$$V(x) = V_0 \left[\frac{b^2}{x^2} - \frac{b}{x} \right],$$

wobei V_0 und b Konstanten sind. Leiten Sie die exakte Grundzustandsenergie her unter der Annahme eines gebundenen Zustands.

Schrödinger-Gleichung

Aufgabe 3.8.18 Von einem System seien die (nicht entarteten) Eigenwerte E_i und deren Eigenfunktionen $\varphi_i(q)$ des Hamiltonoperators $\hat{H}$ gegeben.

a) Geben Sie die zeitunabhängige Schrödingergleichung an. Wie sind $\hat{H}$, E_i und $\varphi_i(q)$ durch die Schrödingergleichung verknüpft?
b) Das System befinde sich zum Zeitpunkt $t = 0$ in einem Eigenzustand $\varphi_n(x)$ des Hamiltonoperators. Zeigen Sie durch Einsetzen in die zeitabhängige Schrödingergleichung $i\hbar \frac{\partial}{\partial t} \psi = \hat{H} \psi$, dass der Zustand des Systems zu allen späteren Zeiten gegeben ist durch

$$\psi(x, t) = e^{-i\omega_n t} \varphi_n(x),$$

und bestimmen Sie den Zusammenhang zwischen den Frequenzen ω_n und den Energien E_n der Zustände.

Lösung
Die Zustandsfunktion von einem System entwickelt sich in der Zeit nach der zeitabhängigen Schrödingergleichung. Die zeit- und ortsabhängigkeit kann über einen Separationsansatz voneinander getrennt werden (Dies wurde in der Vorlesung gezeigt).

$$\psi(x, t) = f(t) \cdot \varphi(x),$$

$$f(t) \cdot \hat{H}(x)\varphi(x) = \varphi(x) \cdot i\hbar \frac{d}{dt} f(t) \qquad |: \varphi(x) \cdot f(t),$$

$$\frac{1}{\varphi(t)} \hat{H}(x)\varphi(x) = \frac{i\hbar}{f(t)} \frac{d}{dt} f(t) = E.$$

Man hat eine Gleichung erhalten, die nur von der Raumkoordinate abhängt (links), und eine Gleichung, die nur von der Zeitkoordinate abhängt (rechte Seite). Beide Ausdrücke können für jedes x und t nur dann gleich sein, wenn beide Seiten einem konstanten Wert entsprechen, der Separationskonstante E. Für die Zeitabhängigkeit ergibt sich:

$$i\hbar \frac{d}{dt} f(t) = E f(t),$$

$$\int \frac{1}{f(t)} df(t) = \int -\frac{iE}{\hbar} \, dt,$$

$$\ln f(t) = -\frac{iEt}{\hbar},$$

$$f(t) = e^{-iEt/\hbar}.$$

Damit ist also die Zeit nur eine Modulation der Phase, da das Betragsquadrat der Wellenfunktion (Aufenthaltswahrscheinlichkeitsdichte) $|\psi(x, t)|^2 = |\varphi(x)|^2$ zeitunabhängig ist. Für den n–ten Energieeigenwert ergibt sich also die Darstellung

$$\psi(x, t) = e^{-iE_n t/\hbar} \varphi_n(x) = e^{-i\omega_n t} \varphi_{n(x)}$$

und damit durch direkten Vergleich der wohlbekannte Zusammenhang zwischen den Frequenzen ω_n und den Energien E_n:

$$\omega_n = E_n/\hbar.$$

Schrödinger-Gleichung mit Potenzial

Aufgabe 3.8.19 Wir betrachten ein Teilchen der Masse m in einem unendlich hohen und symmetrisch zum Ursprung liegenden Kastenpotenzial:

$$V(x) = \begin{cases} 0 & \text{für } |x| \leq a, \\ \infty & \text{für } |x| > a. \end{cases} \qquad (3.223)$$

Es ist also zwischen den Potenzialstufen bei $-a$ und a bei eingesperrt.

a) Begründen Sie, dass die Wellenfunktionen am Rand des Kastens verschwinden müssen.

Abb. 3.30 Unendlich hoher
Potenzialtopf der Breite a

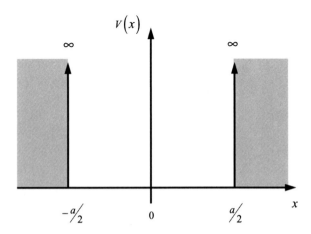

b) Bestimmen Sie die normierten Eigenfunktionen der zeitunabhängigen Schrödinger-Gleichung und die erlaubten Energien E_n.

c) Wie sehen die zugehörigen zeitabhängigen Wellenfunktionen aus?

d) Bestimmen Sie für ein Teilchen der Energie E den Erwartungswert für den Ort sowie die mittlere Unschärfe Δx des Ortes.

e) Ermitteln Sie auch den Mittelwert und die Unschärfe des Impulses und berechnen Sie anschließend das Produkt von Orts- und Impulsunschärfe im n-ten Energieeigenzustand.

Lösungshinweis
Bei der Lösung sollten Sie berücksichtigen, dass V spiegelsymmetrisch ist. Die Berechnung der Impulsunschärfe vereinfacht sich, wenn man $\hat{p}^2$ durch $\hat{H}$ ersetzt. Sie werden auf folgende Integrale stoßen:

$$\int_{-\infty}^{\infty} dx\, x^2 \cos^2 x = \frac{x^3}{6} + \frac{2x^2 - 1}{8} \sin 2x + \frac{x}{4} \cos 2x, \qquad (3.224)$$

$$\int_{-\infty}^{\infty} dx\, x^2 \sin^2 x = \frac{x^3}{6} - \frac{2x^2 - 1}{8} \sin 2x - \frac{x}{4} \cos 2x. \qquad (3.225)$$

Aufgabe 3.8.20 Ein eindimensionaler, rechteckiger Potenzialtopf der Breite a sei beschrieben durch das Potenzial in Abb. 3.30 und die folgende Gleichung

$$V(x) = \begin{cases} 0 & \text{für } |x| < \frac{a}{2}, \\ \infty & \text{sonst.} \end{cases}$$

a) Stellen Sie die stationäre Schrödinger–Gleichung für ein Teilchen der Masse m auf und formulieren Sie die Randbedingungen für quadratintegrierbare Lösungen.

b) Berechnen Sie die Energieeigenwerte und die Eigenfunktionen. Diskutieren Sie
   die Paritätseigenschaften der Eigenzustände.

c) Finden Sie den Anteil der in **b)** bestimmten Eigenzustände des Teilchens im
   Zustand, der durch die Wellenfunktion $\psi(x) = A(x-a/2)\cdot(x+a/2)$ beschrieben
   wird. Berechnen Sie den Erwartungswert der Energie in diesem Zustand.

Lösung

a) Die stationäre Schrödingergleichung lautet:

$$\frac{\mathrm{d}^2 \psi_E(x)}{\mathrm{d}x^2} = -\frac{2m}{\hbar^2} E \psi_E(x) = -k^2 \psi_E(x)\,, \quad \text{mit } k = \frac{(2mE)^{1/2}}{\hbar}\,.$$

Die Randbedingungen lauten:

$$\psi\left(\pm\frac{a}{2}\right) = 0.$$

b) Das Potenzial ist paritätsinvariant:

$$\hat{P}V(x) = V(-x) = V(x) \quad \Rightarrow \quad [\hat{P}, \hat{H}] = 0, \quad \hat{P}: \text{Paritätsoperator}$$

Daraus folgen gerade und ungerade Eigenfunktionen.

$$\text{Gerade}: \quad \psi^g(x) = A\cos(kx),$$
$$\text{Ungerade}: \quad \psi^u(x) = B\sin(kx).$$

Damit lauten die Randbedingungen für $n = 0, 1, 2, \ldots$

$$\psi^g_{2n}(x) = A_n \cos\left(\frac{\pi x}{a}(2n+1)\right),$$
$$\psi^u_{2n+1}(x) = B_n \sin\left(\frac{\pi x}{a}(2n+2)\right).$$

Die Normierung ergibt:

$$\int\limits_{-a/2}^{a/2} |\psi(x)|\,\mathrm{d}x = 1 \quad \Rightarrow \quad A_n = B_n = \sqrt{\frac{2}{a}}.$$

Die Energieeigenzustände: Die Normierung ergibt:

$$-\frac{\hbar^2}{2m}\frac{\mathrm{d}^2\psi}{\mathrm{d}x^2} = E\psi \quad \Rightarrow \quad E_n = \begin{cases} \frac{\hbar\pi^2}{2ma^2}(2n+1)^2 & \text{gerade Zustände,} \\ \frac{\hbar\pi^2}{2ma^2}(2n+2)^2 & \text{ungerade Zustände.} \end{cases}$$

c) Normierung von $\psi(x) = A(x - a/2) \cdot (x + a/2)$:

$$\int\limits_{-a/2}^{a/2} |\psi(x)|^2 \, dx = 1$$

$$\Rightarrow A^2 \int\limits_{-a/2}^{a/2} \left(x^2 - \frac{a^2}{4}\right)^2 dx = A^2 \int\limits_{-a/2}^{a/2} \left(x^4 + \frac{a^4}{16} - \frac{a^2 x^2}{2}\right) dx$$

$$= A^2 \left[\frac{x^5}{5} + \frac{a^4}{16} - \frac{a^2 x^3}{6}\right]_{-a/2}^{a/2} = 1 \quad \Rightarrow \quad A = \sqrt{\frac{30}{a^5}}.$$

Den Anteil der Eigenzustände findet man durch Projektion auf die jeweiligen Koordinatenachsen; diese sind aber nichts anderes als die Entwicklungskoeffizienten

$$c_n^g = \int\limits_{-a/2}^{a/2} A(x - a/2) \cdot (x + a/2) \, A_n \cos\left(\frac{\pi x}{a}(2n + 1)\right)$$

$$= \sqrt{\frac{2}{a}} \sqrt{\frac{30}{a^5}} \int\limits_{-a/2}^{a/2} \left(x^2 - \frac{a^2}{4}\right) \cos\left(\frac{\pi x}{a}(2n + 1)\right) dx$$

$$= (-1)^{n+1} \frac{8\sqrt{\pi}}{\pi^3 (2n + 1)^3}, \quad \Rightarrow \quad W_n^g = |c_n^g|^2 = \frac{960}{\pi^6} \frac{1}{(2n + 1)^6}.$$

$$c_n^u = 0.$$

$$\langle E \rangle = \frac{30}{a^5} \int\limits_{-a/2}^{a/2} \left(x^2 - \frac{a^2}{4}\right) \left(-\frac{\hbar^2}{2m} \frac{d^2}{dx^2}\right) \left(x^2 - \frac{a^2}{4}\right) dx$$

$$= -\frac{30}{a^5} \frac{\hbar^2}{m} \int\limits_{-a/2}^{a/2} \left(x^2 - \frac{a^2}{4}\right) dx = \frac{5\hbar^2}{ma^2}.$$

Aufgabe 3.8.21 Zeigen Sie, dass es in einem allgemeinen, eindimensionalen Potenzial $U(x)$, das die Bedingungen $U(x) \to 0$ für $x \to \pm\infty$ und $\int\limits_{-\infty}^{\infty} dx \, U(x) < 0$ erfüllt, immer mindestens einen gebundenen Zustand mit der Energie $E < 0$ gibt.

Hinweis: Schätzen Sie den Erwartungswert der Energie $E(\alpha)$ im Zustand $\psi(x, \alpha) = \alpha^{1/2} \exp(-\alpha|x|)$ für kleine $\alpha > 0$ ab.

Wellenfunktion

Aufgabe 3.8.22 Betrachten Sie die Wellenfunktion

$$\psi(x, t) = A\,e^{-\lambda |x|}\,e^{-i\omega t},$$

wobei $A, \lambda, \omega > 0$ gelte.

a) Normieren Sie ψ.
b) Was sind die Erwartungswerte von x und x^2?
c) Bestimme die Standardabweichung von x. Wie sieht der Graph von $|\psi|$ als Funktion von x aus? Markiere die Punkte $(\langle x \rangle + \Delta x)$ und $(\langle x \rangle - \Delta x)$ und berechne die Wahrscheinlichkeit das Teilchen außerhalb dieses Bereichs anzutreffen.

Lösung

a)

$$I = \int_{-\infty}^{\infty} |\psi|\,dx = 2|A| \int_0^{\infty} e^{-2\lambda x}\,dx = 2|A|^2 \left[\frac{e^{-2\lambda x}}{-2\lambda} \right]_0^{\infty} = \frac{|A|^2}{\lambda} \quad \Rightarrow A = \sqrt{\lambda}.$$

b)

$$\langle x \rangle = \int_{-\infty}^{\infty} x|\psi|^2\,dx = |A|^2 \int_{-\infty}^{\infty} x\,e^{-2\lambda |x|}\,dx = 0.$$

Dies ist ein wichtiges Resultat für Integrale über symmetrische Intervalle, dass sich der Lernende gut einprägen sollte: Ein symmetrisches Integral über einen ungeraden Integranden ist gleich null.

$$\langle x^2 \rangle = 2|A|^2 \int_{-\infty}^{\infty} \underbrace{x^2\,e^{-2\lambda x}}_{\frac{1}{4} \frac{\partial^2}{\partial \lambda^2} e^{-2\lambda x}}\,dx = \frac{|A|^2}{2} \frac{\partial^2}{\partial \lambda^2} \int_0^{\infty} e^{-2\lambda x}\,dx = 2\lambda \left[\frac{2}{(2\lambda)^3} \right] = \frac{1}{2\lambda^2}.$$

c) Unschärfe:

$$(\Delta x)^2 = \langle x^2 \rangle - \langle x \rangle^2 = \frac{1}{2\lambda^2} \quad \Rightarrow \Delta x = \frac{1}{\sqrt{2}\lambda}.$$

Aufenthaltswahrscheinlichkeit:

$$|\psi(\pm \Delta x)|^2 = |A|^2 e^{-2\lambda \Delta x} = \lambda\,e^{-2\lambda/\sqrt{2}\lambda} = \lambda\,e^{-\sqrt{2}} \approx 0{,}2431\,\lambda.$$

Der Graph der Aufenthaltswahrscheinlichkeit ist in Abb. 3.31 gezeigt. Es sind die typischen Spitzen (im Englischen: „cusps") der Wellenfunktion zu sehen.

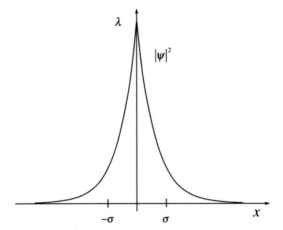

Abb. 3.31 Zur Wahrscheinlichkeit, das Teilchen außerhalb $\pm\Delta x$ anzutreffen. Typisch sind die Spitzen (Englisch: „cusps") in der Wellenfunktion. In der Quantenchemie beschreibt man diese Spitzen korrekterweise (wie in diesem Beispiel) durch die Verwendung von exponentiell abklingenden Wellenfunktionen (Slater–Funktionen). Da Produkte dieser Funktionen aber wesentlich komplizierter zu integrieren sind, werden Gaußfunktionen bevorzugt, obwohl diese die Spitzen in der Wellenfunktion nicht korrekt beschreiben. Für die Abbildung wurde o. B. d. A. $\lambda = 1$ gewählt

Die Wahrscheinlichkeit, das Teilchen außerhalb der Standardabweichung $\sigma = \Delta x$ anzutreffen, ist gegeben durch:

$$2|A|^2 \int_{\Delta x}^{\infty} |\psi|^2 \, \mathrm{d}x = 2|A|^2 \int_{\Delta x}^{\infty} \mathrm{e}^{-2\lambda x} \, \mathrm{d}x = 2\lambda \left[\mathrm{e}^{-2\lambda x} \right]_{\Delta x}^{\infty} = \mathrm{e}^{-2\lambda \Delta x} = \mathrm{e}^{-\sqrt{2}} \approx 0{,}2431.$$

Aufgabe 3.8.22 Ein Teilchen der Masse m bewegt sich in einer Dimension. Seine exakte Eigenfunktion für den Grundzustand lautet:

$$\psi(x) = \frac{A}{\cosh \lambda x},$$

wobei λ eine Konstante und A die Normierungskonstante sind. Berechnen Sie den Energieeigenwert des Grundzustands und das Potenzial $V(x)$ unter der Annahme, dass das Potenzial $V(x)$ im Unendlichen verschwindet.

Prüfungsfragen

Wenn Sie Kap. 4 aufmerksam durchgearbeitet haben, sollten Sie in der Lage sein, die folgenden Prüfungsfragen zu beantworten.

Zu Abschn. 3.1 und 3.2

Frage 3.9.1 Erläutern Sie die wichtigsten Unterschiede zwischen elektromagnetischen Wellen und Materiewellen.

Frage 3.9.2 Von wem und in welchem Zusammenhang wurde erstmals die Idee formuliert, dass Materie auch Welleneigenschaften hat?

Frage 3.9.3 Welche Experimente unterstützen de Broglies Hypothese von Materiewellen?

Frage 3.9.4 Diskutieren Sie die Elektronenbeugung am Doppelspalt. Wie ändert sich die Intensitätsverteilung, wenn man die beiden Spalten nacheinander öffnet?

Frage 3.9.5 Lässt sich beim Doppelspaltexperiment der Auftreffort eines einzelnen Elektrons auf dem Detektor vorhersagen? Welche Aussagen sind tatsächlich möglich?

Frage 3.9.6 Welche Formel gilt für die elektrische Feldstärke einer elektromagnetischen Welle und welche für deren Intensität?

Frage 3.9.7 Leiten Sie die De-Broglie-Wellenlänge von Elektronen her.

Frage 3.9.8 Wie lautet das Fourier-Integral für die Überlagerung ebener Materiewellen mit verschiedenen Impulsen?

Frage 3.9.9 Zeigen Sie, dass ein Gauß'sches Wellenpaket zerfließt. Ist das ein typisch quantenmechanischer Effekt?

Frage 3.9.10 Welche Gründe sprechen gegen eine direkte Identifikation des Elektrons als Welle?

Frage 3.9.11 Wie lautet die Born'sche Wahrscheinlichkeitsdeutung der Wellenfunktion?

Frage 3.9.12 Lässt sich die Phasengeschwindigkeit einer Materiewelle messen?

Frage 3.9.13 Was versteht man unter Dispersion, und warum ist Sie von Bedeutung?

Frage 3.9.14 Welche physikalische Bedeutung muss den Materiewellen zugesprochen werden?

Frage 3.9.15 Ist die Wellenfunktion $\psi(x, t)$ direkt messbar?

Frage 3.9.16 Welche mathematischen Funktionen kommen als Wellenfunktionen überhaupt nur in Betracht?

Frage 3.9.17 Wie ist die Wahrscheinlichkeitsstromdichte definiert?

Frage 3.9.18 Wie lautet die Kontinuitätsgleichung der Wahrscheinlichkeit? Worin besteht ihre physikalische Aussage?

Frage 3.9.19 Was ist eine ebene Welle? Warum bezeichnet man sie als eben?

Frage 3.9.20 Von welchem mathematischen Typ ist die Schrödinger-Gleichung? Wie unterscheiden sich bei der ebenen Welle Phasen- und Gruppengeschwindigkeit?

Frage 3.9.21 Welche Aussagen lassen sich über Ort und Impuls eines Teilchens machen, wenn diesem eine ebene Welle als Wellenfunktion zugeordnet ist?

Frage 3.9.22 Was versteht man unter einem Wellenpaket?

Frage 3.9.23 Mit welcher Geschwindigkeit kann in einem Wellenpaket Information transportiert werden?

Frage 3.9.24 Warum darf die Phasengeschwindigkeit v_{ph} auch größer als die Lichtgeschwindigkeit sein?

Frage 3.9.25 Erläutern Sie anhand des einfachen, eindimensionalen Wellenpakets in Gl. (3.19), warum Impuls und Ort eines durch diese Wellenfunktion beschriebenen Teilchens nicht gleichzeitig beliebig genau bekannt sein können.

Frage 3.9.26 Wird durch eine ebene Welle die Unbestimmtheitsrelation verletzt?

Frage 3.9.27 Wann spricht man im Zusammenhang mit Wellenpaketen von Dispersion?

Frage 3.9.28 Wird das Zerfließen auch bei Paketen aus elektromagnetischen Wellen beobachtet?

Frage 3.9.29 Welcher Zusammenhang besteht zwischen dem Zerfließen und der Heisenberg'schen Unbestimmtheitsrelation?

Frage 3.9.30 Wie hängen die Wellenfunktionen im Orts- und im Impulsraum, $\psi(x, t)$ und $\psi(p, t)$ zusammen?

Frage 3.9.31 Welche Bedeutung wird $|\psi(p, t)|$ zugeschrieben?

Frage 3.9.32 Wie lautet die Impulsdarstellung des Teilchenorts $\vec{x}$?

Frage 3.9.33 Was ist die Ursache für die formale Äquivalenz von Impuls- und Ortsdarstellung?

Frage 3.9.34 Nach welcher Vorschrift wird der Erwartungswert $\langle F(p, x)\rangle$ der Observablen $F(p, x)$ im Orts- bzw. im Impulsraum gebildet?

Frage 3.9.35 Formulieren Sie die Fourier-Transformation einer Funktion $f(x)$.

Zu Abschn. 3.3

Frage 3.9.36 Lässt sich die Schrödinger-Gleichung beweisen?

Frage 3.9.37 Von welchem mathematischen Typ ist die Schrödinger-Gleichung?

Frage 3.9.38 Wie lautet die zeitabhängige Schrödinger-Gleichung bei einem Potenzial in drei Dimensionen?

Frage 3.9.39 Wie berechnet sich der Erwartungswert eines Operators $\hat{O}$ in der Orts- und in der Impulsdarstellung?

Frage 3.9.40 Formulieren Sie den Mittelwert $\langle A(\vec{x})\rangle$ mit Hilfe der Wellenfunktion $\psi(\vec{x}, t)$ bzw. $\psi(\vec{p}, t)$

Frage 3.9.41 Welche Operatorgestalt nimmt die dynamische Variable Impuls in der Ortsdarstellung an?

Frage 3.9.42 Nach welcher Korrespondenzvorschrift erhält man aus einer klassischen Variablen $A(q_1, \ldots, q_s, p_1, \ldots, p_s)$ den zugehörigen quantenmechanischen Operator?

Frage 3.9.43 Welcher Operator ist der Energievariablen E zugeordnet?

Frage 3.9.44 Interpretieren Sie die zeitunabhängige Schrödinger-Gleichung.

Frage 3.9.45 Was versteht man unter dem Hamilton-Operator eines Teilchens?

Frage 3.9.46 Welcher Operator ist beim Übergang von der zeitunabhängigen zur zeitabhängigen Schrödinger-Gleichung der Energievariablen E zuzuordnen?

Frage 3.9.47 Wie lauten die Lösungsansätze für die stationäre Schrödinger-Gleichung in der Orts- und in der Impulsdarstellung?

Zu Abchn.3.4 bis 3.6

Frage 3.9.48 Welche typischen Potenziale werden als Modelle in der Quantentheorie betrachtet, und warum?

Frage 3.9.49 Nennen Sie mindestens fünf exakt lösbare quantenmechanische Potenzialprobleme.

Frage 3.9.50 Wie sieht das Lösungsverhalten der Wellenfunktion bei der Streuung eines Teilchens am Potenzialtopf aus?

Frage 3.9.51 Wie lautet die Lösung der stationären Schrödinger-Gleichung für ein konstantes Potenzial $V = V_0$?

Frage 3.9.52 Wovon hängt die Anzahl der Lösungen beim endlichen Potenzialtopf ab?

Frage 3.9.53 Wie lauten die Energie-Eigenzustände beim endlichen Potenzialtopf?

Frage 3.9.54 Skizzieren Sie die Wellenfunktionen $\psi(x)$ und $|\psi(x)|$ beim unendlich hohen Potenzialtopf.

Frage 3.9.55 Was versteht man unter dem Tunneleffekt?

Frage 3.9.56 Welcher Ansatz wird zur Lösung verwendet? Was gibt der Transmissionskoeffizient an, und wovon hängt er ab?

Frage 3.9.57 Wie funktioniert das Raster-Tunnel-Mikroskop?

Frage 3.9.58 Wie lässt sich der Alpha-Zerfall erklären?

Frage 3.9.59 Geben Sie die Formel für den Transmissions- und den Reflexionskoeffizienten für den Fall $E > V_0$ beim Tunneleffekt an.

Frage 3.9.60 Was versteht man unter der Matrizenmechanik?

Frage 3.9.61 Wie sieht die diagonalisierte Heisenberg'sche Matrix für den harmonischen Oszillator aus?

Frage 3.9.62 Was besagt die Transformationstheorie?

Frage 3.9.63 Erläutern Sie die Bedeutung der Wellenmechanik.

Literatur

Binnig, G., Rohrer, H.: Scanning tunneling microscopy on crystal surfaces. J. Cryst. Growth **65**, 679–680 (1983)

Bloch, F.: Heisenberg and the early days of quantum mechanics. Phys. Today **29**, 23–27 (1976)

Bohr, N., Kramers, H.A., et al.: Über die Quantentheorie der Strahlung. Zeitschrift für Physik **24**, 69–87 (1924)

Born, M., Heisenberg, W.: Die Elektronenbahnen im angeregten Heliumatom. Zeitschrift für Physik **16**, 229–243 (1923a)

Born, M., Heisenberg, W.: Über Phasenbeziehungen bei den Bohrschen Modellen von Atomen und Molekeln. Zeitschrift für Physik **14**, 44–55 (1923b)

Born, M., Heisenberg, W.K., et al.: Zur Quantenmechanik. II. Z Phys **35**, 557–615 (1926)

Born, M., Jordan, P.: Zur Quantenmechanik. Zeitschrift für Physik **34**, 858–888 (1925)

Born, M., Wiener, N.: A new formulation of the laws of quantization of periodic and aperiodic phenomena. J. Math. Phys. **5**, 84–98 (1926a)

Born, M., Wiener, N.: Eine neue Formulierung der Quantengesetze für periodische und nicht periodische Vorgänge. Zeitschrift für Physik **36**, 174–187 (1926b)

Bothe, W., Geiger, H.: Ein Weg zur experimentellen Nachprüfung der Theorie von Bohr, Kramers und Slater. Zeitschrift für Physik **26**, 44–44 (1924a)

Bothe, W., Geiger, H.: Uber das Wesen des Comptoneffekts. Zeitschrift für Physik **32**, 639–663 (1924b)

Davisson, C., Germer, L.H.: Diffraction of electrons by a crystal of nickel. Phys. Rev. **30**, 705–740 (1927)

Davisson, C., Kunsman, C.H.: The scattering of electrons by nickel. Science **54**, 522–524 (1921)

de Broglie, L.V.P.R.: Recherches sur la théorie des quanta. Doktorarbeit, Paris University, Paris (1924)

Dirac, P.A.M.: The fundamental equations of quantum mechanics. Proceedings of the Royal Society of London **109**, 644–653 (1925)

Dirac, P.A.M.: Quantum mechanics and a preliminary investigation of the hydrogen atom. Proceedings of the Royal Society of London **110**, 561–579 (1926)

Dirac, P.A.M.: The Compton effect in wave mechanics. Mathematical Proceedings of the Cambridge Philosophical Society, Cambridge University Press, 500–507 (1927a)

Dirac, P.A.M.: The physical interpretation of the quantum dynamics. Proceedings of the Royal Society of London **113**, 621–641 (1927b)

Ehrenfest, P.: Bemerkung über die angenäherte Gültigkeit der klassischen Mechanik innerhalb der Quantenmechanik. Zeitschrift für Physik **45**, 455–457 (1927)

Einstein, A.: Quantentheorie des einatomigen idealen Gases. Sitzungsberichte der Preußischen Akademie der Wissenschaften 261–267 (1924)

Einstein, A.: Quantentheorie des einatomigen idealen Gases, Zweite Abhandlung. Sitzungsberichte der Preußischen Akademie der Wissenschaften 3–14 (1925)

Einstein, A., Podolsky, B., et al.: Can quantum-mechanical description of physical reality be considered complete? Phys. Rev. **47**, 777–780 (1935)

Elsasser, W.: Bemerkungen zur Quantenmechanik freier Elektronen. Die Naturwissenschaften **13**, 711–711 (1925)

Finkelnburg, W.: Einführung in die Atomphysik, 11. Aufl. Springer, Berlin (1967)

Gamow, G.: Zur Quantentheorie des Atomkernes. Zeitschrift für Physik **51**, 204–212 (1928)

Hamilton, W.R.: On a general method in dynamics; by which the study of the motions of all free systems of attracting or repelling points is reduced to the search and differentiation of one central relation, or characteristic function. Philos. Trans. R. Soc. Lond. **124**, 247–308 (1834)

Hamilton, W.R.: Second essay on a general method in dynamics. Philos. Trans. R. Soc. Lond. **125**, 95–144 (1835)

Heisenberg, W.: Mehrkörperproblem und Resonanz in der Quantenmechanik. Zeitschrift für Physik **38**, 411–426 (1926)

Heisenberg, W., Jordan, P.: Anwendung der Quantenmechanik auf das Problem der anomalen Zeemaneffekte. Zeitschrift für Physik **37**, 263–277 (1926)

Heitler, W., London, F.: Wechselwirkung neutraler Atome und homöopolare Bindung nach der Quantenmechanik. Zeitschrift für Physik **44**, 455–472 (1927)

Hund, F.: Zur Deutung einiger Erscheinungen in den Molekelspektren. Zeitschrift für Physik **36**, 657–674 (1926)

Hund, F.: Zur Deutung der Molekelspektren. I. Zeitschrift für Physik **40**, 742–764 (1927a)

Hund, F.: Zur Deutung der Molekelspektren. II. Zeitschrift für Physik **42**, 93–120 (1927b)

Hund, F.: Zur Deutung der Molekelspektren. III. Zeitschrift für Physik **43**, 805–826 (1927c)

Pauli, W.: Über das Wasserstoffspektrum vom Standpunkt der neuen Quantenmechanik. Zeitschrift für Physik **26**, 336–363 (1926)

Schreiner, P.R., Reisenauer, H.P., et al.: Methylhydroxycarbene: tunneling control of a chemical reaction. Science **332**, 1300–1303 (2011)

Schrödinger, E.: Zur Einsteinschen Gastheorie. Physikalische Zeitschrift **27**, 95–101 (1926a)

Schrödinger, E.: Der stetige Übergang von der Mikro- zur Makromechanik. Die Naturwissenschaften **14**, 664–666 (1926b)

Schrödinger, E.: Quantisierung als Eigenwertproblem. Annalen der Physik **384**, 361–376 (1926c)

Schrödinger, E.: Quantisierung als Eigenwertproblem. Annalen der Physik **384**, 489–527 (1926d)

Schrödinger, E.: Quantisierung als Eigenwertproblem. Annalen der Physik **385**, 437–490 (1926e)

Schrödinger, E.: Quantisierung als Eigenwertproblem. Annalen der Physik **386**, 109–139 (1926f)

Schrödinger, E.: Über das Verhältnis der Heisenberg-Born-Jordanschen Quantenmechanik zu der meinem. Annalen der Physik **384**, 734–756 (1926g)

Tonomura, A., Endo, J., et al.: Demonstration of single-electron buildup of an interference pattern. Am. J. Phys. **57**, 117–120 (1989)

Die Mathematik und die formalen Prinzipien der Quantenmechanik

4

Inhaltsverzeichnis

Um die mathematische Struktur der Quantenmechanik verstehen zu können, sind verschiedene Begriffsbildungen aus der Mathematik notwendig. Im Wesentlichen geht es darum, mit verschiedenen Hilfsmitteln aus der Funktionalanalysis die Problematik der Lösung von partiellen Differenzialgleichungen auf die Lösung von Eigenwertproblemen zurückzuführen.

Bis jetzt haben wir hier die Schrödinger-Gleichung in der Orts- und in der Impulsdarstellung kennengelernt, und haben an einfachen Beispielen gesehen, wie man

Ergänzende Information Die elektronische Version dieses Kapitels enthält Zusatzmaterial, auf das über folgenden Link zugegriffen werden kann https://doi.org/10.1007/978-3-662-62610-8_4.

deren stationäre Lösung und die Energieeigenwerte bestimmt. Auch haben wir gesehen, wie man Mittelwerte durch Integration über ψ und ψ' gewinnt. Im Prinzip kann man mit diesem Handwerkszeug die meisten der in diesem Lehrbuch behandelten Probleme lösen. Es zeigt sich jedoch, dass es vorteilhaft ist, die Theorie weiter auszubauen. Zur Berechnung mancher Mittelwerte ist es z. B. gar nicht notwendig, die explizite Lösung der Schrödinger-Gleichung zu kennen. Wesentlich wichtiger sind die Eigenschaften der den physikalischen Größen zugeordneten Operatoren, insbesondere etwa ihre Vertauschbarkeit bzw. Nichtvertauschbarkeit. Hier ist es dann vorteilhafter, eine allgemeine Schreibweise einzuführen, bei der gar keine Wellenfunktion mehr explizit vorkommt, d. h. man verwendet eine sogenannte *darstellungsfreie, abstrakte Schreibweise.*

In diesem Kapitel werden wir die Prinzipien der Quantentheorie auf eine sehr viel formalere Basis stellen, indem wir einen axiomatischen Zugang zur Theorie wählen, bei dem allgemeine Prinzipien oder Regeln (die Axiome der Theorie) als Voraussetzung an den Anfang gestellt werden, aus denen dann im Prinzip alle weiteren Erkenntnisse der Theorie gewonnen werden können. Historisch gesehen, war eines der ersten Lehrbücher überhaupt, die diesen Zugang zur Quantentheorie gewählt haben, ein Lehrbuch des englischen Physikers Paul Dirac mit dem Titel „The Quantum Mechanics" (Dirac 1930).

4.1   Einführung

Wie wir in Kap. 5 sehen werden, können wir beim harmonischen Oszillator im stationären Zustand wichtige Mittelwerte ausrechnen, ohne die Wellenfunktion $\psi_n(x)$ explizit zu kennen. Ja, es ist dabei sogar möglich, die Wahrscheinlichkeitsdichte $w(x) = \psi_n{}^*(x)\,\psi_n(x)$ ohne explizite Kenntnis der Wellenfunktion auszurechnen. Es ist also hier vorteilhaft, erst ziemlich spät (manchmal sogar überhaupt nicht) zu einer Darstellung, z. B. der Ortsdarstellung, überzugehen.

Ein ähnlicher Sachverhalt liegt auch in der gewöhnlichen Vektorrechnung im $\mathbb{R}^3$ vor. In der Vektorrechnung kann man in einem orthonormierten Koordinatensystem – als Beispiel wählen wir ein kartesisches – den Vektor $\vec{a}$ durch die Komponenten a_x, a_y, a_z darstellen, einen Vektor $\vec{b}$ durch die Zahlen b_x, b_y, b_z, siehe Abb. 4.1. Die Summe beider Vektoren,

$$\vec{c} = \vec{a} + \vec{b},$$

hat dann die Darstellung

$$c_x = a_x + b_x$$
$$c_y = a_y + b_y$$
$$c_z = a_z + b_z$$

Abb. 4.1 Darstellung der kartesischen Komponenten eines Vektors $\vec{a} = \{a_x, a_y, a_z\}^T$ und $\vec{b}$ sowie von der Summe der Vektoren $\vec{c} = \vec{a} + \vec{b}$

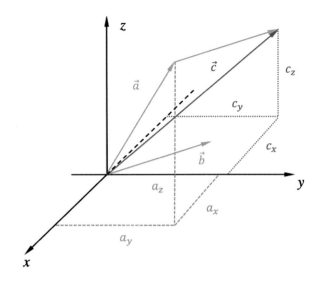

oder, in kompakter Schreibweise mit dem Summenzeichen:

$$\vec{c} = c_x\,\vec{e}_x + c_y\,\vec{e}_y + c_z\,\vec{e}_z = \sum_{n=1}^{3} c_n\,\vec{e}_n. \tag{4.1}$$

Die Vektoren $\vec{e}_n = \{\vec{e}_x, \vec{e}_y, \vec{e}_z\}^T$ sind die kartesischen Einheitsvektoren, und die Zahlen $\{1, 2, 3\}$ in der Summe sind der x-, y- bzw. z-Achse eines kartesischen Koordinatensystems zugeordnet. Wenn die Einheitsvektoren auf eins normiert (d. h. wenn gilt $\vec{e}_i\,\vec{e}_i = 1$) und orthogonal sind (d. h. wenn auch $\vec{e}_i\vec{e}_j = 0$ gilt), dann heißen die Vektoren *orthonormiert*, und wir können mit dem *Kronecker-Symbol* δ_{ij} schreiben:

Definition 4.1 (Orthonormierte Vektoren)
Zwei Vektoren $\vec{a}_i \in \mathbb{R}^n$ und $\vec{b}_j \in \mathbb{R}^n$ nennt man *orthonormiert*, wenn für ihr Skalarprodukt gilt:

$$\vec{a}_i\vec{b}_j = \delta_{ij} = \begin{cases} 1 & \text{für } i = j, \\ 0 & \text{für } i \neq j. \end{cases} \tag{4.2}$$

Wegen seiner Bedeutung und weil wir dieses Symbol noch oft verwenden werden führen wir hier auch die formale Definition des Kronecker-Symbols δ_{ij} ein:

Definition 4.2 (Das Kronecker-Symbol δ_{ij})
Das Kronecker-Symbol δ_{ij} ist definiert als:

$$\delta_{ij} = \begin{cases} 1 & \text{für } i = j, \\ 0 & \text{für } i \neq j. \end{cases} \tag{4.3}$$

Im Prinzip braucht man die Vektorrechnung – also die „abstrakte" Darstellung der Zahlen c_n als einen Vektor (gerichtete Größe mit fixierter Länge) – gar nicht zu verwenden, sondern kann immer direkt mit den Komponenten rechnen. Eine explizite Komponentenrechnung ist aber im Allgemeinen nicht sehr zweckmäßig, weil in verschiedenen Koordinatensystemen die Zahlen a_x, a_y, a_z verschieden sind.

Der Vorteil der Vektorrechnung ist, dass die Verknüpfungen zwischen Vektoren invariant gegenüber Koordinatentransformationen und damit unabhängig vom Koordinatensystem sind. Man kann dies auch so formulieren: Es existiert ein geometrisches Objekt (der Vektor), dessen Eigenschaften unabhängig vom (in der Mathematik sagt man oft: „invariant" gegenüber dem) speziellen Koordinatensystem sind. Wählt man jedoch für konkrete Berechnungen als Grundlage ein Koordinatensystem (eine Basis $\mathcal{B}$), worin die Komponenten des Vektors ganz bestimmte Werte annehmen, dann lassen sich die Eigenschaften des geometrischen Objekts in dieser Basis durch reelle Zahlen beschreiben. Diese Zahlen sind für jedes beliebig gewählte, gleichberechtigte Koordinatensystem unterschiedlich, ändern sich also jeweils beim Übergang von einer Basis zu einer anderen Basis, in der der Vektor beschrieben wird.

Die Gesamtheit aller Vektoren bildet eine mathematische Struktur, die man *Vektorraum* nennt. Ein Vektorraum ist – mathematisch formal gesprochen – eine algebraische Struktur (also eine Gesamtheit von Objekten mit bestimmten Rechenregeln bzw. Verknüpfungen), die aus Elementen besteht, die Vektoren genannt werden. Mit den Vektoren können bestimmte Rechenoperationen durchgeführt werden, deren Ergebnisse wiederum Vektoren desselben Vektorraums sind. Die Basis eines Vektorraums ist die geringste Anzahl von Vektoren, die man benötigt, um *jeden* beliebigen Vektor durch Koordinaten – reelle Zahlen bzw. im Falle von $\mathcal{H}$ komplexe Zahlen – eindeutig zu beschreiben. Diese Basis heißt *linear unabhängig*. Die Anzahl der Basisvektoren nennt man *Dimension n* des Vektorraums; sie kann auch unendlich sein. Die reellen Zahlen, mit denen die Koordinaten eines Vektors im $\mathbb{R}^3$ beschrieben werden, bilden einen *Körper*.

Mathematischer Exkurs 4.1 (Die Körperaxiome)
In der Mathematik gibt es einen eigenen Namen für eine Menge von Objekten, die Rechenregeln folgen, wie es z. B. die komplexen oder die reellen Zahlen tun. Man nennt solche Objekte *Körper*. Die Axiome über die Menge der

reellen Zahlen $\mathbb{R}$ dienen als Fundament für die gesamte Analysis und werden im Allgemeinen in drei Gruppen eingeteilt. Kleine lateinische Buchstaben $a, b, c, \ldots$ bedeuten im Folgenden reelle Zahlen.

Die Körperaxiome

Diese Axiome formulieren die Grundregeln für die „Buchstabenalgebra". Wir gehen davon aus, dass in der Menge $\mathbb{R}$ eine Addition und eine Multiplikation definiert sind, d. h. dass je zwei reelle Zahlen a, b eindeutig eine reelle Zahl $a + b$ (ihre Summe) und ebenso eindeutig eine weitere reelle Zahl ab, auch $a \cdot b$ geschrieben, (ihr Produkt) zugeordnet ist. Wie solche Summen und Produkte zu bilden sind, spielt dabei keine Rolle; entscheidend ist ganz allein, dass sie den folgenden Axiomen genügen:

- (A1) Kommutativgesetze: $a + b = b + a$ und $ab = ba$.
- (A2) Assoziativgesetze: $a + (b + c) = (a + b) + c$ und $a(bc) = (ab)c$.
- (A3) Distributivgesetz: $a(b + c) = ab + ac$. Bis jetzt ist die Menge $\mathbb{R}$ nur ein kommutativer *Ring*. Wenn zusätzlich die beiden Axiome (A4) und (A5) gelten, nennt man $\mathbb{R}$ einen Körper:
- (A4) Existenz neutraler Elemente: Es gibt eine reelle Zahl 0 („null") und eine hiervon verschiedene reelle Zahl 1 („eins"), so dass für jedes a gilt $a + 0 = a$ bzw. $a \cdot 1 = a$.
- (A5) Existenz inverser Elemente: Zu jedem a gibt es eine reelle Zahl $(-a)$ mit $a + (-a) = 0$. Ferner gibt es zu jedem von 0 verschiedenen a eine reelle Zahl a^{-1} mit $a \cdot a^{-1} = 1$.

Die Ordnungsaxiome

Hier setzen wir fest, dass in $\mathbb{R}$ eine „Kleiner-als-Beziehung" gegeben ist. Wie genau diese definiert ist, bleibt dahingestellt; für uns einzig und allein interessant ist die Tatsache, dass sie folgenden Axiomen genügt:

- (A6) Trichotomiegesetz: Für je zwei reelle Zahlen a und b gilt stets eine, und nur eine, der drei Beziehungen

$$a < b, \quad a = b, \quad a > b.$$

- (A7) Transitivitätsgesetz: Ist $a < b$ und $b < c$, so folgt $a < c$.
- (A8) Monotoniegesetz: Ist $a < b$, so gilt

$$a + c < b + c \text{ für jedes } c, \quad \text{und} \quad ac < bc \text{ für jedes } c > 0.$$

Das Dedekind'sche Schnittaxiom

Hier drücken wir aus, dass es nur genau eine reelle Zahl als Trennungszahl zwischen zwei Teilmengen von $\mathbb{R}$ gibt, wobei alle Zahlen der einen Menge kleiner sind als alle Zahlen der anderen Menge. Ferner ist es nicht möglich, durch Dedekind'sche Schnitte aus der Menge $\mathbb{R}$ heraus zu gelangen, d. h. jede Schnittzahl selbst ist auch ein Element von $\mathbb{R}$. Präziser formuliert: Ein Dedekind'scher Schnitt liegt vor, wenn gilt:

1. A und B sind nichtleere Teilmengen von $\mathbb{R}$.
2. $A \cup B = \mathbb{R}$.
3. Für alle $a \in A$ und alle $b \in B$ ist $a < b$.

Das Schnittaxiom oder *Axiom der Ordnungsvollständigkeit* lautet dann:

- (A9) Jeder Dedekind'sche Schnitt hat eine, und nur eine, Trennungszahl.

Wir verstehen nun also, dass es viele Körper $\mathbb{K}$ geben kann, solange nur für die Elemente einer beliebigen Menge $\mathbb{K}$, die nicht unbedingt aus Zahlen zu bestehen braucht, eine *Verknüpfung* $a \circ b$ als eine „Summe" $a + b$ oder als ein „Produkt" $a \cdot b$ erklärt werden kann, so dass die Axiome (A1) bis (A5) erfüllt sind. Nach diesen Betrachtungen sollte es leichter fallen, zu verstehen, warum auch ein Vektorraum einen Körper darstellt, wie oben erwähnt. Der Vektor kann nämlich – unter Verzicht auf eine „anschauliche" Interpretation als gerichtete Strecke im $\mathbb{R}^3$ – einfach nur durch eine Menge von reellen Zahlen charakterisiert werden, für welche die Körperaxiome gelten.

Die Menge $\mathbb{R}$ ist also ein Körper, für den die Axiome (A1) bis (A5) gelten. Sind in einem beliebigen Körper $\mathbb{K}$ auch die Ordnungsaxiome (A6) bis (A8) gültig, so nennt man $\mathbb{K}$ einen *angeordneten Körper*. Ist außerdem das Schnittaxiom (A9) erfüllt, dann heißt $\mathbb{K}$ *ordnungsvollständig*. Wir können also kurz zusammenfassend sagen, dass die Menge $\mathbb{R}$ ein *ordnungsvollständiger Körper* ist.

4.2   Zustandsvektor im Hilbert-Raum

Ein analoger Sachverhalt liegt nun bei der Beschreibung eines quantenmechanischen Zustands durch die Wellenfunktion $\psi(\vec{x})$ bzw. $g(\vec{p})$ vor. (Die Zeitkoordinate wollen wir für den Moment nicht betrachten.) Diese beiden Funktionen sind Darstellungen (Orts- bzw. Impulsdarstellung) einer abstrakten Größe $|\psi\rangle$, die als ein Vektor in einem abstrakten, komplexen Vektorraum aufgefasst werden kann. $|\psi\rangle$ soll in der Quantenmechanik den Zustand eines Systems beschreiben und zwar vollständig, d. h. es existiert keine weitere Information über ein System, die nicht schon in $|\psi\rangle$ enthälten wäre. Der Vektorcharakter der Größe ψ wird durch das „ket"-Symbol $|\psi\rangle$ zum Ausdruck gebracht – eine Schreibweise für die abstrakte Zustandsfunktion, die von Dirac im Jahr 1939 eingeführt wurde (Dirac 1939) und auch in seinem Lehrbuch

„The Principles of Quantum Mechanics" ab der dritten Auflage 1947 verwendet wurde. $\psi(\vec{x})$ und $g(\vec{p})$ sind also zwei verschiedene Darstellungen des abstrakten Vektors $|\psi\rangle$. Neben $\psi(\vec{x})$ und $g(\vec{p})$ gibt es noch viele andere mögliche Darstellungen. Sie können (ich beschränke mich zur Einfachheit hier auf eine Dimension) eine beliebige Funktion $\psi(x)$ nach Eigenfunktionen $\varphi_n(x)$ entwickeln, die genau wie Vektoren zueinander orthogonal, auf eins normiert und vollständig sind und somit als Basis eines abstrakten Funktionenraums dienen können:

Definition 4.3 (Entwicklungssatz)

$$\psi(x) = \sum_{n=0}^{\infty} c_n \varphi_n(x). \tag{4.4}$$

Der Vergleich der Gl. (4.1) und (4.4) zeigt die vollständige Analogie der Entwicklung von Funktionen nach einem vollständigen, orthonormalen (VON-)Funktionensystem mit der einfachen Vektorrechnung im $\mathbb{R}^3$. Beachten Sie, dass die Summe in Gl. (4.4) unbeschränkt ist. In dieser Darstellung kann man die abstrakte Größe ψ auch durch die unendlich vielen Zahlen

$$\psi = \{c_0, c_1, c_2, \ldots\}$$

darstellen. Diese Zahlen sind die Entwicklungskoeffizienten von $\psi(x)$ in der Basis der Funktionen φ_n, also die Komponenten von $\psi(x)$. Insbesondere diese Darstellung von $\psi(x)$ durch Zahlen legt es nahe, $|\psi\rangle$ als einen Vektor in einem Raum mit unendlich (aber abzählbar) vielen Basisvektoren, also in einem unendlich-dimensionalen Vektorraum, dem sogenannten Hilbert-Raum $\mathcal{H}$, anzusehen. Daher nennt man die abstrakte Größe $|\psi\rangle$ auch Hilbert-Vektor, oder, da sie den Zustand eines *physikalischen* Systems beschreiben soll, auch *Zustandsvektor*. Unter der abstrakten Größe ψ stellt man sich also am besten gar keine Funktion vor (nur in einer speziellen Darstellung, der Ortsdarstellung, ist ψ eine Funktion von x), sondern besser einen Vektor im unendlich-dimensionalen Raum, oder, da man sich einen unendlich-dimensionalen Raum nicht vorstellen kann, ersatzweise einen Vektor im $\mathbb{R}^3$. Am besten stellt man sich unter $|\psi\rangle$ nicht allzu viel vor. (Das Kunststück besteht hier gerade darin, sich nicht etwas vorstellen zu müssen.) An diesen Bemerkungen erahnen wir bereits, dass die mathematische Struktur der Quantentheorie mit ihren Vektoren im Hilbert-Raum eine unanschauliche physikalische Theorie ist – dennoch können wir die Mathematik auch ohne jede konkrete Anschauung (mit etwas Mühe) vollständig beherrschen, siehe auch Tab. 4.1. Das, was allein zählt, sind die Verknüpfungen zwischen verschiedenen Hilbert-Vektoren, also deren Rechengesetze. Die Terminologie, wie z. B. Orthogonalität, Länge und Skalarprodukt, wird von der gewöhnlichen Vektorrechnung übernommen. Der Vorteil dieser Beschreibungsweise ist der, dass rein formal die einzelnen Gleichungen zunächst nicht von einer speziellen Darstellung abhängen, die Formeln sich kompakter schreiben lassen und die Theorie dadurch übersichtlicher wird.

Mathematischer Exkurs 4.2 (Was ist ein linearer Vektorraum?)
In dem Exkurs 4.1 haben wir den mathematischen Begriff des *Ringes,* Axiome (Al) bis (A3), und des *Körpers*, Axiome (A1) bis (A5), eingeführt; wir haben dabei festgestellt, dass es sich bei den reellen Zahlen $\mathbb{R}$ (und übrigens auch bei den komplexen Zahlen $\mathbb{C}$) um einen Körper handelt. Um einen entsprechenden Begriff auch z. B. für Matrizen, Vektoren und Funktionen zu definieren, wollen wir zuerst abstrahieren. Wir betrachten dazu eine Abel'sche Gruppe $\mathbb{X}$. Das ist eine Menge von Elementen $x \in \mathbb{X}$, für die eine kommutative Addition erklärt ist und für die ein sogenanntes „Nullelement" existiert, also:

1. $x, y \in \mathbb{X} \implies x + y \in \mathbb{X}, \quad x + y = y + x,$
2. $x + 0 = x, \quad x, 0 \in \mathbb{X}.$

Dies ist offenbar für alle $(m \times n)$-Matrizen mit festem m und n erfüllt. Daneben soll es auch einen Zahlenkörper $\mathbb{A}$ geben, in unserem Fall die reellen oder die komplexen Zahlen, also $\mathbb{A} = \mathbb{R}$ oder $\mathbb{A} = \mathbb{C}$. Wir nennen diese Zahlen zur besseren Unterscheidung von anderen Objekten auch skalare Zahlen oder kurz *Skalare*. Für die Elemente $\alpha \in A$ sei eine skalare Multiplikation mit den Elementen aus $\mathbb{X}$ definiert, also $x \in \mathbb{X}, \alpha \in \mathbb{A} \implies \alpha \in \mathbb{X}$. Für diese Multiplikation fordert man die Eigenschaften:

1. $\alpha(x + y) = \alpha x + \alpha y,$
2. $(\alpha + \beta)x = \alpha x + \beta x,$
3. $\alpha(\beta x) = (\alpha\beta)x.$

Dabei sind $\alpha, \beta \in \mathbb{X}$ und $x, y \in \mathbb{X}$. Wenn diese Eigenschaften erfüllt sind, sagt man „$\mathbb{X}$ ist ein Vektorraum über $\mathbb{A}$" oder „$\mathbb{X}$ ist ein *linearer Raum*".
   Die $(m \times n)$-Matrizen (für festes m und n) bilden deshalb einen linearen Raum oder Vektorraum: Man kann sie addieren und mit reellen oder komplexen Zahlen skalar multiplizieren und erhält immer wieder eine $(m \times n)$-Matrix. Quadratische Matrizen (mit $m = n$) kann man außerdem noch miteinander multiplizieren und erhält dabei wieder eine quadratische Matrix gleicher Dimension n. Diese Operation ist auch assoziativ: $\alpha(xy) = (\alpha x)y = x(\alpha y)$. Außerdem gibt es ein Einheitselement. Daher bilden die quadratischen Matrizen sogar eine Algebra, eben die *Lineare Algebra*. Ein anderes Beispiel für einen Vektorraum kann man mit Hilfe der n-Zahlen-Tupel

$$x = (x_1, x_2, \ldots, x_n), \quad x_i \in \mathbb{R} \tag{4.5}$$

finden. Der Raum $\mathbb{X}$ heißt dann $\mathbb{R}^n$, da n reelle Zahlen das n-Tupel definieren. Die Addition zweier n-Tupel x, y definiert man durch komponentenweise Addition. Das Nullelement ist $(0, 0, \ldots, 0)$. Als Körper wählt man $\mathbb{A} = \mathbb{R}$, und die skalare Multiplikation wird durch

$$\alpha x = (\alpha x_1, \alpha x_2, \ldots, \alpha x_n), \qquad x_i \in \mathbb{R} \tag{4.6}$$

definiert. Die Forderungen für einen Vektorraum sind bei $\mathbb{R}^n$ also erfüllt. Der alltägliche dreidimensionale Ortsraum $\mathbb{R}^3$ ist ebenfalls ein Vektorraum. Auch die Polynome $P_n(x)$ mit Koeffizienten aus $\mathbb{R}$ (oder $\mathbb{C}$) bilden einen Vektorraum über $\mathbb{R}$ (oder $\mathbb{C}$). Zudem können auch *Funktionenräume* Vektorräume sein, d. h. Funktionen können auch interpretiert werden als Vektoren in einem abstrakten Vektorraum, dem Funktionenraum. Dieses Konzept ist in der Funktionalanalysis von großer Bedeutung und in der Quantenmechanik grundlegend für die Beschreibung von Wellenfunktionen im Orts- oder im Impulsraum (s. Kap. 3) sowie für die Interpretation der Wellenfunktion $\psi(\vec{x})$ als einem abstrakten Hilbert-Vektor $|\psi\rangle$ im Hilbert-Raum $\mathcal{H}$, welcher ein linearer, unitärer Vektorraum ist, s. Abschn. 4.3.2.

4.3 Eigenschaften des Hilbert-Raumes

Das mathematische Gerüst der Quantentheorie ist die Theorie des Hilbert-Raumes, die es gestattet, die Grundlagen der Quantentheorie allgemein und unabhängig von speziellen Darstellungen zu formulieren. Dazu postulieren wir zunächst die folgende Abbildung von mathematischen Zustandsvektoren des Hilbert-Raumes auf physikalische Zustände:

Definition 4.4 (Zuordnung von Zuständen zu Hilbert-Vektoren)
Wir postulieren die folgende Zuordnung eines quantenmechanischen Systems und reiner Zustände:

$$\text{physikalisches Quantensystem} \iff \text{Hilbert-Raum } \mathcal{H},$$
$$\text{physikalischer reiner Zustand} \iff \text{Hilbert-Vektor } |\psi\rangle.$$

Zur Unterscheidung von den gewöhnlichen Vektoren des Euklidischen Vektorraums verwenden wir für die Hilbert-Vektoren das Vektorsymbol $|\,\rangle$, welches „ket-Vektor" genannt wird.

Tab. 4.1 Gegenüberstellung von reellem (Euklidischem) Vektorraum im $\mathbb{R}^3$ und komplexem Hilbert-Raum $\mathcal{H}$

	Hilbert-Raum $\mathcal{H}$	Euklidischer Vektorraum
Vektor	$\lvert\psi\rangle$	$\vec{a}$
Darstellungen	$\psi(x), g(p), \{c_0, c_1, \ldots\}$	$\{a_x, a_y, a_z\}$
Dimension	∞ (abzählbar)	3
Elemente der Darstellung	komplex	reell

Der Hilbert-Raum ist definiert als eine Menge von Elementen, die wir Zustände oder Zustandsvektoren nennen, mit den in den folgenden vier Abschnitten diskutierten Eigenschaften.

4.3.1 $\mathcal{H}$ ist ein komplexer, linearer Vektorraum

Für die Elemente des Hilbert-Raumes,

$$\lvert\alpha\rangle, \lvert\beta\rangle, \ldots, \lvert\varphi\rangle, \ldots, \lvert\psi\rangle, \ldots \in \mathcal{H},$$

sind zwei Verknüpfungen definiert, bezüglich derer $\mathcal{H}$ abgeschlossen ist; das bedeutet, dass die Resultate dieser Verknüpfungen wieder Elemente von $\mathcal{H}$ sind.

$$\lvert\alpha\rangle + \lvert\beta\rangle = \lvert\beta\rangle + \lvert\alpha\rangle = \lvert\alpha + \beta\rangle \in \mathcal{H} \quad \textbf{(Addition)}, \tag{4.7}$$

$$c\lvert\alpha\rangle = \lvert\alpha\rangle c = \lvert c\,\alpha\rangle \in \mathcal{H}, \text{ mit } c \in \mathbb{C} \quad \textbf{(Multiplikation)}. \tag{4.8}$$

Der ersten dieser beiden Gleichungen entnehmen wir die Kommutativität des Hilbert-Raumes bezüglich der Addition. Die Vektoren des Hilbert-Raumes sollen die aus der gewöhnlichen Vektorrechnung bekannten linearen Gesetze erfüllen, das heißt, es seien $\lvert\psi\rangle$ und $\lvert\varphi\rangle$ zwei Hilbert-Vektoren. Dann ist auch (mit a, b komplexe Zahlen)

$$\lvert\chi\rangle = a\lvert\psi\rangle + b\lvert\varphi\rangle = \lvert a\psi\rangle + \lvert b\varphi\rangle \tag{4.9}$$

ein Hilbert-Vektor. So ist etwa

$$\text{Ortsdarstellung}: \quad \chi(x) = a\,\psi(x) + b\,\varphi(x),$$

$$\text{Impulsdarstellung}: \quad f(p) = a\,g(p) + b\,h(p),$$

$$\text{Eigenfunktionsdarstellung}: \quad e_n = a\,c_n + b\,d_n.$$

Die Elemente $\lvert\varphi_1\rangle, \lvert\varphi_2\rangle, \ldots, \lvert\varphi_n\rangle$ heißen *linear unabhängig*, wenn sich der Nullvektor nur als Linearkombination der $\lvert\varphi_n\rangle$ darstellen lässt, wenn alle Koeffizienten gleich null sind, also wenn die Gleichung

$$\sum_{\nu=1}^{n} c_\nu \lvert\varphi_\nu\rangle = \lvert 0\rangle \tag{4.10}$$

nur erfüllbar ist, wenn $c_1 = c_2 = \cdots = c_n = 0$ gilt.

Als Dimension von $\mathcal{H}$ bezeichnet man die maximale Anzahl linear unabhängiger Elemente in $\mathcal{H}$. In diesem Sinne ist die Dimension von $\mathcal{H}$ – wie bereits oben erwähnt – (abzählbar) unendlich. Unendlich viele Zustandsvektoren sind linear unabhängig, wenn jede ihrer endlichen Untermengen linear unabhängig ist. Für die Elemente von $\mathcal{H}$ gelten die folgenden elementaren Eigenschaften:

Assoziativität

$$|\alpha\rangle + \big(|\beta\rangle + |\gamma\rangle\big) = \big(|\alpha\rangle + |\beta\rangle\big) + |\gamma\rangle, \tag{4.11}$$

$$(c_1 \cdot c_2)\,|a\rangle = c_1(c_2|\alpha\rangle) \text{ mit } c_1, c_2 \in \mathbb{C}. \tag{4.12}$$

Distributivität
Mit beliebigen Konstanten $c, c_1, c_2 \in \mathbb{C}$ gilt:

$$c\,(|a\rangle + |\beta\rangle) = c\,|a\rangle + c\,|\beta\rangle, \tag{4.13}$$

$$(c_1 + c_2)\,|\alpha\rangle = c_1\,|\alpha\rangle + c_2\,|\alpha\rangle. \tag{4.14}$$

Nullvektor
Es existiert ein neutrales Element $|0\rangle \in \mathcal{H}$ mit:

$$|\alpha\rangle + |0\rangle = |a\rangle \quad \text{für alle} \quad |\alpha\rangle \in \mathcal{H}. \tag{4.15}$$

Insbesondere gilt

$$0\,|\alpha\rangle = 0 \quad \text{für alle} \quad |\alpha\rangle \in \mathcal{H}. \tag{4.16}$$

und

$$c|0\rangle = |0\rangle \quad \text{mit} \quad c \in \mathcal{H}. \tag{4.17}$$

Inverses Element bezüglich Addition und Multiplikation
Zu jedem Element $|\alpha\rangle \in \mathcal{H}$ existiert ein *inverses* Element $|-\alpha\rangle \in \mathcal{H}$ mit:

$$|\alpha\rangle + |-\alpha\rangle = |0\rangle. \tag{4.18}$$

Wir schreiben $|\alpha\rangle + |-\beta\rangle = |\alpha\rangle - |\beta\rangle$ und definieren damit die *Subtraktion* von Hilbert-Vektoren. Es existiert ferner ein inverses Element der Multiplikation $|\alpha\rangle^{-1}$, so dass gilt: $|\alpha\rangle \cdot |\alpha\rangle^{-1} = |\alpha\rangle/|\alpha\rangle = 1$.

Beachten Sie, dass wir mit allen in Abschn. 4.3.1 genannten Eigenschaften der Hilbert-Vektoren bzw. des Hilbert-Raumes nichts anderes als einen *Körper* definiert haben, siehe den mathematischen Exkurs 4.1. Im Hilbert-Raum $\mathcal{H}$ gelten folglich die Körperaxiome (A1) bis (A5), nicht jedoch die Ordnungsaxiome, und es existiert auch kein Schnittaxiom: Ein komplexer Zahlenkörper lässt sich nicht anordnen.

4.3.2 $\mathcal{H}$ ist ein unitärer Vektorraum

Man kann auch gleichbedeutend sagen, $\mathcal{H}$ ist ein komplexer Vektorraum, in dem ein Skalarprodukt definiert ist.

Definition 4.5 (Skalarprodukt von Hilbert-Vektoren)
Je zwei Hilbert-Vektoren $|\psi\rangle$ und $|\varphi\rangle$ ist eine komplexe Zahl zugeordnet:

$$\langle\varphi|\psi\rangle = \quad \text{komplexe Zahl.} \tag{4.19}$$

Wie aus der Schreibweise hervorgeht, hängt der Wert dieser Zahl nicht davon ab, welche Darstellung verwendet wird, analog zum Skalarprodukt der Vektorrechnung (dort gilt $\vec{a}\,\vec{b} = a_x\,b_x + a_y\,b_y + a_z\,b_z$ unabhängig vom Koordinatensystem), Das Skalarprodukt ist also eine *Invariante*. Es ist:

$$\langle\varphi|\psi\rangle = \int \varphi^*(\vec{x})\psi(\vec{x})\,d^3x \qquad \text{Ortsdarstellung,} \tag{4.20a}$$

$$= \int h^*(\vec{p})\,g(\vec{p})\,d^3p \qquad \text{Impulsdarstellung,} \tag{4.20b}$$

$$= \sum_n d_n^\star\, c_n. \qquad \text{Eigenfunktionsdarstellung.} \tag{4.20c}$$

Insbesondere der letzte Ausdruck zeigt die Analogie zum Skalarprodukt der gewöhnlichen Vektorrechnung im $\mathbb{R}^3$.

Eigenschaften und Rechenregeln des Skalarprodukts

1. $\langle\varphi|\psi\rangle = \langle\psi|\varphi\rangle^*$
   Das Symbol * bedeutet konjugiert komplex (k.k.). Es kommt also, im Gegensatz zum Euklidischen Vektorraum $\mathbb{R}^3$, auf die Reihenfolge an.
2. $\langle\varphi|c\psi\rangle = c\,\langle\varphi|\psi\rangle$ und $c|\psi\rangle = |c\,\psi\rangle$, wobei $c \in \mathbb{C}$ ist.
3. $\langle\varphi|\psi_1 + \psi_2\rangle = \langle\varphi|\psi_1\rangle + \langle\varphi|\psi_2\rangle$ und $|\psi_1 + \psi_2\rangle = |\psi_1\rangle + |\psi_2\rangle$.

Aus 1. und 2. folgt außerdem:

$$\langle c\varphi|\psi\rangle = c^*\langle\varphi|\psi\rangle.$$

In Abschn. 4.8 werden wir sehen, dass dem linken Teil (dem „bra"-Teil) $\langle\,|$ der Skalarproduktklammer eine eigene Bedeutung als Vektor in einem zu den „ket"-Vektoren $|\rangle$ dualen Vektorraum gegeben werden kann. Man nennt den Vektor $\langle\,|$

einen „bra-Vektor" und kann damit auch schreiben:

$$\langle c\psi| = c^* \langle\varphi| = \langle\varphi| c^*.$$

Bei c^* handelt es sich um einen *Faktor* (und nicht um einen Vektor) in Form einer komplexen Zahl, so dass es bei dem Produkt nicht auf die Reihenfolge ankommt. Aus 1. und 3. folgt auch:

$$\langle\varphi_1 + \varphi_2|\psi\rangle = \langle\varphi_1|\psi\rangle + \langle\varphi_2|\psi\rangle.$$

Erklärung der Norm
Wir definieren die Norm eines Hilbert-Vektors folgendermaßen:

Definition 4.6 (Norm oder Länge des Vektors $|\psi\rangle$)

$$\big|\big| |\psi\rangle \big|\big| = \sqrt{\langle\psi|\psi\rangle} \in \mathbb{R} \tag{4.21}$$

heißt Norm des Zustandsvektors. Sie ist größer oder gleich null und endlich sowie (wegen der Eigenschaft 1.) immer reell:

$$0 \leq \sqrt{\langle\psi|\psi\rangle} < \infty. \tag{4.22}$$

Die Norm ist nur dann null, wenn $|\psi\rangle$ selbst das Nullelement ist:

$$\sqrt{\langle\psi|\psi\rangle} = 0 \quad \implies \quad |\psi\rangle = 0.$$

Das Nullelement, der Nullvektor, s. Gl. (4.15), ist durch

$$|\psi\rangle + |0\rangle = |\psi\rangle$$

erklärt. In der Ortsdarstellung ist $\psi(\vec{x}) = 0$ das Nullelement. Aus

$$\int_{-\infty}^{\infty} \psi^*\psi \, d^3x = 0 \tag{4.23}$$

folgt offenbar auch $\psi(\vec{x}) = 0$. Man nennt den Vektor $|\psi\rangle$ normiert (genauer: auf 1 normiert), wenn $\langle\psi|\psi\rangle = 1$ ist. Wenn der Vektor $|\varphi\rangle \in \mathcal{H}$ nicht normiert und kein Nullelement ist, so ist der Vektor

$$|\psi\rangle = \frac{|\varphi\rangle}{\sqrt{\langle\varphi|\varphi\rangle}} = \frac{|\varphi\rangle}{\big|\big| |\varphi\rangle \big|\big|} \tag{4.24}$$

ein normierter Einheitsvektor in $|\varphi\rangle$-Richtung. Von der Normierung auf 1 kann man sich überzeugen, wenn man das Skalarprodukt

$$\langle \psi | \psi \rangle = \frac{\langle \varphi |}{\sqrt{\langle \varphi | \varphi \rangle}} \cdot \frac{|\varphi\rangle}{\sqrt{\langle \varphi | \varphi \rangle}} = \frac{\langle \varphi | \varphi \rangle}{\sqrt{\langle \varphi | \varphi \rangle}^2} = 1$$

bildet. Ist das Skalarprodukt zweier Hilbert-Vektoren $|\varphi\rangle$ und $|\psi\rangle$ gleich null, d.h. ist $\langle \varphi | \psi \rangle = 0$, und sind beide Hilbert-Vektoren keine Nullelemente, so sagt man, $|\varphi\rangle$ und $|\psi\rangle$ stehen senkrecht aufeinander oder sind zueinander orthogonal. In der Ortsdarstellung in einer Dimension lautet diese Relation:

$$\int\limits_{-\infty}^{\infty} \varphi^*(x)\, \psi(x)\, dx = 0.$$

Zwei Zustandsvektoren $|\varphi\rangle$ und $|\psi\rangle$ sind parallel, wenn es eine von null verschiedene komplexe Zahl c gibt, so dass gilt:

$$|\varphi\rangle = c\,|\psi\rangle = |c\,\psi\rangle.$$

Schwarz'sche Ungleichung
Für Skalarprodukte gilt eine wichtige Ungleichung:

Definition 4.7 (Schwarz'sche Ungleichung)

$$\left| \langle \varphi | \psi \rangle \right|^2 \le \langle \varphi | \varphi \rangle \, \langle \psi | \psi \rangle. \tag{4.25}$$

In der gewöhnlichen Vektorrechnung im $\mathbb{R}^3$ ist dies wohlbekannt:

$$(\vec{a}\,\vec{b})^2 = a^2 b^2 \cos^2 \varphi \le a^2 b^2, \quad \text{wegen} \quad \cos^2 \varphi \le 1,$$

wobei $a = |\vec{a}|$ und $b = |\vec{b}|$ ist. Die Schwarz'sche Ungleichung (4.25) wird häufig bei Beweisführungen in der Mathematik verwendet, um Abschätzungen nach oben durchzuführen. Wir wollen die Schwarz'sche Ungleichung nun beweisen:

Beispiel 4.1 (Beweis der Schwarz'schen Ungleichung)
Wir betrachten zwei beliebige Zustände $|\varphi\rangle$ und $|\psi\rangle \in \mathcal{H}$ (welche keine Nullvektoren sind) und zerlegen den Vektor $|\varphi\rangle$ in Komponenten senkrecht ($|\beta\rangle$) und parallel ($|\alpha\rangle$) zu $|\psi\rangle$, siehe Abb. 4.2. Damit berechnen wir dann $\langle \varphi | \varphi \rangle$. Es gilt also:

$$|\varphi\rangle = \underbrace{|\psi\rangle \frac{\langle \psi | \varphi \rangle}{\langle \psi | \psi \rangle}}_{|\alpha\rangle} + \underbrace{\left[|\varphi\rangle - |\psi\rangle \frac{\langle \psi | \varphi \rangle}{\langle \psi | \psi \rangle} \right]}_{|\beta\rangle} = |\alpha\rangle + |\beta\rangle. \tag{4.26}$$

Abb. 4.2 Veranschaulichung der Vektoren beim Beweis der Schwarz'schen Ungleichung

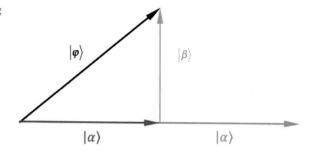

Wir sehen, dass wegen

$$\langle\psi|\beta\rangle = \langle\psi|\alpha\rangle - \langle\psi|\psi\rangle\frac{\langle\psi|\varphi\rangle}{\langle\psi|\psi\rangle} = 0$$

offensichtlich gilt:

$$|\alpha\rangle \parallel |\psi\rangle \quad \text{und} \quad |\beta\rangle \perp |\psi\rangle.$$

Weil $\langle\alpha|\beta\rangle = \langle\beta|\alpha\rangle = 0$ ist, ergibt sich:

$$\langle\varphi|\varphi\rangle = \langle\alpha|\alpha\rangle + \langle\alpha|\beta\rangle + \langle\beta|\alpha\rangle + \langle\beta|\beta\rangle = \langle\alpha|\alpha\rangle + \langle\beta|\beta\rangle.$$

Also gilt wegen Gl. (4.26) und wegen $\langle\beta|\beta\rangle \geq 0$:

$$\langle\varphi|\varphi\rangle \geq \langle\alpha|\alpha\rangle = \langle\psi|\psi\rangle\frac{\langle\psi|\varphi\rangle^*\langle\psi|\varphi\rangle}{\langle\psi|\psi\rangle\langle\psi|\psi\rangle} = \frac{|\langle\psi|\varphi\rangle|^2}{\langle\psi|\psi\rangle}$$

bzw.

$$|\langle\psi|\varphi\rangle|^2 \leq \langle\varphi|\varphi\rangle\langle\psi|\psi\rangle.$$

∎

Wann gilt das Gleichheitszeichen in der Schwarz'schen Ungleichung? Es gilt dann und nur dann, wenn die beiden Vektoren $|\varphi\rangle$ und $|\psi\rangle$ linear abhängig sind, d. h. wenn gilt:

$$\langle\beta|\beta\rangle = 0 \quad \Longrightarrow |\beta\rangle = 0, \quad \text{d. h.} \quad |\varphi\rangle = a|\psi\rangle \quad \text{bzw.} \quad |\varphi\rangle \parallel |\psi\rangle.$$

In der Ortsdarstellung lautet die Schwarz'sche Ungleichung

$$\left|\int \varphi^*(\vec{x})\,\psi(\vec{x})\,d^3x\right|^2 \leq \int \varphi^*(\vec{x})\,\varphi(\vec{x})\,d^3x \cdot \int \psi^*(\vec{x})\,\psi(\vec{x})\,d^3x,$$

und in der Eigenfunktionsdarstellung lautet sie

$$\left|\sum_n d_n{}^*c_n\right|^2 \leq \left(\sum_n d_n{}^*d_n\right) \cdot \left(\sum_n c_n{}^*c_n\right).$$

Die Dreiecksungleichung
Für Hilbert-Vektoren $|\alpha\rangle$, $|\beta\rangle \in \mathcal{H}$ gilt eine weitere wichtige Ungleichung:

Definition 4.8 (Dreiecksungleichung)

$$\Big| \, \| \, |\alpha\rangle \, \| - \| \, |\beta\rangle \, \| \, \Big| \leq \| \, |\alpha\rangle + |\beta\rangle \, \| \leq \| \, |\alpha\rangle \, \| + \| \, |\beta\rangle \, \|. \tag{4.27}$$

Wir beweisen Gl. (4.27) in Aufgabe 4.12.3 und beenden diesen Abschnitt mit einem mathematischen Exkurs:

Mathematischer Exkurs 4.3 (Metrische und normierte Räume)
Ein *metrischer Raum* ist eine Menge $\mathbb{E}$, auf der ein *Abstand* $d(x, y)$ zwischen zwei beliebigen Elementen $x, y \in \mathbb{E}$ definiert ist, der folgende Eigenschaften hat:

1. $d(x, y) \geq 0$ (Nichtnegativität);
2. $d(x, y) = d(y, x)$ (Symmetrie);
3. $d(x, y) = 0$ genau dann, wenn $x = y$ ist (Eindeutigkeit);
4. $d(x, z) \leq d(x, y) + d(y, z)$ (Dreiecksungleichung).

Mit Hilfe des Abstands kann man die Begriffe „Umgebung", „offene" und „abgeschlossene" Teilmenge auf allgemeinen Mengen definieren. Dies gehört zum mathematischen Teilgebiet der Topologie. Hierzu möchte ich auf die mathematische Spezialliteratur verweisen, siehe z. B. (Jänich 2001).
Ein *Raum!normierter* ist ein Vektorraum, in dem eine Norm $\|x\|$ mit folgenden Eigenschaften definiert ist:

1. $\|x\| \geq 0$ (Nichtnegativität);
2. $\|\lambda x\| = |\lambda| \cdot \|x\|$, wobei λ ein Element des Zahlenkörpers ist (Skalierung);
3. $\|x\| = 0$ genau dann, wenn $x = 0$ ist (Eindeutigkeit);
4. $\|x + y\| \leq \|x\| + \|y\|$ (Dreiecksungleichung).

Ein normierter Vektorraum ist gleichzeitig ein metrischer Raum mit dem Abstand $d(x, y) = \|x - y\|$, da man aus der Definition der Norm eine Metrik ableiten kann. Umgekehrt gilt das nicht unbedingt! Nicht jeder metrische Raum ist auch ein normierter Raum.

4.3.3 $\mathcal{H}$ ist vollständig

Eine Cauchy-Folge $\{|\alpha_1\rangle, |\alpha_2\rangle, \ldots, |\alpha_n\rangle, \ldots\}$ ist eine Folge von Zustandsvektoren aus $\mathcal{H}$, für die gilt: Für beliebig kleine $\epsilon > 0$ gibt es immer einen Wert n_0, so dass der Abstand $d(|\alpha_n\rangle, |\alpha_m\rangle)$ zwischen zwei Zustandsvektoren der Folge kleiner als ϵ ist, sofern nur $n, m > n_0$ gewählt werden. Zustandsvektoren kommen sich also beliebig nahe, sie liegen beliebig dicht, genau wie die reellen Zahlen. Wir wollen diese Aussage noch in mathematisch präziser und knapper Formelsprache festhalten:

Definition 4.9 (Cauchy-Folge)
Eine Cauchy-Folge $\{|\alpha_1\rangle, |\alpha_2\rangle, \ldots, |\alpha_n\rangle, \ldots\}$ ist eine Folge von Zustandsvektoren aus $\mathcal{H}$, für die gilt:

$$\forall \epsilon > 0 \; \exists \, n_0 \in \mathbb{N}, \quad \text{so dass } \forall n, m > n_0 \text{ gilt}: \; ||\alpha_n - \alpha_m|| < \epsilon. \quad (4.28)$$

Das Symbol $\exists$ steht für „es existiert" und $\forall$ bedeutet „für alle". Eine Cauchy-Folge ist jedoch nicht unbedingt in jedem Fall auch konvergent. Im metrischen Raum (s. dazu Exkurs 4.3) der reellen Zahlen $0 < x < 1$ konvergiert z. B. die Cauchy-Folge $1/(n + 1)$ gegen $x = 0$, welches aber *kein* Element des zugrunde gelegten Raumes ist!

Definition 4.10 (Vollständigkeit)
Eine Cauchy-Folge konvergiert in der Regel gegen einen Zustandsvektor aus $\mathcal{H}$, d. h.:

$$\forall \epsilon > 0 \; \exists \, n_0 \in \mathbb{N}, \quad \text{so dass gilt}: \; ||\alpha_n - \alpha|| < \epsilon. \quad (4.29)$$

Die Vollständigkeit von $\mathcal{H}$ bedeutet, dass *jede* Cauchy-Folge gegen (irgend) einen Zustandsvektor $|\alpha\rangle \in \mathcal{H}$ konvergiert.

Ein vollständiger normierter Raum heißt in der Mathematik *Banach-Raum*. Banach-Räume spielen z. B. bei der Methode der sogen. *finiten Elemente* zum Lösen von partiellen Differenzialgleichungen mit Randbedingungen eine wichtige Rolle. Nun stellt sich die Frage, ob auch die Umkehrung gilt, also *jeder* Zustandsvektor $|\alpha\rangle$ von $\mathcal{H}$ als Grenzwert einer Cauchy-Folge darstellbar ist. Anders formuliert, fragen wir uns, ob für *jeden* Zustandsvektor $|\alpha\rangle \in \mathcal{H}$ mindestens *eine* Cauchy-Folge existiert, die diesem Zustandsvektor beliebig nahe kommt. Die Antwort auf diese Frage ist „ja", und dies wird durch die noch verbliebene zu diskutierende Eigenschaft des Hilbert-Raumes sichergestellt, nämlich seine *Separabilität*.

4.3.4 $\mathcal{H}$ ist separabel

Die Separabilität von $\mathcal{H}$ bedeutet, dass eine *abzählbare* Teilmenge $\mathcal{D}$ existiert, die in $\mathcal{H}$ *dicht* ist, d. h. das mindestens ein Element $|\alpha_n\rangle \in \mathcal{D}$ einem beliebigen Element $\psi \in \mathcal{H}$ *beliebig* nahe kommt:

$$\boxed{\forall \alpha \in \mathcal{H} \text{ und } \forall \epsilon > 0 \ \exists n \in \mathbb{N}, \text{ so dass gilt: } ||\psi - \alpha_n|| < \epsilon.} \tag{4.30}$$

Mit den in Abschn. 4.3.1 bis 4.3.4 besprochenen Eigenschaften lässt sich nun eine *Orthonormalbasis* des Hilbert-Raumes $\mathcal{H}$ aus abzählbar vielen Zustandsvektoren $\{|\alpha_i\rangle\}$ $(i = 1, 2, 3, \ldots)$ konstruieren.

4.3.5 Einführung des Projektionsoperators

Nachdem wir die Axiome des Hilbert-Raumes und die Eigenschaften seiner Elemente (der Hilbert-Vektoren) eingeführt haben, kommen wir noch einmal auf Gl. (4.4) für die Entwicklungskoeffizienten eines Hilbert-Vektors zurück. Wir können die Entwicklungskoeffizienten c_n des Vektors $|\psi\rangle$ in der Basis $\{\varphi_n\}$ aus Gl. (4.4) gewinnen, indem wir den Vektor $|\psi\rangle$ mit $|\varphi_i\rangle$ multiplizieren (d. h. wir multiplizieren von links mit $\langle\varphi_i|$) und dadurch das folgende Skalarprodukt bilden:

$$\langle\varphi_i|\psi\rangle = \langle\varphi_i| \sum_{n=1}^{\infty} c_n|\varphi_n\rangle = \sum_{n=1}^{\infty} c_n \underbrace{\langle\varphi_i|\varphi_n\rangle}_{=\delta_{in}} = \sum_{n=1}^{\infty} c_n\delta_{in} = c_i. \tag{4.31}$$

Das Kronecker-Symbol δ_{in} in Gl. (4.31) bewirkt, dass in der mit dem Buchstaben n indizierten Summe genau derjenige Summand mit 1 multipliziert wird, für den $n = i$ ist. Ausführlich notiert gilt damit:

$$\sum_{n=1}^{\infty} c_n\delta_{in} = c_1 \underbrace{\delta_{1n}}_{=0} + c_2 \underbrace{\delta_{2n}}_{=0} + \cdots + c_{i-1} \underbrace{\delta_{(i-1)n}}_{=0} + c_i \underbrace{\delta_{in}}_{=1} + c_{i+1} \underbrace{\delta_{(i+1)n}}_{=0}$$

$$+ \sum_{m=i+2}^{\infty} c_m \underbrace{\delta_{mn}}_{=0} = c_i\delta_{in} = c_i. \tag{4.32}$$

Damit lautet die Gleichung für die Koeffizienten:

$$\boxed{c_i = \langle\varphi_i|\psi\rangle.} \tag{4.33}$$

Wegen der Orthonormierung des Basisvektorsystems $\mathcal{B} = \{|\varphi\rangle\}$ ergibt das Skalarprodukt der Basisvektoren ein Kronecker-Delta, analog zu Gl. (4.1) bei Basisvektoren im $\mathbb{R}^3$. Wir können leicht erkennen, dass das Skalarprodukt des Basisvektors $|\varphi_i\rangle$ mit $|\psi\rangle$ geometrisch also nichts anderes darstellt als die Projektion des Vektors $|\psi\rangle$

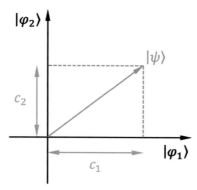

Abb. 4.3 Projektion des Vektors $|\psi\rangle$ auf die Koordinatenachsen an einem zweidimensionalen Beispiel. In diesem Bild kann $|\psi\rangle$ interpretiert werden als ein superponierter Zustand, linear zusammengesetzt aus den zwei Komponenten in Richtung von $|\varphi_1\rangle$ und $|\varphi_2\rangle$, d. h. $|\psi\rangle = c_1|\varphi_1\rangle + c_2|\varphi_2\rangle$. Die Koeffizienten c_i geben dann den relativen Anteil der Basisvektoren $|\varphi_i\rangle$ in Richtung von $|\psi\rangle$ an

in Richtung des normierten Basisvektors $|\varphi_i\rangle$, in Analogie zur gewöhnlichen Vektorrechnung im $\mathbb{R}^3$. Die Länge der Projektion von $|\psi\rangle$ auf die Achse $|\varphi_i\rangle$ ist dabei gleich dem jeweiligen Entwicklungskoeffizienten c_i, siehe Abb. 4.3. Mathematisch gesehen, stellt die Projektion von $|\psi\rangle$ auf die Koordinatenachsen eine Projektion in einen Unterraum $\mathcal{H}_i \subseteq \mathcal{H}$ dar, der von den Vektoren $|\varphi_i\rangle$ aufgespannt wird. Aus der Abb. 4.3 können wir ablesen:

$$c_1 \cdot |\varphi_1\rangle = \langle\varphi_1|\psi\rangle \cdot |\varphi_1\rangle = \underbrace{|\varphi_1\rangle\langle\varphi_1|}_{=\hat{1}} \cdot |\psi\rangle = |\psi\rangle. \tag{4.34}$$

In Gl. (4.34) können wir sehen, dass gilt:

$$|\varphi_1\rangle\langle\varphi_1| = \hat{1}. \tag{4.35}$$

Das Produkt eines ket-Vektors mit einem bra-Vektor in der Form von Gl. (4.35) nennt man ein dyadisches, äußeres, oder *Tensorprodukt*. Für die Projektion von $|\psi\rangle$ auf die i-te Richtung des Basissystems können wir also folgende Definition festlegen:

Definition 4.11 (Projektionsoperator)

$$P\big(|\varphi_i\rangle\big) = |\varphi_i\rangle\langle\varphi_i|, \qquad \big|\big| \,|\varphi_i\rangle\,\big|\big| = 1. \tag{4.36}$$

Anschaulich projiziert $P\big(|\varphi_i\rangle\big)$ einen beliebigen Zustandsvektor $|\psi\rangle$ auf die Richtung von $|\varphi_i\rangle$. Der Ausdruck $\big|\big| \,|\varphi_i\rangle\,\big|\big|$ ist der Absolutbetrag des Vektors, *Norm* genannt, den wir formal in Def. 4.6 in Abschn. 4.3.4 eingeführt haben. Wenn wir berücksichtigen, dass ein Hilbert-Vektor im Allgemeinen abzählbar unendlich viele Komponenten hat, können wir die Projektionen von $|\psi\rangle$ auf *alle* Richtungen des VON-Systems betrachten:

$$|\psi\rangle = \sum_{n=1}^{\infty} c_n |\varphi_n\rangle = \sum_{n=1}^{\infty} \langle\varphi_n|\psi\rangle |\varphi_n\rangle \underset{\text{Gl. (4.37)}}{=} \underbrace{\sum_{n=1}^{\infty} |\varphi_n\rangle\langle\varphi_n|}_{=\hat{1}} \psi\rangle. \qquad (4.37)$$

Damit erhalten wir die *Vollständigkeitsrelation*

Definition 4.12 (Vollständigkeitsrelation)

$$\hat{1} = \sum_{n=1}^{\infty} |\varphi_n\rangle\langle\varphi_n|. \qquad (4.38)$$

Die Vollständigkeitsrelation erweist sich generell als sehr nützlicher Rechentrick, denn die Multiplikation mit 1 ändert nichts an algebraischen Gleichungen. Man bezeichnet den Ausdruck in Def. (4.12) auch als „vollständige Eins", die also nach Belieben vor Zustände des Hilbert-Raumes eingeschoben wird. Eine Orthonormalbasis ist allgemein nicht eindeutig bestimmt, d. h. es gibt viele Möglichkeiten, eine solche Basis zu wählen. Dies werden wir uns später noch wiederholt zunutze machen, um Rechnungen zu vereinfachen. Dazu schieben wir dann vollständige Einsen der jeweils zweckmäßigsten Basis ein.

4.4   Vollständige orthonormierte Basis

Ein System von Hilbert-Vektoren $|\alpha_1\rangle, |\alpha_2\rangle, \ldots \in \mathcal{H}$ heißt orthogonal und normiert, kurz *orthonormiert*, wenn gilt:

$$\langle\alpha_n|\alpha_m\rangle = \delta_{nm} = \begin{cases} 0 & \text{für } n \neq m, \\ 1 & \text{für } n = m. \end{cases} \qquad (4.39)$$

Vgl. hierzu Def. 4.2 in Abschn. 4.1. Verschiedene Basiselemente ($n \neq m$) sind orthogonal, und die einzelnen Basiselemente sind normiert. Ein solches Basissystem heißt vollständig, wenn sich *jeder* Vektor $|\psi\rangle$ als Linearkombination der $|\alpha_n\rangle$ schreiben lässt, d. h. als

$$|\psi\rangle = \sum_{n}^{\infty} c_n |\alpha_n\rangle, \tag{4.40}$$

mit (im Allgemeinen komplexen) Entwicklungskoeffizienten $c_n \in \mathbb{C}$. Die Bildung des Skalarprodukts mit $|\alpha_m\rangle$ liefert

$$\langle\alpha_m|\psi\rangle = \langle\alpha_m| \sum_{n}^{\infty} c_n |\alpha_n\rangle = \langle\alpha_m| \sum_{n}^{\infty} c_n \alpha_n\rangle = \sum_{n}^{\infty} c_n \underbrace{\langle\alpha_m|\alpha_n\rangle}_{\delta_{nm}} = c_m. \tag{4.41}$$

Es gilt also allgemein:

$$\boxed{|\psi\rangle = \sum_{n}^{\infty} \langle\alpha_n|\psi\rangle \, |\alpha_n\rangle.} \tag{4.42}$$

Der Zustandsvektor $|\psi\rangle$ kann aber auch nur durch die komplexen Zahlen $\{c_0, c_1, c_2, \ldots\}$ (seine Komponenten in der Basis $|\alpha_n\rangle$) dargestellt werden. Wird auch nur ein Basiselement weggelassen, so ist die Basis nicht mehr vollständig.

Beispiel 4.2 (Der Raum $\mathcal{H} = L^2$ der quadratintegrablen Funktionen)
Wir haben in Abschn. 3.1.2 die Born'sche Wahrscheinlichkeitsdeutung der Wellenfunktion (Def. 3.1) eingeführt. Aufgrund dieser Interpretation des Betragsquadrats der Wellenfunktion als Wahrscheinlichkeitsdichte für das Antreffen eines Teilchens in einem endlichen Volumenelement ΔV muss die Wellenfunktion die Bedingung erfüllen, im Unendlichen zu verschwinden; es muss also gelten: $\lim_{|\vec{x}|\to\infty} \psi(\vec{x}) \to 0$, denn sonst ist die Wellenfunktion nicht auf einen endlichen Wert (meist wird 1 gewählt) normierbar. Die Normierung auf die Zahl 1 drückt die Gewissheit aus, das Teilchen irgendwo im gesamten Raum mit Sicherheit anzutreffen. Anders ausgedrückt, müssen wir aus physikalischen Gründen von möglichen Wellenfunktionen fordern, dass sie *quadratintegrabel* sind. Der Raum, der durch diese Funktionen gebildet wird, heißt L^2 und ist ein Beispiel für einen Hilbert-Raum, der für die Quantenmechanik aus den oben genannten Gründen von fundamentaler Bedeutung ist. Quadratintegrable Funktionen über dem $\mathbb{R}^3$ sind alle komplexwertigen Funktionen $\psi(\vec{x})$, die normierbar sind:

$$\boxed{L^2 = \{\psi : \mathbb{R}^3 \mapsto \mathbb{C}; \int_{-\infty}^{\infty} |\psi(\vec{x})|^2 < \infty\}.} \tag{4.43}$$

Die auf 1 normierten quadratintegrablen Funktionen, die gleichzeitig Lösungen der Schrödinger-Gleichung sind, stellen natürlich die uns besonders interessierenden Wellenfunktionen physikalischer Teilchen dar. Wir können nun relativ leicht überprüfen, ob L^2 die in Abschn. 4.3.1 und 4.3.2 besprochenen Eigenschaften erfüllt sind. Ich zähle an dieser Stelle nur die wichtigsten auf:

1. **Addition:** Sind $\psi_1(\vec{x})$, $\psi_2(\vec{x}) \in \mathcal{H}$, dann ist auch $\psi_1(\vec{x}) + \psi_2(\vec{x}) \in L^2$.
2. **Multiplikation:** Für alle $c \in \mathbb{C}$ und $\psi(\vec{x}) \in L^2$ ist auch $c\psi(\vec{x}) \in L^2$.
3. **Nullelement:** $\psi_0(\vec{x}) = 0$.
4. **Inverses Element:** $-\psi(\vec{x})$.
5. **Skalarprodukt:** $\langle \varphi | \psi \rangle = \int\limits_{-\infty}^{\infty} dx^3 \, \varphi(\vec{x}) \, \psi(\vec{x})$.
6. **Norm:** $\| \psi \| = (\int\limits_{-\infty}^{\infty} dx^3 \, | \psi(\vec{x})|^2)^{1/2}$.

Wir müssten nun noch den L^2 auf die in Abschn. 4.3.3 und 4.3.4 diskutierte Separabilität und Vollständigkeit untersuchen, also auf die Axiome in den Gl. (4.29) und (4.30) kontrollieren. Diesen Teil müssen wir hier jedoch auslassen und auf die mathematische Literatur verweisen, s. z. B. (Grossmann 2014). Bis jetzt konnten wir nämlich für alle Beweise die wohlbekannten Riemann-Eigenschaften des Integrals in Gl. (4.43) in Anspruch nehmen. Für die beiden restlichen Axiome müssen wir explizit berücksichtigen, dass es sich bei den Elementen des L^2 um quadratintegrable Funktionen im Lebesgue'schen Sinn handelt. Um vernünftig weiter diskutieren zu können, müssten wir den Begriff des Lebesgue-Integrals und die dazugehörige Maßtheorie erst einmal präzise einführen. Das übersteigt jedoch den Rahmen dieses Lehrbuches zur Quantentheorie und führt auch zu keiner neuen Einsicht für die anwendungsbezogene Quantenmechanik. Berechnen werden wir ohnehin alle vorkommenden Integrale stets so, wie wir es beim Riemann-Integral gelernt haben. Das Lebesgue-Integral ist als echte Erweiterung gedacht, um gewisse „pathologische" Funktionen doch integrabel zu machen, ohne irgendetwas bei den schon Riemann-integrablen Situationen zu ändern. Die auf diese Weise neu hinzukommenden quadratintegrablen Funktionen treten als Limes-Elemente der Riemann-quadratintegrablen Funktionen auf und sorgen damit für die Vollständigkeit des Hilbert-Raumes L^2. ∎

Beispiel 4.3 (Quadratische Integrierbarkeit von Funktionen)
Sind die Funktionen

$$f_1(x) = \frac{1}{\sqrt{x}}$$

und

$$f_2(x) = \frac{1}{\sqrt[3]{x}}$$

im Intervall [0, 1] quadratisch integrierbar?

Lösung: $f_1(x)$ ist *nicht* quadratintegrabel, denn das Integral $\ln(x)\big|_0^1$ divergiert an der Stelle $x = 0$.

Für $f_2(x)$ lautet die Antwort *ja*, weil das Integral

$$\int\limits_0^1 \frac{1}{\sqrt[3]{x}} \, dx = \frac{3}{2} x^{2/3} \bigg|_0^1$$

den Wert $\frac{3}{2}$ liefert und das Integral

$$\int_0^1 \frac{1}{\sqrt[3]{x^2}}\, dx = 3x^{1/3}\Big|_0^1$$

den Wert 3. ∎

Beispiel 4.4 (Unvollständiges kartesisches Basissystem)
In der Vektorrechnung im $\mathbb{R}^3$ bilden z. b. die Vektoren $\mathcal{B} = \{\vec{e}_1, \vec{e}_2, \vec{e}_3\}$ ein vollständiges, orthonormiertes Basissystem $\mathcal{B}$. Würde hier z. B. $\vec{e}_2$ weggelassen, dann könnte ein Vektor im Raum nicht mehr vollständig beschrieben werden, wenn er eine Komponente in $\vec{e}_2$-Richtung enthält. Deshalb wäre ein solches Basissystem nicht vollständig. ∎

Beispiel 4.5 (Orthonormierte Eigenfunktionen eines Teilchens)
Die Eigenfunktionen $\psi_m(\theta)$ eines Teilchens, das sich auf einer Kreisbahn mit dem Radius a bewegt, haben die folgende Form:

$$\psi_m(\theta) = \frac{1}{\sqrt{2\pi}} \cdot e^{im\theta} \quad , \quad m = \pm 1, \pm 2, \ldots,$$

wobei θ den Winkel des Teilchens (in ebenen Polarkoordinaten) auf der Kreisbahn beschreibt: $\theta \in [0, 2\pi]$. Beweisen Sie, dass diese Eigenfunktionen einen Satz orthonormierter Funktionen bilden.

Lösung: Wir müssen hier die Orthonormalitätsrelation aus Gl. (4.39) beweisen. Da wir die Eigenfunktionen in der Ortsdarstellung gegeben haben, berechnen wir das Skalarprodukt der Funktionen $\psi_n(\theta)$ und $\psi_m(\theta)$. Da das Argument der Eigenfunktionen θ nur zwischen 0 und 2π variiert (ein voller Kreisumlauf), genügt es, die Orthonormalität in diesem Intervall zu zeigen. Wir berechnen also

$$\int_0^{2\pi} \psi_n^*(\theta) \cdot \psi_m(\theta)\, d\theta = \frac{1}{2\pi} \int_0^{2\pi} e^{in\theta} e^{-im\theta}\, d\theta = \frac{1}{2\pi} \int_0^{2\pi} e^{i(m-n)\theta}\, d\theta.$$

Für $m = n$ erhalten wir

$$\int_0^{2\pi} \psi_n^*(\theta) \cdot \psi_n(\theta)\, d\theta = \frac{1}{2\pi} \int_0^{2\pi} e^{i(0)\theta}\, d\theta = \frac{1}{2\pi} \theta\Big|_0^{2\pi} = \frac{2\pi - 0}{2\pi} = 1.$$

Damit haben wir gezeigt, dass die Funktionen (auf 1) normiert sind.

Für $m \neq n$ erhalten wir mit $e^{ia} = \cos(a) + i \sin(a)$:

$$\int_0^{2\pi} \psi_n^*(\theta) \cdot \psi_m(\theta)\, d\theta = \frac{1}{2\pi}\left[\int_0^{2\pi} \cos\big(\theta(m-n)\big)\, d\theta + i \sin\big(\theta(m-n)\big)\, d\theta\right] = 0 + 0.$$

Die Funktionen sind also auch orthogonal, weil ihr Skalarprodukt für $m \neq n$ null ergibt. ∎

4.5   Operatoren im Hilbert-Raum

Ein Operator $\hat{A}$ ordnet einem Hilbert-Vektor $|\psi\rangle$ einen anderen Zustandsvektor $|\varphi\rangle$ zu bzw. führt den Hilbert-Vektor $|\psi\rangle$ in $|\varphi\rangle$ über. Operatoren werden hauptsächlich durch große lateinische Buchstaben gekennzeichnet. Ab diesem Abschnitt soll die Verabredung gelten, dass wir das Operatorsymbol ˆ der übersichtlichen und kürzeren Schreibweise halber weglassen wenn aus dem Zusammenhang klar ist, dass es sich um einen Operator handelt. Gelegentlich werden wir jedoch zur besonderen Betonung der Operatoreigenschaft einer Größe, das Operatorsymbol dann doch verwenden. Anschaulich bedeutet A eine Drehstreckung des Zustands $|\psi\rangle$ im Hilbert-Raum, siehe Abb. 4.4.

Definition 4.13 (Operator A)
Ein Operator A ist eine Abbildungsvorschrift, die jedem Element $|\psi\rangle$ aus der Teilmenge $D_A \subseteq \mathcal{H}$ eindeutig ein Element $|\varphi\rangle \in W_A \subseteq \mathcal{H}$ zuordnet. Man schreibt:

$$|\varphi\rangle = A\psi = |A\psi\rangle. \tag{4.44}$$

Man bezeichnet D_A als den Definitionsbereich des Operators A; die Menge aller Vektoren $|\varphi\rangle$ heißt Wertevorrat W_A von A.

Zur exakten Festlegung eines Operators sind also zwei Angaben notwendig, da sowohl der Definitionsbereich als auch die Abbildungsvorschrift bekannt sein müssen. Demzufolge sind zwei Operatoren A_1 und A_2 identisch, wenn sie denselben Definitionsbereich haben, und für alle $|\psi\rangle \in D_{A1}$ gilt:

$$A_1 |\psi\rangle = A_2\, \psi. \tag{4.45}$$

Dies schreibt man auch kürzer als Operatoridentität:

$$A_1 = A_2. \tag{4.46}$$

Abb. 4.4 Grafische
Darstellung der Wirkung
eines linearen Operators A
auf einen Zustandsvektor
$|\psi\rangle$ in einem VON-System
der Basisvektoren
$\mathcal{B} = \{|\alpha_i\rangle\}$. Es handelt sich
i.a. um eine Drehstreckung

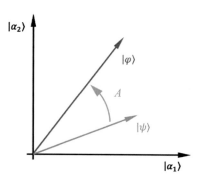

Operatoren sind uns in der Quantenmechanik schon in Kap. 3 in speziellen Darstellungen begegnet.

Beispiel 4.6 (Der Ortsoperator)

$$A = \hat{x}.$$

In der Ortsdarstellung ist $\hat{x} = x$; das bedeutet: „Multipliziert man die zum Hilbert-Vektor ψ gehörige Funktion $\psi(x)$ mit x, so gewinnt man eine neue Funktion $\varphi(x)$ in der Ortsdarstellung":

$$\varphi(x) = x\psi(x). \tag{4.47}$$

∎

Beispiel 4.7 (Der Impulsoperator)

$$A = \hat{p}.$$

In der Ortsdarstellung ist $\hat{p} = \frac{\hbar}{i}\frac{\partial}{\partial x}$ und somit

$$\varphi(x) = \frac{\hbar}{i}\frac{\partial}{\partial x}\psi(x). \tag{4.48}$$

∎

Beispiel 4.8 (Der Paritätsoperator P)
P ist ein Hermite'scher, unitärer Operator und hat daher nur die Eigenwerte ± 1. In der Ortsdarstellung bewirkt der Paritätsoperator die Umkehrung des Vorzeichens des Arguments wie folgt:

$$P\psi(x) = \psi(-x). \tag{4.49}$$

∎

Beispiel 4.9 (Der Translationsoperator T)

T ist ein Exponentialoperator

$$T = \exp\left(a\frac{\partial}{\partial x}\right).$$ (4.50)

Er lautet in der Ortsdarstellung

$$T\psi(x) = \psi(x+a).$$ (4.51)

∎

Wegen seiner fundamentalen Bedeutung für die Quantenmechanik sowie praktisch für die gesamten Naturwissenschaften, diskutieren wir an dieser Stelle kurz das *Superpositionsprinzip.*

Das Superpositionsprinzip in der Quantenmechanik

Das vielleicht wichtigste Prinzip, auf dem die gesamte Quantenmechanik aufgebaut ist, ist das *Superpositionsprinzip.* Aus diesem Prinzip folgt der wichtigste Unterschied der Quantenmechanik zur klassischen Mechanik, nämlich die Möglichkeit, dass sich Zustände von zusammengesetzten Systemen überlagern können z. B. in der Form: $|\psi\rangle = c_1|\psi_1\rangle + c_2|\psi_2\rangle$; man spricht von *Verschränkung.* Die Verschränkung von Zuständen aufgrund ihrer Superposition führt zu den „merkwürdigen" Eigenschaften von quantenmechanischen Systemen, die in der Anfangszeit der Quantenmechanik zu der berühmten *Einstein-Bohr-Debatte* über Interpretationsfragen der Quantenmechanik geführt haben, die wir in Kap. 9 aufgreifen. Auch die berühmte Schrödinger-Katze geht auf die Diskussion der Konsequenzen von verschränkten Zuständen zurück, unter der Voraussetzung, dass die Quantenmechanik auch für makroskopische Objekte gelten sollte. Was Schrödinger, Einstein, Bohr und andere zu ihrer Zeit noch nicht kannten, ist das Phänomen der Dekohärenz, das aus heutiger Sicht bei makroskopischen Objekten die entscheidende Rolle spielt: Weil man nämlich makroskopische Objekte in Experimenten praktisch nicht von der Umgebung isolieren kann (wie etwa ein einzelnes Elektron oder Atom in einer Hochvakuumkammer), finden durch die von den Objekten reflektierten Photonen (sonst würde man die Körper nicht sehen) ständig „Messungen" statt, die dazu führen, dass die Interferenzeigenschaft der den Objekten zugeordneten Wellenfunktionen (also ihre Kohärenz) verloren geht und deshalb klassische Objekte immer „scharf" (und nicht verschwommen wie eine Welle) erscheinen. Das bedeutet, dass es *nicht* – wie in der Kopenhagener Deutung der Quantentheorie angenommen – eine Trennung zwischen einer *Mikro*welt, für die die Quantenmechanik gültig ist, und einer *Makro*welt gibt (Heisenberg-Schnitt). Vielmehr wird davon ausgegangen, dass die Quantentheorie für prinzipiell *alle* Objekte auf allen Längenskalen gültig ist. Nur durch die *Dekohärenz* makroskopischer Objekte und wegen der Kleinheit des Wirkungsquantums h nehmen wir davon in unserer makroskopischen Alltagswelt nichts war. Die Dekohärenztheorie wurde erst Anfang der 1970er- Jahre ausgebaut, blieb aber wegen des vorherrschenden Dogmas der *Kopenhagener Interpretation* der Quantenmechanik in den Lehrbüchern lange Zeit praktisch unbeachtet. Im Prinzip kann aber die Dekohärenztheorie konsistent erklären, warum klassische Objekte in der Welt existieren, ohne auf den auf der Kopenhagener Interpretation beruhenden *Kollaps der Wellenfunktion,* von dem Wolfgang Pauli sagte, er sei etwas „außerhalb der Naturgesetze Stehendes", zurückgreifen zu müssen.

Weil das Superpositionsprinzip also in die Quantenmechanik fundamental eingebaut ist (die Schrödinger-Gleichung ist eine *lineare* Gleichung), haben wir es grundsätzlich mit *linearen Gleichungen* zu tun – denn das Superpositionsprinzip gilt nur bei linearen Gleichungen. Aus diesem Grunde sind auch die Operatoren der Quantenmechanik lineare Operatoren.

Definition 4.14 (Linearer Operator)
Ein linearer Operator ist definiert über seine Funktionaleigenschaften.
Es sei $D_A \subseteq \mathcal{H}$.
Für beliebige $|\psi_1\rangle$, $|\psi_2\rangle \in D_A$ und $c_1, c_2 \in \mathbb{C}$ gilt:

$$A\big(|\psi_1\rangle + |\psi_2\rangle\big) = c_1 \cdot A|\psi_1\rangle + c_2 \cdot A|\psi_2\rangle. \qquad (4.52)$$

Die Zuordnungsvorschrift

$$|\psi\rangle = \langle\psi|\psi\rangle|\psi\rangle \qquad (4.53)$$

wäre also z. B. *kein* linearer Operator. Weil eine Konstante $c \in \mathbb{C}$ nur eine komplexe Zahl ist (ein Faktor) und der Operator A nur auf den Vektor $|\psi\rangle$ (in der Ortsdarstellung also die Funktion $\psi(x)$, die rechts von dem Operator steht) und nicht auf einen konstanten Faktor c wirkt, gilt auch:

$$A c |\psi\rangle = A |c\psi\rangle = c A|\psi\rangle. \qquad (4.54)$$

Beispiel 4.10 (Prüfen Sie, ob $Af(x) = \ln f(x)$ ein linearer Operator ist.)
Lösung: Die Bedingung für Linearität lautet:

$$A(af + bg) = aAf + bAg.$$

Mit $a, b \in \mathbb{C}$ und beliebigen Funktionen f, g. haben wir:

$$A(af + bg) = \ln(af + bg) \neq \ln(af) + \ln(bf) \neq a \ln(f) + b \ln(f).$$

$\Longrightarrow$ Der Operator A ist nicht-linear.

■

Beispiel 4.11 (Liegt mit $Bf(x) = 1/f(x)$ ein linearer Operator vor?)

$$B(af + bg) = \frac{1}{af + bg} \neq \frac{1}{af} + \frac{1}{bg} \neq a\frac{1}{f} + b\frac{1}{g}.$$

$\Longrightarrow$ Der Operator B ist nicht-linear.

■

Zu beachten sind die folgenden Rechenregeln für Operatoren:

- Quantenmechanische Operatoren erfüllen das *Distributivgesetz*. Deshalb wird die *Summe zweier Operatoren* $(A + B)$ gebildet als

$$(A + B)|\psi\rangle = A|\psi\rangle + B|\psi\rangle. \tag{4.55}$$

  Die Summe ist kommutativ, d. h. es ist $A + B = B + A$.
- Quantenmechanische Operatoren erfüllen auch *Assoziativgesetz*. Das *Produkt zweier Operatoren* wird folglich gebildet als

$$(AB)|\psi\rangle = A(B|\psi\rangle) = A|B\psi\rangle + |AB\psi\rangle \tag{4.56}$$

und ist im Allgemeinen *nicht* kommutativ:

$$AB \neq BA.$$

Wir haben bei Ableitungen an früherer Stelle bereits den Kommutator verwendet, ohne ihn formal zu definieren.

Definition 4.15 (Der Kommutator)
Der Kommutator zweier Operatoren A und B ist definiert als

$$[A, B] = [A, B]_- = AB - BA. \tag{4.57}$$

Beispiel 4.12 (Kommutator zwischen Orts- und Impulsoperator)

$$[\hat{x}, \hat{p}] = \hat{x}\hat{p} - \hat{p}\hat{x} = -\frac{\hbar}{i}\hat{1} = -\frac{\hbar}{i}1 = -\frac{\hbar}{i}. \tag{4.58}$$

■

Der Einheitsoperator $\hat{1}$ wird oft nicht dazugeschrieben (analog etwa zum Faktor 1 in algebraischen Gleichungen). Er ist durch

$$|\psi\rangle = \hat{1}|\psi\rangle \qquad \forall |\psi\rangle \in \mathcal{H} \tag{4.59}$$

definiert. Das mathematische Symbol $\forall$ bedeutet „für alle". Der Nulloperator $\hat{0}$ bildet jeden Vektor auf den Nullvektor ab:

$$|0\rangle = \hat{0}|\psi\rangle \qquad \forall |\psi\rangle \in \mathcal{H} \tag{4.60}$$

Ein weiteres wichtiges Beispiel für Nichtvertauschbarkeit sind die Komponenten des Drehimpulsoperators $\hat{L} = \hat{x} \times \hat{p}$. Wir werden in Kap. 5 herleiten, dass für ihn gilt:

$$\hat{L}_x\hat{L}_y - \hat{L}_y\hat{L}_x = i\hbar\hat{L}_z.$$

Gleiches gilt für zyklische Vertauschungen.

Eines der Postulate der Quantenmechanik, die wir in Abschn. 4.7 formulieren werden, lautet, dass einer ganz bestimmten Klasse von linearen Operatoren physikalische Observable zugeordnet sind, deren Erwartungswerte durch Messungen bestimmt werden können. (Das Einzelereignis bleibt in der Quantenmechanik stets unvorhersagbar, und nur die Mittelwerte können vorhergesagt werden). Weil physikalische Messwerte als Ergebnis von Experimenten immer reellen Zahlen entsprechen, haben Operatoren in der Quantenmechanik *reelle* Erwartungswerte. Beispiele für Observable sind Ortskoordinaten, Impuls, Drehimpuls, Energie oder allgemein reelle Funktionen von Orts- und Impulskoordinaten. Ein Operator A, der einer Observablen $A(x, p)$ entspricht, muss daher folgende Bedingung erfüllen:

$$\langle F(x, p)\rangle = \langle F^*(x, p)\rangle, \tag{4.61}$$

d. h. der Erwartungswert muss gleich seinem konjugiert Komplexen sein. Operatoren, die diese Bedingung erfüllen, werden nach dem französischen Mathematiker Charles Hermite *Hermite'sche* oder *selbstadjungierte* Operatoren genannt. Es ergibt sich damit folgende Definition:

Definition 4.16 (Zu A adjungierter Operator $A^\dagger$)
Der zu A adjungierte oder Hermite'sch konjugierte Operator $A^\dagger$ ist definiert über die Rechenvorschrift:

$$\langle A^\dagger \varphi | \psi \rangle = \langle \varphi | A \psi \rangle \qquad \forall \psi, \varphi \in \mathcal{H}. \tag{4.62}$$

Wir wollen überprüfen, was dies in der Ortsdarstellung zu bedeuten hat:

$$\int_{-\infty}^{\infty} \left(A^\dagger \varphi^*(x) \right) \psi(x)\, dx = \int_{-\infty}^{\infty} \varphi^*(x)\, A\, \psi(x)\, dx. \tag{4.63}$$

Als Beispiel suchen wir den zu dem Impulsoperator $\hat{p}_x$ adjungierten Operator.

Beispiel 4.13 (Der zu $\hat{p}_x = (\hbar/\mathrm{i})\, \partial/(\partial x)$ adjungierte Operator)

$$\int_{-\infty}^{\infty} \varphi(x)^* \frac{\hbar}{\mathrm{i}} \frac{\partial}{\partial x} \psi(x)\, dx \underset{\underset{\text{p.I.}}{\uparrow}}{=} -\frac{\hbar}{\mathrm{i}} \varphi(x)^* \psi(x) \Big|_{-\infty}^{\infty} = \frac{\hbar}{\mathrm{i}} \int_{-\infty}^{\infty} \frac{\partial \varphi^*}{\partial x} \psi(x)\, dx$$

$$= \int_{-\infty}^{\infty} \left(\frac{\hbar}{\mathrm{i}} \frac{\partial}{\partial x} \varphi \right)^* \psi(x)\, dx = \int_{-\infty}^{\infty} \left(\hat{p}^\dagger \varphi(x) \right)^* \psi(x)\, dx.$$

Die Abkürzung „p.I." unter dem ersten Gleichheitszeichen steht für *partielle Integration*. Also ist

$$\boxed{\hat{p}^\dagger = \hat{p},} \tag{4.64}$$

d. h. $\hat{p}$ ist ein *selbstadjungierter* oder *Hermite'scher* Operator. ∎

4.5.1 Rechenregeln, die bei der Bildung des adjungierten Operators zu beachten sind

Mit $a \in \mathbb{C}$ und $|\varphi\rangle, |\psi\rangle \in \mathcal{H}$ gelten folgende Rechenregeln, die unmittelbar aus der Definition 4.16 folgen:

1. $(A^\dagger)^\dagger = A$.

Beweis 4.1

$$\langle\varphi|A\psi\rangle = \langle A^\dagger\varphi|\psi\rangle = \langle\psi|A^\dagger\varphi\rangle^* = \langle(A^\dagger)^\dagger\psi|\varphi\rangle^* = \langle\varphi|(A^\dagger)^\dagger\psi\rangle.$$

Da dies für alle $|\psi\rangle$ und $|\varphi\rangle$ gültig ist, folgt $(A^\dagger)^\dagger = A$. $\qquad\square$

2. $(aA)^\dagger = a^*A^\dagger$.

Beweis 4.2

$$\langle a^*A^\dagger\varphi|\psi\rangle = a\langle A^\dagger\varphi|\psi\rangle = a\langle\varphi|A\psi\rangle = \langle\varphi|(aA)\psi\rangle = \langle(aA)^\dagger\varphi|\psi\rangle.$$

$\qquad\square$

3. $(AB)^\dagger = B^\dagger A^\dagger$.

Beweis 4.3

$$\langle(AB)^\dagger\varphi|\psi\rangle = \langle\varphi|AB\,\psi\rangle = \langle A^\dagger\varphi|B\,\psi\rangle = \langle B^\dagger A^\dagger\varphi|\psi\rangle.$$

$\qquad\square$

Definition 4.17 (Hermite'scher Operator)
Der selbstadjungierte oder Hermite'sche Operator A ist definiert über die Gleichung:

$$A^\dagger = A. \tag{4.65}$$

Der Anti-Hermite'sche Operator ist definiert über die Gleichung

$$A^\dagger = -A. \tag{4.66}$$

Es stellt sich heraus, dass Operatoren zu Observablen nicht automatisch Hermite'sch sind. Als Beispiel betrachten wir dazu die Funktionen $F_1 = x\,p_x$ und $F_2 = p_x\,x$. Sie sind als Produkt aus Ortskoordinate und Impuls physikalisch deutbare Funktionen und demzufolge Observablen. Die Berechnung der Erwartungswerte $\langle x\,p_x\rangle$ und $\langle p_x\,x\rangle$ zeigt jedoch, dass weder der Operator $\hat{F}_1 = \hat{x}\,\hat{p}_x$ noch der Operator $\hat{F}_2 = \hat{p}_x\hat{x}$ Hermite'sch sind. Zudem erhält man für $\hat{F}_1$ und $\hat{F}_2$ unterschiedliche Erwartungswerte. Es ist jedoch möglich, diese Operatoren zu „hermitesieren". In unserem Beispiel ist die Hermitesierung relativ einfach: Der zu $\hat{F}_1$ und $\hat{F}_2$ gehörende Hermite'sche Operator ist

$$\hat{F} = \frac{1}{2}\left(\hat{x}\,\hat{p}_x + \hat{p}_x\hat{x}\right). \tag{4.67}$$

Im Allgemeinen kann die Aufgabe der Hermitesierung jedoch relativ kompliziert sein. Wir wollen dies in einem Satz festhalten:

Satz 4.1
Jeder Operator lässt sich in einen Hermite'schen Anteil A^h und einen Anti-Hermite'schen Anteil A^{ah} zerlegen.

Beweis 4.4

$$A = \frac{A + A^\dagger}{2} + \frac{A - A^\dagger}{2} = A^h + A^{ah}.$$

$\square$

Satz 4.2
Hermite'sche Operatoren haben stets reelle und Anti-Hermite'sche stets imaginäre (oder verschwindende) Eigenwerte.

Beweis 4.5 Unter Berücksichtigung der Gl. (4.65) und (4.66) können wir den Erwartungswert von $A^{\overset{h}{ah}}$ wie folgt umformen:

$$\left\langle A^{\overset{h}{ah}} \right\rangle = \langle \psi | A^{\overset{h}{ah}} \psi \rangle = \langle A^{\dagger\,\overset{h}{ah}} \psi | \psi \rangle = \pm\langle A^{\overset{h}{ah}} \psi | \psi \rangle = \pm\langle \psi | A^{\overset{h}{ah}} \psi \rangle^* = \pm\left\langle A^{\overset{h}{ah}} \right\rangle^*.$$

$\square$

Einen weiteren einfachen Beweis von Satz 4.2, basierend auf der Eigenwertgleichung eines Hermite'schen Operators A werden wir in Aufgabe 4.12.16 führen. Da nur Hermite'sche Operatoren stets reelle Erwartungswerte haben, müssen Operatoren, die physikalisch beobachtbaren Größen oder Observablen entsprechen, Hermite'sch sein. Wir haben oben z. B. bereits gesehen, dass $\hat{p}^\dagger = \hat{p}$ gilt. Falls die Operatoren nicht Hermite'sch sind, darf man für beobachtbare Größen nur den Hermite'schen Anteil ansetzen.

Beispiel 4.14 (Hermite'scher und Anti-Hermite'scher Anteil von $\hat{p}\,\hat{x}$)

$$(\hat{p}\hat{x})^h = \frac{\hat{p}\hat{x} + (\hat{p}\hat{x})^\dagger}{2} = \frac{\hat{p}\hat{x} + \hat{x}^\dagger\hat{p}^\dagger}{2} = \frac{\hat{p}\hat{x} + \hat{x}\hat{p}}{2},$$

$$(\hat{p}\hat{x})^{ah} = \frac{\hat{p}\hat{x} - \hat{x}\hat{p}}{2} = \frac{1}{2}\frac{\hbar}{i}.$$

∎

4.5.2 Spezielle Operatoren

In diesem Abschnitt wollen wir noch einige weitere für spätere Betrachtungen wichtige Operatoren mit ihren Eigenschaften kurz auflisten.

Unitäre Operatoren

Neben den Hermite'schen Operatoren spielen auch die unitären Operatoren U in der Quantenmechanik eine gewisse Rolle. Die unitären Operatoren sind deshalb wichtig, weil die Anwendung von U auf $|\varphi\rangle$ und $|\psi\rangle$ das Skalarprodukt und damit insbesondere die Länge eines Vektors unverändert lässt:

$$\langle U\varphi | U\psi \rangle = \langle \underbrace{U^\dagger U}_{=1}\, \varphi | \psi \rangle = \langle \varphi | \psi \rangle. \tag{4.68}$$

Ein solcher unitärer Operator beschreibt also eine reine Drehung im Hilbert-Raum. Physikalisch bedeutet dies: Der Zustandsvektor bleibt normiert. Wir hatten uns in der Ortsdarstellung davon überzeugt, dass die Schrödinger-Gleichung die Normierung unverändert lässt. Das heißt, der Zustandsvektor zu einer Zeit t muss aus dem Zustandsvektor zu einer Zeit t_0 durch eine unitäre Transformation hervorgehen:

$$|\psi(t)\rangle = U(t, t_0)|\psi(t_0)\rangle. \tag{4.69}$$

Behauptung:

$$U(t, t_0) = e^{-iH(t-t_0)/\hbar}, \tag{4.70}$$

wobei $H = \hat{H}$ der zeitunabhängige Hamilton-Operator ist; also gilt: $|\psi(t)\rangle = \exp[-iH(t-t_0)/\hbar]\,|\psi(t_0)\rangle$. Durch Differenzieren folgt

$$\frac{d}{dt}|\psi(t)\rangle = -\frac{i}{\hbar}H\,e^{iH(t-t_0)/\hbar}|\psi(t_0)\rangle, \tag{4.71}$$

d.h. die Schrödinger-Gleichung für den Zeitpunkt $t = t_0$:

$$\frac{d}{dt}|\psi(t)\rangle = H|\psi\rangle. \tag{4.72}$$

Wegen $\left(f(A)\right)^{\dagger} = f(A)$ folgt:

$$U^{\dagger} = e^{iH(t-t_0)/\hbar} \tag{4.73}$$

bzw.

$$U^{\dagger}U = e^{iH(t-t_0)/\hbar}\, e^{-iH(t-t_0)/\hbar} = \exp[0] = 1. \tag{4.74}$$

Es ist zu beachten, dass bei Exponentialoperatoren die üblichen Rechenregeln nur gelten, wenn die Operatoren vertauschbar sind. So ist z. B. $\exp(\hat{x}) \exp(\hat{p}) \neq \exp(\hat{x} + \hat{p})$. Wegen Gl. (4.74) ergeben sich als Definition eines unitären Operators und einer unitären Transformation:

Definition 4.18 (Unitärer Operator U)

$$U^{\dagger}U = UU^{\dagger} = 1 \iff U^{\dagger} = U^{-1}. \tag{4.75}$$

Eine unitäre Transformation U führt einen Zustandsvektor $|\psi\rangle$ in den Zustand $|\tilde{\psi}\rangle$ über, und aus einem Operator A wird ein Operator $\tilde{A}$.

Definition 4.19 (Unitäre Transformation)

$$\text{Für Zustände:} \quad |\tilde{\psi}\rangle = U|\psi\rangle$$

$$\text{Für Operatoren:} \quad \tilde{A} = UAU^{\dagger}$$

Die Formulierung der quantenmechanischen Postulate in Abschn. 4.7 wird verdeutlichen, dass die experimentell überprüfbaren Resultate der Quantenmechanik den

1. Eigenwerten a_i,
2. Skalarprodukten $\langle\psi|\varphi\rangle$,
3. Erwartungswerten $\langle\psi|A|\psi\rangle$

entsprechen. Auf die Zustandsvektoren selbst kommt es eigentlich gar nicht an. Die Ursache dafür liegt in der *Interpretation der Quantenmechanik* als einer reinen Operatortheorie im mathematischen Sinne. Ontologisch wird die Wellenfunktion nämlich nicht als Element der physikalischen Wirklichkeit oder Realität betrachtet, was eigentlich im Widerspruch zur sonstigen Tendenz in den Naturwissenschaften steht, jedem Element einer fundamentalen Theorie (z. B. dem elektromagnetischen Feld) auch ontologisch eine eigene Realität zuzusprechen, sofern man eine Messvorschrift angeben kann, wie denn dieses Element der Theorie auch gemessen werden kann. In der *Standardinterpretation der Quantenmechanik,* die auf der von Niels Bohr und Werner Heisenberg vertretenen Kopenhagener Interpretation beruht, wird ausgesagt, dass der Wellenfunktion $\psi(x, t)$ selbst bzw. dem Zustandsvektor $|\psi\rangle$ als solchem keinerlei Element unserer Realität entspricht. Mit anderen Worten: Die Wellenfunktion selbst ist nicht direkt *messbar* und interpretierbar – sie kann aber sehr wohl präzise berechnet werden und genügt einer kausalen Differenzialgleichung, nämlich der Schrödinger-Gleichung, aber in der Standardinterpretation wird sie lediglich als eine Art rechentechnisches Hilfsmittel betrachtet, mit dessen Hilfe wir eine Größe berechnen können, der eine experimentelle und ontologische – weil messbare – Bedeutung zukommt. Diese Größe ist das Betragsquadrat der Wellenfunktion $|\psi|^2$, dem – wie wir in Kap. 3 diskutiert haben – nach Max Born die Bedeutung einer *Wahrscheinlichkeitsdichte* für das Antreffen eines Teilchens bei einer Messung zugeschrieben wird. Wir können daher die Zustandsvektoren fast beliebig verändern (transformieren), wenn wir nur dafür Sorge tragen, dass obige Messgrößen davon unbeeinflusst bleiben:

Beweis 4.6 (Eigenwerte a_i bleiben unverändert durch U) Wir transformieren die Eigenwertgleichung $A|a_i\rangle = a_i|a_i\rangle$, aus der wir die Eigenvektoren $|a_i\rangle$ und Eigenwerte a_i bestimmen, unitär:

$$\tilde{A}|\tilde{a}_i\rangle = U A U^\dagger U|a_i\rangle = U A|a_i\rangle = a_i U|a_i\rangle = a_i|\tilde{a}_i\rangle \quad \Longrightarrow \quad \tilde{a}_i = a_i.$$

$\square$

Beweis 4.7 (Skalarprodukte $\langle\psi|\varphi\rangle$ bleiben unverändert durch U) Wir schreiben:

$$\langle\tilde{\psi}|\tilde{\varphi}\rangle = \langle\psi|U^\dagger U|\varphi\rangle = \langle\psi|\varphi\rangle.$$

$\square$

Beweis 4.8 (Erwartungswerte $\langle\psi|A\psi\rangle$ bleiben unverändert durch U) Wir schreiben:

$$\langle\tilde{\psi}|\tilde{A}\tilde{\psi}\rangle = \langle\psi|U^\dagger U A U^\dagger U\psi\rangle = \langle\psi|A\psi\rangle.$$

$\square$

Wir können also festhalten:

Satz 4.3
Eine unitäre Transformation lässt die Physik unverändert.

Der inverse (reziproke) Operator

A sei ein linearer Operator mit umkehrbar eindeutiger (d. h. surjektiver) Abbildungsvorschrift

$$|\beta\rangle = A|\alpha\rangle, \tag{4.76}$$

wobei Definitionsbereich D_A und Wertevorrat W_A übereinstimmen sollen. Dann ist der zu A inverse Operator A^{-1} definiert durch

$$A^{-1}|\beta\rangle = |\alpha\rangle, \tag{4.77}$$

mit

$$D_{A^{-1}} = W_A, \qquad W_{A^{-1}} = D_A. \tag{4.78}$$

Wegen $D_A = W_A$ ergibt sich die Operatoridentität:

$$A^{-1}A = AA^{-1} = 1, \tag{4.79}$$

Den zu A^{-1} adjungierten Operator ermitteln wir mit folgender Überlegung:

$$1 = 1^\dagger = (A^{-1}A)^\dagger = A^\dagger(A^{-1})^\dagger \implies (A^\dagger)^{-1} = (A^{-1})^\dagger. \tag{4.80}$$

A^{-1} ist also genau dann Hermite'sch, wenn A es ist. Man überzeugt sich leicht davon (wir tun dies in Aufgabe 4.12.6), dass A^{-1} dieselben Eigenzustände hat wie A, wobei die Eigenwerte gerade die reziproken Eigenwerte von A sind.

Das dyadische Produkt

Wir haben bereits in Abschn. 4.3.5 gesehen, dass man Operatoren aus Zuständen aufbauen kann. Der einfachste Fall dieser Art ist das dyadische oder äußere Produkt (Tensorprodukt) aus zwei Zuständen $|\alpha\rangle$, $|\beta\rangle \in \mathcal{H}$:

$$D_{\alpha\beta} = |\alpha\rangle\langle\beta|. \tag{4.81}$$

Das äußere Produkt in dieser Gleichung darf natürlich nicht mit dem *inneren Produkt*, dem gewöhnlichen Skalarprodukt $\langle\alpha|\beta\rangle$, verwechselt werden, das eine (im Allgemeinen komplexe) Zahl und keinen Operator darstellt. Die Anwendung von $D_{\alpha\beta}$ auf irgendeinen Zustandsvektor $\psi \in \mathcal{H}$ ergibt einen zu α parallelen Zustand mit einer durch $|\langle\beta|\psi\rangle|$ modifizierten Länge. Die Reihenfolge der Zustände in $D_{\alpha\beta}$ ist nicht vertauschbar. Vielmehr gilt – und wir beweisen dies in Aufgabe 4.12.20:

$$\boxed{(|\alpha\rangle\langle\beta|)^\dagger = |\beta\rangle\langle\alpha|.} \tag{4.82}$$

Es seien $|\varphi_n\rangle$ die ein VON-System bildenden Eigenzustände eines Hermite'schen Operators. Dann können wir die Definition der Vollständigkeitsrelation (Def. 4.12) verwenden, um einen beliebigen Operator X durch dyadische Produkte darzustellen:

$$X = X\hat{1} = \sum_{n=1}^{\infty} X|\alpha_n\rangle\langle\alpha_n| = \sum_{n=1}^{\infty} |X\alpha_n\rangle\langle\alpha_n|, \tag{4.83}$$

wobei der Zustand $|X\alpha_n\rangle$ natürlich in der Regel nicht parallel ist zu $|\alpha_n\rangle$.

4.5.3 Funktionen von Operatoren

Ganz allgemein gesprochen sind Funktionen von Operatoren definiert über die entsprechenden Potenzreihen (Taylor-Reihen) der Funktionen.

- **Potenzen**
  Aus der in Gl. (4.56) gegebenen Definition des Operatorprodukts folgt unmittelbar:

$$A^n|\psi\rangle = A^{n-1}(A|\psi\rangle) = \ldots = A\left(A\left(\ldots\left(A|\psi\rangle\right)\ldots\right)\right), \tag{4.84}$$

$$A^0 = 1. \tag{4.85}$$

- **Polynome**
  Kombiniert man Gl. (4.84) mit der Definition in Gl. (4.55) für Operatorsummen, so ist die Wirkungsweise von Ausdrücken der Form

$$P_n(A) = c_0\hat{1} + c_1 A + \cdots + c_n A^n, \quad c_i \in \mathbb{C} \tag{4.86}$$

festgelegt.

- **Potenzreihen**
  Die logische Verallgemeinerung von Operatorpolynomen sind unendliche Summen von Operatorpotenzen, falls nur Konvergenz gewährleistet ist. So gilt zum Beispiel für die Exponentialfunktion eines Operators A:

$$e^A = \sum_{n=0}^{\infty} \frac{1}{n!} A^n. \tag{4.87}$$

Es liegt auf der Hand, wie man Polynome und Potenzreihen von mehr als einem Operator zu verstehen hat. Dabei ist jedoch die eventuelle Nicht-Vertauschbarkeit der Operatoren zu berücksichtigen. So gilt

$$e^A e^B = e^{A+B} \quad \text{nur, falls} \quad [A, B] = 0 \quad \text{gilt.} \tag{4.88}$$

● **Allgemeine Operatorfunktionen**

Im Sinne unserer Vorüberlegungen betrachten wir eine allgemeine Funktion eines Operators A,

$$f(A), \tag{4.89}$$

genau dann als erklärt, wenn es zumindest im Prinzip gelingt, sie durch Summen, Produkte, Potenzen, Polynome oder Potenzreihen darzustellen. Das gilt dann entsprechend auch für Funktionen $F(A, B, C, \ldots)$ mehrerer Operatoren. Für so definierte Operatorfunktionen muss dann aus

$$A|a\rangle = a|a\rangle \tag{4.90}$$

die Eigenwertgleichung

$$f(A)\,|a\rangle = f(a)\,|a\rangle \tag{4.91}$$

folgen.

● **Ableitung von Operatoren**

Hier muss man zwei Typen der Differenziation voneinander unterscheiden:

a) **Ableitung nach einem reellen Parameter**

Der Operator $A = A(\xi)$ hänge von einem reellen Parameter ξ, wie zum Beispiel der Zeit t, ab. Dann definieren wir:

$$\frac{\mathrm{d}A}{\mathrm{d}\xi} = \lim_{\epsilon \to 0} \frac{A(\xi + \epsilon) - A(\xi)}{\epsilon}. \tag{4.92}$$

Wir beweisen die Rechenregeln hierzu in Aufgabe 4.12.18.

b) **Ableitung nach einem Operator**

Gegeben sei die Operatorfunktion $f(A)$ im Sinne der Definition in Gl. (4.89). Dann führt die nahe liegende Definition

$$\frac{\mathrm{d}}{\mathrm{d}A} f(A) = \lim_{\epsilon \to 0} \frac{f((A + \epsilon \hat{1}) - f(A)}{\epsilon} \tag{4.93}$$

zu den üblichen Rechenregeln der Differenziation, wobei man allerdings wieder auf die Reihenfolge der Operatoren achten muss, s. Aufgabe 4.12.19:

$$\frac{\mathrm{d}}{\mathrm{d}A}\big(f(A) + g(A)\big) = \frac{\mathrm{d}}{\mathrm{d}A} f(A) + \frac{\mathrm{d}}{\mathrm{d}A} g(A), \tag{4.94}$$

$$\frac{\mathrm{d}}{\mathrm{d}A}\big(f(A) \cdot g(A)\big) = \frac{\mathrm{d}f}{\mathrm{d}A} g(A) + f(A)\frac{\mathrm{d}g}{\mathrm{d}A}, \tag{4.95}$$

$$\frac{\mathrm{d}}{\mathrm{d}A} A^n = n A^{n-1}, \qquad \frac{\mathrm{d}}{\mathrm{d}A} \mathrm{e}^{cA} = c\,\mathrm{e}^{cA}, \qquad c \in \mathbb{C}. \tag{4.96}$$

Handelt es sich um Funktionen, die von mehreren Operatoren abhängen, so müssen wir auch partiell ableiten können:

$$\frac{\partial}{\partial B} f(A, B, C, \ldots) = \lim_{\epsilon \to 0} \frac{f(A, B + \epsilon \hat{1}, C, \ldots) - f(A, B, C, \ldots)}{\epsilon}. \quad (4.97)$$

4.5.4 Die Dirac-Darstellung von Vektoren und Operatoren in einem vollständigen, orthonormierten Basissystem

Wir haben bereits in Abschn. 4.2 das ket-Symbol für Vektoren des Hilbert-Raumes $\mathcal{H}$ eingeführt. Das wesentlich Neue in der Dirac-Darstellung bzw. Dirac-Schreibweise gegenüber der bisher von uns angewendeten Schreibweise von Zuständen besteht darin, dass man neben dem bisher verwendeten Zustandsvektor $|\psi\rangle$, dem sogen. „ket"-Vektor, einen dualen, adjungierten Vektor $\langle \psi| = \left(|\psi\rangle \right)^{\dagger}$, den sogen. „bra"-Vektor, als eigenständiges Objekt einführt. Das Symbol † bedeutet transponiert und konjugiert komplex. Jeder Hilbert-Vektor kann in einem VON-Basissystem $\mathcal{B} = \{\alpha_i\}$ von bra- oder ket-Vektoren entwickelt werden gemäß Gl. (4.4):

$$|\psi\rangle = \sum_{i=1}^{\infty} c_i \, |\alpha_i\rangle = \sum_{i=1}^{\infty} c_1 \, |\alpha_1\rangle + c_2 \, |\alpha_2\rangle + \cdots, \quad (4.98)$$

$$\langle \varphi| = \sum_{i=1}^{\infty} d_i^* \langle \alpha_i| = \sum_{i=1}^{\infty} d_1^* \langle \alpha_1| + d_2^* \langle \alpha_2| + \cdots. \quad (4.99)$$

In einer VON-Basis $\mathcal{B} = \{\alpha_i\}$ kann man den ket-Vektor als Spaltenvektor und den bra-Vektor als Zeilenvektor mit ihren jeweiligen Entwicklungskoeffizienten $\{c_i\}$ bzw. $\{d_i^*\}$ darstellen:

$$|\psi\rangle = \begin{pmatrix} c_1 \\ c_2 \\ \vdots \\ c_n \\ \vdots \end{pmatrix}, \qquad \langle \varphi| = (|\varphi\rangle)^{\dagger} = \left(d_1^* d_2^* d_3^* \ldots \right). \quad (4.100)$$

Trifft ein dualer bra-Vektor $\langle \varphi|$ auf einen ket-Vektor $|\psi\rangle$ in dieser Reihenfolge,

$$\langle \varphi|\psi\rangle = \left(d_1^* d_2^* \cdots d_n^* \cdots \right) \begin{pmatrix} c_1 \\ c_2 \\ \vdots \\ c_n \\ \vdots \end{pmatrix} = \sum_{i=1}^{\infty} d_i^* c_i = d_1^* c_1 + d_2^* c_2 + \cdots, \quad (4.101)$$

so erhält man das *innere Produkt* (auch Skalarprodukt genannt), berechnet nach der Regel „Zeile mal Spalte". Die Gl. (4.101) ist in dieser Form gültig, wenn die beiden Vektoren im gleichen Basissystem $\mathcal{B}$ dargestellt werden und die Basisvektoren ein VON-System bilden. Andernfalls müssen die Komponenten des metrischen Tensors (der auch die nicht-verschwindenden Produkte von Basisvektoren enthält) berücksichtigt werden. Zu weiteren Details siehe Anhang F.

Beweis 4.9 (Komponentenschreibweise des inneren Produkts)

$$\langle \varphi | \psi \rangle \underset{\substack{\uparrow \\ \text{Def. (4.12)}}}{=} \langle \varphi | \sum_{n=1}^{\infty} | \alpha_n \rangle \langle \alpha_n | \psi \rangle \underset{\substack{\uparrow \\ \text{Gl. (4.99)}}}{=} \sum_{i=1}^{\infty} d_i^* \langle \alpha_i | \sum_{n=1}^{\infty} | \alpha_n \rangle \langle \alpha_n | \psi \rangle \tag{4.102}$$

$$= \sum_{i=1}^{\infty} \sum_{n=1}^{\infty} d_i^* \underbrace{\langle \alpha_i | \alpha_n \rangle}_{=\delta_{in}} \langle \alpha_n | \psi \rangle = \sum_{n=1}^{\infty} d_n^* \langle \alpha_n | \psi \rangle \tag{4.103}$$

$$\underset{\substack{\uparrow \\ \text{Gl. (4.98)}}}{=} \sum_{n=1}^{\infty} d_n^* \langle \alpha_n | \sum_{i=1}^{\infty} c_i | \alpha_i \rangle = \sum_{n=1}^{\infty} d_n^* \sum_{i=1}^{\infty} c_i \underbrace{\langle \alpha_n | \alpha_i \rangle}_{\delta_{ni}} \tag{4.104}$$

$$= \sum_{n=1}^{\infty} d_n^* \sum_{i=1}^{\infty} c_i \delta_{ni} = \sum_{n=1}^{\infty} d_n^* c_n = d_1^* c_1 + d_2^* c_2 + \cdots . \tag{4.105}$$

$\square$

In dem Beweis haben wir die Vollständigkeitsrelation in Def. 4.12 verwendet, deren Nützlichkeit zur Vereinfachung von Gleichungen durch Erzeugen von Kronecker-Deltas wir hier gut erkennen können. Wie bereits oben erwähnt, erweist es sich für die formale Entwicklung der Quantenmechanik manchmal als zweckmäßig, dem Symbol $\langle \psi |$ im Skalarprodukt eine eigenständige Bedeutung in einem eigenen, dualen Vektorraum zuzugestehen. Dies erlaubt das Aufdecken von tiefen differenzialgeometrischen Zusammenhängen in der weiteren Entwicklung der Theorie. In diesem Sinne wird jedem Vektor $| \varphi \rangle \in \mathcal{H}$ ein dualer Vektor $\langle \varphi | \in \mathcal{H}$ zugeordnet, der aber nicht dem Raum $\mathcal{H}$ der $| \varphi \rangle$ angehört, sondern in einem dualen Raum, dem dualen Raum $\mathcal{H}^*$, existiert. Nach Dirac verwendet man die Bezeichnungsweise bra- und ket-Vektor, weil dem Produkt der beiden Vektoren zusammen eine komplexe Zahl $\langle \varphi | \cdot | \varphi \rangle$ zugeordnet ist, die als englisch: „bra-c-ket" erhalten wird. Dies erklärt z. B. auch die unterschiedliche Darstellung von bra- und ket-Vektoren als Zeilen- bzw. als Spaltenvektoren. Durch diese unterschiedliche Schreibweise wird betont, dass diese beiden geometrischen Objekte eigentlich aus verschiedenen Vektorräumen stammen.

Etwas Analoges existiert auch in der gewöhnlichen Vektorrechnung im $\mathbb{R}^n$ bei krummlinigen Koordinatensystemen. Wirklich korrekt ist hier eigentlich die Schreibweise der Komponenten von Vektoren mit hochgestellten Indizes, sogenannten *kontravarianten* Komponenten, also z. B. bei einem Vektor $\vec{a}$ als $\vec{a} = (a^1, a^2, \ldots, a^n)$. Diese Komponenten werden in einer Basis angegeben, die aus Tangentenvektoren in jedem Punkt p der Koordinatenlinien bestehen und damit einen eigenen Raum, den *Tangentialraum* $T_p(\mathcal{M})$, aufspannen. Der Buchstabe $\mathcal{M}$ steht dabei für die zugrunde liegende *Mannigfaltigkeit;* das ist, einfach gesagt, eine Ansammlung von Punkten, die *lokal* so aussieht wie der Euklidische Raum $\mathbb{R}^n$. Daneben gibt es die Darstellung der Komponenten von $\vec{a}$ in einem dazu dualen Raum als *kovariante Komponenten* $\vec{a} = (a_1, a_2, \ldots, a_n)$, dessen Basisvektoren gebildet werden durch Gradientenvektoren an die Koordinatenachsen. Alle Vektoren der beiden verschiedenen ko- und kontra-varianten Basissysteme stehen paarweise senkrecht aufeinander und sind durch den metrischen Tensor miteinander verknüpft. Diese geometrischen Zusammenhänge spielen in der Theorie der *Mannigfaltigkeiten* eine zentrale Rolle und dienen dazu, einen verallgemeinerten Raumbegriff zu definieren. In kartesischen Koordinaten fallen die ko- und die kontra-varianten Komponenten zusammen, und eine solche Unterscheidung von Komponenten geometrischer Objekte ist nicht notwendig. Ebenso ist in der Quantenmechanik für die bloße Berechnung beim Lösen von Aufgaben die Interpretation von ket-Vektoren als Objekte eines Dualraums nicht unbedingt notwendig, weil die Ergebnisse der Berechnungen hiervon unbeeinflusst bleiben.

Mathematisch korrekt führt man den dualen Raum $\mathcal{H}^*$ mittels linearer Funktionale $F_\varphi(|\psi\rangle)$ der Elemente des Raumes $\mathcal{H}$ ein:

$$F_\varphi(|\psi\rangle) \text{ mit } |\psi\rangle \in \mathcal{H}. \tag{4.106}$$

Der Dualraum $\mathcal{H}^*$ ist also die Menge aller linearen Funktionale, angewendet auf die Elemente des Hilbert-Raumes $\mathcal{H}$. In mathematisch prägnanter Schreibweise lautet dies:

Definition 4.20 (Dualraum $\mathcal{H}^*$)

Es sei $\mathcal{H}$ ein Hilbert-Raum und $F_\varphi(|\psi\rangle)$ ein Funktional, das auf die Elemente $|\psi\rangle \in \mathcal{H}$ wirkt. Dann ist der Dualraum $\mathcal{H}^*$ folgendermaßen definiert:

$$\mathcal{H}^* = \left\{ F_\varphi; \quad F_\varphi : \mathcal{H} \mapsto \mathbb{C}; \ F_\varphi \text{ linear} \right\}. \tag{4.107}$$

Man überzeugt sich leicht davon, dass bezüglich der Verknüpfungen

$$F_{\varphi_1 + \varphi_2}\big((|\psi\rangle)\big) = F_{\varphi_1}(|\psi\rangle) + F_{\varphi_2}(|\psi\rangle), \tag{4.108}$$

$$F_{c \cdot \varphi}\big((|\psi\rangle)\big) = c^* F_\varphi\big((|\psi\rangle)\big) \tag{4.109}$$

$\mathcal{H}^*$ selbst ein linearer Vektorraum ist. Vereinbaren wir nun die Notation

$$F_\varphi = \langle\varphi|, \qquad (4.110)$$

$$F_\varphi\big((|\psi\rangle)\big) = \langle\varphi|\psi\rangle, \qquad (4.111)$$

dann ist das Skalarprodukt in Def. 4.5 formal als Produkt aus je einem Vektor aus H und $\mathcal{H}^*$ interpretiert. Der bra-Vektor $\langle\varphi|$ gilt als eindeutig definiert durch Angabe der Skalarprodukte $\langle\varphi|\alpha_n\rangle$ von $\langle\varphi|$ mit der VON-Basis $\{|\alpha_n\rangle\} \in \mathcal{H}$. Insbesondere gilt

$$\langle\varphi_1| = \langle\varphi_2| \implies \langle\varphi_1|\alpha_n\rangle = \langle\varphi_2|\alpha_n\rangle \ \forall n, \qquad (4.112)$$

$$\langle\varphi| = 0 \implies \langle\varphi|\alpha_n\rangle = 0 \ \forall n. \qquad (4.113)$$

Über die Beziehung

$$|\varphi\rangle = \sum_{n=1}^{\infty} |\alpha_n\rangle\langle\alpha_n|\varphi\rangle = \sum_{n=1}^{\infty} |\alpha_n\rangle\langle\varphi|\alpha_n\rangle^* \qquad (4.114)$$

erfolgt dann eine explizite Zuordnung von $|\varphi\rangle$ und $\langle\varphi|$. Zu jedem $|\varphi\rangle \in \mathcal{H}$ gibt es genau ein solches $\langle\varphi| \in \mathcal{H}^*$.

4.5.5 Komponentendarstellung von Operatoren in einem VON-Basissystem

Wir haben bereits in Abschn. 4.5.2 an dem dyadischen Produkt gesehen, dass wir Operatoren aus Vektoren konstruieren können. In diesem Abschnitt wollen wir die Komponentendarstellung von Operatoren herleiten, wenn diese in einer Basis, also in einem speziell gewählten Koordinatensystem, dargestellt werden. Es zeigt sich dann, dass wir zur Beschreibung der Komponenten von Operatoren nicht einfach wie bei den Vektoren ein n-Tupel von Zahlen erhalten, sondern ein komplizierteres Zahlenschema benötigen, nämlich eine Anordnung der Komponenten in Matrizenform. Dies sehen wir am einfachsten wie folgt ein: Wir betrachten die Anwendung eines linearen, Hermite'schen Operators A auf einen ket-Vektor $|\psi\rangle$ und nehmen an, dass das Ergebnis dieser Operation der ket-Vektor $|\varphi\rangle$ sei:

$$|\varphi\rangle = A |\psi\rangle. \qquad (4.115)$$

Wir formen jetzt zunächst die rechte Seite dieser Gleichung durch Einfügen von Einsen mit Hilfe der Vollständigkeitsrelation in Def. 4.12 wie folgt um:

Beweis 4.10

$$|\varphi\rangle = A\,|\psi\rangle = \hat{1}\,A\,\hat{1}\,|\psi\rangle = \sum_{i=1}^{\infty} |\alpha_i\rangle\langle\alpha_i|\,A\,\sum_{j=1}^{\infty} |\alpha_j\rangle\langle\alpha_j|\psi\rangle$$

$$= \sum_{i=1}^{\infty}\sum_{j=1}^{\infty} |\alpha_i\rangle\,\underbrace{\langle\alpha_i|\,A\,|\alpha_j\rangle}_{=\,A_{ij}}\,\langle\alpha_j|\psi\rangle = \sum_{i=1}^{\infty}\sum_{j=1}^{\infty} A_{ij}\,|\alpha_i\rangle\langle\alpha_j|\psi\rangle$$

$$\underset{\underset{\text{Gl. (4.98)}}{\uparrow}}{=} \sum_{i=1}^{\infty}\sum_{j=1}^{\infty} A_{ij}\,|\alpha_i\rangle\langle\alpha_j|\sum_{k=1}^{\infty} c_k|\alpha_k\rangle = \sum_{i=1}^{\infty}\sum_{j=1}^{\infty}\sum_{k=1}^{\infty} A_{ij}\,|\alpha_i\rangle\,c_k\,\underbrace{\langle\alpha_j|\alpha_k\rangle}_{=\,\delta_{jk}}$$

$$= \sum_{i=1}^{\infty}\sum_{j=1}^{\infty} A_{ij}|\alpha_i\rangle\,c_j. \tag{4.116}$$

$\square$

Was haben wir damit erreicht? Wir haben zum Einen die sogen. *Matrixelemente* A_{ij} als die Komponenten eines Operators A eingeführt und halten dies in einer Definition fest:

Definition 4.21 (Matrixelemente A_{ij} eines Operators A)
Die Komponenten eines Operators A in einer beliebigen VON-Basis $\mathcal{B} = \{|\alpha_i\rangle\}$ sind die Matrixelemente A_{ij}. Sie sind definiert als

$$A_{ij} = \langle\alpha_i|\,A\,|\alpha_j\rangle. \tag{4.117}$$

Die einzelnen Komponenten A_{ij} des Operators lassen sich wie folgt in einer Matrix darstellen:

$$(A)_{ij} = \begin{pmatrix} A_{11} & A_{12} & \cdots & A_{1n} & \cdots \\ A_{21} & A_{22} & \cdots & A_{2n} & \cdots \\ \vdots & \vdots & \ddots & \vdots & \vdots \\ A_{n1} & A_{n2} & \cdots & A_{nn} & \cdots \\ \vdots & \vdots & \vdots & \vdots & \ddots \end{pmatrix}. \tag{4.118}$$

Zum Anderen haben wir nichts an der Gl. (4.115) geändert (nur zweimal mit 1 multipliziert) und den ket-Vektor $|\psi\rangle$ gemäß Gl. (4.98) in der Basis $\mathcal{B} = \{|\alpha_i\rangle\}$ entwickelt. Damit haben wir die Gleichung in eine Form gebracht, die es uns erlauben wird, Kronecker-Deltas zu erzeugen, mit deren Hilfe wir wiederum eine Vereinfachung erzielen werden. Der Leser sollte sich diese Methode der algebraischen Umformung mit Hilfe der Vollständigkeitsrelation gut einprägen.

Hier sei noch eine Bemerkung über die verschiedenen Indizes bei den Summen in Gl. (4.116) angefügt, da dies erfahrungsgemäß für Studierende am Anfang verwirrend sein kann: Hierzu muss man verstehen, dass die Wahl von Summationsindizes in Summen $(i, k, j, n, m, \ldots)$ prinzipiell beliebig ist, denn wenn über den Index summiert wird, ist es ein sogen. „Dummy"-Index. Er dient nur als Platzhalter für Zahlen. Wichtig ist jedoch, die verschiedenen Summationen voneinander zu unterscheiden, also für jedes Summenzeichen auch einen eigenen Index zu verwenden. Sonst wäre nicht mehr klar, wie die Summationen wirklich auszuführen sind. Dies möge sich der Leser klar machen, indem er z. B. die Indizes j und k in den Summen von Gl. (4.116) einmal durch i ersetzt und dann versucht, die Terme der Summationen explizit aufzuschreiben.

Wir multiplizieren jetzt Gl. (4.116) von links mit einem Basisvektor $\langle \alpha_k |$ und erhalten

$$
\langle \alpha_k | \varphi \rangle \underset{\underset{\text{Gl. (4.98)}}{\uparrow}}{=} \langle \alpha_k | \sum_{i=1}^{\infty} b_i | \alpha_i \rangle = \sum_{i=1}^{\infty} b_i \underbrace{\langle \alpha_k | \alpha_i \rangle}_{\delta_{ki}} = \underline{b_k}
$$

$$
\underset{\underset{\text{Gl. (4.116)}}{\uparrow}}{=} \langle \alpha_k | \sum_{i=1}^{\infty} \sum_{j=1}^{\infty} A_{ij} | \alpha_i \rangle c_j = \sum_{i=1}^{\infty} \sum_{j=1}^{\infty} \underbrace{\langle \alpha_k | \alpha_i \rangle}_{= \delta_{ki}} A_{ij} c_j = \underline{\sum_{j=1}^{\infty} A_{kj} c_j}.
$$

$$(4.119)$$

Die beiden hierin unterstrichenen Terme ergeben also letztlich:

$$
b_k = \sum_{j=1}^{\infty} A_{kj} c_j. \tag{4.120}
$$

Diese Gleichung kann man als Matrixgleichung interpretieren. Den Spaltenvektor links erhält man als das Produkt einer Matrix mit einem Spaltenvektor. Sowohl die beiden Spaltenvektoren als auch die Matrix haben jeweils unendlich viele Einträge. In Matrix-Notation kann Gl. (4.120) daher so geschrieben werden:

$$
\begin{pmatrix} b_1 \\ b_2 \\ \vdots \\ b_n \\ \vdots \end{pmatrix} = \begin{pmatrix} A_{11} & A_{12} & \cdots & A_{1n} & \cdots \\ A_{21} & A_{22} & \cdots & A_{2n} & \cdots \\ \vdots & \vdots & \ddots & \vdots & \vdots \\ A_{n1} & A_{n2} & \cdots & A_{nn} & \cdots \\ \vdots & \vdots & \vdots & \vdots & \ddots \end{pmatrix} \begin{pmatrix} c_1 \\ c_2 \\ \vdots \\ c_n \\ \vdots \end{pmatrix}. \tag{4.121}
$$

Diese Gleichung ist eine Darstellung der abstrakten (vom Koordinatensystem unabhängigen) Gleichung $|\varphi\rangle = A |\psi\rangle$. In der Matrizenschreibweise wurde die Quantenmechanik von W. Heisenberg 1925 während eines Erholungsaufenthalts auf der Insel Helgoland entwickelt.

Die Matrixelemente $A_{ij}^\dagger$ des zu A adjungierten Operators $A^\dagger$ in der Basis $\mathcal{B} = \{|\alpha_i\rangle\}$ erhalten wir folgendermaßen:

$$(A)_{ij}^\dagger = \langle \alpha_i | A^\dagger | \alpha_j \rangle = \langle A\,\alpha_i | \alpha_j \rangle = \langle \alpha_i | A\,\alpha_j \rangle^* = (A)_{ij}^*. \tag{4.122}$$

Damit ist

$$\boxed{(A)_{ij}^\dagger = (A)_{ij}^*.} \tag{4.123}$$

Man muss also die Elemente an der Diagonalen spiegeln und zum konjugiert Komplexen übergehen. Für einen Hermite'schen Operator gilt

$$\boxed{(A)_{nm} = (A)_{mn}^*.} \tag{4.124}$$

Hier sind die Diagonalelemente (das sind die Eigenwerte) reell, und die an der Diagonalen durch Spiegelung übergehenden Elemente sind konjugiert komplex.

Das äußere Produkt zweier Hilbert-Vektoren
Wir betrachten nun das äußere Produkt der beiden Vektoren $|\psi\rangle$ und $\langle\varphi|$, wenn wir die Vektoren durch ihre Komponenten in einer Basis gemäß Gl. (4.100) ersetzen. Wir erhalten dann als Matrixdarstellung des resultierenden Operators:

$$\hat{O} = |\psi\rangle\langle\varphi| = \begin{pmatrix} c_1 & 0 & \cdots \\ c_2 & 0 & \cdots \\ \vdots & \vdots & \ddots \end{pmatrix} \times \begin{pmatrix} d_1^* & d_2^* & \cdots \\ 0 & 0 & \cdots \\ \vdots & \vdots & \ddots \end{pmatrix} = \begin{pmatrix} c_1\,d_1^* & c_1\,d_2^* & \cdots \\ c_2\,d_1^* & c_2\,d_2^* & \cdots \\ \vdots & \vdots & \ddots \end{pmatrix}. \tag{4.125}$$

Dabei haben wir formal den Spalten- und den Zeilenvektor durch Nullen ergänzt. Der Operator $\hat{O}$ wirkt auf einen ket-Vektor $|\beta\rangle$ bzw. einen bra-Vektor $\langle\beta|$ wie folgt:

$$\hat{O}|\beta\rangle = |\psi\rangle \underbrace{\langle\varphi|\beta\rangle}_{\text{Skalarprodukt}}, \tag{4.126}$$

$$\langle\beta|\hat{O} = \underbrace{\langle\beta|\psi\rangle}_{\text{Skalarprodukt}} \langle\varphi|. \tag{4.127}$$

In der Matrixdarstellung ist dies unmittelbar klar:

$$\hat{O}|\beta\rangle = \begin{pmatrix} c_1\,d_1^* & c_1\,d_2^* & \cdots \\ c_2\,d_1^* & c_2\,d_2^* & \cdots \\ \vdots & \vdots & \ddots \end{pmatrix} \times \begin{pmatrix} b_1 & 0 & \cdots \\ b_2 & 0 & \cdots \\ \vdots & \vdots & \ddots \end{pmatrix} = \begin{pmatrix} c_1\,d_1^*b_1 + c_1\,d_2^*b_2 + \cdots & 0 & \cdots \\ c_2\,d_1^*b_1 + c_2\,d_2^*b_2 + \cdots & 0 & \cdots \\ \vdots & & \vdots & \ddots \end{pmatrix}$$

$$= \left(d_1^*b_1 + d_2^*b_2 + d_3^*b_3 + \dots \right) \times \begin{pmatrix} c_1 & 0 & \cdots \\ c_2 & 0 & \cdots \\ \vdots & \vdots & \ddots \end{pmatrix} = \langle\varphi|\beta\rangle\,|\psi\rangle, \tag{4.128}$$

$$\langle \beta | \hat{O} = \begin{pmatrix} b_1^* & b_2^* & \cdots \\ 0 & 0 & \cdots \\ \vdots & \vdots & \ddots \end{pmatrix} \times \begin{pmatrix} c_1 d_1^* & c_1 d_2^* & \cdots \\ c_2 d_1^* & c_2 d_2^* & \cdots \\ \vdots & \vdots & \ddots \end{pmatrix}$$

$$= \begin{pmatrix} b_1^* c_1 d_1^* + b_2^* c_2 d_1^* + \cdots + b_1^* c_1 d_2^* + b_2^* c_2 d_2^* + \cdots \cdots \\ 0 \qquad\qquad\qquad\qquad 0 \qquad\qquad\qquad \cdots \\ \vdots \qquad\qquad\qquad\qquad \vdots \qquad\qquad\qquad \ddots \end{pmatrix} \qquad (4.129)$$

$$= (b_1^* c_1 + b_2^* + \cdots) \times \begin{pmatrix} d_1^* & d_2^* c_2 & \cdots \\ 0 & 0 & \cdots \\ \vdots & \vdots & \ddots \end{pmatrix} = \langle \beta | \psi \rangle \, \langle \varphi |.$$

Auf die bra-Vektoren wirken die Operatoren immer von rechts nach links, wie der Hermite'sch konjugierte Operator:

$$\langle \psi | = \langle \psi | A = \langle A^\dagger \psi |. \qquad (4.130)$$

Beweis 4.11 Wir zeigen dies in der Matrixdarstellung:

$$\begin{pmatrix} d_1^* & d_2^* & \cdots \\ 0 & 0 & \cdots \\ \vdots & \vdots & \ddots \end{pmatrix} = \begin{pmatrix} c_1^* & d_2^* & \cdots \\ 0 & 0 & \cdots \\ \vdots & \vdots & \ddots \end{pmatrix} \times \begin{pmatrix} A_{11} & A_{12} & \cdots \\ A_{21} & 0 A_{22} & \cdots \\ \vdots & \vdots & \ddots \end{pmatrix}$$

$$= \begin{pmatrix} c_1^* A_{11} + c_2^* A_{21} + \cdots & c_1^* A_{21} + c_2^* A_{22} + \cdots \cdots \\ 0 \qquad\qquad\qquad 0 \qquad\qquad \cdots \\ \vdots \qquad\qquad\qquad \vdots \qquad\qquad \ddots \end{pmatrix}.$$

Beim Vergleich sehen wir also, dass gilt:

$$d_n^* = \sum_m^\infty c_m^* A_{mn} = \Big[\sum_m^\infty c_m \underbrace{A_{mn}^*}_{= A_{nm}^\dagger} \Big]^* = \big[(A^\dagger)_{nm} c_m \big]^*.$$

$\square$

Damit ist klar, dass im Skalarprodukt

$$\langle \varphi \overset{A^\dagger}{\underset{\Leftarrow}{|}} A \overset{A}{\underset{\Rightarrow}{|}} \psi \rangle$$

der Operator A entweder nach rechts auf den ket-Vektor $|\psi\rangle$ oder nach links auf den bra-Vektor $\langle \varphi |$ wie $A^\dagger$ wirken kann. Man braucht daher keine zwei Schreibweisen wie etwa

$$\langle \varphi | A \, \psi \rangle = \langle \varphi | A | \psi \rangle = \langle A^\dagger \varphi | \psi \rangle.$$

Die Eigenwertgleichung

Wählt man als Basis von $\mathcal{H}$ gerade den vollständigen Satz $|a_n\rangle$ von Eigenzuständen des Hermite'schen Operators A, dann hat die Matrix $(A)_{ij}$ Diagonalform, wobei man auf der Diagonalen direkt die Eigenwerte von A ablesen kann.

$$A_{ij} = \langle \alpha_i | A | \alpha_j \rangle = \langle \alpha_i | a_j | \alpha_j \rangle = a_j \langle \alpha_i | \alpha_j \rangle = a_j \, \delta_{ij} = a_i. \tag{4.131}$$

Hieraus folgt

$$(A)_{ij} = \begin{pmatrix} a_1 & 0 & 0 & \cdots \\ 0 & a_2 & 0 & \cdots \\ 0 & 0 & a_3 & \cdots \\ \vdots & \vdots & \vdots & \ddots \end{pmatrix}. \tag{4.132}$$

Wichtig ist in diesem Zusammenhang, dass es stets eine unitäre Transformation gibt, die eine Matrix A auf die Diagonalgestalt wie in Gl. (4.132) bringt. Das sieht man wie folgt:

$$\langle \alpha_i | A | \alpha_j \rangle = a_j \, \delta_{ij} = \sum_{n=1}^{\infty} \sum_{m=1}^{\infty} \langle a_i | \alpha_n \rangle \langle \alpha_n | A | \alpha_m \rangle \langle \alpha_m | a_j \rangle. \tag{4.133}$$

$\langle \alpha_n | A | \alpha_m \rangle$ ist das (n, m)-Matrixelement von A in der Basis der $\{|\alpha_i\rangle\}$. Wir definieren

$$U_{ki} = \langle a_k | \alpha_i \rangle \tag{4.134}$$

als das (k, i)-Element der Matrix U. Dann ist gemäß

$$\langle \alpha_m | a_j \rangle = \langle a_j | \alpha_m \rangle^* = U_{jm}^* = (U^\dagger)_{mj} \tag{4.135}$$

das (m, j)-Element der adjungierten Matrix $U^\dagger$. Das bedeutet für Gl. (4.133):

$$a_j \, \delta_{ij} = \sum_{m=1}^{\infty} \langle a_i | \alpha_n \rangle U_{in} A_{nm} (U^\dagger)_{mj} = U \, A \, U^\dagger. \tag{4.136}$$

Die unitäre Matrix U, die A diagonalisiert, ist also aus den Eigenvektoren von A aufgebaut. In der i-ten Zeile stehen die konjugiert-komplexen Komponenten des i-ten Eigenzustands $|a_i\rangle$ in der Basis der $\{|\alpha_i\rangle\}$. Man überzeugt sich leicht durch direktes Ausrechnen davon, dass sie die Bedingung $U^\dagger U = \hat{1}$ in Def. (4.18) erfüllt.

Die Spur Sp(A) einer Matrix

Wir definieren die Spur Sp(A), im Englischen Trace Tr(A), einer Matrix A als die Summe ihrer Diagonalelemente:

Definition 4.22 (Die Spur Sp(A) einer Matrix A)
Die Definition der Spur einer Matrix A ist:

$$\text{Sp}(A) = \sum_i \langle \alpha_i | A | \alpha_i \rangle. \tag{4.137}$$

Es gilt der folgende wichtige Satz:

Satz 4.4
Die Spur einer Matrix ist unabhängig von der Darstellung, d. h. unabhängig von der verwendeten VON-Basis $\mathcal{A} = \{|\alpha_i\rangle\}$.

Beweis 4.12 Wir müssen zeigen, dass man, ausgehend von $\text{Sp}(A) = \sum_i \langle \alpha_i | A | \alpha_i \rangle$, dieselbe Darstellung von $\text{Sp}(A)$ in einer anderen VON-Basis, z. B. $\mathcal{B} = \{|\beta_n\rangle\}$, erhält. Um dies zu zeigen, verwenden wir wieder die Vollständigkeitsrelation $\left(1 = \sum_n |\beta_n\rangle\langle\beta_n|\right)$ und konstruieren damit Kronecker-Deltas:

$$\text{Sp}(A) = \sum_n \langle \alpha_n | A | \alpha_n \rangle = \sum_n \sum_{m,l} \langle \alpha_n | \beta_m \rangle \langle \beta_m | A | \beta_l \rangle \langle \beta_l | \alpha_n \rangle$$

$$= \sum_{m,l} \langle \beta_l | \underbrace{\left(\sum_n |\alpha_n\rangle\langle\alpha_n| \right)}_{=1} |\beta_m\rangle \langle \beta_m | A | \beta_l \rangle = \sum_{m,l} \underbrace{\langle \beta_l | \beta_m \rangle}_{=\delta_{lm}} \langle \beta_m | A | \beta_l \rangle$$

$$= \sum_{l,m} \delta_{lm} \langle \beta_m | A | \beta_l \rangle = \sum_m \langle \beta_m | A | \beta_m \rangle.$$

Weil die VON-Systeme beliebig gewählt werden können, ist dies der Beweis des obigen Satzes. $\qquad\Box$

4.6 Eigenwerte und Eigenvektoren Hermite'scher Operatoren

Der Mittelwert eines Hermite'schen Operators A im Zustand $|\psi\rangle$ ist durch

$$\langle A \rangle = \langle \psi | A\psi \rangle = \langle \psi | A | \psi \rangle \in \mathbb{R} \qquad (4.138)$$

gegeben. Bei einer Messreihe einer physikalischen Observablen, d. h. einer physikalischen Größe, die man messen kann und der damit ein quantenmechanischer Operator A zugeordnet werden kann (siehe Abschn. 4.7), finden wir bei einem System, das durch den Zustandsvektor $|\psi\rangle$ beschrieben wird, den obigen Mittelwert. Bei einer Einzelmessung finden wir im Allgemeinen nicht immer diesen Mittelwert. Ist z. B. $A = \hat{x}$ der Ortsoperator, so erhalten wir eine Wahrscheinlichkeitsverteilung $w(x)$. Neben kontinuierlichen Verteilungen können auch *diskrete* Verteilungen vorliegen. So ist etwa p_n die Wahrscheinlichkeit dafür, den diskreten Wert A_n zu finden, siehe Abb. 4.5.

Frage:
Wie muss der Zustand $|\psi\rangle$ beschaffen sein, damit die Verteilung scharf wird, d. h. damit man *immer* den Wert $\langle A \rangle$ misst?

Antwort:
Ein Maß für die Breite einer Verteilung (und dies gilt ganz allgemein, nicht nur in der Quantenmechanik) ist die *Streuung:*

Definition 4.23 (Streuung (Varianz) einer Verteilung)

$$(\Delta A)^2 = \langle (A - \langle A \rangle)^2 \rangle = \langle \psi | (A - \langle A \rangle)^2 \psi \rangle = \langle A^2 \rangle - \langle A \rangle^2. \qquad (4.139)$$

Wenn die Breite dieser Verteilung null ist, so ist die Verteilung scharf, d. h. es ist

$$\langle \psi | (A - \langle A \rangle)^2 \psi \rangle = 0. \qquad (4.140)$$

Weil A außerdem Hermite'sch ist (wie alle Operatoren in der Quantenmechanik, die Observablen zugeordnet sind), gilt:

$$\langle (A - \langle A \rangle) \psi | (A - \langle A \rangle)\psi \rangle = 0 \quad \Longrightarrow \quad (A - \langle A \rangle)|\psi\rangle = 0 \qquad (4.141)$$

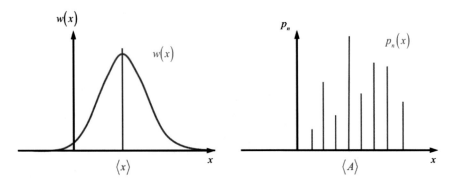

Abb. 4.5 Kontinuierliche $w(x)$ und diskrete Wahrscheinlichkeitsverteilung p_n. Die diskrete Verteilung nennt man auch Häufigkeitsverteilung, weil einfach nur die Anzahlen der Ereignisse für einen bestimmten, diskreten Wert, in diesem Falle entlang der x-Achse, gezählt werden

bzw. nach elementarer Umformung:

$$A \, |\psi\rangle = \langle A \rangle \, |\psi\rangle = a \, |\psi\rangle.$$ (4.142)

Die Größe $\langle A \rangle = a$ ist der Eigenwert des Vektors $|\psi\rangle$; er ist reell, weil A Hermite'sch ist. Der Vektor $|\psi\rangle$ muss daher Eigenvektor zum Operator A sein. Der Mittelwert (also der Erwartungswert) ist dann gleich dem Eigenwert. Eine Eigenwertgleichung der obigen Form ist uns schon in Gl. (3.123) bei den Lösungen der stationären Schrödinger-Gleichung begegnet. Bei den Anzahlen bzw. bei der Verteilung der Eigenwerte sind nun verschiedene Fälle zu unterscheiden, je nach physikalischem Problem:

1. **Nur diskrete Eigenwerte**

   a) Endlich viele Eigenwerte
      Beispiel: Der Paritätsoperator mit den Eigenwerten ± 1
   b) Unendlich viele Eigenwerte
      Beispiele: Harmonischer Oszillator, Kasten mit unendlich hohen Wänden.

2. **Nur kontinuierliche Verteilung von Eigenwerten**
   Beispiel: Beim freien Teilchen ist jeder beliebige Energiewert $E > 0$ möglich.
3. **Diskrete und kontinuierlich verteilte Eigenwerte**

   a) Endliche Anzahl diskreter Eigenwerte und ein kontinuierliches Spektrum
      Beispiel: Potenzialtopf mit endlich hohen Potenzialwänden
   b) Unendliche Anzahl diskreter Eigenwerte und kontinuierliches Spektrum
      Beispiel: H-Atom

Der Einfachheit halber wollen wir uns zunächst nur auf eine *diskrete* Eigenwertverteilung mit unendlich vielen Eigenwerten und Eigenvektoren beschränken. Dafür gilt

$$A|\psi_n\rangle = a_n|\psi_n\rangle, \qquad a_1, a_2, a_3, \ldots, \qquad |\psi_1\rangle, |\psi_2\rangle, |\psi_3\rangle \ldots \tag{4.143}$$

4.6.1 Der Begriff der Entartung

Gibt es zu einem Eigenwert mehrere linear unabhängige Eigenvektoren, so sagt man, dieser Eigenwert sei entartet, andernfalls, er sei nicht entartet. Gibt es λ Eigenvektoren zum selben Eigenwert, so sagt man, dieser Eigenwert sei λ-fach entartet. „Einfach entartet" wäre nach dieser Terminologie „nicht entartet". Bei entarteten Eigenwerten ist es meistens zweckmäßig, eine Doppelindizierung einzuführen in der Form:

$$A|\psi_{n\alpha}\rangle = a_n|\psi_{n\alpha}\rangle, \qquad |\psi_{n,1}\rangle, |\psi_{n,2}\rangle, \ldots, |\psi_{n,\lambda_n}\rangle \ldots \tag{4.144}$$

Der Parameter $\alpha \in [1, \lambda_n]$ nummeriert dabei die Entartung durch.

4.6.2 Orthogonalität von Eigenvektoren

Eigenvektoren von Hermite'schen Operatoren, die zu verschiedenen Eigenwerten gehören, sind stets orthogonal; dies gilt auch für unitäre Operatoren.

Beweis 4.13 (Orthogonalität von Eigenvektoren) Es ist

$$A|\psi_1\rangle = a_1|\psi_1\rangle \qquad \text{mit} \qquad a_1, a_2 \in \mathbb{R}, \quad a_1 \neq a_2,$$
$$A|\psi_2\rangle = a_2|\psi_2\rangle.$$

Aus der letzten Gleichung wird durch Multiplikation mit $\langle\psi_1|$:

$$\boxed{\langle\psi_1|A\psi_2\rangle = a_2\langle\psi_1|\psi_2\rangle.}$$

Andererseits können wir schreiben:

$$\langle\psi_1|A\psi_2\rangle = \langle A^\dagger\psi_1|\psi_2\rangle = \langle A\psi_1|\psi_2\rangle = \langle\psi_2|A\psi_1\rangle^* \underset{\underset{a_1 \in \mathbb{R}}{\uparrow}}{=} a_1\langle\psi_2|\psi_1\rangle^* = a_1\langle\psi_1|\psi_2\rangle$$

bzw.

$$\boxed{\langle\psi_1|A\psi_2\rangle = a_1\langle\psi_1|\psi_2\rangle.}$$

Durch Subtraktion der obigen beiden eingerahmten Gleichungen erhalten wir

$$\boxed{(a_2 - a_1)\langle\psi_1|A\psi_2\rangle = 0 \implies \langle\psi_1|\psi_2\rangle = 0.}$$

□

Im Fall der Entartung ($a_1 = a_2$) funktioniert dieser Beweis nicht. In diesem Falle stehen auch die Eigenvektoren im Allgemeinen nicht senkrecht aufeinander.

Der Fall ohne Entartung

Die zu den Eigenwerten a_i gehörenden Eigenvektoren $|\psi_i\rangle$ sind alle zueinander orthogonal. Da auch kein Eigenvektor der Nullvektor sein soll (denn dann ist die Lösung trivial), kann man diese Eigenvektoren immer (z. B. nach dem Gram-Schmidt-Algorithmus, siehe Alg. 4.1) normieren, und man erhält damit ein orthonormiertes System von Eigenvektoren $|\psi_i\rangle$, die man als Basisvektoren verwenden kann:

$$\langle\psi_n|\psi_m\rangle = \delta_{nm}. \tag{4.145}$$

Es lässt sich außerdem zeigen, dass solche Systeme vollständig sind. (Auf diesen Beweis verzichte ich hier und verweise auf die mathematische Literatur.) Wir haben in Abschn. 4.5 gesehen, dass die Matrixdarstellung eines Operators A in dem System der Basisvektoren, die Eigenvektoren zu A sind, eine sogen. Hauptachsengestalt hat:

$$(A_{nm}) = \langle\psi_n|A\psi_m\rangle = a_m\delta_{nm}, \tag{4.146}$$

also

$$(A_{nm}) = \begin{pmatrix} a_1 & 0 & 0 & 0 & \cdots \\ 0 & a_2 & 0 & 0 & \cdots \\ 0 & 0 & a_3 & 0 & \vdots \\ 0 & 0 & 0 & a_4 & \cdots \\ \vdots & \vdots & \vdots & \vdots & \ddots \end{pmatrix}.$$

Die Matrix enthält in der Diagonalen die Eigenwerte, und die Nichtdiagonalglieder sind alle null. In einer anderen Basis sind die Matrixelemente im Allgemeinen nicht diagonal. Das Aufsuchen der Eigenwerte besteht dann in diesem Bild in der Diagonalisierung einer ∞-dimensionalen Matrix.

Der Fall mit Entartung

Sind die Eigenwerte entartet, d. h. gehören zu a_n die insgesamt λ_n linear unabhängigen Eigenvektoren (mit der Doppelindizierung aus Abschn. 4.6.1),

$$|\psi_{n,1}\rangle, |\psi_{n,2}\rangle, \ldots, |\psi_{n,\lambda_n}\rangle, \tag{4.147}$$

so sind zwar die Eigenvektoren $|\psi_{n,\alpha}\rangle$ und $|\psi_{m,\beta}\rangle$ nach unserem Beweis 4.13 orthogonal,

$$\langle \psi_{n,\alpha} | \psi_{m,\beta} \rangle \qquad n \neq m, \qquad (4.148)$$

aber die Eigenvektoren zum selben Eigenwert a_n sind im Allgemeinen nicht orthogonal. Hier gilt jedoch der

Satz 4.5
Durch geeignete Linearkombination der λ linear unabhängigen Eigenvektoren kann man erreichen, dass alle Eigenvektoren orthogonal werden.

Wir wollen uns dies mit Hilfe des *Gram-Schmidt-Orthonormierungsverfahrens* klar machen, das wir in Exkurs 4.4 näher erläutern. Im Alg. 4.1 formulieren wir das Verfahren zusätzlich als Pseudocode. Dabei wollen wir den überall vorkommenden Index n der Übersichtlichkeit halber unterdrücken, d. h. wir müssen die λ linear unabhängigen Eigenvektoren

$$|\psi_1\rangle, |\psi_2\rangle, |\psi_3\rangle, \ldots, |\psi_\lambda\rangle \qquad (4.149)$$

orthonormieren. Wir wählen neue Eigenvektoren $|\varphi_\alpha\rangle$ nach dem folgenden Verfahren gemäß Alg. 4.1:

1. $\boxed{|\varphi_1\rangle = c_1^{(1)}|\psi_1\rangle,}$
   wobei die Konstante $c_1^{(1)}$ aus $\langle \varphi_1 | \varphi_1 \rangle = 1$ folgt.

2. $\boxed{|\varphi_2\rangle = c_1^{(2)}|\psi_1\rangle + c_2^{(2)}|\psi_2\rangle,}$
   wobei die beiden Konstanten $c_1^{(2)}$ und $c_2^{(2)}$ aus $\langle \varphi_2 | \varphi_2 \rangle = 1$ und $\langle \varphi_2 | \varphi_1 \rangle = 0$ folgen.

3. $\boxed{|\varphi_3\rangle = c_1^{(3)}|\psi_1\rangle + c_2^{(3)}|\psi_2\rangle + c_3^{(3)}|\psi_3\rangle,}$
   wobei die drei Konstanten $c_1^{(3)}$, $c_2^{(3)}$ und $c_3^{(3)}$ aus $\langle \varphi_3 | \varphi_3 \rangle = 1$, $\langle \varphi_3 | \varphi_2 \rangle = 0$ und $\langle \varphi_3 | \varphi_1 \rangle = 0$ folgen.

Offenbar können wir dieses Verfahren fortführen, bis wir zu

$$|\varphi_\lambda\rangle = c_1^{(\lambda)}|\psi_1\rangle + \cdots + c_\lambda^{(\lambda)}|\psi_\lambda\rangle \qquad (4.150)$$

kommen. Dieses Verfahren ist sicher möglich, da wir λ unabhängige Eigenvektoren $|\psi_\alpha\rangle$ vorausgesetzt hatten. Es muss also gelten:

$$\langle \varphi_\alpha | \varphi_\beta \rangle = \delta_{\alpha\beta} \qquad (4.151)$$

bzw., wenn wir wieder $|\psi\rangle$ anstelle von $|\varphi\rangle$ schreiben und den Index n nicht unterdrücken:

$$\langle \psi_{n,\alpha} | \psi_{m,\beta} \rangle = \delta_{nm}\, \delta_{\alpha\beta}. \qquad (4.152)$$

Unsere wesentliche Erkenntnis aus dieser Herleitung lautet also: Im Fall der Entartung können die Eigenvektoren stets so gewählt werden, dass sie orthonormiert sind. Ohne Doppelindizierung, d. h. mit der folgenden Indizierung

Eigenvektoren zum Eigenwert a_1 :

$$
\begin{array}{llll}
i = 1 & \text{statt mit } n = 1 & \alpha = 1 \\
i = 2 & \text{statt mit } n = 1 & \alpha = 2 \\
\\
i = \vdots & \text{statt mit } n = 1 & \alpha = \vdots \\
i = \lambda_1 & \text{statt mit } n = 1 & \alpha = \lambda_1,
\end{array}
$$

Eigenvektoren zum Eigenwert a_2 :

$$
\begin{array}{llll}
i = \lambda_1 + 1 & \text{statt mit } n = 2 & \alpha = 1 \\
i = \lambda_2 + 2 & \text{statt mit } n = 2 & \alpha = 2 \\
\\
i = \vdots & \text{statt mit } n = 2 & \alpha = \vdots \\
i = \lambda_1 + \lambda_2 & \text{statt mit } n = 2 & \alpha = \lambda_2
\end{array}
$$

$$
\begin{array}{llll}
\vdots & \vdots & \vdots \\
\\
i = \vdots & \text{statt mit } n = \vdots & \alpha = \vdots,
\end{array}
$$

lautet diese Vorschrift einfach:

$$\langle \psi_i | \psi_j \rangle = \delta_{ij}. \qquad (4.153)$$

Auch wenn entartete Eigenwerte auftreten, sind die Eigenvektoren vollständig. Wir können also auch dieses System als orthonormiertes und vollständiges Basissystem verwenden und jeden Vektor gemäß Gl. (4.40) bzw. (4.42) darin entwickeln.

Mathematischer Exkurs 4.4 (Gram-Schmidt-Orthonormierung)
Wir haben bereits in Abschn. 4.2 gelernt, dass wir ganz allgemein Funktionen $f(x)$ auch als Vektoren eines abstrakten, linearen Vektorraums, des *Funktionenraums*, auffassen bzw. interpretieren können. Dementsprechend ist es auch möglich, den Begriff der Orthogonalität auf Funktionen in Funktionenräumen anzuwenden, denn gewöhnliche Funktionen erfüllen alle Axiome des linearen Vektorraumes. Dies ist möglich, weil der Begriff des linearen Vektorraums

Abb. 4.6 Erläuterung zum
Vorgehen beim Orthonor-
mierungsverfahren von
Gram-Schmidt

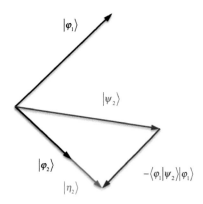

(s. Exkurs 4.2) über eine Anzahl von sehr allgemeinen, abstrakten Axiomen definiert ist.

Gegeben sei hier nun ein System von *linear unabhängigen* Vektoren $|\psi_1\rangle, |\psi_2\rangle, \ldots, |\psi_n\rangle$. Im **ersten Schritt** normieren wir den ersten Vektor nach:

$$|\varphi_1\rangle = \frac{|\psi_1\rangle}{\||\psi_1\rangle\|}. \tag{4.154}$$

Der Vektor $|\varphi_2\rangle$ wird nun so aus $|\psi_2\rangle$ konstruiert, dass er senkrecht auf $|\varphi_1\rangle$ steht. Das bedeutet, dass wir denjenigen Anteil von $|\psi_2\rangle$, der in Richtung von $|\varphi_1\rangle$ zeigt, von $|\psi_2\rangle$ abziehen müssen, siehe Abb. 4.6. Wir berechnen also zunächst den noch unnormierten Vektor

$$|\tilde\varphi_2\rangle = |\psi_2\rangle - \langle\varphi_1|\psi_2\rangle|\varphi_1\rangle. \tag{4.155}$$

Es gilt dann also $\langle\varphi_1|\tilde\varphi_2\rangle = 0$. Im nächsten Schritt normieren wir diesen Vektor und erhalten damit den neuen, orthonormierten Vektor

$$|\varphi_2\rangle = \frac{|\tilde\varphi_2\rangle}{\||\tilde\varphi_2\rangle\|}. \tag{4.156}$$

Um den dritten orthonormierten Vektor $|\varphi_3\rangle$ zu erhalten, muss man zunächst die *zwei* Anteile des Vektors $|\psi_3\rangle$ in Richtung von $|\varphi_1\rangle$ und $|\varphi_2\rangle$ von $|\psi_3\rangle$ subtrahieren und den dadurch entstehenden Vektor

$$|\tilde\varphi_3\rangle = |\psi_3\rangle - \langle\varphi_2|\psi_3\rangle|\varphi_2\rangle - \langle\varphi_1|\psi_3\rangle|\varphi_1\rangle \tag{4.157}$$

danach normieren. Wir gewinnen also für die Berechnung der orthonormierten Vektoren für den **Schritt n > 1** und $k = 2, 3, \ldots, n$ die folgende Formel:

$$|\tilde\varphi_k\rangle = |\psi_k\rangle - \sum_{l=1}^{k-1} \langle\varphi_l|\psi_k\rangle|\varphi_l\rangle. \tag{4.158}$$

Alle Vektoren $|\tilde{\varphi}_n\rangle$ müssen dann noch normiert werden:

$$|\varphi_k\rangle = \frac{|\tilde{\varphi}_k\rangle}{\big|\big| |\tilde{\varphi}_k\rangle \big|\big|}. \tag{4.159}$$

Das ganze Verfahren der Orthonormierung stellt einen Algorithmus dar, der als Pseudocode in Alg. 4.1 aufgeführt ist.

Algorithmus 4.1: Gram-Schmidt-Algorithmus (Pseudocode)

Input: Eine endliche Menge von n linear unabhängigen Vektoren $\{|\psi_n\rangle\}$.
Output: Ein System von n vollständig orthonormierten Vektoren $\{|\varphi_n\rangle\}$.

```
1  i ← 1
2  |φ₁⟩ ← |ψ₁⟩
3  Normiere den ersten Vektor |φ₁⟩ gemäß Gl. (4.155).
4  {|φ₁⟩} ← |ψ₁⟩
5  for i ← 2 to n do
6  │  for k ← 1 to i do
7  │  │  Berechne |φ̃ₖ⟩ gemäß Gl. (4.158).
8  │  end
9  │  Normiere den Vektor |φ̃ₖ⟩ gemäß Gl. (4.159).
10 │  |φₖ⟩ ← |φ̃ₖ⟩
11 │  {|φᵢ⟩} ← |φₖ⟩
12 end
13 return {|φₙ⟩}
```

In Satz 4.5 und in Exkurs 4.4 wurde als Voraussetzung für die Orthogonalisierung aller Eigenvektoren genannt, dass der anfängliche Satz an Eigenvektoren linear unabhängig sein musste. Ich möchte an dieser Stelle für den Lernenden noch kurz erläutern, was damit gemeint ist: Linear unabhängige Vektoren $\{|\psi_i\rangle\}$ bzw. Funktionen $\{f_i(x)\}$ sind dadurch ausgezeichnet, dass sich der Nullvektor als Linearkombination der Funktionen bzw. der Vektoren

$$0 = \sum_{i=1}^{\infty} \alpha_i f_i(x) \tag{4.160}$$

nur dann darstellen lässt, wenn *alle* Koeffizienten $\alpha_i = 0$ sind. In diesem Fall verschwindet die Determinante D der Koeffizientenmatrix.

Beispiel 4.15 (Lineare Unabhängigkeit von Funktionen)

a) Prüfen Sie, ob die Funktionen

$$f_1(x) = x + 2y + z,$$
$$f_2(x) = x - y,$$
$$f_3(x) = 9x + 3z$$

linear unabhängig sind.

Lösung

Wir sehen leicht, dass die $\{f_i\}$ *linear abhängig* sind, denn wir können den Nullvektor z. B. schreiben als die Linearkombination $1 \cdot f_1(x) + 2 \cdot f_2(x) - 1/3 \cdot f_3(x)$. Die Berechnung der Koeffizienten-Determinante bestätigt unsere Aussage:

$$D = \begin{vmatrix} 1 & 2 & 1 \\ 1 & -1 & 1 \\ 9 & 0 & 3 \end{vmatrix} = 1 \cdot [(-1) \cdot 3) - (1 \cdot 0)] - 2 \cdot [(1 \cdot 3) - (1 \cdot 9)]$$
$$+ 1 \cdot [(1 \cdot 0) - 1 \cdot ((-1) \cdot 9)] = -3 - 12 + 9 = 0.$$

b) Prüfen Sie, ob die Funktionen

$$g_1(x) = x + y,$$
$$g_2(x) = x - y$$

linear unabhängig sind.

Lösung

Hier ergibt die Berechnung der Determinante D der Koeffizientenmatrix:

$$D = \begin{vmatrix} 1 & 1 \\ 1 & -1 \end{vmatrix} = -2 \neq 0.$$

Das homogene Gleichungssystem mit zwei Parametern α_1 und α_2 hat also nur die triviale Lösung $\alpha_1 = \alpha_2 = 0$. Damit sind die Funktionen $\{g_i(x)\}$ *linear unabhängig*. ∎

Die oben betrachteten Funktionen f_i bzw. die quantenmechanischen Zustandsfunktionen $\psi_i(\vec{x})$ sind i.A. Funktionen *mehrerer* Veränderlicher.

Ich möchte hier dem Leser noch ein einfaches Kriterium anbieten, mit dem leicht entschieden werden kann, ob ein Funktionensystem von Funktionen *einer* Variablen linear unabhängig ist. Dazu führen wir zunächst die Definition der nach dem polnischen Mathematiker Josef Hoëné-Wroński benannten *Wronski-Determinante* ein:

Definition 4.24 (Die Wronski-Determinante W)
Für n reell- oder komplexwertige Funktionen $\{f_i(x)\}$ auf einem Intervall I ist die *Wronski-Determinante* definiert durch

$$W(f_1, \ldots, f_n)(x) = \begin{vmatrix} f_1(x) & f_2(x) & \ldots & f_n(x) \\ f_1^{(1)}(x) & f_2^{(1)}(x) & \ldots & f_n^{(1)}(x) \\ \vdots & \vdots & \vdots & \vdots \\ f_1^{(n-1)}(x) & f_2^{(n-1)}(x) & \ldots & f_n^{(n-1)}(x) \end{vmatrix}, \quad x \in I,$$

(4.161)

wobei in der ersten Zeile die Funktionen stehen und in den weiteren Zeilen die hochgestellten Zahlen in Klammern die erste bis $(n-1)$-te Ableitung bezeichnen.

Es gilt für Wronski-Determinanten der folgende Satz

Satz 4.6
Für die Wronski-Determinante gelten die folgenden Aussagen:

a) *Es ist $W(x) = 0 \; \forall x \in I$ genau dann, wenn die Funktionen $f_i(x)$ linear abhängig sind.*
b) *Es ist $W(x) \neq 0 \; \forall x \in I$ genau dann, wenn die Funktionen $f_i(x)$ linear unabhängig sind. Insbesondere ist die Wronski-Determinante entweder identisch null, oder sie verschwindet für kein einziges $x \in I$.*

Beispiel 4.16 (Lineare Unabhängigkeit von Funktionen *einer* Veränderlichen)

a) Prüfen Sie, ob die drei Funktionen

$$f_1(x) = \sin(x),$$
$$f_2(x) = \sin(x - 1),$$
$$f_3(x) = \sin(x + 1)$$

linear unabhängig sind.

Lösung

Wir sehen leicht, dass die $\{f_i\}$ *linear abhängig* sind, denn wir können den Null-vektor z. B. schreiben als die Linearkombination der dritten und ersten Zeile. Die Berechnung der Wronski-Determinante bestätigt unsere Aussage:

$$W = \begin{vmatrix} \sin(x) & \sin(x-1) & \sin(x+1) \\ \cos(x) & cos(x-1) & \cos(x+1) \\ -\sin(x) & -\sin(x-1) & -\sin(x+1) \end{vmatrix} = 0.$$

Ich empfehle der Leserin, dies selbst zu überprüfen unter Benutzung der Additionstheoreme für Winkelfunktionen. Es gilt z. B. $\sin(x+1) = \cos(1)\sin(x) + \sin(1)\cos(x)$. Daher kann jede der drei Funktionen durch eine Linearkombination der zwei Funktionen $\sin(x)$ und $\cos(x)$ ausgedrückt werden.

b) Prüfen Sie, ob die Funktionen

$$g_1(x) = x,$$
$$g_2(x) = 1$$

linear unabhängig sind.

Lösung

Hier ergibt die Berechnung der Wronski-Determinante (mit $n = 2$):

$$W = \begin{vmatrix} x & 1 \\ 1 & 0 \end{vmatrix} = 1 \neq 0.$$

Damit sind die Funktionen $\{g_i(x)\}$ *linear unabhängig.* ∎

Kontinuierliche Eigenwertverteilung

Bei einer kontinuierlichen Eigenwertverteilung

$$A|\psi_a\rangle = a|\psi_a\rangle \tag{4.162}$$

dient der Eigenwert a selbst zweckmäßigerweise zur Unterscheidung der verschiedenen Eigenvektoren (Indexersatz). Man könnte auch mit einer Funktion $f(a)$ indizieren (d. h. $|\psi_f\rangle$). Eigenvektoren mit verschiedenen a sind sicher orthogonal:

$$\langle\psi_a|\psi_{a'}\rangle = 0 \quad \text{für} \quad a \neq a'. \tag{4.163}$$

Wenn nun eine Entwicklung wie im diskreten Fall, d. h.

$$|\psi\rangle = \sum_{n=1}^{\infty} c_n,$$

(4.164)

mit

$$|\psi\rangle = \sum_{n=1}^{\infty} c_n \langle \psi_m | \psi_n \rangle = \sum_{n=1}^{\infty} c_n \delta_{mn} = c_m,$$

(4.165)

auch im kontinuierlichen Fall gelten soll, d. h. bei

$$|\psi\rangle = \int_{-\infty}^{\infty} c(a) |\psi_a\rangle \, da$$

$$\langle \psi_{a'} | \psi \rangle = \int_{-\infty}^{\infty} c(a) \langle \psi_{a'} | \psi_a \rangle \, da = \int_{-\infty}^{\infty} c(a) \delta(a' - a) = c(a'),$$

dann muss $|\psi\rangle$ auf die Deltafunktion, s. Abschn. 4.9, normiert werden:

$$\boxed{\langle \psi_a | \psi_{a'} \rangle = \delta(a - a').}$$

(4.166)

Wir wollen uns an zwei physikalischen Beispielen davon überzeugen, dass dies tatsächlich möglich ist.

Beispiel 4.17 (Die Impulseigenfunktion)
Eine mögliche Lösung der eindimensionalen Schrödinger-Gleichung ist die Eigenfunktion zum Impulsoperator $A = \hat{p} = \frac{\hbar}{i} \frac{\partial}{\partial x}$:

$$\psi_p(x) = \frac{1}{\sqrt{2\pi\hbar}} e^{ipx/\hbar}.$$

Die Normierungsbedingung ergibt dann gerade die Fourier-Darstellung der Deltafunktion:

$$\langle \psi_p | \psi_{p'} \rangle = \int_{-\infty}^{\infty} \psi_p^*(x) \psi_{p'} \, dx = \frac{1}{2\pi\hbar} \int_{-\infty}^{\infty} e^{i(p'-p)/\hbar} \, dx = \delta(p - p').$$

■

Beispiel 4.18 (Freies Teilchen)
Wir betrachten jetzt ein freies Teilchen $A = \hat{H} = \hat{p}^2/(2m)$ mit kontinuierlichen, entarteten Eigenfunktionen als Lösung der Eigenwertgleichung $A\psi_E = E\psi_E$:

$$\psi_E^{\pm}(x) = \frac{\sqrt[4]{2m}}{\sqrt{4\pi\hbar}\sqrt[4]{E}} e^{\pm i\sqrt{2mE}x/\hbar}, \qquad E > 0.$$

Das $\pm$ steht für positive und für negative Ausbreitungsrichtung, weil die ebene Welle eines freien Teilchens nicht beschränkt ist und sich im ganzen Raum (im Eindimensionalen: in beide Richtungen) ausbreitet. Die Normierungsbedingung ergibt hier:

$$\int_{-\infty}^{\infty} \psi_E^{+*}(x)\psi_{E'}^{+}(x)\,dx = \frac{\sqrt{2m}}{4\pi\hbar\sqrt[4]{EE'}} \int_{-\infty}^{\infty} e^{\frac{i}{\hbar}\sqrt{2m}(\sqrt{E}-\sqrt{E'})x}\,dx$$

$$\underset{\xi=\frac{x}{\hbar}\sqrt{2m}}{=} \frac{1}{2\sqrt[4]{EE'}} \frac{1}{2\pi} \int_{-\infty}^{\infty} e^{i(\sqrt{E}-\sqrt{E'})\xi}\,d\xi = \frac{1}{2\sqrt[4]{EE'}}\delta(\sqrt{E}-\sqrt{E'})$$

$$= \frac{1}{2\sqrt[4]{EE'}}2\sqrt{E}\,\delta(E-E') = \delta(E-E').$$

Das Gleichheitszeichen in der letzten Zeile erhalten wir wegen

$$\delta[g(x)] = \sum_{n=1}^{\infty} \frac{\delta(x-x_n)}{|g'(x_n)|}, \tag{4.167}$$

mit $g(x) = \sqrt{x} - \sqrt{E'}$, und wegen $x_1 = E'$ als der einzigen Wurzel, d. h. $n = 1$ in Gl. (4.167):

$$\delta(\sqrt{x} - \sqrt{E'}) = \frac{\delta(x-E')}{|1/(2\sqrt{E'})|} = 2\sqrt{E'}\delta(x-E'). \tag{4.168}$$

Anmerkung: Verschiedene Funktionen zum selben Eigenwert sind orthogonal:
$$\int_{-\infty}^{\infty} \psi_E^{+*}(x)\psi_{E'}^{-}(x)\,dx = \frac{1}{2\sqrt[4]{EE'}}\delta(\sqrt{E}-\sqrt{E'}) = 0. \qquad \blacksquare$$

4.7   Die Postulate der Quantenmechanik

In diesem Abschnitt wollen wir kurz innehalten mit dem Studium der formalen mathematischen Grundlagen der Quantenmechanik, denn wir haben uns an dieser Stelle bereits genügend erarbeitet, um eine axiomatische Formulierung der Quantenmechanik vorzunehmen. Die Quantenmechanik ist eine *fundamentale* Theorie. Das bedeutet, dass sie nicht aus einer anderen Theorie abgeleitet werden kann –

sie ist nicht Bestandteil oder Untermenge eines anderen Axiomensystems. Jede fundamentale Theorie sollte aber auf Axiomen (den nicht weiter hinterfragten oder beweisbaren Grundannahmen einer Theorie) basieren. Diese Axiome sind nicht aus tiefer liegenden Prinzipien ableitbar, ihre Begründung muss auf andere Art erfolgen – meist sind sie aus der Erfahrung durch Verallgemeinerung gewonnen, so wie z. B. die Newton'schen Axiome der klassischen Mechanik, die Maxwell-Gleichungen der Elektrodynamik oder die Hauptsätze der Thermodynamik. Sie können in der Regel auch nicht direkt experimentell überprüft werden, sondern nur ihre Folgerungen. Axiome können akzeptiert werden aus Prinzipien der Einfachheit (gemäß dem *Prinzip von Ockhams Rasiermesser*), der Schönheit, der Konsistenz oder basierend darauf, wie es ihnen gelingt, ein formales System zu strukturieren.

In diesem Abschnitt werden wir die fundamentalen physikalischen Einsichten, die wir bis jetzt in unserem Studium der Quantenmechanik gewonnen haben, in einer Reihe von *Postulaten* formulieren. Dazu müssen wir uns zunächst von dem Konzept der Phasenraumtrajektorien von Teilchen aus der klassischen Physik verabschieden. Diese setzen voraus, dass man Ort und Impuls eines Teilchens mit beliebiger Genauigkeit gleichzeitig bestimmen kann, was, wie wir schon in Abschn. 3.2.4 gesehen haben, der Heisenberg'schen Unbestimmtheitsrelation widerspricht. Ich möchte an dieser Stelle bemerken, dass in der Quantenmechanik der ontologische Status von Teilchen oder Wellen im Grunde genommen ungeklärt bleibt. Die Theorie erklärt nicht, was Teilchen eigentlich sein sollen, und wir sprechen ganz naiv von Quantenteilchen, z. B. Elektronen, im Sinne von materiellen Objekten, die man im Prinzip anfassen kann, so wie wir es aus unserer Erfahrung der makroskopischen Welt kennen. Wir beschreiben sie aber fundamental in der Quantentheorie durch eine kontinuierliche Wellenfunktion bzw. einen abstrakten Zustandsvektor.

In der Quantenmechanik (genau wie in der klassischen Mechanik) braucht man zur Beschreibung von Objekten eines Systems lediglich die Annahme, dass dieses gegebene System gewisse *Zustände* annehmen kann, die bestimmte Eigenschaften haben, über die man durch einen *Messprozess* Informationen erhalten kann. Der Raum der Zustände, die ein quantenmechanisches System annehmen kann, ist ein Hilbert-Raum. Auf diesem Raum lassen sich lineare, Hermite'sche Operatoren definieren, die auf die Zustände wirken. Eine bestimmte Klasse von Zuständen ist dabei von besonderer Bedeutung, nämlich die *Eigenzustände* des jeweils betrachteten Operators. Wie wir schon wissen, ergibt die Wirkung eines Operators auf einen seiner Eigenzustände den zugehörigen Eigenwert. In Bezug auf Messergebnisse hat ein Operator also gewissermaßen die Bedeutung eines *Filters,* der aus allen prinzipiell möglichen Messwerten genau denjenigen herausfiltert, der den Eigenwert des Operators darstellt.

Die Axiome der Quantenmechanik übersetzen diese abstrakten mathematischen Operationen nun in die Sprache der Physik: Der *physikalische Messprozess* ist äquivalent zu einem *mathematischen Eigenwertproblem.* Eine *physikalische Observable* entspricht einem *Operator.* Die Wirkung eines Operators auf einen Zustand des Hilbert-Raumes entspricht dem *Messprozess,* der *resultierende Messwert* ist der *Eigenwert* des zugehörigen Operators.

Die Axiome der Quantenmechanik

Axiom 1: Zustandsraum

Jedem abgeschlossenen Quantensystem ist ein Hilbert-Raum $\mathcal{H}$ zugeordnet. Der *Zustand* des Systems zu einer festen Zeit t_0 wird durch ein Element $|\psi(t_0)\rangle \in \mathcal{H}$ beschrieben. $|\psi(t_0)\rangle$ ist auf 1 normiert, d.h. es ist $1 = \langle\psi(t_0)|\psi(t_0)\rangle$. Der Zustand $|\psi(t_0)\rangle$ soll dabei in einem *reinen Zustand* präpariert sein. $|\psi(t_0)\rangle$. Dazu fügen wir als Ergänzung des Axioms folgende Definition an:

> **Definition 4.25 (Reiner Zustand)**
> Ein *reiner Zustand* wird durch die Messung eines vollständigen Satzes verträglicher Observablen O_i präpariert. Alle verträglichen Observable können dabei gleichzeitig scharf gemessen werden, d.h. es ist $\Delta O_i = 0$.

Axiom 2: Operatoren und Observable

Jede *messbare physikalische Größe* A wird durch einen linearen, selbstadjungierten Operator $\hat{A} = \hat{A}^\dagger$ auf $\mathcal{H}$ beschrieben. $\hat{A}$ hat ein vollständiges System von Eigenvektoren (es gibt eine Zerlegung der 1 und eine Spektraldarstellung des Operators aus Eigenvektoren). Man nennt A eine Observable.

Axiom 3: Messprozess und Messwerte

Die *möglichen physikalischen Messwerte* von A sind die Eigenwerte des Operators $\hat{A}$.

Axiom 4: Messung und Wahrscheinlichkeit

Misst man die Observable A an einem System im Zustand $|\psi\rangle$, dann ist die *Wahrscheinlichkeit*, den Eigenwert a_n zu messen, wenn a_n ein diskreter Eigenwert zum Eigenvektor $|a_n\rangle$ ist, gegeben durch:

$$P_{a_n}(|\psi\rangle) = |\langle a_n|\psi\rangle|^2. \tag{4.169}$$

Axiom 5: Ergebnis einer Messung („Kollaps" oder Reduktion der Wellenfunktion)

Ergibt die Messung einer Observablen A den Eigenwert a_n, so befindet sich das System *nach* der Messung in einem Zustand, der durch die normierte Projektion auf den entsprechenden Unterraum zu a_n gegeben ist:

$$|\psi\rangle \to \frac{P_n|\psi\rangle}{\|P_n\psi\|} = \frac{P_n|\psi\rangle}{\langle\psi|P_n|\psi\rangle^{1/2}}, \quad \text{mit} \quad P_n = |a_n\rangle\langle a_n|. \tag{4.170}$$

Axiom 6: Dynamik

Die zeitliche Entwicklung eines abgeschlossenen Quantensystems ist durch die Schrödinger-Gleichung

$$i\hbar\frac{\mathrm{d}}{\mathrm{d}t}|\psi(t)\rangle = \hat{H}|\psi(t)\rangle \tag{4.171}$$

gegeben, wobei $\hat{H}$ der Hamilton-Operator für die Observable ist, die mit der Gesamtenergie des Systems verknüpft ist.

Axiom 7: Korrespondenzprinzip

Sei $A : \mathbb{R}^{6N} \to \mathbb{R}$, $(q, p) \mapsto A(q, p)$ eine klassische Observable mit den jeweils $3N$ (generalisierten) Koordinaten q und Impulsen p. Dann ist der zugehörige quantenmechanische Operator $\hat{A}$ dieser Observable durch

$$\hat{A} = A(q, -i\hbar\nabla_q) \tag{4.172}$$

auf $\mathcal{H} = L^2(\mathbb{R}_q^{3N})$ gegeben.

Insgesamt ergibt sich aus den Axiomen ein recht eleganter Formalismus, der in seiner mathematischen Form invariant unter unitären Abbildungen ist. Ich möchte hier noch einige Bemerkungen zu dem Axiomensystem der Quantenmechanik anfügen:

- Dem aufmerksamen Leser wird nicht entgangen sein, dass in der Formulierung der Axiome merkwürdigerweise der Messprozess (Axiome 3 bis 5) explizit erwähnt wird, also gewissermaßen die subjektive Entscheidung des Experimentators, auf welche Art und Weise er Informationen über das quantenmechanische System gewinnen will. Dies ist *sehr merkwürdig* und bemerkenswert, weil bei keiner anderen physikalischen Theorie in deren Axiomen irgendein Bezug auf den Messprozess genommen wird. Eine implizite Grundvoraussetzung physikalischer Theorien vor der Quantenmechanik war stets die Annahme, dass die „physikalische Wirklichkeit" *unabhängig* von irgendeinem Beobachter existiert. Man spricht auch von einer „objektiven Wirklichkeit", die man einem gemessenen System zuschreiben kann, weil dessen Eigenschaften vollkommen unabhängig von der konkreten Durchführung der Messung existieren. Ein Grundphänomen der Quantenmechanik offenbart sich uns hier in der Tatsache, dass die physikalische Wirklichkeit, die wir in quantenmechanischen Messungen erfahren wollen, sich offenbar nicht mehr ganz unabhängig von dem gewählten Experiment darstellt. Anders formuliert: Die naive Auffassung von der Wirklichkeit als etwas, das völlig unabhängig davon existiert, ob ein Beobachter da ist und bestimmte Experimente macht, ist in der Quantenmechanik nicht mehr gültig, denn nach Axiom 5 (dem Kollaps-Axiom) wird der quantenmechanische Zustand eines Systems durch die Messung explizit verändert.

- Um Observable aus ihrem klassischen Analogon zu konstruieren, benötigen wir das Korrespondenzprinzip in Axiom 7. Diesem folgend, ersetzt man in einer klassischen physikalischen Messgröße $A(\vec{x}, \vec{p})$ die Koordinaten und die Impulse durch die entsprechenden Operatoren $\hat{\vec{x}}$ und $\hat{\vec{p}}$. Dabei wählt man die Reihenfolge der $\hat{\vec{x}}$ und der $\hat{\vec{p}}$ so, dass der resultierende Operator $\hat{A}(\hat{\vec{x}}, \hat{\vec{p}})$ selbstadjungiert ist. Formal ist diese Konstruktionsvorschrift nicht eindeutig. Trotzdem lassen sich die praktisch wichtigen Fälle eindeutig übersetzen. Anhand des Spinfreiheitsgrads des Elektrons werden wir in Kap. 6 aber sehen, dass es in der Quantenmechanik auch Freiheitsgrade gibt, die *kein* klassisches Analogon haben. In diesem Fall gibt es weder zur Konstruktion des Hilbert-Raumes noch zu der des Hamilton-Operators (bzw. weiterer mit diesem Freiheitsgrad zusammenhängender Operatoren) eine allgemeingültige Vorgehensweise. Der Naturwissenschaftler muss sich daher von experimentellen Beobachtungen und allgemeinen Konzepten (wie z. B. Symmetrien und Einfachheitsargumenten – Ockhams Rasiermesser!) leiten lassen.

- Die Axiome spiegeln eine Präzision vor, die tatsächlich nicht vorliegt: Außer in Axiom 7 wird nämlich nirgends gesagt, was eigentlich genau eine physikalische Observable ist. Was es genau bedeutet, eine Observable zu messen, und wann eigentlich eine Messung vorliegt, wird an keiner Stelle präzisiert. Dies ist aber von praktischer Relevanz, da gemäß Axiom 5 die Messung den Zustand verändert (siehe die obige Anmerkung).

- Die in den Axiomen eingeführte Sprache des „Messens von Observablen" verführt dazu, diese Observablen mit unabhängig vom konkreten Experiment bestehenden Eigenschaften des Systems zu assoziieren. Nicht jeder selbstadjungierte Operator entspricht aber auch einem tatsächlich durchführbaren Experiment; es kann verschiedene Experimente geben, die durch denselben Operator beschrieben werden. Es ist daher offenbar nicht angebracht, alle Operatoren mit physikalischen Eigenschaften eines Systems zu identifizieren, die unabhängig von der Messung existieren. Wir haben bereits in Abschn. 3.1 Heisenbergs Auffassung diskutiert, dass es nicht sein könne, dass jede Observable A schon *vor* ihrer Messung einen bestimmten Wert a_n habe, sondern dass die Eigenschaft „erst durch den Messvorgang entsteht". Diese Auffassung ist – wie wir in Kap. 9 sehen werden – Teil der orthodoxen sogen. *Kopenhagener Interpretation* der Quantenmechanik. Dieser hat sich wohl die Mehrheit der Naturwissenschaftler angeschlossen, die (was nach der Meinung des Autors eher zutrifft) das Nachdenken über Interpretationsprobleme einfach vermeiden und nichts davon hören wollen, da die Mathematik der Quantenmechanik *immer* eindeutig ist und bislang – als die am genauesten überprüfte Theorie der Naturwissenschaften überhaupt – niemals auch nur im Entferntesten irgendeinen Widerspruch zu einem tatsächlich durchgeführten Experiment erkennen ließ.

4.8   Dirac-Vektoren

Die Zustände $|\alpha_n\rangle$ der Orthonormalbasis in Gl. (4.39) tragen gewisse Eigenschaften, die wir physikalisch messen und über das Eigenwertspektrum des Operators der entsprechenden Observable berechnen können. Es ist nun oft so, dass diese messbare Eigenschaft ein Kontinuum von Werten durchlaufen kann, z. B. der Ort $\vec{x}$ eines Teilchens oder dessen Impuls $\vec{p}$. Für den Ortsvektor eines Teilchens ist dies unmittelbar einsichtig. Der Impuls nimmt im Allgemeinen ebenfalls kontinuierliche Werte an, wenn wir das Teilchen nicht gerade in ein endliches Volumen V einschließen, in dem die möglichen Werte des Impulses – bei periodischen Randbedingungen – lediglich diskrete Werte annehmen können, vgl. unsere Diskussion von Potenzialtöpfen in Abschn. 3.4.6. Die zugehörigen Zustände des Hilbert-Raumes bezeichnen wir mit $\{|\vec{x}\rangle\}$ für die Ortszustände und mit $\{|\vec{p}\rangle\}$ für die Impulszustände. Dementsprechend sind die Ortszustände $\{|\vec{x}\rangle\}$ nicht abzählbar. Das Axiom der Separabilität in Abschn. 4.3.4 ist nicht erfüllbar. Andererseits kann man so wichtige Observable wie z. B. Ort oder Impuls nicht einfach einer quantentheoretischen Behandlung im Hilbert-Raum verschließen. Wir müssen daher nach einer praktikablen, aber auch widerspruchsfreien Erweiterung des Hilbert-Raumes suchen. Insbesondere sind das Skalarprodukt in Def. 4.5 und der sehr wichtige Entwicklungssatz aus Def. 4.3 in der bislang vorliegenden Form nicht haltbar. Wenn die physikalische Größe A einen kontinuierlichen Wertevorrat durchläuft, hat die Indizierung des Zustands des Systems durch $|\alpha_n\rangle$ (also mit diskretem Index) natürlich keinen Sinn. Das Skalarprodukt $\langle\alpha_n|\psi\rangle$ wird in eine (im Allgemeinen komplexwertige) Funktion $\psi(\alpha)$ und die Summe $\sum_n$ in ein entsprechendes Integral zu verwandeln sein. Die in der Entwicklung geforderte Abzählbarkeit der Zustandsvektoren in Gl. (4.42) müssen wir für physikalische Anwendungen also mitunter auf das Kontinuum der reellen Zahlen $\mathbb{R}$, d. h. eine überabzählbare Menge erweitern. Eine kontinuierliche Basis ist *kein* Element des Hilbert-Raumes, da es in den betrachteten separablen Räumen von $\mathcal{H}$ kein Kontinuum von paarweise orthogonalen Vektoren geben kann. Die uneigentlichen Vektoren sind wie die Deltafunktion oder wie monochromatische ebene Wellen nicht quadratintegrierbar. Auch der Begriff der Orthogonalität muss für Dirac-Vektoren verallgemeinert werden, indem man statt des sonst üblichen Kronecker-Deltas δ_{ij} die Deltafunktion (s. Abschn. 4.9) verwendet.

Man führt deshalb neben den bisher betrachteten eigentlichen Hilbert-Vektoren mit den in Abschn. 4.3 diskutierten Eigenschaften noch sogenannte „uneigentliche" ein, die man auch als Dirac-Vektoren bezeichnet. Die Dirac-Vektoren werden uneigentlich genannt, weil es sich um Vektoren in einer kontinuierlichen Basis (in der Regel Fourier-Integrale) handelt. Um diese soll der Hilbert-Raum erweitert werden. Die zugrunde liegende mathematische Idee besteht darin, die uneigentlichen

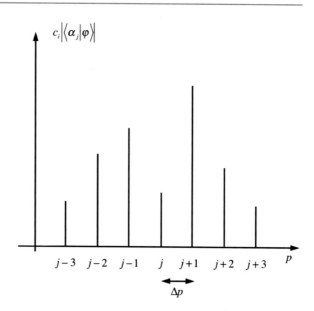

Abb. 4.7 Zur Definition der Dirac-Vektoren: die Verteilung des Betrags der Entwicklungskoeffizienten $c_i = |\langle \alpha_j | \varphi \rangle|$

Zustände über Grenzwertprozesse aus den eigentlichen entstehen zu lassen. Das kann man sich schematisch wie folgt klar machen: Wir gehen zunächst von einem abzählbaren, orthonormierten Satz von (eigentlichen) Vektoren $|\alpha_j\rangle$ aus und betrachten die Verteilung des Betrags der Entwicklungskoeffizienten $c_j = \langle \alpha_j | \varphi \rangle$ als Funktion des Index j der Zustände $|\alpha_j\rangle$, s. Abb. 4.7. Der Index j ist stets eine nicht-negative ganze Zahl. Für diskrete Werte j ist $\langle \alpha_j | \varphi \rangle$ wohldefiniert. Wir machen nun aus der diskreten Variablen j die kontinuierliche Variable p und führen die Differenz Δp zwischen zwei aufeinander folgenden Werten von j ein. Ursprünglich ist einfach $p = j$ und $\Delta p = 1$. Den Zustand $|\alpha_j\rangle$ schreiben wir als $|\alpha_{p,\Delta p}\rangle$. Der Grenzwert

$$\lim_{\Delta p \to 0} \frac{\langle \alpha_{p,\Delta p} | \varphi \rangle}{\sqrt{\Delta p}} = \varphi(p) \tag{4.173}$$

definiert eine kontinuierliche komplexwertige Funktion der Variablen p:

$$\varphi : \mathbb{R} \mapsto \mathbb{C},$$

$$p \mapsto \varphi(p).$$

Wir führen den sogen. *uneigentlichen Zustandsvektor*

$$\boxed{|\tilde{\alpha}_p\rangle = \frac{\langle \alpha_{p,\Delta p} | \varphi \rangle}{\sqrt{\Delta p}}} \tag{4.174}$$

ein, mit dessen Hilfe wir die Funktion $\varphi(p)$ in Gl. (4.173) als Skalarprodukt des Zustands $|\varphi\rangle$ mit dem uneigentlichen Zustandsvektor $|\tilde{\alpha}_p\rangle$ schreiben können:

$$\varphi(p) = \langle \tilde{\alpha}_p | \varphi \rangle. \tag{4.175}$$

Die Entwicklung des Zustands $|\varphi\rangle$ nach der Basis $|\alpha_j\rangle$ in Gl. (4.42) lässt sich mit Hilfe der Definition aus Gl. (4.174) in eine Entwicklung nach uneigentlichen Zustandsvektoren umschreiben. Alles, was wir dafür benötigen, ist die Annahme, dass die Entwicklung gemäß Gl. (4.42) auch im Limes $p \to 0$ gilt. Also ist:

$$|\varphi\rangle = \lim_{\Delta p \to 0} \sum_{j=1}^{\infty} |\alpha_j\rangle \langle \alpha_j | \varphi\rangle = \lim_{\Delta p \to 0} \sum_{p=1}^{\infty} |\alpha_{p,\Delta p}\rangle \langle \alpha_{p,\Delta p} | \varphi\rangle \tag{4.176}$$

$$= \lim_{\Delta p \to 0} \sum_{p=1}^{\infty} \Delta p \, |\tilde{\alpha}_p\rangle \langle \alpha_{p,\Delta p} | \varphi\rangle = \int_{-\infty}^{\infty} dp \, |\tilde{\alpha}_p\rangle \langle \tilde{\alpha}_p | \varphi\rangle \tag{4.177}$$

$$= \int_{-\infty}^{\infty} dp \, \varphi(p) \, |\tilde{\alpha}_p\rangle. \tag{4.178}$$

Die Entwicklungskoeffizienten sind nun offenbar die in Gl. (4.173) eingeführten kontinuierlichen Funktionen $\varphi(p)$. Aus dieser Gleichung lässt sich wieder eine vollständige Eins ablesen, diesmal für eine Basis aus uneigentlichen Zustandsvektoren:

$$\int_{-\infty}^{\infty} dp \, \varphi(p) \, |\tilde{\alpha}_p\rangle \langle \tilde{\alpha}_p| = \hat{1}. \tag{4.179}$$

Auch diese darf man jederzeit vor Zustandsvektoren einschieben. Bilden wir das Skalarprodukt von Gl. (4.176) mit $|\tilde{\alpha}_q\rangle$, so erhalten wir die Identität

$$\varphi(q) = \langle \tilde{\alpha}_q | \varphi\rangle = \int_{-\infty}^{\infty} dp \, \varphi(p) \, \langle \tilde{\alpha}_q | \tilde{\alpha}_p\rangle \, \langle \tilde{\alpha}_p | \varphi\rangle = \int_{-\infty}^{\infty} dp \, \langle \tilde{\alpha}_q | \tilde{\alpha}_p\rangle \, \varphi(p).$$

Damit die linke und die rechte Seite dieser Gleichung übereinstimmen, muss wegen Gl. (4.220) offenbar gelten:

$$\langle \tilde{\alpha}_q | \tilde{\alpha}_p\rangle = \delta(p - q). \tag{4.180}$$

Die uneigentlichen Zustandsvektoren $|\tilde{\alpha}_i\rangle$ sind also auf Deltafunktionen normiert. Das Skalarprodukt von zwei Zuständen $|\varphi\rangle$ lautet wegen der Orthonormalität der Zustände:

$$\langle \varphi | \psi\rangle = \int_{-\infty}^{\infty} dp \, dq \, \langle \varphi | \tilde{\alpha}_p\rangle \langle \tilde{\alpha}_p | \tilde{\alpha}_q\rangle \, \langle \tilde{\alpha}_q | \psi\rangle \tag{4.181a}$$

$$= \int_{-\infty}^{\infty} dp \, \langle \varphi | \tilde{\alpha}_p\rangle \, \langle \tilde{\alpha}_p | \psi\rangle = \int_{-\infty}^{\infty} dp \, \langle \tilde{\alpha}_p | \varphi\rangle^* \, \langle \tilde{\alpha}_p | \psi\rangle = \int_{-\infty}^{\infty} dp \, \varphi^*(p) \, \psi(p). \tag{4.181b}$$

Hier haben wir in Gleichung (a) zweimal eine vollständige Eins gemäß Gl. (4.179) eingeschoben. Unser Ergebnis der Rechnungen in den Gl. (4.176) (4.179) und (4.180) besagt, dass die uneigentlichen Dirac-Vektoren ebenfalls eine Orthonormalbasis bilden, nach der beliebige Zustandsvektoren $|\varphi\rangle$ entwickelt werden können.

Beispiel 4.19 (Ortszustände $|\vec{x}\,\rangle$ als Dirac-Vektoren)
Für Ortszustände lauten die Gl. (4.179) und (4.180):

$$\int_{-\infty}^{\infty} d^3x\, |\vec{x}\,\rangle\langle\vec{x}\,| = \hat{1}, \tag{4.182a}$$

$$\langle\vec{x}\,'|\vec{x}\,\rangle = \delta^3(\vec{x}\,' - \vec{x}). \tag{4.182b}$$

Die Entwicklung eines Zustands φ ist

$$|\varphi\rangle = \int_{-\infty}^{\infty} d^3x\, |\vec{x}\,\rangle\langle\vec{x}\,|\varphi\rangle. \tag{4.183}$$

Das Skalarprodukt mit einem anderen Zustand $|\psi\rangle$ kann man durch Einschieben einer vollständigen Eins wie folgt schreiben:

$$\langle\varphi|\psi\rangle = \int_{-\infty}^{\infty} d^3x\, \langle\varphi|\vec{x}\,\rangle\,\langle\vec{x}|\psi\rangle = \int_{-\infty}^{\infty} d^3x\, \langle\vec{x}\,|\varphi\rangle^*\,\langle\vec{x}|\psi\rangle. \tag{4.184}$$

Durch direkten Vergleich mit Gl. (4.20a) erkennen wir, dass das Skalarprodukt $\langle\vec{x}\,|\psi\rangle$ identisch ist mit der Wellenfunktion $\psi(\vec{x}\,)$:

$$\psi(\vec{x}\,) = \langle\vec{x}\,|\psi\rangle, \tag{4.185}$$
$$\psi^*(\vec{x}\,) = \langle\vec{x}\,|\psi\rangle^* = \langle\psi|\vec{x}\,\rangle. \tag{4.186}$$

∎

Beispiel 4.20 (Impulszustände $|\vec{p}\,\rangle$ als Dirac-Vektoren)
Für Impulszustände lauten die Gl. (4.179) und (4.180):

$$\int_{-\infty}^{\infty} d^3p\, |\vec{p}\,\rangle\langle\vec{p}\,| = \hat{1}, \tag{4.187a}$$

$$\langle\vec{p}\,'|\vec{p}\,\rangle = \delta^3(p' - \vec{p}). \tag{4.187b}$$

Die Entwicklung eines Zustands $|\varphi\rangle$ ist

$$|\varphi\rangle = \int\limits_{-\infty}^{\infty} \mathrm{d}^3 p \, |\vec{p}\,\rangle\langle\vec{p}\,|\varphi\rangle. \tag{4.188}$$

Wie in den Gl. (4.185) und (4.186) identifizieren wir das Skalarprodukt $\langle\vec{p}\,|\varphi\rangle$ mit der Wellenfunktion, allerdings im Impulsraum:

$$\varphi(\vec{p}\,) = \langle\vec{p}\,|\varphi\rangle, \tag{4.189}$$

$$\varphi^*(\vec{p}\,) = \langle\vec{p}\,|\varphi\rangle^* = \langle\varphi|\vec{p}\,\rangle. \tag{4.190}$$

Das Skalarprodukt zweier Zustände lautet nach Einschieben einer vollständigen Eins:

$$\langle\varphi|\psi\rangle = \int\limits_{-\infty}^{\infty} \mathrm{d}p^3 \, \langle\varphi|\vec{p}\,\rangle\,\langle\vec{p}\,|\psi\rangle = \int\limits_{-\infty}^{\infty} \mathrm{d}p^3 \, \varphi(\vec{p}\,)\psi(\vec{p}\,). \tag{4.191}$$

Bilden wir nun das Skalarprodukt von $|\varphi\rangle$ aus Gl. (4.188) mit einem Ortszustand, so erhalten wir unter Verwendung der Gl. (4.185) und (4.189):

$$\varphi(\vec{x}\,) = \langle\vec{x}\,|\varphi\rangle = \int\limits_{-\infty}^{\infty} \mathrm{d}p^3 \, \langle\vec{x}\,|\vec{p}\,\rangle\langle\vec{p}\,|\varphi\rangle = \int\limits_{-\infty}^{\infty} \mathrm{d}p^3 \, \langle\vec{x}\,|\vec{p}\,\rangle \, \varphi(\vec{p}\,). \tag{4.192}$$

Wie wir bereits aus Kap. 3 wissen, gibt es einen eindeutigen Zusammenhang zwischen Wellenfunktionen im Orts- und im Impulsraum, nämlich die Fourier-Transformation, s. Exkurs 3.1. Ohne explizite Zeitabhängigkeit lautet diese für die Wellenfunktion $\varphi(\vec{x})$:

$$\varphi(\vec{x}\,) = \frac{1}{\sqrt{2\pi\hbar}^3} \int\limits_{-\infty}^{\infty} \mathrm{d}p^3 \, \exp\left(\frac{\mathrm{i}}{\hbar}\vec{p}\cdot\vec{x}\right) \tilde{\varphi}(\vec{x}). \tag{4.193}$$

Durch Vergleich mit Gl. (4.192) identifizieren wir $\tilde{\varphi}(\vec{p}) = \varphi(\vec{p})$, aber noch viel wichtiger ist, dass gilt:

$$\boxed{\langle\vec{x}\,|\vec{p}\,\rangle = \frac{\exp\left(\frac{\mathrm{i}}{\hbar}\vec{p}\cdot\vec{x}\right)}{\sqrt{2\pi\hbar}^3}.} \tag{4.194}$$

Diese Gleichung besagt, dass das Skalarprodukt zwischen Orts- und Impulszuständen identisch ist mit einer ebenen Welle. Analog erhält man:

$$\boxed{\langle\vec{p}\,|\vec{x}\,\rangle = \langle\vec{x}\,|\vec{p}\,\rangle^* = \frac{\exp\left(-\frac{\mathrm{i}}{\hbar}\vec{p}\cdot\vec{x}\right)}{\sqrt{2\pi\hbar}^3}.} \tag{4.195}$$

Die beiden letzten Relationen sind konsistent mit der Tatsache, dass die ebenen
Wellen ein VON-Funktionensystem bilden, d. h. dass für die Impulszustände gilt:

$$\langle \vec{p}\,'|\vec{p}\,\rangle = \int\limits_{-\infty}^{\infty} \mathrm{d}x^3 \,\langle \vec{p}\,'|\vec{x}\,\rangle\langle \vec{x}\,|\vec{p}\,\rangle = \frac{1}{(2\pi\hbar)^3} \int\limits_{-\infty}^{\infty} \mathrm{d}x^3 \, \exp\left[\frac{\mathrm{i}}{\hbar}(\vec{p}\,' - \vec{p}\,)\cdot\vec{x}\right] = \delta(\vec{p}\,' - \vec{p}\,),$$

$$(4.196)$$

und analog für die Ortszustände:

$$\langle \vec{x}\,'|\vec{x}\,\rangle = \int\limits_{-\infty}^{\infty} \mathrm{d}p^3 \,\langle \vec{x}\,'|\vec{p}\,\rangle\langle \vec{p}\,|\vec{x}\,\rangle = \frac{1}{(2\pi\hbar)^3} \int\limits_{-\infty}^{\infty} \mathrm{d}p^3 \, \exp\left[\frac{\mathrm{i}}{\hbar}\,\vec{p}\cdot(\vec{x}\,' - \vec{x})\right] = \delta(\vec{x}\,' - \vec{x}).$$

$$(4.197)$$

∎

4.8.1 Die Weyl'schen Eigendifferenziale

Die Entwicklung aus Gl. (4.176) nach uneigentlichen Zustandsvektoren kann man
auch auf die ursprünglichen Basiszustände $|\alpha_j\rangle = |\alpha_{p,\Delta p}\rangle$ anwenden:

$$|\alpha_{p,\Delta p}\rangle = \int\limits_{-\infty}^{\infty} \mathrm{d}q \, |\tilde{\alpha}_q\rangle\langle\tilde{\alpha}_q|\tilde{\alpha}_{p,\Delta p}\rangle. \qquad (4.198)$$

Das Skalarprodukt lässt sich mit Hilfe des uneigentlichen Zustandsvektors aus
Gl. (4.174) auswerten:

$$\langle\tilde{\alpha}_q|\tilde{\alpha}_{p,\Delta p}\rangle = \lim_{\Delta p\to 0} \frac{\langle\tilde{\alpha}_{q,\Delta p}|\tilde{\alpha}_{p,\Delta p}\rangle}{\sqrt{\Delta p}} = \lim_{\Delta p\to 0} \frac{\delta_{q,\Delta p}}{\sqrt{\Delta p}}. \qquad (4.199)$$

wobei wir die Orthonormalität der ursprünglichen Basisvektoren ausgenutzt haben.
Aufgrund des Kronecker-Deltas können wir nun in Gl. (4.198) den Integrationsbereich auf ein Intervall der Breite Δp um p herum einschränken. In diesem Intervall
gilt dann $\delta_{q,\Delta p} = 1$, und wir können schreiben:

$$|\alpha_{p,\Delta p}\rangle = \lim_{\Delta p\to 0} \frac{1}{\sqrt{\Delta p}} \int\limits_{p-\Delta p/2}^{p+\Delta p/2} \mathrm{d}q \, |\tilde{\alpha}_q\rangle. \qquad (4.200)$$

Gl. (4.200) ist das sogen. *Weyl'sche Eigendifferenzial*. Diese Differenziale erfüllen
alle Eigenschaften von Zustandsvektoren des Hilbert-Raumes. Insbesondere sind sie

auf 1 normiert:

$$\langle \alpha_{p,\Delta p} | \alpha_{p,\Delta p} \rangle = \lim_{\Delta p \to 0} \frac{1}{\Delta p} \int\limits_{p-\Delta p/2}^{p+\Delta p/2} \mathrm{d}s \int\limits_{p-\Delta p/2}^{p+\Delta p/2} \mathrm{d}x \, \langle \tilde{\alpha}_s | \tilde{\alpha}_x \rangle \qquad (4.201\text{a})$$

$$= \lim_{\Delta p \to 0} \frac{1}{\Delta p} \int\limits_{p-\Delta p/2}^{p+\Delta p/2} \mathrm{d}s \int\limits_{p-\Delta p/2}^{p+\Delta p/2} \mathrm{d}x \, \delta(r-s) \qquad (4.201\text{b})$$

$$= \lim_{\Delta p \to 0} \frac{1}{\Delta p} \int\limits_{-\infty}^{\infty} \mathrm{d}x \, \Theta\left(x - p + \frac{\Delta p}{2}\right) \Theta\left(p + \frac{\Delta p}{2} - x\right)$$

$$(4.201\text{c})$$

$$= \lim_{\Delta p \to 0} \frac{1}{\Delta p} \int\limits_{-\infty}^{\infty} \mathrm{d}t \, \Theta(t) \, \Theta(\Delta p - t) = \lim_{\Delta p \to 0} \frac{1}{\Delta p} \int\limits_{0}^{\Delta p} \mathrm{d}t$$

$$(4.201\text{d})$$

$$= \lim_{\Delta p \to 0} \frac{\Delta p}{\Delta p} = 1. \qquad (4.201\text{e})$$

In dieser Gleichung haben wir die Integrationsvariable $t = r - p + \Delta p/2$ substituiert.

Bei vielen physikalischen Problemen ist es erforderlich, die Zustandsvektoren eines Systems nach einer Basis zu entwickeln, die sowohl eigentliche als auch uneigentliche Zustandsvektoren enthält, wobei der zugehörige Operator sowohl ein diskretes als auch ein kontinuierliches Eigenwertspektrum enthält. In diesem Fall wird über die eigentlichen Zustände summiert und über die uneigentlichen Zustände integriert:

$$|\varphi\rangle = \sum_{j=1}^{\infty} |\alpha_j\rangle \langle \alpha_j | \varphi \rangle + \int\limits_{-\infty}^{\infty} \mathrm{d}p \, |\tilde{\alpha}_p\rangle \langle \tilde{\alpha}_p | \varphi \rangle. \qquad (4.202)$$

Es ist zu beachten, dass in diesem Fall weder die Summe noch das Integral für sich genommen vollständig sind, nur die Kombination beider ergibt eine vollständige Eins. Wir vereinbaren die folgende Definition:

Definition 4.26 (Erweiterter Hilbert-Raum)
Dieser Raum ist die Menge der eigentlichen und der uneigentlichen Zustandsvektoren.

Wenn keine Verwechslungen zu befürchten sind, werden wir für eigentliche und für uneigentliche Vektoren dieselben Symbole verwenden. Wir lassen somit ab jetzt die

Tilde bei den Dirac-Vektoren (4.174) wieder weg. Insbesondere bezeichnen wir auch den erweiterten Hilbert-Raum mit $\mathcal{H}$ und führen kein neues Symbol dafür ein.

Um schwerfällige Fallunterscheidungen zwischen eigentlichen und uneigentlichen Zustandsvektoren zu vermeiden, führt man manchmal in der Literatur zwei neue Symbole $\sum\limits_j$ und $\delta(i, j)$ ein:

$$\sum_j = \begin{cases} \sum\limits_j \cdots & \text{für eigentliche Zustände,} \\[2mm] \int dj \cdots & \text{für uneigentliche Zustände,} \\[2mm] \sum\limits_j \cdots + \int dj \cdots & \text{für eigentliche und uneigentliche Zustände;} \end{cases}$$

(4.203)

$$\delta(i, j) = \begin{cases} \delta_{ij} & \text{für diskrete Zustände,} \\ \delta(i - j) & \text{für kontinuierliche Zustände.} \end{cases}$$

(4.204)

Damit lässt sich die Vollständigkeitsrelation schreiben als

$$\sum_j |\alpha_j\rangle\langle\alpha_j| = \sum_j |\alpha_j\rangle\langle\alpha_j| + \int dp\, |\alpha_j\rangle\langle\alpha_j| = \hat{1},$$

(4.205)

und die Orthonormierungsbedingungen in Gl. (4.39) für eigentliche und in Gl. (4.180) für uneigentliche Zustandsvektoren sind dann kompakt:

$$\langle\alpha_i|\alpha_j\rangle = \delta(i, j).$$

(4.206)

Zum Abschluss dieses Kapitels wollen wir kurz auf die verschiedenen, formal (nicht jedoch aus praktischer Sicht!) zueinander äquivalenten Darstellungen der Quantenmechanik (man spricht von „Bildern") zu sprechen kommen. Wir fassen die Verhältnisse wie folgt zusammen:

Die Bilder der Quantenmechanik

Das Schrödinger-Bild

Wird irgendeine Observable gemessen, welcher der Hermite'sche Operator $\hat{A}$ zugeordnet ist, so ist dieser Mittelwert durch

$$\langle\hat{A}(t)\rangle = \langle\psi(t)|\hat{A}|\psi(t)\rangle$$

(4.207)

gegeben. Der Operator $\hat{A}$ ist, falls er nicht explizit die Zeit enthält, *zeitunabhängig*; der Zustandsvektor ändert sich nach einem der Axiome in Abschn. 4.7 zeitlich gemäß der Schrödinger-Gleichung

$$i\hbar|\dot{\psi}\rangle = \hat{H}|\psi\rangle, \quad |\psi(t)\rangle = e^{-i\hat{H}t/\hbar}|\psi(0)\rangle. \tag{4.208}$$

Dieser gesamte Formalismus wird auch als *Schrödinger-Bild* bezeichnet.

Das Heisenberg-Bild

Man kann jedoch offensichtlich rein formal auch $|\psi\rangle$ festhalten und den Operator sich zeitlich geeignet bewegen lassen. Durch Einsetzen von Gl (4.208) in (4.207) erhalten wir nämlich:

$$\langle \hat{A(t)}\rangle = \langle\psi(0)|\hat{A(t)}\psi(0)\rangle. \tag{4.209}$$

In diesem Fall spricht man vom *Heisenberg-Bild*. Damit man denselben physikalisch messbaren Eigenwert erhält, muss gelten:

$$\langle A(t)\rangle = \langle\psi(t)|\hat{A}(0)|\psi(t)\rangle = \langle -e^{i\hat{H}t/\hbar}\psi(0)|\hat{A}(0)|e^{-i\hat{H}t/\hbar}\psi(0)\rangle$$

$$= \langle\psi(0)|e^{i\hat{H}t/\hbar}\hat{A}(0)e^{-i\hat{H}t/\hbar}|\psi(0)\rangle = \langle\psi(0)|\hat{A}(t)|\psi(0)\rangle. \tag{4.210}$$

Unsere Transformation aus dem Schrödinger-Bild in das Heisenberg-Bild ergibt also die folgende Gleichung für den Heisenberg-Operator:

$$\boxed{\hat{A}(t) = e^{i\hat{H}t/\hbar}\hat{A}(0)e^{-i\hat{H}t/\hbar}.} \tag{4.211}$$

Hieraus erhält man durch Differenzieren eine Differenzialgleichung für $\hat{A}$:

$$\dot{\hat{A}}(t) = \frac{i}{\hbar}\hat{H}\,e^{i\hat{H}t/\hbar}\hat{A}(0)\,e^{-i\hat{H}t/\hbar} + e^{i\hat{H}t/\hbar}\hat{A}(0)\,e^{-i\hat{H}t/\hbar}\left(-\frac{i}{\hbar}\hat{H}\right)$$

$$= \frac{i}{\hbar}\hat{H}A(t) + A(t)\left(-\frac{i}{\hbar}\hat{H}\right). \tag{4.212}$$

Es gilt also im Heisenberg-Bild die folgende Heisenberg'sche Bewegungsgleichung für den Operator $\hat{A}$:

$$\boxed{\dot{\hat{A}}(t) = \frac{i}{\hbar}[\hat{H}, \hat{A}] = \frac{i}{\hbar}\left(\hat{H}\hat{A} - \hat{A}\hat{H}\right).} \tag{4.213}$$

In der klassischen Mechanik gilt für eine dynamische Variable A bekanntlich:

$$\boxed{\dot{A}(t) = \frac{\partial H}{\partial p}\frac{\partial A}{\partial x} - \frac{\partial A}{\partial p}\frac{\partial H}{\partial x} = \{H, A\},} \tag{4.214}$$

wobei der Klammerausdruck {, } die klassischen *Poisson-Klammern* sind. Der Übergang zur Quantenmechanik (die Korrespondenzregel) besteht als im Heisenberg-Bild darin, die klassische Poisson-Klammer durch den quantenmechanischen Kommutator und die klassischen dynamischen Variablen durch ihre Operatoren zu ersetzen, gemäß:

$$\{H, A\} \rightarrow \frac{i}{\hbar}[\hat{H}, \hat{A}]. \tag{4.215}$$

Beispiel 4.21 (Operatorgleichung für p und x)

$$\dot{\hat{p}} = \frac{i}{\hbar}[\hat{H}, \hat{p}], \quad \dot{\hat{x}} = \frac{i}{\hbar}[\hat{H}, \hat{x}].$$

∎

Das Wechselwirkungsbild

Neben dem Schrödinger- und dem Heisenberg-Bild wird bei wechselwirkenden Systemen ein sogen. *Wechselwirkungsbild* verwendet, dass vor allem bei fortgeschrittenen Methoden der Quantenmechanik (Quantenfeldtheorie) Verwendung findet. Diese Wechselwirkungsdarstellung kann auch als Ausgangspunkt für die zeitabhängige Störungsrechnung (s. Kap. 8) angesetzt werden. Hier hat man:

$$\hat{H} = \hat{H}_0 + \hat{H}_w, \tag{4.216}$$

$$\hat{A}(t) = e^{i\hat{H}_0 t/\hbar} \hat{A}(0) e^{-i\hat{H}_0 t/\hbar}, \tag{4.217}$$

$$i\hbar|\dot{\psi}\rangle = \hat{H} W |\psi(t)\rangle. \tag{4.218}$$

Die Operatoren bewegen sich mit dem (wegen $\hat{H}_0 \gg \hat{H}_w$) schnell veränderlichen wechselwirkungsfreien Hamilton-Operator, die Zustandsvektoren mit dem Wechselwirkungsoperator. Bei diesem gemischten Bild erhält man natürlich auch wieder denselben Erwartungswert.

4.9 Die Dirac'sche Deltafunktion

Eine verallgemeinerte Funktion, die überall verschwindet, außer an einem Punkt, und die an diesem so singulär ist, dass das Integral darüber 1 ergibt, ist von Paul Dirac in die physikalische Literatur als *Deltafunktion* eingeführt worden. Ihre Definition (in einer Variablen) lautet:

Definition 4.27 (Deltafunktion)
Die Deltafunktion ist definiert über die folgenden vier Gleichungen:

$$\delta(x) = \begin{cases} 0 & \text{für } x \neq 0, \\ \infty & \text{für } x = 0. \end{cases} \tag{4.219}$$

Der „unendliche" Wert des Symbols $\delta(x)$ soll so beschaffen sein, dass gilt:

$$\int_{-\infty}^{\infty} \delta(x - x_0)\, f(x)\, dx = f(x_0), \tag{4.220}$$

außerdem für die (n)-te Ableitung:

$$\int_{-\infty}^{\infty} \delta^{(n)}(x - x_0)\, f(x)\, dx = (-1)^n f^{(n)}(x_0). \tag{4.221}$$

Als Spezialfall für $f(x) = 1$ gilt:

$$\int_{-\infty}^{\infty} \delta(x - x_0)\, dx = 1. \tag{4.222}$$

Merke: Wenn man über den Peak der Deltafunktion (an der Stelle $x = x_0$) integriert, erhält man 1. Klassische analytische Vorstellungen helfen bei der Interpretation der Eigenschaften der Deltafunktion nur bedingt weiter. Da wegen Gl. (4.219) das effektive Integrationsintervall in Gl (4.222) die Breite null hat, müsste das Integral nach klassischer Definition eigentlich verschwinden. Daher behilft man sich mit der Vorstellung, dass für $\epsilon \to 0$ die Deltafunktion gleichzeitig gegen ∞ läuft, so dass gilt:

$$\lim_{\epsilon \to 0} \int_{x_0 - \epsilon}^{x_0 + \epsilon} \delta(x - x_0)\, dx = 1. \tag{4.223}$$

Die folgenden Ersetzungsregeln für die Deltafunktion gelten nur unter dem Integralzeichen:

$$\delta(-x) = \delta(x), \tag{4.224}$$

$$f(x)\delta(x - x_0) = f(x_0)\delta(x - x_0), \quad \text{speziell: } x\delta(x) = 0, \tag{4.225}$$

$$\delta[g(x)] = \sum_{x_i:\, g(x_i)=0} \frac{\delta(x - x_i)}{|g'(x_i)|}. \tag{4.226}$$

Die letzte Gleichung ist so zu verstehen, dass über alle Nullstellen des Arguments der Deltafunktion summiert und durch den Betrag der Ableitung von g an diesen Nullstellen dividiert wird.

Die dreidimensionale Deltafunktion ist definiert als das Produkt von drei eindimensionalen Deltafunktionen:

$$\delta(\vec{r} - \vec{r}_0) = \delta(x - x_0)\,\delta(y - y_0)\,\delta(z - z_0). \tag{4.227}$$

Aus Def. 4.27 folgt dann mit $dV = dx\,dy\,dz$:

$$\iiint\limits_{-\infty}^{\infty} \delta(\vec{r} - \vec{r}_0)\,dV = 1. \tag{4.228}$$

Die dreidimensionale Deltafunktion kann natürlich auch in anderen Koordinaten formuliert werden:

Beispiel 4.22 (Deltafunktion in krummlinigen Koordinaten)
Um die Deltafunktion in allgemeinen krummlinigen (orthogonalen) Koordinaten darzustellen, muss das Volumenelement $dV = d^3x$ mit Hilfe der Funktionaldeterminante $|D|$ von den Koordinaten (x, y, z) in die neuen Koordinaten (u, v, w) transformiert werden, gemäß:

$$\int dx\,dy\,dz \rightarrow \int \underbrace{\left| \frac{\partial(x, y, z)}{\partial(u, v, w)} \right|}_{D} du\,dv\,dw. \tag{4.229}$$

Wir betrachten hier nur die drei am häufigsten verwendeten krummlinigen Koordinatensysteme. Zu Details siehe Anhang F.

1. **Kugelkoordinaten** $\vec{r} = (r, \vartheta, \varphi)$:

$$\delta(\vec{r} - \vec{r}_0) = \frac{1}{r^2 \sin\vartheta}\delta(r - r_0)\,\delta(\vartheta - \vartheta_0)\,\delta(\varphi - \varphi_0). \tag{4.230}$$

2. **Zylinderkoordinaten** $\vec{r} = (\rho, \varphi, z)$:

$$\delta(\vec{r} - \vec{r}_0) = \frac{1}{\rho}\delta(\rho - \rho_0)\,\delta(\varphi - \varphi_0)\,\delta(z - z_0). \tag{4.231}$$

3. **Ebene Polarkoordinaten** $\vec{r} = (r, \varphi)$:

$$\delta(\vec{r} - \vec{r}_0) = \frac{1}{r}\delta(r - r_0)\,\delta(\varphi - \varphi_0). \tag{4.232}$$

∎

4.9.1   Darstellungen und Eigenschaften der Deltafunktion

Die paradoxen Formulierungen in den Gl. (4.219) bis (4.224), die der Naturwissenschaftler mit schmunzelndem Behagen am Schaudern des Mathematikers gebraucht, sind natürlich nicht die Definitionen einer wirklichen Funktion im Sinne der reellen Analysis. Sie gehören vielmehr zu einem Kalkül „uneigentlicher" Objekte, wie Ableitungen nicht-differenzierbarer Funktionen, Limites divergenter Grenzprozesse und eben „δ-artigen" Funktionen aller Art, bei dem zwar nicht diesen uneigentlichen Objekten $\delta(x)$ selbst, aber Integralen der Form

$$\int_{-\infty}^{\infty} \delta(x - x_0) f(x)\, \mathrm{d}x = f(x_0) \qquad (4.233)$$

ein präziser mathematischer Sinn erteilt wird. Die $f(x)$ sind dabei sogen. *Testfunktionen*. Man versteht darunter beliebig oft differenzierbare Funktionen auf $\mathbb{R}$, die außerhalb eines beschränkten Intervalls, also für große $|x|$, verschwinden. Eine weitere Festlegung einer Eigenschaft der Deltafunktion lautet:

$$\int_{-\infty}^{\infty} \delta\left(\frac{x - x_0}{c}\right) f(x)\, \mathrm{d}x = |c|\, f(x_0). \qquad (4.234)$$

Der Grund für diese Festlegung ist der Wunsch, in dem Integral formal die einfache Variablensubstitution $u = \frac{x-x_0}{c}$ und $x = cu + x_0$ vornehmen zu dürfen. Statt $\mathrm{d}x$ muss dann $c\,\mathrm{d}u$ geschrieben werden: Für $c > 0$ wird das Integral dann wegen Gl. (4.233) formal zu

$$\int_{-\infty}^{\infty} cf\,(cu + x_0)\, \delta(u)\, \mathrm{d}u = c\, f(x_0), \qquad (4.235)$$

während $c < 0$ auch noch die Integrationsgrenzen vertauscht, weshalb man in Gl. (4.234) nun $|c|$ schreiben muss. Mit der Substitutionsregel hat auch die Interpretation von Gl. (4.226) zu tun, genauer gesagt, die Interpretation des Ausdrucks

$$\int_{-\infty}^{\infty} f(x)\, \delta\big[g(x)\big]\, \mathrm{d}x. \qquad (4.236)$$

Wir setzen voraus, dass das stetige f nur endlich viele Nullstellen $x_1, x_2, \ldots, x_n$ hat sowie jeweils in einer Umgebung davon stetig differenzierbar ist, und dass $f'(x_i) \neq 0$ für $i = 1, \ldots, n$ gilt. In der Nähe von x_i können wir dann die Substitution $u = g(x)$

ausführen. Bezeichnen wir die Umkehrung davon mit $x = x(u)$, so erhalten wir nach der Substitutionsregel, wenn $\alpha_i < x_i < \beta_i$ genügend nahe beieinander sind:

$$\int\limits_{\alpha_i}^{\beta_i} f(x)\,\delta\big([g(x)]\big)\,dx = \int\limits_{\alpha_i}^{\beta_i} \frac{f[x(u)]}{g'[x(u)]}\delta(u)\,du = \frac{f(x_i)}{|g'(x_i)|}. \tag{4.237}$$

Hier sind die Betragsstriche nötig, weil das Vorzeichen von $f'(x_i)$ entscheidet, ob $\alpha_i < 0 < \beta_i$ oder $\alpha_i > 0 > \beta_i$ gilt. Von dem „Rest" $\mathbb{R}\backslash \cup_{i=1}^n [\alpha_i, \beta_i]$ erwarten wir natürlich keinen Beitrag zum Integral, denn außerhalb eines großen Intervalls $[-R, R]$ ist $f(x) = 0$, und auf $[-R, R]\backslash \cup_{i=1}^n [\alpha_i, \beta_i]$ hält $|g(x)|$ einen Abstand $\epsilon < 0$ von der Null, so dass dort $\delta[g(x)] = 0$ die richtige Auffassung sein muss. Unter den genannten Voraussetzungen definiert man daher:

$$\boxed{\int\limits_{-\infty}^{\infty} f(x)\,\delta[g(x)]\,dx = \sum_{i=1}^{n} \frac{f(x_i)}{|g'(x_i)|}.} \tag{4.238}$$

Hieraus folgt etwa

$$\boxed{\delta(cx) = \frac{1}{|c|}\delta(x).} \tag{4.239}$$

Setzt man insbesondere $c = -1$, so ergibt sich, dass $\delta(x)$ eine *gerade* Funktion ist, womit Gl. (4.224) bewiesen ist. Weitere Beispiele zu Gl. (4.238) sind:

$$\delta\,[(x - \alpha)(x - \beta)] = \frac{\delta(x - \alpha)\,\delta(x - \beta)}{|\alpha - \beta|} \tag{4.240}$$

sowie

$$\delta(x^2 - \alpha^2) = \frac{\delta(x - \alpha)\,\delta(x + \alpha)}{2\,|\alpha|}, \tag{4.241}$$

da hier das Argument der Deltafunktion zwei Nullstellen hat. Aus Gl. (4.220) folgt eine weitere wichtige Eigenschaft der Deltafunktion. Ersetzen wir nämlich $f(x)$ durch $g(x)\,f(x)$, so erhalten wir:

$$\int\limits_{-\infty}^{\infty} g(x)\,f(x)\,\delta(x)\,dx = g(0)\,f(0) = g(0)\int\limits_{-\infty}^{\infty} f(x)\,\delta(x)\,dx. \tag{4.242}$$

Es gilt also

$$g(x)\,\delta(x) = g(0)\,\delta(x) \tag{4.243}$$

und daher insbesondere

$$x\delta(x) = 0, \tag{4.244}$$

womit wir Gl. (4.225) bewiesen haben.

Beispiel 4.23 (Untersuchung von $\delta(1 - x^2)$)
Das Argument der Deltafunktion hat zwei Nullstellen:

$$g(x) = 1 - x^2 \quad \Longrightarrow \quad x = \pm 1, \quad |g'(\pm 1)| = |\mp 2| = 2.$$

Wir können daher die Deltafunktion unter dem Integral durch eine Summe von zwei Deltafunktionen ersetzen. Es gilt z. B. mit der Funktion $f(x)$ als Testfunktion:

$$\int\limits_{-2}^{0} \delta(1 - x^2)\, f(x)\, \mathrm{d}x = \int\limits_{-2}^{0} \mathrm{d}x \frac{1}{2} [\delta(x - 1) + \delta(x + 1)]\, f(x) = \frac{1}{2}\, f(-1).$$

∎

Die Dirac'sche Deltafunktion ist keine Funktion, sondern eine *Distribution,* ein ganz spezielles Funktional (s. Exkurs 8.1). Distributionen verallgemeinern den Funktionsbegriff und werden daher auch als *verallgemeinerte Funktionen* bezeichnet. Die Theorie der Distributionen erlaubt es insbesondere, Funktionen abzuleiten, die im klassischen Sinn nicht differenzierbar sind. Dazu betrachtet man Funktionenräume, die von besonders „gutartigen" Funktionen gebildet werden (s. Exkurs 4.5). Grafisch veranschaulichen kann man sich die Wirkung der δ-Distribution in Gl. (4.233) etwa wie in Abb. 4.8. Die δ-Distribution hat bei $x = x_0$ einen unendlich hohen Peak, der gerade den Funktionswert $f(x_0)$ heraussucht; sonst ist sie überall null. Diese Eigenschaft kann man auch realisieren über den Grenzwert $\lim\limits_{n} f_n(x)$ von Funktionenfolgen, bei denen das Integral immer auf 1 normiert bleibt, aber im Grenzwert von n die Spitze der Funktion immer höher und schmaler wird, s. Bsp. 4.24 und die Abb. 4.9 und 4.10. Da jede Funktion der Folge von x abhängt, wird auch der Grenzwert von x abhängen. Zu beachten ist, dass der Limes der Funktionenfolge keine Funktion mehr ist, sondern eben eine Distribution. Eine ähnliche Situation kennt man auch in der Theorie der Zahlen: Eine konvergente unendliche Folge von rationalen Zahlen muss nicht unbedingt gegen eine rationale Zahl konvergieren, sondern kann auch gegen eine irrationale Zahl (z. B. $\sqrt{2}$) konvergieren.

Beispiel 4.24 (Funktionenfolgen als Ersatzfunktionen)
Mit den Grenzwerten von analytischen Ersatzfunktionen ist es möglich, die Eigenschaften der δ-Distribution zu approximieren. Wir geben hier zwei typische Beispiele für Funktionenfolgen an, bei denen das Integral normiert bleibt, obwohl die Spitze der Funktion im Grenzwert immer größer wird:

$$f_n(x) = \frac{1}{\pi} \frac{\sin(nx)}{x} \qquad \text{für } n \to \infty, \tag{4.245a}$$

$$f_n(x) = \frac{1}{\sqrt{n\pi}}\, \mathrm{e}^{-x^2/n} \qquad \text{für } n \to 0. \tag{4.245b}$$

Abb. 4.8 Die Deltafunktion $\delta(x - x_0)$ filtert nach Gl. (4.233) aus der Funktion $f(x)$ den Funktionswert $f(x_0)$ aus. Die Funktion $f(x)$ muss die Eigenschaft haben, für $x \longrightarrow \pm\infty$ zu verschwinden, also gegen null zu gehen

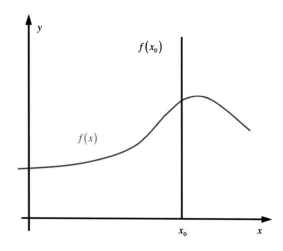

Abb. 4.9 Beispiele für die Funktion $f_n(x)$ in Gl. (4.245a) für $n = 3\pi$ und $n = 6\pi$

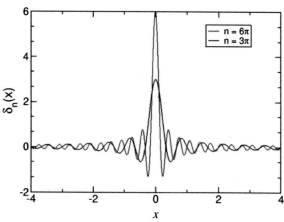

Abb. 4.10 Beispiele für die Funktion $f_n(x)$ in Gl. (4.245b) für $n = 0,1$, $n = 0,2$, $n = 0,6$

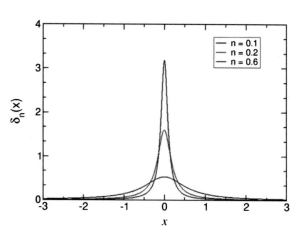

Diese beiden Funktionen sind für einige Werte von n in den Abb. (4.9) und (4.10) dargestellt. ∎

Mit Hilfe von Ersatzfunktionen lassen sich formal einige Eigenschaften der Deltafunktion beweisen. Als Beispiel beweisen wir mit Hilfe der Gauß-Funktion eine für praktische Anwendungen sehr wichtige Gleichung:

Beweis 4.14 (Eigenschaft der Deltafunktion in Gl. (4.233))   Die Gauß-Funktion

$$\delta_n(x) = \frac{1}{\sqrt{2\pi}n} \exp\left(-\frac{(x-x_0)^2}{2n^2}\right) dx$$

hat ein Maximum bei x_0. Die Größe n ist ein Maß für die Streuung der durch die Funktion beschriebenen Verteilung. Wir betrachten also:

$$\int_{-\infty}^{\infty} f(x)\delta_n(x-x_0)\,dx = \frac{1}{\sqrt{2\pi}n} \int_{-\infty}^{\infty} f(x)\exp\left(-\frac{(x-x_0)^2}{2n^2}\right) dx.$$

Mit Hilfe der Substitution $z = \frac{x-x_0}{\sqrt{2}n} \rightarrow dz = \frac{dx}{\sqrt{2}n}$ erhalten wir die folgende Beziehung:

$$\frac{1}{\sqrt{2\pi}n} \int_{-\infty}^{\infty} f(x)\exp\left(-\frac{(x-x_0)^2}{2n^2}\right) dx = \frac{1}{\sqrt{2\pi}n}\sqrt{2}n \int_{-\infty}^{\infty} f(\sqrt{2}nz + x_0)\,e^{-z^2} dz.$$

Als nächstes entwickeln wir die Funktion f als Taylor-Reihe um $x = x_0$. Das ergibt

$$f(x) = f(x_0) + f'(x_0)(x-x_0) + \frac{1}{2}f''(x_0)(\sqrt{2}nz)^2 + \frac{1}{6}f'''(x_0)(\sqrt{2}nz)^3 + \cdots$$
$$= f(x_0) + \mathcal{O}(n).$$

Dabei sind $\mathcal{O}(n)$ weitere Terme von mindestens der Ordnung n. Somit gilt also

$$\lim_{n\to 0} \frac{1}{\sqrt{\pi}} \int_{-\infty}^{\infty} dz\, e^{-z^2}(f(x_0) + \mathcal{O}(n)) = f(x_0)\frac{1}{\sqrt{\pi}} \int_{-\infty}^{\infty} e^{-z^2} dz \underset{\underset{\text{Gl. (D.2)}}{\uparrow}}{=} f(x_0).$$

□

Beispiel 4.25 (Einfache Rechenbeispiele zur Deltafunktion)
Wir berechnen die folgenden Integrale über Deltafunktionen:

1. $\int_{-2}^{5}(x^2 - 5x + 6)\,\delta(x-1)\,dx = (x^2 - 5x + 6)|_{x_0=1} = 1 - 5 + 6 = 2,$

2. $\int\limits_{-2}^{5} (x^2 - 5x + 6)\,\delta(x - 3)\,\mathrm{d}x = 9 - 15 + 6 = 0,$

3. $\int\limits_{-2}^{5} (x^2)\,\delta(x - x_0)\,\mathrm{d}x = \begin{cases} x_0{}^2 & \text{für } a \leq x_0 < b, \\ 0 & \text{sonst,} \end{cases}$

4. $\int\limits_{a}^{b} (f(x) - f(x_0))\,\delta(x - x_0)\,\mathrm{d}x = 0,$

5. $\int\limits_{-\infty}^{\infty} \mathrm{d}x\,\delta(x)\cos(x) = \int\limits_{-1}^{1} \mathrm{d}x\,\delta(x)\cos(x) = \int\limits_{-0,0002}^{0,0002} \mathrm{d}x\,\delta(x)\cos(x) = \cos 0 = 1,$

6. $\int\limits_{-\infty}^{0} \mathrm{d}t\,\delta(t + 1)\,\mathrm{e}^{-\frac{1}{2}t^2 + t} = \mathrm{e}^{-\frac{3}{2}},$

7. $\int\limits_{0}^{\infty} \mathrm{d}t\,\delta(t + 1)\,\mathrm{e}^{-\frac{1}{2}t^2 + t} = 0.$

■

Die Heaviside'sche Stufenfunktion
Das folgende bestimmte Integral der Deltafunktion stellt die *Heaviside'sche Stufenfunktion* dar:

$$\theta(x) = \int\limits_{-\infty}^{x} \delta(x')\,\mathrm{d}x' = \begin{cases} 0 & \text{für } -\infty < x < -\epsilon, \\ 1 & \text{für } +\epsilon < x < \infty. \end{cases} \tag{4.246}$$

Der genaue Verlauf der Funktion ist innerhalb des Intervalls $(-\epsilon, \epsilon)$ nicht definiert, und es soll gelten: $\epsilon \ll 1$. Manchmal legt man willkürlich den Wert von $\theta(x)$ an der Stelle $x = x_0$ auf $\frac{1}{2}$ fest. Wir können Gl. (4.246) beispielsweise einsehen, wenn wir irgendeine Gauß-Funktion als Testfunktion verwenden, z. B. die Funktion $f_n(x)$ in Gl. (4.261). Die Integration über $f_n(x)$ ergibt für $\theta_n(x)$:

$$\theta_n(x) = \int\limits_{-\infty}^{x} f_n(x')\,\mathrm{d}x' = [1 + \mathrm{erf}(\sqrt{n}\,x)]. \tag{4.247}$$

Diese Funktion ist in Abb. 4.11 zu sehen. Mit wachsendem n wird der Sprung der Funktion immer größer.

4.9.2 Die Fourier-Darstellung der Deltafunktion

Die Fourier-Transformierte $\mathcal{FT}(k)$ einer Funktion $f(x)$ ist gemäß Gl. (3.52) definiert als:

$$\mathcal{FT}(k) = \frac{1}{\sqrt{2\pi}} \int\limits_{-\infty}^{\infty} f(x)\,\mathrm{e}^{-\mathrm{i}kx},\mathrm{d}x. \tag{4.248}$$

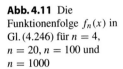

Abb. 4.11 Die Funktionenfolge $f_n(x)$ in Gl. (4.246) für $n = 4$, $n = 20$, $n = 100$ und $n = 1000$

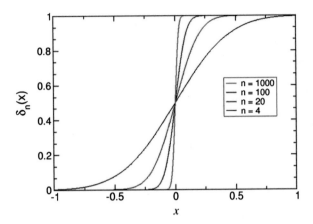

Die Ausgangsfunktion erhält man anschließend durch Rücktransformation:

$$f(x) = \frac{1}{\sqrt{2\pi}} \int_{-\infty}^{\infty} \mathcal{FT}(k)\, e^{+ikx} dk, \qquad (4.249)$$

wobei wir konventionsgemäß den Faktor $\frac{1}{2\pi}$ auf beide Transformationen gleichmäßig aufteilen. Wir verwenden wieder, wie im Beweis von Gl. 4.233, die Gauß-Funktion als Ersatzfunktion:

$$f(x) = f_n(x) = \frac{1}{\sqrt{2\pi}n} \exp\left(-\frac{(x - x_0)^2}{2n^2}\right) dx.$$

Wir betrachten ferner den Spezialfall $x_0 = 0$. Im allgemeinen Fall muss die Transformation $x' = x - x_0$ durchgeführt werden, die auf einen zusätzlichen, komplexen Phasenfaktor führt, den wir aber bei einer reellen Integration wie einen konstanten Faktor behandeln dürfen (Cauchy'scher Integralsatz der Funktionentheorie). Dann gilt

$$\mathcal{FT}[f_n(x)] = \frac{1}{\sqrt{2\pi}n} \int_{-\infty}^{\infty} \exp\left(\left(-\frac{x^2}{2n^2}\right)\right) \cdot \exp(-ikx)\, dx$$

$$= \frac{1}{\sqrt{2\pi}n} \int_{-\infty}^{\infty} \exp\left(-\frac{x^2 + 2in^2kx}{2n^2}\right) dx$$

$$= \frac{1}{\sqrt{2\pi}n} \int_{-\infty}^{\infty} \exp\left(-\frac{n^4k^2}{2n^2}\right) \int_{-\infty}^{\infty} \exp\left(-\frac{(x + in^2k)^2}{2n^2}\right) dx. \qquad (4.250)$$

Dabei wurde – wie üblich bei Integralen über Gauß-Funktionen – eine quadratische Ergänzung durchgeführt mit der Beziehung $x^2 + 2\,\mathrm{i}n^2kx = (x + \mathrm{i}n^2k)^2 + n^4k^2$. Mit der Substitution $y = \frac{x+\mathrm{i}n^2k}{\sqrt{2}n}$ erhält man $\mathrm{d}x = \sqrt{2}n\,\mathrm{d}y$ und somit:

$$\mathcal{FT}[f_n(x)] = \frac{\sqrt{2}n}{\sqrt{2\pi}n}\,\mathrm{e}^{-\frac{n^2k^2}{2}}\underbrace{\int\limits_{-\infty}^{\infty}\mathrm{e}^{-y^2}\mathrm{d}y}_{=\sqrt{\pi}} = \mathrm{e}^{-\frac{n^2k^2}{2}}. \tag{4.251}$$

Offensichtlich ist die Gauß-Kurve invariant gegenüber der Fourier-Transformation, allerdings ändert sich der Vorfaktor, und n steht im Exponenten der transformierten Gauß-Funktion im Zähler. Das bedeutet: Eine Gauß-Kurve mit kleiner Streuung (kleinem n) ist nach der Fourier-Transformation eine Gauß-Kurve mit großer Streuung und umgekehrt. Diese Eigenschaft ist nichts anderes als die Heisenberg'sche Unschärferelation! Wir stoßen hier auf die Unschärferelation, weil wir – wie wir in Kap. 3 gesehen haben – die Wellenfunktion ψ eines quantenmechanischen Zustands als Wellenpaket mit Hilfe des Fourier-Integrals über eine unendliche Anzahl von ebenen Wellen mit modulierten Wellenzahlen $\vec{k}$ (bzw. modulierten Impulsen $\vec{p} = \hbar\vec{k}$) aufbauen! Deshalb können Ort und Impuls nicht gleichzeitig mit beliebiger Genauigkeit bestimmt werden. Im Grenzfall $n \to 0$ gilt:

$$\lim_{n \to 0}\int\limits_{-\infty}^{\infty}f_n(x)\,\mathrm{e}^{-\mathrm{i}kx}\,\mathrm{d}x = 1, \quad \text{also} \quad \int\limits_{-\infty}^{\infty}\delta(x)\,\mathrm{e}^{-\mathrm{i}kx}\,\mathrm{d}x = 1. \tag{4.252}$$

Aus der Rücktransformation erhält man das Fourier-Integral der Deltafunktion:

$$\delta(x) = \frac{1}{\sqrt{2\pi}}\int\limits_{-\infty}^{\infty}1 \cdot \mathrm{e}^{\mathrm{i}kx}\,\mathrm{d}x = \frac{1}{\sqrt{2\pi}}\int\limits_{-\infty}^{\infty}\mathrm{e}^{\mathrm{i}kx}\,\mathrm{d}x. \tag{4.253}$$

Wir können also festhalten:

Satz 4.7
Die Fourier-Transformierte der Deltafunktion ist $1/(\sqrt{2\pi})$.

Da die Deltafunktion keine analytische Funktion ist, muss nicht verwundern, dass das Fourier-Integral in Gl. (4.253) nicht konvergiert. Betrachtet man aber z. B. die *Lorentz-Kurve* als Ersatzfunktion der Deltafunktion, so gilt:

$$\delta(x) = \frac{1}{\sqrt{2\pi}}\int\limits_{-\infty}^{\infty}\mathrm{e}^{\mathrm{i}kx-n|k|}\,\mathrm{d}x = \frac{1}{\pi} \cdot \frac{n}{x^2 + n^2} = f_n(x), \tag{4.254}$$

wobei $e^{-n|k|}$ ein sogen. *konvergenz-erzeugender Faktor* ist. Im Grenzfall $n \to 0$ erhält man das Fourier-Integral der Deltafunktion aus Gl. (4.253). Natürlich ist die hier gezeigte Rechnung – wie oben erwähnt – auch möglich mit einer um x_0 verschobenen Gauß-Funktion. Als Ergebnis erhält man einen rein imaginären Vorfaktor in der Fourier-Transformierten, der eine Phasenverschiebung darstellt:

$$\mathcal{FT}(\delta(x - x_0)) = \frac{1}{\sqrt{2\pi}} \int\limits_{-\infty}^{\infty} e^{ikx} \delta(x - x_0)\, dx = \frac{1}{\sqrt{2\pi}}\, e^{-ikx_0}. \qquad (4.255)$$

Wir können also festhalten:

Satz 4.8
Die Fourier-Transformierte einer um x_0 verschobenen Deltafunktion ist eine ebene Welle.

Insbesondere gilt für $x_0 = 0$:

$$\mathcal{FT}(\delta(x)) = \frac{1}{\sqrt{2\pi}}. \qquad (4.256)$$

Analoges gilt auch für die inverse Fourier-Transformation:

$$\mathcal{FT}^{-1}\left(\frac{1}{\sqrt{2\pi}}\right) = \delta(x), \qquad (4.257)$$

$$\mathcal{FT}^{-1}(1) = \mathcal{FT}^{-1}(1) = \sqrt{2\pi}\, \delta(x). \qquad (4.258)$$

4.9.3 Genauere Begründung der Deltafunktion als Distribution

Wir definieren zunächst die Begriffe *Grundfunktion* und *schwach wachsende Funktion*.

Definition 4.28 (Grundfunktion)
Eine Funktion $f(x)$ wird als *Grundfunktion* bezeichnet, wenn sie im Intervall $(-\infty \leq x \leq \infty)$ überall beliebig oft differenzierbar ist und zusammen mit ihren Ableitungen im Unendlichen stärker gegen null geht als jede Potenzfunktion, wenn also die folgende Limesbeziehung erfüllt ist:

$$\lim_{|x| \to \infty} f^{(k)}(x) = \mathcal{O}(|x|^N), \quad N \text{ beliebig.} \qquad (4.259)$$

Das Symbol $\mathcal{O}(g)$ stellt einen Ausdruck von der Ordnung höchstens g dar, also:

$$f = \mathcal{O}(g) \quad \Longleftrightarrow \quad |f| \le a\,|g|, \quad a \in \mathbb{R},$$

für ein geeignetes, endliches a. Ein Beispiel einer Grundfunktion ist eine Gauß-Funktion (s. Anhang D.4) wie beispielsweise $f(x) = e^{-x^2}$.

Definition 4.29 (Schwach wachsende Funktion)
Eine Funktion $f(x)$ heißt *schwach wachsend*, wenn $f(x)$ beliebig oft differenzierbar ist und wenn $f(x)$ zusammen mit ihren Ableitungen im Unendlichen nicht stärker divergiert als eine Potenzfunktion, wenn also folgende Limesbeziehung erfüllt ist:

$$\lim_{|x|\to\infty} f(x) = \mathcal{O}(|x|^N) \quad \text{für ein geeignetes } N. \tag{4.260}$$

Beispiele für schwach wachsende Funktionen sind alle Polynome. Die Ableitung einer Grundfunktion ist eine Grundfunktion. Die Summe und die Differenz zweier Grundfunktionen sind ebenfalls Grundfunktionen. Das Produkt zweier Grundfunktionen, oder das einer Grundfunktion mit einer schwach wachsenden Funktion, ist wieder eine Grundfunktion.

Wir betrachten nun die Approximation einer δ-Distribution mittels der folgenden Funktionenfolge, siehe die Abb. 4.12 und 4.13:

$$f_n(x) = \sqrt{\frac{n}{\pi}}\, e^{-nx^2} \quad \Longrightarrow \quad \int_{-\infty}^{\infty} f_n(x)\,\mathrm{d}x = 1. \tag{4.261}$$

Jedes $f_n(x)$ ist eine Gauß'sche Glockenkurve. Die Fläche unter jeder Kurve hat den Wert 1. Je größer n ist, desto schmaler und höher ist die Glockenkurve, und im Limes $n \to \infty$ ergibt dies einen scharfen Peak. Jedoch ist in strengem Sinne zu beachten:

$$\lim_{n\to\infty} f_n(x) = \delta(x) \quad \text{ist falsch !}$$

Abb. 4.12 Die
Funktionenfolge $f_n(x)$ in
Gl. (4.261) für $n = 4$,
$n = 20$, $n = 100$ und
$n = 1000$. Diese
konvergieren am Punkt
$x = 0$

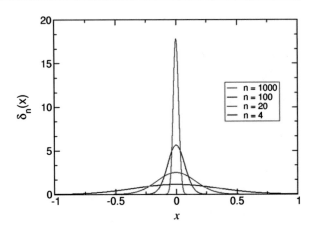

Abb. 4.13 Die Ableitungen
von $f_n(x)$ in Gl. (4.261) für
$n = 4$, $n = 20$ und $n = 100$

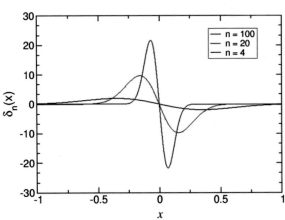

Stattdessen gilt nur für eine beliebige Grundfunktion $f(x)$:

$$\lim_{n \to \infty} \int_{-\infty}^{\infty} \delta_n(x)\, f(x) = f(0). \tag{4.262}$$

Dies ist äquivalent zu Gl. (4.233) mit $x_0 = 0$.

Beweis 4.15 (Beweis von Gl. (4.262)) Wir betrachten zum Beweis:

$$I = \left| \int_{-\infty}^{\infty} e^{-nx^2} \sqrt{\frac{n}{\pi}}\, f(x)\, dx - f(0) \right| = \left| \int_{-\infty}^{\infty} e^{-nx^2} \sqrt{\frac{n}{\pi}} [f(x) - f(0)]\, dx \right|.$$

Nach dem Mittelwertsatz der Differenzialrechnung gilt:

$$f(x) - f(0) = x f'(\xi x), \quad \text{mit} \;\; 0 \leq \xi \leq 1.$$

Dies setzen wir in die vorherige Gleichung ein und erhalten die Abschätzung:

$$I \leq \max |f'(x)| \sqrt{\frac{n}{\pi}} \int_{-\infty}^{\infty} e^{-nx^2} |x| \, dx = \frac{1}{\sqrt{\pi n}} \max |f'(x)| \to 0 \quad \text{für} \quad n \to \infty.$$

$\square$

Es gibt nicht nur die in Gl. (4.261) oder in Bsp. 4.24 definierten Funktionenfolgen, sondern eine ganze Klasse von solchen Folgen, deren Grenzwerte äquivalente Darstellungen der δ-Distribution sind. Es folgt z. B. aus

$$\int_{-\infty}^{\infty} e^{-n^\nu x^{2\nu}} \, dx = \Gamma\left(\frac{\frac{1}{2\nu}}{\nu \sqrt{n}}\right), \tag{4.263}$$

dass für jedes reelle ν die Folgen

$$\boxed{f_n(x) = \frac{\sqrt{n}\,\nu}{\Gamma\left(\frac{1}{2\nu}\right)} \, e^{-n^\nu x^{2\nu}}} \tag{4.264}$$

die δ-Distribution darstellen.

Mathematischer Exkurs 4.5 (Distributionen)
Distributionen wurden entwickelt, um die oft störende Tatsache, dass es nicht-differenzierbare Funktionen gibt, zu entschärfen. Die Vorgehensweise ist typisch mathematisch: Der Begriff der Funktion wird verallgemeinert, so dass er den ursprünglichen Funktionsbegriff umfasst und den üblichen Regeln der Analysis genügt. Die verallgemeinerten Funktionen werden *Distributionen* genannt. Einige Bedingungen, die verallgemeinerte Funktionen in einer offenen Teilmenge von $\mathbb{R}^d$ erfüllen sollten, sind:

- Jeder stetigen Funktion entspricht eine Distribution.
- Jede Distribution hat partielle Ableitungen, die wieder Distributionen sind; insbesondere sollen Distributionen unendlich oft differenzierbar sein. Für differenzierbare Funktionen soll der neue Ableitungsbegriff mit dem alten übereinstimmen.
- Die üblichen Ableitungsregeln sollen weiterhin gelten.
- Es sollen geeignete Grenzwertsätze gelten, die das Verwenden von Folgen von Distributionen ermöglichen.

Wir nennen eine Funktion $f : \mathbb{R} \longrightarrow \mathbb{C}$ *lokal integrierbar,* falls f messbar ist und für jede kompakte Menge $K \subset \mathbb{R}$ das Integral $\int_K |f| \, dx$ endlich ist; wir schreiben hierfür auch $f \in L^1_{loc}(\mathbb{R}^n)$. Die Idee für einen verallgemeinerten Funktionsbegriff ist, die Funktion f als ein Objekt zu interpretieren, welches jeder geeigneten „Testfunktion" φ den Wert $\int f \varphi \, dx$ zuordnet. Man beachte den Unterschied zur ursprünglichen Interpretation: Eine Funktion f ordnet jeder Zahl $x \in \mathbb{R}$ den Wert $f(x)$ zu. Die neue Interpretation fußt auf der physikalischen Anschauung, dass gemessene Werte im Wesentlichen immer Mittelwerte sind. Wird zum Beispiel die Geschwindigkeit eines Objekts gemessen, so misst man die mittlere Geschwindigkeit in einem kurzen Zeitintervall.

Für das Weitere muss eine geeignete Menge von Testfunktionen φ definiert werden. Für den Raum $\mathcal{T}$ der Testfunktionen verwenden wir $C_0^\infty(\mathbb{R}^n)$, den linearen Raum aller Funktionen auf $\mathbb{R}^n$, die unendlich oft differenzierbar sind und einen kompakten Träger haben, d. h. außerhalb einer kompakten Teilmenge des $\mathbb{R}^n$ identisch verschwinden sollen. Kompaktheit im $\mathbb{R}^n$ bedeutet, dass die Menge abgeschlossen und beschränkt ist. Auf diesem Raum lässt sich dann ein Konvergenzbegriff für Funktionenfolgen definieren. Mit der entsprechenden Topologie ausgestattet (das ist leichter gesagt als getan!) bezeichnet man $C_0^\infty(\mathbb{R}^n)$ als den Testfunktionenraum $\mathcal{T}(\mathbb{R}^n)$.

$\mathcal{T}^*$ sei der Raum aller stetigen linearen Abbildungen $\mathcal{T} \to \mathbb{C}$, also der Dualraum von $\mathcal{T}$, wobei Stetigkeit durch den Konvergenzbegriff in $\mathcal{T}$ definiert ist. Die Elemente von $\mathcal{T}^*$ nennt man Distributionen. Solche stellen in diesem Sinne eine Verallgemeinerung von Funktionen dar.

Eine Teilmenge der Distributionen mit einer besonderen Eigenschaft sind die sogenannten *regulären Distributionen,* die durch lokal integrierbare Funktionen $f \in L^1_{loc}(\mathbb{R}^n)$ erzeugt werden. Letzteres bedeutet, dass $f : \mathbb{R}^n \longrightarrow \mathbb{C}$ auf jeder kompakten Teilmenge des $\mathbb{R}^n$ integrierbar ist. Dann ergibt sich durch

$$\psi_f(\varphi) = \int_{\mathbb{R}^n} f(x) \, \varphi(x) \, dx, \qquad \varphi \in C_0^\infty(\mathbb{R}^n) \qquad (4.265)$$

ein Funktional, das eine reguläre Distribution darstellt. Als andere Schreibweise verwendet man auch oft $\psi_f(\varphi) = \langle f | \varphi \rangle$. Ein wichtiges Beispiel für eine nicht-reguläre Distribution ist die Deltadistribution δ_{x_0}, die dadurch definiert ist, dass jeder Testfunktion ihr Funktionswert am Ort $x_0 \in \Omega$ zugewiesen wird:

$$\delta_{x_0} : \mathcal{T} \longrightarrow \mathbb{C}, \qquad \delta_{x_0}(\varphi) = \varphi(x_0). \qquad (4.266)$$

Dies ist eine stetige Abbildung auf dem Testfunktionenraum $\mathcal{T}$. Sie ist auch genau das, was Deltafunktion genannt wird und alternativ als

$$\delta_{x_0}(\varphi) = \langle \delta_{x_0} | \varphi \rangle = \int \delta(x - x_0) \varphi(x) \, dx = \varphi(x_0) \qquad (4.267)$$

notiert wird. Die Schreibweise als Integral ist hier also nur als Abbildungsvorschrift zu verstehen und nicht als Integral im üblichen Lebesgue'schen oder Riemann'schen Sinn.

Temperierte Distributionen und der Schwartz-Raum

Eine wichtige Erweiterung des Testfunktionenraums stellt der von Laurent Schwartz (1915–2002) im Jahr 1947 eingeführte sogenannte Schwartz-Raum $S(\mathbb{R}^n)$ der schnell fallenden (bzw. gemäß Def. 4.29 schwach wachsenden) Funktionen dar. Dieser besteht aus Funktionen, die unendlich oft differenzierbar sind, von denen aber nicht mehr verlangt wird, dass sie einen kompakten Träger haben, sondern nur, dass sie zusammen mit all ihren Ableitungen schneller abfallen als jedes inverse Polynom. Ein Beispiel dafür ist eine Gauß-Funktion $f(x) = \exp(-x^2)$. Dieser Funktionenraum hat die Eigenschaft, dass jedes Produkt von zwei Elementen wieder ein Element des Schwartz-Raumes ist und dass Elemente beliebig mit Polynomen multipliziert und beliebig oft abgeleitet werden dürfen. Die Elemente des Dualraumes des Schwartz-Raumes, also die stetigen linearen Abbildungen der Form

$$D : S(\mathbb{R}^n) \longrightarrow \mathbb{C}, \tag{4.268}$$

heißen *temperierte Distributionen*. Dieser Raum wird entsprechend als $S^*(\mathbb{R}^n)$ bezeichnet und stellt eine Einschränkung des Raumes der Distributionen dar: $S^*(\mathbb{R}^n) \subset T^*(\mathbb{R}^n)$. Die oben erwähnte δ-Distribution ist ein Beispiel für eine temperierte Distribution, da sie auch auf $S(\mathbb{R}^n)$ eine stetige lineare Abbildung darstellt.

4.9.4 Die Vollständigkeitsrelation

Die Funktionen $\phi(x)$ eines VON-Funktionensystems $\{\phi_{n=n_1}^{n_2}\}$ erfüllen die folgende Relation, die Vollständigkeitsrelation genannt wird:

$$\sum_{n=n_1}^{n_2} \phi_n(x')\phi_n(x) = \delta(x - x'), \qquad x, x' \in [a, b]. \tag{4.269}$$

Im Allgemeinen wird der obere Index n_2 unendlich sein. Der untere, n_1, kann je nach Wahl der Zählung der Eigenwerte und der Eigenfunktionen 0, 1, $-\infty$ oder auch eine andere Zahl sein. Ist das Spektrum kontinuierlich, dann liegt statt der diskreten Summe ein Integral über den Eigenwertparameter vor, wie z. B. beim Fourier-Integral. Beide Seiten der obigen Relation stellen keine gewöhnlichen Funktionen dar: Sie sind Distributionen und dürfen nur unter einem Integral verwendet werden. Dann ist auch die fehlende Konvergenz der unendlichen Summe auf der linken

Seite kein Problem mehr. Die zu $\phi_n(x)$ adjungierte Funktion $\phi_n^*(x)$ kann mit $\phi_n(x)$ zusammenfallen oder deren komplex Konjugierte oder auch eine andere Funktion sein; wesentlich ist, dass sie die folgende Orthonormierungsrelation erfüllt:

$$\boxed{\int_a^b \phi_n^*(x)\phi_{n'}(x)\mathrm{d}x = \delta_{nn'}.} \tag{4.270}$$

4.9.5   Die Wahrscheinlichkeitsverteilung

Wir wollen in diesem Abschnitt noch eine interessante Anwendung der Deltafunktion zur Berechnung von Wahrscheinlichkeitsverteilungen $w(\alpha)$, die man in den wenigsten Lehrbüchern findet, vorstellen. Die Schrödinger'sche Wellenfunktion, d. h. der Zustandsvektor $|\psi\rangle$ in der Ortsdarstellung, konnte dazu dienen, die Wahrscheinlichkeitsdichte

$$w(x) = \psi^*(x)\,\psi(x) = |\psi(x)|^2 \tag{4.271}$$

auszurechnen. Das Produkt der Wahrscheinlichkeitsdichte mit einer Intervallbreite $\mathrm{d}x$ ist die Wahrscheinlichkeit, dass bei einer Messung der Koordinate x der Messwert im Intervall $[x, x + \mathrm{d}x]$ liegt. In der darstellungsfreien Schreibweise haben wir den Zustand durch einen Hilbert-Vektor beschrieben. Man möchte häufig gerne einen Ausdruck für $w(x)$ haben, in dem keine spezielle Darstellung eingeht, d. h. man möchte $w(x)$ durch einen Hilbert- bzw. Zustandsvektor $|\psi\rangle$ ausdrücken. Wir fragen also nach der Wahrscheinlichkeit $w(a)\,\mathrm{d}a$ dafür, bei einer Messung einer physikalischen Größe, die durch den Hermite'schen Operator A beschrieben wird, einen Wert zu finden, der im Intervall $[a, a + \mathrm{d}a]$ liegt.

Die charakteristische Funktion in der Wahrscheinlichkeitsrechnung
Um diese Wahrscheinlichkeit auszurechnen, können wir die *charakteristische Funktion*, die in der Wahrscheinlichkeitsrechnung ein große Rolle spielt, verwenden. Es sei $w(x)$ die Wahrscheinlichkeitsverteilung. Mittelwerte der Größe x^n können dann durch

$$\langle x^n \rangle = \int_{-\infty}^{\infty} x^n w(x)\,\mathrm{d}x \tag{4.272}$$

erhalten werden. Sämtliche Mittelwerte x^n können jedoch auch aus der charakteristischen Funktion

$$F(\alpha) = \int_{-\infty}^{\infty} \mathrm{e}^{\mathrm{i}\alpha x} w(x)\,\mathrm{d}x \tag{4.273}$$

berechnet werden, mittels:

$$\langle x^n \rangle = \left(\frac{\partial}{\partial \mathrm{i}\alpha} \right)^n F(\alpha) \left. \int\limits_{-\infty}^{\infty} \mathrm{e}^{\mathrm{i}\alpha x} w(x) \, \mathrm{d}x \right|_{\alpha=0} = \left(\frac{\partial}{\partial \mathrm{i}\alpha} \right)^n \int\limits_{-\infty}^{\infty} \mathrm{e}^{\mathrm{i}\alpha x} w(x) \, \mathrm{d}x$$

$$= \left. \int\limits_{-\infty}^{\infty} x^n \, \mathrm{e}^{\mathrm{i}\alpha x} w(x) \, \mathrm{d}x \right|_{\alpha=0}, \tag{4.274}$$

wobei wir $F(\alpha)$ über eine Taylor-Reihe der Exponentialfunktion darstellen können:

$$F(\alpha) = \sum_{n=0}^{\infty} \frac{\langle x^n \rangle}{n!} (\mathrm{i}\alpha)^n. \tag{4.275}$$

Kennt man die charakteristische Funktion, so kann man den Erwartungswert jeder beliebigen Potenz sofort durch Differenzieren ausrechnen. Die gesamte Information über die Verteilung ist also in $F(\alpha)$ enthalten. Mathematisch ist $F(\alpha)$ einfach die Fourier-Transformierte $\mathcal{FT}\big(w(x)\big)$ von $w(x)$. Deshalb ist auch umgekehrt $w(x)$ die Fourier-Transformierte $\mathcal{FT}^{-1}\big(F(\alpha)\big)$ von $F(\alpha)$:

$$w(x) = \frac{1}{2\pi} \int\limits_{-\infty}^{\infty} \mathrm{e}^{-\mathrm{i}\alpha x} F(\alpha) \, \mathrm{d}\alpha. \tag{4.276}$$

Ist die charakteristische Funktion $F(\alpha)$ bekannt, so kennt man auch die Wahrscheinlichkeitsdichte $w(x)$.

Anwendung in der Quantenmechanik

Genau so wie bei einer Wahrscheinlichkeitsverteilung kann man die Mittelwerte

$$\langle A^n \rangle = \langle \psi | a^n \psi \rangle \tag{4.277}$$

aus der charakteristischen Funktion

$$F(\alpha) = \langle \psi | \mathrm{e}^{\mathrm{i}A\alpha} \rangle \tag{4.278}$$

gewinnen:

$$\langle A^n \rangle = \left. \left(\frac{\partial}{\partial \mathrm{i}\alpha} \right)^n F(\alpha) \right|_{\alpha=0}, \tag{4.279a}$$

$$F(\alpha) = \sum_{n=0}^{\infty} \frac{\langle A^n \rangle}{n!} (\mathrm{i}\alpha)^n. \tag{4.279b}$$

Die Wahrscheinlichkeitsverteilung $w(x)$ erhält man deshalb durch Fourier-Transformation:

$$
w(a) = \frac{1}{2\pi} \int\limits_{-\infty}^{\infty} e^{-ia\alpha}\, F(\alpha)\, d\alpha = \frac{1}{2\pi} \int\limits_{-\infty}^{\infty} e^{-ia\alpha}\, \langle \psi \,|\, e^{iA\alpha}\, \psi \rangle\, d\alpha
$$

$$
= \left\langle \psi \,\Big|\, \frac{1}{2\pi} \int\limits_{-\infty}^{\infty} e^{iA\alpha}\, d\alpha\, \psi \right\rangle = \langle \psi | \delta(A - a)\psi \rangle = \langle \delta(A - a) \rangle. \qquad (4.280)
$$

Wir wollen diese Formel etwas genauer analysieren. Dazu schreiben wir zunächst die allgemeine Entwicklung eines beliebigen Zustandsvektors $|\psi\rangle$ nach (diskreten und kontinuierlichen) Eigenvektoren $|\psi_n\rangle$ des Operators A auf:

$$
|\psi\rangle = \sum_j c_n |\psi_n\rangle = \sum_j c_n\, |\psi_n\rangle + \int da\, c(a)\, |\psi_a\rangle, \qquad (4.281)
$$

Damit berechnen wir

$$
\delta(A - a)|\psi\rangle = \delta(A - a)\left[\sum_{n=1}^{\infty} c_n\, |\psi_n\rangle + \int da'\, c(a')\, |\psi_{a'}\rangle \right]
$$

$$
= \sum_{n=1}^{\infty} c_n \delta(a_n - a)|\psi_n\rangle + \int\limits_{-\infty}^{\infty} c(a')\delta(a' - a)|\psi_{a'}\rangle da'
$$

$$
= \sum_{n=1}^{\infty} c_n \delta(a_n - a)|\psi_n\rangle + c(a)|\psi_a\rangle. \qquad (4.282)
$$

Mit diesem Resultat, und nach Einsetzen von Gl. (4.281) in Gl. (4.280), berechnen wir:

$$
w(a) = \langle \psi | \delta(A - a)\psi \rangle
$$

$$
= \left\langle \sum_{m=1}^{\infty} c_m \psi_m + \int\limits_{-\infty}^{\infty} c(a')\psi_{a'} da' \,\Big|\, \sum_{n=1}^{\infty} c_n \delta(a_n - a)|\psi_n\rangle + c(a)|\psi_a\rangle \right\rangle.
$$

$$
\qquad (4.283)
$$

Damit ist

$$
w(a) = \sum_{m=1}^{\infty} |c_n|^2 \delta(a_n - a) + |c(a)|^2 = w_{\text{diskret}}(a) + w_{\text{kont}}(a). \qquad (4.284)
$$

Die Verteilung besteht also aus einer diskreten Verteilung, falls nur diskrete Eigenwerte vorliegen ($c(a) = 0$), einer kontinuierlichen Verteilung, wenn nur kontinuierliche Eigenwerte vorhanden sind ($c_n = 0$) bzw. einer kontinuierlichen *und* diskreten Verteilung, wenn es beide Eigenwertverteilungen gibt. Die Wahrscheinlichkeit p_n, den diskreten Wert a_n zu erhalten, ist, wie in Abschn. 4.7 gezeigt:

$$p_n = |c_n|^2 = |\langle \psi_n | \psi \rangle|. \tag{4.285}$$

Die Wahrscheinlichkeitsdichte, den kontinuierlichen Wert a zu finden, ist entsprechend

$$w_{\text{kont}}(a) = |c(a)|^2 = |\langle \psi_a | \psi \rangle|. \tag{4.286}$$

Die Normierung lautet

$$1 = \int_{-\infty}^{\infty} w(a)\, \mathrm{d}a = \sum_{n=1}^{\infty} |c_n|^2 + \int_{-\infty}^{\infty} |c(a)|\, \mathrm{d}a = \sum_{n=1}^{\infty} p_n + \int_{-\infty}^{\infty} w_{\text{kont}}(a)\, \mathrm{d}a. \tag{4.287}$$

Berechnung der Wahrscheinlichkeitsverteilung einer Observablen
Es gibt zwei Möglichkeiten, die Wahrscheinlichkeitsverteilung einer Observablen, der ein Operator $\hat{A}$ zugeordnet ist, im Zustand $|\psi\rangle$ zu berechnen:

1. Charakteristische Funktion berechnen

$$F(\alpha) = \left\langle \psi \,|\, e^{i\hat{A}\psi} \right\rangle \quad \text{berechnen,}$$

$$w(a) = \frac{1}{2\pi} \int_{-\infty}^{\infty} e^{-ia\alpha}\, F(\alpha)\, \mathrm{d}\alpha = \langle \delta(\hat{A} - a) \rangle \quad \text{berechnen.}$$

2. Eigenvektoren von $\hat{A}$ bestimmen

$$c_n = \langle \psi_n | \psi \rangle \quad \text{und} \quad c(a) = \langle \psi_a | \psi \rangle \quad \text{berechnen,}$$

$$p_n = |c_n|^2 \quad \text{bzw.} \quad w(a) = |c(a)|^2 \quad \text{bilden.}$$

In praktisch allen Lehrbüchern wird gewöhnlich nur die zweite Methode angegeben. Die erste Methode ist jedoch auch brauchbar und manchmal sogar vorteilhafter, weil man die Eigenvektoren gar nicht zu kennen braucht.

4.10   Die verallgemeinerte Heisenberg'sche Unschärferelation

Sind zwei Hermite'sche Operatoren A und B vertauschbar, d. h. wenn gilt:

$$[A, B] = AB - BA = 0, \tag{4.288}$$

dann kann man ein gemeinsames System von Eigenvektoren finden. In diesem System sind die Streuungen beider Operatoren gleich null,

$$(\Delta A)^2 = \left\langle \left(A - \langle A\rangle\right)^2 \right\rangle = 0, \tag{4.289}$$

$$(\Delta B)^2 = \left\langle \left(B - \langle B\rangle\right)^2 \right\rangle = 0, \tag{4.290}$$

da bei einem Eigenvektor zum Operator A die Streuung von A verschwindet. Sind die Operatoren A und B nicht vertauschbar,

$$AB \neq BA = 0, \tag{4.291}$$

dann kann man keinen Eigenvektor finden, bei dem die Streuung sowohl von A als auch die von B verschwindet. Es gilt nämlich die

---

Definition 4.30 (Verallgemeinerte Heisenberg-Unschärferelation)

$$\Delta A \cdot \Delta B \geq \frac{1}{2}\left|\langle [A, B]\rangle\right|. \tag{4.292}$$

Hieraus geht hervor, dass $\Delta A = \sqrt{\left\langle \left(A - \langle A\rangle\right)^2 \right\rangle}$ und ΔB nicht gleichzeitig verschwinden können, wenn der Kommutator von null verschieden ist.

Beweis 4.16 Zum Beweis verwenden wir die Beziehungen

$$\left\langle (\Delta A)^2 \right\rangle = \langle \psi | \left(A - \langle A\rangle\right)^2 \psi \rangle = \langle \left(A - \langle A\rangle\right)\psi | (A - \langle A\rangle)\psi\rangle = \langle u|u\rangle,$$

$$\left\langle (\Delta B)^2 \right\rangle = \langle \psi | \left(B - \langle B\rangle\right)^2 \psi \rangle = \langle \left(B - \langle B\rangle\right)\psi | \left(B - \langle B\rangle\right)\psi\rangle = \langle v|v\rangle,$$

mit den Abkürzungen

$$|u\rangle = (A - \langle A\rangle)\,|\psi\rangle, \qquad |v\rangle = (B - \langle B\rangle)\,|\psi\rangle.$$

Die Schwarz'sche Ungleichung Gl. (4.25) $\sqrt{\langle u|u\rangle\langle v|v\rangle} \geq |\langle u|v\rangle|$ liefert

$$\Delta A \cdot \Delta B \geq \left|\left|\langle u|v\rangle + \langle v|u\rangle\right|\right| = |\alpha + i\beta|,$$

wobei wir mit $\alpha, \beta \in \mathbb{R}$ die Abkürzungen

$$\alpha = \frac{1}{2}(z + z^*) = \mathrm{Re}(\langle u|v\rangle) = \frac{\left(\langle u|v\rangle + \langle v|u\rangle\right)}{2},$$

$$\beta = \frac{1}{2i}(z - z^*) = \mathrm{Im}(\langle u|v\rangle) = \frac{\left(\langle u|v\rangle - \langle v|u\rangle\right)}{2i}$$

verwendet haben ($z \in \mathbb{C}$). Somit erhalten wir

$$\Delta A \cdot \Delta B \geq |\alpha + i\beta| \geq |\beta| = \frac{1}{2}|\langle u|v\rangle - \langle v|u\rangle|.$$

Wir berechnen nun den Kommutator

$$\langle u|v\rangle - \langle v|u\rangle$$
$$= \langle\,(A - \langle A\rangle)\,\psi\,|\,(A - \langle A\rangle)\,\psi\rangle - \langle\,(B - \langle B\rangle)\,\psi\,|\,(B - \langle B\rangle)\,\psi\rangle$$
$$= \langle\psi\,|\,[(A - \langle A\rangle)\cdot(B - \langle B\rangle) - (B - \langle B\rangle)\cdot(A - \langle A\rangle)]\,\psi\rangle$$
$$= \langle\psi\,|\,[AB - BA]\,\psi\rangle = \langle\psi\,|\,[A, B]\,\psi\rangle = \langle[A, B]\rangle.$$

Damit folgt also

$$\Delta A \cdot \Delta B \geq \frac{1}{2}|\langle[A, B]\rangle|,$$

und die (verallgemeinerte) Unschärferelation ist hergeleitet. $\qquad\square$

Weil ΔA und ΔB ein Maß für die Breite der Verteilungen bzw. für die Unschärfen der *beliebigen* Messgrößen (Observablen) A bzw. B sind, heißt diese Relation *verallgemeinerte Unschärferelation*. Die bekannteste Anwendung ist die eigentliche Heisenberg'sche Unschärferelation zwischen Ort und Impuls, die auch von Heisenberg ursprünglich hergeleitet wurde (Heisenberg 1927) und bei der $A = \hat{p}$ und $B = \hat{x}$ gesetzt wird.

Beispiel 4.26 (Orts- und Impulsunschärfe)
$A = \hat{p}, \ B = \hat{x}$.
Wir erhalten damit

$$\Delta p \cdot \Delta x \geq \frac{\hbar}{2} = \frac{h}{4\pi}. \tag{4.293}$$

$\blacksquare$

Beispiel 4.27 (Energieunschärfen)
$A = \hat{E}_{\mathrm{kin}} = \frac{\hat{p}^2}{2m}, \ B = \hat{E}_{\mathrm{pot}} = V(\hat{x})$.

In der Ortsdarstellung ergibt sich

$$AB - BA = -\frac{\hbar^2}{2m}\left(\frac{\partial^2}{\partial x^2}V - V\frac{\partial^2}{\partial x^2}\right) = -\frac{\hbar^2}{2m}\left(V'' + 2V'\frac{\partial}{\partial x}\right)$$

und damit

$$\Delta E_{\text{kin}} \cdot \Delta E_{\text{pot}} \geq -\frac{\hbar^2}{4m}\left|\int_{-\infty}^{\infty}\psi^*(x)\left(V'' + 2V'\frac{\partial}{\partial x}\right)\psi(x)\,\mathrm{d}x\right|.$$

■

Beispiel 4.28 (Drehimpulsunschärfe)
$A = \hat{L}_z, B = \hat{L}_y$
Damit erhalten wir $\Longrightarrow AB - BA = \hat{L}_x\hat{L}_y - \hat{L}_y\hat{L}_x = \mathrm{i}\hbar\hat{L}_z$, und es folgt:

$$\Delta\hat{L}_x \cdot \Delta\hat{L}_y \geq \frac{\hbar}{2}\langle|\hat{L}_z|\rangle$$

■

Zur Orts-Impuls-Unschärfe
Die Orts-Impuls-Unschärferelation in Gl. (4.293) ist eine Eigenschaft von Quantenteilchen. Bei makroskopischen Körpern sind bereits die durch die Messungenauigkeiten gegebenen Unschärfen so groß, dass die durch $\hbar/2$ gesetzte Schranke um viele Größenordnungen überschritten wird, diese also keinerlei Einschränkung mehr bedeutet. Betrachten wir als Beispiel einen Fußball mit einer Masse von $m = 0{,}42$ kg. Stellen wir uns vor, man hätte einen aktuellen Ort auf seinem Flug nach einem Schuss auf $\Delta x = 1$ mm genau gemessen und seine Geschwindigkeit an diesem Ort auf $\Delta v = 1$ mm/s genau ermittelt; das sind Genauigkeiten, die kaum zu erreichen sind, aber auch von den Spielern kaum zu nutzen wären. Dann beträgt das Unschärfeprodukt $\Delta x \cdot \Delta p = 10^{-3} \cdot 0{,}42 \cdot 10^{-3}$ kg m^2 s$^{-1} = 4{,}2 \cdot 10^{-7}$ J s, was gegenüber der Wirkung $\hbar/2 = 0{,}53 \cdot 10^{-34}$ J s eine gigantisch große Zahl ist! Weil das so ist, kann man $\hbar$ bei klassischen, makroskopischen Körpern auch gleich zu null ansetzen, bedeutet doch die Unschärferelation keine praktische Einschränkung mehr. Deshalb kann man sich für den Fußball widerspruchsfrei konkrete, kontinuierliche Flugbahnen vorstellen, auf denen dem Ball zu jedem Zeitpunkt des Fluges eine eindeutig bestimmte Position zugeordnet werden kann. Klassische Körper bewegen sich also auf Bahnen – aber bei Quantenteilchen gibt es keine Bahnen, sondern nur Wahrscheinlichkeitswolken für ihre Aufenthaltsorte.

Es gibt aber auch in der klassischen Physik bereits „Unschärfebeziehungen". Natürlich kommt in ihnen das Planck'sche Wirkungsquantum h nicht vor, denn

h kennzeichnet allein die Quantenwelt. Wenn wir z. B. Musik hören, erreichen uns Töne oder Tonfolgen, die bekanntlich jeweils einen Anfang und ein Ende haben. Ein *reiner Ton* ist dabei ein Audiosignal – also eine schwingende Welle – mit nur einer einzigen Frequenz $\omega = 2\pi\nu$. Es ist ein unendlich langer (und unendlich langweiliger) Wellenzug ohne Modulation. *Klänge* jedoch bestehen aus mehr als einer Frequenz. In Klängen sind Grundschwingung und Obertöne enthalten, wobei die Obertöne ein ganzzahliges Vielfaches der Grundfrequenz sind. Überlagert man viele benachbarte reine Schwingungen, also viele Frequenzen ω_i, so führt diese Überlagerung zu einem für den Hörer nur endlich lange andauernden Wellenpaket, s. auch Abb. 3.6. Je kürzer man dieses zeitlich machen möchte, desto mehr reine Schwingungen unterschiedlicher Frequenzen muss man überlagern. Nach der Fourier-Transformation sind die zeitliche Dauer Δt des Wellenpakets und die Breite $\Delta\omega$ des Intervalls der Frequenzen, die man zur Erzeugung dieses Wellenpakets braucht, zueinander umgekehrt proportional, also gilt: $\Delta\omega \propto 1/\Delta t$. Es gilt also wieder eine Unschärferelation $\Delta\omega \cdot \Delta t \approx 1$, diesmal für *klassische* Wellenpakete.

4.10.1 Zustände minimaler Unschärfe

Wie muss eigentlich der Zustandsvektor beschaffen sein, damit in der Heisenberg'schen Unschärferelation das Gleichheitszeichen gilt? Dafür müssen die folgenden zwei Bedingungen erfüllt sein:

1. In der Schwarz'schen Ungleichung Gl. (4.25) muss das Gleichheitszeichen stehen. Dies ist dann und nur dann der Fall wenn $|u\rangle \parallel |v\rangle$ bzw. wenn $|u\rangle = c|v\rangle$ ist, also wenn gilt:

$$\boxed{\left(A - \langle A\rangle\right)|\psi\rangle = c\left(B - \langle B\rangle\right)|\psi\rangle.} \tag{4.294}$$

2. Die reelle Zahl α muss null sein:

$$\alpha = \langle u|v\rangle + \langle v|u\rangle = \langle cv|v\rangle + \langle v|cv\rangle = (c^* + c)\langle v|v\rangle = 0. \tag{4.295}$$

Diese Gleichung gilt, wenn $c = \alpha + i\gamma = i\gamma$, also wenn $\alpha = 0$ gilt und c rein imaginär ist. Der triviale Fall $|v\rangle = 0$ ist natürlich auszuschließen, denn dann wäre $|\psi\rangle$ Eigenvektor zu B und die Unschärferelation würde einfach $\Delta A \cdot 0 = 0$ lauten.

Genügt also $|\psi\rangle$ der Gleichung

$$\boxed{(A + i\gamma B)|\psi\rangle = (\langle A\rangle + i\gamma\langle B\rangle)|\psi\rangle,} \tag{4.296}$$

mit beliebigem $\gamma \in \mathbb{R}$, so gilt in der Heisenberg'schen Unschärferelation, Gl. (4.292), das Gleichheitszeichen:

$$\Delta A \cdot \Delta B = \frac{1}{2}\big|\langle[A, B]\rangle\big|, \qquad (4.297)$$

und man spricht von Zuständen minimaler Unschärfe.

Beispiel 4.29
Wir wählen $A = \hat{x}$, $B = \hat{p}$.
In der Ortsdarstellung ist dann

$$\left(x + \mathrm{i}\gamma\frac{\hbar}{\mathrm{i}}\frac{\partial}{\partial x}\right)\psi(x) = \big(\langle x\rangle + \mathrm{i}\gamma\langle p\rangle\big)\psi(x). \qquad (4.298)$$

■

Das Gleichheitszeichen gilt wegen der Ehrenfest'schen Sätze, s. Bsp. 3.10, die besagen, dass sich die Mittelwerte wie die klassischen Zustände verhalten. Wir erhalten weiter

$$\frac{\psi'}{\psi} = -\frac{x - \langle x\rangle}{\gamma\hbar} + \frac{\mathrm{i}\langle p\rangle}{\hbar} \qquad (4.299)$$

$$\ln\psi = \frac{(x - \langle x\rangle)^2}{2\gamma\hbar} + \frac{\mathrm{i}\langle p\rangle}{\hbar}x + \ln c \qquad (4.300)$$

und damit

$$\boxed{\psi(x) = c\exp\big(\mathrm{i}\langle p\rangle x/\hbar - (x - \langle x\rangle)^2/2\gamma\hbar\big)\,, \qquad c = \sqrt[4]{1/(\pi\gamma\hbar)}.} \qquad (4.301)$$

Hier gibt γ an, wie sich die Unschärfe auf x und p verteilt:

$$\Delta x = \sqrt{\frac{\gamma\hbar}{2}},$$

$$\Delta p = \sqrt{\frac{\hbar}{2\gamma}},$$

$$\Delta x \cdot \Delta p = \frac{\hbar}{2}.$$

Beim harmonischen Oszillator im Grundzustand gilt

$$\psi_0(x) = \sqrt[4]{\frac{m\omega}{\pi\hbar}}\exp\left[-\frac{m\omega^2}{2\hbar}\right]. \qquad (4.302)$$

Diese Wellenfunktion ist ein Spezialfall der obigen Formel (4.301) (mit $\langle p\rangle = \langle x\rangle = 0$ und $\gamma = 1/(m\omega)$). Es gilt also das Gleichheitszeichen. Für den ersten angeregten Zustand gilt dies nicht mehr.

Beispiel 4.30 (Zustände minimaler Unschärfe existieren nicht immer)
Wir wählen $A = \hat{p}$, $B = \hat{x^2}$.
Der Kommutator lautet

$$[A, B] = \frac{2\hbar}{i} x.$$

Wir rechnen

$$(A + i\gamma B)\,\psi = \left(\frac{\hbar}{i}\frac{\partial}{\partial x} + i\gamma x^2\right)\psi = ((A) + i\gamma\,(B))\,\psi = \left((p) + i\gamma\,(x^2)\right)\psi,$$

$$\frac{\psi'}{\psi} = \frac{\gamma}{\hbar}\left(x^2 - (x^2)\right) + \frac{i}{\hbar}\,(p)$$

■

und erhalten damit

$$\psi = C \cdot \exp\left[\frac{i}{\hbar}\,(x) + \frac{\gamma}{\hbar}\left(x^3/3 - (x^2)x\right)\right]. \tag{4.303}$$

Diese Wellenfunktion ist nicht normierbar, auch nicht für negatives γ.

Die Energie-Zeit-Unschärfe
Oft wird im Zusammenhang mit der Orts-Impuls-Unschärferelation auch – etwas ungenau – von einer Energie-Zeit-Unschärferelation gesprochen. Dem Parameter Zeit t ist in der Quantenmechanik aber *kein* Operator zugeordnet. Denn in der Quantenmechanik ist die Zeit t keine Observable, sondern ein Wert, der den zeitlichen Ablauf der Quantenvorgänge parametrisiert. Also gibt es keinen Zeit-Operator, dessen Vertauschungsrelation mit dem Energieoperator, der Hamilton'schen Funktion H, man untersuchen könnte. Dem Zeitmittel kann jedoch im Fourier-Raum ein Operator zugeordnet werden:

$$\psi(x, t) = \frac{1}{\sqrt{2\pi}} \int_{-\infty}^{\infty} e^{-i\omega t} \tilde{\psi}(x, \omega)\,d\omega. \tag{4.304}$$

Der Zeitmittelwert ist

$$\langle t^n \rangle = \iint_{-\infty}^{\infty} f(x) t^n \psi(x, t)\,dx\,dt$$

$$= \frac{1}{2\pi} \iiiint_{-\infty}^{\infty} f(x)\,e^{i\omega' t}\tilde{\psi}^*(x, \omega') t^n\, e^{-i\omega t}\tilde{\psi}(x, \omega)\,d\omega\,d\omega'\,dx\,dt. \tag{4.305}$$

Wegen

$$t^n \, \mathrm{e}^{-\mathrm{i}\omega t} = \left(-\frac{\partial}{\partial \mathrm{i}\omega}\right) \mathrm{e}^{-\mathrm{i}\omega t} \tag{4.306}$$

liefert die partielle Integration

$$\langle t^n \rangle = \frac{1}{2\pi} \iiiint\limits_{-\infty}^{\infty} f(x)\, \mathrm{e}^{\mathrm{i}(\omega' - \omega)t}\, \tilde{\psi}^*(x, \omega') \left(\frac{\partial}{\partial \mathrm{i}\omega}\right)^n \tilde{\psi}(x, \omega)\, \mathrm{d}\omega\, \mathrm{d}\omega'\, \mathrm{d}x\, \mathrm{d}t. \tag{4.307}$$

Mit Hilfe von

$$\frac{1}{2\pi} \int\limits_{-\infty}^{\infty} \mathrm{e}^{\mathrm{i}(\omega' - \omega)t} \mathrm{d}t = \delta(\omega - \omega') \tag{4.308}$$

erhält man daraus nach Integration über ω':

$$\langle t^n \rangle = \iint\limits_{-\infty}^{\infty} f(x)\tilde{\psi}^*(x, \omega') \left(\frac{\partial}{\partial \mathrm{i}\omega}\right)^n \tilde{\psi}(x, \omega)\, \mathrm{d}x\, \mathrm{d}\omega. \tag{4.309}$$

Das bedeutet, dass wir $\langle t^n \rangle$ im Fourier-Raum durch Erwartungswertbildung über den Operator A^n mit $A = \frac{\partial}{\partial \mathrm{i}\omega}$ erhalten. Wegen

$$\langle \omega^n \rangle = \iint\limits_{-\infty}^{\infty} f(x)\tilde{\psi}^*(x, \omega)\omega^n \tilde{\psi}(x, \omega)\, \mathrm{d}\omega\, \mathrm{d}x \tag{4.310}$$

kann man ω den Operator $\omega \to B = \omega$ zuordnen: Jetzt können wir die verallgemeinerte Heisenberg'sche Unschärferelation in Gl. (4.292) anwenden:

$$[A, B] = \left[\frac{\partial}{\partial \mathrm{i}\omega}, \omega\right] = \frac{\partial}{\partial \mathrm{i}\omega}\omega - \omega\frac{\partial}{\partial \mathrm{i}\omega} = \frac{1}{\mathrm{i}} = -\mathrm{i}, \tag{4.311}$$

bzw.

$$[A, B] = \Delta\omega \cdot \Delta t \geq \frac{1}{2}. \tag{4.312}$$

Mit $E = \hbar\omega$ erhalten wir also schließlich

$$\boxed{\Delta E \cdot \Delta t \geq \frac{\hbar}{2}.} \tag{4.313}$$

Abb. 4.14 Messung des
Impulses von Elektronen
durch einen Spalt

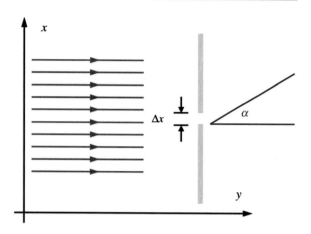

4.10.2 Diskussion der Unschärferelation

Die Unschärferelation besagt, dass es unmöglich ist, Ort und Impuls eines Teilchens exakt zu messen. Vielmehr kann man diese Größen nur in den Grenzen messen, die durch die Unschärferelation festgelegt sind. Der Einfachheit halber beschränken wir uns hier nur auf den Ort und den Impuls. Die Unschärferelation scheint zunächst unseren gewohnten Vorstellungen zu widersprechen. Es sollen etwa Elektronen mit dem Impuls p_0 auf einen Schirm auftreffen, der einen kleinen Spalt der Breite Δx aufweist, s. Abb. 4.14.

Der Impuls senkrecht zur Ausbreitungsrichtung y, also in x-Richtung, ist dann gleich null, sodass gilt: $\langle p_x \rangle = \Delta p_x = 0$. Ändert sich der Impuls beim Durchtreten durch den Spalt nicht (wie in der klassischen Physik, wo eine Messung die Bewegung eines Teilchens grundsätzlich nicht beeinflusst), so haben die Elektronen nachher ebenfalls die Impulsunschärfe $\Delta p_x = 0$. Weil Δx beliebig klein gemacht werden kann, werden dabei der Ort und der Impuls in x-Richtung beliebig genau gemessen. Der entscheidende Unterschied zwischen klassischer Physik und Quantenmechanik ist der, dass die Messvorrichtung notwendig den Zustandsvektor des Systems beeinflusst. Im eben diskutierten Beispiel werden die Elektronen an dem Spalt (dessen Abmessungen in der Größenordnung atomarer Dimensionen liegt) gebeugt; das erste Beugungsminimum liegt bei $\sin \alpha = \lambda/(2\Delta x)$, wobei λ die Wellenlänge der Elektronen ist. Die Streuung der Impulse in x-Richtung ist dann von der Größenordnung $\Delta p_x \approx p_0 \sin \alpha = p_0 \lambda/(2\Delta x)$. Da die Wellenlänge und der Impuls über die Beziehung $p = \hbar k = /\hbar 2\pi/\lambda = h/\lambda$ verknüpft sind, gilt:

$$\Delta x \cdot \Delta p \approx h, \qquad (4.314)$$

also gerade die Heisenberg'sche Unschärferelation in der nicht exakten Fassung. Ähnliche Überlegungen gelten, wenn man mit einem Mikroskop den Ort des Teilchens bestimmen will.

Das Heisenberg'sche Γ-Mikroskop

In einer berühmten Arbeit (Heisenberg 1927) schrieb Heisenberg zum ersten Mal über die Unschärferelation, die später seinen Namen tragen sollte, s. Abb. 4.15. Hierin bemühte sich Heisenberg grundlegend um eine Deutung der quantenmechanischen Operatoren und des mathematischen Formalismus der kurz zuvor ganz neu formulierten Quantenmechanik. Bezüglich des prinzipiell statistischen Charakters der Quantenmechanik schrieb er:

> „Vielmehr gelten in allen Fällen, in denen in der klassischen Theorie Relationen bestehen zwischen Größen, die wirklich alle exakt messbar sind, die entsprechenden exakten Relationen auch in der Quantentheorie (Impuls- und Energiesatz). Aber an der scharfen Formulierung des Kausalgesetzes, ‚Wenn wir die Gegenwart genau kennen, können wir die Zukunft berechnen‘, ist nicht der Nachsatz, sondern die Voraussetzung falsch. Wir können die Gegenwart in allen Bestimmungsstücken prinzipiell nicht kennenlernen. Deshalb ist alles Wahrnehmen eine Auswahl aus einer Fülle von Möglichkeiten und eine Beschränkung des zukünftig Möglichen. Da nun der statistische Charakter der Quantentheorie so eng an die Ungenauigkeit aller Wahrnehmung geknüpft ist, könnte man zu der Vermutung verleitet werden, daß sich hinter der wahrgenommenen statistischen Welt noch eine ‚wirkliche‘ Welt verberge, in der das Kausalgesetz gilt. Aber solche Spekulationen scheinen uns, das betonen wir ausdrücklich, unfruchtbar und sinnlos. Die Physik soll nur den Zusammenhang der Wahrnehmungen formal beschreiben. Vielmehr kann man den wahren Sachverhalt viel

Über den anschaulichen Inhalt der quantentheoretischen Kinematik und Mechanik.

Von **W. Heisenberg** in Kopenhagen.

Mit 2 Abbildungen. (Eingegangen am 23. März 1927.)

In der vorliegenden Arbeit werden zunächst exakte Definitionen der Worte: Ort, Geschwindigkeit, Energie usw. (z. B. des Elektrons) aufgestellt, die auch in der Quantenmechanik Gültigkeit behalten, und es wird gezeigt, daß kanonisch konjugierte Größen simultan nur mit einer charakteristischen Ungenauigkeit bestimmt werden können (§ 1). Diese Ungenauigkeit ist der eigentliche Grund für das Auftreten statistischer Zusammenhänge in der Quantenmechanik. Ihre mathematische Formulierung gelingt mittels der Dirac-Jordanschen Theorie (§ 2). Von den so gewonnenen Grundsätzen ausgehend wird gezeigt, wie die makroskopischen Vorgänge aus der Quantenmechanik heraus verstanden werden können (§ 3). Zur Erläuterung der Theorie werden einige besondere Gedankenexperimente diskutiert (§ 4).

plausibel: Denkt man z. B. an die eindimensionale Bewegung eines Massenpunktes, so wird man in einer Kontinuumstheorie eine Bahnkurve $x(t)$ für die Bahn des Teilchens (genauer: dessen Schwerpunktes) zeichnen können (Fig. 1), die Tangente gibt jeweils die Geschwindigkeit. In einer Diskontinuumstheorie dagegen wird etwa an Stelle dieser Kurve eine Reihe von Punkten endlichen Abstandes treten (Fig. 2). In diesem Falle ist es offenbar sinnlos, von der Geschwindigkeit an einem bestimmten Orte zu sprechen, weil ja die Geschwindigkeit erst durch zwei Orte definiert werden kann und weil folglich umgekehrt zu jedem Punkt je zwei verschiedene Geschwindigkeiten gehören.

Abb. 4.15 Werner Karl Heisenberg (1901–1976), um 1946. Quelle: Bundesarchiv, Bild 183-R66304. Abdruck mit frdl. Genehmigung. Auf rechten Seite ist ein Teil des Titelbildes und von S. 2 seiner berühmten Arbeit von 1927 zur Unschärferelation mit zwei Abbildungen zu sehen, anhand derer die Diskontinuität des Bahnbegriffs für atomare Teilchen diskutiert wird. W. Heisenberg negiert im Verlauf dieser Abhandlung sogar prinzipiell die Existenz einer Bahnkurve bei atomaren Teilchen und stellt die Hypothese auf, dass die Bahnkurve durch die Messung erst entsteht – konsequenterweise bedeutet dies, dass eine Bahnkurve vor der Messung auch nicht existiert haben kann!

besser so charakterisieren: Weil alle Experimente den Gesetzen der Quantenmechanik […]
unterworfen sind, so wird durch die Quantenmechanik die Ungültigkeit des Kausalgesetzes
definitiv festgestellt." (Heisenberg 1927)

Ferner lehnte es Heisenberg in dieser Arbeit nach einer Analyse der Bedeutung der
Begriffe wie „Ort", „Geschwindigkeit" oder „Bahn des Elektrons" beim atomaren
Bereich schließlich ab, einer Teilchenbahn im Atom physikalische Realität zuzuschreiben. Er schrieb hierzu: „Ich glaube, daß man die Entstehung der klassischen
‚Bahn' prägnant so formulieren kann: Die ‚Bahn' entsteht erst dadurch, daß wir
sie beobachten" (Heisenberg 1927). Diese eigentümliche Auffassung einer komplet-
ten Ablehnung der Existenz einer mikroskopischen Realität (denn sie entsteht ja
in dieser Auffassung erst durch eine Messung) ist ein wesentlicher Bestandteil der
Kopenhagener Deutung der Quantenmechanik.

Nach heutigem Wissen entstehen klassische Teilchenbahnen (oder überhaupt alle
klassischen, makroskopischen Systeme) durch das Phänomen der Dekohärenz: Weil
quantenmechanische Teilchen nicht von der Umgebung isoliert existieren und deshalb durch gestreute Photonen am makroskopischen Objekt ständig „Messungen"
vorgenommen werden, wird die Kohärenz der Wellenfunktion und damit ihre Interferenzfähigkeit zerstört. Dies führt dann dazu, dass man den grundlegenden Wellencharakter der Elektronen – z. B. bei den Spuren in einer Nebelkammer – nicht mehr
wahrnimmt.

Heisenbergs zentrale Erkenntnis über quantenmechanische Systeme war jedenfalls: „Je genauer der Ort bestimmt ist, desto ungenauer ist der Impuls bekannt
und umgekehrt". Diese Aussage leitete Heisenberg aus folgendem Gedankenexperiment ab: Er betrachtete ein Mikroskop, das zur Feststellung des Ortes eines Elektrons verwendet wird. Die Genauigkeit ϵ_x der experimentellen Ortsbestimmung ist
im Wesentlichen charakterisiert durch die Wellenlänge λ des verwendeten Lichts,
wobei die Wellenlänge der elektromagnetischen Strahlen für die Ortsmessung am
Elektron sehr kurz sein und damit im Gammawellenbereich liegen kann. Berücksichtigt man den Öffnungswinkel ϑ des in das Mikroskop eintretenden Strahlenbündels,
s. Abb. 4.16, so erhält man gemäß den Gesetzen der Optik für die Ortsunschärfe die
Bedingung

$$\epsilon_x \approx \lambda / \sin \vartheta. \tag{4.315}$$

In diesem Gedankenexperiment interessiert nur die Größenordnung, also keine
genauen numerischen Faktoren. Für eine Ortsmessung ist es erforderlich, dass zumindest ein Photon am Elektron gestreut wird und dann durch das Mikroskop den Beobachter erreicht. Der Impulsübertrag auf das Elektron hängt vom Winkel ab, unter dem
das Photon das Elektron verlässt. Da die Richtung des gestreuten Lichtquants innerhalb des ins Mikroskop mit dem Öffnungswinkel ϑ eintretenden Strahlenbündels
unbestimmt bleibt, ist auch der Impulsübertrag nicht genau bestimmt. Die Unsicherheit des Impulsübertrags in x-Richtung ist daher

$$u_p = \sin \vartheta \cdot h / \lambda. \tag{4.316}$$

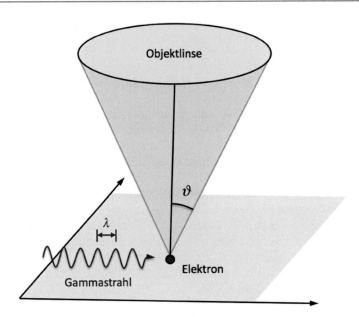

Abb. 4.16 Messung des Ortes von Teilchen mit Hilfe eines von Heisenberg als Gedankenexperiment konzipierten Gammastrahlenmikroskops. Die Position eines Elektrons wird gemessen, indem man es mit hoch-energetischem Licht (Gammastrahlung) bestrahlt und die durch das Teilchen abgelenkten Photonen registriert. Die Ortsbestimmung wird umso präziser, je kürzer die Wellenlänge des verwendeten Lichtes ist. Heisenberg wollte mit diesem Gedankenexperiment zeigen, dass das Produkt aus der Unschärfe der Ortsmessung und der Störung des Impulses durch diese Messung größenordnungsmäßig nicht kleiner sein kann als h

Das Produkt aus den Unbestimmtheiten des Ortes und des Impulses des Elektrons ist gegeben durch

$$\epsilon_x u_p \approx h. \tag{4.317}$$

Heisenberg fasste diese mathematische Beziehung so zusammen, „dass jedes Experiment, das eine Messung etwa des Ortes ermöglicht, notwendig die Kenntnis der Geschwindigkeit in gewissem Grade stört" (Heisenberg 1949).

Die obige Herleitung ist ihrem Charakter nach *semi-klassisch* und deshalb zu hinterfragen. Einerseits wird nämlich der quantenmechanische Dualismus aus Teilchen- und Wellenbild verwendet, indem man sowohl von Strahlen und Gesetzen der Optik als auch von Lichtquanten und Rückstößen spricht. Andererseits sind alle auftauchenden Größen reelle Zahlen wie in der klassischen Physik, also keine quantenmechanischen Operatoren, d. h. Matrizen. Die Beziehung in Gl. (4.315) sah Heisenberg dennoch gerade als „direkte anschauliche Erläuterung" (Heisenberg 1927) der Komplementarität von Ort und Impuls.

Ich möchte den Leser an dieser Stelle ausdrücklich darauf hinweisen, dass unsere eigentliche Herleitung der verallgemeinerten Heisenberg'schen Unschärferelation in Def. (4.30) nicht das Geringste mit etwaigen „Störungen" durch Messungen zu tun hat. Ganz im Gegenteil führt man die gedachten Orts- und Impulsmessungen in der

Herleitung von Gl. (4.292) gerade *nicht* hintereinander am selben Teilchen durch. Die Vorstellung bei unserer formalen Herleitung dieser Gleichung unter Verwendung der Streuungen ΔA und ΔB ist vielmehr die, dass man ein ganzes *Ensemble* aus Systemen betrachtet, die beispielsweise aus Elektronen bestehen, welche alle im gleichen *reinen Quantenzustand* ρ (siehe dazu Abschn. 4.7) präpariert wurden. Dieser Zustand beschreibt die Wahrscheinlichkeiten für die Ergebnisse aller möglichen Messungen. Führt man an diesem Ensemble, das heißt System für System, z. B. Messungen des Ortes (also des Ortsoperators $A = \hat{x}$) durch, so kann man aus den Messergebnissen einen Mittelwert gemäß Gl. (3.102) und eine Standardabweichung für A und analog auch für $B = \hat{p}$ berechnen.

Experimentell unterteilt man das ursprüngliche Ensemble in zwei Hälften, und an den Systemen der einen Hälfte misst man den Ort sowie an den Systemen der anderen den Impuls. Dies genügt zur Bestimmung der beiden Standardabweichungen Δx und Δp. Kein einziges System wird also zweimal gemessen, geschweige denn mit zwei verschiedenen Messoperatoren. Die Ungleichung (4.293) ist auch der Grund, warum man den Elektronen im Atom keine klassischen Bahnen mit wohldefiniertem Ort ($\Delta x = 0$) und wohldefiniertem Impuls ($\Delta p = 0$) zuordnen kann. Vielmehr muss man von Wahrscheinlichkeitsbereichen sprechen, zumal sowohl Ort als auch Impuls bis zu einem gewissem Grad unbestimmt sind. Die Heisenberg'sche Unschärferelation gilt nicht nur für den Ort und den Impuls eines Teilchens, sondern allgemein für alle komplementären Größen A und B in Gl. (4.288). Andere Beispiele sind Winkel und Drehimpuls oder zwei verschiedene Richtungen des Spins, etwa eines Neutrons, oder zwei verschiedene Polarisationsrichtungen eines Photons. In allen diesen und vielen weiteren Fällen ist es nicht möglich, dass beide Größen gleichzeitig beliebig scharf bestimmt sind. Je genauer man eine Größe misst, desto unschärfer wird ihre komplementäre Größe.

In der klassischen Optik gibt es eine Analogie hierzu: Kurze Pulse mit kleiner zeitlicher Unschärfe Δt setzen sich aus der Überlagerung von sehr vielen „reinen" Frequenzen (reinen Sinusschwingungen) zusammen, haben also eine große Unschärfe $\Delta \nu$ in der Frequenz. Umgekehrt muss ein Puls mit kleiner Frequenzunschärfe, bestehend aus nur wenigen benachbarten Sinusschwingungen, zeitlich sehr ausgedehnt sein. Nach der Fourier-Transformation (s. Exkurs 3.1) ist die Ungleichung $\Delta \nu \cdot \Delta t \geq 1$ stets erfüllt. Ganz ähnlich kann man in der Quantenmechanik ein räumlich ausgedehntes Wellenpaket als Überlagerung reiner Impulszustände betrachten, s. Abb. 3.6. Je schärfer das Paket – also je kleiner Δx – ist, desto mehr reine Impulszustände muss man überlagern, und desto größer ist folglich Δp.

Ozawas Definition der Störung

In Heisenbergs Gedankenexperiment des Γ-Mikroskops von 1927 führt eine Ortsmessung zu einer Störung des Impulses. Diese intuitive Auffassung von „Störung" findet sich jedoch in der bekannten quantenmechanischen Formulierung der Heisenberg'schen Unschärferelation in engeren Sinn, Gl. (4.293), nicht wieder, und die Herleitung der verallgemeinerten Unschärferelation ist gänzlich unabhängig von irgendeiner konkreten Vorstellung einer Störung des Systems. Wie eine quantenme-

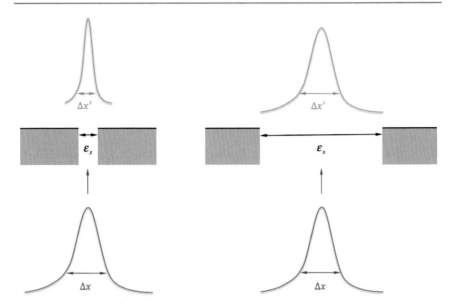

Abb. 4.17 Ortsunschärfe von Wellenpaketen bei einer Messung am Spalt. Wellenpakete der Ortsunschärfe Δx (rot: Einhüllende) fallen auf Spalte mit verschiedenen Größen ϵ_x. Direkt nach dieser Ortsmessung haben sie die Breite $\Delta x'$. Im Fall auf der linken Seite ist der Spalt kleiner als die ursprüngliche Ortsunschärfe, so dass das resultierende Wellenpaket schmaler als das ursprüngliche ist ($\Delta x' \approx \epsilon_x < \Delta x$), dafür aber eine Störung des Impulses erfahren hat: $u_p > 0$. Im Fall auf der rechten Seite ist der Spalt so groß, dass das Wellenpaket vollkommen ungestört (ohne Beugungseffekt) passieren kann, weil es bei Größenordnungen größer als die Spaltbreite keine Amplitude mehr hat. Die Ortsunschärfe bleibt deshalb konstant, $\Delta x' = \Delta x$, und der Impuls wird nicht gestört: $u_p = 0$. Damit verschwindet auch das Produkt aus dem Messfehler des Ortes und der Störung des Impulses: $\epsilon_x u_p = 0$

chanische Messfehler-Störungs-Relation genau aussieht, wurde erst in den 1990er-Jahren insbesondere von Masanao Ozawa und seinen Mitarbeitern ausgearbeitet. Es zeigte sich dabei, dass das Ergebnis von der Definition der Störung abhängt. Dabei ist es essentiell, ob man die Störung einzeln für jeden Quantenzustand charakterisiert oder das prinzipielle Störungsvermögen der Messapparatur für alle Zustände.

Ozawas Ableitung der Unschärferelation aus den Gesetzen der Quantenmechanik verknüpft alle oben diskutierten Größen, also den Messfehler des Ortes ϵ_x, die dadurch hervorgerufene Störung des Impulses u_p sowie die Standardabweichungen Δx und Δp des Ensembles vor der Messung (Hotta und Ozawa 2003; Ozawa 2003, 2004):

$$\epsilon_x u_p + \epsilon_x \Delta p + \Delta x u_p \geq \frac{\hbar}{2}. \qquad (4.318)$$

Der Term $\varepsilon_x u_p$ in Gl. (4.317) ist hier nur der erste von insgesamt drei Termen auf der linken Seite. Um diese Ungleichung besser zu verstehen, betrachten wir Abb. 4.17.

Sowohl im linken als auch im rechten Teil der Abbildung fällt ein Ensemble aus Wellenpaketen mit anfänglicher Orts- und Impulsunschärfe Δx bzw. Δp zur Ortsmessung auf einen Spalt der Größe ε_x. Direkt nach Passieren des Spaltes hat es die Orts- und die Impulsunschärfe $\Delta x'$ bzw. $\Delta p'$. Die Störung des Impulses wird definiert als quadratisches Mittel der Differenz des Impulses vor $\hat{p}$ und nach $\hat{p}'$ der Ortsmessung:

$$u_p = \sqrt{\langle (\hat{p} - \hat{p}')^2 \rangle}. \qquad (4.319)$$

Betrachten wir zunächst den linken Teil von Abb. 4.17 genauer: Hier ist $\epsilon_x < \Delta x$, also der Spalt kleiner als die ursprüngliche Unschärfe (d. h. Breite) der Wellenpakete. Damit gilt für die Ortsunschärfe hinter dem Spalt $\Delta x'$. Verwendet man die Unschärferelation in Gl. (4.293) für die gestrichenen Größen, so erhält man für die Impulsunschärfe nach der Messung

$$\Delta p' \geq \frac{\hbar}{2\Delta x'} = \frac{\hbar}{2\epsilon_x}. \qquad (4.320)$$

Diese Unschärfe ist umso größer als die ursprüngliche Impulsunschärfe Δp, je kleiner ϵ_x im Vergleich zu Δx ist. Allerdings ist es im Allgemeinen nicht richtig, anzunehmen, dass die Impulsstörung u_p durch $\Delta p'$ gegeben ist. Dann wäre $\epsilon_x u_p \geq \hbar/2$ automatisch erfüllt und nur der erste Term in Gl. (4.318) erforderlich. Dies ist aber deshalb nicht zulässig, weil es auch schon vor der Messung eine Impulsunschärfe Δp gegeben hat. Dass in der Tat alle Terme in Gl. (4.318) nötig sind, sieht man bei Betrachtung des rechten Teils der Abb. 4.17: Die Wellenpakete haben eine spezielle Nicht-Gauß'sche Form, so dass sie auf einer Längenskala größer als ϵ_x die Amplitude null haben. Deshalb beeinflusst der Spalt die Wellenpakete nicht, so dass diese ihn absolut unverändert passieren können. Die Unschärfen bleiben unverändert: $\Delta x' = \Delta x$, $\Delta p' = \Delta p$. Daher gibt es naturgemäß keine Störung des Impulses, $u_p = 0$, und folglich verschwindet auch das Produkt aus Messfehler und Störung:

$$\epsilon_x u_p = 0. \qquad (4.321)$$

Dies ist eine Verletzung der Ungleichung (4.317), also von Heisenbergs Herleitung aus dem Jahr 1927. Wegen $u_p = 0$ verschwindet nicht nur der erste, sondern auch der dritte Term in Gl. (4.318). Aber da $\epsilon_x > \Delta x$ ist und die Unschärferelation (4.293) gilt, ist Gl. (4.320) wegen des verbliebenen zweiten Terms dennoch erfüllt. Wir können also zusammenfassend sagen, dass Ozawa die Frage beantwortete, wie stark einzelne Zustände durch eine Messung gestört werden, und er zeigte, dass es Fälle gibt, in denen das Produkt aus Messfehler und Störung beliebig klein sein kann. Nur die etwas kompliziertere Ungleichung (4.318) mit *drei* Termen ist stets erfüllt.

Erst vor einigen Jahren haben Busch und andere (Busch et al. 2013) das prinzipielle Störungsvermögen von Messgeräten untersucht und konnten damit die folgende Messfehler-Störungs-Relation mathematisch streng ableiten:

$$\epsilon_x u_p \geq \frac{\hbar}{2}. \qquad (4.322)$$

Somit gibt es für das Produkt aus Messfehler und Störung genau die gleiche untere Grenze wie sie gemäß der Ungleichung (4.293) stets für das Produkt der Standardabweichungen jedes Ensembles gelten muss.

4.11   Zusammenfassung der Lernziele

- Physikalische Zustände sind in der Quantenmechanik durch abstrakte Vektoren $|\psi\rangle$ in einem Hilbert-Raum $\mathcal{H}$ festgelegt.
- Eine Messung (bzw. eine Messapparatur) wird durch einen Hermite'schen Operator A repräsentiert, der auf den Zustand $|\psi\rangle$ bei der Messung einwirkt und diesen verändert: Nach einer Messung befindet sich das System in einem der möglichen Eigenzustände a_n des Operators A.
- Mögliche Messwerte einer quantenmechanischen Messung sind die Eigenwerte des Operators $\hat{A}$.
- Wahrscheinlichkeit, den Eigenwert a_n zu messen:

$$P_{a_n}(|\psi\rangle) = |\langle a_n|\psi\rangle|^2.$$

- Zustandsvektor (ket-Vektor:) $|\psi\rangle$.
- Dualer bra-Vektor: $\langle\psi|$.
- Basisvektoren (Eigenvektoren): $|\varphi_n\rangle = |n\rangle$.
- Entwicklungssatz für Hilbert-Vektoren:

$$\psi(x) = \sum_{n=0}^{\infty} c_n \varphi_n(x),$$

mit den Basisvektoren $\{|\varphi_n\rangle\}$.
- Lineare Vektorräume basieren auf den Körperaxiomen. Deshalb lassen sich auch Funktionen f, g als Vektoren eines Vektorraums, des Funktionenraums, auffassen, für die ein Skalarprodukt definiert ist:

$$\langle f|g\rangle = \int\limits_{-\infty}^{\infty} f^* g\, \mathrm{d}^3 x$$

- Wellenfunktion in der Ortsdarstellung:

$$\psi(x) = \langle x|\psi\rangle,$$
$$\psi_n(x) = \langle x|n\rangle.$$

- Projektionsoperator: $P_\varphi = P(|\varphi\rangle) = |\varphi\rangle\langle\varphi|$.
- Tensorprodukt zweier Hilbert-Vektoren: $|\psi\rangle\langle\varphi|$.
- Operator auf bra-Vektor: $\langle\psi|\hat{A} = \langle\hat{A}^\dagger\psi|$.
- Vollständigkeitsrelation: Diese wird von der Basis $\mathcal{B} = \{|\varphi_n\rangle\}$ eines Vektorraums gefordert. Zu jedem Vektor gibt es dann (genau) eine eindeutige Darstellung (Satz von Komponenten):

$$\sum_j\!\!\!\!\!\!\!\!\int |\varphi_j\rangle\langle\varphi_j| = \sum_j |\varphi_j\rangle\langle\varphi_j| + \int \mathrm{d}p\, |\varphi_j\rangle\langle\varphi_j| = \hat{1},$$

- Der Raum der quadratintegrablen Funktionen $\mathcal{H} = L^2$:

$$L^2 = \{\psi : \mathbb{R}^3 \mapsto \mathbb{C}; \quad \int\limits_{-\infty}^{\infty} |\psi(\vec{x})|^2 < \infty\}.$$

- Linearer Operator: $\hat{A}\big(c_1 \cdot |\psi_1\rangle + c_2 \cdot |\psi_2\rangle\big) = c_1 \cdot \hat{A}|\psi_1\rangle + c_2 \cdot \hat{A}|\psi_2\rangle.$
- (Anti-)Hermite'scher Operator: $\hat{A}^\dagger = \hat{A}$ $(\hat{A}^\dagger = -\hat{A})$.
- Jeder Operator ist zerlegbar in einen Hermite'schen und einen Anti-Hermite'schen Anteil. Hermite'sche Operatoren haben immer reelle Eigenwerte.
- Unitärer Operator: $\hat{U}^\dagger = \hat{U}^{-1}$.
- Kommutator zweier Operatoren $\hat{A}$ und $\hat{B}$: $[A, B] = AB - BA$.
- Exponentialfunktion eines Operators:

$$\mathrm{e}^{\hat{A}} = \sum_{n=0}^{\infty} \frac{1}{n!}\hat{A}^n.$$

- Matrixelemente $\hat{A}_{ij}$ eines Operators: $\hat{A}_{ij} = \langle\varphi_i|\hat{A}|\varphi_j\rangle.$
- Spur einer Matrix A: $\mathrm{Sp}(A) = \sum_i \langle\alpha_i|A|\alpha_i\rangle.$
- Mittlere quadratische Verschiebung ΔA einer Messgröße A:

$$(\Delta A)^2 = \langle(A - \langle A\rangle)^2\rangle = \langle\psi|(A - \langle A\rangle)^2\,\psi\rangle = \langle A^2\rangle - \langle A\rangle^2.$$

- Observable mit einem kontinuierlichen Spektrum an Erwartungswerten werden auf die Deltafunktion normiert. Die entsprechenden Zustände sind uneigentliche Dirac-Vektoren (weil nicht separabel).
- Dirac'sche Deltafunktion:

$$\int\limits_{-\infty}^{\infty} \delta(x - x_0)\,f(x)\,\mathrm{d}x = f(x_0).$$

- Ortszustände als Dirac-Vektoren:

$$\int\limits_{-\infty}^{\infty} \mathrm{d}^3x\,|\vec{x}\rangle\langle\vec{x}| = \hat{1},$$

$$\langle\vec{x}\,'|\vec{x}\rangle = \delta^3(\vec{x}\,' - \vec{x}).$$

- Verallgemeinerte Heisenberg'sche Unschärferelation für Operatoren $\hat{A}$ und $\hat{B}$:

$$\Delta\hat{A} \cdot \Delta\hat{B} \geq \frac{1}{2}|\langle[\hat{A}, \hat{B}]\rangle|.$$

- Für vertauschbare Operatoren $\hat{A}$ und $\hat{B}$ sind die Messwerte scharf: $[\hat{A}, \hat{B}] = \hat{A}\hat{B} - \hat{A}\hat{B} = 0$, und man kann ein gemeinsames System von Eigenvektoren finden. In diesem System sind dann die Streuungen beider Operatoren null.

Übungsaufgaben

Allgemeines

Aufgabe 4.12.1 $\mathcal{H}$ sei ein Hilbert-Raum und $|\alpha\rangle$, $und |\beta\rangle$ seien beliebige Zustände aus $\mathcal{H}$. Beweisen Sie die *Parallelogrammgleichung:*

$$\| \, |\alpha\rangle + |\beta\rangle \, \|^2 + \| \, |\alpha\rangle - |\beta\rangle \, \|^2 = 2 \, \| \, |\alpha\rangle \, \|^2 + 2 \, \| \, |\alpha\rangle \, \|^2.$$

Lösung

$$\| \, |\alpha\rangle + |\beta\rangle \, \|^2 + \| \, |\alpha\rangle - |\beta\rangle \, \|^2 = \langle \alpha + \beta | \alpha + \beta \rangle + \langle \alpha - \beta | \alpha - \beta \rangle$$
$$= \langle \alpha | \alpha \rangle + \langle \alpha | \beta \rangle + \langle \beta | \alpha \rangle + \langle \beta | \beta \rangle + \langle \alpha | \alpha \rangle - \langle \alpha | \beta \rangle - \langle \beta | \alpha \rangle + \langle \beta | \beta \rangle$$
$$= 2 \langle \alpha | \alpha \rangle + 2 \langle \beta | \beta \rangle = 2 \| \, |\alpha\rangle \|^2 + 2 \| \, |\beta\rangle \|^2.$$

Aufgabe 4.12.2 Geben Sie je ein Beispiel für eine lineare und eine nichtlineare Funktion an und begründen Sie Ihre Wahl.

Lösung
Eines der wichtigsten Prinzipien in den Naturwissenschaften ist das aus dem Superpositionsprinzip stammende Prinzip der Linearität von Naturgesetzen. Die Ursache ist darin zu finden, dass viele Gesetzmäßigkeiten durch eine lineare Differenzialgleichung zu beschreiben sind. Wenn eine lineare Differenzialgleichung etwa zwei Lösungen f_1 und f_2 hat, dann ist die Summe $f_1 + f_2$ auch eine. Daher sind viele der fundamentalen Gesetze in den Naturwissenschaften linear. Nicht linear sind die trigonometrischen Funktionen oder die Exponentialfunktionen, bei denen mindestens ein Parameter als Exponent verschieden von 1 vorkommt. So genügt die Schwingung eines Federpendels der linearen Gleichung

$$\frac{\mathrm{d}^2}{\mathrm{d}x^2} = -kx,$$

während ein Pendel mit der Gleichung

$$\frac{\mathrm{d}^2\theta}{\mathrm{d}t^2} = -\frac{g}{l} \sin\theta$$

beschrieben wird, die durch elliptische Integrale (approximativ) gelöst wird. Die Rückstellkraft hängt dabei von der Amplitude ab (was für den linearen Fall nicht gilt!)

und die Amplitude ist nicht mehr eine eindeutige Funktion von ω. Die Nichtlinearität kommt hier durch die Sinusfunktion in die Gleichung hinein. Für kleine Winkel kann man setzen $\sin\theta \approx \theta$ und damit die Gleichung wieder linearisieren. Dann liegt eine exakt lösbare Standard-Differenzialgleichung 2. Ordnung mit konstanten Koeffizienten vor, deren Lösung man sofort aufschreiben kann.

Aufgabe 4.12.3 Verifizieren Sie mit Hilfe der Schwarz'schen Ungleichung (4.25) die *Dreiecksungleichung* (4.27):

$$\| \, |\alpha\rangle \, \| - \| \, |\beta\rangle \, \| \leq \| \, |\alpha\rangle + |\beta\rangle \, \| \leq \| \, |\alpha\rangle \, \| - \| \, |\beta\rangle \, .$$

Operatoren und Zustände im Hilbert-Raum

Aufgabe 4.12.4 Seien $|\rho\rangle = \begin{pmatrix} 1 \\ 1 \\ 0 \end{pmatrix}$ und $|\Psi\rangle = \begin{pmatrix} 1 \\ 0 \\ 1 \end{pmatrix}$ zwei Vektoren des dreidimensionalen Hilbert-Raumes $\mathcal{H}$, der durch die VON-Basis (vollständige orthonormale Basis) Basis

$$|e_1\rangle = \begin{pmatrix} 1 \\ 0 \\ 0 \end{pmatrix}, \qquad |e_2\rangle = \begin{pmatrix} 0 \\ 1 \\ 0 \end{pmatrix}, \qquad |e_3\rangle = \begin{pmatrix} 0 \\ 0 \\ 1 \end{pmatrix}$$

aufgespannt wird.

i. Berechnen Sie das Skalarprodukt der beiden Vektoren $\langle\varphi|\psi\rangle$.

ii. Ermitteln Sie die Komponentendarstellung des dyadischen Produkts (das Tensorprodukt) $D = |\rho\rangle\langle\Psi|$.

iii. Berechnen Sie den adjungierten Operator $D^\dagger$. Ist D auch Hermite'sch, d.h. gilt $D^\dagger = D$?

Lösung

i. Es ist

$$\langle\varphi|\psi\rangle = (1, 1, 0) \begin{pmatrix} 1 \\ 0 \\ 1 \end{pmatrix} = 1.$$

ii. Beim Übergang von $\langle\varphi|$ zu $|\varphi\rangle$ werden Zeilen und Spalten vertauscht, und es werden alle Werte konjugiert komplex. Hier ist die Situation ist besonders einfach, weil nur reelle Werte als Vektorkomponenten vorkommen, also folgt:

$$D = |\rho\rangle\langle\psi| = \begin{pmatrix} 1 \\ 1 \\ 0 \end{pmatrix} \cdot (1, 0, 1) = \begin{pmatrix} 1 & 0 & 1 \\ 1 & 0 & 1 \\ 0 & 0 & 0 \end{pmatrix}.$$

iii.

$$D \neq D^\dagger = \begin{pmatrix} 1 & 1 & 0 \\ 0 & 0 & 0 \\ 1 & 1 & 0 \end{pmatrix}.$$

D ist *nicht* Hermite'sch! (Für den adjungierten Operator $D^\dagger$ werden einfach Zeilen und Spalten vertauscht und alle Komponenteneinträge konjugiert komplex (hier besonders einfach, weil nur reelle Einträge bzw. Komponenten vorliegen). Wir lernen außerdem, dass die Komponenten-Darstellung des Operators D in den Komponenten von $|\varphi\rangle$ und $|\psi\rangle$ ein Matrixschema ergibt. Dies gilt auch allgemein in der Quantenmechanik: Operatoren werden in Komponentenform in einer Basis als Matrizen dargestellt.

Aufgabe 4.12.5 Bestimmen Sie die Eigenwerte der Funktion $e^{k_n x}$ für den Differenzialoperator.

Lösung

$$\frac{\mathrm{d}}{\mathrm{d}x} e^{k_n x} = k_n e^{k_n x}.$$

Die Eigenfunktionen e^{kx} haben für den Differenzialoperator die Eigenwerte $k_n = nk_0$.

Aufgabe 4.12.6 Zeigen Sie mit dem üblichen quantenmechanischen Verfahren zur Bestimmung der Eigenwerte der Energie, dass die Funktionen

$$\psi_n = \frac{1}{\sqrt{\pi}} \sin n\vartheta$$

und

$$\varphi_n = \frac{1}{\sqrt{\pi}} \cos n\vartheta$$

die Eigenfunktionen des Hamilton-Operators für die Bahnbewegung eines Elektrons sind, das sich auf einem Kreis mit dem Radius a in einem konstanten Potenzial bewegt.

- Wie lautet die Abhängigkeit der Eigenwerte von der Quantenzahl n?
- Wie sehen die Eigenwerte für $n = 0$ aus? Vergleichen Sie dies mit dem Elektron im Kasten. Was bedeutet das für die kinetische Energie, den Impuls und den Ort?
- Wie ist die Periodizität der Eigenfunktionen?
- Welche von beiden Eigenfunktion ist die „richtige" Eigenfunktion?
- Wie bezeichnet man die Eigenschaft, dass zu einem Eigenwert mehrere Eigenfunktionen gehören?

Lösung

Einsetzen der ersten Eigenfunktion in die Schrödinger-Gleichung führt zu

$$\frac{1}{\sqrt{\pi}} \sin n\vartheta \left(E - \frac{\hbar^2}{2m_e} n^2 \right) = 0.$$

Eine andere Lösung ergibt sich mit der Cosinus-Funktion. Beide führen zum selben Eigenwert der Energie. Der ist also zweifach entartet. Wir sehen aus der erhaltenen Gleichung, dass die Periodizität von ψ gleich 2π ist:

$$\vartheta = \vartheta + 2\pi, \qquad \psi = \psi_0 \sin(\vartheta + 2\pi) = \psi_0 \sin(\vartheta),$$

denn die Sinusfunktion ist 2π-periodisch. Dies ist also nur dann der Fall, wenn n eine ganze Zahl ist. Die Lösung der Gleichung ist aber auch für $n = 0$ definiert, anders als beim Elektron im Kasten. Wegen $E_{\text{pot}} = 0$ ist auch $E_{\text{kin}} = 0$ und daher $p = 0$. Wenn $p = 0$, ist der Ort nach der Unschärferelation völlig unbestimmt. In unserem Fall sehen wir das daran, dass $\Delta\vartheta$ gegen ∞ geht. Egal, wie klein oder wie groß das Argument ist, der Sinus variiert nur zwischen -1 und $+1$. Wir können also nicht sagen, in welchem Winkelsegment sich das Elektron gerade aufhält.

Aufgabe 4.12.7 Der lineare Operator A erfülle die Eigenwertgleichung

$$A|a\rangle = a|a\rangle.$$

Der inverse Operator A^{-1} existiere. Zeigen Sie, dass er denselben Eigenzustand $|a\rangle$ hat, und berechnen Sie den zugehörigen Eigenwert.

Lösung
Derselbe Eigenzustand:

$$A^{-1} A|a\rangle = 1|a\rangle = a A^{-1}|a\rangle.$$

Der Eigenwert:

$$a \neq 0 \quad \Longrightarrow \quad A^{-1}|a\rangle = a^{-1}|a\rangle.$$

Aufgabe 4.12.8 Hat der Projektionsoperator

$$P(|\alpha\rangle) = |\alpha\rangle\langle\alpha|$$

ein Inverses?

Lösung

Nein, da er keine umkehrbar eindeutige (surjektive) Abbildungsvorschrift darstellt. Alle $|\psi\rangle$ mit denselben Werten $\langle\alpha|\psi\rangle$ für die Projektion von $|\psi\rangle$ auf $|\alpha\rangle$ werden durch $P(|\alpha\rangle)$ auf *denselben* Vektor abgebildet:

$$P(|\alpha\rangle)|\psi\rangle = |\alpha\rangle\langle\alpha|\psi\rangle.$$

Die Umkehrabbildung $|\alpha\rangle\langle\alpha|\psi\rangle \longrightarrow \psi$ ist also nicht mehr eindeutig.

Aufgabe 4.12.9

1. Zeigen Sie, dass die Eigenwerte eines unitären Operators U komplexe Zahlen vom Betrag 1 sind.
2. Bleibt ein Hermite'scher Operator A auch nach unitärer Transformation Hermite'sch?
   Hinweis: Zeigen Sie durch Ausnutzen der Hermite'schen Eigenschaft von A, dass der transformierte Operator $\tilde{A} = (UAU^{\dagger})$ ist.
3. Bleiben zwei vertauschbare Operatoren A und B auch nach unitärer Transformation in jedem Fall vertauschbar?
   Hinweis: Für zwei vertauschbare Operatoren A und B verschwindet der Kommutator: $[A, B]_{-} = AB - BA = 0$.

Lösung

1. Wir gehen von der Eigenwertgleichung mit dem Eigenvektor $|a\rangle$ und dem Eigenwert u aus und verwenden dann die Eigenschaft eines unitären Operators:

$$U|a\rangle = u|a\rangle \quad \Longrightarrow \quad \langle a|\underbrace{U^{\dagger}U}_{=E=1}|a\rangle = \langle a|U^{\dagger}u|a\rangle = u\langle a|U^{\dagger}|a\rangle$$

$$= u^{\star}u\langle a|a\rangle = \langle a|1|a\rangle = \langle a|a\rangle \quad \Longrightarrow \quad |u| = 1.$$

2. Wir berechnen hierzu:

$$(\tilde{A})^{\dagger} = (UAU^{\dagger})^{\dagger} = (U^{\dagger})^{\dagger}(UA)^{\dagger} = UA^{\dagger}U^{\dagger} \underset{\underset{A=A^{\dagger}}{\uparrow}}{=} UAU^{\dagger}.$$

$$\Longrightarrow \quad \tilde{A}^{\dagger} = \tilde{A} \quad \Longrightarrow \quad A \text{ ist hermetisch.}$$

3. Gemäß dem Hinweis müssen wir prüfen, ob der Kommutator nach den Transformationen $A \to \tilde{A}$ und $B \to \tilde{B}$ immer noch null ist. Wir erhalten

$$[\tilde{A}, \tilde{B}] = \tilde{A}\tilde{B} - \tilde{B}\tilde{A} = UAU^{\dagger}UBU^{\dagger} - UBU^{\dagger}UAU^{\dagger}$$

$$= UUBU^{\dagger} - UBUU^{\dagger} = U[A, B]U^{\dagger} = 0.$$

Die Antwort ist also: Ja.

Aufgabe 4.12.10 Überprüfen Sie durch Rechnung, ob die Spur $\mathrm{Sp}(A) = \sum_n \langle \varphi_n | A | \varphi_n \rangle$ des Hermite'schen Operators A unabhängig vom verwendeten VON System $\{|\varphi_n\rangle\}$ ist.

Lösung
Hier ist zu zeigen, dass, ausgehend von $\mathrm{Sp}(A) = \sum_n \langle \varphi_n | A | \varphi_n \rangle$, dieselbe Darstellung von $\mathrm{Sp}(A)$ in einer anderen VON-Basis $\{|\psi_n\rangle\}$ erhalten wird:

$$
\mathrm{Sp}(A) = \sum_n \langle \varphi_n | A | \varphi_n \rangle = \sum_n \sum_{m,l} \langle \varphi_n | \Psi_m \rangle \langle \Psi_m | A | \Psi_l \rangle \langle \Psi_l | \varphi_n \rangle
$$

$$
= \sum_{m,l} \langle \Psi_l | \underbrace{\left(\sum_n |\varphi_n\rangle \langle \varphi_n| \right)}_{=1} | \Psi_m \rangle \langle \Psi_m | A | \Psi_l \rangle = \sum_{m,l} \underbrace{\langle \Psi_l | 1 | \Psi_m \rangle}_{=\delta_{lm}} \langle \Psi_m | A | \Psi_l \rangle
$$

$$
= \sum_{l,m} \delta_{lm} \langle \Psi_m | A | \Psi_l \rangle = \sum_m \langle \Psi_m | A | \Psi_m \rangle.
$$

Weil die VON-Systeme beliebig gewählt werden können, ist dies der Beweis der obigen Aussage.

Aufgabe 4.12.11 Geben Sie den Operator $\hat{A}^2$ an für

a) $\hat{A} = \frac{\mathrm{d}}{\mathrm{d}x} - x$.

b) $\hat{A} = \frac{\mathrm{d}^2}{\mathrm{d}y^2}$.

Lösung
Wir wenden den Operator auf eine beliebige Funktion f an:

a)

$$
\hat{A}^2 f = \left(\frac{\mathrm{d}}{\mathrm{d}x} - x \right) \left(\frac{\mathrm{d}}{\mathrm{d}x} - x \right) f = \left(\frac{\mathrm{d}}{\mathrm{d}x} - x \right) (f' - xf)
$$

$$
= \frac{\mathrm{d}}{\mathrm{d}x} f' - \frac{\mathrm{d}}{\mathrm{d}x} (xf) - xf' + x^2 f = f'' - (1f + xf') - xf' + x^2 f
$$

$$
= f'' - 2xf' - f + x^2 f = \frac{\mathrm{d}^2}{\mathrm{d}x^2} f - 2xf - 1f + x^2 f
$$

$$
= \left(\frac{\mathrm{d}^2}{\mathrm{d}x^2} - 2x - 1 + x^2 \right) f \ \bigg| \cdot \frac{1}{f}
$$

Damit haben wir insgesamt

$$
\hat{A}^2 = \left(\frac{\mathrm{d}^2}{\mathrm{d}x^2} - 2x - 1 + x^2 \right). \tag{4.323}
$$

b) $\hat{A}^2 = \hat{A}\hat{A}$. Wir wenden den Operator auf eine beliebige Funktion f an:

$$\hat{A}^2 f = \left(\frac{d^2}{dy^2}\right)\left(\frac{d^2}{dy^2}\right) f = \left(\frac{d^2}{dy^2}\right) f'' = f'''' = \frac{d^4}{dy^4} f \left| \cdot \frac{1}{f} \right. \qquad (4.324)$$

Damit haben wir insgesamt

$$\hat{A}^2 = \frac{d^4}{dy^4}. \qquad (4.325)$$

Aufgabe 4.12.12   Berechnen Sie die Kommutatoren

a) $[\hat{A}, \hat{B}]$, mit $\hat{A} = \frac{d}{dx}$ und $\hat{B} = x^2$,
b) $[\hat{p}_x, \hat{x}]$,
c) $[\hat{C}, \hat{D}]$, mit $\hat{C} = \frac{d}{dx} - 1$ und $\hat{D} = \frac{d}{dx} + x$.

Lösung
Wir wenden den Operator auf eine beliebige Funktion $f(x)$ an. Die Rechnung ist wie bei 4.12.11. Ergebnisse:

a) $[\frac{d}{dx}, x^2] = 2x$.
b) $[\hat{p}_x, \hat{x}] = -i\hbar$.
c) $[\frac{d}{dx} - 1, \frac{d}{dx} + 1] = 1$.

Aufgabe 4.12.13   Prüfen Sie, ob die folgenden Funktionen Eigenfunktionen der Operatoren $\hat{p}_x$ und $\hat{T} = \frac{\hat{p}_x^2}{2m}$ sind.

a) $x \cdot e^x$,
b) $\sin(kx)$,
c) e^{ikx}.

Lösung
Wir müssen prüfen, ob die Operatoren $\hat{A}$ in einer Eigenwertgleichung, also angewendet auf eine Funktion f, diese Funktion bis auf einen Faktor reproduzieren, also ob gilt: $\hat{A}f = af$.

a) $\hat{p}_x (x e^x) = -i\hbar \left(\frac{d}{dx}\right) x e^x = -i\hbar (1 e^x + x e^x)$.
   Also *keine* Eigenfunktion.

$$\hat{T}_x \left(x e^x\right) = \frac{1}{2m} \hat{p}_x^2 \left(x e^x\right) = \frac{1}{2m} \hat{p}_x \underbrace{\hat{p}_x \left(x e^x\right)}_{-i\hbar(e^x + x e^x)} = \frac{i\hbar^2}{2m} \left(\frac{d}{dx}\right) (e^x + x e^x)$$

$$= -\frac{\hbar^2}{2m} \left(2 e^x + x e^x\right).$$

Also *keine* Eigenfunktion.

b) $\hat{p}_x(\sin kx) = -\mathrm{i}\hbar \frac{\mathrm{d}}{\sin} kx = -\mathrm{i}\hbar k \cos kx$.

   Keine Eigenfunktion.

   $\hat{T}_x(\sin kx) = -\frac{\hbar^2}{2m}\left(\frac{\mathrm{d}}{\mathrm{d}x}\right)\left(\frac{\mathrm{d}}{\mathrm{d}x}\right)(\sin kx) = \cdots = \frac{\hbar^2 k^2}{2m}\sin kx$.

   Eigenfunktion mit Eigenwerten $\frac{\hbar^2 k^2}{2m}$.

c) $\hat{p}_x\left(\mathrm{e}^{\mathrm{i}kx}\right) = \hbar k\,\mathrm{e}^{\mathrm{i}kx}$.

   Eigenfunktion mit Eigenwerten $\hbar k$.

   $\hat{T}_x\left(\mathrm{e}^{\mathrm{i}kx}\right) = \frac{\hbar^2 k^2}{2m}\mathrm{e}^{\mathrm{i}kx}$.

   Eigenfunktion mit Eigenwerten $\frac{\hbar^2 k^2}{2m}$.

Aufgabe 4.12.14 Untersuchen Sie, ob die folgenden Operatoren Hermite'sch sind:

a) $\hat{A} = \frac{\mathrm{d}}{\mathrm{d}x}$,
b) $\hat{p}_x$,
c) $\hat{T}$.

Hinweis Sie müssen prüfen, ob die folgende Bedingung für Hermitezität (am einfachsten in der Ortsdarstellung) zutrifft:

$$\int_{-\infty}^{\infty} g^*\hat{A}f\,\mathrm{d}x = \int_{-\infty}^{\infty} f\hat{A}^*g^*\,\mathrm{d}x.$$

Die Integrale kann man mit partieller Integration umformen. Die Wellenfunktion f (oder g, je nachdem) muss dann im Unendlichen die Integrabilitätsbedingung erfüllen, also zu null werden.

Lösung
Musterlösung für **a)**:

a) $\hat{A} = \frac{\mathrm{d}}{\mathrm{d}x} \rightarrow \hat{A}^* = \frac{\mathrm{d}}{\mathrm{d}x}$.
   Es ist:

$$\int_{-\infty}^{\infty} g^*\hat{A}f\,\mathrm{d}x = \int_{-\infty}^{\infty} g^*\frac{\mathrm{d}}{\mathrm{d}x}f\,\mathrm{d}x = \int_{-\infty}^{\infty} g^*\,f'\,\mathrm{d}x.$$

Dieses Integral löst man mittels partieller Integration, $\int_{-\infty}^{\infty} u\,\mathrm{d}v = uv\Big|_{-\infty}^{\infty} - \int_{-\infty}^{\infty} v\,\mathrm{d}u$,

und setzt $u = g^* \implies \mathrm{d}u = (g^*)'\,\mathrm{d}x$ sowie $v = f \implies \mathrm{d}v = f'\,\mathrm{d}x$.
Damit erhält man

$$\int_{-\infty}^{\infty} g^*f' = g^*f\Big|_{-\infty}^{\infty} - \int_{-\infty}^{\infty} f(g^*)'\,\mathrm{d}x,$$

weil g^* und f im Unendlichen null sein müssen, wenn sie Wellenfunktionen sind (Normierungsbedingung!).
Damit ergibt sich

$$\int\limits_{-\infty}^{\infty} f\,(g^*)'\,\mathrm{d}x = -\int\limits_{-\infty}^{\infty} f\left(\frac{\mathrm{d}}{\mathrm{d}x}g^*\,\mathrm{d}x\right)$$

und schließlich

$$\int\limits_{-\infty}^{\infty} f\,\hat{A}^*g^*\,\mathrm{d}x \neq -\int\limits_{-\infty}^{\infty} f\,\hat{A}^*g^*\,\mathrm{d}x.$$

Die Vorzeichen sind auf beiden Seiten der Gleichung unterschiedlich. Also ist $\frac{\mathrm{d}}{\mathrm{d}x}$ nicht Hermite'sch.

b) $\hat{A} = \hat{p}_x = -\mathrm{i}\hbar\frac{\mathrm{d}}{\mathrm{d}x} \implies \hat{A}^* = \hat{p}_x^* = \mathrm{i}\hbar\frac{\mathrm{d}}{\mathrm{d}x}$.
Bedingung wird erfüllt: $\hat{p}_x$ ist Hermite'sch.

c) $\hat{A} = \hat{T} = -\frac{\hbar^2}{2m}\frac{\mathrm{d}^2}{\mathrm{d}x^2} \implies \hat{A}^* = \hat{T}^* = -\frac{\hbar^2}{2m}\frac{\mathrm{d}^2}{\mathrm{d}x^2}$.

Aufgabe 4.12.15 Ist $A|\psi\rangle$ derselbe quantenmechanische Zustand wie $c|\psi\rangle$, wobei $|\psi\rangle$ ein beliebiger Hilbertvektor und c eine beliebige komplexe Zahl ist? Begründen Sie Ihre Antwort!

Lösung
Nein.
Die Anwendung eines linearen, hermiteschen Operators A auf einen beliebigen Zustand $|\psi\rangle$ im Hilbertraum bedeutet anschaulich eine (Dreh–)Streckung des Hilbertvektors $|\psi\rangle$; der entstandene Vektor zeigt also in eine *andere* Richtung und ist damit ein anderer Zustand als $|\psi\rangle$. Die Multiplikation des Zustands $|\psi\rangle$ mit einer Zahl ergibt lediglich eine Stauchung oder Streckung des Vektors; er zeigt immer noch *in dieselbe Richtung* und damit handelt es sich um denselben physikalischen Zustand $|\psi\rangle$.

Aufgabe 4.12.16 Warum benutzt man in der Quantenmechanik *hermitesche* Operatoren?

Lösung
Weil die Operatoren in der Quantenmechanik die Messapparatur repräsentieren: „Messung" bedeutet im Formalismus die Anwendung des Operators $\hat{A}$ – der die Messung repräsentiert – auf den Zustand des Systems. Dabei stellt sich als Ergebnis einer der möglichen Eigenwerte dieses Operators ein, z. B. a – dies ist eines der Axiome der Quantenmechanik. Alle Messwerte sind aber *reelle* (und nicht komplexe) Größen, damit braucht man Operatoren, die reelle Erwartungswerte $\langle\hat{A}\rangle$ liefern. Dies ist genau bei den hermiteschen Operatoren der Fall, was wir wie folgt beweisen:

Beweis 4.17

$$\langle \Psi|A|\Psi \rangle = \langle \Psi|a|\Psi \rangle = a \cdot \langle \Psi|\Psi \rangle = \langle A^\dagger \Psi|\Psi \rangle$$

$$= \langle \Psi|A^\dagger \Psi \rangle^* \underset{\underset{A^\dagger = A}{\uparrow}}{=} \langle \Psi|A\Psi \rangle^* = \langle \Psi|a^*\Psi \rangle^* = a^*\langle \Psi|\Psi \rangle^* = \underline{a^*\langle \Psi|\Psi \rangle}$$

$\square$

Wegen der unterstrichenen Gleichungen muss folglich $a^* = a$ gelten und damit a *reell* sein.

Aufgabe 4.12.17 Prüfen Sie durch Rechnung, ob der Operator A mit den angegebenen Matrixelementen (A_{ij}) und der imaginären Einheit i mit $i^2 = -1$ hermitesch ist:

$$(A_{ij}) = \begin{pmatrix} 3 & 2+i \\ 2-i & 1 \end{pmatrix}.$$

Lösung
Hermitesch heißt:

$$A^\dagger = A.$$

Das Symbol † bedeutet transponiert und konjugiert komplex. Wir müssen also lediglich die gegebene Matrixdarstellung $(A)_{ij}$ von A transponieren und komplex konjugieren:

$$(A_{ij})^\mathrm{T} = \begin{pmatrix} 3 & 2-i \\ 2+i & 1 \end{pmatrix} = B.$$

Jetzt noch die entstandene Matrix B komplex konjugieren:

$$(B_{ij})^* = (A^\dagger{}_{ij}) = \begin{pmatrix} 3^* & 2^* - (i^*) \\ 2^* + (i^*) & 1^* \end{pmatrix} = \begin{pmatrix} 3 & 2+i \\ 2-i & 1 \end{pmatrix} = (A_{ij}).$$

Wir haben also gezeigt, dass gilt $A^\dagger = A$, somit ist A hermitesch.

Aufgabe 4.12.18 Die Operatoren $A = A(\eta)$ und $B = B(\eta)$ sollen von einem reellen Parameter η abhängen. Beweisen Sie die folgenden Differenziationsregeln:

1. $\frac{\mathrm{d}}{\mathrm{d}\eta}(AB) = \frac{\mathrm{d}A}{\mathrm{d}\eta}B + \frac{\mathrm{d}B}{\mathrm{d}\eta}A$,
2. $\frac{\mathrm{d}}{\mathrm{d}\eta}A^{-1} = -A^{-1}\frac{\mathrm{d}A}{\mathrm{d}\eta}A^{-1}$.

Lösung

1.

$$\frac{\mathrm{d}}{\mathrm{d}\eta}A(\eta)B(\eta) = \lim_{\epsilon \to 0} \frac{A(\eta+\epsilon)B(\eta+\epsilon) - A(\eta)B(\eta)}{\epsilon}$$

$$= \lim_{\epsilon \to 0} \left\{ \frac{[A(\eta+\epsilon) - A(\eta)]\,B(\eta)}{\epsilon} + \frac{A(\eta+\epsilon)\,[B(\eta+\epsilon) - B(\eta)]}{\epsilon} \right\}$$

$$= \frac{\mathrm{d}A(\eta)}{\mathrm{d}\eta}B(\eta) + A(\eta)\frac{\mathrm{d}B(\eta)}{\mathrm{d}\eta}.$$

2.

$$0 = \frac{\mathrm{d}}{\mathrm{d}\eta}(AA^{-1}) = \frac{\mathrm{d}A}{\mathrm{d}\eta}A^{-1} + A\frac{\mathrm{d}A^{-1}}{\mathrm{d}\eta} \qquad \Longrightarrow \qquad \frac{\mathrm{d}A^{-1}}{\mathrm{d}\eta} = \frac{\mathrm{d}A}{\mathrm{d}\eta}A^{-1}.$$

Aufgabe 4.12.19   Die Funktionen $f(A)$ und $g(A)$ seien Funktionen des Operators A. Beweisen Sie die Differenziationsregeln:

1. $\frac{\mathrm{d}}{\mathrm{d}A}(f(A) + g(A)) = \frac{\mathrm{d}f}{\mathrm{d}A} + \frac{\mathrm{d}g}{\mathrm{d}B}$,
2. $\frac{\mathrm{d}}{\mathrm{d}A}(f(a) \cdot g(A)) = \frac{\mathrm{d}f}{\mathrm{d}A}g(A) + f(A)\frac{\mathrm{d}g}{\mathrm{d}A}$.

Lösung
Wir verwenden direkt die Definition in Gl. (4.93):

1.

$$\frac{\mathrm{d}}{\mathrm{d}A}(f(A) + f(B)) = \lim_{\epsilon \to 0} \frac{\left[f(A + \epsilon\hat{1}) + g(A + \epsilon\hat{1}) - \left(f(A) + g(A) \right) \right]}{\epsilon}$$

$$= \lim_{\epsilon \to 0} \left[\frac{f(A + \epsilon\hat{1}) - f(A)}{\epsilon} + \frac{g(A + \epsilon\hat{1}) - g(A)}{\epsilon} \right]$$

$$= \frac{\mathrm{d}}{\mathrm{d}A}f(A) + \frac{\mathrm{d}}{\mathrm{d}A}g(A).$$

2. Für das Produkt verläuft die Rechnung völlig analog.

Aufgabe 4.12.20   Bestimmen Sie die adjungierten Operatoren zu

1. $A + B$ (A, B: Operatoren),
2. cA (A: Operator, $c \in \mathbb{C}$),
3. $|\varphi\rangle\langle\psi|$,
4. $\mathbb{1}$.

Gram-Schmidt-Verfahren und Orthogonalität von Zuständen

Aufgabe 4.12.21 Wenden Sie das Gram-Schmidt-Orthonormierungsverfahren auf die folgenden Vektoren an:

$$|a_1\rangle = \begin{pmatrix} 3 \\ 0 \\ 4 \end{pmatrix}; \qquad |a_2\rangle = \begin{pmatrix} 7 \\ 0 \\ 1 \end{pmatrix}; \qquad |a_3\rangle = \begin{pmatrix} 10 \\ 4 \\ 5 \end{pmatrix}.$$

Lösung
Nach Alg. (4.1) erfolgt die Normierung wie folgt:

1. **Schritt:** Normierung des ersten Basisvektors $|a_1\rangle$:

$$|\varphi_1\rangle = \frac{1}{|||a_1\rangle||}|a_1\rangle = \frac{1}{\sqrt{3^2 + 0^2 + 4^2}}\begin{pmatrix} 3 \\ 0 \\ 4 \end{pmatrix} = \frac{1}{\sqrt{25}}\begin{pmatrix} 3 \\ 0 \\ 4 \end{pmatrix} = \begin{pmatrix} \frac{3}{5} \\ 0 \\ \frac{4}{5} \end{pmatrix}.$$

2. **Schritt:** Sicherstellung der Orthogonalität des zweiten Basisvektors $|a_2\rangle$ bezüglich der Richtung von $|\varphi_1\rangle$:

$$|\eta_2\rangle = |a_2\rangle - \langle\varphi_1|a_2|\cdot\rangle|\varphi_1\rangle = \begin{pmatrix} 7 \\ 0 \\ 1 \end{pmatrix} - \frac{25}{5}\begin{pmatrix} \frac{3}{5} \\ 0 \\ \frac{4}{5} \end{pmatrix} = \begin{pmatrix} 4 \\ 0 \\ -3 \end{pmatrix}.$$

3. **Schritt:** Die Normierung des zweiten Vektors $|\eta_2\rangle$ ergibt den zweiten orthonormierten Basisvektor:

$$|\varphi_2\rangle = \frac{1}{|||\eta_2\rangle||}|\eta_2\rangle = \begin{pmatrix} \frac{4}{5} \\ 0 \\ -\frac{3}{5} \end{pmatrix}.$$

Für alle weiteren Vektoren: Wiederholung des jeweils 2. und 3. Schrittes, genau nach Schema, also:

$$|\eta_3\rangle = |a_3\rangle - \langle\varphi_1|a_3|\cdot\rangle|\varphi_1\rangle - \langle\varphi_2|a_3|\cdot\rangle|\varphi_2\rangle$$

$$= \begin{pmatrix} 10 \\ 4 \\ 5 \end{pmatrix} - \frac{50}{5}\begin{pmatrix} \frac{3}{5} \\ 0 \\ \frac{4}{5} \end{pmatrix} - \frac{25}{5}\begin{pmatrix} \frac{4}{5} \\ 0 \\ -\frac{3}{5} \end{pmatrix} = \begin{pmatrix} 0 \\ 4 \\ 0 \end{pmatrix}.$$

Damit ergibt sich der dritte orthonormierte Basisvektor:

$$|\varphi_3\rangle = \frac{1}{|||\eta_3\rangle||}|\eta_3\rangle = \begin{pmatrix} 0 \\ 1 \\ 0 \end{pmatrix}.$$

Aufgabe 4.12.22 Wenden Sie das Gram-Schmidt-Orthonormierungsverfahren auf die Monomialbasis der Funktionen $\psi_i = \{1, x, x^2, x^3\}$ an, d. h. orthonormieren Sie die Funktionen $\psi_0(x) = 1$, $\psi_1(x) = x$, $\psi_2(x) = x^2$ und $\psi_3(x) = x^3$.

Hinweis Die erhaltenen orthonormierten Funktionen $\varphi_n(x)$ sind nichts anderes als die ersten vier Legendre'schen Polynome $\varphi_n(x) = \sqrt{\frac{2n+1}{2}}\, P_n(x)$.

Lösung

Die Monome sind die Erzeugenden der Legendre'schen Polynome $P_n(x)$, die allgemeine Bedeutung in der Mathematik und der Physik haben. Die $P_n(x)$ bilden ein vollständiges, orthonormiertes Basissystem. Deshalb kann jeder beliebige Vektor (bzw. jede beliebige Funktion, die auch als Vektor interpretiert werden kann), nach dem System der $P_n(x)$ entwickelt werden. Sie treten in der Physik (und damit in der Quantenmechanik) häufig bei kugelsymmetrischen Problemen auf, wie wir in Kap. 6 gesehen haben. Wir wenden das Schema aus Alg. (4.1) an und erhalten:

$$|\varphi_0\rangle = \frac{1}{|||\psi_0\rangle||}|\psi_0\rangle = \frac{1}{\sqrt{\langle 1|1\rangle}} = \frac{1}{\sqrt{\int_{-1}^{+1} 1\,\mathrm{d}s}} = \frac{1}{\sqrt{2}}.$$

$$|\eta_1\rangle = |\psi_1\rangle - \langle\varphi_0|\psi_1\rangle\cdot|\varphi_0\rangle = x - \left\langle\frac{1}{\sqrt{2}}\Big|x\right\rangle\frac{1}{\sqrt{2}} = x - \frac{1}{2}\int_{-1}^{+1} s\,\mathrm{d}s$$

$$= x - \frac{1}{2}0 = x.$$

$$|\varphi_1\rangle = \frac{1}{|||\eta_1\rangle||}|\eta_1\rangle = \frac{x}{\sqrt{\langle x|x\rangle}} = \frac{x}{\sqrt{\int_{-1}^{+1} s^2\,\mathrm{d}s}} = \sqrt{\frac{3}{2}}x.$$

$$|\eta_2\rangle = |\psi_2\rangle - \langle\varphi_0|\psi_2\rangle\cdot|\varphi_0\rangle - \langle\varphi_1|\psi_2\rangle\cdot|\varphi_1\rangle$$

$$= x^2 - \left\langle\frac{1}{\sqrt{2}}\Big|x^2\right\rangle\frac{1}{\sqrt{2}} - \left\langle\sqrt{\frac{3}{2}}\Big|x^2\right\rangle\sqrt{\frac{3}{2}}x$$

$$= x^2 - \frac{1}{2}\int_{-1}^{+1} s^2\,\mathrm{d}s - \frac{3}{2}x\int_{-1}^{+1} s^3\,\mathrm{d}s$$

$$= x^2 - \frac{1}{2}\frac{2}{3} - \frac{3}{2}0$$

$$= x^2 - \frac{1}{3}.$$

$$|\varphi_2\rangle = \frac{1}{|||\eta_2\rangle||}|\eta_2\rangle = \frac{x^2 - \frac{1}{3}}{\sqrt{\langle x^2 - \frac{1}{3}|x^2 - \frac{1}{3}\rangle}} = \frac{x}{\sqrt{\int_{-1}^{+1}(x^2 - \frac{1}{3})^2\,\mathrm{d}s}}$$

$$= \sqrt{\frac{5}{2}}\left(\frac{3}{2}x^2 - \frac{1}{2}\right).$$

Für den dritten Basisvektor erhalten wir:

$$|\eta_3\rangle = |\psi_3\rangle - \langle\varphi_0|\psi_3|\cdot\rangle|\varphi_0\rangle - \langle\varphi_1|\psi_3|\cdot\rangle|\varphi_1\rangle - \langle\varphi_2|\psi_3|\cdot\rangle|\varphi_2\rangle,$$

$$|\varphi_3\rangle = \frac{1}{||\eta_3\rangle||}|\eta_3\rangle = \sqrt{\frac{7}{2}}\left(\frac{5}{2}x^3 - \frac{3}{2}x\right).$$

Im Allgemeinen erhält man also:

$$|\varphi_n\rangle = \sqrt{\frac{2n+1}{2}}\,|P_n\rangle$$

bzw.

$$\varphi_n(x) = \sqrt{\frac{2n+1}{2}}\,P_n(x),$$

wobei $P_n(x)$ die Legendre'schen Polynome n-ter Ordnung sind.

Aufgabe 4.12.23 Betrachten Sie den durch die Funktion f definierten Vektorraum V

$$V = \{f : [0, \pi] \to \mathbb{R} \mid f(x) = c_1\sin(x) + c_2\sin(2x) + c_3\sin(3x) \quad \text{mit } c_1, c_2, c_3 \in \mathbb{R}.$$

Offensichtlich spannen die Funktionen

$$v_1(x) = sin(x)$$
$$v_2(x) = sin(2x)$$
$$v_3(x) = sin(3x)$$

eine Basis des Vektorraums V auf.

a) Prüfen Sie, ob die Funktionen v_1, v_2 und v_3 bezüglich des Skalarproduktes

$$g(v, w) = \int_0^\pi v(x)\,w(x)\,dx$$

orthogonal sind.

b) Bestimmen Sie eine Orthonormalbasis dieses Vektorraumes.

Hinweis: Zeigen Sie zunächst, dass für $a, b \in \mathbb{N}$, mit $a \neq b$ gilt:

$$\sin(ax)\sin(bx) = \frac{1}{2}[\cos((a-b)x) - \cos((a+b)x)].$$

Dies können Sie zeigen mit Hilfe der Formel

$$\sin(ax) = \frac{1}{2i}(e^{iax} - e^{-iax}).$$

Lösung

Zuerst beweisen wir, wie im Hinweis angegeben, die dort aufgestellte Behauptung, also:

Seien $a, b \in \mathbb{N}$, mit $a \neq b$. Es gilt allgemein:

$$\sin(ax) = \frac{1}{2i} \left(e^{iax} - e^{-iax} \right).$$

und

$$\sin(bx) = \frac{1}{2i} \left(e^{ibx} - e^{-ibx} \right).$$

Daraus folgt für das Produkt

$$\sin(ax) \cdot \sin(bx) = -\frac{1}{2i} \left[\frac{e^{i(a+b)x} + e^{-i(a+b)x}}{2} - \frac{e^{i(a-b)x} + e^{-i(a-b)x}}{2} \right] =$$

$$= \frac{1}{2} \left[\cos((a-b)x) - \cos((a+b)x) \right].$$

a)

$$g(\sin(ax), sin(bx)) = \int_0^\pi \sin(ax) \sin(bx) \, dx$$

$$= \int_0^\pi \frac{1}{2} \left[\cos((a-b)x) - \cos((a+b)x) \right] dx =$$

$$= \frac{1}{2(a-b)} \left[\sin((a-b)x) \right]_0^\pi - \frac{1}{2(a+b)} \left[\sin((a+b)x) \right]_0^\pi = 0,$$

weil $a - b \neq 0$ und $a + b \neq 0$, unabhängig von der speziellen Wahl von a und b. (Die Stammfunktionen sind immer Null, weil $\sin(\pi) = sin(0) = 0$). Daraus folgt, dass die Funktionen v_1, v_2 und v_3 orthogonal bezüglich des obigen Skalarproduktes $g(v, w)$ sind.

b) Weil die Funktionen v_1, v_2 und v_3 linear unabhängig sind, bilden sie eine orthogonale Basis und wir müssen nur noch normieren. Die normierte Basis, die wir aus den Vektoren v_1, v_2, v_3 gewinnen, nennen wir z. B. w_1, w_2 und w_3. Die Normierungen lauten:

$$w_1 = \frac{1}{\sqrt{g(\sin(x), \sin(x))}} \sin(x),$$

$$w_2 = \frac{1}{\sqrt{g(\sin(2x), \sin(2x))}} \sin(2x),$$

$$w_3 = \frac{1}{\sqrt{g(\sin(3x), \sin(3x))}} \sin(3x).$$

Jetzt müssen wir nur noch die Funktion $g(\sin(ax), \sin(ax))$ bestimmen:
Sei $a \in \mathbb{N}$. Dann ist

$$g(\sin(ax), \sin(ax)) = \int_0^\pi \sin(ax)\sin(ax)\,dx = \int_0^\pi \frac{1}{2}[1 - \cos((2a)a)]\,dx$$

$$= [x]_0^\pi - \frac{1}{2a}[\sin(2ax)]_0^\pi = \frac{\pi}{2},$$

d. h. das Ergebnis ist wiederum unabhängig von der speziellen Wahl des Faktors a !
Damit haben wir also:

$$w_1 = \frac{2}{\sqrt{\pi}}\sin(x),$$

$$w_2 = \frac{2}{\sqrt{\pi}}\sin(2x),$$

$$w_3 = \frac{2}{\sqrt{\pi}}\sin(3x).$$

Bemerkung: Wenn die Basis nicht bereits orthogonal wäre, könnten wir das Gram–Schmidt–Verfahren benutzen. Dieses funktioniert mit dem Skalarprodukt $g(v, w)$ völlig analog zum Vorgehen im gewöhnlichen $\mathbb{R}^3$ oder im Hilbertraum $\mathcal{H}$.

Deltafunktion

Aufgabe 4.12.24 Berechnen Sie folgende Integrale unter Verwendung der in Abschn. 4.9 gezeigten Eigenschaften:

a) $\int\limits_{-\infty}^{\infty} \delta(2x)(x^3 + 2x2 - x)\,dx,$

b) $\int\limits_{-\infty}^{\infty} \delta(3x - 4)(x^3 + 2x^2 - x)\,dx,$

c) $\int\limits_{-2}^{2} \delta(x - 3)(x^2 + 1)\,dx,$

d) $\int\limits_{-2}^{2} \delta(x^3 + 3x^2 + 2x)(x^2 + 1)\,dx,$

e) $\int\limits_{0}^{2\pi} \delta(\cos(x))\sin(x)\,dx.$

Beweisen Sie außerdem folgende Beziehung:

f) $\delta(x) = -\delta'(x).$

Prüfungsfragen

Wenn Sie Kap. 4 aufmerksam durchgearbeitet haben, sollten Sie in der Lage sein, die folgenden Prüfungsfragen zu beantworten.

Zu Abschn. 4.1 **bis** 4.3

Frage 4.13.1 Erklären Sie, was ein linearer Vektorraum ist.

Frage 4.13.2 Erläutern Sie den Begriff „Basis eines Vektorraums".

Frage 4.13.3 Zählen Sie die Axiome eines mathematischen Körpers auf. Wie lauten die Ordnungsaxiome?

Frage 4.13.4 Was ist ein orthonormierter Vektor?

Frage 4.13.5 Warum lässt sich der Körper $\mathbb{C}$ nicht anordnen?

Frage 4.13.6 Wie lautet der Entwicklungssatz für Vektoren im $\mathbb{R}^3$?

Frage 4.13.7 Wann bildet eine Menge von Elementen einen linearen Vektorraum?

Frage 4.13.8 Wie ist die Dimension eines Vektorraums definiert?

Frage 4.13.9 Welche Eigenschaften definieren ein Skalarprodukt?

Frage 4.13.10 Wie ist der Projektionsoperator $P\left(|\psi\rangle\right)$ definiert, und wozu dient er?

Frage 4.13.11 Wie lautet die Vollständigkeitsrelation für einen Vektor $|\psi_n\rangle \in \mathcal{H}$?

Frage 4.13.12 Was genau ist ein metrischer Raum?

Frage 4.13.13 Was ist eine Cauchy-Folge?

Frage 4.13.14 Welche Axiome definieren den Hilbert-Raum?

Frage 4.13.15 Wann bildet eine Menge von Elementen einen linearen Vektorraum?

Frage 4.13.16 Was versteht man physikalisch unter einem Hilbert-Vektor?

Frage 4.13.17 Wann nennt man Zustandsvektoren $|\psi_1\rangle$, $|\psi_2\rangle$, $|\psi_3\rangle \ldots$, $|\psi_n\rangle$ linear unabhängig?

Frage 4.13.18 Wie ist die Dimension eines Vektorraums definiert?

Frage 4.13.19 Wann nennt man einen Vektorraum unitär?

Frage 4.13.20 Erläutern Sie die Bezeichnungen bra-Vektor und ket-Vektor.

Frage 4.13.21 Beweisen Sie die Schwarz'sche Ungleichung.

Frage 4.13.22 Was bedeutet die Separabilität des Hilbert-Raumes?

Zu Abschn. 4.4 **bis** 4.6

Frage 4.13.23 Wann heißt eine Basissystem des Hilbert-Raumes vollständig?

Frage 4.13.24 Wie ist der Raum der quadratintegrablen Funktionen $\mathcal{H} = L^2$ definiert?

Frage 4.13.25 Wie definiert man zweckmäßig ein Skalarprodukt für quadratintegrable Funktionen?

Frage 4.13.26 Wie ändern sich die Messresultate beim Übergang $|\psi\rangle \rightarrow \alpha|\psi\rangle$, wobei α eine beliebige komplexe Zahl ist?

Frage 4.13.27 Wann nennt man die Zustandsvektoren $\{|\varphi_1\rangle, |\varphi_2\rangle, \ldots |\varphi_n\rangle\}$ linear unabhängig?

Frage 4.13.28 Wann nennt man einen Vektorraum unitär?

Frage 4.13.29 Wann bezeichnet man Zustandsvektoren $|\alpha_i\rangle$ als orthonormal?

Frage 4.13.30 Wie lautet der Entwicklungssatz? Welche Bedingungen gewährleisten seine Konvergenz?

Frage 4.13.31 Was versteht man unter einem VON-System?

Frage 4.13.32 Wie definiert man zweckmäßig ein Skalarprodukt für quadratintegrable Funktionen?

Frage 4.13.33 Wann gelten zwei Operatoren A_1 und A_2 als gleich?

Frage 4.13.34 Was bezeichnet man als kommutierende Operatoren?

Frage 4.13.35 Wie ist der zu A adjungierte Operator definiert?

Frage 4.13.36 Wann ist ein Operator linear, wann Hermite'sch, wann unitär?

Frage 4.13.37 Was versteht man unter dem Eigenwertproblem des Operators A?

Frage 4.13.38 Wann nennt man einen Eigenwert entartet?

Frage 4.13.39 Welche Zustände enthält der Eigenraum zum Eigenwert a?

Frage 4.13.40 Welche allgemeinen Aussagen können Sie über Eigenwerte und Eigenzustände Hermite'scher Operatoren machen?

Frage 4.13.41 Was versteht man unter der Spektraldarstellung des Hermite'schen Operators A?

Frage 4.13.42 Formulieren Sie die Vollständigkeitsrelation für den Einheitsoperator $\hat{1}$.

Frage 4.13.43 Welcher Rechentrick ist mit Einschieben von Zwischenzuständen gemeint?

Frage 4.13.44 Welche Gestalt hat die Matrix eines Operators A für seine Eigenwertgleichung?

Frage 4.13.45 Durch welche Angaben ist ein Operator eindeutig festgelegt?

Frage 4.13.46 Wie kann man den Erwartungswert $\langle |\psi\rangle\rangle$ des Hermite'schen Operators A in einem Zustand $|\psi\rangle$ durch seine Eigenwerte a_n und seine Eigenzustände $|a_n\rangle$ ausdrücken?

Frage 4.13.47 Was kann über die Eigenzustände zweier vertauschbarer, Hermite'scher Operatoren $\hat{A}$ und $\hat{B}$ ausgesagt werden?

Frage 4.13.48 Wie kann man aus Zuständen Operatoren aufbauen?

Frage 4.13.49 Was ist ein dyadisches Produkt? Wie sieht der entsprechende adjungierte Operator aus?

Frage 4.13.50 Wann ist ein dyadisches Produkt auch ein Projektionsoperator?

Frage 4.13.51 Was versteht man unter der Idempotenz eines Projektionsoperators? Gilt diese auch für uneigentliche Vektoren?

Frage 4.13.52 P_M projiziere auf den Unterraum $M \subset \mathcal{H}$. Welche Eigenwerte und Eigenzustände hat P_M? Welche Entartungsgrade liegen vor?

Frage 4.13.53 Wann ist der inverse Operator A^{-1} Hermite'sch?

Frage 4.13.54 Wie ergeben sich Eigenwerte und Eigenzustände von A^{-1} aus denen von A?

Frage 4.13.55 Wann nennt man einen Operator unitär?

Frage 4.13.56 Was ist charakteristisch für unitäre Transformationen?

Frage 4.13.57 Unter welcher Voraussetzung lassen sich Funktionen von Operatoren definieren?

Frage 4.13.58 Wann gilt $e^{\hat{A}} \times e^{\hat{B}} = e^{(\hat{A}+\hat{B})}$?

Frage 4.13.59 Wie leitet man einen Operator nach einem reellen Parameter ab?

Frage 4.13.60 Wie leitet man eine Operatorfunktion $f(\hat{A})$ nach dem Operator $\hat{A}$ ab?

Frage 4.13.61 Welche charakteristischen Merkmale weist die Matrix eines Hermite'schen Operators auf?

Frage 4.13.62 Was kann über die Zeilen und die Spalten einer unitären Matrix ausgesagt werden?

Frage 4.13.63 Wie sieht die unitäre Transformation aus, mit der man die Matrix des Operators A auf Diagonalgestalt bringt?

Frage 4.13.64 Was versteht man unter der Spur einer Matrix?

Frage 4.13.65 Wie hängt die Spur einer Matrix von der verwendeten VON-Basis ab?

Frage 4.13.66 Durch Messung von A sei der Eigenzustand $|a_n\rangle$ präpariert worden. Was kann über den Systemzustand ausgesagt werden, wenn anschließend die nicht mit A kommutierende Observable B gemessen wird?

Frage 4.13.67 Was ist ein Anti-Hermite'scher Operator?

Frage 4.13.68 Gibt es einen Zusammenhang zwischen der Unbestimmtheit quantenmechanischer Messungen und der Nicht-Vertauschbarkeit Hermite'scher Operatoren?

Zu Abschn. 4.7 **bis** 4.10

Frage 4.13.69 Wodurch wird eine Observable in der Quantenmechanik repräsentiert?

Frage 4.13.70 Was versteht man unter einem vollständigen oder maximalen Satz kommutierender Observablen?

Frage 4.13.71 Zu welchen Aussagen ist eine quantenmechanische Messung prinzipiell nur heranzuziehen?

Frage 4.13.72 Welche physikalischen Komponenten sind an einem Messprozess beteiligt?

Frage 4.13.73 Worin besteht der wesentliche Unterschied zwischen einer klassischen und einer quantenmechanischen Messung?

Frage 4.13.74 Das System befinde sich vor der Messung der Observablen A in irgendeinem Zustand $|\psi\rangle$. Was kann über den Systemzustand nach der Messung ausgesagt werden?

Frage 4.13.75 Welche Aussagen sind möglich, wenn der Ausgangszustand bereits ein Eigenzustand von A ist?

Frage 4.13.76 Unter welchen Voraussetzungen verschwindet die mittlere quadratische Schwankung einer Observablen?

Frage 4.13.77 Was ist unter dem Erwartungswert der Observablen A im Zustand $|\psi\rangle$ zu verstehen?

Frage 4.13.78 Leiten Sie die verallgemeinerte Heisenberg'sche Unschärferelation her.

Frage 4.13.79 Wann ist die Streuung der Messwerte eines Operators null?

Frage 4.13.80 Wann wird die Einführung von Dirac-Vektoren wichtig bzw. unumgänglich?

Frage 4.13.81 Wie ist ein Dirac-Vektor definiert?

Frage 4.13.82 Wie lautet der Entwicklungssatz für uneigentliche Zustände?

Frage 4.13.83 Wie ist die Orthonormierung von uneigentlichen (Dirac-)Zuständen zu verstehen?

Literatur

Busch, P., Lahti, P., et al.: Proof of Heisenberg's error-disturbance relation. Physical Review Letters **111**, 160405 (2013)

Dirac, P.A.M.: The Principles of Quantum Mechanics, 1st edn. The Clarendon Press, Oxford, UK (1930)

Dirac, P.A.M.: A new notation for quantum mechanics. Mathematical Proceedings of the Cambridge Philosophical Society **35**, 416–418 (1939)

Grossmann S. (2014) Funktionalanalysis . im Hinblick auf Anwendungen in der Physik, 3 Aufl., Springer Spektrum

Heisenberg, W.: Über den anschaulichen Inhalt der quantentheoretischen Kinematik und Mechanik. Zeitschrift für Physik **43**, 172–198 (1927)

Heisenberg, W.: The Physical Principles of the Quantum Theory. Dover, Mineola, New York (1949)

Hotta, M., Ozawa, M.: Quantum estimation by local observables. Physical Review A **70**, 022327 (2003)

Jänich, K.: Analysis für Physiker und Ingenieure. Springer-Lehrbuch, Springer, Berlin Heidelberg, Berlin, Heidelberg (2001)

Ozawa, M.: Physical content of Heisenberg's uncertainty relation: limitation and reformulation. Physics Letters A **318**, 21–29 (2003)

Ozawa, M.: Uncertainty relations for joint measurements of noncommuting observables. Physics Letters A **320**, 367–374 (2004)

Weiterführende Literatur

Arens, T., Hettlich, F., et al.: Mathematik. Springer, Berlin/Heidelberg (2015)

Bongaarts, P.: Quantum Theory. A Mathematical Approach. Springer, Cham/Heidelberg/New York/Dordrecht/London (2015)

Dirac, P.A.M.: Lectures on Quantum Mechanics. Dover, Mineola (2001)

Grosser, M.: Geometric Theory of Generalized Functions with Applications to General Relativity. Kluwer Academic, Dordrecht/Boston (2001)

Lighthill, M.J.: Introduction to Fourier Analysis and Generalised Functions. Cambridge Monographs on Mechanics and Applied Mathematics. Cambridge University Press, Cambridge (1958)

Pauli, W.: Aufsätze und Vorträge über Physik und Erkenntnistheorie, vol. 28. Friedrich Vieweg und Sohn, Braunschweig (1961)

Reed, M., Simon, B.: Methods of Modern Mathematical Physics. Academic Press, San Diego (1980)

Rudin, W.: Functional Analysis, 2nd edn. McGraw-Hill, New York (1973)

Schwartz, L.: Théorie des Distributions, vol. I. II. Herrmann et Cie, Paris (1950)

von Neumann, J.: Mathematische Grundlagen der Quantenmechanik. Springer, Berlin (1932)

Ballentine, Leslie, E. Quantum Mechanics: A Modern Development, World Scientific Publishing (1998)

Wigner, E.P.: THe unreasonable effectiveness of mathematics in the natural sciences: Comm. Pure Appl. Math. **13**, 1–14 (1960)

Der lineare harmonische Oszillator

5

Inhaltsverzeichnis

Viele Situationen in den Naturwissenschaften führen in erster Näherung bei deren Modellierung auf den linearen harmonischen Oszillator (Schwingungen von Molekülen, Schwingungen von Festkörpern, Schwingungen des elektromagnetischen Feldes, Populationsmodelle in der Biologie). Dieses System ist für die Naturwissenschaften gewissermaßen das, was die *Drosophila melanogaster* als Modell-Organismus für die Biologie darstellt. Auch in der Quantenmechanik führt die Beschreibung vieler Probleme auf dieses Modellsystem. Deshalb wollen wir uns in diesem Kapitel mit der mathematischen Beschreibung des quantenmechanischen harmonischen Oszillators beschäftigen. Wir werden dabei zwei Lösungsstrategien kennenlernen.

Zunächst werden wir die Lösungen der stationären Schrödinger-Gleichung mit einer eleganten, rein algebraischen Methode aufsuchen, die nicht auf eine spezielle Darstellung (z. B. die Ortsdarstellung) zurückgreift. Dazu werden wir weitere Operatoren, sogen. Erzeugungs- und Vernichtungsoperatoren einführen, die nicht nur wegen ihrer Eleganz nützlich sind, sondern auch eine fundamentale Rolle bei der Weiterentwicklung der Quantenmechanik zu einer vollständig relativistischen Quantenfeldtheorie spielen, in der das Teilchen- und das Feldkonzept in einer einheitlichen mathematischen Schreibweise als physikalische Theorie formuliert werden. Eine Konsequenz daraus ist eine neue Interpretation des physikalischen Vakuums,

© Springer-Verlag GmbH Deutschland, ein Teil von Springer Nature 2022
M. O. Steinhauser, *Quantenmechanik für Naturwissenschaftler*,
https://doi.org/10.1007/978-3-662-62610-8_5

aus dem (also aus dem vermeintlichen „Nichts") heraus, Teilchen erzeugt – oder auch (durch Antiteilchen) vernichtet – werden können. Auch wenn wir diese fortgeschrittenen Methoden in diesem Buch nicht behandeln werden, ist es lehrreich, zu sehen, dass man das Problem des harmonischen Oszillators rein algebraisch lösen kann.

In einem zweiten Lösungsansatz werden wir dann gewissermaßen den historischen Weg beschreiten, indem wir die Eigenwertgleichung in der Ortsdarstellung aufschreiben und dann die entsprechende Differenzialgleichung lösen. Das ist auch der Weg, auf dem Schrödinger dieses Problem in der zweiten seiner berühmten Serie von Publikationen „Quantisierung als Eigenwertproblem" behandelt hat. Schrödinger hat wenig später in einer in mehrfacher Hinsicht bahnbrechenden Arbeit „Der stetige Übergang von der Mikro- zur Makromechanik", die er selbst aber nur als ein „ganz besonders einfaches Schulbeispiel" titulierte, aus den betrachteten stationären Zuständen des harmonischen Oszillators ein Wellenpaket konstruiert, dessen Bewegung mit der Bewegung eines klassischen Teilchens übereinstimmt (Schrödinger, 1926). Diese sogen. *kohärenten Zustände* spielten später eine besondere Rolle für die quantenmechanische Beschreibung des elektromagnetischen Feldes und führten zur Begründung eines neuen Forschungszweigs, nämlich der *Quantenoptik* durch Roy Glauber in den 1960er Jahren (Glauber, 1963). Glauber erhielt für seine Arbeiten im Jahr 2005 den Nobelpreis für Physik, zusammen mit John Hall und Theodor W. Hänsch, die vor allem experimentelle Beiträge zur Quantenoptik geliefert hatten.

Zunächst einmal werden wir im nächsten Abschnitt an die klassische Bewegungsgleichung des harmonischen Oszillators erinnern und danach das quantenmechanische Eigenwertproblem formulieren.

5.1   Die Bewegungsgleichungen

Eines der wichtigsten Modellsysteme in den Naturwissenschaften ist der harmonische Oszillator, siehe Abb. 5.1. Es ist das mathematische Modell eines schwingungsfähigen Systems, das einer charakteristischen Differenzialgleichung genügt.

Zur Erinnerung führen wir hier zunächst die klassischen Gleichungen an:

Abb. 5.1 Potenzialverlauf $V(x)$ des linearen, eindimensionalen harmonischen Oszillators

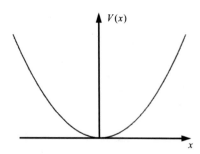

Die Gleichungen des klassischen harmonischen Oszillators.

$$m\ddot{x} + \lambda x = 0, \tag{5.1}$$

$$\ddot{x} + \omega^2 x = 0, \tag{5.2}$$

$$\lambda = m\omega^2. \tag{5.3}$$

Hamilton-Funktion:

$$H(x, p) = \frac{p^2}{2m} + \frac{m\omega^2 x^2}{2}, \tag{5.4}$$

$$p = m\dot{x}. \tag{5.5}$$

Die Hamilton'schen Gleichungen

$$F = \dot{p} = -\frac{\partial H}{\partial x} = \underbrace{-m\omega^2 x}_{-Dx}, \tag{5.6}$$

$$\dot{x} = \frac{\partial H}{\partial p} = \frac{p}{m} \tag{5.7}$$

sind mit der Newton'schen Bewegungsgleichung ($v = p/m$, $F = -Dx$, zum Beispiel für eine elastische Feder mit der Federkonstante D) identisch.

Quantenmechanisch lautet das Problem

$$i\hbar|\dot{\psi}\rangle = \hat{H}|\psi\rangle, \tag{5.8}$$

mit dem Hamilton-Operator

$$\hat{H} = \frac{\hat{p}^2}{2m} + \frac{m\omega^2}{2}\hat{x}^2 \tag{5.9}$$

und mit der Vertauschungsrelation

$$\left[\hat{p}, \hat{x}\right] = \hat{p}\hat{x} - \hat{x}\hat{p} = \frac{\hbar}{i}. \tag{5.10}$$

Die Lösungen der zeitabhängigen SchrödingerGleichung kann man aus den Lösungen der zeitunabhängigen Schrödinger-Gleichung

$$\hat{H}|\psi_n\rangle = E_n|\psi_n\rangle \tag{5.11}$$

bzw. nach der Dirac-Schreibweise $|\psi_n\rangle = |n\rangle$,

$$\hat{H}|n\rangle = E_n|n\rangle, \tag{5.12}$$

aufbauen. Die allgemeinste Lösung der zeitabhängigen Gleichung lautet dann:

$$|\psi(t)\rangle = \sum_n c_n e^{-\frac{i}{\hbar}E_n t}|n\rangle = \sum_n c_n e^{-i\omega_n t}|n\rangle. \tag{5.13}$$

Die Koeffizienten c_n bestimmen sich dabei aus dem Zustandsvektor zur Zeit $t = 0$:

$$c_n = \langle n|\psi(0)\rangle. \tag{5.14}$$

5.2   Algebraische Lösung der zeitunabhängigen Schrödinger-Gleichung

Das Problem besteht also darin, die Eigenwerte und Eigenvektoren der zeitunabhängigen Schrödinger-Gleichung, also der Eigenwertgleichung des Hamilton-Operators

$$\hat{H}|n\rangle = E_n|n\rangle \tag{5.15}$$

zu finden. Dies kann man so machen, dass man etwa zur Ortsdarstellung übergeht und diese Differenzialgleichung löst. Wir wollen hier jedoch zunächst nicht auf eine spezielle Darstellung eingehen, sondern die Lösungen dieser Eigenwertgleichung in einer darstellungsfreien Schreibweise suchen. Wir werden sehen, dass wir nur den Hamilton-Operator und die Vertauschungsrelation zwischen $\hat{p}$ und $\hat{x}$ in den Gl. (5.9) und (5.10) verwenden werden. Auf die Ortsdarstellung werden später in diesem Kapitel noch eingehen. Bei der allgemeinen Behandlung des harmonischen Oszillators zeigt es sich nun, dass man zweckmäßigerweise nicht mit Impuls- und Orts- operator rechnet, sondern geeignete Linearkombinationen derselben, die sogen. *Leiteroperatoren*, einführt:

Definition 5.1 (Leiteroperatoren)

Vernichtungsoperator: $\qquad b = \sqrt{\dfrac{m\omega}{2\hbar}}\left(\hat{x} + \dfrac{i}{m\omega}\hat{p}\right), \qquad$ (5.16a)

Erzeugungsoperator: $\qquad b^\dagger = \sqrt{\dfrac{m\omega}{2\hbar}}\left(\hat{x} - \dfrac{i}{m\omega}\hat{p}\right). \qquad$ (5.16b)

Die Bezeichnungsweise für die beiden neuen Operatoren b und $b^\dagger$ wird weiter unten klar werden, wenn wir sie auf ein Eigenwertproblem anwenden. Der Operator b ist *kein* Hermite'scher Operator. Orts- und Impulsoperator lassen sich durch b und $b^\dagger$ ausdrücken:

$$\hat{x} = \sqrt{\frac{\hbar}{2m\omega}}\left(b^\dagger + b\right), \tag{5.17a}$$

$$\hat{p} = \sqrt{\frac{\hbar m\omega}{2}}\mathrm{i}\left(b^\dagger - b\right). \tag{5.17b}$$

Der Faktor $\hbar$ im Nenner der Wurzel wurde in diesen Gleichungen hinzugefügt, damit die Vertauschungsregeln für die Operatoren b und $b^\dagger$ einfacher werden. Man erhält nämlich:

$$\begin{aligned}
bb^\dagger \pm b^\dagger b &= \frac{m\omega}{2\hbar}\left[\left(\hat{x} + \frac{\mathrm{i}}{m\omega}\hat{p}\right)\left(\hat{x} - \frac{\mathrm{i}}{m\omega}\hat{p}\right) \pm \left(\hat{x} - \frac{\mathrm{i}}{m\omega}\hat{p}\right)\left(\hat{x} + \frac{\mathrm{i}}{m\omega}\hat{p}\right)\right] \\
&= \frac{m\omega}{2\hbar}\left[\left(\hat{x}^2 + \frac{\mathrm{i}}{m\omega}(\hat{p}\hat{x} - \hat{x}\hat{p}) + \frac{1}{m^2\omega^2}\hat{p}^2\right)\right. \\
&\qquad\qquad \left.\pm \left(\hat{x}^2 - \frac{\mathrm{i}}{m\omega}(\hat{p}\hat{x} - \hat{x}\hat{p}) + \frac{1}{m^2\omega^2}\hat{p}^2\right)\right].
\end{aligned} \tag{5.18}$$

Wegen $\hat{p}\hat{x} - \hat{x}\hat{p} = \hbar/\mathrm{i}$ lauten die Vertauschungsregeln für die Erzeugungs- und die Vernichtungsoperatoren:

$$\left[b, b^\dagger\right]_- = \left[b, b^\dagger\right] = bb^\dagger - b^\dagger b = 1, \tag{5.19a}$$

$$\left[b, b^\dagger\right]_+ = bb^\dagger + b^\dagger b = \frac{m\omega}{\hbar}\hat{x}^2 + \frac{1}{\hbar m\omega}\hat{p}^2 = \frac{2\hat{H}}{\hbar\omega}. \tag{5.19b}$$

Hier ist Gleichung (a) der (gewöhnliche) Kommutator (mit Minuszeichen, das man meist weglässt), und Gleichung (b) stellt den Antikommutator (mit Pluszeichen) dar. Ich möchte an dieser Stelle – um Verwirrung vorzubeugen – den Leser daran erinnern, das wir bereits in Abschn. 4.5 vereinbart haben, unsere Notation von Operatoren zu vereinfachen, indem wir die Konvention fallen lassen, diese mit dem Symbol ^ zu kennzeichnen, sofern aus dem Zusammenhang deutlich ist, dass es sich um Operatoren handelt. Bei den oben eingeführten Leiteroperatoren haben wir vereinbarungsgemäß mit dieser Konvention bereits gebrochen. In Gl. (5.19b) erkennen wir, dass der Hamilton-Operator nun eine besonders einfache Form angenommen hat:

$$\boxed{\hat{H} = H = \hbar\omega\frac{bb^\dagger + b^\dagger b}{2} = \hbar\omega\left(b^\dagger b + \frac{1}{2}\right) = \hbar\omega\left(N + \frac{1}{2}\right).} \tag{5.20}$$

Durch unsere Operatortransformation ist die Lösung der zeitunabhängigen Schrödinger-Gleichung für den harmonischen Oszillator auf das Eigenwertproblem eines neuen Operators zurückgeführt, den man

Definition 5.2 (Besetzungszahloperator)

$$N = b^\dagger b = N^\dagger \qquad (5.21)$$

nennt. Das mathematische Problem besteht darin, die Eigenwerte und die Eigenvektoren des Operators N zu bestimmen.

5.2.1 Berechnung der Eigenwerte des Besetzungszahloperators N

Wir nehmen jetzt an, es gebe mindestens einen solchen Eigenvektor mit dem zunächst beliebig angenommenen Eigenwert λ:

$$N|\lambda\rangle = \lambda|\lambda\rangle. \qquad (5.22)$$

Wegen der Vertauschungsregeln für N, d. h.

$$[N, b] = Nb - bN = b^\dagger bb - bb^\dagger b = -b\underbrace{(bb^\dagger - b^\dagger b)}_{=1} = -b, \qquad (5.23)$$

$$[N, b^\dagger] = Nb^\dagger - b^\dagger N = b^\dagger bb^\dagger - b^\dagger b^\dagger b = b^\dagger\underbrace{(bb^\dagger - b^\dagger b)}_{=1} = b^\dagger, \qquad (5.24)$$

bzw. wegen

$$Nb = bN - b, \qquad (5.25a)$$
$$Nb^\dagger = b^\dagger N + b^\dagger \qquad (5.25b)$$

können wir weitere Eigenvektoren konstruieren:

$$Nb|\lambda\rangle = bN|\lambda\rangle - b|\lambda\rangle = (\lambda - 1)b|\lambda\rangle, \qquad (5.26a)$$
$$Nb^\dagger|\lambda\rangle = b^\dagger N|\lambda\rangle + b^\dagger|\lambda\rangle = (\lambda + 1)b^\dagger|\lambda\rangle. \qquad (5.26b)$$

Wir sehen also, dass der Eigenwert um 1 kleiner ist, wenn b auf den Eigenvektor wirkt, und dass der Eigenwert um 1 gößer ist, wenn $b^\dagger$ darauf wirkt. Ist $|\lambda\rangle$ ein Eigenvektor mit dem Eigenwert λ, so sind also auch $b|\lambda\rangle$ und $b^\dagger|\lambda\rangle$ Eigenvektoren zum Operator N mit den Eigenwerten $\lambda - 1$ bzw. $\lambda + 1$. Die neuen Eigenvektoren

$b|\lambda\rangle$ und $b^\dagger|\lambda\rangle$ sind nicht normiert. Ihre Norm ist positiv definit, falls λ normiert ist, d.h. falls gilt $\langle\lambda|\lambda\rangle = 1$. Negative Eigenwerte sind also nicht möglich:

$$\langle b\,\psi_\lambda|b\,\psi_\lambda\rangle = \langle\psi_\lambda|b^\dagger b\psi_\lambda\rangle = \langle\lambda|b^\dagger b|\lambda\rangle = \langle\lambda|N|\lambda\rangle = \lambda\langle\lambda|\lambda\rangle = \lambda \geq 0, \quad (5.27)$$

$$\langle b^\dagger\,\psi_\lambda|b^\dagger\,\psi_\lambda\rangle = \langle\lambda|bb^\dagger|\lambda\rangle = \langle\lambda|b^\dagger b + 1|\lambda\rangle = \lambda + 1 \geq 0. \quad (5.28)$$

Weil der Operator $b^\dagger$ einen um 1 höheren Eigenwert erzeugt, nennt man $b^\dagger$ einen *Erzeugungsoperator*. Da der Operator b einen um 1 niedrigeren Eigenwert erzeugt, nennt man in *Vernichtungsoperator*. Weil die Eigenwerte wie auf einer Leiter immer nur um eine Stufe noch oben oder nach unten klettern, nennt man beide Operatoren auch *Leiteroperatoren*. Über die möglichen Werte von λ haben wir bis jetzt noch keine Aussagen gemacht.

Mit Hilfe eines Widerspruchsbeweises werden wir nun sehen, dass für λ nur die positiven ganzen Zahlen und die Null in Frage kommen: Durch mehrmaliges Anwenden von b auf $|\lambda\rangle$ mit $\lambda > 0$ können wir einen Eigenwert α erzeugen, der zwischen 1 und 0 liegt (denn allgemein kann ein Eigenwert eine reelle Zahl sein):

$$0 \leq \alpha \leq 1. \quad (5.29)$$

Weil die Norm $\{b|\alpha+1\rangle\} = \alpha + 1$ lautet, ist dieser Eigenvektor sicher normierbar, falls $|\alpha+1\rangle$ es war, usw.

Fallunterscheidung

- $0 < \alpha < 1$
  Anwendung von b auf $|\alpha\rangle$ ist sicher möglich, da nach Gl.(5.27) die Norm von $b|\alpha\rangle$ positiv ist. Der zugehörige Eigenwert ist aber nach Gl.(5.26a) $\alpha - 1 < 0$, also negativ, im Widerspruch zu Gl.(5.27), d.h. zu $\langle b\psi_{\alpha-1}|b\psi_{\alpha-1}\rangle = \langle\alpha - 1|b^\dagger b|\alpha - 1\rangle = \alpha - 1 > 0$. Dieser Fall ist also auszuschließen.
- $\alpha = 0$
  Da $b|0\rangle = 0$ (also der Nullvektor) ist, gibt es hier keinen Widerspruch zu Gl.(5.26a). Die Zahl 0 ist also der kleinste Eigenwert des Besetzungszahloperators.

Die Eigenwerte des Operators N sind also durch die Zahlen

$$0, 1, 2, 3, \ldots \quad (5.30)$$

gegeben. Alle Eigenwerte von N sind damit bestimmt worden, ohne dass eine Differenzialgleichung zu lösen ist – dies hätte man in der Ortsdarstellung tun müssen. Aus dem Grundzustand $|0\rangle$ mit $N|0\rangle = 0$ ist, kann man alle Eigenzustände durch wiederholtes Anwenden des Erzeugungsoperators $b^\dagger$ erzeugen. Der Grundzustand $|0\rangle$ heißt auch *Vakuumzustand* und darf nicht mit dem *Nullvektor* $|0\rangle$ verwechselt werden! Er ist im Gegensatz zu diesem auf 1 normiert:

$$\langle 0|0\rangle = 1. \quad (5.31)$$

Berücksichtigen wir Gl. (5.28), so sehen wir, dass die normierten Eigenvektoren von N mit dem Eigenwert n folgendermaßen gegeben sind:

$$|1\rangle = b^\dagger |0\rangle \qquad\qquad = \frac{1}{\sqrt{1}}(b^\dagger)^1 |0\rangle,$$

$$|2\rangle = \frac{1}{\sqrt{2}} b^\dagger |1\rangle \qquad\qquad = \frac{1}{\sqrt{2\cdot 1}}(b^\dagger)^2 |0\rangle,$$

$$|3\rangle = \frac{1}{\sqrt{3}} b^\dagger |2\rangle \qquad\qquad = \frac{1}{\sqrt{3\cdot 2\cdot 1}}(b^\dagger)^3 |0\rangle,$$

$$\vdots = \vdots \qquad\qquad = \vdots$$

$$|n\rangle = \frac{1}{\sqrt{n}} b^\dagger |n-1\rangle \qquad\qquad = \frac{1}{\sqrt{n!}}(b^\dagger)^n |0\rangle.$$

Analog gilt nach n-facher Anwendung des Vernichtungsoperators auf den Eigenzustand $|n\rangle$:

$$|0\rangle = \frac{1}{\sqrt{n!}}(b)^n |n\rangle. \tag{5.32}$$

Ferner gilt

$$b|0\rangle = 0, \qquad \langle n|m\rangle = \delta_{nm}. \tag{5.33}$$

Mit diesen Eigenvektoren kann man viele Erwartungswerte ausrechnen, ohne auf eine spezielle Darstellung einzugehen.

Beispiel 5.1 (Berechnung der Matrixelemente des Ortsoperators)

$$(x)_{nm} = \int\limits_{-\infty}^{\infty} \psi_n^*(x)\, x\, \psi_m(x)\, \mathrm{d}^3 x = \langle n|x|m\rangle = \sqrt{\frac{\hbar}{2m\omega}}\, \langle n|(b^\dagger + b)|m\rangle$$

Wegen der oben abgeleiteten Rekursionsformel gilt

$$b^\dagger |m\rangle = \sqrt{m+1}\, |m+1\rangle,$$

$$\langle n|b = \langle b^\dagger \psi_n| = \sqrt{n+1}\, \langle n+1|.$$

Ferner ist

$$\langle n|b^\dagger|m\rangle = \sqrt{m+1}\, \delta_{n,m+1},$$

$$\langle n|b|m\rangle = \sqrt{n+1}\, \delta_{n+1,m} = \sqrt{m}\, \delta_{n,m-1}.$$

Damit erhalten wir

$$(x)_{nm} = \sqrt{\frac{\hbar}{2m\omega}}\left(\sqrt{m+1}\, \delta_{n,m+1} + \sqrt{m}\, \delta_{n,m-1}\right).$$

∎

5.2.2 Das Spektrum des harmonischen Oszillators

Nach Gl. (5.20) sind die Eigenzustände des Hamilton-Operators H des harmonischen Oszillators mit denen des Besetzungszahloperators N identisch. Die Eigenwertgleichung lässt sich deshalb wie folgt schreiben:

$$H|n\rangle = E_n|n\rangle, \tag{5.34}$$

$$E_n = \hbar\omega\left(n + \frac{1}{2}\right). \tag{5.35}$$

Das Spektrum des linearen harmonischen Oszillators ist demnach diskret und nicht entartet mit Energiewerten, die äquidistant im Abstand $\hbar\omega$ liegen. Bei Frequenzen des in alltäglichen Situationen ist $\hbar\omega$ nur eine sehr kleine Energie, so dass die Energiequantelung in klassischen Systemen von makroskopischer Dimension (Feder, Pendel, …) nicht weiter auffällt. Klassisch nimmt der Oszillator seine niedrigste Energie im Zustand der Ruhe an ($E = 0$, $p = 0$, $x = x_0$) an, aber quantenmechanisch tritt eine von null verschiedene *Nullpunktsenergie* auf:

Definition 5.3 (Nullpunktsenergie)

$$E_0 = \frac{1}{2}\hbar\omega. \tag{5.36}$$

Die Quantelung eines schwingungsfähigen Systems wurde von Max Planck für seine Oszillatoren der Hohlraumstrahlung postuliert, wie wir in Kap. 1 besprochen haben, siehe Gl. (2.97). Planck selbst wusste bei der Ableitung seines Gesetzes noch nichts von der Nullpunktsenergie. Man kann Gl. (5.34) anschaulich so verstehen, als ob sich die Schwingung des Oszillators im Zustand $|n\rangle$ aus insgesamt n Schwingungsquanten zusammensetzt, wobei jedes die Energie $\hbar\omega$ mitbringt. Der Hamilton-Operator H beschreibt also gewissermaßen ein System aus nicht unterscheidbaren Schwingungsquanten gleicher Energie $\hbar\omega$, deren Zahl n sich ändern kann. Der Eigenzustand $|n\rangle$ von H ist dann eindeutig durch die Zahl der vorhandenen Schwingungsquanten charakterisiert. Damit wird auch die Bezeichnung Besetzungszahloperator für N verständlich. Der Operator N fragt ab, wie viele Quanten den Oszillatorzustand $|n\rangle$ besetzen. Die Anwendung von $b^\dagger$ bzw. von b auf den Zustand $|n\rangle$ erzeugt bzw. vernichtet dann jeweils ein Schwingungsquant. Im Eigenzustand $|n\rangle$ ist die Energie des oszillierenden Teilchens eine scharf definierte Größe. Dagegen sind Ort und Impuls unbestimmt. Man kennt nur ihre Erwartungswerte, die sich recht einfach mit Gl. (5.17a) und (5.17b) berechnen lassen:

$$\langle n|\hat{x}|n\rangle = \sqrt{\frac{\hbar}{2m\omega}}\left(\langle n|b|n\rangle + \langle n|b^\dagger|n\rangle\right) = 0, \qquad (5.37)$$

$$\langle n|\hat{p}|n\rangle = \mathrm{i}\sqrt{\frac{\hbar}{2m\omega}}\left(\langle n|b|n\rangle - \langle n|b^\dagger|n\rangle\right) = 0. \qquad (5.38)$$

Der Lernende möge sich davon überzeugen, dass beide Erwartungswerte null sind, aufgrund von Gl. (5.31) (Normierung des Vakuumzustands) und wegen der Gl. (5.26a) sowie (5.26b) (Konstruktion von Eigenvektoren durch Leiteroperatoren),

$$b^\dagger|n\rangle = \sqrt{n+1}|n+1\rangle, \qquad (5.39)$$

$$b|n\rangle = \sqrt{n}|n-1\rangle, \qquad (5.40)$$

die wir oben bereits diskutiert haben. Die Erwartungswerte des Ortes und des Impulses sind also null, d. h. beide liegen im Ursprung. Dies ist klassisch auch für das Potenzial des harmonischen Oszillators zu erwarten, da es symmetrisch bezüglich des Ursprungs ist, vgl. Abb. 5.1. Das Teilchen kann sich nicht aus dem im Ursprung lokalisierten Potenzialtopf heraus bewegen, und der Impuls kann im Mittel weder positive noch negative Werte annehmen. Orte und Impulse sind jedoch in einem Eigenzustand $|n\rangle$ der Energie bzw. des Besetzungszahloperators nicht beliebig scharf messbar, wie wir im folgenden Beispiel zeigen werden.

Beispiel 5.2 (Unschärferelation für den harmonischen Oszillator)
Interessant sind noch die mittleren quadratischen Schwankungen um die Erwartungswerte von Ort und Impuls. Diese ergeben sich mit Berücksichtigung der Orthonormalität der Zustände $|n\rangle$ als:

$$(\Delta x)_n^2 = \langle n|\hat{x}^2|n\rangle - \langle n|\hat{x}|n\rangle^2 = \langle n|\hat{x}^2|n\rangle = \frac{\hbar}{2m\omega}\langle n|b^2 + bb^\dagger + b^\dagger b + b^{\dagger 2}|n\rangle$$

$$= \frac{\hbar}{2m\omega}\left(\sqrt{(n+1)(n+2)}\langle n|n+2\rangle + \langle n|(2N+1)|n\rangle + \sqrt{n(n-1)}\langle n|n-2\rangle\right)$$

$$= \frac{\hbar}{2m\omega}\langle n|2N+1|n\rangle = \frac{\hbar}{m\omega}\left(n+\frac{1}{2}\right) \underset{\underset{\text{Gl. (5.35)}}{\uparrow}}{=} \frac{E_n}{m\omega^2}. \qquad (5.41)$$

sowie

$$(\Delta p)_n^2 = \langle n|\hat{p}^2|n\rangle - \langle n|\hat{p}|n\rangle^2 = \langle n|\hat{p}^2|n\rangle = -\frac{1}{2}\hbar m\omega\,\langle n|b^2 - bb^\dagger - b^\dagger b + b^{\dagger 2}|n\rangle$$

$$= -\frac{\hbar m\omega}{2}\left(\sqrt{(n+1)(n+2)}\langle n|n+2\rangle - \langle n|(2N+1)|n\rangle + \sqrt{n(n-1)}\langle n|n-2\rangle\right)$$

$$= \frac{\hbar m\omega}{2}\langle n|2N+1|n\rangle = \frac{\hbar m\omega}{2}(2n+1) = \hbar m\omega(n+\frac{1}{2}) \underset{\underset{\text{Gl. (5.35)}}{\uparrow}}{=} m\,E_n. \qquad (5.42)$$

Dies ergibt insgesamt die Unschärferelation:

$$(\Delta x)_n{}^2 (\Delta p)_n{}^2 = \frac{E_n^2}{\omega^2} = \hbar^2 \left(n + \frac{1}{2}\right)^2 = \frac{\hbar^2}{4}(2n+1)^2 \geq \frac{\hbar^2}{4}. \qquad (5.43)$$

Wir erkennen hieran auch, dass die Heisenberg'sche Unschärferelation für den Grundzustand $n = 0$ gerade die untere Grenze annimmt. ■

Das Unschärfeprodukt ist für den Grundzustand minimal, allerdings nicht null. Dies entspricht dem Auftreten der Nullpunktsenergie in Gl. (5.36), die den Eindruck vermittelt, dass der Oszillator im Grundzustand nicht etwa ruht, was in der Tat dem Unschärfeprinzip widersprechen würde, sondern eine Nullpunktsschwingung durchführt. Die Existenz der Nullpunktsunschärfe beim harmonischen Oszillator dokumentiert sehr nachdrücklich die Objektivität solcher Unschärfen, die nicht – wie manchmal fälschlicherweise angenommen wird – auf Störungen durch eine Messapparatur zurückzuführen sind.

Beispiel 5.3 (Wahrscheinlichkeitsverteilung $w(x)$ des Ortsoperators $\hat{x}$)
Nach Gl. (4.280) gilt für den Zusammenhang zwischen der Wahrscheinlichkeitsverteilung $w(x)$ und der charakteristischen Funktion $F(\alpha)$:

$$w(x) = \frac{1}{2\pi} \int\limits_{-\infty}^{\infty} e^{-ix\alpha} F(\alpha) \, d\alpha.$$

Damit lautet die charakteristische Funktion für den Erwartungswert von $e^{i\alpha\hat{x}}$ im Grundzustand:

$$F(\alpha) = \langle 0 | e^{i\alpha\hat{x}} | 0 \rangle = \langle 0 | \exp\left[i\alpha\sqrt{\frac{\hbar}{2m\omega}}(b^\dagger + b)\right] | 0 \rangle.$$

Wegen der Rechenregeln für Exponentialoperatoren (s. Kap. 4)

$$e^{A+B} = e^A e^B e^{-C/2}, \quad \text{mit } C = [AB - BA], \quad [C, A] = [C, B] = 0,$$

und wegen $b^\dagger b - b b^\dagger = -1$ sowie $(i\beta b^\dagger \, i\beta b - i\beta b \, i\beta b^\dagger)/2 = \frac{-\beta^2 [b, b^\dagger]}{2} = -\beta^2/2$ gilt:

$$e^{i\beta(b^\dagger + b)} = e^{i\beta b^\dagger} e^{i\beta b} e^{\beta(b^\dagger b - b b^\dagger)/2} = e^{i\beta b^\dagger} e^{i\beta b} e^{-\beta^2/2}.$$

Für $\beta = \alpha\sqrt{\hbar/2m\omega}$ folgt:

$$F(\alpha) = e^{-\beta/2} \underbrace{\langle 0 | e^{i\beta b^\dagger}}_{= \langle 0 |} \overbrace{e^{i\beta b} | 0 \rangle}^{= |0\rangle} = \langle 0 | 0 \rangle \, e^{i\beta^2/2} = e^{-\alpha^2 \hbar/(4m\omega)}.$$

Wir erhalten also ein Gauß-Integral (siehe Anhang D.4) zur Berechnung der Wahrscheinlichkeitsdichte, das wir – wie üblich – durch eine quadratische Ergänzung im Exponenten umformen. Es ist

$$\left(-\frac{\hbar}{4m\omega}\alpha^2 - \mathrm{i}\alpha x \right) = -\left[\frac{1}{2}\sqrt{\hbar/(m\omega)}\alpha + \mathrm{i}\sqrt{m\omega/\hbar}x \right]^2 - \frac{m\omega}{\hbar}x^2.$$

Damit ergibt sich schließlich für die Wahrscheinlichkeitsdichte, also die Verteilungsfunktion im Grundzustand:

$$w(x) = \frac{1}{2\pi}\int\limits_{-\infty}^{\infty} \exp\left(-\frac{\alpha^2\hbar}{4m\omega} - \mathrm{i}x\alpha \right) \mathrm{d}\alpha = \sqrt{\frac{m\omega}{\pi\hbar}}\exp(m\omega x/\hbar). \qquad (5.44)$$

■

5.3 Der harmonische Oszillator in der Ortsdarstellung

Wir kommen nun zu der Behandlung des harmonischen Oszillators in der Ortsdarstellung. Der Hamilton-Operator hierfür lautet:

$$\hat{H} = \frac{\vec{p}^{\,2}}{2m} + \frac{m\omega^2}{2}\hat{x}^2 = -\frac{\hbar^2}{2m}\frac{\mathrm{d}^2}{\mathrm{d}x^2} + \frac{m\omega^2}{2}x^2. \qquad (5.45)$$

Mit der Abkürzung

$$\alpha = \sqrt{m\omega/\hbar}$$

ergibt sich für die Eigenwertgleichung $\hat{H}\psi_n = E_n\psi_n$:

$$\left(-\frac{1}{2}\frac{1}{\alpha^2}\frac{\mathrm{d}^2}{\mathrm{d}x^2} + \frac{1}{2}\alpha^2 x^2 \right)\psi_n = \frac{E_n}{\hbar\omega}\psi_n. \qquad (5.46)$$

Aus dem Erzeugungs- und dem Vernichtungsoperator wird

$$b = \frac{1}{\sqrt{2}}\left(\alpha x + \frac{1}{\alpha}\frac{\mathrm{d}}{\mathrm{d}x} \right), \qquad (5.47)$$

$$b^\dagger = \frac{1}{\sqrt{2}}\left(\alpha x - \frac{1}{\alpha}\frac{\mathrm{d}}{\mathrm{d}x} \right). \qquad (5.48)$$

Den Grundzustand erhält man am einfachsten aus

$$b|0\rangle, \quad \text{d. h. aus} \quad \left(\alpha x + \frac{1}{\alpha}\frac{\mathrm{d}}{\mathrm{d}x} \right)\psi_0(x) = 0. \qquad (5.49)$$

Hierbei handelt es sich um eine homogene Standard-Differenzialgleichung (Standard-DGL) 1. Ordnung vom Typ $y'(x) = a(x) \cdot y(x)$, der sehr häufig auftritt, siehe Mathematischer Exkurs 5.1. Ihre Lösung ist eine Exponentialfunktion:

$$\psi_0(x) = C e^{-\alpha^2 x^2/2} \qquad (5.50)$$

bzw., nach der Normierung für die Konstante C, die wir als Aufgabe 5.5.1 durchführen:

$$\psi_0(x) = \frac{\sqrt{\alpha}}{\sqrt[4]{\pi}} e^{-\alpha^2 x^2/2}. \qquad (5.51)$$

Mathematischer Exkurs 5.1 (Lösung einer linearen DGL 1. Ordn.)
Das inhomogene Anfangswertproblem

$$y'(x) = a(x)\, y(x) + b(x), \qquad y(x_0) = y_0, \qquad x, x_0 \in I \subset \mathbb{R}, \qquad (5.52)$$

wobei $a : I \longmapsto \mathbb{R}$ und $b : I \longmapsto \mathbb{R}$ stetig sind, hat eine eindeutige Lösung auf dem Intervall I. Die Lösung $y : I \longmapsto \mathbb{R}$ ist stetig differenzierbar und wird durch **Variation der Konstanten** bestimmt. Zur allgemeinen Lösung wählt man einen Lösungsansatz, der sich aus der Lösung für die homogene Differenzialgleichung ergibt, allerdings nicht mit einem konstanten Faktor y_0, sondern mit einer Funktion $\alpha(x)$ als Multiplikator:

$$y(x) = \alpha(x) \exp\left(\int_{x_0}^{x} dt\, a(t)\right), \qquad \text{mit } \alpha(x_0) = y_0, \qquad (5.53)$$

wobei wir annehmen, dass $\alpha(x)$ stetig differenzierbar auf I ist Zunächst aber zur Konstruktion der Lösung des homogenen Problems (d. h. wenn $b(x) = 0$ ist): In diesem Fall haben wir das Problem

$$y'(x) = a(x)\, y(x), \qquad y(x_0) = y_0, \qquad x, x_0 \in I \subset \mathbb{R}, \qquad (5.54)$$

zu lösen. Zur Konstruktion der Lösung benennen wir für den Moment die unabhängige Variable x in t um und können, zunächst unter der Annahme $y(t) \neq 0$ folgende Umformung vornehmen und beide Seiten der Gleichung integrieren:

$$a(t) = \frac{y'(t)}{y(t)} \quad \Longrightarrow \quad \int_{x_0}^{x} dt\, \frac{y'(t)}{y(t)} = \int_{x_0}^{x} dt\, a(t). \qquad (5.55)$$

Das Integral auf der linken Seite ergibt

$$\int\limits_{x_0}^{x} dt\, \frac{y'(t)}{y(t)} = \int\limits_{x_0}^{x} d\, (\ln y(t)) = \ln y(x) - \ln y_0 = \ln \frac{y(x)}{y_0}. \qquad (5.56)$$

Exponentieren von Gl. (5.55) unter Berücksichtigung von Gl. (5.56) ergibt als **Lösung des homogenen Problems**:

$$y(x) = y_0 \exp\left(\int\limits_{x_0}^{x} dt\, a(t)\right). \qquad (5.57)$$

Wir kehren jetzt zur Lösung des inhomogenen Problems in Gl. (5.53) zurück. Dazu schreiben wir das Ergebnis der Integration im Exponenten formal als $A(x)$ und differenzieren dann Gl. (5.53):

$$y' = \alpha' e^A + \alpha A' e^A. \qquad (5.58)$$

Einsetzen dieses Ergebnisses in die ursprüngliche DGL (5.52) ergibt eine DGL für α', nämlich

$$\alpha' e^A + \alpha A' e^A = \alpha A' e^A + b \quad \Longrightarrow \quad \alpha'(x) = b(x) e^{-A(x)} \qquad (5.59)$$

mit der Lösung

$$\alpha(x) = y_0 + \int\limits_{x_0}^{x} ds\, b(s) e^{-A(s)}. \qquad (5.60)$$

Damit lautet die gesuchte Lösung von Gl. (5.52):

$$y(x) = y_0\, e^{A(x)} + \int\limits_{x_0}^{x} ds\, b(s)\, e^{[A(x)-A(s)]}, \quad \text{mit} \quad A(x) = \int\limits_{x_0}^{x} dt\, a(t). \qquad (5.61)$$

Es handelt sich also um eine normierte Gauß-Funktion, siehe Anhang D.4. Die anderen Eigenfunktionen erhält man durch wiederholte Anwendung von $b^\dagger$. Wegen

$$b^\dagger f(x) = \frac{1}{\sqrt{2}}\left(\alpha x - \frac{d}{d(\alpha x)}\right) f(x) = -\frac{1}{\sqrt{2}} e^{\alpha^2 x^2/2} \frac{d}{d(\alpha x)}\left(e^{\alpha^2 x^2/2} f(x)\right)$$
$$(5.62)$$

und wegen

$$|n\rangle = \frac{(b^\dagger)^n}{\sqrt{n!}}|0\rangle \tag{5.63}$$

gilt

$$\psi_n(x) = \frac{\sqrt{\alpha}(-1)^n}{\sqrt{n!}\,2^n\sqrt{\pi}}e^{-\alpha^2 x^2/2}\left(\frac{d}{d(\alpha x)}\right)^n e^{-\alpha^2 x^2/2}. \tag{5.64}$$

Mit Hilfe der Definition der *Hermite'schen Polynome* $H_n(x)$, also von:

Definition 5.4 (Die Hermite'schen Polynome)

$$H_n(x) = (-1)^n e^{x^2}\left(\frac{d}{dx}\right)^n e^{-x^2}, \tag{5.65}$$

---

kann man auch schreiben:

$$\psi_n(x) = \sqrt{\frac{\alpha}{n!\,2^n\sqrt{n}}}H_n(\alpha x)e^{-\alpha^2 x^2/2}, \qquad \alpha = \sqrt{m\omega/\hbar}. \tag{5.66}$$

Die Hermite'schen Polynome sind die Koeffizienten der Taylor-Reihe

$$\sum_{n=0}^{\infty}\frac{H_n(x)}{n!}t^n = e^{2xt-t^2}, \qquad H_n(x) = \frac{2^n e^{x^2}}{i^n\sqrt{\pi}}\int_{\infty}^{\infty}t^n e^{-t^2+2txi}\,dt, \tag{5.67}$$

und sind durch die Orthogonalitätsrelation

$$\int_{-\infty}^{\infty}dx\;e^{-x^2}H_n(x)H_m(x) = \delta_{nm}\sqrt{\pi}\,2^n n! \tag{5.68}$$

bestimmt. Das entspricht dem Skalarprodukt

$$\langle f|g\rangle = \int_{-\infty}^{\infty}dx\;e^{-x^2}f^*(x)g(x). \tag{5.69}$$

Die Hermite'schen Polynome sind Lösungen der Hermite'schen Differenzialgleichung,

---

Definition 5.5 (Die Hermite'sche Differenzialgleichung)

$$\frac{\mathrm{d}}{\mathrm{d}x}\left(\mathrm{e}^{-x^2}\frac{\mathrm{d}}{\mathrm{d}x}y(x)\right) + 2n\,\mathrm{e}^{-x^2}y(x) = 0, \tag{5.70}$$

die auch als

$$y''(x) - 2xy'(x) + 2ny(x) = 0 \tag{5.71}$$

geschrieben werden kann.

Die ersten Hermite'schen Polynome lauten

$$H_0(x) = 1, \tag{5.72}$$
$$H_1(x) = 2x, \tag{5.73}$$
$$H_2(x) = 4x^2 - 2, \tag{5.74}$$
$$H_3(x) = 8x^3 - 12x, \tag{5.75}$$
$$H_4(x) = 16x^4 - 48x^2 + 12, \tag{5.76}$$
$$H_5(x) = 32x^5 - 160x^3 + 120x, \tag{5.77}$$
$$H_6(x) = 64x^6 - 480x^4 + 720x^2 - 120. \tag{5.78}$$

Sie sind also abwechselnd gerade und ungerade Funktionen, siehe Abb. 5.2.

Die Vollständigkeitsrelation

$$\sum_n \psi_n(x)\psi_n(x') = \delta(x - x') \tag{5.79}$$

lässt sich explizit nachweisen. Ausgehend von Gl. (5.66) schreiben wir

$$u_n(x) = \frac{1}{\sqrt{n!\,2^n\sqrt{n}}}\mathrm{e}^{-x^2/2}H_n(x) \tag{5.80}$$

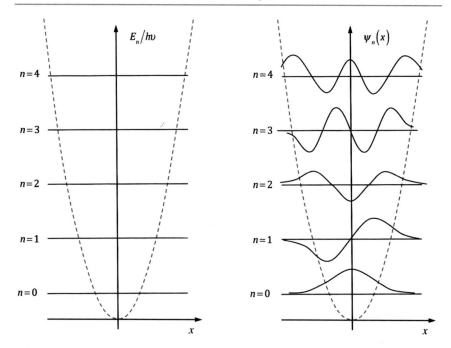

Abb. 5.2 Links: Schematische Darstellung der Energiestufen des harmonischen Oszillators für den Grundzustand und für die ersten vier angeregten Zustände. Rechts die jeweiligen Eigenfunktionen $\psi_n(x) \propto H_n(x)$

und bilden das Skalarprodukt der Funktionen $u_n(x)$:

$$\sum_{n=0}^{\infty} u_n(x) u_n(x') = \sum_{n=0}^{\infty} \frac{e^{-(x^2 + x'^2)} H_n(x) H_n(x')}{n! \, 2^n \sqrt{\pi}} \tag{5.81}$$

$$= \sum_{n=0}^{\infty} \frac{e^{-(x^2 + x'^2)} H_n(x)}{\sqrt{\pi} n!} \frac{e^{x'}}{\sqrt{\pi}} \int_{-\infty}^{\infty} \left(\frac{t}{i}\right)^n e^{-t^2 + 2tx'i} \, dt \tag{5.82}$$

$$= \frac{e^{(x'^2 - x^2)/2}}{\pi} \int_{-\infty}^{\infty} \sum_{-\infty}^{\infty} \frac{H_n(x)}{n!} \left(\frac{t}{i}\right)^n e^{-t^2 + 2tx'i} dt. \tag{5.83}$$

Wegen

$$\sum_{n=0}^{\infty} \frac{H_n(x) \, t^n}{n!} \frac{t^n}{i} = e^{2xt/i - (t/i)^2} = e^{-2xti + t^2} \tag{5.84}$$

folgt

$$\sum_{n=0}^{\infty} u_n(x)u_n(x') = \frac{e^{(x'^2-x^2)/2}}{\pi} \int_{-\infty}^{\infty} e^{-i2t(x-x')} \frac{dt \cdot 2}{2} = e^{(x'^2-x^2)/2} \delta(x-x')$$

(5.85)

und damit

$$\sum_{n=0}^{\infty} u_n(x)u_n(x') = \delta(x-x').$$

(5.86)

Beispiel 5.4 (Kohärente Zustände des harmonischen Oszillators)
Für die stationären Lösungen $|n\rangle$ gilt nach Gl. (5.37) für den Erwartungswert $\langle x \rangle = 0$.
Das bedeutet, in diesen stationären Zuständen führt der harmonische Oszillator einzeln keine Oszillation aus. Sie haben daher insbesondere nichts mit der klassischen Oszillationsbewegung gemeinsam. Wir wollen in diesem Beispiel Lösungen der zeitabhängigen Schrödinger-Gleichung bestimmen, die eine periodische Oszillation darstellen, d. h. Zustände, in denen der Erwartungswert des Ortes nicht verschwindet, sondern bzgl. der Zeitabhängigkeit mit der klassischen Oszillationsbewegung im harmonischen Potenzial übereinstimmt. Anschaulich gesprochen, handelt es sich bei diesen Zuständen um lokalisierte Wellenpakete, die sich im harmonischen Potenzial wie ein klassisches Teilchen verhalten (daher auch die manchmal verwendete Bezeichnung „quasi-klassischer Zustand"). Trifft ein solches Wellenpaket auf die Potenzialränder, so wird es reflektiert und zurücklaufen. Effektiv führt es dann eine Schwingung im Potenzial aus. Mathematisch entsprechen diese Zustände den sogen. *kohärenten* Zuständen.

Um solche Zustände zu finden, gehen wir am einfachsten von den Eigenzuständen $|n\rangle$ des Vernichtungsoperators $b^\dagger$ aus. In der Ortsdarstellung können wir diese Eigenzustände als $\varphi_n(x)$ schreiben. Zunächst einmal gilt:

$$b^\dagger \psi_\alpha(x) = \alpha \psi_\alpha(x), \quad \text{mit} \quad \alpha \in \mathbb{C}.$$

(5.87)

Wir entwickeln nun die Zustände $\psi_\alpha(x)$ nach den stationären Zuständen $\varphi_n(x)$. Damit erhalten wir

$$\psi_\alpha(x) = \sum_{n=0}^{\infty} c_n \varphi_n(x),$$

(5.88)

wobei für die Entwicklungskoeffizienten c_n mit den obigen Eigenschaften der zueinander adjungierten Leiteroperatoren folgt:

$$c_n = \int_{-\infty}^{\infty} \varphi_n(x)\,\psi_\alpha(x)\,\mathrm{d}x = \int_{-\infty}^{\infty} \frac{1}{\sqrt{n!}} \left(b^\dagger\right)^n \varphi_0(x)\,\psi_\alpha(x)\,\mathrm{d}x$$

$$= \int_{-\infty}^{\infty} \frac{1}{\sqrt{n!}} \varphi_0(x)\, b^n \psi_\alpha(x)\,\mathrm{d}x = \frac{\alpha^n}{\sqrt{n!}} \underbrace{\int_{-\infty}^{\infty} \varphi_0(x)\psi_\alpha(x)\,\mathrm{d}x}_{=\,C}$$

und daher:

$$\psi_\alpha(x) = C \sum_{n=0}^{\infty} \frac{\alpha^n}{\sqrt{n!}} \varphi_n(x). \tag{5.89}$$

Die Konstante C ergibt sich aus der Normierungsbedingung

$$1 = \int_{-\infty}^{\infty} \psi_\alpha^*\,\psi_\alpha(x)\,\mathrm{d}x = C^2 \sum_{n=0}^{\infty} \frac{|\alpha|^{2n}}{n!} = C^2\,\mathrm{e}^{|\alpha|^2}. \tag{5.90}$$

Damit erhalten wir

$$C = \mathrm{e}^{-|\alpha|^2/2}. \tag{5.91}$$

Einsetzen der Normierungskonstante in Gl. (5.89) liefert für die Zustände:

$$\psi_\alpha(x) = \mathrm{e}^{-|\alpha|^2/2} \sum_{n=0}^{\infty} \frac{\alpha^n}{\sqrt{n!}} \varphi_n(x). \tag{5.92}$$

Die zeitabhängigen Zustände $\psi_\alpha(x,t)$ erhalten wir durch die Zeitentwicklung der stationären Zustände $\varphi_n(x)$:

$$\psi_\alpha(x,t) = \mathrm{e}^{-|\alpha|^2/2} \sum_{n=0}^{\infty} \frac{\alpha^n}{\sqrt{n!}} \varphi_n(x)\,\mathrm{e}^{-\mathrm{i}E_n t/\hbar}. \tag{5.93}$$

Mit $E_n = \hbar\omega(n + 1/2)$ ergibt sich

$$\psi_\alpha(x,t) = \mathrm{e}^{-|\alpha|^2/2} \sum_{n=0}^{\infty} \frac{(\alpha\,\mathrm{e}^{-\mathrm{i}\omega t})^n}{\sqrt{n!}} \varphi_n(x)\,\mathrm{e}^{-\mathrm{i}\omega t/2}. \tag{5.94}$$

Die Zustände $\psi_\alpha(x,t)$ werden *kohärente Zustände* genannt und sind Lösungen der zeitabhängigen Schrödinger-Gleichung. Für den Erwartungswert $\langle x \rangle$ ergibt sich mit dem Phasenfaktor $\alpha = |\alpha|\,\mathrm{e}^{\mathrm{i}\delta}$:

$$\langle x \rangle = \int\limits_{-\infty}^{\infty} \psi_\alpha(x,t)\, x\, \psi_\alpha(x,t)\, \mathrm{d}x = \frac{x_0}{\sqrt{2}} \int\limits_{-\infty}^{\infty} \psi_\alpha(x,t)\, (b + b^\dagger)\psi_\alpha(x,t)\, \mathrm{d}x$$

$$= \frac{x_0}{\sqrt{2}}\left(\alpha\, e^{-\mathrm{i}\omega t} + \alpha\, e^{\mathrm{i}\omega t}\right) = \frac{x_0}{\sqrt{2}}\,|\alpha|\left(e^{-\mathrm{i}(\omega t - \delta)} + e^{\mathrm{i}(\omega t - \delta)}\right)$$

$$= \sqrt{2}\, x_0 |\alpha|\, \cos(\omega t - \delta).$$

Das bedeutet, der Erwartungswert des Ortes führt eine periodische Oszillation aus. Wir haben also mit den kohärenten Zuständen solche Zustände des harmonischen Oszillators gefunden, in denen der Erwartungswert des Ortes dieselbe Zeitabhängigkeit wie die klassische Schwingung zeigt. ■

Wichtig sind solche Zustände wie in Gl. (5.94) bei der Beschreibung von kohärenter Strahlung, da man zeigen kann, dass sich das aus Photonen bestehende Lichtfeld auf harmonische Oszillatoren (einer für jede Mode des Feldes) zurückführen lässt. Ein dem quasi-klassischen Zustand ähnlicher Zustand wird z. B. erzeugt, wenn man ein zweiatomiges Molekül (z. B. Wasserstoff H_2) mit Hilfe von Femtosekunden-Lasern anregt.

5.3.1 Klassische und quantenmechanische Aufenthaltswahrscheinlichkeit

Wir sehen in Abb. 5.3, dass sich die geraden und die ungeraden Eigenfunktionen beim harmonischen Oszillator jeweils ablösen. Hierbei führen jeweils der Ort und die Geschwindigkeit eines Teilchens eine Schwingung um die Gleichgewichtslage durch, wobei gilt:

$$x = a \cos \omega t, \tag{5.95}$$

$$v = -a \sin \omega t = \pm a\omega \sqrt{1 - (\cos \omega t)^2} \underset{\substack{\uparrow \\ \text{Gl. (5.96)}}}{=} \pm a\omega \sqrt{1 - (x/a)^2}, \tag{5.96}$$

Als klassische Aufenthaltswahrscheinlichkeit $w_{\text{klass}}(x)\,\mathrm{d}x$, das Teilchen im Intervall $[x, x + \mathrm{d}x]$ anzutreffen, erhält man:

$$w_{\text{klass}}(x)\,\mathrm{d}x = \frac{\mathrm{d}t}{T/2}, \tag{5.97}$$

wobei $\mathrm{d}t$ die Aufenthaltsdauer in $\mathrm{d}x$ und $T = 2\pi/\omega$ die Periodendauer ist. Mit den Gl. (5.95) und (5.96) erhalten wir für $\mathrm{d}x$ den Ausdruck

$$\mathrm{d}x = a\omega \sqrt{1 - (x/a)^2}\, \mathrm{d}t. \qquad (5.98)$$

Zusammen mit $T/2 = 1/2 \cdot \frac{2\pi}{\omega} = \frac{\pi}{\omega}$ ergibt sich also

$$w_{\mathrm{klass}}(x)\, \mathrm{d}x = \frac{1}{\pi a} \frac{1}{\sqrt{1 - \left(x/a\right)^2}} = \frac{1}{\pi a\, v(x)}, \qquad (5.99)$$

wobei $\int\limits_{-a}^{a} w_{\mathrm{klass}}(x)\, \mathrm{d}x = 1$ ist. Klassisch dürfte das Teilchen also überhaupt nicht außerhalb des Potenzials anzutreffen sein.

Doch quantenmechanisch befindet sich das Teilchen auch mit einer gewissen Wahrscheinlichkeit $W \approx 16\,\%$ außerhalb des durch die Parabel eingeschlossenen Gebiets. Diese Wahrscheinlichkeit lässt sich berechnen durch

$$W = \frac{\displaystyle\int\limits_{-\infty}^{-a} w(x)\, \mathrm{d}x + \int\limits_{a}^{\infty} w(x)\, \mathrm{d}x}{\underbrace{\displaystyle\int\limits_{-\infty}^{\infty} w(x)\, \mathrm{d}x}_{=1}}, \qquad (5.100)$$

wenn man für $w(x)$ beispielsweise $w(x) = |\psi_1(x)|^2$ einsetzt. Die quantenmechanische Aufenthaltswahrscheinlichkeitsdichte $w_{\mathrm{qm}}(x)$ wurde bereits in Beispiel 5.1 für den Grundzustand berechnet. Sie folgt natürlich auch aus der entsprechenden Berechnung mit Hilfe der Eigenfunktionsdarstellung, Gl. (5.66). In Abb. 5.3 ist $w_{\mathrm{qm}}(x)$ für die Quantenzahlen $n = 5$ und $n = 20$ zusammen mit der entsprechenden klassischen Verteilung der Aufenthaltswahrscheinlichkeit $w_{\mathrm{klass}}(x)$ dargestellt. Die klassische Verteilung $w_{\mathrm{klass}}(x)$ nimmt zu den Umkehrpunkten hin $x = \pm a$ monoton zu, da sie umgekehrt proportional zur Geschwindigkeit ist. Die quantenmechanische Verteilung der Aufenthaltswahrscheinlichkeit $w_{\mathrm{qm}}(x)$ oszilliert dagegen, wobei die Höhe der Maxima zu den klassischen Umkehrpunkten hin zunimmt. Quantenmechanisch existiert zusätzlich eine endliche Wahrscheinlichkeit, das Teilchen bei Amplituden größer als an den klassischen Umkehrpunkten $x = \pm a$ anzutreffen. Für sehr hohe Quantenzahlen nähert sich die quantenmechanische der klassischen Aufenthaltswahrscheinlichkeit an. Die Oszillationen werden immer schwächer, und die Wahrscheinlichkeit, das Teilchen bei Amplituden größer als an den klassischen Umkehrpunkten $x = \pm a$ anzutreffen, sinkt.

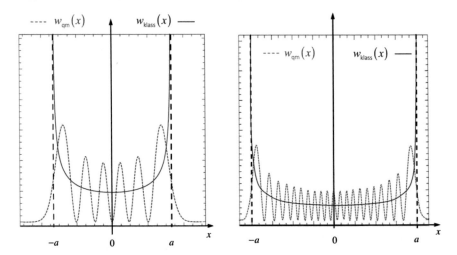

Abb. 5.3 Klassische und quantenmechanische Aufenthaltswahrscheinlichkeit beim harmonischen Oszillator für die Quantenzahlen $n = 5$ und $n = 20$. Für alle geradzahligen angeregten Zustände besteht jeweils ein Maximum bei $x = 0$. In der Mittelung ergibt sich für angeregte Zustände das klassische Verhalten

5.4   Zusammenfassung der Lernziele

- Für die darstellungsfreie Berechnung des harmonischen Oszillators führt man die Leiteroperatoren b und $b^\dagger$ als Linearkombination von Orts- und Impuls-operator ein:

$$\text{Vernichtungsoperator}: \qquad b = \sqrt{\frac{m\omega}{2\hbar}}\left(\hat{x} + \frac{\mathrm{i}}{m\omega}\hat{p}\right),$$

$$\text{Erzeugungsoperator}: \qquad b^\dagger = \sqrt{\frac{m\omega}{2\hbar}}\left(\hat{x} - \frac{\mathrm{i}}{m\omega}\hat{p}\right).$$

- Der Hamilton-Operator des harmonischen Oszillators lautet dann:

$$H = \hbar\omega\left(b^\dagger b + \frac{1}{2}\right) = \hbar\omega\left(N + \frac{1}{2}\right),$$

- mit den Eigenwerten

$$E_n = \hbar\omega\left(n + \frac{1}{2}\right)$$

- und dem Besetzungszahloperator

$$N = b^\dagger b = N^\dagger.$$

- Ferner gilt:

$$N|n\rangle = n|n\rangle,$$
$$\langle n|n\rangle = \delta_{nm},$$
$$b|0\rangle = 0,$$
$$\langle 0|0\rangle = 1.$$

- n-maliges Anwenden des Erzeugungsoperators auf den Vakuumzustand $|0\rangle$ bzw. des Vernichtungsoperators auf den Zustand $|n\rangle$ ergibt

$$|n\rangle = \frac{1}{\sqrt{n!}}(b^{\dagger})^n|0\rangle,$$
$$|0\rangle = \frac{1}{\sqrt{n!}}(b)^n|n\rangle.$$

- Das Spektrum des harmonischen Oszillators:

$$H|n\rangle = E_n|n\rangle,$$
$$E_n = \hbar\omega\left(n + \frac{1}{2}\right).$$

- Nullpunktsenergie:

$$E_0 = \frac{1}{2}\hbar\omega.$$

- Eigenfunktionen des harmonischen Oszillators in der Ortsdarstellung:

$$\psi_n(x) = \sqrt{\frac{\alpha}{n!\,2^n\sqrt{n}}}\,H_n(\alpha x)e^{-\alpha^2 x^2/2}, \qquad \alpha = \sqrt{m\omega/\hbar}.$$

- Kohärente Zustände:

$$\psi_\alpha(x,t) = e^{-|\alpha|^2/2}\sum_{n=0}^{\infty}\frac{(\alpha\,e^{-i\omega t})^n}{\sqrt{n!}}\varphi_n(x)\,e^{-i\omega t/2}.$$

Übungsaufgaben

Harmonischer Oszillator

Aufgabe 5.5.1 Berechnen Sie die Normierungskonstante C der folgenden Funktion in Gl. (5.50):

$$\psi_0(x) = C\mathrm{e}^{-\alpha^2 x^2/2}.$$

Aufgabe 5.5.2 Zeigen Sie, dass

$$\varphi(q) = \alpha(2q^2 - 1)\,\mathrm{e}^{-\frac{q^2}{2}}, \quad q = x\sqrt{\frac{m\omega}{\hbar}},$$

eine Eigenfunktion des linearen harmonischen Oszillators ist und geben Sie den zugehörigen Energieeigenwert an.

Lösung
Der Hamilton-Operator lautet:

$$H = -\frac{\hbar^2}{2m}\frac{\mathrm{d}^2}{\mathrm{d}x^2} + \frac{m\omega^2}{2}x^2.$$

Es ist ferner

$$\frac{\mathrm{d}^2}{\mathrm{d}x^2} = \frac{m\omega}{\hbar}\frac{\mathrm{d}^2}{\mathrm{d}q^2} \quad \Longrightarrow \quad H = \frac{1}{2}\hbar\omega\left(\frac{\mathrm{d}^2}{\mathrm{d}q^2} + q^2\right),$$

$$\frac{\mathrm{d}}{\mathrm{d}q}\varphi(q) = \alpha(4q - 2q^3 + q)\,\mathrm{e}^{-\frac{q^2}{2}},$$

$$\frac{\mathrm{d}^2}{\mathrm{d}q^2}\varphi(q) = \alpha(5 - 6q^2 - 5q^2 + 2q^4)\,\mathrm{e}^{-\frac{q^2}{2}}.$$

Daraus folgt:

$$-\left(\frac{\mathrm{d}^2}{\mathrm{d}q^2} + q^2\right)\varphi(q) = \alpha(-5 + 11q^2 - 2q^4 + 2q^4 - q^2)\,\mathrm{e}^{-\frac{q^2}{2}}$$

$$= 5\alpha(2q^2 - 1)\,\mathrm{e}^{-\frac{q^2}{2}} = 5\varphi(q)$$

sowie

$$H\varphi(q) = \frac{5}{2}\hbar\omega\varphi(q).$$

$\varphi(q)$ ist also Eigenfunktion zum Eigenwert $(5/2)\hbar\omega$.

Aufgabe 5.5.3 Zeigen Sie, dass die Funktionen

$$\psi_0 = N_0 \, e^{-\alpha x^2}$$

und

$$\psi_1 = N_1 x \, e^{-\alpha x^2}$$

mit $\alpha = \frac{1}{2\hbar} \sqrt{m \cdot k}$ Eigenfunktionen des Operators $\hat{H}$ eines harmonischen Oszillators

$$\hat{H} = -\frac{\hbar^2}{2m} \frac{\mathrm{d}^2}{\mathrm{d}x^2} + \frac{k}{2} x^2$$

sind. Bestimmen Sie außerdem die Energieeigenwerte E_0 und E_1.

Lösung
Einsetzen der ersten Funktion ψ_0 in die Eigenwertgleichung $E\psi = \hat{H}\psi$ zeigt, dass $\hat{H}$ die Funktion mit dem Energieeigenwert E_0 reproduziert. Für diesen ergibt sich nach der Substitution $\alpha = \frac{1}{2\hbar} \sqrt{m\,k}$:

$$E_0 = \frac{\hbar}{2m} \sqrt{mk} + x^2 \left(\frac{k}{2} - \frac{k}{2} \right).$$

Dies wird mit $\omega_0 = \sqrt{k/m}$ zu

$$E_0 = \frac{\hbar \omega_0}{2},$$

und für die Funktion ψ_1 erhalten wir entsprechend

$$E_1 = \frac{3\hbar \omega_0}{2}.$$

Aufgabe 5.5.4 Betrachten Sie den harmonischen Oszillator mit der Lagrange-Funktion

$$L(x, \dot{x}) = \frac{1}{2} m \dot{x}^2 - \frac{1}{2} k x^2.$$

a) Berechnen Sie den kanonischen Impuls p_x und die Hamilton-Funktion $H(p_x, x)$. Wie lauten die kanonischen Bewegungsgleichungen?

b) Wählen Sie nun als neue generalisierte Koordinate $q = x - v_o t$ mit konstantem v_0. Stellen Sie die Lagrange-Funktion $L(q, \dot{q})$ auf und leiten Sie daraus die Hamilton-Funktion $H(q, p)$ her. Wie lauten jetzt die Bewegungsgleichungen?

c) Zeigen Sie, dass die Bewegungsgleichungen invariant unter der Wahl der generalisierten Koordinate sind (d. h. zeigen Sie, daß die Bewegungsgleichungen in a)
aus den Bewegungsgleichungen in b) folgen, wenn man q und p durch x und p_x
ausdrückt.)

Prüfungsfragen

Wenn Sie Kap. 5 aufmerksam durchgearbeitet haben, sollten Sie in der Lage sein,
die folgenden Prüfungsfragen zu beantworten.

Frage 5.6.1 Durch welche physikalischen Größen und durch welche Gleichungen
ist ein klassischer harmonischer Oszillator charakterisiert?

Frage 5.6.2 Wie lautet der Hamilton-Operator des harmonischen Oszillators?

Frage 5.6.3 Warum muss der Hamilton-Operator des harmonischen Oszillators ein
diskretes, nicht-entartetes Spektrum aufweisen?

Frage 5.6.4 Sind der Erzeugungs- und der Vernichtungsoperator b und $b^\dagger$ vertauschbar? Wenn nicht, welche Kommutatorrelation erfüllen sie?

Frage 5.6.5 Welche Zusammenhänge bestehen zwischen Ort x und Impuls p des
harmonischen Oszillators sowie zwischen b und $b^\dagger$?

Frage 5.6.6 Wie lässt sich der Hamilton-Operator des harmonischen Oszillators
durch den Besetzungszahloperator ausdrücken?

Frage 5.6.7 Zeigen Sie, warum $N = b^\dagger b$ reelle Eigenwerte hat?

Frage 5.6.8 Was können Sie über die Eigenwerte von N aussagen?

Frage 5.6.9 Warum sind mit $|n\rangle$ auch $b|n\rangle$ und $b^\dagger|n\rangle$ Eigenzustände zu N? Zu
welchen Eigenwerten gehören sie?

Frage 5.6.10 Was ist der kleinste Eigenwert von $|n\rangle$?

Frage 5.6.11 Wie hängt der Eigenzustand $|n\rangle$ mit dem Vakuumzustand $|0\rangle$ zusam-
men?

Frage 5.6.12 Was versteht man unter der Nullpunktsenergie des harmonischen
Oszillators?

Frage 5.6.13 Wie kann man anschaulich die Begriffe Besetzungszahl-, Erzeugungs-
und Vernichtungs-Operator deuten?

Frage 5.6.14 Geben Sie die Erwartungswerte von Ort und Impuls des harmonischen
Oszillators im Eigenzustand $|n\rangle$ an.

Frage 5.6.15 Wie lautet das Unschärfeprodukt $\Delta x \, \Delta p$, wenn sich der harmonische
Oszillator im Zustand $|n\rangle$ befindet?

Frage 5.6.16 Welche einfache Differenzialgleichung muss die Grundzustandswellenfunktion $\varphi_0(x)$ erfüllen?

Frage 5.6.17 Wie kann man über die Grundzustandswellenfunktion $\varphi_0(x)$ die anderen Eigenfunktionen $\varphi_n(x)$ mit $n \geq 0$ des harmonischen Oszillators gewinnen?

Frage 5.6.18 Was kann über die Parität der Eigenfunktionen $\varphi_n(x)$ ausgesagt werden?

Frage 5.6.19 Durch welchen Lösungsansatz lässt sich das Problem des dreidimensionalen harmonischen Oszillators auf das des linearen Oszillators zurückführen?

Frage 5.6.20 Was können Sie über die Entartungsgrade der Eigenwerte des isotropen dreidimensionalen harmonischen Oszillators sagen?

Frage 5.6.21 Skizzieren Sie jeweils die klassische und die quantenmechanische Aufenthaltswahrscheinlichkeit des harmonischen Oszillators für $n = 0, 1, 2$ und 3.

Weiterführende Literatur

Glauber, R.J.: Coherent and Incoherent States of the Radiation Field. Physical Review **131**, 2766–2788 (1963)

Schrödinger, E.: Der stetige Übergang von der Mikro- zur Makromechanik. Die Naturwissenschaften **14**, 664–666 (1926)

Quantenmechanische Beschreibung der Bewegung im Zentralfeld

6

Inhaltsverzeichnis

Unter der Bewegung im Zentralfeld versteht man eine Bewegung, bei der das Potenzial nur vom Betrag des Abstands vom Ursprung abhängt, das Potenzial also *kugelsymmetrisch* und damit eindimensional ist. Die klassische Hamilton-Funktion und der quantenmechanische Hamilton-Operator lauten also:

$$H = \frac{\vec{p}^{\,2}}{2\,m} + V(r), \qquad r = \sqrt{x^2 + y^2 + z^2} = |\vec{x}|, \tag{6.1}$$

$$\hat{H} = \frac{\hat{\vec{p}}^{\,2}}{2\,m} + V(|\hat{\vec{x}}|). \tag{6.2}$$

Ergänzende Information Die elektronische Version dieses Kapitels enthält Zusatzmaterial, auf das über folgenden Link zugegriffen werden kann
https://doi.org/10.1007/978-3-662-62610-8_6.

In der Ortsdarstellung ist

$$\hat{H} = -\frac{\hbar^2}{2\,m}\Delta + V(r). \tag{6.3}$$

Das Problem, das wir lösen müssen, ist das Eigenwertproblem der Schrödinger-Gleichung mit dem Hamilton-Operator aus Gl. (6.3). Wir wir schon in Kap. 3 gesehen haben, ist die Schrödinger-Gleichung (als partielle Differenzialgleichung) im Allgemeinen fast nie analytisch lösbar. Für eindimensionale Problemstellungen geht sie dagegen in eine gewöhnliche Differentialgleichung über, die mathematisch wesentlich einfacher zu behandeln ist und die wir in Kap. 3 in der Tat für einige einfache Modellsysteme in einer Dimension exakt lösen konnten. Eine bisweilen erfolgreiche Lösungsmethode zielt deshalb darauf ab, komplizierte mehrdimensionale Schrödinger-Gleichungen durch geschickte Wahl der Variablen in mehrere unabhängige, gewöhnliche Differentialgleichungen zu zerlegen. Das ist der uns schon bekannte Separationsansatz. Natürlich lassen sich nicht alle Probleme separieren. Es gelingt allerdings insbesondere bei Teilchenbewegungen in einem *Zentralpotenzial*. Darunter versteht man ein sphärisch symmetrisches Potenzial wie in Gl. (6.1) bis (6.3), in dem die potentielle Energie eines Teilchens nur von dessen Abstand r von einem fest vorgegebenen Kraftzentrum abhängt und nicht von der speziellen Richtung des Ortsvektors $\vec{x}$, falls der Koordinatenursprung mit dem Kraftzentrum zusammenfällt.

Für die Entwicklung und den Aufbau der Quantenmechanik hat die Theorie des Wasserstoffatoms aufgrund seiner Kugelsymmetrie eine ganz entscheidende Rolle gespielt. Wir sind darauf in unserer induktiven Einführung in die Quantenmechanik in Kap. 2 sehr detailliert eingegangen. Die experimentellen Aussagen z. B. über die diskreten, stationären Energieniveaus, die in der Rydberg-Formel (2.27) für die Spektralserien beim H-Atom ihren überprüfbaren Niederschlag fanden, standen zu Beginn des 19. Jahrhunderts in eklatantem Widerspruch zum klassischen Verständnis der Physik. Das Hauptanliegen der Forschung in der vor-quantenmechanischen Zeit bestand deshalb tatsächlich darin, eine neue Theorie zu entwickeln, mit der sich insbesondere die Eigenschaften des einfachsten Atoms, des Wasserstoffatoms verstehen und begründen ließen.

Das H-Atom besteht aus einem Elektron und einem einfach positiv geladenen Kern (Proton), deren Wechselwirkung dem Coulomb-Gesetz der Elektrostatik folgt. Betrachtet man den etwa 2000-mal schwereren Kern als ruhende Punktladung, so bewegt sich das Elektron in einem ZentralPotenzial ($V(r) \sim 1/r$). Mit dem Spezialfall der Lösung dieses *Wasserstoffproblems* beschäftigen wir uns in Abschn. 6.5, nachdem wir uns zunächst mit der sogen. *Drehimpulsalgebra* vertraut gemacht haben. Eine Diskussion des in der Chemie gebräuchlichen *Atom- und Molekülorbitalmodells* und der *Eigenschaften des Spins* runden dieses Kapitel ab.

6.1 Physikalisch wichtige Fälle bei kugelsymmetrischem Potenzial

In diesem Abschnitt möchten wir uns zunächst einmal einen Überblick verschaffen, in welchen physikalischen Situationen kugelsymmetrische Potenziale auftreten.

1. H-Atom (Proton in Ruhe):

$$V(r) = -\frac{e^2}{4\pi\varepsilon_0 r}. \tag{6.4}$$

2. Einfach ionisiertes He-Atom, (He^+, $Z = 2$) oder zweifach ionisiertes Li-Atom, Li^{2+}, ($Z = 3$):

$$V(r) = -\frac{Ze^2}{4\pi\epsilon_0 r} \tag{6.5}$$

3. Dreidimensionaler harmonischer Oszillator:

$$V(r) = \frac{m}{2}\omega^2 r^2. \tag{6.6}$$

Wegen $V(r) = V(x) + V(y) + V(z)$ kann dieser Fall auch anders, nämlich eindimensional behandelt werden. In diesem Fall gilt

$$\psi(\vec{x}) = \psi(x)\psi(y)\psi(z).$$

Der Hamilton-Operator ist additiv:

$$\hat{H} = \hat{H}_x + \hat{H}_y + \hat{H}_z,$$

und die Energiewerte zum tiefsten Zustand E_0 werden einfach für jede Komponente addiert:

$$E_0 = \hbar\omega\,(1/2 + 1/2 + 1/2) = (3/2)\,\hbar\omega.$$

Die Eigenfunktion ist dann das Produkt

$$\psi_{000}(x) = \left(\frac{\sqrt{\alpha}}{\sqrt[4]{\pi}}\right)^3 e^{-\alpha^2 \overbrace{(x^2 + y^2 + z^2)}^{=r^2}}.$$

4. Dreidimensionaler Potenzialtopf (Tröpfchenmodell bei Kernkräften):

$$V(r) = \begin{cases} -V_0, & r \le r_0, \\ 0, & r > r_0. \end{cases} \tag{6.7}$$

5. Dreidimensionales Kastenpotenzial mit unendlich hohen Wänden:

$$V(r) = \begin{cases} 0, & r \leq r_0, \\ \infty, & r > r_0. \end{cases} \tag{6.8}$$

6. Abgeschirmtes Coulomb-Potenzial (Yukawa-Potenzial in der Kernphysik):

$$V(r) = -C\frac{e^{-\kappa r}}{r}. \tag{6.9}$$

7. Freies Teilchen:

$$V(r) = 0. \tag{6.10}$$

6.2 Die klassische Bewegung im zentralsymmetrischen Potenzial

Aus der Bewegungsgleichung

$$m\ddot{\vec{x}} = \vec{F} = -\frac{dV}{dr}\frac{\vec{x}}{r} \tag{6.11}$$

folgt, dass der Drehimpuls

$$\vec{L} = \vec{x} \times \vec{p} = \vec{x} \times (m\dot{\vec{x}}) \tag{6.12}$$

eine Konstante der Bewegung ist (Drehimpulssatz). Deshalb ist es nützlich, die kinetische Energie wie folgt aufzuspalten:

$$2mE_{\text{kin}} = \vec{p}^2 = p_r^2 + \frac{1}{r^2}\vec{L}^2, \tag{6.13}$$

wobei der radiale Anteil des Drehimpulses durch

$$p_r = \frac{\vec{x}\,\vec{p}}{r} = \vec{p}\,\vec{e}_r \tag{6.14}$$

gegeben ist. Damit gilt

$$\frac{\vec{L}^2}{r^2} = \frac{(\vec{x} \times \vec{p})^2}{r^2} \underset{\vec{x}\perp\vec{p}}{=} \frac{\vec{x}^2}{r^2}\cdot\vec{p}^2 - \left(\frac{\vec{x}\,\vec{p}}{r}\right)^2 = \vec{p}^2 - p_r^2. \tag{6.15}$$

Die Bewegung $r(t)$ kann man nun aus dem eindimensionalen Problem

$$H = \frac{m\dot{r}^2}{2} + \frac{1}{2mr^2}\vec{L}^2 + V(r) = \frac{p_r^2}{2m} + V_{\text{eff}}(r) = E = \text{const.}, \qquad \vec{L} = \text{const.}, \tag{6.16}$$

leicht ausrechnen. Man sieht, dass sich die Gesamtenergie im Zentralpotenzial zusammensetzt aus radialer kinetischer Energie, Rotationsenergie und potenzieller Energie. Diese Behandlung ist analog zur Behandlung der Planetenbewegung (das Kepler-Problem) in der klassischen Mechanik.

6.3 Quantenmechanische Behandlung der Bewegung im Zentralpotenzial

Wir wollen die Eigenvektoren und Eigenwerte der zeitunabhängigen Schrödinger-Gleichung

$$\hat{H}|\psi_n\rangle = E_n|\psi_n\rangle \qquad (6.17)$$

mit dem Hamilton-Operator

$$\hat{H} = \frac{\hat{\vec{p}}^2}{2m} + V(|\hat{\vec{x}}|) = -\frac{\hbar^2}{2m}\Delta + V(r) \qquad (6.18)$$

in der Ortsdarstellung ermitteln. Ein Weg besteht darin, dass man sofort zur Ortsdarstellung übergeht, den Laplace-Operator in Kugelkoordinaten niederschreibt und die dann entstandene Differenzialgleichung durch einen Separationsansatz löst. Wir wollen hier aber etwas anders vorgehen. Wir zeigen zunächst, dass der Hamilton-Operator und das Quadrat des Drehimpulsoperators vertauschen; es existieren dann also gemeinsame Eigenfunktionen zu $\hat{H}$ und zu $\hat{\vec{L}}^2$. Dann suchen wir eine zur klassischen Gleichung $\vec{p}^2 = p_r^2 + \frac{1}{r^2}\vec{L}^2$ analoge Aufspaltung. Da die Eigenvektoren zu $\hat{H}$ auch Eigenvektoren zu $\hat{\vec{L}}^2$ sind, bleibt dann nur noch eine eindimensionale Schrödinger-Gleichung für die Bewegung der radialen Komponente in einem effektiven Potenzial übrig. Um diese Gleichung explizit zu lösen, brauchen wir noch die Eigenwerte von $\hat{\vec{L}}^2$. Haben wir die Eigenwerte von $\hat{\vec{L}}^2$ bestimmt, dann werden wir für das H-Atom die eindimensionale Schrödinger-Gleichung lösen. Unser Vorgehen sieht also so aus:

1. Beweis der Vertauschbarkeit von $\hat{\vec{L}}^2$ und $\hat{H}$.
2. Quantenmechanische Aufspaltung von $\hat{\vec{p}}^2$.
3. Aufstellen einer eindimensionalen Schrödinger-Gleichung für die r-Komponente (hier kommen die Eigenwerte von $\hat{\vec{L}}^2$ vor).
4. Aufsuchen der Eigenwerte und Eigenvektoren von $\hat{\vec{L}}^2$.
5. Lösen der Schrödinger-Gleichung für die r-Komponente.

6.3.1   Beweis der Vertauschbarkeit von $\hat{\vec{L}}^2$ und $\hat{H}$ im zentralsymmetrischen Feld

Der Drehimpulsoperator $\hat{\vec{L}}^2$ ist definiert durch

$$\hat{\vec{L}} = \hat{\vec{x}} \times \hat{\vec{p}} = -\hat{\vec{p}} \times \hat{\vec{x}} \qquad \text{bzw.} \tag{6.19}$$

$$\hat{L}_i = \epsilon_{ijk}\hat{x}_j\hat{p}_k = \epsilon_{ijk}\hat{p}_k\hat{x}_j = -\epsilon_{ikj}\hat{p}_k\hat{x}_j. \tag{6.20}$$

In Gl. (6.20) haben wir nur die i-te Komponente von $\vec{L}$ betrachtet und verwenden den sogen. ϵ- oder *Index-Kalkül*, der das vollständig antisymmetrische *Levi-Civita-Symbol* $\epsilon_{i,j,k,...,n}$ verwendet. Das Symbol hat den Wert $+1$ für jede *gerade* Permutation der Zahlen $i, j, k, ..., n$ und den Wert -1 für jede *ungerade* Permutation dieser Zahlen. In *drei* Dimensionen hat das Symbol drei Indizes, die Werte von 1 bis 3 annehmen können. Mit dieser Indexschreibweise lassen sich Vektorprodukte der Form $\vec{A} = \vec{B} \times \vec{C}$ in Komponenten darstellen, so z. B. für die i-te Komponente: $A_i = (\vec{B} \times \vec{C})_i = \sum_{j,k=1}^{3} \epsilon_{ijk}B_jC_k = \epsilon_{ijk}B_jC_k$, wobei in der letzten Umformung die Einstein'sche Summationskonvention angewendet wurde: Über doppelt vorkommende Indizes wird summiert. Wir behandeln dieses sehr wichtige Symbol, das zur eleganten Berechnung von Kreuzprodukten in Komponenten- oder Indexschreibweise verwendet werden kann, im Exkurs 6.1. In Gl. (6.21) zeigen wir zunächst die Definition des Vektorprodukts und diskutieren seine Eigenschaften.

Definition 6.1 (Vektorprodukt)

Im $\mathbb{R}^3$ kann man zu je zwei Vektoren einen dritten, zu diesen beiden orthogonalen, Vektor bestimmen. Dies macht das *Vektorprodukt*, das noch weitere interessante geometrische Eigenschaften hat. Sei $\mathcal{B} = \{\vec{e}_1, \vec{e}_2, \vec{e}_3\}$ eine rechtshändige Orthonormalbasis des $\mathbb{R}^3$ (zeigen der Daumen der rechten Hand in Richtung von $\vec{e}_1$ und der Zeigefinger in Richtung von $\vec{e}_2$, dann zeigt der Mittelfinger in Richtung von $\vec{e}_3$). Ferner seien x und y Vektoren im $\mathbb{R}^3$, deren Koordinaten bezüglich $\mathcal{B}$ gegeben sind durch $\vec{x} = (x_1, x_2, x_3)^T$ bzw. $\vec{y} = (y_1, y_2, y_3)^T$. Unter dem *Vektorprodukt* $x \times y$ versteht man dann den Vektor

$$\vec{x} \times \vec{y} = \begin{pmatrix} x_2y_3 - x_3y_2 \\ x_3y_1 - x_1y_3 \\ x_1y_2 - x_2y_1 \end{pmatrix}. \tag{6.21}$$

Das Vektorprodukt (also die Abbildung $\mathbb{R}^3 \times \mathbb{R}^3$, $(\vec{x}, \vec{y}) \mapsto \vec{x} \times \vec{y}$) ist *bilinear*, d. h.:

$$(\lambda\vec{x}_1 + \mu\vec{x}_2) \times \vec{y}_1 = \lambda(\vec{x}_1 \times \vec{y}_1) + \mu(\vec{x}_2 \times \vec{y}_1), \tag{6.22}$$

$$\vec{x}_1 \times (\lambda\vec{y}_1 + \mu\vec{y}_2) = \lambda(\vec{x}_1 \times \vec{y}_1) + \mu(\vec{x}_1 \times \vec{y}_2). \tag{6.23}$$

Es ist auch *antisymmetrisch*, d. h. es ist $\vec{x} \times \vec{y} = -\vec{y} \times \vec{x}$. Häufig wird dieses Produkt als *äußeres Produkt* bezeichnet (im Gegensatz zum Skalarprodukt, das ein *inneres Produkt* ist).

Wegen des Vektorprodukts dürfen wir in Gl. (6.20) $\hat{p}$ und $\hat{x}$ vertauschen, und der Kommutator lautet:

$$\hat{p}_j \hat{x}_i - \hat{x}_i \hat{p}_j = \frac{\hbar}{i} \delta_{ij}. \tag{6.24}$$

Die Operatorzeichen werden wir von jetzt an zur Vereinfachung der Notation wieder weglassen und nur verwenden, wenn wir den Operatorcharakter einer Größe besonders betonen wollen. Es sollte stets aus dem Zusammenhang klar sein, ob ein Operator oder eine gewöhnliche Variable gemeint ist.

Wir beweisen zunächst: Die i-te Komponente des Drehimpulses vertauscht mit $r^2 = \vec{x}^2$. Dazu verwenden wir wieder das Levi-Civita-Symbol.

Beweis 6.1

$$
\begin{aligned}
\left[L_i, \vec{x}^2 \right] &= L_i x_l x_l - x_l x_l L_i \\
&= \epsilon_{ijk} \left(x_j p_k x_l x_l - x_l x_l x_j p_k \right) \\
&= \epsilon_{ijk} \left(x_j \left(x_l p_k + \frac{\hbar}{i} \delta_{kl} \right) x_l - x_l x_l x_j p_k \right) \\
&= \epsilon_{ijk} \left(x_j x_l p_k x_l + \frac{\hbar}{i} x_j x_k - x_l x_l x_j p_k \right) \\
&= \epsilon_{ijk} \left(x_j x_l \left(x_l p_k + \frac{\hbar}{i} \delta_{kl} \right) + \frac{\hbar}{i} x_j x_k - x_l x_l x_j p_k \right) \\
&= \epsilon_{ijk} \left(x_j x_l x_l p_k + 2 \frac{\hbar}{i} x_j x_k - x_l x_l x_j p_k \right) \\
&= 0,
\end{aligned}
\tag{6.25}
$$

$\square$

weil $\epsilon_{ijk} x_j x_k = 0$ ist, wegen $x_j \perp x_k$. Vertauscht ein Operator A mit einem Operator B, so vertauscht er auch mit jeder Potenz und mit jeder Funktion desselben, so dass gilt:

$$[A, B] = 0 \quad \Rightarrow \quad \left[A, B^n \right] = 0 \quad \Rightarrow \quad [A, f(B)] = 0. \tag{6.26}$$

Deshalb ist

$$\left[L_i, g(r^2) \right] = [L_i, f(r)] = 0. \tag{6.27}$$

Der Drehimpulsoperator ist also mit jeder Funktion des Betrags des Ortsoperators vertauschbar, insbesondere also auch mit einem kugelsymmetrischen Potenzial $V(r)$ (welches in diesem Fall im Hamilton-Operator steht).

Analog zeigt man, dass L_i mit $\hat{\vec{p}}^2$ vertauschbar ist. Ich empfehle dem Lernenden, zur Übung diesen Beweis vor dem Weiterlesen einmal selbst auszuführen.

Beweis 6.2

$$
\begin{aligned}
\left[L_i, \vec{p}^2\right] &= L_i\, p_l p_l - p_l p_l L_i \\
&= \epsilon_{ijk}\left(x_j p_k p_l p_l - p_l p_l x_j p_k\right) \\
&= \epsilon_{ijk}\left(x_j p_k p_l p_l - p_l(x_j p_l + \frac{\hbar}{i}\delta_{jl})p_k\right) \\
&= \epsilon_{ijk}\left(x_j p_k p_l p_l - p_l x_j p_l p_k - \frac{\hbar}{i}p_j p_k\right) \\
&= \epsilon_{ijk}\left(x_j p_k p_l p_l - (x_j p_l + \frac{\hbar}{i}\delta_{jl})p_l p_k - \frac{\hbar}{i}p_j p_k\right) \\
&= \epsilon_{ijk}\left(x_j p_k p_l p_l - x_j p_l p_l p_k - 2\frac{\hbar}{i}p_j p_k\right) \\
&= 0,
\end{aligned}
\tag{6.28}
$$

$\square$

weil $\epsilon_{ijk} p_j p_k = 0$ ist, wegen denn $p_j \perp p_k$. Also vertauscht im Zentralfeld jede Komponente des Drehimpulsoperators mit dem Hamilton-Operator

$$
\boxed{[L_i, H] = 0, \qquad \left[\vec{L}, H\right] = 0}
\tag{6.29}
$$

und damit natürlich auch das Quadrat des Drehimpulsoperators

$$
\boxed{\left[\vec{L}^2, H\right] = 0.}
\tag{6.30}
$$

Diese letzte Beziehung ist wichtig, weil wir dadurch die Gewissheit haben, gemeinsame Eigenvektoren zu H und $\vec{L}^2$ finden zu können.

6.3.2   Quantenmechanische Aufspaltung des Impulsquadrats

Wir beweisen zunächst:

$$
\boxed{\vec{p}^2 = \left(\vec{p}\,\frac{\vec{x}}{r}\right)\cdot\left(\frac{\vec{x}}{r}\vec{p}\right) - \left(\vec{p}\times\frac{\vec{x}}{r}\right)\cdot\left(\frac{\vec{x}}{r}\times\vec{p}\right).}
\tag{6.31}
$$

Beweis 6.3 Wir schreiben die rechte Seite von Gl.(6.31) in der Indexschreibweise mit dem ϵ-Kalkül. Die jeweiligen Multiplikationen müssen durch den Index auseinander gehalten werden. Die rechte Seite der zu beweisenden Gleichung lautet dann:

$$p_i \frac{x_i}{r} \frac{x_i}{r} p_j - \epsilon_{ijk} \epsilon_{ilm} p_j \frac{x_k}{r} \frac{x_l}{r} p_m$$

$$= p_i \frac{x_i}{r} \frac{x_j}{r} p_j - \left(\delta_{jl} \delta_{km} - \delta_{jm} \delta_{kl} \right) p_j \frac{x_k}{r} \frac{x_l}{r} p_m$$

$$= p_i \frac{x_i}{r} \frac{x_j}{r} p_j - p_j \frac{x_k}{r} \frac{x_j}{r} p_k + p_j \frac{x_k}{r} \frac{x_k}{r} p_j$$

$$= p_i \frac{x_i}{r} \frac{x_j}{r} p_j - p_j \frac{x_j}{r} \frac{x_k}{r} p_k + p_j 1 p_j$$

$$= p_j p_j = \vec{p}^{\,2}. \tag{6.32}$$

$\square$

Die letzte Zeile des Beweises gilt, weil die Indexbezeichnung beliebig wählbar ist. Wegen $\vec{L} = \vec{x} \times \vec{p} = -\vec{p} \times \vec{x}$ gilt:

$$\vec{p}^{\,2} = \left(\vec{p} \frac{\vec{x}}{r} \right) \cdot \left(\frac{\vec{x}}{r} \vec{p} \right) + \vec{L} \frac{1}{r} \frac{1}{r} \vec{L} \tag{6.33}$$

oder, da $\vec{L}$ mit $1/r$ vertauschbar ist:

$$\boxed{\vec{p}^{\,2} = \left(\vec{p} \frac{\vec{x}}{r} \right) \cdot \left(\frac{\vec{x}}{r} \vec{p} \right) + \frac{1}{r^2} \vec{L}^2.} \tag{6.34}$$

Die Reihenfolge von $\vec{x}$ und $\vec{p}$ ist äußerst wichtig. In der Ortsdarstellung gilt nämlich

$$\left(\frac{\vec{x}}{r} \vec{p} \right) = \frac{\hbar}{i} \frac{\vec{x}}{r} \nabla = \frac{\hbar}{i} \frac{\partial}{\partial r},$$

aber es ist

$$\left(\vec{p} \frac{\vec{x}}{r} \right) = \frac{\hbar}{i} \nabla \frac{\vec{x}}{r} = \frac{\hbar}{i} \left(\frac{1}{r} \nabla \vec{x} + \vec{x} \nabla \left(\frac{1}{r} \right) + \frac{\vec{x}}{r} \nabla \right)$$

$$= \frac{\hbar}{i} \left(\frac{3}{r} + \vec{x} \left(-\frac{1}{r^2} \frac{\vec{x}}{r} \right) + \frac{\vec{x}}{r} \nabla \right)$$

$$= \frac{\hbar}{i} \left(\frac{2}{r} + \frac{\partial}{\partial r} \right) \neq \left(\vec{p} \frac{\vec{x}}{r} \right)^\dagger = \left(\frac{\vec{x}}{r} \vec{p} \right).$$

Der Operator $(\vec{x}/r)\,\vec{p} = \left[\vec{p}\,(\vec{x}/r) \right]^\dagger$ ist also nicht Hermite'sch. Die Bedeutung des Hermite'schen Anteils von $(\vec{x}/r)\,\vec{p}$ erkennt man am besten in der Ortsdarstellung:

$$p_r = \left(\frac{\vec{x}}{r} \vec{p} \right)_h = \frac{1}{2} \left(\frac{\vec{x}}{r} \vec{p} + \vec{p} \frac{\vec{x}}{r} \right) = \frac{\hbar}{2i} \left(\frac{\partial}{\partial r} + \frac{2}{r} + \frac{\partial}{\partial r} \right) = \frac{\hbar}{i} \left(\frac{1}{r} + \frac{\partial}{\partial r} \right) = \frac{\hbar}{i} \frac{1}{r} \frac{\partial}{\partial r} r.$$

Daher gilt

$$p_r = \frac{\hbar}{i}\frac{1}{r}\frac{\partial}{\partial r}r, \qquad p_r r - r p_r = \frac{\hbar}{i},$$

(6.35)

und man erhält

$$\left(\vec{p}\frac{\vec{x}}{r}\right)\left(\vec{p}\frac{\vec{x}}{r}\right) = \left(\frac{\hbar}{i}\right)^2 \left(\frac{2}{r}+\frac{\partial}{\partial r}\right)\frac{\partial}{\partial r} = p_r = \left(\frac{\hbar}{i}\right)^2 \frac{1}{r}\frac{\partial}{\partial r}r\frac{1}{r}\frac{\partial}{\partial r}r$$

$$= \left(\frac{\hbar}{i}\right)^2 \frac{1}{r}\frac{\partial^2}{\partial r^2}r = \left(\frac{\hbar}{i}\right)^2 \left(\frac{\partial^2}{\partial r^2}+\frac{2}{r}\frac{\partial}{\partial r}\right).$$

Also gilt für den Hamilton-Operator die Aufspaltung

$$H = \frac{p_r^2}{2m} + \frac{1}{2mr^2}\vec{L}^2 + V(r),$$

(6.36)

genau wie in der klassischen Mechanik.

Mathematischer Exkurs 6.1 (Das Levi-Civita-Symbol ϵ_{ijk})
Die Definition des Vektorprodukts im $\mathbb{R}^3$ lässt sich elegant formulieren, wenn das Levi-Civita-Symbol ϵ_{ijk} verwendet wird, das für $i, j, k \in \{1, 2, 3\}$ definiert ist durch

$$+1 = \epsilon_{123} = \epsilon_{231} = \epsilon_{312},$$

(6.37a)

$$-1 = \epsilon_{132} = \epsilon_{321} = \epsilon_{213},$$

(6.37b)

$$0 \text{ sonst.}$$

(6.37c)

Die k-te Komponente von $\vec{x} \times \vec{y}$ lautet dann

$$(\vec{x} \times \vec{y})_k = \sum_{i=1}^{3}\sum_{i=1}^{3} \epsilon_{ijk} x_i y_j,$$

und für das Vektorprodukt $\vec{x} \times \vec{y}$ ergibt sich die Darstellung

$$\vec{x} \times \vec{y} = \sum_{i=1}^{3}\sum_{i=1}^{3}\sum_{k=1}^{3} \epsilon_{ijk} x_i y_j e_k,$$

die unter Verwendung der Einstein'schen Summationskonvention kurz geschrieben wird als

$$\vec{x} \times \vec{y} = \epsilon_{ijk} x_i y_j e_k.$$

Dabei wird über doppelt auftretende Indizes summiert, ohne dass dies explizit angegeben wird. Mathematisch ist das Levi-Civita-Symbol bei verschiedenen i, j, k gleich dem Vorzeichen der zyklischen Permutation (ijk), also $+1$, falls (ijk) durch eine *gerade* Anzahl von Vertauschungen (Transpositionen) wieder in (123) überführt werden kann, jedoch -1, falls dies nur durch eine ungerade Anzahl (antizyklischer) Vertauschungen möglich ist bzw. null für nicht paarweise verschiedene ijk). Mit dieser Definition kann ϵ_{ijk} auch auf mehr als drei Indizes verallgemeinert werden.

Rechenregeln für das Levi-Civita-Symbol
Für Summen von Produkten von Levi-Civita-Symbolen gelten folgende wichtige Rechenregeln:

$$\epsilon_{ijk}\epsilon_{lmk} = \delta_{il}\delta_{jm} - \delta_{im}\delta_{jl}, \tag{6.38a}$$

$$\epsilon_{ijk}\epsilon_{ijn} = 2\delta_{kn}, \tag{6.38b}$$

$$\epsilon_{ijk}\epsilon_{ijk} = 6. \tag{6.38c}$$

Dabei ist δ_{ij} das in Gl. (4.3) definierte Kronecker-Symbol.

Rechenregeln für das Vektorprodukt
Unter Verwendung der oben angegebenen Regeln kann man leicht zeigen, dass für alle $\vec{x}, \vec{y}, \vec{z} \in \mathbb{R}$ gilt:

$$\vec{x} \times \vec{x} = 0, \tag{6.39a}$$

$$e_i \times e_j = \epsilon_{ijk} e_k, \tag{6.39b}$$

$$\vec{x} \times (\vec{y} \times \vec{z}) + \vec{y} \times (\vec{z} \times \vec{x}) + \vec{z} \times (\vec{x} \times \vec{z}) = 0 \quad \text{(Jakobi-Identität).} \tag{6.39c}$$

Außerdem ist die Graßmann-Identität sehr nützlich, die man sich am besten durch die „bac-minus-cab"-Regel merken kann: $\vec{a} \times (\vec{b} \times \vec{c}) = b(a \cdot c) - c(a \cdot b)$.

Geometrische Eigenschaften
Abschließend seien noch einige wichtige geometrische Eigenschaften des Vektorprodukts erwähnt:

- Das Produkt $\vec{x} \times \vec{y}$ steht senkrecht auf $\vec{x}$ und $\vec{y}$; also gilt:

$$\vec{x} \cdot (\vec{x} \times \vec{y}) = \vec{y} \cdot (\vec{x} \times \vec{y}) = 0.$$

- Die Vektoren $(x, y, \vec{x} \times \vec{y})$ bilden ein Rechtssystem.

- Der Betrag von $\vec{x} \times \vec{y}$ ist gleich der Fläche des durch $\vec{x}$ und $\vec{y}$ aufgespannten Parallelogramms; somit ist

$$|\vec{x} \times \vec{y}| = |\vec{x}|\,|\vec{y}|\,\sin\theta,$$

  wobei θ der von $\vec{x}$ und $\vec{y}$ eingeschlossene Winkel ist.
- Der Betrag des *Spatprodukts* $(\vec{x} \times \vec{y}) \cdot \vec{z}$ ist gleich dem Volumen des von $\vec{x}$, $\vec{y}$ und $\vec{z}$ aufgespannten Spats. Daher stellt das Levi-Civita-Symbol ein *orientiertes Einheitsvolumen* dar: $\epsilon_{ijk} = (e_i \times e_j) \cdot e_k$.

Bevor wir gemäß unserer Vorgehensweise eine eindimensionale Schrödinger-Gleichung für die r-Komponente aufstellen, benötigen wir einen Ausdruck für den Drehimpuls in Kugelkoordinaten. Diesen wollen wir uns nun verschaffen.

Ein Ausdruck für $\vec{L}^2$ in Kugelkoordinaten

Ich werde zwei verschiedene Methoden zeigen, wie man einen solchen Ausdruck aufstellen kann.

Methode 1

Am einfachsten erhält man eine Gleichung für $\vec{L}^2$, wenn man in die oben in Gl. (6.34) bewiesene Beziehung

$$\vec{p}^{\,2} = \left(\frac{\hbar}{\mathrm{i}}\right)^2 \Delta = p_r^2 + \frac{1}{r^2}\vec{L}^2$$

einfach den Laplace-Operator in Kugelkoordinaten, siehe Anhang F.2, einsetzt und berücksichtigt, dass der Hermite'sche Operator p_r gegeben ist durch Gl. (6.35). Dies ergibt

$$
\left(\frac{\hbar}{\mathrm{i}}\right)^2 \left[\frac{\partial^2}{\partial r^2} + \frac{2}{r}\frac{\partial}{\partial r} + \frac{1}{r^2}\left(\frac{1}{\sin\vartheta}\frac{\partial}{\partial\vartheta}\sin\vartheta\frac{\partial}{\partial\vartheta} + \frac{1}{\sin\vartheta}\frac{\partial^2}{\partial\varphi^2} \right) \right]
$$
$$
= \left(\frac{\hbar}{\mathrm{i}}\right)^2 \underbrace{\left[\underbrace{\frac{1}{r}\frac{\partial}{\partial r}r\frac{1}{r}\frac{\partial}{\partial r}r}_{=\frac{2}{r}\frac{\partial}{\partial r}+\frac{\partial^2}{\partial r^2}} \right]}_{=\frac{\partial^2}{\partial r^2}+\frac{2}{r}\frac{\partial}{\partial r}} + \frac{1}{r^2}\vec{L}^2. \tag{6.40}
$$

Aus dieser Rechnung sehen wir, dass sich die r-abhängigen Anteile alle wegheben und somit $\vec{L}^2$ nur auf die Winkel ϑ, φ wirkt:

$$
\boxed{\vec{L}^2 = \left(\frac{\hbar}{\mathrm{i}}\right)^2 \left[\frac{1}{\sin\vartheta}\frac{\partial}{\partial\vartheta}\sin\vartheta\frac{\partial}{\partial\vartheta} + \frac{1}{\sin\vartheta}\frac{\partial^2}{\partial\varphi^2} \right].} \tag{6.41}
$$

Abb. 6.1 Veranschaulichung
des begleitenden Dreibeins
der Einheitsvektoren bei
Kugelkoordinaten

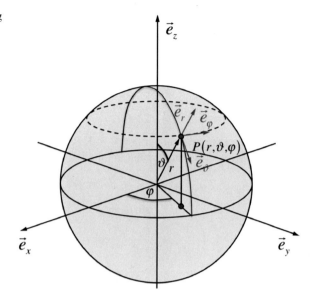

Methode 2

Für die Komponenten der normierten Einheitsvektoren $\vec{e}_r$, $\vec{e}_\vartheta$, $\vec{e}_\varphi$ in Kugelkoordinaten gelten die folgenden Gleichungen, s. Abb. 6.1 sowie Anhang F.4:

$$\vec{e}_r = (\sin\vartheta\cos\varphi,\ \sin\vartheta\sin\varphi,\ \cos\vartheta)\,, \tag{6.42a}$$

$$\vec{e}_\vartheta = (\cos\vartheta\cos\varphi,\ \cos\vartheta\sin\varphi,\ -\sin\vartheta)\,, \tag{6.42b}$$

$$\vec{e}_\vartheta = (-\sin\varphi,\ \cos\varphi,\ 0)\,. \tag{6.42c}$$

Weil sich bei krummlinigen Koordinaten an jedem Punkt der Koordinatenlinien die Richtungen der Einheitsvektoren (also der Tangenten an die Koordinatenlinien) ändern, spricht man auch vom *begleitenden Dreibein*. Zu Details siehe Anhang F. Wegen der Orthogonalität der Eigenvektoren und weil sie ein rechtshändiges Koordinatensystem bilden, gilt ferner (vgl. Abb. 6.1):

$$\vec{e}_r \times \vec{e}_\vartheta = \vec{e}_\varphi,\quad \vec{e}_r \times \vec{e}_\varphi = -\vec{e}_\vartheta. \tag{6.43}$$

Aus den Gl. (6.42a) bis (6.42c) folgt für die Ableitungen der Einheitsvektoren:

$$\frac{\partial \vec{e}_r}{\partial r} = \frac{\partial \vec{e}_\varphi}{\partial r} = \frac{\partial \vec{e}_\vartheta}{\partial r} = 0, \tag{6.44a}$$

$$\frac{\partial \vec{e}_r}{\partial \vartheta} = \vec{e}_\vartheta,\quad \frac{\partial \vec{e}_\vartheta}{\partial \vartheta} = -\vec{e}_r,\quad \frac{\partial \vec{e}_\varphi}{\partial \vartheta} = 0, \tag{6.44b}$$

$$\frac{\partial \vec{e}_r}{\partial \varphi} = \sin\vartheta\,\vec{e}_\varphi,\quad \frac{\partial \vec{e}_\vartheta}{\partial \varphi} = \cos\vartheta\,\vec{e}_\varphi,\quad \frac{\partial \vec{e}_\varphi}{\partial \varphi} = -\cos\vartheta\,\vec{e}_\vartheta - \sin\vartheta\,\vec{e}_r. \tag{6.44c}$$

Damit ergibt sich für den Drehimpuls:

$$\vec{L} = \vec{x} \times \vec{p} = \frac{\hbar}{i}(\vec{x} \times \nabla) = \frac{\hbar}{i}\,\underbrace{r\vec{e}_r}_{\vec{x}} \times \left(\vec{e}_r\frac{\partial}{\partial r} + \frac{\vec{e}_\vartheta}{r}\frac{\partial}{\partial \vartheta} + \frac{\vec{e}_\varphi}{r\sin\vartheta}\frac{\partial}{\partial \varphi}\right)$$

$$= \frac{\hbar}{i}\left(\vec{e}_\varphi\frac{\partial}{\partial \vartheta} - \frac{\vec{e}_\vartheta}{\sin\vartheta}\frac{\partial}{\partial \varphi}\right), \tag{6.45}$$

wobei wir den Differenzialoperator ∇ in Kugelkoordinaten eingesetzt haben, siehe Anhang F. Wir quadrieren nun den in Gl. (6.45) erhaltenen Ausdruck:

$$\vec{L}^2 = \left(\frac{\hbar}{i}\right)^2\left(\vec{e}_\varphi\frac{\partial}{\partial \vartheta} - \frac{\vec{e}_\vartheta}{\sin\vartheta}\frac{\partial}{\partial \varphi}\right)\cdot\left(\vec{e}_\varphi\frac{\partial}{\partial \vartheta} - \frac{\vec{e}_\vartheta}{\sin\vartheta}\frac{\partial}{\partial \varphi}\right)$$

$$= \left(\frac{\hbar}{i}\right)^2\left(\frac{\partial^2}{\partial \vartheta^2} - \frac{\vec{e}_\vartheta}{\sin\vartheta}(-\cos\vartheta\,\vec{e}_\vartheta - \sin\vartheta\,\vec{e}_r)\frac{\partial}{\partial \vartheta} + \frac{1}{\sin\vartheta}\frac{\partial^2}{\partial \varphi^2}\right)$$

$$= \left(\frac{\hbar}{i}\right)^2\left(\frac{\partial^2}{\partial \vartheta^2} + \frac{\cos\vartheta}{\sin\vartheta}\frac{\partial}{\partial \vartheta} + \frac{1}{\sin\vartheta}\frac{\partial^2}{\partial \varphi^2}\right). \tag{6.46}$$

Wir erhalten das gleiche Ergebnis für $\vec{L}^2$ wie schon in Gl. (6.41):

$$\boxed{\vec{L}^2 = \left(\frac{\hbar}{i}\right)^2\left[\frac{1}{\sin\vartheta}\frac{\partial}{\partial \vartheta}\sin\vartheta\frac{\partial}{\partial \vartheta} + \frac{1}{\sin\vartheta}\frac{\partial^2}{\partial \varphi^2}\right].}$$

Das Quadrat des Drehimpulsoperators wirkt nur auf die Winkel, nicht auf die radiale Komponente. Deshalb vertauschen bei einem rotationssymmetrischen Potenzial der Operator $\vec{L}^2$ und $V(r)$.

6.3.3 Aufstellen einer eindimensionalen Schrödinger-Gleichung für den Radialanteil

Da $\vec{L}^2$ mit dem Hamilton-Operator vertauscht, kann man gemeinsame Eigenvektoren $|\psi\rangle$ zu H und $\vec{L}^2$ finden:

$$H|\psi\rangle = E|\psi\rangle, \quad \vec{L}^2|\psi\rangle = \hbar^2 l(l+1)|\psi\rangle, \tag{6.47}$$

wobei die Benennung des Eigenwerts als $\hbar^2 l(l+1)$ zweckmäßig ist. Die Vollständigkeit der Eigenfunktionen $|\psi\rangle$ ist damit aber noch nicht bewiesen. Tatsächlich ist es so, dass der Eigenvektor $|\psi\rangle$ durch Gl. (6.47) noch nicht eindeutig definiert ist. Es gibt noch einen weiteren Operator, der sowohl mit H als auch mit $\vec{L}^2$ vertauscht, nämlich L_z. Die Vertauschbarkeit von $\vec{L}$ mit $\vec{L}^2$ zeigen wir im nächsten Abschnitt; die Vertauschbarkeit von $\vec{L}$ mit einer nur von r abhängigen Funktion $f(r)$ ist klar, da $\vec{L}$ nur auf die Winkel wirkt. Mit den Operatoren H, $\vec{L}^2$ und L_z haben wir nun einen vollständigen Satz vertauschbarer Operatoren, die den Eigenvektor $|\psi\rangle$ eindeutig festlegen:

$$H|\psi\rangle = E|\psi\rangle, \quad \vec{L}^2|\psi\rangle = \hbar^2(l/l+1)|\psi\rangle, \quad L_z|\psi\rangle = \hbar m|\psi\rangle.$$

In der Ortsdarstellung $\psi(x, y, z) = \psi(r, \vartheta, \varphi)$ wirken $\vec{L}^2$ und L_z nur auf die Winkel und der übrige Teil von H nur auf den Radius r. Daher können wir die Wellenfunktion mit einem Separationsansatz in einen Winkelanteil $F(\vartheta, \varphi)$ und einen r-abhängigen Anteil $u(r)/r$ aufspalten:

$$\psi(r, \vartheta, \varphi) = \frac{u(r)}{r} F(\vartheta, \varphi). \tag{6.48}$$

Die Schreibweise $u(r)/r$ ist, wie wir gleich sehen werden, zweckmäßig für die weitere Rechnung. Der winkelabhängige Teil muss den Gleichungen

$$\vec{L}^2 F = \hbar^2 l(l+1) F, \quad L_z F = \hbar m F \tag{6.49}$$

genügen und der Radialanteil $u(r)/r$ der Gleichung

$$\left(\frac{p_r^2}{2m} + \frac{\hbar^2 l(l+1)}{2mr^2} + V(r) \right) \frac{u(r)}{r} = E \frac{u(r)}{r}. \tag{6.50}$$

Wegen

$$p_r^2 = \left(\frac{\hbar}{i} \right)^2 \frac{1}{r} \frac{\partial}{\partial r} r \frac{1}{r} \frac{\partial}{\partial r} r = \left(\frac{\hbar}{i} \right)^2 \frac{1}{r} \frac{\partial^2}{\partial r^2} r \tag{6.51}$$

gilt:

$$\frac{1}{2m} \left(\frac{\hbar}{i} \right)^2 \frac{1}{r} \frac{\partial^2}{\partial r^2} r \frac{u}{r} + \frac{\hbar^2 l(l+1)}{2mr^2} \frac{u}{r} + V(r) \frac{u(r)}{r} = E \frac{u(r)}{r}, \tag{6.52}$$

Diese Gleichung multiplizieren wir nun mit r durch und erhalten

$$\left(-\frac{\hbar^2}{2m} \frac{\partial^2}{\partial r^2} + \underbrace{\frac{\hbar^2 l(l+1)}{2mr^2} + V(r)}_{V_{\text{eff}}(r)} \right) u(r) = E u(r). \tag{6.53}$$

Dieses Ergebnis halten wir in einem Satz fest:

Satz 6.1 (Radialanteil der Wellenfunktion im Zentralfeld)
Der Radialanteil $u(r)$ der Wellenfunktion bei der Bewegung im Zentralfeld $V(r)$ genügt einer eindimensionalen Schrödinger-Gleichung

$$\left(-\frac{\hbar^2}{2m}\frac{d^2}{dr^2} + V_{\text{eff}}(r)\right) u(r) = E\,u(r) \tag{6.54}$$

mit dem effektiven Potenzial

$$V_{\text{eff}}^{(l)} = V(r) + \frac{\hbar^2\,l(l+1)}{2mr^2}. \tag{6.55}$$

Der zweite Term in dem effektiven Potenzial lässt sich in völliger Analogie zum Kepler-Problem in der klassischen Mechanik als ein Zentrifugalpotenzial deuten.

Beachten Sie, dass wir in Gl. (6.54) in dem Laplace-Operator die partielle (∂) durch die totale (d) Ableitung ersetzt haben, weil der Operator nur noch auf eine Funktion *einer* Variablen – nämlich $u(r)$ – wirkt. Unsere Strategie zur Lösung des Eigenwertproblems für die Bewegung eines Teilchens der Masse m in einem Zentralpotenzial lautet damit wie folgt:

Strategie zum Lösen des Eigenwertproblems im Zentralpotenzial
Das Problem, die Eigenwerte und die Eigenfunktionen zum Hamilton-Operator des Zentralpotenzials zu bestimmen, wird durch einen Separationsansatz der Form $\psi(r, \vartheta, \varphi) = \frac{u(r)}{r} \cdot F(\vartheta, \varphi)$ in zwei Teile zerlegt:

1. Der winkelabhängige Anteil $F(\vartheta, \varphi)$ der Wellenfunktion
Bestimme die Eigenwerte l, m und der Eigenvektoren zum Quadrat und zur z-Komponente des Drehimpulsoperators:

$$\vec{L}^2 F = \hbar^2\,l(l+1), \tag{6.56a}$$

$$L_z F = \hbar m\,F. \tag{6.56b}$$

Dieses Problem lösen wir im nächsten Abschn. 6.4.

2. Der radiale Anteil $u(r)/r$ der Wellenfunktion
Lösen einer eindimensionalen, *radialen Schrödinger-Gleichung für den Radialanteil*

$$\left(\frac{p_r^2}{2m} + \frac{\hbar^2\,l(l+1)}{2mr} + V(r)\right)\frac{u(r)}{r} = E\,\frac{u(r)}{r}, \tag{6.57}$$

siehe den übernächsten Abschn. 6.5.

6.4 Eigenvektoren und Eigenwerte von L^2 und L_z

Wir beweisen zunächst einmal einige Vertauschungsregeln für den Drehimpulsoperator

$$\vec{L} = \vec{x} \times \vec{p}, \quad L_i = \epsilon_{ilk} x_l p_k. \tag{6.58}$$

Es gilt

$$[L_i, L_j] = \epsilon_{ilk} \epsilon_{jsq} [x_l p_k, x_s p_q] \tag{6.59}$$

sowie

$$\begin{aligned}
[x_l, p_k] &= x_l p_k x_s p_q - x_s p_q x_l p_k \\
&= x_l \left(x_s p_k + \frac{\hbar}{i} \delta_{sk} \right) p_q - x_s \left(x_l p_q + \frac{\hbar}{i} \delta_{ql} \right) p_k \\
&= \underbrace{x_l x_s p_k p_q - x_s x_l p_q p_k}_{=0} + \frac{\hbar}{i} \left(x_l p_q \delta_{sk} - x_s p_k \delta_{ql} \right) \\
&= \frac{\hbar}{i} \left(x_l p_q \delta_{sk} - x_s p_k \delta_{ql} \right).
\end{aligned}$$

Ferner gilt

$$\begin{aligned}
[L_i, L_j] &= \frac{\hbar}{i} \left(x_l p_q \epsilon_{ilk} \epsilon_{jkq} - x_s p_k \epsilon_{ilk} \epsilon_{jsl} \right) \\
&= \frac{\hbar}{i} \left(x_l p_q \left(\delta_{iq} \delta_{lj} - \delta_{ij} \delta_{lj} \right) - x_s p_k \left(\delta_{kj} \delta_{is} - \delta_{ks} \delta_{ij} \right) \right) \\
&= \frac{\hbar}{i} \left(x_j p_i - \delta_{ij} x l p_l - x_i p_j + x_s p_s \delta_{ij} \right) \\
&= \frac{\hbar}{i} \left(x_j p_i - x_i p_j \right) = i\hbar \epsilon_{ijk} L_k.
\end{aligned}$$

Damit erhalten wir eine wichtige Formel:

$$\boxed{[L_i, L_j] = i\hbar \epsilon_{ijk} L_k.} \tag{6.60}$$

Außerdem ist

$$\epsilon_{ijk} L_k = \epsilon_{ijk} \epsilon_{ksq} x_s p_q = \left(\delta_{is} \delta_{jq} - \delta_{iq} \delta_{js} \right) x_s p_q = x_i p_j - x_j p_i, \tag{6.61}$$

so dass folgt:

$$\epsilon_{ijk} [L_i L_j - L_j L_i] = 2\epsilon_{kij} L_i L_j = i\hbar \epsilon_{ijk} \epsilon_{ijs} L_s = i\hbar \cdot 2\delta_{ks} L_s = 2i\hbar L_k. \tag{6.62}$$

Damit erhalten wir schließlich

$$\boxed{\epsilon_{kij} L_i L_j = i\hbar L_k \quad \text{bzw. symbolisch:} \quad \vec{L} \times \vec{L} = i\hbar \vec{L},} \tag{6.63}$$

d. h. die Drehimpulsoperatoren sind nicht vertauschbar. Ausführlich notiert lautet Gl. (6.63):

$$L_x L_y - L_y L_x = i\hbar L_z, \tag{6.64a}$$
$$L_y L_z - L_z L_y = i\hbar L_x, \tag{6.64b}$$
$$L_z L_x - L_x L_z = i\hbar L_y. \tag{6.64c}$$

Es vertauscht außerdem *jede Komponente* des Drehimpulsoperators *mit dem Quadrat* des Drehimpulsoperators:

$$[L_i, \vec{L}^2] = 0 \quad \text{bzw.} \quad [\vec{L}, \vec{L}^2] = 0. \tag{6.65}$$

Beweis 6.4

$$[L_i, \vec{L}^2] = L_i L_j L_j - L_j L_j L_i = [L_i L_j L_j - L_j L_i L_j] + [L_j L_i L_j - L_j L_j L_i]$$
$$= i\hbar\epsilon_{ijk} L_k L_j + L_j i\hbar\epsilon_{ijk} L_k = -i\hbar\epsilon_{ijk} L_j L_k + i\hbar\epsilon_{ijk} L_j L_k = 0,$$

wobei in der zweiten Zeile jeweils L_j aus den Kommutatoren ausgeklammert und Gl. (6.60) verwendet wurde. □

6.4.1 Eigenvektoren und Eigenwerte von L^2 und L_z in darstellungsfreier Behandlung

Analog zu unserer Diskussion des harmonischen Oszillators in Abschn. 5.1 wird in diesem Abschnitt gezeigt, wie man die simultanen Eigenvektoren und Eigenwerte von $\vec{L}^2$ und L_z mit einer algebraischen Methode bestimmt, ohne auf eine spezielle Darstellung einzugehen, also ohne eine Differenzialgleichung lösen zu müssen. Warum wollen wir das Problem auf diese Weise angehen? Der Vorteil der darstellungsfreien Schreibweise ist neben ihrer Eleganz der, dass wir diese Methode auch bei anderen Größen, die denselben Vertauschungsregeln folgen, genau gleichartig anwenden können, d. h. wir können die Lösungen für die Eigenvektoren und Eigenwerte für *jedes beliebige System von Operatoren,* das nur denselben Vertauschungsregeln folgt, sofort hinschreiben. Wie wir in Abschn. 7.2 sehen werden, ist dies beim Elektronenspin $\vec{S}$ der Fall.

Die zwei Eigenwerte belegen wir mit den Buchstaben l und m, und die Eigenzustände, die beide Eigenwertgleichungen erfüllen, bezeichnen wir entsprechend mit $|l, m\rangle$. In Dirac-Schreibweise lauten dann unsere beiden Eigenwertgleichungen für $(l \geq 0)$:

$$\vec{L}^2|l, m\rangle = \hbar^2 \, l(l + 1)|l, m\rangle, \qquad (6.66a)$$

$$L_z|l, m\rangle = \hbar m|l, m\rangle. \qquad (6.66b)$$

Die Eigenwerte von $\vec{L}^2$ und L_z wurden hier, um später keine neuen Größen mehr einführen zu müssen, mit $\hbar^2 l(l + 1)$ bzw. mit $\hbar m$ bezeichnet. Es wird sich später herausstellen, dass l und m *ganzzahlig* bzw. *halbzahlig* sein müssen. Von dem Drehimpulsoperator werden wir nur die oben in Gl. (6.64a) bis (6.64c) hergeleiteten Vertauschungsregeln verwenden. Wir hatten außerdem in den Gl. (6.65) gesehen, dass jede Komponente von $\vec{L}$ mit dem Quadrat des Drehimpulsoperators vertauschbar ist. Ausführlich notiert, heißt dies:

$$[L_x, \vec{L}^2] = [L_y, \vec{L}^2] = [L_z, \vec{L}^2] = 0. \qquad (6.67)$$

Hierbei ist

$$\vec{L}^2 = L_x^2 + L_y^2 + L_z^2 \qquad (6.68)$$

das Quadrat des Drehimpulsoperators. Analog zum Vorgehen beim harmonischen Oszillator ist es hier sehr zweckmäßig, für $L_x^2 + L_y^2$ eine Aufspaltung vorzunehmen, wie sie für komplexe Zahlen in der Form $\alpha^2 + \beta^2 = (\alpha + i\beta)(\alpha - i\beta)$ gilt. Dazu führen wir zwei neue Leiteroperatoren L_+ und L_- für den Drehimpuls ein:

$$L_\pm = L_x \pm iL_y, \qquad (6.69a)$$

$$(L_-)^\dagger = L_+, \qquad (6.69b)$$

$$(L_+)^\dagger = L_-. \qquad (6.69c)$$

Aus diesen beiden Operatoren können wir jetzt wieder den Operator des Drehimpulsquadrats erzeugen. Wir erhalten zunächst rein formal

$$L_x = \frac{1}{2}(L_+ + L_-), \qquad (6.70a)$$

$$L_y = \frac{1}{2i}(L_+ - L_-). \qquad (6.70b)$$

Der Leser sollte sich durch Einsetzen und elementares algebraisches Umformen davon überzeugen, dass gilt:

$$L_x^2 + L_y^2 = \frac{1}{2}\left[L_+L_- + L_-L_+\right], \qquad (6.71a)$$

$$\vec{L}^2 = \frac{1}{2}(L_+L_- + L_-L_+) + L_z^2. \qquad (6.71b)$$

In Gl. (6.69a) sehen wir, dass L_+ und L_- Linearkombinationen von L_x und L_y sind; da L_z mit L_x und mit L_y vertauscht, vertauscht die z-Komponente des Drehimpulses also auch mit L_+ und mit L_-. Wir verwenden jetzt nicht die Vertauschungsregeln in den Gl. (6.64a) bis (6.64c) und (6.65), sondern stattdessen diejenigen für L_+, L_- und L_z:

$$L_+L_- - L_-L_+ = 2\hbar L_z, \tag{6.72a}$$
$$L_zL_+ - L_+L_z = \hbar L_+, \tag{6.72b}$$
$$L_zL_- - L_-L_z = -\hbar L_-. \tag{6.72c}$$

Außerdem gilt

$$\boxed{[L_+, \vec{L}^2] = [L_-, \vec{L}^2] = [L_z, \vec{L}^2] = 0.} \tag{6.73}$$

Von den Regeln in den Gl. (6.72a) bis (6.72c) überzeuge sich der Leser durch elementares Einsetzen der entsprechenden Definitionen in Gl. (6.69a) bis (6.71b). Wegen der Gl. (6.71b) und (6.72a) folgt nun:

$$L_-L_+ = -L_z(L_z + \hbar), \tag{6.74a}$$
$$L^+L_- = \vec{L}^2 - L_z(L_z - \hbar). \tag{6.74b}$$

Wegen der Gl. (6.66a), (6.66b), (6.74a) und (6.74b) folgt:

$$L_-L_+|l, m\rangle = \hbar^2\big[l(l+1) - m(m+1)\big]|l, m\rangle, \tag{6.75}$$
$$L_+L_-|l, m\rangle = \hbar^2\big[l(l+1) - m(m-1)\big]|l, m\rangle. \tag{6.76}$$

Diese beiden Gleichungen erweitern wir jeweils mit $(+lm - lm)$; d. h. wir ändern nichts an den Gleichungen (weil wir einfach nur null addieren), können sie aber dann nach elementaren algebraischen Umformungen (die ich dem Leser als Übung empfehle!) etwas vorteilhafter schreiben als:

$$L_-L_+|l, m\rangle = \hbar^2\big[(l-m)(l+m+1)\big]|l, m\rangle, \tag{6.77a}$$
$$L_+L_-|l, m\rangle = \hbar^2\big[(l+m)(l-m+1)\big]|l, m\rangle. \tag{6.77b}$$

Aus den Gl. (6.77a) und (6.77b) erhält man mit $\langle l, m|l, m\rangle = 1$:

$$\langle l, m|L_-L_+|l, m\rangle = \hbar^2(l-m)(l+m+1) \geq 0, \tag{6.78a}$$
$$\langle l, m|L_+L_-|l, m\rangle = \hbar^2(l+m)(l-m+1) \geq 0. \tag{6.78b}$$

Weil die Norm eines Vektors stets positiv ist (siehe Def. 4.6) und auf der linken Seite von Gl. (6.78a) und (6.78a) jeweils die Norm von $L_+|l, m\rangle$ bzw. $L_-|l, m\rangle$ steht, gilt mit $l \geq 0$:

$$(l - m)(l + m + 1) \geq 0, \qquad (6.79a)$$

$$(l + m)(l - m + 1) \geq 0. \qquad (6.79b)$$

Aus diesen beiden Gleichungen folgt die Beziehung zwischen den beiden Eigenwerten l (Nebenquantenzahl) und m (Magentquantenzahl):

$$\boxed{-l \leq m \leq l.} \qquad (6.80)$$

Beweis 6.5 Der Beweis erfolgt mit Hilfe einer Fallunterscheidung:

$m = 0$:   Gl. (6.80) ist sicher erfüllt.

$m > 0$:   aus Gl. (6.79a) : $l \geq m$,

              aus Gl. (6.79b) : $l \geq m - 1$ ist bereits in $l \geq m$ enthalten.

$m < 0$:   aus Gl. (6.79b) : $l \geq -m$,

              aus Gl. (6.79a) : $l \geq -m - 1$ ist bereits in $l \geq -m$ enthalten.

Die beiden Bedingungen $l \geq m$ und $l \geq -m$ lassen sich dann in Gl. (6.80) zusammenfassen. $\qquad\qquad \square$

Aus den Gl. (6.78a) und (6.78b) folgt:

$$L_+|l, l\rangle = 0, \quad L_-|l, -l\rangle = 0. \qquad (6.81)$$

Das bedeutet, $L_+|l, m\rangle$ und $L_-|l, m\rangle$ sind jeweils für $m = l$ bzw. $m = -l$ der Nullvektor. Ist jedoch $m \neq l$ bzw. $m \neq -l$, dann ergeben $L_+|l, m\rangle$ und $L_-|l, m\rangle$ *nicht* den Nullvektor. Für $-l < m < l$ sind $L_+|l, m\rangle$ und $L_-|l, m\rangle$ (nicht normierte) Eigenvektoren zu L_z mit dem Eigenwert $\hbar(m + 1)$ bzw. $\hbar(m - 1)$. Dies folgt durch Ersetzen von $L_z L_+$ bzw. $L_z L_-$ durch die beiden Vertauschungsregeln in Gl. (6.72b) und (6.72c):

$$L_z L_+|l, m\rangle = \hbar(m + 1)L_+|l, m\rangle, \qquad (6.82a)$$

$$L_z L_-|l, m\rangle = \hbar(m - 1)L_-|l, m\rangle. \qquad (6.82b)$$

Wegen der Gl. (6.78a) und (6.78b) sowie wegen $-l < m < l$ sind diese Vektoren sicher nicht-trivial. Der normierte Eigenvektor $|l, m + 1\rangle$ bzw. $|l, m - 1\rangle$ lautet dann:

$$|l, m + 1\rangle = \frac{1}{\hbar \sqrt{(l + m)(l + m + 1)}} L_+ |l, m\rangle, \qquad (6.83a)$$

$$|l, m - 1\rangle = \frac{1}{\hbar \sqrt{(l + m)(l - m + 1)}} L_- |l, m\rangle. \qquad (6.83b)$$

Der Gedanke hier ist einfach folgender: $|l, m\rangle$ ist ein Eigenvektor zu L_z. Man kann nun zeigen, dass $L_+ |l, m\rangle$ auch ein Eigenvektor zu L_z ist, mit einem um 1 höheren Eigenwert, analog zu den Leiteroperatoren $b^\dagger$ und b beim harmonischen Oszillator in Gl. (5.26b) in Abschn. 5.2. Ist $m + 1 < l$, dann können wir L_+ nochmals auf den Eigenvektor anwenden:

$$L_+ |l, m\rangle, (L_+)^2 |l, m\rangle, \ldots, (L_+)^p |l, m\rangle. \qquad (6.84)$$

Wir kommen also mit dem Eigenwert von $L_z/\hbar$, nämlich $(m + p)$, immer näher an l heran. Insbesondere gilt also bei geeignet gewähltem p:

$$l - 1 < m + p \leq l, \qquad (6.85)$$

d. h. man kann erreichen, dass $m + p$ im Intervall $(l - 1, l]$ liegt. Wir nehmen nun eine Fallunterscheidung vor, analog zur Vorgehensweise beim harmonischen Oszillator.

Fallunterscheidung
1. $l - 1 < m + p < l$: In diesem Fall ist $L_+ |l, m + p\rangle$ gemäß Gl. (6.79a) kein Nullvektor. Nach Gl. (6.82a) ist er aber Eigenvektor zum Operator L_z mit dem Eigenwert $m + p + 1 > l$. Dies widerspricht jedoch Gl. (6.80). Dieser Fall ist also nicht erlaubt.
2. $m + p = l$: In diesem Fall ist $L_+ |l, m + p\rangle = L_+ |m + p\rangle = L_+ |l, l\rangle = 0$ der Nullvektor wegen Gl. (6.79a). Weil der Nullvektor als trivialer Eigenvektor nicht zu den Eigenvektoren zählt (denn der Nullvektor erfüllt *jede* Eigenwertgleichung), ergibt sich also *kein* Widerspruch zu den Gl. (6.82a) und (6.80).

Die möglichen Eigenwerte von $L_z/\hbar$ lauten daher:

$$m, m + 1, \ldots, m + p = l. \qquad (6.86)$$

Durch Anwendung von L_-, d. h.

$$L_- |l, m\rangle, (L_-)^2 |l, m\rangle, \ldots, (L_-)^q |l, m\rangle, \qquad (6.87)$$

können wir nun ganz analog schließen, dass die möglichen Eigenwerte von $L_z/\hbar$ lauten:

$$m, m - 1, \ldots, m - q = -l. \qquad (6.88)$$

Weil p und q ganze Zahlen sind (m und l haben wir bis jetzt noch nicht bestimmt), heißt dies, dass gilt:

$$m + p = l, \quad m - q = -l, \quad 2l = p + q = n, \quad \text{mit } n \in \mathbb{Z}, \text{ da } p, q \in \mathbb{Z}, \quad (6.89)$$

und somit

$$\boxed{l = \frac{n}{2}, \quad n \in \mathbb{Z},} \qquad (6.90)$$

Das bedeutet, l ist entweder ganzzahlig, oder halbzahlig:

$$l = 0, \frac{1}{2}, 1, \frac{3}{2}, \dots . \qquad (6.91)$$

Wenn l ganzzahlig ist, dann sind wegen $m + p = l$ die möglichen Werte von m auch ganzzahlig:

$$-l, -l+1, \dots, -1, 0, 1, \dots, l-1, l \quad \text{(Anzahl: } 2l + 1). \qquad (6.92)$$

Wenn l halbzahlig ist, dann sind die möglichen Werte von m auch halbzahlig:

$$-l, -l+1, \dots, -\frac{3}{2}, -\frac{1}{2}, 0, \frac{1}{2}, \frac{3}{3}, \dots, l-1, l \quad \text{(Anzahl: } 2l + 1). \qquad (6.93)$$

Aus dem Zustand $|l, l\rangle$ kann man durch wiederholte Anwendung von $L_-/\hbar$ alle Eigenvektoren von L_z erzeugen. Wegen (6.79b) gilt:

$$|l, l-1\rangle = \frac{1}{2l \cdot 1} \frac{L_-}{\hbar} |l, l\rangle,$$

$$|l, l-2\rangle = \frac{1}{2l(2l-1) \cdot 1 \cdot 2} \left(\frac{L_-}{\hbar}\right)^2 |l, l\rangle,$$

$$|l, l-3\rangle = \frac{1}{2l(2l-1)(2l-2) \cdot 1 \cdot 2 \cdot 3} \left(\frac{L_-}{\hbar}\right)^3 |l, l\rangle$$

usw., ganz ähnlich wie in unserer algebraischen Lösung beim harmonischen Oszillator. Man kann die vorstehenden Gleichungen allgemein zusammenfassen als

$$|l, l-p\rangle = \sqrt{\frac{(2l-p)!}{2l! \, p!}} \left(\frac{L_-}{\hbar}\right)^p |l, l\rangle. \qquad (6.94)$$

Der Leser kann sich leicht durch Einsetzen von Zahlenwerten für p davon überzeugen, dass wir in Gl. (6.94) den Normierungsfaktor C des Eigenvektors wirklich korrekt verallgemeinert haben. So ergibt sich z. B. für $p = 3$:

$$
C = \sqrt{\frac{(2\,l-p)!}{2\,l!\,p!}} \cdot \frac{1}{\hbar^p} = \sqrt{\frac{1 \cdot 2 \cdots (2\,l-3)}{1 \cdot 2 \cdots (2\,l-3) \cdot (2\,l-2) \cdot (2\,l-1) \cdot 2\,l \cdot (1 \cdot 2 \cdot 3)}} \cdot \frac{1}{\hbar^3}
$$

$$
= \sqrt{\frac{1}{(2\,l-2) \cdot (2\,l-1) \cdot 2\,l \cdot 1 \cdot 2 \cdot 3}} \cdot \frac{1}{\hbar^3},
$$

was mit dem obigen Normierungsfaktor für den Eigenvektor $|l, l - 3\rangle$ übereinstimmt. Um die Darstellung der Eigenvektoren auf eine übliche Standardform zu bringen, verwenden wir jetzt noch den Zusammenhang $l - p = m$ aus Gl. (6.89) bzw. umgeformt $p = l - m$. Damit folgt

$$
|l, m\rangle = \sqrt{\frac{(l + m)!}{2\,l!\,(l - m)!}} \left(\frac{L_-}{\hbar} \right)^{l-m} |l, l\rangle \tag{6.95}
$$

und entsprechend

$$
|l, m\rangle = \sqrt{\frac{(l - m)!}{2\,l!\,(l + m)!}} \left(\frac{L_-}{\hbar} \right)^{l+m} |l, -l\rangle, \tag{6.96}
$$

wobei gilt:

$$
L_-|l, -l\rangle = 0, \qquad\qquad L_+|l, l\rangle = 0, \tag{6.97a}
$$
$$
L_z|l, -l\rangle = -\hbar l |l, -l\rangle, \qquad L_z|l, l\rangle = \hbar l |l, l\rangle. \tag{6.97b}
$$

Insbesondere ergibt sich

$$
|l, -l\rangle \underset{\substack{\uparrow \\ \text{Gl. (6.95)}}}{=} \frac{1}{(2\,l)!} \left(\frac{L_-}{\hbar} \right)^{2l} |l, l\rangle, \tag{6.98a}
$$

$$
|l, l\rangle \underset{\substack{\uparrow \\ \text{Gl. (6.96)}}}{=} \frac{1}{(2\,l)!} \left(\frac{L_+}{\hbar} \right)^{2l} |l, -l\rangle. \tag{6.98b}
$$

Bevor wir als nächstes untersuchen, welche der von uns gefundenen mathematisch möglichen Eigenvektoren bei einer Bewegung im Zentralfeld auch tatsächlich vorkommen, wollen wir zunächst das Vektormodell für den quantenmechanischen Drehimpuls besprechen.

6.4.2   Das Vektormodell für den Drehimpuls

Wir haben gesehen, dass bei gegebenem Wert von l die z-Komponente des Drehimpulses die $2l + 1$ Werte $m = -l, -l + 1, \ldots, l - 1, l$ annehmen kann. Dabei nimmt m die extremalen Werte $m = \pm l$ an. Der Betrag des Drehimpulses hat bei festem Wert von l dagegen den Messwert $\hbar\sqrt{l(l+1)} > \hbar l$. Da der Betrag des Drehimpulses und der Betrag der z-Komponente des Drehimpulses bei einer Messung nur für $l = 0$ übereinstimmen, kommen wir zu der Schlussfolgerung, dass bei jedem quantenmechanischen System mit einem von null verschiedenen Drehimpuls, dieser nicht parallel oder antiparallel zur z-Achse ausgerichtet sein kann. Man kann sich diesen Sachverhalt mit dem sogen. Vektormodell zum quantenmechanischen Drehimpuls veranschaulichen, siehe Abb. 6.2.

Das Vektormodell gewinnt man nach folgender Vorschrift: Man zeichnet einen Kreis mit dem Radius $\hbar\sqrt{l(l+1)}$ und platziert in diesem Kreis parallele Linien mit dem Abstand $\hbar$. Weil $L_x^2 + L_y^2 = \vec{L}^2 - L_z^2$ den scharfen Eigenwert $\hbar^2 l(l+1) - \hbar^2 m^2$ hat, heißt dies, dass $P = \hbar\sqrt{l(l+1) - m^2}$ die in Abb. 6.2 eingezeichnete Länge ist. Stellt man sich das Ganze als Kugel vor, so müssen in diesem Bild die Einstellmöglichkeiten des Drehimpulses auf der Fläche eines Kegelmantels liegen. Wo genau sie auf dem Kegelmantel liegen, bleibt unbestimmt, da man L_x und L_y nicht scharf messen kann. Manchmal spricht man deshalb von der *Richtungsquantelung* des Drehimpulses. Eine oftmals verwendete anschauliche, aber dem Wesen nach klassische (man spricht deshalb auch vom *semi-klassischen Vektormodell*) Interpretation besteht darin, zu sagen, dass der Vektor $\vec{L}$ um die z-Achse präzessiert wie ein klassischer Kreisel. Dabei wird der Winkel zwischen der z-Achse und $\vec{L}$ kon-

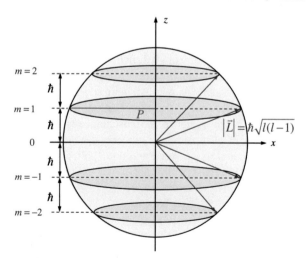

Abb. 6.2 Das semi-klassische Vektormodell zur Richtungsquantelung des Drehimpulses $\vec{L}$. Das System mit dem Drehimpuls $L = \hbar\sqrt{l(l+1)}$ hat bei einer Messung eine scharfe Komponente entlang der z-Achse mit erlaubten Werten $L_z = m\hbar, m \in [-l, l]$ und undeterminierten Komponenten L_x und L_y in der xy-Ebene. Es ist reine Konvention, dass gerade die z-Richtung ausgezeichnet ist

stant gehalten. Die Komponenten L_x und L_y des Drehimpulsvektors rotieren um die z-Achse. Mit Hilfe dieser Vorstellung kann man einige brauchbare Ergebnisse herleiten. Man darf dieses Vektormodell mit der Vorstellung einer Präzession von Drehimpulskomponenten jedoch nicht zu ernst und zu wörtlich nehmen. Da es kein vollständig quantenmechanisches Modell ist, können dessen konkrete Vorstellungen auch zu falschen Schlüssen führen.

Die Ursache für die Nicht-Parallelität des Drehimpulses mit der z-Achse hängt mit der Unschärferelation zusammen. Weil ja die Drehimpulskomponenten nicht miteinander kommutieren, ist es nicht möglich, zwei Komponenten von $\vec{L}$ *gleichzeitig* scharf zu messen. Obwohl L_x und L_y nicht genau messbar sind, können wir aber den Erwartungswert jeweils ausrechnen. Mit den Gl. (6.70a) und (6.70b) erhalten wir sofort:

$$\langle \hat{L}_x \rangle = \langle l, m | L_x | l, m \rangle = 0 \quad \text{und} \quad \langle \hat{L}_y \rangle = \langle l, m | L_y | l, m \rangle = 0. \tag{6.99}$$

Andererseits gilt aber auch für jeden Zustand $|l, m\rangle$:

$$\langle L_x^2 \rangle + \langle L_y^2 \rangle = \langle l, m | L^2 - L_z^2 | l, m \rangle = \hbar^2 \, l(l+1) - \hbar^2 \, m^2 \neq 0. \tag{6.100}$$

Der Erwartungswert von L_x und L_y verschwindet in jedem Eigenzustand von $\vec{L}^2$ und L_z, dagegen nicht der Erwartungswert des Quadrats dieser Observablen.

6.4.3 Drehimpuls in der Ortsdarstellung

Wir haben im vorigen Abschnitt die Eigenwerte von $\vec{L}^2$ und L_z mit unserer algebraischen Methode nur mit Hilfe der Vertauschungsregeln bestimmt. Eventuell brauchen jedoch nicht alle möglichen Werte auch in der Natur vorzukommen. Für unser hier betrachtetes Problem – die Bewegung eines Teilchens – werden wir nun zeigen, dass *nur die ganzzahligen* Werte von l und m in Frage kommen. Die halbzahligen Werte kommen jedoch in der Natur auch vor, nämlich beim sogen. *Spin* von Teilchen, auch *Eigendrehimpuls* genannt, der *kein* klassisches Analogon hat wie der Drehimpuls, dessen Komponenten aber den gleichen Vertauschungsregeln genügen. Den Spin behandeln wir in Abschn. 7.2. Um zu zeigen, dass bei der Bewegung eines Teilchens der Bahndrehimpuls nur ganzzahlige Werte annimmt, gehen wir am besten zur Ortsdarstellung über. Den Drehimpulsoperator haben wir in der Ortsdarstellung bereits in Gl. (6.45) in Abschn. 6.3 hergeleitet:

$$\vec{L} = \frac{\hbar}{i} \left(\vec{e}_\varphi \frac{\partial}{\partial \vartheta} - \frac{\vec{e}_\vartheta}{\sin \vartheta} \frac{\partial}{\partial \varphi} \right).$$

In Anhang F haben wir folgende Beziehungen für die beiden Einheitsvektoren $\vec{e}_\varphi$ und $\vec{e}_\vartheta$ in Kugelkoordinaten hergeleitet:

$$\vec{e}_\varphi = \cos \vartheta \cos \varphi \vec{e}_x + \cos \vartheta \sin \varphi \vec{e}_y - \sin \vartheta \vec{e}_z, \tag{6.101}$$

$$\vec{e}_\vartheta = - \sin \varphi \vec{e}_x + \cos \varphi \vec{e}_y. \tag{6.102}$$

Damit gewinnen wir durch direktes Einsetzen und elementares, algebraisches Umformen für die kartesischen Komponenten des Drehimpulsoperators:

$$L_x = \frac{\hbar}{i} \left(-\sin\vartheta \frac{\partial}{\partial\vartheta} - \cot\vartheta \cos\varphi \frac{\partial}{\partial\varphi} \right), \tag{6.103}$$

$$L_y = \frac{\hbar}{i} \left(-\cos\vartheta \frac{\partial}{\partial\vartheta} - \cot\vartheta \sin\varphi \frac{\partial}{\partial\varphi} \right) \tag{6.104}$$

und

$$\boxed{L_z = \frac{\hbar}{i} \frac{\partial}{\partial\varphi}.} \tag{6.105}$$

Damit ergibt sich

$$L_\pm = L_x \pm iL_y = \frac{\hbar}{i}(-\sin\varphi \pm i\cos\varphi)\frac{\partial}{\partial\vartheta} - \frac{\hbar}{i}\left[\frac{\sin\vartheta}{\cos\vartheta}\cos\varphi \pm i\frac{\cos\vartheta}{\sin\vartheta}\sin\varphi\right]\frac{\partial}{\partial\varphi}$$

$$= \hbar(i\sin\varphi \pm \cos\varphi)\frac{\partial}{\partial\vartheta} - \hbar\cot\vartheta(\pm\sin\varphi - i\cos\varphi)\frac{\partial}{\partial\varphi}. \tag{6.106}$$

In der zweiten Zeile dieser Gleichung haben wir mit $\frac{i}{i}$ erweitert. Durch Verwendung der Euler'schen Formel $e^{i\varphi} = \cos\varphi + i\sin\varphi$ und Ausklammern von $\hbar$ ergibt sich schließlich für die Leiteroperatoren in Kugelkoordinaten

$$\boxed{L_\pm = \hbar e^{\pm i\varphi}\left(\pm\frac{\partial}{\partial\vartheta} + i\cot\vartheta \frac{\partial}{\partial\varphi}\right).} \tag{6.107}$$

Das Quadrat des Drehimpulses haben wir bereits in Abschn. 6.3 diskutiert. Man kann es auch herleiten aus Gl. (6.71b),

$$\vec{L}^2 = \frac{1}{2}(L_+L_- + L_-L_+) + L_z^2,$$

und erhält

$$\boxed{\vec{L}^2 = -\frac{\hbar^2}{\sin^2\vartheta}\left(\sin\vartheta \frac{\partial}{\partial\vartheta}\sin\vartheta \frac{\partial}{\partial\vartheta} + \frac{\partial^2}{\partial\varphi^2}\right) = -\hbar\Delta_{\vartheta,\varphi}.} \tag{6.108}$$

Die Größe $\Delta_{\vartheta,\varphi}$ ist der Winkelanteil des Laplace-Operators. Die Eigenfunktionen des Drehimpulsoperators hängen nur von den Winkeln ab. Wir verwenden konventionsgemäß den Buchstaben Y für die winkelabhängigen Eigenfunktionen in der Ortsdarstellung.

$$|l, m\rangle \quad \Longrightarrow \quad Y_{l,m}(\vartheta, \varphi).$$

Wegen der Orthonormalität der Eigenzustände fordern wir auch die Orthogonalitätsrelation für die Eigenfunktionen in der Ortsdarstellung, also:

$$\langle l', m'|m, l \rangle = \delta_{ll'} \delta_{mm'} = \int\limits_{-\infty}^{\infty} Y_{l',m'}^*(\vartheta, \varphi)\, Y_{lm}(\vartheta, \varphi)\, \mathrm{d}\Omega, \qquad (6.109)$$

wobei das Raumwinkel-Element $\mathrm{d}\Omega$ gegeben ist durch

$$\mathrm{d}\Omega = \frac{\mathrm{d}F}{r^2} = \sin\vartheta\, \mathrm{d}\vartheta\, \mathrm{d}\varphi. \qquad (6.110)$$

Die Eigenfunktion $Y_{l,l'}$ bestimmt man am einfachsten aus der Ortsdarstellung der Gleichungen

$$L_+|l, l\rangle = 0, \quad L_z|l, l\rangle = \hbar l |l, l\rangle, \qquad (6.111)$$

denn wir wissen aus dem vorigen Abschnitt, dass die Kenntnis der Eigenzustände $|l, l\rangle$ ausreicht, um alle weiteren Eigenzustände durch Anwendung des Operators L_- zu berechnen. In der Ortsdarstellung lauten diese Gleichungen:

$$\left(\frac{\partial}{\partial\vartheta} + \mathrm{i}\cot\vartheta \frac{\partial}{\partial\varphi} \right) Y_{l,l}(\vartheta, \varphi) = 0 \qquad (6.112)$$

und

$$\frac{\hbar}{\mathrm{i}} \frac{\partial}{\partial\varphi} Y_{l,l} = \hbar l\, Y_{l,l}. \qquad (6.113)$$

Das Lösen dieser gewöhnlichen Differenzialgleichung 1. Ordnung (siehe Exkurs 5.1) liefert sofort:

$$\boxed{Y_{l,l'}(\vartheta, \varphi) = \mathrm{e}^{\mathrm{i}l\varphi} f_l(\vartheta).} \qquad (6.114)$$

Ein quantenmechanischer Zustand muss eindeutig definiert sein. Damit die Funktion $Y_{l,l'}$ periodisch eindeutig in φ ist, muss l (und damit auch m) eine ganze Zahl sein. Warum ist das so? Nach einem vollen Umlauf um $\varphi = 2\pi$ muss die periodische Funktion $Y_{l,l'}$ wieder denselben Funktionswert haben, also in sich selbst übergehen – dies kann aber nur der Fall sein, wenn die Zahl l im Exponenten der e-Funktion ganzzahlig ist. Wir formulieren dieses wichtige Ergebnis als Satz:

Satz 6.2 (Eigenwerte beim Bahndrehimpuls)
Die Eigenwerte l und m aus der allgemeinen Drehimpulsalgebra sind ganzzahlige Werte beim Bahndrehimpuls eines Teilchens.

Die mathematisch mit der Drehimpulsalgebra verträglichen halbzahligen Werte sind also für die Eigenwerte und Eigenvektoren des Bahndrehimpulses nicht zulässig. Die bei der Lösung von Gl. (6.113) unbestimmt gebliebene allgemeine Funktion $f_l(\vartheta)$ müssen wir nun aus Gl. (6.112) bestimmen. Einsetzen von Gl (6.114) in diese Gleichung ergibt

$$\frac{\partial f_l(\vartheta)}{\partial \vartheta} = l\,\frac{\cos\vartheta}{\sin\vartheta}\,f_l(\vartheta), \tag{6.115}$$

$$\Longrightarrow \quad \frac{\mathrm{d} f_l(\vartheta)}{f_l(\vartheta)} = l\,\frac{\mathrm{d}\sin\vartheta}{\sin\vartheta}. \tag{6.116}$$

In der letzten Gleichung haben wir die partielle Ableitung ∂ durch das totale Differenzial d ersetzen können, weil $F_l(\vartheta)$ *absolut* von ϑ, also nur von dieser einen Variablen abhängt. Die Lösung dieser gewöhnlichen Differenzialgleichung 1. Ordnung ergibt

$$\ln f_l(\vartheta) = l\ln\sin\vartheta + \ln C_l \quad \Longrightarrow \quad f_l(\vartheta) = C_l\sin^l\vartheta, \tag{6.117}$$

mit der Integrationskonstanten C_l. Setzen wir das Ergebnis in Gl. (6.114) ein, erhalten wir

$$\boxed{Y_{l,l}(\vartheta,\varphi) = C_l\sin^l\vartheta\,\mathrm{e}^{il\varphi}.} \tag{6.118}$$

Berechnung der Normierungskonstanten C_l

Wir müssen noch die Normierung der Eigenfunktionen $Y_{l,l}$ durchführen und damit die Integrationskonstante C_l festlegen. Dazu setzen wir Gl. (6.118) in (6.109) ein und erhalten

$$1 = |C_l|^2\int_0^\pi\int_0^{2\pi}\sin^{2l}\vartheta\,\sin\vartheta\,\mathrm{d}\vartheta\,\mathrm{d}\varphi = 4\pi\,|C_l|^2\int_0^{\pi/2}\sin^{2l}\vartheta\,\sin\vartheta\,\mathrm{d}\vartheta \tag{6.119a}$$

$$= 4\pi\int_0^1(1-x^2)^l\,\mathrm{d}x. \tag{6.119b}$$

Wir haben hierbei $\sin^{2l}\vartheta = 1 - \cos^{2l}\vartheta$ und die Substitution $\cos\vartheta = x$ mit $-\sin\vartheta\,\mathrm{d}\vartheta = \mathrm{d}x$ durchgeführt und das negative Vorzeichen durch eine Vertauschung der Integrationsgrenzen berücksichtigt. Wir werten jetzt das Integral in Gl. (6.119b) mittels partieller Integration aus:

$$I(l) = \int_0^1(1-x^2)\,\mathrm{d}x = \underbrace{x(1-x^2)^l\Big|_0^1}_{=\,0,\ \text{wegen } l\geq 1} - \int_0^1 x\cdot l(1-x^2)^{l-1}(-2x)\,\mathrm{d}x$$

$$= 2l \int\limits_0^1 \left[\left(1 - x^2\right)^{l-1} - (1 - x^2)(1 - x^2)^{l-1} \right] dx$$

$$= 2l \left[I(l-1) - I(l) \right]. \tag{6.120}$$

In der zweiten Zeile von Gl. (6.120) haben wir x^2 geschrieben als $x^2 = 1 - (1 - x^2)$. Für das Integral $I(l)$ ergibt sich also eine *Rekursionsformel*:

$$I(l) = \frac{2l}{2l+1} I(l-1), \quad \text{mit} \ \ l \geq 1, \ \ I(0) = 1. \tag{6.121}$$

Damit folgt insgesamt

$$I(l) = \frac{2l}{2l+1} \cdot \frac{2l}{2l} \cdot \frac{2(l-1)}{2l-1} \cdot \frac{2(l-1)}{2(l-1)} \cdot \frac{2(l-2)}{2l-3} \cdots \frac{2}{3} \cdot 1. \tag{6.122}$$

Der unterstrichene Term wurde hinzugefügt (ohne dass an der Gleichung etwas geändert wurden). Diese Beziehung lässt sich kompakt so schreiben:

$$I(l) = \frac{2^l l! \, 2^l l!}{(2l+1)!}. \tag{6.123}$$

Damit folgt schließlich

$$|C_l|^2 = \frac{(2l+1)!}{4\pi \left(2^l l!\right)^2} \tag{6.124}$$

bzw.

$$C_l = \frac{(-1)^l}{2^l l!} \sqrt{\frac{(2l+1)!}{4\pi}} = \frac{(-1)^l \sqrt{2l+1} \sqrt{(2l)!}}{2^l l! \sqrt{4\pi}}. \tag{6.125}$$

Der Faktor $(-1)^l$ wurde hier aus Konventionsgründen hinzugefügt, damit die endgültige Form der Eigenfunktionen $Y_{l,l}$ der üblichen Definition der Kugelflächenfunktionen $Y_{l,m}(\vartheta, \varphi)$ in der Mathematik entsprechen – dies ist möglich, weil die Eigenfunktionen nur bis auf einen (willkürlichen) Phasenfaktor definiert sind. Wegen Gl. (6.83b) können wir uns die anderen Eigenfunktionen $Y_{l,m}$ durch wiederholte Anwendung von L_- auf $Y_{l,l}$ verschaffen:

$$\boxed{Y_{l,l}(\vartheta, \varphi) = \sqrt{\frac{(l+m)!}{(2l)!\,(l-m)!}} \left(\frac{L_-}{\hbar}\right)^{l-m} Y_{l,l}(\vartheta, \varphi).} \tag{6.126}$$

Wenden wir insbesondere den Differenzialoperator L_- auf $\mathrm{e}^{\mathrm{i}n\varphi} f_l(\vartheta)$ an, so erhalten wir:

$$\frac{L_-}{\hbar} \mathrm{e}^{\mathrm{i}n\varphi} f_l(\vartheta) = \mathrm{e}^{-\mathrm{i}\varphi} \left(-\frac{\partial}{\partial\vartheta} + \mathrm{i}\frac{\cos\vartheta}{\sin\vartheta} \frac{\partial}{\partial\varphi} \right) \mathrm{e}^{\mathrm{i}n\varphi} f_l(\vartheta)$$

$$= \mathrm{e}^{\mathrm{i}(n-1)\varphi} \left(-\frac{\partial}{\partial\vartheta} - n\frac{\cos\vartheta}{\sin\vartheta} \right) f_l(\vartheta). \tag{6.127}$$

Wir verwenden die folgenden Beziehungen (beachten Sie, dass der Operator nur noch auf eine Funktion von ϑ wirkt):

$$-\frac{\partial}{\partial\vartheta} f_l(\vartheta) = -\frac{\partial\cos\vartheta}{\partial\vartheta} \frac{\partial}{\partial\cos\vartheta} f_l(\vartheta) = \sin\vartheta \frac{\partial}{\partial\cos\vartheta} f_l(\vartheta), \tag{6.128}$$

sowie

$$-\frac{\partial\sin\vartheta}{\partial\cos\vartheta} = \frac{\cos\vartheta}{\sin\vartheta}. \tag{6.129}$$

Damit können wir schreiben:

$$-\frac{\partial}{\partial\vartheta} f_l(\vartheta) - n\frac{\cos\vartheta}{\sin\vartheta} f_l(\vartheta) = \sin\vartheta \frac{\partial}{\partial\cos\vartheta} f_l(\vartheta) + n\left(\frac{\partial\sin\vartheta}{\partial\cos\vartheta}\right) f_l(\vartheta)$$

$$= \frac{1}{\sin 1^{n-1}\vartheta} \frac{\partial}{\partial\cos\vartheta} \sin^n\vartheta \, f_l(\vartheta). \tag{6.130}$$

$$-\frac{\partial}{\partial\vartheta} f_l(\vartheta) - n\frac{\cos\vartheta}{\sin\vartheta} f_l(\vartheta) = \sin\vartheta \frac{\partial}{\partial\cos\vartheta} f_l(\vartheta) + n\left(\frac{\partial\sin\vartheta}{\partial\cos\vartheta}\right) f_l(\vartheta)$$

$$= \frac{1}{\sin^{n-1}\vartheta} \frac{\partial}{\partial\cos\vartheta} \sin^n\vartheta \, f_l(\vartheta). \tag{6.131}$$

Wenn wir diese Relation in Gl. (6.127) einsetzen, gelangen wir zu

$$\boxed{\frac{L_-}{\hbar} \mathrm{e}^{\mathrm{i}n\varphi} f_l(\vartheta) = \mathrm{e}^{\mathrm{i}(n-1)\varphi} \frac{1}{\sin^{n-1}\vartheta} \frac{\partial}{\partial\cos\vartheta} \sin^n\vartheta \, f_l(\vartheta).} \tag{6.132}$$

Mit $n = l$ und $m = l - 1$ folgt aus Gl. (6.126):

$$Y_{l,l-1}(\vartheta, \varphi) = \sqrt{\frac{(l+l-1)!}{(2\,l)!\,(l-l+1)!}} \, C_l \, \mathrm{e}^{\mathrm{i}(l-1)\varphi} \frac{1}{\sin^{l-1}\vartheta} \frac{\partial}{\partial\cos\vartheta} \sin^{2l}\vartheta. \tag{6.133}$$

Nochmalige Anwendung von L_- liefert

$$Y_{l,l-2}(\vartheta, \varphi) = \sqrt{\frac{(l+l-2)!}{(2\,l)!\,(l-l+2)!}} \, C_l \, \mathrm{e}^{\mathrm{i}(l-2)\varphi} \frac{1}{\sin^{l-2}\vartheta} \left(\frac{\partial}{\partial\cos\vartheta}\right)^2 \sin^{2l}\vartheta$$

$$\tag{6.134}$$

oder allgemein:

$$Y_{l,m}(\vartheta, \varphi) = \sqrt{\frac{(l+m)!}{(2\,l)!\,(l-m)!}}\, C_l\, e^{im\varphi}\, \frac{1}{\sin^m \vartheta} \left(\frac{\partial}{\partial \cos \vartheta} \right)^{l-m} \sin^{2l} \vartheta \qquad (6.135)$$

bzw., nach Einsetzen von C_l aus Gl. (6.125):

$$\boxed{Y_{l,m}(\vartheta, \varphi) = \frac{(-1)^l}{2^l\, l!} \sqrt{\frac{(2\,l+1)(l+m)!}{4\pi\,(l-m)!}}\, \frac{e^{im\varphi}}{\sin^m \vartheta} \left(\frac{\partial}{\partial \cos \vartheta} \right)^{l-m} \sin^{2l} \vartheta.} \qquad (6.136)$$

In der Mathematik werden die Funktionen $Y_{l,m}$ als *Kugel*– bzw. *Kugelflächenfunktionen* bezeichnet (Def. 6.2). Sie treten typischerweise bei Separationsansätzen für kugelsymmetrische Probleme auf. Zur Darstellung dieser Funktionen verwendet man üblicherweise die *zugeordneten Legendre'schen Polynome* P_l^m (siehe Def. 6.3) – dies sind Polynome in $\sin \vartheta$ und $\cos \vartheta$:

Definition 6.2
Die Kugelflächenfunktionen lauten:

$$Y_{l,m}(\vartheta, \varphi) = \sqrt{\frac{(2\,l+1)(l-m)!}{4\pi\,(l+m)!}}\, P_l^m(\cos \vartheta)\, e^{im\varphi}, \quad m \geq 0. \qquad (6.137)$$

Für $m < 0$ sind die Kugelflächenfunktionen über die Relation

$$Y_{l,-m}(\vartheta, \varphi) = (-1)^m Y_{l,m}^*(\vartheta, \varphi) \qquad (6.138)$$

festgelegt.

Die zugeordneten Legendre'schen Polynome $P_l^m(x)$ sind festgelegt über eine Ableitungsregel bei den *Legendre'schen Polynomen* $P_l(x)$:

Definition 6.3 (Die (zugeordneten) Legendre'schen Polynome)
Die zugeordneten Legendre'schen Polynome lauten:

$$P_l^m(x) = (-1)^m (1-x^2)^{m/2} \left(\frac{d}{dx} \right)^m P_l(x), \qquad (6.139)$$

---

wobei die Legendre'schen Polynome definiert sind als

$$P_l(x) = \frac{1}{2^l\,l!} \left(\frac{d}{dx}\right)^l (x^2 - 1)^l. \tag{6.140}$$

Aus Gl. (6.136) kann man noch eine wichtige Eigenschaft der Kugelflächenfunktionen bezüglich ihre Parität herleiten:

$$Y_{l,m}(\vartheta, \varphi) = (-1)^l\, Y_{l,m}(\pi - \vartheta, \varphi + \pi). \tag{6.141}$$

Die hier angegebene Transformation $(\vartheta, \varphi) \longrightarrow (\pi - \vartheta, \varphi + \pi)$ ist eine Paritätsoperation (Spiegelung). Bei dieser Operation bleibt die Kugelflächenfunktion bis auf das Vorzeichen invariant. Je nachdem, ob l eine gerade oder eine ungerade Zahl ist, ist die Kugelflächenfunktion symmetrisch bzw. antisymmetrisch bezüglich der Paritätsoperation.

In der Physik bezeichnet man die quantenmechanischen Drehimpulszustände zu einem gegebenen Messwert $\hbar^2 l(l + 1)$ des Drehimpulsquadrats mit $l = 0, 1, 2, 3, 4, \ldots$ als s-, p-, d-, f-, g-, ...-Zustände. Die Zahl l wird in diesem Zusammenhang auch als *Drehimpulsquantenzahl* oder *Nebenquantenzahl* bezeichnet. Die Buchstabenbezeichnungen (*s*harp, *p*rincipal, *d*iffuse, *f*undamental) haben heute keine Bedeutung mehr und sind ursprünglich aus der Spektroskopie (vor allem des Wasserstoffatoms) erwachsen – sie werden nach dem g alphabetisch fortgesetzt. Weil die Energieentartung von Eigenwerten in einem Magnetfeld $\vec{B}$ aufgehoben ist und somit Spektrallinien weiter aufgespalten sind, nennt man m auch *Magnetquantenzahl*.

Diskussion der Drehimpuls-Eigenzustände
Wir wollen in diesem Abschnitt die niedrigsten Eigenfunktionen des quantenmechanischen Drehimpulses etwas näher diskutieren. Dazu verwenden wir die Darstellung der Funktionen im Polardiagramm (Abb. 6.3).

Dabei verwendet man ϑ als Polarwinkel, während die Radialkomponente mit $|Y_{l,m}|^2$ identifiziert wird.

1. $l = 0, m = 0$, Anzahl: 1, s-Funktion, gerade Parität.

Für $l = 0$ folgt automatisch $m = 0$. Es ist dann gar kein Drehimpuls vorhanden. Dieser s-Zustand ist vollständig rotationssymmetrisch, also winkelunabhängig. Die zugehörige Kugelflächenfunktion lautet nach Def. 6.2:

$$Y_{0,0}(\vartheta, \varphi) = \frac{1}{\sqrt{4\pi}}. \tag{6.142}$$

Abb. 6.3 Darstellung von $|Y_{l,m}|^2$ im Polardiagramm

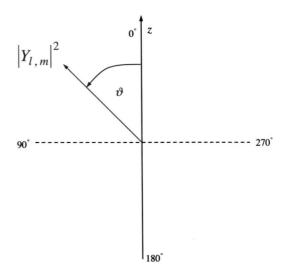

Ihre Darstellung im Polardiagramm ist in Abb. 6.4 gezeigt.

2. $l = 1, m = 0, m = \pm 1$, Anzahl: 3, p-Funktion, ungerade Parität.

Der p-Zustand entspricht der Nebenquantenzahl $l = 1$. Die Magnetquantenzahl m hat hier drei Einstellungen: $m = -1, 0, +1$. Die zugehörigen Kugelflächenfunktionen lauten nach Def. 6.2:

$$Y_{1,\pm 1}(\vartheta, \varphi) = \sqrt{\frac{3}{8\pi}} \sin \vartheta \; e^{\pm i\varphi}, \tag{6.143}$$

$$Y_{1,0}(\vartheta, \varphi) = \sqrt{\frac{1}{4\pi}} \cos \vartheta. \tag{6.144}$$

Beide Funktionen sind in Abb. 6.5 zu sehen. Für $Y_{1,\pm 1}$ ist die Aufenthaltswahrscheinlichkeit des Teilchens in der Nähe der z-Achse am kleinsten, und der experimentell gemessene Drehimpuls weist nicht-verschwindende x- und y-Komponenten auf.

Abb. 6.4 Darstellung von $|Y_{0,0}|^2$ im Polardiagramm

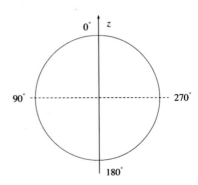

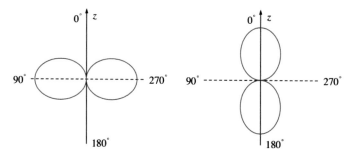

Abb. 6.5 Darstellung von $|Y_{1,\pm1}|^2$ (links) und $|Y_{1,0}|^2$ (rechts) im Polardiagramm

Nur für die quantenmechanischen Mittelwerte finden wir $\langle L_x \rangle = \langle L_y \rangle = 0$. Für $Y_{1,0}$ ist die Aufenthaltswahrscheinlichkeit in der Nähe der z-Achse am größten. Die z-Komponente $L_z = 0$ des Drehimpulses ist hier scharf fixiert, und für das Quadrat des Drehimpulses misst man den scharfen, von null verschiedenen Messwert $\hbar^2 l(l + 1)$.

3. $l = 2$, $m = 0$, $m = \pm1$, $m = \pm2$, Anzahl: 5, d-Funktion, gerade Parität.

Der d-Zustand entspricht der Nebenquantenzahl $l = 2$. Man unterscheidet fünf Eigenzustände (Abb. 6.6), die durch die Magnetquantenzahlen $m = 0, \pm1, \pm2$ gegeben sind. Die zugehörigen Kugelflächenfunktionen lauten nach Def. 6.2:

$$Y_{2,\pm2}(\vartheta, \varphi) = \sqrt{\frac{15}{32\pi}} \sin^2 \vartheta \, e^{\pm2i\varphi}, \tag{6.145}$$

$$Y_{2,\pm1}(\vartheta, \varphi) = -\sqrt{\frac{15}{8\pi}} \cos \vartheta \sin \vartheta \, e^{\pm i\varphi}, \tag{6.146}$$

$$Y_{2,0}(\vartheta, \varphi) = \sqrt{\frac{5}{16\pi}} \left(3 \cos^2 \vartheta - 1\right). \tag{6.147}$$

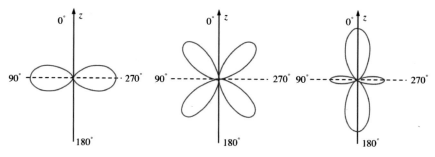

Abb. 6.6 Darstellung von $|Y_{2,\pm2}|^2$, $|Y_{2,\pm1}|^2$ und $|Y_{2,0}|^2$ (von links nach rechts) im Polardiagramm

Tab. 6.1 Übersicht über die winkelabhängigen Eigenfunktionen (die Kugelflächenfunktionen) $Y_{l,m}(\vartheta, \varphi)$ bei der Bewegung im Zentralfeld für die Quantenzahlen $l = 1, 2, 3$

l	m	$Y_{l,m}(\vartheta, \varphi)$
0	0	$\frac{1}{2\sqrt{\pi}}$
1	0 1	$\frac{\sqrt{3}}{2\sqrt{\pi}} \cos \vartheta$
1	±1	$\frac{\sqrt{3}}{2\sqrt{2\pi}} \sin \vartheta\, e^{\pm i\varphi}$
2	0	$\frac{\sqrt{5}}{4\sqrt{\pi}} \left(3\cos^2 \vartheta - 1\right)$
2	±1	$\frac{\sqrt{15}}{2\sqrt{2\pi}} \cos \vartheta \sin \vartheta\, e^{\pm i\varphi}$
2	±2	$\frac{\sqrt{15}}{4\sqrt{2\pi}} \sin^2 \vartheta\, e^{\pm 2i\varphi}$
3	0	$\frac{\sqrt{7}}{4\sqrt{\pi}} \left(5\cos^3 \vartheta - 3\cos \vartheta\right)$
3	±1	$\frac{\sqrt{21}}{8\sqrt{\pi}} \left(5\cos^2 -1\right) e^{\pm i\varphi}$
3	±2	$\frac{\sqrt{105}}{4\sqrt{2\pi}} \cos \vartheta \sin \vartheta\, e^{\pm 2i\varphi}$
3	±3	$\frac{\sqrt{35}}{8\sqrt{\pi}} \sin^3 \vartheta\, e^{\pm 3i\varphi}$

Tab. 6.1 zeigt einen Überblick über die winkelabhängigen Eigenfunktionen $Y_{l,m}(\vartheta, \varphi)$ bei der Bewegung im Zentralfeld für $l = 1, 2, 3$.

6.5 Die radiale Schrödinger-Gleichung: Das Wasserstoffproblem

Nachdem wir in Abschn. 6.4 den winkelabhängigen Teil der Wellenfunktion bei der Bewegung im Zentralfeld gewonnen und die Eigenwerte zum Quadrat des Drehimpulsoperators bestimmt haben, suchen wir jetzt noch eine Lösung für den radialen Teil $u_{n,l}(r)$ der Wellenfunktion:

$$\psi_{n,l,m}(r, \vartheta, \varphi) = \frac{u_{n,l}(r)}{r} Y_{l,m}(\vartheta, \varphi), \tag{6.148}$$

welcher der bereits in Gl. (6.54) aufgestellten radialen Schrödinger-Gleichung genügt:

$$\left(-\frac{\hbar^2}{2\,m} \frac{d^2}{dr^2} + V_{\text{eff}}^{(l)}\right) u_{n,l}(r) = E_{n,l}\, u_{n,l}(r). \tag{6.149}$$

Weil hierin die Drehimpulsquantenzahl l auftaucht und in der Gesamtwellenfunktion die Hauptquantenzahl n, erwarten wir, dass im Allgemeinen sowohl die Eigenfunktion $u(r)$ als auch die Eigenwerte E von diesen Quantenzahlen abhängen werden. Das effektive Potenzial ist gegeben durch

$$V_{\text{eff}}^{(l)} = V(r) + \frac{\hbar^2\, l(l+1)}{2mr^2}, \quad \text{mit}\quad l = 0, 1, 2, \dots. \tag{6.150}$$

Bis jetzt waren unsere Ableitungen und Überlegungen für ein völlig beliebiges, zentralsymmetrisches Potenzial $V(r)$ gültig. Um Gl. (6.149) aber konkret lösen zu können, müssen wir das Potenzial $V(r)$ kennen.

6.5.1 Spezialisierung auf das H-Atom

Bisher waren unsere Überlegungen allgemeingültig für jedes beliebige Zentralpotenzial. Wir wollen uns jetzt speziell auf das Wasserstoffatom beschränken. Für dieses ist das radialsymmetrische Potenzial das Coulomb-Potenzial, welches gegeben ist durch

$$V(r) = -\frac{1}{4\pi\varepsilon_0}\frac{e^2}{r}. \tag{6.151}$$

Damit lautet die Schrödinger-Gleichung für das H-Atom:

$$\left(-\frac{\hbar^2}{2m}\frac{d^2}{dr^2} - E_{n,l} - \frac{1}{4\pi\varepsilon_0}\frac{e^2}{r} + \frac{\hbar^2 l(l+1)}{2mr^2}\right) u_{n,l}(r) = 0. \tag{6.152}$$

Für die weitere Behandlung dieser Gleichung ist es sehr zweckmäßig, dimensionslose Größen einzuführen in der Form:

$$\rho = \frac{r}{a_B}, \tag{6.153}$$

$$\epsilon_{n,l} = \frac{E_{n,l}}{E_{ion}}. \tag{6.154}$$

Wir verwenden also als Einheitslänge den Bohr'schen Radius a_B aus Gl. (2.184) und die Rydberg-Energie (die erste Ionisierungsenergie des H-Atoms) E_{ion} aus Gl. (2.185):

$$a_B = a_1 = a_0 = \frac{4\pi\varepsilon_0\hbar^2}{me^2} \approx 0{,}5\,\text{Å}, \tag{6.155}$$

$$E_{ion} = \frac{e^4 m}{32\pi^2\varepsilon_0{}^2\hbar^2} \approx 13{,}6\,\text{eV}. \tag{6.156}$$

Wir haben in Gl. (6.155) die Konvention verwendet, den ersten Bohr'schen Radius a_1 nicht mit dem Index 1 zu markieren, sondern mit dem Index 0. Dies ist eigentlich nicht korrekt, denn die erste Bohr'sche Bahn bezieht sich auf die Hauptquantenzahl $n = 1$ und nicht auf $n = 0$; aber das ist allgemeine Konvention in der quantenmechanischen Literatur. Durch direktes Einsetzen der dimensionslosen Größen in Gl. (6.152) und elementares algebraisches Sortieren der Terme auf der linken Seite der Gleichung erhalten wir die normierte eindimensionale Schrödinger-Gleichung für den Radialanteil:

$$\boxed{\frac{d^2 u_{n,l}(\rho)}{d\rho^2} + \left(\epsilon_{n,l} + \frac{2}{\rho} - \frac{l(l+1)}{\rho^2}\right) u_{n,l}(r) = 0.} \tag{6.157}$$

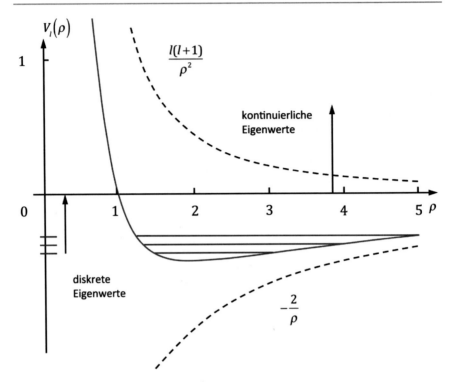

Abb. 6.7 Effektives Potenzial $V_l(\rho)$ der normierten radialen Schrödinger-Gleichung. Für die Abbildung wurde $l = 1$ gewählt. Der positive Teil $l(l+1)/\rho^2$ des Potenzials stellt die abstoßende sogen. Drehimpulsbarriere dar, während der negative Teil das anziehende Coulomb-Potenzial ist. Das resultierende Potenzial hat im negativen Bereich diskrete Bindungszustände und für $V_l(\rho) > 0$ ein Kontinuum an ungebundenen Energiezuständen

Das Potenzial

$$V_l(\rho) = -\left(\frac{2}{\rho} - \frac{l(l+1)}{\rho^2}\right) \qquad (6.158)$$

der normierten Schrödinger-Gleichung ist in Abb. 6.7 dargestellt. Um uns einen Überblick über die Lösungen von Gl. (6.157) zu verschaffen, untersuchen wir als erstes das asymptotische Verhalten der Lösung $u(\rho)$ für kleine und für große Werte von ρ.

Verhalten der Lösung $u(\rho)$ für $\rho \ll 1$

Um die Lösung der eindimensionalen Eigenwert-Differenzialgleichung zu bestimmen, führen wir eine weitere Reskalierung durch, um das Problem anschließend zu vereinfachen. Dazu setzen wir $\rho = \kappa x$; damit wird Gl. (6.157) zu

$$\frac{\mathrm{d}^2 u}{\mathrm{d}x^2} + \left(\epsilon_{n,l}\kappa^2 + \frac{2\kappa}{x} - \frac{l(l+1)}{x^2}\right)u_{n,l} = 0. \qquad (6.159)$$

Beim Grenzübergang $\kappa \to 0$ geht diese Gleichung über in die Differenzialgleichung

$$\frac{d^2 u}{dx^2} - \frac{l(l+1)}{x^2} u_{n,l} = 0. \tag{6.160}$$

Das ist die sogen. *Euler'sche Differenzialgleichung*, die mit einem Exponentialansatz $u = x^\lambda$ gelöst werden kann. Setzen wir diesen Ansatz hier ein, erhalten wir die charakteristische Gleichung

$$\lambda(\lambda - 1) - l(l+1) = 0 \tag{6.161}$$

mit den beiden Lösungen

$$\lambda_1 = l+1 \quad \text{und} \quad \lambda_2 = -l. \tag{6.162}$$

Die Lösung λ_2 wollen wir nun ausschließen, weil sie physikalisch sinnlos ist, denn sie würde dazu führen, dass die gesuchte Eigenlösung $u(\rho)$ (und damit auch $\psi_{n,l,m}$) für $\rho \to 0$ und für alle $l > 0$ unendlich wird, also divergiert und damit nicht normierbar ist. Dies bedeutet, dass für kleine Werte ρ die Funktion $u_{n,l}(\rho)$ das folgende asymptotische Verhalten aufweist:

$$\boxed{u_{n,l}(\rho) \approx \rho^{l+1} \quad \text{für} \quad \rho \to 0.} \tag{6.163}$$

Verhalten der Lösung $u(\rho)$ für $\rho \to \infty$
Um die Differenzialgleichung (6.157) zu lösen, vernachlässigen wir die Terme mit ρ^{-1} und ρ^{-2}, denn für den Grenzfall $\rho \to \infty$ werden diese Terme beliebig klein und daher vernachlässigbar. Damit haben wir als verbleibende Differenzialgleichung

$$\frac{d^2 u_{n,l}}{d\rho^2} + \epsilon\, u_{n,l} = 0 \tag{6.164}$$

mit den wohlbekannten Lösungen (s. Exkurs 5.1):

$$u_{n,l} = A\, e^{i\sqrt{\epsilon}\rho} + B\, e^{-i\sqrt{\epsilon}\rho}, \quad \text{für} \ \epsilon > 0, \tag{6.165}$$

$$u_{n,l} = A\, e^{i\alpha\rho} + B\, e^{-i\alpha\rho}, \quad \text{für} \ \epsilon = -\alpha^2 < 0. \tag{6.166}$$

Bei $\epsilon > 0$ treten ungebundene, kontinuierliche Lösungen auf, die in der Streutheorie eine große Rolle spielen und hier nicht weiter betrachtet werden sollen. Unser Interesse gilt den diskreten, gebundenen Energiezuständen. Es sei also $\epsilon < 0$. Nach unserem Wissen über das Verhalten der Wellenfunktion bei gebundenen Zuständen aus Abschn. 3.4 müssen wir die exponentiell ansteigende Lösung ausschließen. Deshalb haben wir für großes ρ das asymptotische Verhalten:

$$\boxed{u_{n,l}(\rho) = A\, e^{-\alpha\rho} \quad \text{für} \ \rho \gg 1.} \tag{6.167}$$

Die asymptotische Lösung und die Lösung in der Nähe des Ursprungs legen den folgenden Ansatz für eine Lösung nahe:

$$u_{n,l}(\rho) = \rho^{l+1} \left(\sum_{\nu=0}^{\infty} c_\nu \rho^\nu \right) e^{-\alpha\rho} = \sum_{\nu=0}^{\infty} c_\nu \rho^{l+\nu+1} e^{-\alpha\rho}. \tag{6.168}$$

Die reguläre Potenzreihe hierin wird für große Abstände ρ durch die Exponential-funktion und für sehr kleine Abstände durch das Potenzgesetz $u \propto \rho^{1+l}$ dominiert. Einsetzen in die Differenzialgleichung liefert

$$\sum_{\nu=0}^{\infty} c_\nu \Big[(l+\nu+1)(l+\nu)\rho^{l+\nu-1} + 2(l+\nu+1)(-\alpha)\rho^{l+\nu} \tag{6.169}$$

$$+ \underline{\alpha^2 \rho^{l+\nu+1} - \alpha^2 \rho^{l+\nu+1}} + 2\rho^{l+\nu} - l(l+1)\rho^{l+\nu-1} \Big] e^{-\alpha\rho} = 0. \tag{6.170}$$

Die beiden unterstrichenen Terme kompensieren einander. Nach Multiplikation der Gleichung mit $e^{\alpha\rho}$ und der Verschiebung des Summationsindex um 1 im zweiten und im fünften Term sowie der Berücksichtigung der Kompensation des ersten und des sechsten Terms für $\nu = 0$ (rechnen Sie dies nach!) erhalten wir:

$$\sum_{\nu=1}^{\infty} \Big\{ c_{\nu+1} \big[(l+\nu+2)(l+\nu+1) - l(l+1)\big] - c_\nu \big[2\alpha(l+\nu+1) - 2 \big] \Big\} \rho^{l+\nu}. \tag{6.171}$$

Diese Gleichung kann nur erfüllt werden, wenn die Koeffizienten aller Potenzen ρ^ν einzeln verschwinden. Es folgt also:

$$c_{\nu+1} = 2 \frac{\alpha(l+\nu+1) - 1}{(l+\nu+2)(l+\nu+1) - l(l+1)} c_\nu = 2 \frac{\alpha(l+\nu+1) - 1}{(\nu+1)(\nu+1+2l+1)} c_\nu.$$

$$\tag{6.172}$$

Durch Vorgabe von c_0 lassen sich also aus dieser Rekursionsformel alle anderen Koeffizienten sukzessive berechnen. Der freie Koeffizient c_0 selbst wird durch die Normierungsbedingung festgelegt.

Normierbarkeit der Lösung

Die Eigenzustände des Wasserstoffatoms müssen normierbar sein. Das erfor-dert gewisse Bedingungen, denen die Koeffizienten c_ν der Reihenentwicklung in Gl. (6.168) genügen müssen. Der Nenner in der Rekursionsformel ist stets größer als null. Wir nehmen nun an, dass gilt:

$$\alpha = \frac{1}{n}, \quad \text{mit} \ n \in \mathbb{N}. \tag{6.173}$$

Wir unterscheiden dann zwei Fälle:

$$\textbf{1. } \alpha \neq \frac{1}{l + \nu + 1} = \frac{1}{n}, \quad n \in \mathbb{N}, \tag{6.174}$$

$$\textbf{2. } \alpha = \frac{1}{l + \nu + 1} = \frac{1}{n}, \quad n \in \mathbb{N}. \tag{6.175}$$

Im ersten Fall bricht die Reihe nicht ab, doch im zweiten Fall bricht sie ab. Im zweiten Fall ist also die Normierbarkeit gewährleistet. Wir wollen uns an dieser Stelle davon überzeugen, dass im ersten Fall die Normierbarkeit nicht gewährleistet ist. Für $\nu \geq N \gg l + 1$ gilt nämlich:

$$c_{\nu+1} = \frac{2\alpha}{\nu + l + 2} c_\nu, \tag{6.176}$$

$$c_\nu = k \frac{(2\alpha)^{\nu+l+1}}{(\nu + l + 1)!}, \tag{6.177}$$

$$k = k \frac{(N + l + 1)!}{(2\alpha)^{N+l+1}} c_N. \tag{6.178}$$

Damit ergibt sich

$$u_{n,l}(\rho) = \left\{ \sum_{\nu=0}^{N-1} c_\nu \rho^{\nu+l+1} + k \sum_{\nu=N}^{\infty} \frac{(2\alpha\rho)^{\nu+l+1}}{(\nu + l + 1)!} \right\} e^{-\alpha\rho} \tag{6.179}$$

$$= \left\{ P_1(\rho) + k\, e^{2\alpha\rho} - k \sum_{\nu=-(l+1)}^{N-1} \frac{(2\alpha\rho)^{\nu+l+1}}{(\nu + l + 1)!} \right\} e^{-\alpha\rho} \tag{6.180}$$

$$= \{ P_1(\rho) - kP_2(\rho) \} e^{-\alpha\rho} + k\, e^{\alpha\rho}. \tag{6.181}$$

Die Terme $P_1(\rho)$ und $P_2(\rho)$ sind Polynome in ρ. Also erhalten wir für u:

$$u_{n,l}(\rho) = P_1(\rho) e^{-\alpha\rho} - kP_2(\rho) e^{-\alpha\rho} + k\, e^{\alpha\rho}. \tag{6.182}$$

Diese Funktion hat wegen $k\, e^{\alpha\rho}$ nicht das richtige asymptotische Verhalten und ist nicht normierbar. Die Terme $P_1(\rho)$ und $P_2(\rho)$ müssen Polynome in ρ sein. Also muss gelten:

$$\alpha = \alpha_n = \frac{1}{l + \nu + 1} = \frac{1}{n}, \quad n \geq l + 1, \tag{6.183}$$

damit die Funktion $u_{n,l}(\rho)$ normierbar bleibt. Die Zahl n wird (wie wir vom Bohr'schen Atommodell bereits wissen) als *Hauptquantenzahl* und die daraus abgeleitete Größe $n_r = \nu_{max} = n - l - 1$, bei der die Potenzreihe abbricht, als *radiale Quantenzahl* bezeichnet.

Die Energieeigenwerte beim H-Atom

Durch die Forderung nach Normierbarkeit der radialen Lösungsfunktion $u_{n,l}(\rho)$ erhält man als Ergebnis, dass nur ganz bestimmte Werte $\alpha = n^{-1}$ als reskalierte Energiewerte zugelassen sind. Wegen unserer Vereinbarung $\epsilon = -\alpha^2$ (s. Gl. 6.166) und wegen

$$\epsilon_n = \frac{E_n}{E_{\text{ion}}} = -\alpha_n^2 = -\frac{1}{n^2} = -\frac{1}{(n_r + l + 1)^2}$$

lauten die Energieeigenwerte beim Wasserstoffatom wie folgt:

$$E_n = E_{n,l} = -\frac{E_{\text{ion}}}{n^2} = \frac{-E_{\text{ion}}}{(n_r + l + 1)^2} \quad n = 1, 2, \ldots, \quad \text{und} \quad n_r = 0, 1, 2, \ldots.$$
(6.184)

Auf die Eigenschaft, dass $E_{n,l}$ nur in der *Kombination* $n = n_r + l + 1$ von n_r und l abhängt, kommen wir noch im übernächsten Abschnitt über die zufällige Entartung beim H-Atom zu sprechen.

Die Eigenfunktionen beim H-Atom

Wir können unseren Lösungsansatz als Potenzreihe für die Eigenfunktionen $u_{n,l}(\rho)$ in Gl. (6.168) in der folgenden Form schreiben:

$$u_{n,l}(\rho) = \rho^{l+1} P_{n_r,l}(\rho)\, e^{-\frac{\rho}{n}}, \tag{6.185}$$

wobei n_r die eben definierte radiale Quantenzahl ist. Die in Gl. (6.168) auftretende Summe ist ein endliches Polynom von Grad n_r. Aus der Rekursionsformel in Gl. (6.172) ergibt sich

$$P_{n_r,l}(\rho) = c_0 \left\{ 1 + \frac{n_r}{2l+2}\left(\frac{-2\rho}{n}\right) + \frac{n_r}{2l+2}\cdot\frac{n_r-1}{(2l+3)\cdot 2}\left(\frac{-2\rho}{n}\right)^2 + \cdots \right\}$$
(6.186)

$$= c_0 \sum_{\nu=0}^{n_r} \frac{n_r!}{(n_r-\nu)!}\frac{(2l+1)!}{(2l+1+\nu)!\nu!}\left(\frac{-2\rho}{n}\right)^\nu. \tag{6.187}$$

Die Polynome hierin lassen sich auf die sogen. *assoziierten Laguerre'schen Polynome* zurückführen. Diese bilden ein vollständiges, orthonormiertes Funktionensystem und sind folgendermaßen definiert:

Definition 6.4 (Die assoziierten Laguerre'schen Polynome $L_n^\alpha(x)$.)
Die Laguerre'schen Polynome $L_n(x)$ sind Lösungen der *Laguerre'schen Differenzialgleichung*

$$\frac{d}{dx}\left(e^{-x}\frac{d}{dx}f(x)\right) + n\,e^{-x}f(x) = 0. \tag{6.188}$$

mit $n \in \mathbb{N}_0$ und $x \in [0, \infty)$. Die Laguerre'schen Polynome sind im Intervall $[0, \infty)$ bezüglich der Gewichtsfunktion e^{-x} zueinander orthogonal, d. h. es gilt:

$$\int\limits_0^\infty e^{-x} L_m(x) L_n(x)\, dx = 0 \quad \text{für} \quad n \neq m. \tag{6.189}$$

Die *assoziierten Laguerre'schen Polynome* $L_n^\alpha(x)$ hängen mit den gewöhnlichen Laguerre'schen Polynomen über die Beziehung

$$L_n^\alpha(x) = (-1)^\alpha \frac{d^\alpha}{dx^\alpha} L_{n+\alpha}(x) = \left(\frac{x^{-\alpha}}{n!}\right) e^x \left(\frac{d}{dx}\right) (e^{-x} x^{n+\alpha}) \tag{6.190}$$

zusammen, was sich nach sehr länglichen Umformungen (die uns hier nicht weiter interessieren) schreiben lässt als:

$$L_n^\alpha(x) = \sum_{\nu=0}^n \binom{n+\alpha}{n-\alpha} \frac{(-x)^\nu}{\nu!} = \sum_{\nu=0}^\infty \frac{(n+\alpha)!}{(n-\nu)!(\alpha+\nu)!} \frac{(-x)^\nu}{\nu!}. \tag{6.191}$$

Anmerkung: Die Größe $\binom{n+\alpha}{n-\alpha}$ ist der Binomialkoeffizient, der in Anhang G definiert wird.

Mit Hilfe der assoziierten Laguerre'schen Polynome können wir die Polynome in Gl. (6.187) schreiben als:

$$P_{n_r,l} = c_0 \frac{n_r!(2l+1)!}{(n_r+2l+1)!} L_{n_r}^{2l+1}\left(\frac{2\rho}{n}\right) = c_{n_r,l} L_{n_r}^{(2l+1)}\left(\frac{2\rho}{n}\right). \tag{6.192}$$

Das Polynom $P_{n_r,l}$ hat n_r reelle Nullstellen, und die Konstante $c_{n_r,l}$ bestimmt sich aus der folgenden Normierungsbedingung:

$$\int\limits_0^\infty \frac{u_{n_r,l}\left(\frac{r}{a_0}\right)}{r} \cdot \frac{u_{n_r,l}\left(\frac{r}{a_0}\right)}{r} r^2 dr = 1. \tag{6.193}$$

Mit Gl. (6.190) folgt

$$\int\limits_0^\infty x^{2l+1} e^{-x} L_{n_r}^{(2l+1)}(x) L_{n_r'}^{(2l+1)}(x)\, dx = \frac{(n_r+2l+1)!}{n_r!} \delta_{n_r,n_r'}. \tag{6.194}$$

Für die gesamte Eigenfunktion erhalten wir das Ergebnis

$$\psi_{n,l,m}(r, \vartheta, \varphi) = \frac{u_{n,l}\left(\frac{r}{a_0}\right)}{r} Y_{l,m}(\vartheta, \varphi), \quad n = n_r + l + 1. \tag{6.195}$$

Diskussion der Zustandsfunktionen beim H-Atom
Wir wollen in diesem Abschnitt etwas genauer die Eigenfunktionen des Wasserstoffatoms für die ersten beiden Hauptquantenzahlen diskutieren. Für $n = 1$ gilt $l = 0$. In diesem Fall lautet der Radialanteil der Eigenfunktion

$$R_{1,0}(r) = \frac{2}{\sqrt{a_0^3}} \, e^{-r/a_0}. \tag{6.196}$$

Er ist in Abb. 6.8 dargestellt. Zustände mit $n = 1$ und $l = 0$ werden auch 1s-Zustände genannt. Aus gegebenem $R_{nl}(r)$ kann man sofort die sogen. *radiale Wahrscheinlichkeitsdichte* $P_{n,l}(r)$ berechnen. Diese ist *nicht* die gewöhnliche räumliche Wahrscheinlichkeitsdichte, also die Aufenthaltswahrscheinlichkeit pro Volumen ΔV, und ebenso wenig die Elektronendichte selbst, sondern $P(r) \, dr$ drückt die Aufenthaltswahrscheinlichkeit pro r-Intervall aus. Man gewinnt sie durch Integration über die Winkelkoordinaten der Wahrscheinlichkeitsdichte der Gesamtwellenfunktion $\psi_{n,l,m}(r, \vartheta, \varphi)$. Da wir in Kugelkoordinaten rechnen, ist $P(r)$ nichts anderes als die *radiale Verteilungsfunktion*. Multipliziert man $P(r)$ mit dr, dann erhält man die Wahrscheinlichkeit dafür, das Elektron innerhalb einer Kugelschale der Dicke dr im Abstand zwischen r und $r + dr$ um den Ursprung des Koordinatensystem (also den Kern) anzutreffen. Auf dieser Betrachtung beruht das sogen. *Schalenmodell*. Diese Wahrscheinlichkeit ist unabhängig von den Winkeln. In Abb. 6.9 ist die radiale Aufenthaltswahrscheinlichkeit dargestellt, mit Angabe der Bezeichnung für die jeweilige Ein-Elektron-Wellenfunktion (das jeweilige Orbital), die in der Chemie üblich ist. Die radiale Aufenthaltswahrscheinlichkeit $P(r) \, dr$ ist gegeben durch:

$$P(r) \, dr = \int_{\text{Kugeloberfl.}} |\psi_{n,l,m}|^2 d\Omega = \int_0^\pi \int_0^{2\pi} |R_{n,l}|^2 |Y_{l,m}|^2 r^2 \sin\vartheta \, dr \, d\vartheta \, d\varphi$$

$$\tag{6.197}$$

$$= \underbrace{\int_0^\pi \int_0^{2\pi} |Y_{l,m}|^2 \sin\vartheta \, d\vartheta \, d\varphi}_{=1} |R_{n,l}|^2 r^2 \, dr = |R_{n,l}|^2 r^2 \, dr. \tag{6.198}$$

Abb. 6.8 Die radialen
Eigenfunktionen $R_{nl}(r)$ des
Wasserstoffatoms für die
Hauptquantenzahlen
$n = 1, 2, 3$

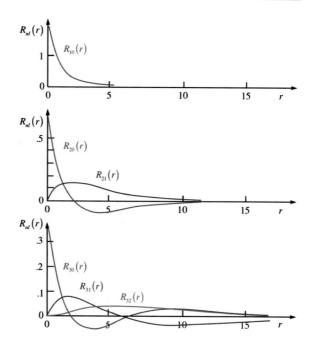

Abb. 6.9 Die radialen
Verteilungsfunktionen
$r^2 |R_{nl}(r)|^2$ des
Wasserstoffatoms für
$n = 1, 2, 3$ aufgetragen über
dem Kernabstand „r" in
Einheiten vom Bohrschen
Radius a_0. Es wurde hier die
in der Chemie übliche
Bezeichnung der Orbitale für
die entsprechenden
Wellenfunktionen mit
verschiedenen
Hauptquantenzahlen gewählt

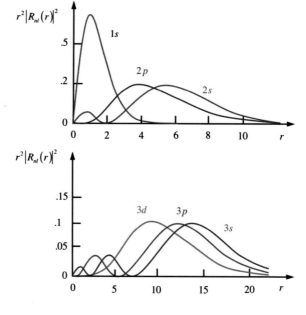

Eigenfunktionen des H-Atoms

Die Eigenfunktionen der gebundenen Zustände des Wasserstoffatoms lauten:

$$\psi_{n,l,m}(r, \vartheta, \varphi) = R_{n,l}\, Y_{l,m}(\vartheta, \varphi), \tag{6.199}$$

mit

$$R_{n,l}(r) = \frac{2}{n^2 a_0^{3/2}} \sqrt{\frac{(n-l-1)!}{(n+1)!}} \left(\frac{2r}{na_0}\right)^l e^{-r/na_0} L_{n-l-1}^{2l+1}\left(\frac{2r}{na_0}\right) \tag{6.200}$$

und

$$Y_{l,m}(\vartheta, \varphi) = \sqrt{\frac{(2l+1)(l-m)!}{4\pi(l+m)!}}\, P_l^m(\cos\vartheta)\, e^{im\varphi}. \tag{6.201}$$

Bei gegebener Hauptquantenzahl n ist die Nebenquantenzahl l durch die Bedingung $l \le n-1$ und die nur im Winkelanteil auftretende Magnetfeldquantenzahl durch $|m| \le l$ eingeschränkt.

Man erkennt, dass die radiale Wahrscheinlichkeit, das Elektron am Kern anzutreffen, verschwindend gering ist, weil r^2 in Kernnähe beliebig klein wird. Trotzdem ist für $l = 0$ natürlich die Elektronendichte selbst am Kern am größten, denn das Elektron wird von der positiven Kernladung angezogen. Für $l > 0$ hindert die Zentrifugalbarriere die Elektronen daran, dem Kern zu nahe zu kommen. In Abb. 6.9 sehen wir z. B., dass die radiale Wahrscheinlichkeit für das Antreffen eines Elektrons gerade im Abstand $r = a_0$ für das $1s$-Elektron maximal ist.

Der Radialanteil $R_{2,0}$ für den Zustand $n = 2$ und $l = 0$ lautet:

$$R_{2,0}(r) = \frac{1}{\sqrt{(2a_0)^3}} \left(1 - \frac{r}{2a_0}\right) e^{-r/2a_0}. \tag{6.202}$$

Er ist in Abb. 6.8 dargestellt. Wie erwartet, hat $R_{2,0}$ jetzt eine Nullstelle, die bei $r = 2a_0$ liegt. Aus $R_{2,0}$ kann wieder eine radiale Wahrscheinlichkeitsverteilung $P(r) = |R_{2,0}(r)|\, r^2$ berechnet werden, die in Abb. 6.9 dargestellt ist. Offenbar gibt es zwei durch die Nullstelle bei $r = 2a_0$ getrennte Bereiche mit erhöhter radialer Aufenthaltswahrscheinlichkeit. Man bezeichnet einen Zustand mit $n = 2$ und $l = 0$ auch als $2s$-Zustand.

Für $n = 2$ und $l = 1$ liegt ein sogen. $2p$-Zustand vor. Dieser wird durch die radiale Zustandsfunktion

$$R_{2,1}(r) = \frac{1}{\sqrt{(24a_0)^3}} \frac{r}{a_0} e^{-r/2a_0} \tag{6.203}$$

dargestellt (Abb. 6.9). Weil die radiale Quantenzahl $n_r = n - l - 1$ jetzt den Wert 0 annimmt, hat der Radialanteil keine Nullstelle mehr, und die radiale Aufenthaltswahrscheinlichkeit hat nur *ein* Maximum (Abb. 6.8). Dafür ist der Winkelanteil nicht

Tab. 6.2 Übersicht über die radialen Eigenfunktionen $R_{n,l}(r)$ des Wasserstoffatoms für die Hauptquantenzahlen $n = 1, 2, 3$. Die in der Chemie übliche Bezeichnung der Ein-Elektron-Wellenfunktion als „Orbital" mit entsprechenden Buchstaben, die ursprünglich aus der Spektroskopie stammen – s(harp), p(rincipal), d(iffuse), f(undamental)) – sind ebenfalls aufgeführt

n	l	Orbital	$R_{nl}(r)$
1	0	$1s$	$R_{1,0}(r) = 2 \left(\frac{1}{a_0} \right)^{3/2} \mathrm{e}^{-r/a_0}$
2	0	$2s$	$R_{2,0}(r) = \frac{1}{2\sqrt{2}} \left(\frac{1}{a_0} \right)^{3/2} \left(2 - \frac{r}{a_0} \right) \mathrm{e}^{-r/2a_0}$
2	1	$1p$	$R_{2,1}(r) = \frac{1}{2\sqrt{6}} \left(\frac{1}{a_0} \right)^{3/2} \frac{r}{a_0} \mathrm{e}^{-r/2a_0}$
3	0	$3s$	$R_{3,0}(r) = \frac{2}{81\sqrt{3}} \left(\frac{1}{a_0} \right)^{3/2} \left(27 - \frac{18r}{a_0} + \frac{2r^2}{a_0^2} \right) \mathrm{e}^{-r/3a_0}$
3	1	$3p$	$R_{3,1}(r) = \frac{2\sqrt{2}}{81\sqrt{3}} \left(\frac{1}{a_0} \right)^{3/2} \frac{r}{a_0} \left(6 - \frac{r}{a_0} \right) \mathrm{e}^{-r/3a_0}$
3	2	$3d$	$R_{3,2}(r) = \frac{2\sqrt{2}}{81\sqrt{15}} \left(\frac{1}{a_0} \right)^{3/2} \left(\frac{r}{a_0^2} \right) \mathrm{e}^{-r/3a_0}$

mehr isotrop. Die *räumliche* Aufenthaltswahrscheinlichkeit (nicht die radiale!) wird also im Gegensatz zum Potenzial und damit zur Schrödinger-Gleichung nicht mehr rotationssymmetrisch sein. Es liegt nämlich eine Zylindersymmetrie vor. Die Tab. 6.2 zeigt die radialen Eigenfunktionen des Wasserstoffatoms für die ersten drei Hauptquantenzahlen. Die entsprechenden Funktionen sind in Abb. 6.8 dargestellt.

Wir fassen unsere Lösungen für die Eigenfunktionen des Wasserstoffatoms bei gebundenen Zuständen mit den Hauptquantenzahlen $n = 0, 1, 2, 3$ in Tab. 6.3 zusammen.

Entartung beim H-Atom

Die Energieeigenwerte $E_n = -E_{\mathrm{ion}}/n^2$ werden ausschließlich von der Hauptquantenzahl n bestimmt. Man erhält immer den gleichen Wert der Energie, aber verschiedene Eigenfunktionen mit den Drehimpulsquantenzahlen $l = 0, 1, 2, \ldots, n - 1$. Zum selben l-wert gibt es dann nochmals $(2l + 1)$ verschiedene Eigenfunktionen Y_{lm} mit $m = -l, \ldots, -1, 0, +1, \ldots, +l$. Die Gesamtentartung G der Energie E_n ist also:

$$G = \sum_{l=0}^{n-1} (2l + 1) = n^2. \tag{6.204}$$

Nur der Grundzustand $n = 1$ ist einfach, d. h. nicht entartet. Der nächste, angeregte Zustand ($n = 2$) ist bereits vierfach entartet (eine s- und drei p-Funktionen). Die Hauptquantenzahl n bezeichnet in der Chemie die *Schale,* zu der ein Elektron gehört. Im Unterschied zum Bohr'schen Atommodell ist eine Schale in der Quantentheorie keine definierte Kreisbahn, sondern ein Bereich, in dem die Aufenthaltswahrscheinlichkeit eines Elektrons relativ groß ist. In der Vorstellung des *Schalenmodells,* das in der Chemie Verwendung findet, ist mit wachsendem n die Schale vom Atomkern weiter entfernt und die Energie des Elektrons größer (wegen des negativen Vorzeichens der Energie). Die Schalen werden oft wie Bohr'sche Bahnen mit großen Buchstaben

Tab. 6.3 Übersicht über die Eigenfunktionen des Wasserstoffatoms für gebundene Zustände für die Hauptquantenzahlen $n = 0, 1, 2, 3$

n	l	m	$\psi_{n,l,m}(r, \vartheta, \varphi)$
1	0	0	$\psi_{1,0,0}(r, \vartheta, \varphi) = \frac{1}{\sqrt{\pi}} \left(\frac{1}{a_0}\right)^{3/2} e^{-r/a_0}$
2	0	0	$\psi_{2,0,0}(r, \vartheta, \varphi) = \frac{1}{4\sqrt{2\pi}} \left(\frac{1}{a_0}\right)^{3/2} \left(2 - \frac{r}{a_0}\right) e^{-r/2a_0}$
2	1	0	$\psi_{2,1,0}(r, \vartheta, \varphi) = \frac{1}{4\sqrt{2\pi}} \left(\frac{1}{a_0}\right)^{3/2} \frac{r}{a_0} e^{-r/2a_0} \cos\vartheta$
2	1	± 1	$\psi_{2,1,\pm 1}(r, \vartheta, \varphi) = \frac{1}{8\sqrt{\pi}} \left(\frac{1}{a_0}\right)^{3/2} \frac{r}{a_0} e^{-r/2a_0} \sin\vartheta \, e^{\pm i\varphi}$
3	0	0	$\psi_{3,0,0}(r, \vartheta, \varphi) = \frac{1}{81\sqrt{\pi}} \left(\frac{1}{a_0}\right)^{3/2} \left(27 - \frac{18r}{a_0} + \frac{2r^2}{a_0^2}\right) e^{-r/3a_0}$
3	1	0	$\psi_{3,1,0}(r, \vartheta, \varphi) = \frac{\sqrt{2}}{81\sqrt{\pi}} \left(\frac{1}{a_0}\right)^{3/2} \frac{r}{a_0} \left(6 - \frac{r}{a_0}\right) e^{-r/3a_0} \cos\vartheta$
3	1	± 1	$\psi_{3,1,\pm 1}(r, \vartheta, \varphi) = \frac{1}{81\sqrt{\pi}} \left(\frac{1}{a_0}\right)^{3/2} \frac{r}{a_0} \left(6 - \frac{r}{a_0}\right) e^{-r/3a_0} \sin\vartheta \, e^{\pm i\varphi}$
3	2	0	$\psi_{3,2,0}(r, \vartheta, \varphi) = \frac{1}{81\sqrt{6\pi}} \left(\frac{1}{a_0}\right)^{3/2} \left(\frac{r}{a_0}\right)^2 e^{-r/3a_0} \left(3\cos^2\vartheta - 1\right)$
3	2	± 1	$\psi_{3,2,\pm 1}(r, \vartheta, \varphi) = \frac{1}{81\sqrt{\pi}} \left(\frac{1}{a_0}\right)^{3/2} \left(\frac{r}{a_0}\right)^2 e^{-r/3a_0} \cos\vartheta \sin\vartheta \, e^{\pm i\varphi}$
3	2	± 2	$\psi_{3,2,\pm 2}(r, \vartheta, \varphi) = \frac{1}{162\sqrt{\pi}} \left(\frac{1}{a_0}\right)^{3/2} \left(\frac{r}{a_0}\right)^2 e^{-r/3a_0} \sin^2\vartheta \, e^{\pm 2i\varphi}$

K, L, M, N usw. bezeichnet. Befindet sich z. B. das Elektron des Wasserstoffatoms in der K-Schale ($n = 1$), dann ist das Atom im Grundzustand.

Dass der Energiewert E_n nicht vom Eigenwert des Drehimpulses $\hat{L}_z$, also von m abhängt, ist beim kugelsymmetrischen Potenzial selbstverständlich, da ja keine Richtung ausgezeichnet ist und L_z daher im Hamilton-Operator nicht vorkommt. Diese sogen. m-Entartung ist also eine Folge der Kugelsymmetrie (Entartung wegen Symmetrie). Dass die Energie jedoch auch nicht vom Wert l abhängt, ist reiner Zufall – deshalb spricht man hier auch von einer *zufälligen Entartung,* manchmal auch von einer *Coulomb-Entartung.* Dieser Entartung liegt keine Symmetrie zugrunde, sondern sie kommt zustande durch die spezielle Form des Coulomb-Potenzials und wird aufgehoben, sobald kleine Abweichungen von diesem Potenzial auftreten. Es lässt sich zeigen, dass die zufällige Entartung etwas damit zu tun hat, dass bei einem r^{-1}-Potenzial (und z. B. auch bei einem r^2-Potenzial wie beim dreidimensionalen harmonischen Oszillator) klassisch in sich geschlossene Ellipsenbahnen als Bewegungsform auftreten. Ändert sich das Potenzial ein wenig, dann entstehen klassische Rosettenbahnen (sich drehende Ellipsen).

6.6　Das Atom- und das Molekül-Orbitalmodell

Beim Wasserstoffatom hängt die Energie des Elektrons nur von der Hauptquantenzahl ab. Alle Richtungen des Bahndrehimpulsvektors sind energetisch gleichwertig.

Deswegen haben die Elektronen einer Unterschale dieselbe Energie. Die zufällige Entartung beim H-Atom ist auch der Grund, warum sich sein Spektrum mit dem Bohr'schen Atommodell einwandfrei erklären lässt. Spektrale Untersuchungen von Atomen mit mehreren Elektronen zeigen jedoch kompliziertere Linienspektren. Hat ein Atom mehrere Elektronen, dann wechselwirken sie miteinander und ein zusätzliches elektrisches Feld baut sich auf. Die potenzielle Energie der Elektronen hängt dann nicht mehr ausschließlich von ihrer Entfernung vom Kern, also von n, ab, sondern kann auch in derselben Schale unterschiedliche Werte annehmen. Die Elektronen einer Schale können sich somit in diesem Fall in unterschiedlichen, aber benachbarten Energieniveaus – den sogen. *Unterschalen* – aufhalten. Jede Unterschale wird mit einer Nebenquantenzahl l oder mit einem Buchstaben bezeichnet: s $(l = 0)$, p $(l = 1)$, d $(l = 2)$ usw.

Diese Aufspaltung bestimmter Spektrallinien von Atomen in einem äußeren Magnetfeld nennt man *Zeeman-Effekt*. Wir werden diesen Effekt in Kap. 7 berechnen und diskutieren. Einer Linie im Spektrum ohne ein Magnetfeld entspricht ein Elektronenübergang aus einer bestimmten Unterschale in eine andere. In Anwesenheit eines Magnetfelds erscheinen außer dieser Linie noch weitere, teilweise höher und teilweise tiefer liegende Linien. Die Energie der Unterschale spaltet sich insgesamt in $2l + 1$ Niveaus auf. Somit sind $2l + 1$ bestimmte Orientierungen des Bahndrehimpulsvektors zum Magnetfeld nachzuweisen. Jede dieser Orientierungen wird mit einer Magnetquantenzahl oder Orientierungsquantenzahl m (von $-l$ bis $+l$) charakterisiert (vgl. Abb. 6.2). Zeigt das Magnetfeld in z-Richtung, dann gilt für die z-Komponente des Bahndrehimpulses $L_z = \hbar$. Wegen der Unschärferelation können wir nur eine Komponente des Drehimpulses exakt angeben; konventionsgemäß ist dies die z-Richtung. Die x- und die y-Komponenten sind dann unbestimmt. Die Vektoren liegen an unbestimmten Stellen auf den Kegelmänteln um die z-Achse und auf dem Kreis um den Ursprung. In Abwesenheit eines Magnetfelds sind die Elektronen einer Unterschale energetisch nicht voneinander zu unterscheiden. Durch Anlegen eines Magnetfelds können Elektronen einer Unterschale sich in $2l + 1$ unterschiedlichen Quantenzuständen aufhalten; jedem dieser Zustände entspricht ein bestimmter Zustandsvektor bzw. eine bestimmte Wellenfunktion. Die Wellenfunktionen von Elektronen in einem Atom werden in der Chemie auch *Atomorbitale* genannt. Dies wollen wir in einer Definition festhalten:

Definition 6.5 Atomorbital und LCAO-Molekülorbital
Ein Orbital bezeichnet in der Chemie eine *Ein-Elektron-Wellenfunktion* in einem Atom in den Koordinaten der Wellenfunktion in der Ortsdarstellung (Levine 2003). Für Moleküle werden die Orbitale entsprechend durch Linearkombination von Atomorbitalen („Linear Combination of Atomic Orbitals", LCAO) aufgebaut.

Für ein „echtes" Ein-Elektron-System (H, H_2^+, Li^{2+}, ...) kann man das Orbital als einen stationären Zustand behandeln, weil die Wellenfunktion in einem Eigenzustand des Drehimpulsoperators ist, der wiederum mit dem Hamilton-Operator kommutiert, wie wir in Abschn. 6.3 hergeleitet haben. Dies ist jedoch nicht mehr gültig für Mehr-Elektronen-Systeme, also für alle Atome außer dem Wasserstoffatom und erst recht nicht mehr für Moleküle (Cluster von Atomen), weil die Vertauschungsrelation dann nicht mehr gültig ist. Dies liegt vor allem an der Elektron-Elektron-Wechselwirkung, die auch *Elektronenkorrelation* genannt wird und Gegenstand zahlreicher sehr aufwendiger Näherungsverfahren ist. Eines dieser Verfahren, die Hartree-Fock-Näherung, die eine effektive *Ein-Elektron-Näherung* darstellt, werden wir in Kap. 8 diskutieren. Die Atomorbitale verwendet man vor allem in der Chemie zur Darstellung der räumlichen Verteilung der Aufenthaltswahrscheinlichkeit eines einzelnen Elektrons. Jedes Orbital wird durch die drei Quantenzahlen n, l und m eindeutig gekennzeichnet. Die Anzahl der Orbitale in einer Unterschale l ist gleich $2l + 1$. Die Magnetquantenzahl dient zur Unterscheidung der Orbitale einer Unterschale. Alle Orbitale einer Unterschale haben dieselbe Energie, sie sind *entartet*. Zur Veranschaulichung der Verteilung von Elektronen in Atomorbitalen werden diese meist grafisch durch Konturflächen der Elektronendichte $|\psi|^2$, sogenannte *Grenzflächendiagramme,* dargestellt, s. Abb. 6.10. Das sind Flächen konstanten Wertes von $|\psi|^2$. Sie begrenzen Raumbereiche, innerhalb denen sich ein Elektron mit einer bestimmten Wahrscheinlichkeit (z. B. 90 %) aufhält.

Betrachten wir noch kurz die Eigenschaften der s-, p- und d-Funktionen.

- **Die s-Funktionen:** Die s-Funktionen sind definiert durch die Bedingung $l = 0$ und damit auch $m = 0$. Die entsprechende Kugelfunktion $Y_{00}(\vartheta, \varphi)$ ist konstant, und dementsprechend sind die s-Funktionen kugelsymmetrisch. Weitere Eigenschaften der s-Funktionen sind zudem, dass der Betrag des Drehimpulses null ist und dass sie als einzige am Ort des Kerns nicht verschwinden (siehe Abb. 6.8) sowie dass zu jedem Wert von n nur eine einzige s-Funktion gehört.
- **Die p-Funktionen:** Die p-Funktionen sind definiert durch die Bedingung $l = 1$. Dann muss n mindestens gleich 2 sein, d. h. es existieren keine 1p-Funktionen (Eigenfunktionen mit $l = 1$ für $n = 1$). Die Magnetquantenzahl kann entsprechend die drei Werte $m = 0, \pm 1$ annehmen, d. h. zu jedem Wert von n gehören drei p-Funktionen.
- **Die d-Funktionen:** Die d-Funktionen sind definiert durch die Bedingung $l = 2$. Dann muss $n \geq 3$ sein; es existieren folglich keine 1d- und 2d-Funktionen (Eigenfunktionen mit $l = 2$ für $n = 1$ und $n = 2$). Die magnetische Quantenzahl kann entsprechend die fünf Werte $m = 0, \pm 1, \pm 2$ annehmen, d. h. zu jedem Wert von $n \geq 3$ gehören fünf p-Funktionen.

Die qualitative Form der Orbitale hängt nicht sehr stark von der Form des Potenzials $V(r)$ ab. Die Kenntnis der Atomorbitale bildet das Grundprinzip für das qualitative Verständnis der chemischen Bindung. In der Chemie verwendet man jedoch eine leicht modifizierte Form der Orbitale, die anschaulicher ist. Dazu gehen wir zurück zu den Funktionen $\psi_{n,l,m}(r, \vartheta, \varphi)$ und beachten, dass wir Funktionen mit verschiedenen

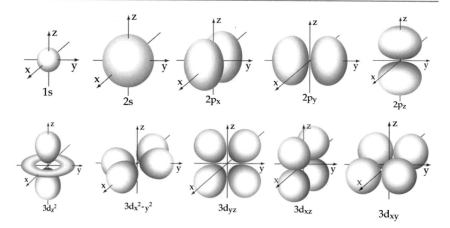

Abb. 6.10 Das Orbitalmodell in der Chemie beruht auf einer räumlich-perspektivischen Darstellung von $|\psi|^2$. Die s-Orbitale zeigen eine kugelförmige Verteilung der Elektronendichte. Bei p-Orbitalen sind zwei Bereiche hoher Aufenthaltswahrscheinlichkeit durch eine Knotenebene getrennt, die durch den Atomkern verläuft. Das Bild eines p-Orbitals erscheint wegen seiner Rotationssymmetrie wie eine Hantel mit zwei Ellipsoiden auf den beiden Seiten der Knotenebene. Um die drei Orbitale einer p-Unterschale zu unterscheiden, werden sie rotationssymmetrisch bezüglich einer Achse des Koordinatensystems gezeichnet und nach ihren Rotationsachsen p_x-, p_y- bzw. p_z-Orbital genannt. Die Grenzflächendiagramme von d-Orbitalen haben zwei Knotenebenen. Sie haben (außer beim d_{z^2}-Orbital) eine rosettenförmige Gestalt. Die Nebenquantenzahl l gibt also die Anzahl der Knotenebenen an und bestimmt damit die Form der Orbitale. Die Kenntnis der Orbitalstruktur von Atomen und Molekülen ist in der Chemie äußerst nützlich für ein heuristisches Verständnis chemischer Bindungen

m-Werten beliebig linear kombinieren können, d. h.

$$\sum_{m=-l}^{m=l} c_m \psi_{n,l,m}(r, \vartheta, \varphi) \qquad (6.205)$$

ist wieder eine Lösung der Schrödinger-Gleichung zum gleichen Eigenwert (jedoch im Allgemeinen keine Eigenfunktion zu L_z mehr). Insbesondere bildet man in der Chemie neue Orbitale, die man $2p_x$, $2p_y$, $2p_z$ nennt:

$$2p_x : \quad \frac{1}{2}\left(\psi_{2,1,1} + \psi_{2,1,-1}\right) = \frac{1}{\sqrt{32\pi}}\left(\frac{1}{a_0}\right)^{3/2} \frac{r}{a_0} e^{-r/2a_0} \sin\vartheta \, \frac{e^{i\varphi} + e^{-i\varphi}}{2}$$

$$= \frac{1}{\sqrt{32\pi}}\left(\frac{1}{a_0}\right)^{3/2} \frac{r}{a_0} e^{-r/2a_0} \sin\vartheta \cos\varphi. \qquad (6.206a)$$

$$2p_y : \quad \frac{1}{i\sqrt{2}}\left(\psi_{2,1,1} + \psi_{2,1,-1}\right) = \frac{1}{\sqrt{32\pi}}\left(\frac{1}{a_0}\right)^{3/2}\frac{r}{a_0}\,e^{-r/2a_0}\sin\vartheta\,\frac{e^{i\varphi} - e^{-i\varphi}}{2}$$

$$= \frac{1}{\sqrt{32\pi}}\left(\frac{1}{a_0}\right)^{3/2}\frac{r}{a_0}\,e^{-r/2a_0}\sin\vartheta\,\sin\varphi.$$

$$(6.206b)$$

$$2p_z : \quad \psi_{2,1,0} = \frac{1}{\sqrt{32\pi}}\left(\frac{1}{a_0}\right)^{3/2}\frac{r}{a_0}\,e^{-r/2a_0}\sin\vartheta\,\sin\varphi. \qquad (6.206c)$$

Diese p-Orbitale sind längs der x-, y- bzw. z-Achse orientiert. Die Funktionen sind außerdem rein reell. Auf ähnliche Weise schreibt man in der Chemie auch die 3d-Orbitale ($n = 3$, $l = 2$) um. Mit $\rho = r/a_0$ kann man die folgenden Linearkombinationen bilden:

$$3d_{z^2} : \quad \psi_{3,2,0} = \frac{1}{81\sqrt{6\pi}}\left(\frac{1}{a_0}\right)^{3/2}\rho^2\,e^{-\rho/3}\left(3\cos^2\vartheta - 1\right), \qquad (6.207a)$$

$$3d_{xz} : \quad \frac{1}{\sqrt{2}}\left(\psi_{3,2,1} + \psi_{3,2,-1}\right) = \frac{\sqrt{2}}{81\sqrt{\pi}}\left(\frac{1}{a_0}\right)^{3/2}\rho^2\,e^{-\frac{\rho}{3}}\sin\vartheta\,\cos\vartheta\,\cos\varphi,$$

$$(6.207b)$$

$$3d_{yz} : \quad \frac{1}{i\sqrt{2}}\left(\psi_{3,2,1} - \psi_{3,2,-1}\right) = \frac{\sqrt{2}}{81\sqrt{\pi}}\left(\frac{1}{a_0}\right)^{3/2}\rho^2\,e^{-\frac{\rho}{3}}\sin\vartheta\,\cos\vartheta\,\sin\varphi,$$

$$(6.207c)$$

$$3d_{x^2-y^2} : \quad \frac{1}{\sqrt{2}}\left(\psi_{3,2,2} + \psi_{3,2,-2}\right) = \frac{1}{81\sqrt{2\pi}}\left(\frac{1}{a_0}\right)^{3/2}\rho^2\,e^{-\frac{\rho}{3}}\sin^2\vartheta\,\cos(2\varphi),$$

$$(6.207d)$$

$$3d_{xy} : \quad \frac{1}{i\sqrt{2}}\left(\psi_{3,2,2} - \psi_{3,2,-2}\right) = \frac{1}{81\sqrt{\sqrt{2}\pi}}\left(\frac{1}{a_0}\right)^{3/2}\rho^2\,e^{-\frac{\rho}{3}}\sin^2\vartheta\,\sin(2\varphi).$$

$$(6.207e)$$

Die Nomenklatur ist offensichtlich, wenn wir in die obigen Gleichungen jeweils $\rho\sin\vartheta\sin\varphi = x$ und $\rho\sin\vartheta\sin\varphi = y$ sowie $\rho\cos\varphi = z$ einsetzen. Die transformierten Orbitale sind wiederum reell und geometrisch leichter zu interpretieren.

Wegen des Näherungscharakters der Vorstellung von Atom- und Molekülorbitalen (denn streng genommen ist diese Ein-Elektron-Näherung nur beim H-Atom gültig), sieht man generell Orbitale nicht als ein Element der physikalischen Wirklichkeit an: Orbitale sind – wie z. B. Elektronenbahnen im Atom – nicht messbar oder beobachtbar, obwohl dies schon in Fachpublikationen behauptet wurde, siehe z. B. (Zuo et al. 1999), denen aber heftig widersprochen wurde (Scerri 2001, 2002). Theoretisch ist klar, dass es sich um eine (äußerst nützliche) Approximation handelt. Die Frage, ob jedes Element, das in einer wirklich fundamentalen Theorie eingeführt wird, automatisch auch etwas „Messbarem" entsprechen muss, ist eine These, die oft mit Erfolg in der Physik, vor allem der Elementarteilchentheorie, praktiziert wurde (z. B. Entdeckung von Antiteilchen, Positronen, Quarks, Higgs-Boson). Mit der Wellenfunktion, die ein absolut fundamentales Element der Quantentheorie in der Ortsdarstellung darstellt, gibt es aber wohl ein Gegenbeispiel; dennoch ist ihr ontologischer Status („Ist die Wellenfunktion etwas Reales, und kann sie folglich gemessen werden?") auch heute noch durchaus umstritten und hängt davon ab, welche Interpretation der Quantentheorie zugrunde gelegt wird, siehe unsere Diskussion in Kap. 9.

6.7 Zusammenfassung der Lernziele

- Für den Hamilton-Operator gilt im Zentralfeld die Aufspaltung:

$$H = \frac{p_r^2}{2m} + \frac{1}{2mr^2}\vec{L}^2 + V(r).$$

- Für das Levi-Civita-Symbol gilt die wichtige Formel

$$\epsilon_{ijk}\epsilon_{lmk} = \delta_{il}\delta_{jm} - \delta_{im}\delta_{jl}.$$

- Das Quadrat des Drehimpulsoperators $\vec{L}^2$ wirkt nur auf die Winkel, nicht auf die radiale Komponente. Deshalb vertauschen bei einem rotationssymmetrischen Potenzial der Operator $\vec{L}^2$ und $V(r)$:

$$\vec{L}^2 = \left(\frac{\hbar}{i}\right)^2 \left[\frac{1}{\sin\vartheta}\frac{\partial}{\partial\vartheta}\sin\vartheta\frac{\partial}{\partial\vartheta} + \frac{1}{\sin\vartheta}\frac{\partial^2}{\partial\varphi^2}\right].$$

- Ein vollständiger Satz vertauschbarer Operatoren, die den Eigenvektor $|\psi\rangle$ eindeutig festlegen, ist gegeben durch H, $\vec{L}^2$ und L_z:

$$H|\psi\rangle = E|\psi\rangle, \quad \vec{L}^2|\psi\rangle = \hbar^2(l/l+1)|\psi\rangle, \quad L_z|\psi\rangle = \hbar m|\psi\rangle.$$

- Die Strategie zum Lösen des Eigenwertproblems besteht in einem Separationsansatz der Form

$$\boxed{\psi(r, \vartheta, \varphi) = \frac{u(r)}{r} \cdot F(\vartheta, \varphi).}$$

- Der winkelabhängige Anteil $F(\vartheta, \varphi)$ der Wellenfunktion wird bestimmt durch Lösen der Eigenwertgleichungen für $\vec{L}^2$ und L_z:

$$\vec{L}^2 F = \hbar^2 l(l+1),$$
$$L_z F = \hbar m F.$$

- Die Lösungsfunktionen für den Winkelanteil sind die Kugelflächenfunktionen:

$$Y_{l,m}(\vartheta, \varphi) = \sqrt{\frac{(2\,l+1)(l-m)!}{4\pi\,(l+m)!}}\; P_l^m(\cos\vartheta)\, e^{im\varphi}, \quad m \geq 0.$$

- Der radiale Anteil $u(r)/r$ der Wellenfunktion genügt einer eindimensionalen Schrödinger-Gleichung

$$\left(-\frac{\hbar^2}{2\,m}\frac{d^2}{dr^2} + V_{\text{eff}}(r)\right) u(r) = E\, u(r)$$

mit dem effektiven Potenzial

$$V_{\text{eff}}^{(l)} = V(r) + \frac{\hbar^2\, l(l+1)}{2mr^2}.$$

Der zweite Term in dem effektiven Potenzial lässt sich als ein Zentrifugalpotenzial deuten.

- Die Lösungsfunktionen für den radialen Anteil der Wellenfunktion lauten:

$$R_{n,l}(r) = \frac{2}{n^2 a_0^{3/2}} \sqrt{\frac{(n-l-1)}{(n+1)!}} \left(\frac{2r}{na_0}\right)^l e^{-r/na_0} L_{n-l-1}^{2l+1}\left(\frac{2r}{na_0}\right).$$

- Die Eigenfunktionen der gebundenen Zustände beim H-Atom lauten:

$$\psi_{n,l,m}(r, \vartheta, \varphi) = R_{n,l}\, Y_{l,m}(\vartheta, \varphi)$$

$$= -\frac{1}{\sqrt{2\pi}} \left(\frac{2}{na_0}\right)^{3/2} \left(\frac{(n-l-1)!}{2n\big((n+l)!\big)^3}\right)^{1/2} \left(\frac{2r}{na_0}\right)^l$$

$$\cdot\; e^{-r/na_0} L_{n-l-1}^{2l+1}\left(\frac{2r}{na_0}\right) P_l^m(\cos\vartheta)\, e^{im\varphi}.$$

Bei gegebener Hauptquantenzahl n ist die Nebenquantenzahl l durch die Bedingung $l \leq n-1$ und die nur im Winkelanteil auftretende Magnetfeldquantenzahl durch $|m| \leq l$ eingeschränkt. Dabei ist zu bemerken, dass die radialen Funktionen $R_{n,l}(r)$ nur für Potenziale der Form $V(r)/r$ gelten. Die Funktionen $Y_{l,m_l}(\vartheta, \varphi)$ gelten hingegen für beliebige kugelsymmetrische Potenziale $V(r)$.

- Die stationären Zustände des H-Atoms lauten:

$$\varphi_{n,l,m}(r, \vartheta, \varphi) = \psi_{n,l,m}(r, \vartheta, \varphi)\, e^{-iE_n t/\hbar}.$$

- Die Energieeigenwerte E_n des H-Atoms sind gegeben durch

$$E_n = -\frac{E_R}{n^2},$$

wobei $E_R = \frac{me^4}{32\pi\epsilon_0^2\hbar^2} = 13{,}6\,\text{eV}$ die Rydberg-Energie bezeichnet.

- Die Eigenfunktionen $\psi_{n,l,m}(r, \vartheta, \varphi)$ werden durch die Hauptquantenzahl n, die Drehimpulsquantenzahl l und die magnetische Quantenzahl m beschrieben.
- Die Energiewerte E_n werden durch die Hauptquantenzahl n charakterisiert. Dabei gilt

$$n = 1, 2, 3, \ldots,$$
$$l = 0, 1, 2, \ldots, n - 1,$$
$$m = \pm 0, \pm 1, \pm 2, \ldots, \pm l.$$

- Zu einem bestimmten Energiewert E_n gehören jeweils n^2 Eigenfunktionen, d. h. die Energiewerte sind n^2-fach entartet.
- Die Eigenfunktionen $\psi_{n,l,m}(r, \vartheta, \varphi)$ des Hamilton-Operators H bilden ein VON-System:

$$\int\limits_0^\infty \int\limits_0^\pi \int\limits_0^{2\pi} \psi^*_{n,l,m}(r, \vartheta, \varphi)\psi_{n',l',m'}(r, \vartheta, \varphi) \, \sin\vartheta \, d\vartheta \, d\varphi \, r^2 dr$$

$$= \delta_{n,n'} \delta_{l,l'} \delta_{m,m'} = \begin{cases} 1 & \text{für } n = n', l = l', m = m', \\ 0 & \text{sonst.} \end{cases}$$

- Die räumliche Aufenthaltswahrscheinlichkeit $|\psi_{n,l,m}(r, \vartheta, \varphi)|^2 \, dV$, das Elektron im Volumenelement dV am Ort (r, ϑ, φ) anzutreffen, ist gegeben durch

$$|\psi_{n,l,m}(r, \vartheta, \varphi)|^2 \, dV = |R_{n,l}(r)|^2 |Y_{l,m}(\vartheta, \varphi)|^2 \, \sin\vartheta \, d\vartheta \, d\varphi \, r^2 dr.$$

- Die radiale Aufenthaltswahrscheinlichkeit, das Elektron im Intervall dr in einem Abstand r vom Ursprung (Atomkern) zu finden, ist gegeben durch

$$r^2 |R_{n,l}(r)|^2 \, dr.$$

Übungsaufgaben

Drehimpuls

Aufgabe 6.8.1 Beweisen Sie die folgenden Relationen

$$[L_+, L_-] = 2\hbar L_z, \quad [L_z, L_\pm] = \pm \hbar L_\pm, \quad [L^2, L_\pm] = 0$$

mit Hilfe der Vertauschungsrelationen für den Drehimpuls.

Lösung

$$[L_+, L_-] = [L_x + iL_y, L_x - iL_y] = \underbrace{[L_x, L_x]}_{=0} + i\underbrace{[L_y, L_x]}_{=-i\hbar L_z} - i\underbrace{[L_x, L_y]}_{=i\hbar L_z} + \underbrace{[L_y, L_y]}_{=0}$$

$$= 2\hbar L_z.$$

$$[L_z, L_\pm] = \underbrace{[L_z, L_x]}_{=i\hbar L_y} \pm i\underbrace{[L_z, L_y]}_{=-i\hbar L_z}$$

$$= \pm\hbar L_x + i\hbar L_y = \pm \left(L_x \pm iL_y\right) = \pm\hbar L_\pm.$$

$$[L^2, L_\pm] = \underbrace{[L^2, L_x]}_{=0} \pm i\underbrace{[L^2, L_y]}_{=0} = 0.$$

Aufgabe 6.8.2 Berechnen Sie die Kommutatoren der kartesischen Komponenten des Ortsoperators $\hat{\vec{x}}$ und der z-Komponente des Drehimpulsoperators, also
a) $[\hat{x}, \hat{L}_z]$,
b) $[\hat{y}, \hat{L}_z]$,
c) $[\hat{z}, \hat{L}_z]$.

Aufgabe 6.8.3 Die klassische Definition des Radialimpulses

$$p_r = \frac{1}{r}(\vec{x}\,\vec{p})$$

muss in der Quantenmechanik wegen der Nicht-Vertauschbarkeit der Operatoren $\vec{r}$ und $\vec{p}$ symmetrisiert werden:

$$p_r = \frac{1}{2}\left(\frac{\vec{x}}{r}\vec{p} + \vec{p}\frac{\vec{x}}{r}\right).$$

a) Zeigen Sie, dass für den Radialimpuls gilt:

$$p_r = \frac{\hbar}{i}\left(\frac{\partial}{\partial r} + \frac{1}{r}\right) = \frac{\hbar}{i}\frac{1}{r}\frac{\partial}{\partial r}\,r.$$

b) Verifizieren Sie, dass p_r der zu $r = |\vec{x}|$ kanonisch konjugierte Impuls ist.
c) Zeigen Sie, dass p_r Hermite'sch ist. Welche Bedingungen sind dazu an die Wellenfunktionen zu stellen?

Hinweis: Falls Sie Schwierigkeiten mit dem Lösen dieser Aufgabe haben, lesen Sie nochmals Abschn. 6.3.2.

Aufgabe 6.8.4 Warum hat das Elektron im 1 s-Zustand keinen Bahndrehimpuls?

Lösung
Der Drehimpuls ist

$$\vec{L}^2 = L_x^2 + L_y^2 + L_z^2,$$

und nach der Bohr'schen Theorie gilt

$$L = n\hbar, \quad n = 1, 2, \dots.$$

Damit hätte ein s-Elektron einen Bahndrehimpuls. Dann würde aber nach der ersten Gleichung gelten:

$$L = \hbar, \quad L_x = 0, \quad L_y = 0, \quad L_z = \hbar,$$

d. h. alle Komponenten und der Gesamtwert von L wären scharf bestimmt, im Widerspruch zur Unschärferelation. Nach der Quantentheorie ist aber der Gesamtdrehimpuls einfach

$$L = \sqrt{l(l + 1)}\,\hbar,$$

und damit für das s-Elektron (mit $l = 0$) gleich null.

Die Wasserstoff-Wellenfunktion

Aufgabe 6.8.5 In Kugelkoordinaten unter Vernachlässigung der winkelabhängigen Anteile lautet die Schrödinger-Gleichung für das Kepler-Problem

$$-\frac{\hbar^2}{2m}\frac{1}{r^2}\frac{\mathrm{d}}{\mathrm{d}r}\left(r^2\frac{\mathrm{d}\psi(r)}{\mathrm{d}r}\right) - \frac{e^2}{4\pi\varepsilon_0 r}\psi(r) = E\,\psi(r).$$

Verifizieren Sie die Richtigkeit der 1 s-Bahnfunktion mit

$$\psi_{1,0,0}(r) = A\,\mathrm{e}^{-r/a_0}.$$

Hinweis
Sie müssen die Funktion einfach einsetzen und die Differenzialoperationen (Ableitungen) ausführen. Dabei sollte sich dann die Gleichheit der linken mit der rechten Seite der Gleichung ergeben.

Aufgabe 6.8.6 Zeigen Sie, dass der wahrscheinlichste Bahnradius des 1 s-Elektrons im Wasserstoffatom der Bohr'sche Radius ist. Verwenden Sie dabei die Funktion

$$\psi = \psi_{1,0,0}(r) = \sqrt{\frac{1}{\pi a_0^3}}\,\mathrm{e}^{-r/a_0}.$$

Lösung
Die radiale Wahrscheinlichkeitsdichte $g(r)$ wird durch den Ausdruck

$$g(r) = R_{n,l}^2\,4\pi r^2\,\mathrm{d}r$$

mit

$$\psi_{1,0,0} = R_{1,0,0} = \sqrt{\frac{1}{\pi a_0^3}}\, e^{-r/a_0}$$

bestimmt. Damit wird die Funktion $f(r)$, deren Maximum gesucht wird, zu:

$$f(r) = 4\pi^2 \frac{1}{\pi a_0^3} r^2 \exp\left(\frac{-2r}{a_0}\right).$$

Ohne die konstanten Faktoren lautet die Ableitung

$$2r \cdot \left(\exp\left(\frac{-2r}{a_0}\right)\right) - r^2 \cdot \frac{2}{a_0} \exp\left(\frac{-2r}{a_0}\right).$$

Nullsetzen ergibt: $r = a_0$.

Aufgabe 6.8.7   In Aufgabe 6.8.5 haben wir den wahrscheinlichsten Bahnradius des 1 s-Elektrons im Wasserstoffatom berechnet. Was aber ist der Mittelwert des Aufenthaltsortes $\langle r \rangle$? Die Wellenfunktion lautet

$$\psi = \psi_{1,0,0}(r) = \sqrt{\frac{1}{\pi a_0^3}}\, e^{-r/a_0}.$$

Lösung
Es handelt sich um eine asymmetrische Funktion, ganz ähnlich wie die Maxwell-Boltzmann-Verteilung, bei der der Mittelwert rechts vom Maximum, der häufigsten Geschwindigkeit, liegt. Hier müssen wir berechnen:

$$\langle x \rangle = \int\limits_{-\infty}^{\infty} \psi\, x\, \psi\, \mathrm{d}^3 x.$$

Wir berechnen in Kugelkoordinaten:

$$\langle r \rangle = \int\limits_0^{2\pi}\mathrm{d}\varphi \int\limits_0^{\pi} \sin\vartheta\, \mathrm{d}\vartheta \int\limits_0^{\infty} r^2\, r\, \frac{1}{\pi a_0^3} \exp\left(\frac{-2r}{a_0}\right) \mathrm{d}r = 2 \cdot 2\pi \cdot \frac{1}{\pi a_0^3} \int\limits_0^{\infty} r^3 \exp\left(\frac{-2r}{a_0}\right)\mathrm{d}r.$$

Daraus folgt: $\langle r \rangle = \frac{3}{2}\, a_0 = 0{,}79\,\text{Å}$.

Aufgabe 6.8.8   Die normierten Wasserstoffeigenfunktionen für den maximalen Bahndrehimpuls $l = n - 1$ sind von der Form

$$\psi_{n,n-1,m}(\vec{r}) = \frac{u_{n,n-1}(r)}{r} Y_{l,m}(\vartheta, \varphi), \quad u_{n,n-1}(r) = \sqrt{\frac{2}{2(2n)!a_B}}\left(\frac{2r}{na_B}\right)^n e^{-\frac{r}{na_B}},$$

mit $a_B = \frac{\hbar}{m_e \alpha c}$.

a) Bestimmen Sie den Abstand r_{max}, bei dem die radiale Wahrscheinlichkeitsdichte $P(r) = |u_{n,n-1}(r)|^2$ maximal wird, und vergleichen Sie r_{max} mit dem Mittelwert $\langle r \rangle$.

b) Berechnen Sie die Unschärfe δr. Wie hängt die relative Abweichung von $\frac{\delta r}{\langle r \rangle}$ von der Hauptquantenzahl n ab? Das Ergebnis verdeutlicht, dass bei großen n die Vorstellung einer Kreisbahn zulässig ist.

Lösung

a)

$$P(r) = |u_{n,n-1}(r)|^2 = \frac{2}{n(2n)! a_B} \left(\frac{2r}{n a_B} \right)^{2n} e^{-\frac{2r}{n a_B}}.$$

Da $P(r)$ positiv definit ist und im Ursprung und im Unendlichen verschwindet, nimmt es dazwischen sein Maximum an. Wir suchen daher die Extremstellen von $P(r)$:

$$\frac{dP(r)}{dr} = 0.$$

Es gilt:

$$\frac{\partial x^{2n} e^{-x}}{\partial x} = e^{-x} \left(2n x^{2n-1} - x^{2n} \right) = 0 \quad \Longrightarrow \quad x_{max} = 2n.$$

Es handelt sich also um ein (absolutes) Maximum, da es die einzige Extremstelle im Intervall $(0, \infty)$ ist und da mindestens ein Maximum existiert. Damit gilt

$$r_{max} = \frac{n a_B}{2} x_{max} = n^2 a_B.$$

Für den Erwartungswert gilt, nach der Substitution $x = \frac{2r}{n a_B}$:

$$\langle r \rangle = \int_0^\infty dr \, r^2 r \left| \frac{u(r)}{r} \right|^2 = \frac{n a_B}{2} \frac{1}{(2n)!} \underbrace{\int_0^\infty dx \, x^{2n+1} e^{-x}}_{(2n+1)!} = n \left(n + \frac{1}{2} \right) a_B > r_{max}.$$

b)

$$\langle r \rangle = \int_0^\infty dr \, r^2 r^2 \left| \frac{u(r)}{r} \right|^2 = \left(\frac{n a_B}{2} \right)^2 \frac{1}{(2n)!} \underbrace{\int_0^\infty dx \, x^{2n+2} e^{-x}}_{(2n+1)!}$$

$$= n^2 ((n+1)) \left(n + \frac{1}{2} \right) a_B^2 > r_{max}.$$

Damit erhalten wir:

$$\delta r = \frac{a_B n}{2} \sqrt{2n+1}$$

und

$$\frac{\Delta r}{\langle r \rangle} = \frac{1}{\sqrt{2n+1}} \to 0 \quad \text{für} \quad n \to \infty.$$

Aufgabe 6.8.9 Drücken Sie den Winkelanteil des Ortsvektors $\vec{r}$ in Kugelkoordinaten durch geeignete Linearkombinationen der Kugelflächenfunktionen Y_{lm} aus.

Lösung
In Kugelkoordinaten gilt (siehe Anhang F.4):

$$x = \sin\vartheta \, \cos\varphi,$$
$$y = \sin\vartheta \, \sin\varphi,$$
$$z = \cos\vartheta.$$

Wir benötigen demnach Ausdrücke für die Winkelanteile

$$\sin\vartheta \, \cos\varphi, \quad \sin\vartheta \, \sin\varphi, \quad \cos\vartheta.$$

Wir kennen die benötigten Kugelflächenfunktionen und die komplexe Darstellung der trigonometrischen Funktionen:

$$Y_{1,0}(\vartheta,\varphi) = \sqrt{\frac{3}{4\pi}}\cos\vartheta, \quad Y_{1,\pm 1}(\vartheta,\varphi) = \mp\sqrt{\frac{3}{8\pi}}\sin\vartheta \, e^{\pm i\varphi},$$

$$\sin\alpha = \frac{1}{2i}\left(e^{i\alpha} - e^{-i\alpha}\right), \quad \cos\alpha = \frac{1}{2}\left(e^{i\alpha} + e^{-i\alpha}\right),$$

Das ergibt

$$\cos\vartheta = \sqrt{\frac{3}{4\pi}}Y_{1,0}(\vartheta,\varphi),$$

$$\frac{1}{2}\left(-Y_{1,1}(\vartheta,\varphi) + Y_{1,-1}(\vartheta,\varphi)\right) = \sqrt{\frac{3}{8\pi}}\sin\vartheta \, \frac{1}{2}\left(e^{i\varphi} + e^{-i\varphi}\right) = \sqrt{\frac{3}{8\pi}}\sin\vartheta \, \cos\varphi,$$

$$\sin\vartheta \, \cos\varphi = \sqrt{\frac{2\pi}{3}}\left(Y_{1,-1}(\vartheta,\varphi) - Y_{1,1}(\vartheta,\varphi)\right)$$

$$\frac{1}{2}\left(-Y_{1,1}(\vartheta,\varphi) - Y_{1,-1}(\vartheta,\varphi)\right) = \sqrt{\frac{3}{8\pi}}\sin\vartheta \, \frac{1}{2}\left(e^{i\varphi} + e^{-i\varphi}\right) = \sqrt{\frac{3}{8\pi}}\sin\vartheta \, \cos\varphi,$$

$$\sin\vartheta \, \sin\varphi = i\sqrt{\frac{2\pi}{3}}\left(Y_{1,-1}(\vartheta,\varphi) + Y_{1,1}(\vartheta,\varphi)\right).$$

Aufgabe 6.8.10

a) In welchem Kernabstand würde man das 1 s-Elektron des Wasserstoffatoms bei einer Vielzahl von Ortsmessungen am häufigsten antreffen?

b) In welchem Kernabstand würde man das 1 s-Elektron im Mittel vorfinden? Wie groß ist dieser Abstand für ein Elektron in einem 2 s-Zustand?

c) Wie groß ist die Wahrscheinlichkeit P, das 1 s-Elektron innerhalb eines Kernabstands von zwei Bohr'schen Radien ($2 a_0$) vorzufinden?

Lösung

a)

$$w = \psi_{1s}^2 = \left(\sqrt{\frac{1}{\pi a_0^3}} \right)^2 e^{-\frac{2r}{a_0}} 4\pi r^2.$$

$$w' = 0 = N^2 \left(2r - \frac{2r^2}{a_0} \right) \quad \Longrightarrow \quad r = a_0.$$

b)

$$\langle r_{1s} \rangle = \int\limits_0^\infty \psi_{1s}^* r\, \psi_{1s} (4\pi r^2)\, \mathrm{d}r = \frac{3}{2} a_0,$$

$$\langle r_{2s} \rangle = \int\limits_0^\infty \psi_{2s}^* r\, \psi_{2s} (4\pi r^2)\, \mathrm{d}r = 6 a_0,$$

mit

$$\int x^n\, e^{bx} \mathrm{d}x = \frac{1}{b} x^n\, e^{bx} - \frac{n}{b} \int x^{n-1}\, e^{bx}\, \mathrm{d}x$$

und

$$\psi_{2s} = \frac{1}{32\pi a_0^3} \left(2 - \frac{r}{a_0} \right) e^{-\frac{r}{2a_0}}.$$

c)

$$P = \int\limits_0^{2a_0} \psi_{1s}^* \psi_{1s} (4\pi r^2)\mathrm{d}r = \frac{4}{a_0^3} e^{-\frac{2r}{a_0}} \left(-\frac{a_0}{2} r^2 - 2\frac{a_0^2}{4} r - 2\frac{a_0^3}{8} \right) \Bigg|_0^{2a_0} = 76{,}2\,\%.$$

Prüfungsfragen

Wenn Sie Kap. 6 aufmerksam durchgearbeitet haben, sollten Sie in der Lage sein, die folgenden Prüfungsfragen zu beantworten.

Frage 6.9.1 Beschreiben Sie zwei prinzipiell mögliche Ansätze für die Lösung des quantenmechanischen Bewegung im Zentralpotenzial.

Frage 6.9.2 Wenn ein Operator $\hat{A}$ mit $\hat{B}$ vertauscht, vertauscht $\hat{A}$ dann auch mit jeder Funktion von $\hat{B}$?

Frage 6.9.3 Was versteht man unter dem inneren und dem äußeren Produkt eines Vektors?

Frage 6.9.4 Was ist das Levi-Civita-Symbol ϵ_{ijk}, und welche Eigenschaften hat es?

Frage 6.9.5 Woran liegt es, dass im Fall eines Zentralpotenzials der Hamilton-Operator $\hat{H}$ mit $\vec{L}^2$ und L_z vertauscht?

Frage 6.9.6 Wie ist der Radialimpuls p_r in der Quantenmechanik definiert? Welche Form nimmt er in der Ortsdarstellung an?

Frage 6.9.7 Unter welchen Bedingungen ist p_r Hermite'sch?

Frage 6.9.8 Warum ist p_r im strengen Sinne keine Observable?

Frage 6.9.9 Welcher Zusammenhang besteht zwischen Teilchenimpuls p, Radialimpuls p_r und Bahndrehimpulsquadrat $\vec{L_z}^2$?

Frage 6.9.10 Welcher Separationsansatz empfiehlt sich für die Wellenfunktion $\psi(\vec{x})$ eines Teilchens im Zentralfeld?

Frage 6.9.11 Was versteht man unter der Radialgleichung?

Frage 6.9.12 Bezüglich welcher Quantenzahl sind die Energien eines Teilchens in einem beliebigen Zentralfeld auf jeden Fall entartet?

Frage 6.9.13 Was versteht man unter der Zentrifugalbarriere?

Frage 6.9.14 Welche Struktur hat die Radialgleichung für das Elektron im H-Atom?

Frage 6.9.15 Welcher Ansatz empfiehlt sich für die Lösungsfunktion der Radialgleichung?

Frage 6.9.16 Welche diskreten Energieniveaus stehen dem Elektron im H-Atom zur Verfügung?

Frage 6.9.17 Wie sind die Energieniveaus beim H-Atom entartet? Wie berechnet sich der Entartungsgrad genau?

Frage 6.9.18 Welche Grundzustandsenergie hat das Elektron im Wasserstoffatom? Geben Sie auch den ungefähren Zahlenwert in eV an.

Frage 6.9.19 Wie ist die Hauptquantenzahl definiert?

Frage 6.9.20 Welche Werte kann die Nebenquantenzahl annehmen?

Frage 6.9.21 Was bezeichnet man als zufällige Entartung?

Frage 6.9.22 Welcher Funktionstyp bestimmt den Radialanteil der gebundenen Zustände im Coulomb-Potenzial?

Frage 6.9.23 Wie viele Nullstellen hat die Radialfunktion $R_{nl}(r)$ im Coulomb-Potenzial?

Frage 6.9.24 Welche $R_{nl}(r)$ sind für $r = 0$ von null verschieden?

Frage 6.9.25 Was versteht man unter radialer Aufenthaltswahrscheinlichkeit?

Frage 6.9.26 Was sind Knotenflächen?

Frage 6.9.27 Wo liegt das Maximum der radialen Aufenthaltswahrscheinlichkeit des Elektrons im Wasserstoffatom für den Zustand ($n = 1, l = 0$)?

Frage 6.9.28 Wie verschiebt sich das Maximum der radialen Aufenthaltswahrscheinlichkeitsdichte mit wachsender Hauptquantenzahl bei maximaler Nebenquantenzahl?

Frage 6.9.29 Wie konstruiert man ein Polardiagramm?

Frage 6.9.30 Durch welche spezielle Symmetrie sind s-Zustände ausgezeichnet?

Frage 6.9.31 Welche Winkelverteilung zeichnet p-Zustände aus?

Frage 6.9.32 Warum ist das Wasserstoffproblem streng genommen ein Zwei-Teilchen-Problem?

Literatur

Scerri, E.R.: The recently claimed observation of atomic orbitals and some related philosophical issues. Philos. Sci. **68**, S76–S88 (2001)

Scerri, E.R.: Have orbitals really been observed? J. Chem. Educ. **79**, 310 (2002)

Zuo, J.M., Kim, M., et al.: Direct observation of d-orbital holes and Cu–Cu bonding in Cu2O. Nature **401**, 49–52 (1999)

Verhalten von Elektronen im Magnetfeld

7

Inhaltsverzeichnis

Bis jetzt haben wir nur eine Schrödingergleichung für Teilchen behandelt, die elektrischen Kräften unterliegen und damit den magnetischen Teil des elektromagnetischen Feldes gegenüber dem elektrischen Anteil vernachlässigt. Tatsächlich kann man zeigen, dass der Einfluss des magnetischen Feldes normalerweise sehr viel kleiner ist als der des elektrischen Feldes und dass deshalb diese Vernächlässigung in in vielen experimentellen Situationen in guter Näherung möglich ist. Andererseits gibt es aber auch experimentelle Befunde – z. B. die als Zeeman-Effekt bezeichnete Aufspaltung der Spektrallinien unter dem Einfluss eines Magnetfeldes, die eine Berücksichtigung dieses Feldes in einer konsistenten Theorie erfordert, siehe Abschn. 7.1.4. Wir wissen jedoch noch nicht, wie die Schrödingergleichung für Elektronen im konstanten Magnetfeld aussieht. Diese Schrödingergleichung kann man nicht einfach durch hinzufügen einer geeignet gewählten konservativen potenziellen Energie erhalten, da die Lorentzkraft ja von der Geschwindigkeit abhängt, also *nicht* konservativ ist.

Ergänzende Information Die elektronische Version dieses Kapitels enthält Zusatzmaterial, auf das über folgenden Link zugegriffen werden kann
https://doi.org/10.1007/978-3-662-62610-8_7.

7.1 Schrödingergleichung für geladene Teilchen im elektromagnetischen Feld (ohne Spin)

Um die Schrödingergleichung für Teilchen im elektromagnetischen Feld lösen zu können, müssen wir zuerst die entsprechende Schrödingergleichung formulieren. Dazu müssen wir aber den Hamiltonoperator $\hat{H}$ für geladene Teilchen, also Elektronen, im elektromagnetischen Feld kennen. Wir wollen daher zunächst einmal die Hamiltonfunktion für ein Elektron im elektrischen Feld in der Ortsdarstellung ableiten. Dazu starten wir am einfachsten mit der entsprechenden Lagrange-Funktion für die Bewegung eines Teilchens im elektromagnetischen Feld:

$$L = \frac{1}{2}m\vec{v}^2 + e\left(\frac{\vec{v}}{c}\vec{A} - \Phi\right). \tag{7.1}$$

Hierbei ist $\vec{A}$ das Vektorpotenzial, Φ das skalare Potenzial und e ist die Elementarladung, siehe Tab. C.6 in Anhang C.5 für den Zahlenwert. Eine Herleitung, bzw. Begründung dieser Lagrange-Funktion findet die Leserin in Anhang H.1. Die Lagrange-Funktion (7.1) führt auf die entsprechende Bewegungsgleichung eines geladenen Teilchens im elektromagnetischen Feld:

$$m\ddot{\vec{x}} = e\left[\vec{E} + \frac{v}{c} \times \vec{B}\right]. \tag{7.2}$$

Weil es sehr lehrreich ist, will ich an dieser Stelle kurz zeigen, wie aus dem Hamiltonprinzip

$$\int L\,dt = \text{Extremum} \tag{7.3}$$

die Bewegungsgleichung abgeleitet werden kann. Das Variationsprinzip führt auf die Bewegungsgleichungen, die Euler-Lagrange-Gleichungen, vgl. Gl. (1.3):

$$\frac{d}{dt}\frac{\partial L}{\partial \dot{x}_i} - \frac{\partial L}{\partial x_i} = 0, \tag{7.4}$$

wobei die Lagrange-Funktion L aus Gl. (7.1) in Indexschreibweise lautet:

$$L = \frac{1}{2}m\dot{x}_j\dot{x}_j + \frac{e}{c}\dot{x}_j A_j - e\Phi. \tag{7.5}$$

Aus den Lagrange-Gleichungen 2. Art werden dann

$$m\ddot{x}_i + \frac{e}{c}\frac{d}{dA_i} + \frac{e}{c}\dot{x}_j\frac{\partial A_j}{\partial x_i} + c\frac{\partial \Phi}{\partial x_i} = 0. \tag{7.6}$$

Außerdem ist

$$\frac{d}{dt}A_i = \dot{A}_i + \frac{\partial A_i}{\partial x_j}\dot{x}_j \text{ mit } \dot{A}_i = \frac{\partial A_i}{\partial x_j}.$$

Damit wird

$$m\ddot{x}_i = e\left[-\frac{\dot{A}_i}{c} - \frac{\partial\Phi}{\partial x_i}\right] + \frac{e}{c}\dot{x}_j\left[\frac{\partial A_j}{\partial x_i} - \frac{\partial A_i}{\partial x_j}\right] \tag{7.7}$$

Aus den ersten beiden Maxwellgleichungen (den homogenen Gleichungen, siehe Appendix H.1)

$$\nabla \times \vec{E} = -\frac{1}{c}\dot{\vec{B}}, \quad \nabla \times \vec{B} = 0$$

folgt außerdem

$$\vec{B} = \nabla \times \vec{A}, \quad \vec{E} = -\frac{1}{c}\dot{\vec{A}} - \nabla\Phi. \tag{7.8}$$

Damit gilt für die i-te Komponente des Kreuzproduktes der Lorentzkraft aus Gl. (7.2):

$$\vec{v} \times \vec{B}\Big|_i = \epsilon_{ijk}\dot{x}_j B_k = \underbrace{\epsilon_{ijk}\epsilon_{klm}}_{\delta_{ij}\delta_{jm}-\delta_{im}\delta_{jl}} \dot{x}_j\frac{\partial A_m}{\partial x_l} = \dot{x}_j\left[\frac{\partial A_j}{\partial x_i} - \frac{\partial A_i}{\partial x_j}\right],$$

wobei wir einmal mehr die Nützlichkeit des Levi-Civita-Symbols ϵ_{ijk} (siehe Exkurs 6.1) für die Indexschreibweise von Vektorprodukten erkennen. Eingesetzt in Gl. (7.2) erhalten wir also:

$$m\ddot{x}_i = eE_i + \frac{e}{c}\vec{v} \times \vec{B}\Big|_i \tag{7.9}$$

bzw. in konventioneller Vektorschreibweise

$$\boxed{m\ddot{\vec{x}} = e\vec{E} + \frac{e}{c}\vec{v} \times \vec{B}.} \tag{7.10}$$

Der kanonische Impuls lautet:

$$p_i = \frac{\partial L}{\partial\dot{x}} = m\dot{x}_i + \frac{e}{c}A_i\,; \quad \vec{p} = m\vec{v} + \frac{e}{c}\vec{A}.$$

Dem „physikalischen", bzw. kinematischen Impuls $m\vec{v}$ muss man $(e/c)\vec{A}$ hinzufügen, um zum Hamilton'schen kanonischen Impuls zu gelangen. Um die Hamiltonfunktion zu erhalten, müssen wir die Legendre-Transformation aus der Definition (1.2) anwenden; d.h wir müssen bilden

$$H = \sum_{i=1}^{3} p_i\dot{x}_i - L = H(p_i, x_i) \tag{7.11}$$

und die x_i, die außerdem noch in L vorkommen, aus $p_i = \partial L/\partial\dot{x}$, d. h. durch

$$\dot{x}_i = \frac{1}{m}\left(p_i - \frac{e}{c}A_i\right) \tag{7.12}$$

eliminieren. Wir erhalten somit

$$H = \vec{p}\,\dot{\vec{x}} - L = \vec{p}\,\frac{1}{m}\left(\vec{p} - \frac{e}{c}\vec{A}\right) - \frac{1}{2}m\left[\frac{1}{m}\left(\vec{p} - \frac{e}{c}\vec{A}\right)\right] - e\left(\frac{v}{c}\vec{A} - \Phi\right). \quad (7.13)$$

Mit $\vec{v} = [\vec{p} - (e/c)\vec{A}]/m$ erhalten wir weiter

$$\boxed{H = \frac{1}{2m}\left(\vec{p} - \frac{e}{c}\vec{A}\right)^2 + e\Phi.} \quad (7.14)$$

Die Hamiltonschen Gleichungen

$$\dot{p}_i = -\frac{\partial H}{\partial x_i}\,;\quad \dot{x}_i = \frac{\partial H}{\partial p_i},\quad \text{d. h.}\quad \dot{x}_i = \frac{1}{m}\left(p_i - \frac{e}{c}\vec{A}\right)$$

sind identisch mit der Bewegungsgleichung.

7.1.1　Schrödingergleichung in der Ortsdarstellung

Die Schrödingergleichung $i\hbar\dot{\psi} = H\psi$ erhält man, indem man den kanonischen Impuls gemäß der Jordan'schen Regel (siehe Gl. (3.71)) $\vec{p}$ durch $\frac{\hbar}{i}\nabla$ ersetzt (und nicht etwa $m\vec{v}$ durch $\frac{\hbar}{i}\nabla$). Der Beweis für die Korrektheit dieser Vorgehensweise kann letztendlich nur durch das Experiment erfolgen. Die Schrödingergleichung eines Elektrons für ein beliebiges elektromagnetisches Feld lautet daher in der Ortsdarstellung:

$$\boxed{i\hbar\dot{\psi} = \left[\frac{1}{2m}\left(\frac{\hbar}{i}\nabla - \frac{e}{c}\vec{A}\right)^2 + e\Phi\right]\psi.} \quad (7.15)$$

Bei der Elementarladung muß man auf das Vorzeichen von e achten. Hier wird $e = -|e|$ für ein Elektron benutzt (in manchen Büchern als $-e$ bezeichnet). Für andere Partikelladungen q ist einfach e durch q zu ersetzen.

Wir wollen die Schrödinger-Gleichung für ein Teilchen im Magnetfeld noch etwas umformen. Dazu multiplizieren wir den quadratischen Klammerausdruck in (7.15) aus und erhalten:

$$\left(\frac{\hbar}{i}\nabla - \frac{e}{c}\vec{A}\right)^2\psi = \left[\left(\frac{\hbar}{i}\nabla\right)^2 - \frac{\hbar}{i}\frac{e}{c}\nabla\vec{A} - \frac{\hbar}{i}\frac{e}{c}\vec{A}\nabla + \left(\frac{e}{c}\vec{A}\right)^2\right]\psi$$

$$= \left[\hat{\vec{p}}^2 - \frac{\hbar}{i}\frac{e}{c}(\nabla\vec{A}) - 2\frac{e}{c}\vec{A}\hat{\vec{p}} + \left(\frac{e}{c}\vec{A}\right)^2\right]. \quad (7.16)$$

Die Schrödinger-Gleichung in Ortsdarstellung lautet nun

$$\mathrm{i}\hbar\dot{\psi} = \left[-\frac{\hbar^2}{2m}\Delta - \frac{1}{2m}\frac{e}{c}\frac{\hbar}{\mathrm{i}}\left(\nabla\vec{A} + \vec{A}\nabla\right) + \frac{1}{2m}\left(\frac{e}{c}\vec{A}\right)^2 + e\Phi \right]\psi. \qquad (7.17)$$

7.1.2 Kontinuitätsgleichung und Wahrscheinlichkeitsstrom

Ohne Magnetfeld haben wir den Wahrscheinlichkeitsstrom bereits in Abschn. 3.3.3 hergeleitet. Wir wiederholen jetzt die Rechnungen mit Magnetfeld und schreiben dazu die Schrödinger-Gleichung (7.17), sowie die dazu konjugiert komplexe Schrödinger-Gleichung untereinander:

$$\psi^\star \times \bigg| \quad \mathrm{i}\hbar\dot{\psi} \quad = \left[-\frac{\hbar^2}{2m}\Delta + e\Phi + \mathrm{i}\frac{e\hbar}{mv}\vec{A}\nabla + \mathrm{i}\frac{e\hbar}{2me}(\nabla\vec{A}) + \frac{1}{2m}\left(\frac{e}{c}\vec{A}\right)^2 \right]\psi$$

$$-\psi \times \bigg| \quad -\mathrm{i}\hbar\dot{\psi}^\star \quad = \left[-\frac{\hbar^2}{2m}\Delta + e\Phi - \mathrm{i}\frac{e\hbar}{mv}\vec{A}\nabla - \mathrm{i}\frac{e\hbar}{2me}(\nabla\vec{A}) + \frac{1}{2m}\left(\frac{e}{c}\vec{A}\right)^2 \right]\psi^\star$$

Multiplikation mit den links angeschriebenen Größen und Addition ergibt

$$\begin{aligned}
\mathrm{i}\hbar\frac{\partial}{\partial t}\left(\psi\psi^\star\right) &= -\frac{\hbar^2}{2m}\left(\psi^\star\Delta\psi - \psi\Delta\psi^\star\right) \\
&\quad + \mathrm{i}\frac{e\hbar}{mc}\vec{A}\left(\psi^\star\nabla\psi + \psi\nabla\psi^\star\right) + \mathrm{i}\frac{e\hbar}{mc}\left(\nabla\vec{A}\right)\psi^\star\psi \\
&= -\frac{\hbar^2}{2m}\nabla\left(\psi^\star\nabla\psi - \psi\nabla\psi^\star\right) + \mathrm{i}\frac{e\hbar}{mc}\nabla\left(\vec{A}\psi\psi^\star\right).
\end{aligned}$$

Damit erhalten wir die folgende Kontinuitätsgleichung und die Definition des Wahrscheinlichkeitsstroms $\vec{S}$:

$$\begin{aligned}
0 &= \frac{\partial\psi\psi^\star}{\partial t} + \nabla\vec{S}, \\
\vec{S} &= -\frac{\hbar}{2m}\left[\psi^\star\nabla\psi - \psi\nabla\psi^\star\right] - \frac{e}{mc}\vec{A}|\psi|^2.
\end{aligned} \qquad (7.18)$$

Im Vergleich zum Wahrscheinlichkeitsstrom (3.117) für ein quantenmechanisches Teilchen ohne Magnetfeld erhalten wir den Zusatzterm $-[e/(mc)]\,\vec{A}|\psi|^2$.

7.1.3 Eichtransformation

Aus der Elektrodynamik weiß man, dass die elektromagnetischen Potenziale Φ und $\vec{A}$ nicht eindeutig festgelegt sind, sondern nur bis auf Eichfreiheiten. Dies macht nichts, da die Potenziale nur als sehr zweckmäßige mathematische Hilfsgrößen in die Gleichungen der Theorie eingeführt werden, die keine eigene physikalische Bedeutung haben und beim Berechnen der Felder aus den vorgegebenen Potenzialen wieder wegfallen. Die aus den Potenzialen bestimmten Felder $\vec{E}$ und $\vec{B}$ als die eigentlich beobachtbaren physikalischen Größen sind eindeutig festgelegt und werden durch die Eichung der Potenziale nicht beeinflusst. Die Eichinvarianz ist in der Elektrodynamik eng verbunden mit der Ladungserhaltung und stellt damit eine fundamentale Forderung dar, die sich auch in der Quantentheorie widerspiegeln muss. Um die Eichinvarianz der elektromagnetischen Felder gegenüber der Eichung der Potenziale zu sichern, müssen die Potenziale der Elektrodynamik den folgenden Eichtransformationen genügen:

$$\vec{A}' = \vec{A} + \nabla f(\vec{x}, t); \quad \Phi' = \Phi - \frac{1}{c} f(\vec{x}, t). \tag{7.19}$$

$f(\vec{x}, t)$ ist dabei eine beliebige skalare Funktion. Wir überzeugen uns unmittelbar davon, dass die elektromagnetischen Felder $\vec{E}$ und $\vec{B}$ mit dieser Eichung tatsächlich nicht geändert werden. Man erhält nämlich wegen rot (grad f) $\equiv 0$

$$\vec{B}' = \nabla \times \vec{A}' = \nabla \times (\vec{A} + \nabla f(\vec{x}, t)) = \nabla \times \vec{A} = \vec{B}. \tag{7.20}$$

und

$$\vec{E}' = \frac{1}{c}\left(\dot{\vec{A}} + \nabla \dot{f}\right) - \nabla\left(\Phi - \frac{1}{c}\dot{f}\right) = -\frac{1}{c}\dot{\vec{A}} - \nabla\Phi = \vec{E}. \tag{7.21}$$

Da in der Schrödinger-Gleichung (7.17) das Vektorpotenzial explizit vorkommt, stellt sich die Frage, wie sich die Umeichung der Potenziale auf die Wellenfunktion und damit auf die Lösung der Schrödinger-Gleichung auswirkt. Ich stelle hierzu die Behauptung auf, dass bei einer Eichtransformation der Potenziale *nur die Phase* der Wellenfunktion in der Schrödingergleichung geändert wird, d. h. es gilt:

$$\boxed{\psi'(\vec{x}, t) = \exp\left[\frac{ie}{\hbar c} f(\vec{x}, t)\right] \psi(\vec{x}, t).} \tag{7.22}$$

Der Phasenfaktor ist eine komplexe Zahl vom Betrag eins und daher ein Element der mathematischen, unitären Gruppe $U(1)$. Man spricht deshalb auch hier von einer $U(1)$-Eichtransformation. Zum Beweis müssen wir zeigen, dass die Schrödinger-Gleichung (7.15) für die Wellenfunktion ψ' aus Gl. (7.22) mit den Potenzialen Φ' und $\vec{A}'$ in der Form

$$i\hbar\dot{\psi}' = \left[\frac{1}{2m} \left(\frac{\hbar}{i}\nabla - \frac{e}{c}\vec{A}' \right)^2 + e\Phi' \right] \psi' \qquad (7.23)$$

gültig ist, wenn ψ derselben Gleichung ohne Striche genügt. Dazu untersuchen wir zunächst einmal, wie der Operator

$$\left(\frac{\hbar}{i}\nabla - \frac{e}{c}\vec{A}' \right) \exp\left[\frac{ie}{\hbar c}f \right]$$

auf eine beliebige skalare Funktion $F(\vec{x}, t)$ wirkt. Einsetzen von Gl. (7.19) ergibt:

$$\left(\frac{\hbar}{i}\nabla - \frac{e}{c}\vec{A} \right) \exp\left[\frac{ie}{\hbar c}f \right] F = \left(\frac{\hbar}{i}\nabla - \frac{e}{c}\vec{A} - \frac{e}{c}(\nabla f) \right) \exp\left[\frac{ie}{\hbar c}f \right] F$$

$$= \underbrace{\left(\frac{\hbar}{i}\frac{ie}{\hbar c}(\nabla f) - \frac{e}{c}(\nabla f) \right)}_{=0} \exp\left[\frac{ie}{\hbar c}f \right] F + \exp\left[\frac{ie}{\hbar c}f \right] \left(\frac{\hbar}{i}\nabla - \frac{e}{c}\vec{A} \right) F$$

$$= \exp\left[\frac{ie}{\hbar c}f \right] \left(\frac{\hbar}{i}\nabla - \frac{e}{c}\vec{A} \right) F.$$

Wenn wir nun für F die Wellenfunktion ψ einsetzen, erhalten wir:

$$\left(\frac{\hbar}{i}\nabla - \frac{e}{c}\vec{A} \right) \psi' = \exp\left[\frac{ie}{\hbar c}f \right] \left(\frac{\hbar}{i}\nabla - \frac{e}{c}\vec{A} \right) \psi. \qquad (7.24)$$

Schließlich, wenn wir für F die Wellenfunktion $[\hbar\nabla/i - (e/c)\vec{A}]\psi$ einsetzen, ergibt sich:

$$\left(\frac{\hbar}{i}\nabla - \frac{e}{c}\vec{A} \right)^2 \psi' = \exp\left[\frac{ie}{\hbar c}f \right] \left(\frac{\hbar}{i}\nabla - \frac{e}{c}\vec{A} \right)^2 \psi. \qquad (7.25)$$

Jetzt können wir meine Behauptung (7.22) überprüfen, d. h. die Frage ist, ob folgende Gleichung gilt:

$$i\hbar\dot{\psi}' \equiv i\hbar \exp\left[\frac{ie}{hc}f \right] \dot{\psi} + i\hbar\frac{ie}{\hbar c}\dot{f} \exp\left[\frac{ie}{hc}f \right] \psi$$

$$\stackrel{?}{=} \frac{1}{2m} \exp\left[\frac{ie}{hc}f \right] \left(\frac{\hbar}{i}\nabla - \frac{e}{c}\vec{A} \right)^2 \psi + \left(e\Phi - \frac{e}{c}\dot{f} \right) \exp\left[\frac{ie}{hc}f \right] \psi.$$

Wegen

$$i\hbar\dot{\psi} = \frac{1}{2m} \left(\frac{\hbar}{i}\nabla - \frac{e}{c}\vec{A} \right)^2 \psi + e\Phi\psi$$

und weil sich die Terme mit $\dot{f}$ wegheben, ist das Gleichheitszeichen erfüllt. Die Eichtransformation der elektrodynamischen Potenziale hat also eine Eichtransformation der Wellenfunktion entsprechend Gl. (7.22) zur Folge.

Wie die Potenziale der Elektrodynamik ist die Wellenfunktion nicht direkt beobachtbar. Deshalb ist eine Eichtransformation der Form (7.22) unproblematisch, solange die aus der Wellenfunktion resultierenden Schlussfolgerungen über physikalisch beobachtbare Größen eichinvariant bleiben. Wir wollen deshalb jetzt zeigen, das typische beobachtbare Größen der Quantenmechanik – etwa die Wahrscheinlichkeitsdichte und Stromdichte $\vec{S}$ – durch die Eichtransformation nicht geändert werden.

Wahrscheinlichkeitsstrom $\vec{S}$
Der Wahrscheinlichkeitsstrom ist durch Gl. (7.18) gegeben. Für den Strom nach der Eichung gilt:

$$
\begin{aligned}
\vec{S}' &= \frac{\hbar}{2mi}\left(\psi'^{\star}\nabla\psi' - \psi'\nabla\psi'^{\star}\right) - \frac{e}{mc}\vec{A}'\psi'^{\star}\psi' \\
&\underset{\underset{\text{(7.19) und (7.22)}}{\uparrow}}{=} \vec{S} + \frac{\hbar}{2mi}\left\{\psi^{\star\prime}\left[\frac{ie}{\hbar c}\nabla f\right]\psi' - \psi'\left[-\frac{ie}{\hbar c}\nabla f\right]\psi^{\star\prime}\right\} - \frac{e}{mc}\left(\nabla f\right)|\psi'|^2 \\
&= \vec{S}.
\end{aligned}
$$

Hier wurde

$$
\nabla\psi' = \frac{ie}{\hbar c}\left(\nabla f\right)\psi' + \exp\left[\frac{ie}{\hbar c}f\right]\nabla\psi
$$

benutzt. Damit ist $\vec{S} = \vec{S}'$ und der Wahrscheinlichkeitsstrom ist ebenfalls invariant gegenüber einer Eichtransformation.

Erwartungswerte der Ortsobservablen
Wir erhalten für eine beliebige Funktion $g(\hat{\vec{x}})$ des Ortsoperators in der Ortsdarstellung

$$
\langle g(\hat{\vec{x}})\rangle = \langle\psi'|g(\hat{\vec{x}})|\psi'\rangle = \int d^3x\,\psi'^{\star}g(\vec{x})\psi' = \int d^3x\,\psi^{\star}g(\vec{x})\psi = \langle\psi|g(\hat{\vec{x}})|\psi\rangle
$$

$$(7.26)$$

Die Erwartungswerte des Ortes sind also Invarianten bezüglich der Eichtransformation – sie werden nicht geändert; die Erwartungswerte des kanonischen Impulses jedoch schon.

Erwartungswert des kanonischen Impulses
Hier erhalten wir

$$
\langle\psi'|\hat{\vec{p}}|\psi'\rangle = \int d^3x\,\psi'^{\star}\vec{p}\,\psi' = \int d^3x\,\exp\left[-i\frac{e}{\hbar c}f\right]\psi^{\star}\frac{\hbar}{i}\nabla\exp\left[-i\frac{e}{\hbar c}f\right]\psi
$$

$$= \int \mathrm{d}^3 x \, \psi'^\star \frac{e}{c} (\nabla f) \psi + \int \mathrm{d}^3 x \, \psi'^\star \frac{\hbar}{\mathrm{i}} \nabla \psi$$

$$= \langle \psi | \frac{e}{c} \nabla f | \psi \rangle + \langle \psi | \hat{\vec{p}} | \psi \rangle. \tag{7.27}$$

Der Erwartungswert des kanonischen Impulses hängt also von der Eichtransformation ab. Trotzdem ist dieses Resultat für die physikalische Wertung der Eichtransformation bedeutungslos, da die physikalisch beobachtbare Größe der kinematische Impuls $\vec{p}_\mathrm{kin} = \vec{p} - (e/c)\vec{A}$ ist.

Erwartungswerte des kinematischen Impulses

Zur Bestimmung des Erwartungswertes dieser Observablen benötigen wir den Operator des kinetischen Impulses, also $\hat{\vec{p}}_\mathrm{kin} = \vec{p} - (e/c)\vec{A}$. Damit erhalten wir unter Verwendung von Gl. (7.19) und (7.22):

$$\begin{aligned}
\langle \psi' | \hat{\vec{p}}_\mathrm{kin} | \psi' \rangle &= \langle \psi' | \hat{\vec{p}} | \psi' \rangle - \frac{e}{c} \langle \psi' | \vec{A} | \psi' \rangle \\
&= \frac{e}{c} \langle \psi | \nabla f | \psi \rangle + \langle \psi | \hat{\vec{p}} | \psi \rangle - \frac{e}{c} \langle \psi | \vec{A} | \psi \rangle - \frac{e}{c} \langle \psi | \nabla f | \psi \rangle \\
&= \langle \psi | \hat{\vec{p}} | \psi \rangle - \frac{e}{c} \langle \psi | \vec{A} | \psi \rangle \\
&= \langle \psi | \hat{\vec{p}}_\mathrm{kin} | \psi \rangle.
\end{aligned} \tag{7.28}$$

Wir kommen also auch hier zu dem Schluss, dass die Eichtransformationen in Gl. (7.19) und (7.22) physikalisch meßbare Größen nicht verändern.

Aharonov-Bohm-Effekt

Während in der klassischen Physik nur die Felder $\vec{B}$ und $\vec{E}$ bei der Bewegung eines klassichen Teilchens eine Rolle spielen, treten in der Schrödingergleichung die Potenziale $\vec{A}$ und Φ auf. Die Frage ist nun, ob das Auftreten der Potenziale nur rein formal ist, oder ob wirklich irgendein meßbarer Effekt stattfindet, der mit den Feldern $\vec{B}$ und $\vec{E}$ und ihrer Kraftwirkungen allein nicht erklärt werden kann. Das letztere ist nun tatsächlich der Fall (zumindest, wenn man das Experiment geeignet interpretiert) beim sog. *Aharonov-Bohm-Effekt* (Aharonov und Bohm 1959).

Eines der grundlegendsten Experimente zur Quantenmechanik ist das Doppelspaltexperiment. Von einer Elektronenquelle laufen Elektronen bestimmter Energie auf einen Doppelspalt zu. Auf einem Auffangschirm beobachtet man ein Interferenzbild, das von der Wellennatur der Elektronen herrührt, wie zu Beginn von Kap. 3 erläutert, und deren Wellenlänge gegeben ist durch Gl. (3.1). Bei dem 1959 vorhergesagten Effekt bringt man unmittelbar hinter dem Doppelspalt zwischen beiden Spaltöffnungen eine dünne, lange Spule an. Der Außenraum kann durch ein Eisenjoch abgeschrimt werden, so dass wirklich nur innerhalb der Spule ein Magnetfeld vorliegt und im Außenraum der Spule $\vec{B} = 0$ gilt. Ein klassisches Elektron auf Bahn

1 oder 2 würde das Magnetfeld nicht spüren, somit müsste man dasselbe Ergebnis erwarten wie im Fall ohne Spule. Dieser Schluss ist aber im Rahmen der Quantentheorie nicht mehr richtig. Die Elektronen bewegen sich nämlich nicht mehr auf Bahnen 1 oder 2, sondern werden durch eine im Raum ausgedehnte Wellenfunktion beschrieben, welche die Schrödinger-Gleichung erfüllt. Damit sollte auch das lokalisierte statische Magnetfeld einen Einfluß auf die Wellenfunktion ausüben.

Aus rein klassischer Sicht entsteht somit eine Art Fernwirkung, da die Elektronen das Magnetfeld der Spule überhaupt nicht passieren. Um das Aharanov-Bohm-Experiment quantenmechanisch zu verstehen, betrachten wir zuerst die Situation bei ausgeschaltetem statischen Magnetfeld. Die Schrödinger-Gleichung ist dann

$$i\hbar\psi^0 = \frac{1}{2m}\vec{p}^2\psi^0, \tag{7.29}$$

wobei der obere Index 0 an das ausgeschaltete Magnetfeld $\vec{B} = 0$ erinnern soll. Wenn wir nur den Spalt 1 bzw. den Spalt 2 offen lassen, wird die Lösung ψ_1^0 bzw. ψ_2^0. Wenn wir beide Spaltöffnungen nicht verschließen, ergibt sich die Wellenfunktion als Superposition der beiden Teillösungen

$$\psi^0 = \psi_1^0 + \psi_2^0. \tag{7.30}$$

Die Gesamtwellenfunktion ψ^0 muss evtl. noch normiert werden.

Jetzt wollen wir den Fall betrachten, dass das Magnetfeld nicht verschwindet. Wir müssen dann folgender Schrödinger-Gleichung lösen:

$$i\hbar\psi^B = \left(\vec{p}\frac{1}{2m} - \frac{e}{c}\vec{A}\right)\psi^B. \tag{7.31}$$

Wir gehen genauso vor wie oben, d. h. wir betrachten zunächst den Fall, dass nur *ein* Spalt offen ist, und berechnen später die Gesamtwellenfunktion als Superposition der beiden Teilwellenfunktionen ψ_1^B bzw. ψ_2^B. Um einen expliziten Ausdruck für die Abhängigkeit vom statischen Magnetfeld zu erhalten, führen wir eine Eichtransformation entsprechend

$$\vec{A}' = \vec{A} + \nabla f, \quad \psi^B = e^{i\frac{e}{\hbar c}f}\psi'^B$$

durch und erhalten die transformierte Schrödinger-Gleichung

$$i\hbar\psi^B = \frac{1}{2m}\left(\vec{p} - \frac{e}{c}\vec{A}'\right)^2\psi'^B. \tag{7.32}$$

Wir wählen die Funktion f so, dass im Außenbereich der Spule

$$\vec{A} + \nabla f = 0 \tag{7.33}$$

gilt. Damit eine solche Funktion f existiert, muss das Vektorpotenzial die Forderung $\nabla \times \vec{A} = 0$ erfüllen. Wegen $\vec{B} = \nabla \times \vec{A} = 0$ ist diese Bedingung aber gerade im feldfreien Raum, d. h. *überall außerhalb der Spule* erfüllt. Solange kein Weg die Spule umschließt[1], können wir die Funktion f aus dem Vektorpotenzial $\vec{A}$ bestimmen und in Form eines Wegintegrals über die Kurve Γ darstellen:

$$f = -\int_{\Gamma} \vec{A} \cdot d\vec{x}. \tag{7.34}$$

Mit dieser Eichung erhalten wir $\vec{A}' = 0$. Die Schrödinger-Gleichung (7.32) wird also zu

$$i\hbar \psi^{B} = \frac{1}{2m} \vec{p}^{2} \psi'^{B}. \tag{7.35}$$

und ist damit identisch mit derjenigen für die Bewegung eines Teilchens im Raum ohne Magnetfeld. Deshalb erhalten wir bei jeweils einem geöffneten Spalt als Lösung die beiden Teilwellenfunktionen

$$\psi_1'^{B} = \psi_1^{0} \quad \text{und} \quad \psi_2'^{B} = \psi_2^{0}. \tag{7.36}$$

Wir können jetzt die Eichtransformation wieder rückgängig machen und erhalten somit einen Zusammenhang zwischen den Wellenfunktionen der Einzelspaltexperimente mit und ohne Magnetfeld im Inneren der Spule

$$\psi_1^{B}(\vec{x}) = \exp\left\{\frac{e}{i\hbar c} f_1(\vec{x})\right\} \psi_1^{0}(\vec{x}),$$
$$\psi_2^{B}(\vec{x}) = \exp\left\{\frac{e}{i\hbar c} f_2(\vec{x})\right\} \psi_2^{0}(\vec{x}),$$

$$\tag{7.37}$$

Die beiden Eichfunktionen sind dabei gegeben durch

$$f_1(\vec{x}) = -\int_{\Gamma_1} \vec{A} \, d\vec{x} \quad f_2(\vec{x}) = -\int_{\Gamma_2} \vec{A} \, d\vec{x}. \tag{7.38}$$

Die beiden Wege Γ_1 und Γ_2 legen wir dabei so fest, dass Sie von der Quelle $\vec{x}_0$ zu einem beliebigen Punkt $\vec{x}$ hinter dem Schirm laufen, cf. Abb. 7.2. Sind beide Spaltöffnungen unverschlossen, dann erhalten wir die Gesamtwellenfunktion als überlagerung der beiden Teilwellenfunktionen zu

$$\psi^{B}(\vec{x}) = \psi_1^{B}(\vec{x}) + \psi_2^{B}(\vec{x}). \tag{7.39}$$

Setzen wir hier die Resultate (7.37) ein, dann erhalten wir

---

[1]Diese Situation wird durch die Geometrie des Experiments garantiert, insofern nur ein Spalt offen ist.

$$\psi^B(\vec{x}) = \exp\left\{\frac{ie}{\hbar c}\int_{\Gamma_1}\vec{A}\,d\vec{x}\right\}\psi_1^0 + \exp\left\{\frac{ie}{\hbar c}\int_{\Gamma_2}\vec{A}\,d\vec{x}\right\}\psi_2^0. \qquad (7.40)$$

Wir klammern jetzt den Phasenfaktor der zweiten Teilwellenfunktion aus. Dann entsteht für die erste Teilwellenfunktion ein Phasenfaktor, der einen Umlauf von $\vec{x}_0$ nach $\vec{x}$ entlang Γ_1 und dann zurück nach $\vec{x}_0$ entlang Γ_2 führt. Wir erhalten also

$$\psi^B(\vec{x}) = \left[\exp\left\{\frac{ie}{\hbar c}\oint\vec{A}\,d\vec{x}\right\}\psi_1^0 + \psi_2^0\right]\exp\left\{\frac{ie}{\hbar c}\int_{\Gamma_2}\vec{A}\,d\vec{x}\right\}. \qquad (7.41)$$

Das Integral über den geschlossenen Weg kann mithilfe des Stokes'schen Satzes in ein Oberflächenintegral umgewandelt werden und liefert

$$\frac{ie}{\hbar c}\oint\vec{A}\,d\vec{x} = \frac{ie}{\hbar c}\int\int\nabla\times\vec{A}\,d\vec{f} = \frac{ie}{\hbar c}\int\int\vec{B}\,d\vec{f} = \frac{ie}{\hbar c}\phi_B. \qquad (7.42)$$

ϕ_B ist dabei der magnetische Fluß durch den geschlossenen Weg. Da das Magnetfeld im ganzen Raum außer im Inneren der Spule verschwindet, kann der geschlossene Weg auf den Spulenquerschnitt zusammengezogen werden. Die Wellenfunktion am Schirm wird dann

$$\psi^B(\vec{x}) = \left[\exp\left\{\frac{ie}{\hbar c}\phi_B\right\}\psi_1^0 + \psi_2^0\right]\exp\left\{\frac{ie}{\hbar c}\int_{\Gamma_2}\vec{A}\,d\vec{x}\right\}. \qquad (7.43)$$

Die Intensität in Punkt $\vec{x}$ auf dem Schirm ist durch die Wahrscheinlichkeitsverteilung $|\psi^B(\vec{x})|^2$ gegeben. Wir erhalten also

$$|\psi^B(\vec{x})|^2 = |\exp\left\{\frac{ie}{\hbar c}\phi_B\right\}\psi_1^0 + \psi_2^0|^2. \qquad (7.44)$$

Offenbar hängt die relative Phasenlage der beiden Teilwellen vom magnetischen Fluss ab. Eine Änderung des magnetischen Flusses führt somit zu einer messbaren Änderung des Interferenzmusters. Insbesondere findet man eine spezifische Verschiebung des Maximums des Interferenzmusters. Ohne Magnetfeld liegt das Maximum bei $\vec{x} = 0.$, cf. Abb. 7.1. Mit eingeschaltetem Magnetfeld entsteht eine Verschiebung gemäß

$$\delta x \approx L\tan\phi = L\frac{a}{d}. \qquad (7.45)$$

siehe hierzu Abb. 7.2.

Dabei ist a die Differenz der beiden Wege von je einer Spaltöffnung zur Position des Maximums. Dieser Gangunterschied a kompensiert die durch den magnetischen

Abb. 7.1 Doppelspaltversuch mit Magnetfeld

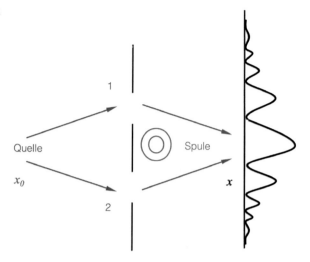

Abb. 7.2 Verschiebung des Interferenzmusters beim Doppelspalt mit Magnetfeld (Aharonov-Bohm-Effekt)

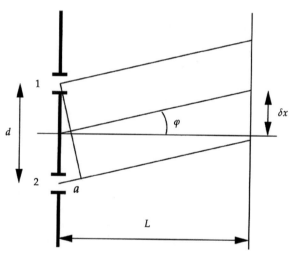

Fluss entstandene Phasendifferenz $\Delta = e\phi_B/\hbar c$. Mit λ als de Broglie-Wellenlänge der Elektronen und der daraus folgenden Wellenzahl $k = 2\pi/\lambda$ ist die mit dem Gangunterschied a verbundene Physendifferenz durch ka bestimmt. Die Bedingung für die Kompensation der durch den magnetischen Fluss verursachten Phasendifferenz ist $ka = |\Delta|$, d. h.

$$a = \frac{\lambda}{2\pi}|\delta|. \qquad (7.46)$$

Damit erhalten wir

$$\delta x = \frac{L}{d}\frac{\lambda}{2\pi}\frac{|e|}{\hbar c}|\phi_B|. \qquad (7.47)$$

Eine für die Wirkung des Magnetfelds charakteristische Größe ist das sog. Flussquant

$$\phi_0 = \pi \frac{\hbar c}{|e|} = 2{,}07 \cdot 10^7 \; \text{Gcm}^2. \tag{7.48}$$

Mit der Definition des Flussquants kann man die Verschiebung des Interferenzmusters beim Aharonov-Bohm-Effekt in der Form

$$\boxed{\delta x = \frac{L}{d} \frac{\lambda}{2} \frac{|\phi_B|}{|\phi_0|}.} \tag{7.49}$$

Der Effekt wurde von R.C. Chambers Chambers 1960 und von G. MöllenstedtG. Mollenstedt 1956 in Tübingen beobachtet. Verschiedene Effekte treten bei der Flussquantisierung in Supraleitern bei den sog. SQIDS (Superconducting Quantum Interference Devices) auf. Durch den Aharonov-Bohm-Effekt wird die Eichinvarianz nicht verletzt. Die beobachtete Physenverschiebung hängt nur vom magnetischen Fluss ϕ_B, d.h. vom Magnetfeld $\vec{B}$ und nicht von Vektorpotenzial $\vec{A}$ ab. Durch den quantenmechanischen Charakter der Elektronen erhält die Wechselwirkung zwischen diesen Teilchen und dem elektromagnetischen Feld einen Fernwirkungscharakter. Das Magnetfeld $\vec{B}$ wirkt auf Elektronen an Raumpunkten, an denen überhaupt kein Magnetfeld vorhanden ist. Hier sieht man die nicht-lokale Struktur der Quantenmechanik. Wir werden uns mit dieser Eigenschaft in Kap. 9 näher befassen.

Der Fernwirkungsaspekt im all des Aharonov-Bohm-Experiments kann am bequemsten mithilfe der Schrödinger-Gleichung mit Vektorpotenzial (7.17) beschrieben werden. Die Wechselwirkung zwischen Vektorpotenzial und Wellenfunktion ψ erfolgt in dieser Gleichung am selben Raumzeit-Punkt, also lokal, entsprechend dem Nahwirkungsprinzip. Im Gegensatz zu einer klassischen Theorie ist die Nahwirkung jetzt aber auf Größen bezogen, denen keine physikalische Realität im Sinne einer direkten Meß- oder Beobachtbarkeit zukommt.

7.1.4 Gebundene Elektronen im homogenen statischen Magnetfeld ohne Spin: Normaler Zeeman-Effekt

Wir wollen jetzt Elektronen in einem radialsymmetrischen Coulomb-Potenzial Φ (also z.B: ein H-Atom) und einem homogenen Magnetfeld untersuchen. Dazu verwenden wir wieder die Schrödinger-Gleichung (7.17), wählen aber diesmal das Vektorpotenzial eines in z-Richtung orientierten Magnetfelds. Wir legen also unser Koordinatensystem so fest, dass seine z-Achse mit der Richtung des homogenen Magnetfelds zusammenfällt:

$$\vec{B} = (0, 0, B)^{\mathrm{T}}. \tag{7.50}$$

Das Vektorpotenzial ist nur bis auf den Gradienten einer beliebigen Funktion festgelegt und deshalb können wir das Magnetfeld durch jedes der beiden Vektorpotenziale

$$A_x^{(a)} = -By, \quad A_y^{(a)} = 0, \quad A_z^{(a)} = 0 \tag{7.51}$$

und

$$A_x^{(b)} = -\frac{By}{2}, \quad A_y^{(b)} = +\frac{Bx}{2}, \quad A_z^{(b)} = 0. \tag{7.52}$$

Der Hamilton-Operator nimmt dann in der Ortsdarstellung die folgende Gestalt an (vgl. Gl. (7.17)):

$$\hat{H} = -\frac{\hbar^2}{2m}\Delta + e\Phi - \frac{1}{m}\frac{e}{c}\underbrace{\frac{\hbar}{i}\left(x\frac{\partial}{\partial y} - y\frac{\partial}{\partial x}\right)}_{L_z}\frac{B}{2} + \frac{e^2}{8mc^2}B^2(x^2 + y^2). \tag{7.53}$$

Wenn wir das Coulomb-Potenzial für Φ einsetzen, erhalten wir:

$$\hat{H} = -\frac{\hbar^2}{2m}\Delta - \frac{e^2}{r} - \frac{e}{2mc} + \frac{e^2}{8mc^2}B^2(x^2 + y^2). \tag{7.54}$$

In diesem Hamilton-Operator gibt es nur einen Term, der linear vom magnetischen Feld abhängt. Andererseits ist in der klassichen Theorie die Energie eines Dipols der Stärke μ im magnetischen Feld gegeben durch

$$H_{\text{dipol}} = -\vec{\mu}\vec{B} \tag{7.55}$$

Der Vergleich mit (7.54) erlaubt es uns, den Operator des Dipolmoments abzuleiten. Da das $\vec{B}$-Feld in z-Richtung orientiert ist, erhalten wir

$$\hat{\mu}_z = \frac{e}{2mc}\hat{L}_z. \tag{7.56}$$

Aus Symmetriegründen erhalten wir daraus sofort die allgemeinere Vektordarstellung

$$\hat{\vec{\mu}} = \frac{e}{2mc}\hat{\vec{L}} = -\frac{\mu_B}{\hbar}\hat{\vec{L}} = -\frac{g\mu_B}{\hbar}\hat{\vec{L}}. \tag{7.57}$$

Dabei ist

$$\mu_B = \frac{|e|\hbar}{2mc} \tag{7.58}$$

das Bohr'sche Magneton und g das *gyromagnetische Verhältnis*. Für den hier untersuchten Fall einer Kopplung zwischen dem Bahndrehimpuls und dem magnetischen Feld hat dieses Verhältnis den Wert $g = 1$.

Der zweite Term in (7.53), der die Kopplung mit dem Magnetfeld beschreibt, ist quadratisch in B. Gewöhnlich kann man diesen Term vernachlässigen. Um die

Bedingung zu bestimmen, unter der eine solche Vernachlässigung erlaubt ist, benutzen wir die Abschätzung $\hat{\vec{L}}_z \approx \hbar$ und $x^2 + y^2 \approx a_0^2$; dabei ist a_0 der Bohr'sche Radius, siehe (2.184). Damit ergibt sich

$$\frac{|\hat{H}^{(2)}|}{|\hat{H}^{(1)}|} \approx \frac{\frac{e^2}{8mc^2}B^2 a_0^2}{\frac{|e|}{2mc}\hbar|B|} = \frac{|e|B|a_0^2}{4c\hbar} = \frac{|B|}{10^{10}\mathrm{G}}. \tag{7.59}$$

Der quadratische Term spielt also keine Rolle. Wir wollen jetzt auch noch das Verhältnis zwischen dem magnetischen Beitrag und der Coulomb-Wechselwirkung abschätzen. Hierfür erhalten wir mit $r \approx a_0$:

$$\frac{|\hat{H}^{(1)}|}{|\hat{H}^{(C)}|} \approx \frac{\frac{|e|\hbar}{2mc}|B|}{\frac{e^2}{a_0}} = \frac{|B|}{10^9\mathrm{G}}. \tag{7.60}$$

Der lineare Term stellt also nur eine schwache Störung zum Coulomb-Term dar. Wir können daher den in $\vec{B}$ quadratischen Term vernachlässigen und erhalten deshalb den folgenden Ausdruck für den Hamilton-Operator:

$$\hat{H} = -\frac{\hbar^2}{2m}\Delta - \frac{e^2}{r} + \frac{\mu_B}{\hbar}B\hat{L}_z = H_0 + \frac{\mu_B}{\hbar}B\hat{L}_z = \hat{H}_0 + \hat{H}_B. \tag{7.61}$$

Dabei ist $\hat{H}_0$ der Hamilton-Operator des Wasserstoffproblems, $\hat{H}_B$ beschreibt die Störung. Wir hatten schon in Kap. 5 bemerkt, dass die Eigenfunktionen $\psi_{n,l,m}$ von $\hat{H}_0$ auch gleichzeitig die Eigenfunktionen von $\hat{L}_z$ zum Eigenwert $\hbar m$ sind. Daher erhalten wir

$$\hat{H}\psi_{n,l,m} = \left(\hat{H}_0 + \hat{H}_B\right)\psi_{n,l,m} = \left(E_n + \underbrace{\frac{\mu_B}{\hbar}B\,\hbar m}_{\omega_L}\right)\psi_{n,l,m}. \tag{7.62}$$

Dabei ist ω_L die sog. Larmorfrequenz. Durch die Wirkung des Magnetfelds wird die $(2l + 1)$-fache Entartung bezüglich der Magnetquantenzahl aufgehoben. Die zufällige Entartung bezüglich der Nebenquantenzahl l_z, die ebenfalls beim Wasserstoffproblem vorliegt, ist durch die Existenz eines äußeren Magnetfeldes nicht betroffen. Wir finden also, dass im Magnetfeld der Energieeigenwert des Grundzustandes $n = 1$ unverändert bleibt, der Zustand $n = 3$ spaltet in fünf Niveaus auf, etc., siehe Abb. 7.3. Die Aufspaltung der Energieniveaus eines Atoms im Magnetfeld bezüglich der magnetischen Quantenzahl m wird als *normaler Zeeman-Effekt* bezeichnet.

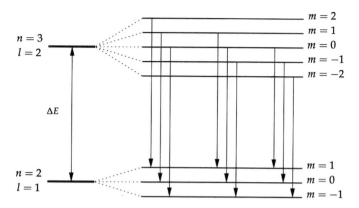

Abb. 7.3 Aufhebung der Entartung im Magnetfeld

7.2 Spin und magnetisches Moment des Elektrons

Bisher haben wir das Elektron als ein punktförmiges Teilchen betrachtet, das durch die Masse $m_e = 9,11 \cdot 10^{-31}$ kg und die Ladung $e = -1,6 \cdot 10^{-19}$ C charakterisiert war. Mit diesen beiden Eigenschaften des Elektrons konnten viele experimentelle Ergebnisse auf der Basis der nicht-relativistischen Quantenmechanik (also der Quantenmechanik, die auf der Schrödinger-Gleichung als Grundgleichung beruht) erklärt werden, z. B. das Energieniveauschema des Wasserstoffatoms in Kap. 6. Es gibt jedoch eine Reihe von Experimenten, die sich in diesem Rahmen nicht mehr interpretieren lassen, was darauf hinweist, dass man dem Elektron neben seiner Masse und seiner Ladung noch eine weitere Eigenschaft zuschreiben muss. Es zeigte sich, dass ein Elektron noch einen sogen. *Spin,* auch Eigendrehimpuls genannt, hat, der wiederum mit einem magnetischen Moment verbunden ist. Der Spin ist eine Eigenschaft des Elektrons, die zusätzlich zum Drehimpuls welcher von seiner jeweiligen Bahnbewegung herrührt berücksichtigt werden muss.

7.2.1 Experimentelle Gründe für die Existenz des Spins

Der Stern-Gerlach-Versuch
Lässt man einen Strahl von Wasserstoff- oder Silberatomen durch ein inhomogenes Magnetfeld laufen, dann spaltet der einlaufende Strahl in *zwei* Teilstrahlen auf (Abb. 7.4). Dieses Experiment wurde von Otto Stern und Walther Gerlach 1922 im Physikalischen Institut der Universität in Frankfurt durchgeführt (Gerlach und Stern 1922). Dem Experiment lag die Frage zugrunde, wie man die *Richtungsquantelung* des Drehimpulses (also die Existenz von Drehimpuls-Multipletts) auf andere Weise als durch die Aufspaltung der Spektrallinien (also die Aufhebung der energetischen Entartung der Zustände eines Drehimpuls-Multipletts) in homogenen äuße-

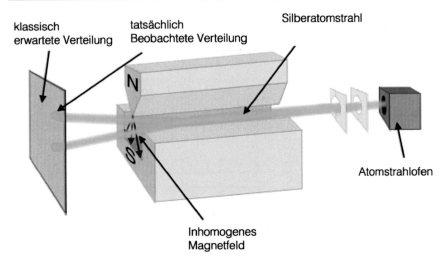

Abb. 7.4 Stern-Gerlach-Versuch: Atomstrahlaufspaltung im inhomogenen Magnetfeld

ren Magnetfeldern sichtbar machen könnte. Stern hatte die Idee, dafür *inhomogene* Magnetfelder zu verwenden.

Stern und Gerlach beobachteten eine deutliche Aufspaltung des Silberstrahls in einem inhomogenen Magnetfeld. Sie interpretierten dies als Beweis für die Richtungsquantelung des Bahndrehimpulses des Elektrons in Atomen. Im Prinzip ist eine solche Aufspaltung bei vielen Atomen durchaus erklärbar. Trifft nämlich ein Atom mit einem magnetischen Moment der Größe μ_z in z-Richtung auf ein ebenfalls in z-Richtung orientiertes Magnetfeld $\vec{B}$, dann verändert sich die potenzielle Energie des Atoms um

$$U(\vec{x}) = -\mu_z B(x, y, z) \qquad (7.63)$$

Wie üblich erhält man die Kraft, die im inhomogenen Feld auf das magnetische Moment wirkt, durch Gradientenbildung:

$$\vec{F} = -\nabla U. \qquad (7.64)$$

In z-Richtung wirkt also die Kraft

$$F_z = -\frac{\partial U}{\partial z} = \mu_z \frac{\partial B}{\partial z}. \qquad (7.65)$$

Durch die Kraft auf das magnetische Moment resultiert eine gewisse Ablenkung des Atomstrahls. Nimmt man an, dass die magnetischen Momente der einzelnen Atome des Strahls relativ zum Magnetfeld zufällig orientiert sind, dann spaltet der Strahl im inhomogenen Magnetfeld gewöhnlich in Teilstrahlen auf. Der Grundzustand von H-Atomen ist aber ein 1s-Zustand, der keinen Bahndrehimpuls (und deshalb auch kein mit dem Bahndrehimpuls verbundene magnetisches Moment) hat. Damit sollte auf diese Atome des Strahls auch keine Kraft wirken, d. h. wir erwarten *keine* Verbreiterung des Strahls. Die ursprünglich von Stern und Gerlach gegebene Interpretation für die in ihrem Experiment verwendeten Silberatome war, dass dieses magnetische Moment für eine Aufspaltung der entarteten Energieniveaus in einen Zustand mit $m = +1$ und einen mit $m = -1$ führt. Das Valenzelektron in Silberatomen ist aber in einem 5s-Zustand, welcher daher den Bahndrehimpuls $l = 0$ hat und folglich auch die magnetische Quantenzahl $m = 0$ hat. Dass aber trotzdem experimentell eine Aufspaltung des Strahls in zwei Teilstrahlen beobachtet wurde, lässt sich im Rahmen der bisherigen Theorie nicht erklären. Offenbar haben die Silberatome auch im Grundzustand ein magnetisches Moment, das unabhängig vom Bahndrehimpuls ist und sich im Magnetfeld in zwei diskrete Richtungen einstellt.

Feinstruktur der Spektrallinien
Der 2s-Zustand und die 2p-Zustände des Wasserstoffatoms sind entartet. Eine genauere Untersuchung der Spektren zeigt aber, dass das 2p-Niveau sich in zwei Niveaus aufspaltet, cf. Abb. 7.5. Als Ursache für diesen Effekt erweist sich die Kopplung zwischen dem Bahndrehimpuls und dem Spin des Elektrons im Wasserstoffatom. Ohne die Berücksichtigung des Spins kann auch dieses experimentelle Ergebnis nicht im Rahmen der bisherigen quantenmechanischen, spinlosen Theorie beschrieben werden. Eine ähnliche Situation findet man übrigens auch bei wasserstoffähnlichen Atomen, z. B. dem des Natriums. Diese Atome haben über einer abgeschlossenen Elektronenschale ein einziges weiteres Elektron. Die abgeschlossene Elektronenschale unter diesem modifiziert das reine Coulomb-Potenzial, sodass die l-Entartung aufgehoben wird. Darüber hinaus spaltet aber auch das 3p-Niveau noch auf, cf. Abb. 7.6. Diese sogenannte Na-Dublett-Linie kann ebenfalls nicht im Rahmen der spinlosen Quantenmechanik verstanden werden.

Schließlich erfordert das Verständnis des anomalen Zeeman-Effekts eine Vertiefung der quantenmechanischen Beschreibung. Auch hier erweist sich die Kopplung zwischen dem Bahndrehimpuls $\vec{L}$ und dem Spin $\vec{S}$ des Valenzelektrons als Ursache für dieses Phänomen.

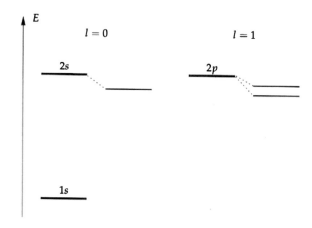

Abb. 7.5 Feinstrukturaufspaltung im Spektrum des Wasserstoffatoms

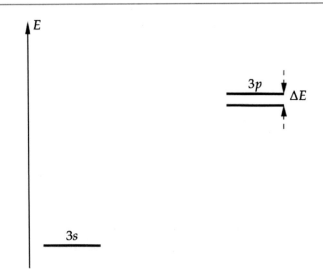

Abb. 7.6 Feinstrukturaufspaltung im Spektrum des Natriumatoms, Energieniveaus der Dublett-Linie

7.2.2 Die Spinhypothese von Uhlenbeck und Goudsmit

Um die experimentellen Befunde deuten zu können, griffen G.E. Uhlenbeck und S.A. Goudsmit 1925 zu einer kühnen Hypothese, die 1926 publiziert wurde: Sie nahmen an, dass das Elektron einen *Eigendrehimpuls* hat, den sogen. Spin, dessen z-Komponente die beiden Werte

$$S_z = \pm \frac{\hbar}{2} \tag{7.66}$$

annehmen kann (Uhlenbeck 1925; Uhlenbeck und Goudsmith 1926). Damit ist offensichtlich, dass der Spin ein Beispiel für einen halbzahligen Drehimpuls mit $l = 1/2$ und damit $m = \pm 1/2$ (im Unterschied zu den ganzzahligen Werten beim Drehimpulsoperator des Wasserstoffatoms) ist.

Zusammenhang zwischen magnetischem Moment $\vec{\mu}$ und Bahndrehimpuls $\vec{L}$
Sowohl im klassischen als auch im quantenmechanischen Fall gilt nach der spinlosen Theorie der Quantenmechanik:

$$\boxed{\vec{\mu} = \frac{e}{2m_0 c} \vec{L} = \frac{|e|}{2m_0 c} \vec{L}.} \tag{7.67}$$

Für die z-Komponente gilt also:

$$\mu_z = -\frac{|e|}{2m_0 c} L_z. \tag{7.68}$$

Für den Spin findet man jedoch:

$$\boxed{\mu_z = -\frac{|e|}{m_0 c} S_z,}$$ (7.69)

d. h. der Faktor 2 fehlt gegenüber dem Bahnmoment $\vec{L}_z$. Man kann diese beiden Formeln umschreiben zu:

$$\mu_z = \frac{|e|}{2m_0 c} g_S S_z,$$ (7.70a)

$$\mu_z = \frac{|e|}{2m_0 c} g_l L_z,$$ (7.70b)

wobei man g das *gyromagnetische Verhältnis* nennt. Wir haben

für den Bahndrehimpuls: $g_l = -1,$

und für den Spin: $g_S = -2.$

Das richtige Verhältnis $g_S = -2$ folgt automatisch aus der Dirac-Gleichung (der Grundgleichung der relativistischen Quantenmechanik). Gemäß der Quantenelektrodynamik muss an dem Verhältnis g_S noch weitere Korrektur angebracht werden:

$$g_S = -2\left(1 + \frac{\alpha_S}{2\pi} + \cdots\right) \approx -2{,}002,$$ (7.71)

wobei α_S die Hyperfeinstruktur-Konstante ist, die von Arnold Sommerfeld eingeführt wurde. Diese kleine Korrektur soll uns hier nicht weiter interessieren. Der Wert $g_s = -2$ wird beim sog. *Einstein-de-Haas-Effekt* gemessen. Die Folgerung aus dem Experiment zum Einstein-de-Haas-Effekt zeigt, dass der Ferromagnetismus *nicht* von den Bahn-, sondern von den Spinmomenten herrührt. Neben dem Elektron haben auch die beiden Hadronen Proton (p) und Neutron (n) einen Spin von der Größe $\frac{\hbar}{2}$ und ein magnetisches Moment:

$$\mu_z = \frac{|e|}{2m_p c} g_p S_z, \quad g_p = 5{,}58,$$ (7.72a)

$$\mu_z = \frac{|e|}{2m_n c} g_n L_z, \quad g_n = -3{,}82.$$ (7.72b)

Das magnetische Moment des Kerns wechselwirkt mit dem magnetischen Moment des Elektrons. Die zusätzliche Aufspaltung, die sich dadurch ergibt, nennt man *Hyperfeinstruktur-Aufspaltung*. Wegen der großen Protonenmasse ($m_p \approx 1834 m_e = m_0$) ist die Wechselwirkung etwa 1000-mal schwächer als etwa die Spin-Bahn-Kopplung. Beim H-Atom beobachtet man die Hyperfeinstruktur-Aufspaltung bei einer Wellenlänge von 21 cm. Diese 21 cm-Linie spielt in der Radioastronomie eine große Rolle (interstellarer Wasserstoff).

7.2.3   Die mathematische Beschreibung der Spinzustände

Die mathematische Beschreibung des Spins folgt theoretisch aus der relativistisch invarianten Grundgleichung der Quantenmechanik, der *Dirac-Gleichung*. Die Schrödinger-Gleichung jedoch ist *nicht* relativistisch invariant weil sie Ort x und Zeit t nicht symmetrisch behandelt. Deshalb enthält diese Gleichung nicht den Spin, und er muss heuristisch – gewissermaßen als ein zusätzliches Postulat, gestützt durch entsprechende Experimente – eingeführt werden. Dies wollen wir nun betrachten.

Nach der Hypothese von Uhlenbeck und Goudsmit zur Interpretation der Aufspaltung von Spektrallinien von Atomen in Magnetfeldern wird ein Elektron außer durch seine Masse und seine Ladung noch durch seinen Eigendrehimpuls, den Spin, charakterisiert (Uhlenbeck 1925; Uhlenbeck und Goudsmith 1926). Dieser Spin kann bezüglich einer (willkürlich) vorgegebenen Richtung nur zwei Orientierungen und damit zwei Zahlenwerte annehmen: $\pm\frac{\hbar}{2}$. In einem geeigneten Experiment, z. B. dem Stern-Gerlach-Versuch, wird dies experimentell bestätigt. In der Quantenmechanik wird jeder physikalisch messbaren Größe ein selbstadjungierter, d. h. Hermite'scher Operator zugeordnet. Daher wird dem Spin („Eigendrehimpuls") des Elektrons ein *Spinoperator* zugeordnet. Der Spinoperator ist wie der Bahndrehimpulsoperator $\hat{\vec{L}}$ eine vektorielle Größe und kann daher in einer Basis, z. B. in einer kartesischen Basis $\mathcal{B} = \{\vec{e}_x, \vec{e}_y, \vec{e}_z\}$, dargestellt werden:

$$\hat{\vec{S}} = \hat{S}_x\vec{e}_x + \hat{S}_y\vec{e}_y + \hat{S}_z\vec{e}_z. \tag{7.73}$$

Der Operator $\hat{\vec{\mu}} = e/(m_0c)\hat{\vec{S}} = -|e|/(m_0c)\hat{\vec{S}}$ ist dann der Operator des magnetischen Moments des Elektrons. Die Operatoren $\hat{S}_x$, $\hat{S}_y$ und $\hat{S}_z$ sind Operatoren, die im Allgemeinen nicht kommutieren werden. Da $\hat{\vec{S}}$ ein *Drehimpulsoperator* sein soll, liegt es nahe, zu postulieren, dass die Komponenten von $\hat{\vec{S}}$ denselben Vertauschungsregeln gehorchen, wie sie für den Bahndrehimpuls $\hat{\vec{L}}$ (s. Abschn. 6.4) gelten, nämlich:

$$[\hat{\vec{S}}_i, \hat{\vec{S}}_j] = \mathrm{i}\epsilon_{ijk}\hbar\hat{S}_k. \tag{7.74}$$

Wir hatten gesehen, dass wir, weil $\hat{\vec{S}}^2$ und $\hat{S}_z$ kommutieren, simultane Eigenvektoren zu $\hat{S}_z$ und zu $\hat{\vec{S}}^2 = \hat{S}_x^2 + \hat{S}_y^2 + \hat{S}_z^2$ finden können:

$$\hat{S}_z|l, m\rangle = \hbar m|l, m\rangle, \tag{7.75}$$

$$\hat{\vec{S}}^2|l, m\rangle = \hbar^2 l(l + 1)|l, m\rangle. \tag{7.76}$$

Diese Eigenwertgleichung war nur zu befriedigen, falls

$$m = l, l - 1, \ldots, -l,$$

war und die Zahl l ganzzahlig oder halbzahlig war:

$$l = 0, \frac{1}{2}, 1, \frac{3}{2}, \ldots.$$

Für den Bahndrehimpuls hatten wir gefunden, dass m und damit auch l ganze Zahlen sein müssen, damit die in der Ortsdarstellung nur von den Winkeln abhängige Wellenfunktion

$$Y_{l,m}(\vartheta, \varphi) = \langle \vec{x} | l, m \rangle = P_l^m(\cos\vartheta)\, e^{im\varphi}$$

eindeutig wird. Da wir beim Spin nur *zwei* Einstellungsmöglichkeiten haben, muss hier $l = 1/2$ sein. S_z hat dann die Eigenwerte $\pm\frac{\hbar}{2}$, wie es die Hypothese von Uhlenbeck und Goudsmit fordert. Beim Spin kommen also gerade die halbzahligen Werte vor; eine einzige Wellenfunktion im Ortsraum ist hier nicht möglich. Die Zustandsvektoren, bei denen die z-Komponente des Spins ein Eigenzustand ist, lauten also:

$$\left| \frac{1}{2}, \frac{1}{2} \right\rangle = |1\rangle = |\alpha\rangle = |\uparrow\rangle \quad \text{(Spin up)}, \tag{7.77a}$$

$$\left| \frac{1}{2}, -\frac{1}{2} \right\rangle = |2\rangle = |\beta\rangle = |\downarrow\rangle \quad \text{(Spin down)}. \tag{7.77b}$$

Wir haben hier die in der Elektronenstrukturtheorie (s. Abschn. 8.6) übliche Bezeichnung für die intrinsische Spinkoordinate der Elektronen gewählt, die wir in der folgenden Definition festhalten:

Definition 7.1 (Spinkoordinate und Spinorbital)
Die *Spinkoordinate* von Elektronen wird per Konvention als α (für Spin up: $\uparrow$) und β (für Spin down: $\downarrow$) bezeichnet. Eine *generische* (d. h. entweder α oder β) Spinkoordinate wird oft mit dem griechischen Buchstaben ω belegt. In der Literatur ist es auch üblich, die Spinfunktion ω formal als eine Funktion zu schreiben, also z. B. als $f(\omega)$ bzw. $\alpha(\omega)$ oder $\beta(\omega)$. Der *komplette Satz an Koordinaten* ξ, die man zur Beschreibung der Freiheitsgrade eines Elektrons in der Ortsdarstellung benötigt, ist also:

$$\xi = \{\vec{x}, \omega\}. \tag{7.78}$$

Die sogen. *Spinorbitale* $\chi(\xi)$, welche *alle* Koordinaten zur Beschreibung von Elektronen enthalten, sind dann gegeben durch das Produkt aus dem jeweiligen Ortsorbital $\phi(\vec{x})$ und der Spinkoordinate ω, also:

$$\chi(\xi) = \begin{cases} \phi(\vec{x}) \cdot \alpha & \text{für } |\uparrow\rangle, \\ \phi(\vec{x}) \cdot \beta & \text{für } |\downarrow\rangle. \end{cases} \tag{7.79}$$

Mit diesen Abkürzungen gilt daher:

$$\hat{S}_z|1\rangle = \frac{\hbar}{2}|1\rangle, \qquad \hat{\vec{S}}^2|1\rangle = \frac{3}{4}\hbar^2|1\rangle, \qquad (7.80a)$$

$$\hat{S}_z|2\rangle = -\frac{\hbar}{2}|2\rangle, \qquad \hat{\vec{S}}^2|2\rangle = \frac{3}{4}\hbar^2|2\rangle. \qquad (7.80b)$$

Ein beliebiger Zustandsvektor $|\Psi\rangle$ eines Spinteilchens mit $l = 1/2$ lässt sich als Linearkombination aus den Basisvektoren $|1\rangle$ und $|2\rangle$ für den Spinanteil des Zustands $|\Psi\rangle$ aufbauen (Das ist die Eigenschaft der Vollständigkeit von Zustandsvektoren). Für diese Basis-Vektoren verwenden wir hier die Darstellung:

$$|1\rangle = |\uparrow\rangle = \begin{pmatrix} 1 \\ 0 \end{pmatrix}, \qquad |2\rangle = |\uparrow\rangle = \begin{pmatrix} 0 \\ 1 \end{pmatrix}. \qquad (7.81)$$

$$|\Psi\rangle = \psi_1|1\rangle + \psi_2|2\rangle = \psi_1\begin{pmatrix} 1 \\ 0 \end{pmatrix} + \psi_2\begin{pmatrix} 0 \\ 1 \end{pmatrix}. \qquad (7.82)$$

Man kann daher $|\Psi\rangle$ durch einen Spaltenvektor bzw. $\langle\Psi|$ durch einen Zeilenvektor darstellen:

$$|\Psi\rangle = \begin{pmatrix} \psi_1 \\ \psi_2 \end{pmatrix}, \qquad |\Psi\rangle^\dagger = (\psi_1^*, \psi_2^*). \qquad (7.83)$$

Die beiden Größen in dieser Gleichung transformieren sich bei einer räumlichen Drehung nicht wie Vektoren, sondern wie *Spinoren*. Auf diese Feinheit, die nur in der relativistischen Quantenmechanik wirklich von Bedeutung ist, wollen wir an dieser Stelle jedoch nicht weiter eingehen. Wegen der Normierung $\langle\psi|\psi\rangle = 1$ gilt:

$$\langle\psi|\psi\rangle = \sum_{i,j=1}^{2} \psi_i^*\langle i|\psi_j|j\rangle = |\psi_1|^2 + |\psi_2|^2 = 1. \qquad (7.84)$$

7.2.4 Darstellung der Spinoperatoren

Jeder Zustandsvektor eines Elektrons kann offenbar durch die beiden Eigenzustände $|1\rangle$ und $|2\rangle$ des Operators $\hat{S}_z$ repräsentiert werden. Wir können aus diesen Basiszuständen für den Spin beliebige neue Zustandsvektoren $|\tilde{\psi}\rangle$ konstruieren. Dabei muss nur garantiert sein, dass dieser neue Zustand ebenfalls ein Eigenzustand des Operators $\hat{S}^2$ zum Eigenwert $(3/4)\,\hbar^2$ ist. Man kann diese Konstruktionsvorschrift als Abbildung verstehen und ihr einen Operator $\hat{A}$ zuordnen. Da wir jeden Zustandsvektor durch zwei Zahlen darstellen können, muss es möglich sein, jeden Operator $\hat{A}$, der einen Spinzustand in einen anderen überführt,

$$|\tilde{\psi}\rangle = \hat{A}|\psi\rangle, \qquad (7.85)$$

in der Form einer (2×2)-Matrix darzustellen:

$$\tilde{\psi} = \sum_j A_{ij} \psi_j, \quad \text{mit} \quad A_{ij} = \langle i | \hat{A} | j \rangle. \tag{7.86}$$

Insbesondere muss dies auch für die Operatoren $\hat{S}_x$, $\hat{S}_y$ und $\hat{S}_z$ gelten. Um diese Darstellungen zu finden, führen wir die Leiteroperatoren

$$\hat{S}^{\pm} = \hat{S}_x \pm i\hat{S}_y \tag{7.87}$$

ein, für die wir einzig aus der Drehimpulsalgebra die Eigenschaft gemäß Gl. (6.83b) hergeleitet hatten. Wegen

$$\hat{S}^{\pm} | l_S, m_S \rangle = \hbar \sqrt{(l_S \mp)(l_S \pm m_S + 1)} \, | l_S, m_S \pm 1 \rangle \tag{7.88}$$

gilt speziell für $l_S = 1/2$ und $m_s = 1/2$:

$$\hat{S}^{+} | 1 \rangle = 0, \quad \hat{S}^{+} | 2 \rangle = \hbar | 1 \rangle \tag{7.89a}$$

$$\hat{S}^{-} | 1 \rangle = \hbar | 2 \rangle, \quad \hat{S}^{-} | 2 \rangle = 0. \tag{7.89b}$$

Somit erhält man für $\hat{S}^{+}$ und $\hat{S}^{-}$ die folgende Matrixdarstellung:

$$\left(\hat{S}_{ij}^{\pm} \right) = \begin{pmatrix} \langle 1 | \hat{S}^{\pm} | 1 \rangle & \langle 1 | \hat{S}^{\pm} | 2 \rangle \\ \langle 2 | \hat{S}^{\pm} | 1 \rangle & \langle 2 | \hat{S}^{\pm} | 2 \rangle \end{pmatrix}, \tag{7.90}$$

und deshalb wegen der Gl. (7.89a) und (7.89b)

$$\left(\hat{S}_{ij}^{\pm} \right) = \hbar \begin{pmatrix} 0 & 1 \\ 0 & 0 \end{pmatrix}, \quad \hat{S}^{-} = \hbar \begin{pmatrix} 0 & 0 \\ 1 & 0 \end{pmatrix}. \tag{7.91}$$

Daraus erhalten wir die gesuchten Matrixdarstellungen der Spinoperatoren $\hat{S}_x$, $\hat{S}_y$, $\hat{S}_z$ als:

$$\hat{S}_z = \frac{1}{2} \left(S^{+} + S^{-} \right) = \frac{\hbar}{2} \begin{pmatrix} 0 & 1 \\ 1 & 0 \end{pmatrix} = \frac{\hbar}{2} \sigma_z, \tag{7.92a}$$

$$\hat{S}_y = \frac{1}{2i} \left(S^{+} - S^{-} \right) = \frac{\hbar}{2} \begin{pmatrix} 0 & -i \\ i & 0 \end{pmatrix} = \frac{\hbar}{2} \sigma_y, \tag{7.92b}$$

$$\hat{S}_z = \frac{\hbar}{2} \begin{pmatrix} 1 & 0 \\ 0 & -1 \end{pmatrix} = \frac{\hbar}{2} \sigma_z. \tag{7.92c}$$

Hierbei haben wir weitere Matrizen zur Vereinfachung der Notation eingeführt:

Definition 7.2 (Die Pauli'schen Spinmatrizen)
Diese Matrizen ergeben sich auf natürliche Weise aus der relativistischen Quantenmechanik (Dirac-Gleichung) und lauten:

$$\sigma_x = \begin{pmatrix} 0 & 1 \\ 1 & 0 \end{pmatrix}, \quad \sigma_y = \begin{pmatrix} 0 & -i \\ i & 0 \end{pmatrix}, \quad \sigma_x = \begin{pmatrix} 1 & 0 \\ 0 & -1 \end{pmatrix}. \tag{7.93}$$

Wegen

$$\sigma_x^2 + \sigma_y^2 + \sigma_z^2 = \begin{pmatrix} 1 & 0 \\ 0 & 1 \end{pmatrix} \tag{7.94}$$

haben alle diese Matrizen σ die Eigenwerte ± 1. Nur σ_z ist diagonal. Ferner gilt $\sigma_i = \sigma_i^\dagger$.

Manchmal ist es vorteilhaft, die drei Komponenten der Pauli'schen Spinmatrizen zu einem Vektor zusammenzufassen:

$$\boxed{\vec{\sigma} = \sigma_x \vec{e}_x + \sigma_y \vec{e}_y + \sigma_z \vec{e}_z.} \tag{7.95}$$

7.3 Pauli-Gleichung

Die Pauli-Gleichung beschreibt die Bewegung des Zustandsvektors unter Berücksichtigung von Spin und Ortsabhängigkeit, d. h. sie ist die Schrödinger-Gleichung einschließlich des Spinfreiheitsgrades Im allgemeinen Fall haben wir dazu als Basis einen Spinor $|\Psi\rangle$, cf. die Bemerkungen am Ende von Abschn. 7.2.3. Die Spinorkomponenten sind komplexe Zahlen und hängen im allgemeinen Fall in der Ortsdarstellung vom Ort ab. Man spricht dann von einem Spinorfeld

$$\Psi(\vec{x}, t) = \begin{pmatrix} \psi_1(\vec{x}, t) \\ \psi_2(\vec{x}, t) \end{pmatrix}, \tag{7.96}$$

analog wie man, wenn die Komponenten eines Vektors Ortfunktionen sind, von einem Vektorfeld spricht. Die physikalische Bedeutung der Spinorkomponenten ist wie folgt:

$|\psi_1|^2 \, dV$: Wahrscheinlichkeit, dass sich das Elektron im Volumen dV
befindet und einen Spin in positiver z-Achse besitzt.

$\Psi^\star \Psi \, dV = \left(|\psi_1|^2 + |\psi_2|^2 \right) \, dV$: Wahrscheinlichkeit, dass sich das Elektron
im Volumen dV befindet, egal bei welcher Spinrichtung.

$$\tag{7.97}$$

7.3.1 Hamiltonoperator der Schrödingergleichung mit Spin

Die Bewegung eines Elektrons in einem elektromagnetischen Feld wird durch den Hamilton-Operator (7.14) beschrieben. Wir hatten in Abschn. 7.1.4 gezeigt, dass dieser Hamilton-Operator in eine From gebracht werden kann, die auch den Bahndrehimpuls – also den Spin – und das mit diesem gekoppelte magnetische Moment enthält. Wenn wir jetzt auch die Wechselwirkung des elektromagnetischen Felds mit dem Spin berücksichtigen wollen, dann müssen wir den Hamilton-Operator durch folgenden Term ergänzen:

$$\hat{H}_{\text{spin}} = -\hat{\vec{\mu}}\vec{B} = \frac{2}{\hbar}\mu_B \hat{\vec{S}}\vec{B} = \mu_B \hat{\sigma}\vec{B}. \tag{7.98}$$

Wir erhalten also für den Hamilton-Operator mit Spin:

$$H = \frac{1}{2m}\left(\vec{p} - \frac{e}{c}\vec{A}(\hat{\vec{x}}, t)\right)^2 + e\Phi(\vec{x}, t) - \frac{e}{mc}\hat{\vec{S}}\vec{B}. \tag{7.99}$$

Wählen wir für die Spinobservablen die Standarddarstellung auf der Grundlage der Pauli-Matrizen[2] aus Def. 7.2 und für die orts- und Impulsvariablen die Ortsdarstellung, dann nimmt die Schrödingergleichung für das Spinorfeld die folgende Form an:

$$i\hbar\frac{\partial}{\partial t}\Psi = \frac{1}{2m}\left(\frac{\hbar}{i}\nabla - \frac{e}{c}\vec{A}(\vec{x}, t)\right)^2\Psi + e\Phi(\vec{x}, t)\Psi + \mu_B\hat{\sigma}\vec{B}\Psi. \tag{7.100}$$

Gl. (7.100) für die Spinor-Wellenfunktion Ψ wird als *Pauli-Gleichung* bezeichnet. Mathematisch ist die Pauli-Gleichung ein System von zwei gekoppelten, partiellen Differenzialgleichungen für die beiden als Spinorkomponenten auftretenden Wellenfunktionen ψ_1 bzw. ψ_2.

7.3.2 Spin-Bahn-Kopplung

Bei Gl. (7.100) fehlt neben der Kopplung von Spin und Magnetfeld noch die Berücksichtigung eines anderen Effekts, der als *Spin-Bahn-Kopplung* bezeichnet wird. Die mit dem Spin und dem Drehimpuls verbundenen magnetischen momente treten nämlich untereinander in Wechselwirkung und geben einen weiteren Beitrag zur Energie, der in die Pauli-Gleichung eingefügt werden muss. Die Form für diesen Spin-Bahn-Wechselwirkungsoperator lautet für ein Zentralpotenzial

$$\hat{H}_{\text{Spin-Bahn}} = \frac{e}{2m_0^2 c^2}\frac{1}{r}\frac{d\phi(r)}{r}\hat{L}\hat{S}. \tag{7.101}$$

---

[2] Also die Eigendarstellung des $\hat{S}_z$-Operators.

Speziell für ein Wasserstoff-Potenzial $V(r) = -e^2/r$ wird wegen $\vec{S} = (\hbar/2)\vec{\sigma}$

$$\hat{H}_{\text{Spin-Bahn}}^{\text{H-Atom}} = \frac{e\hbar}{4m_0^2 c^2} \frac{1}{r^3} \vec{L}\vec{\sigma}. \tag{7.102}$$

Die exakte, hier angegeben Form lässt sich so nur aus der relativistisch korrekten Erweiterung der Schrödinger-Gleichung, der *Dirac-Gleichung*

$$\sum_\mu \gamma_\mu \left(\frac{\hbar}{i} \frac{\partial}{\partial x_\mu} - \frac{e}{c}\phi_\mu \right) \psi = imc\psi.$$

herleiten. Ergänzen wir die Pauli-Gleichung 7.100 um den Beitrag der Spin-Bahn-Wechselwirkung, dann erhalten wir den Hamilton-Operator eines Elektrons im elektrostatischen Feld des Wasserstoffkerns und einem externen homogenen Magnetfeld $\vec{B}$:

$$\hat{H} = \frac{1}{2m_0}\left(\hat{\vec{p}} - \frac{e}{c}\vec{A}(\vec{x},t)\right)^2 + e\Phi(\vec{x},t) + \frac{2\mu_B}{\hbar}\hat{\vec{S}}\vec{B} - \frac{|e|}{2m_0^2 c^2}\frac{1}{r}\frac{d\phi(r)}{dr}\hat{L}\hat{S}. \tag{7.103}$$

Wenn wir das konstante Magnetfeld wieder wie in Abschn. 7.1.4 in z-Richtung orientieren und die entsprechenden Vektorpotenziale verwenden, sowie dieselben Umformungen durchführen, dann resultiert unter Vernachlässigung des quadratischen Teils des Vektorpotenzials der Hamiltonoperator

$$\hat{H} = -\frac{\hbar^2}{2m_0}\Delta + e\phi(r) + \frac{\mu_B}{\hbar}B\left(\hat{L}_z + 2\hat{S}_z\right) - \frac{|e|}{2m_0^2 c^2}\frac{1}{r}\frac{d\phi(r)}{dr}\hat{\vec{L}}\hat{\vec{S}}. \tag{7.104}$$

Einsetzen des Potenzials für den Wasserstoffkern $\phi(r) = |e|/r$ ergibt schließlich den Hamilton-Operator für das Wasserstoffatom im Magnetfeld unter Berücksichtigung des Spins:

$$\hat{H} = -\frac{\hbar^2}{2m_0}\Delta - \frac{e^2}{r} + \frac{\mu_B}{\hbar}B\left(\hat{L}_z + 2\hat{S}_z\right) - \frac{e^2}{2m_0^2 c^2}\frac{1}{r^3}\hat{\vec{L}}\hat{\vec{S}}. \tag{7.105}$$

Die Lösungen der zeitunabhängigen Pauli-Gleichung

$$H\Psi = E\Psi$$

mit dem Hamiltonoperator aus Gl. (7.105) werden wir nicht mehr im Detail diskutieren. Der zeitunabhängige Spinor Ψ hängt mit dem zeitabhängigen über

$$\Psi_{\text{zeitabh.}} = \Psi e^{(-i/\hbar)Et}$$

zusammen. Es werden dann drei Fälle unterschieden:

1. Ohne äußeres Magnetfeld ($\vec{B} = 0$, d.h. $\omega_L = 0$).
2. Schwaches Magnetfeld (anormaler Zeeman-Effekt).
3. Starkes Magnetfeld (Paschen-Back-Effekt).

Die Feinstrukturaufspaltung durch den Effekt der Spin-Bahn-Kopplung ist in Abb. 7.7 gezeigt. Durch Lösen der Pauli-Gleichung erhält man die Energieniveaus in Abhängigkeit der drei Hauptquantenzahlen n, j, m, wobei j und l nicht unabhängig voneinander sind. Deshalb genügt es, die beiden Fälle $j = l \pm 1/2$ zu betrachten. Im Fall $j = l + 1/2$ erhalten wir für die Energieniveaus

$$E_{n,j=l+1/2,j_z} = \frac{e^2}{2a_0 n^2}\alpha_s^2 \frac{1}{n(2l+1)(l+1)},$$

wobei α_s die Sommerfeld'sche Feinstrukturkonstante ist:

$$\alpha_s = \frac{e2}{\hbar c} = \frac{1}{137}. \tag{7.106}$$

Für den Fall $j = l - 1/2$ ergibt sich

$$E_{n,j=l-1/2,j_z} = -\frac{e^2}{2a_0 n^2}\alpha_s^2 \frac{1}{nl(2l+1)},$$

Aus den beiden letzten Gleichungen wird klar, dass Energieniveaus mit $j = l+1/2$, bei denen sich als Bahn- und Spindrehimpuls addieren, angehoben werden. Dagegen werden Niveaus mit $j = l - 1/2$ abgesenkt, s. Abb. 7.7 . Im letzteren Fall sind

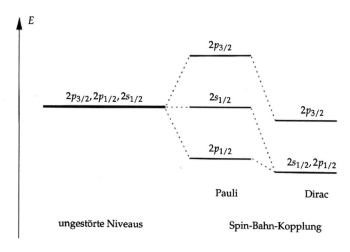

Abb. 7.7 Feinstrukturaufspaltung durch Spin-Bahn-Kopplung. Bei Verwenden der Pauli-Gleichung spaltet das entartete Energieniveau $n = 2$ in drei Niveaus auf, die den Drehimpulsen $(j, l) = (1/2, 0)$ (Mitte), $(1/2, 1)$ (unten) und $(3/2, 1)$ (oben) entsprechen. Die relativistische Dirac-Gleichung führt auf die mit der experimentellen Situation übereinstimmende Aufspaltung in zwei Niveaus entsprechend $j = 1/2$ und $j = 3/2$

Bahndrehimpuls und Spinrichtung entgegengesetzt orientiert. Ich bemerke noch, dass für s-Niveaus keine Verschiebung auftritt. In diesem Fall ist wegen $l = 0$ nur die Quantenzahl $j = 1/2$ zugelassen.

Relativistisch exakt – durch Lösung der Dirac-Gleichung – erhält man

$$E_{n,j} = m_0 c^2 \left[\frac{\alpha_s^2}{2n^2} - \frac{\alpha_s^4}{2n^4} \left(\frac{n}{j + \frac{1}{2}} - \frac{3}{4} \right) \right],$$

die *Sommerfeld-Formel*, die von ihm bereits aus der relativistischen Bohrschen Theorie hergeleitet wurde (siehe auch Kap. 2). Der erste Term ist die Ruheenergie, der zweite Term ist der Energieeigenwert, den die normale Schrödingergleichung ohne Spin liefert. Der Ausdruck $\sim \alpha_s^4$ ergibt die Feinstruktur. Diese Formel sagt, dass die Energieaufspaltung nur noch von j, aber nicht mehr von l abhängt, so dass die Niveaus für $j = l + 1/2$ und $j = l' - 1/2$ mit $l' = l + 1$ zusammenfallen. Experimentell ist dies aber nicht der Fall. Diese Diskrepanz wird durch die Quantenelektrodynamik erklärt. Die zusätzlichen Energieverschiebungen bezeichnet man als *Lambshift*. Die Feinstrukturaufspaltung beim anormalen Zeeman-Effekt im schwachen Magnetfeld und beim Paschen-Back-Effekt im starken Magnetfeld ist in Abb. 7.8 gezeigt.

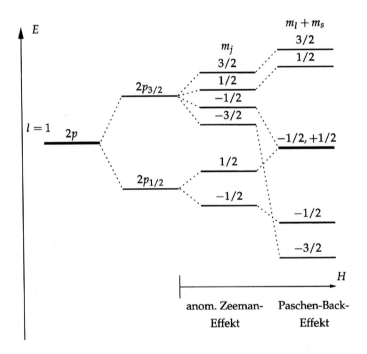

Abb. 7.8 Aufspaltung des $2p$-Niveaus ohne Magnetfeld (Feinstrukturaufspaltung), bei schwachem (anormaler Zeeman-Effekt) und bei starkem Magnetfeld (Paschen-Back-Effekt)

7.4 Zusammenfassung der Lernziele

- Der Spin des Elektron kann nur zwei Werte annehmen, $|l, m\rangle = |\frac{1}{2}, \frac{1}{2}\rangle = |\uparrow\rangle$ und $|l, m\rangle = |\frac{1}{2}, -\frac{1}{2}\rangle = |\downarrow\rangle$ und wird von der gleichen Algebra beschrieben wie der Drehimpuls. Der Spin kann in der nicht-relativistischen Quantenmechanik nicht theoretisch begründet werden und muss deshalb heuristisch eingeführt werden, um die Ergebnisse von Experimenten korrekt abzubilden.

- Die Spinorbitale, enthalten *alle* Koordinaten zur Beschreibung von Elektronen und sind gegeben durch das Produkt des jeweiligen Ortsorbitals $\phi(\vec{x})$ mit der Spinkoordinate ω, also:

$$\chi(\xi) = \begin{cases} \phi(\vec{x}) \cdot \alpha & \text{für } |\uparrow\rangle, \\ \phi(\vec{x}) \cdot \beta & \text{für } |\downarrow\rangle. \end{cases}$$

- Die Pauli'schen Spinmatrizen sind gegeben durch:

$$\sigma_x = \begin{pmatrix} 0 & 1 \\ 1 & 0 \end{pmatrix}, \quad \sigma_y = \begin{pmatrix} 0 & -i \\ i & 0 \end{pmatrix}, \quad \sigma_x = \begin{pmatrix} 1 & 0 \\ 0 & -1 \end{pmatrix}.$$

- Der Hamilton-Operator mit Spin lautet:

$$H = \frac{1}{2m}\left(\vec{p} - \frac{e}{c}\vec{A}(\hat{\vec{x}}, t)\right)^2 + e\Phi(\vec{x}, t) - \frac{e}{mc}\hat{\vec{S}}\vec{B}. \tag{7.107}$$

Übungsaufgaben

Aufgabe 7.5.1 Für ein Elektron seien die Eigenzustände $|+\rangle$ und $|-\rangle$ des Spinoperators $\hat{S}_z$ gegeben, für die gilt: $\hat{S}_z|+\rangle = \frac{1}{2}\hbar|+\rangle$ und $\hat{S}_z|-\rangle = -\frac{1}{2}\hbar|-\rangle$ Der Spinoperator $\hat{S}$ erfüllt die Kommutatorrelationen in Gl. (7.74). Zeigen Sie, dass gilt:

$$\hat{S}_z\left(\hat{S}_x + i\hat{S}_y\right)|-\rangle = \frac{\hbar}{2}\left(\hat{S}_x + i\hat{S}_y\right)|-\rangle.$$

Hinweis: Schreiben Sie zunächst die Kommutatoren $[\hat{S}_z, \hat{S}_x]$ und $[\hat{S}_z, \hat{S}_y]$ aus und formen Sie diese in $\hat{S}_z\hat{S}_x = \cdots$ und $\hat{S}_z\hat{S}_y = \cdots$ um. Setzen Sie anschließend die Ergebnisse in die linke Seite der Gleichung ein. Vereinfachen Sie danach durch Anwenden von $\hat{S}_z$.

Aufgabe 7.5.2 Wir betrachten in dieser Aufgabe einen zweidimensionalen Hilbert-Raum (d.h. den $\mathbb{C}^2$), um ein System mit zwei Zuständen zu beschreiben. Unsere Orthonormalbasis bezeichnen wir mit $|+\rangle, |-\rangle$. Außerdem definieren wir die Operatoren

$$\hat{S}_z = \frac{\hbar}{2}\big(|+\rangle\langle-| + |-\rangle\langle+|\big),$$

$$\hat{S}_y = \frac{i\hbar}{2}\big(\langle-|+\rangle|+\rangle\langle-| + |-\rangle\langle+|\big),$$

$$\hat{S}_z = \frac{\hbar}{2}\big(|+\rangle\langle+| - |-\rangle\langle+|\big).$$

a) Zeigen Sie, dass $|+\rangle$ und $|-\rangle$ Eigenzustände von $\hat{S}_i$ sind.
b) Zeigen Sie, dass $[\hat{S}_z, \hat{S}_y] = i\hbar\hat{S}_z$ gilt.
c) Wie lautet die Unschärferelation für die beiden Operatoren $\hat{S}_x$ und $\hat{S}_y$ bei einem System im Zustand $|+\rangle$?

Lösung

a) $\hat{S}_z|+\rangle = \frac{\hbar}{2}\Big(|+\rangle \underbrace{\langle+|+\rangle}_{=1} - |-\rangle \underbrace{\langle-|+\rangle}_{=0}\Big) = \frac{\hbar}{2}|+\rangle,$

$\hat{S}_z|-\rangle = \frac{\hbar}{2}\Big(|+\rangle \underbrace{\langle+|-\rangle}_{=0} - |-\rangle \underbrace{\langle-|-\rangle}_{=1}\Big) = -\frac{\hbar}{2}|-\rangle,$

b) In Matrixdarstellung erhalten wir

$$[\hat{S}_x, \hat{S}_y] = \hat{S}_x\hat{S}_y - \hat{S}_y\hat{S}_x = \frac{\hbar^2}{4}\left[\begin{pmatrix} 0 & 1 \\ 1 & 0 \end{pmatrix}\begin{pmatrix} 0 & -i \\ i & 0 \end{pmatrix} - \begin{pmatrix} 0 & -i \\ i & 0 \end{pmatrix}\begin{pmatrix} 0 & 1 \\ 1 & 0 \end{pmatrix}\right]$$

$$= \frac{\hbar^2}{4}\left[\begin{pmatrix} i & 0 \\ 0 & -i \end{pmatrix} - \begin{pmatrix} -i & 0 \\ 0 & i \end{pmatrix}\right] = i\hbar\frac{\hbar}{2}\begin{pmatrix} 1 & 0 \\ 0 & -1 \end{pmatrix} = i\hbar\hat{S}_z.$$

c) Die Unschärferelation lautet:

$$\Delta\hat{S}_x\Delta\hat{S}_y \geq \frac{1}{2}\big|\langle[\hat{S}_x, \hat{S}_y]\rangle_{|+\rangle}\big| = \frac{\hbar}{2}\big|\langle+|\hat{S}_z|+\rangle\big| = \frac{\hbar^2}{4}\langle+|[|+\rangle\langle+| - |-\rangle\langle-|]|+\rangle = \frac{\hbar^2}{4}.$$

↑
b)

$\hat{S}_x$ und $\hat{S}_y$ können also nicht gleichzeitig beliebig genau bestimmt werden. Dies ist aber eine intrinsische Eigenschaft des Quantensystems und liegt nicht am Messprozess!

Prüfungsfragen

Wenn Sie Kap. 7 aufmerksam durchgearbeitet haben, sollten Sie in der Lage sein, die folgenden Prüfungsfragen zu beantworten.

Frage 7.6.1 Was versteht man unter dem Lambshift?

Frage 7.6.2 Was versteht man unter der Feinstrukturaufspaltung von Atomen?

Frage 7.6.3 Was ist die Pauli-Gleichung?

Frage 7.6.4 Was ist eine Spinkoordinate?

Frage 7.6.5 Wie lauten die Pauli-Matrizen?

Frage 7.6.6 Beschreiben Sie den Stern-Gerlach-Versuch.

Frage 7.6.7 Was ist der normale und der anormale Zeeman-Effekt?

Frage 7.6.8 Beschreiben und erklären Sie den Aharonov-Bohm-Effekt.

Frage 7.6.9 Was versteht man unter der Eichtransformation in der Elektrodynamik?

Frage 7.6.10 Welche Auswirkung hat die Eichtransformation auf die Wellenfunktion im elektromagnetischen Feld?

Frage 7.6.11 Leiten Sie die Formel für den Wahrscheinlichkeitsstrom für ein Teilchen im elektromagnetischen Feld her.

Frage 7.6.12 Wie lautet die Schrödinger-Gleichung eines Elektrons im elektromagnetischen Feld?

Literatur

Aharonov, Y., Bohm, D.: Significance of electromagnetic potentials in the quantum theory. Phys. Rev. **115**, 485–491 (1959)

Chambers, R.: Shift of an electron interference pattern by enclosed magnetic flux. Phys. Rev. Lett. **5**, 3–5 (1960)

G. Mollenstedt H.D.: Beobachtungen und Messungen an Biprisma-Interferenzen mit Elektronenwellen. ZPhys **145**, 377–397 (1956)

Gerlach, W., Stern, O.: Der experimentelle Nachweis der Richtungsquantelung im Magnetfeld. Z. Phys. **9**, 349–352 (1922)

Uhlenbeck, G., Goudsmit, S.: Ersetzung der Hypothese vom unmechanischen Zwang durch eine Förderung bezuglich des inneren Verhaltens jedes einzelnen Elektrons. Naturwissenschaften **13**, 953–954 (1925)

Uhlenbeck, G.E., Goudsmith, S.: Spinning electrons and the structure of spectra. Nature **117**, 264–265 (1926)

Näherungsmethoden in der Quantenmechanik

8

Inhaltsverzeichnis

In der Quantenmechanik können nur sehr wenige Systeme analytisch exakt behandelt werden. Exakt gelöst werden können im Wesentlichen einige eindimensionale Probleme und kugel- oder zentralsymmetrische Probleme, denn diese können auf eindimensionale Probleme zurückgeführt werden. Von den eindimensionalen Problemen ist, neben diversen Kastenpotenzialen und anderen einfachen Potenzialmulden, der harmonische Oszillator das wichtigste System. Im Zentralfeld können neben dem Kastenpotenzial im Dreidimensionalen (mit endlich oder unendlich hohen Wänden) der dreidimensionale Oszillator und das H-Atom exakt behandelt werden.

8.1   Übersicht

Die Näherungsmethoden in der Quantenmechanik beschäftigen sich mit nicht exakt (d. h. analytisch) lösbaren Problemen. Für viele Probleme müssen sogar besondere Näherungsverfahren entwickelt werden. Die folgenden Näherungsverfahren werden in der Quantenmechanik verwendet:

© Springer-Verlag GmbH Deutschland, ein Teil von Springer Nature 2022
M. O. Steinhauser, *Quantenmechanik für Naturwissenschaftler*,
https://doi.org/10.1007/978-3-662-62610-8_8

1. zeitunabhängige Störungsrechnung,
2. zeitabhängige Störungsrechnung,
3. Variationsverfahren,
4. WKB-Verfahren,
5. dem besonderen Fall angepasste Verfahren.

Einige dieser Näherungsmethoden werden wir uns herausgreifen und in diesem Kapitel etwas genauer behandeln.

8.1.1 Störungstheorie

Besonders leicht lassen sich Näherungsverfahren finden, wenn der Hamilton-Operator H eines zu untersuchenden Systems aus dem Hamilton-Operator H_0 eines exakt lösbaren Systems besteht (bzw. aus einem mit Näherungsverfahren schon gelösten System mit H_0) und einer kleinen Störung H^S:

$$H = H_0 + H^S. \tag{8.1}$$

Wir nehmen an, dass die Eigenwerte und Eigenvektoren des Hamilton-Operators H_0 bekannt seien. Der Störoperator – genauer gesagt, sein Erwartungswert – sei klein gegenüber dem Erwartungswert von H_0:

$$|\langle H^S \rangle| \ll |\langle H_0 \rangle|. \tag{8.2}$$

Je nachdem, ob der Störoperator H^S von der Zeit unabhängig ist oder nicht, spricht man von *zeitunabhängiger* (Schrödinger'scher) Störungsrechnung oder *zeitabhängiger* (Dirac'scher) Störungsrechnung. Bei der zeitunabhängigen Störungsrechnung unterscheidet man noch, ob das ungestörte Problem entartet ist oder nicht. Man spricht dann von Störungsrechnung mit bzw. ohne Entartung. Die Störungsrechnung können wir also weiter unterteilen in:

Zeitunabhängige (Schrödinger'sche) Störungsrechnung

a) Ohne Entartung

Beispiel 8.1 (Teilchen im anharmonischen Potenzial)
Das Potenzial für ein Teilchen in einem anharmonischen Potenzial lautet

$$V(x) = \frac{m}{2}\omega^2 x^2 + cx^3 + dx^4. \tag{8.3}$$

Das ungestörte Problem wird charakterisiert durch den Hamilton-Operator

$$H_0 = \frac{p^2}{2m} + \frac{m\omega^2}{2}x^2. \tag{8.4}$$

Diese Gleichung beschreibt nichts anderes als den harmonischen Oszillator. Der Störoperator lautet:

$$H^S = cx^3 + dx^4. \tag{8.5}$$

Man interessiert sich für die Verschiebung der Eigenwerte. Damit eine Störungsrechnung anwendbar ist, müssen c und d genügend klein sein. ∎

b) Mit Entartung

Beispiel 8.2 (H-Atom im konstanten äußeren elektrischen Feld)
Der Hamilton-Operator des H-Atoms unter dem Einfluss eines äußeren, zeitlich konstanten elektrischen Feldes lautet:

$$H = H_0 + H^S, \tag{8.6}$$

mit dem Störoperator

$$H^S = e\vec{x}\vec{E}. \tag{8.7}$$

Für elektrische Felder, die klein gegenüber der atomaren Feldstärke sind, d. h. für $|\vec{E}|_{\text{angelegt}} \ll |\vec{E}_{\text{atomar}}| \approx 10^9\,\text{V cm}^{-1}$ gilt:

$$\left|\frac{H^S}{H_0}\right| \approx \frac{|\vec{E}_{\text{angelegt}}|}{|\vec{E}_{\text{atomar}}|} \ll 1. \tag{8.8}$$

Die Störungsrechnung ist dann sicher anwendbar. Die Energieverschiebungen können durch Absorption bzw. Emission von Licht direkt gemessen werden *(Stark-Effekt)*. In diesem Fall zeigt sich, dass nicht nur die Energiewerte einfach verschoben werden wie beim Zusatzpotenzial des harmonischen Oszillators, sondern es kann – falls die Energiewerte entartet sind – auch eine Aufspaltung geben: Die Entartung wird aufgehoben. ∎

Zeitabhängige (Dirac'sche) Störungsrechnung
Bei der zeitabhängigen Störungsrechnung ist der Störoperator in Gl. (8.1) explizit zeitabhängig:

$$H = H_0 + H^S(t). \tag{8.9}$$

Die Zeitabhängigkeit des Störoperators hat zur Folge, dass es dabei keine stationären Lösungen mehr zum Hamilton-Operator H gibt, d. h. dass die Gleichung

$$i\hbar|\dot{\psi}\rangle = H|\psi\rangle \tag{8.10}$$

nicht mehr durch

$$|\psi(t)\rangle = e^{-iE_n t/\hbar}|n\rangle, \text{ mit } H|n\rangle = E_n|n\rangle \tag{8.11}$$

gelöst werden kann. Ist die Störung H^S klein, dann kann man den Effekt von $H^S(t)$ so interpretieren, dass Übergänge von einem Eigenzustand von H_0, etwa $|n\rangle$, zu einem anderen Eigenzustand, etwa $|m\rangle$, stattfinden. Im Allgemeinen ist eine exakte Lösung der Schrödinger-Gleichung nicht möglich. Ist der Einfluss der Störung $H^S(t)$ nicht zu groß, so kann man das folgende Verfahren anwenden. Wegen der Beschreibung des ungestörten Problems mit

$$H_0|n\rangle = E_n|n\rangle, \quad \sum_{n=1}^{\infty} |n\rangle\langle n| = 1, \tag{8.12}$$

lässt sich die Lösung der zeitabhängigen Schrödinger-Gleichung $i\hbar|\dot\psi\rangle$ nach $|n\rangle$ entwickeln:

$$|\psi(t)\rangle = \sum_{n=1}^{\infty} C_n(t)\, e^{-iE_n t/\hbar}|n\rangle = \sum_{n=1}^{\infty} \tilde{C}_n(t)|n\rangle. \tag{8.13}$$

Die Entwicklungskoeffizienten $C_n(t)$ sind jetzt zeitabhängig. Ob man den Exponentialfaktor $\left[\exp{-iE_n t/\hbar}\right]$ explizit niederschreibt oder in den Koeffizienten $C_n(t)$ hineinsteckt, ist Geschmackssache. Im ersten Fall wird die Differenzialgleichung für die Koeffizienten C_n etwas einfacher, im zweiten Fall sieht die Entwicklung einfacher aus. Einsetzen der Entwicklung in die Schrödinger-Gleichung liefert

$$i\hbar \sum_{n=1}^{\infty} \dot{C}_n(t)\, e^{-iE_n t/\hbar}|n\rangle + i\hbar \sum_{n=1}^{\infty} C_n(t) \left(-\frac{i}{\hbar}E_n\right) e^{-iE_n t/\hbar}|n\rangle$$

$$= H_0 \sum_{n=1}^{\infty} C_n(t)\, e^{-iE_n t/\hbar}|n\rangle + H^S(t) i\hbar \sum_{n=1}^{\infty} C_n(t)\, e^{-iE_n t/\hbar}|n\rangle. \tag{8.14}$$

Wegen $H_0|n\rangle = E_n|n\rangle$ fällt der unterstrichene Term heraus. Die Skalarproduktbildung ergibt wegen $\langle m|n\rangle = \delta_{mn}$:

$$i\hbar \dot{C}_m\, e^{-iE_n t/\hbar} = \sum_{n=1}^{\infty} C_n\, e^{-iE_n t/\hbar} \underbrace{\langle m|H^S(t)|n\rangle}_{H_{mn}^S(t)}. \tag{8.15}$$

Führen wir noch Übergangsfrequenzen

$$\omega_{nm} = \frac{E_n - E_m}{\hbar} \tag{8.16}$$

ein, so erhalten wir als Ausgangsgleichung für Näherungsverfahren:

$$\boxed{\dot{C}_m(t) = \frac{1}{i\hbar} \sum_{m=1}^{\infty} H^S(t)\, e^{-i\omega_{nm}t} C_n(t).} \tag{8.17}$$

Bis jetzt haben wir noch keine Näherungen angesetzt. Die letzte, eingerahmte Gleichung ist die Schrödinger-Gleichung in der Darstellung durch Energieeigenvektoren des ungestörten Problems. Mathematisch ist dies ein gekoppeltes Differenzialgleichungssystem unendlich hoher Ordnung. Das eigentliche Näherungsverfahren setzt an dieser Gleichung an. Es besteht darin, das unendliche Differenzialgleichungssystem iterativ zu lösen. Zunächst ist es jedoch zweckmäßig, nach dem zeitlichen Verlauf der Störung zu unterscheiden. Im Wesentlichen sind die folgenden Fälle wichtig.

1. Störung ist kurzzeitig wirksam.
   $H^S(t)$ sei nur bei $0 \leq t \leq T$ von null verschieden. Eine physikalische Realisierung wäre eine Störung, die durch ein vorbeifliegendes Teilchen bewirkt wird; es erfolgt dann ein Rückstoß durch ein emittiertes γ-Quant. Die interessierende Frage ist dann, wenn das System bei $t < 0$ im Zustand l war: Wie groß ist die Wahrscheinlichkeit, dass sich das System bei $t > T$ im Zustand m befindet? Dies ist also die Frage nach der *Übergangswahrscheinlichkeit* $P_{l \to m}$.
2. Störung bricht zeitlich nicht ab.
   a) Plötzliches Einschalten bei $t = 0$. Besonders wichtig sind hier die Fälle:
      i. Störung ist monochromatisch.
      ii. Störung ist inkohärent (bestehend aus einer Überlagerung von vielen frequenzmäßig dicht zusammen liegenden Wellen). Die physikalische Realisierung im Experiment erfolgt durch Absorption und erzwungene Emission von Licht.
   b) Adiabatisches (langsames) Einschalten einer periodischen Störung. Das langsame Einschalten spielt bei der Behandlung der *Dispersion* eine Rolle. Das adiabatische Einschalten dient dazu, die homogene Lösung zu unterdrücken.

Beispiel 8.3 (Atom im veränderlichen äußeren elektrischen Feld)
Betrachten wir ein Atom unter dem Einfluss eines zeitlich veränderlichen äußeren Feldes. Der Störoperator lautet nach Gl. (8.7):

$$H^S = H^S(t) = e\, \vec{x}\, \vec{E}(t). \qquad (8.18)$$

Man kann dann das Dipolmoment und daraus die Dielektrizitätskonstante bzw. die Suszeptibilität ausrechnen. Unter anderem erhält man Übergänge von einem Niveau zum anderen (d. h. Absorption bzw. Emission). ∎

8.1.2 Variationsverfahren

Bei der Berechnung von Eigenwerten eines zeitunabhängigen Hamilton-Operators, bei dem die Aufspaltung in $H_0 + H^S$ nicht möglich ist, haben sich Variationsverfahren bewährt. Es zeigt sich, dass man die Eigenwerte und die Eigenfunktionen mit diesem Verfahren

$$\frac{\langle\psi|H|\psi\rangle}{\langle\psi|\psi\rangle} = \text{Minimum} \qquad (8.19)$$

berechnen kann.

Beispiel 8.4 (Der eindimensionale harmonische Oszillator)

Hierfür sind uns die Grundzustandswellenfunktion und die zugehörige Energie natürlich aus Abschn. 5.1 bereits bekannt. Wir werden aber sehen, wie in diesem Fall für einen Ansatz, der die richtige Form hat, aus dem Variationsverfahren die exakte Lösung folgt. Wir setzen also eine Wellenfunktion mit einem Variationsparameter α an:

$$\langle x|\psi_\alpha\rangle = \psi_\alpha(x) = \left(\frac{\alpha}{\pi}\right)^{1/4} e^{-\alpha x^2/2}, \qquad \alpha > 0.$$

Für diesen Ansatz gilt $\langle\psi_\alpha|\psi_\alpha\rangle = 1$. Damit folgt für die Energie

$$E(\alpha) = \int_{-\infty}^{\infty} \psi_\alpha^*(x) \left(-\frac{\hbar^2}{2m}\frac{d^2}{dx^2} + \frac{1}{2}m\omega^2 x^2\right) \psi_\alpha(x).$$

Elementare Differenziation und Integration liefert

$$E(\alpha) = \frac{\hbar^2}{2m}\frac{\alpha}{2} + \frac{1}{2}m\omega^2\frac{1}{2\alpha}.$$

Um das Minimum dieser Funktion bezüglich α zu bestimmen differenzieren wir nach α und setzen das Ergebnis gleich null:

$$\left.\frac{d}{d\alpha}E(\alpha)\right|_{\alpha_0} = 0,$$

was zum Ergebnis $\alpha_0 = m\omega/\hbar$ und $E(\alpha_0) = \hbar\omega/2$ führt – also zum exakten Ergebnis für die Grundzustandsenergie und die -wellenfunktion.

Als eine zweite Variationswellenfunktion für den eindimensionalen harmonischen Oszillator verwenden wir statt einer Gauß-Kurve eine Lorentz-Kurve:

$$\langle x|\psi_\alpha\rangle = \psi_\alpha(x) = \frac{1}{x^2+\alpha^2}.$$

Diesmal ist unsere Testwellenfunktion $\psi_\alpha(x)$ nicht normiert. Es ist

$$\langle\psi_\alpha|\psi_\alpha\rangle = \int_{-\infty}^{\infty} \frac{1}{\left(x^2+\alpha^2\right)^2}\,dx = \frac{\pi}{2\alpha^{3/2}}.$$

$$E(\alpha) = \frac{\hbar^2}{4m}\frac{1}{\alpha} + \frac{1}{2}m\omega^2\alpha.$$

Das Minimum dieser Funktion liegt bei $\alpha_0 = \hbar/(m\omega\sqrt{2})$ mit

$$E(\alpha_0) = \frac{1}{\sqrt{2}}\hbar\omega = \sqrt{2}\,\frac{1}{2}\hbar\omega \approx 1{,}4142 \cdot \frac{1}{2}\hbar\omega > \frac{1}{2}\hbar\omega.$$

Wir machen hier also einen recht großen Fehler von ca. 40 %. ∎

Beispiel 8.5 (Ein Gauß'scher Ansatz für das Coulomb-Potenzial)
Für den Grundzustand im Coulomb-potenzial $V(r) = -e^2/r$ verwenden wir zur
Illustration bewusst einen Ansatz mit falscher Form:

$$\langle \vec{x}|\psi_\alpha\rangle = \psi_\alpha(\vec{x}) = \left(\frac{\alpha}{\pi}\right)^{3/4} e^{-\alpha\left(x_1{}^2 + x_2{}^2 + x_3{}^2\right)^2}, \qquad \alpha > 0,$$

der erneut bereits normiert ist: $\langle\psi_\alpha|\psi_\alpha\rangle = 1$. (Überzeugen Sie sich davon durch
explizites Ausrechnen!) Die kinetische Energie in diesem Zustand ist das Dreifache
der kinetischen Energie aus dem ersten Beispiel:

$$\langle H_{\mathrm{kin}}\rangle_\alpha = 3\frac{\hbar^2}{2m}\frac{\alpha}{2}.$$

Für die potenzielle Energie ergibt sich

$$\langle H_{\mathrm{pot}}\rangle_\alpha = -e^2 \int_{\mathbb{R}^3} \frac{1}{r}\psi_\alpha{}^2(\vec{x})\,\mathrm{d}^3x = -4\pi e^2 \left(\frac{\alpha}{\pi}\right)^{3/2} \int_0^\infty r\,e^{-\alpha r^2}\mathrm{d}r = -\frac{2e^2}{\sqrt{\pi}}\alpha^{1/2}$$

und damit insgesamt

$$E(\alpha) = 3\frac{\hbar^2}{2m}\frac{\alpha}{2} - \frac{2e^2}{\sqrt{\pi}}\alpha^{1/2}.$$

Differenziation und Nullsetzen liefert

$$\alpha_0 = \frac{16m^2e^4}{9\pi\hbar^4}$$

sowie

$$E(\alpha_0) = \frac{4e^4m}{3\pi\hbar^2} = \frac{8}{3\pi}(-E_R) \approx 0{,}8488 \cdot (-E_R) > (-E_R),$$

mit der exakten Grundzustandsenergie $-E_R$. Für die Grundzustandsenergie machen
wir mit diesem Ansatz also einen Fehler von ca. 15 %. Da man die Erwartungswerte
von kinetischer und potenzieller Energie in Gauß'schen Variationswellenfunktionen
recht leicht bestimmen kann, werden in der Quantenchemie sehr häufig Linearkombinationen von Gauß-Orbitalen als Variationsansatz verwendet. ∎

8.1.3 Das WKB-Verfahren

Dieses Näherungsverfahren liefert eine gewisse Verbindung zwischen klassischer Mechanik und Quantenmechanik, indem sie das Konzept der Wellenfunktion mit der Bewegung entlang einer Bahn in Verbindung bringt. Das Verfahren wurde unabhängig voneinander von Wentzel (1926), Kramers (1926) und Brillouin (1926) vorgeschlagen und beruht auf einer Entwicklung nach Potenzen von $\hbar$. Man verwendet dann eine approximative Wellenfunktion

$$\psi_{WKB}(x) \propto \frac{1}{\sqrt{p(x)}} \exp\left[\pm \frac{i}{\hbar} \int_{x_0}^{x} p(x')\, dx'\right], \qquad (8.20)$$

wobei die untere Integrationsgrenze nur eine konstante Phase in der Wellenfunktion in Gl. (8.20) bewirkt, die durch die Anfangsbedingungen gegeben ist. Das Integral $\int_{x_0}^{x} p(x')$ ist die klassische Wirkung S. Das Näherungsverfahren ist insbesondere anwendbar, wenn die Bewegung näherungsweise klassisch verläuft, also wenn die lokale De-Broglie-Wellenlänge $\lambda = 2\pi\hbar/|p(x)|$ nur langsam variiert:

$$\left|\frac{d}{dx}\left(\frac{\hbar}{p(x)}\right)\right| = \hbar\left|\frac{p'}{p^2}\right| \ll \frac{1}{2\pi}. \qquad (8.21)$$

Diese Bedingung reicht in vielen Fällen aus, ist aber weder hinreichend noch notwendig. Man erhält so die ersten quantenmechanischen Korrekturen zur klassischen Bewegung.

8.1.4 Dem speziellen Problem angepasste Verfahren

Einige Beispiele hierfür wären Tight Binding, die Freie-Elektronen-Näherung oder die Berechnung der Energieeigenwerte des H_2-Ions.

8.2 Zeitunabhängige (Schrödinger'sche) Störungstheorie ohne Entartung

Die Schrödinger'sche Störungstheorie wurde von ihm in seiner dritten, 53-seitigen Mitteilung der berühmten Serie zur Wellenmechanik „Quantisierung als Eigenwertproblem" entwickelt (Schrödinger 1926) und ist auf Systeme zugeschnitten, deren Hamilton-Operator so zerlegt werden kann, dass gilt:

$$H = H_0 + H^S. \qquad (8.22)$$

Gesucht sind die Eigenvektoren und die Eigenwerte der Gleichung

$$H|\psi_n\rangle = E_n|\psi_n\rangle, \qquad (8.23)$$

unter der Annahme, dass die Eigenwerte $E_n^{(0)}$ und die Eigenvektoren $|\psi_n^{(0)}\rangle$ des ungestörten Hamilton-Operators H_0 bekannt sind:

$$H_0 |\psi_n^{(0)}\rangle = E_n^{(0)} |\psi_n^{(0)}\rangle. \tag{8.24}$$

Wir setzen voraus, dass die Eigenwerte $E_n^{(0)}$ nicht entartet und die Eigenvektoren $|\psi_n^{(0)}\rangle$ zum ungestörten Problem orthonormiert sind:

$$\langle \psi_n^{(0)} | \psi_m^{(0)} \rangle = \delta_{nm}. \tag{8.25}$$

Es ist zweckmäßig, den Hamilton-Operator H in der Form

$$H = H_0 + \lambda H^S \tag{8.26}$$

zu schreiben, um die verschiedenen Ordnungen der Störung besser zu überblicken. Dann werden die Eigenwerte E_n und die Eigenvektoren $|\psi_n\rangle$ Funktionen von λ sein, die bei $\lambda = 0$ in die ungestörten Größen und bei $\lambda = 1$ in die gesuchten Größen übergehen. Wir nehmen an, dass sich $E_n(\lambda)$ und $|\psi(\lambda)\rangle$ nach λ in eine Taylor-Reihe entwickeln lassen:

$$E_n = E_n(\lambda) = E_n^{(0)} + E_n^{(1)} \lambda + E_n^{(2)} \lambda^2 + \cdots = \sum_{\nu=0}^{\infty} E_n^{(\nu)} \lambda^\nu, \tag{8.27}$$

$$|\psi_n\rangle = |\psi_n(\lambda)\rangle = |\psi_n^{(0)}\rangle + |\psi_n^{(1)}\rangle \lambda + |\psi_n^{(2)}\rangle \lambda^2 + \cdots = \sum_{\nu=0}^{\infty} |\psi_n^{(\nu)}\rangle \lambda^\nu. \tag{8.28}$$

Einsetzen der Gl. (8.26), (8.27) und (8.28) in die Eigenwertgleichung (8.23) liefert

$$H_0 \sum_{\nu=0}^{\infty} |\psi_n^{(\nu)}\rangle \lambda^\nu + H^S \sum_{\nu=0}^{\infty} |\psi_n^{(\nu)}\rangle \lambda^{\nu+1} = \sum_{\nu,\mu=0}^{\infty} E_n^{(\nu)} |\psi_n^{(\mu)}\rangle \lambda^{\nu+\mu}. \tag{8.29}$$

Die Eigenvektoren sollen stets normiert sein, d. h. es soll gelten:

$$\langle \psi_n(\lambda) | \psi_m(\lambda) \rangle = \delta_{nm}. \tag{8.30}$$

Wenn wir die obige Reihenentwicklung in dieses Skalarprodukt einsetzen, erhalten wir:

$$\langle \psi_n | \psi_m \rangle = \sum_{\nu,\mu=0}^{\infty} \langle \psi_n(\lambda) | \psi_m(\lambda) \rangle \lambda^{\nu+\mu} = \delta_{nm}. \tag{8.31}$$

Sowohl diese Gleichung als auch Gl. (8.29) sind für alle Werte von λ gültig. Deshalb müssen diese beiden Gleichungen für jede Potenz von λ komponentenweise

erfüllt sein. Der Koeffizientenvergleich bis zur quadratischen Ordnung liefert für die
Eigenwertgleichung (8.29):

$$\lambda^0 : H_0 |\psi_n^{(0)}\rangle = E_n^{(0)} |\psi_n^{(0)}\rangle, \tag{8.32a}$$

$$\lambda^1 : H_0 |\psi_n^{(1)}\rangle + H^S |\psi_n^{(0)}\rangle = E_n^{(0)} |\psi_n^{(1)}\rangle + E_n^{(1)} |\psi_n^{(0)}\rangle, \tag{8.32b}$$

$$\lambda^2 : H_0 |\psi_n^{(2)}\rangle + H^S |\psi_n^{(1)}\rangle = E_n^{(0)} |\psi_n^{(2)}\rangle + E_n^{(1)} |\psi_n^{(1)}\rangle + E_n^{(2)} |\psi_n^{(0)}\rangle. \tag{8.32c}$$

Aus der Normierung erhalten wir als Resultat des Komponentenvergleichs:

$$\lambda^0 : \langle\psi_n^{(0)}|\psi_m^{(0)}\rangle = \delta_{nm}, \tag{8.33a}$$

$$\lambda^1 : \langle\psi_n^{(0)}|\psi_m^{(1)}\rangle + \langle\psi_n^{(1)}|\psi_m^{(0)}\rangle = 0, \tag{8.33b}$$

$$\lambda^2 : \langle\psi_n^{(0)}|\psi_m^{(2)}\rangle + \langle\psi_n^{(1)}|\psi_m^{(1)}\rangle + \langle\psi_n^{(2)}|\psi_m^{(0)}\rangle = 0. \tag{8.33c}$$

Unsere Aufgabe besteht nun darin, aus diesen Gleichungen sukzessive die Entwicklungskoeffizienten $E_n^{(1)}$, $E_n^{(2)}$, ... der Taylor-Reihe in Gl. (8.27) und die Vektoren
$|\psi_n^{(1)}\rangle$, $|\psi_n^{(2)}\rangle$, ... zu berechnen. Die Gleichungen sind für λ^0 (für die 0-te Ordnung)
sicher erfüllt, denn sie beschreiben ja das ungestörte Problem, das wir als gelöst
voraussetzen. Da die ungestörten Zustände $|\psi_n^{(0)}\rangle$ ein vollständiges Orthonormal-
system bilden (denn sie sind Eigenvektoren zu dem Hermite'schen Operator H_0),
können wir jede Lösung nach $|\psi_n^{(0)}\rangle$ entwickeln, insbesondere also auch $|\psi_n^{(\nu)}\rangle$. Für
die ersten beiden Ordnungen können wir schreiben:

$$|\psi_n^{(1)}\rangle = \sum_l^\infty c_{nl}^{(1)} |\psi_l^{(0)}\rangle, \tag{8.34}$$

$$|\psi_n^{(2)}\rangle = \sum_l^\infty c_{nl}^{(2)} |\psi_l^{(0)}\rangle. \tag{8.35}$$

Die hier auftretenden Koeffizienten $c_{nl}^{(1)}$, $c_{nl}^{(2)}$, ... müssen wir im Rahmen unserer
Störungstheorie bestimmen.

8.2.1 Störungstheorie erster Ordnung

Wir behandeln jetzt die Terme, die proportional zu λ^1 sind. Dazu setzen wir Gl. (8.34)
in die Terme 1. Ordnung von Gl. (8.32b) und (8.33b) ein. Damit erhalten wir

$$\sum_l^\infty c_{nl}^{(1)} \underbrace{H_0|\psi_l^{(0)}\rangle}_{= E_l^{(0)}} |\psi_l^{(0)}\rangle + H^S|\psi_n^{(0)}\rangle = \sum_l^\infty c_{nl}^{(1)} E_n^{(0)} |\psi_l^{(0)}\rangle + E_n^{(1)} |\psi_n^{(0)}\rangle \tag{8.36}$$

sowie

$$\sum_{l}^{\infty} c_{ml}^{(1)} \underbrace{\langle \psi_n^{(0)} | \psi_l^{(0)} \rangle}_{= \delta_{nl}} + \sum_{l}^{\infty} \left(c_{nl}^{(1)} \right)^* \underbrace{\langle \psi_l^{(0)} | \psi_m^{(0)} \rangle}_{= \delta_{lm}} = 0. \tag{8.37}$$

Wenn wir diese beiden Gleichungen von links mit $\langle \psi_m^{(0)} |$ multiplizieren, so ergibt sich

$$E_m^{(0)} c_{nm}^{(1)} + \langle \psi_m^{(0)} | H^S | \psi_n^{(0)} \rangle = E_n^{(0)} c_{nm}^{(1)} + E_n^{(1)} \delta_{nm} \tag{8.38}$$

und

$$c_{nm}^{(1)} + \left(c_{nm}^{(1)} \right)^* = 0. \tag{8.39}$$

Für $n \neq m$ lassen sich aus Gl. (8.38) die Koeffizienten $c_{nm}^{(1)}$ bestimmen:

$$\boxed{c_{nm}^{(1)} = \frac{\langle \psi_m^{(0)} | H^S | \psi_n^{(0)} \rangle}{E_n^{(0)} - E_m^{(0)}}, \qquad n \neq m.} \tag{8.40}$$

Bilden wir unter Verwendung dieser Gleichung die Größe $\left(c_{nm}^{(1)} \right)^*$, dann finden wir sofort die Beziehung $\left(c_{nm}^{(1)} \right)^* = -c_{nm}^{(1)}$. Das bedeutet: Gl. (8.39) ist für $n \neq m$ automatisch erfüllt. Für $n = m$ lässt sich mit Gl. (8.38) die Energie $E_n^{(1)}$ ausrechnen:

$$\boxed{E_n^{(1)} = \langle \psi_n^{(0)} | H^S | \psi_n^{(0)} \rangle.} \tag{8.41}$$

Aus Gl. (8.39) folgt für $n = m$:

$$c_{nn}^{(1)} + \left(c_{nn}^{(1)} \right)^* = 0 \qquad \Longrightarrow \qquad c_{nm}^{(1)} = \mathrm{i}\gamma_n, \tag{8.42}$$

d. h. $c_{nn}^{(1)}$ ist eine rein imaginäre Größe mit dem Phasenfaktor γ_n. Wenn wir diesen Koeffizienten in die Potenzreihe für die Zustandsvektoren in Gl. (8.28) bis zur Ordnung λ einsetzen, ergibt sich

$$|\psi_n\rangle = (1 + \lambda \mathrm{i}\gamma_n) |\psi_n^{(0)}\rangle + \lambda \sum_{l \neq n}^{\infty} c_{nl}^{(1)} |\psi_l^{(0)}\rangle + \mathcal{O}(\lambda^2).$$

Den ersten Term dieser Gleichung können wir bis auf Terme der Ordnung $\mathcal{O}(\lambda^2)$ in eine Exponentialfunktion entwickeln. Damit folgt

$$|\psi_n\rangle = \mathrm{e}^{\mathrm{i}\gamma_n\lambda} |\psi_n^{(0)}\rangle + \lambda \sum_{l \neq n}^{\infty} c_{nl}^{(1)} |\psi_l^{(0)}\rangle + \mathcal{O}(\lambda^2) \tag{8.43}$$

$$= \mathrm{e}^{\mathrm{i}\gamma_n\lambda} \left\{ |\psi_n^{(0)}\rangle + \lambda \sum_{l \neq n}^{\infty} c_{nl}^{(1)} \mathrm{e}^{-\mathrm{i}\gamma_n\lambda} |\psi_l^{(0)}\rangle \right\} + \mathcal{O}(\lambda^2). \tag{8.44}$$

Da ein Zustandsvektor immer nur bis auf einen beliebig wählbaren Phasenfaktor festgelegt ist, können wir $e^{i\gamma_n\lambda}$ beliebig vorgeben. Ohne Beschränkung der Allgemeinheit setzen wir deshalb $\gamma_n = 0$, so dass wir $c_{nm}^{(1)} = 0$ widerspruchsfrei wählen können.

8.2.2 Störungstheorie zweiter Ordnung

Wir setzen jetzt die Entwicklungen für $|\psi_n^{(1)}\rangle$ und $|\psi_n^{(2)}\rangle$ in den Gl. (8.35) und (8.36) in die Gl. (8.32c) und (8.33c) ein. Das liefert

$$
\sum_l^\infty c_{nl}^{(2)} \underbrace{H_0|\psi_l^{(0)}\rangle}_{= E_l^{(0)}|\psi_l^{(0)}\rangle} + \sum_l c_{nl}^{(1)} H^S|\psi_l^{(0)}\rangle
$$

$$
= E_n^{(0)} \sum_l^\infty c_{nl}^{(2)}|\psi_l^{(0)}\rangle + E_n^{(1)} \sum_l^\infty c_{nl}^{(1)}|\psi_l^{(0)}\rangle + E_n^{(2)}|\psi_n^{(0)}\rangle \qquad (8.45)
$$

und

$$
\sum_l^\infty c_{ml}^{(2)} \underbrace{\langle\psi_n^{(0)}|\psi_l^{(0)}\rangle}_{= \delta_{nl}} + \sum_{ll'}^\infty \left(c_{nl}^{(1)}\right)^* c_{ml'}^{(1)} \underbrace{\langle\psi_l^{(0)}|\psi_{l'}^{(0)}\rangle}_{= \delta_{ll'}} + \sum_l^\infty \left(c_{nl}^{(2)}\right)^* \underbrace{\langle\psi_l^{(0)}|\psi_m^{(0)}\rangle}_{= \delta_{lm}} = 0.
$$
$$(8.46)$$

Multiplikation von Gl. (8.45) skalar von links mit $\langle\psi_m^{(0)}|$ ergibt:

$$
E_m^{(0)} c_{nm}^{(2)} + \sum_l^\infty c_{nl}^{(1)} \langle\psi_m^{(0)}|H^S|\psi_l^{(0)}\rangle = E_n^{(0)} c_{nm}^{(2)} + E_n^{(1)} c_{nm}^{(1)} + E_n^{(2)} \delta_{nm}. \qquad (8.47)
$$

Aus Gl (8.46) folgt durch Multiplikation von links mit $\langle\psi_m^{(0)}|$:

$$
c_{nm}^{(2)} + \sum_l^\infty \left(c_{nl}^{(1)}\right)^* c_{ml}^{(1)} + \left(c_{nm}^{(2)}\right)^* = 0. \qquad (8.48)
$$

Aus der Gl. (8.47) lassen sich für $n \neq m$ die Koeffizienten $c_{nm}^{(2)}$ gewinnen:

$$
\boxed{c_{nm}^{(2)} = \frac{\displaystyle\sum_{l \neq m}^\infty H_{ml}^S c_{nl}^{(1)}}{E_n^{(0)} - E_m^{(0)}} - \frac{E_n^{(1)} c_{nm}^{(1)}}{E_n^{(0)} - E_m^{(0)}}.} \qquad (8.49)
$$

Hierbei haben wir als Abkürzung für das Matrixelement des Störoperators H^S die Größe

$$
H_{ml}^S = \langle\psi_m^{(0)}|H^S|\psi_l^{(0)}\rangle. \qquad (8.50)
$$

eingeführt. Der Term $l = n$ tritt in der Summe nicht auf, weil wir im Rahmen der Störungstheorie bereits $c_{ll}^{(1)} = 0$ festgelegt hatten. Einsetzen der Terme aus der Störungstheorie erster Ordnung liefert nun für $n \neq m$:

$$c_{nm}^{(2)} = \sum_{l \neq m}^{\infty} \frac{H_{ml}^S H_{ln}^S}{\left(E_n^{(0)} - E_m^{(0)}\right) \cdot \left(E_n^{(0)} - E_l^{(0)}\right)} - \frac{H_{nn}^S H_{mn}^S}{\left(E_n^{(0)} - E_m^{(0)}\right)^2}, \quad m \neq m.$$

(8.51)

Für $n \neq m$ ist die aus der Normierung folgende Gl. (8.48) durch den Koeffizienten $c_{nm}^{(1)}$ aus Gl. (8.51) bereits erfüllt. Zum Beweis setzen wir die beiden Koeffizienten $c_{nm}^{(1)}$ und $c_{nm}^{(2)}$ aus den Gl. (8.51) und (8.51) in Gl. (8.48) ein. Dies ergibt wegen $\left(H_{ml}^S\right)^* = H_{lm}^S$:

$$\underbrace{\sum_{l \neq m}^{\infty} \frac{H_{nl}^S H_{lm}^S}{\left(E_m^{(0)} - E_n^{(0)}\right) \cdot \left(E_m^{(0)} - E_l^{(0)}\right)} - \frac{H_{mm}^S H_{nm}^S}{\left(E_n^{(0)} - E_m^{(0)}\right)^2}}_{c_{mn}^{(2)}}$$

$$+ \underbrace{\sum_{l \neq n}^{\infty} \sum_{l \neq m}^{\infty} \frac{H_{nl}^S H_{lm}^S}{\left(E_n^{(0)} - E_l^{(0)}\right) \cdot \left(E_m^{(0)} - E_l^{(0)}\right)}}_{\sum_l^{\infty} \left(c_{nl}^{(1)}\right)^* c_{ml}^{(1)}}$$

$$+ \underbrace{\sum_{l \neq n}^{\infty} \frac{H_{nl}^S H_{lm}^S}{\left(E_n^{(0)} - E_m^{(0)}\right) \cdot \left(E_n^{(0)} - E_l^{(0)}\right)} - \frac{H_{nn}^S H_{nm}^S}{\left(E_n^{(0)} - E_m^{(0)}\right)^2}}_{\left(c_{nm}^{(2)}\right)^*}$$

$$= \sum_{l \neq n}^{\infty} \sum_{l \neq m}^{\infty} H_{nl}^S H_{lm}^S \left[\frac{1}{\left(E_m^{(0)} - E_n^{(0)}\right)} \cdot \frac{1}{\left(E_m^{(0)} - E_l^{(0)}\right)} \right.$$

$$+ \frac{1}{\left(E_n^{(0)} - E_m^{(0)}\right)} \cdot \frac{1}{\left(E_n^{(0)} - E_l^{(0)}\right)} + \left. \frac{1}{\left(E_n^{(0)} - E_l^{(0)}\right)} \cdot \frac{1}{\left(E_m^{(0)} - E_l^{(0)}\right)} \right] = 0, \quad (8.52)$$

weil nämlich der Ausdruck

$$\frac{1}{x - y} \cdot \frac{1}{x - z} + \frac{1}{y - x} \cdot \frac{1}{y - z} + \frac{1}{y - z} \cdot \frac{1}{x - z} = \frac{(y - z) + (z - x) + (x - y)}{(x - y)(x - z)(y - z)} = 0$$

(8.53)

ist, falls $x \neq y \neq z \neq x$ ist. Der Ausdruck ist also identisch null. Damit haben wir uns davon überzeugt, dass Gl. (8.48) für $n \neq m$ erfüllt ist. Für $n = m$ erhalten wir mit den beiden eingerahmten Gl. (8.40) und (8.41) aus Gl. (8.47) die Korrektur zweiter Ordnung zu den Energieeigenwerten:

$$
E_n^{(2)} = \sum_{l \neq n}^{\infty} c_{nl}^{(1)} H_{nl}^S = \sum_{l \neq n}^{\infty} \frac{H_{nl}^S H_{ln}^S}{\left(E_n^{(0)} - E_l^{(0)} \right)} = \sum_{l \neq n}^{\infty} \frac{\left| H_{nl}^S \right|^2}{\left(E_n^{(0)} - E_l^{(0)} \right)}.
\tag{8.54}
$$

Wir müssen nun noch den Satz der Entwicklungskoeffizienten $c_{nl}^{(2)}$ zweiter Ordnung komplettieren. Dazu benötigen wir noch $c_{nn}^{(2)}$. Aus Gl. (8.48) erhalten wir für $n = m$:

$$
c_{nn}^{(2)} + \sum_{l}^{\infty} \left(c_{nl}^{(1)} \right)^* c_{nl}^{(1)} + \left(c_{nn}^{(2)} \right)^* = 0
\tag{8.55}
$$

bzw.

$$
c_{nn}^{(2)} + \left(c_{nn}^{(2)} \right)^* = - \sum_{l \neq n}^{\infty} \left| c_{nl}^{(1)} \right|^2.
\tag{8.56}
$$

Offensichtlich ist von $c_{nn}^{(2)}$ nur der Realteil festgelegt. Wir erhalten als Lösung folglich

$$
c_{nn}^{(2)} = -\frac{1}{2} \sum_{l \neq n}^{\infty} \left| c_{nl}^{(1)} \right|^2 + i \gamma_n^{(2)},
\tag{8.57}
$$

mit dem noch nicht festgelegten Imaginärteil $\gamma_n^{(2)}$. Dieser kann, wie schon bei den λ-Termen, o. B. d. A. gleich null gesetzt werden.

Beweis 8.1 Um die Unbekannte γ_n festzulegen, verwenden wir die Entwicklung aus Gl. (8.28), zusammen mit denjenigen aus den Gl. (8.34) und (8.34), und setzen darin den Ausdruck für $c_{nn}^{(2)}$ aus Gl. (8.57) ein:

$$
|\psi_n^{(1)}\rangle = \left(1 - \frac{\lambda^2}{2} \sum_{l \neq n}^{\infty} \left| c_{nl}^{(1)} \right|^2 + i \lambda \gamma_n^{(2)} \right) |\psi_n^{(0)}\rangle
$$

$$
+ \lambda \sum_{l \neq n} c_{nl}^{(1)} |\psi_l^{(0)}\rangle + \lambda^2 \sum_{l \neq n} c_{nl}^{(1)} |\phi_l^{(0)}\rangle + \mathcal{O}(\lambda^3),
$$

Wir stellen nun die hier auftretende komplexe Zahl α durch Betrag und Phase entsprechend $\alpha = |\alpha| \exp(i\beta)$ dar. Die Phase ist hierbei

$$
\beta = \arctan \frac{\lambda^2 \gamma_n^{(2)}}{1 - \frac{\lambda^2}{2} \sum_{l \neq n}^{\infty} \left| c_{nl}^{(2)} \right|^2}.
$$

Einsetzen und Ausklammern des Phasenfaktors liefert:

$$|\psi_n\rangle = e^{i\beta} \left[|\alpha| \, |\psi_n^{(0)}\rangle + \lambda \sum_{l\neq n}^{\infty} e^{-i\beta} c_{nl}^{(1)} |\psi_l^{(0)}\rangle + \lambda^2 \sum_{l\neq n}^{\infty} e^{-i\beta} c_{nl}^{(2)} |\psi_l^{(0)}\rangle + \mathcal{O}(\lambda^3) \right].$$

Der Phasenfaktor kann prinzipiell beliebig gewählt werden. Wir wählen $\beta = 0$ und legen damit $\gamma_n = 0$ fest. Deshalb reduziert sich Gl. (8.57) zu

$$c_{nn}^{(2)} = -\frac{1}{2} \sum_{l\neq n}^{\infty} \left| c_{nl}^{(1)} \right|^2 = -\frac{1}{2} \sum_{l\neq n}^{\infty} \frac{\left| H_{nl}^S \right|}{\left(E_n^{(0)} - E_l^{(0)} \right)^2}. \tag{8.58}$$

$\square$

8.2.3 Zusammenfassung der Ergebnisse

Wir setzen jetzt $\lambda = 1$ und bilden gemäß Gl. (8.50) die Matrixelemente des Störoperators. Damit erhalten wir für die Entwicklung der Energieeigenwerte des Problems mit einer vorhanden Störung

$$E_n = E_n^{(0)} + H_{nn}^S + \sum_{l\neq n}^{\infty} \frac{\left| H_{nl}^S \right|^2}{E_n^{(0)} - E_l^{(0)}} \tag{8.59}$$

und für die Zustandsvektoren

$$|\psi_n\rangle = \left[1 - \frac{1}{2} \sum_{l\neq n}^{\infty} \frac{\left| H_{nl}^S \right|}{\left(E_n^{(0)} - E_l^{(0)} \right)^2} \right] |\psi_n^{(0)}\rangle + \sum_{m\neq n}^{\infty} \frac{H_{mn}^S}{E_n^{(0)} - E_m^{(0)}} |\psi_m^{(0)}\rangle$$

$$+ \sum_{l,m\neq n}^{\infty} \left[\frac{H_{ml}^S H_{ln}^S}{\left(E_n^{(0)} - E_m^{(0)} \right) \cdot \left(E_n^{(0)} - E_l^{(0)} \right)} - \frac{H_{nn}^S H_{mn}^S}{\left(E_n^{(0)} - E_m^{(0)} \right)^2} \right] |\psi_m^{(0)}\rangle. \tag{8.60}$$

Die Eigenvektoren darin sind schon bis zur jeweiligen Ordnung normiert. Die Energie bis zur ersten Ordnung der Störungstheorie lässt sich auch in dieser Form schreiben:

$$E_n = E_n^{(0)} + H_{nm}^S = \langle \psi_n^{(0)} | H_0 + H^S | \psi_n^{(0)} \rangle. \tag{8.61}$$

Es zeigt sich ferner, dass für den Grundzustand $n = 0$ die Korrektur zweiter Ordnung immer negativ ist, weil dieser Zustand durch die Forderung

$$E_n^{(0)} - E_l^{(0)} < 0, \quad l \neq 0 \tag{8.62}$$

ausgezeichnet ist. Deshalb werden für den Grundzustand alle Korrekturterme zweiter Ordnung negativ, d. h. in der zweiten störungstheoretischen Ordnung erhält man beim Grundzustand immer eine *Energieabsenkung*.

Gültigkeit der Störungsrechnung
Damit man überhaupt eine rasche Konvergenz der Störungsreihe erwarten kann, muss gelten:

$$\left| \frac{H_{nl}^S}{E_n^{(0)} - E_l^{(0)}} \right| \ll 1. \tag{8.63}$$

Ist diese Bedingung nicht erfüllt, dann ist die Konvergenz der Reihe gewöhnlich schwach, oder die Reihe ist möglicherweise nicht konvergent. Einen allgemeinen Konvergenzbeweis gibt es nicht, denn dazu müsste man Informationen über die Norm der Operatoren H_0 und H^S haben, die aber wegen der Unbeschränktheit der meisten physikalisch relevanten Operatoren gar nicht existiert. In manchen Fällen erhält man partiell konvergente Reihen, die bis zu einer gewissen störungstheoretischen Ordnung konvergieren, dann aber wieder divergieren. Für die Praxis sind solche Reihen tatsächlich von großer Bedeutung.

Beispiel 8.6 (Der anharmonische Oszillator)
Hier gilt

$$V(x) = \frac{m\omega^2}{2}x^2 + \alpha x^2 + \beta x^4.$$

Von null verschiedene Matrixelemente von x^2 sind:

$$\left(x^3\right)_{n-3,n} = \left(x^3\right)_{n,n-3} = \left(\frac{\hbar}{m\omega}\right)^{3/2} \frac{n(n-1)(n-2)}{8},$$

$$\left(x^3\right)_{n-1,n} = \left(x^3\right)_{n,n-1} = \left(\frac{\hbar}{m\omega}\right)^{3/2} \frac{9n^2}{8}.$$

Die Diagonalelemente von x^3 sind null: $\left(x^3\right)_{n,n} = 0$. In erster Ordnung erhält man keine Energieverschiebungen, und in zweiter Ordnung liegt die folgende Energieabsenkung vor:

$$E_n^{(2)} = -\frac{15}{4}\frac{\alpha^2}{\hbar\omega}\left(\frac{\hbar}{m\omega}\right)^3\left(n^2 + n + \frac{11}{30}\right).$$

Werden von dem im Allgemeinen kleineren Term x^4 im anharmonischen Potenzial nur die Terme erster Ordnung berücksichtigt,

$$\left(x^4\right)_{n,n} = \left(\frac{\hbar}{m\omega}\right)^2 \frac{3}{4}(2n^2 + 2n + 1),$$

$$E_n^{(1)} = \frac{3}{2}\beta \left(\frac{\hbar}{m\omega}\right)^2 (n^2 + n + \frac{1}{2}),$$

so erhält man schließlich

$$E_n = \hbar\omega \left(n + \frac{1}{2}\right) - \frac{15}{4}\frac{\alpha^2}{\hbar\omega} \left(\frac{\hbar}{m\omega}\right)^2 \left(n^2 + n + \frac{11}{30}\right) + \frac{3}{2}\beta \left(\frac{\hbar}{m\omega}\right)^2 \left(n^2 + n + \frac{1}{2}\right).$$

Bei der obigen Entwicklung eines Potenzials sind in der Regel die beiden letzten Terme von derselben Größenordnung. ∎

8.3 Störungstheorie mit Entartung

Den Begriff der Entartung von Energiezuständen haben wir in Abschn. 4.6.1 eingeführt. Er bedeutet, dass es zum Hamilton-Operator des ungestörten Problems mehrere Eigenfunktionen mit demselben Eigenwert gibt:

$$H_0|\psi_{n\alpha}^{(0)}\rangle = E_n^{(0)} |\psi_{n\alpha}^{(0)}\rangle. \tag{8.64}$$

Hier ist α der Entartungsindex, der die verschiedenen Eigenfunktionen durchnummeriert. Er läuft von 1 bis f_n, d.h. die f_n Eigenvektoren

$$|\psi_{n1}^{(0)}\rangle, |\psi_{n2}^{(0)}\rangle, \ldots, |\psi_{nf_n}^{(0)}\rangle \tag{8.65}$$

gehören zum selben Eigenwert $E_n^{(0)}$. Die Eigenvektoren zu verschiedenen Eigenwerten sind stets orthogonal, und entartete Eigenvektoren können stets orthogonal gewählt werden, mit Hilfe des in Alg. (4.1) vorgestellten Orthonormierungs-Verfahrens nach Gram-Schmidt:

$$\langle \psi_{n\alpha(0)}|\psi_{m\beta}^{(0)}\rangle = \delta_{nm}\delta_{\alpha\beta}. \tag{8.66}$$

Beim gestörten Problem $H = H_0 + \lambda H^S$ wird im Allgemeinen die Entartung ganz oder teilweise aufgehoben sein, d.h. auch die Energiewerte werden vom Entartungsindex α abhängen. Ist die Störung ausgeschaltet ($\lambda \to 0$), so werden $E_{n\alpha}$ gleich $E_n^{(0)}$ sein, d.h. man erhält eine Reihe der Form

$$E_{n\alpha}(\lambda) = E_n^{(0)} + E_{n\alpha}^{(0)} \lambda + \cdots, \tag{8.67}$$

ganz ähnlich wie bei der Störungsrechnung ohne Entartung. Der entscheidende Punkt bei der Störungstheorie mit Entartung ist nun der, dass im Allgemeinen eine solche Entwicklung für die Eigenvektoren nicht gilt:

$$|\varphi_{n\alpha}(\lambda)\rangle \neq |\psi_{n\alpha}^{(0)}\rangle + |\psi_{n\alpha}^{(1)}\rangle \lambda + \cdots. \tag{8.68}$$

Dies folgt allein schon daraus, dass wir anstelle von $|\psi_{n\alpha}^{(0)}\rangle$ jede beliebige Linearkombination

$$\sum_{\beta=1}^{f_n} c_{n\alpha\beta} |\psi_{n\beta}^{(0)}\rangle \tag{8.69}$$

hätten wählen können. Die $|\varphi_{n\alpha}(\lambda)\rangle$ sind dagegen im Allgemeinen festgelegt, wenn die Entartung vollständig aufgehoben ist – deshalb erhalten wir beim Grenzübergang $\lambda \to 0$ eindeutige nullte Vektoren

$$|\varphi_{n\alpha}(\lambda \to 0)\rangle = |\varphi_{n\alpha}^{(0)}\rangle, \tag{8.70}$$

die im Allgemeinen von $|\psi_{n\alpha}^{(0)}\rangle$ verschieden sein werden. Deshalb suchen wir zunächst einmal diese dem Störoperator H^S angepassten (sogen. *adaptierten*) Eigenvektoren $|\varphi_{n\alpha}^{(0)}\rangle$. Haben wir diese gefunden, so gilt:

$$|\varphi_{n\alpha}(\lambda)\rangle = |\varphi_{n\alpha}^{(0)}\rangle + \lambda |\varphi_{n\alpha}^{(1)}\rangle + \cdots. \tag{8.71}$$

8.3.1 Aufsuchen der adaptierten Eigenvektoren $|\varphi_{n\alpha}^{(0)}\rangle$

Die $|\varphi_{n\alpha}^{(0)}\rangle$ müssen geeignete Linearkombinationen der $|\psi_{n\beta}^{(0)}\rangle$ sein:

$$|\varphi_{n\alpha}^{(0)}\rangle = \sum_{\beta=1}^{f_n} c_{n\alpha\beta} |\psi_{n\beta}^{(0)}\rangle. \tag{8.72}$$

Einsetzen in die Eigenwertgleichung $H|\varphi_{n\alpha}\rangle = E_{n\alpha}|\varphi_{n\alpha}\rangle$ mit Berücksichtigung der Terme in λ^0 und λ^1 ergibt:

$$\left(H_0 + \lambda H^S\right)\left(|\varphi_{n\alpha}^{(0)}\rangle + \lambda|\varphi_{n\alpha}^{(1)}\rangle + \cdots\right) = \left(E_n^{(0)} + \lambda E_{n\alpha}^{(1)} + \cdots\right)\left(|\varphi_{n\alpha}^{(0)}\rangle + \lambda|\varphi_{n\alpha}^{(1)}\rangle + \cdots\right) \tag{8.73}$$

bzw.

$$\underline{H_0|\varphi_{n\alpha}^{(0)}\rangle} + \lambda H^S|\varphi_{n\alpha}^{(0)}\rangle + \lambda H_0|\varphi_{n\alpha}^{(1)}\rangle + \mathcal{O}(\lambda^2) \tag{8.74}$$

$$= \underline{E_n^{(0)}|\varphi_{n\alpha}^{(0)}\rangle} + \lambda E_{n\alpha}^{(1)}|\varphi_{n\alpha}^{(0)}\rangle + \lambda E_n^{(0)}|\varphi_{n\alpha}^{(1)}\rangle + \mathcal{O}(\lambda^2). \tag{8.75}$$

Die unterstrichenen Terme fallen heraus, da die Linearkombination von $|\psi_{n\alpha}^{(0)}\rangle$ wieder Eigenvektor zu H_0 mit dem Eigenwert $E_n^{(0)}$ ist. Multiplikation mit dem bra-Vektor $\langle\psi_{n\gamma}^{(0)}|$ ergibt für Terme in λ^1:

$$\langle\psi_{n\gamma}^{(0)}|H^S|\varphi_{n\alpha}^{(0)}\rangle + \underline{\langle\psi_{n\gamma}^{(0)}|H_0|\varphi_{n\alpha}^{(0)}\rangle} = E_{n\alpha}^{(1)}\langle\psi_{n\gamma}^{(0)}|\varphi_{n\alpha}^{(0)}\rangle + \underline{E_n^{(0)}\langle\psi_{n\gamma}^{(0)}|\varphi_{n\alpha}^{(1)}\rangle}. \qquad (8.76)$$

Die unterstrichenen Terme fallen heraus, wegen

$$\langle\psi_{n\gamma}^{(0)}|H_0 = E_{n\gamma}^{(0)}\langle\psi_{n\gamma}^{(0)}|. \qquad (8.77)$$

Es bleibt also übrig:

$$\boxed{\langle\psi_{n\gamma}^{(0)}|H^S|\varphi_{n\alpha}^{(0)}\rangle = E_{n\alpha}^{(1)}\langle\psi_{n\gamma}^{(0)}|\varphi_{n\alpha}^{(0)}\rangle.} \qquad (8.78)$$

Dieser Gleichung müssen adaptierte Eigenfunktionen $|\varphi_{n\alpha}^{(0)}\rangle$ genügen. Man kann aus dieser Gleichung, wie wir gleich sehen werden, sowohl die adaptierten Eigenvektoren als auch die Energieeigenwerte $E_{n\alpha}^{(1)}$ in erster Ordnung bestimmen. Bei der weiteren Behandlung unterdrücken wir den überall vorkommenden Index n. Einsetzen von Gl. (8.72) in Gl. (8.78)

$$|\varphi_\alpha^{(0)}\rangle = \sum_{\beta=1}^{f} c_{\alpha\beta}|\psi_\beta^{(0)}\rangle \qquad (8.79)$$

ergibt

$$\boxed{\sum_{\beta=1}^{f} c_{\alpha\beta}\left[H_{\gamma\beta}^S - E_\alpha^{(1)}\delta_{\gamma\beta}\right] = 0,} \qquad (8.80)$$

mit

$$H_{\gamma\beta}^S \langle\psi_{n\gamma}^{(0)}|H^S|\psi_{n\beta}^{(0)}\rangle. \qquad (8.81)$$

Wir erhalten also f lineare Gleichungen für die f Koeffizienten $c_{\alpha\beta}$ (mit festem α). Diese Gleichungen liefern f linear unabhängige Eigenvektoren

$$c_{1\beta}, c_{2\beta}, \ldots, c_{f\beta} \qquad (8.82)$$

und f Eigenwerte

$$E_1^{(1)}, E_2^{(1)}, \ldots, E_f^{(1)}. \qquad (8.83)$$

Von null verschiedene Lösungen gibt es genau dann, wenn gilt:

$$\det\left[H_{\gamma\beta}^S - E^{(1)}\delta_{\gamma\beta}\right] = 0. \qquad (8.84)$$

ist. Explizit ausgedrückt, besteht also die Bedingung

$$\begin{vmatrix} H_{11}^S - E^{(1)} & H_{12}^S & \cdots & H_{1f}^S \\ H_{21}^S & H_{22}^S - E^{(1)} & \cdots & H_{2f}^S \\ \vdots & \vdots & \ddots & \vdots \\ H_{f1}^S & H_{f2}^S & \cdots & H_{ff}^S - E^{(1)} \end{vmatrix} = 0. \tag{8.85}$$

Diese Gleichung ist ein Polynom in E vom Grad f und heißt *Säkulargleichung*. Sie hat f Lösungen $E_1^{(1)}, E_2^{(1)}, \ldots, E_f^{(1)}$, und die Energiewerte $E_\alpha^{(1)}$ sind also die Eigenwerte der Matrix $H_{\gamma\beta}^S$, die zugehörigen Eigenvektoren $c_{\alpha\beta}$, d. h. die jeweils f Zahlen $\{c_{\alpha 1}, c_{\alpha 2}, \ldots, c_{\alpha f}\}$, sind die Eigenvektoren. Sie bestimmen die adaptierten Eigenvektoren. Falls bei det $= 0$ eine Mehrfachwurzel vorliegt, so ist die Entartung nur teilweise aufgehoben. Weil die Matrix $H_{\gamma\beta}^S = \left(H_{\beta\gamma}^S \right)^*$ Hermite'sch ist, sind Eigenvektoren zu verschiedenen $E_\alpha^{(1)}$ orthogonal:

$$\sum_{\gamma=1}^f c_{\alpha\gamma}^* c_{\alpha'\gamma} = 0, \quad \text{falls} \quad E_\alpha^{(1)} \neq E_{\alpha'}^{(1)}. \tag{8.86}$$

Sind nicht alle Energiekorrekturen verschieden (im Falle einer Mehrfachwurzel ist die Entartung nicht vollständig aufgehoben), dann sind die zugehörigen Eigenvektoren auch nicht notwendig orthogonal, können aber mit dem Gram-Schmidt-Verfahren aus Abschn. 4.6.2 orthogonalisiert werden. Bei geeigneter Normierung gilt daher immer

$$\sum_{\gamma=1}^f c_{\alpha\gamma}^* \, c_{\alpha'\gamma} = \delta_{\alpha\alpha'}. \tag{8.87}$$

Wir führen jetzt den Index n wieder ein und erhalten damit für die adaptierten Eigenvektoren $|\varphi_{n\alpha}^{(0)}\rangle$ die allgemeine Orthonormalitätsbeziehung

$$\langle \varphi_{n\alpha}^{(0)} | \varphi_{m\beta}^{(0)} \rangle = \sum_\gamma^f \sum_{\gamma'}^f c_{n\alpha\gamma}^* c_{m\beta\gamma'} \underbrace{\langle \psi_{n\gamma}^{(0)} | \psi_{m\gamma'}^{(0)} \rangle}_{\delta_{nm}\delta_{\gamma\gamma'}} \underset{\text{Gl. (7.87)}}{=} \delta_{nm} \sum_\gamma^f c_{n\alpha\gamma}^* c_{m\beta\gamma}$$

$$= \delta_{nm}\delta_{\alpha\beta}. \tag{8.88}$$

Hätten wir gleich mit den adaptierten Eigenvektoren angefangen, so wäre die Matrix $H_{\gamma\beta}^S$ aus Gl. (8.85) diagonal, und eine Eigenwertberechnung würde trivial werden (denn die Eigenwerte kann man aus der Diagonalmatrix direkt ablesen). Falls die Entartung noch nicht völlig aufgehoben ist, müssen wir versuchen, für die noch entarteten Vektoren in höheren Ordnungen der Näherung angepasste Eigenfunktionen zu finden. Im Gegensatz zu unserem Vorgehen bei der Störungstheorie ohne Entartung werden wir hier diese höheren Näherungen nicht mehr betrachten. Eine Fortsetzung des Verfahrens ist deshalb aber nicht unmöglich, sondern nur sehr aufwendig. Für den Spezialfall der zweifachen Entartung verweise ich an dieser Stelle auf die Literatur (Blochinzew 1953). Sobald die Entartung ab einer bestimmten Ordnung der Störungstheorie aufgehoben ist, kann man mit der gewöhnlichen Störungstheorie weiter rechnen.

8.4 Anwendung der zeitunabhängigen Störungstheorie: der Stark-Effekt beim H-Atom

Beim Stark-Effekt befindet sich ein Wasserstoffatom in einem konstanten elektrischen Feld $\vec{E} = E\,\vec{e}_z$, wobei E der Betrag der elektrischen Feldstärke ist. Dabei beobachtet man experimentell, dass sich das Spektrum der Energieeigenwerte verändert. Dies wurde zum ersten Mal von Johannes Stark 1913 beschrieben (Stark 1913). Um dieses Phänomen zu erklären, verwenden wir die in den beiden vorigen Abschnitten erarbeiteten störungstheoretischen Methoden.

Wir spalten dazu den Hamilton-Operator in einen ungestörten Anteil H_0 und einen Störoperator H^S auf:

$$H = H_0 + H^S. \tag{8.89}$$

Zuerst müssen wir den Hamilton-Operator des ungestörten Wasserstoffatoms aufschreiben, also für ein H-Atom im feldfreien Raum. Er lautet in der Ortsdarstellung:

$$H_0 = \frac{\vec{p}^{\,2}}{2m}\Delta - \frac{e^2}{r}. \tag{8.90}$$

Der Störoperator H^S beschreibt die zusätzliche Energie des Elektrons in einem äußeren elektrischen Feld $\vec{E}$, das wir willkürlich und o. B. d. A. in z-Richtung orientieren:

$$\vec{E} = E\vec{e}_z = -\nabla(-Ez). \tag{8.91}$$

Damit ist die durch dieses Feld bestimmte zusätzliche Energie des Elektrons im Wasserstoffatom gegeben durch

$$H^S = -eEz, \tag{8.92}$$

wobei die elektrische Ladung negativ ist, also $e = -|e| < 0$ gilt.

8.4.1 Das ungestörte Wasserstoffatom

Wir haben das Wasserstoffatom in Kap. 5 ausführlich besprochen. Wir profitieren nun von unserem Wissen und stellen erst einmal die für die Störungsrechnung benötigten Zustandsvektoren zusammen. Beim H-Atom ist nur der Grundzustand $1s$ nicht entartet. Dieser ist gegeben durch die Quantenzahlen $(n, l, m) = (1, 0, 0)$. Für

Tab. 8.1 Zusammenstellung der Eigenfunktionen für die störungstheoretische Berechnung des Stark-Effekts beim Wasserstoffatom

Zustand	Eigenfunktion
$1s\ (n = 0, l = 0)$	$\psi_{100} = R_{10}Y_{00} = \dfrac{1}{\sqrt{4\pi}}\sqrt{\dfrac{2}{a_0^3}}\,e^{-\frac{r}{a_0}}$
$2s\ (n = 1, l = 0)$	$\psi_{200} = R_{20}Y_{00} = \dfrac{1}{4\pi}\sqrt{\dfrac{1}{8a_0^3}}\left(2 - \dfrac{r}{a_0}e^{-\frac{r}{2a_0}}\right)$
$2p\ (n = 1, l = 1)$	$\psi_{210} = R_{21}Y_{10} = R_{21}\sqrt{\dfrac{3}{4\pi}}\cos\theta = \dfrac{R_{21}}{r}\sqrt{\dfrac{3}{4\pi}}\,z$
$2p\ (n = 1, l = 1)$	$\psi_{211} = -R_{21}Y_{11} = R_{21}\sqrt{\dfrac{3}{8\pi}}\sin\theta\,e^{i\varphi} = -\dfrac{R_{21}}{r}\sqrt{\dfrac{3}{8\pi}}(x + iy)$
$2p\ (n = 1, l = 1)$	$\psi_{21-1} = R_{21}Y_{1-1} = R_{21}\sqrt{\dfrac{3}{8\pi}}\sin\theta\,e^{-i\varphi} = \dfrac{R_{21}}{r}\sqrt{\dfrac{3}{8\pi}}(x - iy)$

den ersten angeregten Zustand liegt eine 4-fache Entartung vor, weil diese Zustände alle den Energieeigenwert $E_n = -E_{\text{Ion}}/n^2 = -E_{\text{Ion}}/4$ haben. Um die Wirkung des elektrischen Feldes zu beschreiben, können wir folglich im Grundzustand eine Störungstheorie ohne Entartung durchführen, müssen aber für den ersten angeregten Zustand die Entartung berücksichtigen. Die jeweiligen Eigenfunktionen für den $1s$- und den $2s$- sowie für die drei $2p$-Zustände sind in Tab. 8.1 zusammengestellt. Wir schreiben in der Ortsdarstellung die $2p$-Zustände teilweise in kartesischen Koordinaten auf, weil wir den Störoperator in Gl. (8.92) in kartesischen Koordinaten formuliert haben. Der in den Eigenfunktionen von Tab. 8.1 auftretende Radialanteil R_{21} ist

$$R_{21} = \frac{1}{24a_0^3}\frac{r}{a_0}\,e^{-r/2a_0}. \tag{8.93}$$

8.4.2 Störungstheorie ohne Entartung für den Grundzustand

In der ersten Ordnung der Störungstheorie erhalten wir mit Gl. (8.41) für die Energie

$$E_1 = E_{100}^{(0)} + E_{100}^{(1)} = E_{100}^{(0)} + \underbrace{\langle\psi_{100}^{(0)}H^S|\psi_{100}^{(0)}|}_{=0\ \text{wegen}\ \int f(r)z\,\mathrm{d}V = 0} = E_{100}^{(0)}. \tag{8.94}$$

Die Eigenfunktion des ungestörten Grundzustands ist kugelsymmetrisch, während H^S antisymmetrisch bezüglich der z-Richtung ist. Damit verschwindet das Matrixelement der Störung ($E_{100}^{(1)} = 0$), und wir sehen, dass es für den Grundzustand keine Energieverschiebung in erster Ordnung und damit auch *keinen linearen Stark-Effekt* gibt. In der zweiten Ordnung der Störungsrechnung ergibt sich jedoch

$$E_{100}^{(2)} = \sum_{(n,l,m)\neq(1,0,0)} \frac{|H_{100,nlm}^S|^2}{E_{100}^{(0)} - E_{nlm}^{(0)}} \neq 0. \tag{8.95}$$

Die Energie sinkt quadratisch mit der elektrischen Feldstärke. Man spricht deshalb auch vom *quadratischen Stark-Effekt*. Eine Analyse der Eigenfunktion des Grundzustands (die wir hier nicht durchführen wollen) zeigt, dass bereits in der ersten

Ordnung der Störungsrechnung die Wellenfunktion deformiert wird – dies ist die quantenmechanische Erklärung der Polarisation. Aber erst in der zweiten Ordnung wirkt sich diese Deformation auch auf die Energie des Grundzustands aus.

8.4.3 Störungstheorie mit Entartung für den ersten angeregten Zustand

Der Zustand mit der Hauptquantenzahl $n = 2$ ist vierfach entartet. Die adaptierten Wellenfunktionen ergeben sich als Linearkombination der vier entarteten Wellenfunktionen:

$$\varphi^{(0)} = c_1|\psi_{200}\rangle + c_2|\psi_{210}\rangle + c_3|\psi_{21-1}\rangle + c_4|\psi_{211}\rangle. \tag{8.96}$$

Zur Berechnung der Energieaufspaltung $E_{2\alpha}^{(1)}$ und der Eigenfunktionen müssen wir das folgende homogene Gleichungssystem lösen:

$$\sum_{\beta=1}^{4} c_\beta \left[H_{\alpha\beta}^S - E^{(1)}\delta_{\alpha\beta} \right] = 0. \tag{8.97}$$

Die Parameter α und β laufen hier über die vier in Gl. (8.96) enthaltenen Zustände. Um das Gleichungssystem aufstellen zu können, müssen wir die $4 \times 4 = 16$ Matrixelemente

$$H_{\alpha\beta}^S = \langle \psi_\alpha^{(0)}|H^S|\psi_\beta^{(0)}\rangle = \iiint\limits_{-\infty}^{\infty} \left(\psi_\alpha^{(0)}\right)^* (-eEz)\psi_\beta^{(0)}\, dV \tag{8.98}$$

des Störoperators H^S berechnen. Weil $\iiint\limits_{-\infty}^{\infty} x^n y^m z^l f(r)\, dV$ immer null ist, wenn mindestens ein Exponent n, m oder l ungerade ist, bleiben als einzige von null verschiedene Matrixelemente übrig:

$$H_{12}^S = H_{21}^S = -\frac{eE\sqrt{3}}{4\pi} \iiint\limits_{-\infty}^{\infty} \frac{R_{20}(r)R_{21}(r)}{r} z^2 dV. \tag{8.99}$$

Aus Symmetriegründen gilt allgemein

$$\iiint\limits_{-\infty}^{\infty} f(r)z^2\, dV = \frac{1}{3} \iiint\limits_{-\infty}^{\infty} f(r)\left(x^2 + y^2 + z^2\right)\, dV$$

$$= \frac{1}{3} \iiint\limits_{-\infty}^{\infty} f(r)r^2\, dV = \frac{1}{3} \int_0^{2\pi} d\varphi \int_0^{\pi} \sin\theta\, d\theta \int_0^{r} f(r)r^2 \cdot r^2\, dr = \frac{4\pi}{3} \int_0^{\infty} f(r)r^4\, dr. \tag{8.100}$$

Damit ist

$$H_{12}^S = -\frac{eE}{\sqrt{3}} \int\limits_0^\infty R_{20}(r) R_{21}(r) \, r^3 \mathrm{d}r. \tag{8.101}$$

Mit $\rho = r/a_0$ und $r^3 \mathrm{d}r = a_0^4 \rho \mathrm{d}\rho$ ergibt sich

$$H_{12}^S = -\frac{eE}{\sqrt{3 \cdot 8 \cdot 24}} \frac{a_0^4}{a_0^3} \int\limits_0^\infty \underbrace{(2 - \rho) \, \mathrm{e}^{-\rho/2} \, \rho \, \mathrm{e}^{-\rho/2} \, \rho^3}_{(2\rho^4 - \rho^5) \exp(-\rho)} \, \mathrm{d}\rho$$

$$= -\frac{eEa_0}{24} [2 \cdot 4! - 5!] = -eEa_0[2 - 5], \tag{8.102}$$

$$\boxed{H_{12}^S = 3eEa_0 = H_{21}^S.} \tag{8.103}$$

Das Gleichungssystem in Gl. (8.97) besteht damit aus den Gleichungen

$$-c_1 E_1^{(1)} + 3c_2 eEa_0 = 0,$$
$$3c_1 eEa_0 - c_2 E_2^{(1)} = 0,$$
$$-c_3 E_3^{(1)} = 0,$$
$$-c_4 E_4^{(1)} = 0. \tag{8.104}$$

Die Säkulargleichung lautet:

$$\begin{vmatrix} -E^{(1)} & 3eEa_0 & 0 & 0 \\ 3eEa_0 & -E^{(1)} & 0 & 0 \\ 0 & 0 & -E^{(1)} & 0 \\ 0 & 0 & 0 & -E^{(1)} \end{vmatrix} = E^{(1)} - E^{(1)} \left[\left(-E^{(1)} \right)^2 - (3eEa_0)^2 \right] = 0. \tag{8.105}$$

Daraus ergeben sich die Lösungen

$$E^{(1)} = \pm 3eE_0 a_0; \qquad E^{(1)} = 0. \tag{8.106}$$

Damit besteht das Gleichungssystem aus Gl. (8.97) aus den Gleichungen (mit $e = -|e| < 0$)

$$E_1^{(1)} = 3eEa_0 < 0,$$
$$E_2^{(1)} = 0,$$
$$E_3^{(1)} = 0$$
$$E_4^{(1)} = -3eEa_0 > 0. \tag{8.107}$$

Das vierfach entartete Niveau spaltet also nur in insgesamt drei verschiedene Energiewerte auf. Zu jedem dieser Energiewerte kann man mit Gl. (8.104) zunächst die Koeffizienten $c_1, \ldots, c_4$ und daraus dann die adaptierten Eigenvektoren $|\varphi_i^{(0)}\rangle$ bestimmen:

$$E_{21} = E_2^{(0)} + 3eEa_0, \qquad |\varphi_1^{(0)}\rangle = \frac{1}{\sqrt{2}} \left(|\psi_{200}^{(0)}\rangle - |\psi_{210}^{(0)}\rangle \right),$$

$$E_{22} = E_{23} = E_2^{(0)}, \qquad \begin{cases} |\varphi_2^{(0)}\rangle = |\psi_{211}^{(0)}\rangle, \\ |\varphi_3^{(0)}\rangle = |\psi_{21-1}^{(0)}\rangle, \end{cases}$$

$$E_{24} = E_2^{(0)} - 3eEa_0 \qquad |\varphi_1^{(0)}\rangle = \frac{1}{\sqrt{2}} \left(|\psi_{200}^{(0)}\rangle + |\psi_{210}^{(0)}\rangle \right). \tag{8.108}$$

8.4.4 Diskussion der Ergebnisse beim Stark-Effekt

Bei $|\varphi_1^{(0)}\rangle$ ist die Elektronenverteilung in negative z-Richtung verschoben (Energieabsenkung), aber bei $|\varphi_4^{(0)}\rangle$ in positive z-Richtung (Energieerhöhung). Für die adaptierten Eigenvektoren $|\varphi_{1/4}^{(0)}\rangle$ gilt:

$$\left|\varphi_{1/4}^{(0)}\right\rangle = \left(8\pi\, 8a_0^3\right)^{-1/2} \left(2 - \rho \pm \zeta/\sqrt{3}\right) e^{-\rho/2}, \qquad \zeta = \frac{z}{a_0}. \tag{8.109}$$

Wegen der Spiegelsymmetrie der $(z = 0)$-Ebene, $\left|\varphi_{2/3}^{(0)}(z)\right\rangle = \left|\varphi_{3/2}^{(0)}(-z)\right\rangle$, spalten die Terme mit $m = \pm 1$ nicht auf, s. Abb. 8.1. Der von uns betrachtete lineare Stark-Effekt ist spezifisch für das Wasserstoffatom und kommt nur durch die Coulomb-Entartung (l-Entartung) zustande. Bei sogen. wasserstoffähnlichen Atomen mit einem Elektron über einer abgeschlossenen Elektronenhülle, wie z. B. bei Natrium (Na) oder Kalium (K), liegt kein reines Coulomb-Potenzial mehr vor, und die l-Entartung ist aufgehoben. Es tritt dann ein sehr viel schwächerer quadratischer Stark-Effekt auf. Da wir uns in unserer Betrachtung auf die erste Ordnung der Störungsrechnung beschränkt haben und deren Korrekturen linear zur elektrischen Feldstärke sind, gelten unsere Ergebnisse nur für schwache elektrische Felder. Bei stärkeren Feldern müssen höhere Störungsterme berücksichtigt werden.

Der Grundzustand des H-Atoms wird in der ersten Ordnung der Störungsrechnung nicht verändert. Der erste angeregte Zustand des H-Atoms wird unter dem Einfluss eines elektrischen Feldes aufgespalten in zwei nicht mehr entartete Zustände

$$\left|\varphi_{1/4}^{(0)}\right\rangle = \left(8\pi\, 8a_0^3\right)^{-1/2} \left(2 - \rho \pm \zeta/\sqrt{3}\right) e^{-\rho/2}, \qquad \zeta = \frac{z}{a_0}. \tag{8.110}$$

Man kann sich das Verhalten des H-Atoms beim Stark-Effekt auch anhand der Superposition der Wellenfunktionen anschaulich plausibel machen. Dazu berücksichtigt man, dass die Wellenfunktion $|\psi_{200}\rangle$ bei H-Atom kugelsymmetrische Gestalt hat, aber die Wellenfunktion $|\psi_{210}\rangle$ hantelförmig ist. Das Vorzeichen dieser Wellenfunktion ist im Bereich relativ hoher Aufenthaltswahrscheinlichkeiten des Elektrons

Abb. 8.1 Teilweise
Aufhebung der
Energieentartung beim
linearen Stark-Effekt beim
Wasserstoffatom.
Gestrichelte Kurven zeigen
die Korrekturen des linearen
Stark-Effekts durch Beiträge
der Störungsrechnung
zweiter Ordnung, die den
quadratischen Stark-Effekt in
sehr starken elektrischen
Feldern beschreiben. Man
beachte, dass die
Elektronenladung negativ ist,
also $e = -|e|$ und $E < 0$
vorausgesetzt wird

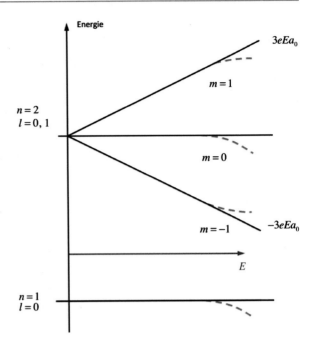

negativ bei $z > 0$ und positiv bei $z < 0$. Die Superposition $|\psi_{200}\rangle + |\psi_{210}\rangle$ verschiebt dann die Aufenthaltswahrscheinlichkeit des Elektrons in Richtung der negativen z-Achse, während die Überlagerung $|\psi_{200}\rangle - |\psi_{210}\rangle$ das Elektron in Richtung der positiven z-Achse verschiebt, s. Abb. 8.2. Die Verschiebung des Zentrums der Aufenthaltswahrscheinlichkeit entgegen der Richtung der elektrischen Feldstärke (also entgegen der positiven Richtung der z-Achse) reduziert die Energie des Elektrons in Übereinstimmung mit $E_1^{(1)} = 3eEa_0 < 0$ (wegen $e < 0$), während die Verschiebung in Richtung der z-Achse die Energie des Elektrons um den Wert $E_4^{(1)} = -3eEa_0 > 0$ erhöht.

Unter dem Einfluss eines elektrischen Feldes kann es streng genommen keine gebundenen – also stationären – Zustände geben, obwohl für $z \to \infty$ das Gesamtpotenzial beliebig tief wird, so dass zwischen dem Atomkern im Ursprung des Koordinatensystems und diesem Gebiet ein Potenzialwall entsteht, s. Abb. 8.3.

Die Elektronen können aber durch diesen Potenzialwall hindurchtunneln. In einem solchen Fall verlöre das Elektron seine Bindung zum Atomkern. Bei den üblichen, relativ schwachen Feldstärken $E \ll E_{\text{atomar}}$ ist die Wahrscheinlichkeit dafür jedoch so klein, dass man mit stationären Zuständen in sehr guter Näherung rechnen kann.

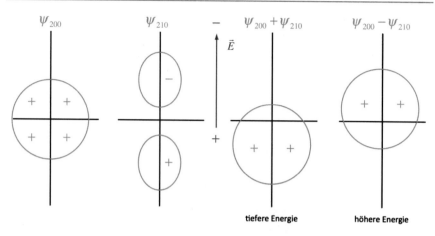

Abb. 8.2 Superposition der Wellenfunktionen beim Stark-Effekt

Abb. 8.3 Potenzial beim Stark-Effekt. Überlagerung des Coulomb-Potenzials (gestrichelte Kurve) mit dem äußeren Feld (gestrichelte Gerade). Das Gesamtpotenzial V_{ges} folgt für große Abstände vom Ursprung dem Verlauf des äußeren Feldes und divergiert damit für $z \to \pm\infty$ Deshalb kann es eigentlich keine gebundenen Zustände geben

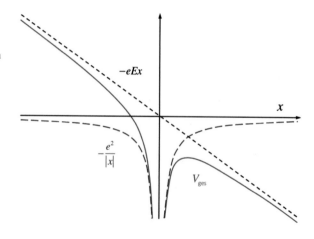

8.5 Variationsverfahren zur Bestimmung von Eigenwerten und Eigenvektoren

Das Eigenwertproblem

$$H|\psi\rangle = E|\psi\rangle \tag{8.111}$$

ist äquivalent zu dem folgenden *Variationsproblem:* Man bilde den Ausdruck
(genauer: das Funktional)

$$\langle H \rangle = \frac{\langle \psi | H | \psi \rangle}{\langle \psi | \psi \rangle} \tag{8.112}$$

und bestimme $|\psi\rangle$ so, dass $\langle H \rangle$ einen *Minimalwert* annimmt. Dieser Minimalwert
ist dann der niedrigste Eigenwert E_1, und der zugehörige Vektor ist der Eigenvektor
$|\psi_1\rangle$. Um den nächsten Eigenwert E_2 und den zugehörigen Eigenvektor zu erhalten,
muss man $\langle H \rangle$ unter der Nebenbedingung

$$\langle \psi | \psi \rangle = 0 \tag{8.113}$$

minimieren usw. Bevor wir uns ansehen, wie man dieses Verfahren zur angenäherten
Bestimmung der Eigenwerte, insbesondere des niedrigsten, verwenden kann, wollen wir zunächst zeigen, dass das Variationsproblem mit der Eigenwertgleichung
identisch ist.

Beweis 8.2 Der eleganteste Beweis der Äquivalenz von Gl. (8.111) und (8.112)
beruht auf der Spektralzerlegung des Operators H und der Zahl 1. Mit

$$H = \sum_{n=1}^{\infty} |n\rangle\langle n| E_n, \tag{8.114a}$$

$$1 = \sum_{n=1}^{\infty} |n\rangle\langle n| \tag{8.114b}$$

ergibt sich

$$\langle H \rangle = \frac{\langle \psi | H | \psi \rangle}{\langle \psi | 1 | \psi \rangle} = \frac{\sum_{n=1}^{\infty} \langle \psi | n \rangle\langle n | \psi \rangle E_n}{\sum_{n=1}^{\infty} \langle \psi | n \rangle\langle n | \psi \rangle} = \frac{\sum_{n=1}^{\infty} |C_n|^2 E_n}{\sum_{n=1}^{\infty} |C_n|^2} \geq E_1, \quad C_n = \langle n | \psi \rangle. \tag{8.115}$$

Unter der Nebenbedingung $\langle \psi | 1 \rangle = C_1 = 0$ ergibt sich

$$\langle H \rangle = \frac{\sum_{n \neq 1}^{\infty} |C_n|^2 E_n}{\sum_{n \neq 1}^{\infty} |C_n|^2} \geq E_2 \quad \text{usw.} \tag{8.116}$$

$\square$

Mathematischer Exkurs 8.1 Was ist ein Funktional?

Funktionale treten z. B. in der Variationsrechnung auf. Diese verallgemeinern die Extremwertbestimmung von „gewöhnlichen" Funktionen. Sie fragt nämlich nach stationären Punkten (Maximum, Minimum, Sattelpunkt) von sogen. Funktionalen. Ein Funktional ist, grob gesprochen, eine Funktion auf Funktionen, also eine Abbildung, die komplette Funktionen auf andere Funktionen eines bestimmten Vektorraumes (meist $\mathbb{R}$ oder $\mathbb{C}$) abbildet:

Definition 8.1 (Funktional)

Sei V ein K-Vektorraum ($K \in \{\mathbb{R}, \mathbb{C}\}$). Dann ist ein Funktional T eine Abbildung

$$T : V \mapsto K. \tag{8.117}$$

Man unterscheidet zwischen linearen und nichtlinearen Funktionalen, wobei in der Literatur mit einem Funktional meist implizit ein lineares Funktional gemeint ist. Ein solches ist eine lineare Abbildung. Dabei ist die Menge der linearen Funktionale wieder ein Vektorraum über dem Körper K, da man für $T_1, T_2 \in V$ und $\alpha \in K$ definieren kann:

$$(T_1 + T_2)(x) = T_1(x) + T_2(x) \quad \text{und} \quad (\alpha T_1)(x) = \alpha\Big(T_1(x)\Big).$$

Entsprechend heißt ein Funktional, das die obigen Eigenschaften nicht erfüllt, nichtlinear.

Beispiel 8.7

- Die Dirac-Distribution (Deltafunktion, s. Abschn. 4.9) ist ein einfaches Beispiel für ein Funktional. Dazu sei V der Vektorraum aller Funktionen der Form $\mathbb{R} \rightarrow \mathbb{R}$. Dann definiert die Abbildung

$$\delta : V \rightarrow \mathbb{R}, \quad f \mapsto \delta[f] = f(0)$$

ein lineares Funktional, d. h., der Funktion f wird ihr Wert an der Stelle 0 zugewiesen.

- Die bestimmten Integrale der auf dem Intervall $[a, b] \in \mathbb{R}$ stetigen Funktionen $C^0([a, b], \mathbb{R})$. Betrachten wir konkret die bekannten Integrationsregeln

$$\int_a^b f_1(x)\, dx + \int_a^b f_2(x)\, dx = \int_a^b \Big(f_1(x) + f_2(x)\Big)\, dx$$

und

$$\alpha \int_a^b f(x)\, dx = \alpha \int_a^b \Big(\alpha f(x)\Big)\, dx,$$

so sehen wir, dass das durch die Integration definierte Funktional (also die Abbildung einer Funktion auf den reellen Zahlenbereich) $I : C^0([a, b], \mathbb{R})$ linear ist. ∎

8.5.1 Näherungsweise Berechnung der Eigenwerte mit Hilfe des Variationsverfahrens

Um zu einer approximativen Berechnung der Eigenwerte zu gelangen, geht man folgendermaßen vor:

1. Man rät den ungefähren Verlauf der Eigenfunktion und lässt diese noch von einigen Parametern $\alpha_1, \alpha_2, \ldots, \alpha_n$ abhängen, etwa:

$$|\psi\rangle = |\psi(\alpha_1, \ldots, \alpha_n)\rangle. \tag{8.118}$$

2. Man berechnet

$$\langle H \rangle = \frac{\langle \psi | H | \psi \rangle}{\langle \psi | \psi \rangle} = \langle H(\alpha_1, \ldots, \alpha_n) \rangle. \tag{8.119}$$

3. Man bestimmt das Minimum und erhält $\alpha_{1\,\mathrm{min}}, \ldots, \alpha_{n\,\mathrm{min}}$. Damit ergeben sich ein angenäherter Eigenvektor und ein angenäherter Energiewert $E_1 \approx \langle H(\alpha_{1\,\mathrm{min}}) \rangle$. Streng gilt:

$$\langle H(\alpha_{1\,\mathrm{min}}, \ldots, \alpha_{n\,\mathrm{min}}) \rangle \geq H_{\mathrm{min}} = E_1. \tag{8.120}$$

Man hat also eine obere Grenze für den tiefsten Energiewert erhalten (Abschätzung nach oben).

Ich empfehle dem interessierten Leser sehr, die folgenden Beispiele detailliert nachzuvollziehen.

Beispiel 8.8 (Genauigkeit des Variationsverfahrens)
Nehmen wir an, wir verwenden für irgendein Problem eine Testfunktion $|\psi\rangle = |\varphi_n\rangle + |\delta\varphi\rangle$ als eine Abschätzung für den exakten Zustand $|\varphi_n\rangle$. Einsetzen dieser Näherung in Gl. (8.119) ergibt:

$$\frac{\langle\psi|H|\psi\rangle}{\langle\psi|\psi\rangle} = \frac{\big(\langle\varphi_n| + \langle\delta\varphi|\big)\hat{H}\big(|\varphi_n\rangle + |\delta\varphi\rangle\big)}{\big(\langle\varphi_n| + \langle\delta\varphi|\big)\big(|\varphi_n\rangle + |\delta\varphi\rangle\big)} = \frac{E_n + \langle\delta\varphi|\hat{H}\delta\varphi\rangle}{\langle\varphi_n|\varphi_n\rangle + \langle\delta\varphi|\delta\varphi\rangle} = E_n + \mathcal{O}\big(|\delta\varphi\rangle^2\big).$$

Die vorletzte Gleichung gilt, weil $|\varphi_n\rangle$ orthogonal zur Änderung $|\delta\varphi\rangle$ ist. Wir erkennen also, dass der Fehler in der Berechnung der Energie von zweiter Ordnung in $|\varphi\rangle_n$ ist, obwohl die Wellenfunktion ψ nur linear (also wenig) von der exakten Lösung $|\varphi\rangle$ abweicht. Deshalb ist es gerechtfertigt, diesen kleinen Fehler in der Berechnung der Energie zu vernachlässigen.

Beispiel 8.9 (Variationsprinzip beim harmonischen Oszillator)
Um für den Harmonischen Oszillator (s. Kap. 5) in der Ortsdarstellung einen Näherungsausdruck für den niedrigsten Eigenwert zu bekommen, setzen wir an

$$\psi(x, \alpha) = e^{-\alpha|x|/2}, \quad \text{(schlechte Eigenfunktion)}. \tag{8.121}$$

Ein Ansatz der Form $\psi(x, \alpha) = \exp(-\alpha x^2)$ würde natürlich den exakten niedrigsten Eigenwert liefern. Mit unserer schlecht geschätzten Eigenfunktion berechnen wir Gl. (8.112) zu:

$$\langle H(\alpha)\rangle = \frac{\displaystyle\int_{-\infty}^{\infty} e^{-\alpha|x|/2}\left(-\frac{\hbar^2}{2m}\frac{d^2}{dx^2} + m\omega^2\frac{x^2}{2}\right)e^{-\alpha|x|/2}dx}{\displaystyle\int_{-\infty}^{\infty} e^{-\alpha|x|}dx}. \tag{8.122}$$

Wir berechnen nun mit Hilfe von Anhang D und den Eigenschaften der Deltafunktion aus Abschn. 4.9 der Reihe nach die einzelnen Terme in Gl. (8.122):

$$\int_{-\infty}^{\infty} e^{-\alpha|x|}\,dx = 2\int_{0}^{\infty} e^{-\alpha x}\,dx = \frac{2}{\alpha}. \tag{8.123}$$

$$\frac{d}{dx}e^{-\alpha|x|}/2 = -\frac{\alpha}{2}e^{-\alpha|x|/2}\frac{d|x|}{dx}. \tag{8.124}$$

$$\frac{d|x|}{dx} = \begin{cases} +1 & \text{für } x > 0, \\ -1 & \text{für } x < 0. \end{cases} \tag{8.125}$$

$$\frac{d^2|x|}{dx^2} = 2\delta(x). \tag{8.126}$$

$$\frac{d^2}{dx^2}e^{-\alpha|x|/2} = \left(-\frac{\alpha}{2}\right)^2 e^{-\alpha|x|/2}\left(\frac{d^2|x|}{dx}\right)^2 - \frac{\alpha}{2}e^{-\alpha|x|/2}\frac{d^2|x|}{dx^2}.\tag{8.127}$$

$$\int_{-\infty}^{\infty} e^{-\alpha|x|/2}\frac{d^2}{dx^2}e^{-\alpha|x|/2}\,dx = \int_{-\infty}^{\infty}\frac{\alpha^4}{4}e^{-\alpha|x|}\,dx - \frac{\alpha}{2} = \frac{2}{\alpha}\int_{-\infty}^{\infty}e^{-\alpha|x|}\,2\,\delta(x)\,dx$$

$$= \frac{\alpha^2}{4}\frac{2}{\alpha} = -\frac{\alpha}{2}.\tag{8.128}$$

$$\int_{-\infty}^{\infty} x^2 e^{-\alpha|x|}\,dx = 2\int_{0}^{\infty} x^2 e^{-\alpha x}\,dx = \frac{2}{\alpha^3}2! = \frac{4}{\alpha^3}.\tag{8.129}$$

$$\langle H(\alpha)\rangle = \frac{\alpha}{2}\left(\frac{\hbar^2}{2m}\frac{\alpha}{2} + \frac{m\omega^2}{2}\frac{4}{\alpha^3}\right) = \frac{\hbar^2}{2m}\frac{\alpha^2}{4} + \frac{m\omega^2}{2}\frac{2}{\alpha^2},.\tag{8.130}$$

$$\langle H(\alpha)\rangle' = \frac{\hbar^2}{2m}\frac{\alpha}{2} - \frac{m\omega^2}{2}\frac{4}{\alpha^3} = 0 \quad\Rightarrow\quad \alpha_{min}^4 = \frac{2\cdot 2m^2\omega^2 4}{2\hbar^2} \quad\Leftrightarrow\quad \alpha_{min}^2 = 2\sqrt{2}\frac{m\omega}{\hbar}.\tag{8.131}$$

$$\boxed{\langle H(\alpha_{min})\rangle = \frac{\hbar^2}{2m}\frac{\sqrt{2}m\omega/\hbar}{2} + \frac{m\omega^2}{2}\frac{\hbar}{\sqrt{2}m\omega} = \hbar\omega\left(\frac{\sqrt{2}}{4} + \frac{\sqrt{2}}{4}\right) = \frac{\sqrt{2}}{2}\hbar\omega \approx 0,7\,\hbar\omega.}$$
$$\tag{8.132}$$

Wie man an

$$\boxed{\langle H(\alpha_{min})\rangle = \frac{\sqrt{2}}{2}\hbar\omega \geq \langle H_{min}\rangle \approx 0,5\,\hbar\omega}\tag{8.133}$$

erkennt, kommt man also mit einer schlechten Eigenfunktion schon ziemlich gut an den exakten Wert heran. ∎

Beispiel 8.10 (Verbesserte Eigenfunktion beim harmonischen Oszillator)
Eine etwas bessere Versuchsfunktion für den linearen harmonischen Oszillator als in Bsp. 8.9 ist die Wellenfunktion

$$\psi(x,\alpha) = e^{-\alpha^2 x^4/2}.\tag{8.134}$$

Wegen

$$\frac{d\psi}{dx} = -2\alpha^2 x^3\,e^{-\alpha^2 x^4/2},\tag{8.135}$$

$$\frac{d^2\psi}{dx^2} = -\left(-6\alpha^2 x^2 + 4\alpha^4 x^6\right)e^{-\alpha^2 x^4/2}\tag{8.136}$$

erhalten wir nach den folgenden Substitutionen

$$\alpha^2 x^4 = \xi \quad \Longrightarrow \quad x^4 = \frac{\xi}{\alpha^2} \quad \Longrightarrow \quad x = \left(\frac{\xi}{\alpha^2}\right)^{1/4} = \xi^{1/4}\alpha^{-1/2}, \quad (8.137)$$

$$4\alpha^2 x^3 \, dx = d\xi \quad \Longrightarrow \quad dx = \frac{d\xi}{4\alpha^2 x^3} = \frac{1}{4}\alpha^{-1/2}\xi^{-3/4}d\xi \quad (8.138)$$

für die zu berechnenden Integrale:

$$\int_{-\infty}^{\infty} e^{-\alpha^2 x^4} \, dx = 2\int_0^{\infty} e^{-\xi}\frac{1}{4}\alpha^{-1/2}\xi^{-3/4} \, d\xi = \frac{1}{2}\alpha^{-1/2}\left(-\frac{3}{4}\right)!, \quad (8.139)$$

$$\int_{-\infty}^{\infty} x^2 e^{-\alpha^2 x^4} \, dx = 2\int_0^{\infty} \xi^{1/2}\alpha^{-1} e^{-\xi}\frac{1}{4}\alpha^{-1/2}\xi^{-3/4} \, d\xi = \frac{1}{2}\alpha^{-3/2}\left(-\frac{1}{4}\right)!, \quad (8.140)$$

$$\int_{-\infty}^{\infty} x^6 e^{-\alpha^2 x^4} \, dx = 2\int_0^{\infty} \xi^{3/2}\alpha^{-3} e^{-\xi}\frac{1}{4}\alpha^{-1/2}\xi^{-3/4} \, d\xi = \frac{1}{2}\alpha^{-7/2}\left(\frac{3}{4}\right)!$$

$$= \frac{1}{2}\frac{3}{4}p^{-7/2}\left(-\frac{1}{4}\right)! \quad (8.141)$$

Damit haben wir für den Hamilton-Operator zu berechnen:

$$\langle H(\alpha)\rangle = \frac{-\frac{\hbar^2}{2m}\int\limits_{-\infty}^{\infty} \left(-6\alpha^2 x^2 + 4\alpha^4 x^6\right) e^{-\alpha^2 x^4/2} \, dx + \frac{m\omega^2}{2}\int\limits_{-\infty}^{\infty} x^2 e^{-\alpha^2 x^4} \, dx}{\int\limits_{-\infty}^{\infty} e^{-\alpha^2 x^4} \, dx}$$

$$= \frac{\left[+\frac{\hbar^2}{2m}\left(6\alpha^2\alpha^{-3/2} - 3\alpha^4\alpha^{-7/2}\right) + \frac{m\omega^2}{2m}\alpha^{-3/4}\right]\left(-\frac{1}{4}\right)!}{\alpha - 1/2\left(-\frac{3}{4}\right)!}$$

$$= \left(\frac{\hbar^2}{2m}3\alpha + \frac{m\omega^2}{2}\frac{1}{\alpha}\right)\frac{(1/4)!}{\left(-\frac{3}{4}\right)!}. \quad (8.142)$$

Das Aufsuchen des Minimums liefert

$$\langle H(\alpha)\rangle' = 0 \quad \Longrightarrow \quad \alpha^2_{\min} = \frac{m^2\omega^2}{3/\hbar^2}, \qquad \alpha_{\min} = \frac{m\omega}{\sqrt{3}\hbar}. \quad (8.143)$$

$$\langle H(\alpha_{\min})\rangle = \sqrt{3}\left(\frac{\hbar\omega}{2} + \frac{\hbar\omega}{2}\right)\frac{(-1/4)!}{(-3/4)!} = \hbar\omega\sqrt{3}\frac{(-1/4)!}{(-3/4)!}. \quad (8.144)$$

Wegen

$$(-1/4)! \approx 1{,}2254, \qquad (-3/4)! \approx 3{,}6256, \qquad \sqrt{3} \approx 1{,}7321 \qquad (8.145)$$

erhalten wir schließlich

$$\langle H(\alpha_{\min}) \rangle = \hbar\omega\sqrt{3}\,\frac{(-1/4)!}{(-3/4)!} \approx 0{,}585\,\hbar\omega. \qquad (8.146)$$

Mit der verbesserten Testfunktion kommen wir also noch einmal näher an die exakte Lösung heran.   ■

Bemerkung: Die Fakultäten mit reellen Zahlen in diesem Beispiel werden mit Hilfe der Erweiterung des Fakultätsbegriffs auf reelle Zahlen über die Definition der Gamma-Funktion in Gl. (D.5) berechnet

Beispiel 8.11 (Variationsverfahren für ein lineares Potenzial)

1. Führen Sie das Variationsverfahren für ein Teilchen der Masse m im Potenzial

$$V(x) = \begin{cases} fx & \text{für } x \geq 0, \\ +\infty & \text{für } x < 0. \end{cases} \qquad (8.147)$$

   mit $f > 0$ durch. Benutzen Sie als Testfunktionen die Funktionenschar

$$\psi(x,\alpha) = x\,\mathrm{e}^{-\alpha x}, \quad x \in \mathbb{R}^+, \quad \alpha \in \mathbb{R}^+, \qquad (8.148)$$

   mit dem Variationsparameter α.
2. Warum sind diese Versuchsfunktionen geeignet, um eine brauchbare Näherung für die Grundzustandsenergie E_0 zu liefern?

Hinweis: Verwenden Sie zur Lösung der auftretenden Integrale die Formel

$$\int\limits_{0}^{\infty} \mathrm{d}\xi\,\xi^n\,\mathrm{e}^{-p\xi} = \frac{n!}{p^{n+1}}, \quad p \in \mathbb{R}^+, \quad n \in \mathbb{N}_0,$$

siehe auch Anhang D hierzu.

Lösung

1. Wir berechnen zunächst den Nenner des Funktionals:

$$\langle \psi(\alpha) | \psi(\alpha) \rangle = \int\limits_{-\infty}^{\infty} \mathrm{d}x \, x^2 \, \mathrm{e}^{-2\alpha x} = \frac{1}{4\alpha^3}. \tag{8.149}$$

Der Zähler des Funktionals ergibt mit dem Potenzial aus Gl. (8.147):

$$\langle \psi(\alpha) | H | \psi(\alpha) \rangle = \int\limits_{0}^{\infty} \mathrm{d}x \, x \, \mathrm{e}^{-\alpha x} \left[-\frac{\hbar^2}{2m} \frac{\mathrm{d}^2}{\mathrm{d}x^2} + f x \right] x \, \mathrm{e}^{-\alpha x}$$

$$= \frac{\hbar^2 \alpha}{m} \int\limits_{0}^{\infty} \mathrm{d}x \, x \, \mathrm{e}^{-2\alpha x} - \frac{\hbar^2 \alpha^2}{m} \int\limits_{0}^{\infty} \mathrm{d}x \, x^2 \, \mathrm{e}^{-2\alpha x} + f \int\limits_{0}^{\infty} \mathrm{d}x \, x^3 \, \mathrm{e}^{-2\alpha x}$$

$$= \frac{\hbar^2}{8m\alpha} + \frac{3f}{8\alpha^4}. \tag{8.150}$$

Damit wird das gesuchte Funktional

$$E(\alpha) = \frac{\hbar \alpha^2}{2m} + \frac{3f}{2\alpha}. \tag{8.151}$$

Aufsuchen des Extremums:

$$\frac{\mathrm{d}E(\alpha)}{\mathrm{d}\alpha} = 0 \quad \Rightarrow \quad \alpha_0 = \left(\frac{3mf}{2\hbar^2} \right)^{1/3}. \tag{8.152}$$

Die zweite Ableitung $\frac{\mathrm{d}E(\alpha)^2}{\mathrm{d}\alpha^2}$ ist > 0. (Überzeugen Sie sich davon!). Damit handelt es sich um ein *Minimum*. Der minimale Energiewert ist folglich:

$$E(\alpha) = \frac{9}{4} \left(\frac{2f^2 \hbar^2}{3m} \right)^{1/3}. \tag{8.153}$$

2. Die Versuchsfunktionen sind für $x = 0$ null und besitzen wie die exakte Grundzustands–Eigenfunktion $\psi_0(x)$ keine weiteren Nullstellen. Da man von der exakten Lösung überdies exponentielles Verschwinden für $x \to \infty$ (Integrabilitätsbedingung, s. Kap. 3) für ψ erwartet, ist $\psi(x, \alpha)$ als geeignete Versuchsfunktionenschar für die Gewinnung einer guten Näherung für die exakte Grundzustandsenergie anzusehen. ∎

Das in Bsp. 8.11 betrachtete lineare Potenzial beschreibt für $f = mg$ (g: Gravitationskonstante) die potentielle Energie eines Teilchens der Masse m, welches sich im homogenen Gravitationsfeld bewegt und bei $x = 0$ von einer ideal reflektierenden

Ebene „zurückgeworfen" wird („tanzender Ball"). Die exakte Behandlung dieses Problems führt auf die Grundzustandsenergie

$$E_0 = 2338 \left(\frac{f^2 \hbar^2}{2m} \right)^{1/3}. \tag{8.154}$$

Das Variationsverfahren hat somit tatsächlich einen guten Näherungswert für die Grundzustandsenergie ergeben: $E(\alpha) = 1{,}059\,E_0$, also eine Abweichung von ca.+6 %. Die exakte Grundzustandseigenfunktion $\psi_0(x)$ ist eine sog. *Airyfunktion*, welche sich asymptotisch verhält wie

$$\psi_0(x \to \infty) \propto \left(\frac{x - x_0}{a} \right)^{-1/4} \exp\left[-\frac{2}{3} \left(\frac{x - x_0}{a} \right)^{3/2} \right],$$

$$\text{mit } x_0 = 2{,}338\,a, \quad \text{und } a = \left(\frac{\hbar^2}{2mf} \right)^{1/3}. \tag{8.155}$$

8.6 Hartree-Fock-Näherung für Mehr-Elektronen-Systeme

Für Mehr-Elektronen-Systeme (Atome mit 2 oder mehr Elektronen sowie Moleküle mit mehreren Atomen) lässt sich die hoch-dimensionale Schrödinger-Gleichung nicht mehr analytisch lösen. Zur vollständigen Charakterisierung von Mehr-Elektronen-Systemen ist außerdem die explizite Einbeziehung der Wechselwirkung der verschiedenen Elektronen untereinander (und nicht nur der Coulomb-Anziehung zwischen Elektronen und Kernen) erforderlich. Approximativ ist dies mit der *Hartree-Fock-(HF-)Näherung* möglich, einem Variationsverfahren, das vor allem in der theoretischen Chemie gebräuchlich ist und das die gesuchten Mehr-Elektronen-Zustands-Wellenfunktionen in Form „bester" Determinanten aus Ein-Elektron-Funktionen – den Orbitalen, die wir in Abschn. 6.6 besprochen haben – zusammensetzt. Die HF-Theorie ist damit auch die Grundlage der Molekülorbitaltheorie, die auf der Approximation beruht, dass die Bewegung jedes einzelnen Elektrons durch eine Ein-Teilchen-Wellenfunktion (ein Orbital) beschrieben werden kann, unabhängig von den Bewegungen aller anderen Elektronen. Auch die Hückel'sche Molekülorbitaltheorie beruht implizit auf der HF-Theorie, wenngleich bei ihr die meisten Terme vernachlässigt werden, um die Theorie für einfache Rechnungen behandelbar zu machen. Die Allgegenwart des Konzepts von atomaren bzw. molekularen Orbitalen in der Chemie zeigt, dass die HF-Molekülorbitaltheorie ein sehr eingängiges theoretisches Konzept darstellt.

Es ist wichtig zu verstehen, dass das Konzept von Orbitalen in der Kopenhagener Standardinterpretation der Quantenmechanik nur eine mathematische Hilfsvorstellung ist, um die Gleichungen der Quantenmechanik, insbesondere die Schrödinger-Gleichung für Mehr-Elektronen-Systeme behandelbar und approximativ lösbar zu machen. Die Orbitale existieren in dieser Interpretation nicht wirklich, weil die Wellenfunktion selbst nur als eine Hilfskonstruktion angesehen wird, um klassische Erwartungswerte zu berechnen. Mathematisch sind die Orbitale *nur* für das Wasserstoffatom oder für andere *Ein-Elektron-Systeme* wie z. B. He^+ eine *exakte* Eigenfunktionen des gesamten Hamilton-Operators. Solange wir Moleküle in der Nähe ihres Gleichgewichts (d. h. im Grundzustand) betrachten, bietet die HF-Theorie jedoch einen guten Startpunkt für fortgeschrittenere Näherungsmethoden (in der Regel numerische Verfahren) zur Lösung der sogen. *elektronischen Schrödinger-Gleichung,* die wir im nächsten Abschnitt diskutieren werden.

Mit einem LCAO-Ansatz (LCAO = „Linear Combination of Atomic Orbitals") für die Molekülorbitale führt der HF-Formalismus auf die sogen. *Roothaan-Hall-Gleichungen,* aus denen sich durch verschiedene Näherungen die *semi-empirischen* Rechenverfahren der theoretischen Chemie ableiten lassen. Der Ausdruck semi-empirisch bezeichnet die Vorgehensweise, bei Berechnungen nicht mehr nur reine Grundgleichungen (wie die Schrödinger-Gleichung) direkt zu lösen, sondern auch empirische Parameter – z. B. aus Messungen – in die Theorie und die Berechnung einfließen zu lassen. Der mit der Hartree-Fock-Näherung nicht erfasste Teil der Elektronenwechselwirkung wird als *Elektronenkorrelation* bezeichnet. Ihre Berücksichtigung erfordert aufwendige Algorithmen, deren Weiterentwicklung in der aktuellen Forschung eine ständige Herausforderung ist. Für die routinemäßige Berechnung der Elektronenstruktur beliebiger Mehr-Elektronen-Systeme hat sich die *Dichtefunktionaltheorie* durchgesetzt. Die Trennung von Elektronen- und Kernbewegung als Grundlage des HF-Verfahrens führt außerdem (über die sogen. *gekoppelten Kanalgleichungen*) zu dem in der Chemie verwendeten Potenzialflächenkonzept, das die Grundlage für die Behandlung der chemischen Reaktivität im Rahmen der Theorie des Übergangszustands sowie für die Modellierung der molekularen Dynamik ist.

8.6.1 Die stationäre Schrödinger-Gleichung für allgemeine Mehr-Teilchen-Systeme

Wir betrachten ein System aus N Elektronen und M Atomkernen. Die zeitunabhängige Schrödinger-Gleichung für ein solches Viel-Teilchen-System lautet (Szabo und Ostlund 1996):

$$\hat{H}\psi(\vec{r}, \vec{R}) = E\psi(\vec{r}, \vec{R}), \qquad (8.156)$$

wobei die Koordinate $\vec{r}$ stellvertretend für alle Ortsvektoren $\vec{x}_i$ zu den Elektronen $\vec{r} = \{\vec{x}_1, \vec{x}_2, \ldots, \vec{x}_N\}$ steht und $\vec{R}$ eine abkürzende Schreibweise für alle Ortsvektoren $\vec{R}_i$ zu den Kernkoordinaten darstellt: $\vec{R} = \{\vec{R}_1, \vec{R}_2, \ldots, \vec{R}_M\}$. Die Größe

$$|\psi(\vec{r}, \vec{R})|^2 \qquad (8.157)$$

gibt die Wahrscheinlichkeitsdichte an, N Elektronen am Ort $\vec{r}$ und M Kerne am Ort $\vec{R}$ anzutreffen. Schreiben wir den Hamilton-Operator aus, so ergibt sich folgende

Anteile aus jeweils kinetischer Energie $\hat{T}$ und potenzieller Energie $\hat{V}$:

$$\hat{H} = \underbrace{\sum_{i=1}^{N} -\frac{\hbar^2}{2m_e}\nabla_i^2}_{\hat{T}_e} + \underbrace{\sum_{k=1}^{N} -\frac{\hbar^2}{2M_K}\nabla_k^2}_{\hat{T}_K} + \underbrace{\sum_{i=1}^{N}\sum_{j=i+1}^{N}\frac{e^2}{4\pi\epsilon_0|\vec{x}_i - \vec{x}_j|}}_{\hat{V}_{ee}}$$

$$\underbrace{-\sum_{i=1}^{N}\sum_{k=1}^{M}\frac{Z_k e^2}{4\pi\epsilon_0|\vec{R}_k - \vec{x}_i|}}_{\hat{V}_{eK}} + \underbrace{\sum_{k=1}^{M}\sum_{l=k+1}^{M}\frac{Z_k Z_l e^2}{4\pi\epsilon_0|\vec{R}_k - \vec{R}_l|}}_{\hat{V}_{KK}}$$

$$= \hat{T}_e + \hat{T}_K + \hat{V}_{ee} + \hat{V}_{eK} + \hat{V}_{KK}. \qquad (8.158)$$

In den Indices in der Summe von Operatoren steht e für die Elektronen und K für die Kerne. Der Hamilton-Operator $\hat{H} = \hat{H}(\vec{r}, \vec{R})$ hängt also von allen Elektronen- und Kernkoordinaten ab und damit auch die Wellenfunktion. Es handelt sich bei Gl. (8.158) um eine Differenzialgleichung zweiter Ordnung in $(3N + 3M)$ Koordinaten. Eine analytische Lösung dieses hochdimensionalen Gleichungssystems ist nicht durchführbar. Man führt deshalb weitere Näherungen ein. Als erste Näherung verwenden wir die Born-Oppenheimer-Näherung, BON, (Born und Oppenheimer 1927):

Die Born-Oppenheimer-Näherung (BON)

Die im Vergleich zu den Kernen leichten Elektronen passen sich sofort der langsamen Kernbewegung an, d. h. die Kerne bewegen sich im mittleren Potenzial der Elektronen, da die Masse der Kerne viel größer ist als die der Elektronen ($M_K \approx 1834 m_e \gg m_e$). Daraus folgt, dass sich die Elektronen viel schneller bewegen als die Kerne ($v_e \gg v_K$). Deshalb lässt sich näherungsweise die Elektronen- von der Kernbewegung abtrennen. Dies nennt man *Born-Oppenheimer-Näherung*. Dafür wird der jeweilige Hamilton-Operator $\hat{H}$ zerlegt in eine Summe:

$$\hat{H} = \hat{H}_K + \hat{H}_e, \qquad (8.159a)$$

$$\hat{H}_K = \hat{T}_K + \hat{V}_{KK}, \qquad (8.159b)$$

$$\hat{H}_e = \hat{T}_e + \hat{V}_{ee} + \hat{V}_{eK}. \qquad (8.159c)$$

Der Operator $\hat{H}_e$ heißt *elektronischer Hamilton-Operator*, und $\hat{H}_K$ ist der *Kernoperator*. Damit kann man die Wellenfunktion näherungsweise schreiben als:

$$\psi = \psi_e(\vec{r}_i, \{\vec{R}_I\}) \cdot \psi_K(\vec{R}_I), \qquad (8.160)$$

mit einer Kernzustandsfunktion $\psi_K(\vec{R}_I)$, die nur von den Kernkoordinaten abhängt, sowie einer *elektronischen Zustandsfunktion* ψ_e, die neben den Elektronenkoordinaten eine *parametrische Abhängigkeit von den Kernkoordinaten* hat. Durch diesen Produktansatz kann näherungsweise die Elektronenbewegung getrennt von der Kernbewegung betrachtet werden. Für den Fall *fixierter Kerne* ($\hat{T}_K = 0$, $\hat{V}_{KK} = $ const.) ergibt sic

$$\left(\hat{H}_e + \hat{V}_{KK} \right) \psi_e \psi_K = E \psi_e \psi_K. \tag{8.161}$$

Die Operatoren $\hat{V}_{KK}$ und $\hat{V}_{eK}$ ändern nichts an der Wellenfunktion. Division durch ψ_k liefert

$$\hat{H}_e \psi_e = \underbrace{\left(E - \hat{V}_{KK} \right)}_{E_e} \psi_e \tag{8.162}$$

bzw.

$$\boxed{\hat{H}_e \psi_e \left(\vec{r}_i \{\vec{R}_I\} \right) = E_e \left(\{\vec{R}_I\} \right) \psi_e \left(\vec{r}_i, \{\vec{R}_I\} \right).} \tag{8.163}$$

Diese Gleichung wird als *elektronische Schrödinger-Gleichung* bezeichnet. Die Gesamtenergie für das System mit fixierten Kernen ist dann

$$E\left(\{\vec{R}_I\} \right) = E_e \left(\{\vec{R}_I\} \right) - V_{KK}. \tag{8.164}$$

Diese Energie wird am Ende einer Hartree-Fock-Rechnung ausgegeben. Insgesamt ist der durch die Born-Oppenheimer-Näherung eingeführte Fehler wesentlich geringer als die im weiteren Verlauf verwendeten Näherungen zur Lösung der elektronischen Schrödinger-Gleichung.

Die HF-Näherung wurde entwickelt, um die elektronische Schrödinger-Gleichung zu lösen, die man aus der zeitunabhängigen Schrödinger-Gleichung (8.156) erhält, wenn man die Born-Oppenheimer-Näherung zugrunde legt. Es ist üblich, in der HF-Näherung nur *atomare Einheiten* in den Gleichungen zu verwenden. Dies hat den Vorteil, dass die Gleichungen im Allgemeinen einfacher zu schreiben sind, weil viele dabei auftretende Konstanten den Zahlenwert 1 annehmen. Ein zweiter wichtiger Vorteil der Verwendung des atomaren Einheitensystems ist die Tatsache, dass man bei den numerischen Computerberechnungen, die in der HF-Näherung am Ende vorgenommen werden, numerische Ungenauigkeiten durch die Multiplikation oder Addition von sehr kleinen Zahlen (beispielsweise der Naturkonstanten wie $\hbar$) mit sehr großen Zahlen vermieden werden. Für die Genauigkeit numerischer Berechnungen ist es vorteilhaft, wenn alle verwendeten reellen Zahlen, die im Rechner nur angenähert durch Byte-Muster repräsentiert werden, ungefähr von der gleichen Größenordnung sind.

Definition 8.2 (Atomare Einheiten)
Die Längenskala in allen Gleichungen der HF-Näherung wird mit a_0 skaliert, so dass alle Längen $\vec{r}_i$ in den Gleichungen dimensionslos werden. In diesen speziellen Einheiten werden folgende Konstanten gleich eins gesetzt: $1 = \hbar = 1/(4\pi\epsilon_0) = m_e = e = a_0$.

In kompakter Notation für die Operatoren und für die Differenz der Ortsvektoren $r_{ki} = |\vec{R}_K - \vec{x}_i|$ und $r_{ij} = |\vec{x}_i - \vec{x}_j|$ lässt sich die elektronische Schrödinger-Gleichung (8.163) auch schreiben als:

$$\left(\hat{T}_e(\vec{r}) + \hat{V}_{eK}(\vec{r}, \vec{R}) + \hat{V}_{ee}(\vec{r})\right)\psi_e(\vec{r}, \vec{R}) = E_e\psi_e(\vec{r}, \vec{R}) \qquad (8.165)$$

bzw. ausgeschrieben:

$$\left(-\frac{1}{2}\sum_{i=1}^{N}\nabla_i^2 - \sum_{i=1}^{N}\sum_{k=1}^{M}\frac{Z_K}{r_{Ki}} + \sum_{i=1}^{N}\sum_{j=i+1}^{N}\frac{1}{r_{ij}}\right)\psi_e(\vec{r}, \vec{R}) = E_e\psi_e(\vec{r}, \vec{R}).$$

$$(8.166)$$

Die Energie $E_e(\vec{R})$ gemäß dieser Gleichung ist nichts anderes als die *potenzielle Energie, welche die Kerne haben*. Mit anderen Worten: $E_e(\vec{R})$ definiert die sogen. Potenzialhyperfläche, auf der sich die Kerne bewegen. In *einer* räumlichen Dimension entspricht dies einer gewöhnlichen, durch die Kernpositionen bestimmten Potenzialkurve. Hieraus lassen sich z. B. die Gleichgewichtsgeometrie von Molekülen oder Schwingungsfrequenzen bestimmen.

Der Operator $\hat{V}_{ee}$ in Gl. (8.165) ist ein sogenannter *Zwei-Teilchen-Operator*, d. h. dass jeder Summand in der Operatorsumme sich auf *zwei* Elektronen bezieht und somit nicht jeder Summand die gleiche mathematische Form hat (weil die Elektronen in der Summe durchnummeriert sind). Dies hat sehr wichtige Konsequenzen, denn dadurch ist es nicht mehr möglich, für Gl. (8.165) den von uns bisher so erfolgreich verwendeten *Separationsansatz* zur Lösung zu nutzen: Die elektronische Schrödinger-Gleichung ist wegen des Operators $\hat{V}_{ee}$ also *nicht* mehr separabel, d. h. man kann sich die Wellenfunktion $\psi_e(\vec{r}, \vec{R})$ nicht mehr zusammengesetzt denken als das Produkt aus einzelnen, voneinander unabhängigen Ortsorbitalen ϕ_i (d. h. aus einzelnen Wellenfunktionen) verschiedener Elektronen:

$$\psi_e(\vec{r}, \vec{R}) \neq \phi_1(\vec{r}_1, \vec{R}) \cdot \phi_2(\vec{r}_2, \vec{R}) \cdots \phi_N(\vec{r}_N, \vec{R}). \qquad (8.167)$$

Eine vereinfachte Notation für den Hamilton-Operator
Wir definieren im Hamilton-Operator einen *Ein-Teilchen-Operator* $\hat{h}$ (der auf Elek-

tron i wirkt) wie folgt:

$$\hat{h}(i) = -\frac{1}{2}\nabla_i^2 - \sum_{k=1}^{M} \frac{Z_K}{r_{iK}}, \tag{8.168}$$

und einen *Zwei-Teilchen-Operator* $\hat{v}(i, j)$ (der gleichzeitig auf *zwei* Elektronen i und j wirkt) als:

$$\hat{v}(i, j) = \frac{1}{r_{ij}}. \tag{8.169}$$

Mit den Vereinfachungen in diesen beiden Gleichungen können wir den Hamilton-Operator H_e aus Gl. (8.159c) schreiben als:

$$\hat{H}_e = \sum_{i=1}^{N} \hat{h}(i) + \sum_{j=1}^{N}\sum_{i>j}^{N} \hat{v}(i, j) + \hat{V}_{KK}. \tag{8.170}$$

Die Energie $\hat{V}_{KK}$ ändert *nicht* die Eigenfunktionen, sondern stellt nur eine Verschiebung der Eigenwerte (also der Energie) dar. Weil also $\hat{V}_{KK}$ nur eine konstante, additive Energie für den fixierten Satz von Kernkoordinaten $\vec{R}$ darstellt, werden wir von nun an $\hat{V}_{KK}$ ignorieren.

8.6.2 Das Hartree-Produkt

Die Grundidee bei der HF-Näherung ist die Annahme, dass die Elektronen nicht miteinander wechselwirken, d. h. dass $\hat{V}_{ee} = 0$ ist. Mit dieser (sehr groben!) Näherung ist der elektronische Hamilton-Operator separabel und kann zerlegt werden in:

$$\hat{H}_e = \sum_{i=1}^{N} \hat{h}_i. \tag{8.171}$$

Die gesamte Wellenfunktion lässt sich somit als Produkt von einzelnen Orbitalen schreiben, das als *Hartree-Produkt* bezeichnet wird. Wir schreiben nun vereinfachend nicht mehr die parametrische Abhängigkeit der Wellenfunktion von den Kernkoordinaten $\vec{R}$ aus:

$$\psi_{HP}(\vec{r}_1, \vec{r}_2, \cdots, \vec{r}_N) = \phi_1(\vec{r}_1) \cdot \phi_2(\vec{r}_2) \cdots \phi_N(\vec{r}_N). \tag{8.172}$$

Mit dem vollen Satz an Elektronenkoordinaten $\chi(\xi)$ aus Def. 7.1 ergibt sich das Hartree-Produkt zu:

$$\psi_{HP}(\xi_1, \xi_2, \cdots, \xi_N) = \chi_1(\xi_1) \cdot \chi_2(\xi_2) \cdots \chi_N(\xi_N). \tag{8.173}$$

Da die Elektron-Elektron Coulomb-Wechselwirkung aber sehr wichtig ist für die Berechnung der Energie, wird diese für jedes i-te Elektron als *mittleres Potenzial* berücksichtigt:

$$\hat{h}_i = -\frac{1}{2}\nabla_i^2 - \sum_{k=1}^{M} \frac{Z_K}{r_{iK}} + \sum_{l\neq i}^{N} \int_{-\infty}^{\infty} \frac{\chi^*(\xi_i)\chi(\xi_i)}{r_{il}} \, d\xi_i. \qquad (8.174)$$

Daher gibt es zu jedem χ_j einen Eigenwert ϵ_j:

$$\hat{h}_i = \xi_j(\xi_i) = \epsilon_j \chi_j(\xi_i). \qquad (8.175)$$

Damit ist der Eigenwert E_e gegeben durch

$$E_e = \xi_i \sum_{i=1}^{N} . \qquad (8.176)$$

Das bedeutet: Sobald die genaue Form der Spinorbitale bekannt ist, kann man die elektronische Schrödinger-Gleichung durch einen Produktansatz lösen:

$$\hat{H}_e \prod_{j=1}^{N} \chi_j = E_e \prod_{j=1}^{N} \chi_j. \qquad (8.177)$$

Die funktionale Form der N-Teilchen-Wellenfunktion in Gl. (8.173) hat aber noch einen entscheidenden Nachteil: Sie erfüllt nicht das *Antisymmetrieprinzip*, welches für Fermionen gültig ist: Die Wellenfunktion muss bezüglich der Vertauschung je zweier beliebiger Raum- oder Spinkoordinaten antisymmetrisch sein, also das Vorzeichen wechseln. Diese spezielle Symmetrieeigenschaft quantenmechanischer Teilchen kann in der nicht-relativistischen Quantenmechanik nur heuristisch eingeführt werden. Es wurde von Wolfgang Pauli 1925 postuliert, um den Aufbau des Periodensystems nach dem Schalenmodell erklären zu können.

> **Definition 8.3 (Pauli-Prinzip)**
> Ein System von Elektronen wird durch eine *antisymmetrische* Wellenfunktion beschrieben.

Aufgrund von experimentellen Ergebnissen lassen sich quantenmechanische Teilchen nach ihrem Spin in zwei Teilchensorten einteilen:

Fermionen und Bosonen

Fermionen
Fermionen sind Teilchen mit halbzahligem Spin ($s = \frac{1}{2}, \frac{3}{2}, \frac{5}{2}, \ldots$) wie zum Beispiel Elektronen, Protonen und Neutronen. Diese Systeme werden durch eine *antisymmetrische Wellenfunktion* beschrieben. Fermionen erfüllen das Pauli-Prinzip.
Bosonen
Bosonen sind Teilchen mit ganzzahligem Spin ($s = 0, 1, 2, \ldots$) wie zum Beispiel Photonen, α-Teilchen und Helium-Atome. Sie werden durch eine *symmetrische Wellenfunktion* beschrieben. Bosonen unterliegen *nicht* dem Pauli-Prinzip.

Für den Fall von *zwei* Elektronen ergibt sich aus Gl. (8.173) beispielsweise:

$$\Psi_{HP}(\xi_1, \xi_2) = \chi_1(\xi_1) \cdot \chi_2(\xi_2). \tag{8.178}$$

Vertauschen der Elektronenkoordinaten 1 und 2 ergibt:

$$\Psi_{HP}(\xi_2, \xi_1) = \chi_1(\xi_2) \cdot \chi_2(\xi_1). \tag{8.179}$$

Die einzige Möglichkeit, in dieser Gleichung ein negatives Vorzeichen zu erhalten, ist die Bedingung

$$\chi_1(\xi_2) \cdot \chi_2(\xi_1) = -\chi_1(\xi_1) \cdot \chi_2(\xi_2). \tag{8.180}$$

Diese ist aber im Allgemeinen nicht erfüllt.

8.6.3 Slater-Determinanten

Für das Zwei-Elektronen-Problem in Gl. (8.180) kann das Antisymmetrieprinzip erfüllt werden durch eine Determinanten-Wellenfunktion der folgenden Art:

$$\psi(\xi_1, \xi_2) = \frac{1}{\sqrt{2}} = \begin{vmatrix} \chi_1(\xi_1) & \chi_2(\xi_1) \\ \chi_1(\xi_2) & \chi_2(\xi_2) \end{vmatrix} = \frac{1}{\sqrt{2}} \big(\chi_1(\xi_1)\chi_2(\xi_2) - \chi_1(\xi_2)\chi_2(\xi_1) \big). \tag{8.181}$$

Das Pauli-Prinzip ist in der Slater-Determinante in dieser Gleichung als Spezialfall enthalten, wenn man versucht, ein Orbital mit zwei Elektronen zur selben Zeit zu besetzen, d. h. $\chi_1 = \chi_2$ in Gl. (8.181). Für diesen Fall sieht man leicht, dass $\psi(\xi_1, \xi_2) = 0$ ist. Verallgemeinert für N Elektronen ergibt sich aus Gl. (8.181):

$$\psi(\xi_1, \xi_2, \ldots, \xi_N) = \frac{1}{\sqrt{N!}} = \begin{vmatrix} \chi_1(\xi_1) & \chi_2(\xi_1) & \cdots & \chi_N(\xi_1) \\ \chi_1(\xi_2) & \chi_2(\xi_2) & \cdots & \chi_N(\xi_2) \\ \vdots & \vdots & \ddots & \vdots \\ \chi_1(\xi_N) & \chi_2(\xi_N) & \cdots & \chi_N(\xi_N) \end{vmatrix}. \tag{8.182}$$

Durch Entwicklung der Determinante erhält man $N!$ Hartree-Produkte, jeweils mit unterschiedlichem Vorzeichen. Die Elektronen sind auf alle möglichen, also auf $N!$ verschiedene Arten auf die N Spinorbitale verteilt. Dies stellt sicher, dass die Elektronen ununterscheidbar sind, in Übereinstimmung mit den Resultaten von quantenmechanischen Messungen. Jedes Elektron ist mit *jedem* Orbital assoziiert. Dieser wichtige Punkt wird oft übersehen, weil es meist zu umständlich ist, die ganze Determinante auszuschreiben.

Die Annahme, dass die Wellenfunktion durch ein antisymmetrisiertes Produkt (von Slater-Determinanten) dargestellt werden kann, ist äquivalent zu der Annahme, dass *jedes* Elektron sich völlig unabhängig von allen anderen Elektronen bewegt. Das Elektron spürt lediglich eine Coulomb-Abstoßung aufgrund der gemittelten Positionen aller Elektronen (und eine sogen. *Austauschwechselwirkung* aufgrund der Antisymmetrisierung). Deshalb nennt man die HF-Näherung auch *unabhängiges Teilchenmodell* oder *mean-field-theory* (mit „mean" im Sinne von „Mittelung").

8.6.4 Berechnung der Energie: Slater-Condon-Regeln

Wie erhalten wir die Orbitale für die Slater-Determinanten? Dazu betrachten wir die Berechnung der Energie als Eigenwert des Hamilton-Operators:

$$E_e = E_0 = \langle \psi_0 | H_e | \psi_0 \rangle. \tag{8.183}$$

Als Spinorbitale werden diejenigen χ ausgewählt, welche den Erwartungswert der Energie minimieren. Zur Auswertung des Funktionals in Gl. (8.183) verwenden wir das in Abschn. 8.5 vorgestellte *Variationsprinzip,* welches garantiert, dass die ermittelte Energie stets eine Abschätzung nach oben für die Energie darstellt. Wir erhalten also eine bessere Approximation der Wellenfunktionen, wenn die Parameter der Wellenfunktion systematisch so variiert werden, dass die Energie möglichst minimal wird. Mit anderen Worten: Die gesuchten Molekülorbitale sind diejenigen, bei welchen die elektronische Energie E_e minimiert ist.

Zur Bestimmung der Energie betrachten wir, welche Hartree-Produkte der Slater-Determinante für eine Ein-Elektron-Wellenfunktion wichtig sind. Dabei wird ein Hartree-Produkt zur Vereinfachung wie folgt geschrieben:

$$\psi = \chi_j(\xi_1)\, \chi_k(\xi_2) \cdots \chi_l(\xi_N) = |j, k, \ldots, l\rangle. \tag{8.184}$$

Wir betrachten zunächst einen Ein-Elektron-Operator $\hat{h}$, z. B. denjenigen für die kinetische Energie des Elektrons:

$$\hat{h}_i = -\frac{1}{2} \sum_{i=1}^{N} \nabla_i^{\,2}. \tag{8.185}$$

Man kann bei der Berechnung der Energie aus Gl. (8.183) verschiedene Fälle unterscheiden, welche die Determinanten vereinfachen. Diese Fälle nennt man die Slater-Condon-Regeln:

Die Slater-Condon-Regeln

Zur Berechnung der auftretenden Hartree-Produkte in der Slater-Determinante verwendet man die *Slater-Condon-Regeln* zusammen mit einer abkürzende Notation für Ein-Elektron-Integrale:

$$\langle i | j \rangle = \int d\xi_1 \chi_i^*(\xi_1)\, \chi_j(\xi_1), \tag{8.186}$$

sowie die für Zwei-Elektronen-Integrale:

$$\langle ij | kl \rangle = \int d\xi_1 d\xi_2 \chi_i^*(\xi_1)\chi_j(\xi_1) \frac{1}{r_{12}} \chi_k^*(\xi_2)\chi_l(\xi_2). \tag{8.187}$$

Der Ein-Teilchen-Operator $\hat{h}_i$

- **Fall 1: Beide Hartree-Produkte sind gleich**
  In jedem Summanden sind alle Faktoren bis auf jeweils einen gleich 1.

$$\langle \psi | \hat{h} | \psi \rangle = \sum_{i=1}^{N} \langle 1, 2, 3, \ldots, n | \hat{h}_i | 1, 2, 3, \ldots, n \rangle$$

$$= \langle 1 | \hat{h}_1 | 1 \rangle \cdot \langle 2 | 2 \rangle \cdot \ldots \cdot \langle n | n \rangle + \langle 1 | 1 \rangle \cdot \langle 2 | \hat{h}_2 | 2 \rangle \cdot \ldots \cdot \langle n | n \rangle$$

$$+ \cdots + \langle 1 | 1 \rangle \cdot \langle 2 | 2 \rangle \cdot \ldots \cdot \langle n | \hat{h}_n | n \rangle = \sum_{i=1}^{N} \langle i | \hat{h}_i | i \rangle. \tag{8.188}$$

- **Fall 2: Ein Spinorbital a wird durch ein Spinorbital k ersetzt**
  In jedem außer einem einzigen Summanden steht mindestens ein Skalarprodukt, das null als Faktor ergibt:

$$\langle \psi_a^k | \hat{h} | \psi \rangle = \sum_{i=1}^{N} \langle 1, 2, \ldots, k, \ldots, n | \hat{h}_i | 1, 2, \ldots, a, \ldots, n \rangle$$

$$= \langle 1 | \hat{h}_1 | 1 \rangle \cdot \langle 2 | 2 \rangle \cdot \ldots \cdot \langle k | a \rangle \cdot \ldots \cdot \langle n | n \rangle + \ldots + \langle 1 | 1 \rangle \cdot \langle 2 | 2 \rangle$$

$$\cdot \ldots \cdot \langle k | \hat{h}_a | a \rangle \cdot \ldots \cdot \langle n | n \rangle + \cdots + \langle 1 | 1 \rangle \cdot \langle 2 | 2 \rangle \cdot \ldots \cdot \langle k | a \rangle \cdot$$

$$\cdots \cdot \langle n | \hat{h}_n | n \rangle = \langle k | \hat{h}_a | a \rangle. \tag{8.189}$$

- **Fall 3: Zwei Spinorbitale a und b werden jeweils durch ein Spinorbital k und l ersetzt**

$$\langle \psi_{ab}^{kl} | \hat{h} | \psi \rangle = \sum_{i=1}^{N} \langle 1, 2, \ldots, k, \ldots, l, \ldots, n | \hat{h}_i | 1, 2, \ldots, a, \ldots, b, \ldots, n \rangle = 0. \tag{8.190}$$

Der Zwei-Teilchen-Operator $\hat{O}_2$

- **Fall 1: Beide Determinanten unterscheiden sich in einem Spinorbital**

$$\langle \psi_a^k | \hat{O}_2 | \psi \rangle = \sum_{i=1}^{N} \langle ki|ai \rangle - \langle ki|ia \rangle. \tag{8.191}$$

- **Fall 2: Beide Determinanten unterscheiden sich in zwei Spinorbitalen**

$$\langle \psi_{ab}^{kl} | \hat{O}_2 | \psi \rangle = \langle kl|ab \rangle - \langle kl|ba \rangle. \tag{8.192}$$

- **Fall 3: Beide Determinanten unterscheiden sich in drei Spinorbitalen**

$$\langle \psi_{abc}^{klm} | \hat{O}_2 | \psi \rangle = 0. \tag{8.193}$$

- **Fall 4: Beide Determinanten sind gleich**

$$\langle \psi | \hat{O}_2 \psi \rangle = \sum_{i=1}^{N} \sum_{j=1}^{N} \langle ij|ij \rangle - \langle ij|ji \rangle. \tag{8.194}$$

Unter Ausnutzung der Slater-Condon-Regeln kann man den Energieerwartungswert (die HF-Energie) schreiben als Summe von Ein-Elektron- und Zwei-Elektronen-Integralen:

$$E_{HF} = \langle E_0 \rangle = \sum_{i=1}^{N} \langle i|\hat{h}_i|i \rangle + \frac{1}{2} \sum_{i=1}^{N} \sum_{j=1}^{N} \langle ij|ij \rangle - \langle ij|ji \rangle. \tag{8.195}$$

Für die Computer-Berechnung von Ein- und Zwei-Elektronen-Integralen der Form wie in Gl. (8.186) bzw. (8.187) gibt es effiziente Algorithmen.

8.6.5 Die Hartree-Fock-Gleichungen

Die HF-Näherung löst die elektronische Schrödinger-Gleichung mit der Annahme, dass die Wellenfunktion des Systems mit *einer einzigen* Slater-Determinante approximiert werden kann. Weil der Ausdruck für die Berechnung der Energie symmetrisch in $|\psi\rangle$ ist, kann das Variationsprinzip angewendet werden. Damit erhält man eine Slater-Determinante mit der niedrigst-möglichen Energie. Die HF-Näherung liefert also als Wellenfunktion eine einzelne Slater-Determinante, deren Spinorbitale die Energie minimieren.

Die Minimierung des Ausdrucks für die Hartree-Fock-Energie erfolgt in Bezug auf eine Variation der Orbitale: $\chi_i \rightarrow \delta\chi_i$. Die Orbitale werden als orthonormiert angenommen und sollen auch nach der Ausführung der Variation orthonormal sein. Diese Eigenschaft kann als Nebenbedingung mit Hilfe der Methode der Lagrange-Multiplikatoren ε_{ij} berücksichtigt werden, mit denen man das Energiefunktional E definiert als:

$$E(\chi_j, \chi_j, \epsilon_{ij}) = \langle E_0 \rangle - \sum_{i=1}^{N} \sum_{j=1}^{N} \varepsilon_{ij} \left(\langle i|j \rangle - \delta_{ij} \right), \tag{8.196}$$

wobei ε_{ij} die unbestimmten Lagrange-Multiplikatoren und $\langle i|j \rangle$ der Überlapp der Spinorbitale i und j sind.

Mathematischer Exkurs 8.2 (Extrema mit Nebenbedingungen)
Wir haben zwei Möglichkeiten, Extremwertaufgaben mit Nebenbedingungen zu behandeln: Die Elimination und die Methode der Lagrange'schen Multiplikatoren, die allgemeingültiger ist und auch funktioniert, wenn die auftretenden Gleichungen nicht explizit nach einer Variable auflösbar sind.

● **Elimination:**

Wir betrachten eine Funktion $f(x, y, \ldots)$. Gesucht wird nach den Extremwerten dieser Funktion, wobei gleichzeitig die Nebenbedingung $\phi(x, y, \ldots) = 0$ erfüllt sein soll. Bei der *Methode der Elimination* formt man die Nebenbedingung so um, dass eine der Variablen explizit durch die anderen ausgedrückt wird. Man setzt diesen Ausdruck dann in die untersuchte Funktion $f(x, y, \ldots)$ ein und hat so mit Hilfe der Nebenbedingung das Problem um einen Freiheitsgrad reduziert. Dieses Problem löst man wie üblich durch Nullsetzen der ersten partiellen Ableitungen nach den übrigen Variablen.

● **Methode der Lagrange'schen Multiplikatoren:**

Es soll die Funktion $f(x, y, z, \ldots)$ auf Extrema untersucht werden, wobei gleichzeitig die Nebenbedingungen

$$\phi_1(x, y, z, \ldots) = 0,$$
$$\phi_2(x, y, z, \ldots) = 0 \tag{8.197}$$

erfüllt sein sollen. Damit die Aufgabe sinnvoll ist, muss die Anzahl der Nebenbedingungen natürlich kleiner als die Anzahl der Variablen in $f(x, y, \ldots)$ sein.

In der *Methode der Lagrange'schen Multiplikatoren* bildet man dann eine neue
Funktion

$$F(x, y, z, \lambda_1, \lambda_2, \ldots) = f(x, y, z, \ldots) + \lambda_1 \phi_1(x, y, z)$$
$$+ \lambda_2 \phi_2(x, y, z) + \cdots \quad (8.198)$$

und behandelt diese, als sei sie ein *Extremalproblem ohne weitere Nebenbedingungen* im Raum der Variablen $(x, y, z, \ldots, \lambda_1, \lambda_2, \ldots)$. Man bildet also alle
partiellen Ableitungen und sucht die Punkte, die durch das Gleichungssystem

$$\frac{\partial F}{\partial x} = 0, \quad \frac{\partial F}{\partial y} = 0, \quad \frac{\partial F}{\partial z} = 0, \quad \cdots,$$

$$\frac{\partial F}{\partial \lambda_1} = 0, \quad \frac{\partial F}{\partial \lambda_2} = 0, \quad \cdots \quad (8.199)$$

bestimmt werden. Mit n Variablen $(x, y, z, \ldots)$ und m Nebenbedingungen
$\phi_1 = 0, \ldots, \phi_m = 0$, (mit $m < n$) erhält man also ein Problem mit $n + m$
Unbekannten und ebenso vielen Gleichungen. Dabei interessieren uns natürlich nur die Werte der ersten n Variablen.

Beispiel 8.1 (Beispiel für den Lagrange-Multiplikatoren-Ansatz)

Gegeben sei die Funktion $f(x, y) = x + y$. Gesucht werden die Extremwerte
für welche die Nebenbedingung $x^2 + y^2 = 1$ erfüllt wird. Das Lagrange-
Funktional lautet deshalb wie folgt:

$$L(x, y, \epsilon) = x + y + \epsilon(x^2 + y^2 - 1) = x + y + \epsilon x^2 + \epsilon y^2 - \epsilon. \quad (8.200)$$

Dieses Funktional wird nun nach seinen drei Variablen einzeln differenziert:

$$\frac{\partial L(x, y, \epsilon)}{\partial x} = 1 + 2\epsilon x = 0, \quad (8.201)$$

$$\frac{\partial L(x, y, \epsilon)}{\partial x} = 1 + 2\epsilon y = 0, \quad (8.202)$$

$$\frac{\partial L(x, y, \epsilon)}{\partial x} = x^2 + y^2 - 1 = 0. \quad (8.203)$$

Man sieht, dass die letzte Gleichung die Nebenbedingung ist. Aus Gl. (8.201)
und (8.202) erhält man:

$$x = y = -\frac{1}{2\epsilon}. \quad (8.204)$$

Einsetzen in Gl. (8.203) liefert

$$\left(-\frac{1}{2\epsilon}\right)^2 \left(-\frac{1}{2\epsilon}\right)^2 - 1 = 0 \quad \Longrightarrow \quad \frac{1}{4\epsilon^2} + \frac{1}{4\epsilon^2} = 1 \quad \Longrightarrow \quad \epsilon = \pm\frac{\sqrt{2}}{2}.$$

(8.205)

Daraus ergeben sich unter Verwendung von Gl. (8.203) folgende Lösungen:

$$x = y = \frac{1}{\sqrt{2}} \quad \text{und} \quad x = y = -\frac{1}{\sqrt{2}},$$

(8.206)

wobei der linke Wert das Maximum ist und der rechte Wert das Minimum. ∎

Nach einigen elementaren, aber sehr länglichen algebraischen Umformungen bei der Durchführung der Variation, die wir hier übergehen wollen, lassen sich aus Gl. (8.196) die folgenden Beziehungen herleiten:

Die Hartree-Fock-Gleichungen

$$\hat{h}_i \chi_i + \underbrace{\sum_{j=1}^{N} \langle \chi_j | r_{12}^{-1} | \chi_j \rangle \chi_i}_{\text{Coulomb-Wechselwirkung}} - \underbrace{\sum_{j=1}^{N} \langle \chi_j | r_{12}^{-1} | \chi_i \rangle \chi_j}_{\text{Austauschwechselwirkung}} = \sum_{j=1}^{N} \varepsilon_{ij} \chi_i(\xi_1),$$

(8.207)

wobei ε_{ij} der Energieeigenwert des Orbitals χ_i ist.

Die Hartree-Fock Gleichungen können *rein numerisch* mit sehr großem Rechenaufwand gelöst werden, oder sie können gelöst werden in dem Unterraum, der aufgespannt wird durch eine vollständige, orthonormale Menge VON-Basisfunktionen; vgl. (London, 1930; Dunning, 1971a, b). Durch den letzteren Ansatz erhält man einen Satz von algebraischen Gleichungen, die sogenannten *Roothaan-Hall-Gleichungen*. In beiden Fällen hängen die Lösungen von den Orbitalen ab. Das bedeutet, dass im ersten Schritt der Lösung Orbitale „geraten" werden müssen, die dann iterativ weiter verbessert werden. Aus diesem Grund nennt man die HF-Näherung auch ein *selbstkonsistentes Verfahren*, d. h. es ist ein Verfahren, das eine anfängliche Lösung iterativ so lange verbessert, bis bei den nachfolgenden Schritten keine weitere Verbesserung der Lösung mehr erzielt wird.

Der zweite Summand auf der linken Seite von Gl. (8.207),

$$\sum_{j=1}^{N} \langle \chi_j | r_{12}^{-1} | \chi_j \rangle \chi_i,$$

(8.208)

beschreibt die Coulomb-Wechselwirkung eines Elektrons im Spinorbital χ_i mit der gemittelten Ladungsverteilung (d. h. im gemittelten elektrischen Feld) aller anderen Elektronen. Um Gl. (8.207) kompakter schreiben zu können, führt man einen speziellen Operator ein, den Coulomb-Operator:

Definition 8.4 (Coulomb-Operator)
Dieser ist definiert durch seine Wirkung auf ein beliebiges Spinorbital χ_i:

$$\hat{J}_j = \sum_{j=1}^{N} \langle \chi_j | r_{12}^{-1} | \chi_j \rangle \chi_i. \tag{8.209}$$

Der Coulomb-Operator beschreibt das gemittelte lokale Potenzial (also die Energie) am Ort ξ_1, aufgrund der Ladungsverteilung der Elektronen im Orbital χ_j.

Der andere Summand auf der rechten Seite von Gl. (8.207) hat keine Analogie aus der klassischen Physik, ist also ein rein quantenmechanischer Effekt. Er tritt auf wegen der Antisymmetrieeigenschaft der N-Elektronen-Wellenfunktion und wird *Austauschwechselwirkung* genannt:

Definition 8.5 (Austausch-Operator)

$$\hat{K}_j = \sum_{j=1}^{N} \langle \chi_j | r_{12}^{-1} | \chi_i \rangle \chi_j. \tag{8.210}$$

Analog zu Gl. (8.209) ist der *Austauschoperator* $\hat{K}_j$ definiert durch seine Wirkung auf ein beliebiges Spinorbital χ_i. Mit Hilfe der in den Gl. (8.209) und (8.210) definierten Operatoren lassen sich die HF-Gleichungen in Gl. (8.207) kompakt schreiben als:

$$\boxed{\left(\hat{h}_i + \sum_{j=1}^{N} \hat{J}_j - \sum_{j=1}^{N} \hat{K}_j \right) |\chi_i\rangle = \sum_{j=1}^{N} \varepsilon_{ij} |\chi_j\rangle.} \tag{8.211}$$

Man sieht, dass man keine klassische Eigenwertgleichung erhalten hat. Es kann jedoch jede mögliche Lösung mittels einer unitären Matrix in eine Lösung überführt werden, in der nur noch Lagrange-Multiplikatoren $\epsilon_{ii} = \epsilon_i$ übrig bleiben, wobei $i = j$ ist. Es existiert immer eine unitäre Matrix für die Diagonalisierung der Matrix der Lagrange-Multiplikatoren, da diese eine Hermite'sche Matrix ist. Diese Transformation verschiebt die Wellenfunktion lediglich in der Phase, während die Summe der Zwei-Elektronen-Operatoren invariant gegenüber dieser Transformation ist. Die so erhaltenen Orbitale, die zu der Lösung der Diagonalmatrix der Lagrange-Multiplikatoren gehören, werden als *kanonische Spinorbitale* bezeichnet:

$$\left(\hat{h}_i + \sum_{j=1}^{N} \hat{J}_j - \sum_{j=1}^{N} \hat{K}_j \right) |\chi_i\rangle = \varepsilon_i |\chi_i\rangle. \tag{8.212}$$

Nach Einführung eines weiteren Operators, des *Fock-Operators* $\hat{f}$ mit

$$\hat{f} = \hat{h}_i + \sum_{j=1}^{N} \hat{J}_j - \sum_{j=1}^{N} \hat{K}_j, \tag{8.213}$$

lauten die HF-Gleichungen einfach:

$$\hat{f} |\chi_i\rangle = \varepsilon_i |\chi_i\rangle. \tag{8.214}$$

8.6.6 Die Roothaan-Hall-Gleichungen

Die HF-Gleichungen aus Gl. (8.214) können für ein System im Prinzip numerisch beliebig genau gelöst werden. Dies ist jedoch sehr zeitintensiv. Deshalb wird in der Praxis meist eine Basisentwicklung durchgeführt, wodurch alle Integrale nur einmal berechnet werden müssen. Man setzt für die Ortsorbitale ϕ_i also an:

$$|\phi_i\rangle = \sum_{j=1}^{K} c_{ji} |\psi_i\rangle. \tag{8.215}$$

Beim Verwenden des LCAO-Ansatzes wäre c_{ji} der Molekülorbital-Koeffizient für das Atomorbital ψ_i. Dabei ist zu beachten, dass zwar alle ψ_i normiert, jedoch nicht orthogonal sind. Beim Einsetzen der Basissatzentwicklung in die HF-Gleichung ergibt sich:

$$\hat{f}|\phi_i\rangle = \epsilon_i|\phi_i\rangle, \tag{8.216}$$

$$\hat{f}\sum_{j=1}^{K} c_{ji}|\psi_i\rangle = \epsilon_i \sum_{j=1}^{K} c_{ji}|\psi_i\rangle, \tag{8.217}$$

$$\sum_{j=1}^{K} c_{ji}\langle\psi_l|\hat{f}|\psi_i\rangle = \epsilon_i \sum_{j=1}^{K} c_{ji}\langle\psi_l|\psi_i\rangle, \tag{8.218}$$

wobei wir Gl. (8.217) von links mit dem bra-Vektor $\langle\psi_j|$ multipliziert haben, um Skalarprodukte zu bilden. Da die Zustände $|\psi_j\rangle$ jede beliebige Basisfunktion sein können, lassen sich alle entstehenden Gleichungen in eine Matrixgleichung zusammenfassen. Diese Gleichungen sind sogen. *Roothaan-Hall-Gleichungen:*

$$FC = SC\epsilon, \tag{8.219}$$

$$F_{li} = \langle\psi_l|\hat{f}|\psi_i\rangle, \tag{8.220}$$

$$S_{li} = \langle\psi_l|\psi_i\rangle, \tag{8.221}$$

wobei gilt:

$$C = \begin{pmatrix} c_{11} & c_{12} & \cdots & c_{li} \\ c_{21} & c_{22} & \cdots & c_{2i} \\ \vdots & \vdots & \vdots & \vdots \\ c_{i1} & c_{i2} & \cdots & c_{ii} \end{pmatrix}. \tag{8.222}$$

In den jeweiligen Spalten der Matrix C sind c_{il} die Koeffizienten für jeweils ein Orbital ϕ_i. Die Matrix ϵ

$$\epsilon = \begin{pmatrix} \epsilon_{11} & 0 & \cdots & 0 \\ 0 & \epsilon_{22} & \cdots & 0 \\ \vdots & \vdots & \vdots & \vdots \\ 0 & 0 & \cdots & \epsilon_{ii} \end{pmatrix} \tag{8.223}$$

ist eine Diagonalmatrix für die Spinorbitale χ, und die Matrixelemente ε_{ij} sind die Orbitalenergien zum Ortsorbital ϕ_i.

8.6.7 Lösung der Roothaan-Hall-Gleichungen

Die Lösung der Roothaan-Hall-Gleichungen erfolgt iterativ mit Hilfe des Computers. Zunächst sind die Integrale in Gl. (8.219) mit den vorgegebenen Basisfunktionen (für eine feste Kernanordnung) zu lösen. Damit verfügt man über einen Satz von Linearkombinations-Koeffizienten, um das Gleichungssystem (8.219) zu lösen. Mit dem daraus resultierenden Satz von Koeffizienten wiederholt man das Ganze. Eine *selbstkonsistente Lösung* hat man gefunden, wenn sich die Koeffizienten bei dieser Prozedur nicht mehr verändern.

Die auftretenden Integrale lassen sich in verschiedene Typen einteilen. Zunächst liegen die Überlappungsintegrale $\langle \chi_a | \chi_b \rangle$ vor. Der Operator $\hat{h}$ enthält Integrale der kinetischen Energie $\langle \chi_a | \nabla \chi_b \rangle$ und der Kernanziehung $\langle \chi_a | e^2/r | \chi_b \rangle$. Die bisher genannten Integrale sind Ein-Elektronen-Integrale, d.h. integriert wird über die Koordinaten eines Elektrons. Die Elektronenwechselwirkungsintegrale $\langle \chi_a \chi_b | e^2/r | \chi_c \chi_d \rangle$ sind Zwei-Elektronen-Integrale, und integriert wird über die Koordinaten zweier Elektronen. Außer der eben vorgenommenen Einteilung kann man die Integrale nach der Anzahl der Atome („Zentren"), von denen Funktionen im Integranden stehen, unterscheiden. Je nachdem, zu wie vielen Atome die Basisfunktionen χ_a, χ_b, χ_c, χ_d bzw. der Operator $e2/r$ gehören, liegen Ein-, Zwei-, Drei- oder Vier-Zentren-Integrale vor. Ein-Zentrum-Integrale werden oft als atomare, Mehr-Zentren-Integrale als molekulare Integrale bezeichnet. Die Kompliziertheit der Berechnungsalgorithmen steigt im Wesentlichen entsprechend der Anzahl der Zentren.

Die Anzahl der zu berechnenden Integrale steigt mit der Anzahl M der Basisfunktionen. Die Anzahl der Ein-Elektron-Integrale ist vergleichsweise gering, nämlich von der Größenordnung M^2. Die Anzahl der Zwei-Elektronen-Integrale dagegen steigt mit M^4 und nimmt bereits bei „mittelgroßen" Molekülen sehr große Werte an. Das wirft bei der praktischen Anwendung des Lösungsverfahrens zu den Roothan-Hall-Gleichungen zwei Probleme auf, und zwar hinsichtlich

- der möglichst schnellen Berechnung der Elektronenwechselwirkungsintegrale und
- der möglichst effektiven Abspeicherung dieser Integrale während des Iterationsverfahrens.

Man hat prinzipiell zwei Möglichkeiten: zum einen die Berechnung und Abspeicherung der Integrale vor Beginn der Iteration und ihr Einlesen in jedem Iterationsschritt („normales" SCF-Verfahren; dies erfordert geringere Rechenzeiten, aber großen Speicherplatz); zum anderen kann man die Neuberechnung der Integrale in jedem Iterationsschritt vornehmen (direktes SCF-Verfahren mit geringerem Speicherbedarf, aber langen Rechenzeiten). Da aber selbst das bloße wiederholte Abspeichern und Einlesen sehr großer Datenmengen (wie der einmal berechneten Integrale) zeitaufwendig ist, ermöglichen moderne Programmsysteme Kompromisse, bei denen ein Teil der Integrale abgespeichert, der Rest dagegen stets neu berechnet wird. In jedem Falle kommt man bei der Berechnung größerer Moleküle oder der genaueren Berechnung kleinerer Moleküle sehr schnell an die Grenzen von Speicherplatz und Rechenzeit.

Von grundlegender Bedeutung für die praktische Anwendung des Verfahrens ist die schnelle Berechnung der Elektronenwechselwirkungsintegrale. Das erfordert die Auswahl einer geeigneten analytischen Gestalt der Basisfunktionen. Slater-

Funktionen („Slater Type Orbitals", STOs, siehe Anhang D.3)

$$\chi = N r^{n-1} e^{-\xi r} S_l^m (\vartheta, \varphi) \qquad (8.224)$$

stimmen in ihrem Kurvenverlauf sehr gut mit den für die wasserstoffähnlichen Atome exakten Funktionen überein und fallen insbesondere wie diese mit wachsendem Abstand r vom Kern exponentiell ab. Die Slater-Exponenten werden üblicherweise durch Berechnungen für das freie Atom festgelegt. Eine einzelne Slater-Funktion hat keinen Knoten, d. h. keine Nullstelle auf dem Intervall $I = [0, \infty)$; sie ist dort überall positiv. Damit sind einzelne Slater-Funktionen für unterschiedliche n bei gleichem l und m nicht orthogonal zueinander, und sie können die für unterschiedliche l unterschiedlichen Abschirmwirkungen auf die Kernladung nicht erfassen. Dazu sind Linearkombinationen mehrerer Slater-Funktionen erforderlich.

Eine Alternative zu Gl. (8.224) sind Gauß-Funktionen („Gaussian Type Orbitals", GTOs, siehe Anhang D.4), z. B. in kartesischen Koordinaten:

$$\chi = N x^u y^v z^w e^{-\alpha r^2}. \qquad (8.225)$$

Der wesentliche Unterschied zu Gl. (8.224) besteht in der unterschiedlichen Radialabhängigkeit. Slater-Funktionen enthalten den „richtigen" Exponentialfaktor $e^{-\xi r}$, Gauß-Funktionen dagegen $e^{-\alpha r^2}$. Sie fallen also mit wachsendem r wesentlich schneller auf null ab und haben auch in Kernnähe (bei sehr kleinen Abständen r) ein „falsches" Verhalten. Um diese Mängel auszugleichen, muss man als Entsprechung zu einer Slater-Funktion eine Linearkombination mehrerer Gauß-Funktionen verwenden.

Der generellen Bevorzugung der Slater-Funktionen stehen Probleme bei der Integralberechnung entgegen. Zwar gibt es für die Ein-Zentren- und für Zwei-Zentren-Integrale über Slater-Funktionen effektive Algorithmen, aber die Mehr-Zentren-Integrale sind so kompliziert, dass eine routinemäßige Berechnung unmöglich ist. Der Einsatz von Slater-Funktionen erfolgt deshalb praktisch nur in semi-empirischen quantenchemischen Verfahren, bei denen man sich auf die leicht berechenbaren Integrale beschränkt und die übrigen vernachlässigt bzw. durch einfache Näherungsformeln abschätzt. Ab-initio-Verfahren, die alle im Roothaan-Hall-Formalismus auftretenden Integrale einbeziehen, arbeiten praktisch ausschließlich mit Gauß-Funktionen. Diese haben hier den entscheidenden Vorteil, dass das Produkt zweier Funktionen, die an verschiedenen Atomen lokalisiert sind, eine einzelne Gauß-Funktion ergibt, deren Zentrum auf einem bestimmten Punkt der Verbindungslinie liegt. Damit sind Mehr-Zentren-Integrale über Gauß-Funktionen nicht prinzipiell komplizierter als Ein-Zentren-Integrale. Zu ihrer Berechnung gibt es sehr effektive Algorithmen. Obwohl man also bei Verwendung von Gauß-Funktionen eine wesentlich größere Anzahl von Integralen zu berechnen hat (da anstelle einer Slater-Funktion mehrere Gauß-Funktionen verwendet werden müssen), ist die Integralberechnung insgesamt effektiver, und nur durch den Einsatz von Gauß-Funktionen konnten die Ab-initio-Verfahren zu praktischer Bedeutung gelangen. Mit diesen Bemerkungen beenden wir unsere Betrachtungen von Näherungsmethoden in der Quantenchemie.

8.7 Zusammenfassung der Lernziele

- Die zeitunabhängige Störungstheorie mit dem Hamilton-Operator $\hat{H} = \hat{H}_0 + \hat{H}^S$ ist anwendbar, wenn gilt:

$$|\langle \hat{H}^S \rangle| \ll |\langle \hat{H}_0 \rangle|.$$

- Variationsproblem: $\frac{\langle \psi | H | \psi \rangle}{\langle \psi | \psi \rangle} = \text{Minimum}.$
- WKB-Methode ist anwendbar, wenn: $\left| \frac{\mathrm{d}}{\mathrm{d}x} \left(\frac{\hbar}{p(x)} \right) \right| = \hbar \left| \frac{p'}{p^2} \right| \ll \frac{1}{2\pi}.$
- Energiekorrektur in erster Ordnung der Störungstheorie:

$$E_n^{(1)} = \langle \psi_n^{(0)} | H^S | \psi_n^{(0)} \rangle.$$

- Energieeigenwerte des gestörten Problems bis zur 2. Ordnung:

$$E_n = E_n^{(0)} + H_{nn}^S + \sum_{l \neq n}^{\infty} \frac{|H_{nl}^S|^2}{E_n^{(0)} - E_l^{(0)}}.$$

- Energieniveaus und Wellenfunktionen beim Stark-Effekt:

$$E_{21} = E_2^{(0)} + 3eEa_0, \qquad |\varphi_1^{(0)}\rangle = \frac{1}{\sqrt{2}} \left(|\psi_{200}^{(0)}\rangle - |\psi_{210}^{(0)}\rangle \right),$$

$$E_{22} = E_{23} = E_2^{(0)}, \qquad \begin{cases} |\varphi_2^{(0)}\rangle = |\psi_{211}^{(0)}\rangle, \\ |\varphi_3^{(0)}\rangle = |\psi_{21-1}^{(0)}\rangle, \end{cases}$$

$$E_{24} = E_2^{(0)} - 3eEa_0, \qquad |\varphi_1^{(0)}\rangle = \frac{1}{\sqrt{2}} \left(|\psi_{200}^{(0)}\rangle + |\psi_{210}^{(0)}\rangle \right).$$

- Variationsverfahren: Man minimiert das Funktional

$$\langle H \rangle = \frac{\langle \psi | H | \psi \rangle}{\langle \psi | \psi \rangle} = \langle H(\alpha_1, \dots, \alpha_n) \rangle.$$

- Hamilton-Operator der Mehr-Teilchen-Schrödinger-Gleichung:

$$\hat{H} = \underbrace{\sum_{i=1}^{N} -\frac{\hbar^2}{2m_e} \nabla_i^2}_{\hat{T}_e} + \underbrace{\sum_{k=1}^{N} -\frac{\hbar^2}{2M_K} \nabla_k^2}_{\hat{T}_K} + \underbrace{\sum_{i=1}^{N} \sum_{j=i+1}^{N} \frac{e^2}{4\pi \epsilon_0 |\vec{x}_i - \vec{x}_j|}}_{\hat{V}_{ee}}$$

$$- \underbrace{\sum_{i=1}^{N} \sum_{k=1}^{M} \frac{Z_k e^2}{4\pi \epsilon_0 |\vec{R}_k - \vec{x}_i|}}_{\hat{V}_{eK}} + \underbrace{\sum_{k=1}^{M} \sum_{l=k+1}^{M} \frac{Z_k Z_l e^2}{4\pi \epsilon_0 |\vec{R}_k - \vec{R}_l|}}_{\hat{V}_{KK}}$$

$$= \hat{T}_e + \hat{T}_K + \hat{V}_{ee} + \hat{V}_{eK} + \hat{V}_{KK}. \tag{8.226}$$

- Elektronische Schrödinger-Gleichung: $\hat{H}_e \psi_e = \underbrace{\left(E - \hat{V}_{KK} \right)}_{E_e} \psi_e$.

- Elektronische Schrödinger-Gleichung in atomaren Einheiten:

$$
\left(-\frac{1}{2} \sum_{i=1}^{N} \nabla_i^2 - \sum_{i=1}^{N} \sum_{k=1}^{M} \frac{Z_K}{r_{Ki}} + \sum_{i=1}^{N} \sum_{j=i+1}^{N} \frac{1}{r_{ij}} \right) \psi_e(\vec{r}, \vec{R}) = E_e \psi_e(\vec{r}, \vec{R}).
$$

- Slater-Determinante:

$$
\psi(\xi_1, \xi_2, \ldots, \xi_N) = \frac{1}{\sqrt{N}} =
\begin{vmatrix}
\chi_1(\xi_1) & \chi_2(\xi_1) & \cdots & \chi_N(\xi_1) \\
\chi_1(\xi_2) & \chi_2(\xi_2) & \cdots & \chi_N(\xi_2) \\
\vdots & \vdots & \ddots & \vdots \\
\chi_1(\xi_N) & \chi_2(\xi_N) & \cdots & \chi_N(\xi_N)
\end{vmatrix}.
$$

- Hartree-Fock-Energie:

$$
E_{HF} = \langle E_0 \rangle = \sum_{i=1}^{N} \langle i | \hat{h}_i | i \rangle + \frac{1}{2} \sum_{i=1}^{N} \sum_{j=1}^{N} \langle ij | ij \rangle - \langle ij | ji \rangle.
$$

- Hartree-Fock-Gleichungen:

$$
\hat{h}_i \chi_i + \underbrace{\sum_{j=1}^{N} \langle \chi_j | r_{12}^{-1} | \chi_j \rangle \chi_i}_{\text{Coulomb-Wechselwirkung}} - \underbrace{\sum_{j=1}^{N} \langle \chi_j | r_{12}^{-1} | \chi_i \rangle \chi_j}_{\text{Austauschwechselwirkung}} = \sum_{j=1}^{N} \varepsilon_{ij} \chi_i(\xi_1).
$$

- Roothaan-Hall-Gleichungen:

$$
FC = SC\epsilon,
$$
$$
F_{li} = \langle \psi_l | \hat{f} | \psi_i \rangle,
$$
$$
S_{li} = \langle \psi_l | \psi_i \rangle.
$$

Übungsaufgaben

Störungsrechnung

Aufgabe 8.8.1 Der Hamilton-Operator des sogen. „verschobenen" linearen harmonischen Operators hat die Form

$$
H = \frac{p^2}{2m} + \frac{m\omega^2}{2} x^2 - \gamma \sqrt{2m\hbar\omega^2} x, \qquad \gamma \in \mathbb{R}.
$$

a) Wie lauten die exakten Eigenwerte $E_n(\gamma)$ und die exakten Eigenvektoren $|u_n(\gamma)\rangle$ von H? Für welche Werte des Parameters γ ist die Konvergenz einer störungstheoretischen Entwicklung für $E_n(\gamma)$ zu erwarten, wenn man $H^S = -\gamma\sqrt{2m\hbar\omega^3}\,x$ als Störung ansieht?

b) Führen Sie die Berechnung der Eigenwerte $E_n(\gamma)$ von

$$H = H_0 + H^S, \quad H_0 = \frac{p^2}{2m} + \frac{m\omega^2}{2}x^2, \quad H^S = -\gamma\sqrt{2m\hbar\omega^3}\,x.$$

in erster und in zweiter Ordnung der Störungstheorie durch. Die Lösung des Eigenwertproblems von H_0 kann dabei als bekannt vorausgesetzt werden, s. Abschn. 5.3.

Hinweis zu b): Drücken Sie den Operator H^S durch die Erzeugungs- und die Vernichtungs-Operatoren $b^\dagger$ und b aus, s. Gl. (5.16a) und (5.16b).

Aufgabe 8.8.2 Wiederholen Sie Aufgabe 8.8.1 für einen linearen Oszillator mit dem Hamilton-Operator

$$H = H_0 + H^S, \quad H_0 = \frac{p^2}{2m} + \frac{m\omega^2}{2}x^2, \quad H^S = \gamma\frac{m\omega^2}{2}x^2, \quad \gamma < -1.$$

Aufgabe 8.8.3 Der Hamilton-Operator eines anharmonischen linearen Oszillators sei durch

$$H = H_0 + H^S, \quad H_0 = \frac{p^2}{2m} + \frac{m\omega^2}{2}x^2, \quad H^S = \lambda\sqrt{\frac{m^3\omega^5}{\hbar}}x^3 + \mu\frac{m^2\omega^3}{\hbar}x^4,$$

mit $\lambda \in \mathbb{R}, \mu \in \mathbb{R}^+$, gegeben. Berechnen Sie in erster Ordnung der Störungsrechnung die Eigenwerte $E_n(\lambda, \mu)$ von H.

Hinweis: Die Lösung des Eigenwertproblems von H_0 kann dabei als bekannt vorausgesetzt werden, s. Abschn. 5.3. Drücken Sie den Operator H^S durch die Erzeugungs- und die Vernichtungs-Operatoren $b^\dagger$ und b aus, s. Gl. (5.16a) und (5.16b).

Aufgabe 8.8.4 Der Hamilton-Operator eines zweidimensionalen Oszillators sei durch

$$H = H_0 + H^S, \quad H_0 = \frac{1}{2m}\left(p_1^2 + p_2^2\right) + \frac{m\omega^2}{2}\left(x_1^2 + x_2^2\right), \quad H^S = \gamma\frac{m^2\omega^2}{\hbar}x_1^2 x_2^2,$$

mit $\lambda > 0, \lambda \in \mathbb{R}$, gegeben.

a) Berechnen Sie die störungstheoretische Energiekorrektur erster und zweiter Ordnung für den Grundzustand von H_0.

b) Berechnen Sie die Energiekorrekturen erster Ordnung für die zwei niedrigsten Anregungsniveaus von H_0 sowie die zugehörigen Eigenvektoren nullter Ordnung von H.
   Hinweis: Die Lösung des Eigenwertproblems von H_0 kann dabei als bekannt vorausgesetzt werden, s. Abschn. 5.3. Drücken Sie den Operator H^S durch die Erzeugungs- und die Vernichtungs-Operatoren $b^\dagger$ und b aus, s. Gl. (5.16a) und (5.16b).

Aufgabe 8.8.5 Zwei identische Bosonen werden in einem unendlich hohen Potenzialtopf mit Wänden bei $x = 0$ und $x = a$ platziert. Ihr Zustand sei das symmetrische Produkt der Ein-Teilchen-Wellenfunktionen

$$|n_1 n_2\rangle = \frac{1}{\sqrt{2}} (|n_1\rangle |n_2\rangle + |n_2\rangle |n_1\rangle).$$

Die Ein-Teilchen-Wellenfunktion in der Ortsdarstellung lautet:

$$\langle x|n\rangle = \psi_n(x) = \sqrt{\frac{2}{a}} \sin\left(\frac{n\pi x}{a}\right).$$

Über ein Potenzial erfahren die beiden Teilchen eine schwache Wechselwirkung

$$V(x_1, x_2) = -a V_0 \delta(x_1, x_2)$$

mit konstantem V_0. Berechnen Sie die Grundzustandsenergie in erster Ordnung der Störungstheorie.
   Hinweis:

$$\int_{-\infty}^{\infty} \sin(bx)dx = \frac{3}{8}x - \frac{1}{4b}\sin(2bx) + \frac{1}{32}\sin(4bx).$$

Lösung
Die Energiekorrektur in erster Ordnung der Störungstheorie ist:

$$E_0^{(1)} = \langle 00| - a V_0 \delta(x_1, x_2)|00\rangle$$

$$-a \int_0^a \int_0^a \left(\frac{2}{a}\right)^2 V_0 \sin^2\left(\frac{n_1 \pi x_1}{a}\right) \sin^2\left(\frac{n_2 \pi x_2}{a}\right) \delta(x_1, x_2)dx_1 dx_2$$

$$= -\frac{4V_0}{a} \int_0^a \sin^2\left(\frac{n\pi x}{a}\right) \sin^2\left(\frac{n\pi x}{a}\right) dx$$

$$= -\frac{4V_0}{a} \int_0^a \sin^4\left(\frac{n\pi x}{a}\right) dx$$

Mit dem Hinweis ergibt sich

$$E_0^{(1)} = -\frac{4V_0}{a}\left[\frac{3}{8}x - \frac{a}{4n\pi}\sin\left(\frac{2n\pi}{a}x\right) + \frac{1}{32}\sin\left(\frac{4n\pi}{a}x\right)\right]_0^a$$

$$= -\frac{4V_0}{a}\frac{3a}{8} = -\frac{3V_0}{2}.$$

Die Energie in erster Ordnung der Störungstheorie ist

$$E_0 \approx E_{n1}^0 + E_{n2}^0 - \frac{3V_0}{2} = \frac{\hbar\pi^2}{2ma^2}(1^2 + 1^2) - \frac{3V_0}{2} = \frac{\hbar^2\pi^2}{ma^2} - \frac{3V_0}{2}.$$

Variationsverfahren

Aufgabe 8.8.6 Bestimmen Sie mit Hilfe des Variationsverfahrens die Grundzustandsenergie des Wasserstoffatoms unter Verwendung einer Testfunktion $\psi(r) = e^{-\alpha r^2}$.

Lösung
Wir schreiben zunächst den Hamilton-Operator $\hat{H}$ für das H-Atom in Kugelkoordinaten auf:

$$\hat{H} = -\frac{1}{2}\nabla^2 - \frac{1}{2} \quad \text{(in atomaren Einheiten)}.$$

Der Laplace-Operator in Kugelkoordinaten ist

$$\nabla^2 = \frac{1}{r^2}\frac{\partial}{\partial r}\left(r^2\frac{\partial}{\partial r}\right) + \frac{1}{r^2\sin\vartheta\,\mathrm{d}\vartheta}\frac{\partial}{\partial\vartheta}\left(\sin\vartheta\frac{\partial}{\partial\vartheta}\right) + \frac{1}{r^2\sin\vartheta}\frac{\partial^2}{\partial\varphi^2}.$$

Wir können außerdem sehen, dass die Testfunktion von ϑ und φ unabhängig ist. Damit vereinfacht sich der Operator zu

$$\nabla^2 = \frac{1}{r^2}\frac{\partial}{\partial r}\left(r^2\frac{\partial}{\partial r}\right).$$

Der Erwartungswert der Energie ist:

$$\langle\hat{H}\rangle = \frac{\int\limits_0^{2\pi}\mathrm{d}\vartheta\int\limits_0^{\pi}\sin\varphi\,\mathrm{d}\varphi\int\limits_0^{\infty}e^{-\alpha r^2}\hat{H}\,e^{-\alpha r^2}r^2\,\mathrm{d}r}{\int\limits_0^{2\pi}\mathrm{d}\vartheta\int\limits_0^{\pi}\sin\varphi\,\mathrm{d}\varphi\int\limits_0^{\infty}e^{-\alpha r^2}e^{-\alpha r^2}r^2\,\mathrm{d}r}.$$

Das Integral des Zählers lautet

$$
\int_0^\infty \psi^*(r)\hat{H}\psi(r)r^2\,dr = 4\pi \cdot \int_0^\infty r^2\,e^{-\alpha r^2}\left(-\frac{1}{2r^2}\frac{\partial}{\partial r}\left(r^2\frac{\partial}{\partial r}\right)-\frac{1}{r}\right)e^{-\alpha r^2}\,dr
$$

$$
= 4\pi \cdot \left[\int_0^\infty -\frac{1}{2}e^{-\alpha^2}\frac{\partial}{\partial r}\left(-2\alpha r^3\,e^{-\alpha r^2}\right)dr - \int_0^\infty r\,e^{-2\alpha r^2}\,dr\right]
$$

$$
= \left[\int_0^\infty 3\alpha r^2\,e^{-2\alpha r^2}\,dr - \int_0^\infty 2\alpha^2 r^4\,e^{-2\alpha r^2}\,dr - \int_0^\infty r\,e^{-2\alpha r^2}\,dr\right].
$$

Die Stammfunktionen der Integrale lassen sich mit Hilfe des Anhangs D bestimmen. Ich zeige hier aber noch eine weitere Formel für die ersten beiden Integrale:

$$
\int_{-\infty}^\infty x^n\,e^{-ax^2}\,dx = \frac{1\cdot 3\cdot 5\cdots(n-1)\cdot\sqrt{\pi}}{2^{n/2}a^{(n+1)/2}},\qquad n = 2, 4, 6, \ldots.
$$

Aufgrund der Symmetrie des Integrals gilt $\frac{1}{2}\int_{-\infty}^\infty x^n\,e^{-ax^2}dx = \int_0^\infty x^n\,e^{-ax^2}dx$, womit die gesuchten Integral sich wie folgt ergeben:

$$
\int_0^\infty 3\alpha r^2\,e^{-2\alpha r^2}\,dr = \frac{3}{8}\sqrt{\frac{\pi}{2\alpha}},
$$

$$
\int_0^\infty -2\alpha r^4\,e^{-2\alpha r^2}\,dr = -\frac{3}{16}\sqrt{\frac{\pi}{2\alpha}}.
$$

Das letzte Integral wird mit Hilfe der Substitution $u = -2\alpha r^2$ gelöst:

$$
-\int_0^\infty r\,e^{-2\alpha r^2}\,dr = \frac{1}{4\alpha}\int_0^\infty e^u\,du = -\frac{1}{4\alpha}.
$$

Für den Zähler ergibt sich damit schließlich

$$
Z = \int_0^\infty \psi^*(r)\hat{H}\psi(r)r^2\,dr = 4\pi\left(\frac{3}{8}\sqrt{\frac{\pi}{2\alpha}}-\frac{3}{16}\sqrt{\frac{\pi}{2\alpha}}-\frac{1}{4\alpha}\right) = \frac{3\pi^{3/2}}{4\sqrt{2\alpha}}-\frac{\pi}{\alpha}.
$$

Für den Nenner erhalten wir

$$N = \int\limits_0^\infty \psi^*(r)\psi(r)r^2 dr = 4\pi \int_0^\infty r^2 e^{-2\alpha r^2} dr = 2\pi \frac{\sqrt{\pi}}{(2\alpha)^{3/2}} = \left(\frac{\pi}{2\alpha}\right)^{3/2},$$

und der Erwartungswert ist

$$\langle H \rangle = \frac{3\alpha}{2} - \sqrt{\frac{8}{\pi}}\dot{\alpha}^{1/2}.$$

Aufgabe 8.8.7 Führen Sie für das Potenzial

$$V(x) = \begin{cases} fx & \text{für } x \geq 0, \\ +\infty & \text{für } x < 0. \end{cases}$$

das Variationsverfahren unter Verwendung der Versuchsfunktionenschar $u(x)$ mit dem Variationsparameter α durch.

a) Geben Sie die dazugehörige minimierte Energie an.
b) Geben Sie ein Beispiel an, bei dem dieses Potenzial in der Realität auftaucht.

Hinweis: $\int_0^\infty x^n e^{-px} dx = \frac{n!}{p^{n+1}}$.

Lösung

a) Für das zu minimierende Energiefunktional gilt

$$E(\alpha) = \frac{\langle u(x)|\hat{H}|u(x)\rangle}{\langle u(x)|u(x)\rangle}.$$

Am besten errechnet man Zähler (Z) und Nenner (N) getrennt:

$$N = \langle u(x)|u(x)\rangle = \int_0^\infty x^2 e^{-2\alpha x} dx = \frac{1}{4\alpha^3},$$

$$Z = \langle u(x)|\hat{H}|u(x)\rangle = \int\limits_0^\infty x\, e^{-2\alpha x} dx \left(-\frac{\hbar^2}{2m}\frac{d^2}{dx^2} + fx\right) x\, e^{-\alpha x} dx$$

$$= \frac{\hbar^2\alpha}{m}\int_0^\infty x\, e^{-2\alpha x} dx - \frac{\hbar^2\alpha^2}{2m}\int_0^\infty x^2 e^{-2\alpha x} dx + f\int_0^\infty x^3 e^{-2\alpha x} dx$$

$$= \frac{\hbar^2}{8m\alpha} + \frac{3f}{2\alpha}.$$

Damit erhalten wir

$$E(\alpha) = \frac{\hbar\alpha^2}{2m} + \frac{3f}{2\alpha}.$$

Dieser Ausdruck wird nun minimiert:

$$\frac{dE(\alpha)}{d\alpha} = 0 \implies \alpha_0 = \left(\frac{3mf}{2\hbar^2}\right)^{1/3} \implies E(\alpha_0) = \frac{9}{4}\left(\frac{2f^2\hbar^2}{3m}\right)^{1/3}.$$

b) Wenn man $f = mg$ wählt, handelt es sich bei dem Potenzial um die potenzielle Energie eines Teilchens im näherungsweise homogenen Gravitationsfeld der Erde. Das Teilchen wird an der Erdoberfläche bei $x = 0$ reflektiert.

Extrema mit Nebenbedingungen

Aufgabe 8.8.8 Minimieren Sie die Funktion

$$f(x) = x^2 + y^2 + z^2 \tag{8.227}$$

mit den Nebenbedingungen

$$x + y + z = 2 \tag{8.228}$$

und

$$x + y + 2z = 4. \tag{8.229}$$

Geben Sie den Funktionswert $f_{\min}$ der Funktion f in ihrem Minimum an.

Lösung

1. **Schritt:** Die beiden Nebenbedingungen (NB) lauten:

$$g(x, y, z) = x + y + z - 2 \tag{8.230}$$

und

$$h(x, y, z) = x + y + 2z - 4. \tag{8.231}$$

2. **Schritt:** Bildung der partiellen Ableitungen:

$$\frac{\partial f}{\partial x} = 2x, \qquad \frac{\partial g}{\partial x} = 1, \qquad \frac{\partial h}{\partial x} = 1,$$

$$\frac{\partial f}{\partial y} = 2y, \qquad \frac{\partial g}{\partial y} = 1, \qquad \frac{\partial h}{\partial y} = 1,$$

$$\frac{\partial f}{\partial z} = 2z, \qquad \frac{\partial g}{\partial z} = 1, \qquad \frac{\partial h}{\partial z} = 2.$$

3. **Schritt:** NB berücksichtigen mit Lagrange'schen Multiplikatoren λ_i:

$$2x = 1 \cdot \lambda_1 + 1 \cdot \lambda_2, \tag{8.232}$$

$$2y = 1 \cdot \lambda_1 + 1 \cdot \lambda_2, \tag{8.233}$$

$$2z = 1 \cdot \lambda_1 + 2 \cdot \lambda_2. \tag{8.234}$$

Aus (8.232) ergibt sich

$$x = \frac{\lambda_1 + \lambda_2}{2}, \tag{8.235}$$

Aus (8.233) haben wir:

$$y = \frac{\lambda_1 + \lambda_2}{2}, \tag{8.236}$$

Aus (8.234) haben wir:

$$z = \frac{\lambda_1 + 2\lambda_2}{2}. \tag{8.237}$$

Alle Variablen sind jetzt durch die NB ausgedrückt. Im nächsten Schritt werden sie in (8.233) und (8.234) eingesetzt.

4. **Schritt:** Bestimmung der Lagrange'schen Multiplikatoren λ_i:
Aus (8.233) ergibt sich durch Einsetzen:

$$2 = \frac{\lambda_1 + \lambda_2}{2} + \frac{\lambda_1 + \lambda_2}{2} + \frac{\lambda_1 + 2\lambda_2}{2} \quad \Longleftrightarrow \quad \Leftrightarrow \underline{4 = 3\lambda_1 + 4\lambda_2}. \tag{8.238}$$

Aus (8.234) ergibt sich durch Einsetzen:

$$4 = \frac{\lambda_1 + \lambda_2}{2} + \frac{\lambda_1 + \lambda_2}{2} + 2\frac{\lambda_1 + 2\lambda_2}{2} \quad \Longleftrightarrow \quad \underline{8 = 4\lambda_1 + 6\lambda_2}. \tag{8.239}$$

Dies sind 2 Gleichungen für 2 Unbekannte, die man z. B. so auflösen kann: 3· Gl. (8.239) $-4 \cdot$ (8.238) ergibt:

$$8 = 2\lambda_2 \quad \Longrightarrow \quad \boxed{\lambda_2 = 4}. \tag{8.240}$$

Gl. (8.240) in Gl. (8.238) eingesetzt, ergibt:

$$4 = 3\lambda_1 + 16 \quad \Longrightarrow \quad \boxed{\lambda_1 = -4}. \tag{}$$

Damit ist das Problem gelöst, aber man kann noch den letzten Schritt machen.

5. **Schritt:** Lagrange'sche Multiplikatoren λ_i einsetzen in die Gl. (8.235), (8.236) und (8.237). Das liefert

$$x = 0, \qquad y = 0, \qquad z = \frac{-4 + 2 \cdot 4}{2} = 2. \tag{8.241}$$

Damit ist der minimale Funktionswert $f_{\min}$ der Funktion:

$$f_{\min}(0, 0, 2) = (0)^2 + (0)^2 + (2)^2 = 4. \tag{8.242}$$

Anmerkung: Die Lagrange-Methode liefert natürlich nur ein Extremum, aber weil $f(x, y, z)$ eine (gleichmäßig) stetig wachsende Funktion ist, existiert nur ein Minimum, kein Maximum.

Prüfungsfragen

Wenn Sie Kap. 8 aufmerksam durchgearbeitet haben, sollten Sie in der Lage sein, die folgenden Prüfungsfragen zu beantworten.

Zu Abschn. 8.1 bis 8.3

Frage 8.9.1 Zählen Sie die wichtigsten Näherungsverfahren in der Quantenmechanik auf.

Frage 8.9.2 Warum verwendet man Näherungsverfahren in der Quantenmechanik?

Frage 8.9.3 Zählen Sie mindestens fünf Beispiele für exakt lösbare Probleme in der Quantenmechanik auf.

Frage 8.9.4 Wann darf man die Störungsrechnung anwenden?

Frage 8.9.5 Nennen Sie ein physikalisches Beispiel für einen Störoperator.

Frage 8.9.6 Welche Unterscheidungen trifft man für den Störoperator bei einer zeitabhängigen Störung, und warum?

Frage 8.9.7 Welches Problem löst das Variationsverfahren? Was genau wird variiert?

Frage 8.9.8 Welche Testfunktionen sind bei der Variationsrechnung erlaubt, und welche Testfunktionen sind besonders geeignet?

Frage 8.9.9 Wie lautet die Bedingung für die Anwendbarkeit des WKB-Verfahrens?

Frage 8.9.10 Wie lauten die Korrekturen zur Energie in erster Ordnung der Störungstheorie?

Frage 8.9.11 Wie lauten die Korrekturen zur Energie in zweiter Ordnung der Störungstheorie?

Frage 8.9.12 Skizzieren Sie die Vorgehensweise bei der Störungstheorie mit Entartung.

Frage 8.9.13 Was ist ein adaptierter Eigenvektor?

Zu Abschn. 8.4

Frage 8.9.14 Was versteht man unter dem Stark-Effekt?

Frage 8.9.15 Wie lauten der ungestörte und der gestörte Hamilton-Operator beim Stark-Effekt?

Frage 8.9.16 Skizzieren Sie die Vorzeichen der Wellenfunktion beim Stark-Effekt.

Frage 8.9.17 Was ist der Unterschied zwischen dem linearen und dem nicht-linearen Stark-Effekt?

Zu Abschn. 8.5

Frage 8.9.18 Wie lautet die stationäre Schrödinger-Gleichung für Mehr-Teilchen-Systeme? Benennen und erklären Sie die einzelnen Bestandteile des Hamilton-Operators.

Frage 8.9.19 Wie ist ein Funktional definiert? Was bedeutet die Linearität eines Funktionals?

Frage 8.9.20 Erklären Sie das Prinzip des Variationsverfahrens.

Frage 8.9.21 Was beinhaltet die Born-Oppenheimer-Näherung?

Frage 8.9.22 Wie lautet die elektronische Schrödinger-Gleichung in atomaren Einheiten und wie löst man sie?

Frage 8.9.23 Nennen Sie die Gründe für das Einführen atomarer Einheiten.

Frage 8.9.24 Was sind ein Ein-Teilchen- und ein Zwei-Teilchen-Operator? Geben Sie jeweils ein Beispiel an.

Frage 8.9.25 Was ist ein Hartree-Produkt?

Frage 8.9.26 Was genau besagt das Pauli-Prinzip und was sind Bosonen und Fermionen?

Frage 8.9.27 Erläutern Sie im Detail die Slater-Condon-Regeln. Wozu werden Sie benötigt?

Frage 8.9.28 Erläutern Sie die Vorgehensweise zur Herleitung der Hartree-Fock-Gleichungen.

Frage 8.9.29 Erklären Sie die Methode der Lagrange'schen Multiplikatoren.

Literatur

Blochinzew D.I.: Grundlagen der Quantenmechanik. Hochschulbücher für Physik, 2 Aufl., Deutscher Verl. Wissenschaften, Berlin (1953)

Born, M., Oppenheimer, R.: Zur Quantentheorie der Molekeln. Ann. Phys. **389**, 457–484 (1927)

Brillouin, L.: La mécanique ondulatoire de Schrödinger: une méthode général de la resolution approximations successives. Comptes Rendus de lAcademie des Sciences **183**, 24–26 (1926)

Dunning, T.H.: Gaussian basis functions for use in molecular calculations. III. Contraction of (10s6p) atomic basis sets for the first-row atoms. The J. Chem. Phys. **55**, 716 (1971a)

Dunning, T.H.: Gaussian basis functions for use in molecular calculations. IV. The representation of polarization functions for the first row atoms and hydrogen. J. Chem. Phys. **55**, 3958–3966 (1971b)

Kramers, H.A.: Wellenmechanik und halbzahlige Quantisierung. Z. Phy. **39**, 828–840 (1926)

London, F.: Zur Theorie und Systematik der Molekularkräfte. Z. Phy. **63**, 245–279 (1930)

Schrödinger, E.: Quantisierung als Eigenwertproblem. Ann. Phys. **385**, 437–490 (1926)

Stark, J.: Spektra verschiedenwertiger Atomionen desselben Elements. In: Die Atomionen Chemischer Elemente und Ihre Kanalstrahlen-Spektra, S. 17–23. Springer, Berlin (1913)

Szabo, A., Ostlund, N.S.: Modern quantum chemistry: Introduction to advanced electronic structure theory. Dover Books on Chemistry, Dover, New York (1996)

Wentzel, G.: Eine Verallgemeinerung der Quantenbedingungen für die Zwecke der Wellenmechanik. Z. Phys. **38**, 518–529 (1926)

Die Interpretationen und konzeptionellen Probleme der Quantenmechanik

9

Inhaltsverzeichnis

Ähnlich wie die Relativitätstheorie legt die Quantentheorie einen allgemeinen konzeptionellen Rahmen fest, in den sich alle physikalischen Theorien einzuordnen haben. Während Werner Heisenberg und seine Zeitgenossen anfangs noch glaubten, nur eine Theorie der Atome zu entwickeln, sind nach heutigem Wissen *alle* physikalischen Systeme für eine korrekte Beschreibung zu „quantisieren" (womit die Anwendung eines bestimmten formalen Schemas gemeint ist, s. Abschn. 1.8). Im Gegensatz zur Relativitätstheorie, deren neues Begriffssystem zu einer klar definierten, ganz neuartigen Raumzeitgeometrie führte, welche die vorher getrennten Begriffe von Raum und Zeit ersetzte, wird die Quantentheorie häufig aber nur als ein Werkzeug zur Berechnung von Wahrscheinlichkeiten für das Auftreten bestimmter, weiterhin klassisch zu beschreibender Messergebnisse oder anderer, stochastisch auftretender Ereignisse verstanden. Dies ist im Grunde die Auffassung gemäß der sogen. *Kopenhagener Interpretation* der Quantenmechanik, welche die Theorie als eine reine „Messwerttheorie" betrachtet, deren einzige Aufgabe es ist, Zahlenwerte als Ergebnis von Experimenten vorherzusagen.

Auf die Frage, was die Quantenmechanik denn nun „wirklich" beschreibe, und was tatsächlich jeweils vor sich gehe, wurde von der Kopenhagener Interpretation die Antwort gegeben, dass den mikrophysikalischen Objekten an sich gar keine realen Eigenschaften zukämen, sondern diese Eigenschaften erst durch die Messung entstehen. Offenbar ist mit dieser Ablehnung einer mikroskopischen „Realität" der Verzicht auf eine konsistente Beschreibung der Mikrowelt gemeint, die als getrennt von einer klassisch zu beschreibenden Makrowelt angesehen wird. Je nach persönlicher Einstellung haben sich die Naturwissenschaftler und hier vor allem die Physiker in den vergangenen 90 Jahren mehr oder weniger pragmatisch mit dieser Situation abgefunden, was wohl für die Mehrheit zutrifft. Bedingt durch die Autorität Niels Bohrs bei der ersten Generation von Quantenphysikern fand diese Auffassung dann auch vor allem Eingang in die Lehrbuchliteratur, während andere, durchaus nicht weniger plausible Deutungen meist ausgeklammert bzw. ignoriert wurden.

Ohne Anspruch auf Vollständigkeit möchte ich in diesem Kapitel einen kurzen Überblick über einige der konzeptionellen Probleme bei der Interpretation der Quantenmechanik und der Ansätze zu ihrer Überwindung diskutieren. Um Missverständnissen vorzubeugen, sei hier noch einmal gesagt, dass keinerlei Uneinigkeit über den mathematischen Formalismus und die von keiner anderen naturwissenschaftlichen Theorie erreichte Präzision bei der Berechnung (Vorhersage) des Ausgangs von Experimenten besteht. Uneinigkeit und Bedarf zur Interpretation besteht in der Frage, welchen Bezug die in der Quantenmechanik zur Berechnung eingeführten Objekte zur Wirklichkeit haben. Diese Diskussion soll dem Lernenden verdeutlichen, dass bezüglich der Frage, wovon die Quantenmechanik eigentlich handelt, also was ihre eigentliche Ontologie darstellt, noch keineswegs das letzte Wort gesprochen ist.

9.1   Determinismus und Wahrscheinlichkeit

Beim Determinismus klassischer Theorien spielen zwei Begriffe eine entscheidende Rolle, nämlich die dynamischen Bewegungsgleichungen und der Zustand des Systems. Kennt man sowohl diese Gleichungen (s. Kap. 1) als auch den Anfangszustand eines Systems, dann kann jeder spätere und jeder frühere Zustand eindeutig berechnet werden. Im Prinzip gilt die gleiche Forderung auch für die Quantenmechanik: Aus der Kenntnis des Anfangszustands $|\psi_0\rangle$ zu einer bestimmten Zeit lässt sich mit Hilfe der SchrödingerGleichung der Zustand des quantenmechanischen Systems zu jedem anderen Zeitpunkt bestimmen. Der eigentliche Unterschied liegt in dem Begriff *Zustand*. In der klassischen Theorie ist jeder Zustand eines Systems eindeutig mit dem Ausgang beliebiger Messungen an diesem System verbunden. Im Rahmen einer klassischen Theorie kann man deshalb aus einer Anzahl von Messungen den Zustand des Systems vollständig rekonstruieren, und andererseits können aus der Kenntnis des Zustands die zu erwartenden Messergebnisse exakt vorhergesagt werden. Damit verbindet eine klassische Theorie historische und zukünftige Messungen an einem System in eindeutiger Weise.

In der Quantenmechanik ist die Situation dagegen völlig anders. Die Kenntnis eines Zustands garantiert nicht mehr den Ausgang einer Messung. Dazu kann man aus klassischer Sicht verschiedene Argumente anbringen. So kann man behaupten, dass die Präparation eines mikroskopischen Ausgangszustands eine sehr genaue Vermessung des Systems bedingt. Jede Messung ist aber als komplexe Wechselwirkung mit einem makroskopischen System, der Messapparatur, zu verstehen, sodass der Zustand nach der Messung durch diese selbst verfälscht wird. Dann ist das Resultat einer zukünftigen Messung ebenfalls unscharf. Diese Argumentation entspricht dem Konzept der klassischen Statistik, wonach Zufälligkeiten in der Bewegung eines Systems ausschließlich von der Ungenauigkeit herrühren, mit der ein Zustand präpariert wurde. Im Prinzip wird jeder Prozess als deterministisch angesehen, aber die innere Dynamik führt dazu, dass selbst kleinste Abweichungen zwischen zwei nahezu identisch präparierten Systemen zu einem erheblichen Unterschied in der Messung zu einem späteren Zeitpunkt führen können (s. die Diskussion klassischer, chaotischer Systeme in Anhang B).

9.2   Wo liegt eigentlich das Problem?

In der klassischen Mechanik bewegen sich Massenpunkte gemäß den deterministischen Hamilton'schen, kanonischen Bewegungsgleichungen, die wir in Kap. 1 diskutiert haben. Dieses fundamentale Bewegungsgesetz liefert die zeitliche Entwicklung von (jeweils generalisierten) Orten und Impulsen im Phasenraum des klassischen Systems. Das analoge Bewegungsgesetz in der Quantentheorie ist die zeitabhängige Schrödinger-Gleichung, welche die zeitliche Entwicklung von Wellenfunktionen in einem abstrakten (also nicht unmittelbar anschaulichen) hochdimensionalen Phasenraum beschreibt und die wir in Kap. 4 in Abschn. 4.7 als Axiom 6 der Quantenmechanik formuliert haben. Zusätzlich gibt es aber noch ein Kollaps-Postulat in der Form von Axiom 5, welches aussagt, dass ein quantenmechanisches System nach einer Messung der Observable A in einem Eigenzustand zu dem Operator $\hat{A}$ vorliegt, der gegeben ist durch die Projektion $\hat{P}_n$ von dem Ausgangszustand vor der Messung $|\psi_0\rangle$ auf den entsprechenden Unterraum mit dem Eigenwert a_n. Diese spontane Veränderung der Zustandsfunktion des Systems vom Zustand $|\psi_0\rangle$ auf den Zustand $\hat{P}_n|\psi_0\rangle$ steht jedoch bei genauerer Betrachtung im Widerspruch zu Axiom 6, gemäß dem sich die Wellenfunktion nach einer unitären Dynamik stetig in der Zeit entwickelt.

Wir stoßen hier offenbar auf ein ganz merkwürdiges Problem: Die Schrödinger-Gleichung scheint nicht immer zu gelten, denn bei Messungen wird ein neues Gesetz herangezogen, das eine Wellenfunktion mit einer gewissen Wahrscheinlichkeit durch eine andere ersetzt (der sogen. „Kollaps der Wellenfunktion"). Streng genommen ist eine solche Theorie inkonsistent, da sie zwei Bewegungsgesetze beinhaltet; doch jeder Naturwissenschaftler weiß offenbar, wann er das eine und wann er das andere Gesetz anzuwenden hat: Die Schrödinger-Gleichung gilt nur für abgeschlossene Systeme, und der Kollaps ist anzuwenden, wenn eine Messung vorgenommen wird. Das Ende der Messung steht also offenbar im Widerspruch zur linearen und deterministischen Schrödinger-Gleichung, oder anders formuliert: Implizit in den Axiomen ist eine zweite Dynamik angelegt. Die erste Dynamik ist die deterministische Zeitentwicklung der Wellenfunktion, die der Schrödinger-Gleichung folgt. Die zweite Dynamik, die nicht näher erklärt wird, besteht in einem ominösen Kollaps der Wellenfunktion, also der Reduktion aller möglichen Messwerte aus dem ganzen Spektrum eines Operators auf die tatsächlich gemessene Komponente, also z. B. den Eigenwert a_n. Würden wir das Kollaps-Postulat weglassen, gerieten wir in Widerspruch mit der Erfahrung, weil es sich zeigte, dass die Wellenfunktion eines Systems nach der Messung sich tatsächlich in einem Eigenzustand ψ_n befindet (und nicht mehr in dem ursprünglichen Zustand $|\psi_0\rangle$). Diese dynamische Veränderung ist aber in der deterministischen Schrödinger-Gleichung gar nicht enthalten.

Die Problematik dieser Situation wird noch dadurch verstärkt, dass an keiner Stelle klar definiert wird, was genau eine Messung ist, wann sie beendet ist und wann somit der Kollaps der Wellenfunktion stattfindet. Schließlich ist die Vorstellung, dass Fakten über Orte makroskopischer Objekte wie Zeigerstellungen, die nach der Messung abgelesen werden, erst durch deren Beobachtung „geschaffen" werden, gelinde gesagt, seltsam. Andererseits kann man das Kollaps-Postulat auch nicht ohne Weiteres weglassen, da man andernfalls, wie eben beschrieben, empirisch falsche Vorhersagen erhält.

Wie deutlich zu sehen ist, bereitet es erhebliche Schwierigkeiten, auf den ersten Blick einen klaren Zusammenhang zwischen klassischer Physik und Quantenphysik zu erkennen. So ist es auch nicht weiter verwunderlich, dass im Rahmen der Interpretation der Quantentheorie immer wieder dieselben Fragen diskutiert werden:

- Was bedeutet ψ und was ist ihr ontologischer Status (nur ein Rechenwerkzeug oder etwas Reales)?
- Was bedeutet der Kollaps der Wellenfunktion?
- Wie sieht genau die Beziehung zwischen Quantenphysik und klassischer Physik aus?

Jeder Versuch, eine „klassische" Physik aus einer Quantentheorie zu begründen, muss also vordringlich erklären, warum wir nur ganz spezielle Zustände (die dann „klassisch" genannt werden) beobachten. Das Auftreten nur spezieller Zustände findet sich übrigens nicht nur in Bereichen, die wir anschaulich als makroskopisch bezeichnen würden. Bereits ein einzelnes Zuckermolekül beispielsweise wird immer *nur* rechtshändig oder *nur* linkshändig beobachtet, aber nie in einem Überlagerungszustand, wie es sonst im atomaren Bereich typisch ist. „Makroskopisch" hat also zunächst gar nichts mit „Größe" zu tun, denn es gibt ja die oben genannten „makroskopische Quantenzustände" auch bei anderen mikroskopischen Systemen wie zum Beispiel Supraleiter.

Die oben beschriebene Problematik beim Status der Wellenfunktion und des Kollaps sowie bei der Beziehung zwischen klassischer Mechanik und Quantenmechanik bezeichnet man als *Messproblem der Quantenmechanik*. Es wurde erstmals sehr deutlich von Schrödinger formuliert, und zwar in seinem berühmten Katzen-Artikel, den wir im nächsten Abschnitt besprechen wollen.

9.2.1 Das Messproblem der Quantenmechanik: Schrödingers Katze

Erwin Schrödinger meldete sich 1935 in der Zeitschrift „Die Naturwissenschaften" mit einer sehr gedankenreichen auf drei Publikationen verteilten Abhandlung über die „Gegenwärtige Situation in der Quantenmechanik" zu Wort (Schrödinger 1935a, b, c) und isolierte als das Problem der Messung in der Quantenphysik die auftretende Verschränkung von zwei atomaren Einzelsystemen zu einem Gesamtsystem, bei dessen Rücktrennung in die zwei ursprünglichen Teile Informationen verloren gehen. Dieser Prozess der Verschränkung führt zu einer *Nichtlokalität* in der Quantenmechanik, die in der klassischen Physik völlig unbekannt ist (mit Ausnahme von Newton's Ferntheorie der Gravitation, die aber Albert Einstein zu einer geometrischen Feldtheorie korrigierte). Mittlerweile ist die Nichtlokalität in der Quantenmechanik in allen Details experimentell bestätigt worden. Sehr populär als „Schrödingers Katze" wurde ein von ihm in dem erwähnten Aufsatz formuliertes Paradoxon, das er als „burlesken Fall" bezeichnete:

> „Eine Katze wird eine Stahlkammer gesperrt, zusammen mit folgender Höllenmaschine (die man gegen den direkten Zugriff der Katze sichern muss). In einem Geiger'schen Zählrohr befindet sich eine winzige Menge radioaktive Substanz, so wenig, dass im Laufe einer Stunde vielleicht eines von den Atomen zerfällt, ebenso wahrscheinlich aber auch keines; geschieht es, so spricht das Zählrohr an und betätigt über ein Relais ein Hämmerchen, das ein Kölbchen mit Blausäure zertrümmert. Hat man dieses ganze System eine Stunde lang sich selbst überlassen, so wird man sich sagen, dass die Katze noch lebt, wenn inzwischen kein Atom zerfallen ist. Der erste Atomzerfall würde sie vergiftet haben. Die ψ-Funktion des ganzen Systems würde das so zum Ausdruck bringen, dass in ihr die lebende und die in ihr tote Katze zu gleichen Teilen gemischt oder verschmiert sind."

(Schrödinger 1935b)

Dieses Beispiel hat zu vielen der epistemologischen Überlegungen angeregt, die sich auf die Gültigkeit der quantenmechanischen Beschreibung für makroskopische Objekte sowie auf den Messprozess in der Quantenmechanik beziehen. Fortschritte in der experimentellen Quantenoptik haben zu einem experimentellen Test des Schrödinger'schen Katzenproblems im Laboratorium geführt (Taubes 1996; Duplantier 2006): Der Zustand der Katze – d. h. halb lebendig und halb tot – wurde durch Rubidiumatome mit zwei Einstellungsmöglichkeiten in einem Hohlraum erzeugt. Ein hoch-angeregtes Rydberg-Atom ist dann etwa 2500-mal so groß wie das normale Atom im Grundzustand, und mit dem zweiten Rydberg-Atom (einer „Schrödinger-Maus") testet man die Existenz oder Nichtexistenz der Katze. Die Größe der Katze kann man durch eine Änderung der Phasendifferenz zwischen dem Zustand „lebendig" und dem Zustand „tot" mit Hilfe von Mikrowellen regeln. Die Maus findet nun, dass der „verschmierte Zustand" umso schneller zerfällt, je größer – also je makroskopischer – die Katze wird. Das heißt, bei einer wirklichen Katze würde man nie die überlagerten Lebendig- und Tot-Zustände feststellen, sondern nur entweder den einen oder den anderen, denn für makroskopische Körper ist die *Dekohärenzzeit* in allen praktischen Situationen beliebig klein. Das Katzenparadoxon tritt also bei makroskopischen Körpern nicht auf.

Nimmt man die Quantenmechanik, wie wir sie in den Axiomen in Kap. 4 formuliert haben, ernst, so schafft erst eine „Beobachtung" bzw. „Messung" der Katze ein Faktum über ihren Lebenszustand. Schrödinger hat damit an einem besonders drastischen Beispiel das typische Verhalten quantenmechanischer Systeme beschrieben: Die Linearität der Schrödinger-Gleichung führt zwangsläufig dazu, dass sich Superpositionen im mikroskopischen Bereich durch Wechselwirkung mit makroskopischen Objekten auf Letztere übertragen.

Das Messproblem ist letztlich die Ursache für einen bis heute nicht abebbenden Disput insbesondere in der Physik zur Interpretation der Quantenmechanik. Es gibt dazu wohl fast so viele Meinungen wie Physiker. Zum ontologischen Status der Wellenfunktion, also zu der Frage, ob die Wellenfunktion ein Element der physikalischen Wirklichkeit darstellt, wurde 2012 in einer Aufsehen erregenden Publikation in *Nature Physics* ein mathematisches Theorem hergeleitet, das die Auffassung stützt, die ψ-Funktion als etwas Reales anzusehen. Die Originalabhandlung ist (Pusey et al. 2012), und in (Leifer 2014) findet sich ein sehr guter Überblick über die historische Entwicklung der Diskussionen um den Realitätsgehalt der quantenmechanischen Zustandsfunktion, der auch auf die Arbeit von 2012 eingeht, deren Darstellung aber den Rahmen unserer Diskussion sprengen würde.

9.2.2   Das Doppelspaltexperiment

Das Doppelspaltexperiment ist ein fundamentales Experiment, an dem sich alle wesentlichen Grundzüge der Quantenmechanik deutlich machen lassen. Mit modernen experimentellen Methoden lässt sich der Durchgang von Partikeln (Elektronen, Neutronen, Atomen, aber auch von komplexen Molekülen wie z. B. Fullerene) durch Doppelspalte mit sehr hoher Genauigkeit durchführen. Bei diesem Experiment treffen Partikel aus einer Quelle mit fast einheitlicher Geschwindigkeit auf eine Platte mit zwei schmalen, parallel ausgerichteten Spalten (s. Abb. 3.3 in Abschn. 3.1.1). Ein geeignet präparierter Bildschirm (z. B. eine fotografische Platte oder eine Anordnung von Detektoren) erlaubt es, das Auftreten der Partikel auf dem Bildschirm, also die Partikelintensität an jeder Stelle hinter der Spaltenplatte zu bestimmen. Damit die Partikel sich nicht gegenseitig beeinflussen, kann man die Intensität der Quelle so weit drosseln, dass die Partikel praktisch einzeln den Weg von der Quelle zum Bildschirm durchlaufen. Ist einer der beiden Spalte geschlossen, dann finden wir nach einiger Zeit, dass die auf dem Bildschirm zurückbleibenden Spuren der durch den verbleibenden Spalt hindurchgetretenen Partikel eine breite Verteilung bilden. Das Maximum dieser Verteilung befindet sich an der Stelle, die der klassischen Ausbreitungsrichtung eines geradlinig fliegenden Teilchens entspricht. Sind jedoch beide Spalte geöffnet, so entsteht auf dem Bildschirm ein Interferenzmuster.

Das Doppelspaltexperiment wertet man als einen Beweis für die Welleneigenschaften von mikroskopischen Teilchen, wie wir in Kap. 3 besprochen haben. Das Interferenzmuster lässt sich im Rahmen der Quantenmechanik einfach erklären: Treffen die Partikel auf die Platte mit dem Doppelspalt, dann liegen auf dem Weg hinter der Platte zwei Teilzustände entsprechend den beiden Öffnungen vor. Der Gesamtzustand ist dabei gegeben durch die Superposition

$$|\psi\rangle = \frac{1}{\sqrt{2}}\left(|\psi_1\rangle + |\psi_2\rangle\right). \tag{9.1}$$

Die Wahrscheinlichkeit, ein Partikel am Ort x des Schirms zu finden, ist, mit der üblichen Schreibweise für die Ortsdarstellung $\psi_{1/2} = \langle x|\psi\rangle$:

$$|\langle x|\psi\rangle|^2 = \frac{1}{2}\left(||\psi_1\rangle|^2 + ||\psi_2\rangle|^2 + \psi_1^*\psi_2 + \psi_2^*\psi_1\right). \tag{9.2}$$

Die ersten beiden Terme sind die Wahrscheinlichkeiten, dass das Teilchen durch den ersten bzw. durch den zweiten Spalt gelangt ist, und erzeugen jede für sich die Verteilung, die man bei jeweils einem geschlossenen Spalt beobachtet. Die anderen Beiträge sind *Interferenzterme,* die das charakteristische Beugungsmuster erzeugen. Da die Intensität der Quelle beliebig reduziert und somit eine Wechselwirkung der Partikel ausgeschlossen werden kann, ist das Interferenzmuster *kein* Viel-Teilchen-Effekt. Die Interferenz wird deshalb als ein Beweis des Wellencharakters für *jedes einzelne Teilchen* gewertet. Ist die Gesamtzahl der Partikel, die auf den Bildschirm treffen, nicht sehr hoch, dann zeigt das Muster noch eine Feinstruktur, die von den einzelnen Treffern der Teilchen auf dem Schirm stammt. Offenbar erweist sich jedes Teilchen bei einem direkten Nachweis immer nur als ganzes Objekt. Letztlich war deshalb das in Kap. 3 erwähnte ursprüngliche Konzept von Schrödinger, Teichen als Materiepakete von Wellen aufzufassen, nicht aufrecht zu erhalten.

Um den Welle-Teilchen-Dualismus besser zu verstehen, sollte man versuchen, den Spalt zu bestimmen, durch den das Teilchen bei einem Einzelereignis tritt. Dazu könnte man beispielsweise den Raum hinter der Spaltenplatte beleuchten, so dass sich jedes Teilchen beim Durchgang durch diese Region durch einen schwachen Lichtblitz bemerkbar macht. Sind die Partikel geladen, dann könnte man auch eine Induktionsschleife um jeweils einen Spalt legen und den beim Durchgang induzierten Stromstoß messen. Der Nachteil dieser Modifikationen besteht darin, dass sie die Bewegung des betreffenden Partikels beeinflussen. Führen wir das Experiment trotzdem aus, dann verschwindet die Interferenz, und es entsteht eine Verteilung, wie man sie beim Durchgang klassischer Partikel erwarten würde. Wir können jetzt aber genau registrieren, dass jedes Teilchen stets nur durch einen der beiden Spalte fliegt. Durch die an sich geringfügige Modifikation des Experiments haben wir also so stark in das physikalische System eingegriffen, dass die Resultate völlig anders ausfallen. Schwächen wir die Intensität der Beleuchtung ab, dann können wir ab einer gewissen Schwelle nicht mehr jedes Teilchen beim Durchgang registrieren. Dafür entsteht auf dem Bildschirm wieder ein Muster, das sich mit weiter sinkender Intensität der Beleuchtung immer mehr dem Interferenzmuster annähert. Wenn wir auch noch die Treffer auf dem Bildschirm so markieren, dass wir zwischen registrierten und unregistrierten Partikeln unterscheiden können, dann finden wir, dass die unregistrierten Teilchen das Interferenzmuster erzeugen und die beobachteten Partikel zu der oben erwähnten klassischen Verteilung beitragen.

Man könnte alternativ auch die Wellenlänge der Beobachtungsbeleuchtung erhöhen. Auch dadurch wird der Energieübertrag auf das Teilchen reduziert. Mit wachsender Wellenlänge wird aber auch die Ortsauflösung geringer, sodass der Lichtblitz immer breiter wird und ab einer bestimmten Wellenlänge nicht mehr entschieden werden kann, welchen Spalt ein Teilchen passiert hat. Auch in diesem Fall wird das Interferenzmuster mit wachsender Wellenlänge der Beobachtungsbeleuchtung wieder deutlicher.

9.3   Axiomatische Beschreibung quantenmechanischer Messungen

Wir diskutieren nun Konsequenzen der im Abschn. 4.7 aufgestellten Axiome für den physikalischen Messprozess. Die Axiome 2 und 3 besagen Folgendes: Wenn wir die physikalische Eigenschaft A, das heißt, die physikalische Observable A eines bestimmten Zustands $|\psi\rangle$, messen wollen, müssen wir den Operator $\hat{A}$ auf den Zustand $|\psi\rangle$ anwenden. Das Ergebnis dieser Operation ist eine Spektralzerlegung des Operators $\hat{A}$ mit den entsprechenden Projektionsoperatoren:

$$\hat{A}|\psi\rangle = \sum_{j} \hat{A}|\psi\rangle = \sum_{i} a_i |a_i\rangle\langle a_i|\psi\rangle = \sum_{i} a_i \, P(|a_i\rangle)|\psi\rangle . \qquad (9.3)$$

Dies entspricht der Überlagerung verschiedener Eigenzustände $|a_j\rangle$ zum Operator $\hat{A}$, die jeweils mit dem Produkt aus Eigenwert a_j und quantenmechanischem Überlapp $\langle a_j|\psi\rangle$ gewichtet werden.

Nur wenn der Zustand $|\psi\rangle$ schon mit einem Eigenzustand $|a_i\rangle$ des Operators $\hat{A}$ identisch ist, erhalten wir als Ergebnis dieser Messung stets den Eigenwert a_i:

$$\hat{A}|a_i\rangle = a_i |a_i\rangle . \qquad (9.4)$$

In allen anderen Fällen ist das Ergebnis komplizierter: Wenn wir die Messung viele Male hintereinander ausführen, werden wir für einen Zustand $|\psi\rangle$, der *nicht* Eigenzustand des Operators $\hat{A}$ ist, nicht immer das gleiche Ergebnis erhalten. Das Messergebnis kann im Prinzip jeder beliebige Eigenwert a_j aus dem Spektrum $\{a_1, a_2, \ldots\}$ des Operators $\hat{A}$ sein. Wir können daher lediglich die Wahrscheinlichkeit dafür angeben, dass das Ergebnis der Messung der Wert a_i ist. Dies ist die durch Axiom 4 definierte Messwahrscheinlichkeit $\hat{P}_{a_i}(|\psi\rangle) = |\langle a_i|\psi\rangle|^2$. Sie ist identisch mit dem Erwartungswert des Projektionsoperators $\hat{P}_{a_i}$ im Zustand $|\psi\rangle$. Da der Projektionsoperator Hermite'sch ist, erfüllt er nach Axiom 2 ebenfalls die Anforderungen an eine physikalische Observable, kann also als eine solche betrachtet werden. Wir kommen nun nochmals zu der schon in Abschn. 9.2 beschriebenen Konsequenz der Axiome der Quantenmechanik: Falls die Messung mit einer gewissen Wahrscheinlichkeit zum Ergebnis a_i führt, dann ist das System nach der Messung nicht mehr im Zustand $|\psi\rangle$, sondern im Zustand $|a_i\rangle$. Mit anderen Worten: Der Messprozess projiziert das

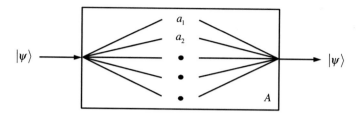

Abb. 9.1 Messapparatur in der Quantenmechanik für die Eigenschaft A. Der Messwert wird nicht ausgelesen. Deshalb bleibt die ursprüngliche Zustandsfunktion $|\psi\rangle$ unverändert

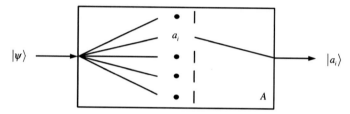

Abb. 9.2 Wirkung einer Messapparatur als Filter für das Spektrum des Operators $\hat{A}$

System, welches sich ursprünglich im Zustand $|\psi\rangle$ befand, der eine Überlagerung aller möglichen Eigenzustände von $\hat{A}$ war, auf einen einzigen dieser Eigenzustände, nämlich genau $|a_i\rangle$, falls die Messung den Wert a_i ergab. Dieses Phänomen ist der uns schon bekannte Kollaps der Wellenfunktion durch den Messprozess. Der quantenmechanische Messprozess stellt daher einen Eingriff in das System dar, der dessen Zustand verändert, während bei Messungen in der klassischen Mechanik der Systemzustand durch die Messung selbst unverändert bleibt.

Wir können uns diesen Sachverhalt an einem Gedankenexperiment verdeutlichen. Wir stellen uns eine Messapparatur für die physikalische Eigenschaft A vor. Eine Messung dieser Eigenschaft kann jeden der möglichen Eigenwerte a_i aus dem Spektrum der Eigenwerte des Operators $\hat{A}$ ergeben. Falls wir aber diesen Wert nicht auslesen, haben wir keinen Eingriff am System vorgenommen. Das System verbleibt im Zustand $|\psi\rangle$, welcher gemäß Gl. (9.3) eine Überlagerung aller möglichen Eigenzustände $|a_i\rangle$ zum Operator $\hat{A}$ darstellt (s. Abb. 9.1).

Wie können wir aber entscheiden, welchen Wert die Observable A bei einer gegebenen Messung tatsächlich annehmen wird, d. h., welcher Eigenwert a_i gemessen wird? Mit anderen Worten: Wie können wir das Messergebnis auslesen? Dies erfordert, dass wir einen Eingriff in das System vornehmen. Dies kann z. B. in Form eines Filters geschehen, der alle möglichen Messergebnisse mit Ausnahme des Ergebnisses a_i verwirft. Dies wiederum bewirkt, dass wir das System auf einen speziellen Eigenwert des Operators $\hat{A}$ festlegen, in diesem Fall $|a_i\rangle$. Der Zustand $|\psi\rangle$ wird dann durch die Messung auf den Zustand $|a_i\rangle$ projiziert (s. Abb. 9.2).

Man beachte, dass, sofern wir das System nicht so präparieren, dass $|\psi\rangle$ identisch mit $|a_i\rangle$, also schon im betreffenden Eigenzustand des Operators $\hat{A}$ ist, das Messergebnis nicht in allen Fällen a_i sein wird, sondern nur mit einer gewissen Wahrscheinlichkeit $P(a_i|\psi) \leq 1$. Mit der Wahrscheinlichkeit $1 - P(a_i|\psi)$ wird das

Ergebnis der Messung *nicht* a_i sein, d. h. der a_i-Filter in Abb. 9.2 wird das Messergebnis verworfen. Sobald jedoch das Ergebnis a_i gemessen wurde, wird der Zustand des Systems auf den entsprechenden Eigenzustand $|a_i\rangle$ projiziert. Dies ist so, weil gemäß Gl. (9.3) der Zustand des Systems bei der Messung des Ergebnisses a_i genau proportional zum Anteil in der Überlagerung ist, der dem Eigenzustand $|a_i\rangle$ entspricht, der also durch die Messung (die Anwendung von $|\hat{P}\rangle(|a_i\rangle)$ auf den Zustand $|\psi\rangle$) „herausgefiltert" wurde:

$$|\hat{P}(|a_i\rangle)\psi\rangle = |a_i\rangle\langle a_i|\psi\rangle = c|a_i\rangle, \quad \text{mit} \quad c = \langle a_i|\psi\rangle \in \mathbb{C}. \tag{9.5}$$

Wenn wir der Einfachheit halber annehmen, dass es sich bei $|\hat{P}\rangle(|a_i\rangle)|\psi\rangle$ um einen eigentlichen Zustand handelt, der auf 1 normiert werden kann, erhalten wir für diesen normierten Zustandsvektor $|\psi'\rangle$:

$$|\psi'\rangle = \frac{|\hat{P}(|a_i\rangle)\psi\rangle}{\sqrt{\langle \hat{P}(|a_i\rangle)\psi|\hat{P}(|a_i\rangle)\psi\rangle}} = \frac{\hat{P}(|a_i\rangle)\psi}{|c|\sqrt{\langle a_i|a_i\rangle}} = \frac{1}{|c|}|\hat{P}(|a_i\rangle)\psi\rangle = \frac{c}{|c|}|a_i\rangle,$$
$$(9.6)$$

falls die Eigenzustände $|a_i\rangle$ schon auf 1 normiert sind. Bei der letzten Umformung haben wir Gl. (9.5) verwendet. Es stellt sich also heraus, dass der Zustand bei der Messung des Ergebnisses a_i bis auf eine komplexe Zahl $c/|c|$, die den Betrag 1 hat, mit dem Zustand $|a_i\rangle$ übereinstimmt. Komplexe Zahlen vom Betrag 1 haben die Darstellung $z = e^{i\varphi}$, mit $\varphi \in \mathbb{R}$. Das bedeutet, $|\psi'\rangle$ und $|a_i\rangle$ stimmen bis auf einen komplexen Phasenfaktor überein. Solche Phasen beeinflussen die physikalischen Messergebnisse nicht. Nach der Messung des Ergebnisses a_i ist das System also in einem Zustand $|\psi'\rangle$, der bis auf eine komplexe Phase mit dem Eigenzustand $|a_i\rangle$ identisch ist. Nochmalige Messung von A ergibt nun mit Sicherheit, also mit der Wahrscheinlichkeit 1, wieder das Ergebnis a_i. Die Wahrscheinlichkeit, ein anderes Ergebnis a_j mit $i \neq j$ zu messen, ist null. Dieser Sachverhalt ist in Abb. 9.3 dargestellt.

Beispiel 9.1 (Der Messprozess in der Quantenmechanik)
Eine Observable A hat die zwei normierten Eigenzustände ψ_1 und ψ_2, mit den Eigenwerten a_1 und a_2. Die Observable B hat die normierten Eigenzustände ϕ_1 und ϕ_2 mit den Eigenwerten b_1 und b_2. Für die Eigenzustände gilt:

$$\psi_1 = (3\phi_1 + 4\phi_2)/5, \quad \psi_2 = (4\phi_1 - 3\phi_2)/5.$$

a) Die Observable A wird gemessen, und man erhält den Wert a_1. Welchen Zustand hat das System direkt nach der Messung?

b) Danach wird B gemessen. Wie sehen die möglichen Ergebnisse aus, und mit welchen Wahrscheinlichkeiten treten sie auf?

c) Direkt nach der Messung von B wird wieder A gemessen. Mit welcher Wahrscheinlichkeit erhalten wir wieder a_1?

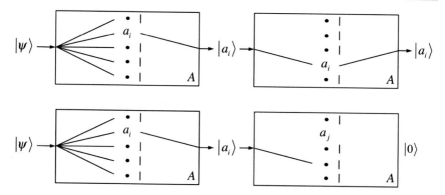

Abb. 9.3 Oben: Wiederholte Messung der Eigenschaft A mit dem Resultat a_i. Der Zustand des Systems nach der zweiten Messung ist mit der Wahrscheinlichkeit 1, also ganz sicher ebenfalls $|a_i\rangle$. Unten: Wenn sich das System im Eigenzustand $|a_i\rangle$ befindet, ist die Wahrscheinlichkeit, bei einer wiederholten Messung ein anderes Ergebnis a_j mit $i \neq j$ zu messen, null. Das Ergebnis einer wiederholte Messung der Eigenschaft A für das Resultat $a_j, i \neq j$ ist in diesem Fall also der Nullvektor $|0\rangle$

Lösung

a) Nach den Axiomen der Quantenmechanik befindet sich das System direkt nach der Messung im Eigenzustand zum zugehörigen Eigenwert, also im Zustand ψ_1.

b) Das System befindet sich im Zustand $\psi_1 = (3\psi_1 + 4\psi_2)/5$. In dem Moment, in dem B gemessen wird, kollabiert die Wellenfunktion in einen Eigenzustand von B. Die Wahrscheinlichkeit des Messwerts ist das Betragsquadrat des Vorfaktors des zugehörigen Eigenzustands. Die Wahrscheinlichkeit, b_1 zu messen, ist also $\left(\frac{3}{5}\right)^2$, und die Wahrscheinlichkeit, b_2 zu messen, ist $\left(\frac{4}{5}\right)^2$.

c) Drücken wir die Eigenfunktionen von B in den Eigenfunktionen von A aus, so erhalten wir.

$$\phi_1 = (3\psi_1 + 4\psi_2)/5 \quad \phi_2 = (4\psi_1 - 3\psi_2)/5 .$$

Falls das System sich im Zustand ϕ_1 befindet, beträgt die Wahrscheinlichkeit, a_1 zu messen, $\left(\frac{3}{5}\right)^2$. Falls es sich in ϕ_2 befindet, beträgt die Wahrscheinlichkeit a_1, zu messen, $\left(\frac{4}{5}\right)^2$. Aus Teil b) wissen wir: Das System befindet sich mit der Wahrscheinlichkeit $\left(\frac{3}{5}\right)^2$ im Zustand ϕ_1 und mit der Wahrscheinlichkeit $\left(\frac{4}{5}\right)^2$ im Zustand ϕ_2. Multiplizieren der entsprechenden Wahrscheinlichkeiten liefert die Gesamtwahrscheinlichkeit dafür, a_1 zu messen. Sie beträgt:

$$\left(\frac{3}{5}\right)^2 \left(\frac{3}{5}\right)^2 + \left(\frac{4}{5}\right)^2 \left(\frac{4}{5}\right)^2 = \frac{337}{625} = 0{,}5392 .$$

■

9.3.1   Delayed-Choice-Experimente

Bei einem Delayed-Choice-Experiment lässt man ein Quantensystem mit einem anderen System wechselwirken, legt aber erst *nach* der Wechselwirkung fest, welche Größe man an diesem Quantensystem messen wird. Dieses 1978 von J. A. Wheeler vorgeschlagene Experiment (Wheeler 1978) wurde 1987 erstmals realisiert. Die Grundidee des Delayed-Choice-Experiments folgt dem Doppelspaltexperiment. Im Unterschied dazu kann aber der Bildschirm hinter dem Doppelspalt wahlweise entfernt und durch zwei Teleskop-Detektoren ersetzt werden, sodass sich feststellen lässt, welchen Spalt das Teilchen passiert hat. Je nachdem, ob Bildschirm oder Teleskope eingeschaltet sind, registrieren wir, dass das Teilchen beide Spalte oder nur jeweils einen Spalt durchlaufen hat. Mit dem Bildschirm finden wir wieder das bekannte Interferenzmuster, aus dem wir den Schluss ziehen können, dass das Teilchen durch beide Spalte gelangt ist. Der Unterschied zum gewöhnlichen Doppelspaltexperiment liegt darin, dass der Experimentator erst dann die Entscheidung für die eine bzw. die andere Messmethode trifft, wenn das Teilchen den Doppelspalt bereits durchlaufen hat. Es zeigt sich, dass die Verzögerung keinen Einfluss auf die Messergebnisse hat. Im Prinzip wird damit der bekannte Sachverhalt bestätigt. Der Messprozess und die damit verbundene Wahl der zu messenden Observablen entscheiden über die Realisierung der möglichen Messresultate eines Experiments. Erst mit der Messung wird eine der möglichen Historien zur Realität. Man könnte natürlich fragen, wie lange man die Entscheidung über die Messmethode verzögern und damit die Historie rückwärts festlegen kann. Bei den Laborexperimenten beträgt die Verzögerung maximal nur wenige Nanosekunden. Es wurden deshalb auch Szenarien vorgeschlagen, bei denen die Entscheidung über das Messverfahren erst Milliarden von Jahren nach der Wechselwirkung getroffen wird. So könnte man die Strahlung von Quasaren untersuchen, die unter der Wirkung einer aus Galaxien gebildeten Gravitationslinse – als Ersatz für den Doppelspalt – gebündelt und von der Erde beobachtet wird. Man könnte dann erst bei Ankunft der Photonen auf der Erde entscheiden, ob man mit einem Schirm Interferenzmuster messen will und damit die verschiedenen Wege eines Photons durch die Gravitationslinse erfasst, oder ob man mit Detektoren die Richtung der Photonen registriert.

9.4   Die orthodoxe Kopenhagener Interpretation

Die „Kopenhagener Interpretation der Quantenmechanik" ist die Bezeichnung für die vor allem auf Niels Bohr zurückgehenden Versuche, den Formalismus, d. h. den mathematischen Kalkül, sowie die neuartigen physikalischen Konzepte und die oft als paradox empfundenen Eigenschaften quantenmechanischer Systeme philosophisch zu interpretieren. Diese Deutung, Interpretation oder Sinngebung des Formalismus der Quantenmechanik, welche auch bezeichnenderweise die orthodoxe Interpretation der Quantenmechanik genannt wird, war lange die am häufigsten akzeptierte, um nicht zu sagen dominante, Auslegung des Formalismus und der Quantenphänomene. Kritisch anzumerken ist aber, dass dieses Akzeptieren vielfach nur den Charakter eines Verweises oder eines einfachen Bekenntnisses hatte und noch hat, um sich einer interpretierenden Auseinandersetzung mit den durch die Quantentheorie auftretenden grundsätzlichen Fragen zu entziehen. Dies ist auch als Phänomen der Wissenschaftsgeschichte besonders interessant, weil es keine kanonische Darstellung dieser Deutung insgesamt gibt. Es handelt sich um eine Zusammenfassung von Annahmen und Positionen, die außerdem oft mit grundsätzlichen philosophischen Diskussionen durchmischt sind. Man entzieht sich einer umfassenden Definition dessen, was die Kopenhagener Deutung umfasst, meistens dadurch, dass man auf die Gesamtheit der Schriften von Niels Bohr oder auch von Werner Heisenberg verweist. Als Standardreferenz für den Inhalt der Kopenhagener Deutung wurden häufig die Schlusskapitel 22 und 23 im Lehrbuch der Quantenmechanik von David J. Bohm (1951) zitiert. Zwanzig Jahre später versuchte Stapp (1972), den Inhalt dieser Deutung zu kanonisieren und zu präzisieren.

Als Hauptvertreter können neben Bohr und Heisenberg vor allem Max Born, Wolfgang Pauli, Paul A. M. Dirac, Pascual Jordan und Carl Friedrich von Weizsäcker genannt werden. Bereits in der Frühphase der Entwicklung der Quantenmechanik setzten sich vor allem Albert Einstein, Erwin Schrödinger und Louis de Broglie äußerst kritisch mit den Interpretationen der Kopenhagener Schule auseinander. Folgende wesentliche Charakteristika der Kopenhagener Deutung lassen sich festhalten:

1. Die Notwendigkeit klassischer Begriffsbildungen und der Trennung von Mikroskopischem und Makroskopischem. Auch die Quantentheorie ruht auf dem Fundament der klassischen Physik, insbesondere durch die klassische Beschreibung des Messapparats und seiner Resultate.
2. Eine typische Ganzheitlichkeit oder Individualität der Quantenphänomene, welche in der klassischen Physik nicht auftritt (bestes Beispiel: Doppelspaltexperiment). Die in der Beschreibung von Quantenphänomenen mit klassischen Begriffen auftretenden Dilemmata oder Paradoxien (im Beispiel also der Welle-Teilchen-Dualismus) werden durch die Born'sche Wahrscheinlichkeitsinterpretation der Wellenfunktion gelöst.
3. Das Korrespondenzprinzip (siehe Definition 2.6).
4. Komplementarität als krönendes Konzept der Kopenhagener Deutung. Im Begriff der Komplementarität zwischen Phänomenen oder Beschreibungen spiegelt sich die erwähnte Ganzheitlichkeit oder Individualität. Komplementäre Beschreibungen, z. B. zwischen der kausalen und der raumzeitlichen Beschreibung oder zwischen dem Teilchen- und dem Wellenbild, schließen sich gleichzeitig aus oder widersprechen sich, gehören aber zur Erkenntnis desselben Objekts oder Phänomens unbedingt zusammen.
5. Die Heisenberg'sche Unschärferelation, die Ausdruck einer binären Beziehung zwischen komplementären Größen ist und durch ihre Verknüpfung über das Planck'sche Wirkungsquantum h den quantenhaften Charakter des betrachteten Phänomens abbildet.

Der Unterschied zu Theorien der klassischen Physik äußert sich also in zwei Merkmalen: Die Quantenmechanik ist danach (a) nicht beobachtungsfrei und (b) nicht wahrscheinlichkeitsfrei. Dies bedeutet erstens, dass der Rolle des Beobachters in der Quantenmechanik eine herausgehobene Bedeutung zukommt. Das liegt daran, dass im Rahmen der Kopenhagener Deutung die Wechselwirkung zwischen Objekt und Apparat weder ignoriert oder zum Verschwinden gebracht noch explizit untersucht werden kann. In diesem Sinne gibt es keine Unabhängigkeit des untersuchten Objekts vom Beobachter. Zweitens bedeutet dies, dass die Wahrscheinlichkeiten primärer Natur sind, d. h. nicht etwa nur Ausdruck einer Unkenntnis des Systemzustands: Die Zustandswellenfunktion beschreibt ein Objekt in der vollständigst-möglichen Form und liefert nur Wahrscheinlichkeitsaussagen über den möglichen Ausgang von Messungen.

Albert Einstein als einer der Hauptkritiker des fundamentalen Status, den die Wahrscheinlichkeitsaussagen in der Quantentheorie einnehmen und Niels Bohr als einer der Hauptvertreter der später als Kopenhagener Deutung bezeichneten Auffassungen zur Quantenmechanik, begannen auf der Solvay-Konferenz von 1930 in Brüssel eine berühmt gewordene Debatte über diese Grundlagenfragen. Der amerikanische Nobelpreisträger John Archibald Wheeler, der den Begriff „black hole" in den 1960er Jahren für den Graviationskollaps prägte, war als Student Mitte der 1930er Jahre am Niels Bohr Institut in Kopenhagen und später als Professor auch viele Jahre Kollege von Albert Einstein in Princeton. In einem Interview von 1976, das aber erst kurz nach seinem Tod im Jahr 2008 in der Zeitschrift *General Relativity and Graviation* veröffentlicht wurde, hat sich Wheeler wie folgt zur sogen. *Einstein-Bohr-Debatte* geäußert:

„To me the debate between Bohr and Einstein over the years is the greatest debate in all the history of human thought. I can't think of any greater men debating any deeper issue. It took place for a number of years in Europe and then for a number of years in America. The debate concerned what to my mind concerns the deepest, the most mysterious, the most challenging idea in all of physics, the quantum principle, the overarching principle of twentieth century physics. As you know, while Einstein was still in Europe the debate focused on Einstein's belief that quantum theory was inconsistent. He did not only talk. He tried to give a proof that the uncertainty principle is logically inconsistent. At the famous Solvay Congress of October 1930 Einstein confronted Bohr with his idealized experiment. How dramatic it was when Bohr turned the tables and used Einstein's own general relativity to prove that Einstein's scheme would not work! After Einstein came to the United States, he gave up trying to prove that quantum theory is inconsistent. He now tried to prove that the quantum theory is incompatible with any reasonable idea of reality. His efforts led to the famous Einstein-Rosen-Podolsky „paradox" which at the hands of Bohr and Bell and others has brought us so much understanding."

(Bičák 2009)

Werner Heisenberg diskutierte in einem heute immer noch lesenswerten Artikel von 1956 „Die Entwicklung der Deutungen der Quantentheorie". Er schrieb hier über die damaligen Kritiker der Kopenhagener Interpretation, vor allem im Hinblick auf Einstein, Schrödinger und Bohm:

„Alle Gegner der Quantentheorie sind sich aber über einen Punkt einig: Es wäre nach ihrer Ansicht wünschenswert, zu der Realitätsvorstellung der klassischen Physik oder, allgemeiner gesprochen, zur Ontologie des Materialismus zurückzukehren; also zur Vorstellung einer objektiven, realen Welt, deren kleinste Teile in der gleichen Weise objektiv existieren wie Steine und Bäume, gleichgültig, ob wir sie beobachten oder nicht."

(Heisenberg 1956)

Er wiederholte dann in der Folge seine und Bohrs Argumentation bezüglich der Kopenhagener Interpretation, welche den Beobachter und seine Messapparatur in das quantenmechanische Geschehen in einem Zustandsvektor $|\psi\rangle$ notwendig einbezieht, und sprach von der „unstetigen ‚Reduktion der Wellenpakete', die nicht aus der Schrödinger-Gleichung folgen kann", sondern „genau wie in der Gibbs'schen Thermodynamik eine Folge des Übergangs vom Möglichen zum Faktischen" sei. Er führt weiter aus:

„Die Kritik an der Kopenhagener Deutung der Quantentheorie beruht ganz allgemein auf der Sorge, dass bei dieser Deutung der Begriff der ‚objektiv-realen Wirklichkeit', der die Grundlage der klassischen Physik bildet, aus der Physik verdrängt werden konnte. Diese Sorge ist […] unbegründet; denn das ‚Faktische' spielt in der Quantentheorie die gleiche, entscheidende Rolle wie in der klassischen Physik. Allerdings ist es in der Kopenhagener Deutung beschränkt auf die Vorgänge, die sich anschaulich in Raum und Zeit, d. h. in den klassischen Begriffen, beschreiben lassen, die also unsere ‚Wirklichkeit' im eigentlichen Sinne ausmachen. Wenn man versucht, hinter dieser Wirklichkeit in die Einzelheiten des atomaren Geschehens vorzudringen, so lösen sich die Konturen dieser ‚objektiv-realen' Welt auf – nicht in dem Nebel einer neuen und noch unklaren Wirklichkeitsvorstellung, sondern in der durchsichtigen Klarheit einer Mathematik, die das Mögliche, nicht das Faktische, gesetzmäßig verknüpft. Dass die ‚objektiv-reale Wirklichkeit' auf den Bereich des vom Menschen anschaulich in Raum und Zeit Beschreibbaren beschränkt wird, ist natürlich kein Zufall. Vielmehr äußert sich an dieser Stelle die einfache Tatsache, dass die Naturwissenschaft ein Teil der Auseinandersetzung des Menschen mit der Natur und insofern vom Menschen abhängig ist. Das Argument des Idealismus, dass gewisse Vorstellungen ‚a priori', d. h. insbesondere auch vor aller Naturwissenschaft sind, besteht hier zu Recht. Die Ontologie des Materialismus beruhte auf der Illusion, dass man die Art der Existenz, das unmittelbare ‚Faktische' der uns umgebenden Welt, auf die Verhältnisse im atomaren Bereich extrapolieren kann. Aber diese Extrapolation ist unmöglich."

(Heisenberg 1956)

Dies ist also die Auffassung, nach der der Akt des Beobachtens zur Reduktion der Wellenfunktion (dem berüchtigten „Kollaps") führt, der selbst nicht in der Schrödinger-Gleichung enthalten ist, also gewissermaßen einer eigenen, zusätzlichen, nicht näher spezifizierten Dynamik folgt bzw. nach Ansicht Heisenbergs tatsächlich „instantan" stattfindet – dieser Kollaps ist dann das, was man gemeinhin als Quantensprung bezeichnet. Hervorgerufen wird er durch die Beobachtung des in einem reinen Zustand befindlichen (d. h. von der Umgebung isolierten) atomaren Systems, dessen Isolation von der Außenwelt dadurch zwingend aufgehoben wird.

Die Problematik dieser Anschauung liegt darin, dass sie prinzipiell die physikalische Welt in *quantenmechanische Objekte* (für welche die Schrödinger-Gleichung gültig ist) und *klassische Objekte* (den Beobachter, die Umgebung, die Messapparatur usw.) einteilt und daher die Frage erlaubt sein muss, wo denn eigentlich die Trennlinie (man spricht auch vom *Heisenberg-Schnitt*) zwischen Quantenwelt und makroskopischer Welt liegen soll. Liegt sie am Rand des Messinstruments, im Gehirn des Beobachters oder irgendwo in den Neuronen, die dem Experimentator irgendwann den Eindruck vermitteln, ein Messergebnis abgelesen und damit zur Kenntnis genommen zu haben? Wann genau ist eine Messung dann eigentlich als abgeschlossen anzusehen, die ja für den Kollaps verantwortlich sein soll?

Der aufmerksame Leser wird die Problematik erkennen, die sich durch eine solche Auffassung ergibt; heute ist man der Ansicht, dass es einen solchen Schnitt zwischen einer „Quantenwelt" und einer klassischen Welt nicht gibt, und man erklärt das Auftreten einzelner Messwerte als das Ergebnis von Dekohärenz, die durch die Wechselwirkung des quantenmechanischen Systems mit der Umgebung zustande kommt und so schnell abläuft (aber tatsächlich *stetig* und in *endlicher* Zeit), dass diese durch die Schrödinger-Gleichung vollständig beschriebene Dynamik wie instantane Quantensprünge erscheint.

9.5   Die Ensemble-Theorie

Die Ensemble-Interpretation der Quantenmechanik geht auf Einstein zurück. Seiner Meinung nach bezieht sich die Wellenfunktion gar nicht auf ein einzelnes System, sondern auf eine Vielzahl ursprünglicher, gleichartig präparierter Quantensysteme. In diesem Ensemble sind alle quantenmechanischen Realisierungen quasi als Alternativen bereits vorhanden, sodass die Wellenfunktion rein statistische Aussagen über messbare Größen liefert. In dieser Theorie ist der quantenmechanische Zustand jedes Systems bereits festgelegt, und nur die fehlende Information des Beobachters verhindert die Festlegung des Zustands vor einer Messung. Damit vertritt diese Theorie in ihrem Kern eine deterministische Anschauung, deren statistischer Charakter durch fehlende Informationen – ähnlich wie in der statistischen Mechanik (chaotische Systeme) – entsteht. Insbesondere nimmt die Schrödinger-Gleichung der Quantenmechanik aus der Sicht Einsteins eine ähnliche Rolle ein, wie sie in der statistischen Physik z. B. den Fokker-Planck-Gleichungen zukommt. Der Kollaps der Wellenfunktion spielt in dieser Theorie überhaupt keine Rolle mehr, weil die Superposition quantenmechanischer Zustände nicht in einem *einzelnen* System, sondern nur im Ensemble erfolgt. Mithin ist jede Beobachtung nur eine spezielle Realisierung, die wir nur aufgrund fehlender Informationen vor einer Messung nicht besser vorhersagen können.

9.6   Die Viele-Welten-Theorie

In Viele-Welten-Theorien, deren Grundzüge erstmals 1957 von Hugh Everett publiziert wurden (Everett 1957), wird postuliert, dass das Universum nicht in einem von vielen quantenmechanisch möglichen Zuständen als Ergebnis einer Messung endet, sondern dass alle Möglichkeiten tatsächlich realisiert werden. Um nicht in Widerspruch zur Realität zu gelangen, muss man aber zusätzlich noch fordern, dass bei jeder Messung das Universum in eine Vielzahl verschiedener, nicht miteinander wechselwirkender Welten aufspaltet, deren weitere Entwicklungen völlig voneinander getrennt verlaufen. In jeder dieser Welten wird einer von den möglichen Ausgängen eines Experiments zur Realität. Damit erscheint das Ergebnis einer quantenmechanischen Messung nur deshalb zufällig, weil wir es aus einem der vielen neu entstandenen Universen bewerten. Tatsächlich wird man aber in jeder der neu entstandenen Welten zu einer anderen – aber immer mit der Quantenmechanik übereinstimmenden – Aussage über den Ausgang der durchgeführten Messung kommen. Ein Kollaps der Wellenfunktion findet in dieser Theorie nicht statt, sondern es kommt lediglich zu einer Trennung der Universen, womit von allen Möglichkeiten vor der Messung in jedem Universum eine Realität bleibt. Einige Naturwissenschaftler sind davon überzeugt, dass Viele-Welten-Theorien die einzige Möglichkeit bieten, den Kollaps der Wellenfunktion im Rahmen der Quantenmechanik konsistent zu erklären (indem man ihn beseitigt). Das Problem dieses Konzepts ist leider seine Unüberprüfbarkeit, denn die Existenz der anderen Universen ist wegen der fehlenden Wechselwirkung niemals erkennbar.

9.7   Die De-Broglie-Bohm-Theorie

Zentraler Bestandteil der üblichen orthodoxen Deutung ist der sogenannte „Welle-Teilchen-Dualismus". In diesem werden „Welle" und „Teilchen" als komplementäres Paar inhärent unexakt definierter Begriffe angesehen. Je präziser die Eigenschaften eines Objekts durch eine Welle beschrieben werden können, desto mehr rücken seine Eigenschaften als Teilchen in den Hintergrund und umgekehrt. Die Begriffe „Welle" und „Teilchen" beziehen sich in der üblichen Deutung also auf ein und dieselbe Entität, schließen sich dabei jedoch gegenseitig aus.

In der De-Broglie-Bohm-Theorie ist dies anders. Im Jahr 1952 veröffentlichte David Bohm zwei Arbeiten mit dem Titel „A Suggested Interpretation of the Quantum Theory in Terms of ‚Hidden' Variables" (Bohm 1952a, b). Zum Zeitpunkt seiner Veröffentlichung war Bohm unbekannt, dass Louis De-Broglie bereits auf der 5. Solvay-Konferenz 1927 eine mathematisch äquivalente Formulierung dieser Theorie vorgestellt hatte. Aus diesem Grund sind die Namen beider Forscher mit dieser Theorie verbunden. Es handelt sich um eine Theorie, welche die Unvollständigkeit der üblichen Quantenmechanik behauptet und Welle und Teilchen als voneinander getrennt existierend auffasst. Welle und Teilchen bezeichnen also zwei verschiedene Dinge. Dabei wird die Wellenfunktion des Systems innerhalb der Theorie als ein skalares Feld im Raum interpretiert (das „Führungsfeld"), in welchem sich die Teilchen des Systems fortbewegen. Den Teilchen wird dabei zugesprochen, zu jeder Zeit ein Teil der physikalischen Wirklichkeit zu sein. Insbesondere bedeutet dies, dass sich alle Teilchen des Systems zu jeder Zeit an einem scharf lokalisierten Ort des Raumes aufhalten, und dies unabhängig davon, ob am System eine Ortsmessung durchgeführt wird oder nicht. Die De-Broglie-Bohm-Theorie vertritt also im Gegensatz zur

Kopenhagener Deutung einen *Realismus in Bezug auf Welle und Teilchen.* Da die Teilchen Teil der Realität sind, ist ihre Position im Raum mit entscheidend für den Zustand des Systems. In dieser Theorie kann der Systemzustand also nicht mehr allein über die Wellenfunktion angegeben werden. Die vollständige Beschreibung des Systemzustands zum Zeitpunkt t_0 erfolgt über die Angabe von $\psi(\vec{x}, t)$ als auch über die Angabe der Ortskoordinaten der Teilchen $\vec{x}_1(t_0), \vec{x}_2(t_0), \ldots, \vec{x}_N(t_0)$. Bei den Ortskoordinaten $(\vec{x}_1, \ldots, \vec{x}_N)$ handelt es sich um die sogen. „verborgenen" Variablen der De-Broglie-Bohm-Theorie. Das Attribut „verborgen" bezieht sich dabei in erster Linie darauf, dass die Variablen in der üblichen, orthodoxen Deutung der Quantenmechanik nicht auftauchen. Sollten diese Variablen tatsächlich existieren (wovon die De-Broglie-Bohm-Theorie ausgeht), so wären sie jedenfalls innerhalb der üblichen Deutung verborgen.

9.7.1   Die Postulate der De-Broglie-Bohm-Theorie

Die De-Broglie-Bohm-Theorie ist eine *Vervollständigung* der Quantentheorie. Zu den Elementen, welche die Theorie mathematisch definieren, gehört als erstes Postulat von drei zentralen Postulaten zunächst die Annahme, dass die Wellenfunktion ψ die Schrödinger-Gleichung löst:

$$i\hbar \frac{\partial \psi}{\partial t} = -\left(\frac{\hbar^2}{2m}\right) \nabla \psi + V(\vec{x})\psi . \tag{9.7}$$

In der Standardinterpretation stellt die Wellenfunktion ψ die *vollständige* Beschreibung des Systems dar. Die *maximale Information,* die man über ein System wissen kann, ist nach dieser Auffassung vollständig in ψ enthalten und aus dem Betragsquadrat $|\psi|^2$ kann man nach der Born'schen Wahrscheinlichkeitsdeutung aus Def. (3.1) die Wahrscheinlichkeit dafür berechnen, ein Teilchen im Falle einer Messung in einem bestimmten Raumbereich anzutreffen. Von einer Teilchenbahn, die zum Ort der Messung geführt hat, darf in der Standardinterpretation nicht gesprochen werden, weil eine Teilchenbahn in dieser gar nicht existiert. In der DeBroglie-Bohm-Theorie hingegen, gibt man den Teilchen den Status realer Objekte im dreidimensionalen Ortsraum deren Positionen durch den Vektor $\vec{x}$ in der Schrödinger-Gleichung beschrieben werden. Man postuliert nun zusätzlich zur Schrödinger-Gleichung eine Bewegungsgleichung für Teilchen im ψ-Führungsfeld. Dazu erinnert man sich an die von uns in Kap. 3 diskutierte Kontinuitätsgleichung für die Wahrscheinlichkeitsdichte $w = |\psi|^2$ und deutet den Ausdruck w als die Wahrscheinlichkeitsdichte der *tatsächlichen* (real existierenden) Teilchenkonfiguration. Man benutzt nun den aus der Hydrodynamik bekannten Zusammenhang zwischen einer Stromdichte S und einer Teilchengeschwindigkeit v in der Form $S = wv$. Man interpretiert S als eine Wahrscheinlichkeitsstromdichte (s. Gl. (3.117)), schreibt die komplexe Wellenfunktion in Polardarstellung als $\psi = A\, e^{\frac{i}{\hbar}\phi}$ und setzt für w und S die entsprechenden quantenmechanischen Ausdrücke ein. Man findet dann den folgenden Ausdruck als

2. Postulat:

$$\frac{d\vec{x}_i}{dt} = \frac{\nabla\phi(\vec{x}_i, t)}{m},$$ (9.8)

wobei $\vec{x}_i = \vec{x}_i(t)$ die Ortskoordinaten der Teilchen sind. Diese Gleichung nennt man „Führungsgleichung" der De-Broglie-Bohm-Theorie. Anschaulich gesprochen werden also die Teilchenbahnen $\vec{x}_i(t)$ durch die Wellenfunktion bzw. durch den Gradienten ihrer Phase ϕ geführt.

Weil die Schrödinger-Gleichung eine stetige Entwicklung der Wellenfunktion in der Zeit gewährleistet, werden durch die Festlegung von Anfangsbedingungen auch die Trajektorien $\vec{x}_i(t)$ der Teilchen deterministisch festgelegt. Bei der Bewegungsgleichung (9.8) handelt es sich um eine Differentialgleichung erster Ordnung, so dass als Anfangsbedingung die Angabe der Teilchenorte $\vec{x}_i(0)$ zum Zeitpunkt t_0 ausreicht. In der Praxis können die Anfangsbedingungen eines Systems allerdings nicht exakt kontrolliert werden. Stattdessen postuliert die De-Broglie-Bohm-Theorie als 3. Postulat, dass die Anfangsbedingungen einer bestimmten statistischen Verteilung w unterliegen:

$$w = |\psi|^2.$$ (9.9)

Gl. (9.9) wird dabei als *Quantengleichgewichtsbedingung* (manchmal auch als *Quantengleichgewichtshypothese*) bezeichnet. Sie entspricht formal der Born'schen Wahrscheinlichkeitsinterpretation, hat hier jedoch eine andere Bedeutung. Im Falle der Born'schen Wahrscheinlichkeitsinterpretation gibt $|\psi|^2$ an, mit welcher Wahrscheinlichkeit man bei einer Messung ein bestimmtes Messergebnis erhält. Damit aus einer Wahrscheinlichkeit ein definierter Zustand wird, ist es also erforderlich, dass überhaupt eine Messung durchgeführt wird. Im Gegensatz dazu ist in der De-Broglie-Bohm-Theorie der Zustand eines Systems immer scharf und exakt definiert. $|\psi(\vec{x}, t)|^2$ gibt hier die Wahrscheinlichkeit an, mit der sich ein Teilchen zur Zeit t am Ort $\vec{x}$ aufhält, und zwar *unabhängig davon*, ob gerade eine Messung an diesem Teilchen vorgenommen wird oder nicht.

Befindet sich ein System zu einem beliebigen Zeitpunkt im Quantengleichgewicht, so ist über die quantenmechanische Kontinuitätsgleichung (3.118) sichergestellt, dass sich das System zu jedem beliebigen Zeitpunkt davor im Quantengleichgewicht befunden hat und zu jedem beliebigen Zeitpunkt danach im Quantengleichgewicht befinden wird. Geht man davon aus, dass jedes beliebige System letztendlich in ein übergeordnetes Gesamtsystem des Universums eingebettet ist, so reicht es aus, zu postulieren, dass sich dieses zu Anbeginn der Zeit (z. B. zur Zeit des Urknalls) im Quantengleichgewicht befunden hat. Jedes daraus abgeleitete System muss sich dann aufgrund der Kontinuitätsgleichung wieder im Quantengleichgewicht befinden. Damit ist es aber auch unmöglich, ein Experiment so zu präparieren, dass sich dessen Anfangsbedingungen nicht im Quantengleichgewicht befinden. Das heißt die Genauigkeit mit der die Anfangsbedingungen eines Systems kontrolliert werden können ist durch die $|\psi|$-Verteilung begrenzt. Aus diesem Grund ist es innerhalb der de-Broglie-Bohm-Theorie auch nicht möglich, die Heisenberg'sche Unschärferelation zu verletzen. Der genaue Aufenthaltsort eines Teilchens ist ja nicht bekannt, sondern es liegen lediglich Wahrscheinlichkeiten vor. Soll der exakte Ort des Teilchens in Erfahrung gebracht werden muss also eine Ortsmessung durchgeführt werden. Diese Messung stört die Wellenfunktion des Systems in unvorhersehbarer und unkontrollierbarer Art und Weise. Der Impuls des Teilchens wird aber gerade durch die Bewegungsgleichung (9.8) festgelegt, in welche die Phase der Wellenfunktion eingeht. Da es aber unmöglich ist, sowohl die Wellenfunktion als auch den Teilchenort gleichzeitig exakt zu kontrollieren, können auch niemals der Ort und der Impuls eines Teilchens gleichzeitig scharf bestimmt werden, obwohl beide Größen zu jeder Zeit scharf definiert sind. Auch wenn die Unschärfe zwischen Ort und Impuls hier nur auf die Unkenntnis des Beobachters zurückgeführt wird, so handelt es sich doch um eine prinzipielle Unkenntnis, die nicht durch präzisere Apparaturen oder geschicktere Versuchsanordnungen überwunden werden kann.

9.7.2 Die Debatte um die De-Broglie-Bohm-Theorie

Die De-Broglie-Bohm-Theorie ist in sich konsistent; sie ermöglicht im Gegensatz zur Kopenhagener Deutung eine kontinuierliche Zeitentwicklung des Systems auch während des Messprozesses (kein Quantenkollaps) und erlaubt eine deterministische Interpretation der nicht-relativistischen Quantenmechanik. Dennoch fand die Theorie seit ihrer Veröffentlichung 1952 nur geringe Zustimmung und konnte sich gegenüber anderen Interpretationen nicht durchsetzen. Größter Segen und Fluch zugleich ist für die De-Broglie-Bohm-Theorie dabei, dass sie zwar alle Vorhersagen der Kopenhagener Deutung reproduziert, aber andererseits nicht zu neuen Vorhersagen führt. Insbesondere ist es also unmöglich, die Theorien auf einer rein experimentellen Ebene voneinander zu unterscheiden.

Diese Ununterscheidbarkeit der Theorien bildet die Grundlage für eine breite und teils heftige Debatte, in deren Verlauf von Anhängern und Widersachern viele Argumente für bzw. gegen die De-Broglie-Bohm-Theorie vorgebracht werden. Unter anderem werden Überlegungen angestellt, die die Ästhetik und Symmetrie betreffen (so fällt z. B. in der De-Broglie-Bohm-Theorie die Symmetrie zwischen Orts- und Impulsraum weg), und es werden Einwände erhoben, die sich auf die Verallgemeinerbarkeit der Theorie auf den relativistischen Fall beziehen. Der wohl häufigste und offensichtlichste Einwand stützt sich aber auf ein heuristisches Prinzip, welches als „Ockhams Rasiermesser" bekannt ist: Bieten zwei Theorien denselben Erklärungsgehalt, dann sei diejenige vorzuziehen, die mit weniger Annahmen auskommt. Der Einwand ist nun, dass die De-Broglie-Bohm-Theorie über die verborgenen Variablen neue Elemente zur Quantenmechanik hinzufügt, ohne dass mit Hilfe dieser Elemente neue Vorhersagen ermöglicht werden. Man sollte hier allerdings nicht aus den Augen verlieren, dass einerseits zwar neue Elemente hinzugefügt werden, andererseits dafür aber auch andere entfernt werden. So kann die De-Broglie-Bohm-Theorie den Messprozess erklären, ohne dabei auf den Kollaps der Wellenfunktion zurückgreifen zu müssen.

9.8 Die Bell'sche Ungleichung und das EPR-Argument

In der berühmten Arbeit von Einstein, Podolsky und Rosen über die „Unvollständigkeit der Quantenmechanik" von 1935 (Einstein et al. 1935) wurde ein System aus zwei Spin-$\frac{1}{2}$-Teilchen betrachtet, deren gemeinsame Wellenfunktion so beschaffen ist, dass sich die beiden Teilchen in räumlich entgegengesetzte Richtungen voneinander wegbewegen, sagen wir, nach „links" und nach „rechts". Der gemeinsame Spinzustand sei der sogenannte Singulett-Zustand. Das bedeutet, dass die Wellenfunktion Werte im eindimensionalen Singulett-Unterraum annimmt. Für die folgenden Argumente spielt es aber eigentlich keine Rolle, was das mathematisch genau bedeutet. Wichtig sind nur die experimentell überprüfbaren Vorhersagen der Quantenmechanik für dieses System. Da die beiden Teilchen nach einiger Zeit räumlich getrennt sind, kann man mit Hilfe des Stern-Gerlach-Experiments (siehe Abschn. 7.2) an jedem Teilchen einzeln den Spin in einer bestimmten Raumrichtung $\vec{s}$ messen. Man macht dies, indem man das jeweilige Teilchen durch ein geeignetes inhomogenes in Richtung $\vec{s}$ ausgerichtetes Magnetfeld fliegen lässt. Die zwei möglichen Ergebnisse einer solchen Messung sind, dass das Teilchen entweder in Richtung $+\vec{s}$ oder in Richtung $-\vec{s}$ abgelenkt wird. Wir nennen die Ergebnisse dann Spin $+1/2$ oder $-1/2$ in Richtung $-\vec{s}$.

Man stellt nun fest, dass für die oben beschriebene Singulett-Wellenfunktion die quantenmechanische Statistik der Spinmessungen sehr einfach ist: Egal in welche Richtung und egal auf welcher Seite (links oder rechts) man die Spinmessung durchführt, man erhält immer mit der Wahrscheinlichkeit $P = \frac{1}{2}$ das Ergebnis $+1/2$ und mit der Wahrscheinlichkeit $P = \frac{1}{2}$ das Ergebnis $-1/2$. Die Ergebnisse sind also in der quantenmechanischen Beschreibung vollkommen zufällig. Führt man aber rechts und links jeweils eine Spinmessung in derselben (aber ansonsten beliebigen) Richtung $+\vec{s}$ durch, so stellt man fest, dass die Ergebnisse perfekt anti-korreliert sind: Wenn das Experiment auf einer Seite $+1/2$ ergibt, so ergibt es auf der anderen Seite $-1/2$.

Es gibt nun zwei Möglichkeiten, diese perfekte Antikorrelation zu erklären: Entweder standen die Ergebnisse aller möglichen Spinmessungen schon *vor* der Durchführung des Experiments fest – salopp gesagt, die Teilchen haben sich zuvor abgesprochen, in welche Richtung sie jeweils fliegen. Oder die Ergebnisse standen vor der Durchführung des Experiments *noch nicht* fest. Dann müssen die beiden getrennten Teilsysteme aber während der Durchführung des Experiments in irgendeiner Form miteinander wechselwirken, um die perfekte Antikorrelation zu erreichen. Da die beiden Spinmessungen aber im Prinzip in beliebig großer räumlicher Entfernung voneinander stattfinden können, haben Einstein, Podolsky und Rosen (EPR) diese zweite Möglichkeit der Wechselwirkung während des Experiments explizit ausgeschlossen. Man nennt das die *Lokalitätsannahme*, und es sprach 1935 alles dafür, dass dies eine sinnvolle Annahme ist. Dann bleibt aber nur die erste Möglichkeit, nämlich dass die Ergebnisse schon vor der Messung feststanden. Da dies aber in der quantenmechanischen Beschreibung nicht enthalten ist, sprachen Einstein, Podolsky und Rosen von der *Unvollständigkeit der Quantenmechanik*. Es handelt sich also bei der EPR-Arbeit eigentlich nicht um ein Paradoxon, auch wenn oft vom EPR-Paradoxon die Rede ist, sondern um ein sehr klar formuliertes Argument, nach dem aus der Lokalitätsannahme die Unvollständigkeit der quantenmechanischen Beschreibung folgt. Fast 30 Jahre später, 1964, griff John Bell die Frage nach der lokalen Beschreibung quantenmechanischer Phänomene wieder auf (Bell 1964). John Bell war einer der wenigen Physiker, welche die Bedeutung der Bohm'schen Mechanik erkannt hatten. Die Bohm'sche Mechanik ist – bis auf einen wichtigen Punkt – eine Vervollständigung der Quantenmechanik ganz im Sinne von Einstein. Dieser wichtige Punkt ist aber genau die Lokalitätsannahme, die Bohm'sche Mechanik ist *nichtlokal*. Bell gelang es jedoch, mit seiner berühmten Ungleichung zu zeigen, dass jede Theorie, welche die quantenmechanischen Vorhersagen für das oben beschriebene Experiment reproduziert (und insbesondere auch die Quantenmechanik selbst), die Lokalitätsannahme von EPR verletzen muss, also nichtlokal ist. Das Argument ist völlig unabhängig von einer bestimmten theoretischen Beschreibung des Experiments und nimmt zunächst keinerlei Bezug auf die Quantenmechanik. Wir führen deshalb die folgende Notation ein: Da wir immer mit dem gleichen Anfangszustand für die beiden Teilchen starten, ist der Versuchsaufbau durch die Angabe der beiden Richtungen s^l, s^r für die Ausrichtung des Stern-Gerlach-Magneten auf der linken und auf der rechten Seite eindeutig beschrieben. Die Ergebnisse der Spinmessungen nennen wir

$$X^l_{s^l s^r}, X^r_{s^l s^r} \in \{-1/2, +1/2\}. \tag{9.10}$$

Es bezeichnet also $X^l_{s^l,s^r}$ den Ausgang des Experiments auf der linken Seite und $X^r_{s^l,s^r}$ den Ausgang des Experiments auf der rechten Seite, falls auf der linken Seite in Richtung s^l und auf der rechten Seite in Richtung s^r gemessen wird. Nun zeigt das Experiment eindeutig, dass $X^l_{s^l,s^r}$ und $X^r_{s^l,s^r}$ zufällig auftreten und jeweils die folgende Verteilung haben: $P(X^l_{s^l,s^r} = 1/2) = P(X^r_{s^l,s^r} = 1/2) = \frac{1}{2}$. Für die gemeinsame Verteilung findet man allerdings, dass $X^l_{s^l,s^r}$ und $X^r_{s^l,s^r}$ *nicht* unabhängig sind, sondern dass gilt:

$$\boxed{P(X^l_{s^l,s^r}) = -P(X^r_{s^l,s^r}) = \cos\left(\frac{\vartheta}{2}\right),} \tag{9.11}$$

wobei ϑ der Winkel zwischen s^l und s^r ist. Bell stellte sich nun die Frage, ob man diese statistischen Vorhersagen überhaupt durch eine lokale Theorie im Sinne von EPR beschreiben kann. Die EPR-Definition von Lokalität lässt sich in dieser Notation denkbar einfach und präzise formulieren: In einer lokalen Theorie darf das Ergebnis $X^l_{s^l,s^r}$ auf der linken Seite nicht davon abhängen, in welcher Richtung der Stern-Gerlach-Magnet auf der rechten, möglicherweise sehr weit entfernten Seite eingestellt ist. Das heißt, es muss gelten:

$$X^l_{s^l,s^r} = X^l_{s^l} \quad \text{und} \quad X^l_{s^l,s^r} = X^r_{s^r}. \tag{9.12}$$

Die Frage ist nun, ob es Zufallsvariablen $X_{s^l}^l$ und $X_{s^r}^r$ gibt, die die Beziehungen

$$P(X_{s^l}^l = 1/2) = P(X_{s^r}^r = 1/2) = \frac{1}{2} \tag{9.13}$$

und

$$P(X_{s^l}^l) = -P(X_{s^r}^r) = \cos^2\left(\frac{\vartheta}{2}\right) \tag{9.14}$$

erfüllen. Die Antwort auf diese Frage ist *nein*, wie man aus folgender Definition der Bell'schen Ungleichung schließen kann.

Definition 9.1 (Bell'sche Ungleichung)
Gegeben sind die Zufallsvariablen X_a^1, X_a^2, X_b^1, X_b^2, X_c^1 und X_c^2, mit

$$P(X_j^1 = -X_j^2) = 1 \quad \forall \; j \in \{a, b, c\}. \tag{9.15}$$

Dann gilt die *Bell'sche Ungleichung*

$$P(X_a^1 = -X_b^2) + P(X_b^1 = -X_c^2) + P(X_c^1 = -X_a^2) \geq 1. \tag{9.16}$$

Um zu sehen, dass es die „lokalen" Zufallsvariablen $X_{s^l}^l$ und $X_{s^r}^r$ für das EPR-Experiment nicht geben kann, wählen wir drei Richtungen $a, b, c \in S^2$ in einer Ebene mit einem Zwischenwinkel von jeweils 120°. Dann erfüllen X_a^1, X_a^r, X_b^l, X_b^r, X_c^l und X_c^r wegen Gl. (9.14) für $\vartheta = 0$ die Bedingung in Gl. (9.15). Also muss gemäß der Bell'schen Ungleichung gelten:

$$P(X_a^l = -X_b^r) + P(X_b^l = -X_c^r) + P(X_c^l = -X_a^r) \geq 1. \tag{9.17}$$

Dann kann aber Gl. (9.16) nicht erfüllt sein, da sie Folgendes impliziert:

$$P(X_a^1 = -X_b^r) + P(X_b^l = -X_c^r) + P(X_c^l = -X_a^r) = \frac{1}{4} + \frac{1}{4} + \frac{1}{4} = \frac{3}{4} < 1. \tag{9.18}$$

Somit kann es lokale Zufallsvariable $X_{s^l}^l$ und $X_{s^r}^r$, die Gl. (9.14) erfüllen, nicht geben. Das Nichtlokalitätsargument von Bell ist nicht nur sehr einfach und direkt, sondern hat auch eine weit über die Quantenmechanik hinausgehende Bedeutung. Es zeigt, dass es *keine*, wie auch immer geartete, *lokale* Beschreibung der im Experiment bestätigten Statistik gemäß Gl. (9.11) geben kann. Nicht nur die Quantenmechanik ist nichtlokal, sondern die gesamte Natur!

9.9   Dekohärenz

Ist eine Wellenfunktion als Summe zweier Funktionen gegeben,

$$\psi(x) = \psi_1(x) + \psi_2(x),$$ (9.19)

so ist die zugehörige Wahrscheinlichkeitsdichte

$$|\psi(x)|^2 = \big(\psi_1(x) + \psi_2(x)\big)^* \big(\psi_1(x) + \psi_2(x)\big)$$
$$= |\psi(x)|^2 + |\psi(x)|^2 + 2\,\mathrm{Re}\big(\psi_1(x) \cdot \psi_2(x)\big)$$ (9.20)

im Allgemeinen nicht die *Summe* der Dichten, sondern enthält einen zusätzlichen Interferenzterm. Haben die Funktionen 1 und 2 disjunkte Träger, so verschwindet der Interferenzterm. Das bedeutet aber nicht, dass sie nicht zu einem späteren Zeitpunkt wieder überlappen und somit interferieren können. So überlappen beim Doppelspaltexperiment mit einem gut lokalisierten Wellenpaket die beiden Teile, welche durch die beiden Spalte gehen, zum Zeitpunkt des Durchgangs nicht. Die Beugung an den Spalten führt aber dazu, dass sie sich hinter dem Doppelspalt wieder überlappen und das typische Interferenzmuster erzeugen.

Haben wir es allerdings mit einem makroskopischen System mit sehr vielen Teilchen zu tun (z. B. $N = 10^{23}$) und haben die beiden Teile 1 und 2 disjunkte Träger in makroskopisch vielen Koordinaten (z. B. zwei verschiedene Zeigerstellungen), dann ist es praktisch unmöglich, die beiden Teile im extrem hochdimensionalen Konfigurationsraum wieder zum Überlappen zu bringen. Ein Beispiel dafür ist Schrödingers Katze: Es ist praktisch ausgeschlossen, dass die unitäre Zeitentwicklung e^{-iht} die beiden Teile $\psi_{\text{lebendig}}(x)$ und $\psi_{\text{tot}}(x)$ wieder zum Überlappen bringt. Dazu müssten die Orte aller Teilchen aus der radioaktiven Substanz, aus dem Geigerzähler, aus der Tötungsapparatur und natürlich auch der Katze (sowie allen weiteren Dingen oder Lebewesen die inzwischen mit dem System interagiert haben) wieder übereinstimmen. Das wird nicht passieren, und deshalb kann man davon ausgehen, dass

$$\left| e^{-i\hat{H}t} \frac{1}{\sqrt{2}} \psi_{\text{lebendig}}(x) + e^{-i\hat{H}t} \frac{1}{\sqrt{2}} \psi_{\text{tot}}(x) \right|^2$$
$$\approx \left| e^{-i\hat{H}t} \frac{1}{\sqrt{2}} \psi_{\text{lebendig}}(x) \right|^2 + \left| e^{-i\hat{H}t} \frac{1}{\sqrt{2}} \psi_{\text{tot}}(x) \right|^2$$ (9.21)

für alle Zeiten $t > 0$ gilt. In Zukunft werden die beiden Teile also nicht mehr interferieren. Den Effekt, dass eine Wechselwirkung mit einer makroskopischen Umgebung zu irreversiblem Verlust der Interferenzfähigkeit führt, nennt man *Dekohärenz*. Diese erklärt, warum wir keine Interferenzeffekte bei makroskopischen Körpern beobachten. Das Konzept der Dekohärenz von verschiedenen Vertretern in den 1970er Jahren zu einer Theorie ausgebaut und popularisiert. Vor allem der Physiker Hans-Dieter Zeh lieferte hierzu grundlegende Beiträge (Zeh 1970, 1999, 2000).

9.9.1 Heisenberg'sche Schnitte

Die Idee der Dekohärenz geht begrifflich vom Schrödinger-Bild aus (siehe Abschn. 4.8.1), denn ihm liegt der Versuch zugrunde, der Schrödinger-Gleichung mit ihrem Superpositionsprinzip eine *universelle Gültigkeit* zuzuschreiben. Damit steht es in Gegensatz zur etablierten Kopenhagener Deutung, die klassische Begriffe zur Beschreibung von Messapparaten und Messergebnissen als eine unumgängliche Voraussetzung ansieht, was mit einer universellen unitären Dynamik (der Zeitentwicklung im Schrödinger-Bild) aber unvereinbar ist. Bei dieser Beschreibung führen Wechselwirkungen zwischen physikalischen Systemen zwangsläufig zu deren Verschränkung. Es sei daher historisch angemerkt, dass Schrödinger seine Gleichung ursprünglich aus einer Analogie zu den Hamilton'schen partiellen Differenzialgleichungen gewann, wodurch sich direkt eine Wellenfunktion im abstrakten Konfigurationsraum ergab (wofür auch heute noch in der Regel der Buchstabe q steht), die solche Verschränkungen als Normalfall enthält. Schrödinger wandte seine Gleichung dann aber auf eindimensionale Probleme (Oszillator, Zentralbewegung mit Coulomb-Potenzial) an, wobei der Konfigurationsraum ausnahmsweise mit dem gewöhnlichen, unmittelbar anschaulichen Ortsraum identisch ist. Da Schrödinger aber der Wellenfunktion eine „reale" Existenz zuschreiben wollte, versuchte er später seine Wellenfunktion auch für Mehr-Teilchen-Systeme umzuinterpretieren (was misslang). Erst 1935 (im Zusammenhang mit dem Erscheinen der berühmten Arbeit von Einstein, Podolski und Rosen) bezeichnete er die Verschränkung als die größte Herausforderung der Quantenmechanik. Bei einem Mess- oder Beobachtungsprozess sind aber noch mehr Systeme beteiligt. Es existiert eine untrennbare Kette zwischen dem beobachteten System S, der Messapparatur A und der Umgebung U, siehe Abb. 9.4, die man aber ursprünglich immer isoliert betrachtet hat. Erst im Zusammenhang mit der Dekohärenz hat man erkannt, dass alle Systeme stets auch wesentlich mit ihrer weiteren Umgebung wechselwirken müssen. Nur bei mikroskopischen Systemen unter bestimmten Laborbedingungen mag das vernachlässigbar sein. Es ist z. B. ohne Berechnung unmittelbar einzusehen, dass wir eine makroskopische Zeigerstellung nur dadurch ablesen können, dass der Zeiger ständig Photonen reflektiert, deren Zustand nach der Reflexion vom Zeigerstand abhängen muss (auch ohne dass wir sie wahrnehmen). Das bezeichnet man als *Wechselwirkung vom von Neumann'schen Typ*. Es ist aber für Dekohärenz nicht nötig, dass diese Abhängigkeit Information beschreibt, denn der gleiche Effekt ist auch durch Streuung (informationsloser) thermischer Photonen zu erreichen. Es ist nur nötig, dass die aus zwei verschiedenen Zeigerstellungen resultierenden finalen Photonenzustände orthogonal zueinander sind. Ist das nur annähernd der Fall, kann Dekohärenz noch immer praktisch vollständig durch eine größere Anzahl von Photonenstreuungen erreicht werden.

Ein vollständiges System für eine Beobachtung unter Vernachlässigung zwischengeschalteter Informationsmedien könnte wie in Abb. 9.4 aussehen. Die einheitliche Behandlung aller Systeme verdeutlicht noch einmal den begrifflichen Gegensatz der Dekohärenz-Auffassung zur Kopenhagener Interpretation.

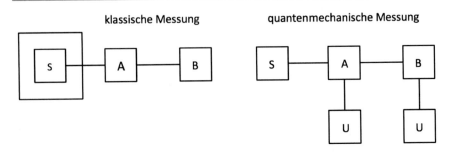

Abb. 9.4 Klassischer und quantenmechanischer Messprozess. Bei klassischen Messungen ist das System S vollkommen unbeeinflusst von der Messapparatur A, welche die Eigenschaft (die Observable) A misst. Die Messung wird dann vom Beobachter B abgelesen. Das Ablesen wiederum hat keinerlei Einfluss auf das Ergebnis der Messung von A. Bei quantenmechanischen Messungen ist S nicht mehr isoliert von der Apparatur A und dem Beobachter B, sondern es ist immer eine Wechselwirkung mit der Umgebung U über den Beobachter und die Messapparatur A vorhanden. Die Dekohärenztheorie nimmt an, dass diese Wechselwirkung zur Dekohärenz der superponierten Wellenfunktionen in einem stetigen, aber sehr schnell ablaufenden Prozess führt, der zu jedem Zeitpunkt der zeitabhängigen Schrödinger-Gleichung gehorcht: Es gibt keinen wie auch immer gearteten „Kollaps" der Wellenfunktion. In der Kopenhagener Interpretation würde man hier vom „Kollaps" der Wellenfunktion sprechen, dessen Natur und Dynamik unerklärt bleibt. Die Schrödinger-Gleichung ist in dieser Vorstellung in dem Moment der Messung nicht mehr gültig. Des Weiteren wird in der Kopenhagener Deutung dem System S (also der „Mikrowelt") die reale Existenz abgesprochen

Man kann sich fragen, welche der Wechselwirkungen in der Figur man eigentlich mit der Schrödinger-Gleichung beschreiben muss und wo man die Wahrscheinlichkeitsinterpretation in irgendeiner Form anzuwenden hat – nämlich entweder als einen Kollaps der Wellenfunktion oder durch einen begrifflichen Sprung von quantenmechanischen zu vorausgesetzten klassischen Begriffen. Diese Grenze wird auch als *Heisenberg'scher Schnitt* bezeichnet, dessen Position von ihm als frei wählbar angesehen wurde. Allerdings darf er nicht bereits zwei Teile von S trennen, die auf relevante Weise verschränkt sind, wie beim radioaktiven Zerfall mit innerer Konversion, im Falle von „Delayed-Choice" oder bei den Bell'schen Experimenten (eben solange noch keine irreversible Dekohärenz aufgetreten ist).

Abb. 9.5 zeigt eine Auswahl von möglichen Heisenberg'schen Schnitten für das obige Schema. Die traditionelle Wahrscheinlichkeitsinterpretation von Born wendet diese direkt auf mikroskopische Systeme an. Bohr forderte dagegen klassische Eigenschaften erst für makroskopische Messapparate. Die Verlegung des Heisenberg-Schnittes in das Bewusstsein des Beobachters wird oft Wigner zugeschrieben, aber auch bei Heisenberg spielte das Bewusstsein eine wichtige Rolle („die Bahn des Teilchens entsteht erst dadurch, dass wir sie beobachten"). Auch der Mathematiker von Neumann nahm den Beobachter in die quantenmechanische Beschreibung auf, wobei er durch einen stochastischen Kollaps in Produktzustände einen Parallelismus zu ermöglichen versuchte, für den der Beobachter einen bestimmten Zustand annehmen müsste.

Abb. 9.5 Mögliche Heisenberg-Schnitte als Trennung zwischen klassischer Welt und quantenmechanischer Mikrowelt gemäß der orthodoxen Kopenhagener Interpretation. Eine solche Trennung zwischen Mikro- und Makrowelt wurde nie gefunden

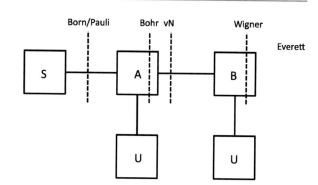

9.10 Dichteoperatoren

In unseren bisherigen Überlegungen sind wir davon ausgegangen, dass die zu diskutierenden Quantensysteme in *reinen Zuständen* vorliegen. Durch Axiom 1 (s. Abschn. 4.7) wird einem solchen reinen Zustand ein Hilbert-Vektor $|\psi\rangle$ zugeordnet. Auch bei der Untersuchung des Messprozesses haben wir implizit angenommen, dass der Zustand vor der Messung vollständig „präpariert" ist. Das heißt, dass ein vollständiger Satz kommutierender Observabler gemessen wurde. Erst dann kennen wir den Zustand. Nun macht man sich aber leicht klar, dass in den meisten praktischen Fällen eine vollständige Präparation illusorisch ist. Man denke nur an einen makroskopischen Festkörper, der sich aus einigen 10^{23} Atomkernen und Elektronen aufbaut. Wie will man für diesen zu einer vollständigen Information gelangen? Man braucht aber auch gar nicht unbedingt nur makroskopische Systeme im Auge zu haben. Auch bei an sich einfachen Systemen können unvollständige Voruntersuchungen die Definition eines reinen Zustands verhindern. Als Beispiele können Streuversuche mit unpolarisierten Elektronen genannt werden. Andererseits scheint die vollständige Präparation eines reinen Zustands zur Deutung empirischer Befunde nicht immer unbedingt notwendig zu sein. Die Thermodynamik zum Beispiel kommt innerhalb gewisser Grenzen durchaus zu befriedigenden Ergebnissen, obwohl sie sich nur makroskopischer Variabler wie Druck, Volumen, Energie, Magnetisierung bedient. Steht einer quantenmechanischen Beschreibung nur ein unvollständiger Satz von Angaben über das System zur Verfügung, so müssen die bisher entwickelten Methoden noch durch statistische Verfahren ergänzt werden. Ein entsprechendes Konzept verwendet der sogen. *Dichteoperator* $\hat{\rho}$, für den auch die Bezeichnungen *Dichtematrix* oder *Statistischer Operator* üblich sind. Es handelt sich um die allgemeinste Form der quantenmechanischen Beschreibung von physikalischen Systemen.

Wenn der Satz von Observablen, der zu einem bestimmten Zeitpunkt gemessen wurde, nicht vollständig ist, wenn man also über das System nicht genügend Information hat, so sagt man, das System sei *schwach präpariert* bzw. befände sich in einem *gemischten Zustand*. In diesem Fall ist es nicht durch einen Hilbert-Vektor beschreibbar. Wir nehmen jedoch an, dass wir die Wahrscheinlichkeit p_m angeben können, mit der sich das System in dem reinen Zustand

$$|\psi_m\rangle, \qquad m \in \mathbb{N} \tag{9.22}$$

befindet, mit $0 \leq p_m \leq 1$ und $\sum_m p_m = 1$. Die Größe p_m ist simultaner Eigenzustand zu den Observablen, die tatsächlich gemessen wurden, und zu denen, deren Messungen zur vollständigen Präparierung fehlen. $|\psi_m\rangle$ ist also einer der denkbaren Zustände, in denen sich das System, über das wir nur unvollständig informiert sind, befinden könnte. Es ist eine der wesentlichen Aufgaben der *Quantenstatistik,* für die zugeordneten Wahrscheinlichkeiten p_m konkrete Ausdrücke zu entwickeln. Als Eigenzustände zu Observablen können wir die $|\psi_m\rangle$ als orthonormiert voraussetzen:

$$\langle \psi_m | \psi_n \rangle = \delta_{mn}. \tag{9.23}$$

Der Einfachheit halber beziehen sich unsere Überlegungen hier auf den Fall, dass m ein diskreter Index ist. Die Übertragung auf den kontinuierlichen Fall ist unproblematisch. Wenn das System sich im reinen Zustand $|\psi_m\rangle$ befände, so würde für die Observable A der Erwartungswert $\langle \psi_m | A | \psi_m \rangle$ gemessen. Unsere unvollständige Information über das System erzwingt nun aber eine zusätzliche *statistische Mittelung,* da wir nur die Wahrscheinlichkeit p_m kennen, mit der das System tatsächlich diesen Zustand annimmt:

Definition 9.2 (Erwartungswert von A im gemischten Zustand)

$$\langle A \rangle = \sum_{m=1}^{\infty} p_m \langle \psi_m | A | \psi_m \rangle. \tag{9.24}$$

Der Leser beachte die beiden unterschiedlichen Mittelungstypen, mit denen wir es in der Quantenmechanik tatsächlich zu tun haben. Die *statistische Mittelung* über die Gewichte p_m resultiert aus unserer unvollständigen Information, könnte also durch entsprechende Zusatzmessungen ganz oder teilweise aufgehoben werden. Die *quantenmechanische Mittelung* (Axiom 4 in Abschn. 4.7) ist dagegen prinzipieller Natur. Sie ist die Folge des Ausgangs des quantenmechanischen Messprozesses. Die quantenmechanische Mittelung erfolgt über Wahrscheinlichkeitsamplituden $\langle b_j | \psi_m \rangle$, betrifft also Zustände und führt zu den bekannten Interferenzeffekten. Sie lautet in allgemeinster Form für diskrete und für kontinuierliche Zustände (wobei die Zustände $\{|b_i\rangle\}$ ein VON bilden):

$$\langle \psi_m | A | \psi_m \rangle = \sum_{i,j} \langle \psi_m | b_i \rangle A_{ij} \langle b_j | \psi_m \rangle, \quad \text{mit} \quad A_{ij} = \langle b_i | A | b_j \rangle. \tag{9.25}$$

Die statistische Mittelung gilt direkt für Erwartungswerte und nicht für Zustände, sodass die verschiedenen reinen Zustände $|\psi_m\rangle$ des Gemisches nicht miteinander interferieren. Der gemischte Zustand resultiert also aus einer *inkohärenten Superposition von reinen Zuständen*. Eine einheitliche Bearbeitung der beiden unterschiedlichen Mittelungsprozesse gelingt mit Hilfe des *Dichteoperators*.

Definition 9.3 (Dichteoperator ρ)

$$\rho = \sum_{m=1}^{\infty} p_m |\psi_m\rangle\langle\psi_m| \,. \tag{9.26}$$

Wir wollen hier seine wichtigsten Eigenschaften zusammenstellen:

9.10.1 Eigenschaften des Dichteoperators

1. **Erwartungswerte:** Ausgehend von Gl. (9.24) gilt für den Erwartungswert einer Observablen A:

$$
\begin{aligned}
\langle A \rangle &= \sum_{m=1}^{\infty} \sum_{i,j=1}^{\infty} p_m \langle\psi_m|\varphi_i\rangle\langle\varphi_i|A|\varphi_j\rangle\langle\varphi_j|\psi_m\rangle \\
&= \sum_{i,j=1}^{\infty} \langle\varphi_i|A|\varphi_j\rangle \sum_{m=1}^{\infty} p_m \langle\varphi_j|\psi_m\rangle\langle\psi_m|\varphi_i\rangle \\
&= \sum_{i,j=1}^{\infty} A_{ij}\rho_{ji} = \sum_{i=1}^{\infty} (A\rho)_{ii} \,.
\end{aligned}
\tag{9.27}
$$

Mit ρ lassen sich also – der Zielsetzung entsprechend – Erwartungswerte von Observablen berechnen gemäß

$$\langle A \rangle = \mathrm{Sp}(\rho A) = \mathrm{Sp}(A\rho) \,. \tag{9.28}$$

2. **ρ ist Hermite'sch:** Der Dichteoperator ist Hermite'sch, d. h. es ist $\rho^\dagger = \rho$. Damit ist ρ selbst als Observable interpretierbar. Der Beweis der Hermitezität folgt direkt aus der Definition in Gl. (9.26). Die Gewichte p_m sind reell, und der Projektionsoperator $|\psi_m\rangle\langle\psi_m|$ ist Hermite'sch.

3. **ρ ist positiv definit:** Es gilt nämlich für einen beliebigen Zustand $|\varphi\rangle$

$$\langle\varphi|\rho\varphi\rangle = \sum_{m=1}^{\infty} p_m |\langle\varphi|\psi_m\rangle|^2 \geq 0 \,. \tag{9.29}$$

Der Erwartungswert von ρ im normierten Zustand $|\varphi\rangle$ stellt die Wahrscheinlichkeit dafür dar, das System in diesem Zustand $|\varphi\rangle$ anzutreffen. Wenn wir den Dichteoperator in der VON-Basis $\{|a_i\rangle\}$ der Observablen A darstellen, so steht in der Diagonalen an der i-ten Stelle gerade die Wahrscheinlichkeit für die Messung von a_i am gemischten Zustand.

4. **Die Spur von ρ ist gleich 1:** $\mathrm{Sp}\,\rho = \sum_{n=1}^{\infty} \langle \varphi_n|\rho|\varphi_n\rangle = 1$, wie man leicht durch die übliche Methode des Einschiebens einer vollständigen 1 zeigen kann. Diese Eigenschaft folgt außerdem direkt aus Gl. (9.28) für $A = 1$.

5. **Reiner Zustand:** Auch reine Zustände lassen sich als Spezialfälle im Dichteoperator-Formalismus behandeln. Ihnen entspricht der höchste Informationsstand, realisiert durch $p_1 = 1$ mit $p_m = 0$ für alle $m \neq 1$.

9.11 Ausblick: Was sagt die Quantenfeldtheorie zum Interpretationsproblem?

Ich komme in diesem Abschnitt wieder auf unsere anfängliche Diskussion in Kap. 1 über die beiden grundlegenden Elemente aller naturwissenschaftlichen Theorien zurück: Teilchen und Felder. In manchen Lehrbüchern wird hierzu behauptet, dass die Quantenfeldtheorie die Welle-Teilchen-Dualität komplett auflösen und vollständig erklären würde. Dies lässt sich jedoch anzweifeln.

Die relativistische Quantenfeldtheorie entstand ab dem Ende der 1920er-Jahre durch die Vereinigung der Quantenmechanik mit Einsteins spezieller Relativitätstheorie. Die Quantenfeldtheorie liefert die begriffliche Grundlage für das heutige Standardmodell der Elementarteilchenphysik, das die fundamentalen Bausteine der Materie und ihre Wechselwirkungen in einen gemeinsamen Rahmen stellt. Hinsichtlich der empirischen Genauigkeit ist dies die erfolgreichste Theorie in der Geschichte der Wissenschaft! Physiker verwenden das Standardmodell tagtäglich, um die Folgeprodukte von Teilchenkollisionen zu berechnen, ferner die Materiesynthese beim Urknall, die extremen Bedingungen in Atomkernen und Vieles andere.

Auf den ersten Blick erscheint der Inhalt des Standardmodells völlig klar. Es besteht zum einen aus Gruppen von Elementarteilchen wie Quarks und Elektronen und zum anderen aus vier Arten von Kraftfeldern, welche die Wechselwirkung zwischen den Teilchen vermitteln. Dieses Schema mutet zwar überzeugend an, stellt aber eigentlich nicht recht zufrieden. Zunächst einmal gehen die beiden Kategorien (Teilchen und Felder) unscharf ineinander über. Die Quantenfeldtheorie weist jeder Elementarteilchensorte (den Fermionen) ein Feld zu: Wenn es Elektronen gibt, existiert unweigerlich auch ein Elektronen*feld*. Umgekehrt sind aber die Kraftfelder nicht kontinuierlich, also ein Kontinuum, wie in klassischen Theorien, sondern quantisiert; darum existieren Teilchen wie das Photon, das Quantenteilchen des elektromagnetischen Feldes. Somit scheint die Unterscheidung zwischen Teilchen und Feldern künstlich zu sein, und mal wird das eine, mal das andere als fundamentaler behandelt.

9.11.1 Schwierigkeiten der Teilcheninterpretation

Zur gängigen Vorstellung von einem „Teilchen" gehört die Annahme, dass es einen *bestimmten Ort* einnimmt, also den Raum ausfüllt. Die „Teilchen" der Quantenfeldtheorie haben aber keine klar definierten Positionen, denn wie wir schon in Kap. 3 bei der Born'schen Wahrscheinlichkeitsdeutung gelernt haben, wird ein Beobachter, der versucht, den Ort des Teilchens zu messen, es mit kleiner, aber von null verschiedener Wahrscheinlichkeit in den entlegensten Winkeln des Universums entdecken. Die Wellenfunktion muss nämlich erst im Unendlichen zu null werden, um die Wahrscheinlichkeitsinterpretation zuzulassen. Dieser Widerspruch offenbarte sich schon in den ersten Formulierungen der Quantentheorie, wird aber noch deutlicher in der Quantenfeldtheorie.

Der Ort eines Teilchens hängt nämlich in einer vollständig relativistischen Theorie vom Bewegungszustand des Beobachters, zum Beispiel von Ihnen, ab. Nicht nur der Ort eines Teilchens hängt also von Ihrem Standpunkt ab, sondern sogar die Frage, ob es überhaupt einen Ort einnimmt. Darum hat es scheinbar wenig Sinn, *lokalisierte Teilchen* als die Grundelemente der physikalischen Wirklichkeit anzunehmen. Drittens: Selbst wenn Sie auf das Lokalisieren der Teilchen verzichten und sie einfach nur zählen, kommen Sie in Schwierigkeiten. Das Problem ist nämlich (und wir haben den Formalismus dazu mit den Erzeugungs- und den Vernichtungs-Operatoren in Kap. 5 bereits gelernt), dass in der Quantenfeldtheorie die Teilchenanzahl eine Eigenschaft des gesamten Systems ist. Um sie zu bestimmen, müssten Sie ein komplettes System auf einmal vermessen. Ein Extrembeispiel für die Teilcheninterpretation ist das physikalische Vakuum, das wir bereits in Kap. 1 erwähnt haben und das in der Quantenfeldtheorie eben nicht „leer" ist, sondern in dem durch Zufuhr von Energie zur Paarerzeugung von Teilchen aus dem buchstäblichen „Nichts" führen kann. Das Vakuum ist aber definitionsgemäß ein Zustand mit null Teilchen; trotzdem kann man in jedem endlichen Teilgebiet etwas ganz anderes beobachten als ein Vakuum.

Eine verblüffende Besonderheit des Quantenvakuums ist der so genannte *Unruh-Effekt* (Unruh 1976; Crispino et al. 2007), benannt nach dem kanadischen Physiker William Unruh. Während ein ruhender Astronaut meint, sich in perfektem Vakuum aufzuhalten, findet sein Kollege in einem beschleunigt vorbei fliegenden Raumschiff, er sei von einem Wärmebad aus unzähligen Teilchen umgeben. Diese Diskrepanz zwischen den Meinungen von Beobachtern über ein von Partikeln erfülltes Vakuum mutet seltsam an – nach Meinung des Verfassers aber nur, weil uns der klassische Teilchenbegriff in die Irre führt. Wenn die Teilchenzahl nämlich vom Bezugssystem abhängt, hat es offenbar wenig Sinn, Teilchen für grundlegend zu halten.

Wir haben oben das Phänomen der Quantenverschränkung diskutiert: Teilchen büßen als Teil eines Quantensystems ihre Individualität ein. Sie haben nicht nur Charakteristika wie Masse und Ladung gemeinsam, sondern auch räumliche und zeitliche Eigenschaften, beispielsweise den Bereich, in dem sie aufzufinden sind. Doch wenn zwei verschränkte Teilchen komplett ununterscheidbar sind, welchen Sinn hat es dann eigentlich, sie als separate Objekte zu betrachten? Das verschränkte System verhält sich als unteilbares Ganzes, und der Begriff eines Teiles und erst recht eines Teilchens wird bedeutungslos. Diese theoretischen Probleme mit dem Teilchenbegriff widersprechen der Anschauung. Entdeckt ein „Teilchendetektor" etwa keine Teilchen? Wenn man genau ist, werden die Teilchen aber tatsächlich immer indirekt erschlossen. Ein Detektor registriert nur zahlreiche separate Anregungen des Sensormaterials. Es ist aber nicht zulässig, diese punktuellen Ereignisse zu verbinden und daraus zu schließen, es gäbe Teilchen auf Bahnen, die sich zeitlich verfolgen lassen. Konsequenterweise sollte man den Begriff vielleicht ganz fallen lassen. Man könnte daraus den Schluss ziehen, dass die Quantenfeldtheorie am besten als eine reine Feldtheorie zu verstehen sei. Demnach wären Teilchen nichts als „Kräuselungen" in einem Feld, das den Raum wie eine unsichtbare Flüssigkeit erfüllt. Doch wie wir im nächsten Abschnitt sehen werden, ist die Vorstellung von Feldern allein ebenfalls problematisch.

9.11.2 Schwierigkeiten der Feldinterpretation

Das klassische Feld, das wir in Kap. 1 durch die Wellengleichung beschrieben haben, weist jedem Punkt der Raumzeit eine physikalische Größe zu, zum Beispiel Temperatur oder elektrische Feldstärke. Dagegen geht es bei einem Quantenfeld um abstrakte mathematische Ausdrücke, die nicht bestimmte Messwerte darstellen, sondern mögliche *Arten* von Messungen. Manche mathematischen Gebilde repräsentieren zwar physikalische Werte, doch diese lassen sich nicht bestimmten Punkten der Raumzeit zuordnen, sondern nur verschmierten Gebieten. Diese Eigenart der Quantenfelder ist natürlich nicht überraschend, liefert doch schon die nicht-relativistische Quantenmechanik, auf der die Quantenfeldtheorie aufbaut, nicht eindeutige Werte, sondern nur Wahrscheinlichkeiten. Doch in der Quantenfeldtheorie legen die Quantenfelder noch nicht einmal Wahrscheinlichkeiten fest; das tun sie erst, wenn sie mit dem Zustandsvektor kombiniert werden. Deshalb haben wir kein anschauliches Bild von Feldern mehr vor Augen, als etwas, das beschreibt, wie sich sich eine Größe über die Raumzeit verteilt. Offensichtlich ist das Standardbild von Elementarteilchen, zwischen denen Kraftfelder wirken, keine wirklich brauchbare Ontologie als fundamentale Grundlage, denn es drückt nicht aus, was in der physikalischen Welt wirklich vorgeht. Auch ist nicht klar, was ein Teilchen oder ein Feld eigentlich ist. Häufig wird darauf erwidert, dass Teilchen und Felder als komplementäre Aspekte der Realität betrachtet werden. Doch das hilft nicht weiter, denn die beiden Begriffe funktionieren selbst in den Fällen nicht, bei denen wir angeblich nur den einen oder den anderen Aspekt vor uns haben.

Manche Naturwissenschaftler, wie z. B. der im Jahr 2014 verstorbene Heisenberg-Schüler Hans-Peter Dürr, vertreten eine Auffassung, die das Teilchen- und Wellenbild generell verneint und zu einer Metaphysik gelangt, die versucht, nur noch von „Möglichkeiten der Realisierung" zu sprechen. In diesem Sinne gäbe es dann als Grundlage der Wirklichkeit nur das „Potenzielle", das sich je nach Experiment als ein lokalisiertes Teilchen oder als eine delokalisierte Welle offenbart, aber diese Eigenschaften zunächst gar nicht in sich trägt, sondern nur als eine jeweilige Möglichkeit der Realisierung. Diese Haltung steht im Gegensatz zu einer pragmatischen, sogen. *instrumentellen* Auffassung, nach der naturwissenschaftliche Theorien keine

Weltbilder vermitteln, sondern nur Meßdaten vorhersagen und daher auch nicht die Welt „widerspiegeln" sollen. Theorien stellen dann nur Instrumente dar, mit denen sich experimentelle Vorhersagen machen lassen. Dennoch sind die meisten Wissenschaftler davon überzeugt, dass ihre Theorien zumindest einige wahre Aspekte der Natur abbilden, bevor Experimentatoren eine Messung planen und durchführen.

Mit diesen bereits spekulativen Bemerkungen beenden wir unsere Diskussion von Interpretationsfragen der Quantenmechanik. Den interessierten Leser möchte ich an dieser Stelle auf die nachfolgend angegebene weiterführende Literatur verweisen.

Literatur

Bičák, J.: The art of science: interview with Professor John Archibald Wheeler. Gen. Relativ. Gravit. **41**, 679–689 (2009)

Bohm, D.: A suggested interpretation of the quantum theory in terms of „hidden" variables. I. Phys. Rev. **85**, 166–179 (1952a)

Bohm, D.: A suggested interpretation of the quantum theory in terms of „hidden" variables. II. Phys. Rev. **85**, 180–193 (1952b)

Crispino L.C.B., Higuchi A. et al.: The Unruh effect and its applications. *Found. Phys.* 787–838 (2007)

Duplantier, B.: Quantum decoherence: Poincaré seminar. Birkhäuser, Basel, Boston, Berlin (2006)

Einstein, A., Podolsky, B., et al.: Can quantum-mechanical description of physical reality be considered complete? Phys. Rev. **47**, 777–780 (1935)

Everett, H.: „Relative state" formulation of quantum mechanics. Rev. Mod. Phys. **29**, 454–462 (1957)

Heisenberg, W.: Die Entwicklung der Deutung der Quantentheorie. Phys. J. **12**, 289–304 (1956)

Leifer, M.S.: Is the quantum state real? An extended review of ψ-ontology theorems. Quanta **3**, 67–155 (2014)

Pusey, M.F., Barrett, J., et al.: On the reality of the quantum state. Nat. Phys. **8**, 476–479 (2012)

Schrödinger, E.: Die gegenwärtige Situation in der Quantenmechanik. Die Naturwissenschaften **23**, 807–812 (1935)

Schrödinger, E.: Die gegenwärtige Situation in der Quantenmechanik. Die Naturwissenschaften **23**, 823–828 (1935)

Schrödinger, E.: Die gegenwärtige Situation in der Quantenmechanik. Die Naturwissenschaften **23**, 844–849 (1935)

Taubes, G.: Atomic mouse probes the lifetime of a quantum cat. Science **274**, 1615 (1996)

Unruh, W.G.: Notes on black hole evaporation. Phys. Rev. D **14**, 870–892 (1976)

Wheeler J.A.: The „past" and the „delayed-choice" double-slit experiment. Math. Found. Quantum Theory 9–48 (1978)

Zeh H.D.: On the interpretation of measurement in quantum theory. Found. Phys. **1**, 69–76 (1970)

Zeh, H.D.: Why Bohm's quantum theory? Found. Phys. Lett. **12**, 197–200 (1999)

Zeh, H.D.: The meaning of decoherence. Lect. Notes. Phys. **538**, 19–42 (2000)

Aspect, A., Grangier, P., et al.: Experimental tests of realistic local theories via Bell's theorem. Phys. Rev. Lett. **47**, 460–6443 (1981)

Weiterführende Literatur

Aspect, A., Dalibard, J., et al.: Experimental test of Bell's inequalities using time varying analyzers. Phys. Rev. Lett. **49**, 1804–1807 (1982a)

Aspect, A., Grangier, P., et al.: Experimental realization of Einstein-Podolsky-Rosen-Bohm Gedankenexperiment: a new violation of Bell's inequalities. Phys. Rev. Lett. **49**, 91–97 (1982b)

Audretsch, J., Mainzer, K.: Wieviele Leben hat Schrödingers Katze? BI-Wissenschaftsverlag, Mannheim (1990)

Auletta, G.: Foundations and interpretation of quantum mechanics. In: The Light of a Critical-Historical Analysis of the Problems and a Synthesis of the Results. World Scientific, Singapore (2000)

Baggott, J.E.: The Meaning of Quantum Theory: A Guide for Students of Chemistry and Physics. Oxford University Press, Oxford, New York (1992)

Baumann, K., Sexl, R.U.: Die Deutungen der Quantentheorie, 3. Aufl. Vieweg, Braunschweig (1987)

Bell, J.: On the Einstein-Podolsky-Rosen paradox. Physics **1**, 195–200 (1964)

Bell, J.S.: Against measurement. Phys. World **3**, 3–33 (1990)

Bell, M., Gottfried, K., Veltmann, M.: John S. Bell on the Foundations of Quantum Mechanics. World Scientific Publishing, River Edge (2001)

Bell, J.S.: Speakable and Unspeakable in Quantum Mechanics, 2. Aufl. Oxford University Press, Oxford (2004)

Byrne, P.: Viele Welten. Hugh Everett III – Ein Familiendrama zwischen Kaltem Krieg und Quantenphysik. Springer, Heidelberg, Dordrecht, London, New York (2012)

Einstein, A.: Physik und Realität. J. Franklin Inst. **221**, 313–347 (1936)

Grangier, P., Roger, G., et al.: Experimental evidence for a photon anticorrelation effect on a beam splitter: A new light on single-photon interferences. Europhys. Lett. **1**, 173–179 (1986)

Jacques, V., Wu, E., et al.: Experimental realization of Wheeler's delayed-choice Gedanken experiment. Science **315**, 966–968 (2007)

Kafatos, M. (Hrsg.): Bell's Theorem, Quantum Theory and Conceptions of the Universe. Fundamental Theories of Physics. Kluwer, Dordrecht (1989)

Kochen, S., Specker, E.P.: The problem of hidden variables in quantum mechanics. J. Appl. Math. Mech. **17**, 59–87 (1967)

Mittelstaedt, P.: The Interpretation of Quantum Mechanics and the Measurement Process. Cambridge University Press, Cambridge (1998)

Nikolić, H.: Quantum mechanics: Myths and facts. Found. Phys. **37**, 1563–1611 (2007)

Pauli, W.: Physik und Erkenntnistheorie. Vieweg, Braunschweig (1984)

Pauli, W.: Die allgemeinen Prinzipien der Wellenmechanik. Neu herausgegeben und mit historischen Anmerkungen versehen von Norbert Straumann. Springer, Berlin, Heidelberg (1990)

Popescu, S.: Nonlocality beyond quantum mechanics. Nat. Phys. **10**, 264–270 (2014)

Redhead, M.: Incompleteness, Nonlocality, and Realism. A Prologomenon to the Philosophy of Quantum Mechanics. Clarendon Press, Oxford (1987)

Schilpp, P.A. (ed.): Albert Einstein als Philosoph und Naturforscher. Vieweg, Braunschweig (1979)

Selleri, F.: Die Debatte um die Quantentheorie. Vieweg, Braunschweig (1994)

Straumann, N.: A simple proof of the Kochen-Specker theorem on the problem of hidden variables. Ann. Phys. **19**, 121–127 (2010)

Misra, B., Sudarshan, B.E.G.: The Zeno's paradox in quantum theory. J. Math. Phys. **18**, 756 (1977)

Klassische Mechanik

A

A.1 Vorbemerkungen

Die Mechanik ist die älteste der theoretischen Disziplinen in den Naturwissenschaften und führte viele grundlegende Begriffe zur Naturbeschreibung ein, die sich auch auf andere Theorien übertragen lassen. Darüber hinaus ist die klassische Mechanik – im Gegensatz zur Quantenmechanik – auch eine sehr anschauliche Disziplin, da die Gegenstände ihrer Beschreibung überwiegend Alltagsphänomene abdecken. Historisch bauen viele andere Disziplinen der Naturbeschreibung, wie z. B. die Quantenmechanik, aber auch die statistische Mechanik, auf der klassischen Mechanik auf. Ursprünglich wurde bis zum Beginn des 20. Jahrhunderts sogar versucht, sämtliche Naturbeobachtungen im Rahmen der Mechanik zu verstehen (mechanistisches Weltbild). Obwohl sich dieses Programm letztlich als nicht durchführbar erwies, spielt die Mechanik noch immer eine fundamentale Rolle in der Naturforschung; sie kann als allgemeine Grundlage zur Naturbeschreibung in den Naturwissenschaften und der Technik angesehen werden. Die geschichtliche Entwicklung der Mechanik könnte sicherlich ganze Bibliotheken füllen. An dieser Stelle sollen nur einige Meilensteine zusammengefasst und einige wichtige Personen genannt werden.

A.2 Ein kurzer Abriss der klassischen Mechanik

Archimedes (um 285–212 v. Chr.) formulierte das Hebelgesetz und das nach ihm benannte Prinzip. Rund 1700 Jahre später wurden die Planetenbahnen von Nikolaus Kopernikus (1473–1543) und Tycho Brahe (1546–1601) untersucht. Johannes Kepler (1571–1630) gelang es, diese Beobachtungen im Rahmen des heliozentrischen Weltbildes zu verstehen. Galileo Galilei (1564–1642) leistete mit seinen Fallversuchen und Pendelexperimenten wichtige Beiträge zur Mechanik. Ebenso formulierte er das nach ihm benannte Relativitätsprinzip der Mechanik, das Albert Einstein 1905 auf die Elektrodynamik zum speziellen Relativitätsprinzip für alle Inertialsysteme

© Springer-Verlag GmbH Deutschland, ein Teil von Springer Nature 2022
M. O. Steinhauser, *Quantenmechanik für Naturwissenschaftler*,
https://doi.org/10.1007/978-3-662-62610-8_A

erweiterte. Inertialsysteme sind Bezugssysteme zur Naturbeschreibung, in denen das Trägheitsgesetz gültig ist. Das Trägheitsgesetz drückt aus, das ein Körper, auf den keine Kraft einwirkt, sich geradlinig-gleichförmig bewegt.

Der wohl wichtigste Physiker in der Geschichte der Mechanik war Isaac Newton. Er formulierte nicht nur völlig im Alleingang die fundamentalen Axiome der Mechanik, er entwickelte auch parallel zu Gottfried Wilhelm Leibniz (1646–1716) die Differenzial- und Integralrechnung und kombinierte Keplers und Galileis Erkenntnisse, was auf seine Beschreibung der Schwerkraft durch Zentralpotenziale führte.

Nach Newton wurde die Mechanik vornehmlich von Mathematikern zur *analytischen Mechanik* weiterentwickelt. Johann Bernoulli (1667–1748) löste damit das Problem der Brachistochrone (dies ist die Kurve, auf der eine Punktmasse im Gravitationspotenzial reibungsfrei am schnellsten von einem Punkt zu einem anderen fällt) was die Entwicklung der *Variationsrechnung* einläutete. Auch weitere Mitglieder der Bernoulli-Familie lieferten wichtige Beiträge zur Mathematik und Physik. Für die Entwicklung der analytischen Mechanik war auch Leonhard Euler (1707–1783) entscheidend mitverantwortlich. Nach ihm wurden zahlreiche Gleichungen benannt, die in der Variationsrechnung und der Hydrodynamik sowie bei der Kreiselbewegung fundamentale Bedeutung haben. Jean le Rond d'Alembert (1717–1783) legte die Grundsteine für die Kontinuumsmechanik, in der man von der atomaren Diskretheit der Materie absieht und Materie mit Hilfe kontinuierlicher Funktionen beschreibt. Diese mathematische Behandlung von Materie, d. h. von Körpern, ist vor allem in der Technik üblich, weil man es in der Praxis eher selten mit fundamentalen Konzepten oder mit der Mikrostruktur der Materie zu tun hat. Joseph-Louis Lagrange (1736–1813) begründete den sogen. *Lagrange-Formalismus*, dem eine wesentliche Rolle bei der formalen Entwicklung der Mechanik als physikalische Theorie zukommt. Die *Hamilton'sche Mechanik*, die wir in Kap. 1 vorgestellt haben und die von William Rowan Hamilton (1805–1865) ausgearbeitet wurde, ist eine der wichtigsten formalen Grundlagen der Quantenmechanik. Dort gewinnt man aus der klassischen Hamilton-Funktion durch das Korrespondenzprinzip den quantenmechanischen Hamilton-Operator, der in der Quantenmechanik unentbehrlich ist. Die moderne Betrachtungsweise von Symmetrien und Erhaltungsgrößen wurde von Amalie Emmy Noether (1882–1935) entwickelt. Schließlich entwickelte Albert Einstein (1879–1955) zunächst die spezielle (1905) und dann die allgemeine Relativitätstheorie (1915) fast im Alleingang, die gemeinhin als der krönende Abschluss der klassischen Theorien in den Naturwissenschaften gilt. Einstein erhielt nur zeitweilig Hilfe von einem ehemaligen Kommilitonen, dem Mathematiker Marcel Grossmann, der ihm in den Jahren 1912/13 beim Formulieren allgemein kovarianter Gleichungen half.

Chaotisches Verhalten und nicht-lineare Dynamik

B.1 Vorbemerkung

Die Definition, was genau mit dem Begriff „chaotisches Verhalten" gemeint ist, wirkt oft etwas verschwommen. Dies mag daran liegen, dass chaotisches Verhalten nach und nach an vielen Beispielen mit nicht-linearer Dynamik entdeckt wurde und sich die Gemeinsamkeiten aller Beispiele erst langsam herauskristallisierten.

B.2 Chaotisches Verhalten klassischer Systeme

Eine sehr anschauliche Definition beschreibt die Sensitivität des dynamischen Verhaltens eines Systems gegenüber seinen Anfangsbedingungen. Dies wird durch folgende (miteinander verwandte) Kriterien beschrieben:

- Die Koordinaten eines chaotischen Systems hängen so stark von den Anfangsbedingungen ab, dass kleinste Abweichungen sich innerhalb kürzester Zeit zu großen Fehlern aufschaukeln. Sinnvolle Vorausberechnungen der Trajektorien sind daher nicht möglich.
- Trajektorien, die mit leicht unterschiedlichen Anfangsbedingungen starten, entfernen sich in Systemen mit chaotischer Dynamik exponentiell voneinander (Schmetterlingseffekt), anstatt nur linear, wie es in regulären Systemen der Fall ist.
- Beobachtet man ein Experiment mit chaotischer Dynamik (z. B. Drei-Körper-Streuung oder Doppelpendel), so erhält man den Eindruck, dass der Ausgang des Experiments zufällig, also *indeterministisch* ist.

Dieses Verhalten wird durch den *Ljapunov-Exponenten* λ ausgedrückt:

© Springer-Verlag GmbH Deutschland, ein Teil von Springer Nature 2022
M. O. Steinhauser, *Quantenmechanik für Naturwissenschaftler*,
https://doi.org/10.1007/978-3-662-62610-8_B

Definition B.1 (Ljapunov-Exponent)
Wenn sich eine Koordinate $\xi(t)$ einer Trajektorie exponentiell von ihrem Anfangswert $\xi(0)$ entfernt, so lässt sie sich (für große t) beschreiben durch

$$|\xi(t)| = |\xi_0|\, e^{\lambda t}\,, \tag{B.1}$$

mit dem numerisch und experimentell oft recht gut zu bestimmenden *Ljapunov-Exponenten*

$$\lambda = \lim_{t \to \infty} \frac{1}{t} \ln \left| \frac{\xi(t)}{\xi(t_0)} \right|. \tag{B.2}$$

Verläuft eine Trajektorie nicht chaotisch, so erkennt man dies an einem Exponenten $\lambda \leq 0$. (Nachteil: Um den Ljapunov-Exponenten zu bestimmen, muss man laut Definition zu unendlich großen Zeiten, im praktischen Fall aber mindestens zu sehr großen Zeiten gehen, was nicht immer praktikabel ist.) Die hier gegebene Beschreibung ist allerdings etwas ungenau und vernachlässigt die Möglichkeit, dass Bahnen sich auch zufällig wieder einander nähern können (und vielleicht sogar sollen), so dass mit dem Abstand δ eher eine Unschärfe als ein wirklicher Abstand gemeint ist. Um dies auszudrücken, dient die *Ljapunov-Zeit* T_{Ljap}:

Definition B.2 (Ljapunov-Zeit)
Die Ljapunov-Zeit ist die Zeit, in welcher der mittlere Abstand δ zweier (im Allgemeinen anfänglich benachbarter) Bahnen von δ_0 auf die Systemgröße D angewachsen ist:

$$T_{\mathrm{Ljap}} \approx -\frac{1}{\lambda} \ln \left| \frac{\delta_0}{D} \right| = \frac{1}{\lambda} \ln \left| \frac{D}{\delta_0} \right|. \tag{B.3}$$

Nach Ablauf dieser Zeit wirkt der Wert der Koordinate ξ zufällig, d.h. es besteht keine Korrelation mehr mit seinem Startpunkt, auch wenn der Abstand zwischen den Bahnen dann nicht mehr weiter anwächst.

Indirekt haben wir bei unserer Beschreibung des Chaos somit vorausgesetzt, dass sich die verschiedenen Trajektorien (im Ortsraum, nicht im Phasenraum) auch wieder treffen, sich die Bewegung also in einem begrenzten Gebiet abspielt. Wenn sich Trajektorien nur exponentiell voneinander entfernen, so wertet man dies im Allgemeinen noch nicht als chaotisches Verhalten. Als zusätzliche Bedingung müssen sich die Trajektorien auch wieder treffen und sich ununterscheidbar miteinander vermischen. Erst dies macht die Berechnung chaotischer Trajektorien so schwierig. Diese

Eigenschaft nennt man die „Mischeigenschaft" oder auch „Mixing". Sie wird formal beschrieben, indem man den Raum, in dem die betrachtete Bewegung abläuft, in verschiedene Gebiete aufteilt, und feststellt, ob und inwieweit Trajektorien, die in einem Gebiet starten, im Laufe der Bewegung auch andere Gebiete erreichen. In einfachen Systemen, wie z. B. beim Billard oder bei Drei-Körper-Streuungen, ist dies mit der Anzahl der Reflexionspunkte einer Trajektorie verknüpft. Je mehr verschiedene Reflexionspunkte vorliegen, desto stärker vermischen sich die Trajektorien. Daher wird die Mischeigenschaft über die Anzahl N der verschiedenen Trajektorien mit r Reflexionspunkten gemessen. Von Mischeigenschaft spricht man (in diesen Systemen), wenn auch hier ein Exponentialgesetz gilt:

$$N(r) \propto e^{S_t n}, \tag{B.4}$$

wobei die *topologische Entropie* S_t die Zunahme der Trajektorien mit n beschreibt. Die Eigenschaften gemäß den Gl. (B.4) und (B.1), zusammen mit positivem λ und S_t, werden als *chaotisches Verhalten* bezeichnet. Auch andere Bezeichnungen sind in Gebrauch, wie z. B. der Begriff der *Turbulenz* oder auch verschiedene *Wege ins Chaos*. Wichtig ist, dass diese Eigenschaften und Wege ins Chaos universell sind, d. h. in chaotischen Systemen vieler völlig verschiedener physikalischer Probleme auftauchen.

Tabellen

C

C.1 SI-Basiseinheiten

Die folgende Tab. C.1 zeigt die Basiseinheiten des seit 1978 gesetzlich vorgeschriebenen internationalen Einheitensystems (SI). Die Abkürzung SI bedeutet „Système International d'Unités".

C.2 Einige abgeleitete SI-Einheiten

Einige wichtige abgeleitete Einheiten sind in Tab. C.2 aufgelistet.

Tab. C.1 Die SI-Basiseinheiten

Physikalische Größe	Einheit	Einheitenzeichen
Länge	Meter	m
Masse	Kilogramm	kg
Zeit	Sekunden	s
Stromstärke	Ampere	A
Temperatur	Kelvin	K
Substanzmenge	Mol	mol
Lichtstärke	Candela	cd

© Springer-Verlag GmbH Deutschland, ein Teil von Springer Nature 2022
M. O. Steinhauser, *Quantenmechanik für Naturwissenschaftler*,
https://doi.org/10.1007/978-3-662-62610-8_C

Tab. C.2 Abgeleitete SI-Einheiten

Physikalische Größe	Einheit	Einheitenzeichen	Basiseinheiten
Frequenz	Hertz	Hz	s^{-1}
Kraft	Newton	N	$m\,kg\,s^{-2}\,(=J\,m^{-1})$
Energie	Joule	J	$m^2\,kg\,s^{-2}\,(=N\,m = Pa\,m^3)$
Leistung	Watt	W	$m^2\,kg\,s^{-3}\,(=J\,s^{-1})$
Druck	Pascal	Pa	$m^{-1}\,kg\,s^{-2}\,(=N\,m^{-2})$
Elektrische Ladung	Coulomb	C	$A\,s$
Elektrisches Potenzial	Volt	V	$m^2\,kg\,s^{-3}\,A^{-1}\,(=J\,C^{-1})$
Elektrischer Widerstand	Ohm	Ω	$m^2\,kg\,s^{-3}\,A^{-2}\,(=V\,A^{-1})$
Celsius-Temperatur	Grad Celsius	$°C$	$T/°C = T/K - 273,15^{a}$

[a] Dieser Wert ist exakt (per Definition) festgelegt

Tab. C.3 Umrechnungsfaktoren für die Energie

	J (W s)	eV	cm^{-1}	Hz	$kJ\,mol^{-1}$
1 J (W s)	1	$6,241 \cdot 10^{18}$	$5,034 \cdot 10^{22}$	$1,509 \cdot 10^{33}$	$6,022 \cdot 10^{20}$
1 eV	$1,602 \cdot 10^{-19}$	1	$8,065 \cdot 10^{3}$	$2,418 \cdot 10^{14}$	$9,648 \cdot 10^{1}$
1 cm^{-1}	$1,986 \cdot 10^{-23}$	$1,239 \cdot 10^{-4}$	1	$2,997 \cdot 10^{1}$	$1,196 \cdot 10^{-2}$
1 Hz	$6,626 \cdot 10^{-34}$	$4,135 \cdot 10^{-15}$	$3,335 10^{-11}$	1	$3,990 \cdot 10^{-13}$
1 $kJ\,mol^{-1}$	$1,660 \cdot 10^{-21}$	$1,036 \cdot 10^{-2}$	$8,359 \cdot 10^{1}$	$2,506 \cdot 10^{12}$	1
1 $kcal\,mol^{-1}$	$6,947 \cdot 10^{-21}$	$3,497 \cdot 10^{2}$	$1,048 \cdot 10^{13}$	$1,786 \cdot 10^{11}$	$4,181^{a}$
1 K	$1,380 \cdot 10^{-23}$	$8,617 \cdot 10^{-5}$	$6,950 \cdot 10^{-1}$	$2,083 \cdot 10^{10}$	$8,314 \cdot 10^{-3}$

[a] Dieser Wert ist exakt (per Definition) festgelegt

C.3 Umrechnungsfaktoren für die Energie

Bei vielen Anwendungen und für das Lösen konkreter Problemstellungen wird die Umrechnung der Energie in andere Maßeinheiten benötigt. Entsprechende Faktoren sind in Tab. C.3 aufgelistet.

C.4 Das Gaußsche Maßsystem

Das sogen. Gaußsche Maßsystem oder cgs-System wird häufig noch in der Elektrodynamik und in der theoretischen Physik verwendet, weil es den Vorteil hat, dass bestimmte Konstanten in den Gleichungen nicht mehr auftauchen, weil sie den Wert 1 haben und so die Schreibweise vereinfacht wird. Es beruht auf den drei Basisgrößen

- Länge mit der Einheit Zentimeter (cm)
- Zeit mit der Einheit Sekunde (s)
- Masse mit der Einheit Gramm (g)

Tab. C.4 SI-Einheiten und Gauß-Einheiten

Physikalische Größe	Name	SI-Einheit	Gauß-Einheit
elektrische Ladung	Coulomb	$C = A\,s$	$cm^{3/2}\,s^{-1}\,g^{1/2}$
elektrischer Strom	Ampere	$A = C\,s^{-1}$	$cm^{3/2}\,s^{-2}\,g^{1/2}$
elektrische Feldstärke		$m\,s^{-3}\,kg\,A^{-1}$	$cm^{-1/2}\,s^{-1}\,g^{1/2}$
magnetischer Fluss	Weber[a]	$Wb = V\,s$	$cm^{3/2}\,s^{-1}\,g^{1/2}$
magnetische Induktion	Tesla[b]	$Wb\,m^{-2}$	$cm^{-1/2}\,s^{-1}\,g^{1/2}$
Vektorpotenzial		$m\,s^{-2}\,kg\,A^{-1}$	$cm^{3/2}\,s^{-1}\,g$
elektrisches Potenzial	Volt	$V = W\,A^{-1}$	$cm^{3/2}\,s^{-1}\,g$
Frequenz	Herz	$Hz = s^{-1}$	s^{-1}
Kraft	Newton[c]	$N = m\,s^{-2}\,kg$	$cm\,s^{-2}\,g$
Energie	Joule[d]	$J = N\,m$	$cm^2\,s^{-2}\,g$
Leistung	Watt	$W = J\,s^{-1}$	$cm^2\,s^{-3}\,g$
Kapazität	Farad	$F = C\,V^{-1}$	cm
Induktivität	Henry	$H = Wb\,A^{-1}$	$cm^{-1}\,s^2$

[a] In Gauß-Einheiten: Maxwell
[b] In Gauß-Einheiten: Gauß
[c] In Gauß-Einheiten: dyn
[d] In Gauß-Einheiten: erg

Tab. C.5 Umrechnungsfaktoren zwischen SI- und Gauß-System

Physikalische Größe	Umrechnungsfaktor
1 Coulomb	$2{,}99792458 \cdot 10^9\,cm^{3/2}\,s^{-1}\,g^{1/2}$
1 Joule	$10^7\,erg$
1 Volt	$\frac{1}{300}\,cm^{1/2}\,s^{-1}\,g^{1/2}$
1 Elektronenvolt (eV)	$1{,}60217733 \cdot 10^{-12}\,erg$
1 eV/c²	$1{,}78262270 \cdot 10^{-33}\,g$
$k_B T$ bei 300 K	$(38{,}68149)^{-1}\,eV$

In Tab. C.4 sind einige wichtige Größen im SI- und im Gauß-System mit ihren jeweiligen Einheiten aufgelistet.

Tab. C.5 listet schließlich die Umrechnungsfaktoren zwischen dem SI- und dem Gauß-System auf.

C.5   Naturkonstanten

In Tab. C.6 sind die Zahlenwerte einiger wichtiger Naturkonstanten aufgelistet.

Tab. C.6 Wichtige Naturkonstanten

Naturkonstante	Symbol	Zahlenwert	SI-Einheit
Avogadro-Zahl	N_A	$6{,}02214 \cdot 10^{23}$	mol^{-1}
Boltzmann-Konstante	k_B	$1{,}38066 \cdot 10^{-23}$	$\mathrm{J\,K}^{-1}$
Gaskonstante $(k_B \cdot N_A)$	R	$8{,}31451$	$\mathrm{J\,mol}^{-1}\,\mathrm{K}^{-1}$
Elementarladung	e	$1{,}60218 \cdot 10^{-19}$	C
Induktionskonstante	μ_0	$4\pi \cdot 10^{-7}$	$\mathrm{H\,m}^{-1}$
$(4\pi\varepsilon_0)^{-1}$		$8{,}9876\ldots \cdot 10^{9}$	$\mathrm{N\,m}^2\,\mathrm{C}^{-2}$
Zahl π	π	$3{,}14159265359\ldots$	
Zahl e	e	$2{,}71828182846\ldots$	
Faraday-Konstante $(e \cdot N_A)$	F	$9{,}64853 \cdot 10^{4}$	$\mathrm{C\,mol}^{-1}$
Planck'sches Wirkungsquantum	h	$6{,}62608 \cdot 10^{-34}$	J s
Dirac'sche Konstante	$\hbar = h/(2\pi)$	$1{,}0545727 \cdot 10^{-34}$	J s
Bohr'scher Radius	a_0	$0{,}52918$	nm
Ruhemasse des Protons	m_p	$1{,}67262 \cdot 10^{-27}$	kg
Ruhemasse des Elektrons	m_e	$9{,}10939 \cdot 10^{-31}$	kg
Ruhemasse des Neutrons	m_n	$1{,}674954 \cdot 10^{-27}$	kg
elementare Masseneinheit[a]	m_u	$1{,}6605656 \cdot 10^{-27}$	kg
Compton-Wellenlänge[b]	λ_C	$2{,}4263 \cdot 10^{-12}$	m
Lichtgeschwindigkeit im Vakuum[c]	$c,\ c_0$	$2{,}99792458 \cdot 10^{8}$	$\mathrm{m\,s}^{-1}$
Elektrische Feldkonstante	ε_0	$8{,}85419 \cdot 10^{-12}$	$\mathrm{C}^2\,\mathrm{J}^{-1}\,\mathrm{m}^{-1}$
Absoluter Nullpunkt der Temperatur	T_0	$-273{,}15$	°C

[a] $m_u = \frac{1}{12} m\left({}^{12}_{\ 6}\mathrm{C}\right)$

[b] $\lambda_C = h/(m_e c)$

[c] Dieser Wert ist exakt (per Definition) festgelegt

Berechnung wichtiger Integrale

D

D.1 Auswertung des Integrals $\int\limits_{0}^{\infty} \frac{x^3}{e^x-1}\,dx$

Das Integral wird mit folgender Strategie gelöst: Wir entwickeln zunächst den Integranden, integrieren summandenweise und führen damit das Integral auf eine unendliche Reihe zurück (siehe Mathematischer Exkurs 2.1). Diese Reihe ist übrigens nichts anderes als die Riemann'sche Zeta-Funktion ζ. Dann verwenden wir die Eigenschaften der Fourier-Reihe für die Entwicklung der Funktion x^2, um mit Hilfe der Parseval-Gleichung die gesuchte Reihe zu berechnen. Es gilt:

$$\frac{1}{e^x - 1} = \frac{e^{-x}}{1 - e^{-x}} = e^{-x} \sum_{n=0}^{\infty} e^{-nx} = \sum_{n=1}^{\infty} e^{-nx}\,.$$

Damit ist das gesuchte Integral

$$\int_{0}^{\infty} \frac{x^3}{e^x - 1}\,dx = \sum_{n=1}^{\infty} \int_{0}^{\infty} x^3 e^{-nx}\,dx\,.$$

Das Integral berechnet man mit dreimaliger Integration:

$$\int_{0}^{\infty} x^3 e^{-nx}\,dx = \frac{3}{n} \int_{0}^{\infty} x^2 e^{-nx}\,dx = \frac{6}{n^2} \int_{0}^{\infty} x\, e^{-nx}\,dx = \frac{6}{n^3} \int_{0}^{\infty} e^{-nx}\,dx = \frac{6}{n^4}\,.$$

Damit ergibt sich

$$\int_{0}^{\infty} x^3 e^{-nx}\,dx = 6 \sum_{i=1}^{\infty} \frac{1}{n^4} = 6\zeta(4)\,.$$

© Springer-Verlag GmbH Deutschland, ein Teil von Springer Nature 2022
M. O. Steinhauser, *Quantenmechanik für Naturwissenschaftler*,
https://doi.org/10.1007/978-3-662-62610-8_D

Für die Fourier-Reihe gibt es verschiedene Formulierungen; mal untersucht man
das Intervall $[\pi, -\pi]$ mal das Intervall $[0, 2\pi]$, mal sind es Sinus- und Cosinus-
Funktionen, dann wieder komplexe Funktionen oder gleich verallgemeinerte Ortho-
normalsysteme. Außerdem variieren die Vorfaktoren und die exakten Formulierungen der relevanten Formeln. Wir verwenden hier folgende Formulierung: Eine reelle
Funktion im Intervall $[\pi, -\pi]$ konvergiert im Mittel gegen

$$f(x) = \frac{a_0}{\sqrt{2\pi}} + \sum_{n=1}^{\infty} \left(a_n \frac{\cos nx}{\sqrt{\pi}} + b_n \frac{\sin nx}{\sqrt{\pi}} \right),$$

mit den Fourier-Koeffizienten

$$a_0 = \int_{-\pi}^{\pi} \frac{1}{\sqrt{2\pi}} f(x)\, dx, \quad a_n = \int_{-\pi}^{\pi} f(x) \frac{\cos nx}{\sqrt{\pi}}\, dx, \quad = \int_{-\pi}^{\pi} f(x) \frac{\sin nx}{\sqrt{\pi}}\, dx.$$

Es gilt dann die Parseval-Gleichung – diese ist ein Theorem in der Funktionalanalysis,
das einen Zusammenhang zwischen den Fourier-Entwicklungskoeffizienten einer
quadratintegrablen, periodischen Funktion $f(x)$ und dieser Funktion selbst herstellt.
(In der Quantenmechanik ist f die Wellenfunktion, und die Koeffizienten sind die
Erwartungswerte bei Messungen.)

$$a^2 + \sum_{n=1}^{\infty} \left(a_n{}^2 + b_n{}^2 \right) = \int_{-\pi}^{\pi} f(x)^2\, dx.$$

Wir wählen jetzt speziell $f(x) = x^2$ und erhalten damit für die Fourier-Koeffizienten:

$$a_0 = \int_{-\pi}^{\pi} \frac{x^2}{\sqrt{2\pi}}\, dx = \frac{2\pi^3}{3\sqrt{2\pi}}$$

und für $n > 0$ mittels partieller Integration:

$$a_n = \int_{-\pi}^{\pi} \frac{x^2}{\sqrt{2\pi}} \cos nx\, dx = \frac{-2}{n\sqrt{\pi}} \int_{-\pi}^{\pi} x \sin nx\, dx$$

$$= \frac{4\pi}{n\sqrt{\pi}} \frac{(-1)^n}{n^2\sqrt{\pi}} \int_{-\pi}^{\pi} \cos nx\, dx = \frac{4\pi(-1)^n}{n^2\sqrt{\pi}}.$$

Die Koeffizienten b_n verschwinden, weil x^2 eine gerade Funktion ist – damit ist
das Produkt $x^2 \cdot \sin nx$ eine ungerade Funktion, und das Integral einer ungeraden
Funktion über einen symmetrisch um 0 liegenden Integrationsbereich verschwindet.
(Überzeugen Sie sich davon mit ein paar einfachen Beispielen.) Wenn man will,

kann man auch das Integral für die Koeffizienten b_n mittels partieller Integration berechnen und erhält im Ergebnis null.
Damit ist dann also:

$$\frac{4\pi^6}{18\pi} + \sum_{n=1}^{\infty} \frac{16\pi^2}{n^4\pi} = \frac{2\pi^5}{5},$$

$$8 \sum_{n=1}^{\infty} \frac{1}{n^4} = \pi^4 \left(\frac{1}{5} - \frac{1}{9} \right) = \frac{4}{45}\pi^4,$$

$$\sum_{n=1}^{\infty} \frac{1}{n^4} = \frac{\pi^4}{90}.$$

Aus unserem gesuchten Integral wird also

$$\boxed{\int_0^{\infty} \frac{x^3}{e^x - 1}\, dx = 6 \sum_{n=1}^{\infty} \frac{1}{n^4} = \frac{\pi^4}{15}.} \tag{D.1}$$

D.2   Berechnung des Integrals $\int\limits_{-\infty}^{+\infty} e^{-x^2}\, dx$

Dieses Standardintegral taucht oft bei Problemen der Statistischen Physik auf und wird gelöst mit einem üblichen Trick, nämlich der Transformation auf Polarkoordinaten in der Ebene – das sind Zylinderkoordinaten, bei denen die dritte (z)-Komponente weggelassen wird, siehe Anhang F.3): $x \mapsto (r, \varphi)$. Wir betrachten zunächst das Quadrat des gesuchten Integrals I und nutzen dann den Zusammenhang $r^2 = x^2 + y^2$:

$$I^2 = \int_{-\infty}^{\infty} e^{-x^2}\, dx \cdot \int_{-\infty}^{\infty} e^{-y^2}\, dy = \int_{-\infty}^{\infty} \int_{-\infty}^{\infty} e^{-(x^2+y^2)}\, dx\, dy = \int_0^{\infty} \int_0^{2\pi} e^{-r^2} r\, dr\, d\varphi$$

$$= 2\pi \int_0^{\infty} e^{-r^2} r\, dr.$$

Der Faktor r im letzten Integral macht die Bestimmung der Stammfunktion trivial, weil r bis auf den Faktor -2 gerade die innere Ableitung der e-Funktion ist. Wir können also schreiben:

$$I^2 = 2\pi \int_0^{\infty} \left(-\frac{1}{2} \right) d\left(e^{-r^2} \right) = -\pi \left[e^{-r^2} \right]_0^{\infty} = -\pi \left(0 - 1 \right) = \pi.$$

Damit ist lautet das gesuchte Integral I:

$$\int_{-\infty}^{\infty} e^{-x^2} \, dx = \sqrt{\pi} \, .$$

(D.2)

Da außerdem e^{-x^2} eine gerade Funktion ist (d. h. $f(x) = f(-x)$) gilt:

$$\int_{0}^{\infty} e^{-x} x^n \, dx = 2 \cdot \int_{0}^{\infty} e^{-x} x^n \, dx$$

und daher

$$\int_{0}^{\infty} e^{-x} x^n \, dx = \frac{1}{2} \sqrt{\pi} \, .$$

(D.3)

D.3   Berechnung des Slater-Typ-Integrals $\int\limits_{0}^{\infty} e^{-x} x^n \, dx$

Integrale dieses Typs spielen eine wichtige Rolle bei der Normierung von Wellen-funktionen in der sogen. Elektronenstrukturtheorie, s. Abschn. 8.6. Um die vorhanden Spitzen im Funktionsverlauf der Wellenfunktion ψ korrekt abzubilden, muss man für die Ein-Elektron-Orbitale Slater-Typ-Funktionen proportional zu $e^{-x} x^n$ verwenden. Dieses Integral wird gelöst durch sukzessive partielle Integration. Dadurch gewinnt man eine Rekursionsformel für das gesuchte Integral, die man mittels vollständiger Induktion beweisen kann. Auf den Induktionsbeweis am Ende verzichten wir und leiten lediglich die Rekursionsformel her. Der triviale Fall ist gegeben für $n = 0$:

$$\int_{0}^{\infty} e^{-x} \, dx = -\left[e^{-x} \right]_{0}^{\infty} = -[0 - 1] = 1.$$

Für den allgemeinen Fall $n > 0$ integriert man partiell, wobei der ausintegrierte Anteil jeweils verschwindet:

$$\int_{0}^{\infty} e^{-x} x^n \, dx = \int_{0}^{\infty} x^n d\left(e^{-x} \right) \, dx = - \underbrace{\left[x^n e^{-n} \right]_{0}^{\infty}}_{=0} + n \int_{0}^{\infty} x^{n-1} e^{-x} \, dx \, .$$

Man gelangt also zur folgenden Rekursionsformel für $n \in \mathbb{N}$:

$$\int\limits_0^\infty e^{-x} x^n \, dx = n \int\limits_0^\infty e^{-x} x^{n-1} \, dx \,.$$

Sukzessive (d. h. n-malige) Anwendung der partiellen Integration liefert schließlich:

$$\int\limits_0^\infty e^{-x} x^n \, dx = n(n-1)(n-2) \cdots (2)(1),$$

Damit ergibt sich die Lösung

$$\boxed{\int\limits_0^\infty e^{-x} x^n \, dx = n! \,.} \tag{D.4}$$

D.4 Berechnung des Gauß-Integrals $\int\limits_0^\infty e^{-\alpha x^2} x^n \, dx$

Gauß-Integrale werden in der Elektronenstrukturtheorie am häufigsten verwendet für die Ein-Elektron-Orbitale wegen ihrer vorteilhaften numerischen Eigenschaften (Das Produkt zweier Gauß-Funktionen ist wieder eine Gauß-Funktion.) Dieses Integral wird gelöst, indem man es zunächst durch eine geschickte Variablentransformation auf die Form $\int\limits_0^\infty e^{-y^2} \, dy$ bringt. Dann kann man die Definition der Γ-Funktion verwenden:

$$\boxed{\Gamma(n) = \int\limits_0^\infty e^{-x} x^{n-1} \, dx = (n-1)! \quad \text{für} \quad n \in \mathbb{N} \,.} \tag{D.5}$$

Außerdem folgt aus Gl. (D.4):

$$\Gamma(n) = (n-1)\Gamma(n-1) \,,$$
$$\Gamma(n+1) = (n)\Gamma(n) \,,$$
$$\Gamma(1) = 1 \,.$$

Wir verwenden also zunächst die Substitution

$$x = \sqrt{u/\alpha} = u^{\frac{1}{2}} \alpha^{-\frac{1}{2}} \,.$$

Daraus folgt für die Differenziale

$$\mathrm{d}x = \frac{1}{2}u^{-\frac{1}{2}}\alpha^{-\frac{1}{2}}\,\mathrm{d}u\,,$$

und wir erhalten damit

$$\int\limits_0^\infty e^{-\alpha x^2}x^n\,\mathrm{d}x = \int\limits_0^\infty e^{-\alpha\frac{u}{\alpha}}u^{\frac{1}{2}n}\alpha^{-\frac{1}{2}n}\frac{1}{2}u^{-\frac{1}{2}}\alpha^{-\frac{1}{2}}\,\mathrm{d}u$$

$$= \frac{1}{2}\alpha^{-\frac{1}{2}n}\alpha^{-\frac{1}{2}}\int\limits_0^\infty e^{-u}u^{\frac{1}{2}n}u^{-\frac{1}{2}}\,\mathrm{d}u = \underbrace{\frac{1}{2}\alpha^{-\frac{1}{2}(n-1)}}_{\frac{1}{2\alpha^{\left(\frac{n+1}{2}\right)}}}\underbrace{\int\limits_0^\infty e^{-u}u^{\frac{1}{2}(n-1)}\,\mathrm{d}u}_{\Gamma\left(\frac{n+1}{2}\right)}\,.$$

Die Lösung ist also:

$$\boxed{\int\limits_0^\infty e^{-\alpha x^2}x^n\,\mathrm{d}x = \frac{\Gamma\left(\frac{n+1}{2}\right)}{2\alpha^{\left(\frac{n+1}{2}\right)}}\,.} \tag{D.6}$$

Die Maxwell-Relationen der Thermodynamik

Bei der theoretischen Ableitung des Stefan-Boltzmann-Gesetzes in Bsp. 2.5 haben wir uns die Maxwell-Relationen zunutze gemacht. Diese wollen wir in diesem Abschnitt ableiten. Aus der Tatsache, dass die thermodynamischen Potenziale *innere Energie U*, *freie Energie F*, *Enthalpie H*, *freie Enthalpie G* sowie das großkanonische Potenzial Φ allesamt Zustandsfunktionen sind, d. h. vollständige Differenziale haben, lassen sich systematisch eine Fülle von Relationen zwischen den thermodynamischen Zustandsvariablen ableiten.

E.1 Beziehungen zwischen den thermodynamischen Potenzialen

Das vollständige Differenzial der inneren Energie $U = U(S, V, N)$ lautet (und wir betrachten jetzt nur Systeme, die durch die Angabe von 3 Zustandsvariablen vollständig gekennzeichnet sind):

$$dU = T\, dS - p\, dV + \mu\, dN = \left.\frac{\partial U}{\partial S}\right|_{V,N} dS + \left.\frac{\partial U}{\partial V}\right|_{S,N} dV + \left.\frac{\partial U}{\partial N}\right|_{S,V} dN. \quad \text{(E.1)}$$

Hierbei sind S die Entropie, T die Temperatur und μ das chemische Potenzial. Wegen

$$\frac{\partial}{\partial V}\left(\left.\frac{\partial U}{\partial S}\right|_{V,N}\right)_{S,N} = \frac{\partial}{\partial S}\left(\left.\frac{\partial U}{\partial V}\right|_{S,N}\right)_{V,N} \quad \text{(E.2)}$$

folgt z. B. sofort

$$\left.\frac{\partial T}{\partial V}\right|_{S,N} = -\left.\frac{\partial p}{\partial S}\right|_{V,N}. \quad \text{(E.3)}$$

© Springer-Verlag GmbH Deutschland, ein Teil von Springer Nature 2022
M. O. Steinhauser, *Quantenmechanik für Naturwissenschaftler*,
https://doi.org/10.1007/978-3-662-62610-8_E

Auf diese Weise ergeben sich eine Vielzahl von Zusammenhängen, welche oft die
Berechnung unbekannter Größen aus bekannten erlauben und die wir nun systematisch zusammenstellen wollen. Zuerst folgt aus Gl. (E.1):

$$\left.\frac{\partial T}{\partial V}\right|_{S,N} = -\left.\frac{\partial p}{\partial S}\right|_{V,N} , \qquad \left.\frac{\partial T}{\partial N}\right|_{S,V} = \left.\frac{\partial \mu}{\partial S}\right|_{V,N} , \qquad -\left.\frac{\partial p}{\partial N}\right|_{S,V} = \left.\frac{\partial \mu}{\partial V}\right|_{T,N} .$$

(E.4)

Hierbei sind die Variablen T, p und μ in Gl. (E.1) natürlich als Funktionen von
S, V und N aufzufassen. Entsprechende Relationen gibt es für die freie Energie
$F(T, V, N)$:

$$dF = -SdT - pdV + \mu dN ,$$

(E.5)

$$-\left.\frac{\partial S}{\partial V}\right|_{T,N} = -\left.\frac{\partial p}{\partial T}\right|_{V,N} , \qquad -\left.\frac{\partial S}{\partial N}\right|_{T,V} = \left.\frac{\partial \mu}{\partial T}\right|_{V,N} , \qquad -\left.\frac{\partial p}{\partial N}\right|_{T,V} = \left.\frac{\partial \mu}{\partial T}\right|_{V,N} .$$

(E.6)

Hier sind die Variablen S, p, μ Funktionen der Variablen T, V, N. Analog gilt für
die Enthalpie $H(S, p, N)$:

$$dH = Tds + Vdp + \mu dN ,$$

(E.7)

$$\left.\frac{\partial T}{\partial p}\right|_{s,N} = \left.\frac{\partial V}{\partial S}\right|_{p,N} , \qquad \left.\frac{\partial T}{\partial N}\right|_{S,p} = \left.\frac{\partial \mu}{\partial S}\right|_{p,N} , \qquad \left.\frac{\partial V}{\partial N}\right|_{S,p} = \left.\frac{\partial \mu}{\partial p}\right|_{T,N} .$$

(E.8)

Die Variablen T, V und μ sind dabei Funktionen von S, p bzw. N. Für die freie
Enthalpie $G(T, p, N)$ ergibt sich

$$dG = -SdT + Vdp + \mu dN ,$$

(E.9)

$$-\left.\frac{\partial S}{\partial p}\right|_{T,N} = \left.\frac{\partial V}{\partial T}\right|_{p,N} , \qquad -\left.\frac{\partial S}{\partial N}\right|_{T,p} = \left.\frac{\partial \mu}{\partial T}\right|_{p,N} , \qquad -\left.\frac{\partial V}{\partial N}\right|_{T,p} = \left.\frac{\partial \mu}{\partial p}\right|_{T,N} .$$

(E.10)

Schließlich erhält man für das großkanonische Potenzial $\Phi(T, V, \mu)$:

$$\left.\frac{\partial S}{\partial V}\right|_{T,\mu} = \left.\frac{\partial p}{\partial \mu}\right|_{T,V} , \qquad \left.\frac{\partial S}{\partial \mu}\right|_{T,V} = \left.\frac{\partial N}{\partial T}\right|_{V,\mu} , \qquad \left.\frac{\partial p}{\partial \mu}\right|_{T,V} = \left.\frac{\partial N}{\partial V}\right|_{T,\mu} .$$

(E.11)

Die Relationen in den Gl. (E.4), (E.6), (E.8) und (E.10) werden auch als *Maxwell-
Relationen* bezeichnet. In der Literatur werden oft nur Systeme mit konstanter Teilchenanzahl ($dN = 0$) betrachtet; dadurch reduziert sich die Zahl der Relationen

erheblich. Liegen dagegen noch weitere Zustandsvariablen vor, wie z. B. ein Magnet-feld und ein magnetisches Dipolmoment, so kommen noch weitere Relationen hinzu. Die Fülle von thermodynamischen Potenzialen und Maxwell-Relationen erscheint zunächst unüberschaubar. Es gibt aber eine einfache Merkhilfe, welche einen schnellen ?berblick über die Potenziale und deren Variablen gibt und ein rasches Ablesen der Maxwell-Relationen gestattet. Diese Merkhilfe ist das thermodynamische Viereck (s. Abb. E.1).

Es ist speziell für Systeme mit konstanter Teilchenanzahl und ohne weitere Zustandsvariablen ausgelegt. In diesem Viereck bilden die bei konstanter Teilchen-anzahl einzig möglichen Variablen V, T, p und S die Ecken. An den Kanten sind jeweils die Potenziale eingetragen, die von der Variablen an den zugehörigen Ecken abhängen, beispielsweise $F(V, T)$. Bei dieser Auftragung lassen sich partielle Ablei-tungen leicht ablesen. Die Ableitung eines Potenzials nach einer Variablen (Ecke) ist dann durch die Größe an der diagonal gegenüberliegenden Ecke gegeben. Der Pfeil in der betreffenden Diagonale bestimmt dabei das Vorzeichen.

So ist beispielsweise $\partial F/\partial V = -p$. Das Minuszeichen ergibt sich hier aus der gegen den Pfeil verlaufenden Laufrichtung von V nach p. Entsprechend ist beispiels-weise $\partial G/\partial p = +V$. Aber auch die Maxwell-Relationen (jetzt ohne N) lassen sich in der Figur leicht ablesen. So sind Ableitungen von Variablen, die entlang einer Kante des Vierecks liegen (beispielsweise $\partial V/\partial S$, bei konstant gehaltener Variabler in der diagonal gegenüberliegenden Ecke (hier p), gleich der korrespondierenden Ableitung auf der anderen Seite, also hier $\partial T/\partial p|_S$. Die Vorzeichen richten sich dabei wieder nach der Richtung, in der dem die betreffende Diagonale durchlau-fen wird; beispielsweise liefert die Richtung $V \rightarrow p$ ein Minuszeichen, ebenso die Richtung $T \rightarrow S$. Die im thermodynamischen Viereck ablesbaren Relationen zwischen den thermodynamischen Potenzialen sind nichts anderes als Legendre-Transformationen zwischen den Potenzialen.

Abb. E.1 Das thermodynamische Viereck mit den Maxwell-Relationen

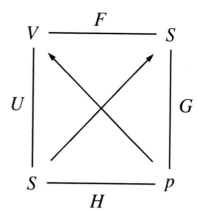

Koordinatensysteme

Wir beginnen unsere Diskussion von Koordinatensystemen mit der Betrachtung eines dreidimensionalen euklidischen Raumes mit den Koordinaten x, y und z. Wir wollen eine Transformation dieser Koordinaten (x, y, z) auf die krummlinigen Koordinaten (q_1, q_2, q_3) durchführen. Der funktionale Zusammenhang zwischen den beiden Koordinatensätzen sei gegeben durch

$$x = f(q_1, q_2, q_3)\,, \tag{F.1}$$
$$y = g(q_1, q_2, q_3)\,,$$
$$z = h(q_1, q_2, q_3)\,,$$

wobei f, g und h stetige Funktionen kennzeichnen. Den Ortsvektor wollen wir nun, abweichend von unserer sonstigen Notation im Buch, ausnahmsweise mit $\vec{r}$ anstatt mit $\vec{x}$ bezeichnen, um Verwechslungen mit der kartesischen Komponente x zu vermeiden, die wir auch betrachten werden. Der Ortsvektor $\vec{r}$ ist dabei darstellbar als

$$\vec{r} = x\,\vec{e}_x + y\,\vec{e}_y + z\,\vec{e}_z = f\,\vec{e}_x + g\,\vec{e}_y + h\,\vec{e}_z\,. \tag{F.2}$$

Für das Inkrement $\mathrm{d}\vec{r}$ des Ortsvektors, ausgedrückt durch die krummlinigen Koordinaten, erhalten wir

$$\mathrm{d}\vec{r} = \frac{\partial \vec{r}}{\partial q_1}\,\mathrm{d}q_1 + \frac{\partial \vec{r}}{\partial q_2}\,\mathrm{d}q_2 + \frac{\partial \vec{r}}{\partial q_3}\,\mathrm{d}q_3 = \sum_{i=1}^{3} \frac{\partial \vec{r}}{\partial q_i}\,\mathrm{d}q_i\,. \tag{F.3}$$

F.1   Festlegung von normierten Basisvektoren

In einem krummlinigen Koordinatensystem ändert sich die Richtung der Basisvektoren, wenn man sich entlang der Koordinatenlinien von Punkt zu Punkt bewegt, siehe Abb. 2.33 in Aufgabe 2.6.5.

© Springer-Verlag GmbH Deutschland, ein Teil von Springer Nature 2022
M. O. Steinhauser, *Quantenmechanik für Naturwissenschaftler*,
https://doi.org/10.1007/978-3-662-62610-8_F

Wir führen deshalb nun *lokale* normierte Basisvektoren $\vec{e}_{q_i}$ in dem krummlinigen Koordinatensystem ein (ein sogen. „begleitendes Dreibein"), als die Tangentenvektoren in einem beliebigen Punkt P_i. Die Richtung der Basisvektoren soll jeweils dem Durchlaufsinn der Koordinatenlinie bei wachsendem q_i entsprechen. Wir können uns die Richtung von $\vec{e}_{q_i}$ also durch partielles Ableiten des Ortsvektors in dem Punkt P_i und anschließendes Normieren verschaffen. Dies ergibt:

$$\vec{e}_{q_i} = \frac{\partial \vec{r}/\partial q_i}{|\partial \vec{r}/\partial q_i|} = \frac{1}{h_i} \frac{\partial \vec{r}}{\partial q_i} \quad \Longrightarrow \quad \frac{\partial \vec{r}}{\partial q_i} = h_i \vec{e}_{q_i} \,. \tag{F.4}$$

Dabei sind die h_i die *Skalenfaktoren*, welche die Normierung auf 1 bewirken:

$$h_i = |\partial \vec{r}/\partial q_i| \,. \tag{F.5}$$

Das Differenzial des Ortsvektors ist dann

$$d\vec{r} = \sum_{i=1}^{3} h_i \frac{\partial \vec{r}}{\partial q_i} \, dq_i \,, \tag{F.6}$$

und für das Quadrat des Linienelements ds^2 (das eine Invariante darstellt, also in jedem Koordinatensystem gleich ist) gilt:

$$ds^2 = d\vec{r} \cdot d\vec{r} = h_1{}^2 dq_1{}^2 + h_2{}^2 dq_2{}^2 + h_3{}^2 dq_3{}^2 = \sum_{i=1}^{3} h_i{}^2 dq_i{}^2 = \sum_{i=1}^{3} g_{ij} dq_i dq_j \,. \tag{F.7}$$

Die Matrix g_{ik} nennt man *metrischen Tensor* oder *metrische Fundamentalform*, weil seine Komponenten über das Längenelement ds das Messen in den Koordinaten q_i bestimmen, kurz: *Metrik*. Der metrische Tensor spielt eine zentrale Rolle in der allgemeinen Relativitätstheorie. Offensichtlich gilt:

$$g_{ii} = h_i{}^2 \,. \tag{F.8}$$

F.2 Differenzialoperatoren in allgemeinen orthogonalen Koordinaten

Hier wird explizit die Rechnung für den Gradienten angegeben. Die Divergenz und die Rotation können auch (nach geringfügig längerer Rechnung) elementar hergeleitet werden.

F.2.1 Gradient in allgemeinen orthogonalen Koordinaten

Wir betrachten eine beliebige skalare Funktion $\Phi(q_1, q_2, q_3)$. Wir fragen nach den Komponenten f_1, f_2, f_3 des Gradienten $\vec{\nabla}\Phi$ in der allgemeinen Basis $\vec{e}_{q_i}$, also:

$$\vec{\nabla}\Phi = f_1\vec{e}_{q_1} + f_2\vec{e}_{q_2} + f_1\vec{e}_{q_3}. \tag{F.9}$$

Nun gilt einerseits für das Differenzial von Φ:

$$d\Phi = \frac{\partial\Phi}{\partial q_1}\,dq_1 + \frac{\partial\Phi}{\partial q_2}\,dq_2 + \frac{\partial\Phi}{\partial q_3}\,dq_3, \tag{F.10}$$

andererseits aber auch

$$d\Phi = \vec{\nabla}\Phi\,d\vec{r} = h_1 f_1\,dq_1 + h_2 f_2\,dq_2 + h_3 f_3\,dq_3. \tag{F.11}$$

Mit

$$d\vec{r} = \frac{\partial\vec{r}}{\partial q_1}\,dq_1 + \frac{\partial\vec{r}}{\partial q_2}\,dq_2 + \frac{\partial\vec{r}}{\partial q_3}\,dq_3 = h_1\vec{e}_{q_1}dq_1 + h_2\vec{e}_{q_2}dq_2 + h_3\vec{e}_{q_3}dq_3 \tag{F.12}$$

folgt durch Vergleich der Gl. (F.10) und (F.11):

$$\vec{\nabla}\Phi = \frac{\vec{e}_{q_1}}{h_1}\frac{\partial\Phi}{\partial q_1} + \frac{\vec{e}_{q_2}}{h_2}\frac{\partial\Phi}{\partial q_2} + \frac{\vec{e}_{q_3}}{h_3}\frac{\partial\Phi}{\partial q_3}. \tag{F.13}$$

Als Operator geschrieben, lautet dies:

$$\boxed{\vec{\nabla} = \vec{e}_{q_1}\left(\frac{1}{h_1}\frac{\partial\Phi}{\partial q_1}\right) + \vec{e}_{q_2}\left(\frac{1}{h_2}\frac{\partial\Phi}{\partial q_2}\right) + \vec{e}_{q_3}\left(\frac{1}{h_3}\frac{\partial\Phi}{\partial q_3}\right).} \tag{F.14}$$

F.2.2 Divergenz in allgemeinen orthogonalen Koordinaten

Die Divergenz eines Vektors $\vec{A}$ lautet in allgemeinen orthogonalen Koordinaten:

$$\boxed{\operatorname{div}\vec{A} = \frac{1}{h_1 h_2 h_3}\left[\frac{\partial}{\partial q_1}\left(\frac{h_2 h_3}{h_1}\frac{\partial\psi}{\partial q_1}\right) + \frac{\partial}{\partial q_2}\left(\frac{h_3 h_1}{h_2}\frac{\partial\psi}{\partial q_2}\right) + \frac{\partial}{\partial q_3}\left(\frac{h_1 h_2}{h_3}\frac{\partial\psi}{\partial q_3}\right)\right].}$$
$$\tag{F.15}$$

Hiermit und mit dem Ergebnis aus Gl. (F.14) lässt sich ausrechnen, dass der Laplace-Operator in krummlinigen Koordinaten gegeben ist durch:

$$\boxed{\Delta\psi = \frac{1}{h_1 h_2 h_3}\left[\frac{\partial}{\partial q_1}(A_1 h_2 h_3) + \frac{\partial}{\partial q_2}(A_2 h_1 h_3) + \frac{\partial}{\partial q_3}(A_3 h_1 h_2)\right].} \tag{F.16}$$

F.2.3   Rotation in allgemeinen orthogonalen Koordinaten

Die Rotation eines beliebigen Vektors $\vec{A}$ lautet in allgemeinen orthogonalen Koordinaten:

$$\vec{\nabla} \times \vec{A} = \frac{1}{h_1 h_2 h_3} \begin{vmatrix} h_1 \vec{e}_{q_1} & h_2 \vec{e}_{q_2} & h_3 \vec{e}_{q_3} \\ \frac{\partial}{\partial q_1} & \frac{\partial}{\partial q_2} & \frac{\partial}{\partial q_3} \\ A_1 h_1 & A_2 h_2 & A_3 h_3 \end{vmatrix} .$$

F.3   Zylinderkoordinaten

Den Zusammenhang zwischen kartesischen Koordinaten und Zylinderkoordinaten, also die Transformation $(x, y, z) \rightarrow (\rho, \varphi, z)$, kann man leicht anhand der Geometrie, siehe Abb. F.1, nachvollziehen:

$$\vec{r} = x\,\vec{e}_1 + y\,\vec{e}_2 + z\,\vec{e}_3 = \begin{pmatrix} x \\ y \\ z \end{pmatrix} = \begin{pmatrix} \rho\,\cos\varphi \\ \rho\,\sin\varphi \\ z \end{pmatrix} . \tag{F.17}$$

Nach Gl. (F.4) sind die lokalen Basisvektoren:

$$\vec{e}_{q_1} = \vec{e}_\rho = \cos\varphi \vec{e}_1 + \sin\varphi \vec{e}_2 , \tag{F.18}$$

$$\vec{e}_{q_2} = \vec{e}_\varphi = -\sin\varphi \vec{e}_1 + \cos\varphi \vec{e}_2 , \tag{F.19}$$

$$\vec{e}_{q_3} = \vec{e}_z = \vec{e}_3 . \tag{F.20}$$

Mit Gl. (F.5) und nach elementarer Rechnung ergibt sich für die Skalenfaktoren:

$$h_1 = h_\rho = \frac{|\partial \vec{r}|}{|\partial \rho|} = 1 , \tag{F.21}$$

$$h_2 = h_\varphi = \frac{|\partial \vec{r}|}{|\partial \varphi|} = \rho , \tag{F.22}$$

$$h_3 = h_z = \frac{|\partial \vec{r}|}{|\partial z|} = 1 . \tag{F.23}$$

Damit sind alle Größen bestimmt, die man benötigt, um die verschiedenen Differenzialoperatoren in Zylinderkoordinaten zu berechnen. Man muss nur in die entsprechenden Gl. (F.14), (F.15), (F.16) und (F.2.3) einsetzen.

F.4   Kugelkoordinaten

Den Zusammenhang zwischen den kartesischen Kordinaten und Kugelkorrdinaten, also die Transformation $(x, y, z) \rightarrow (\rho, \vartheta, \varphi)$ kann man leicht anhand der Geometrie aus Abb. F.2 nachvollziehen:

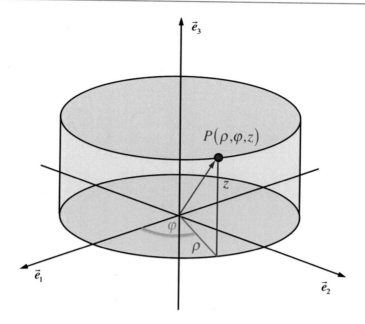

Abb. F.1 Veranschaulichung der Zylinderkoordinaten

$$\vec{r} = x\,\vec{e}_1 + y\,\vec{e}_2 + z\,\vec{e}_3 = \begin{pmatrix} x \\ y \\ z \end{pmatrix} = r \begin{pmatrix} \sin\vartheta\,\cos\varphi \\ \sin\vartheta\,\sin\varphi \\ \cos\vartheta \end{pmatrix} \qquad (\text{F.24})$$

Nach Gl. (F.4) sind die lokalen Basisvektoren:

$$\vec{e}_{q_1} = \vec{e}_r = \sin\vartheta\,\cos\varphi\vec{e}_1 + \sin\vartheta\,\sin\varphi\vec{e}_2 + \cos\vartheta\vec{3}_3\,, \qquad (\text{F.25})$$

$$\vec{e}_{q_2} = \vec{e}_\vartheta\,\cos\vartheta\,\cos\varphi\vec{e}_1 + \cos\vartheta\,\sin\varphi\vec{e}_2 - \sin\vartheta\vec{3}_3\,, \qquad (\text{F.26})$$

$$\vec{e}_{q_3} = \vec{e}_\varphi = -\sin\varphi\vec{e}_1 + \cos\varphi\vec{e}_2\,. \qquad (\text{F.27})$$

Nach Gl. (F.5) und elementarer Rechnung sind die Skalenfaktoren:

$$h_1 = h_r = \frac{|\partial\vec{r}|}{|\partial r|} = 1\,, \qquad (\text{F.28})$$

$$h_2 = h_\vartheta = \frac{|\partial\vec{r}|}{|\partial\vartheta|} = r\,, \qquad (\text{F.29})$$

$$h_3 = h_\varphi = \frac{|\partial\vec{r}|}{|\partial\varphi|} = r\sin\vartheta\,. \qquad (\text{F.30})$$

Damit sind alle Größen bestimmt, die man benötigt, um die verschiedenen Differentialoperatoren in Kugelkoordinaten zu berechnen. Man muss nur in die entsprechenden Gln. (F.14), (F.15), (F.16) und (F.2.3) einsetzen.

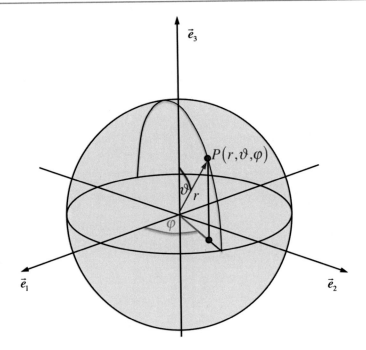

Abb. F.2 Veranschaulichung der Kugelkoordinaten.

Kombinatorik und Fakultäten

G

In Kap. 2 sind wir der Originalarbeit Max Plancks zur Begründung seines Strahlungsgesetzes gefolgt und dabei auf Gl. (2.98) $W = (N + r - 1)!/[r!(N - 1)!]$ gestoßen, welche die Anzahl der Möglichkeiten W ausdrückt, r Energieelemente auf N Oszillatoren aufzuteilen. Eine Begründung dieser Formel wollen wir in diesem Abschnitt präsentieren. Kombinatorische ?berlegungen treten immer wieder im Zusammenhang mit der statistischen Thermodynamik bei Systemen mit großen Teilchenanzahlen in den Naturwissenschaften auf. Es ist im Grunde sehr leicht, die Formel in Gl. (2.98) zu verstehen, denn es handelt sich hierbei nur um eine Standard-Abzählaufgabe der Kombinatorik. Die abzählende Kombinatorik beschäftigt sich vor allem mit

- der Auswahl einer Teilmenge, die man häufig *Stichprobe* nennt (ein aus der Wahrscheinlichkeitsrechnung und Statistik stammender Begriff), und
- dem Anordnen von Mengen.

Wir beginnen mit den Definitionen des *Binomialkoeffizienten* und der *Fakultät* im nächsten Abschnitt.

G.1 Der Binomialkoeffizient und die Fakultät

Für jedes natürliche n ist die Fakultät definiert durch

$$n! = 1 \cdot 2 \cdot 3 \cdots n, \quad \text{und} \quad 0! = 1. \tag{G.1}$$

Für jedes reelle α und jedes natürliche k definieren wir

$$\binom{\alpha}{k} = \frac{\alpha(\alpha - 1) \cdots (\alpha - k + 1)}{1 \cdot 2 \cdots k} = \frac{\alpha(\alpha - 1) \cdots (\alpha - k + 1)}{k!} \tag{G.2}$$

© Springer-Verlag GmbH Deutschland, ein Teil von Springer Nature 2022
M. O. Steinhauser, *Quantenmechanik für Naturwissenschaftler*,
https://doi.org/10.1007/978-3-662-62610-8_G

sowie

$$\binom{\alpha}{0} = 1 . \tag{G.3}$$

$n!$ wird gelesen „n Fakultät", und $\binom{\alpha}{k}$ wird „Binomialkoeffizient α über k" genannt. Die Fakultäten wachsen rapide. Beispielsweise ist $10! = 3628800$, $11! = 39916800$ und $12! = 479001600$. In der Quantenmechanik bekommen wir es mit Fakultäten zu tun bei der Antisymmetrisierung der Wellenfunktion für Viel-Teilchen-Systeme, siehe Abschn. 8.6, wobei wir durch die Anzahl der Permutationen (paarweisen Vertauschungen) von Elektronen dividieren müssen, da quantenmechanische Teilchen keine Identität haben, also durch nichts voneinander unterschieden werden können. Deshalb repräsentieren Elektronenkonfigurationen, die auf Vertauschung je zweier Elektronen beruhen, ein und denselben quantenmechanischen Zustand.

G.2   Modelle für Abzählaufgaben

In der Kombinatorik werden oft modellhaft Urnen (oder Kästen) betrachtet, aus denen nach einer bestimmten Vorschrift Kugeln gezogen werden. Der Grund hierfür ist, dass sich viele Zufallsexperimente als Ziehung von k Kugeln aus einer Urne darstellen lassen, die insgesamt n Kugeln enthält. Es gibt vier verschiedene Urnenexperimente, je nachdem,

- ob die Kugeln zurückgelegt (wiederholt) werden oder nicht, und
- ob die Reihenfolge beachtet wird oder nicht.

Wir teilen die Fragestellungen des elementaren Abzählens dementsprechend in 4 verschiedene *Grundaufgaben* ein, welche wir im Prinzip wiederum in verschiedene Modelle (Urnenmodell, Kästenmodell, Wörtermodell, Funktionsabbildungsmodell) kleiden können, die wir aber nicht weiter vertiefen.

1. Geordnete k-Stichprobe mit Wiederholung (Zurücklegen):

Aus einer Urne mit n verschiedenen Kugeln (Objekten) werden nacheinander k Kugeln entnommen und in der Reihenfolge ihrer Ziehung angeordnet. Die Ziehung der Kugeln erfolgt dabei mit Zurücklegen; das bedeutet, dass eine Kugel mehrmals verwendet werden darf. Es gibt dann

$$V_w(n, k) = \underbrace{n \cdot n \cdot n \cdots n}_{k\text{-mal}} = n^k \tag{G.4}$$

verschiedene Variationen k-ter Ordnung mit Wiederholung, wobei auch $k > n$ sein darf.

2. Geordnete Stichprobe k-ter Ordnung ohne Wiederholung:

Die Ziehung der k Kugeln (Objekte) erfolgt mit Berücksichtigung der Reihenfolge, aber diesmal ohne Zurücklegen. Jede Kugel kann also höchstens einmal gezogen werden und scheidet somit für alle weiteren Ziehungen aus. Die Anzahl der Variationen k-ter Ordnung ohne Wiederholung ist dann gegeben durch

$$V(n, k) = \underbrace{n}_{1.\,\text{Ziehung}} \cdot (n-1) \cdot (n-2) \cdots \underbrace{(n-k+1)}_{k.\,\text{Ziehung}} = \frac{n!}{(n-k)!}, \qquad (\text{G.5})$$

mit $k \leq n$.

Spezialfall $k = n$: Permutation
Jede mögliche Anordnung von n voneinander verschiedenen Kugeln (Objekten) ist eine sogen. *Permutation* der n Kugeln. Die Anzahl der Permutationen ist

$$P(n) = n! \qquad (\text{G.6})$$

3. Ungeordnete Stichprobe k-ter Ordnung ohne Wiederholung:

Aus einer Urne mit n verschiedenen Kugeln (Objekten) werden k Kugeln ohne Zurücklegen entnommen, wobei die Reihenfolge der Ziehung unberücksichtigt bleibt. Jede Kugel kann also höchstens einmal gezogen werden und scheidet somit für alle weiteren Ziehungen aus. Die Anzahl der Kombinationen k-ter Ordnung ohne Wiederholung kann man genauso wie im vorigen Fall berechnen, jedoch müssen die k Permutationen der k gezogenen Kugeln miteinander identifiziert werden. Also ist die Anzahl der Variationen:

$$C(n, k) = \frac{V(n, k)}{k!} = \frac{n!}{(n-k)! \cdot k!} = \binom{n}{k}, \qquad k \leq n. \qquad (\text{G.7})$$

4. Ungeordnete Stichprobe k-ter Ordnung mit Wiederholung:

Die Ziehung der k Kugeln (Objekte) erfolgt ohne Berücksichtigung der Reihenfolge, aber diesmal *mit* Zurücklegen. Jede Kugel kann also mehrmals gezogen werden. In diesem Fall ist das Kästenmodell hilfreich: Es sollen k nicht unterscheidbare Objekte in n Kästen verstaut werden, wobei Mehrfachbesetzung möglich ist. Wir haben also insgesamt n Kästen und denken uns zwischen den n Kästen $(n-1)$ Trennwände. Der Gesamtzustand wird dann beschrieben durch die Reihenfolge von k Objekten und $n-1$ Trennwänden, wobei jedoch die $k!$ Permutationen der k gezogenen Kugeln und die $(n-1)!$ Permutationen der $n-1$ Trennwände miteinander (durch die Division durch $k!(n-1)!$) identifiziert werden müssen. Daher gibt es

$$C_w(n, k) = \frac{(k+n-1)!}{k!(n-1)!} = \binom{k+n-1}{k} = \binom{k+n-1}{n-1} \qquad (\text{G.8})$$

Tab. G.1 Zusammenfassung der vier Grundsituationen der Kombinatorik

Ohne Wiederholung	Mit Wiederholung	
$C(n, k) = \binom{n}{k}$	$C_w(n, k) = \binom{k+n-1}{k}$	**ungeordnete Stichprobe**
$V(n, k) = \frac{n!}{(n-k)!}$	$V_w(n, k) = n^k$	**geordnete Stichprobe**

verschiedene Kombinationen k-ter Ordnung mit Wiederholung, wobei auch $k > n$ sein kann. Dieser Fall entspricht der Situation in Gl. (2.98), die ausdrückt, wie r Energieelemente (hier: $r \to k$) auf N Oszillatoren aufgeteilt werden können. Wir erkennen jetzt, dass Max Planck genau die Formel in Gl. (G.8) für dieses kombinatorische Problem verwendete. Tab. G.1 fasst unsere Ergebnisse zusammen.

Lagrange-Funktion für Lorentzkräfte

H

Wir betrachten einen Massenpunkt der Masse m und der Ladung e ohne Zwangsbedingungen im elektromagnetischen Feld. Die Kraft auf diesen Massenpunkt lautet:

$$\vec{F} = e\vec{E} + e\frac{\vec{v}}{c} \times \vec{B} \,. \tag{H.1}$$

Der 2. Summand ist die *Lorentzkraft* (im SI-System fehlt die Konstante c). Es handelt sich nicht um eine konservative Kraft, weil in der Lorentzkraft die Geschwindigkeit vorkommt. Diese Lorentzkraft ist aber gerade so gebaut, dass das Magnetfeld keine Arbeit leistet:

$$\int \vec{F}_L \, d\vec{r} = \frac{e}{c} \int (\vec{v} \times \vec{B}) \, d\vec{r} = \frac{e}{c} \int \underbrace{\left(\frac{d\vec{r}}{dt} \times \vec{B}\right) \frac{d\vec{r}}{dt}}_{=0} \, dt \,.$$

Die Vermutung, dass es hier auch eine Lagrange-Funktion gibt, ist daher nicht ganz abwegig. Es zeigt sich sogar, dass bei beliebiger Orts- und Zeitabhängigkeit von $\vec{E}$ und $\vec{B}$ ein solches L existiert. Um diese Lagrange-Funktion aufstellen zu können, benötigen wir einige Grundgesetze und Begriffe aus der Elektrodynamik.

H.1   Die Maxwellgleichungen

An dieser Stelle gebe ich die Maxwellgleichungen der Elektrodynamik im Gauß (cgs)-System (siehe Anhang C.4) – wie in der theoretischen Physik üblich – an. Sie wurden von James Clark Maxwell 1865 veröffentlicht ((Maxwell, 1865)):

© Springer-Verlag GmbH Deutschland, ein Teil von Springer Nature 2022
M. O. Steinhauser, *Quantenmechanik für Naturwissenschaftler*,
https://doi.org/10.1007/978-3-662-62610-8_H

$$\text{rot } \vec{E} = -\frac{1}{c}\dot{\vec{B}} \qquad \text{(Induktionsgesetz)} \tag{H.2}$$

$$\text{div } \vec{B} = 0 \tag{H.3}$$

$$\text{rot } \vec{H} = \frac{4\pi}{c}\vec{j} + \frac{1}{c}\dot{\vec{B}} \qquad \text{(Amer\'e'sches Durchflutungsgesetz)} \tag{H.4}$$

$$\text{div } \vec{D} = 4\pi\rho \tag{H.5}$$

$\vec{A}$ nennt man das Vektorpotenzial. Einsetzen in das Induktionsgesetz gibt

$$\text{rot } \vec{E} + \frac{1}{c}\dot{\vec{B}} = \text{rot}\vec{E} + \frac{1}{c}\text{ rot }\dot{\vec{A}} = \text{rot } \underbrace{\left(\vec{E} + \frac{1}{c}\dot{\vec{A}} \right)}_{-\text{grad } \Phi} = 0 \,.$$

Verschwindet die Rotation eines Vektors, so wissen wir, dass dieser Vektor als Gradient eines Skalarfeldes dargestellt werden kann, d.h.

$$\vec{E} = -\frac{1}{c}\dot{\vec{A}} - \text{grad } \Phi \,.$$

Die Vorgehensweise, die ich jetzt wähle ist die Folgende: Ich rate eine Lagrange-Funktion und beweise im Anschluss, dass ich richtig geraten habe.

$$\boxed{L = \frac{1}{2}m\dot{\vec{r}}^2 + \frac{e}{c}\dot{\vec{r}}\vec{A} - e\Phi \,.} \tag{H.6}$$

In Koordinatenschreibweise haben wir damit

$$L = \frac{1}{2}m\underbrace{\left(\dot{x}^2 + \dot{y}^2 + \dot{z}^2 \right)}_{T} + \underbrace{\frac{e}{c}\left(\dot{x}A_x + \dot{y}A_y + \dot{z}A_z \right) - e\Phi}_{-V} \tag{H.7}$$

als die gesuchte Lagrange-Funktion.

Beweis: Es gilt für die Bewegungsgleichung der Lagrange-Funktion nach Def. 1.1

$$\frac{\text{d}}{\text{d}t}\frac{\partial L}{\partial \dot{x}} - \frac{\partial L}{\partial x} = 0 \,,$$

d.h. z.B. für die x-Komponente der Lagrange-Funktion (H.6), dass

$$m\ddot{x} + \frac{e}{c}\frac{\mathrm{d}A_x}{\mathrm{d}t} - \frac{e}{c}\frac{\partial}{\partial x}\left(\dot{x}A_x + \dot{y}A_y + \dot{z}A_z\right) + e\frac{\partial \Phi}{\partial x} = 0$$

identisch sein muss mit der x-Komponente der Bewegungsgleichung (H.1), also:

$$m\ddot{x} = eE_x + \frac{e}{c}\left(\dot{y}B_z - z\dot{B}_y\right) , \tag{H.8}$$

und analog für die Komponenten y und z. Es genügt daher, die Gleichheit für die x-Komponente zu zeigen. Wir haben

$$\frac{\mathrm{d}A_x}{\mathrm{d}t} = \frac{\partial A_x}{\partial x}\dot{x} + \frac{\partial A_y}{\partial y}\dot{y} + \frac{\partial A_z}{\partial z}\dot{z} ,$$

$$\frac{\partial}{\partial x}\left(\dot{x}A_x + \dot{y}A_y + \dot{z}A_z\right) = \dot{x}\frac{\partial A_x}{\partial x} + \dot{y}\frac{\partial A_y}{\partial y} + \dot{z}\frac{\partial A_z}{\partial z} ,$$

$$\frac{\partial \Phi}{\partial x} = -\frac{1}{c}\frac{\partial A_x}{\partial t} - E_x .$$

Einsetzen liefert dann:

$$m\ddot{x} = -\frac{e}{c}\underbrace{\left[\cancel{\frac{\partial A_x}{\partial x}}\dot{x} + \frac{\partial A_y}{\partial y}\dot{y} + \frac{\partial A_z}{\partial z}\dot{z} + \cancel{\frac{\partial A_x}{\partial t}}\right]}_{\frac{\mathrm{d}A_x}{\mathrm{d}t}}$$

$$+\frac{e}{c}\left[\cancel{\frac{\partial A_x}{\partial x}}\dot{x} + \frac{\partial A_y}{\partial y}\dot{y} + \frac{\partial A_z}{\partial z}\dot{z}\right] + \frac{e}{c}\cancel{\frac{\partial A_x}{\partial t}} + eE_x$$

$$= eE_x + \frac{e}{c}\left[\underbrace{\left(\frac{\partial A_y}{\partial x} - \frac{\partial A_x}{\partial y}\right)}_{B_z}\dot{y} - \underbrace{\left(\frac{\partial A_x}{\partial z} - \frac{\partial A_z}{\partial x}\right)}_{B_y}\dot{z}\right] \tag{H.9}$$

∎

Für die relativistische Verallgemeinerung muss man die Ruhemasse m_0 einführen und erhält:

$$L = m_0 c^2 \left\{1 - \sqrt{1 - \frac{\dot{\vec{r}}^2}{c^2}}\right\} + \frac{e}{c}\dot{\vec{r}}\vec{A} - e\Phi \tag{H.10}$$

mit der relativistischen Bewegungsgleichung

$$\frac{d}{dt}\left\{\underbrace{\frac{m_0}{\sqrt{1-\frac{\vec{v}^2}{c^2}}}}_{m(v)}\vec{v}\right\} = e\,\vec{E} + e\,\frac{\vec{v}}{c}\times\vec{B}\,. \qquad (H.11)$$

Weiterführende Literatur

Scerri, E.R.: The recently claimed observation of atomic orbitals and some related philosophical issues. Philos. Sci. **68**, S76–S88 (2001)

Scerri, E.R.: Have orbitals really been observed? J. Chem. Educ. **79**, 310 (2002)

Zuo, J.M., Kim, M., et al.: Direct observation of d-orbital holes and Cu-Cu bonding in Cu2O. Nature **401**, 49–52 (1999)

Maxwell, J.C.: A dynamical theory of the electromagnetic field. Philos. Trans. R. Soc. London **13**, 531–536 (1865)

Stichwortverzeichnis

© Springer-Verlag GmbH Deutschland, ein Teil von Springer Nature 2022
M. O. Steinhauser, *Quantenmechanik für Naturwissenschaftler*,
https://doi.org/10.1007/978-3-662-62610-8

Printed in the United States
by Baker & Taylor Publisher Services